U0743458

TURING

图灵教育

站在巨人的肩上

Standing on the Shoulders of Giants

TURING

图灵教育

站在巨人的肩上

Standing on the Shoulders of Giants

图灵原创

Kafka技术内幕

图文详解Kafka源码设计与实现

郑奇煌◎著

人民邮电出版社
北京

图书在版编目（CIP）数据

Kafka技术内幕：图文详解Kafka源码设计与实现 / 郑奇煌著. -- 北京：人民邮电出版社，2017.11（2022.4重印）
（图灵原创）
ISBN 978-7-115-46938-0

Ⅰ. ①K… Ⅱ. ①郑… Ⅲ. ①分布式操作系统－研究 Ⅳ. ①TP316.4

中国版本图书馆CIP数据核字(2017)第235945号

内容提要

Kafka 自 LinkedIn 开源以来就以高性能、高吞吐量、分布式的特性著称。本书以 0.10 版本的源码为基础，深入分析了 Kafka 的设计与实现，包括生产者和消费者的消息处理流程，新旧消费者不同的设计方式，存储层的实现，协调者和控制器如何确保 Kafka 集群的分布式和容错特性，两种同步集群工具 MirrorMaker 和 uReplicator，流处理的两种 API 以及 Kafka 的一些高级特性等。

本书适合 Kafka 开发人员阅读。

◆ 著　　　郑奇煌
责任编辑　王军花
责任印制　彭志环

◆ 人民邮电出版社出版发行　　北京市丰台区成寿寺路 11 号
邮编　100164　　电子邮件　315@ptpress.com.cn
网址　http://www.ptpress.com.cn
固安县铭成印刷有限公司印刷

◆ 开本：800×1000　1/16
印张：44.5　　　2017 年 11 月第 1 版
字数：1191千字　　　2022 年 4 月河北第 8 次印刷

定价：119.00元

读者服务热线：(010)84084456-6009　印装质量热线：(010)81055316

反盗版热线：(010)81055315

广告经营许可证：京东市监广登字 20170147 号

前　言

Apache Kafka（简称Kafka）最早是由LinkedIn开源出来的分布式消息系统，现在是Apache旗下的一个子项目，并且已经成为开源领域应用最广泛的消息系统之一。Kafka社区也非常活跃，从0.9版本开始，Kafka的标语已经从“一个高吞吐量、分布式的消息系统”改为“一个分布式的流平台”。

如何阅读本书

本书主要以0.10版本的Kafka源码为基础，并通过图文详解的方式分析Kafka内部组件的实现细节。对于Kafka流处理的一些新特性，本书也会分析0.11版本的相关源码。本书各章的主要内容如下。

- 第1章首先介绍了Kafka作为流式数据平台的3个组成，包括消息系统、存储系统和流处理系统，接着从分区模型、消费模型和分布式模型这三个模型介绍了Kafka的几个基本概念，然后介绍了Kafka几个比较重要的设计思路，最后讨论了如何在一台机器上模拟单机模式与分布式模式，以及如何搭建开发环境。
- 第2章从一个生产者的示例开始，引出了新版本生产者的两种消息发送方式。生产者客户端通过记录收集器和发送线程，对消息集进行分组和缓存，并为目标节点创建生产请求，发送到不同的代理节点。接着介绍了与网络相关的Kafka通道、选择器、轮询等NIO操作。另外，还介绍了Scala版本的旧生产者，它使用阻塞通道的方式发送请求。最后，介绍了服务端采用Reactor模式处理客户端的请求。
- 第3章首先介绍了消费者相关的基础概念，然后从一个消费者的示例开始，引出了基于ZooKeeper（后面简称ZK）的高级消费者API。要理解高级API，主要是要理解消费线程的模型以及变量的传递方式。接着介绍了消费者提交分区偏移量的两种方式。最后，我们举了一个低级API的示例。开发者需要自己实现一些比较复杂的逻辑处理，才能保证消费程序的健壮性和稳定性。
- 第4章介绍了新版本的消费者。不同于旧版本的消费者，新版本去除了ZK的依赖，统一了旧版本的高级API和低级API，并提供了两种消费方式：订阅和分配。新版本引入订阅状态来管理消费者的订阅信息，并使用拉取器拉取消息。新版本的消费者没有使用拉取线程，而是采用轮询的方式拉取消息，它的性能比旧版本的消费者更好。另外，还介绍了消费者采用回调器、处理器、监听器、适配器、组合模式和链式调用等实现不同类型的异步请求。最后，我们介绍了新消费者的心跳任务、消费者提交偏移量以及3种消息处理语义的使用方式。

- 第5章介绍了新版本消费者相关的协调者实现，主要包括“加入组”与“同步组”。每个消费者都有一个客户端的协调者，服务端也有一个消费组级别的协调者负责处理所有消费者客户端的请求。当消费组触发再平衡操作时，服务端的协调者会记录消费组元数据的变化，并通过状态机保证消费组状态的正常转换。本章会通过很多不同的示例场景来帮助读者理解消费组相关的实现。
- 第6章介绍了Kafka的存储层实现，包括读写、管理、压缩等一些常用的日志操作。服务端通过副本管理器处理客户端的生产请求和拉取请求。接着介绍了副本机制相关的分区、副本、最高水位、复制点等一些概念。最后，介绍了延迟操作接口与延迟缓存。服务端如果不能立即返回响应结果给客户端，会先将延迟操作缓存起来，直到请求处理完成或超时。
- 第7章介绍了作为服务端核心的Kafka控制器，它主要负责管理分区状态机和副本状态机，以及多种类型的监听器，比如代理节点上线和下线、删除主题、重新分配分区等。控制器的一个重要职责是选举分区的主副本。不同代理节点根据控制器下发的请求，决定成为分区的主副本还是备份副本。另外，我们还分析了本地副本与远程副本的区别，以及元数据缓存的作用。
- 第8章首先介绍了两种集群的同步工具：Kafka内置的MirrorMaker和Uber开源的uReplicator。接着，介绍了新版本Kafka提供的连接器框架，以及如何开发一个自定义的连接器。最后，介绍了连接器的架构模型的具体实现，主要包括数据模型、Connector模型和Worker模型。
- 第9章介绍了Kafka流处理的两种API：低级Processor API和高级DSL。这一章重点介绍了流处理的线程模型，主要包括流实例、流线程和流任务。我们还介绍了流处理的本地状态存储，它主要用来作为备份任务的数据恢复。高级DSL包括两个组件——`KStream`与`KTable`，它们都定义了一些常用的流处理算子操作，比如无状态的操作（过滤和映射等）、有状态的操作（连接和窗口等）。
- 第10章介绍了Kafka的一些高级特性，比如客户端的配额、新的消息格式和事务特性。

本书相关的示例代码在笔者的GitHub主页https://github.com/zqhxuyuan/kafka-book上。另外，限于篇幅，本书的附录部分会放在个人博客上。此外，本书的源代码和附录部分也可以去图灵社区本书主页（http://www.ituring.com.cn/book/1927）免费下载。

由于个人能力有限，文中的错误在所难免，如果读者在阅读的过程中，发现不妥之处，可以私信我的微博：http://weibo.com/xuyuantree，我会定期将勘误更新到个人博客上。

致谢

感谢图灵的编辑王军花老师，是您的辛勤工作让本书的出版成为可能。同时还要感谢许多我不知道名字的幕后工作人员为本书付出的努力。

感谢冯嘉、时金魁、吴阳平在百忙之中抽出时间给本书写推荐。

目 录

第1章 Kafka入门

在0.10版本之前，Kafka仅仅作为一个消息系统，主要用来解决应用解耦、异步消息、流量削峰等问题。不过在0.10版本之后，Kafka提供了连接器与流处理的能力，它也从分布式的消息系统逐渐成为一个流式的数据平台。本章首先介绍Kafka流式数据平台的基本组成，然后分析它的一些架构设计和基本概念，最后通过几个示例快速理解它的一些重要特性。

1.1 Kafka 流式数据平台

作为一个流式数据平台，最重要的是要具备下面3个特点。

- 类似消息系统，提供事件流的发布和订阅，即具备数据注入功能。
- 存储事件流数据的节点具有故障容错的特点，即具备数据存储功能。
- 能够对实时的事件流进行流式地处理和分析，即具备流处理功能。

下面我们分析作为一个流式数据平台，Kafka是如何实现并组合上面的3个功能特点的。

- **消息系统**：如图1-1所示，消息系统（也叫作消息队列）主要有两种消息模型：队列和发布订阅。Kafka使用消费组（consumer group）统一了上面两种消息模型。Kafka使用队列模型时，它可以将处理工作平均分配给消费组中的消费者成员；使用发布订阅模式时，它可以将消息广播给多个消费组。采用多个消费组结合多个消费者，既可以线性扩展消息的处理能力，也允许消息被多个消费组订阅。
- **队列模式（也叫作点对点模式）**。多个消费者读取消息队列，每条消息只发送给一个消费者。
- **发布–订阅模式（pub/sub）**。多个消费者订阅主题，主题的每条记录会发布给所有的消费者。

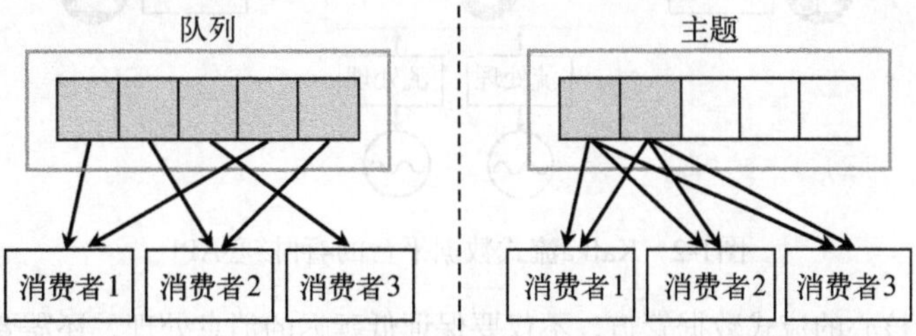

图1-1　消息系统的两种消息模型：队列模型与发布–订阅模型

- **存储系统**：任何消息队列要做到“发布消息”和“消费消息”的解耦合，实际上都要扮演一个存储系统的角色，负责保存还没有被消费的消息。否则，如果消息只是在内存中，一旦机器宕机或进程重启，内存中的消息就会全部丢失。Kafka也不例外，数据写入到Kafka集群的服务器节点时，还会复制多份来保证出现故障时仍能可用。为了保证消息的可靠存储，Kafka还允许生产者的生产请求在收到应答结果之前，阻塞式地等待一条消息，直到它完全地复制到多个节点上，才认为这条消息写入成功。
- **流处理系统**：流式数据平台仅仅有消息的读取和写入、存储消息流是不够的，还需要有实时的流式数据处理能力。对于简单的处理，可以直接使用Kafka的生产者和消费者API来完成；但对于复杂的业务逻辑处理，直接操作原始的API需要做的工作非常多。Kafka流处理（Kafka Streams）为开发者提供了完整的流处理API，比如流的聚合、连接、各种转换操作。同时，Kafka流处理框架内部解决很多流处理应用程序都会面临的问题：处理乱序或迟来的数据、重新处理输入数据、窗口和状态操作等。
- **将消息系统、存储存储、流处理系统组合在一起**：传统消息系统的流处理通常只会处理订阅动作发生之后才到达的新消息，无法处理订阅之前的历史数据。分布式文件存储系统一般存储静态的历史数据，对历史数据的处理一般采用批处理的方式。现有的开源系统很难将这些系统无缝地整合起来，Kafka则将消息系统、存储系统、流处理系统都组合在一起，构成了以Kafka为中心的流式数据处理平台。它既能处理最新的实时数据，也能处理过去的历史数据。Kafka作为流式数据平台的核心组件，主要包括下面4种核心的API，如图1-2所示。

  - 生产者（producer）应用程序发布事件流到Kafka的一个或多个主题。
  - 消费者（consumer）应用程序订阅Kafka的一个或多个主题，并处理事件流。
  - 连接器（connector）将Kafka主题和已有数据源进行连接，数据可以互相导入和导出。
  - 流处理（processor）从Kafka主题消费输入流，经过处理后，产生输出流到输出主题。

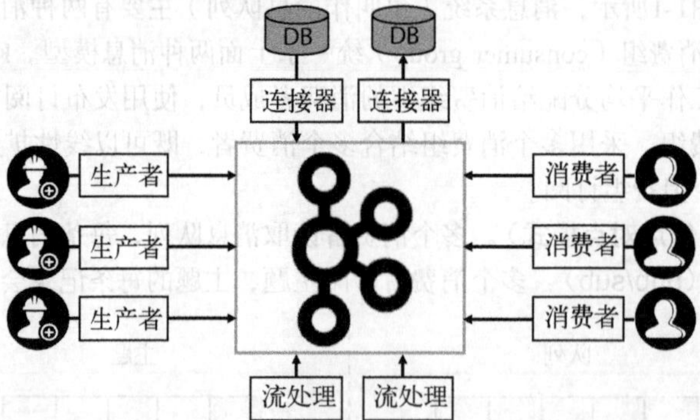

图1-2　Kafka流式数据平台的4种核心API

建立以Kafka为核心的流式数据管道，不仅要保证低延迟的消息处理，还需要保证数据存储的可靠性。另外，在和离线系统集成时，将Kafka的数据加载到批处理系统时，要保证数据不遗漏；Kafka

集群的某些节点在停机维护时，要保证集群可用。上面从整体上分析了Kafka如何作为一个流式的数据处理平台，下面开始分析Kafka的架构实现，这里先从基本概念说起，然后分析它的一些重要实现细节。

1.2 Kafka 的基本概念

下面我们会从3个角度分析Kafka的几个基本概念，并尝试解决下面3个问题。

- Kafka的主题与分区内部是如何存储的，它有什么特点？
- 与传统的消息系统相比，Kafka的消费模型有什么优点？
- Kafka如何实现分布式的数据存储与数据读取？

1.2.1 分区模型

Kafka集群由多个消息代理服务器（broker server）组成，发布到Kafka集群的每条消息都有一个类别，用主题（topic）来表示。通常，不同应用产生不同类型的数据，可以设置不同的主题。一个主题一般会有多个消息的订阅者，当生产者发布消息到某个主题时，订阅了这个主题的消费者都可以接收到生产者写入的新消息。

Kafka集群为每个主题维护了分布式的分区（partition）日志文件，物理意义上可以把主题看作分区的日志文件（partitioned log）。每个分区都是一个有序的、不可变的记录序列，新的消息会不断追加到提交日志（commit log）。分区中的每条消息都会按照时间顺序分配到一个单调递增的顺序编号，叫作偏移量（offset），这个偏移量能够唯一地定位当前分区中的每一条消息。

如图1-3（左）所示，主题有3个分区，每个分区的偏移量都从0开始，不同分区之间的偏移量都是独立的，不会互相影响。右图中，发布到Kafka主题的每条消息包括键值和时间戳。消息到达服务端的指定分区后，都会分配到一个自增的偏移量。原始的消息内容和分配的偏移量以及其他一些元数据信息最后都会存储到分区日志文件中。消息的键也可以不用设置，这种情况下消息会均衡地分布到不同的分区。

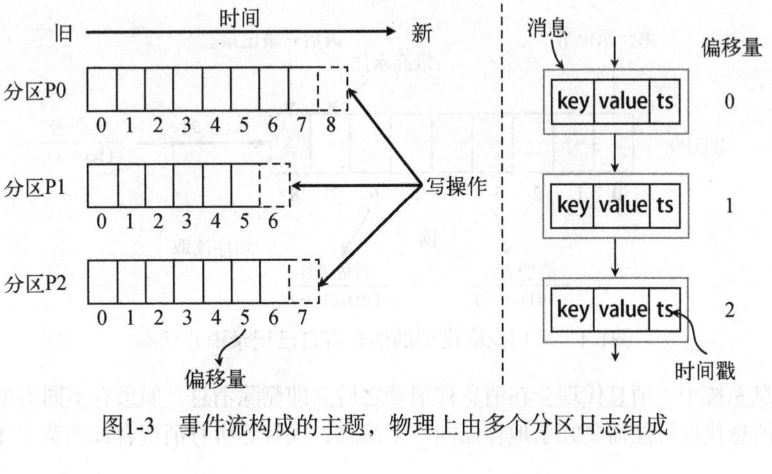

图1-3 事件流构成的主题，物理上由多个分区日志组成

传统消息系统在服务端保持消息的顺序，如果有多个消费者消费同一个消息队列，服务端会以消息存储的顺序依次发送给消费者。但由于消息是异步发送给消费者的，消息到达消费者的顺序可能是无序的，这就意味着在并行消费时，传统消息系统无法很好地保证消息被顺序处理。虽然我们可以设置一个专用的消费者只消费一个队列，以此来解决消息顺序的问题，但是这就使得消费处理无法真正执行。

Kafka比传统消息系统有更强的顺序性保证，它使用主题的分区作为消息处理的并行单元。Kafka以分区作为最小的粒度，将每个分区分配给消费组中不同的而且是唯一的消费者，并确保一个分区只属于一个消费者，即这个消费者就是这个分区的唯一读取线程。那么，只要分区的消息是有序的，消费者处理的消息顺序就有保证。每个主题有多个分区，不同的消费者处理不同的分区，所以Kafka不仅保证了消息的有序性，也做到了消费者的负载均衡。

1.2.2　消费模型

消息由生产者发布到Kafka集群后，会被消费者消费。消息的消费模型有两种：推送模型（push）和拉取模型（pull）。基于推送模型的消息系统，由消息代理记录消费者的消费状态。消息代理在将消息推送到消费者后，标记这条消息为已消费，但这种方式无法很好地保证消息的处理语义。比如，消息代理把消息发送出去后，当消费进程挂掉或者由于网络原因没有收到这条消息时，就有可能造成消息丢失（因为消息代理已经把这条消息标记为已消费了，但实际上这条消息并没有被实际处理）。如果要保证消息的处理语义，消息代理发送完消息后，要设置状态为“已发送”，只有收到消费者的确认请求后才更新为“已消费”，这就需要在消息代理中记录所有消息的消费状态，这种做法也是不可取的。

Kafka采用拉取模型，由消费者自己记录消费状态，每个消费者互相独立地顺序读取每个分区的消息。如图1-4所示，有两个消费者（不同消费组）拉取同一个主题的消息，消费者A的消费进度是3，消费者B的消费者进度是6。消费者拉取的最大上限通过最高水位（watermark）控制，生产者最新写入的消息如果还没有达到备份数量，对消费者是不可见的。这种由消费者控制偏移量的优点是：消费者可以按照任意的顺序消费消息。比如，消费者可以重置到旧的偏移量，重新处理之前已经消费过的消息；或者直接跳到最近的位置，从当前时刻开始消费。

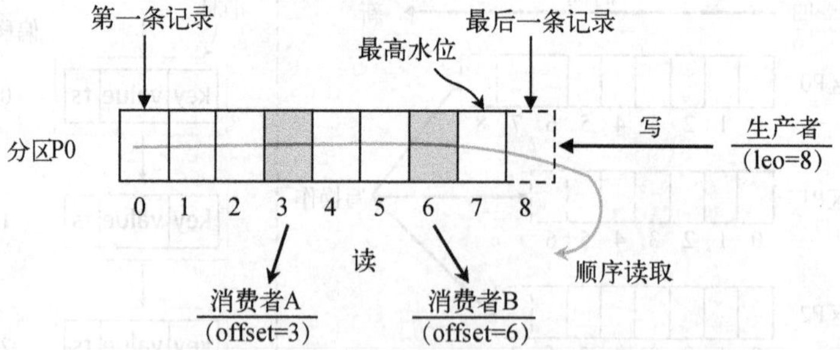

图1-4　采用拉取模型的消费者自己记录消费状态

在一些消息系统中，消息代理会在消息被消费之后立即删除消息。如果有不同类型的消费者订阅同一个主题，消息代理可能需要冗余地存储同一条消息；或者等所有消费者都消费完才删除，这就需要消息代理跟踪每个消费者的消费状态，这种设计很大程度上限制了消息系统的整体吞吐量和处理延迟。Kafka的做法是生产者发布的所有消息会一直保存在Kafka集群中，不管消息有没有被消费。用户可以通过设置保留时间来清理过期的数据，比如，设置保留策略为两天。那么，在消息发布之后，它可以被不同的消费者消费，在两天之后，过期的消息就会自动清理掉。

1.2.3 分布式模型

Kafka每个主题的多个分区日志分布式地存储在Kafka集群上，同时为了故障容错，每个分区都会以副本的方式复制到多个消息代理节点上。其中一个节点会作为主副本（Leader），其他节点作为备份副本（Follower，也叫作从副本）。主副本会负责所有的客户端读写操作，备份副本仅仅从主副本同步数据。当主副本出现故障时，备份副本中的一个副本会被选择为新的主副本。因为每个分区的副本中只有主副本接受读写，所以每个服务端都会作为某些分区的主副本，以及另外一些分区的备份副本，这样Kafka集群的所有服务端整体上对客户端是负载均衡的。

Kafka的生产者和消费者相对于服务端而言都是客户端，生产者客户端发布消息到服务端的指定主题，会指定消息所属的分区。生产者发布消息时根据消息是否有键，采用不同的分区策略。消息没有键时，通过轮询方式进行客户端负载均衡；消息有键时，根据分区语义确保相同键的消息总是发送到同一个分区。

Kafka的消费者通过订阅主题来消费消息，并且每个消费者都会设置一个消费组名称。因为生产者发布到主题的每一条消息都只会发送给消费组的一个消费者。所以，如果要实现传统消息系统的“队列”模型，可以让每个消费者都拥有相同的消费组名称，这样消息就会负载均衡到所有的消费者；如果要实现“发布–订阅”模型，则每个消费者的消费组名称都不相同，这样每条消息就会广播给所有的消费者。

分区是消费者线程模型的最小并行单位。如图1-5（左）所示，生产者发布消息到一台服务器的3个分区时，只有一个消费者消费所有的3个分区。在图1-5（右）中，3个分区分布在3台服务器上，同时有3个消费者分别消费不同的分区。假设每个服务器的吞吐量是300 MB，在图1-5（左）中分摊到每个分区只有100 MB，而在图1-5（右）中集群整体的吞吐量有900 MB。可以看到，增加服务器节点会提升集群的性能，增加消费者数量会提升处理性能。

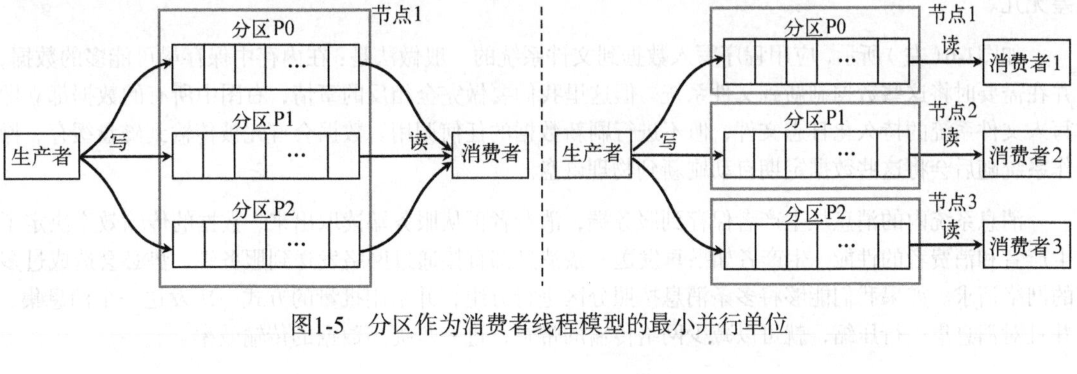

图1-5 分区作为消费者线程模型的最小并行单位

同一个消费组下多个消费者互相协调消费工作，Kafka会将所有的分区平均地分配给所有的消费者实例，这样每个消费者都可以分配到数量均等的分区。Kafka的消费组管理协议会动态地维护消费组的成员列表，当一个新消费者加入消费组，或者有消费者离开消费组，都会触发再平衡操作。

Kafka的消费者消费消息时，只保证在一个分区内消息的完全有序性，并不保证同一个主题中多个分区的消息顺序。而且，消费者读取一个分区消息的顺序和生产者写入到这个分区的顺序是一致的。比如，生产者写入"hello"和"kafka"两条消息到分区P1，则消费者读取到的顺序也一定是"hello"和"kafka"。如果业务上需要保证所有消息完全一致，只能通过设置一个分区完成，但这种做法的缺点是最多只能有一个消费者进行消费。一般来说，只需要保证每个分区的有序性，再对消息加上键来保证相同键的所有消息落入同一个分区，就可以满足绝大多数的应用。

上面从宏观角度分析了Kafka的3种基本模型，下面分析Kafka在底层实现上的一些设计细节与考虑。

1.3　Kafka的设计与实现

下面我们会从3个角度分析Kafka的一些设计思路，并尝试回答下面3个问题。

- 如何利用操作系统的优化技术来高效地持久化日志文件和加快数据传输效率？
- Kafka的生产者如何批量地发送消息，消费者采用拉取模型带来的优点都有哪些？
- Kafka的副本机制如何工作，当故障发生时，怎么确保数据不会丢失？

1.3.1　文件系统的持久化与数据传输效率

人们普遍认为一旦涉及磁盘的访问，读写的性能就严重下降。实际上，现代的操作系统针对磁盘的读写已经做了一些优化方案来加快磁盘的访问速度。比如，**预读**（read-ahead）会提前将一个比较大的磁盘块读入内存。**后写**（write-behind）会将很多小的逻辑写操作合并起来组合成一个大的物理写操作。并且，操作系统还会将主内存剩余的所有空闲内存空间都用作**磁盘缓存**（disk cache/page cache），所有的磁盘读写操作都会经过统一的磁盘缓存（除了直接I/O会绕过磁盘缓存）。综合这几点优化特点，如果是针对磁盘的顺序访问，某些情况下它可能比随机的内存访问都要快，甚至可以和网络的速度相差无几。

如图1-6（左）所示，应用程序写入数据到文件系统的一般做法是：在内存中保存尽可能多的数据，并在需要时将这些数据刷新到文件系统。但这里我们要做完全相反的事情，右图中所有的数据都立即写入文件系统的持久化日志文件，但不进行刷新数据的任何调用。数据会首先被传输到磁盘缓存，操作系统随后会将这些数据定期自动刷新到物理磁盘。

消息系统内的消息从生产者保存到服务端，消费者再从服务端读取出来，数据的传输效率决定了生产者和消费者的性能。生产者如果每发送一条消息都直接通过网络发送到服务端，势必会造成过多的网络请求。如果我们能够将多条消息按照分区进行分组，并采用批量的方式一次发送一个消息集，并且对消息集进行压缩，就可以减少网络传输的带宽，进一步提高数据的传输效率。

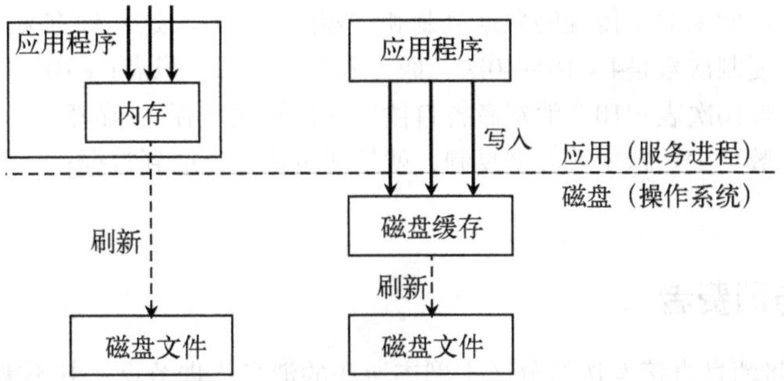

图1-6 应用程序写入数据到文件系统的两种做法

消费者要读取服务端的数据，需要将服务端的磁盘文件通过网络发送到消费者进程，而网络发送通常涉及不同的网络节点。如图1-7（左）所示，传统读取磁盘文件的数据在每次发送到网络时，都需要将页面缓存先保存到用户缓存，然后在读取消息时再将其复制到内核空间，具体步骤如下。

(1) 操作系统将数据从磁盘中读取文件到内核空间里的页面缓存。

(2) 应用程序将数据从内核空间读入用户空间的缓冲区。

(3) 应用程序将读到的数据写回内核空间并放入socket缓冲区。

(4) 操作系统将数据从socket缓冲区复制到网卡接口，此时数据才能通过网络发送出去。

结合Kafka的消息有多个订阅者的使用场景，生产者发布的消息一般会被不同的消费者消费多次。如图1-7（右）所示，使用"零拷贝技术"（zero-copy）只需将磁盘文件的数据复制到页面缓存中一次，然后将数据从页面缓存直接发送到网络中（发送给不同的使用者时，都可以重复使用同一个页面缓存），避免了重复的复制操作。这样，消息使用的速度基本上等同于网络连接的速度了。

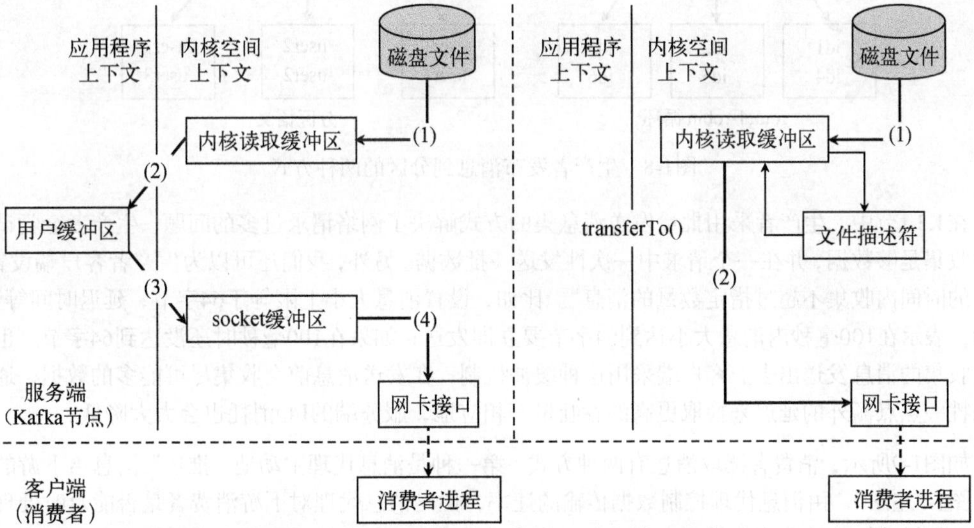

图1-7 传统的数据复制方法和优化的零拷贝

这里我们用一个示例来对比传统的数据复制和“零拷贝技术”这两种方案。假设有10个消费者，传统复制方式的数据复制次数是4 × 10 = 40次，而“零拷贝技术”只需1 + 10 = 11次（一次表示从磁盘复制到页面缓存，另外10次表示10个消费者各自读取一次页面缓存）。显然，“零拷贝技术”比传统复制方式需要的复制次数更少。越少的数据复制，就越能更快地读取到数据；延迟越少，消费者的性能就越好。

1.3.2　生产者与消费者

Kafka的生产者将消息直接发送给分区主副本所在的消息代理节点，并不需要经过任何的中间路由层。为了做到这一点，所有消息代理节点都会保存一份相同的元数据，这份元数据记录了每个主题分区对应的主副本节点。生产者客户端在发送消息之前，会向任意一个代理节点请求元数据，并确定每条消息对应的目标节点，然后把消息直接发送给对应的目标节点。

如图1-8所示，生产者客户端有两种方式决定发布的消息归属于哪个分区：通过随机方式将请求负载到不同的消息代理节点（图1-8左图），或者使用“分区语义函数”将相同键的所有消息发布到同一个分区（图1-8右图）。对于分区语义，Kafka暴露了一个接口，允许用户指定消息的键如何参与分区。比如，我们可以将用户编号作为消息的键，因为对相同用户编号散列后的值是固定的，所以对应的分区也是固定的。

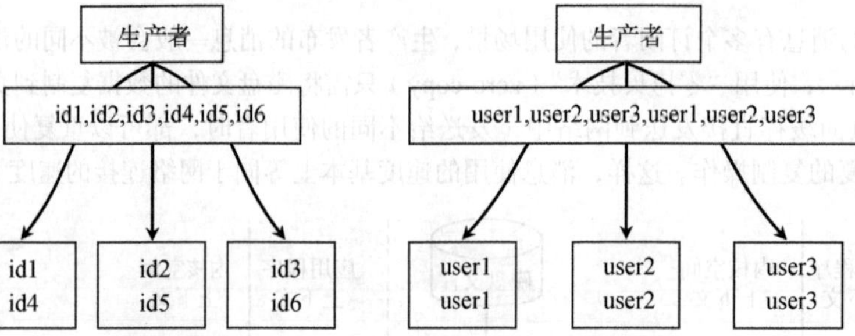

图1-8　生产者发布消息到分区的两种方式

在1.3.1节中，生产者采用批量发送消息集的方式解决了网络请求过多的问题。生产者会尝试在内存中收集足够数据，并在一个请求中一次性发送一批数据。另外，我们还可以为生产者客户端设置“在指定的时间内收集不超过指定数量的消息”。比如，设置消息大小上限等于64字节，延迟时间等于100毫秒，表示在100毫秒内消息大小达到64字节要立即发送；如果在100毫秒时还没达到64字节，也要把已经收集的消息发送出去。客户端采用这种缓冲机制，在发送消息前会收集尽可能多的数据，通过每次牺牲一点点额外的延迟来换取更高的吞吐量。相应地，服务端的I/O消耗也会大大降低。

如图1-9所示，消费者读取消息有两种方式。第一种是消息代理主动地“推送”消息给下游的消费者（图1-9左图），由消息代理控制数据传输的速率，但是消息代理对下游消费者是否能及时处理不得而知。如果数据的消费速率低于产生速率，消费者会处于超负荷状态，那么发送给消费者的消息就会堆积得越来越多。而且，推送方式也难以应付不同类型的消费者，因为不同消费者的消费速率不一定都相同，消息代理需要调整不同消费者的传输速率，并让每个消费者充分利用系统的资源。这种方式实现起来比较困难。

第二种读取方式是消费者从消息代理主动地“拉取”数据（见图1-9右图），消息代理是无状态的，它不需要标记哪些消息被消费者处理过，也不需要保证一条消息只会被一个消费者处理。而且，不同的消费者可以按照自己最大的处理能力来拉取数据，即使有时候某个消费者的处理速度稍微落后，它也不会影响其他的消费者，并且在这个消费者恢复处理速度后，仍然可以追赶之前落后的数据。

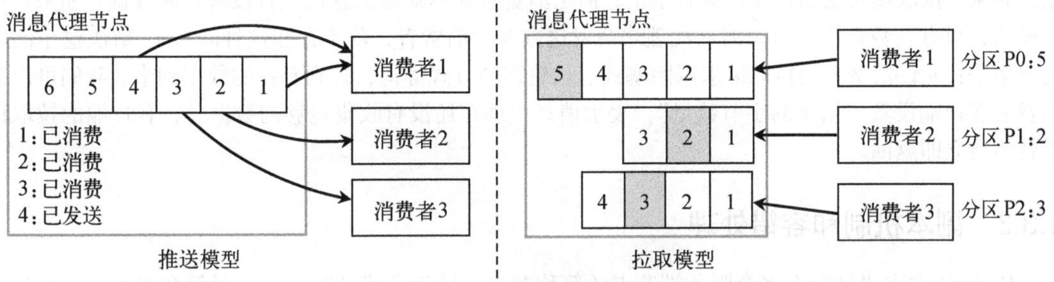

图1-9 消费者获取消息的两种模型

因为消息系统不能作为严格意义上的数据库，所以保存在消息系统中的数据，在不用之后应该及时地删除掉并释放磁盘空间。消息需要删除，其原因一般是消息被消费之后不会再使用了，大多数消息系统会在消息代理记录关于消息是否已经被消费过的状态：当消息从消息代理发送给消费者时（基于推送模型），消息代理会在本地记录这条消息“已经被消费过了”。但如果消费者没能处理这条消息（比如由于网络原因、请求超时或消费者挂掉），就会导致“消息丢失”。解决消息丢失的一种办法是添加应答机制，消息代理在发送完消息后只把消息标记为“已发送”，只有收到消费者返回的应答信息才表示“已消费”。但还是会存在一个问题：消费者处理完消息就失败了，导致应答没有返回给消息代理，这样消息代理又会重新发送消息，导致消息被重复处理。这种方案还有一个缺点：消息代理需要保存每条消息的多种状态（比如，消息状态为“已发送”时，消息代理需要锁住这条消息，保证消息不会发送两次），这种方式需要在客户端和服务端做一些复杂的状态一致性保证。

Kafka采用了基于拉取模型的消费状态处理，它将主题分成多个有序的分区，任何时刻每个分区都只被一个消费者使用。并且，消费者会记录每个分区的消费进度（即偏移量）。每个消费者只需要为每个分区记录一个整数值，而不需要像其他消息系统那样记录每条消息的状态。假设有10000条消息，传统方式需要记录10000条消息的状态；如果用Kafka的分区机制，假设有10个分区，每个分区1000条消息，总共只需要记录10个分区的消费状态（需要保存的状态数据少了很多，而且也没有了锁）。

和传统方式需要跟踪每条消息的应答不同，Kafka的消费者会定时地将分区的消费进度保存成检查点文件，表示“这个位置之前的消息都已经被消费过了”。传统方式需要消费者发送每条消息的应答，服务端再对应答做出不同的处理；而Kafka只需要让消费者记录消费进度，服务端不需要记录消息的任何状态。除此之外，让消费者记录分区的消费进度还有一个好处：消费者可以“故意”回退到某个旧的偏移量位置，然后重新处理数据。虽然这种处理方式看起来违反了队列模型的规定（一条消息发送给队列的一个消费者之后，就不会被其他消费者再次处理），但在实际运用中，很多消费者都需要这种功能。比如，消费者的处理逻辑代码出现了问题，在部署并启动消费者后，需要处理之前的消息并重新计算。

和生产者采用批量发送消息类似，消费者拉取消息也可以一次拉取一批消息。消费者客户端拉取消息，然后处理这一批消息，这个过程一般套在一个死循环里，表示消费者永远处于消费消息的状态（因为消息系统的消息总是一直产生数据，所以消费者也要一直消费消息）。消费者采用拉取方式消费消息有一个缺点：如果消息代理没有数据或者数据量很少，消费者可能需要不断地轮询，并等待新数据的到来（拉取模式主动权在消费者手里，但是消费者并不知道消息代理有没有新的数据；如果是推送模式，只有新数据产生时，消息代理才会发送数据给消费者，就不存在这种问题）。解决这个问题的方案是：允许消费者的拉取请求以阻塞式、长轮询的方式等待，直到有新的数据到来。我们可以为消费者客户端设置“指定的字节数量”，表示消息代理在还没有收集足够的数据时，客户端的拉取请求就不会立即返回。

1.3.3　副本机制和容错处理

Kafka的副本机制会在多个服务端节点（简称节点，即消息代理节点）上对每个主题分区的日志进行复制。当集群中的某个节点出现故障时，访问故障节点的请求会被转移到其他正常节点的副本上。副本的单位是主题的分区，Kafka每个主题的每个分区都有一个主副本以及0个或多个备份副本。备份副本会保持和主副本的数据同步，用来在主副本失效时替换为主副本。

如图1-10所示，所有的读写请求总是路由到分区的主副本。虽然生产者可以通过负载均衡策略将消息分配到不同的分区，但如果这些分区的主副本都在同一个服务器上（见图1-10左图），就会存在数据热点问题。因此，分区的主副本应该均匀地分配到各个服务器上（见图1-10右图）。通常，分区的数量要比服务器多很多，所以每个服务器都可以成为一些分区的主副本，也能同时成为一些分区的备份副本。

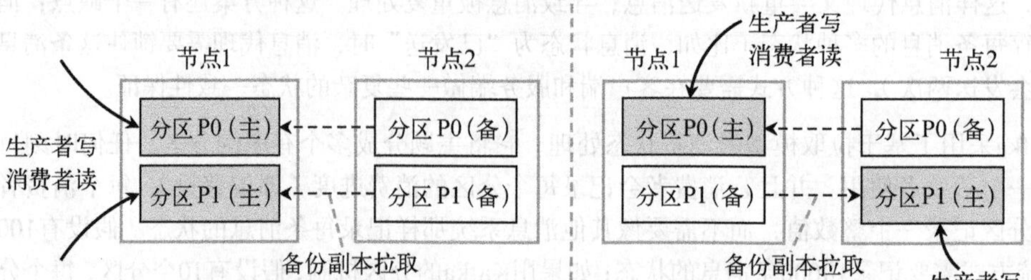

图1-10　分区的主副本均匀地分布在服务器节点

备份副本始终尽量保持与主副本的数据同步。备份副本的日志文件和主副本的日志总是相同的，它们都有相同的偏移量和相同顺序的消息。备份副本从主副本消费消息的方式和普通的消费者一样，只不过备份副本会将消息运用到自己的本地日志文件（备份副本和主副本都在服务端，它们都会将收到的分区数据持久化成日志文件）。普通的消费者客户端拉取到消息后并不会持久化，而是直接处理。

分布式系统处理故障容错时，需要明确地定义节点是否处于存活状态。Kafka对节点的存活定义有两个条件：

- 节点必须和ZK保持会话；
- 如果这个节点是某个分区的备份副本，它必须对分区主副本的写操作进行复制，并且复制的进度不能落后太多。

满足这两个条件，叫作“正在同步中”（in-sync）。每个分区的主副本会跟踪正在同步中的备份副本节点（In Sync Replicas，即ISR）。如果一个备份副本挂掉、没有响应或者落后太多，主副本就会将其从同步副本集合中移除。反之，如果备份副本重新赶上主副本，它就会加入到主副本的同步集合中。

在Kafka中，一条消息只有被ISR集合的所有副本都运用到本地的日志文件，才会认为消息被成功提交了。任何时刻，只要ISR至少有一个副本是存活的，Kafka就可以保证“一条消息一旦被提交，就不会丢失”。只有已经提交的消息才能被消费者消费，因此消费者不用担心会看到因为主副本失败而丢失的消息。下面我们举例分析Kafka的消息提交机制如何保证消费者看到的数据是一致的。

- 生产者发布了10条消息，但都还没有提交（没有完全复制到ISR中的所有副本）。如果没有提交机制，消息写到主副本的节点就对消费者立即可见，即消费者可以立即看到这10条消息。但之后主副本挂掉了，这10条消息实际上就丢失了。而消费者之前能看到这10条丢失的数据，在主副本挂掉后就看不到了，导致消费者看到的数据出现了不一致。
- 如果有提交机制的保证，并且生产者发布的10条消息还没有提交，则对消费者不可见。即使这10条消息都已经写入主副本，但是它们在还没有来得及复制到其他备份副本之前，主副本就挂掉了。那么，这10条消息就不算写入成功，生产者会重新发送这10条消息。当这10条消息成功地复制到ISR的所有副本后，它们才会认为是提交的，即对消费者才是可见的。在这之后，即使主副本挂掉了也没有关系，因为原先消费者能看到主副本的10条消息，在新的主副本上也能看到这10条消息，不会出现不一致的情况。

下面我们开始做一些简单的实验，通过观察结果来更形象地理解Kafka的一些基本概念。

1.4 快速开始

如表1-1所示，我们会在单机环境下事先创建好不同副本数、不同分区数的几个主题。

表1-1 单机模式下创建不同副本、分区的主题

服务器数量	主题名称	副本数量	分区数量
1	test	1	1
1	my-partitioned-topic	1	3
4	my-replicated-topic	3	1
4	my-replicated-topic2	3	3
4	my-replicated-topic3	3	5

我们的实验会分成单机模式与分布式模式，不同的模式会操作不同的主题。

1.4.1 单机模式

如果是一个服务器，只需要在不同的终端分别启动ZK和KafkaServer服务端进程：

```
$ cd kafka_2.10-0.10.0.0
$ bin/zookeeper-server-start.sh config/zookeeper.properties
$ bin/kafka-server-start.sh config/server.properties
```

1. 一个副本一个分区

通过create选项创建一个名称为test的主题，副本数为1，分区数为1，并连接本地的ZK。通过list选项，可以查看集群的主题列表。创建主题后，日志目录下将创建以“主题名称-分区编号”命名的文件夹，用来存放主题分区的消息。相关代码如下：

```
$ bin/kafka-topics.sh --create --zookeeper localhost:2181 \
  --replication-factor 1 --partitions 1 --topic test
Created topic "test".
$ bin/kafka-topics.sh --list --zookeeper localhost:2181
test
```

接着使用控制台的生产者脚本启动一个命令行模式的生产者，并往指定主题生产一条消息：

```
$ bin/kafka-console-producer.sh --broker-list localhost:9092 --topic test
this is first message
this is second message
```

使用控制台的消费者脚本启动一个命令行模式的消费者，并从分区的最开始位置开始读取消息：

```
$ bin/kafka-console-consumer.sh --zookeeper localhost:2181 \
  --topic test --from-beginning
this is first message
this is second message
^CProcessed a total of 2 messages
```

2. 一个副本多个分区

创建多个分区的my-partitioned-topic主题，然后使用describe命令查看指定主题的详细信息，验证一共有3个分区，并且每个分区都有以下5个属性。

- Topic。主题名称，如果没有事先创建主题，Kafka也可以帮我们自动创建主题。
- Partition。分区编号，从0开始。为了简洁起见，本书会用P0表示Partition:0。
- Leader。当前分区负责读写的节点，只有主副本才会接受消息的读写。
- Replicas。分区的复制节点列表，它与主题的副本数量有关，默认只有一个副本，即主副本。
- Isr。同步状态的副本，是Replicas的子集，必须是存活的，并且都能赶上主副本。

相关代码如下：

```
$ bin/kafka-topics.sh --create --zookeeper localhost:2181
  --replication-factor 1 \
  --partitions 3 --topic my-partitioned-topic
$ bin/kafka-topics.sh --describe --zookeeper localhost:2181 --topic test
Topic:test  PartitionCount:1    ReplicationFactor:1 Configs:
```

```
    Topic: test Partition: 0    Leader: 0   Replicas: 0 Isr: 0

$ bin/kafka-topics.sh --describe --zookeeper localhost:2181 \
  --topic my-partitioned-topic
Topic:my-partitioned-topic PartitionCount:3    ReplicationFactor:1 Configs:
Topic:my-partitioned-topic Partition:0  Leader:0  Replicas:0  Isr:0
Topic:my-partitioned-topic Partition:1  Leader:0  Replicas:0  Isr:0
Topic:my-partitioned-topic Partition:2  Leader:0  Replicas:0  Isr:0
```

为了验证消息是否写到主题分区的日志目录中，可以查看日志目录，其中以log结尾的文件是二进制的日志格式，可以使用Linux的strings命令直接查看文件内容。可以看到，my-partitioned-topic这个主题还没有消息产生，不过Kafka已经提前创建了文件夹和对应的文件。相关代码如下：

```
$ tree /tmp/kafka-logs
/tmp/kafka-logs
├── cleaner-offset-checkpoint
├── meta.properties
├── recovery-point-offset-checkpoint
├── replication-offset-checkpoint
├── my-partitioned-topic-0
│   ├── 00000000000000000000.index
│   └── 00000000000000000000.log
├── my-partitioned-topic-1
│   ├── 00000000000000000000.index
│   └── 00000000000000000000.log
├── my-partitioned-topic-2
│   ├── 00000000000000000000.index
│   └── 00000000000000000000.log
└── test-0
    ├── 00000000000000000000.index
    └── 00000000000000000000.log

$ strings /tmp/kafka-logs/test-0/00000000000000000000.log
this is first message
this is second message
```

接着启动一个控制台的生产者，然后往my-partitioned-topic主题模拟生产6条消息。观察不同日志文件的内容，可以发现这6条消息会被均匀地发送到3个分区日志文件中。相关代码如下：

```
$ bin/kafka-console-producer.sh --broker-list localhost:9092 \
  --topic my-partitioned-topic
message1
message2
message3
message4
message5
message6

$ strings /tmp/kafka-logs/my-partitioned-topic-0/00000000000000000000.log
message3
message6
$ strings /tmp/kafka-logs/my-partitioned-topic-1/00000000000000000000.log
message2
```

```
message5
$ strings /tmp/kafka-logs/my-partitioned-topic-2/00000000000000000000.log
message1
message4
```

默认的log.dirs=/tmp/kafka-logs目录下还会记录所有分区的偏移量全局状态数据，比如检查点（checkpoint）和恢复点（recovery）。这些文件并不在每个分区下，而是在分区的父目录中（因为要记录所有分区，如果在分区目录下，就只能记录当前分区状态）。在上面的示例中，test主题产生了两条消息，my-partitioned-topic产生了6条消息。后者有3个分区，每个分区分别存储了两条消息。因为全局状态是分区级别，所以检查点文件中每个分区的检查点偏移量（checkpoint offset）等于2：

```
$ cat /tmp/kafka-logs/replication-offset-checkpoint
0
4  =》一共有4个分区，每行数据的格式是：主题分区偏移量
my-partitioned-topic 2 2
my-partitioned-topic 1 2
my-partitioned-topic 0 2
test 0 2

$ cat /tmp/kafka-logs/recovery-point-offset-checkpoint
0
4
my-partitioned-topic 1 0
my-partitioned-topic 2 0
my-partitioned-topic 0 0
test 0 0
```

再次启动一个控制台的消费者，并订阅my-partitioned-topic主题，可以看到消息没有按照生产者的顺序读取出来。这是因为Kafka不保证全局的消息顺序，只保证分区级别的消息顺序。比如，分区P2的message1一定在message4之前，分区P1的message2一定在message5之前：

```
$ bin/kafka-console-consumer.sh --zookeeper localhost:2181 \
  --topic my-partitioned-topic --from-beginning
message1    =》分区P2 (Partition2)
message4
message3    =》分区P0 (Partition0)
message6
message2    =》分区P1 (Partition1)
message5
```

上面实验了Kafka的分区特性，并且验证了生产者的负载均衡，消费者读取消息时只保证分区消息有序。接下来，我们通过分布式模式的实验，验证Kafka的分布式模型与故障容错是如何工作的。

1.4.2　分布式模式

在本地模拟启动4个Kafka服务，更改每个节点配置文件中的消息代理编号、端口号、日志文件目录。除了上面已经启动的一个Kafka服务外，还需要再启动3个服务（执行脚本与下面的方式类似）：

```
$ cp config/server.propertiesconfig/server1.properties
$ vi config/server1.properties
```

```
    broker.id=1
    port=9093
log.dir=/tmp/kafka-logs-1
$ bin/kafka-server-start.sh config/server1.properties &
```

在分布式模式下，启动了4个Kafka服务。下面创建的主题副本数都是3个，分区数分别是1个、3个和5个：

```
$ bin/kafka-topics.sh --create --zookeeper localhost:2181 \
  --replication-factor 3 --partitions 1 --topic my-replicated-topic
$ bin/kafka-topics.sh --create --zookeeper localhost:2181 \
  --replication-factor 3 --partitions 3 --topic my-replicated-topic2
$ bin/kafka-topics.sh --create --zookeeper localhost:2181 \
  --replication-factor 3 --partitions 5 --topic my-replicated-topic3
```

查看上面创建的有多个副本的主题分区信息，副本数为3，每个分区都会分布在3个服务端节点上：

```
$ bin/kafka-topics.sh --describe --zookeeper localhost:2181 \
  --topic my-replicated-topic
Topic:my-replicated-topic   PartitionCount:1  ReplicationFactor:3 Configs:
Topic:my-replicated-topic   Partition:0 Leader:1  Replicas:1,2,0 Isr:1,2,0

$ bin/kafka-topics.sh --describe --zookeeper localhost:2181 \
  --topic my-replicated-topic2
Topic:my-replicated-topic2  PartitionCount:3  ReplicationFactor:3 Configs:
Topic:my-replicated-topic2  Partition:0 Leader:0  Replicas:0,2,3 Isr:0,2,3
Topic:my-replicated-topic2  Partition:1 Leader:1  Replicas:1,3,0 Isr:1,3,0
Topic:my-replicated-topic2  Partition:2 Leader:2  Replicas:2,0,1 Isr:2,0,1

$ bin/kafka-topics.sh --describe --zookeeper localhost:2181 \
  --topic my-replicated-topic3
Topic:my-replicated-topic3 PartitionCount:5  ReplicationFactor:3 Configs:
Topic:my-replicated-topic3  Partition:0 Leader:2  Replicas:2,1,3 Isr:2,1,3
Topic:my-replicated-topic3  Partition:1 Leader:3  Replicas:3,2,0 Isr:3,2,0
Topic:my-replicated-topic3 Partition:2 Leader:0  Replicas:0,3,1 Isr:0,3,1
Topic:my-replicated-topic3  Partition:3 Leader:1  Replicas:1,0,2 Isr:1,0,2
Topic:my-replicated-topic3  Partition:4 Leader:2  Replicas:2,3,0 Isr:2,3,0
```

下面手动停止一个Kafka服务节点，来模拟Kafka集群中一个服务端节点出现宕机的情况：

```
$ jps -lm
39520 org.apache.zookeeper.server.quorum.QuorumPeerMain
39955 kafka.Kafkaconfig/server1.properties
39749 kafka.Kafkaconfig/server.properties
40157 kafka.Kafkaconfig/server2.properties
40366 kafka.Kafkaconfig/server3.properties
$ kill -9 40366
```

再次查看创建的主题的信息，可以看到原先落在主副本编号为3的节点，分区的主副本会转移。比如，my-replicated-topic3主题的P1分区，主副本原先是3，现在变为2。另外，虽然每个分区的Replicas没有变化，但Isr都不再包含3：

```
$ bin/kafka-topics.sh --describe --zookeeper localhost:2181 \
  --topic my-replicated-topic
```

```
Topic:my-replicated-topic  PartitionCount:1    ReplicationFactor:3 Configs:
Topic:my-replicated-topic  Partition:0  Leader:1  Replicas:1,3,0 Isr:1,0

$ bin/kafka-topics.sh --describe --zookeeper localhost:2181 \
  --topic my-replicated-topic3
Topic:my-replicated-topic3  PartitionCount:5    ReplicationFactor:3 Configs:
Topic:my-replicated-topic3 Partition:0  Leader:2   Replicas:2,1,3 Isr:2,1
Topic:my-replicated-topic3 Partition:1  Leader:2   Replicas:3,2,0 Isr:2,0
Topic:my-replicated-topic3 Partition:2  Leader:0   Replicas:0,3,1 Isr:0,1
Topic:my-replicated-topic3 Partition:3  Leader:1   Replicas:1,0,2 Isr:1,0,2
Topic:my-replicated-topic3 Partition:4  Leader:2   Replicas:2,3,0 Isr:2,0
```

重启编号为3的服务器，可以看到副本数量不足的分区，它们的Isr会进行扩展，都会添加上3。比如，my-replicated-topic3主题的分区P0、P1、P2、P4相比上一步都加上了3：

```
$ bin/kafka-topics.sh --describe --zookeeper localhost:2181 \
  --topic my-replicated-topic3
Topic:my-replicated-topic3  PartitionCount:5    ReplicationFactor:3 Configs:
Topic:my-replicated-topic3 Partition:0  Leader:2   Replicas:2,1,3 Isr:2,1,3
Topic:my-replicated-topic3 Partition:1  Leader:2   Replicas:3,2,0 Isr:2,0,3
Topic:my-replicated-topic3 Partition:2  Leader:0   Replicas:0,3,1 Isr:0,1,3
Topic:my-replicated-topic3 Partition:3  Leader:1   Replicas:1,0,2 Isr:1,0,2
Topic:my-replicated-topic3 Partition:4  Leader:2   Replicas:2,3,0 Isr:2,0,3
```

服务器挂掉又重启后，分区的主副本并没有变化。观察上面的输出结果，可以看到编号为2的节点有3个分区在上面。为了保证主副本会负载均衡到所有的服务器，可以执行preferred-replica-election脚本来手动执行平衡操作，即选择Replicas的第一个副本作为分区的主副本。比如，分区P1的副本集等于[3, 2, 0]，当前的主副本编号为2，那么就要将分区P1的主副木从现有的2迁移到3上。执行完平衡操作后，再次查看分区信息，可以看到分区的主副本确实发生了转移：

```
$ bin/kafka-preferred-replica-election.sh --zookeeper localhost:2181
$ bin/kafka-topics.sh --describe --zookeeper localhost:2181 \
  --topic my-replicated-topic3
Topic:my-replicated-topic3  PartitionCount:5  ReplicationFactor:3 Configs:
Topic:my-replicated-topic3  Partition:0 Leader:2  Replicas:2,1,3 Isr:2,1,3
Topic:my-replicated-topic3  Partition:1 Leader:3  Replicas:3,2,0 Isr:2,0,3
Topic:my-replicated-topic3  Partition:2 Leader:0  Replicas:0,3,1 Isr:0,1,3
Topic:my-replicated-topic3  Partition:3 Leader:1  Replicas:1,0,2 Isr:1,0,2
Topic:my-replicated-topic3  Partition:4 Leader:2  Replicas:2,3,0 Isr:2,0,3
```

前面我们主要站在Kafka服务端的角度，验证了Kafka集群的分布式分区特性、故障容错、分区主副本的转移等。下面从客户端角度（主要是消费者）验证消费组的分布式消费模型。

1.4.3　消费组示例

默认的控制台消费者在启动时，都会分配到一个随机的消费组编号，即一个消费组只有一个消费者。为了模拟一个消费组下有多个消费者的情况，通过指定消费者的配置文件，并在配置文件中配置消费组的编号，比如这里会设置group.id等于test-consumer-group：

```
$ bin/kafka-topics.sh --create --zookeeper localhost:2181 \
  --replication-factor 1 --partitions 2 --topic test
```

```
$ bin/kafka-console-producer.sh --broker-list localhost:9092 --topic test
1.hello world       =》进入第一个分区 (P0)
2.hello kafka       =》进入第二个分区 (P1)
3.hello world       =》进入第一个分区 (P0)
4.hello kafka       =》进入第二个分区 (P1)
5.message queue     =》进入第一个分区 (P0)
6.message system    =》进入第二个分区 (P1)
7.hello again       =》进入第一个分区 (P0)

# 第一个消费者，分配到第一个分区，顺序读取P0的消息
$ bin/kafka-console-consumer.sh --zookeeper localhost:2181 --topic test \
  --from-beginning --consumer.configconfig/consumer.properties
1.hello world
3.hello world
5.message queue
7.hello again

# 第二个消费者，分配到第二个分区，顺序读取P1的消息
$ bin/kafka-console-consumer.sh --zookeeper localhost:2181 --topic test \
  --from-beginning --consumer.configconfig/consumer.properties
2.hello kafka
4.hello kafka
6.message system

# 不指定消费组，随机分配一个消费组，分配所有的分区，只保证分区内消息的有序性
$ bin/kafka-console-consumer.sh --zookeeper localhost:2181 --topic test \
  --from-beginning
1.hello world       =》第一个分区
3.hello world       =》第一个分区
5.message queue     =》第一个分区
2.hello kafka
4.hello kafka
6.message system
7.hello again       =》第一个分区
```

查看消费组下消费者的偏移量信息，其中Pid表示分区编号，Offset表示消费进度，Lag表示落后的数据量，Owner表示分区归哪个消费者所有（下面的Owner打印信息省略了消费组名称前缀，比如zqhmac-2130366d-0实际上是test-consumer-group_zqhmac-2130366d-0）：

```
# 指定消费组名称，两个消费者分担两个分区
$ bin/kafka-run-class.sh kafka.tools.ConsumerOffsetChecker \
  --group test-consumer-group --zookeeper localhost:2181
Group                Topic Pid Offset logSize Lag Owner
test-consumer-group  test  0   3      3       0   zqhmac-2130366d-0
test-consumer-group  test  1   4      4       0   zqhmac-efb9d839-0

# 控制台的消费者不指定消费组名称，分配到所有的分区
$ bin/kafka-run-class.shkafka.tools.ConsumerOffsetChecker \
  --group console-consumer-46616 --zookeeper localhost:2181
Group                  Topic Pid Offset logSize Lag Owner
console-consumer-46616 test  0   3      3       0   zqhmac-3a477729-0
console-consumer-46616 test  1   4      4       0   zqhmac-3a477729-0
```

如图1-11所示，消费者的元数据信息会注册在ZK中，比如分区的偏移量、分区所属的消费者、所有消费者。另外，ZK还记录了Kafka集群的信息，比如服务器列表、控制器等。

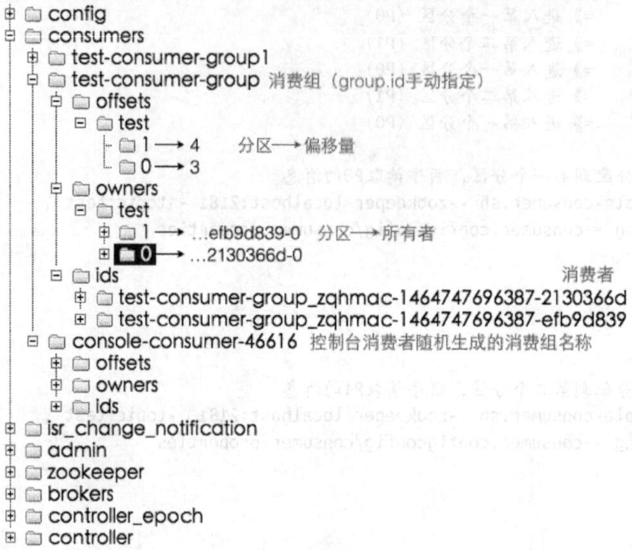

图1-11　消费者的元数据信息保存在ZK中

本节做的几个实验主要验证Kafka的一些基本原理，还有其他一些实验可以参考本书的附录部分。

1.5　环境准备

Kafka的源码采用Gradle来管理，在源码根目录下使用`gradle idea`命令生成IDEA项目，然后导入到IDEA工具中。如图1-12所示，我们创建resources资源目录，并添加log4j.properties日志配置文件（或者直接加到build的classes文件夹下）。

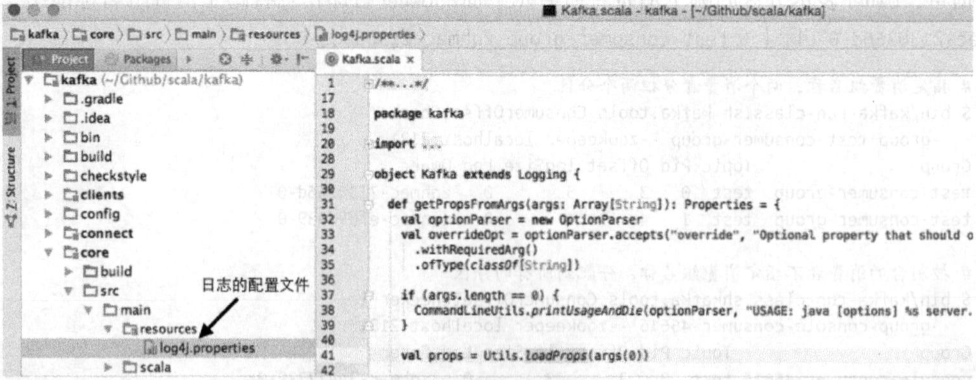

图1-12　添加日志文件

如图1-13所示，安装完Scala插件并准备好开发环境后，在运行选项中设置主类为kafka.Kafka。

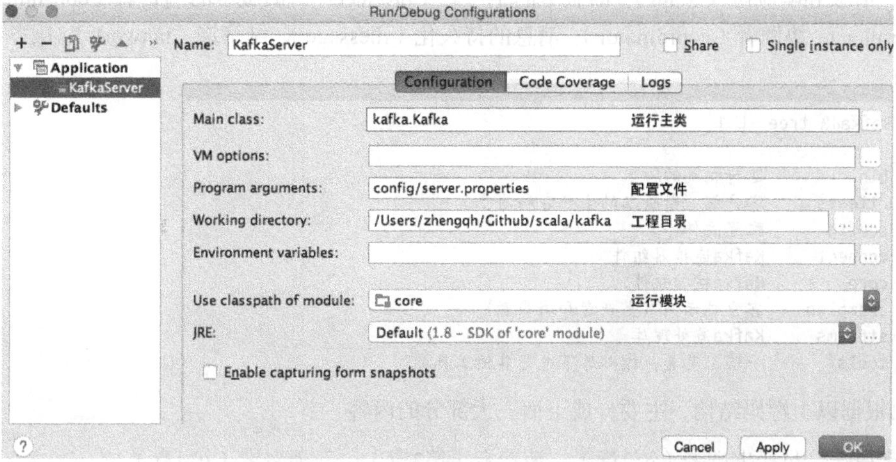

图1-13 运行Kafka服务

运行Kafka类，观察日志。可以看到，服务端会连接ZK。创建日志目录，并启动后台的一些工作线程，比如日志清理线程、日志刷写线程、网络服务端、选举成为控制器、启动消费组的协调者等。最后打印出Kafka Server 0 started，表示Kafka服务在本机开发环境中启动成功。相关代码如下：

```
INFO KafkaConfig values:
auto.create.topics.enable = true          如果没有topic，会自动创建
offsets.topic.num.partitions = 50         默认offset的内部topic的分区有50个
min.insync.replicas = 1                   ISR中最少要有一个副本
num.partitions = 1                        普通的topic默认只有一个分区
  listeners = PLAINTEXT://:9092           没有使用安全机制，使用纯文本通信
zookeeper.connect = localhost:2181        ZK的通信地址
log.dirs = /tmp/kafka-logs                日志文件的目录
  broker.id = 0                           Broker在集群中的编号
INFO starting (kafka.server.KafkaServer)
INFO Connecting to zookeeper on localhost:2181 (k.server.KafkaServer)
INFO Log directory '/tmp/kafka-logs' not found, creating it.
INFO Logs loading complete. (k.log.LogManager)
INFO Starting log cleanup with a period of 300000 ms. (k.log.LogManager) ①
INFO Starting log flusher with a default period of 9223.. ms. ②
INFO Awaiting socket connections on 0.0.0.0:9092. (k.network.Acceptor)
INFO [Socket Server on Broker 0], Started 1 acceptor threads ③
INFO Creating /controller (k.utils.ZKCheckedEphemeral) ④
INFO 0 successfully elected as leader (k.server.ZookeeperLeaderElector)
INFO [GroupCoordinator 0]: Startup complete. (GroupCoordinator) ⑤
INFO [Group Metadata Manager on Broker 0]:Removed 0 expired offsets in 47 ms.
INFO [ThrottledRequestReaper-Produce], Starting (k.s.ClientQuotaManager)
INFO [ThrottledRequestReaper-Fetch], Starting  (k.s.ClientQuotaManager)
INFO Creating /brokers/ids/0 (is it secure? false) (k.u.ZKCheckedEphemeral)
INFO Register broker 0 at path /brokers/ids/0 with localhost,9092,PLAINTEXT)
INFO New leader is 0 (k.s.ZookeeperLeaderElector$LeaderChangeListener)
INFO [Kafka Server 0], started (k.server.KafkaServer)
```

接下来，看看下Kafka源码包的一些主要目录，其中core是Kafka的核心库，包括了管理接口（admin）、请求和响应协议（api）、旧版本的生产者（producer）、旧版本的消费者（consumer）、控制器（controller）、协调者（coordinator）、消息的持久化（message）、网络层（network）、服务端的实现（server）：

```
$ cdkafka&& tree -L 1
.
├── bin         运行相关的脚本
├── clients     客户端（新版本的生产者和消费者）
├── config      配置文件
├── connect     Kafka连接器组件
├── core        Kafka核心组件
├── examples    客户端示例（生产者和消费者）
├── streams     Kafka流处理库
├── tools       一些工具类，核心库下也有其他工具类
```

本书根据以上源码结构，主要分成下面三大部分的内容。

- **客户端**。包括生产者（第2章）、消费者（第3章）、新消费者（第4章）。
- **服务端**。包括协调者（第5章）、日志存储（第6章）、控制器（第7章）。
- **高级应用**。包括Kafka连接器（第8章）、Kafka流处理（第9章）。

在开始源码分析之前，表1-2至表1-5列举了本书用到的一些中英文对照术语。

表1-2　Kafka的一些术语解释（1）

术语（基本概念）	解　释	术语（日志）	解　释	术语（网络层）	解　释
topic	主题	offset	偏移量	NetworkClient	客户端网络连接
partition	分区	checkpoint	检查点	sender	网络发送器
replicas	副本	log	日志文件	NetworkReceiver	网络接收器
TopicPartition	主题分区	segment	日志片段	RecordAccumulator	记录收集器
broker	消息代理	MessageSet	消息集	ClientRequest	客户端请求
producer	生产者	LEO	日志文件的最近偏移量	ClientResponse	客户端响应
consumer	消费者	HW	最高水位线	SocketServer	网络通信服务端
ConsumerGroup	消费组	ISR	正在同步中的副本集	KafkaChannel	Kafka通信通道

表1-3　Kafka的一些术语解释（2）

术语（旧消费者）	解　释	术语（新消费者）	解　释
ConsumerConnector	消费者连接器	SubscriptionState	订阅状态
KafkaStream	Kafka消息流	ConsumerNetworkClient	消费者网络客户端
ConsumerIterator	消费者的迭代器	ConsumerRecords	消费者记录集
TopicCount	主题对应的线程数	ConsumerRecord	消费者记录
ConsumerThreadId	消费者线程编号	OffsetAndMetadata	偏移量和元数据
PartitionAssignment	分区的分配信息	Fetcher	消费者拉取管理类

（续）

术语（旧消费者）	解 释	术语（新消费者）	解 释
PartitionAssignor	分区的分配算法	ConsumerCoordinator	消费者的协调者
PartitionTopicInfo	分区的主题信息	TopicPartitionState	分区的状态
FetcherManager	拉取管理器	RequestFuture	Future请求
FetcherThread	拉取线程	RequestFutureListener	Future请求的监听器
commitOffsets	提交的偏移量	RequestFutureAdapter	Future请求的适配器
fetchOffsets	拉取的偏移量	RequestFutureCompletionHandler	Future请求完成的监听器

表1-4 Kafka的一些术语解释（3）

术语（协调者）	解 释	术语（控制器）	解 释
JoinGroup	加入消费组	KafkaController	控制器
SyncGroup	同步消费组	PartitionStateMachine	分区状态机
MemberMetadata	消费者成员元数据	ReplicaStateMachine	副本状态机
GroupMetadata	消费组元数据	PartitionLeaderSelector	选举分区的主副本
PreparingRebalance	准备平衡	PartitionsReassignedListener	重新分配分区的监听器
AwaitingSync	等待同步	NewPartition/NewReplica	新建的分区/副本
DelayedJoin	延迟的加入组	OnlinePartition/OnlineReplica	在线的分区/副本
DelayedHeartbeat	延迟的心跳	OfflinePartition/OfflineReplica	下线的分区/副本
HeartbeatTask	心跳定时任务	LeaderAndIsr	分区的主副本和ISR信息
AutoCommitTask	自动提交偏移量定时任务	TopicMetadata	主题的元数据

表1-5 Kafka的一些术语解释（4）

术语（连接器）	解 释	术语（流处理）	解 释
connector	连接器	KafkaStreams	流处理进程
WorkerTask	管理多种类型的连接任务	TopologyBuilder	拓扑构建器
SourceTask	读取数据源写入Kafka的任务	StreamThread	流线程
SinkTask	读取Kafka写入数据源的任务	StreamTask	流任务
ConnectRecord	复制记录的基类	ProcessorNode	处理节点
SourceRecord	写入Kafka的源记录	SourceNode	源节点
SinkRecord	读取Kafka的目标记录	SinkNode	目标节点

第2章 生产者

消息系统通常由生产者（producer）、消费者（consumer）和消息代理（broker）三大部分组成，生产者会将消息写入消息代理，消费者会从消息代理中读取消息。对于消息代理而言，生产者和消费者都属于客户端：生产者和消费者会发送客户端请求给服务端，服务端的处理分别是存储消息和获取消息，最后服务端返回响应结果给客户端。

客户端和服务端的通信涉及网络中不同的节点，客户端和服务端都会有一个连接对象，负责数据的发送和接收：比如客户端会发送请求、接收响应，服务端会接收请求、发送响应。生产者和消费者客户端与服务端完成一次网络通信的具体步骤如下。

(1) 生产者客户端应用程序产生消息。
(2) 客户端连接对象将消息包装到请求中，发送到服务端。
(3) 服务端连接对象负责接收请求，并将消息以文件形式存储。
(4) 服务端返回响应结果给生产者客户端。
(5) 消费者客户端应用程序消费消息。
(6) 客户端连接对象将消费信息也包装到请求中，发送给服务端。
(7) 服务端从文件存储系统中取出消息。
(8) 服务端返回响应结果给消费者客户端。
(9) 客户端将响应结果还原成消息，并开始处理消息。

本章主要关注客户端和服务端的网络通信流程，没有涉及服务端的具体实现。分布式系统通常会自己实现一套负责不同节点之间数据传输的网络层通信机制，也叫作RPC框架。RPC框架会处理网络通信协议的编解码、客户端和服务端的请求发送和接收等。

协议是由服务端定制的，客户端只要遵循这种协议发送请求，服务端就能够正常地接收并处理客户端请求。Kafka初期使用Scala编写，早期Scala版本的生产者、消费者和服务端的实现都放在core包下；而最新的客户端使用了Java重新实现，放在clients包下。本章主要分析新旧两个版本的生产者客户端实现，以及服务端的网络连接实现。

2.1 新生产者客户端

新的生产者应用程序使用`KafkaProducer`对象代表一个生产者客户端进程。生产者要发送消息，并不是直接发送给服务端，而是先在客户端把消息放入队列中，然后由一个消息发送线程从队列中拉取消息，以批量的方式发送消息给服务端。Kafka的记录收集器（RecordAccumulator）负责缓存生产者客户端产生的消息，发送线程（Sender）负责读取记录收集器的批量消息，通过网络发送给服务端。为了保证客户端网络请求的快速响应，Kafka使用选择器（Selector）处理网络连接和读写处理，使用网络连接（NetworkClient）处理客户端网络请求。

2.1.1 同步和异步发送消息

下面的生产者示例代码来自Kafka源码根目录的examples包：

```
public class Producer extends Thread {
  private final KafkaProducer<Integer, String> prod;
  private final String topic;
  private final Boolean isAsync;

  public Producer(String topic, Boolean isAsync) {
    Properties props = new Properties();
    props.put("bootstrap.servers", "localhost:9092");
    props.put("client.id", "DemoProducer");
    props.put("key.serializer",
      "org.apache.kafka.common.serialization.IntegerSerializer");
    props.put("value.serializer",
      "org.apache.kafka.common.serialization.StringSerializer");
    prod = new KafkaProducer<Integer, String>(props);
    this.topic = topic;
    this.isAsync = isAsync;
  }

  public void run() {
    int num = 1;
    while (true) {
      String msg = "Message_" + num;
      if (isAsync) {  // 异步发送
        prod.send(new ProducerRecord<Integer,String>(topic,num,msg),
          new Callback() {
            public void onCompletion(RecordMetadata metadata, Exception e) {
              System.out.println("#offset:"+metadata.offset());
            }
          }
        );
      } else {         // 同步发送
        prod.send(new ProducerRecord<Integer, String>(topic,num,msg)).get();
      }
      ++num;
    }
  }
}
```

其中Producer类首先根据配置文件创建了一个生产者客户端对象KafkaProducer。在构造函数中，isAsync参数表示生产者发送消息的模式，值为true表示异步，值为false表示同步。每一条消息都会包装成一条生产者记录（ProducerRecord），并传给生产者客户端对象的send发送方法，表示生产者客户端产生的一条消息通过生产者客户端对象发送给Kafka服务端集群。

异步发送模式还传递了一个Callback匿名回调类，当客户端发送完一条消息，并且这条消息成功地存储到Kafka集群后，服务端会调用匿名回调类的回调方法（onCompletion）。异步发送指的是生产者发送完一条消息后，不需要关心服务端处理完了没有，可以接着发送下一条消息。服务端在处理完每一条消息后，会自动触发回调函数，返回响应结果给客户端。如果是以同步模式发送消息，生产者客户端应用程序不需要提供回调函数。同步模式下，生产者发送完一条消息后，必须等待服务端返回响应结果，然后才能发送下一条消息。

KafkaProducer只用了一个send方法，就可以完成同步和异步两种模式的消息发送，这是因为send方法返回的是一个Future。基于Future，我们可以实现同步或异步的消息发送语义。

- 同步。调用send返回Future时，需要立即调用get，因为Future.get在没有返回结果时会一直阻塞。
- 异步。提供一个回调，调用send后可以继续发送消息而不用等待。当有结果返回时，会自动执行回调函数。

生产者客户端对象KafkaProducer的send方法的处理逻辑是：首先序列化消息的key和value（消息必须序列化成二进制流的形式才能在网络中传输），然后为每一条消息选择对应的分区（表示要将消息存储到Kafka集群的哪个节点上），最后通知发送线程发送消息。相关代码如下：

```
// KafkaProducer的send方法是生产者客户端消息发送逻辑的入口
public Future<RecordMetadata> send(ProducerRecord rec, Callback cb){
  // 序列化消息的key和value
  byte[] serKey=keySerializer.serialize(rec.topic(),rec.key());
  byte[] serValue=valueSerializer.serialize(rec.topic(), rec.value());
  // 选择这条消息的分区并构造TopicPartition，然后追加到记录收集器里
  int partition = partition(rec,serKey,serValue,metadata.fetch());
  TopicPartition tp = new TopicPartition(rec.topic(), partition);
  RecordAppendResult result = accumulator.append(tp,serKey,serValue,cb);
  // 追加一条消息到收集器后，如果记录收集器满了，通知Sender发送消息
  if (result.batchIsFull||result.newBatchCreated) this.sender.wakeup();
  return result.future;
}
```

生产者客户端发送消息给Kafka服务端集群，应该能够同时往多个服务端节点写数据，从而最大地提高生产者客户端的性能。Kafka的一个主题会有多个分区，分区作为并行任务的最小单位，为消息选择分区要根据消息是否含有键来判断。

通常，消息是没有key这个概念的。比如要发送一条消息，一般直接给出这条消息的内容。由于消息负载要分布到不同的服务端节点，不能让消息老是发送到同一个节点，以免那个节点负担太重（读取的时候也会有问题），一般这种没有键的消息会采用round-robin方式，均衡地分发到不同的分区。

如果指定了消息的键，为消息选择分区的算法是：对键进行散列化后，再与分区的数量取模运算得到分区编号。因为对一个不变的键进行散列化的结果永远是同一个值，所以只要分区数量不变，相

同键的所有消息总是会被写到同一个分区中。

注意： 包含键的消息通常是要取出来做进一步处理的。相同键的消息有多条数据，并且都保存在一个分区内。如果要读取指定键的消息，也只需要和一个分区联系，就可以取出这个键的所有数据。

1. 为消息选择分区

如果没有提前创建消息所属的主题，默认情况下主题的分区数量只有一个。一个主题只有一个分区时，会导致同一个主题的所有消息都只会保存到一个节点上。一般我们会提前创建主题，指定更多的分区数，这样同一个主题的所有消息就会分散在不同的节点上。

PartitionInfo对象表示一个分区的分布信息，它的成员变量有主题名称、分区编号、所在的主副本节点、所有的副本、ISR列表。把消息和PartitionInfo组合起来，就能表示消息被发送到哪个主题的哪个分区。相关代码如下：

```
public class PartitionInfo {
  private final String topic;  // 主题名称
  private final int partition; // 分区编号
  private final Node leader;    //分区的主副本节点
  private final Node[] replicas; // 分区的所有副本
  private final Node[] inSyncReplicas; // 分区中处于ISR的副本
}
```

以1.4.2节的my-replicated-topic3主题（5个分区、3个副本）为例，假设我们在本机启动了4个代理节点。如图2-1（左）所示，分区信息PartitionInfo记录了每个分区的基本信息。图2-1（右）列举了每个代理节点上的分区数量、主副本的数量和分区集。

分区信息				代理节点的分区集			
分区编号 (Partition)	主副本节点 (Leader)	副本集 (Replicas)	同步副本集 (In Sync Replicas)	代理节点编号 (Broker)	分区数量 (# of Partitions)	主副本的数量 (# as Leader)	分区集 (Partitions)
0	2	(2,0,1)	(2,0,1)	0	3	1	(0,2,3)
1	3	(3,1,2)	(3,1,2)	1	4	1	(0,1,3,4)
2	0	(0,2,3)	(0,2,3)	2	4	2	(0,1,2,4)
3	1	(1,3,0)	(1,3,0)	3	4	1	(1,2,3,4)
4	2	(2,1,3)	(2,1,3)				

图2-1 分区的信息

Kafka通过将主题分成多个分区的语义来实现并行处理，生产者可以将一批消息分成多个分区，每个分区写入不同的服务端节点。如图2-2所示，消息集的每条消息都会选择一个分区编号，不同的分区可以同时向分区的主副本节点发送生产请求。生产者客户端采用这种分区并行发送的方式，从而提升生产者客户端的写入性能。分区对消费者也有好处，消费者指定获取一个主题的消息，它也可以同时从多个分区读取消息，从而提升消费者客户端的读取性能。

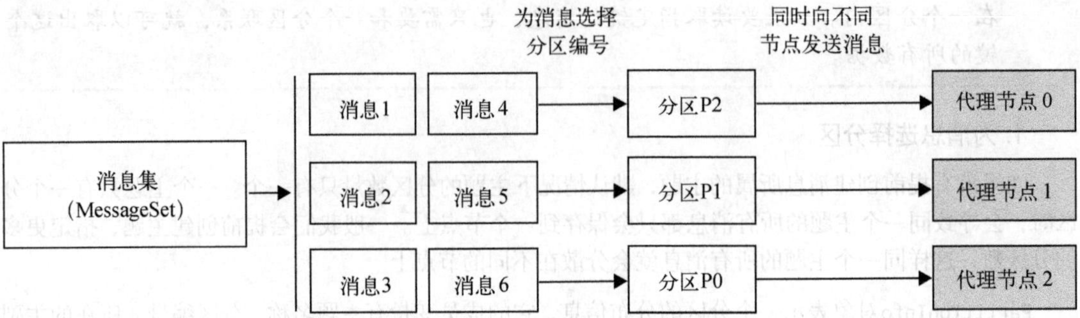

图2-2　为消息选择分区

注意：图中的分区P0是Partition0的简写，分区P1是Partition1的简写，下同。

partition()方法会为消息选择一个分区编号。为了保证消息负载均衡地分布到各个服务端节点，对于没有键的消息，通过计数器自增轮询的方式依次将消息分配到不同的分区上；对于有键的消息，对键计算散列值，然后和主题的分区数进行取模得到分区编号。相关代码如下：

```
// 为消息选择分区编号
public int partition(String topic,byte[] key,byte[] value,Cluster cluster){
  // 获取主题的所有分区，用来实现消息的负载均衡
  List<PartitionInfo> partitions = cluster.partitionsForTopic(topic);
  int numPartitions = partitions.size();
  if (key == null) { // 消息没有key，则均衡分布
    int nextValue = counter.getAndIncrement(); // 计数器递增
    List<PartitionInfo> availablePartitions=cluster.availablePartitionsForTopic(topic);
    if (availablePartitions.size() > 0) {
      int part = nextValue % availablePartitions.size();
      return availablePartitions.get(part).partition();
    }
  } else { // 消息有key，对消息的key进行散列化后取模
    return Utils.murmur2(key) % numPartitions;
  }
}
```

如图2-3所示，假设Topic1主题有4个分区，则总共有4个对应的分区信息对象。一个分区有多个副本，灰色矩形表示主副本，白色矩形表示备份副本，备份副本的数据会和主副本保持同步。假设分区P4（图中Topic1-Partition4的简写，下同）还没有选举出主副本，那么没有键的消息不会被分配到分区P4。选择分区时，计数器是递增的，第一条消息写到分区P1，第二条消息写到分区P2，第三条写到分区P3，第四条又会写到分区P1，以此类推。只有分区P4可用了，新的消息才会写到分区P4上。

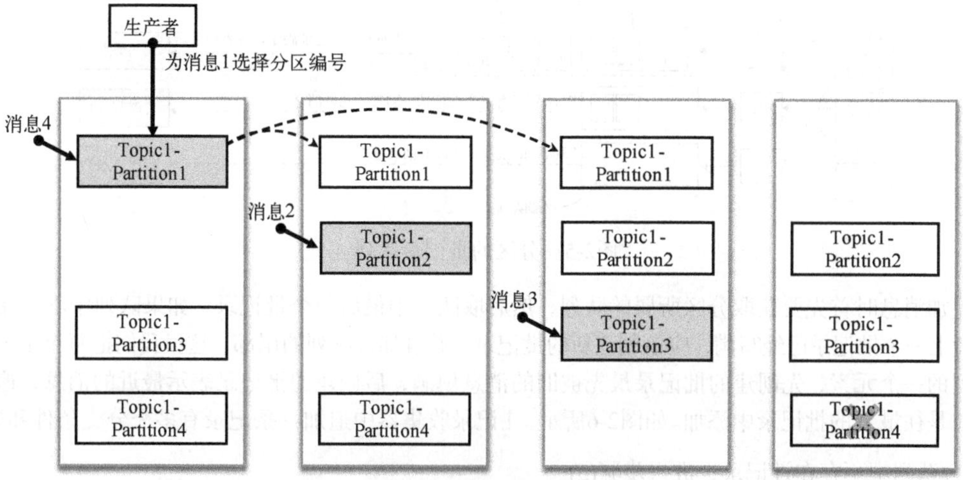

图2-3 选择可用的分区

在客户端就为消息选择分区的目的是什么？只有为消息选择分区，我们才能知道应该发送到哪个节点，否则如图2-4所示，只能随便找一个服务端节点，再由那个节点去决定如何将消息转发给其他正确的节点来保存。后面这种方式增加了服务端的负担，多了不必要的数据传输。可以看到，这种方式比在客户端选择分区多了一次消息传输，而且是全量的数据传输，显然不划算。

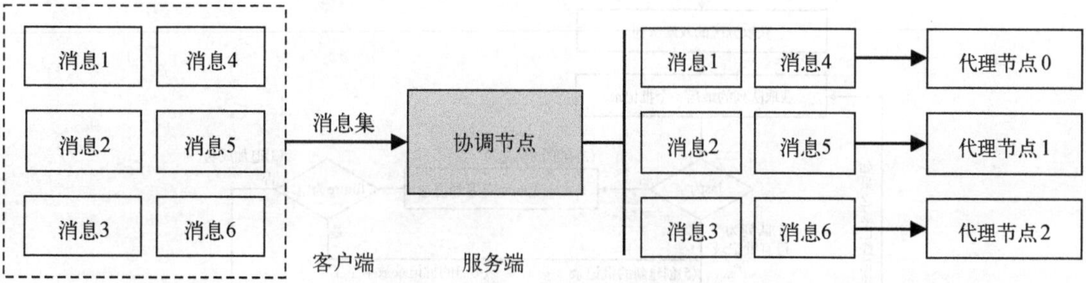

图2-4 不在客户端选择分区的缺点

消息经过序列化，并且要存储的分区编号也已选择，下一步要将消息先缓存在客户端的记录收集器里。

2. 客户端记录收集器

生产者发送的消息先在客户端缓存到记录收集器RecordAccumulator中，等到一定时机再由发送线程Sender批量地写入Kafka集群。生产者每生产一条消息，就向记录收集器中追加一条消息，追加方法的返回值表示批记录（RecordBatch）是否满了：如果批记录满了，则开始发送这一批数据。如图2-5所示，每个分区都有一个双端队列用来缓存客户端的消息，队列的每个元素是一个批记录。一旦分区的队列中有批记录满了，就会被发送线程发送到分区对应的节点；如果批记录没有满，就会继续等待直到收集到足够的消息。

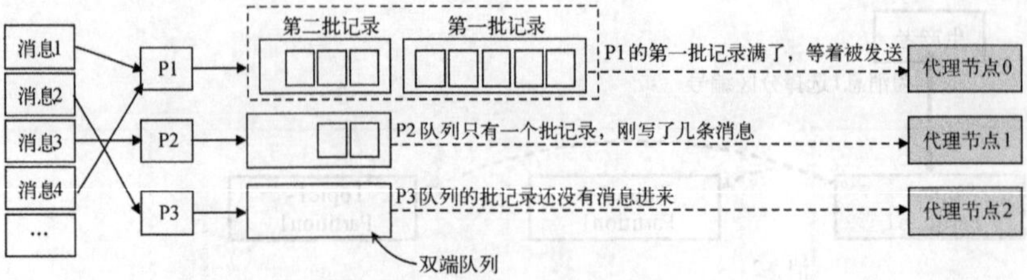

图2-5 分区的批记录队列

追加消息时首先要获取分区所属的队列，然后取队列中最后一个批记录，如果队列中不存在批记录或者上一个批记录已经写满，应该创建新的批记录，并且加入队列的尾部。这里我们把每个批记录看作队列的一个元素，先创建的批记录最先被旧的消息填满，后创建的批记录表示最近的消息，追加消息时总是往最近的批记录中添加。如图2-6所示，往记录收集器中追加一条记录有多个分支条件和判断。

(1) 队列中不存在批记录，进入步骤(5)。

(2) 如果存在旧的批记录，尝试追加当前一条消息，并判断能不能追加成功。

(3) 如果追加成功，说明已有的批记录可以容纳当前这条消息，返回结果。

(4) 如果追加不成功，说明虽然有旧的批记录，但是容纳不下当前这一条消息，进入下一步。

(5) 创建一个新的批记录，并往其中添加当前消息，新的批记录一定能容纳当前这条消息。

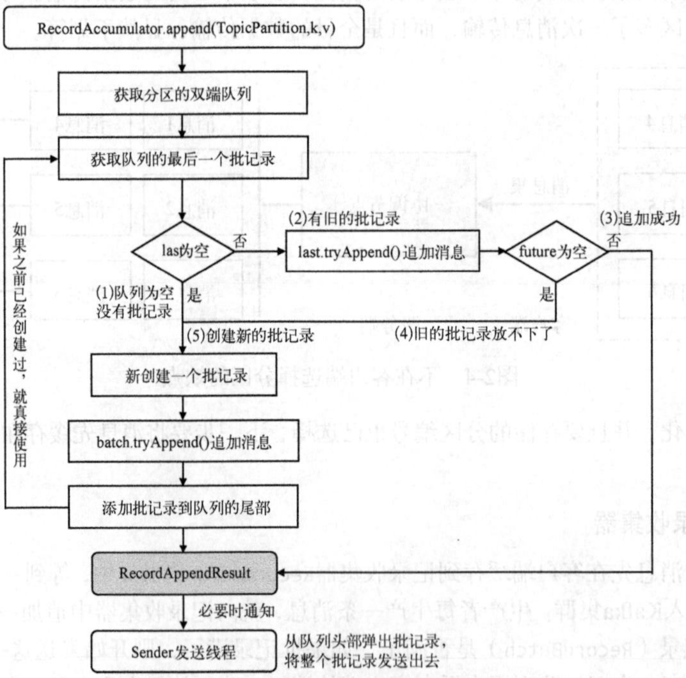

图2-6 记录收集器追加消息

记录收集器的作用是缓存客户端的消息，还需要通过消息发送线程才能将消息发送到服务端。

2.1.2 客户端消息发送线程

追加消息到记录收集器时按照分区进行分组，并放到batches集合中，每个分区的队列都保存了即将发送到这个分区对应节点上的批记录，客户端的发送线程可以只使用一个Sender线程迭代batches的每个分区，获取分区对应的主副本节点，取出分区对应的队列中的批记录就可以发送消息了。

消息发送线程有两种消息发送方式：按照分区直接发送、按照分区的目标节点发送。假设有两台服务器，主题有6个分区，那么每台服务器就有3个分区。如图2-7（左）所示，消息发送线程迭代batches的每个分区，直接往分区的主副本节点发送消息，总共会有6个请求。如图2-7（右）所示，我们先按照分区的主副本节点进行分组，把属于同一个节点的所有分区放在一起，总共只有两个请求。第二种做法可以大大减少网络的开销。

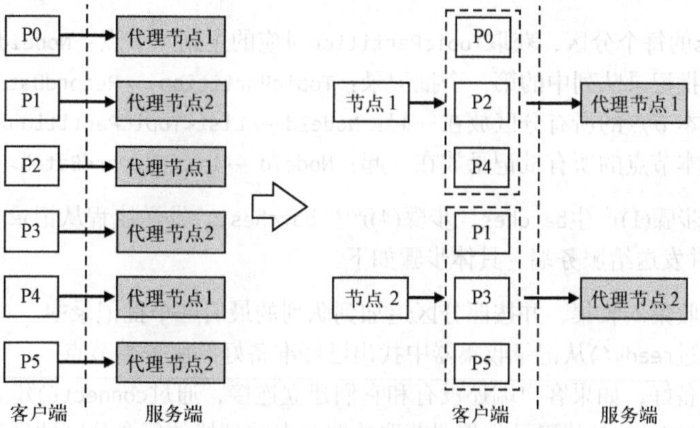

图2-7 在客户端根据节点整理分区

1. 从记录收集器获取数据

生产者发送的消息在客户端首先被保存到记录收集器中，发送线程需要发送消息时，从中获取就可以了。不过记录收集器并不仅仅将消息暂存起来，而且为了使发送线程能够更好地工作，追加到记录收集器的消息将按照分区放好。在发送线程需要数据时，记录收集器能够按照节点将消息重新分组再交给发送线程。发送线程从记录收集器中得到每个节点上需要发送的批记录列表，为每个节点都创建一个客户端请求（ClientRequest）。相关代码如下：

```
// 消息发送线程 (Sender) 读取记录收集器，按照节点分组，创建客户端请求，发送请求
public void run(long now) {
  Cluster cluster = metadata.fetch();
  // 获取准备发送的所有分区
  ReadyCheckResult result = accumulator.ready(cluster,now);
  // 建立到主副本节点的网络连接，移除还没有准备好的节点
  Iterator<Node> iter = result.readyNodes.iterator();
  while (iter.hasNext()) {
    Node node = iter.next();
    if (!this.client.ready(node, now)) iter.remove();
  }
```

```
    // 读取记录收集器，返回的每个主副本节点对应批记录列表，每个批记录对应一个分区
    Map<Integer, List<RecordBatch>> batches = accumulator.drain(
        cluster, result.readyNodes, this.maxRequestSize, now);
    // 以节点为级别的生产请求列表，即每个节点只有一个客户端请求
    List<ClientRequest> requests = createProduceRequests(batches, now);
    // 将请求放入队列中并等待发送，请求只能发送给准备好的节点
    for (ClientRequest request : requests) client.send(request, now);
    // 这里才会执行真正的网络读写请求，比如将上面的客户端请求真正发送出去
    this.client.poll(pollTimeout, now);
}
```

追加消息到记录收集器的数据结构是batches:TopicPartition → Deque<RecordBatch>，读取记录收集器的数据结构是batches:NodeId → List<RecordBatch>。为了区分这两个batches，把后者叫作batches'，从batches转变为batches'的步骤如下。

(1) 迭代batches的每个分区，获取TopicPartition对应的主副本节点：NodeId。

(2) 获取分区的批记录队列中的第一个批记录：TopicPartition → RecordBatch。

(3) 将相同主副本节点的所有分区放在一起：NodeId → List<TopicPartition>。

(4) 将相同主副本节点的所有批记录放在一起：NodeId → List<RecordBatch>。

如图2-8所示，步骤(1)产生batches，步骤(4)产生batches'。发送线程从记录收集器获取数据，然后创建客户端请求并发送给服务端，具体步骤如下。

(1) 消息被记录收集器收集，并按照分区追加到队列的最后一个批记录中。

(2) 发送线程通过ready()从记录收集器中找出已经准备好的服务端节点。

(3) 节点已经准备好，如果客户端还没有和它们建立连接，通过connect()建立到服务端的连接。

(4) 发送线程通过drain()从记录收集器获取按照节点整理好的每个分区的批记录。

(5) 发送线程得到每个节点的批记录后，为每个节点创建客户端请求，并将请求发送到服务端。

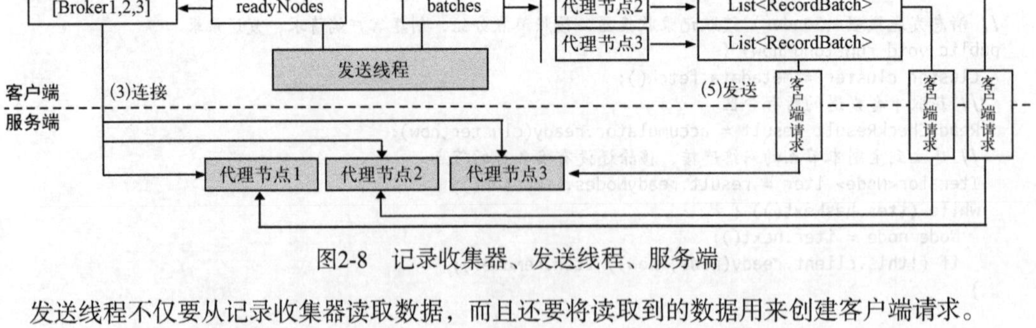

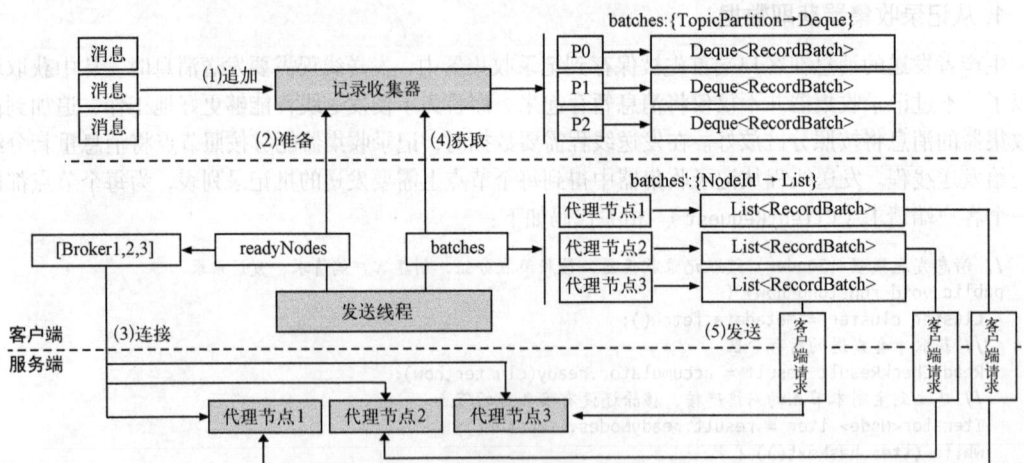

图2-8　记录收集器、发送线程、服务端

发送线程不仅要从记录收集器读取数据，而且还要将读取到的数据用来创建客户端请求。

2. 创建生产者客户端请求

从记录收集器获取出来的batches已经按照节点分组了，发送线程的produceRequest()方法会为每个节点都创建一个客户端请求。produceRequest()方法的batches参数是指定目标节点的批记录列表。由于一个目标节点就有多个分区，每个批记录都对应了一个分区。创建客户端请求时，批记录列表需要转成分区到字节缓冲区的字典结构。相关代码如下：

```
// 发送线程为每个目标节点创建一个客户端请求
private ClientRequest produceRequest(long now, int destination,
    short acks, int timeout, List<RecordBatch> batches) {
  Map<TopicPartition,ByteBuffer> produceRecordsByPart=new HashMap();
  final Map<TopicPartition,RecordBatch> recordsByPart=new HashMap();
  for (RecordBatch batch : batches) {
    // 每个RecordBatch都有唯一的TopicPartition
    TopicPartition tp = batch.topicPartition;
    // RecordBatch的records是MemoryRecords, 底层是ByteBuffer
    produceRecordsByPart.put(tp, batch.records.buffer());
    recordsByPart.put(tp, batch);
  }
  // 构造生产者的请求，最后封装为统一的客户端请求
  ProduceRequest req=new ProduceRequest(acks,timeout,produceRecordsByPart);
  RequestSend send = new RequestSend(Integer.toString(destination),
    this.client.nextRequestHeader(ApiKeys.PRODUCE), req.toStruct());
  // 回调函数会作为客户端请求的一个成员变量，当客户端请求完成后，会调用回调函数
  RequestCompletionHandler callback = new RequestCompletionHandler() {
    public void onComplete(ClientResponse response) {
      handleProduceResponse(response, recordsByPart);
    }
  };
  return new ClientRequest(now, acks != 0, send, callback);
}
```

这里需要注意的是，发送线程并不负责真正发送客户端请求，它会从记录收集器中取出要发送的消息，创建好客户端请求，然后把请求交给客户端网络对象（NetworkClient）去发送。因为没有在发送线程中发送请求，所以创建客户端请求时需要保留目标节点，这样客户端网络对象获取出客户端请求时，才能知道要发送给哪个目标节点。

2.1.3 客户端网络连接对象

客户端网络连接对象（NetworkClient）管理了客户端和服务端之间的网络通信，包括连接的建立、发送客户端请求、读取客户端响应。回顾下2.1.2节中第1小节“从记录收集器获取数据”部分，发送线程的run()方法中会调用NetworkClient的3个方法，如下。

- ❑ ready()方法。从记录收集器获取准备完毕的节点，并连接所有准备好的节点；
- ❑ send()方法。为每个节点创建一个客户端请求，将请求暂存到节点对应的通道中；
- ❑ poll()方法。轮询动作会真正执行网络请求，比如发送请求给节点，并读取响应。

我们把前面两个方法都叫作准备阶段，因为调用这两个方法并没有真正地将客户端请求发送到服务端上，只有第三个方法才会发送客户端请求。

1. 准备发送客户端请求

客户端向服务端发送请求需要先建立网络连接。如果服务端还没有准备好，即还不能连接，这个节点在客户端就会被移除掉，确保消息不会发送给还没有准备好的节点；如果服务端已经准备好了，则调用selector.connect()方法建立到目标节点的网络连接。相关代码如下：

```
// 客户端的发送线程通过NetworkClient向服务端发起网络连接
public boolean ready(Node node, long now) {
  if (isReady(node, now)) return true;
  if (connectionStates.canConnect(node.idString(), now))
    initiateConnect(node, now); // 允许连接但还没连接，就初始化连接
  return false; // 不允许连接，或者刚刚初始化，都不算准备好
}
private void initiateConnect(Node node, long now) {
  String nodeConnectionId = node.idString();
  this.connectionStates.connecting(nodeConnectionId, now);
  selector.connect(nodeConnectionId, new InetSocketAddress(node.host(),
    node.port()), this.socketSendBuffer, this.socketReceiveBuffer);
}
```

连接建立后，发送线程调用NetworkClient.send()，先将客户端请求加入inFlightRequests列表，然后调用selector.send()方法。注意：这一步只是将请求暂存到节点对应的网络通道中，还没有真正地将客户端请求发送出去。相关代码如下：

```
// NetworkClient的send方法发送客户端请求
public void send(ClientRequest request, long now) {
  this.inFlightRequests.add(request); // 还没开始真正发送，先加入队列
  selector.send(request.request());    // 发送的对象是客户端请求中的RequestSend
}
```

为了保证服务端的处理性能，客户端网络连接对象有一个限制条件：**针对同一个服务端，如果上一个客户端请求还没有发送完成，则不允许发送新的客户端请求。**客户端网络连接对象用inFlightRequests变量在客户端缓存了还没有收到响应的客户端请求，InFlightRequests类包含一个节点到双端队列的映射结构。在准备发送客户端请求时，请求将添加到指定节点对应的队列中；在收到响应后，才会将请求从队列中移除。

2. 客户端轮询并调用回调函数

发送线程run()方法的最后一步是调用NetworkClient的poll()方法。轮询的最关键步骤是调用selector.poll()方法，而在轮询之后，定义了多个处理方法。轮询不仅仅会发送客户端请求，也会接收客户端响应。客户端发送请求后会调用handleCompletedSends()处理已经完成的发送，客户端接收到响应后会调用handleCompletedReceives()处理已经完成的接收。

如果客户端发送完请求不需要响应，在处理已经完成的发送时，就会将对应的请求从inFlightRequests队列中移除。而因为没有响应结果，也就不会有机会调用handleCompletedReceives()

方法。如果客户端请求需要响应，则只有在handleCompletedReceives()中才会删除对应的请求：因为inFlightRequests队列保存的是未收到响应的客户端请求，请求已经有响应，就不需要存在于队列中。相关代码如下：

```
// NetworkClient的poll()轮询
public List<ClientResponse> poll(long timeout, long now) {
  this.selector.poll(Utils.min(timeout,metadataTimeout,requestTimeoutMs));
  List<ClientResponse> responses = new ArrayList<>();
  handleCompletedSends(responses, updatedNow);     // 完成发送的处理器
  handleCompletedReceives(responses, updatedNow); // 完成接收的处理器
  handleDisconnections(responses, updatedNow);     // 断开连接的处理器
  handleConnections();                             // 处理连接的处理器
  handleTimedOutRequests(responses, updatedNow);   // 超时请求的处理器
  // 上面几个处理器都会往responses中添加数据，有了响应后开始调用请求的回调函数
  for (ClientResponse response : responses) {
    if (response.request().hasCallback()) {
      response.request().callback().onComplete(response);
    }
  }
  return responses;
}

// 处理已经完成的发送请求，如果不期望得到响应，就认为整个请求全部完成
void handleCompletedSends(List<ClientResponse> responses, long now) {
  for (Send send : this.selector.completedSends()) {
    ClientRequest request=inFlightRequests.lastSent(send.destination());
    if (!request.expectResponse()){ // 不需要响应，发送完请求就结束了
      this.inFlightRequests.completeLastSent(send.destination());
      responses.add(new ClientResponse(request, now, false, null));
    }
  }
}

// 处理已经完成的接收请求，根据接收到的响应更新响应列表
void handleCompletedReceives(List<ClientResponse> responses, long now) {
  for (NetworkReceive receive : this.selector.completedReceives()) {
    // 接收到完整的响应了，现在可以删除inFlightRequests中的ClientRequest
    ClientRequest req = inFlightRequests.completeNext(receive.source());
    if (!metadataUpdater.maybeHandleCompletedReceive(req, now, body))
      responses.add(new ClientResponse(req, now, false, body));
  }
}
```

下面总结了客户端是否需要响应结果的两种场景下，从队列中删除或添加请求的顺序。

- **不需要响应的流程**。开始发送请求→添加客户端请求到队列→发送请求→请求发送成功→从队列中删除发送请求→构造客户端响应。
- **需要响应的流程**。开始发送请求→添加客户端请求到队列→发送请求→请求发送成功→等待接收响应→接收响应→接收到完整的响应→从队列中删除客户端请求→构造客户端响应。

上面几个处理方法创建的客户端响应对象（ClientResponse）都需要从队列中获取对应的客户端请求（ClientRequest），这是因为最后要调用回调函数，只有客户端请求中才有回调对象。把客户端请求作为客户端响应的一个成员变量，在接收到客户端响应时，通过获取其中的客户端请求，就可以得到客户端请求中的回调对象，也就可以调用到回调函数。

客户端响应包含客户端请求的目的是：根据响应获取请求中的回调对象，在收到响应后调用回调函数。

3. 客户端请求和客户端响应的关系

客户端请求（ClientRequest）包含客户端发送的请求和回调处理器，客户端响应（ClientResponse）包含客户端请求对象和响应结果的内容。相关代码如下：

```
// 客户端请求，包含要发送的请求、回调对象
public final class ClientRequest {
  private final RequestSend request;
  private final RequestCompletionHandler callback;
}
// 客户端响应，包含响应内容、对应的发送请求
public class ClientResponse {
  private final ClientRequest request;
  private final Struct responseBody;
}
```

客户端请求和客户端响应的生命周期都在客户端的连接管理类（NetworkClient）里。NetworkClient不仅负责将发送线程构造好的客户端请求发送出去，而且还要将服务端的响应结果构造成客户端响应并返回给客户端。图2-9以“客户端发送请求，服务端接收请求，服务端返回结果，客户端接收请求”这个完整的流程，来梳理这些对象之间的关联。

(1) 发送线程创建的客户端请求对象包括请求本身和回调对象。

(2) 发送线程将客户端请求交给NetworkClient，并记录目标节点到客户端请求的映射关系。

(3) NetworkClient的轮询得到发送请求，将客户端请求发送到对应的服务端目标节点。

(4) 服务端处理客户端请求，将客户端响应通过服务端的请求通道返回给客户端。

(5) NetworkClient的轮询得到响应结果，说明客户端收到服务端发送过来的请求处理结果。

(6) 由于客户端发送请求时发送到了不同节点，收到的结果也可能来自不同节点。服务端发送过来的响应结果都表示了它是从哪里来的，客户端根据NetworkReceive的source查找步骤(2)记录的信息，得到对应的客户端请求，把客户端请求作为客户端响应的成员变量。

(7) 调用ClientResponse.ClientRequest.Callback.onComplete()，触发回调函数的调用。

(8) 客户端请求中的回调对象会使用客户端的响应结果，来调用生产者应用程序自定义的回调函数。

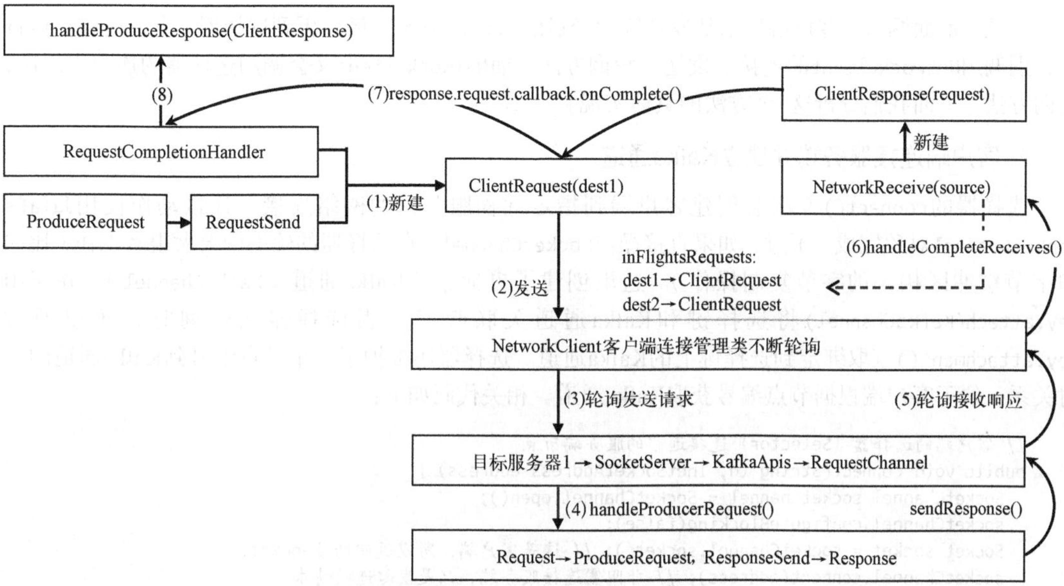

图2-9　客户端请求和响应处理流程

客户端请求对应的底层数据来源于`Send`，客户端响应对应的底层数据来源于`NetworkReceive`。客户端网络连接对象（`NetworkClient`）的底层网络操作都交给了选择器（`Selector`）。

2.1.4 选择器处理网络请求

生产者客户端会按照节点对消息进行分组，每个节点对应一个客户端请求，那么一个生产者客户端需要管理到多个服务端节点的网络连接。涉及网络通信时，一般使用选择器模式。选择器使用Java NIO异步非阻塞方式管理连接和读写请求，它用单个线程就可以管理多个网络连接通道。使用选择器的好处是：生产者客户端只需要使用一个选择器，就可以同时和Kafka集群的多个服务端进行网络通信。为了更好地理解Kafka的网络层通信方式，我们先来复习下Java NIO的一些重要概念。

- `SocketChannel`（客户端网络连接通道）。底层的字节数据读写都发生在通道上，比如从通道中读取数据、将数据写入通道。通道会和字节缓冲区一起使用，从通道中读取数据时需要构造一个缓冲区，调用`channel.read(buffer)`就会将通道的数据灌入缓冲区；将数据写入通道时，要先将数据写到缓冲区中，调用`channel.write(buffer)`可将缓冲区中的每个字节写入通道。
- `Selector`（选择器）。发生在通道上的事件有读和写，选择器会通过选择键的方式监听读写事件的发生。
- `SelectionKey`（选择键）。将通道注册到选择器上，`channel.register(selector)`返回选择键，这样就将通道和选择器都关联了起来。读写事件发生时，通过选择键可以得到对应的通道，从而进行读写操作。

回顾下前面两节，客户端请求从发送线程经过NetworkClient，最后再到选择器。发送线程在运行时分别调用NetworkClient的连接、发送、轮询方法，而NetworkClient又会调用选择器的连接、发送、轮询方法。下面我们分析这3个方法的具体实现。

1. 客户端连接服务端并建立Kafka通道

选择器的connect()方法会创建客户端到指定远程服务器的网络连接，连接动作使用Java的SocketChannel对象完成。不过，如果直接操作SocketChannel，在选择器的轮询中要做很多工作（比如和字节缓冲区相关的字节复制操作）。这里创建了更抽象的Kafka通道（KafkaChannel），并使用key.attach(KafkaChannel)将选择键和Kafka通道关联起来。当选择器在轮询时，可以通过key.attachment()获取绑定到选择键上的Kafka通道。选择器还维护了一个节点编号到Kafka通道的映射关系，便于客户端根据节点编号获取Kafka通道。相关代码如下：

```
// 客户端的选择器（Selector）连接远程的服务端节点
public void connect(String id, InetSocketAddress address) {
  SocketChannel socketChannel = SocketChannel.open();
  socketChannel.configureBlocking(false);
  Socket socket = socketChannel.socket(); // 这是客户端，所以返回的是Socket
  socketChannel.connect(address); // 非阻塞连接服务端，只是发起连接请求
  // 注册连接事件，创建底层的transportLayer等
  SelectionKey key=socketChannel.register(nioSelector,OP_CONNECT);
  KafkaChannel channel=channelBuilder.buildChannel(id,key,maxReceiveSize);
  key.attach(channel); // 将Kafka通道注册到选择键上
  // 选择器还维护了每个节点编号和Kafka通道的映射关系
  this.channels.put(id, channel); // 节点编号和客户端请求中的目标节点对应
}
```

SocketChannel、选择键、传输层、Kafka通道的关系为：SocketChannel注册到选择器上返回选择键，将选择器用于构造传输层，再把传输层用于构造Kafka通道。这样Kafka通道就和SocketChannel通过选择键进行了关联，本质上Kafka通道是对原始的SocketChannel的一层包装。相关代码如下：

```
// 选择器在连接服务端时构建Kafka通道
public KafkaChannel buildChannel(String id,SelectionKey key,int size){
  PlaintextTransportLayer transportLayer = new PlaintextTransportLayer(key);
  Authenticator auth = new DefaultAuthenticator();
  auth.configure(transportLayer,principalBuilder,configs);
  KafkaChannel channel = new KafkaChannel(id,transportLayer,auth,size);
  return channel;
}
```

构建Kafka通道的传输层有多种实现，比如纯文本模式、sasl、ssl加密模式。PlaintextTransportLayer是纯文本的传输层实现。

2. Kafka通道和网络传输层

网络传输不可避免地需要操作Java I/O的字节缓冲区（ByteBuffer），传输层则面向底层的字节缓冲区，操作的是字节流。Kafka通道使用抽象的Send和NetworkReceive表示网络传输中发送的请求和接收的响应。发生在Kafka通道上的读写操作会利用传输层操作底层字节缓冲区，从而构造出NetworkReceive和Send对象。相关代码如下：

```
// Kafka通道有负责字节操作的传输层、抽象的NetworkReceive和Send对象
public class KafkaChannel {
  private final String id;
  private final TransportLayer transportLayer;
  private final Authenticator authenticator;
  private final int maxReceiveSize;
  private NetworkReceive receive;
  private Send send;

  // KafkaChannel要操作SocketChannel时，都交给传输层去做
  public boolean finishConnect() throws IOException {
    return transportLayer.finishConnect();
  }
}
```

ByteBufferSend和NetworkReceive都会用字节缓冲区来缓存通道中的数据。Send的字节缓冲区表示要发送出去的数据，如果缓冲区的数据都发送完，说明Send写入完成。NetworkReceive有两个缓冲区，其中size缓冲区表示数据的长度，buffer缓冲区表示数据的内容；如果两个缓冲区都写满了，说明NetworkReceive读取完成。相关代码如下：

```
// 抽象的发送对象
public class ByteBufferSend implements Send {
  private final String destination; // 客户端发送请求到目标节点
  protected final ByteBuffer[] buffers; // 代表发送数据的字节缓冲区
}
// 抽象的接收对象
public class NetworkReceive implements Receive {
  private final String source; // 客户端接收响应的源节点
  private final ByteBuffer size; // 代表数据长度的字节缓冲区
  private ByteBuffer buffer; // 代表数据内容的字节缓冲区
```

传输层对SocketChannel做了轻量级的封装，它和SocketChannel一样，两者都实现了操作字节缓冲区的ScatteringByteChannel和GatheringByteChannel。如图2-10所示，传输层作为Kafka通道的成员变量，当选择器调用Kafka通道的read()和write()方法时，最终会通过NetworkReceive.readFrom()和Send.writeTo()方法调用传输层底层SocketChannel的read()和write()方法。

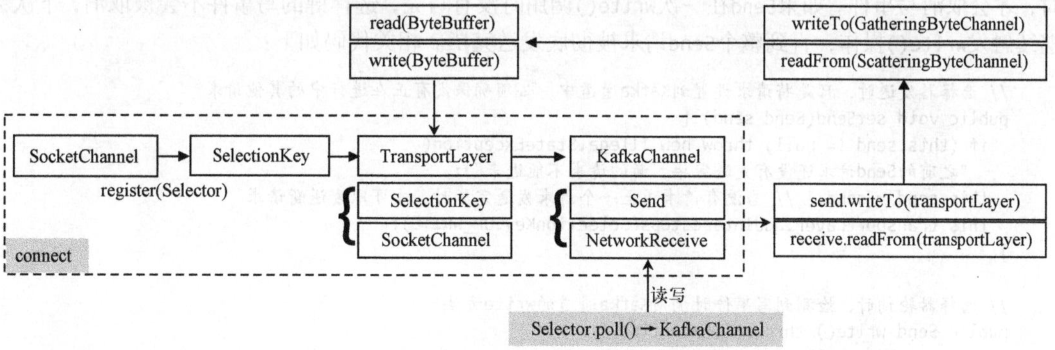

图2-10 Kafka通道和传输层

3. Kafka通道上的读写操作

客户端如果要操作Kafka通道，都要通过选择器。选择器监听到客户端的读写事件，会获取绑定到选择键上的Kafka通道。Kafka通道会将读写操作交给传输层，传输层再使用最底层的SocketChannel完成数据传送。如图2-11所示，选择器如果监听到写事件发生，调用write()方法把代表客户端请求的Send对象发送到Kafka通道；选择器如果监听到读事件发生，调用read()方法从Kafka通道中读取代表服务端响应结果的NetworkReceive。

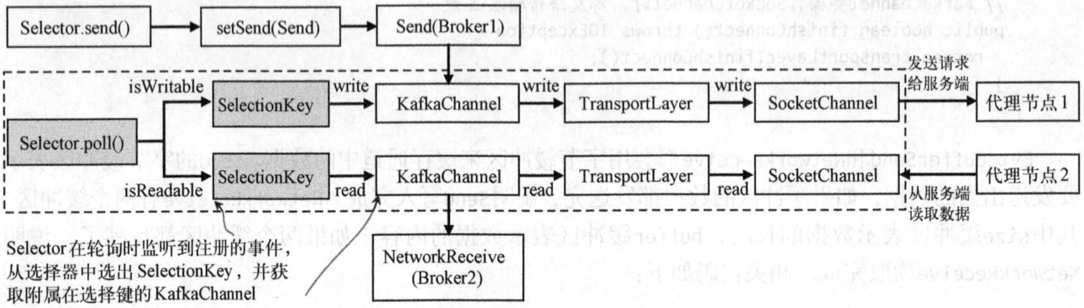

图2-11　选择器轮询基于Kafka通道的读写

NetworkClient.send()会调用Selector.send()，继而调用KafkaChannel.setSend()。客户端发送的每个Send请求，都会被设置到一个Kafka通道中，如果一个Kafka通道上还有未发送成功的Send请求，则后面的请求就不能发送。即客户端发送请求给服务端，在一个Kafka通道中，一次只能发送一个Send请求。KafkaChannel.setSend()是为write()操作做准备的，setSend会将传入的Send参数设置为Kafka通道的成员变量。KafkaChannel.setSend()也注册了写事件，选择器轮询时监听到写事件，会调用KafkaChannel.write()方法，将setSend()时保存到Kafka通道中的Send发送到传输层的SocketChannel中。

一个Kafka通道一次只能处理一个Send请求，每次Send时都要添加写事件。当Send发送成功后，就要取消写事件。Kafka通道是由事件驱动的，如果没有请求，就不需要监听写事件，Kafka通道就不需要做写操作。一个完整的发送请求和对应的事件监听步骤是：设置Send请求到Kafka通道 → 注册写事件 → 发送请求 → Send请求发送完成 → 取消写事件。调用write()方法的“写操作”只有在完成发送时，才会取消写事件。如果Send在一次write()调用时没有写完，选择键的写事件不会被取消，下次会继续触发write()操作，直到整个Send请求被彻底发送完毕。相关代码如下：

```
// 选择器发送时，只是将请求设置到Kafka通道中，必须确保没有正在进行中的其他请求
public void setSend(Send send) {
  if (this.send != null) throw new IllegalStateException(
    "之前的Send请求还没有发送完毕，新的请求不能进来");
  this.send = send;  // 当没有请求或上一个请求发送完毕时，才可以发送新请求
  this.transportLayer.addInterestOps(SelectionKey.OP_WRITE);
}

// 选择器轮询时，检测到写事件时调用Kafka通道的write方法
public Send write() throws IOException {
  Send result = null;
  // 如果send方法返回值为false，表示请求还没有发送成功
```

```
    if (send != null && send(send)) {
      result = send;
      send = null; // 请求发送完毕，设置send=null，才可以发送下一个请求
    }
    return result;
  }
  private boolean send(Send send) throws IOException {
    send.writeTo(transportLayer);
    if (send.completed()) // Send请求全部写出去，取消写事件
      transportLayer.removeInterestOps(SelectionKey.OP_WRITE);
    return send.completed(); // Send没有写完全，会监听写事件
  }
```

Kafka通道上的读取操作和写入操作类似。读取操作如果一次read()没有完成，也要调用多次read()才能完成。因为读取一次可能只是读取了一丁点，构不成一个完整的NetworkReceive。读取数据时是将通道中的数据读取到NetworkReceiver的缓冲区中，只有缓冲区的数据被填充满，才表示接收到一个完整的NetworkReceive。相关代码如下：

```
  // 选择器轮询时，检测到读事件时调用Kafka通道的write方法
  public NetworkReceive read() throws IOException {
    NetworkReceive result = null;
    if (receive == null)  // id实际上会作为NetworkReceive的source
      receive = new NetworkReceive(maxReceiveSize, id);
    receive(receive);
    if (receive.complete()) {
      receive.payload().rewind();
      result = receive;
      receive = null;
    }
    return result;
  }
  private long receive(NetworkReceive receive) throws IOException {
    return receive.readFrom(transportLayer);
  }
```

如图2-12所示，选择器轮询到“写事件”，会多次调用KafkaChannel.write()方法发送一个完整的发送请求对象（Send），Kafka通道写入的具体步骤如下。

(1) 发送请求时，通过Kafka通道的setSend()方法设置要发送的请求对象，并注册写事件。

(2) 客户端轮询到写事件时，会取出Kafka通道中的发送请求，并发送给网络通道。

(3) 如果本次写操作没有全部完成，那么由于写事件仍然存在，客户端还会再次轮询到写事件。

(4) 客户端新的轮询会继续发送请求，如果发送完成，则取消写事件，并设置返回结果。

(5) 请求发送完成后，加入到completedSends集合中，这个数据会被调用者使用。

(6) 请求已经全部发送完成，重置send对象为空，下一次新的请求才可以继续正常进行。

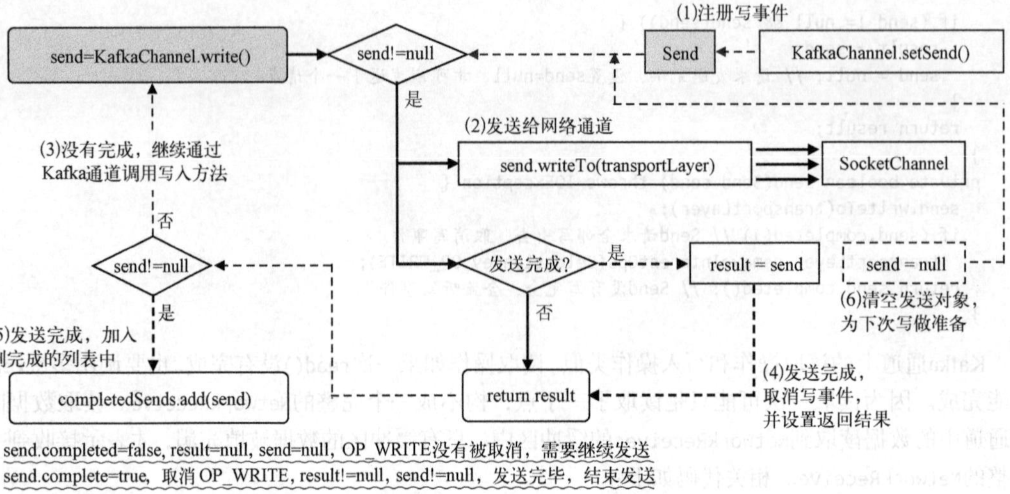

图2-12　Kafka通道发送一个完整的Send

如图2-13所示，选择器轮询到“读事件”，会多次调用`KafkaChannel.read()`方法读取一个完整的“网络接收对象”（`NetworkReceive`），Kafka通道读取的具体步骤如下。

(1) 客户端轮询到读事件时，调用Kafka通道的读方法，如果网络接收对象不存在，则新建一个。

(2) 客户端读取网络通道的数据，并将数据填充到网络连接对象。

(3) 如果本次读操作没有全部完成，客户端还会再次轮询到读事件。

(4) 客户端新的轮询会继续读取网络通道中的数据，如果读取完成，则设置返回结果。

(5) 读取完成后，加入到暂时完成的列表中，这个数据会被调用者使用。

(6) 读取全部完成，重置网络接收对象为空，下一次新的读取请求才可以继续正常进行。

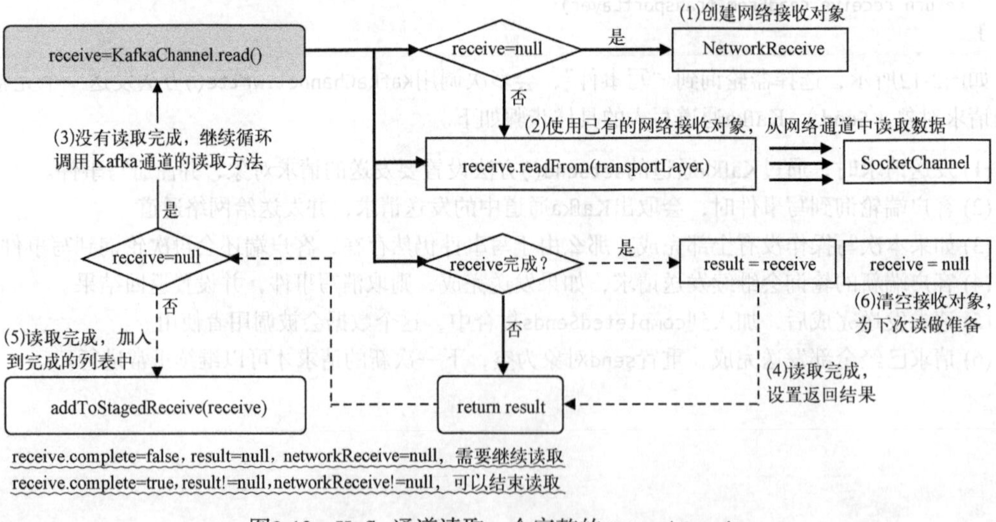

图2-13　Kafka通道读取一个完整的NetworkReceive

我们已经分析了基于Kafka通道的连接、读取响应、发送请求，这些操作的前提条件是必须注册相应的连接、读取、写入事件。然后，选择器在轮询时监听到有对应的事件发生，会获取选择键对应的Kafka通道，完成我们前面分析到的各种操作。

4. 选择器的轮询

在选择键上处理的读写事件，分别对应客户端的读取响应和发送请求两个动作。调用Kafka通道的read()和write()会得到对应的NetworkReceive和Send对象，分别加入completedReceives和completedSends变量。相关代码如下：

```
// 选择器的轮询根据选择键读写，分别调用Kafka通道的read()和write()
public void poll(long timeout) throws IOException {
  if (hasStagedReceives()) timeout = 0;
  int readyKeys = select(timeout); // 立即进行一次轮询，或者阻塞（直到超时）
  if (readyKeys > 0) {
    Set<SelectionKey> keys = this.nioSelector.selectedKeys();
    Iterator<SelectionKey> iter = keys.iterator();
    while (iter.hasNext()) {
      SelectionKey key = iter.next();
      iter.remove();
      KafkaChannel channel = channel(key); // 获得绑定到选择键的通道
      if (key.isConnectable()) channel.finishConnect();
      if (channel.isConnected() && !channel.ready()) channel.prepare();
      if (channel.ready()&&key.isReadable()&&!hasStagedReceive(channel)){
        NetworkReceive networkReceive;
        while ((networkReceive = channel.read()) != null)
          // 通过while迭代保证读取完整的响应，如果没有读取完整，就一直读
          addToStagedReceives(channel, networkReceive);
      }
      if (channel.ready() && key.isWritable()) {
        // 发送完整的Send由事件触发，如果没有写完整，写事件不会取消继续写
        Send send = channel.write();
        if (send != null) this.completedSends.add(send);
      }
      if (!key.isValid()) close(channel);
    }
  }
  addToCompletedReceives(); // 没有新的选择键，说明要读取的已经都读取完
}
```

写操作会将发送成功的Send加入completedSends，读操作先将读取成功的NetworkReceive加入stagedReceives，最后全部读完之后，才从stagedReceives复制到completedReceives。completedSends和completedReceives分别表示在选择器端已经发送完成和接收完成的请求，它们会在NetworkClient调用选择器的轮询后用于不同的handleCompleteXXX方法。

选择器的轮询是上面分析的各种基于Kafka通道事件操作的源动力，在选择器上调用轮询方法，通过不断地注册事件、执行事件处理、取消事件，客户端才会发送请求给服务端，并从服务端读取响应结果。如图2-14所示，选择器轮询检测到的各种事件，要么提前被注册（比如CONNECT），要么在处理事件时被注册（比如在finishConnect()中注册READ，在setSend()时注册WRITE），不同的事件都是交

给Kafka通道处理。Kafka通道的底层网络连接通往的正是远程服务端节点，这样就完成了客户端和服务端的通信。

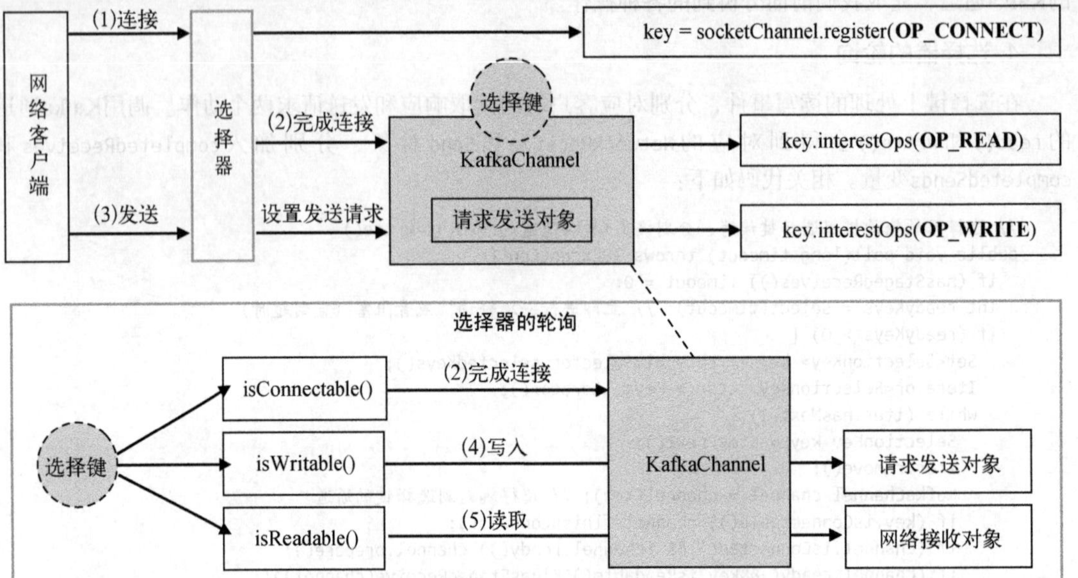

图2-14　选择器的轮询

如图2-15所示，不同的注册事件在选择器的轮询下，会触发不同的事件处理。客户端建立连接时注册连接事件（步骤(1)），发送请求时注册写事件（步骤(2)）。连接事件的处理会确认成功连接，并注册读事件（步骤(3)）。只有成功连接后，写事件才会被接着选择到。写事件发生时会将请求发送到服务端，接着客户端就开始等待服务端返回响应结果。由于步骤(3)已经注册了读事件，因此服务端如果返回结果，选择器就能够监听到读事件。

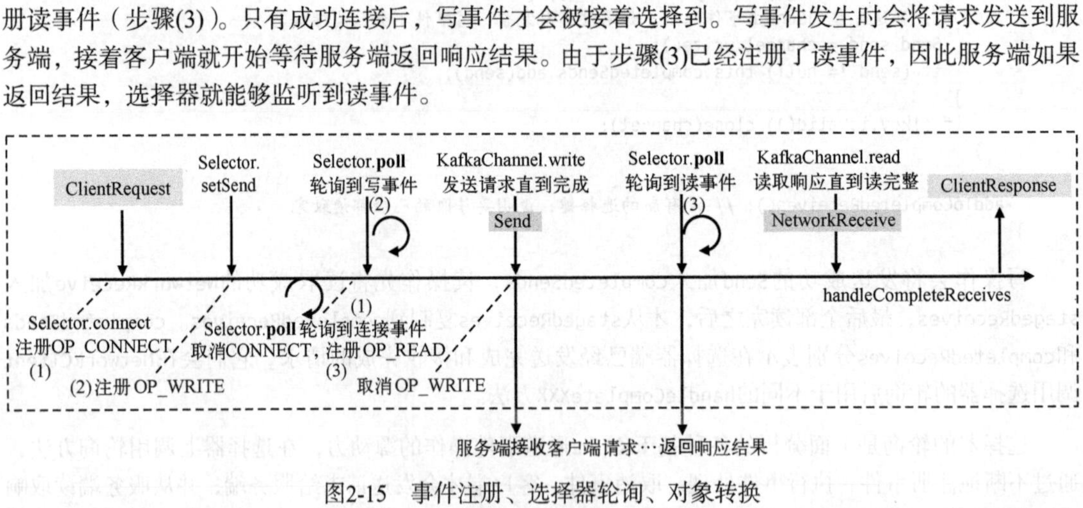

图2-15　事件注册、选择器轮询、对象转换

现在Java版本的生产者客户端已经分析完毕，表2-1总结了客户端发送过程涉及的主要组件及其用途。

表2-1 Java版本的生产者主要组件

组　　件	主要用途	与上下文组件的关系
记录收集器（RecordAccumulator）	将消息按照分区存储	收集消息，提供消息给发送线程
发送线程（Sender）	针对每个节点都创建一个客户端请求	将消息按照节点分组转交给客户端连接管理类
客户端连接管理类（NetworkClient）	管理多个节点的客户端请求	驱动选择器工作
选择器（Selector）	以轮询模式驱动不同事件	通知网络通道读写操作
Kafka网络通道（KafkaChannel）	负责请求的发送和响应接收	从原始网络通道中读写字节缓冲区数据

2.2 旧生产者客户端

早期旧版本（采用Scala实现）的客户端功能比较简单，没有采用高性能的选择器模式实现，也没有提供新版本（采用Java）的回调功能。下面的代码是旧版本的生产者客户端应用程序示例：

```
Properties props = new Properties();
props.put("metadata.broker.list", "localhost:9092");
props.put("serializer.class", "kafka.serializer.StringEncoder");
Producer<Integer,String> producer=new Producer(new ProducerConfig(props));
KeyedMessage<Integer, String> data=new KeyedMessage("myTopic", "message");
producer.send(data);
producer.close();
```

新版本将消息封装成ProducerRecord传给KafkaProducer对象，而旧版本则将消息构造成KeyedMessage传给Producer对象。新版本的KafkaProducer发送消息时返回的是Future，因此可以借此实现同步/异步模式，并且可以自定义回调方法。旧版本的Producer没有提供自定义的客户端回调函数，不过它也有同步/异步模式。

生产者类型为sync，表示采用同步模式。在同步模式下，消息直接交给事件处理器（EventHandler）处理。生产者类型为async，表示采用异步模式。异步模式有一个基于阻塞队列的生产者发送线程（ProducerSendThread）。异步模式下，消息会先缓存到阻塞队列中，再由生产者发送线程定时取出批量的消息，交给事件处理器处理。相关代码如下：

```
class Producer[K,V](val config:ProducerConfig,val eventHandler:EventHandler)
  var sync: Boolean = true
  val queue = new LinkedBlockingQueue[KeyedMessage[K,V]]() // 阻塞队列

  config.producerType match { // 客户端设置的生产者类型
    case "sync" =>  // 同步模式
    case "async" => // 异步模式
      sync = false
      val sender = new ProducerSendThread[K,V](queue,eventHandler,...)
      sender.start()
  }
```

```
def send(messages: KeyedMessage[K,V]*) {
  sync match {
    case true => eventHandler.handle(messages)
    case false => asyncSend(messages)
  }
 }
}
```

如图2-16所示，生产者发送线程的类变量中，除了生产者创建的阻塞队列，还有事件处理器。其中阻塞队列用于在异步模式下缓存消息，事件处理器负责消息的处理。同步发送模式直接将消息交给事件处理器，异步发送模式采用了阻塞队列。

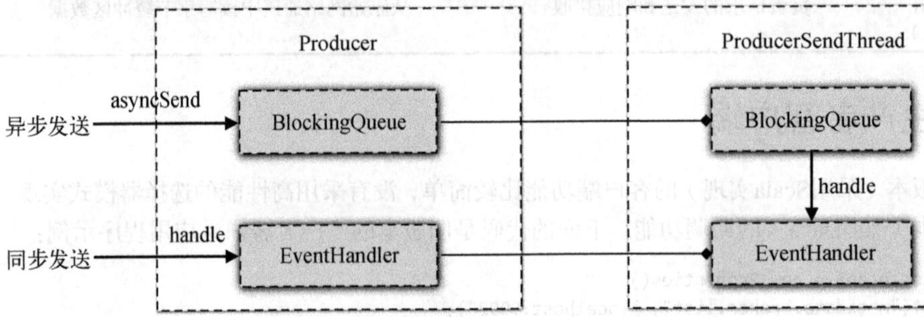

图2-16　同步和异发送消息

2.2.1　事件处理器处理客户端发送的消息

回顾下新版本的消息发送流程：将消息保存到记录收集器的不同分区中，每个分区都有一个存储批记录的队列。发送线程获取记录收集器的数据时，按照节点将不同的分区进行分组，针对每个节点创建一个客户端请求。旧版本发送消息的流程则比较简单，主要是因为它只使用阻塞队列来缓存消息，没有记录收集器、队列这些复杂的数据结构。

事件处理器处理一批消息时，首先对消息集序列化，然后通过`dispatchSerializedData()`方法分发序列化的消息。消息有可能会发送失败，如果分发序列化消息的方法有返回值，说明还有未完成的发送数据，就需要重试。相关代码如下：

```
// 事件处理器 (EventHandler) 处理客户端发送的消息集
def handle(events: Seq[KeyedMessage[K,V]]) {
  val serializedData = serialize(events)                    // 序列化事件
  var outstandingProduceRequests = serializedData           // 未完成的请求
  var remainingRetries = config.messageSendMaxRetries + 1
  while (remainingRetries > 0 && outstandingProduceRequests.size > 0) {
    // 分发数据，将最原始无序的消息集按照Broker-分区-MessageSet分组
    outstandingProduceRequests = dispatchSerializedData(outstandingProduceRequests)
    if (outstandingProduceRequests.size>0){ // 有返回值表示出错未完成，继续重试
      remainingRetries -= 1//重试次数减1
    }
  }
}
```

旧版本发送消息时，使用阻塞队列来存储所有消息。所有的消息共用一个队列，只有在发送时才按照节点和分区进行分组。这时候不管某个分区的消息有没有满，属于同一个节点的所有分区消息都会一起被发送。分发序列化的消息的步骤如下。

(1) 将消息序列按照节点和分区分组，每个节点都有一个messagesPerBrokerMap字典。

(2) 将每个节点包括多个分区的messagesPerBrokerMap原始消息，转换成MessageSet。

(3) 调用send()方法，向每个目标节点发送序列化后的消息集（MessageSet）。

相关代码如下：

```
// 分发序列化的消息
private def dispatchSerializedData(messages:Seq[KeyedMessage[K,Message]])={
  val failedProduceRequests = new ArrayBuffer[KeyedMessage[K, Message]]
  // BrokerId -> (TopicAndPartition -> Seq[KeyedMessage])
 val partitionedData = partitionAndCollate(messages)
  for ((brokerid, messagesPerBrokerMap) <- partitionedData) {
    // BrokerId -> (TopicAndPartition -> MessageSet)
    val messageSetPerBroker = groupMessagesToSet(messagesPerBrokerMap)
    val failedTopicPartitions = send(brokerid,messageSetPerBroker) // 发送消息

    failedTopicPartitions.foreach(topicPartition=>{ // 发送失败的分区
      messagesPerBrokerMap.get(topicPartition) match{ // 添加到失败列表用来重试
        case Some(data) => failedProduceRequests.appendAll(data)
        case None =>  // 没有失败的记录，所有的消息都发送成功
      }
    })
  }
  failedProduceRequests
}
```

新版本采用NetworkClient和选择器模式将客户端请求发送到多个服务端节点，旧版本没有选择器，只能在客户端维护每个目标节点的网络连接。生产者的连接池中保存了BrokerId到一个生产者网络连接对象（SyncProducer）的映射关系。send()方法会根据目标节点，从连接池获取生产者网络连接对象，将生产者请求发送给目标节点。相关代码如下：

```
// 事件处理器向目标节点发送包含消息集的生产者请求
def send(brokerId:Int,messages:Map[TopicAndPartition,ByteBufferMessageSet])={
  val producerRequest = new ProducerRequest(..messages) // 创建生产者请求
  val syncProducer = producerPool.getProducer(brokerId) // 从连接池获取生产者
  val response = syncProducer.send(producerRequest) // 发送生产者请求

  val failedPartAndStatus=response.status.filter(_._2.error!=NONE).toSeq
  failedPartAndStatus=failedPartAndStatus.map(_ => partitionStatus._1)
  failedPartAndStatus
}
```

上面我们分析了消息的发送流程，其中分发序列化消息这个方法最重要，下面来分析分发序列化消息几个子步骤的具体实现。

2.2.2 对消息集按照节点和分区进行整理

生产者的消息集messages没有区分主题和分区，所以一开始我们就要对每条消息选择所属的分区，重新按照消息代理节点组织数据。通过将无序的消息按照消息代理节点编号进行分组，属于同一个消息代理节点的所有消息可以一次性发送过去。

partitionAndCollate()方法对原始的消息集进行分区和整理。首先，要为消息选择所属的分区，然后才能从分区信息中解析出节点（分区的主副本节点），最后才可能按照节点分组。具体步骤如下。

(1) 获取消息对应主题的分区集合，因为不同消息的主题不一样。

(2) 分区器会从分区集合中为消息选择一个分区编号。

(3) 获取选中的分区，以及分区里面的主副本节点。

(4) 构造“消息代理节点编号 → 分区 → 消息集”字典数据结构。

相关代码如下：

```
// 输入消息是没有顺序的，输出结果按照节点分组，再按照TopicAndPartition(TAP)分组
def partitionAndCollate(messages: Seq[KeyedMessage[K,Message]]):
  Option[Map[Int,Map[TopicAndPartition,Seq[KeyedMessage[K,Message]]]]]={
  val ret=new HashMap[Int,Map[TAP,Seq[KeyedMessage[K,Message]]]]
  for (msg <- messages) {
    // 一个主题有多个分区
    val topicPartitionsList = getPartitionListForTopic(msg)
    // 一条消息只会写到一个分区，根据分区器会分到一个分区编号
    val index=getPartition(msg.topic,msg.partitionKey,topicPartitionsList)
    // 一个分区有副本，但是写的时候只写到主副本所在的节点
    val brokerPartition = topicPartitionsList(index)
    val leaderBrokerId = brokerPartition.leaderBrokerIdOpt.getOrElse(-1)

    // dataPerBroker是每个Broker的数据。ret是最后的返回值，包含每个Broker的数据
    var dataPerBroker: HashMap[TAP, Seq[KeyedMessage[K,Message]]] = null
    ret.get(leaderBrokerId) match {
      case Some(element) => dataPerBroker=element
      case None => // Broker不存在里层Map，创建一个新的Map，并放入ret
        dataPerBroker=new HashMap[TAP,Seq[KeyedMessage[K,Message]]]
        ret.put(leaderBrokerId, dataPerBroker)
    }
    val topicAndPartition = TAP(msg.topic, brokerPartition.partitionId)
    // Broker对应的消息集，即使是相同的Broker，topic-Partition组合也不一定一样
    var dataPerTopicPartition: ArrayBuffer[KeyedMessage[K,Message]] = null
    dataPerBroker.get(topicAndPartition) match {
      case Some(element) => dataPerTopicPartition = element //分区的消息集
      case None => // 分区的消息集还不存在，创建一个列表，并放入这个Broker数据
        dataPerTopicPartition = new ArrayBuffer[KeyedMessage[K,Message]]
        dataPerBroker.put(topicAndPartition, dataPerTopicPartition)
    }
    dataPerTopicPartition.append(msg) // 到这里，才真正将消息添加到集合中
  }
  Some(ret)
}
```

上面返回的结构包括了每个消息代理每个分区的消息集，在实际处理时要针对消息KeyedMessage的Seq集合封装成更高层的MessageSet。比如对原始消息集进行压缩，可以减少传输的消息大小。groupMessagesToSet()会将每个分区的消息集转换成ByteBufferMessageSet。相关代码如下：

```
// 将KeyedMessage序列转换成ByteBufferMessageSet对象
def groupMessagesToSet(messagesPerTopicAndPartition:
    mutable.Map[TopicAndPartition, Seq[KeyedMessage[K, Message]]]) = {
  val messagesPerTopicPartition = messagesPerTopicAndPartition.map {
    case (topicAndPartition, messages) =>
    // KeyedMessage包括了Key、Value，其中message就是value的原始数据
    val rawMessages = messages.map(_.message)
    (topicAndPartition, conf.compressionCodec match {
      case NoCompression=>new ByteBufferMessageSet(NoCompression,rawMessages)
      case _=>new ByteBufferMessageSet(conf.compressionCodec,rawMessages:_*)
    })
  }
  Some(messagesPerTopicPartition)
}
```

旧版本在为消息选择分区时，同样要处理消息有没有key的情况。有key的消息会和主题的分区数量取模，确保不管分配到的分区有没有主副本，相同key的消息都会被分配到同一个分区。没有key的消息使用sendPartitionPerTopicCache缓存。在缓存没有刷新时，相同主题的消息会被分配到同一个分区。只有在刷新缓存的时候才可能被定位到其他分区，所以这种分配策略并不是严格意义上的随机分配。相关代码如下：

```
// 为消息选择分区的算法
def getPartition(topic:String,key:Any,partitions:Seq[PartitionAndLeader])={
  val numPartitions = partitions.size
  val partition = if(key == null) {
    val id = sendPartitionPerTopicCache.get(topic)
    id match {
      case Some(partitionId) => partitionId
      case None =>
        // 存在主副本的分区，类似于Cluster中的availablePartitionsByTopic
        val availableParts = partitions.filter(_.leaderBrokerIdOpt.isDefined)
        // 随机选择一个分区并放到缓存中，在缓存没刷新时，相同主题只使用一个分区
        val index = Utils.abs(Random.nextInt) % availableParts.size
        val partitionId = availableParts(index).partitionId
        sendPartitionPerTopicCache.put(topic, partitionId)
        partitionId
    }
  } else partitioner.partition(key, numPartitions)
  partition
}
```

注意：和新版本类似，在为有key的消息分配分区时，针对的是所有分区；而为没有key的消息分配分区时，针对的则是有主副本的分区集合。因此，getPartition方法的输入参数partitions应该是主题的所有分区。否则，如果只传入有主副本的分区集合，在需要所有分区时，还需要再从其他地方获取。

获取主题的元数据（TopicMetadata）和为消息选择分区都属于消息分组的子步骤。分组之后，我们需要将消息发送到每个节点。消息的发送和接收主要与网络的通道操作相关。

2.2.3　生产者使用阻塞通道发送请求

客户端的消息会被分发到不同的服务端节点，新版本的生产者客户端用选择器来维护多个节点的网络连接。旧版本则使用连接池的方式（实际上就是一个Map），为每个目标节点创建一个SyncProducer。客户端根据目标节点的编号，从生产者连接池中获取创建好的SyncProducer，并使用阻塞通道（BlockingChannel）来发送请求和读取响应结果。

客户端发送请求时用requiredAcks参数表示是否需要应答：如果需要应答，会读取服务端返回的响应内容，设置到ProducerResponse对象中；如果不需要应答，send()方法返回空值给客户端。相关代码如下：

```
// 同步类型的生产者使用阻塞通道负责客户端和服务端的网络通信
class SyncProducer(val config: SyncProducerConfig) extends Logging {
  val blockingChannel = new BlockingChannel(config.host, config.port,..)

  def send(producerRequest: ProducerRequest): ProducerResponse = {
    val ack = if(producerRequest.requiredAcks == 0) false else true
    var response: NetworkReceive = doSend(producerRequest, needAcks)
    // 如果生产请求需要响应，读取响应内容设置到ProducerResponse对象中
    if(ack) ProducerResponse.readFrom(response.payload)
    else null  // 不需要响应，发送后就不管结果，返回null给客户端
  }
  def doSend(request:RequestOrResponse, ack:Boolean=true):NetworkReceive = {
    var response: NetworkReceive = null // 准备NetworkReceive，读取服务端响应
    blockingChannel.send(request) // 向阻塞类型的连接通道发送请求
    if(ack) response=blockingChannel.receive() // 从阻塞通道读取响应
    response
  }
}
```

SyncProducer使用阻塞通道发送请求后，会立即在该通道上读取响应。读写操作使用的阻塞通道都来自于SocketChannel，其中send()方法会发送一个完整的Send对象，receive()方法会读取一个完整的NetworkReceive对象。相关代码如下：

```
// 阻塞通道表示客户端和目标节点建立的网络连接通道
class BlockingChannel(host){
  private var channel: SocketChannel = null
  private var readChannel: ReadableByteChannel = null
  private var writeChannel: GatheringByteChannel = null

  def connect() = if(!connected) {
    channel = SocketChannel.open()
    channel.configureBlocking(true)
    channel.socket.connect(new InetSocketAddress(host, port))
    writeChannel = channel
    readChannel = Channels.newChannel(channel.socket().getInputStream)
  }
```

```
  def send(request: RequestOrResponse): Long = {
    val send = new RequestOrResponseSend(connectionId, request)
    send.writeCompletely(writeChannel) // 写到通道中
  }
  def receive(): NetworkReceive = {
    val response = readCompletely(readChannel)
    response.payload().rewind() // 读取到ByteBuffer，回到缓冲区最开始，便于读取
    response // 返回响应，如果客户端需要应答，直接使用response.payload
  }
  def readCompletely(channel: ReadableByteChannel): NetworkReceive = {
    val response = new NetworkReceive
    while (!response.complete())
      response.readFromReadableChannel(channel) // 从只读通道中读取数据
    response
  }
}
```

表2-2列举了两个版本的生产者请求在网络通道上的共同点。旧版本和新版本的Kafka通道功能类似，都和原始的通道操作有关，两个版本的生产者请求对象都继承了Send接口，并且两者在读取响应时都使用了相同的NetworkReceive类来保存服务端的响应结果。

表2-2 使用连接通道发送生产者请求

版本	客户端请求 → 父类或接口	请求中的发送对象 → 父类	连接通道
新版	ProducerRequest → AbstractRequestResponse	RequestSend → Send	KafkaChannel
旧版	ProduceRequest → RequestOrResponse	RequestOrResponseSend → Send	BlockingChannel

现在我们已经分析了两种版本的生产者客户端。客户端使用网络通道发送请求和接收响应，服务端需要有对应的网络层协议，来支持请求的接收和响应的发送。下面我们开始分析Kafka服务端的网络层实现。

2.3 服务端网络连接

KafkaServer是Kafka服务端的主类，KafkaServer中和网络层有关的服务组件包括SocketServer、KafkaApis和KafkaRequestHandlerPool。后两者都使用了SocketServer暴露出来的请求通道（requestChannel）来处理网络请求。KafkaServer中和服务端相关的组件还有很多，不过由于本章主要关注网络层，所以暂时不关注其他功能组件。相关代码如下：

```
class KafkaServer(val config: KafkaConfig) {
  def startup() {
    socketServer = new SocketServer(config)
    socketServer.startup()

    apis = new KafkaApis(socketServer.requestChannel, ...)
    requestHandlerPool = new KafkaRequestHandlerPool(config.brokerId,
      socketServer.requestChannel, apis, config.numIoThreads)
  }
}
```

如图2-17所示，SocketServer主要关注网络层的通信协议，具体的业务处理逻辑则交给KafkaRequestHandler和KafkaApis来完成。SocketServer和这两个组件一起完成一次请求处理的具体步骤如下。

(1) 客户端发送的请求被接收器（Acceptor）转发给处理器（Processor）处理。

(2) 处理器将请求放到请求通道（RequestChannel）的全局请求队列中。

(3) KafkaRequestHandler取出请求通道中的客户端请求。

(4) 调用KafkaApis进行业务逻辑处理。

(5) KafkaApis将响应结果发送给请求通道中与处理器对应的响应队列。

(6) 处理器从对应的响应队列中取出响应结果。

(7) 处理器将响应结果返回给客户端，客户端请求处理完毕。

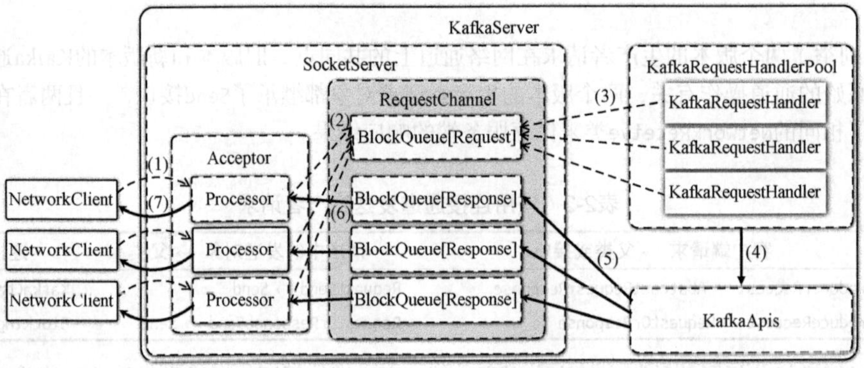

图2-17　KafkaServer的网络层实现

2.3.1　服务端使用接收器接受客户端的连接

SocketServer是一个NIO服务，它会启动一个接收器线程（Acceptor）和多个处理器（Processor）。NIO服务用一个接收器线程负责接收所有的客户端连接请求，并将接收到的请求分发给不同的处理器处理。这是一种典型的Reactor模式，因为服务端要接收多个客户端的连接和请求。

Reactor模式的设计思想，实际上是将连接部分和请求部分用不同的线程来处理，这样请求的处理不会阻塞不断到来的连接。否则，如果服务端为每个客户端都维护一个连接，不仅会耗光服务端的资源，而且会降低服务端的性能。使用Reactor模式并结合选择器管理多个客户端的网络连接，可以减少线程之间的上下文切换和资源的开销。相关代码如下：

```
// SocketServer启动时会创建一个接收器和多个处理器
class SocketServer(val config: KafkaConfig){
  val endpoints = config.listeners
  // 请求通道会被用于KafkaServer的其他组件，它会被其他组件所共享
  val requestChannel=new RequestChannel(totalProcessorThreads,maxRequests)
  val processors = new Array[Processor](totalProcessorThreads)
  val acceptors = mutable.Map[EndPoint, Acceptor]()
```

```
def startup() {
  val brokerId = config.brokerId
  var processorBeginIndex = 0
  endpoints.values.foreach { endpoint =>
    val protocol = endpoint.protocolType
    val processorEndIndex = processorBeginIndex + numProcessorThreads
    // 创建numProcessorThreads个处理器
    for (i <- processorBeginIndex until processorEndIndex)
      processors(i) = newProcessor(i, connectionQuotas, protocol)
    // 创建一个Acceptor线程，并且管理了对应的处理器
    val acceptor = new Acceptor(endpoint,sendBufferSize,recvBufferSize,
      brokerId,processors.slice(processorBeginIndex,processorEndIndex))
    acceptors.put(endpoint, acceptor)
    Utils.newThread("kafka-socket-acceptor", acceptor, false).start()
    acceptor.awaitStartup() // 启动前有一个初始值为1的CountDownLatch
    // 假设第一个endpoint索引从0到4，则第二个endpoint索引从5到9
    processorBeginIndex = processorEndIndex
  }
 }
}
```

SocketServer的启动方法中先创建了处理器，然后才创建接收器，并把事先创建好的处理器作为接收器类的参数。当服务端接收到一个客户端连接请求时，接收器就可以决定要将连接转发给其中的一个处理器处理。由于服务端资源有限，处理器数量不会很多，而客户端连接则成千上万，所以一个处理器会管理多个客户端的连接。

接收器的工作职责很简单，只管接受客户端的连接请求，并创建和客户端通信的SocketChannel。具体在这个SocketChannel上发生的读写操作都和接收器无关，因为它已经把创建好的SocketChannel转交给了处理器，那么处理器就应该全权负责这个通道上的操作了。相关代码如下：

```
import java.nio.channels.{Selector => NSelector}
// 接收器运行时在接收到客户端的连接后，会将客户端连接交给不同的处理器
class Acceptor(val endPoint: EndPoint, processors: Array[Processor]) {
  val nioSelector = NSelector.open()
  val serverChannel = openServerSocket(endPoint.host, endPoint.port)

  def run() {
    // 将ServerSocketChannel注册在Selector的ACCEPT事件上
    serverChannel.register(nioSelector, SelectionKey.OP_ACCEPT)
    startupComplete()
    var currentProcessor = 0
  while (isRunning) {
    val ready = nioSelector.select(500)
    if (ready > 0) {
      val keys = nioSelector.selectedKeys()
      val iter = keys.iterator()
      while (iter.hasNext && isRunning) {
        val key = iter.next
        iter.remove()
        if (key.isAcceptable) {
          // ACCEPT事件发生，获取注册到选择键上的ServerSocketChannel
          val serverSocketChannel = key.channel()
```

```
            val socketChannel = serverSocketChannel.accept()
            // 每个客户端连接通道交给不同的Processor
            processors(currentProcessor).accept(socketChannel)
            }
            currentProcessor = (currentProcessor+1)%processors.length
          }
        }
      }
    }
  }
```

服务端的接收器负责接受客户端的连接，就必须要将它和客户端结合起来分析才比较清楚。接收器线程启动时就注册了OP_ACCEPT事件，Java版本的生产者客户端调用connect()方法连接服务端时，接收器线程的选择器就会监听到OP_ACCEPT事件。服务端对OP_ACCEPT事件的处理是：获取绑定到选择键上的ServerSocketChannel，调用它的accept()方法，在服务端就会生成一个和客户端连接的网络通道。

如图2-18所示，服务端接受客户端连接后，会创建对应的SocketChannel来和客户端通信。而客户端和服务端建立连接的Kafka通道实际上也是一个SocketChannel，用来和服务端通信。客户端和服务端对于各自的通道都使用了选择器模式，从客户端建立连接到服务端接受连接的步骤如下。

(1) 服务端的ServerSocketChannel向选择器注册OP_ACCEPT事件。

(2) 客户端向选择器注册OP_CONNECT事件，并调用SocketChannel.connect()连接服务端。

(3) 服务端的选择器监听到客户端的连接事件，接受客户端的连接。

(4) 服务端使用ServerSocketChannel.accept()创建和客户端通信的SocketChannel。

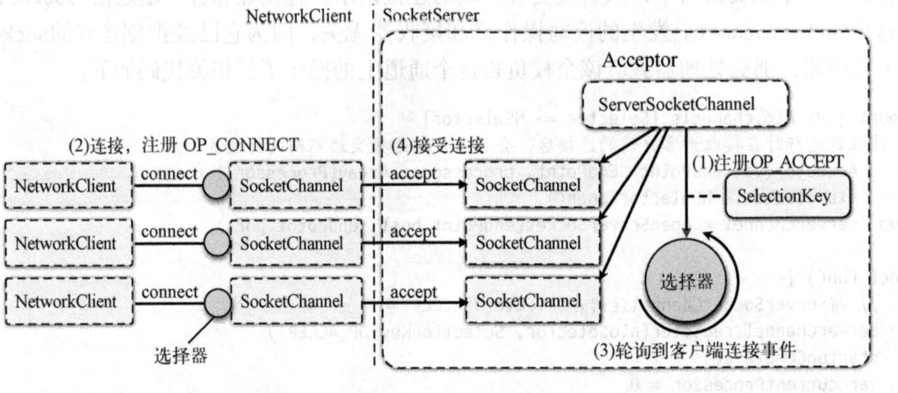

图2-18　服务端接受客户端的连接

客户端和服务端的其他事件（比如读写）也都是类似的，都要先注册相应的事件，然后选择器才有可能监听到某种类型的事件。只不过，客户端的选择器会处理连接/读写事件，而接收器只处理连接事件，读写事件交给了处理器。不过总的来说，客户端和服务端的事件都是对应的，客户端连接OP_CONNECT对应服务端接受OP_ACCEPT，客户端写入OP_WRITE对应服务端读取OP_READ，服务端写入OP_WRITE对应客户端读取OP_READ。这是因为通信必须是双方一起参与，任何一方只发送不接收，或者只接收不发送，都是不可行的。

2.3.2 处理器使用选择器的轮询处理网络请求

接收器采用Round-Robin的方式分配客户端的SocketChannel给多个处理器，每个处理器都会有多个SocketChannel，对应多个客户端连接。就像NetworkClient中用一个选择器管理多个服务端的连接，服务端的每个处理器也都使用一个选择器管理多个客户端连接。处理器接受一个新的SocketChannel通道连接时，先将其放入阻塞队列，然后唤醒选择器线程开始工作。

回顾客户端连接服务端时会创建Kafka通道，这里服务端的处理器也会为SocketChannel创建一个Kafka通道。configureNewConnections()方法会为SocketChannel注册读事件，创建Kafka通道，并将Kafka通道绑定到SocketChannel的选择键上。相关代码如下：

```
import org.apache.kafka.common.network.{Selector => KSelector}

class Processor(val id: Int,requestChannel: RequestChannel) {
  val newConnections = new ConcurrentLinkedQueue[SocketChannel]()
  val inflightResponses = mutable.Map[String, RequestChannel.Response]()
  val selector = new KSelector("socket-server", ChannelBuilders.create)

  // Acceptor会把多个客户端的连接SocketChannel分配给一个Processor,
  // 因此，每个Processor内部都需要有一个队列，来保存这些新来的客户端连接通道
  def accept(socketChannel: SocketChannel) {
    newConnections.add(socketChannel)
    wakeup() // 触发选择器开始轮询，原先的轮询因为没有事件到来而被阻塞
  }

  // 队列中有新的SocketChannel，首先为通道注册OP_READ事件到统一的选择器上
  private def configureNewConnections() {
    while(!newConnections.isEmpty) {
      // 从队列弹出SocketChannel，一个SocketChannel只会注册一次
      val channel = newConnections.poll()
      // 从通道中获取本地服务端和远程客户端的地址和端口，构造唯一的ConnectionId
      val connectionId = ConnectionId(
        localHost,localPort,remoteHost,remotePort)
      selector.register(connectionId, channel) // 注册通道的读事件
    }
  }
}

// 选择器的注册方法，为SocketChannel注册读事件，并创建Kafka通道
public void register(String id, SocketChannel socketChannel) {
  SelectionKey key=socketChannel.register(nioSelector,SelectionKey.OP_READ);
  KafkaChannel channel=channelBuilder.buildChannel(id, key, maxReceiveSize);
  key.attach(channel); // 将Kafka通道绑定到选择键上，可根据选择键获取Kafka通道
  this.channels.put(id, channel); // 缓存KafkaChannel
}
```

客户端的NetworkClient和服务端的处理器都使用相同的选择器类（Selector）进行轮询。发送请求和接收响应，都是通过选择器的轮询才会触发。在轮询之前，客户端需要准备待发送的请求（RequestSend）；服务端需要准备待发送的响应（ResponseSend），轮询之后才执行完成的发送和接收。如果没有轮询，发送和接收就不会被完成，因为没有轮询的话，就不会发生读写操作。

处理器使用选择器的方式不仅和NetworkClient类似，两者在轮询时的一些数据结构也类似。比如NetworkClient在调用Selector.send()准备发送请求时，将客户端请求加入inFlightRequests队列；而处理器在准备发送响应时，将响应加入inflightResponses。相关代码如下：

```
// 客户端NetworkClient的轮询
public List<ClientResponse> poll(long timeout, long now) {
  selector.poll(Utils.min(timeout,metadataTimeout,requestTimeoutMs));
  List<ClientResponse> responses = new ArrayList<>();
  handleCompletedSends(responses, updatedNow);
  handleCompletedReceives(responses, updatedNow);
  return responses;
}

// 服务端处理器的运行方法的处理方式和客户端的轮询类似
override def run() {
  while(isRunning) {              // 处理器不断运行
    configureNewConnections()     // 设置已经加入队列的Channel的连接信息
    processNewResponses()         // 注册写事件，用于发送响应给客户端
    selector.poll(300)            // 选择器轮询各种事件：读取请求和发送响应
    processCompletedReceives()    // 成功地接收到客户端请求
    processCompletedSends()       // 成功地发送响应给客户端
    processDisconnected()         // 选择器认为失败的连接会被关闭
  }
  shutdownComplete()              // 关闭处理器
}
private def processNewResponses() {
  // id是处理器的编号，处理响应时，每个处理器都对应一个响应队列
  var curr = requestChannel.receiveResponse(id)
  while(curr != null) { // 只要当前处理器还有响应要发送
    curr.responseAction match {
      case RequestChannel.NoOpAction =>
        // 没有响应需要发送给客户端，需要读取更多的请求（添加OP_READ）
        selector.unmute(curr.request.connectionId)
      case RequestChannel.SendAction =>
        // 有响应需要发送给客户端，注册写事件，下次轮询时要把响应发送给客户端
        // 将响应通过Selector先标记为Send，实际的发送还是通过poll轮询完成
        selector.send(curr.responseSend) // 和生产者Selector.send类似
        inflightResponses += (curr.request.connectionId -> curr)
      case RequestChannel.CloseConnectionAction => // 关闭Socket通信
        close(selector, curr.request.connectionId)
    }
    curr = requestChannel.receiveResponse(id)
  }
}
```

选择器的轮询操作最后会返回completedReceives和completedSends，分别表示已经完成的接收和发送。对于客户端的NetworkClient，completedReceives表示已经完成的响应接收，completedSends表示已经完成的请求发送。对于服务端的处理器，completedReceives表示服务端成功读取客户端发送的请求，completedSends表示服务端成功发送给客户端的响应结果。相关代码如下：

```
// 服务端处理器的运行方法在调用选择器的轮询后，处理已经完成的请求接收和响应发送
private def processCompletedReceives() {
```

```
    selector.completedReceives.asScala.foreach { receive =>
      // NetworkReceive代表接收请求，其中source表示客户端
      val channel = selector.channel(receive.source)
      val req=RequestChannel.Request(id,receive.source,receive.payload)
      // Request请求，发送给RequestChannel处理
      requestChannel.sendRequest(req)
      // 移除OP_READ事件。接收本身就是Read，接收到响应后就不需要再读了
      selector.mute(receive.source)
    }
  }
  private def processCompletedSends() {
    selector.completedSends.asScala.foreach { send =>
      // 当有写请求时加入到inFlight，当写请求完成后删除
      val resp = inflightResponses.remove(send.destination)
      // 添加OP_READ事件，这样才可以继续读取客户端的请求
      selector.unmute(send.destination)
    }
  }
```

如图2-19所示，客户端和服务端的交互都是通过各自的选择器轮询所驱动。结合客户端和服务端以及选择器的轮询，把一个完整的请求和响应过程串联起来的步骤如下。

(1) 客户端完成请求的发送，服务端轮询到客户端发送的请求。

(2) 服务端接收完客户端发送的请求，进行业务处理，并准备好响应结果准备发送。

(3) 服务端完成响应的发送，客户端轮询到服务端发送的响应。

(4) 客户端接收完服务端发送的响应，整个流程结束。

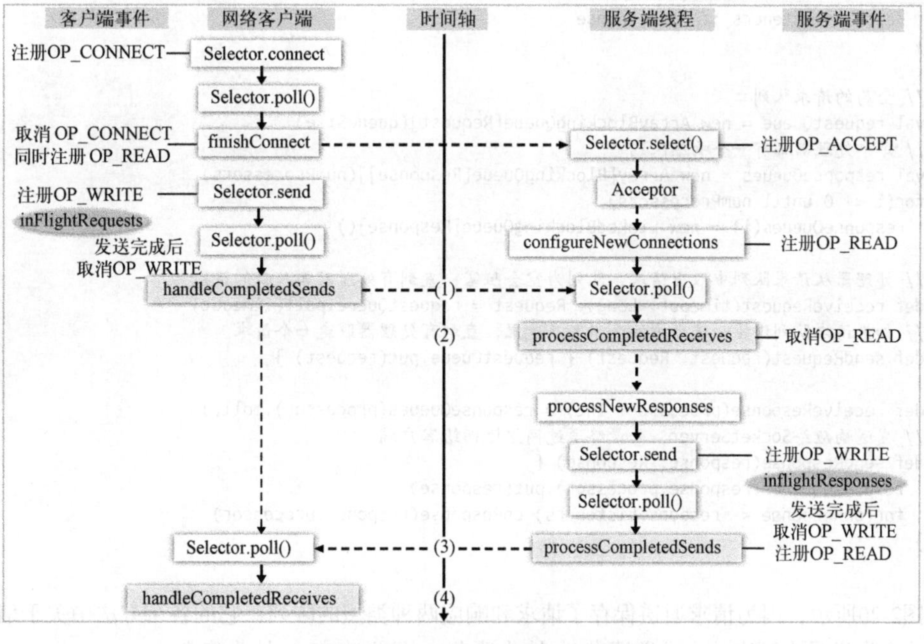

图2-19 客户端和服务端的选择器

现在，服务端网络相关的代码已经基本上分析完毕，不过我们并没有看到在处理器中，客户端发送的请求是如何交给业务逻辑，以及业务逻辑处理完后如何调用处理器发送响应给客户端的，这中间其实还有一个重要的数据结构是服务端的请求通道（RequestChannel）。

2.3.3 请求通道的请求队列和响应队列

创建SocketServer也会创建一个请求通道（RequestChannel），在KafkaServer中，会将SocketServer的请求通道传给Kafka请求处理线程（KafkaRequestHandler，下文简称“请求处理线程”）和KafkaApis。在上一节中客户端的请求已经到达服务端的处理器（Processor），那么**请求通道就是处理器与请求处理线程和KafkaApis交换数据的地方：如果处理器往请求通道添加请求，请求处理线程和KafkaApis都可以获取到请求通道中的请求；如果请求处理线程和KafkaApis往请求通道添加响应，处理器也可以从请求通道获取响应。**

处理器会将客户端发送的请求放到全局的请求队列（requestQueue）中，供请求处理线程获取，请求处理线程会将请求转发给KafkaApis处理。最后KafkaApis会将处理完成的响应结果放到响应队列（responseQueue）中，供处理器获取后发送给客户端。相关代码如下：

```
// SocketServer中向Processor线程注册关于响应通知的监听器
requestChannel.addResponseListener(id => processors(id).wakeup())

// 请求通道会保存全局的请求队列和每个处理器对应的响应队列
class RequestChannel(val numProcessors: Int, val queueSize: Int) {
  var responseListeners: List[(Int) => Unit] = Nil
  def addResponseListener(onResponse: Int => Unit) {
    responseListeners ::= onResponse
  }

  // 全局的请求队列
  val requestQueue = new ArrayBlockingQueue[Request](queueSize)
  // 每个处理器都有一个响应队列
  val responseQueues = new Array[BlockingQueue[Response]](numProcessors)
  for(i <- 0 until numProcessors)
    responseQueues(i) = new LinkedBlockingQueue[Response]()

  // 处理器从请求队列中取出请求，队列为空会阻塞，直到有处理器加入新的请求
  def receiveRequest(timeout: Long): Request = requestQueue.poll(timeout)
  // 如果请求队列满了，这个方法会阻塞在这里，直到有处理器取走一个请求
  def sendRequest(request: Request) { requestQueue.put(request) }

  def receiveResponse(processor: Int) = responseQueues(processor).poll()
  // 发送响应给SocketServer，并最终通过网络返回给客户端
  def sendResponse(response: Response) {
    responseQueues(response.processor).put(response)
    for(onResponse <- responseListeners) onResponse(response.processor)
  }
}
```

如图2-20所示，因为请求通道保存了请求和响应两种类型的队列，它的各个方法中关于请求和响应的接收和发送是有顺序的：发送请求 → 接收请求 → 发送响应 → 接收响应。

(1) `sendRequest()`：处理器接收到客户端请求后，将请求放入请求队列。

(2) `receiveRequest()`：请求处理线程从队列中获取请求，并交给`KafkaApis`处理。

(3) `sendResponse()`：`KafkaApis`处理完，将响应结果放入响应队列。

(4) `receiveResponse()`：处理器从响应队列中获取响应结果发送给客户端。

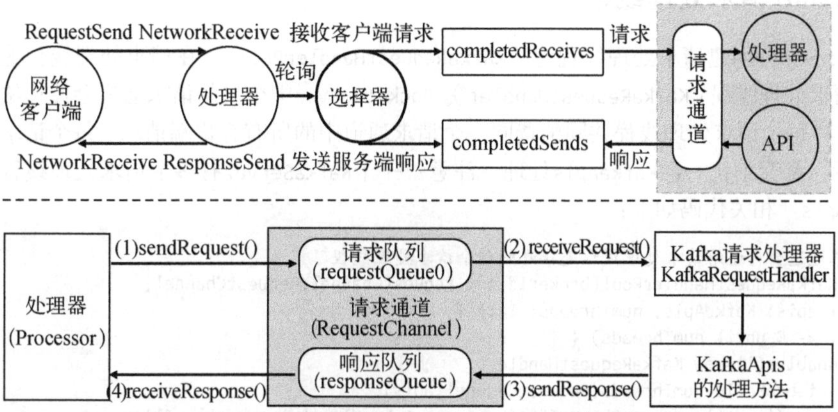

图2-20 客户端RequestChannel发送请求和接收响应

上面只是一个请求和响应在请求通道上的调用顺序，下面以服务端同时处理多个客户端请求为例，并结合其他相关的组件，来说明处理器将请求放入请求通道，一直到从请求通道获取响应的过程（图中的编号和图2-20编号的含义相同）。如图2-21所示，由于一个`SocketServer`有多个处理器，每个处理器都负责一部分客户端的请求。如果请求1发送给处理器1，那么请求1对应的响应也只能发送给处理器1，所以每个处理器都有一个响应队列。虽然请求队列是所有处理器全局共享的，不过会有多个请求处理线程同时处理请求队列中的客户端请求。假设处理器3有两个客户端请求，这两个请求进入全局的请求队列后可能被不同的请求处理线程处理，最后`KafkaApis`会将这两个请求的响应都放入处理器3对应的响应队列中。

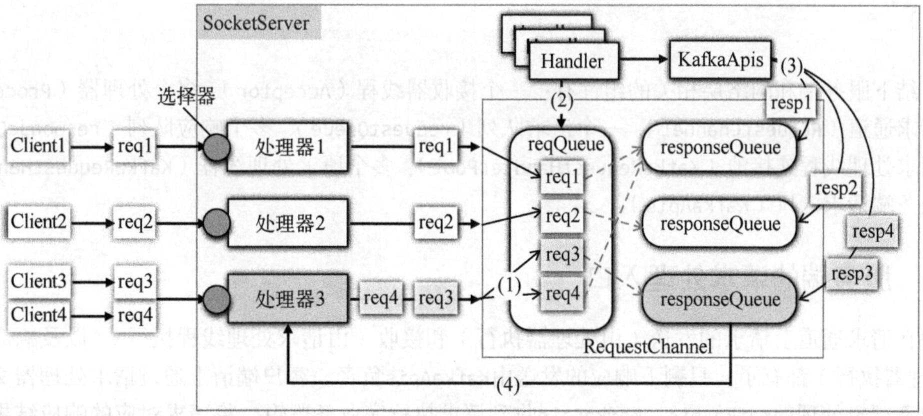

图2-21 请求通道的请求和响应队列（req3和req4到同一个响应队列，对应请求通道背景颜色加深）

从图2-21处理器使用请求通道的方式也可以看到，处理器的processCompletedReceives()会往请求通道的请求队列添加请求，processNewResponses()则从请求通道的响应队列获取响应。与之相对应的获取请求和添加响应的操作，则属于请求处理线程（KafkaRequestHandler）和KafkaApis的功能。

2.3.4 Kafka 请求处理线程

KafkaServer会创建请求处理线程池（KafkaRequestHandlerPool），在请求处理线程池中会创建并启动多个请求处理线程（KafkaRequestHandler）。SocketServer中全局的请求通道会传递给每个请求处理线程。这样每个请求处理线程共同消费同一个请求通道中的所有客户端请求。每个请求处理线程获取到请求后，都交给统一的KafkaApis处理。注意：一个KafkaServer有多个请求处理线程，但是只有一个KafkaApis。相关代码如下：

```
// 请求通道会传递给请求处理线程连接池的每个请求处理线程
class KafkaRequestHandlerPool(brokerId:Int,requestChannel:RequestChannel,
    val apis: KafkaApis, numThreads: Int) {
  for(i <- 0 until numThreads) {
    runnables(i)=new KafkaRequestHandler(
      i,brokerId,numThreads,requestChannel,apis)
    threads(i)=Utils.daemonThread("kafka-request-handler-"+i,runnables(i))
    threads(i).start()
  }
}
// 每个请求处理线程共享同一个请求通道，在获取到请求后交给KafkaApis处理
class KafkaRequestHandler(id: Int,brokerId: Int,
    requestChannel:RequestChannel,apis:KafkaApis) {
  def run() {
    while(true) {
      var req : RequestChannel.Request = null
      while (req == null) {
        req = requestChannel.receiveRequest(300) // 获取客户端请求
      }
      apis.handle(req) // 交给全局的KafkaApis处理
    }
  }
}
```

总结下服务端和网络层相关的组件有：一个接收器线程（Acceptor）、多个处理器（Processor）、一个请求通道（RequestChannel）、一个请求队列（requestQueue）、多个响应队列（responseQueue）、一个请求处理线程连接池（KafkaRequestHandlerPool）、多个请求处理线程（KafkaRequestHandler）、一个服务端请求入口（KafkaApis）。

2.3.5 服务端的请求处理入口

现在请求通道上请求的发送（由处理器执行）和接收（由请求处理线程执行），以及响应的接收（由处理器执行）都有了，只剩下响应的发送由KafkaApis负责。客户端请求通过请求处理器交给负责具体业务逻辑处理的KafkaApis，KafkaApis收到请求执行完业务逻辑，将请求对应的响应结果发送到请求通道的响应队列中。因为KafkaApis类持有请求通道的引用，所以它可以把响应发送到请求通道中。

现在，请求和响应的发送和接收四个步骤就都齐了。

KafkaApis.handle()方法是服务端处理各种请求的入口。不仅仅是客户端（比如生产者或消费者），Kafka服务端节点之间的通信也会走这个统一的入口（比如备份副本的拉取请求，以及其他内部请求）。相关代码如下：

```
// KafkaApis的handle方法是服务端处理各种请求的入口
class KafkaApis(val requestChannel: RequestChannel,
    val replicaManager: ReplicaManager,val coordinator: GroupCoordinator,
    val controller: KafkaController,val zkUtils:ZkUtils,val brokerId:Int,
    val config: KafkaConfig, val metadataCache: MetadataCache..) {
  def handle(request: RequestChannel.Request) {
    ApiKeys.forId(request.requestId) match {
      case ApiKeys.PRODUCE => handleProducerRequest(request)
      case ApiKeys.FETCH => handleFetchRequest(request)
      case ApiKeys.LIST_OFFSETS => handleOffsetRequest(request)
      // 省略其他请求类型
    }
  }
}
```

总结一下服务端接收请求放入请求通道，再到发送响应放入请求通道的过程。处理器接收完从客户端发送过来的NetworkReceive对象，会解析NetworkReceive的内容，再加上当前处理器编号，包装成RequestChannel.Request对象，然后将RequestChannel.Request放入请求通道的请求队列中。

客户端发送的请求对象是ClientRequest，但是在经过网络发送给服务端，会被包装成Send对象。服务端通过处理器中选择器的轮询读取客户端的请求，得到的是NetworkReceive对象。服务端需要解析NetworkReceive的内容才能创建RequestChannel.Request请求对象。

请求处理线程从请求通道中获取请求，并交给KafkaApis去处理。KafkaApis在处理完请求后，会创建响应对象（RequestChannel.Response）并放入请求通道中。响应对象也持有请求对象的引用，因为请求对象中有处理器编号，所以响应对象可以从请求对象中获取处理器编号，确保对请求和响应的处理都是在同一个处理器中完成。相关代码如下：

```
// 处理器读取客户端发送的NetworkReceive，创建请求并放入请求通道
private def processCompletedReceives() {
  selector.completedReceives.asScala.foreach { receive =>
    val channel = selector.channel(receive.source)
    val req = RequestChannel.Request(processor = id,
      connectionId = receive.source, buffer = receive.payload)
    requestChannel.sendRequest(req) // 将请求放入请求通道的请求队列
  }
}

// KafkaApis处理生产请求，处理完成后，创建响应并放入请求通道
def handleProducerRequest(request: RequestChannel.Request) {
  val produceRequest = request.requestObj.asInstanceOf[ProducerRequest]
  requestChannel.sendResponse(new RequestChannel.Response(
    request, new RequestOrResponseSend(request.connectionId, response)))
}
```

KafkaApis处理生产者客户端请求的具体实现会在第6章中分析，从第3章到第5章我们会分析同样也是客户端的消费者。

2.4 小结

本章主要分析了两种版本的生产者客户端以及服务端的网络层实现，重点介绍了客户端的NetworkClient和服务端的SocketServer。Java版本的客户端和服务端的处理器，都使用了选择器模式和Kafka通道（KafkaChannel），而Scala版本的客户端则使用比较原始的阻塞通道（BlockingChannel）。在客户端-服务端的通信模型中，通常一个客户端会连接到多个服务端，一个服务端也会接受多个客户端的连接，所以使用选择器模式可以使网络通信更加高效。另外，我们还在服务端运用了Reactor模式，将网络请求和业务处理的线程进行分离。除此之外，客户端和服务端在很多地方都运用了队列这种数据结构，来对请求或者响应进行排队。队列是一种保证数据被有序处理，并且能够缓存的结构。

在客户端要向服务端发送消息时，我们会获取Cluster集群状态（Java版本）或集群元数据TopicMetadata（Scala版本），并为消息选择分区，选择分区的主副本作为目标节点。在服务端，SocketServer会接收客户端发送的请求交给请求处理线程和KafkaApis处理。具体和消息相关的处理逻辑，由KafkaApis以及KafkaServer中的其他组件一起完成。

本章分析的Producer以及后面要分析的Consumer，都不是Kafka的内置服务，而是一种客户端（所以它们都在clients包中）。客户端可以独立于Kafka集群，因此开发客户端应用程序时，只需要提供一个Kafka集群的地址，说明客户端可以和Kafka集群独立开来。图2-22展示了一种典型的生产者、消费者和Kafka集群交互方式，其中Kafka集群还会和ZK互相通信。

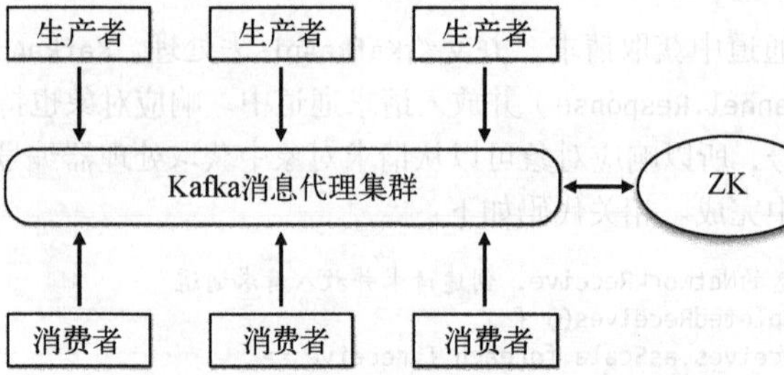

图2-22 生产者、消费者、Kafka集群间的交互

客户端有发送和接收请求的逻辑，服务端同样也有接收和发送的逻辑，因为对于I/O来说这是双向的：客户端发送请求，就意味着服务端要接收请求；服务端对请求作出响应并发送响应结果给客户端，客户端就要接收响应。

第3章

消费者：高级API和低级API

消息系统由生产者、存储系统和消费者组成。上一章分析了生产者发送消息给服务端的过程，本章分析消费者从服务端存储系统读取生产者写入消息的过程。首先我们来了解消费者的一些基础知识。

1. 使用消费组实现消息队列的两种模式

作为分布式的消息系统，Kafka支持多个生产者和多个消费者，生产者可以将消息发布到集群中不同节点的不同分区上，消费者也可以消费集群中多个节点的多个分区上的消息。写消息时，多个生产者可以写到同一个分区。读消息时，如果多个消费者同时读取一个分区，为了保证将日志文件的不同数据分配给不同的消费者，需要采用加锁、同步等方式，在分区级别的日志文件上做些控制。

相反，如果约定"同一个分区只可被一个消费者处理"，就不需要加锁同步了，从而可提升消费者的处理能力。而且这也并不违反消息的处理语义：原先需要多个消费者处理，现在交给一个消费者处理也是可以的。图3-1给出了一种最简单的消息系统部署模式，生产者的数据源多种多样，它们都统一写入Kafka集群。处理消息时有多个消费者分担任务，这些消费者的处理逻辑都相同，**每个消费者处理的分区都不会重复**。

注意：图中的P0表示"分区0"，P1表示"分区1"，下文图中出现的[P0,P1]指的都是分区。

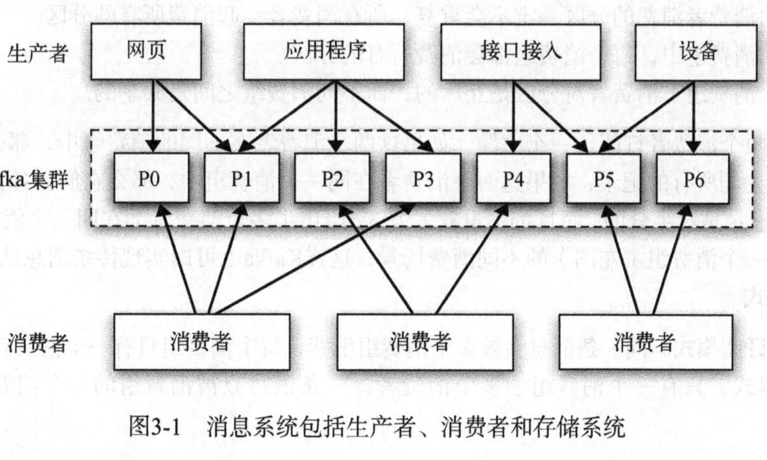

图3-1　消息系统包括生产者、消费者和存储系统

实际应用中，Kafka集群的数据需要被不同类型的消费者使用，而不同类型的消费者处理逻辑不同。Kafka使用消费组的概念，允许一组消费者进程对消费工作进行划分。每个消费者都可以配置一个所属的消费组，并且订阅多个主题。Kafka会发送每条消息给每个消费组中的一个消费者进程（同一条消息广播给多个消费组，单播给同一组中的消费者）。**被订阅主题的所有分区会平均地负载给订阅方，即消费组中的所有消费者**。比如1个主题有4个分区，1个消费组有2个消费者，那么每个消费者都会分配到2个分区。

如图3-2所示，典型的Kafka集群部署方式会有多个消费组，并且每个消费组中也有多个消费者。这样既允许多种业务逻辑的消费组存在，也可以保证同一个消费组内的多个消费者协调工作，避免因一个消费组中只有一个消费者导致数据丢失。

注意：图3-2中的C1表示“消费者1”，C2表示“消费者2”。

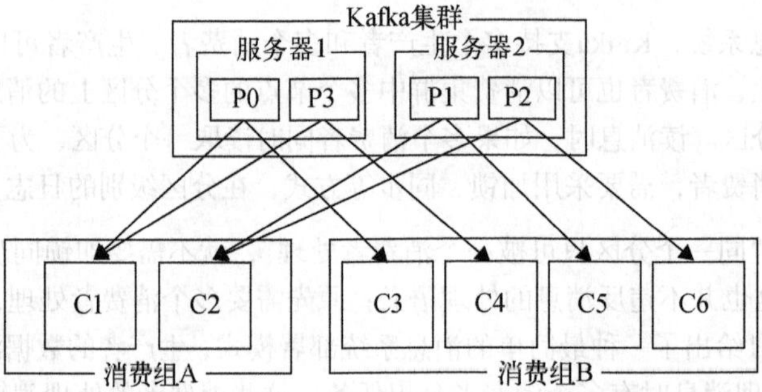

图3-2　Kafka集群的典型部署方式。图片引自：http://kafka.apache.org/documentation.html

Kafka采用消费组保证了“一个分区只可被消费组中的一个消费者所消费”，这意味着：

(1) 在一个消费组中，一个消费者可以消费多个分区。

(2) 不同的消费者消费的分区一定不会重复，所有消费者一起消费所有的分区。

(3) 在不同消费组中，每个消费组都会消费所有的分区。

(4) 同一个消费组下消费者对分区是互斥的，而不同消费组之间是共享的。

比如，有两个消费者订阅了一个主题，如果这两个消费者在不同的消费组中，那么每个消费者都会获取到这个主题所有的记录；如果这两个消费者在同一个消费组中，那么它们会各自获取到一半的记录（两者的记录是对半分的，而且都不重复）。图3-3给出了多个消费者都在同一个消费组中（右图），或者各自组成一个消费组（左图）的不同消费场景，这样Kafka也可以实现传统消息队列的发布–订阅模式和队列模式。

- **发布–订阅模式**。同一条消息会被多个消费组消费，每个消费组只有一个消费者，实现广播。
- **队列模式**。只有一个消费组、多个消费者，一条消息只被消费组的一个消费者消费，实现单播。

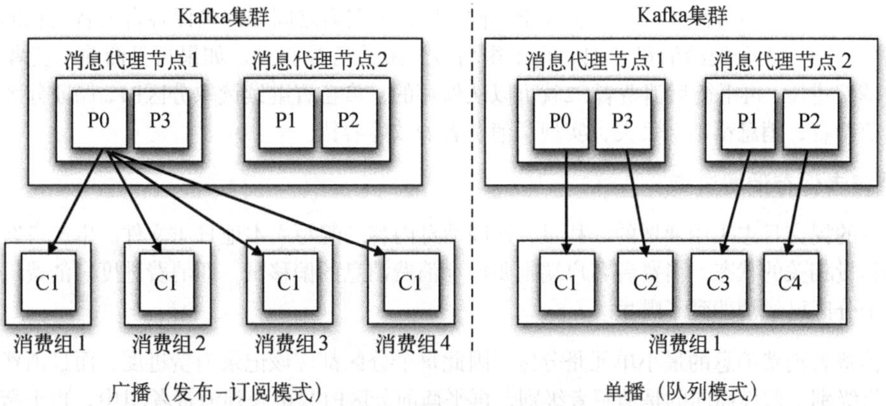

图3-3 传统消息队列的发布–订阅模式和队列模式

2. 消费组再平衡实现故障容错

消费者是客户端的业务处理逻辑程序，因此要考虑消费者的故障容错。一个消费组有多个消费者，因此消费组需要维护所有的消费者。如果一个消费者宕机了，分配给这个消费者的分区需要重新分配给相同组的其他消费者；如果一个消费者加入了同一个组，之前分配给其他消费组的分区需要分配给新加入的消费者。

一旦有消费者加入或退出消费组，导致消费组成员列表发生变化，消费组中所有的消费者就要执行再平衡（rebalance）工作。如果订阅主题的分区有变化，所有的消费者也都要再平衡。如图3-4所示，在加入一个新的消费者后，需要为所有的消费者重新分配分区，因此所有消费者都会执行再平衡。

注意： 再平衡操作针对的是消费组中的所有消费者，即所有消费者都要执行重新分配分区的动作。

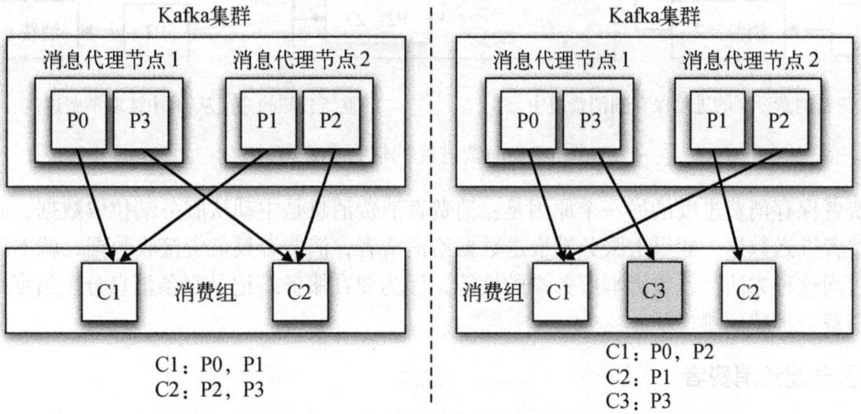

图3-4 消费组成员变化引起所有消费者发生再平衡

消费者再平衡前后分配到的分区会完全不同，那么消费者之间如何确保各自消费消息的平滑过渡呢？假设分区P1原先分配给消费者C1，再平衡后被分配给消费者C2。如果再平衡前消费者C1保存了分区P1的消费进度，再平衡后消费者C2就可以从保存的进度位置继续读取分区P1，保证分区P1不管分配给哪个消费者，消息都不会丢失，实现了消费者的故障容错。

3. 消费者保存消费进度

生产者的提交日志采用递增的偏移量，连同消息内容一起写入本地日志文件。生产者客户端不需要保存偏移量相关的状态，消费者客户端则要保存消费消息的偏移量，即消费进度。消费进度表示消费者对一个分区已经消费到了哪里。

由于消费者消费消息的最小单元是分区，因此每个分区都应该记录消费进度，而且消费进度应该面向消费组级别。假设面向的是消费者级别，再平衡前分区P1只记录到消费者C1中，再平衡后分区P1属于消费者C2。但是这样一来，分区P1和消费者C2之前没有记录任何信息，就无法做到无缝迁移。而如果针对消费组，因为消费者C1和消费者C2属于同一个消费组，再平衡前记录分区P1到消费组1，再平衡后消费者C2可以正常地读取消费组1的分区P1进度，还是可以准确还原出这个分区在消费组1中的最新进度的。总结下，**虽然分区是以消费者级别被消费的，但分区的消费进度要保存成消费组级别的**。

消费者对分区的消费进度通常保存在外部存储系统中，比如ZK或者Kafka的内部主题（`__consumer_offsets`）。这样分区的不同拥有者总是可以读取同一个存储系统的消费进度，即使消费者成员发生变化，也不会影响消息的消费和处理。如图3-5所示，消费者消费消息时，需要定时将分区的最新消费进度保存到ZK中。当发生再平衡时，消费者拥有的新分区消费进度都可以从ZK中读取出来，从而恢复到最近的消费状态。

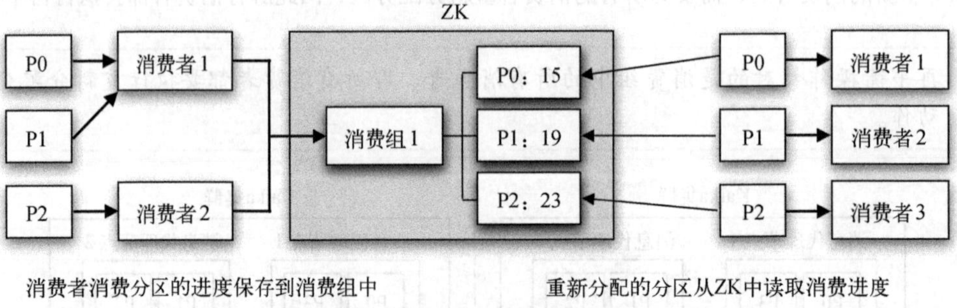

图3-5　消费进度的保存和恢复

由消费者保存消费进度的另一个原因是：消费者消费消息是主动从服务端拉取数据，而不是由服务端向消费者推送数据。如果由服务端推送数据给消费者，消费者只负责接收数据，就不需要保存状态了。但后面这种方法会严重影响服务端的性能，因为要在服务端记录每条消息分配给哪个消费者，还要记录消费者消费到哪里了。

4. 分区分配给消费者

一个分区只能属于一个消费者线程，将分区分配给消费者有以下几种场景。

- 线程数量多于分区的数量，有部分线程无法消费该主题下任何一条消息。
- 线程数量少于分区的数量，有一些线程会消费多个分区的数据。
- 线程数量等于分区的数量，则正好一个线程消费一个分区的数据。

图3-6展示了上面这3种场景，正常情况下采用第二种是最好的，这种方案既不会有第一种的资源浪费现象存在，也不会像第三种那样每个线程只负责一点点工作。通过让一个线程消费多个分区，可以最大限度地利用每个线程的处理能力。

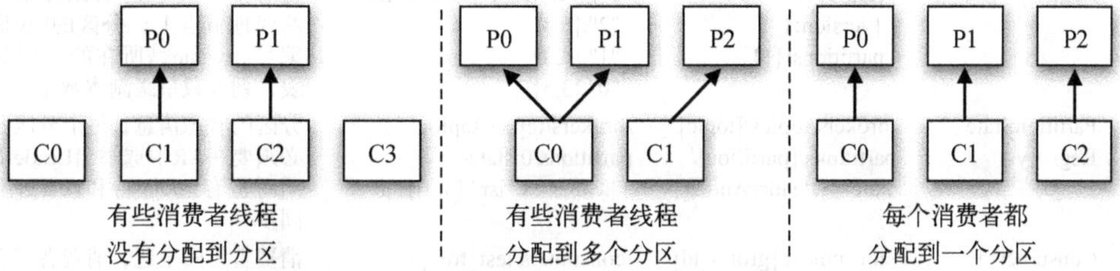

图3-6　消费者线程和分区的对应关系

一个消费者线程消费多个分区，可以保证消费同一个分区的消息一定是有序的，但并不保证消费者接收到多个分区的消息完全有序。如图3-7所示，消费者分配了分区P0和分区P1，虽然消费者收到的消息整体上不是有序的，但是针对同一个分区的消息是有序的。比如图3-7（左）中分区P0的消息顺序(1)(2)(3)对应的消费者读取顺序也一定是(1)(2)(3)，图3-7（右）中分区P0的消息顺序(1)(3)(5)对应的消费者读取顺序也一定是(1)(3)(5)。

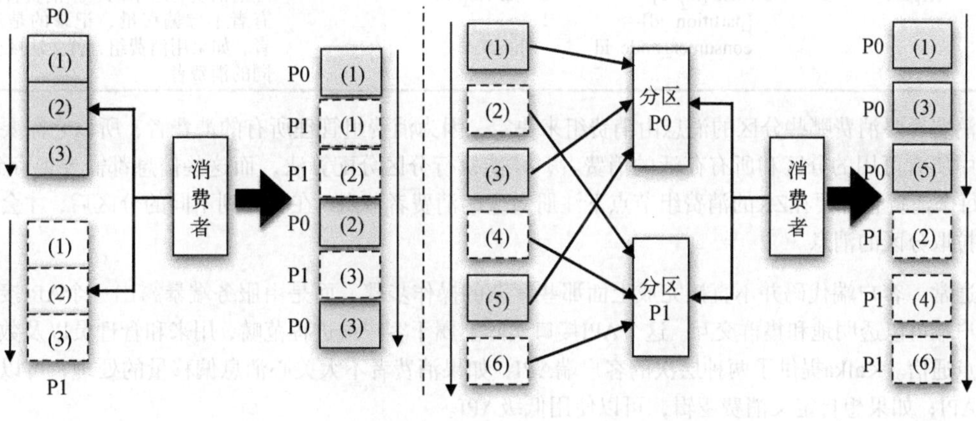

图3-7　消费者读取不同分区消息的顺序性

5. 消费者与ZK的关系

消费者除了需要保存消费进度到ZK中，它分配的分区也是从ZK读取的。ZK不仅存储了Kafka的内部元数据，而且记录了消费组的成员列表、分区的消费进度、分区的所有者。表3-1总结了消息代理节点、主题、分区、消费者、偏移量（offset）、所有权（ownership）在ZK中的注册信息。

表3-1　ZK节点的分类

序号	Registry	ZooKeeper节点	示例数据	发生动作
1	BrokerNode Registry	/brokers/ids/ [0...N]--> host:port	/brokers/ids/3--> {"jmx_port":10055, "hoist":"127.0.0.1", "port":9092}	每个代理节点启动时在/brokers下创建子节点，读取/brokers就可以获取Kafka的集群信息。这些代理节点会选举出一个Leader作为整个集群的Controller
2	Brokertopic Registry	/brokers/topics/ [topic]--> {version:1 partitions:{}}	/brokers/topics/topic1 -->{"version":1,"partitions":{ "2":[5,4], "1":[4,3], "0":[3,5]}}	创建主题时指定分区数量，Kafka为每个分区分配的AR分布在不同的代理节点上。分区的key是分区编号，value是所在的代理节点列表，列表数量跟副本数量有关
3	PartitionState Registry	/brokers/topics/[topic]/ partitions/[partition]/ state-->{leaderAndlsr}	/brokers/topics/topic1/ partitions/0/state--> {"leader":3,"isr":[3,5]}	分区的状态信息，每个分区要可用必须要在AR中选举出Leader副本，同时也有ISR保持和Leader副本的同步
4	ConsumerId Registry	/consumers/[group_id]/ ids/[consumer_id]--> topic1,...topicN	/consumers/test_troup/ ids/host1--> {"subscription":{"topic1":1}}	消费者订阅主题，消费者都有所属的消费组。读取消费组节点下的所有子节点就可以获取消费组的消费者成员列表
5	ConsumerOffset Tracking	/consumers/[group_id]/ offsets/[topic]/ [partition_id]--> offset_counter_value	/consumers/test_group/ offsets/topic1/ 0 -->1730263465	消费者记录分区的消费进度，偏移量以消费组为级别，是为了保证即使消费者挂掉，分区也会被分配给其他的消费者，使得分区被透明地消费
6	PartitionOwner Registry	/consumers/[group_id]/ owners/[topic]/ [partition_id]--> consumer_node_id	/consumers/test_group/ owners/topic1/ 1 -->host1	分区的所有者，一个分区只会被分配给消费者组中的一个消费者。所有者不像偏移量，记录的是消费者，如果用消费组，就无法区分不同的消费者

消费者要消费哪些分区的消息由消费组来决定，因为消费组管理所有的消费者，所以它需要知道集群中所有可用的分区和所有存活的消费者，才能执行分区分配算法，而这些信息都需要保存到ZK中。每个消费者都要在ZK的消费组节点下注册对应的消费者节点，在分配到不同的分区后，才会开始各自拉取分区的消息。

通常，客户端代码并不直接完成上面那些复杂的操作步骤，而是由服务端暴露出一个API接口，让客户端可以透明地和集群交互。这个API接口实际上属于客户端进程范畴，用来和管理员以及数据存储节点通信。Kafka提供了两种层次的客户端API：如果消费者不太关心消息偏移量的处理，可以使用高级API；如果想自定义消费逻辑，可以使用低级API。

- 高级API。消费者客户端代码不需要管理偏移量的提交，并且采用了消费组的自动负载均衡功能，确保消费者的增减不会影响消息的消费。高级API提供了从Kafka消费数据的高层抽象。
- 低级API。通常针对特殊的消费逻辑，比如消费者只想消费某些特定的分区。低级API的客户端代码需要自己实现一些和Kafka服务端相关的底层逻辑，比如选择分区的主副本、处理主副本的故障转移等。

3.1 消费者启动和初始化

下面的代码是使用高级API的消费者客户端示例：

```
// 使用高级API的消费者客户端示例
Properties props = new Properties();
props.put("zookeeper.connect", "localhost:2181"); // ZK集群地址
props.put("group.id", "my-group-id"); // 消费组
props.put("zookeeper.session.timeout.ms", "4000");
props.put("zookeeper.sync.time.ms", "2000");
props.put("auto.commit.interval.ms", "1000"); // 自动提交偏移量的间隔
ConsumerConfig conf = new ConsumerConfig(props);
// (1) 消费者指定订阅的主题和每个主题需要的消费者线程数
Map<String, Integer> topicCountMap = new HashMap(); // 设置每个主题的线程数量
topicCountMap.put(topic, new Integer(1));
// (2) 消费者连接器，会根据消费者订阅信息创建KafkaStream
ConsumerConnector consumer=Consumer.createJavaConsumerConnector(conf);
// (3) 每个消费者线程都对应了一个消息流，消息会放入消息流的阻塞队列中
Map<String, List<KafkaStream<byte[], byte[]>>> consumerMap =
  consumer.createMessageStreams(topicCountMap);
// (4) 消费者迭代器，从消息流中读取出消息
List<KafkaStream<byte[],byte[]>> streams=consumerMap.get(topic); // 获取消息流
KafkaStream<byte[],byte[]> stream=streams.get(0); // 一个线程，因此只有一个消息流
ConsumerIterator<byte[], byte[]> it = stream.iterator();
while (it.hasNext()){
  System.out.println("message:"+new String(it.next().message()));
}
```

消费者的配置信息要指定连接的ZK集群以及消费组编号。消费者客户端会通过消费者连接器（ConsumerConnector）连接ZK集群，获取分配的分区，创建每个主题对应的消息流（KafkaStream），最后迭代消息流，读取每条消息，并完成具体的业务处理逻辑（这里只是简单地打印出收到的每条信息）。

为了方便理解上面这些对象的产生意义，我们以JDBC连接查询数据库为例来展开介绍。客户端查询数据库返回结果集（ResultSet），通过迭代结果集，就可以返回数据库中的每条记录。而Kafka的消费者客户端做的事情实际上与此类似，前者查询数据库，后者查询消息系统；前者迭代结果集的每条记录，后者迭代ConsumerIterator的每条消费记录。相关代码如下：

```
// JDBC客户端查询数据库的代码和Kafka消费者客户端消费消息类似
Class.forName("org.h2.Driver");
try(Connection conn=DriverManager.getConnection("jdbc:h2:/tmp/h2","sa","");
    Statement stmt = conn.createStatement();){
  String querySQL = "SELECT id, first, last, age FROM test";
  ResultSet rs = stmt.executeQuery(querySQL);
  while(rs.next()){
    System.out.print("ID: "+rs.getInt("id")+", Age: "+rs.getInt("age"));
  }
  rs.close();
}catch (Exception e) {}
```

如图3-8所示，消费者客户端读取消息会创建消息流，然后从消息流中读取消息。那么为消费者分

配分区，以及拉取分区消息一定发生在这两个步骤之间，而实际上这些工作都会在消费者连接器中完成。消费者客户端通过消费者连接器读取消息的具体步骤如下。

(1) 消费者的配置信息指定订阅的主题和主题对应的线程数，每个线程对应一个消息流。

(2) Consumer对象通过配置文件创建基于ZK的消费者连接器。

(3) 消费者连接器根据主题和线程数创建多个消息流。

(4) 在每个消息流通过循环消费者迭代器（ConsumerIterator）读出消息。

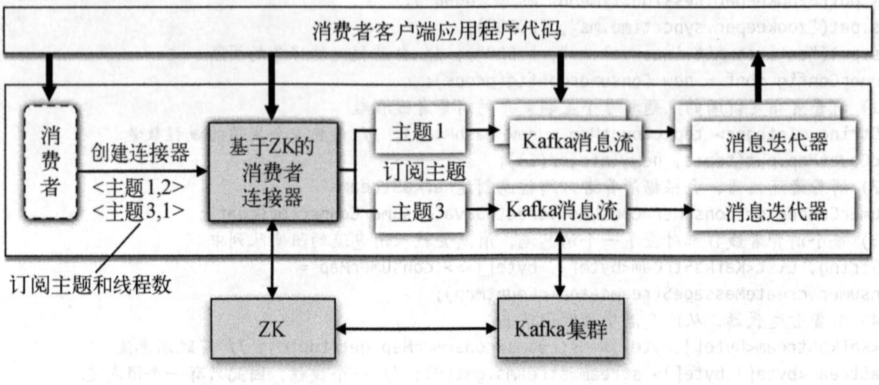

图3-8　消费者客户端的消费消息流程

上面的消费者示例只为订阅的一个主题指定了一个消费线程，而一个消费者进程允许为不同的主题设置不同的消费者线程数量。比如，我们可以为重要的主题设置更多的线程数以加快消费进度，不同主题之间互相隔离，不会互相影响。而且即使是相同的主题，不同的线程之间也不像Java的多线程那样需要加锁等重量级的同步方案。因为消费者采用多线程访问的分区都是隔离的，所以不会出现同一个分区被不同线程同时访问的情况。前面我们说过“一个分区只会被分配给消费组中的一个消费者”，实际上从线程模型来看，更准确地讲应该是“一个分区只会被分配给一个消费者线程”。下面的代码为一个消费者设置了多个消费者线程，每个消息流使用线程池的方式运行：

```
// 一个消费者进程设置多个消费者线程，采用并发方式读取消息
ExecutorService executor = Executors.newFixedThreadPool(a_numThreads);
public void run(int a_numThreads) {
  Map<String, Integer> topicCountMap = new HashMap<String, Integer>();
  topicCountMap.put(topic,new Integer(a_numThreads)); // 主题有多个线程数
  Map<String, List<KafkaStream<byte[], byte[]>>> consumerMap =
    consumer.createMessageStreams(topicCountMap);
  List<KafkaStream<byte[], byte[]>> streams = consumerMap.get(topic);
  int threadNumber = 0;
  // 循环的次数等于线程的个数，所以每个线程都有自己的KafkaStream
  for (final KafkaStream stream : streams) {
    executor.submit(new ConsumerTest(stream, threadNumber));
    threadNumber++;
  }
}
// 每个消费者线程都有一个对应的KafkaStream，可以从消息流中迭代消息
class ConsumerTest implements Runnable {
```

```
    private KafkaStream m_stream;
    private int n;
    public void run() {
      ConsumerIterator<byte[], byte[]> it = m_stream.iterator();
      while (it.hasNext())
        System.out.println("Thread "+n+":"+new String(it.next().message()));
    }
  }
```

消费者连接器不仅要处理分区分配和拉取消息这些和消费逻辑相关的任务，而且要在线程模型方面保证不同线程的处理逻辑都一致。如图3-9（左）所示，一个消费者进程订阅的主题设置了3个线程。而图3-9（右）中有3个消费者进程，但每个消费者订阅的主题只有一个线程。这两种方式的效果应该是一样的：都能够消费所有的分区，只不过对于外部ZK而言，一个消费者和3个消费者在消费组看来消费组成员列表是不同的。

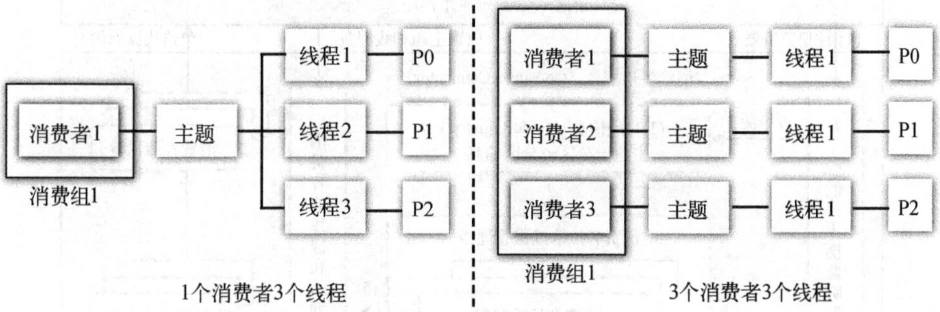

图3-9 消费者进程和线程

3.1.1 创建并初始化消费者连接器

消费者（Consumer）和消费者连接器接口（ConsumerConnector）在同一个文件中，消费者只需要消费者配置（ConsumerConfig）就可以创建消费者连接器。消费者连接器接口的主要方法有：createMessageStreams()方法，它创建消息流并返回给客户端应用程序，这样客户端就会使用消息流读取消息；commitOffsets()方法，它会提交分区的偏移量元数据到ZK或者Kafka的内部主题中。相关代码如下：

```
// 消费者连接器接口提供了创建消息流和提交偏移量两个方法
trait ConsumerConnector {
  def createMessageStreams(topicCountMap: Map[String,Int]):
    Map[String, List[KafkaStream[Array[Byte],Array[Byte]]]]
  def commitOffsets(offsetsToCommit:
    immutable.Map[TopicAndPartition, OffsetAndMetadata])
}
```

默认的消费者连接器实现类是ZookeeperConsumerConnector。除了上面暴露给客户端使用的两个方法，消费者连接器还会协调下面的各个组件来读取消息。

- listeners。注册主题分区的更新、会话超时、消费者成员变化事件，触发再平衡。

- zkUtils。从ZK中获取主题、分区、消费者列表，为再平衡时的分区分配提供决策。
- topicRegistry。消费者分配的分区，结构是“主题→(分区→分区信息)”。
- fetcher。消费者拉取线程的管理类，拉取线程会向服务端拉取分区的消息。
- topicThreadIdAndQueues。消费者订阅的主题和线程数，每个线程对应一个队列。
- offsetsChannel。偏移量存储为Kafka内部主题时，需要和管理消费组的协调者通信。

图3-10展示了消费者连接器中这些组件如何协调完成消息的消费。其中，监听器(1)是消息消费事件的导火索，一旦触发了再平衡，需要从ZK中读取所有的分区和已注册的消费者(2)。然后通过分区分配算法，每个消费者都会分配到不同的分区列表(3)。接着拉取线程开始拉取对应的分区消息(4)，并将拉取到的消息放到每个线程的队列中(5)，最后消费者客户端就可以从队列中读取出消息了。另外，为了及时保存消费进度，我们还需要将偏移量保存到offsetsChannel通道对应的节点中(6)。

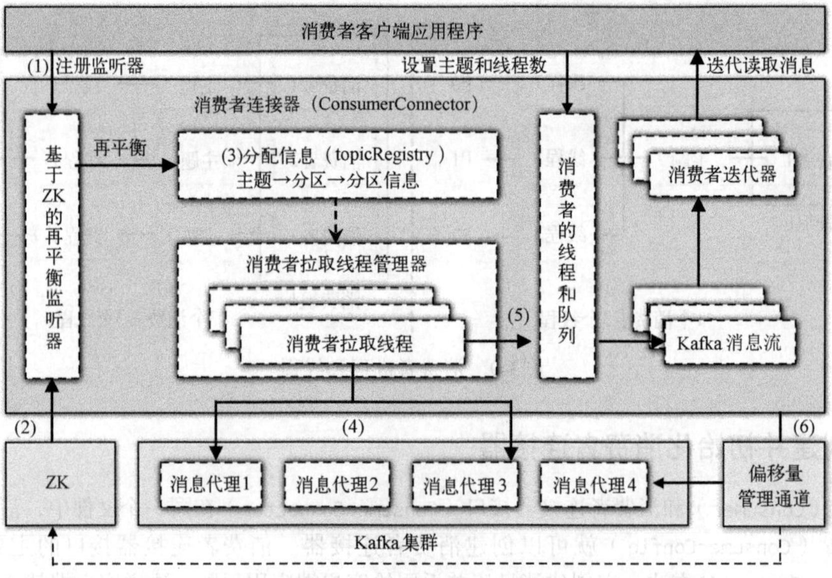

图3-10　ConsumerConnect连接器各组件协调完成消息的消费

为了保证再平衡时各项准备工作都已就绪，创建消费者连接器时，需要执行以下初始化方法。

(1) 确保连接上ZK，因为消费者要和ZK通信，包括保存消费进度或者读取分区信息等。

(2) 创建管理所有消费者拉取线程的消费者拉取管理器（ConsumerFetcherManager）。

(3) 确保连接上偏移量管理器（OffsetManager），消费者保存消费进度到内部主题时和它通信。

(4) 调度定时提交偏移量到ZK或者Kafka内部主题的线程。

3.1.2　消费者客户端的线程模型

消费者连接器的createMessageStreams()方法会调用consume()方法，但consume()方法并不真正消费数据，而只是为消费消息做准备工作，具体步骤如下。

(1) 根据客户端传入的topicCountMap构造对应的队列和消息流，消息流引用了队列。

(2) 在ZK的消费组父节点下注册消费者子节点。

(3) 执行初始化工作，触发再平衡，为消费者分配分区，拉取线程会拉取消息放到队列中。

(4) 返回消息流列表，队列中有数据时，客户端就可以从消息流中迭代读取消息。

相关代码如下：

```
// 消费者连接器的消费方法准备完拉取消息需要的数据结构后，返回每个线程对应的消息流
def consume(topicCountMap:Map[String,Int]:Map[String,List[KafkaStream]]={
  val topicCount=TopicCount.constructTopicCount(consumerId,topicCountMap)
  val topicThreadIds = topicCount.getConsumerThreadIdsPerTopic
  val queuesAndStreams = topicThreadIds.values.map(threadIdSet =>
    threadIdSet.map(_ => {
      val queue = new LinkedBlockingQueue[FetchedDataChunk]()
      val stream = new KafkaStream[K,V](queue)
      (queue, stream)
    })
  ).flatten.toList
  val dirs = new ZKGroupDirs(config.groupId)
  registerConsumerInZK(dirs, consumerId, topicCount) // 注册消费者节点
  reinitializeConsumer(topicCount, queuesAndStreams)  // 重新初始化消费者
  loadBalancerListener.kafkaMessageAndMetadataStreams // 返回KafkaStream
}
```

消费者连接器为了存储拉取线程拉取的消息，本质上还是使用“队列”这种具有缓冲功能的数据结构。将队列封装到消息流中，那么队列和消息流是一一对应的。而根据线程模型，为了保证相同进程内不同线程互相隔离，客户端设置的topicCountMap有多少个线程，就对应了多少个队列和消息流。

消费者客户端线程模型的主要概念有**消费者线程、队列、消息流**，这三者的关系都是一一对应的。如果将线程模型和服务端的分区再结合起来，一个线程允许分配多个分区，那么多个分区会共用同一个线程对应的一个队列和一个消息流。下面我们分析几个和消费者线程模型相关的变量。

- topicCountMap，设置主题及其对应的线程个数，每个线程都对应一个队列和一个消息流。
- consumerId，即“消费者编号”，用“消费组名称+随机值”表示，指定消费者在消费组中的唯一编号。
- ConsumerThreadId，即“消费者线程编号”，用“消费者编号 + 线程编号”表示。
- consumerThreadIdsPerTopicMap，表示每个主题和消费者线程编号集合的映射关系。
- topicThreadIds，表示所有的消费者线程编号集合，相同主题的线程会在同一个数组里。
- topicThreadIdAndQueues，表示消费者线程和队列的映射关系，因为每个线程对应一个队列。

下面的示例中，假设消费者C1订阅的主题1有2个线程，主题2有3个线程。topicThreadIds一共有5个消费者线程，队列和消息流的组合（queuesAndStreams）也有5个元素：

```
consumerThreadIdsPerTopicMap = {
  topic1: [C1_1, C1_2],
  topic2: [C1_1, C1_2, C1_3]
}
topicThreadIds.values = [
```

```
    [C1_1, C1_2],
    [C1_1, C1_2, C1_3]
]
threadIdSet循环[C1_1, C1_2]时，生成两个(queue,stream)。
threadIdSet循环[C1_1, C1_2, C1_3]时，生成3个(queue,stream)。
queuesAndStreams = [
    (LinkedBlockingQueue_1,KafkaStream_1),  //topic1:C1_1
    (LinkedBlockingQueue_2,KafkaStream_2),  //topic1:C1_2
    (LinkedBlockingQueue_3,KafkaStream_3),  //topic2:C1_1
    (LinkedBlockingQueue_4,KafkaStream_4),  //topic2:C1_2
    (LinkedBlockingQueue_5,KafkaStream_5),  //topic2:C1_3
]
```

消费者客户端只需要指定订阅的主题和线程数量，具体主题分成几个分区、线程分配到了哪些分区、分区分布在哪些节点上，对客户端都是透明的。客户端的关注点是：**每个线程都对应一个队列，每个队列都对应了一个消息流，只要队列中有数据，就能从消息流中迭代读取出消息。**

但是，consume()方法仅仅创建了队列，还没有往队列中填充数据。客户端在迭代消息流时会轮询队列，那么一定要有其他的线程（即“拉取线程”）往队列中生产数据。如图3-11所示，队列作为消息流和拉取线程的共享内存数据结构，会通过消费者连接器的topicThreadIdAndQueues全局引用，传递到拉取线程。当拉取线程往队列中填充数据时，消费者客户端就可以通过消息流从队列中读取消息。

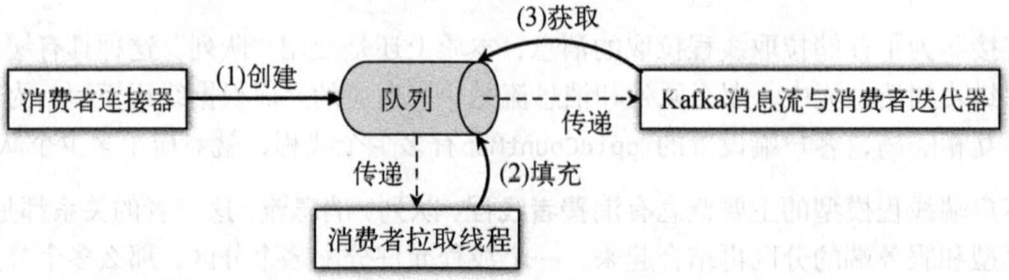

图3-11　消费者客户端线程模型使用队列作为消息的缓存

3.1.3　重新初始化消费者

消费者连接器的consume()方法在注册消费者到ZK后，调用reinitializeConsumer()方法执行重新初始化。消费者启动时希望被加入消费组，必须执行一次初始化方法，并触发消费组内所有消费者成员（当然也包括自己）的再平衡。

如图3-12所示，触发消费者连接器执行再平衡操作有两种方式：外部事件和直接触发。直接触发会在消费者启动时执行，即重新初始化消费者时，直接调用syncedRebalance()方法强制触发一次再平衡。外部事件会通过下面3种监听器和线程检查的方式触发再平衡。

- ZKSessionExpireListener。当新的会话建立或者会话超时需要重新注册消费者，并调用syncedRebalance()触发再平衡。
- ZKTopicPartitionChangeListener。当主题的分区数量变化时，通过rebalanceEventTriggered触发再平衡。
- ZKRebalancerListener。当消费组成员变化时，通过rebalanceEventTriggered触发再平衡。

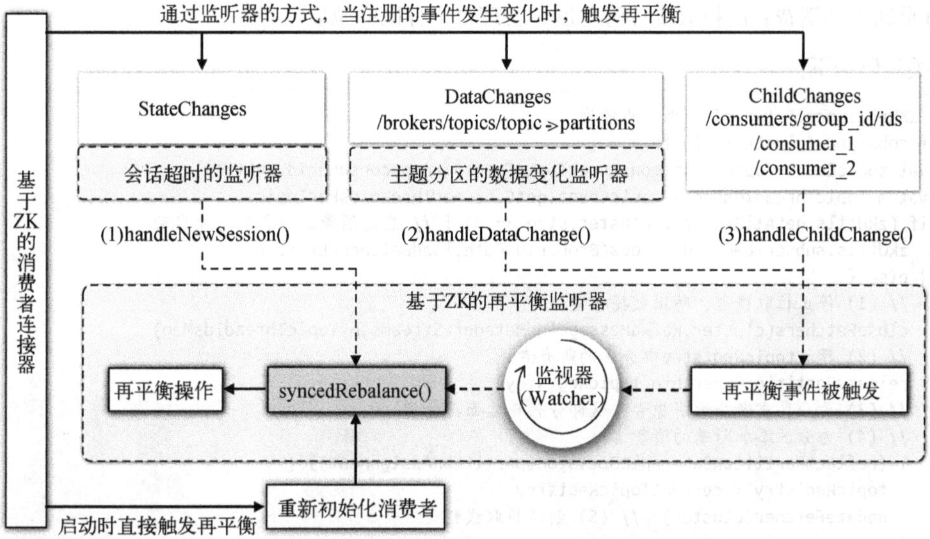

图3-12　触发消费者连接器执行再平衡操作的两种方式

每个消费者在启动时都要订阅3种事件：会话超时事件、消费组的子节点变化事件（消费者增减）、主题的数据变化事件（分区增减）。这3种事件任何一个发生，都会触发再平衡操作。如果从消费组级别来看，其他消费者也会订阅这些事件，也都会发生再平衡。即消费组中的所有消费者都会发生再平衡。再平衡操作的具体实现在`ZKRebalanceListener`类中。

3.2　消费者再平衡操作

消费者连接器的核心处理逻辑是`ZKRebalanceListener`的再平衡操作，它起了承上启下的作用：上一节初始化消费者连接器只是"创建了队列和消息流"，再平衡操作会"为消费者重新分配分区"。只有为消费者分配了分区，拉取线程才会开始拉取分区的消息。

因为分区要被重新分配，分区的所有者都会发生变化，所以在还没有重新分配分区之前，所有消费者都要停止已有的拉取线程。同时，分区分配给消费者都会在ZK中记录所有者信息，所以也要先删除ZK上的节点数据。只有和分区相关的ZK所有者、拉取线程都释放了，才可以开始分配分区。

如果说在重新分配分区前没有释放这些信息，再平衡后就可能造成同一个分区被多个消费者所有的情况。比如分区P1原先归消费者1所有，如果没有释放拉取线程和ZK节点，再平衡后分区P1被分配给消费者2了，这样消费者1和消费者2就共享了分区P1，而这显然不符合Kafka中关于"一个分区只能被分配给一个消费者"的限制条件。`ZKRebalanceListener.rebalance()`执行再平衡操作的步骤如下。

(1) 关闭数据拉取线程，清空队列和消息流，提交偏移量。
(2) 释放分区的所有权，删除ZK中分区和消费者的所有者关系。
(3) 将所有分区重新分配给每个消费者，每个消费者都会分到不同的分区。
(4) 将分区对应的消费者所有者关系写入ZK，记录分区的所有权信息。

(5) 重新启动消费者的拉取线程管理器，管理每个分区的拉取线程。

相关代码如下：

```
// ZKRebalanceListener执行再平衡操作
def rebalance(cluster: Cluster) = {
  val topicCount=TopicCount.constructTopicCount(group,consumerId,zkUtils)
  val myTopicThreadIdsMap = topicCount.getConsumerThreadIdsPerTopic
  if (zkUtils.getAllBrokersInCluster.size == 0) { // 启动消费者时集群还没启动
    zkUtils.subscribeChildChanges(BrokerIdsPath,loadBalancerListener)
  } else {
    // (1) 停止拉取线程，防止数据重复
    closeFetchers(cluster,kafkaMessageAndMetadataStreams,myTopicThreadIdsMap)
    // (2) 释放topicRegistry中分区的所有者
    releasePartitionOwnership(topicRegistry)
    // (3) 为分区重新分配消费者，这部分代码后面再分析
    // (4) 为分区添加所属的消费者
    if(reflectPartitionOwnershipDecision(partitionAssignment)) {
      topicRegistry = currentTopicRegistry
      updateFetcher(cluster)  // (5) 创建拉取线程
    }
  }
}
```

拉取线程和分区所有权的关闭和开启顺序为：停止拉取线程→释放分区的所有权→添加分区的所有权→启动拉取线程。如果先释放分区的所有权，就会出错，因为拉取线程依赖于分区。同样，如果先启动拉取线程，然后才添加分区的所有权，也会导致拉取线程因没有分区而无法工作。

3.2.1　分区的所有权

分区的所有权记录在ZK的/consumers/[group_id]/owner/[topic]/[partition_id] → consumer_thread_id节点，表示“主题-分区”会被指定的消费者线程所消费，或者说分区被分配给消费者、消费者拥有了分区。要释放分区的所有权，只需要删除分区对应的ZK节点；要重建分区的所有权，数据源中除了包含分区，还要有消费者线程编号。相关代码如下：

```
// 根据localTopicRegistry删除分区的所有权
def releasePartitionOwnership(localTopicRegistry:
    Pool[String,Pool[Int,PartitionTopicInfo]])={
  for ((t, infos) <- localTopicRegistry) {
    for(partition<-infos.keys) deletePartitionOwnershipFromZK(t,partition)
    localTopicRegistry.remove(topic)
  }
}
// 根据partitionAssignment重建分区的所有权
def reflectPartitionOwnership(partitionAssignment:
    Map[TopicAndPartition,ConsumerThreadId]){
  partitionAssignment.map { partitionOwner =>
    val topic = partitionOwner._1.topic
    val partition = partitionOwner._1.partition
    val consumerThreadId = partitionOwner._2
    val partitionOwnerPath = zkUtils.getConsumerPartitionOwnerPath(
```

```
      group,topic,partition)
    zkUtils.createEphemeralPath(partitionOwnerPath, consumerThreadId)
  }
}
```

释放或添加分区所有权的方法中，参数localTopicRegistry和PartitionAssignment这两个数据集是通过其他步骤产生的。ZK中不仅记录了消费者和分区的所有权映射关系，而且记录了消费组的消费者列表、主题的分区列表，这些信息为消费者分配分区提供了数据来源。

3.2.2 为消费者分配分区

每一个消费者都需要分配到分区才能拉取消息，当发生再平衡时，消费组中的所有消费者都会重新分配分区。为了让每个消费者都能被分配到分区，需要**从ZK中查询出所有的分区以及所有的消费者成员列表**。当然，分区要限定主题范围，消费者要限定消费组范围。对于触发再平衡的消费者而言，它所属的消费组是确定的，而且订阅的主题和分区也是确定的，所以**从ZK中获取订阅相同主题的消费者成员列表、包含相同主题的分区**都没有问题。

如图3-13所示，消费者1订阅了主题1和主题2，消费者2订阅了主题1和主题3，消费者3订阅了主题2和主题3。当消费者1发生再平衡时，因为消费者1订阅了主题1和主题2，而主题1和主题2的订阅者有消费者1、消费者2、消费者3，所以消费者2和消费者3也会一起发生再平衡。

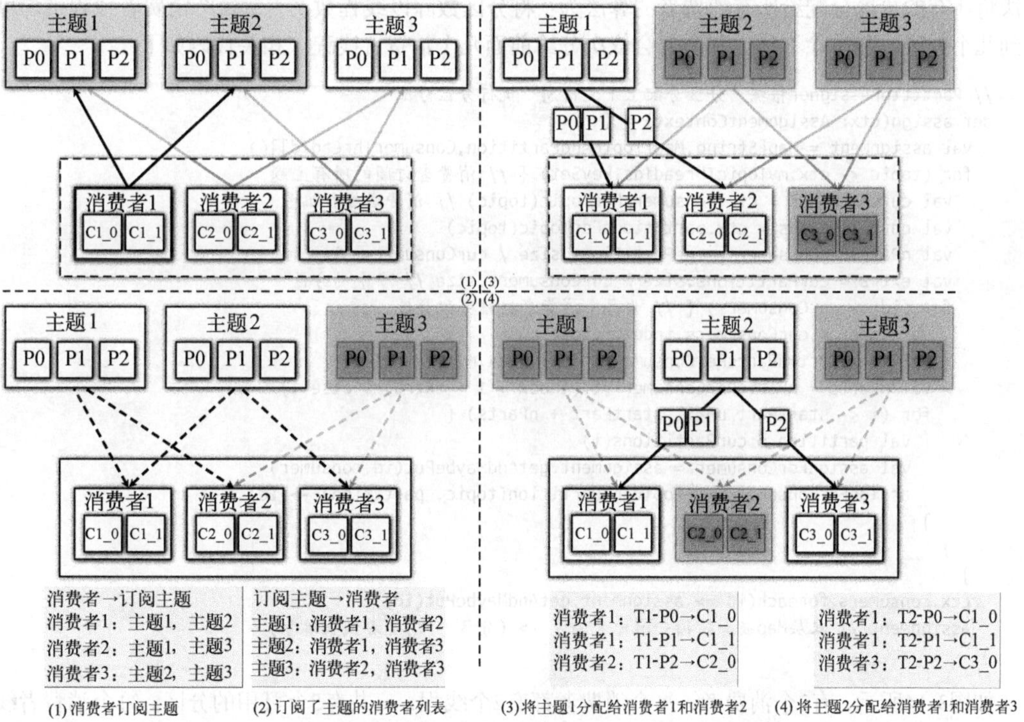

图3-13 再平衡时，为消费者重新分配分区的步骤

这个示例中我们并没有说明消费者1发生再平衡操作的原因，有可能是消费者1的会话超时，或者消费者1刚加入消费组，或者消费者1订阅的主题（主题1和主题2）分区发生变化。也有可能是其他消费者发生再平衡，导致消费者1也需要执行再平衡。

每个消费者再平衡时，都会创建一个代表分区分配的上下文对象（AssignmentContext）。上下文对象最主要的是要提供两个变量——所有的分区（partitionsForTopic）、所有的消费者线程（consumersForTopic），这样分区分配算法才可以工作。相关代码如下：

```
// 再平衡操作时构造当前消费者的分区分配上下文信息，用于后面的具体分区分配算法
class AssignmentContext(group:String,consumerId:String,zkUtils: ZkUtils) {
  val myTopicCount=TopicCount.constructTopicCount(group,consumerId,zkUtils)
  // 主题->List[ConsumerThreadId]，当前消费者订阅的主题和线程集合
  val myTopicThreadIds = myTopicCount.getConsumerThreadIdsPerTopic
  // 主题->List[partitionId]，根据消费者订阅的主题得到可用的分区集合
  val partitionsForTopic = zkUtils.getPartitionsForTopics(
    myTopicThreadIds.keySet) // 从myTopicThreadIds获取key，即消费者订阅的主题
  // 主题->List[ConsumerThreadId]，消费组中订阅了指定主题的所有消费者线程
  val consumersForTopic = zkUtils.getConsumersPerTopic(group)
  // List[consumerId]，消费组的消费者成员列表
  val consumers: Seq[String] = zkUtils.getConsumersInGroup(group).sorted
}
```

分区分配上下文对象的变量会被PartitionAssignor执行分区分配时用到。PartitionAssignor.assign()方法将所有的分区分配给所有消费者的算法为：将分区数除以线程数，表示每个消费者线程平均可以分到几个分区。如果除不尽，剩余的会依次分给前面几个消费者线程。相关代码如下：

```
// PartitionAssignor根据“分区分配上下文信息”执行分区分配
def assign(ctx: AssignmentContext) = {
  val assignment = Map[String,Map[TopicAndPartition,ConsumerThreadId]]()
  for (topic <- ctx.myTopicThreadIds.keySet) { // 消费者订阅的所有主题
    val curConsumers = ctx.consumersForTopic(topic) // 消费者线程编号
    val curPartitions = ctx.partitionsForTopic(topic)
    val nPartsPerConsumer = curPartitions.size / curConsumers.size
    val extra = curPartitions.size % curConsumers.size // 多余的分区
    for (id <- curConsumers) { // 为每个消费者线程分配分区
      val index = curConsumers.indexOf(id)
      val startPart=nPartsPerConsumer*index+index.min(extra)
      val nParts = nPartsPerConsumer+(if(index + 1 > extra) 0 else 1)
      for (i <- startPart until startPart + nParts) {
        val partition = curPartitions(i)
        val assignForConsumer = assignment.getAndMaybePut(id.consumer)
        assignForConsumer += (TopicAndPartition(topic, partition) -> id)
      }
    }
  }
  ctx.consumers.foreach(id => assignment.getAndMaybePut(id))
  assignment // 双层Map嵌套结构：消费者编号 -> (分区 ->消费者线程编号)
}
```

如图3-14所示，有2个消费者，每个消费者都有2个线程，一共有5个可用的分区。每个消费者线程（一共4个线程）都可以获取至少1个分区（5/4=1），剩余1个（5%4=1）分区分给第一个线程。最后分

区分配给各个消费者的结果为：P0→C1_0, P1→C1_0, P2→C1_1, P3→C2_0, P3→C2_1。

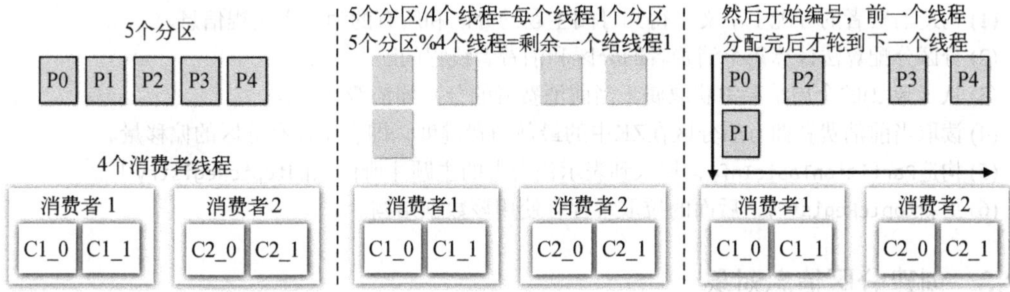

图3-14 分区分配算法

PartitionAssignor分配分区的算法针对的是消费组的所有消费者。assign()方法的返回值表示所有消费者（而不是当前消费者）的分区分配结果。当前消费者在ZKRebalanceListener.rebalance()方法中调用assign()方法后，还需要根据消费者编号，从全局的分配结果中查询出属于自己的分配分区。

再平衡操作的基本条件是为当前消费者分配到分区，这样拉取线程才能知道要从哪里拉取消息。另外，分区的消费进度保存在ZK中，所以也要读取ZK获取最新的偏移量。只有把这些工作都准备好，拉取线程才可以开始工作。相关代码如下：

```
// ZKRebalanceListener再平衡操作中和分区分配相关的逻辑，其他步骤前面已经分析过了
private def rebalance(): Boolean = {
  // (1) 分配上下文会包含和当前消费者同组的其他消费者
  val context=new AssignmentContext(group,consumerId..)
  // (2) 全局的分配上下文，每个相关的消费者都有对应的PartitionAssignment
  val globalPartitionAssignment = partitionAssignor.assign(context)
  // (3) 只属于当前消费者的分配上下文：TopicPartition->ConsumerThreadId
  val partitionAssignment=globalPartitionAssignment.get(context.consumerId)
  // 分配给当前消费者的所有分区
  val topicPartitions = partitionAssignment.keySet.toSeq
  // (4) 获取所有分区的当前偏移量
  val offsetFetchResponse = fetchOffsets(topicPartitions).get
  val curTopicRegistry = new Pool[String,Pool[Int,PartitionTopicInfo]]()
  topicPartitions.foreach(topicAndPartition => {
    val (topic, partition) = topicAndPartition.asTuple
    val offset = offsetFetchResponse.requestInfo(topicAndPartition).offset
    val threadId = partitionAssignment(topicAndPartition)
    // (5) 添加到PartitionTopicInfo，会作为消费请求的内容
    addPartitionTopicInfo(curTopicRegistry,partition,topic,offset,threadId)
  })
  if(reflectPartitionOwnershipDecision(partitionAssignment)) {
    // (6) topicRegistry来自上一步的addPartitionTopicInfo()方法
    topicRegistry = curTopicRegistry
    updateFetcher()
  }
}
```

rebalance()方法除了前面已经分析的所有权释放和添加、拉取线程的关闭和更新，剩下和分区分

配相关的步骤如下。

(1) 构造消费者的分配上下文，得到订阅主题的分区和所有的消费者线程信息。
(2) 分区分配算法计算每个消费者的分区和消费者线程的映射关系。
(3) 从步骤(2)的全局结果中获取属于当前消费者的分区和消费者线程。
(4) 读取当前消费者拥有的分区在ZK中的最新消费进度，即它所拥有分区的偏移量。
(5) 构造PartitionTopicInfo，加入到表示消费者的主题注册信息的topicRegistry中。
(6) 更新topicRegistry，后面的拉取线程会使用该数据结构。

3.2.3 创建分区信息对象

从ZK中读取出的分区的偏移量，会被用来构造分区信息对象（PartitionTopicInfo）。分区信息对象的主要内容有：**分区**，表示拉取线程的“目标”；**队列**，作为消息的“存储”介质；**偏移量**，作为拉取“状态”。**消费者的拉取线程会以最新的“状态”拉取“目标”的数据填充到“存储”队列中**。

ZK的offsetCounter是这个分区最近一次的**消费偏移量**，也是最新的**拉取偏移量**。消费者向服务端发起拉取数据请求时，拉取偏移量（fetchOffset）表示要从哪里开始拉取。消费者从服务端拉取消息写到本地后，消费偏移量（consumedOffset）表示消费到了哪里。相关代码如下：

```
// 将分配给消费者的分区封装为PartitionTopicInfo对象，便于拉取线程的处理
def addPartitionTopicInfo(
    currentTopicRegistry: Pool[String,Pool[Int,PartitionTopicInfo]],
    partition:Int,topic:String,offset: Long,
    consumerThreadId:ConsumerThreadId) {
  val partTopicInfoMap = currentTopicRegistry.getAndMaybePut(topic)
  // 每个线程都有一个队列
  val queue = topicThreadIdAndQueues.get((topic, consumerThreadId))
  // 创建PartitionTopicInfo，从ZK获取的偏移量作为已经消费的和已经拉取的最近位置
  val partTopicInfo = new PartitionTopicInfo(topic,partition,queue,
      offset,offset,config.fetchMessageMaxBytes, config.clientId)
  partTopicInfoMap.put(partition, partTopicInfo) // 填充内层的map
  checkpointedZkOffsets.put(TopicAndPartition(topic,partition),offset)
}
```

分区信息的队列从消费者连接器的topicThreadIdAndQueues中获得。在消费者连接器的consume()方法中，队列也被用来构造消息流对象，那么拉取线程只要面向分区信息，就能获取到底层的队列，也就可以为消息流的队列填充数据。图3-15总结了队列从创建到填充数据，再到数据被消费的过程，具体步骤如下。

(1) 连接器根据订阅信息生成队列和消息流的映射，并且队列也会传给消息流。
(2) 为消费者分配分区时，会从ZK中读取分区消费到的最新位置。
(3) 根据偏移量创建分区信息，队列也会传给分区信息对象。
(4) 分区信息被用于消费者的拉取线程。
(5) 拉取线程从服务端的分区拉取消息。
(6) 消费者拉取到消息后，会将最新的偏移量更新到ZK。

(7) 拉取线程将拉取到的消息填充到队列里。

(8) 消息流可以从队列里获取消息。

(9) 应用程序从消息流里迭代获取消息。

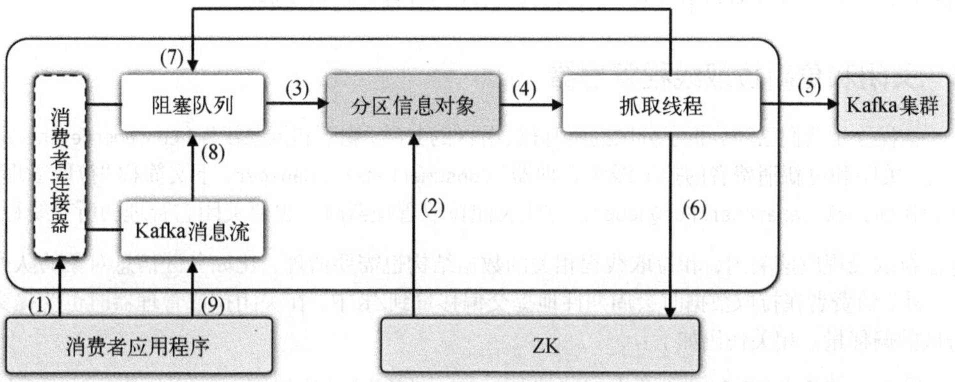

图3-15 分区信息的流程

分区信息和队列有关，那么它跟消费者客户端的线程模型也有关：一个消费者线程可以消费多个分区，而一个消费者线程对应一个队列，所以一个队列可以保存多个分区的数据。即对于不同的分区，可能会使用同一个队列来保存消费者拉取到的消息。比如，消费者设置了一个线程就只有一个队列，而分区分了两个给它，这样一个队列就要处理两个分区。图3-16（上）是分区信息中队列的数据来源路线，图3-16（下）展示了分区信息和客户端线程模型的关系。

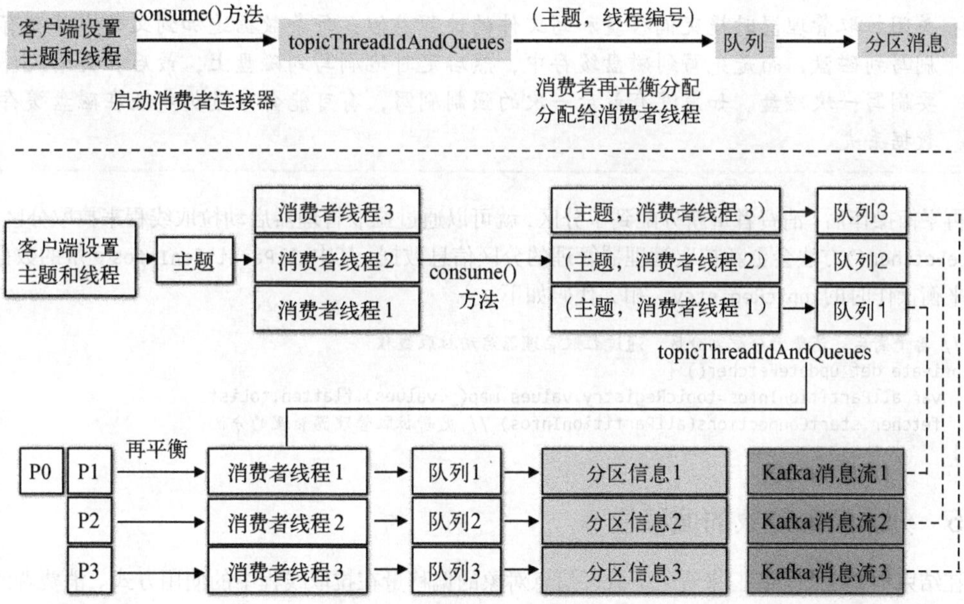

图3-16 分区信息和消费者线程模型

addPartitionTopicInfo()方法中topicRegistry结构是双层嵌套的字典：主题→(分区→分区信息)。topicRegistry表示分配给当前消费者的所有分区信息，并且会被提供给拉取线程。分区信息在ZKRebalanceListener端生成，并传输到拉取线程被真正使用。注意：拉取线程和分区并不存在直接关联，而是通过负责管理所有拉取线程的消费者拉取线程管理器进行关联。

3.2.4　关闭和更新拉取线程管理器

再平衡操作中我们已经分析了分区的所有权、分区的分配，剩下和拉取线程（ConsumerFetcherThread）相关的是：关闭和更新消费者的拉取线程管理器（ConsumerFetcherManager，下文简称“拉取管理器”）。再平衡操作前，closeFetchersForQueues()方法关闭拉取管理器时，也要关闭它管理的所有线程。

除了拉取线程应该关闭，和拉取线程相关的数据结构也需要清理，比如分区信息对象的队列需要清空。另外，消费者在拉取数据时会周期性地提交偏移量到ZK中，在关闭拉取管理器时也要提交一次所有分区的偏移量。相关代码如下：

```
// rebalance()方法在再平衡操作前关闭拉取线程管理器，并释放相关的资源
def closeFetchersForQueues(streams: Map[String,List[KafkaStream[_,_]]]){
  // 获取属于当前消费者订阅主题的所有队列：主题->线程->队列
  val queuesTobeCleared = topicThreadIdAndQueues.filter(q =>
    myTopicThreadIdsMap.contains(q._1._1)).map(q => q._2)
  fetcher.stopConnections // 关闭拉取线程管理器，会关闭它管理的所有拉取线程
  clearFetcherQueues(queuesToBeCleared, streams) // 清空队列和消息流
  if (config.autoCommitEnable) commitOffsets(true) // 提交偏移量
}
```

注意：关闭拉取管理器时提交偏移量和写文件的过程类似：每条数据追加到文件中并没有立即刷写到磁盘，而是先写到磁盘缓存中，然后定时地刷写到磁盘上，最后在关闭文件时也要刷写一次磁盘。如果没有最后一次的强制刷写，有可能会导致仍然还在磁盘缓存中的数据丢失。

再平衡操作后，消费者重新分配到了分区，就可以通过拉取管理器启动拉取线程来拉取分区消息。updateFetcher()方法会更新拉取管理器管理的分区信息数据，其中allPartitionInfos变量的数据来自于再平衡操作时的topicRegistry。相关代码如下：

```
// 再平衡后，消费者分配到分区，通过拉取管理器启动拉取线程
private def updateFetcher() {
  var allPartitionInfos=topicRegistry.values.map(_.values).flatten.toList
  fetcher.startConnections(allPartitionInfos) // 更新拉取管理器管理的分区
}
```

3.2.5　分区信息对象的偏移量

在结束本节之前，我们来看一下分区信息对象的偏移量在拉取线程中的使用方式。消费者的拉取线程第一次拉取消息时，会从ZK中读取fetchedOffset来决定要从分区的哪个位置开始拉取消息。消

费者在读取到消息后，会更新分区的consumedOffset。同时，消费者也会使用consumedOffset作为分区的消费进度并定时地提交到ZK中。

注意： 但并不是说拉取线程每次拉取消息都要读取ZK的偏移量作为fetchedOffset（那样和ZK交互就太频繁了）。因为客户端已经保存了consumedOffset来表示消息的消费进度，所以拉取线程在正常的拉取工作过程中，会直接读取本地的consumedOffset作为下一次的fetchedOffset，并且会在读取到消息后更新consumedOffset。通过这种方式，fetchedOffset和consumedOffset不断交替更新，消费者就能不断读取到新的消息。

如图3-17所示，分区信息对象的偏移量在拉取线程中起到很重要的作用，具体步骤如下。

(1) 关闭拉取线程时提交consumedOffset偏移量到ZK。
(2) 重新启动拉取线程时读取ZK中的偏移量。
(3) 将ZK的偏移量作为刚开始的fetchedOffset。
(4) 客户端读取到消息后会更新consumedOffset。
(5) 在这之后每次拉取使用的fetchedOffset都来自于最新的consumedOffset。
(6) 客户端进程定时提交偏移量和(1)类似，也是取consumedOffset写到ZK中。

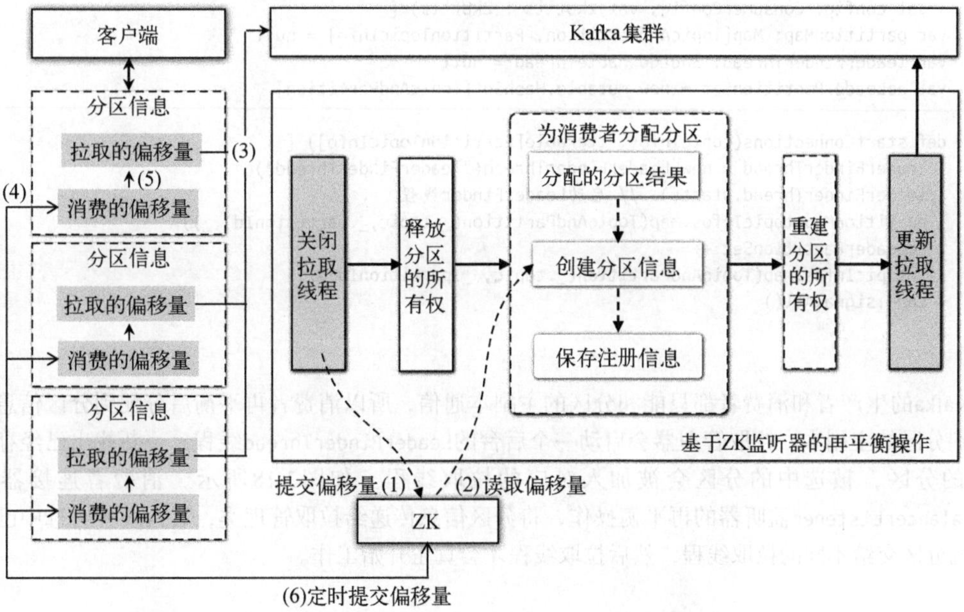

图3-17　拉取线程再平衡中的关闭和更新

总结一下消费者客户端使用消费者连接器的主要工作，具体步骤如下。

(1) 创建队列和消息流，前者用于保存消费者拉取的消息，后者会读取消息。

(2) 注册各种事件的监听器，当事件发生时，消费组所有消费者成员都会再平衡。

(3) 再平衡会为消费者重新分配分区，并构造分区信息加入topicRegistry。

(4) 拉取线程获取topicRegistry中分配给消费者的所有分区信息开始工作。

3.3 消费者拉取数据

消费者连接器通过再平衡操作分配到的分区相当于工作任务，任务需要由工作线程完成。生产者要写消息到服务端的分区，这是通过Sender工作线程完成的，消费者要读服务端分区的消息则通过拉取管理器的拉取线程完成。下面我们来分析消费者客户端拉取消息的具体实现。

3.3.1 拉取线程管理器

消费者的拉取管理器（ConsumerFetcherManager）管理了当前消费者的所有拉取线程，这些拉取线程会从服务端的分区拉取消息。前面我们知道每个消费者都会分配到分区信息集合，这些分区会被拉取管理器的startConnections()方法使用。partitionMap变量表示被消费者拉取管理器所管理的分区集合。相关代码如下：

```
// 消费者拉取线程管理器
class ConsumerFetcherManager(val consumerId: String,
   val config: ConsumerConfig, val zkUtils : ZkUtils) {
  var partitionMap: Map[TopicAndPartition, PartitionTopicInfo] = null
  var leaderFinderThread: ShutdownableThread = null
  val noLeaderPartitionSet = new mutable.HashSet[TopicAndPartition]

  def startConnections(topicInfos: Iterable[PartitionTopicInfo]) {
    leaderFinderThread = new LeaderFinderThread("leaderFinderThread")
    leaderFinderThread.start()  // 启动LeaderFinder线程
    partitionMap=topicInfos.map(TopicAndPartition(_.topic,_.partitionId),_))
    noLeaderPartitionSet ++=
      topicInfos.map(TopicAndPartition(_.topic, _.partitionId))
    cond.signalAll()
  }
}
```

Kafka的生产者和消费者都只能和分区的主副本通信，所以消费者再平衡后分配到分区信息，需要找到分区的主副本。拉取管理器会启动一个后台的LeaderFinderThread线程，不断找出已经存在主副本的分区，被选中的分区会被加入对应的拉取线程。如图3-18所示，消费者连接器触发ZKRebalancerListener监听器的再平衡操作，将分区信息传递给拉取管理类，后台线程会选中已经准备好的分区交给不同的拉取线程，然后拉取线程才会真正开始工作。

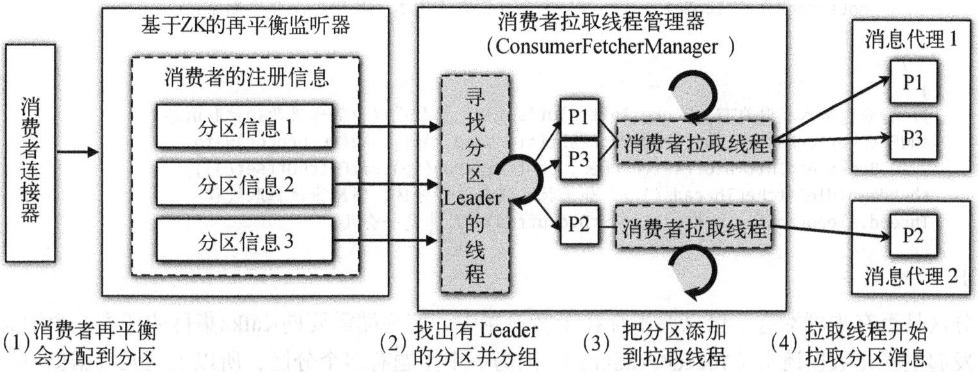

图3-18　消费者拉取管理类管理寻找主副本的线程和拉取消息的线程

1. 选择有主副本的分区

LeaderFinderThread后台线程是抽象拉取管理器（AbstractFetcherManager）的内部类，它的工作是找出已经有主副本的分区。初始时假设分配给消费者的所有分区（topicInfos）都找不到主副本，topicInfos会被加入候选集合（noLeaderPartitionSet，没有主副本的分区）中。后台线程每次运行时，只需要判断候选集合中的分区是否有主副本，如果找到有主副本的某个分区，就将这个分区从候选集合中移除。后台线程下一次运行时，上次已经被选出并移除的分区就不会存在于候选集合，所以每个分区都只会有一次被加入拉取线程的机会，并不会被重复加入。

拉取管理器的后台线程将有主副本的分区分配给拉取线程，而拉取线程还需要知道分区的拉取位置才能正常工作。前面再平衡操作分配给消费者的分区信息，会保存在拉取管理器的partitionMap变量中，分区信息中包含了拉取位置，所以可以从partitionMap中读取分区的拉取位置。addFetcherForPartitions()方法接收的参数类型是：分区→BrokerAndInitialOffset(分区的主副本节点,分区的拉取位置)。相关代码如下：

```
// 消费者拉取管理器的内部类负责找出有主副本的分区，并将分区加入到拉取线程中
val noLeaderPartitionSet = new mutable.HashSet[TopicAndPartition]
var partitionMap: immutable.Map[TopicAndPartition, PartitionTopicInfo]=null
val cond = lock.newCondition()
class LeaderFinderThread(name: String) extends ShutdownableThread(name) {
  override def doWork() {
    val leaderForPartitionsMap=new HashMap[TopicAndPartition,BrokerEndPoint]
    while (noLeaderPartitionSet.isEmpty) cond.await() // 如果没有数据，则等待
    // 向任意一个消息代理节点获取主题元数据，主题中的分区元数据包含分区的主副本
    val brokers = zkUtils.getAllBrokerEndPointsForChannel()
    val topicsMetadata = ClientUtils.fetchTopicMetadata(
      noLeaderPartitionSet.map(_.topic),brokers).topicsMetadata
    topicsMetadata.foreach { tmd =>                // 主题元数据
      tmd.partitionsMetadata.foreach { pmd => // 分区元数据
        val tp = TopicAndPartition(tmd.topic, pmd.partitionId)
        // 将候选集中存在主副本的分区，加入结果集，然后将其从候选集合中删除
        if(pmd.leader.isDefined && noLeaderPartitionSet.contains(tp)) {
          leaderForPartitionsMap.put(tp, pmd.leader.get) // 分区被选中
```

```
          noLeaderPartitionSet -= tp // 这个分区有主副本，从候选集合中删除
        }
      }
    }
    // 将分区加入拉取线程，BrokerInitialOffset指定拉取线程会从哪里开始拉取消息
    addFetcherForPartitions(leaderForPartitionsMap.map{ case(tp,broker)=>tp
      -> BrokerAndInitialOffset(broker, partitionMap(tp).getFetchOffset())})
    shutdownIdleFetcherThreads() // 如果拉取线程没有分区，则删除该拉取线程
    Thread.sleep(config.refreshLeaderBackoffMs) // 休息一会儿
  }
}
```

分区是否有主副本这个信息并不存在于客户端中，客户端需要向Kafka集群的任意一个消息代理节点发起主题元数据请求（TopicMetadata）。因为一个主题有多个分区，所以主题元数据也包括了所有分区的元数据，这其中就有每个分区的主副本信息。有了分区的主副本后，拉取管理器会把属于同一个主副本的不同分区分配给相同的拉取线程。

注意：拉取线程本身不需要管理分区，它知道自己要负责哪些分区就可以了。拉取线程开始工作时一定是有分区的，如果没有分配分区给拉取线程，即使存在拉取线程也应该关闭掉。

总结一下。后台线程找出有主副本的分区、创建拉取线程、为拉取线程指定分区都是由拉取管理器完成的，因为只有管理器才有资格管理所有的线程。拉取管理器管理所有的拉取线程，而每个拉取线程则管理自己的分区和偏移量，每个角色都各司其职。拉取管理器不需要关心底层分区的偏移量，拉取线程自己会根据偏移量，执行分区的拉取任务。

2. 创建拉取线程

客户端涉及和分区相关的工作线程，通常以消息代理节点为粒度，让一个线程管理这个消息代理节点上的多个分区。工作线程通常都是重量级的对象，不适合每个分区都启动一个单独的线程，能够合并的分区尽量要放在同一工作线程中处理。

比如生产者发送到同一个节点的多个分区，会被包装成一个请求发送到服务端。拉取管理器为分区选择所属的拉取线程，每一个拉取线程也会负责多个分区。将分区添加到拉取线程上，首先要调用createFetcherThread()创建拉取线程，然后调用addPartitions()添加分区到线程上。addFetcherForPartitions()方法的输入参数partitionAndOffsets除了用来确定到底需要有多少个线程，以及每个线程要负责哪些分区外，还需要知道每个分区的初始偏移量值。

那么如何对所有分区进行分组，保证分组后同一组的所有分区都共用一个拉取线程？分组条件是BrokerAndFetcherId，其中Broker表示分区的主副本节点，拉取编号FetcherId的计算方法是：对主题进行散列化加上分区编号的结果，再和线程数numFetchers进行取模。相关代码如下：

```
case class BrokerAndFetcherId(broker: BrokerEndPoint, fetcherId: Int)
case class BrokerAndInitialOffset(broker: BrokerEndPoint, initOffset: Long)

// 抽象的拉取线程管理器，实现类有消费者和备份副本两种
abstract class AbstractFetcherManager(numFetchers:Int=1){
```

```
// 按照节点管理所有的拉取线程
val fetcherThreadMap=new HashMap[BrokerAndFetcherId,AbstractFetcherThread]
// 抽象方法，创建拉取线程。因为拉取线程要和服务端通信，sourceBroker指定目标节点
def createFetcherThread(fetcherId:Int,sourceBroker:BrokerEndPoint)

// 创建拉取线程，并将分区分配给拉取线程，然后启动拉取线程
def addFetcherForPartitions(
    partitionAndOffsets:Map[TopicAndPartition,BrokerAndInitialOffset]){
  // 将消费者分配的所有分区根据节点（分区的主副本）和fetchId分组
  val partitionsPerFetcher = partitionAndOffsets.groupBy{
    case(tp, brokerOffset) => BrokerAndFetcherId(
      brokerOffset.broker,getFetcherId(tp.topic, tp.partition))}
  // groupBy方法的返回值是一个Map，key是分组的条件，value和原数据结构保持一致
  for ((bf,partitionAndOffsets2)<-partitionsPerFetcher) {
    var fetcherThread: AbstractFetcherThread = null
    fetcherThreadMap.get(bf) match {
      case Some(f) => fetcherThread = f
      case None => fetcherThread =
        createFetcherThread(bf.fetcherId,bf.broker)
        fetcherThreadMap.put(bf, fetcherThread)
        fetcherThread.start // 启动刚刚创建的拉取线程
    }
    // 创建线程后，要将分区添加给线程，这样线程就可以为这些分区拉取消息
    fetcherThreadMap(bf).addPartitions(partitionAndOffsets2.map {
      // 不再需要broker，因为broker用于确定所属拉取线程的使命已经完成
      case (tp,brokerOffset)=>tp->brokerOffset.initOffset
    })
  }
 }
}
```

注意：因为拉取线程会和服务端进行网络通信，客户端针对不同服务端节点应该使用不同的拉取线程。所以拉取线程和分区的主副本有关，不同主副本一定有不同的拉取线程。另外，取模计算和主题、分区、线程数有关。默认的线程数为1时，相同主题不同分区计算出来的拉取编号为0（任何数%1都等于0）。结合消息代理节点，线程数为1时，消费者对每个目标节点都只会创建一个拉取线程。

Kafka中有两种对象会拉取消息——消费者和备份副本，拉取管理器也有对应的两种实现。消费者管理器会创建消费者的拉取线程，副本管理器会创建副本的拉取线程。createFetcherThread()方法创建拉取线程的参数sourceBroker表示拉取线程要连接的目标节点，因为拉取消息时必须知道从哪个目标节点上拉取。相关代码如下：

```
// 消费者拉取管理器
class ConsumerFetcherManager() extends AbstractFetcherManager{
  // ZKRebalancerListener.rebalance()为消费者分配的分区保存到partitionMap
  var partitionMap: Map[TopicAndPartition, PartitionTopicInfo] = null

  def startConnections(topicInfos: Iterable[PartitionTopicInfo]) {
    partitionMap = topicInfos.map(
```

```
    info => (TopicAndPartition(info.topic, info.partitionId), info))
  }
  // 消费者拉取管理器创建拉取线程
  def createFetcherThread(fetcherId:Int,sourceBroker:BrokerEndPoint)={
    new ConsumerFetcherThread(config, sourceBroker, partitionMap, this)
  }
}

// 备份副本的拉取管理器
class ReplicaFetcherManager(conf:KafkaConfig,replicaMgr:ReplicaManager){
  def createFetcherThread(fetcherId:Int,sourceBroker: BrokerEndPoint){
    new ReplicaFetcherThread(fetcherId, sourceBroker, conf, replicaMgr)
  }
}
```

消费者和备份副本的拉取线程都需要知道分区的偏移量，这样拉取线程才能知道要从哪里开始拉取消息。消费者的拉取偏移量来自于分区信息对象的fetchedOffset，即在消费者再平衡时从ZK读取。所以创建消费者拉取线程时，需要传递带有分区信息对象的partitionMap。而备份副本的偏移量并没有保存在ZK中，而是保存在备份副本的本地内存中。

3. 拉取线程的拉取状态

消费者拉取管理器创建消费者拉取线程时，会把它持有的“代表分配给当前消费者的所有分区信息”，即partitionMap全集数据传给每一个拉取线程。因为分区信息对象中的队列会用来存放分区的拉取结果，如果没有把分区信息传给每个拉取线程，拉取线程就无法获取其中的队列，就没有地方来存放拉取到的消息。如图3-19所示，ZKRebalancerListener将分区信息集合传给拉取管理器（否则管理器也不知道它到底要拉取哪些分区），拉取管理器再把分区信息集合传给每个拉取线程。

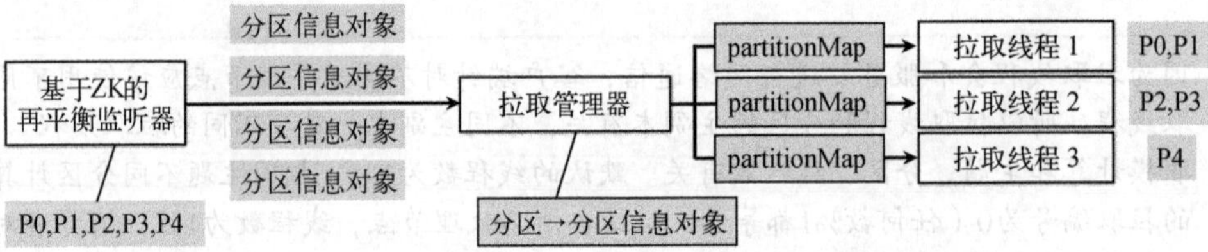

图3-19　拉取管理器的partitionMap传递给每个拉取线程

拉取管理器的LeaderFinderThread后台线程会将分区添加到对应的拉取线程。具体过程为：后台线程选择有主副本的分区后，将分区添加到所属的拉取线程；如果拉取线程不存在，就会创建拉取线程，再将分区添加到拉取线程中。抽象的拉取线程中有一个表示分区及其对应**分区拉取状态**的partitionMap变量，它的含义和抽象拉取管理器中表示分区及其对应**分区信息**的partitionMap不同。

LeaderFinderThread并非一次性就能找到全部有主副本的分区，可能有些分区还没有主副本，就只能在下次被找到，而且这次找到的不会被再次查找。抽象拉取线程调用addPartitions()将分区添加到拉取线程中，也只是每次找到的那部分分区，不过抽象拉取线程的partitionMap保存的是：目前为止所有存在主副本的分区及其对应的分区拉取状态。相关代码如下：

```
// 拉取管理器的后台线程在创建完拉取线程后，通过addPartitions()将分区添加到拉取线程中
```

```
abstract class AbstractFetcherThread(...){
  // 分区和拉取的状态，状态数据中包含拉取偏移量。注意和拉取管理器的partitionMap不同
  val partitionMap = new HashMap[TopicAndPartition, PartitionFetchState]

  def addPartitions(partitionAndOffsets: Map[TopicAndPartition, Long]) {
    for ((topicAndPartition, offset) <- partitionAndOffsets) {
      if (!partitionMap.contains(topicAndPartition))
    partitionMap.put(topicAndPartition,new PartitionFetchState(offset))
    }
  }
}
```

注意：消费者的全集分区信息对象会传递给抽象拉取管理器的partitionMap，抽象拉取管理器会再把partitionMap传给每个消费者拉取线程。但是抽象拉取线程中的partitionMap表示的是属于当前消费者分区的拉取状态，它是全局分区中的子集数据。如果再推广到所有消费者，每个消费者也只是分配到主题所有分区中的子集。

你可能觉得拉取线程有拉取管理器传递给它的partitionMap，和它本身管理的partitionMap拉取状态容易混淆。实际上，这两个对象表示的含义不同，前者是分区信息，后者是拉取状态。拉取状态会用在拉取工作的执行中，而分区信息用在其他地方（参见3.3.3节的消费者拉取线程）。

总结一下拉取管理器的LeaderFinderThread后台线程的主要工作，具体步骤如下。

(1) 后台线程调用抽象拉取管理器的addFetcherForPartitions()方法。

(2) addFetcherForPartitions()方法调用createFetcherThread()抽象方法。

(3) 消费者拉取管理器的createFetcherThread()创建具体的消费者拉取线程。

(4) 消费者拉取管理器调用抽象拉取线程的addPartitions()将分区添加到步骤(3)的拉取线程。

3.3.2 抽象拉取线程

抽象拉取线程（AbstractFetcherThread）定义了拉取工作的主要流程，不同的实现类通过抽象方法嵌套在主流程中，保证了主流程执行的一致性。拉取线程工作时，首先要确定数据源（即拉取状态），每次拉取到消息还要更新拉取状态，确保下一次拉取请求时获得的拉取状态是最新的。

1. 构建拉取请求

拉取管理器后台线程调用拉取线程的addPartitions()方法，partitionMap变量保存了每个分区的拉取状态。拉取线程的运行方法会根据拉取状态构建并处理拉取请求。相关代码如下：

```
// 抽象的拉取线程，doWork()方法定义了拉取工作的主要流程：构建并处理拉取请求
abstract class AbstractFetcherThread extends ShutdownableThread{
  val partitionMap=new HashMap[TopicAndPartition,PartitionFetchState]
  val partitionMapLock = new ReentrantLock
  val partitionMapCond = partitionMapLock.newCondition()

  // 为拉取线程添加分区，partitionMap是一个完整的基于历史数据的视图
  def addPartitions(partitionAndOffsets: Map[TopicAndPartition, Long]) {
```

```
    partitionMapLock.lockInterruptibly()
    for ((topicAndPartition, offset) <- partitionAndOffsets) {
      partitionMap.put(topicAndPartition, new PartitionFetchState(offset))
    }
    partitionMapCond.signalAll() // 有数据时，唤醒阻塞在该变量上的线程
    partitionMapLock.unlock()
  }
  // 有了分区后，构建拉取请求，拉取线程就可以开始工作了
  override def doWork() {
    val fetchRequest = inLock(partitionMapLock) {
      val fetchRequest = buildFetchRequest(partitionMap)
      if (fetchRequest.isEmpty) // 请求没有被构建出来，继续在条件信号量上等待
        partitionMapCond.await(fetchBackOffMs, TimeUnit.MILLISECONDS)
      fetchRequest // 构建出了请求，执行下面的逻辑
    }
    if (!fetchRequest.isEmpty) processFetchRequest(fetchRequest)
  }
}
```

注意： 由于一个拉取线程要处理多个分区的拉取请求，因此抽象拉取线程要对partitionMap的操作加锁。同时它使用partitionMapCond作为锁的条件，用来在有数据时触发，没有数据时则等待。

2. 处理拉取请求

消费者和备份副本的拉取工作都一样，拉取线程向服务端拉取消息的步骤如下。

(1) buildFetchRequest(partitionMap)根据partitionMap构建拉取请求。

(2) fetch(fetchRequest)根据拉取请求向目标节点拉取消息，并返回响应结果。

(3) processPartitionData(partitionData)处理拉取到的分区结果数据。

相关代码如下：

```
// 抽象的拉取线程定义了拉取工作相关的几个抽象方法，比如构建请求、发送请求、处理结果
abstract class AbstractFetcherThread(sourceBroker:Broker) {
  type REQ <: FetchRequest  // 拉取请求：包含分区的偏移量
  type PD <: PartitionData  // 拉取结果：包含从分区拉取到的消息集
  val partitionMap = new HashMap[TopicAndPartition, PartitionFetchState]
  def buildFetchRequest(map:Map[TopicAndPartition,PartitionFetchState]):REQ
  def fetch(fetchRequest: REQ): Map[TopicAndPartition, PD]
  def processPartitionData(tp:TopicAndPartition,off:Long,data:PD)
  def handleOffsetOutOfRange(tp: TopicAndPartition): Long
  def handlePartitionsWithErrors(partitions: Iterable[TopicAndPartition])

  // 拉取线程的doWork是被循环调用的，一旦partiionMap发生变化（拉取一次之后），
  // 新的拉取请求中的偏移量也会变化，拉取线程就能不断地往前拉取新的消息
  override def doWork() {
    val fetchRequest = buildFetchRequest(partitionMap)
    processFetchRequest(fetchRequest)
  }
  private def processFetchRequest(fetchRequest: REQ) {
```

```
    val partitionsWithError = new mutable.HashSet[TopicAndPartition]
    // 拉取动作会发送拉取请求，返回响应结果
    var responseData: Map[TopicAndPartition, PD] = fetch(fetchRequest)
    responseData.foreach { case (tp, partitionData) =>
      partitionMap.get(tp).foreach(currentFetchState =>
        // 拉取请求的偏移量和收到的偏移量相同
        if (fetchRequest.offset(tp) == currentFetchState.offset) {
          val messages = partitionData.toByteBufferMessageSet
          // 最后一条消息的偏移量+1为新的偏移量，是下一次要拉取的偏移量的开始位置
          val newOffset = messages.shallowIterator.toSeq.lastOption match {
            case Some(m: MessageAndOffset) => m.nextOffset
            case None => currentFetchState.offset
          }
          // 更新partitionMap中分区的拉取状态为本次拉取请求的最后一个偏移量
          partitionMap.put(tp, new PartitionFetchState(newOffset))
          processPartitionData(tp,currentFetchState.offset,partitionData)
        })
    }
    if (partitionsWithError.nonEmpty) handlePartitionsWithErrors(partitionsWithError)
  }
}
```

注意： 抽象的拉取线程类调用一次doWork()方法表示执行一次拉取，但并不表示拉取线程只执行一次就结束了。因为抽象的拉取线程类继承了ShutdownableThread，而后者继承了Thread类，它的run方法会循环调用抽象的doWork()方法，所以ShutdownableThread的实现类（比如抽象的拉取线程类和LeaderFinderThread）在doWork()方法中不需要考虑线程循环运行的问题。

拉取线程每调用一次doWork()，都会根据partitionMap构建并发送拉取请求。在拉取到消息之后、处理拉取结果之前，要更新partitionMap中所有分区的拉取状态。partitionMap一旦发生变化，依赖于partitionMap的拉取请求就必须重新构建。那么partitionMap拉取状态的变化对拉取请求有什么影响呢？

再平衡操作为消费者重新分配新的分区，有些分区可能之前并不属于当前消费者。在消费者拉取线程第一次拉取分区的消息时，需要从ZK读取分区的拉取状态（即偏移量），作为第一次拉取请求的拉取偏移量。比如，P1原先被分配给消费者1，经过一次再平衡后被分配给消费者2。消费者2的拉取线程开始工作时，需要从ZK中读取P1的偏移量，作为第一次拉取请求的P1拉取状态。后续的拉取请求如果没有发生再平衡操作，则可以直接从partitionMap中获取P1分区的拉取状态。

每个拉取线程都在自己本地保存了当前负责所有分区的拉取状态，拉取线程每次在收到拉取请求的响应结果后，会用本次拉取消息集最后一条消息的偏移量来更新partitionMap，下一次会从上一次拉取的最后一个位置继续拉取。这样就可以保证拉取线程的每一次拉取请求总是拉取新的消息集，而且不会重复。所以，除了第一次拉取请求获取拉取状态是从ZK读取，后面的拉取请求都直接从partitionMap中读取。

注意：由于partitionMap拉取状态只是拉取线程中的内存数据结构，如果拉取线程挂了，分区的消费状态就会丢失，所以客户端需要定时地保存消费状态。对于消费者客户端，通过开启autoCommit开关，定时提交分区的偏移量到ZK中；对于备份副本，则会将偏移量写到本地的检查点文件中。

抽象拉取线程的运行方法中定义了构建拉取请求、拉取消息、处理拉取结果的接口，下面我们来看消费者拉取线程对这3个接口方法的具体实现。

3.3.3 消费者拉取线程

消费者拉取管理器在创建拉取线程时，会将表示分区及其分区信息对象的全局partitionMap作为类级别的变量传给每个拉取线程，但每个拉取线程在拉取时实际上只会负责一部分的分区。拉取线程在拉取到分区数据后，需要将拉取结果保存到分区信息的队列中。因为每个拉取线程都持有全局的partitionMap引用，所以processPartitionData()方法在处理拉取结果时，可以获取到分区信息中的队列，并将拉取结果填充到队列中。相关代码如下：

```
// 消费者拉取线程实现了构建拉取请求、拉取消息、处理分区拉取结果的3个接口方法
class ConsumerFetcherThread(conf:ConsumerConfig,sourceBroker:BrokerEndPoint,
    partitionMap:Map[TopicAndPartition,PartitionTopicInfo]) {
  val consumer=new SimpleConsumer(sourceBroker.host, sourceBroker.port, ..)
  val builder = new FetchRequestBuilder().clientId(clientId).
  replicaId(Request.OrdinaryConsumerId). // 消费者没有replicaId
    maxWait(conf.fetchWaitMaxMs). // 拉取请求的最长等待时间
    minBytes(conf.fetchMinBytes). // 拉取请求的最少字节大小
    requestVersion(kafka.api.FetchRequest.CurrentVersion) // 拉取请求

  def buildFetchRequest(map:Map[TopicAndPartition,PartitionFetchState])={
    map.foreach { case ((tp, fetchState)) =>
      builder.addFetch(tp.topic,tp.partition,fetchState.offset,fetchSize)
    }
    new FetchRequest(builder.build()) // 构造器模式，在最后才创建拉取请求
  }
  def fetch(fetchRequest:FetchRequest):Map[TopicAndPartition,PartitionData]=
    consumer.fetch(fetchRequest.underlying).data.map {
      case (key, value) => key -> new PartitionData(value) }

  def processPartitionData(tp:TopicAndPartition,off:Long,data:PartitionData){
    val pti = partitionMap(tp)
    if (pti.getFetchOffset != off) throw new RuntimeException(
      "Offset doesn't match for partition, pti offset:%d fetch offset:%d")
    // 创建线程时传递全集PartitionTopicInfo，这是为了获取指定分区里面的queue
    pti.enqueue(data.underlying.messages.asInstanceOf[ByteBufferMessageSet])
  }
}
```

> **注意：** 拉取线程的抽象类在拉取工作中也有一个partitionMap变量，但这个变量表示的是：分配给当前消费者的所有分区的拉取状态。它的作用域仅仅在抽象拉取线程中，和消费者拉取线程没有关联。

消费者拉取线程构建拉取请求后，通过SimpleConsumer代表和服务端的网络连接。SimpleConsumer使用同步类型的阻塞通道发送请求和接收响应。相关代码如下：

```
// 简单消费者的实现，使用阻塞通道发送请求
class SimpleConsumer(val host:String,val port:Int) {
  val blockingChannel = new BlockingChannel(host,port)

  def fetch(request: FetchRequest): FetchResponse = {
    var response: NetworkReceive = sendRequest(request)
    FetchResponse.readFrom(response.payload())
  }
}
```

如表3-2所示，消费者和备份副本的拉取线程采用了不同的方式和服务端建立网络连接。

表3-2 消费者和备份副本的拉取线程都需要连接服务端

拉取客户端	拉取线程	和服务端建立连接	连接的网络层实现
消费者	ConsumerFetcherThread	SimpleConsumer	阻塞通道
备份副本	ReplicaFetcherThread	NetworkClient	NIO选择器/非阻塞通道

消费者和备份副本的拉取线程在收到拉取消息后处理方式不同，比如备份副本会把数据写到自己本地的日志文件中，消费者则会把数据填充到分区信息对象的队列中供消费者客户端应用程序获取。

> **注意：** 除了拉取请求（FetchRequest），SimpleConsumer还提供了其他两种请求的发送：提交偏移量的请求（OffsetCommitRequest）、获取偏移量的请求（OffsetFetchRequest）。这些方法不仅作为高级API的内置实现，也可以提供给低级API进行手动控制。

1. 分区信息的队列保存拉取的消息

消费者拉取线程的fetch()方法，通过SimpleConsumer向服务端发起请求并返回所有分区及其数据（PartitionData），然后处理每个分区的拉取结果。processPartitionData()方法的参数是分区数据的底层消息集，即从服务端拉取到的分区消息对象。它会根据分区得到分区信息对象，调用其enqueue()方法，将消息集包装成数据块（FetchedDataChunk）放入分区信息对象的队列中。相关代码如下：

```
// 分区信息对象的enqueue方法将传入的消息集放入队列，并更新fetchedOffset
class PartitionTopicInfo(topic: String,partition: Int,
      chunkQueue: BlockingQueue[FetchedDataChunk],
      consumedOffset: AtomicLong,fetchedOffset: AtomicLong,
      fetchSize:AtomicInteger){
  def enqueue(messages: ByteBufferMessageSet) {
    val next = messages.shallowIterator.toSeq.last.nextOffset
    chunkQueue.put(new FetchedDataChunk(messages, this, fetchedOffset.get))
```

```
    fetchedOffset.set(next) // 更新PartitionTopicInfo的fetchedOffset
  }
}
```

如图3-20所示，分区信息对象作为消费者应用程序和拉取线程的中间桥梁，保存了"拉取偏移量"和"队列"两个重要的信息。拉取偏移量用在拉取线程中，表示要从分区的什么位置拉取消息，拉取线程拉取到数据后将拉取结果填充到队列中。回顾一下消费者连接器在一开始创建了队列和消息流时，队列是空的。现在，分区信息对象的队列有数据后，消费者应用程序可以通过消息流从队列中取得数据。

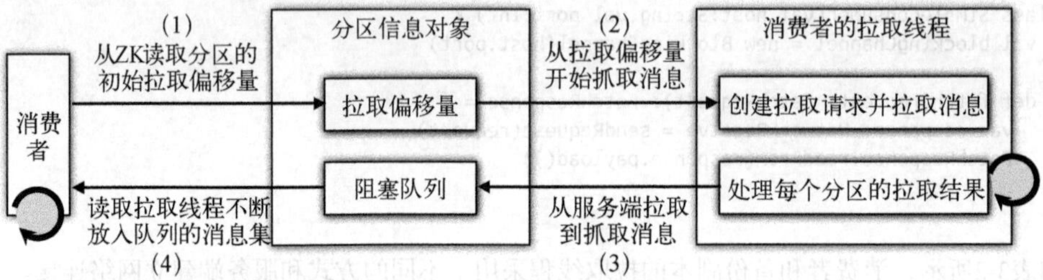

图3-20　分区信息作为消费者和拉取线程的桥梁

2. 拉取出现错误的处理方式

拉取线程向服务端发送拉取请求，如果收到OFFSET_OUT_OF_RANGE错误码，表示拉取请求的拉取偏移量超出服务端分区的范围，拉取线程就要根据消费者设置的重置策略设置拉取偏移量，并且更新分区的拉取状态。下一次发送拉取请求时，拉取线程使用重置的偏移量拉取分区的消息。相关代码如下：

```
// 抽象拉取线程处理拉取请求，如果服务端返回的偏移量超出范围，就需要重置分区的拉取状态
private def processFetchRequest(fetchRequest: REQ) {
  var responseData: Map[TopicAndPartition, PD] = fetch(fetchRequest)
  responseData.foreach { case (tp, partitionData) =>
    Errors.forCode(partitionData.errorCode) match {
      case Errors.NONE =>
      case Errors.OFFSET_OUT_OF_RANGE =>
        val newOffset = handleOffsetOutOfRange(tp) // 调用抽象方法
        partitionMap.put(tp, new PartitionFetchState(newOffset))
    }
  }
}
// 消费者拉取线程对偏移量超出范围的处理是根据重置策略设置新的偏移量
def handleOffsetOutOfRange(tp: TopicAndPartition): Long = {
  val startTimestamp = config.autoOffsetReset match {
    case OffsetRequest.SmallestTimeString => OffsetRequest.EarliestTime
    case OffsetRequest.LargestTimeString => OffsetRequest.LatestTime
    case _ => OffsetRequest.LatestTime
  }
  val newOffset=simpleConsumer.earliestOrLatestOffset(tp,startTimestamp)
  val pti = partitionMap(tp)
  pti.resetFetchOffset(newOffset) // 重置分区信息对象的相关偏移量
  pti.resetConsumeOffset(newOffset)
  newOffset // 返回重置的偏移量，并且更新partitionMap的分区拉取状态
}
```

消费者拉取线程拉取消息过程中还可能遇到其他的错误，通常是分区的主副本发生变化，导致拉取线程不能再从之前的节点上读取数据。此时，拉取线程会调用handlePartitionsWithErrors()抽象方法进行处理。首先，这个分区不应该继续拉取，所以要将其从拉取状态集合中移除，这样下次拉取请求就不会存在这个错误的分区了。然后，将分区加入到消费者拉取管理器的noLeaderPartitionSet中，这样LeaderFinderThread就会重新选择分区的主副本，让拉取线程连接最新的节点。相关代码如下：

```
// 消费者拉取线程处理分区错误，通常是因为分区的主副本发生变化
def handlePartitionsWithErrors(partitions: Iterable[TopicPartition]) {
  removePartitions(partitions.toSet) // 从partitionMap拉取状态中移除分区
  consumerFetcherManager.addPartitionsWithError(partitions) // 分区没有主副本
}
```

如图3-21所示，总结从分配分区给消费者，到拉取线程拉取消息返回给消费者的具体步骤如下。

(1) 再平衡操作将分区分配给消费者，读取ZK的偏移量作为分区信息的拉取偏移量。

(2) 分区信息的队列用来存储结果数据，拉取偏移量作为拉取线程初始的拉取位置。

(3) 拉取线程拉取分区的数据，初始时从拉取偏移量开始拉取消息。

(4) partitionMap表示分区的最新拉取状态，每次拉取数据后都要更新拉取状态。

(5) 拉取线程创建拉取请求，并通过SimpleConsumer发送请求和接收响应结果。

(6) 拉取线程拉取到分区消息后，将分区数据的消息集填充到分区信息对象的队列。

(7) 创建消费者连接对象时，会创建队列和消息流，一个队列关联了一个消息流。

(8) 消费者客户端从消息流中迭代读取结果数据，实际上就是从队列中拉取消息。

目前为止，虽然拉取线程从服务端成功拉取到了最新消息，并放到分区信息对象的队列里，但是客户端其实“还没有开始读取队列中的消息”。消费者的客户端应用程序需要通过“迭代消息流”，才能从队列中读取出消息。而只有消费者客户端成功消费到数据，才表示消息已经到达客户端。否则在这之前尽管数据已经在客户端进程中，但是还没有到达客户端应用程序，就不算做被消费，只能说“正在等待被消费”。

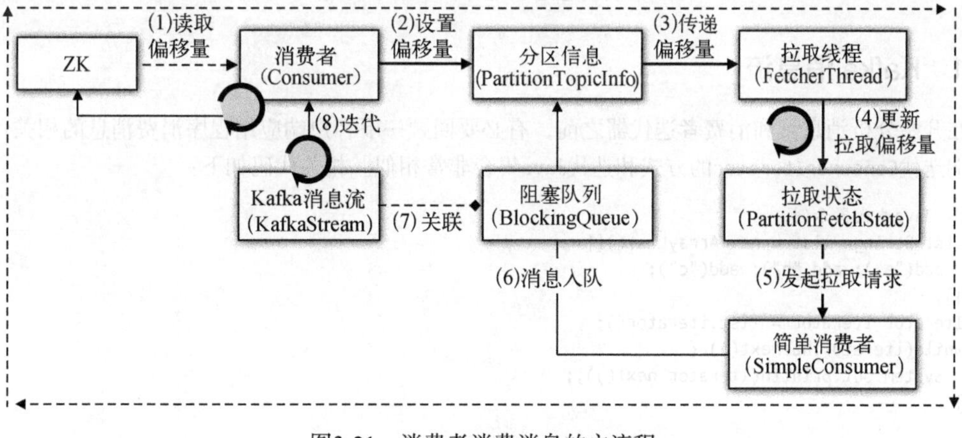

图3-21 消费者消费消息的主流程

3.4 消费者消费消息

消费者拉取线程拉取每个分区的数据，会将分区的消息集包装成一个数据块（FetchedDataChunk）放入分区信息的队列中。而每个队列都对应一个消息流（KafkaStream），消费者客户端迭代消息流，实际上是迭代每个数据块中消息集的每条消息。

如图3-22所示，一个队列包含多个数据块，每个数据块对应一个分区的消息集，一个消息集包含多条消息。消费者迭代器（ConsumerIterator）封装了迭代获取消息的逻辑，客户端不需要面向数据块、消息集这些内部对象，只需要对消费者迭代器循环获取消息即可。

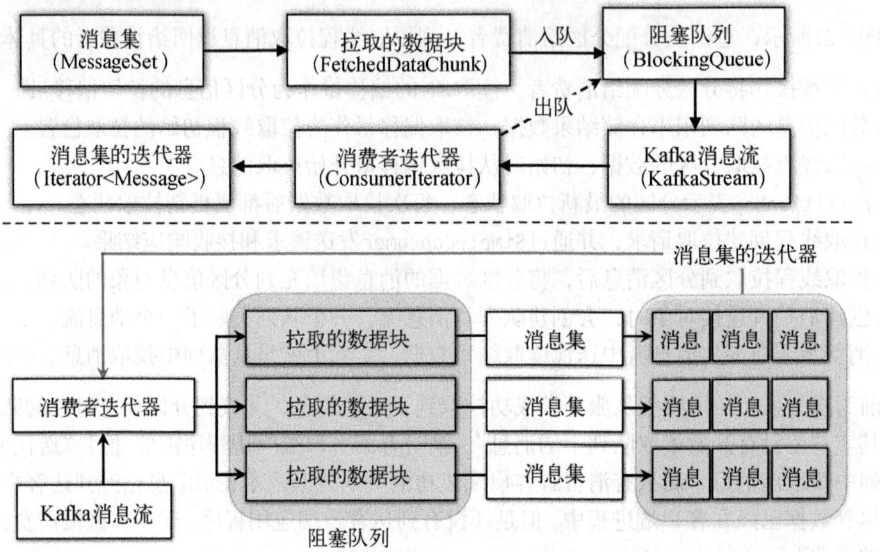

图3-22　消费消息过程中各种数据结构的关联关系

3.4.1 Kafka 消息流

在开始分析消息流和消费者迭代器之前，有必要回顾一下客户端应用程序消费消息的相关代码。客户端迭代ConsumerIterator的方式和迭代Java集合非常相似。相关代码如下：

```
// Java迭代器示例
List<String> list = new ArrayList(){{
  add("a"); add("b"); add("c");
}};
Iterator iterator = list.iterator();
while(iterator.hasNext()) {
  System.out.println(iterator.next());;
}

// 消费者迭代器
ConsumerIterator<byte[], byte[]> it = stream.iterator();
```

```
while (it.hasNext()){
  System.out.println("message:"+new String(it.next().message()));
}
```

消息流继承了Iterable接口（和Java的列表类似），通过iterator()方法生成消费者迭代器（ConsumerIterator）。相关代码如下：

```
// 消息流继承Iterable接口，其iterator()方法创建一个迭代器，迭代器则实现Iterator接口
class KafkaStream[K,V](queue: BlockingQueue[FetchedDataChunk])
    extends Iterable[MessageAndMetadata[K,V]]  {
  def iterator():ConsumerIterator[K,V]=new ConsumerIterator[K,V](queue..)
}
```


3.4.2　消费者迭代消费消息

消费者迭代器生成包含消息的迭代器，首先弹出队列的每个数据块，然后获取数据块对应的消息集，最后迭代消息集中的每条消息。客户端迭代的消息是队列的所有数据块，而不是一个数据块。所以在迭代过程中，要确保读取完一个数据块后，接着读取下一个数据块。也就是说，消费者迭代器是：**所有数据块通过消息集组成的消息迭代器**。下面的伪代码实际上用了两层循环：

```
// 伪代码：通过两层循环才能获取到一条消息
for(FetchedDataChunk chunk : BlockingQueue) {
  MessageSet currentMessageSet = chunk.messages
  PartitionTopicInfo topicInfo = chunk.topicInfo
  for(MessageAndOffset message : currentMessageSet) {
    // 获取消息集中的每条消息
  }
}
```

消费者迭代器实现了Java的Iterator接口，必须重载hasNext()和next()方法。hasNext()方法会用来判断迭代器是否结束，next()方法每调用一次就指向迭代器的下一个元素。迭代的过程因为最上层数据结构是包含数据块的阻塞队列，所以从队列中弹出一个数据块就已经足够调用很多次next()了。只有当前数据块的消息集都遍历完成后，才会从队列中弹出新的数据块。相关代码如下：

```
// 消费者迭代器实现了Iterator接口，其next()方法会返回一条消息
class ConsumerIterator[K,V](val queue:BlockingQueue[FetchedDataChunk])
    extends IteratorTemplate[MessageAndMetadata[K, V]]{
  val current:AtomicReference[Iterator[MessageAndOffset]]
  var currPartitionTopicInfo: PartitionTopicInfo = null
  var consumedOffset: Long = -1L

  override def next(): MessageAndMetadata[K, V] = { // 迭代器生成每一条消息
    val item = super.next() // 会调用makeNext()
    currPartitionTopicInfo.resetConsumeOffset(consumedOffset) // 更新消费进度
    item // 返回最新迭代出来的一条消息给客户端调用者
  }

  protected def makeNext(): MessageAndMetadata[K, V] = {
    var currentDataChunk: FetchedDataChunk = null
    var currentMessageSet = current.get()  // MessageAndOffset的迭代器
    // 阻塞队列的第一个数据块，或者当前数据块读取完毕，要准备新的数据块
```

```
    if(currentMessageSet == null || !currentMessageSet.hasNext) {
      currentDataChunk = queue.poll(consumerTimeoutMs)
      currPartitionTopicInfo = currentDataChunk.topicInfo
      val cdcFetchOffset = currentDataChunk.fetchOffset // 最少从这里开始
      val ctiConsumeOffset = currPartitionTopicInfo.getConsumeOffset
      if (ctiConsumeOffset < cdcFetchOffset)
        currPartitionTopicInfo.resetConsumeOffset(cdcFetchOffset)
      // messages是MessageSet对象，实现类是FileMessageSet
      currentMessageSet = currentDataChunk.messages.iterator
      current.set(currentMessageSet)
    }

    var item = currentMessageSet.next() // 消息项：消息内容和消息的偏移量
    // 跳过已消费过的消息，只有消息的偏移量大于consumedOffset，才返回消息元数据
    while(item.offset < currPartitionTopicInfo.getConsumeOffset
        && currentMessageSet.hasNext()) {
      item = localCurrent.next()
    }
    consumedOffset = item.nextOffset
    new MessageAndMetadata(
      currPartitionTopicInfo.topic,currPartitionTopicInfo.partitionId,
      item.message, item.offset, keyDecoder, valueDecoder)
  }
}
```

注意：在迭代的过程中，可能多次调用next()方法都还是在同一数据块的同一个消息集中，所以迭代器要保存当前的数据块（currentDataChunk变量）、当前的消息集（current和currentMessageSet变量）。如果当前消息集没有下一个元素，则需要同时更新这两个变量。因为一个数据块对应一个消息集，一旦当前消息集没有元素了，说明这个数据块也已经迭代完毕。

消费者的“拉取线程”拉取消息后会更新“拉取状态”，对应的“消费线程”获取消息后也要更新相关的“消费状态”。（**准确地说，消费消息的对象是一个迭代器而不是线程。这里为了和拉取线程相对应，故叫作消费线程。**）拉取状态对应分区信息对象的拉取偏移量（fetchedOffset），表示消费者已经拉取的分区位置；消费状态对应了消费偏移量（consumedOffset），表示消费者已经消费完成的偏移量。

如图3-23所示，拉取消息的线程和消费消息的线程是两个独立的工作模块，前者通过分区信息对象的阻塞队列将消息传给消费消息的线程完成数据的传输。消息拉取后，只有被消费线程真正消费后，才会更新消费状态。也就是说，“拉取线程更新拉取偏移量，消费线程更新消费偏移量”，具体步骤如下。

(1) 消费者的拉取线程从服务端拉取分区的消息。

(2) 拉取到分区消息后，就更新分区信息对象的拉取偏移量。

(3) 将分区数据的消息集封装成数据块。

(4) 客户端循环迭代数据块的消息集。

(5) 消费完一条消息后，就更新分区信息对象的消费偏移量。

(6) 消息流中的每一条消息返回给消费者客户端应用程序。

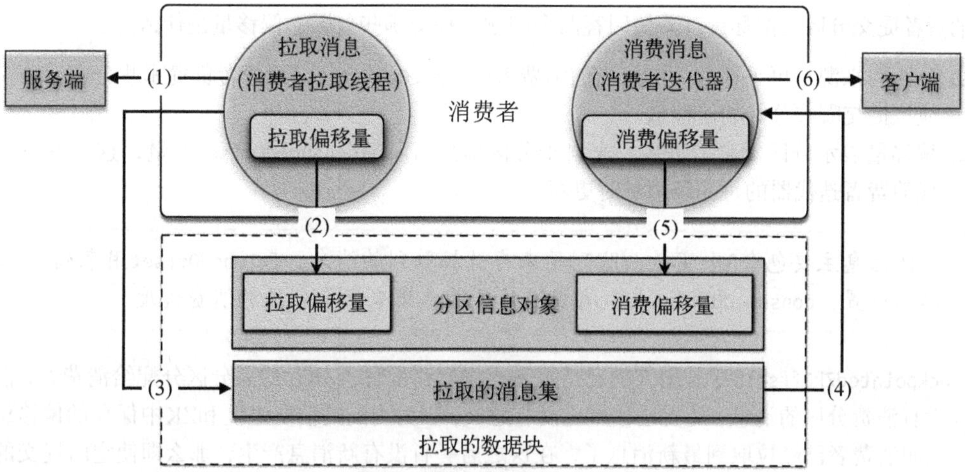

图3-23 拉取线程和消费线程分别更新分区信息的状态

分区信息的拉取偏移量初始时从ZK读取，然后在拉取消息后更新。同样，消费偏移量初始时也是从ZK读取，然后在消费消息后更新。消费者消费了新的消息后，还应该及时地将消费进度（即分区信息的消费偏移量）保存到ZK中。

3.5 消费者提交分区偏移量

消费者提交偏移量是为了保存分区的消费进度。因为Kafka保证同一个分区只会分配给消费组中的唯一消费者，所以即使发生再平衡后，分区和消费者的所有权关系发生变化，新消费者也可以接着上一个消费者记录的偏移量位置继续消费消息。

但是消费者即使记录了分区的偏移量，仍然无法解决消息被重复消费的问题。例如，消费者1每隔10秒提交一次偏移量，在10秒时提交的偏移量是100，下一次提交的时间点是20秒。在20秒之前，消费者1又消费了30条消息，然后消费者1突然挂掉了。由于偏移量现在仍然停留在100这个位置，因此新的消费者2也只会从100这个位置继续消费，从而会重复处理偏移量为100之后的30条消息。

通常消息被重复处理是可以接受的，至少不会出现消息丢失这种不可接受的问题。定时提交偏移量的周期时间越长，消息被重复消费的数据量就越多。客户端可以将这个周期时间设置得更短，来减少重复消费的消息量。当然也不能太短，否则会导致客户端和保存偏移量的存储系统产生大量的网络请求。

在旧版本中每个分区的偏移量都保存到ZK中，每个分区都要和ZK产生一次交互，况且还要周期性地写入，这对ZK来说是个不小的负担。在新版本中把偏移量像普通消息一样写入Kafka集群的内部主题。而且正像消息会源源不断地写到集群一样，记录偏移量也是周期性的。Kafka支持高吞吐量的消息写入，对于偏移量的记录当然也不在话下。下面我们会分析两个版本的提交偏移量过程。

3.5.1 提交偏移量到ZK

消费者提交分区的偏移量，需要回答两个问题：提交哪些分区、偏移量是什么。

- 分区的来源是再平衡后分配给当前消费者的topicRegistry，消费者负责哪些分区，相应地就应该提交哪些分区的偏移量。
- 偏移量表示分区的消费进度，来自于分区信息对象的consumedOffset变量，这个变量会在迭代消费者迭代器的每一条消息时更新。

注意：分区信息主要包含3个变量：队列用来存储拉取到的消息，fetchedOffset用来确定拉取的起始位置，consumedOffset表示消费过的位置，用来记录分区的消费进度。

checkpointedZkOffsets变量用来决定是否需要将偏移量写入ZK。如果分区分配给消费者，但是消费者并没有消费分区的消息，提交偏移量也没有意义，因为当前的消费进度和ZK中保存的偏移量是一样的。比如消费者已经拉取到最新消息了，在这之后一直没有新消息产生，那么即使定时提交的周期时间到了，因为没有消费新的消息，也不需要提交偏移量。相关代码如下：

```
// 在消费者连接器中需要定时地提交偏移量
def commitOffsets(isAutoCommit: Boolean) {
  val offsetsToCommit = Map(topicRegistry.flatMap { // 消费者订阅了多个主题
    // 每个主题中分配给当前消费者的分区可以有多个，按照分区进行拆分
    case (topic, partitionTopicInfos) => partitionTopicInfos.map {
      case (partition,info)=>TopicAndPartition(info.topic,info.partitionId)
          -> OffsetAndMetadata(info.getConsumeOffset())
    }
  }.toSeq: _*) // 最后压扁，将层层嵌套剥离成独立的个体
  commitOffsets(offsetsToCommit, isAutoCommit)
}
def commitOffsets(offsetsToCommit:Map[TopicAndPartition,OffsetAndMetadata]){
  if (config.offsetsStorage == "zookeeper") {
    offsetsToCommit.foreach {case(topicAndPartition, offsetAndMetadata) =>
      // 写到ZK时，每个分区都写一次，因为不同的分区要写到不同的ZK节点
      commitOffsetToZooKeeper(topicAndPartition, offsetAndMetadata.offset)
    }
  }
}
def commitOffsetToZooKeeper(topicPartition:TopicAndPartition,offset: Long){
  if (checkpointedZkOffsets.get(topicPartition) != offset) {
    val topicDirs = new ZKGroupTopicDirs(groupId,topicPartition.topic)
    zkUtils.updatePersistentPath(
      topicDirs.consumerOffsetDir + "/" + topicPartition.partition, offset)
    checkpointedZkOffsets.put(topicPartition, offset)
  }
}
```

数据有写入就有读取，从ZK中读取偏移量需要指定要读取哪个分区。注意，虽然是由消费者对分区的偏移量进行读写操作，但是分区对应的ZK节点并没有消费者信息。ZK节点的路径中只有消费者所属的组：/consumers/[group_id]/offsets/[topic]/[partition_id]。提交分区偏移量以“消费组”

为级别，而不是让每个消费者自己维护分区偏移量。目的是：即使某个消费者挂掉，分区偏移量代表的含义也不会改变，再平衡可以将分区调度给“同一个消费组”的其他消费者。相关代码如下：

```
private def fetchOffsets(partitions: Seq[TopicAndPartition]) = {
  if (config.offsetsStorage == "zookeeper") {
    val offsets = partitions.map(fetchOffsetFromZooKeeper)
    Some(OffsetFetchResponse(immutable.Map(offsets:_*)))
  }
}
private def fetchOffsetFromZooKeeper(tp: TopicAndPartition) = {
  val dirs = new ZKGroupTopicDirs(config.groupId, tp.topic)
  val offsetString = zkUtils.readDataMaybeNull(
    dirs.consumerOffsetDir + "/" + tp.partition)._1
  offsetString match {
    case Some(offsetStr) => (tp,OffsetMetadataAndError(offsetStr))
    case None => (tp, OffsetMetadataAndError.NoOffset)
  }
}
```

消费者提交每个分区的偏移量都需要和ZK通信一次，如果集群中的分区数量成千上万，所有消费者和ZK通信会产生大量的网络请求，这对于本身不是作为存储系统的ZK而言，会造成很大的性能问题。但是，记录每个分区的偏移量又是必须完成的，那么何不考虑重用现有的Kafka集群来存储偏移量呢？

3.5.2 提交偏移量到内部主题

消费者提交偏移量到Kafka的内部主题，首先要确定连接哪个或者哪些服务端节点。回顾一下，生产者发送消息时会根据分区的主副本分组，和多个节点都建立连接；消费者分配多个分区，也要根据分区的主副本分组，和多个节点建立连接。而消费者提交所有分区的偏移量时，实际上只和一个服务端节点建立连接。同样要处理多个分区，为什么普通消息需要多个连接，而偏移量只需要一个连接？如图3-24所示，目标节点指的是分区的主副本节点，我们给出了偏移量的多种连接方案。

(1) 如果不同分区的偏移量写到了不同的节点，消费者分配了多个分区，当要读取不同分区的偏移量时，就得连接不同的节点才可以获得完整的数据。

(2) 如果能让所有分区的偏移量数据只保存在一个节点，消费者就只需要同一个节点通信。但因为消费者和分区的关系是变化的，即使保证这一次分区在一个节点上，也无法保证下一次仍然在同一个节点。

(3) 如果消费组所有消费者所有分区的偏移量都保存在一个节点，就可以解决第二种方式的问题。

(4) 实际上，消费者的分区偏移量要保存在哪个节点，跟消费者所属的消费组有关系。只要保证消费组级别的偏移量在一个节点上，即使消费者和分区的关系发生变化，也能够保证消费者访问新分配的分区时，只需要访问一个节点。

同一个消费组的所有消费者，以内部主题形式提交所有分区的偏移量到一个目标节点，这个内部主题和普通消息的主题一样也会有多个分区。如果只有一个分区，所有消费组都只能提交到唯一的节点，就又退化到和ZK面临的将所有读写请求都压到一个节点的相同问题。而如果有多个分区，并且以消费组作为分区的分布条件，不同消费组提交到的偏移量有可能是不同的节点，就可以分散偏移量读写的压力。

消费者	分区	偏移量	目标节点
C1	P0	10	Broker1
C1	P1	8	Broker2
C2	P2	15	Broker3
C2	P3	6	Broker4

(1) 每个分区一个节点

步骤	消费者	分区	目标节点
1	C1	P0,P1	[P0,P1]->Broker1
1	C2	P2,P3	[P2,P3]->Broker2
2	C1	P0,P3	P0->Broker1,P3->Broker2
2	C2	P2,P1	P2->Broker2,P1->Broker1

(2) 第一次在同一个节点，第二次不在同一个节点

步骤	消费者	分区	目标节点
1	C1	P0,P1	Broker1
1	C2	P2,P3	Broker1
2	C1	P0,P3	Broker1
2	C2	P2,P1	Broker1

(3) 每次都在同一个节点

步骤	消费者	消费组	目标节点
1	C1	Group1	Broker1
1	C2	Group1	Broker1
2	C1	Group1	Broker1
2	C2	Group1	Broker1

(4) 实际上跟消费组才有关系

图3-24　消费者提交所有分区偏移量的几种网络连接方案

实际上，消费者提交偏移量如果存储在ZK中，也是用消费组级别来表示。存储在ZK中天生就具有共享存储的优势，所有的消费者只需要连接ZK即可。而以主题方式存储偏移量时，就得考虑是否需要连接多个服务端节点。每个消费组只连接一个节点是最好的，这个节点负责管理一个消费组所有消费者所有分区的偏移量，叫作偏移量管理器（`OffsetManager`）。和采用ZK方式将偏移量数据写到ZK不同，消费者将偏移量数据封装成偏移量提交请求（`OffsetCommitRequest`）发送给偏移量管理器。就像生产者的生产请求、消费者的拉取请求一样，偏移量提交请求和偏移量获取请求都是发送给Kafka服务端节点的。相关代码如下：

```
// 偏移量管理器的网络连接通道，相同消费组的所有消费者都会连接同一个服务端节点
private var offsetsChannel: BlockingChannel = null // 一个阻塞通道，一个连接

// 消费者提交分区的偏移量
def commitOffsets(offsetsToCommit:Map[TopicAndPartition,OffsetAndMetadata]){
  val offsetCommitRequest=OffsetCommitRequest(config.groupId,offsetsToCommit)
  ensureOffsetManagerConnected() // 确保客户端连接上偏移量管理器
  offsetsChannel.send(offsetCommitRequest) // 发送提交偏移量的请求
}
// 消费者获取分区的偏移量
private def fetchOffsets(partitions: Seq[TopicAndPartition]) = {
  val offsetFetchRequest=OffsetFetchRequest(config.groupId,partitions)
  ensureOffsetManagerConnected()
  offsetsChannel.send(offsetFetchRequest)
}
```

如图3-25所示，总结一下目前为止客户端需要确定服务端节点的几个场景。

- 生产者发送消息时，直接在客户端决定消息要发送给哪个分区，这一步不向服务端发送请求。
- 消费者拉取管理器的LeaderFinderThread线程向服务端发送主题元数据请求，获取包含了主副本等信息的所有分区元数据，消费者拉取线程才能确定要连接哪些服务端节点。
- 提交偏移量虽然有点像生产者的发送消息，都是写数据，但也需要和消费者的LeaderFinderThread一样，获取分区的主副本作为偏移量管理器，才能确定提交到哪个节点。

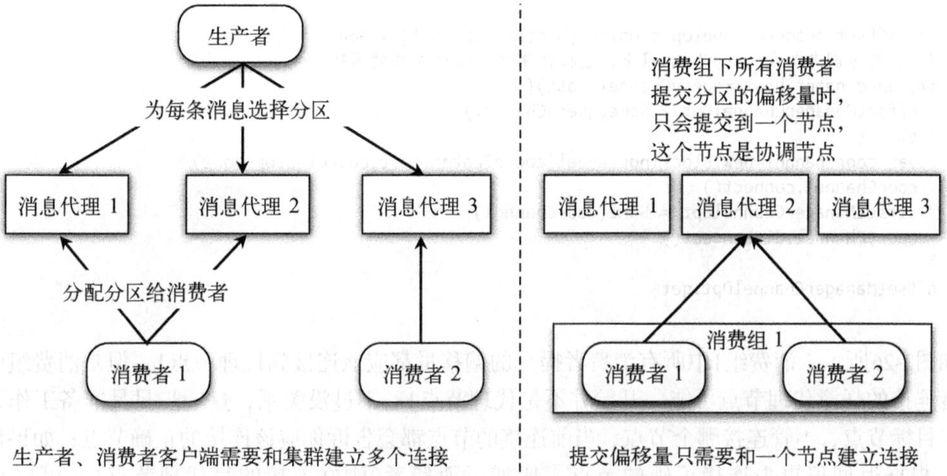

图3-25 生产者、消费者、偏移量和Kafka集群的网络连接

注意： 消费者提交普通主题“分区”的消费偏移量，和偏移量存储在内部主题的“分区”，这两个分区概念上相同，但数据是不同的，前者是普通主题的分区，后者是内部主题的分区。服务端把客户端提交的分区偏移量当作消息，消息键由消费组编号、主题、分区编号组成，消息值是分区的偏移量。比如消费者1属于消费组1（Group1），它订阅了主题1（Topic1），分配给它的分区消费进度分别是：[P0:100,P1:120,P2:130]。服务端内部主题有3条消息：(Group1-Topic1-P0, 100),(Group1-Topic1-P1, 120),(Group1-Topic1-P2, 130)。

3.5.3 连接偏移量管理器

前面我们分析的拉取偏移量方法和提交偏移量方法，都需要和偏移量管理器通信。在这之前，消费者需要通过channelToOffsetManager()方法向服务端任意一个节点发送“消费组的协调者请求”（GroupCoordinatorRequest），来获取消费组对应的协调节点，即偏移量管理器（OffsetManager）节点。

服务端处理消费组的协调者请求，实际上也是通过查询主题的元数据来完成的。不过和LeaderFinderThread中返回主题元数据，然后还要在客户端继续处理（比如获取存在主副本的分区）不同，这里在服务端完成“选择消费组对应内部主题的分区的主副本节点”，然后直接返回这个协调节点给客户端。也就是说客户端发送消费组的协调者请求，服务端返回的就是消费组的协调节点。相关代码如下：

```
// 消费者连接器建立到偏移量管理器即协调节点的连接
def channelToOffsetManager(group: String, zkUtils: ZkUtils) = {
  var queryChannel = channelToAnyBroker(zkUtils)
  if (!queryChannel.isConnected) queryChannel = channelToAnyBroker(zkUtils)
  queryChannel.send(GroupCoordinatorRequest(group))
  val response = queryChannel.receive()
  val resp=GroupCoordinatorResponse.readFrom(response.payload())
  val coordinator = resp.coordinatorOpt.get

  var offsetManagerChannelOpt: Option[BlockingChannel] = None
  // 如果协调者就在queryChannel上，直接使用之前随机选择的通道
  if(coordinator.host==queryChannel.host){
   offsetManagerChannelOpt = Some(queryChannel)
  } else {
   var coorChannel=new BlockingChannel(coordinator.host,coordinator.port)
   coorChannel.connect()
   offsetManagerChannelOpt = Some(coorChannel)
   queryChannel.disconnect()
  }
  offsetManagerChannelOpt.get
}
```

如图3-26所示，消费组1中所有消费者提交的偏移量都应该连接到代理节点1，但是消费组中不同消费者连接的任意代理节点可能一开始并不是代理节点1。不过没关系，这一步只是准备工作，目的是确定目标节点，不管连接哪个节点，当前连接的节点都会告诉你应该连接的正确节点；如果你连得不对，根据返回值再去连接正确的节点。比如，消费者0刚好连接的是代理节点1，可以直接把queryChannel作为offsetChannel；而消费者1和消费者2第一次连接的不是代理节点1，所以在得到结果时应该首先关闭queryChannel，然后重新连接代理节点1作为queryChannel。

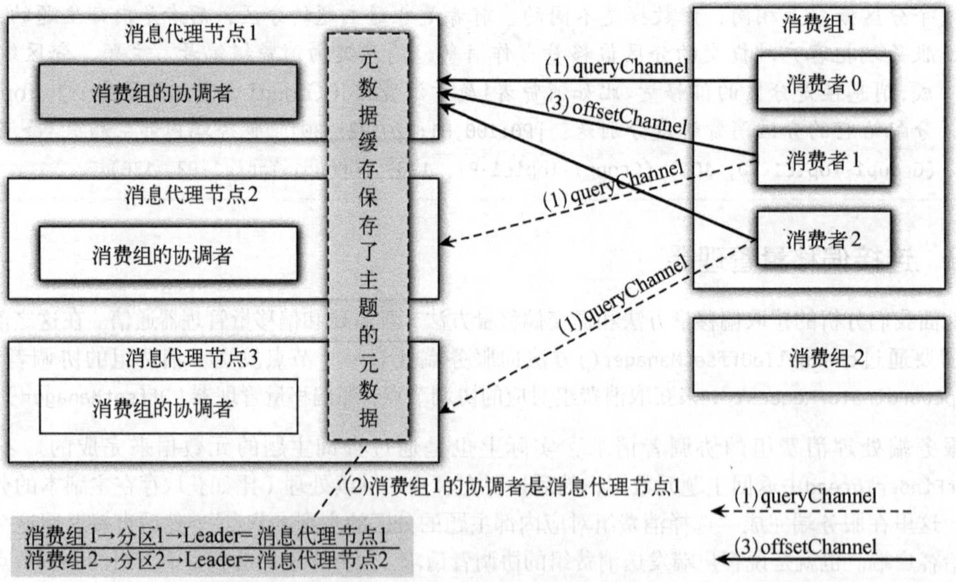

图3-26　消费者通过offsetChannel连接GroupCoordinator

任何一个服务端节点处理消费者发送的GroupCoordinator请求，首先要确定消费组在内部主题的分区，然后，从主题元数据的所有分区元数据中找出指定分区的主副本节点，就是消费组对应的协调者节点。在LeaderFinderThread中直接返回主题的元数据，是因为无法确定具体的分区，而这里根据消费组可以确定分区，所以直接在服务端返回对应分区的主副本信息。相关代码如下：

```
// 服务端的KafkaApis处理客户端发送的，获取消费组的协调节点请求
def handleGroupCoordinatorRequest(request: RequestChannel.Request) {
  val groupCoordinatorRequest=request.asInstanceOf[GroupCoordinatorRequest]
  // 内部主题的一个消费组只有一个分区，正如普通主题的一条消息确定一个分区
  val partition = coordinator.partitionFor(groupCoordinatorRequest.groupId)
  val offsetsTopicMetadata = getTopicMetadata(GroupMetadataTopicName)
  // 主题元数据包括所有分区的元数据，分区的主副本就是消费组的协调节点
  val coordinatorEndpoint = offsetsTopicMetadata.partitionsMetadata.
    find(_.partitionId == partition).flatMap {
      partitionMetadata => partitionMetadata.leader
    }
  // 根据coordinatorEndpoint创建GroupCoordinatorResponse并发送出去
}
```

确定了消费者要连接的消费组协调节点，也就是偏移量管理器后，消费者才会向该目标节点发送偏移量的读写请求。在以ZK为存储系统时，消费者针对偏移量的读写都是每个分区单独发起一个请求。在以内部主题形式存储分区的偏移量时，消费者会把它负责的所有分区一次性发送给协调节点。现在我们来看一下服务端对偏移量请求的处理过程。

3.5.4　服务端处理提交偏移量的请求

协调节点会将消费者的偏移量提交请求交给GroupCoordinator类的handleCommitOffsets()方法处理，其中参数offsetMetadata表示分配给消费者的所有分区消费进度。相关代码如下：

```
// 服务端的消费组协调者GroupCoordinator处理消费者客户端发送的提交偏移量请求
def handleCommitOffsets(groupId: String, memberId: String, generationId: Int,
    offsetMetadata: immutable.Map[TopicAndPartition, OffsetAndMetadata],
    responseCallback: immutable.Map[TopicAndPartition, Short] => Unit) {
  var delayedOffsetStore: DelayedStore = groupManager.prepareStoreOffsets(
      groupId,memberId,generationId,offsetMetadata,responseCallback)
  delayedOffsetStore.foreach(
      delayedAppend => groupManager.store(delayedAppend))
}
```

写入偏移量消息会调用ReplicaManager.appendMessages()方法，将消息集追加到本地日志文件，并且会把分区和对应的偏移量保存在协调节点的缓存中。目的是：再平衡后如果其他消费者需要读取分区的偏移量，在连接上协调节点后，可以直接读取缓存，而不需要从日志文件中读取。

在prepareStoreOffsets()方法内部的putCacheCallback()方法会更新缓存，回调函数的调用只有在主流程即"追加消息到日志文件完成"后才会发生；如果主流程没有完成，回调函数就不会调用。DelayedStore对象包含了需要追加到日志文件的消息集，以及更新缓存的回调方法。相关代码如下：

```
// 消费组的管理器GroupMetadataManager处理真正的存储偏移量逻辑
def prepareStoreOffsets(group:String,consumerId:String,generationId: Int,
```

```
    offsetMetadata: Map[TopicAndPartition, OffsetAndMetadata],
    responseCallback: Map[TopicAndPartition,Short]=>Unit):DelayedStore={
  // 构造要追加的消息内容，分区的偏移量作为消息内容写到内部主题的分区中
  val messages = offsetMetadata.map{case (tp,offsetAndMetadata)=>new Message(
    key = offsetCommitKey(group, tp.topic, tp.partition), // 消息的键
    bytes = offsetCommitValue(offsetAndMetadata) // 消息的值
  )}.toSeq  // Group-Topic-Partition -> offset
  // 内部主题也有多个分区，一个消费组只对应一个分区
  val partition=new TopicPartition("__consumer_offsets",partitionFor(group))
  val offsets=Map(partition->new ByteBufferMessageSet(messages:_*))

  // 当成功追加到Log日志文件后，触发回调将偏移量添加到缓存中，缓存是最后被调用的
  def putCacheCallback(responseStatus:Map[TopicPartition,PartitionResponse]){
    offsetMetadata.foreach { case (tp, offsetAndMetadata) =>
      putOffset(GroupTopicPartition(group, tp), offsetAndMetadata)
    }
    val commitStatus=offsetMetadata.map{case (tp,_)=>(tp,Errors.NONE.code)}
    responseCallback(commitStatus) // 最后触发API层的回调
  }
  DelayedStore(offsets, putCacheCallback) // 消息集和回调
}
def store(delayedAppend: DelayedStore) {
  replicaManager.appendMessages(
    config.offsetCommitTimeoutMs.toLong,
    config.offsetCommitRequiredAcks,true, //如果需要ack，就会产生DelayedProduce
    delayedAppend.messageSet, delayedAppend.callback) // 消息内容和回调函数
}
```

如图3-27所示，消费者发送提交偏移量和获取偏移量都会被服务端的KafkaApis处理，服务端处理这两个请求的具体步骤如下。

(1) KafkaApis将提交偏移量请求的处理交给消费组的协调者（GroupCoordinator）。

(2) 消费组的协调者再交给消费组的元数据管理类（GroupMetadataManager）去处理。

(3) 延迟的存储对象（DelayedStore）会调用副本管理器的appendMessages()存储消息。

(4) 副本管理器将消息追加到底层文件系统的日志文件中，这样分区的偏移量就存储到服务端了。

(5) 分区和对应的偏移量会在消息存储成功后，被缓存至服务端的消费组元数据管理类。

(6) 服务端处理客户端的获取分区偏移量请求，会首先从缓存中获取。

(7) 如果缓存中没有分区的偏移量，就从日志文件中读取。

如图3-28所示，我们用一个示例说明消费者提交偏移量的过程，具体步骤如下。

(1) 消费者分配到分区，比如消费者1（C1）分配到主题（test1）的分区P0和分区P1。

(2) 分区P0的主副本是消息代理节点1（Broker1），分区P1的主副本是消息代理节点2（Broker2），消费者创建拉取线程拉取分区消息。

(3) 消费者拉取到每个分区的消息后，客户端迭代每条消息，会更新分区信息对象的消费进度。

(4) 消费者定时提交分区偏移量，连接消费组的协调节点，消费组1对应内部主题的P1即Broker2。

(5) 消费者1将自己负责的分区（即P0和P1）偏移量提交到协调节点Broker2上。

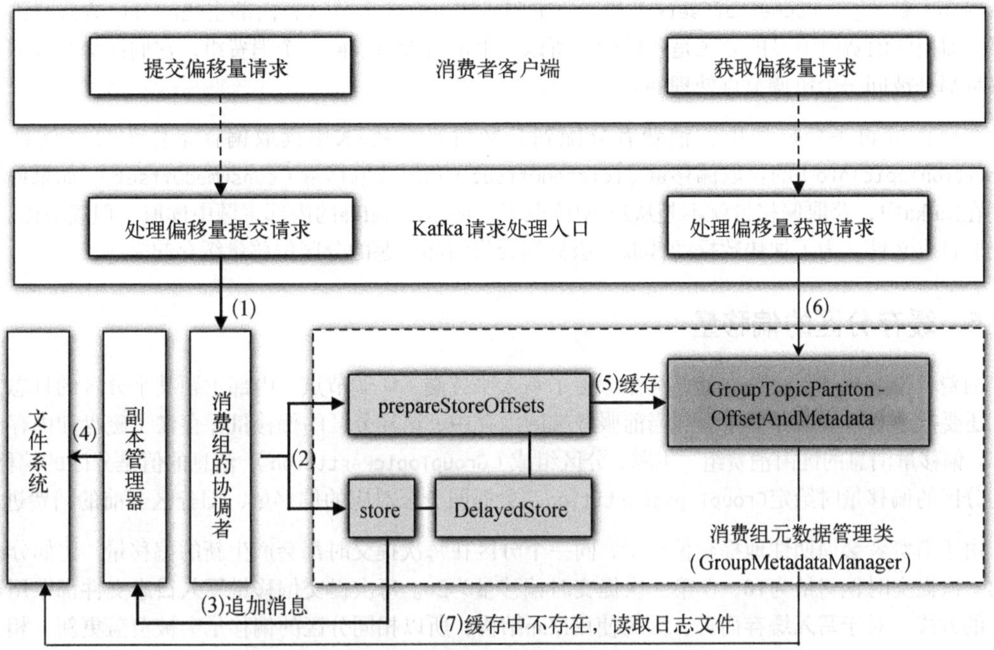

图3-27 服务端处理偏移量的读写请求

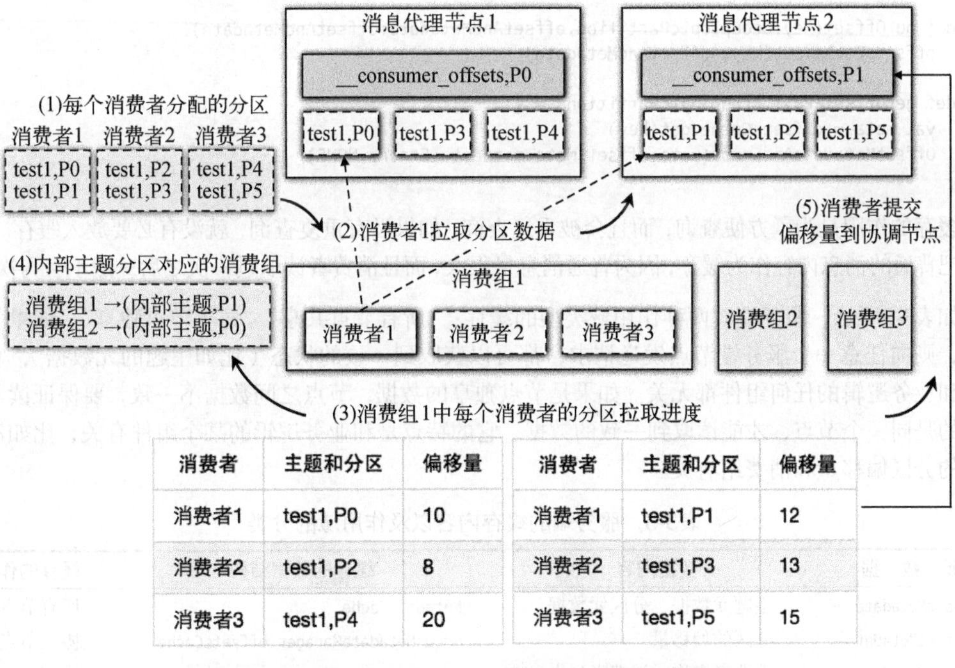

图3-28 消费者拉取消息并提交偏移量到内部主题

内部主题（__consumer_offsets）和普通主题一样也有多个分区，内部主题的分区方式是消费组编号，即相同消费组编号的分区是一样的。所以如果消费者属于同一个消费组，它们提交和读取分区偏移量都是被同一个协调节点处理的。

在前面的再平衡操作中，消费者分配到分区后，会从ZK中读取偏移量作为分区信息对象（PartitionTopicInfo）的拉取偏移量（fetchedOffset）和消费偏移量（consumedOffset）。如果偏移量保存在Kafka中，获取偏移量就不是从ZK中读取了，而是从Kafka的内部主题中读取。但读取Kafka需要读取日志文件，为了加快数据的读取，服务端会将内部主题的分区偏移量缓存起来。

3.5.5 缓存分区的偏移量

消费者提交自己负责分区的偏移量，除了写入服务端（协调节点）内部主题某个分区的日志文件中，还要把这部分数据保存一份到当前服务端的内存中，这样分区的偏移量保存在了磁盘和内存两个地方。偏移量消息的键由消费组、主题、分区组成（GroupTopicPartition），消息的值是分区的偏移量。查询分区的偏移量时给定GroupTopicPartition，会返回分区对应的偏移量，即分区当前的消费进度。

由于消费者会周期性地提交偏移量，同一个分区在每次提交时都会产生新的偏移量。比如分区P0在第一次提交时偏移量为10，在第二次提交时偏移量为20。每次提交偏移量**写入日志文件**都采用追加消息的方式。对于**写入缓存**而言，因为使用Map结构，所以相同分区的偏移量会被覆盖更新。相关代码如下：

```
private val offsetsCache = new Pool[GroupTopicPartition, OffsetAndMetadata]

def putOffset(key:GroupTopicPartition,offsetAndMetadata:OffsetAndMetadata){
  offsetsCache.put(key, offsetAndMetadata)
}
def getOffset(key: GroupTopicPartition) = {
  val meta = offsetsCache.get(key)
  OffsetMetadataAndError(meta.offset,meta.metadata,Errors.NONE)
}
```

缓存的作用是为了方便查询，而且会被重复查询，如果没有重复查询，就没有必要放入缓存。比如，不能把普通的消息内容作为缓存，因为普通消息量很大，而且消费者读取过一次之后一般不会再次读取。

如表3-3所示，服务端有两种作用域类型的缓存："所有节点共享""每个节点独享"。如果是共享数据，则向任意一个服务端节点发送请求，都可以获取到一致的状态（比如主题的元数据），它的特点是和业务逻辑的任何组件都无关。如果是节点独享的数据，节点之间数据不一致，要保证读写请求连接的是同一个节点，才能读取到一致的数据。它的特点是和业务逻辑的某个组件有关，比如消费者提交的分区偏移量和消费组有关。

表3-3 服务端的缓存内容以及作用域的分类

元 数 据	数据内容	缓存的数据结构	缓存的作用域
TopicMetadata	主题元数据、分区元数据	MetadataCache	所有节点共享
OffsetMetadata	分区的偏移量	GroupMetadataManager.offsetsCache	协调节点独享
GroupMetadata	消费者名称、消费者列表	GroupMetadataManager.groupsCache	协调节点独享

如图3-29所示，偏移量请求和消费组有关，客户端只能连接指定的节点，所以是协调节点独享的缓存。而主题元数据（TopicMetadata）和消费组的协调者（GroupCoordinator）因为在每个服务端节点保存的数据都一样，可以请求任何一个节点，所以是所有节点共享的缓存。

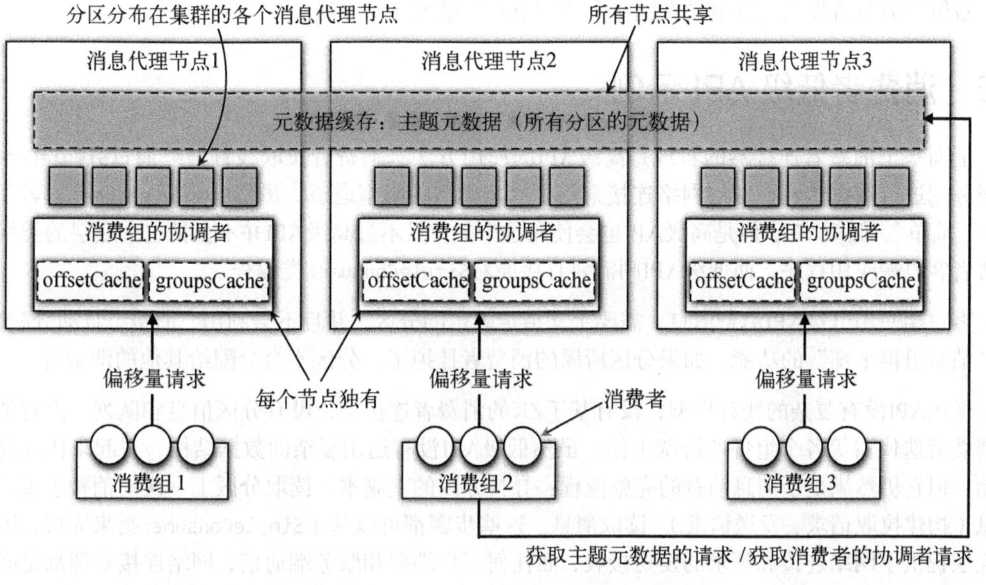

图3-29 缓存的3种示例：主题元数据、偏移量、消费组元数据

我们来讨论一个问题：为什么分区偏移量消息的键由“消费组、主题、分区”组成，而分区方式却只由消费组决定？下面我们来循序渐进地回答这个问题。

首先，要回答消息的键为什么有消费组，而没有消费者。虽然分区是由消费者提交的，但是偏移量消息的键不能存在消费者。假设键是GroupConsumerTopicPartition，每个消费者提交的偏移量都有自己的标识。比如消费者1提交的偏移量是G1-C1-T1P0:10，消费者2提交的偏移量是G1-C2-T1P1:20，保存到缓存的数据是[(G1C1T1P0,10),(G1C2T1P1,20)]。再平衡后，T1P0分配给消费者2，在缓存中就不会查询到G1C2T1P0的记录；如果T1P1分配给消费者1，也无法查到G1C1T1P1的记录。而以消费组存储时缓存的内容是[(G1T1P0,10),(G1T1P1,20)]，这样不管是消费者1还是消费者2分配到T1P0，都可以从缓存中读取出T1P0的偏移量。**只要消费组所有消费者都提交了分区的消费进度，再平衡时无论怎么重新分配分区，任何一个消费者都可以查询到任意一个分区的最新消费进度。**

另外，必须要有消费组的原因是，不同的消费组可能会订阅同一个主题。如果只有“主题、分区”作为分区偏移量消息的键，就无法区分不同的消费组。而实际上，不同消费组，即使主题分区相同，它们的分区偏移量也可能不同，所以偏移量消息的键需要有“消费组”。

其次，因为服务端要保存分区的偏移量，所以消息值是偏移量，其他信息比如主题、分区都放在消息的键中。所以偏移量消息的键由“消费组、主题、分区”3部分组成。

最后，再来看看为什么分区方式只由消费组决定的，而不是偏移量消息的键？因为同一个消费组的分区偏移量消息都在同一个协调节点上，为消息进行分区的方式只能是消费组。如果分区方式也是“消费组、主题、分区”，那么只有这3个数据都相同时，内部主题的分区才相同。比如G1T1P0和G1T1P1因为分区不同，内部主题的分区也不同，提交偏移量时就不在同一个协调节点了。而这和前面的“相同消费组的消费者提交偏移量是在同一个协调节点”就发生了矛盾。

3.6 消费者低级API示例

上面基于消费者连接器的实现是高级API的使用方法，消费者拉取线程最终通过SimpleConsumer和服务端进行数据传输，底层网络连接采用了同步类型的阻塞通道。虽然SimpleConsumer从名称上看属于“简单”、低级API，但是高级API也会使用这个类。只不过高级API并不会把这个底层的类暴露给消费者客户端应用程序，而低级API则需要直接面对SimpleConsumer类编程。

客户端使用低级API消费消息，需要手动指定固定的分区，并且不会利用“消费组自动分配分区”即“消费组再平衡”的功能。如果分区所属的消费者挂掉了，分区不会分配给其他的消费者。

低级API没有复杂的线程模型，没有基于ZK的消费者连接器，没有分区信息和队列，没有消息流和消费者迭代器等各个组件的协调工作。虽然低级API没有运用复杂的数据结构，看起来比较简单、原始，但它仍然满足了消息消费的完整流程：寻找分区的主副本，读取分区上一次的消费进度，拉取消息（构建拉取请求、发送请求），读取消息。这些步骤都可以基于SimpleConsumer类来完成，因为它的底层提供了网络连接和请求的发送接收，而任何客户端要和服务端通信，网络连接处理都是必不可少的。

表3-4列举了消费者客户端应用程序使用低级API消费消息的主要步骤，这些步骤在高级API中都能找到对应的方法。在高级API中由消费者拉取线程负责调用SimpleConsumer，所以下面的步骤都可以参考消费者拉取线程的对应方法。当然，消费者拉取线程继承了抽象拉取线程类，如果要对应完整的拉取流程，则还要把抽象拉取线程类结合起来，因为主要的处理流程都定义在抽象拉取线程类中。

表3-4　消费者使用低级API的主要步骤

步骤	主要工作	对应高级API的步骤
1	根据指定的分区从主题元数据中找到主副本	leaderFinderThread
2	获取分区最新的消费进度	fetchOffsets/PartitionFetchState
3	从主副本拉取分区的消息	ConsumerFetcherThread.fetch()
4	识别主副本的变化，重试	LeaderFinderThread

在高级API中除了拉取线程，还有消费线程即消费者迭代器，以及队列作为两个线程之间的数据中转站。而低级API没有使用队列，所以在拉取到消息之后，应该立即处理返回的消息集。其实不管是低级API还是高级API，最终发送给服务端的拉取请求应该都是一样的。对于服务端而言，它不需要关心客户端采用哪种API发送拉取请求，而只要能够返回指定分区的消息集给客户端就可以。如图3-30所示，两种API都使用SimpleConsumer和服务端通信，只不过在这之前的拉取和之后的消费方式不相同。

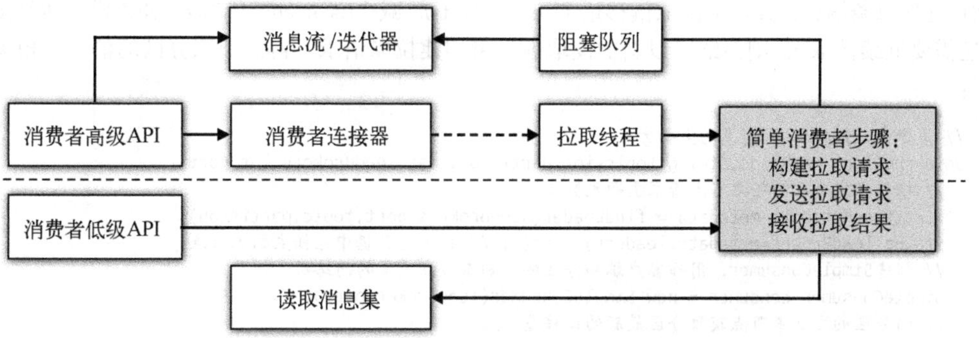

图3-30 消费者的高级和低级API的主要步骤

如图3-31所示，消费者拉取分区消息，必须指定从分区的哪个位置开始读取。高级API拉取线程从ZK或者消费组的协调节点获取偏移量，并通过`SimpleConsumer`向分区的主副本节点拉取消息，偏移量的存储节点和分区的数据节点可能不是在同一个节点。低级API没有消费组的概念，获取分区最近的偏移量也是通过`SimpleConsumer`发送`OffsetRequest`给分区的主副本节点，然后还是通过`SimpleConsumer`拉取消息，说明偏移量和消息都在同一个节点。

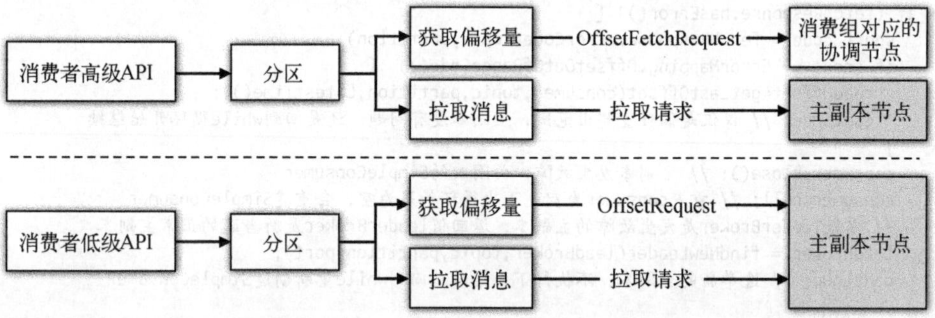

图3-31 消费者首先读取偏移量，然后才向主副本拉取消息

在低级API中为了保证程序的健壮性，不仅仅要满足消息的整个消费流程能够正常走通，还要处理一些异常情况。比如拉取请求发送给分区的主副本，但是分区的主副本暂时不可用怎么办？如果拉取结果有错误，服务端返回的错误码是“偏移量超过范围”，是否需要重置读取的偏移量？还有，异常情况下代表和服务端连接的`SimpleConsumer`对象要不要进行切换？下面我们分析低级API的实现。

3.6.1 消息消费主流程

下面的示例中，`run()`方法指定了消费者要消费的分区编号和初始连接的种子节点（`seedBrokers`）。由于消费者客户端只允许和分区主副本所在的节点通信，所以要先找出分区的主副本，然后创建`SimpleConsumer`对象代表消费者客户端和主副本节点的网络连接。

正常拉取消息没有错误的话，会从拉取响应中获取分区的消息集。消息集包含不止一条消息，我们循环处理每条消息，并增加读取偏移量（readOffset），减少maxReads计数器。如果没有达到读取量（即还需要继续读取），则会继续以新的读取偏移量构建拉取请求，再次拉取分区的消息。相关代码如下：

```
// 消费者低级API拉取消息的主要方法
void run(long maxReads,String topic,int partition,List seedBrokers,int port){
  // 根据指定分区向任意节点请求主题元数据
  PartitionMetadata metadata = findLeader(seedBrokers,port,topic,partition);
  String leadBroker=metadata.leader().host(); // 分区元数据中包括主副本节点
  // 创建SimpleConsumer，用作客户端和分区的主副本节点通信的网络层
  SimpleConsumer consumer = new SimpleConsumer(leadBroker,port);
  // 向分区的主副本节点获取分区最新的偏移量
  long readOffset=getLastOffset(consumer,topic,partition,EarliestTime());
  while (maxReads > 0) {
    // 上一次拉取主副本故障被置为null，并找到了新主副本，还没有重新建立
    // SimpleConsumer，而客户端要跟主副本通信，都要通过这个客户端连接对象完成
    if (consumer == null) consumer=new SimpleConsumer(leadBroker,port);

    // 根据获取到的readOffset（起始的读取位置）构建拉取请求
    FetchRequest req = new FetchRequestBuilder().clientId(clientName)
      .addFetch(topic, partition, readOffset, 100000).build();
    FetchResponse fetchResponse = consumer.fetch(req); // 拉取消息
    // 错误场景下，一定会执行continue，所以一定不会执行后面的for循环
    if (fetchResponse.hasError()) {
      short code = fetchResponse.errorCode(topic,partition);
      if (code == ErrorMapping.OffsetOutOfRangeCode())  {
        readOffset=getLastOffset(consumer,topic,partition,LatestTime());
        continue; // 仅仅是偏移量超出范围，主副本没有问题，还是回到while循环开始继续
      }
      consumer.close(); // 主副本发生故障，关闭旧的SimpleConsumer
      consumer=null; // 重置consumer为空，下次循环如果为空，会重建SimpleConsumer
      // 参数leaderBroker是发生故障的主副本，返回值leaderBroker是新当选的正常主副本
      leadBroker = findNewLeader(leadBroker,topic,partition,port);
      continue; // 选举新的主副本，不执行下面语句，回到while重新创建SimpleConsumer
    }
    // 循环读取拉取结果中分区的消息集，消息集包含多条消息，用for循环
    for(MessageAndOffset messageAndOffset:
        fetchResponse.messageSet(topic,partition)){
      readOffset = messageAndOffset.nextOffset();
      maxReads--; // 每消费一条消息，计数器减1，当计数器减为0时，表示不需要再读取了
    }
  }
  if (consumer != null) consumer.close(); // 要求的数据量读取够了，可以关闭了
}
```

注意：低级API更新读取偏移量（readOffset）和高级API的拉取偏移量（fetchOffset）类似。高级API的拉取线程以最新的partitionMap创建拉取请求，拉取到消息后再次更新partitionMap的分区拉取状态。不管哪种API拉取都要指定读取位置，拉取过一次后就不应该重复拉取已经拉取过的消息。

如果拉取发生错误，一定不会执行for循环部分的读取消息，因为错误情况下fetchResponse不会有消息集结果。如果说出错了还能够处理消息的话，读取偏移量会被更新，而这部分数据实际上是有问题的，只有正常情况才可以更新读取偏移量。错误有几种情况，如果分区的主副本节点没有问题，仅仅是客户端发送的拉取请求中的读取偏移量超过服务端的范围，此时应该重置读取偏移量到服务端最近的偏移量。比如服务端的最大偏移量是10，而客户端却请求了20，应该重置为10。

错误也可能是主副本节点出现故障无法连接，此时应该调用findNewLeader()连接新的主副本。注意，客户端没有权利选举分区的主副本，这是服务端的业务范畴：服务端的所有副本会在主副本出现故障时，选择一个新的主副本（服务端负责选举，客户端只负责查询）。选举主副本的过程肯定需要一段时间，客户端如果没有查询到新的主副本，就要过会儿再重试。一旦主副本发生故障，在拉取消息之前创建的SimpleConsumer就要及时关闭，待选举出新的主副本后，创建新的SimpleConsumer，用来开始新的消息拉取。相关代码如下：

```
// 当分区的主副本节点发生故障，客户端要找出新的主副本
String findNewLeader(String oldLeader,String topic,int partition,int port){
  for (int i = 0; i < 3; i++) {
    boolean goToSleep = false;
    PartitionMetadata meta=findLeader(m_replicaBrokers,port,topic,partition);
    if (meta == null) {
      goToSleep = true;
    } else if (meta.leader() == null) {
      goToSleep = true;
    } else if (oldLeader.equalsIgnoreCase(meta.leader().host())&&i==0){
      goToSleep = true; // 第一次时主副本还没有改变，给ZK一个恢复的时间
    } else {
      return meta.leader().host(); // 返回分区的主副本节点
    }
    if (goToSleep) Thread.sleep(1000);
  }
  throw new Exception("Unable find new leader after Broker failure. Exit");
}
```

如图3-32所示，考虑了主副本发生切换，低级API的整个工作过程比较复杂。正常情况下会走“粗线”的消息消费路线，主副本出现异常时走“虚线”连接新的主副本，当结束时走“点线”关闭SimpleConsumer结束流程，具体步骤如下。

(1) 第一次findLeader()获取分区的主副本[A]，并创建SimpleConsumer[B]。

(2) 通过SimpleConsumer[B]获取读取偏移量，构建拉取请求，并向主副本[A]发送请求。

(3) 拉取发生错误时，关闭SimpleConsumer[B]，重置consumer=null。

(4) 重新获取分区的leadBroker=主副本[C]，并继续循环，因为拉取出错，并不会消费消息。

(5) consumer为空，使用步骤(4)的主副本[C]，创建新的SimpleConsumer[D]。

(6) 步骤(2)获取了读取偏移量，而且上一次拉取出错并没有更新，使用读取偏移量构建拉取请求。

(7) 通过SimpleConsumer[D]向主副本[C]发送拉取请求。

(8) 拉取正常，消费消息集的每条消息，更新读取偏移量和减少maxReads计数器。

(9) 使用上一步最新的读取偏移量创建新的拉取请求，并通过SimpleConsumer向分区的主副本节点发送拉取请求，如此循环下去，直到计数器等于0，拉取流程结束。

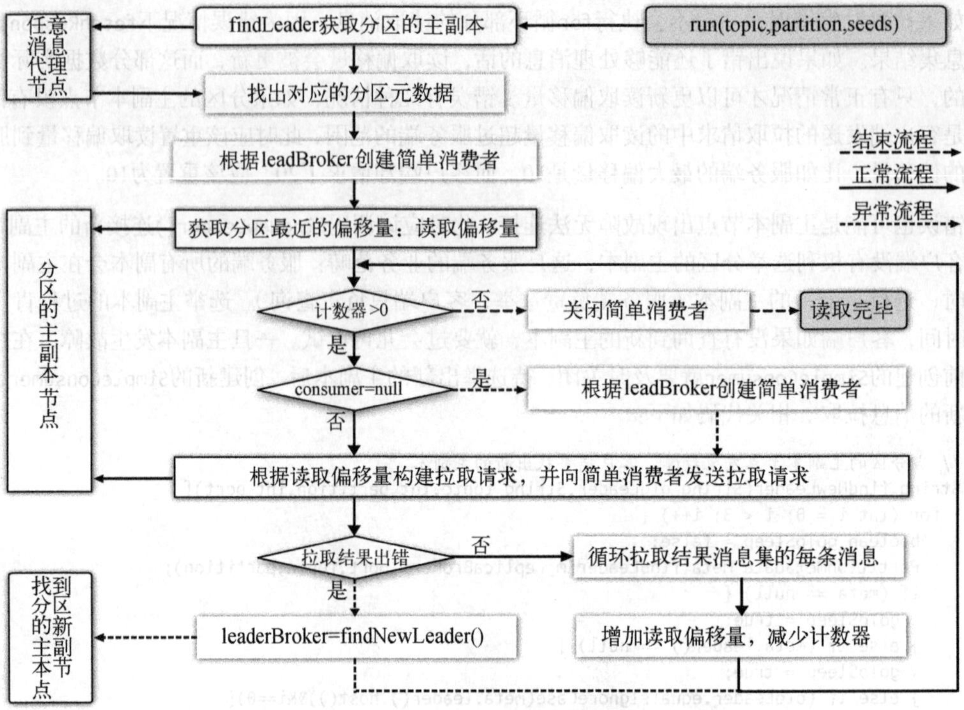

图3-32　消费者低级API流程图

上面分析了消费者低级API的整体流程，但是具体的一些细节还需要深入研究，比如找出分区的主副本、读取分区最近的偏移量、发送拉取请求并消费拉取结果。下面我们一一来分析这些实现细节。

3.6.2　找出分区的主副本

客户端为了获得分区的主副本，可以向任意一个节点发送主题元数据请求（TopicMetadataRequest），因为每个节点都保存了集群所有的主题元数据，而且数据都是一致的。主题元数据包含了多个分区的元数据，而消费者只指定消费特定的分区，所以需要找出对应的分区元数据。

第一次获取分区的主副本节点的候选集合是客户端给定的种子节点（a_seedBrokers）。主副本挂掉后，新的候选集合为m_replicaBrokers，它来自于第一次调用findLeader()返回分区元数据的所有副本。假设初始时a_seedBrokers=[0,1,2]，分区P1的元数据是{leader:3, replicas:[3,4,5]}，说明主副本是节点3，副本集是m_replicaBrokers=[3,4,5]。相关代码如下：

```
// 客户端向种子节点发送主题元数据，将指定分区元数据的副本集加入备用节点
private PartitionMetadata findLeader(List<String> a_seedBrokers,
    int port, String a_topic, int a_partition) {
  PartitionMetadata returnMetaData = null; // 分区的元数据
  loop:
```

```
    for (String seed : a_seedBrokers) {
      // 由于主题元数据在任何一个节点上都一样，随机选择一个节点就可以
      SimpleConsumer consumer=new SimpleConsumer(seed,port,100000,64*1024);
      List<String> topics = Collections.singletonList(a_topic);
      TopicMetadataRequest req = new TopicMetadataRequest(topics);
      kafka.javaapi.TopicMetadataResponse resp = consumer.send(req);
      List<TopicMetadata> metaData = resp.topicsMetadata();
      for (TopicMetadata item : metaData) {
        for (PartitionMetadata part : item.partitionsMetadata()) {
          if (part.partitionId() == a_partition) {
            returnMetaData = part;
            break loop;  // 只要找到一个，就退出所有循环
          }
        }
      }
    }
    if (returnMetaData != null) {
      m_replicaBrokers.clear();
      for (kafka.cluster.Broker replica : returnMetaData.replicas()) {
        m_replicaBrokers.add(replica.host());
      }
    }
    return returnMetaData;
  }
```

> 注意：分区的副本集也包含了主副本节点。如果主副本发生短暂的故障并立即恢复，客户端重新获取分区的主副本，就有可能再次选到之前的主副本。

客户端找到分区的主副本，根据主副本节点创建对应的SimpleConsumer，在构建拉取请求之前要指定读取偏移量，表示本次要从哪里开始拉取。

3.6.3 获取分区的读取偏移量

读取分区的偏移量涉及日志存储，这里我们先给出一些简单的结论（具体细节会在第6章详细分析）：**一个分区有多个片段文件（Segment），每个片段文件都包含全局有序的片段基准偏移量（segmentBaseOffset）**。客户端调用getLastOffset()获取的是每个片段文件的基准偏移量。

客户端发送的偏移量请求（OffsetRequest）包含的数据是：分区偏移量的请求信息（PartitionOffsetInfo）。这个对象有两个参数：whichTime表示拉取的时间戳，默认第一次拉取的时间戳为EarliestTime=-2，如果拉取响应的错误码是OffsetOutofRange，则时间戳设置为LatestTime=-1；maxNumOffsets表示需要获取多少个片段文件的基准偏移量，消费者获取最近的偏移量通常只需要一个偏移量值，所以第二个参数值为1。相关代码如下：

```
// 消费者客户端通过SimpleConsumer发送偏移量请求，获取分区最近的偏移量
public static long getLastOffset(consumer,topic,partition,long whichTime){
  TopicAndPartition topicPartition=new TopicAndPartition(topic,partition);
  Map<TopicAndPartition,PartitionOffsetInfo> requestInfo=new HashMap();
  requestInfo.put(topicPartition,new PartitionOffsetInfo(whichTime,1));
```

```
  OffsetRequest request=new OffsetRequest(requestInfo);
  OffsetResponse response = consumer.getOffsetsBefore(request);
  long[] offsets = response.offsets(topic, partition);
  return offsets[0]; // 分区偏移量信息的maxNumOffsets=1，只需要一个值
}

// SimpleConsumer：获取在给定时间戳之前有效的至多maxSize个offset
def getOffsetsBefore(request: OffsetRequest) =
  OffsetResponse.readFrom(sendRequest(request).payload())
```

消费者发送的偏移量请求类型是LIST_OFFSETS，服务端使用handleOffsetRequest()处理请求，并返回分区的偏移量集合。存储消息时除了存储消息内容本身，还会存储消息对应的偏移量，但ListOffsets并不是要返回所有消息的偏移量，而是每个片段文件的基准偏移量。一个分区的片段文件数量并不会很多，相比有多少条消息就返回多少个偏移量，后者的数据量传输更少且更快。

消费者读取分区的偏移量有一个限制条件：不能超过服务端中这个分区的最高水位（HighWatermark，下文简称HW）。服务端只能保证HW之前的消息已经提交，而HW之后的消息没有提交。fetchOffsets()返回的是按照偏移量降序排列的数组，如果偏移量比HW大，则会被丢弃。相关代码如下：

```
// 服务端KafkaApis处理偏移量请求，返回分区片段文件的基准偏移量
def handleOffsetRequest(request: RequestChannel.Request) {
  // 请求包含多个分区，这里只截取和一个分区相关的处理代码
  val localReplica = replicaManager.getLeaderReplicaIfLocal(
    tp.topic,tp.partition)
  val offsets = {
    val allOffsets = fetchOffsets(replicaManager.logManager, tp,
        partitionData.timestamp, partitionData.maxNumOffsets)
    if(offsetRequest.replicaId!=ListOffsetRequest.CONSUMER_REPLICA_ID){
      allOffsets  // 消费者和备份副本都会获取偏移量，备份副本会返回全部偏移量
    } else { // 返回给消费者的偏移量不能比HW大，如果超过则丢弃
      val hw = localReplica.highWatermark.messageOffset
      if (allOffsets.exists(_ > hw))
        hw +: allOffsets.dropWhile(_ > hw)
      else
        allOffsets
    }
  }
  (tp, new ListOffsetResponse.PartitionData(Errors.NONE,offsets))
}
```

fetchOffsetsBefore()方法获取指定时间戳之前的偏移量，最后返回的是片段文件对应的基准偏移量。每个片段文件对应一个基准偏移量，startIndex表示片段文件的索引编号。读取片段文件跟重置策略有关，如果重置策略是最早（EARLIEST_TIMESTAMP），则startIndex置为0（即第一个片段文件）；如果是最近（LATEST_TIMESTAMP），则是最后一个片段文件的索引编号。

offsetTimeArray数组会按照时间戳的升序，存储所有片段文件的基准偏移量和最近修改的时间，这个修改时间就是用来和时间戳参数比较的依据：要返回指定时间戳之前的偏移量，应该从后面的片段文件开始往前推；如果片段文件的最近修改时间比指定的时间戳小，则设置startIndex为当前找到的片段文件。

片段文件的偏移量和时间戳是成正比增加的。为了简单起见，假设时间戳和偏移量是等价的，并假设我们要获取时间戳为12之前的3个偏移量。首先找到小于时间戳的最大值是11，startIndex就是位置11，然后再往前找3个，假设allOffsets为[11,8,5]，并且hw为10，则hw +: allOffsets.dropWhile(_>hw)的结果为List(10,8,5)。相关代码如下：

```
// 获取指定时间戳之前的偏移量
def fetchOffsetsBefore(log:Log,timestamp:Long,maxNumOffsets:Int):Seq[Long]={
  val segsArray = log.logSegments.toArray // 日志文件所有的片段文件
  var offsetTimeArray: Array[(Long, Long)] = null
  if (segsArray.last.size > 0) // 如果最后一个片段文件有数据，把它也算上
    offsetTimeArray = new Array[(Long, Long)](segsArray.length + 1)
  else offsetTimeArray = new Array[(Long, Long)](segsArray.length)

  for(i <- 0 until segsArray.length) // 除了最新的片段文件
    offsetTimeArray(i) = (segsArray(i).baseOffset, segsArray(i).lastModified)
  if (segsArray.last.size > 0) // 最新片段文件的偏移量是LEO，而不是基准偏移量
    offsetTimeArray(segsArray.length)=(log.logEndOffset,SystemTime.ms)

  var startIndex = -1 // 起始位置的索引编号
  timestamp match {
    case LATEST_TIMESTAMP => startIndex=offsetTimeArray.length-1
    case EARLIEST_TIMESTAMP => startIndex = 0
    case _ =>
      var isFound = false
      startIndex = offsetTimeArray.length - 1 // 从最后一个开始往前找
      while (startIndex >= 0 && !isFound) {
        if (offsetTimeArray(startIndex)._2 <= timestamp) isFound = true
        else startIndex -=1 // 索引不断减少，即不断往前一个片段文件
      }
  }
  // maxNumOffsets表示最多要获取几个偏移量
  val retSize = maxNumOffsets.min(startIndex + 1)
  val ret = new Array[Long](retSize)
  for(j <- 0 until retSize) {
    ret(j) = offsetTimeArray(startIndex)._1 // _1表示返回偏移量，不是时间戳
    startIndex -= 1
  }
  ret.toSeq.sortBy(- _)
}
```

注意：dropWhile的含义是将大于hw的删掉。因为allOffsets是降序排列，如果allOffsets中第一个元素就比hw小，就不会丢弃任何元素，比如10 +: List(8,5).dropWhile(_>10)=List(10,8,5)。如果allOffsets中最小的都比hw要大，最后就只有hw，比如10 +: List(20,17,14).dropWhile(_>10)=List(10)。

客户端有了分区，而且也知道要从分区的什么位置开始读取消息，接下来就是向分区的主副本节点发送拉取请求以得到消息。

3.6.4 发送拉取请求并消费消息

消费者使用高级API拉取消息，再平衡后第一次拉取时，从ZK或消费组的协调节点读取一次偏移量。拉取消息后会更新本地内存partitionMap的拉取状态，后续拉取线程以最新的分区拉取状态构建拉取请求，并不需要再从ZK或协调节点读取偏移量。因为拉取状态每次都会更新，所以新创建的拉取请求也是最新的。

低级API也使用类似的方式，第一次读取偏移量通过getLastOffset()从服务端读取，拉取到消息后要更新读取偏移量，下一次拉取时以最近更新的读取偏移量构建拉取请求。低级API因为只拉取一个分区，所以直接用读取偏移量保存拉取状态，而高级API的消费者拉取线程可能分配多个分区，所以用partitionMap保存多个分区的拉取状态。

涉及和远程节点的跨网络交互，不管是ZK还是协调节点，都是比较昂贵的操作。对于用来构建拉取请求的偏移量，能够保存在当前客户端的内存中，要比从服务端节点读取来得快。下面的两段伪代码中第一种就比第二种的性能要好，因为前者只需要一次远程访问，后者每次都需要远程访问：

```
// 消费者只有第一次访问服务端获取读取偏移量，后续直接读取内存变量
long readOffset = getLastOffset(topic,partition,-2);
while(count>0) {
  FetchRequest request = new FetchRequest(readOffset);
  FetchResponse response = consumer.fetch(request);
  for(Message msg: response.messageSet){
    readOffset++;
    count--;
  }
}

// 每次拉取请求都要访问服务端获取读取偏移量
long readOffset = -2;
while(count>0) {
  readOffset = getLastOffset(topic,partition,readOffset);
  // 剩下的代码和上面循环内的一样，这里每次都要调用getLastOffset!
}
```

低级API每读取一条消息就更新一次读取偏移量，而高级API是收到一批完整的消息后，只在最后做一次更新。这里如果把更新读取偏移量放在循环之后也可以，只要在循环里做一个计数器，计算本次有多少条消息即可。还有一点不同，即高级API在拉取消息之后放到了分区信息的队列里，并通过消息流和消费者迭代器来消费，低级API的手段就比较“低级”，获取消息后直接循环处理消息集。相关代码如下：

```
// 获取分区最新的偏移量
long readOffset=getLastOffset(consumer,topic,partition,EarliestTime());
while (a_maxReads > 0) {
  // 每次拉取请求，都是基于最新的读取偏移量构建
  FetchRequest req = new FetchRequest(topic,partition,readOffset);
  FetchResponse fetchResponse = consumer.fetch(req);
  if (fetchResponse.hasError()) {
    // 错误处理机制，比如偏移量超出范围重置读取偏移量，主副本故障重建consumer对象
  }
```

```
    // 读取拉取到的消息集
    for(MessageAndOffset message:fetchResponse.messageSet(topic,partition)){
      long currentOffset = message.offset();
      if (currentOffset < readOffset) {
        // 申请的fetchOffset，返回结果中的消息集的偏移量应该也大于fetchOffset
        System.out.println("旧的offset:"+currentOffset+" Expect:"+readOffset);
        continue;  // 旧的偏移量，则不执行下面的逻辑，继续下一条消息
      }
      // 每消费一条消息，重置readOffset。下次拉取时，读取偏移量就是上一次最近的
      readOffset = message.nextOffset();
      ByteBuffer payload = message.message().payload();
      byte[] bytes = new byte[payload.limit()];
      payload.get(bytes);
      System.out.println(message.offset()+":"+bytes);
      a_maxReads--; // 客户端设置最多读取多少，如果要让程序一直不停，可以用死循环
    }
  }
```

读取消息时，还要保证消息的偏移量比拉取请求的读取偏移量大，这是因为消息可能会被压缩（压缩可以减小数据的大小和数据跨网络的传输带宽，但代价是需要消耗一定的I/O来做压缩和解压缩）。如果Kafka将消息集进行压缩，拉取请求会返回一个完整的压缩块（压缩块必须是完整的才有效），即使拉取请求的偏移量并不是压缩块的开始位置。比如读取偏移量为10，但压缩块的偏移量范围是5~20，压缩块的开始偏移量5比读取偏移量10要小，那么5~10这部分消息不需要读取。

3.7 小结

本章分析了两种消费者API的实现，并重点分析了高级API，下面总结一下高级API两个重要的概念。

3.7.1 消费者线程模型

客户端创建基于ZK的**消费者连接器**，ZK作为共享存储保存了Kafka集群或者客户端的相关信息，比如主题信息、消费者和消费组的关系、分区和消费者的关系、分区的偏移量等。连接器是消费者进程的入口，根据客户端订阅的主题和设置的线程数，从而引入了**消费者的线程模型**。一个消费者客户端是一个Java进程，消费者可以订阅多个主题，甚至每个主题都可以自定义线程数，消费者实际上是个多线程的程序。Java的多线程通常要考虑加锁同步方案对线程和数据进行隔离，但是Kafka消费者的多线程比较简单。因为一个消费者的多个线程处理的分区是互斥的，不存在同一个分区被相同线程处理的情况，所以不需要数据共享。

为了让消息能够在多个节点被分布式地消费，提高消息处理的吞吐量，Kafka允许多个消费者订阅同一个主题，这些消费者也要满足"一个分区只能被一个消费者中的一个线程处理"的限制条件。通常，我们会将同一份相同业务处理逻辑的应用程序部署在不同机器上，并且指定一个消费组编号。当不同机器上的消费者Java进程启动后，所有这些消费者就组成了一个**消费组**。这个消费组是个逻辑概念，实际不存在这样的进程，但是必须要有地方来记录消费者和消费组的关系，比如记录在ZK中。那么，为什么需要记录消费者和消费组的关系呢？

所有消费者组成一个消费组共同消费订阅主题的所有分区。假设所有分区都平均分配给所有的消费者，每个消费者有了独一无二的分区，接着就可以拉取自己负责的分区消息，并消费拉取到的消息。我们还要考虑消费者的故障容错机制，消费者可能挂掉，或者有新的消费者加入消费组。如果消费者挂掉了，你没有把它原先负责的分区分配给别的消费者，那它负责的分区就永远不会被消费；如果消费者加入消费组，你没有分配分区给新消费者，新加入的消费者就白白占用系统资源。当出现消费者增减时，消费组会收集所有的消费者，将分区重新分配给现有存活的消费者，这个操作叫作“再平衡”，消费组的每个消费者都会发生再平衡。消费组需要知道现在都有哪些消费者，这也是记录消费者和消费组关系的原因。每个消费者在启动时，会往ZK的消费组节点下添加一个子节点，表示自己要加入这个消费组。

消费者线程要拉取分区消息，需要确定分区的主副本节点，Kafka针对分区有一个限制条件：客户端针对分区的读写请求，只能发生在分区的主副本上。一个消息代理节点会存储多个分区，有可能消费者负责的分区中，有几个分区的主副本是在同一个节点上的。为了减少客户端的网络连接数量，连接到同一个目标节点的多个分区可以合并起来一起处理。就像生产者对消息按照分区的主副本分组后，相同主副本的多个分区只以一个请求的方式，通过一个网络连接发送到一个目标节点，不需要为每个分区都建立一个连接。

每个消费者线程可以拉取多个分区，拉取到消息后如何暴露给客户端应用程序？客户端是不是应该不停地监听消费者的拉取线程，如果没有新消息就等待？这种“不同步的工作模式”一般使用队列来暂存数据，并对数据的产生和获取进行解耦。“不同步”指的是拉取消息和消费消息没有同时发生，那么两者的处理速度就不一样。拉取线程将拉取到的消息放入队列，消费线程从队列中弹出消息处理，拉取线程和消费线程两者没有很强的依赖关系。拉取线程和消费线程都持有队列的引用，这两个线程除了操作队列还会更新相应的状态信息，所以引出了**分区信息对象**（`PartitionTopicInfo`）。拉取线程要更新分区信息的拉取状态（`fetchedOffset`），消费线程要更新分区信息的消费状态（`consumedOffset`）。分配给消费者的每个分区都对应一个分区信息，不同的分区可以共用一个分区信息的队列。

队列作为拉取消息的存储介质，这种底层的数据结构不适合直接暴露给客户端应用程序，所以引出了“消息流”对队列进行包装。消费者拉取线程每次可以拉取多个分区，每个分区都会对应队列中的一个数据块，每个数据块都包含一个消息集。客户端为了获取每条消息，首先从队列弹出一个数据块，然后读取消息集的每条消息。为了尽量保持客户端API的简单，消息流实现了`Iterable`接口，对应的消费者迭代器会负责从队列中读取数据块，最后生成消息集对应的迭代器给客户端使用。

消费者的消费线程是一个消费者迭代器，客户端消费完消息，会定时地提交消费进度到ZK或者以消息形式发送到Kafka集群的内部主题节点，这样的节点叫作“消费组的协调者”（`GroupCoordinator`）或“偏移量管理器”（`OffsetManager`）。偏移量消息内容的键是“消费组、主题、分区”，同一个消费组的所有消费者都将偏移量提交到同一个协调节点。发生再平衡后，即使分区重新分配给不同的消费者，因为消费者都属于同一个消费组，所有的消费者都可以读取出其他消费者对分区的上一次提交位置。

如图3-33所示，总结了消费者使用高级API拉取和消费消息流程中一些重要组件之间的关联关系。

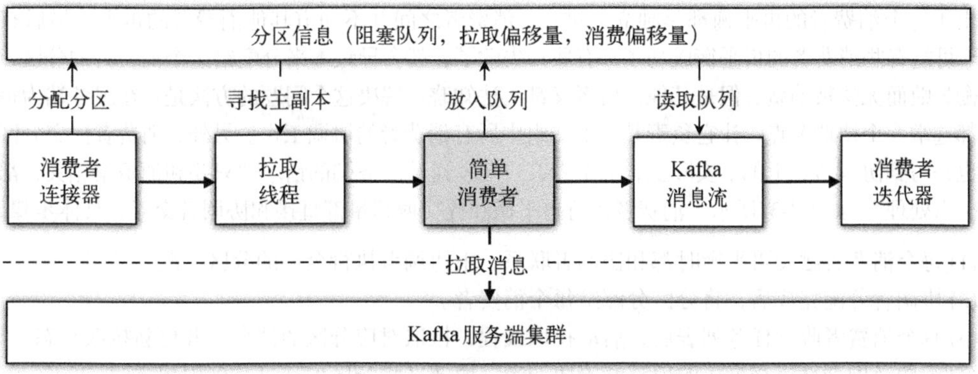

图3-33 消费者使用高级API拉取和消费消息的主要组件

3.7.2 再平衡和分区分配

使用高级API，每个消费者进程启动时都会创建一个消费者连接器，并在ZK中注册消费者成员变化、分区变化的监听器。一旦监听器注册的事件被触发，就会调用ZKRebalancerListener的再平衡方法，为消费组的所有消费者重新分配分区。为了保证整个消费组分区分配算法的一致性，当一个消费者触发再平衡时，该消费组内的所有消费者会同时触发再平衡。如图3-34（左）所示，第一个消费者加入消费组触发再平衡，这时消费组只有一个消费者，所有的分区都分配给第一个消费者。如图3-34（右）所示，第二个消费者加入同一个消费组，会触发所有消费者的再平衡，即第一个消费者和第二个消费者都会再平衡。

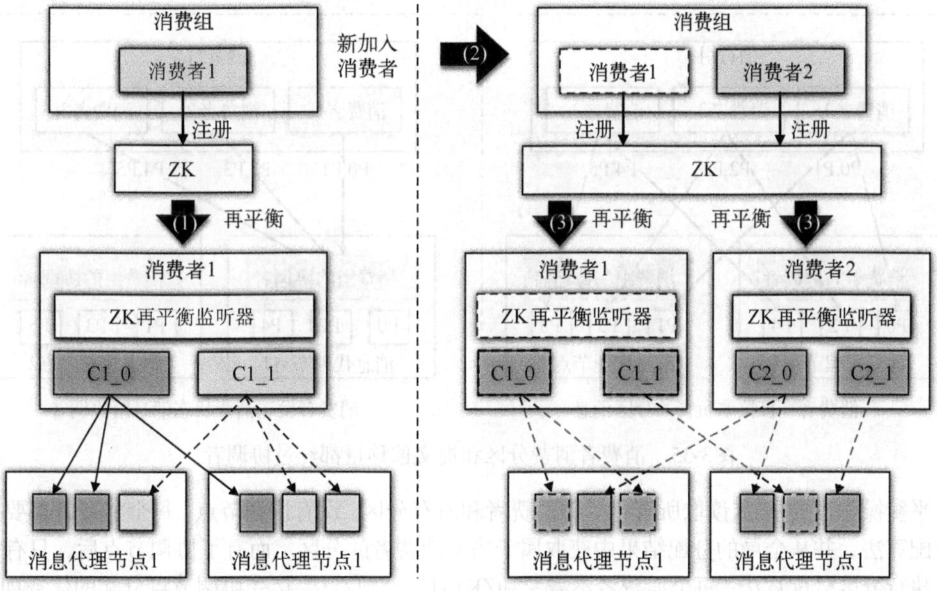

图3-34 消费组所有消费者都同时触发再平衡

由于每个消费者的再平衡都是独立的进程，消费者之间并不知道其他消费者的再平衡最后有没有成功。可能有些消费者的再平衡成功了，有些却失败了，就会导致本来分配给这个消费者的分区，因为再平衡失败而无法被消费，但是其他消费者又都无法知晓。解决这个问题的方法是：在服务端为每个消费组都选举一个协调节点，让它负责某个消费组中所有消费者的协调工作。另外，消费者提交分区的偏移量也是写到协调节点上的。实际上，消费者客户端发送给服务端的请求"只要和消费组相关，都会被协调节点处理"。如图3-35所示，消费者执行再平衡和提交偏移量都直接和协调者交互，具体步骤如下。

(1) 每个消费者触发再平衡时都和协调者联系，由协调者执行全局的分区分配。

(2) 协调者分配完成后，将分区分配给每个消费者。

(3) 每个消费者收到任务列表后，启动拉取线程，拉取对应分区的消息，并更新拉取状态。

(4) 消费者周期性提交分区的偏移量给协调者，协调者将分区偏移量写到内部主题。

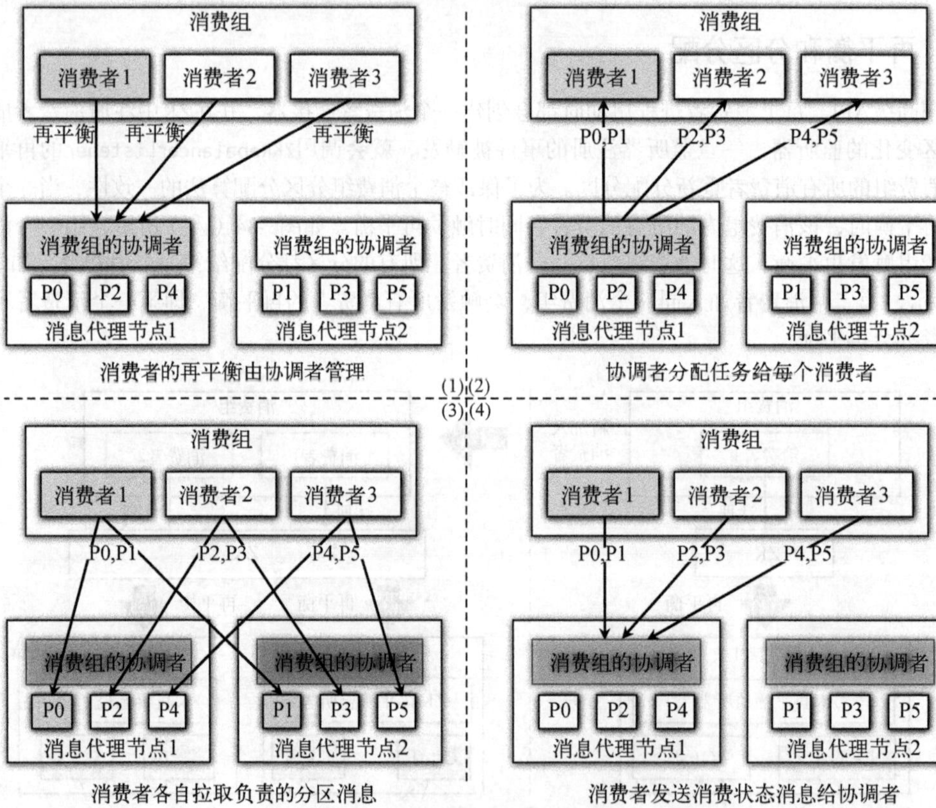

图3-35　消费者消费分区和提交偏移量都经过协调者

再平衡操作需要从ZK读取所有存活的消费者和所有分区，没有协调节点，每个消费者都要执行分区的分配算法，并从全局的分配结果中获取属于当前消费者的分区。而有了协调节点后，只有协调节点才会执行分区分配算法，每个消费者不需要和ZK通信，它们只要接受协调节点分配的任务即可。比如原先一个消费组有100个消费者都要和ZK通信，现在只需要一次通信。

第 4 章

新消费者

上一章分析了Scala实现的两种消费者API，新版本的消费者采用Java重新实现。但不管采用什么版本实现，消费者消费消息的主要工作没有太大变化，比如为消费者分配分区、拉取线程拉取消息、客户端消费消息、更新拉取状态、提交偏移量。消息消费相关的基本概念在第3章中已经分析过了，本章首先会比较下面3个概念：消费者API（下文简称“新API”）、旧版本的高级API（下文简称“高级API”）和新版本的生产者API。

1. 消费者的高级API和新API

先来复习下旧消费者的高级API示例。客户端创建消费者连接器和消息流列表，每个消息流对应一个消费者迭代器，最后循环使用消费者迭代器读取每条消息。相关代码如下：

```
// 旧版本使用高级API的消费者客户端应用程序示例
ConsumerConnector consumer=Consumer.createJavaConsumerConnector(conf);
Map topicCountMap = new HashMap(){{put(topic, new Integer(1))}};
Map consumerMap = consumer.createMessageStreams(topicCountMap);
KafkaStream<byte[],byte[]> stream=consumerMap.get(topic).get(0);
ConsumerIterator<byte[], byte[]> it = stream.iterator();
while (it.hasNext()){
  System.out.println("message:"+new String(it.next().message()));
}
```

下面是新消费者客户端的示例。配置信息指定要连接的Kafka集群，然后创建消费者实例（KafkaConsumer），消费者会订阅主题，最后使用一个循环不断地轮询消费消息：

```
// 新版本的Kafka消费者客户端应用程序示例
Properties props = new Properties();
props.put("bootstrap.servers", "localhost:9092");
props.put("group.id", "test");
props.put("enable.auto.commit", "true");
props.put("auto.commit.interval.ms", "1000");
props.put("session.timeout.ms", "30000");
// 创建新版本的Kafka消费者实例
KafkaConsumer<Integer, String> consumer = new KafkaConsumer(props);
// 消费者订阅主题，旧版本中消费订阅主题有线程数，这里没有
consumer.subscribe(Collections.singletonList(this.topic));
try {
  while(running){
    // 使用轮询代替了旧版本中的消费者迭代器
```

```
    ConsumerRecords<Integer, String> records = consumer.poll(1000);
    for (ConsumerRecord<Integer, String> record : records) {
      System.out.println("Received message: (" + record.key() +
        ", " + record.value() + ") at offset " + record.offset());
    }
  }
} finaly { consumer.close(); }
```

客户端使用新API，主要调用了KafkaConsumer类提供的两个方法：订阅和轮询。

- **subscribe(Topic)**。该方法使用消费组的管理功能，再平衡时“动态分配”分区给消费者（类似于高级API）。还有一个assign(Partition)方法会“静态分配”指定分区给消费者，没有消费组的自动负载均衡和再平衡操作（类似于低级API）。
- **poll()**。该方法轮询返回消息集，由于调用一次轮询只得到一批消息，因此需要使用外部的死循环来不断读取消息（类似于高级API消息流对应的迭代器，但没有外部的死循环）。

表4-1比较了高级API和新API在客户端使用方式上的几个不同点。比如分配分区时，高级API通过ZK监听器触发，新API会发送请求给协调者去处理。提交偏移量时，高级API可以写到ZK或者协调者，新API会写到协调者。消费消息时，高级API通过迭代器进行，新API会循环轮询方法返回的记录集。

表4-1　消费者高级API和新API的比较

消费API	连接	分配分区	消费消息	提交偏移量
高级API	ZK	ZK监听器	消费者迭代器（ConsumerIterator）	ZK/协调者
新API	Kafka集群	协调者	消费者记录集（ConsumerRecords）	协调者

如图4-1所示，高级API的消费者连接器会使用一个后台线程，定时地提交偏移量到ZK或者协调者节点上。新API提交偏移量除了有一个自动提交偏移量的后台任务，还提供了同步和异步两种模式的偏移量提交方法。新API不仅在偏移量上保持了统一，订阅消息的方式也定义了subscribe()和assign()两个方法，分别对应高级API使用消费者连接器订阅主题和低级API使用SimpleConsumer手动指定分区。消费者客户端不需要使用不同的对象，使用起来更简单。

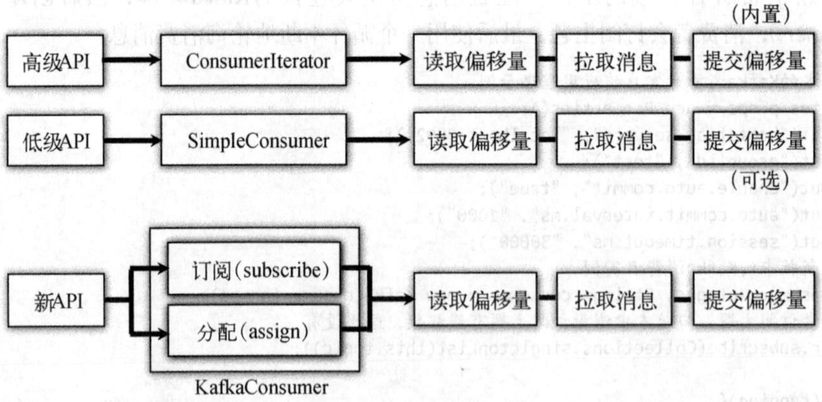

图4-1　新API统一了旧消费者高级API和低级API

2. 新API的生产者和消费者客户端

对比一下采用新版本构造的生产者和消费者客户端，两者的共同点是都有元数据（Metadata）和网络客户端（NetworkClient）。不同点是生产者有记录收集器（RecordAccumulator）、发送线程（Sender）、分区器（Partitioner），消费者有订阅状态（SubscriptionState）、拉取线程（Fetcher）、分区分配（PartitionAssignor）、消费者的协调者（ConsumerCoordinator）。相关代码如下：

```
// 新版本的Kafka生产者构造方法
private KafkaProducer(ProducerConfig config) {
  clientId = config.getString(ProducerConfig.CLIENT_ID_CONFIG);
  this.metadata = new Metadata(retryBackoffMs);
  InetSocketAddress addresses=ProducerConfig.BOOTSTRAP_SERVERS_CONFIG;
  this.metadata.update(Cluster.bootstrap(addresses), time.milliseconds());
  NetworkClient client = new NetworkClient(new Selector(),metdata,clientId);

  this.accumulator = new RecordAccumulator(ProducerConfig.BATCH_SIZE_CONFIG);
  this.sender = new Sender(client,this.metadata,this.accumulator);
  this.partitioner = config.getConfiguredInstance(Partitioner.class);
  this.ioThread = new KafkaThread(ioThreadName, this.sender, true);
  this.ioThread.start(); // 启动发送线程
}
// 新版本的Kafka消费者构造方法
private KafkaConsumer(ConsumerConfig config) {
  clientId = config.getString(ConsumerConfig.CLIENT_ID_CONFIG);
  this.metadata = new Metadata(retryBackoffMs);
  InetSocketAddress addresses = ConsumerConfig.BOOTSTRAP_SERVERS_CONFIG);
  this.metadata.update(Cluster.bootstrap(addresses), 0);
  NetworkClient netCli=new NetworkClient(new Selector(),metadata,clientId);
  this.client = new ConsumerNetworkClient(netCli, metadata, time);

  this.subscriptions = new SubscriptionState(offsetResetStrategy);
  this.fetcher = new Fetcher<>(client,metadata,subscriptions);

  List assignors=config.getConfiguredInstances(PartitionAssignor.class);
  this.coordinator=new ConsumerCoordinator(
    client,assignors,metadata,subscriptions);
}
```

如图4-2所示，生产者和消费者对于服务端而言都属于客户端，使用Java开发的新版本客户端把网络层抽象了出来，生产者和消费者的网络层实际上用的是同一套通信机制，即都采用了基于选择器模式的网络客户端。网络客户端会分别用于生产者的发送线程和消费者的拉取线程。生产者在创建KafkaProducer时就立即启动发送线程，而消费者创建KafkaConsumer时并不会立即启动拉取线程，因为拉取线程需要有分区才可以正常运行。生产者发送生产请求和消费者发送拉取请求，最后都会通过网络客户端的选择器轮询将客户端请求发送给服务端。

生产者和消费者客户端还都需要在本地保存服务端集群的元数据（元数据保存了集群的节点列表、主题和分区的关系、节点和分区列表等信息），否则在需要这些信息时就只能通过向服务端发送相关的请求来完成。

4

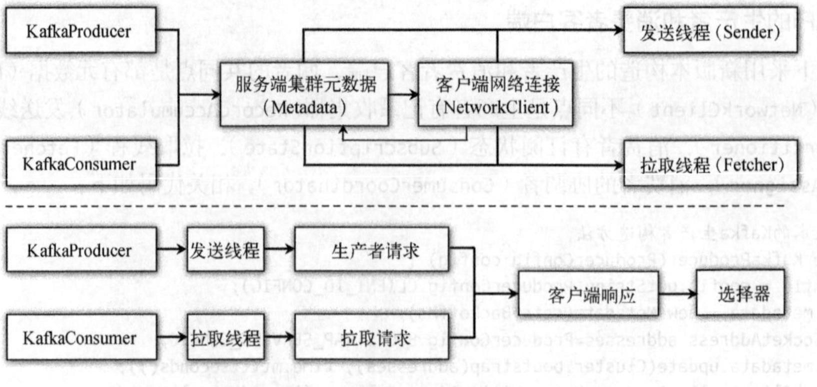

图4-2　Java版本的客户端都使用集群元数据和NetworkClient

注意：客户端的NetworkClient管理了客户端与多个服务端节点的网络连接，但新创建的NetworkClient并没有直接连接服务端节点，因为这时候客户端还没有开始工作，并不知道具体要连接哪些服务端。只有在确定了目标节点后，NetworkClient才和需要的服务端节点进行通信。

---

3. 消费者高级API和新API的组件

如图4-3所示，高级API和新API分别使用不同的组件拉取消息。粗线部分表示和客户端应用程序直接交互的对象。两种API有一些组件类似，比如消费者连接器类似KafkaConsumer，ZK监听器类似消费者的协调者（ConsumerCoordinator），消费者迭代器类似消费者记录集（ConsumerRecords）。

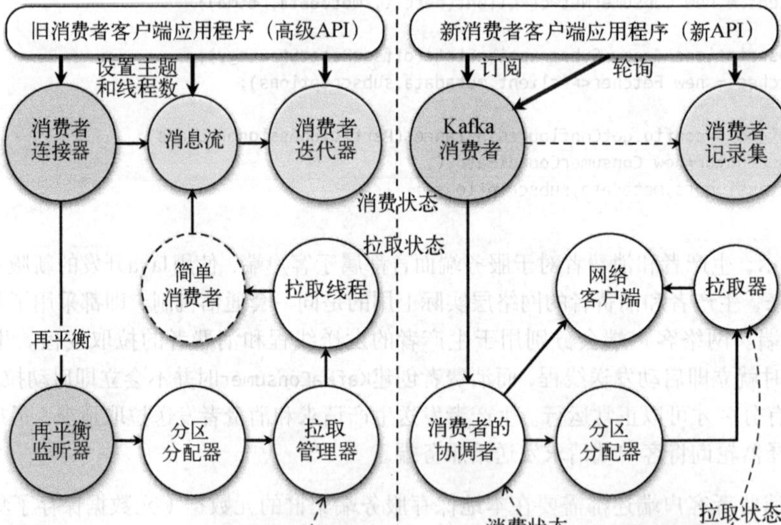

图4-3　高级API和新API的主要流程图和相关组件

消费者更新分区的状态有两种：拉取状态和消费状态。高级API使用分区信息对象（PartitionTopicInfo）记录这两种状态，由于更新拉取状态的拉取线程和更新消费状态的消费者迭代器在不同作用域内，需要将分区信息对象相继传给消费者拉取管理器、消费者拉取线程、消费者迭代器。新API使用SubscriptionState保存订阅状态，也记录了分区的拉取状态和消费状态。新创建的订阅状态会传给消费者的协调者对象和拉取线程。

4.1　新消费者客户端

上面将消费者的新旧两种API做了比较，并且简单概括了新消费者API的主要组件。具体到KafkaConsumer相关组件的实现，我们需要从API提供的方法入手，还要理清各种组件的关联关系、数据结构的传递过程、线程模型的使用等。

4.1.1　消费者的订阅状态

新API为消费者客户端提供了两种消费方式：订阅（subscribe）和分配（assign）。

- 订阅模式。消费者会指定订阅的主题，由协调者为消费者分配动态的分区。
- 分配模式。消费者指定消费特定的分区，这种模式失去了协调者为消费者动态分配分区的功能。

相关代码如下：

```
// KafkaConsumer的订阅主题和手动分配分区
public void subscribe(List<String> topics,ConsumerRebalanceListener listener){
  if (topics.isEmpty()) { this.unsubscribe(); } // 主题为空，表示取消订阅
  else {
    this.subscriptions.subscribe(topics, listener); // 更新订阅状态对象
    metadata.setTopics(subscriptions.groupSubscription());
  }
}
public void assign(List<TopicPartition> partitions) {
  this.subscriptions.assignFromUser(partitions);
  Set<String> topics = new HashSet<>();
  for (TopicPartition tp : partitions) topics.add(tp.topic());
  metadata.setTopics(topics); // 为元数据设置最新的主题
}
```

订阅方法的参数是“主题”，分配方法的参数是“分区”，这两个方法都会更新消费者订阅状态对象（SubscriptionState）。分配结果（assignment）字典保存了分配给消费者的分区到分区状态映射关系。如果是订阅方式，初始时字典为空，只有分配分区后调用addAssignedPartition()方法，才会将分配给消费者的分区添加到订阅状态的分配结果中。相关代码如下：

```
// 消费者的订阅状态，为客户端提供了两种消费模式
public class SubscriptionState {
  final Set<String> subscription;  // 用户注册的主题
  final Set<String> groupSubscription; // 消费组订阅的主题
  final Set<TopicPartition> userAssignment; // 用户分配的分区
```

4

```
// 分配和订阅方式都用assignment来存储消费者当前分配的分区及其状态
final Map<TopicPartition, TopicPartitionState> assignment;

// 客户端采用订阅模式时，需要为消费者分配分区
public void subscribe(List<String> topicsToSubscribe) {
  // 每一次订阅都会判断有没有改变，没有改变就不需要为消费者重新分配分区
  if (!this.subscription.equals(new HashSet(topicsToSubscribe))){
    this.subscription.clear();
    this.subscription.addAll(topicsToSubscribe);
    this.groupSubscription.addAll(topicsToSubscribe);
    this.needsPartitionAssignment = true; // 需要分配分区
    // assignment不会被清空，但是如果这次主题没被订阅，要从assignment中移除
    for(Iterator it=assignment.keySet().iterator();it.hasNext();){
      TopicPartition tp = it.next();
      if (!subscription.contains(tp.topic())) it.remove();
    }
  }
}

// 消费者分配到分区后，会调用该方法，将分区及其状态添加到assignment
public void assignFromSubscribed(List<TopicPartition> assignments) {
  this.assignment.clear(); // 先清空assignment
  for (TopicPartition tp: assignments) addAssignedPartition(tp);
  this.needsPartitionAssignment=false; // 成功分配过了，设置为false!
}
private void addAssignedPartition(TopicPartition tp) {
  this.assignment.put(tp, new TopicPartitionState());
}
}
```

如图4-4所示，分配模式一开始就确定了分区，而订阅模式需要通过消费组协调之后，才会知道自己分配到哪些分区。消费者要拉取消息，必须确保分配到分区；有了分区后，后续的拉取消息流程都一样。

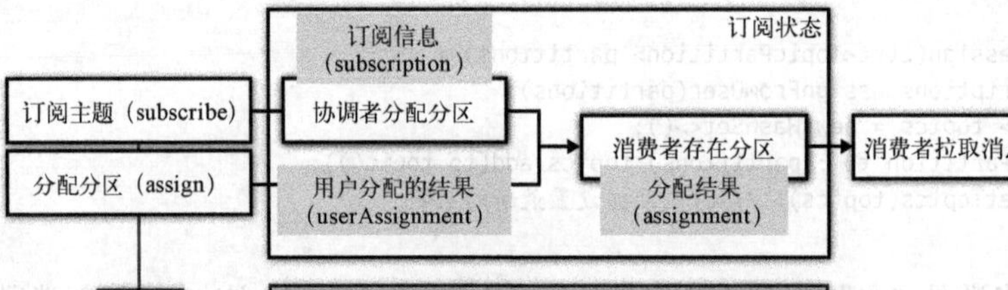

图4-4　消费者拉取消息必须分配到分区

1. 分区状态对象

如表4-2所示，高级API使用分区信息（PartitionTopicInfo）、分区拉取状态（PartitionFetchState）两个对象表示分区的状态。消费者拉取线程根据“拉取状态”拉取分区消息，客户端迭代消息更新分区的“消费状态”。新API只用一个分区状态对象，代替高级API的两个对象。

注意：高级API使用两个对象处理拉取偏移量，分区信息对象的拉取偏移量在拉取线程开始工作之前，赋值给分区拉取状态对象。拉取线程更新完拉取状态后，为了保证数据的一致性，它也要更新分区信息对象的拉取偏移量。而新API使用一个对象，直接操作一个变量，不需要来回赋值。

表4-2　分区状态两个重要的偏移量：拉取状态和消费状态

API	状态类	拉取状态	消费状态
高级API	分区信息（PartitionTopicInfo）	fetchedOffset	consumedOffset
新API	分区状态（TopicPartitionState）	Long position	OffsetAndMetadata committed

新创建分区状态对象时，这两个偏移量变量初始时都为空，表示刚创建时消费者还没有开始“拉取”这个分区，并且还没有为这个分区“提交”过偏移量。但实际上，分区最新的“拉取偏移量”和已经“提交的偏移量”应该是有状态的，跟消费者应该是无关的。比如分配给消费者1的分区P0，它的拉取偏移量是100，消费偏移量是90。当P0分配给消费者2时，消费者2获取P0的状态应该是有数据的。所以消费者2的拉取线程在工作之前，应该先初始化分区状态，比如设置P0的拉取偏移量为100。相关代码如下：

```
// 分区的状态，包括拉取偏移量和消费偏移量的状态信息
private static class TopicPartitionState {
  private Long position; // 拉取偏移量
  private OffsetAndMetadata committed; // 消费偏移量，提交偏移量
  private boolean paused;  // 分区是否被暂停拉取
  private OffsetResetStrategy resetStrategy;  // 重置策略

  public TopicPartitionState() {
    this.paused = false;
    this.position = null;
    this.committed = null;
    this.resetStrategy = null;
  }

  // 更新拉取偏移量（拉取线程在拉取到消息后调用）
  private void position(long offset) {
    if (!hasValidPosition()) // 当前position必须有效，才可以更新position
      throw new Exception("Can't set new pos without valid current pos");
    this.position = offset;
  }
  private boolean isFetchable() {
    return !paused && hasValidPosition(); // 没有暂停，且position有效才可以拉取
  }
  public boolean hasValidPosition() {return position != null;}

  // 重置拉取偏移量（第一次分配给消费者时调用）
  private void awaitReset(OffsetResetStrategy strategy) { // 准备重置
    this.resetStrategy = strategy;  // 设置重置策略
    this.position = null; // 清空position
  }
  private void seek(long offset) { // 开始重置
```

```
        this.position = offset; // 设置position
        this.resetStrategy = null; // 清空重置策略
    }
    public boolean awaitingReset() { return resetStrategy != null; }

    // 更新提交偏移量（定时提交任务调用）
    private void committed(OffsetAndMetadata offset){this.committed = offset;}
}
```

如图4-5（左）所示，消费者拉取消息的过程中，更新拉取状态是为了拉取新数据，更新消费状态是为了提交到ZK或协调节点。更新偏移量的步骤在分区状态中都有对应的方法［如图4-5（右）所示］，比如重置偏移量seek()方法对应了第一次从ZK或协调节点读取拉取状态，position()和committed()方法分别对应了更新拉取状态和更新消费状态。

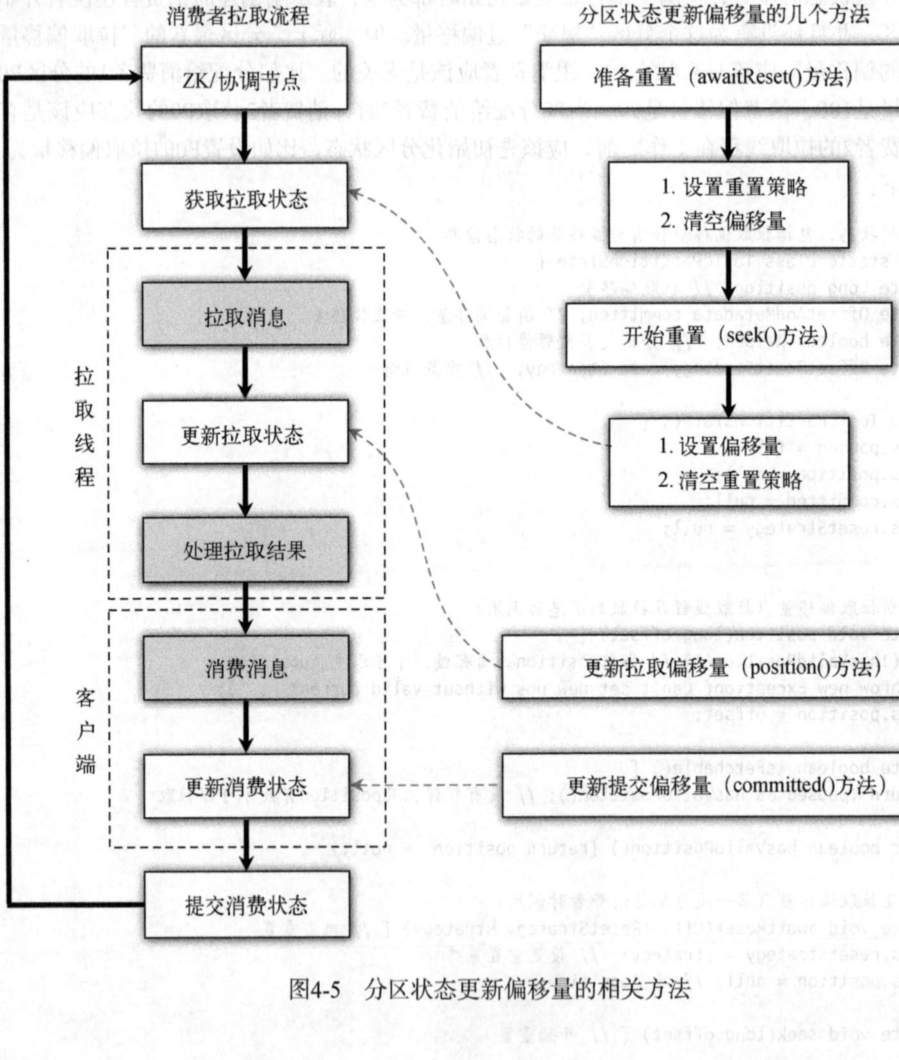

图4-5　分区状态更新偏移量的相关方法

分区状态的拉取偏移量（position变量）表示分区的拉取进度，它的值不能为空，消费者才可以拉取这个分区。新API的拉取线程工作时，要确保及时地更新分区状态的拉取偏移量，每次构建的拉取请求都以拉取偏移量为准。我们可以把seek()方法看作“第一次读取ZK”更新拉取偏移量，把position()方法看作“每次拉取到消息后”更新拉取偏移量。

2. 订阅状态提供的方法

分区状态作为订阅状态的内部类，订阅状态保存了分配给消费者的所有分区及其状态（assignment分配结果）。如果要更新分区的状态，必须指定分区，订阅状态会根据分区从分配结果中获取分区状态，再更新这个分区状态的变量。订阅状态提供了下面几个方法更新指定分区的相关状态。

- assignedState(TopicPartition)：获取指定分区的状态对象。
- committed(TopicPartition,offseet)：更新分区的消费偏移量。
- committed(TopicPartition)：获取分区最新提交的消费偏移量。
- seek(TopicPartition,offset)：定位到分区的指定位置，更新拉取偏移量。
- position(TopicPartition,offset)：设置分区的拉取偏移量。
- position(TopicPartition)：获取分区的拉取偏移量，拉取消息时使用最新的拉取位置。
- pause/resume(TopicPartition)：暂停或者恢复拉取分区。

另外，还有下面一些需要通过分配结果获取“部分或所有”分区状态的方法。

- hasAllFetchPositions()：判断是否所有的分区都存在有效的拉取偏移量。
- missingFetchPositions()：并不是所有分区都有拉取偏移量，找出没有拉取偏移量的分区。
- fetchablePartitions()：获取允许拉取，即存在拉取偏移量的分区，用来构建拉取请求。

消费者的订阅状态表示分配给消费者所有分区的状态，每个分区必须指定拉取偏移量，才可以被消费者拉取。上面的3个方法都属于消费者订阅状态的内部方法，这些方法会在消费者轮询时调用。消费者在拉取消息之前，会先判断所有的分区是否都有拉取偏移量（对应hasAllFetchPositions()方法），如果没有，则找出相应的分区（对应missingFetchPositions()方法），然后调用updateFetchPositions()方法更新这些分区。消费者在创建拉取请求时，只会选择允许拉取的分区集合（对应fetchablePartitions()方法），不允许拉取的分区就不会拉取。相关代码如下：

```
// 消费者KafkaConsumer每一次轮询时，都判断是否需要做准备工作
private Map<TopicPartition,List<ConsumerRecord>> pollOnce(long timeout){
  coordinator.ensureCoordinatorKnown(); // 确保协调者已知，每个消费组都有一个协调者
  coordinator.ensurePartitionAssignment(); // 确保协调者为消费者分配了分区
  if (!subscriptions.hasAllFetchPositions()) // 初始化分区状态，比如更新拉取偏移量
    updateFetchPositions(this.subscriptions.missingFetchPositions());
  fetcher.sendFetches();  // 发送拉取请求，后续的步骤和拉取相关，这里暂时先不分析
}

// 更新分区的信息，包括刷新已经提交的偏移量、更新拉取偏移量
private void updateFetchPositions(Set<TopicPartition> partitions) {
  coordinator.refreshCommittedOffsetsIfNeeded(); // 如果有必要，更新提交偏移量
  fetcher.updateFetchPositions(partitions);  // 更新分区的拉取偏移量
}
```

如图4-6所示，消费者第一次轮询不满足hasAllFetchPositions()，执行步骤(1)、(3)、(4)、(5)和(6)，即图中虚线路径。比如消费者分配了[P0,P1,P2]这3个分区，消费者第一次轮询时分区P0有拉取偏移量，而分区[P1,P2]都没有拉取偏移量。步骤(4)会更新[P1,P2]两个分区的偏移量，最后到步骤(6)时3个分区都有拉取偏移量。第二次轮询时，所有的分区都有拉取偏移量了，所以不需要更新分区，只需要执行步骤(1)、(2)和(6)，即图中实线路径。

(1) 客户端订阅主题后通过KafkaConsumer轮询，准备拉取消息。

(2) 如果所有的分区都有拉取偏移量，进入步骤(6)，否则进入步骤(3)。

(3) 从订阅状态的分配结果中找出所有没有拉取偏移量的分区。

(4) 通过updateFetchPositions()更新步骤(3)中分区的拉取偏移量。

(5) 不管是从步骤(2)直接进来还是步骤(4)更新过的分区，现在都允许消费者拉取。

(6) 对所有存在拉取偏移量并且允许拉取的分区，构建拉取请求开始拉取消息。

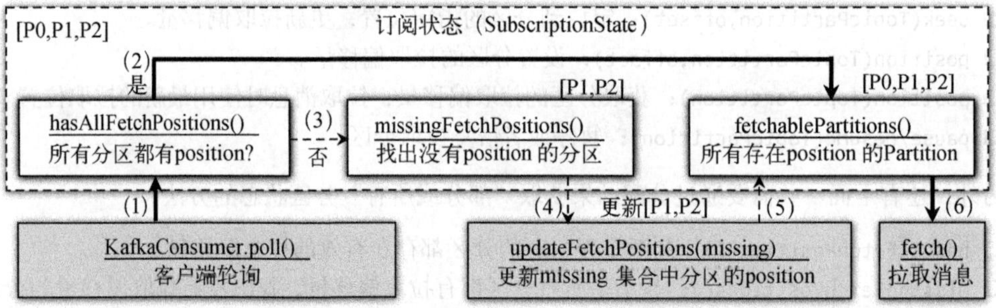

图4-6　必须确保分区有拉取偏移量才允许拉取消息

3. 重置和更新拉取偏移量

调用KafkaConsumer的更新拉取偏移量方法有下面两个步骤。

(1) 通过“消费者的协调者”（ConsumerCoordinator）更新分区状态的提交偏移量。

(2) 通过“拉取器”（Fetcher）更新分区状态的拉取偏移量。

“偏移量”是消费者中一个很重要的基本概念。“拉取偏移量”用于在发送拉取请求时指定从分区的哪里开始拉取消息，“提交偏移量”表示消费者处理分区消息的进度。消费者拉取消息时要更新拉取偏移量，处理消息时需要更新提交偏移量。通常“提交偏移量”会赋值给“拉取偏移量”，尤其是发生再平衡时，分区分配给新的消费者。新消费者之前在本地没有记录这个分区的消费进度，它要获取“拉取偏移量”，需要从协调者获取这个分区的“提交偏移量”，把“提交偏移量”作为分区的起始“拉取偏移量”。比如，旧API的消费者在拉取线程启动前，会从ZK或协调节点读取分区的“已提交偏移量”，作为新创建分区信息对象的“拉取偏移量”。

新API的消费者每次轮询时，对没有拉取偏移量的分区也采用类似的方式，通过消费者的协调者对象发送“获取偏移量”请求（OFFSET_FETCH）给服务端的协调者节点。“获取偏移量”请求返回的结果表示这个分区在协调者节点已经记录的“提交偏移量”。服务端记录的这个偏移量可能是同一个消费组其他消费者提交的。相关代码如下：

```
// (1) 更新分区状态中的已提交偏移量
public void refreshCommittedOffsetsIfNeeded() {
  if (subscriptions.refreshCommitsNeeded()) {
    // 发送OFFSET_FETCH请求给协调者，获取分区已经提交的偏移量
    Map offsets=fetchCommittedOffsets(subscriptions.assignedPartitions());
    for (Map.Entry entry : offsets.entrySet()) {
      TopicPartition tp = entry.getKey();
      OffsetAndMetadata offset = entry.getValue();
      // 更新分区状态的committed变量，协调节点保存的数据更新到客户端
      this.subscriptions.committed(tp, entry.getValue());
    }
    this.subscriptions.commitsRefreshed();
  }
}

// (2) 更新分区状态中的拉取偏移量
public void updateFetchPositions(Set<TopicPartition> partitions) {
  for (TopicPartition tp : partitions) {
    if (!subscriptions.isAssigned(tp) || subscriptions.isFetchable(tp))
      continue;
    // 重置拉取偏移量到已经提交过的位置
    if (subscriptions.isOffsetResetNeeded(tp)) { // 需要重置
      resetOffset(tp);
    } else if (subscriptions.committed(tp) == null) { // 已提交的偏移量为空
      subscriptions.needOffsetReset(tp); // 需要重置
      resetOffset(tp);
    } else { // 分区状态中已提交的偏移量不为空，直接使用它作为拉取偏移量
      long committed = subscriptions.committed(tp).offset();
      subscriptions.seek(tp, committed); // 用已提交偏移量来更新拉取偏移量
    }
  }
}

// 根据重置策略重置分区的拉取偏移量
private void resetOffset(TopicPartition partition) {
  OffsetResetStrategy strategy=subscriptions.resetStrategy(partition);
  final long timestamp;
  if (strategy == OffsetResetStrategy.EARLIEST)
    timestamp = ListOffsetRequest.EARLIEST_TIMESTAMP;
  else if (strategy == OffsetResetStrategy.LATEST)
    timestamp = ListOffsetRequest.LATEST_TIMESTAMP;
  long offset = listOffset(partition, timestamp); // 发送LIST_OFFSETS请求
  if (subscriptions.isAssigned(partition))
    this.subscriptions.seek(partition, offset); // 返回结果表示分区的偏移量
}
```

在步骤(1)中，消费者接收到“获取偏移量”的请求结果，会通过订阅状态的committed()方法更

新分区状态的“已提交偏移量”。然后在执行步骤(2)时，因为分区状态已经有了“已提交偏移量”，可以调用seek()方法，用这个“已提交偏移量”作为分区状态的“拉取偏移量”。

但消费者发送“获取偏移量”的请求有可能返回空值，说明服务端的协调者节点并没有记录这个分区的“已提交偏移量”。那么分区状态的“已提交偏移量”也为空，就不能把空的“已提交偏移量”赋值给“拉取偏移量”。这时候需要根据消费者客户端设置的重置策略，向分区的主副本节点发送“列举偏移量”请求（LIST_OFFSETS）获取分区的偏移量。

注意：服务端没有记录分区的“已提交偏移量”，有可能是所有的消费者都是第一次启动，还都没有开始拉取并处理消息，分区的消费进度就是空的；也有可能是新创建了一个分区，比如管理员更改了分区的数量。

OFFSET_FETCH请求是通过消费者的协调者发送给**管理消费组**的服务端协调节点，LIST_OFFSETS请求则是由拉取器发送给分区的主副本节点。协调节点和分区的主副本是不同的服务端节点，协调节点保存了消费组的相关数据，即分区的提交偏移量；而分区的主副本节点只保存分区的日志文件，和偏移量相关的也就只有日志文件中的消息偏移量。

在3.6.3节，消费者为了获取分区的偏移量，也是发送LIST_OFFSETS请求给分区的主副本节点。这是因为低级API没有采用消费组的自动协调功能，所以不会有协调者记录分区的提交偏移量，只能直接从分区日志文件中获取偏移量。而新API在获取拉取偏移量时综合使用了这两个功能：只有协调节点没有记录分区的提交偏移量时，才会从分区的主副本节点获取偏移量。

“获取偏移量”请求对象（OffsetFetchRequest）由消费组和分区组成，服务端的协调者会返回分区对应的“提交偏移量”。“列举偏移量”请求对象（ListOffsetRequest）中并没有消费组，那么仅仅根据分区查询偏移量，只能将请求发送到分区的主副本节点，而且要通过直接读取日志文件的方式完成。相关代码如下：

```
// 客户端通过ConsumerCoordinator，发送“获取偏移量”请求给协调节点
ConsumerCoordinator.fetchCommittedOffsets():
  new OffsetFetchRequest(this.groupId, partitions);
  client.send(coordinator, ApiKeys.OFFSET_FETCH, request);
  client.poll();

// 客户端通过拉取器，发送“列举偏移量”请求给分区的主副本节点
Fetcher.listOffset():
  new ListOffsetRequest(-1, partitions);
  client.send(info.leader(), ApiKeys.LIST_OFFSETS, request);
  client.poll();
```

如图4-7所示，Kafka消费者更新没有拉取偏移量分区的过程中，灰色部分更新了订阅状态中分区的已提交偏移量和拉取偏移量。对于没有拉取偏移量的分区，最后一定会调用到seek()方法，将分区的拉取偏移量定位到指定的位置，确保这个分区可以被消费者拉取。

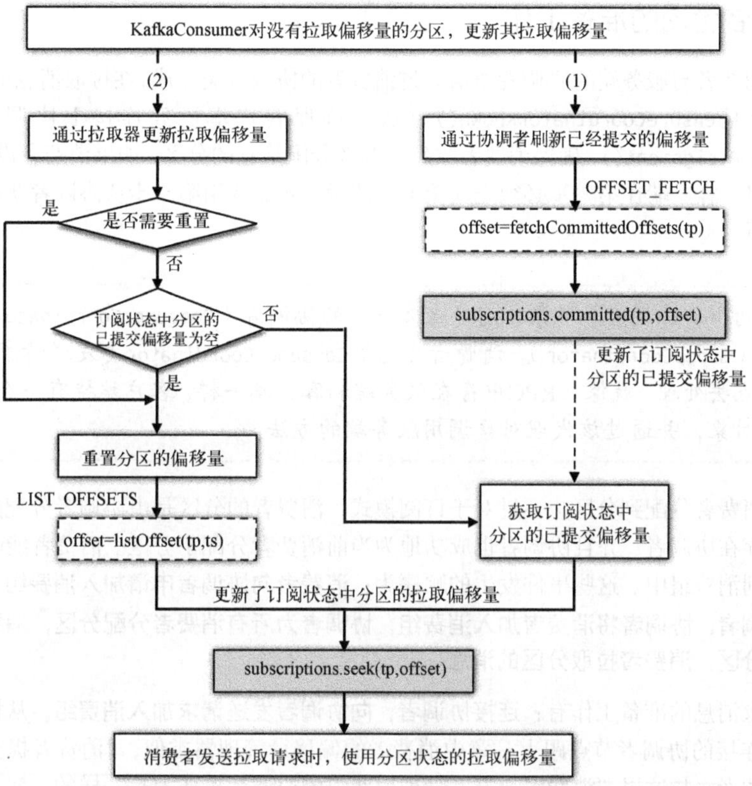

图4-7 更新订阅状态中分区的拉取偏移量

注意：关于发送OFFSET_FETCH的fetchCommittedOffsets()方法和发送LIST_OFFSETS请求的listOffset()方法，会和发送拉取请求一起分析，它们都会用到异步请求相关的概念。

当调用过一次seek()方法后，分区有了拉取偏移量。后续消费者在轮询时，就不需要再通过上面这样的流程来更新分区的拉取偏移量，而是在拉取到消息后在拉取器中进行更新。

注意：并不是每次轮询都会调用updateFetchPositions()，只有那些没有拉取偏移量的分区才会需要更新拉取偏移量。消费者刚分配到分区，创建新的分区状态对象时，分区状态还没有拉取偏移量。第一次轮询时会调用updateFetchPositions()更新所有分区状态的拉取偏移量，后续的轮询因为所有的分区都有拉取偏移量了，就不需要再调用updateFetchPositions()。

消费者轮询的准备工作除了上面的"为分区设置拉取偏移量"，还必须首先确保分配到分区，否则根本就不会执行到"为分区设置拉取偏移量"了。因为分区的拉取偏移量和分区状态有关，所以我们先分析了"分区的拉取偏移量"，下面再来看一下消费者轮询的其他准备工作。

4.1.2　消费者轮询的准备工作

客户端的消费者与服务端的协调者通信通过消费者的协调者类完成，在拉取消息前有两个ensure()方法：第一个是ensureCoordinatorKnown()方法，确保客户端已经连接上协调者；第二个是ensurePartitionAssignment()，确保消费者收到协调者分配给它的分区，如果消费者没有分配到分区，就无法拉取消息。客户端在第一步必须先连接上协调者，才能调用第二步从协调者获取分区，否则第二步就无法执行。

注意：这里有两个“协调者”对象，消费者客户端的协调者（ConsumerCoordinator）和服务端的协调者（GroupCoordinator）。消费者会通过ConsumerCoordinator类发送请求给服务端的协调者节点去处理。就像在RPC中存在服务端和客户端一样，客户端持有一个服务端的引用或代理对象，并通过该代理对象调用服务端的方法。

上面假设消费者分配到分区，不过对于订阅模式，消费者的分区是由协调者分配的，拉取消息之前一定要确保存在协调者，并且协调者也成功地为当前消费者分配了分区。消费者能够分配到分区的条件是要加入到消费组中。这些事件发生的顺序为：**消费者向协调者申请加入消费组，服务端存在管理消费组的协调者，协调者将消费者加入消费组，协调者为所有消费者分配分区，消费者从协调者获得分配给它的分区，消费者拉取分区的消息。**

消费者拉取消息的准备工作有：**连接协调者，向协调者发送请求加入消费组，从协调者获得分配的分区。**其中连接的协调者节点跟上一章中消费者的偏移量管理器类似，“消费者提交偏移量”给管理消费组的协调者，与这里“消费者连接”管理消费组的协调者本质上是一样的。属于同一个消费组的所有消费者连接的协调者都是同一个节点，不管是提交偏移量操作，还是发送与消费组相关的请求。

1. 发送请求并获取结果的几种方案

每个消费者都要向协调者发送“加入消费组的请求”（JoinGroupRequest），协调者才会知道消费组有哪些消费者，才可以执行全局的分区分配算法。每个消费者从“加入消费组的响应”（JoinGroupResponse）可以获取到分配给它的分区。消费者什么时候分配到分区由协调者决定，如果协调者的分配算法还没有执行完，消费者就不能得到分配分区。一种比较复杂的获取分区流程如下。

(1) 消费者发送“加入消费组的请求”，向协调者申请加入消费组。

(2) 协调者接受消费者加入消费组。

(3) 协调者等待消费组中其他消费者也发送“加入消费组的请求”。

(4) 协调者执行分区分配算法为所有消费者分配分区。

(5) 消费者再次发送获取分区的请求。

(6) 协调者返回分区给消费者。

上面的流程中步骤(5)执行的时机不好控制，因为消费者请求获取分区不一定就能得到结果。可能协调者的计算工作还没有完成，消费者就得等待，或隔段时间再请求。一种比较简单的做法是：**消费者发送“加入消费组”的请求，协调者直接返回属于这个消费者的分区。**也就是说，没有了步骤(5)，消费者只需要发送一次请求，不需要再次发送新的请求来获取分区结果。下面的伪代码采用第二种方式获取分区：

```
// 消费者向协调者发送加入消费组的请求，并得到分配分区（伪代码，实际调用流程比较复杂）
JoinGroupResponse joinResult = sendJoinGroupRequest(); // 发送JoinGroup请求
Assignment assignment = partitionAssignment(joinResult); // 获取分区
subscriptions.assignFromSubscribed(assignment.partitions()); // 更新状态
```

上面的做法采用同步的模式：消费者发送完请求会一直等待，直到收到响应结果。但实际上协调者为了保证同一个消费组的所有消费者都能分配到分区，要等待所有消费者都加入消费组后，才开始执行分区分配算法。所以消费者发送请求后返回的是一个带有“加入消费组的响应”的异步对象（Future），表示响应结果会在未来的某个时刻返回给消费者客户端。

客户端得到异步对象，可以直接调用Future.get()方法阻塞式地等待，或者用一个循环/轮询判断异步对象是否完成，只有完成时才需要获取响应结果。下面的伪代码展示了获取响应结果的几种用法，Kafka采用了最后一种，它和第三种方法类似，它的第二行语句相当于循环轮询（详见4.2.3节）：

```
// (1) 异步阻塞模式，直接调用get()方法会一直阻塞，直到异步对象完成
Future<JoinGroupResponse> future = sendJoinGroupRequest();
Assignment assignment = partitionAssignment(future.get());

// (2) 只有异步对象完成时，才需要调用get方法。判断是否完成需要加循环
Future<JoinGroupResponse> future = sendJoinGroupRequest();
while(!future.isDone()){ sleep(100); }
Assignment assignment = partitionAssignment(future.get());

// (3) 异步和轮询，采用轮询而不是忙循环，轮询动作还可以执行其他请求
Future<JoinGroupResponse> future = sendJoinGroupRequest();
while(!future.completed()){ client.poll(); }
Assignment assignment = partitionAssignment(future.get());

// (4) 异步轮询的另一种实现方式，在异步请求对象上轮询，如果没有完成，会一直循环
RequestFuture<JoinGroupResponse> future = sendJoinGroupRequest();
client.poll(future); // 如果异步请求没有完成，会一直循环
Assignment assignment = partitionAssignment(future.get());
```

下面来看消费者发送“加入消费组”的请求给协调者的具体实现。

2. 消费者加入消费组

消费者通过客户端的协调者调用ensureActiveGroup()方法加入一个消费组需要3步：准备阶段调用onJoinPrepare()方法，发送“加入消费组的请求”阶段调用sendJoinGroupRequest()方法，“成功加入消费组”阶段获取到分区调用onJoinComplete()方法。

消费者只有在再平衡时才需要重新加入消费组，可以用一个外部的布尔变量rejoinNeeded来控制是否需要发送“加入消费组的请求”，代替上面第三种方法判断异步对象是否完成。消费者在重新加入消费组成功后，会设置布尔变量为false，这样下次轮询时就不需要再次发送“加入消费组”的请求了。相关代码如下：

```
// 消费者加入消费组有3个步骤：准备加入、发送“加入消费组”的请求、加入完成执行回调方法
```

```
while (rejoinNeeded) {
  onJoinPrepare(generation, memberId); // 准备加入
  RequestFuture<ByteBuffer> future = sendJoinGroupRequest(); // 发送请求
  client.poll(future); // RequestFuture对象是对Future的封装
  if (future.succeeded()) { // 类似于Future的completed()方法
    onJoinComplete(generation,memberId,protocol,future.value()); // 完成
    rejoinNeeded = false; // 重置布尔变量为false，表示不需要重新加入了
  }
}
```

注意：消费组第一次发送“加入消费组”的请求时指定成员编号为UNKNOWN_MEMBER_ID，因为它还没有真正加入消费组过。当消费者第一次成功加入消费组后，协调者除了返回分配给消费者的分区，还会返回给消费者一个实际的成员编号。后续如果消费者需要再次加入消费组，比如再平衡发生时，消费者发送“重新加入消费组”的请求，需要指定实际的成员编号。

消费者的协调者继承了抽象的协调者父类（AbstractCoordinator），消费者连接协调者、发送“加入消费组”的请求、获取分区的逻辑都定义在抽象父类中。发送请求前的准备阶段也使用了一个布尔变量needsJoinPrepare控制，初始时为true，调用onJoinPrepare()后设置为false，表示准备阶段已经完成。调用onJoinComplete()重置为true，为下次重新加入做准备。相关代码如下：

```
// 抽象的客户端协调者父类，定义了为客户端分配分区的逻辑
public abstract class AbstractCoordinator implements Closeable {
  private boolean needsJoinPrepare = true; // 准备加入消费组
  private boolean rejoinNeeded = true; // 是否需要重新加入消费组
  protected boolean needRejoin() { return rejoinNeeded; }

  public void ensurePartitionAssignment() {
    // 根据消费者订阅状态的变量，来判断是否需要执行重新加入消费组的逻辑
    if (subscriptions.partitionsAutoAssigned()) ensureActiveGroup();
  }
  public void ensureActiveGroup() {
    if (!needRejoin()) return; // 不需要重新加入，不会发送请求
    if (needsJoinPrepare) { // 初始为true，执行一次更新后为false，下次就不会进入
      onJoinPrepare(generation, memberId); // 准备加入
      needsJoinPrepare = false;// 准备完毕，下面开始加入
    }
    while (needRejoin()) { // 需要加入，再次判断，并且使用循环保证请求的完成
      ensureCoordinatorKnown();
      RequestFuture<ByteBuffer> future=sendJoinGroupRequest(); // 发送请求
      client.poll(future);
      if (future.succeeded()) { // 成功加入，在回调中会更新rejoinNeeded=false
        onJoinComplete(generation, memberId, protocol, future.value());
        needsJoinPrepare = true; // 重置准备加入消费组的变量
        heartbeatTask.reset(); // 重置心跳
      }
    }
  }
}
```

注意：就像旧版本的消费者和备份副本都会从主副本拉取消息一样，对应存在两种类型的拉取线程，抽象的拉取线程中定义了拉取消息的基本流程：构建拉取请求、发送拉取请求、处理分区结果。

下面以消费者调用两次轮询为例说明确保分配到分区的执行流程，第一次轮询步骤如下。

(1) 初始needsJoinPrepare和rejoinNeeded都为true，消费者启动时默认要加入消费组。
(2) 满足needRejoin()，先调用onJoinPrepare()做准备工作，比如提交偏移量等。
(3) 准备工作完成后修改needsJoinPrepare=false，防止加入消费组完成前多次执行准备工作。
(4) 满足needRejoin()，执行循环体：发送请求，调用一次客户端轮询尝试获取结果。
(5) 消费者分配到分区，更新rejoinNeeded为false，并重置needsJoinPrepare为true。

如图4-8所示，在第一次轮询的最后一步中，onJoinComplete()方法在消费者成功加入消费组并分配到分区后，会更新订阅状态的needsPartitionsAssigned为false，这个变量也会被消费者用来判断是否需要重新加入消费组。如果它的值为false，表示消费者已经分配到分区了，不需要再次加入消费组（除非再平衡时）。因此在第二次轮询时，ensurePartitionAssignment()方法会立即返回，不会调用ensureActiveGroup()。

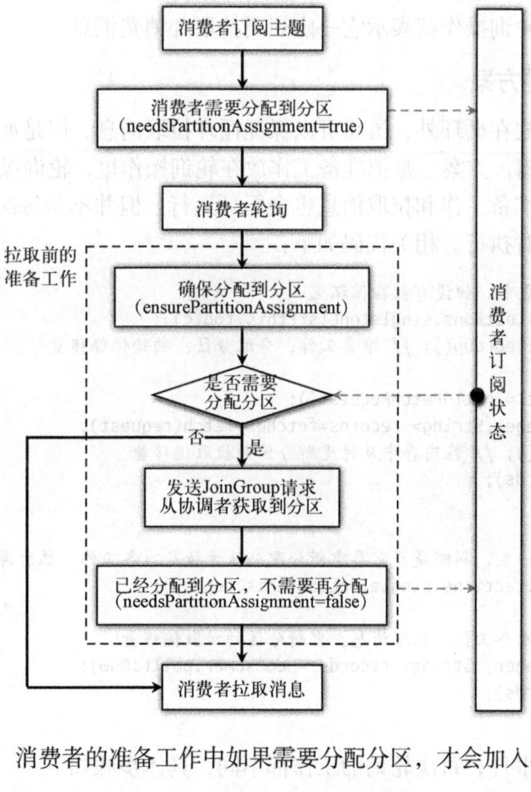

图4-8 消费者的准备工作中如果需要分配分区，才会加入消费组

抽象协调者的needRejoin()方法是判断客户端是否需要重新加入消费组的依据，抽象类中这个方法取rejoinNeeded变量的值。消费者的协调者对该方法的实现，是取订阅状态needsPartitionAssignment的值。所以不管是在抽象类中设置rejoinNeeded=false，还是在消费者的协调者中设置needsPartitionAssignment=false，都表示消费者不再需要重新加入消费组。当抽象类的rejoinNeeded为true，或者消费者的协调者needsPartitionAssignment为true，就表示消费者需要重新加入消费组。

在高级API中，消费者启动时向ZK注册不同事件的监听器（比如分区变化、消费者成员变化、会话超时），当注册的事件发生时会触发ZKRebalanceListener的再平衡操作。新API的再平衡控制策略采用变量的方式，相比ZK监听器没有额外的通信开销，直接在内存中修改变量，不需要和其他组件交互，虽然看起来很原始，却很高效。另外，由于协调者的消费组管理协议比高级API复杂，我们会在下一章分析客户端和服务端的协调者实现，这里只需要知道消费者向协调者发送JoinGroup请求后，可以接收到分配的分区。下面来看消费者轮询中的其他工作。

4.1.3 消费者轮询的流程

按照消费者应用程序的示例，消费者订阅主题的下一步是“轮询”。前面分析的准备工作（确保协调者存在，确保分配分区，更新拉取偏移量）都内置在轮询操作里，所以本节的“轮询”主要指准备工作之后的拉取消息流程。这些准备工作不放在订阅主题中去做，是因为消费者订阅了主题不一定会消费消息，但消费者有轮询操作就表示它一定想要拉取并消费消息。

1. 客户端轮询的两种方案

方案一是把准备工作放在循环外，虽然可以保证循环拉取消息，但是如果需要再平衡，就无法执行重新分配分区的处理逻辑。方案二是把准备工作放在轮询操作里，轮询操作包括准备工作和拉取消息。轮询在循环中运行，准备工作和拉取消息也会循环运行。但并不是每次轮询都要执行准备工作，只会在需要重新分配分区时执行。相关代码如下：

```
// (1) 准备工作在拉取之前，但没有放在循环里
consumer.subscribe(Collections.singletonList(this.topic));
coordinator.ensureActiveGroup(); // 准备工作：分配分区、初始化偏移量
while(running){
  FetchRequest request = buildFetchRequest();
  ConsumerRecords<Integer,String> records=fetcher.fetch(request);
  updateFetchPosition(); // 在内存中及时更新分区的拉取偏移量
  processRecords(records);
}

// (2) 准备工作放在轮询里，判断是否需要重新分配分区才执行准备工作，然后再拉取
consumer.subscribe(Collections.singletonList(this.topic));
while(running){
  // 轮询操作，包括了准备工作、拉取消息、更新分区的拉取偏移量
  ConsumerRecords<Integer, String> records = consumer.poll(1000);
  processRecords(records);
}
```

下面列举了多次轮询事件，每次轮询的工作都不同，具体步骤如下。

(1) **消费者订阅主题 → 轮询**（执行准备工作 → 分配分区 → 拉取消息）。
(2) **轮询**（已经分配到分区，不再执行准备工作 → 拉取消息）→ **轮询**（拉取消息）……。
(3) **外部事件导致再平衡 → 轮询**（需要重新分配分区 → 执行准备工作 → 拉取消息）。
(4) **轮询**（已经分配到分区，不再执行准备工作 → 拉取消息）→ **轮询**（拉取消息）……。

在消费者上的轮询和网络层的轮询有什么区别呢？先来回顾一下"网络层的轮询"。第2章生产者的发送线程通过NetworkClient发送生产请求或接收生产响应。网络层的轮询操作基于选择器，只用一个事件循环处理不同的读写请求。消费者相对于Kafka集群也是一种客户端，消费者拉取消息也会通过NetworkClient发送拉取请求和接收拉取结果。Java版本的Kafka生产者和消费者都基于NetworkClient，不过消费者在NetworkClient之上又封装了一个ConsumerNetworkClient。

如图4-9所示，生产者和消费者都需要"循环"调用NetworkClient的轮询方法，生产者的循环在发送线程控制，消费者则在客户端应用程序自己控制是否需要循环拉取消息。

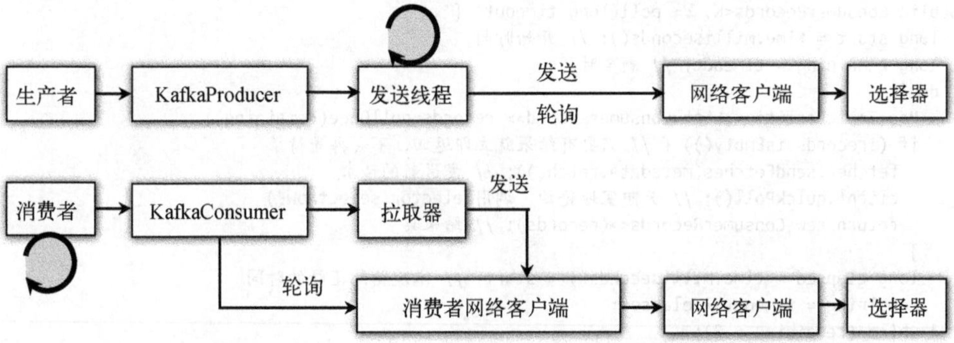

图4-9 生产者和消费者的客户端循环轮询最终都要通过NetworkClient进行

"网络层的轮询"只负责发送请求和接收响应（还会额外调用一些回调方法等），所以在此之前，客户端需指定要发送的请求。从这个意义上来看，"消费者的轮询"等价于"生产者发送线程的工作"，前者会准备拉取请求，后者会准备生产请求，最后都通过"网络层的轮询"，把请求发送出去。相关代码如下：

```
// 消费者的轮询方法会发送拉取请求、客户端轮询、获取拉取结果
public ConsumerRecords<K, V> poll(long timeout) {
  fetcher.sendFetches(cluster); // 发送拉取请求
  client.poll(timeout);  // 通过客户端轮询把拉取请求发送出去
  return fetcher.fetchedRecords(); // 获取拉取结果
}
```

Kafka消费者轮询的主要步骤包括：发送拉取请求、通过网络轮询把请求发送出去、获取拉取结果。在具体的实现细节上，做了下面的两点优化。

- 循环调用pollOnce()方法，一次拉取少量数据，从而更快地拉取。
- 并行拉取方式，返回拉取结果前再发起一次轮询，下次轮询可以更快地得到结果。

2. 消费者的一次轮询

消费者客户端调用一次KafkaConsumer.poll()轮询方法只会返回一批结果记录。如果客户端想要一直消费消息，就要在客户端代码中手动循环调用轮询方法。

思考问题：为什么Kafka消费者不实现循环获取消息的逻辑，而是让用户自己循环调用轮询方法？实际上这跟新API的消费者线程模型有关，在4.1.4节消费消息时我再来回答这个问题。

因为消费者可以分配多个分区，所以轮询的结果数据会按照分区进行分组，尽量保证同一个分区的消息一起返回给客户端。虽然最后返回给客户端的消费者记录集（ConsumerRecords）没有分区信息，但实际上它对轮询结果数据做了一层迭代器封装，所以还是可以保证分区级别的消息的有序性的。比如一次轮询的结果数据是{P0-> List[(K1,V1),(K2,V2)], P1-> List[(K3,V3)], P2-> List[(K4,V4)]}，封装后的消费者记录集为：[(K1,V1), (K2,V2), (K3,V3), (K4,V4)]。相关代码如下：

```
// 消费者一次轮询方法会调用多次pollOnce()方法
public ConsumerRecords<K, V> poll(long timeout) {
  long start = time.milliseconds(); // 开始时间
  long remaining = timeout; // 剩余时间
  do {
    Map<TopicPartition,List<ConsumerRecord>> records=pollOnce(remaining);
    if (!records.isEmpty()) { // 只要有结果就立即返回，不会再等待了
      fetcher.sendFetches(metadata.fetch()); // 发送新的请求
      client.quickPoll(); // 无阻塞地轮询，调用Selector.selectNow()
      return new ConsumerRecords<>(records); // 结果集
    }
    long elapsed = time.milliseconds() - start; // 本次轮询花费的时间
    remaining = timeout - elapsed;
  } while (remaining > 0);
  return ConsumerRecords.empty(); // 超时，返回空记录
}

private Map<TopicPartition, List<ConsumerRecord>> pollOnce(long timeout) {
  // 准备工作，前面已经分析过了，这里省略掉
  Cluster cluster = this.metadata.fetch();
  Map<TopicPartition,List<ConsumerRecord>> records=fetcher.fetchedRecords();
  if (!records.isEmpty()) return records; // 已经有数据了，直接返回
  fetcher.sendFetches(cluster); // 没有数据，发送拉取请求初始化
  client.poll(timeout);  // 通过客户端轮询把拉取请求发送出去
  return fetcher.fetchedRecords(); // 获取结果
}
```

客户端会为轮询操作指定一个最长的等待时间，如果达到超时时间，还是没有拉取到任何数据，就会返回空的集合给客户端。轮询方法只是一次轮询，但是为什么还要循环调用pollOnce()方法？先来看看调用一次轮询时，各个时间变量表示的含义。

(1) 开始时间 = 1秒，剩余时间 = 超时时间 = 10秒。

(2) 调用一次轮询花费了10秒、轮询后的当前时间 = 11秒。

(3) 轮询花费的时间 = 当前时间 – 开始时间 = 11秒 – 1秒 = 10秒。

(4) 剩余时间 = 超时时间 – 轮询花费的时间 = 10秒 – 10秒 = 0秒。

最后的“剩余时间>0”不满足循环的条件，因此循环实际上只会执行一次，看起来根本就不需要循环。

实际上`pollOnce()`方法传递的“剩余时间”，并不一定就是一次轮询花费的时间。比如，超时时间设置为10秒，尽管第一次轮询剩余时间为10秒，但第一次轮询可能只会花费1秒。下一次轮询时剩余时间为9秒，但轮询可能会花费2秒。这样就需要调用多次轮询，并且剩余时间的值会不断减少。这就是为什么要在每次轮询后更新剩余时间、循环判断是否还有剩余时间、把最新剩余的时间再传给轮询方法。

“超时时间”参数保证了在这个时间内，如果没有数据就会一直重试，直到超时，如果一有数据就立即返回（不需要等到超时后再返回）。如果剩余时间小于等于0时，轮询的结果集还是空的，表示客户端在超时时间内没有拉取到任何消息。

如图4-10所示，假设超时时间是10秒，开始时间是0秒，每个竖线分隔都是一次轮询调用。在10秒之内，只要轮询到数据就会立即结束轮询流程（不一定非要在竖线分隔符所在的时刻才返回，剩余时间只是给一个截止时间，如果你在截止时间之前完成任务就可以立即结束）。如果每次轮询都没有返回数据，最终剩余时间一定会小于或等于0导致超时，只能返回空记录。

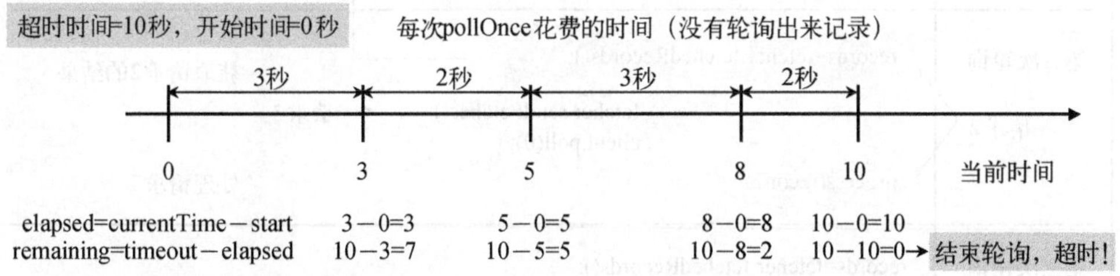

图4-10 消费者轮询会多次调用`pollOnce`，如果一直没有数据最终会超时

3. 串行和并行模式轮询

客户端调用一次轮询，拉取消息并消费消息的流程是：发送请求 → 客户端轮询 → 获取结果 → 消费消息。客户端循环调用轮询和消费消息的步骤是串行的，伪代码如下：

```
// 客户端代码循环调用KafkaConsumer的轮询方法
while(true) {
  records=consumer.poll(timeout);  // 消费者轮询
  process(records); // (4) 处理轮询结果，客户端消费消息
}

// KafkaConsumer的轮询方法
public ConsumerRecords<K, V> poll(long timeout) {
  fetcher.sendFetches(cluster); // (1) 发送拉取请求
  client.poll(timeout);  // (2) 通过客户端轮询把拉取请求发送出去
  return fetcher.fetchedRecords(); // (3) 获取拉取结果
}
```

并行模式会在一次轮询中发送多次请求。实际上，一次轮询最多只允许发送两个请求，而且发送

第二个请求只能发生在上面流程中的步骤(3)和步骤(4)之间。如果发送新请求在步骤(2)和步骤(3)之间，执行步骤(3)时获取的数据无法区分是哪个请求的，因为第一个请求和第二个请求都会产生结果数据。当然，也不要放在步骤(4)之后，那样就退化到前面的串行模式了。

如图4-11所示，消费者发生了3次轮询，一共发送了4次请求，得到了3个请求的结果。图中粗体编号表示请求1的执行顺序，灰色背景部分是请求2。第一次轮询时发送了请求1，得到请求1的结果，发送请求2；第二次轮询时，先得到第一次轮询请求2的结果，并发送请求3；第三次轮询时，得到第二次轮询请求3的结果，并发送请求4。也就是说，**每次轮询时，都会在步骤(3)获取当前请求的结果和步骤(4)处理结果之间发送新的请求，然后返回当前请求的结果**，好处是可以尽可能增加相同时间内处理的请求量。

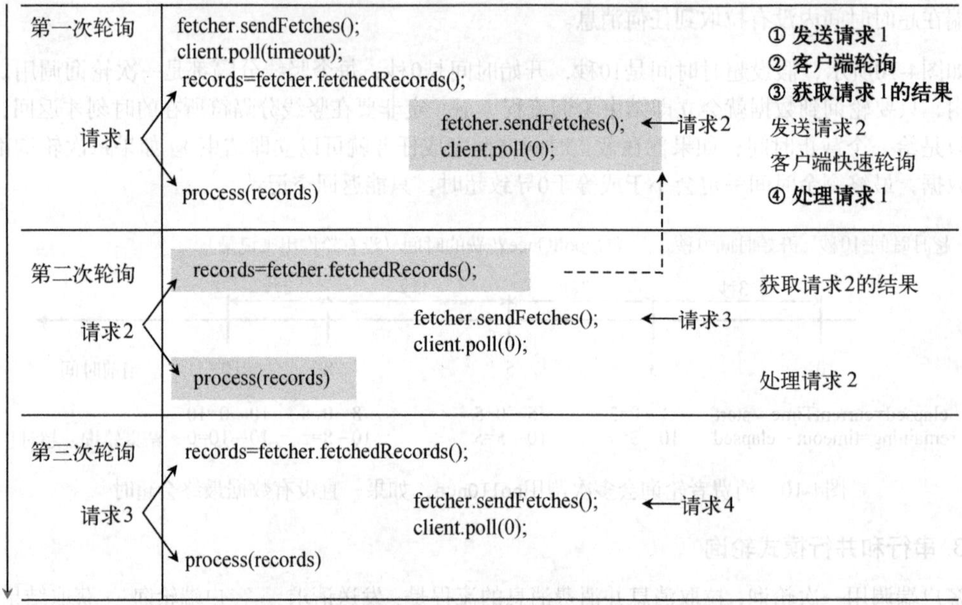

图4-11　在当前请求的获取结果和处理结果之间发送新请求

我们在每次轮询获取到当前请求的结果后，发送新的拉取请求，并通过`NetworkClient`的快速轮询方法`quickPoll()`将新请求发送出去。下面的两个条件确保了新请求不会影响第一个请求。

- 发送请求返回的是一个异步请求对象，调用发送请求会立即返回到主流程。
- 快速轮询将新请求发送出去后，并不会等待获取响应结果，所以它也不会影响第一个请求。

快速轮询和普通轮询方法的不同点是前者的超时时间设置为0，而后者的超时时间等于剩余时间（通常大于0）。超时时间为0，这表示轮询时不会被阻塞而是立即返回。`NetworkClient`的轮询会调用选择器轮询，再调用Java选择器的`select()`方法，如果超时时间为0，等价于选择器的`selectNow()`。

注意：如果仅仅调用发送请求的方法返回异步请求对象，只是将拉取请求暂存在网络通道中，必须手动触发网络层的轮询操作才会真正把请求发送出去。但是客户端需不需要等待轮询结果就看情况而定了。选择器根据阻塞和超时时间有3种方法：select()、select(timeout)、selectNow()。第一个方法如果没有事件发生会永远阻塞，第二个方法在给定时间内没有事件会阻塞，最后一个方法即使没有事件也不会阻塞。新请求不应该使用阻塞模式的轮询，因为在每一次轮询时，只需要关注当前请求的结果，不需要关注新请求的结果。如果新请求采用阻塞方式轮询，那么在本次轮询时也会产生新请求的结果。新请求的结果应该留给下一次轮询去获取，也就是说，一次轮询会发送两次拉取请求，但只会获取和处理第一个请求的结果。

如图4-12（上）所示，传统的串行模式只能等上一次请求处理完毕后，才能开始下一次请求。如图4-12（下）所示，在获取到当前请求的结果之后、返回处理结果之前，执行无阻塞的“发送新请求和快速轮询”额外操作。并行模式只需花费很小的代价，就可以在相同时间内，处理相比串行模式更多的请求。换句话说，如果要处理相同的请求量，并行模式花费的时间比串行模式要少。

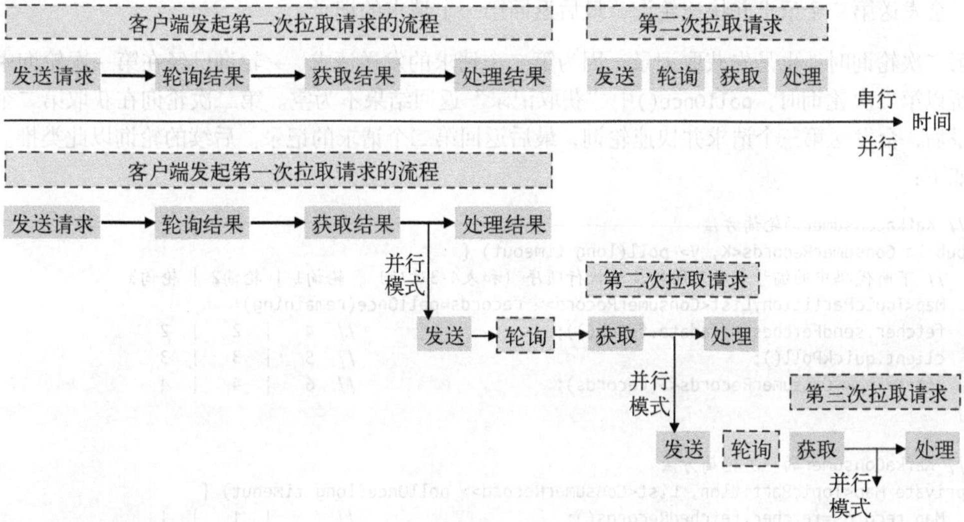

图4-12 串行拉取和并行拉取的对比

4. 并行模式轮询的设计

消费者拉取消息的流程是：发送请求 → 客户端轮询 → 获取拉取结果 → 处理拉取结果。那么如何在不影响现有逻辑的前提下，设计出一个高性能的并行模式轮询呢？先来看看第一次轮询和后面几次轮询的不同点在哪里。如表4-3所示，第一次轮询有六个步骤——发送第一个请求、客户端轮询、获取第一个请求的拉取结果、发送第二个请求、客户端快速轮询、返回第一个请求的拉取结果、处理拉取结果，这是一个标准的并行模式示例。第二次以及之后的每次轮询有四个步骤：获取（上一次）请求结果、发送下一次请求、返回请求结果、处理拉取结果。

表4-3 第一次轮询和其他轮询不同，多了最开始的发送请求和轮询

第一次轮询	第二次轮询	第三次轮询
1. fetcher.sendFetches()		
2. client.poll(timeout)		
3. records=fetcher.fetchedRecords()	1. records=fetcher.fetchedRecords()	1. records=fetcher.fetchedRecords()
4. fetcher.sendFetches()	2. fetcher.sendFetches()	2. fetcher.sendFetches()
5. client.quickPoll()	3. client.quickPoll()	3. client.quickPoll()
6. process(records)	4. process(records)	4. process(records)

所有轮询都会执行后面的4个步骤，但第一次轮询比后续轮询多了最开始的两个步骤。第一次轮询必须先发送请求，否则直接获取结果肯定是没有数据的。后续的轮询不需要执行这两个步骤，是因为在上一次的轮询中已经发送过请求了，本次轮询时可以一开始就直接获取结果。

那么如何判断是不是第一次轮询呢？下面的伪代码中，如果按照发送请求→轮询→获取记录的顺序执行，最后一定可以获取到结果。Kafka的做法是在pollOnce()方法中先获取记录，如果记录为空，就表示是第一次轮询，接着会执行发送请求→轮询→获取记录。第一次轮询在获取第一个请求的记录后，会发送第二个请求并快速轮询，最后返回第一个请求的记录。

第二次轮询时，也是先获取记录，因为第二个请求的发送请求→轮询已经在第一次轮询中完成了。所以第二次轮询时，pollOnce()中“获取记录”返回结果不为空。第二次轮询在获取第二个请求的记录后，会发送第三个请求并快速轮询，最后返回第二个请求的记录。后续的轮询以此类推。相关代码如下：

```
// KafkaConsumer的轮询方法
public ConsumerRecords<K, V> poll(long timeout) {
  // 下面代码中的编号表示不同轮询的执行顺序（和表4-3对应）。轮询1 | 轮询2 | 轮询3
  Map<TopicPartition,List<ConsumerRecord>> records=pollOnce(remaining);
  fetcher.sendFetches(metadata.fetch());                    // 4   | 2   | 2
  client.quickPoll();                                       // 5   | 3   | 3
  return new ConsumerRecords<>(records);                    // 6   | 4   | 4
}

// KafkaConsumer的一次轮询方法
private Map<TopicPartition, List<ConsumerRecord>> pollOnce(long timeout) {
  Map records=fetcher.fetchedRecords();                     //     | 1   | 1
  if (!records.isEmpty()) return records;                   //     |
  fetcher.sendFetches(cluster);                             // 1   |
  client.poll(timeout);                                     // 2   |
  return fetcher.fetchedRecords();                          // 3   |
}
```

如图4-13（左）所示，第一次轮询时依次执行右侧的(1)发送请求→(2)轮询→(3)获取记录集→(4)发送新请求→(5)快速轮询→(6)返回记录集。第二次之后的轮询依次执行左侧的(1)获取记录集→(2)发送新请求→(3)快速轮询→(4)返回记录集。如图4-13（右）所示，调用一次pollOnce()方法如果没有返回记录，就会继续循环，直到超时后退出循环，返回空的记录（比图4-13（左）多了一个循环的过程）。只要有调用“获取记录集”，就需要判断记录集是否为空。如果记录集有数据，就会发送新

请求→快速轮询，然后返回获取的记录集，客户端轮询就结束了。

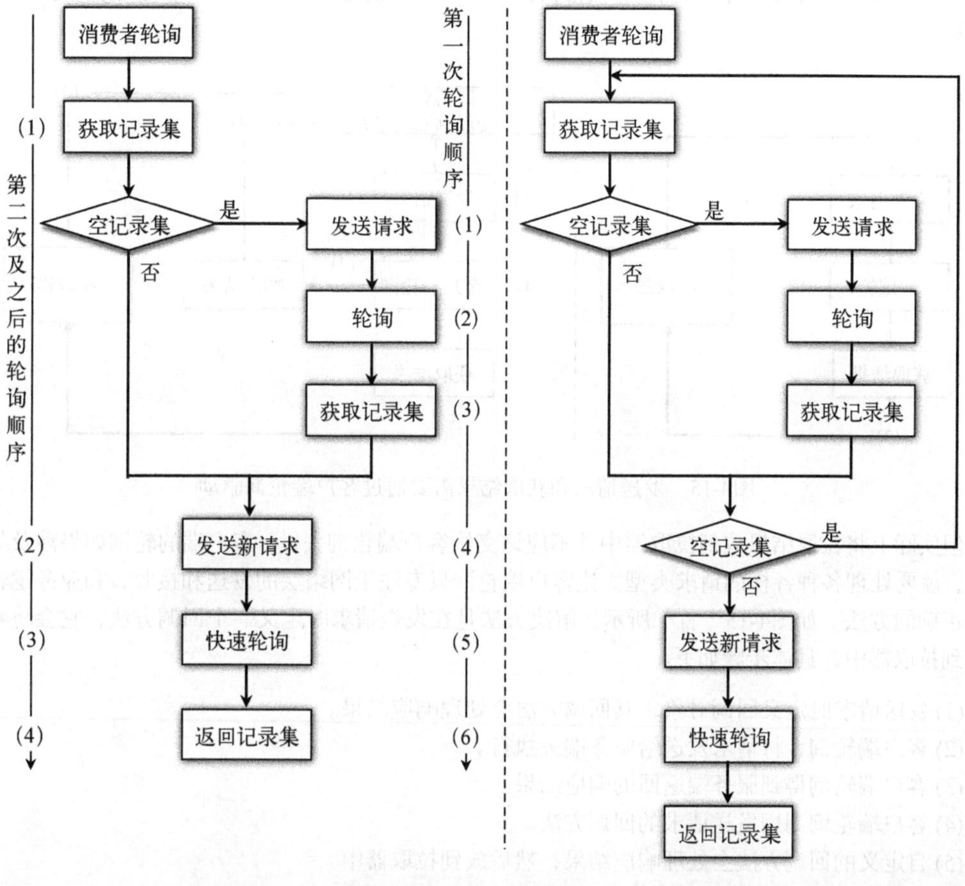

图4-13 不同轮询和获取记录集相关的执行流程

如图4-14所示，每次轮询都会提前发送下一次请求。除了第一次轮询，一个完整的“请求发送、轮询和获取结果”流程分开在两个轮询中。比如：第二个请求的发送和轮询发生在第一次轮询里，而获取第二个请求的结果则在第二次轮询里。

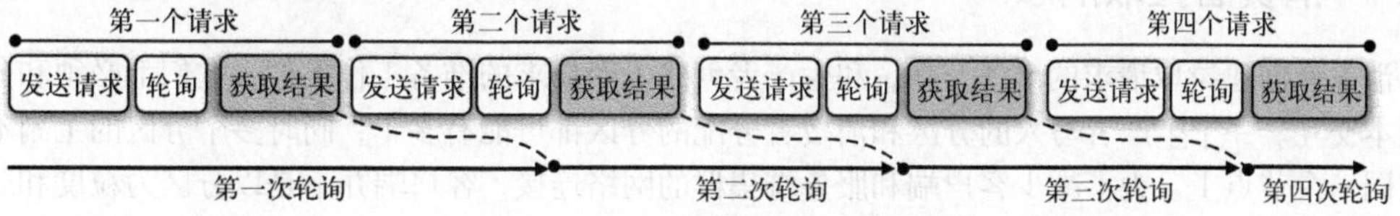

图4-14 除了第一次轮询外，一个完成的请求流程分在两次轮询里

5. 轮询与结果

KafkaConsumer的轮询操作中“发送拉取请求”和“获取拉取结果”都通过拉取器（Fetcher）完

成，这两个步骤中间的"客户端轮询"起到了承上启下的作用。如图4-15（左）所示，客户端轮询会把请求通过网络真正发送出去，并且**在收到响应结果后将结果设置到拉取器中**，这样获取拉取结果时才有数据。

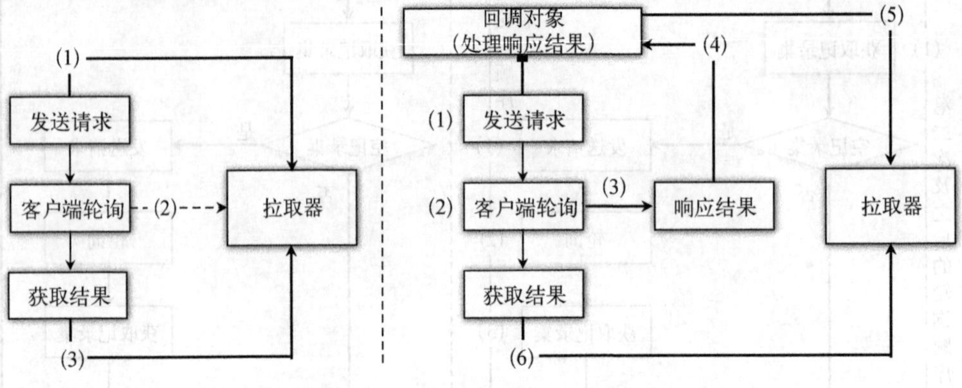

图4-15　发送请求和获取结果需要通过客户端轮询驱动

但实际上将拉取结果放到拉取器中并不应该交给客户端轮询去做，客户端的轮询如果涉及具体的请求，就要处理各种各样的请求类型。让客户端轮询只专注于网络层的发送和接收，和业务逻辑解耦才是正确的方法。如图4-15（右）所示，解决方法是在发送请求时定义一个回调方法，它会将响应结果放到拉取器中，具体步骤如下。

(1) 发送请求时定义回调对象，其回调方法会处理响应结果。

(2) 客户端轮询，将请求发送给服务端去执行。

(3) 客户端轮询得到服务端返回的响应结果。

(4) 客户端轮询调用发送请求的回调方法。

(5) 自定义的回调方法会处理响应结果，然后放到拉取器中。

(6) 消费者从拉取器中获取步骤(5)放入的结果。

上面已经分析了消费者的轮询流程，**轮询操作定义了拉取消息的执行流程**。只有拉取到消息，消费者客户端才可以对消息进行处理和消费。下面分析消费者拉取消息的具体实现。

4.1.4　消费者拉取消息

消费者创建拉取请求的准备工作，和生产者创建生产请求的准备工作类似，它们都必须和分区的主副本交互。一个生产者写入的分区和消费者分配的分区都可能有多个，同时多个分区的主副本有可能在同一个节点上。为了减少客户端和服务端集群的网络连接，客户端并不是以分区为粒度和服务端交互，而是以服务端节点为粒度。如果分区的主副本在同一个节点上，应当在客户端先把数据按照节点整理好，把属于同一个节点的多个分区作为一个请求发送出去。一个消费者可以允许同时向多个主副本节点发送请求，这个请求包括属于这个主副本节点的多个分区。

创建拉取请求的一个重要数据，是需要指定从分区的什么位置开始拉取。消费者的订阅状态中保存了分配给消费者所有分区的状态信息，其中就包括拉取偏移量（position变量）。如图4-16所示，从消费者分配分区开始，结合使用集群的元数据（Cluster）和消费者的订阅状态（SubscriptionState），向每个目标节点发送拉取请求，具体步骤如下。

(1) 消费者向协调者申请加入消费组，并得到分配给它的分区。

(2) 集群的元数据记录了分区及其所属主副本节点的信息。

(3) 消费者的订阅状态记录了分区及其最近拉取偏移量的信息。

(4) 拉取器工作时，会将所有的分区按照主副本节点整理。

(5) 每个主副本对应一个拉取请求，消费者向服务端节点发送拉取请求。

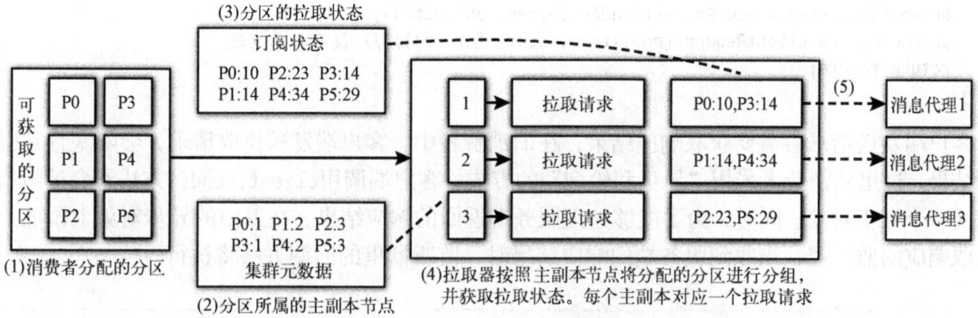

图4-16 消费者客户端发送拉取请求的示例

1. 发送拉取请求

拉取器的准备工作做好后，接着通过消费者网络客户端（ConsumerNetworkClient）将请求发送出去。调用send()方法实际上并不会将请求通过网络发送到服务端，只有等到轮询的时候才会真正发送出去。这也是消费者轮询时在发送请求后，需要调用客户端轮询方法的原因。

拉取器的发送拉取请求方法还添加了一个监听器，它的作用类似于4.1.3节第5小节“轮询与结果”中的回调对象。当客户端轮询到拉取请求对应的响应结果，便会调用这个监听器的回调方法，来处理响应结果。下面3段代码是Kafka消费者、拉取器、消费者网络客户端完成发送拉取请求调用逻辑的过程。相关代码如下：

```
// (1) 消费者轮询
public ConsumerRecords<K, V> poll(long timeout) {
  fetcher.sendFetches();
  client.poll(timeout);
  fetcher.fetchedRecords();
}

// (2) 消费者通过拉取器 (Fetcher) 发送拉取请求
public void sendFetches(Cluster cluster) {
  // 创建拉取请求，每个节点都对应一个请求
  for(Map.Entry fetchEntry:createFetchRequests(cluster).entrySet()){
    final FetchRequest fetch = fetchEntry.getValue();
```

```
    // 每个拉取请求的key表示请求发送的目标节点
    client.send(fetchEntry.getKey().id(), ApiKeys.FETCH, fetch)
      // 添加监听器，类似于回调对象
      .addListener(new RequestFutureListener<ClientResponse>() {
        public void onSuccess(ClientResponse response) {
          handleFetchResponse(response, fetch);
        }
      });
  }
}

// (3) 消费者网络客户端（ConsumerNetworkClient）向节点发送请求
public RequestFuture<ClientResponse> send(String node,AbstractRequest req){
  RequestFutureCompletionHandler future=new RequestFutureCompletionHandler();
  RequestSend send = new RequestSend(node,req.toStruct());
  put(node, new ClientRequest(now, true, send, future)); // 没有真正发送
  return future;
}
```

客户端发送请求后需要获取响应结果，在旧消费者中，客户端发送拉取请求，会阻塞直到服务端返回结果。这里新消费者采用“异步和轮询”的方式：客户端调用client.send()方法不会被阻塞，而是返回一个异步对象。同时，为了能够处理服务端返回的响应结果，在返回的异步对象上添加一个处理拉取响应的监听器，当收到服务端的响应结果时，监听器里的回调方法将执行。

注意：关于网络层客户端、异步请求对象、监听器等相关的调用流程，4.2节再详细分析。

2. 处理拉取响应

客户端发到指定服务端节点的拉取请求可能包括多个分区，所以拉取请求对应的响应结果也包含了多个分区的数据。拉取请求对象（FetchRequest）的分区数据表示客户端从分区的哪个位置开始拉取，拉取响应对象（FetchResponse）的分区数据表示服务端返回了哪些消息。

监听器调用的处理拉取响应方法（handleFetchResponse()），会将每个分区数据的字节数组记录集（recordSet），转换成一条条可以被消费者直接读取的消费者记录（ConsumerRecord），并添加到拉取器的this.records全局成员变量中。由于响应结果已经按照分区组织好了，所以拉取器构造的分区记录集（PartitionRecords）也是每个分区对应一批拉取结果。相关代码如下：

```
// 拉取器处理拉取结果，将每个分区的数据放到全局的this.records变量中
private void handleFetchResponse(ClientResponse resp,FetchRequest request){
  FetchResponse response = new FetchResponse(resp.responseBody());
  // 因为拉取请求包括多个分区，所以返回结果也有多个分区
  for (Map.Entry entry : response.responseData().entrySet()) {
    TopicPartition tp = entry.getKey();
    FetchResponse.PartitionData partition = entry.getValue();

    // 查询消费者订阅状态，看这个分区是否可以拉取
    if(subscriptions.isFetchable(tp)&&(partition.errorCode==Errors.NONE)){
      // 在拉取请求时，就是把分区状态的position变量作为拉取偏移量
      long fetchOffset = request.fetchData().get(tp).offset;
```

```
          Long position = subscriptions.position(tp);
          if (position == null || position != fetchOffset) continue;

          // 获取分区的结果集，并转化为消费者记录列表
          ByteBuffer buffer = partition.recordSet;
          MemoryRecords records = MemoryRecords.readableRecords(buffer);
          List<ConsumerRecord<K, V>> parsed = new ArrayList<>();
          for (LogEntry logEntry : records) {
            parsed.add(parseRecord(tp, logEntry));
          }
          // 每个分区都对应一个分区记录集，每条消息对应一条消费者记录
          this.records.add(new PartitionRecords<>(fetchOffset, tp, parsed));
        }
      }
    }
```

在解析分区数据之前，还要再次查询消费者订阅状态，看这个分区是否可以拉取。因为有可能消费者发送完拉取请求后，在没有收到拉取结果之前，就取消了对某个分区的拉取（比如调用消费者的pause()方法暂停分区的拉取）。由于服务端无法感知这个动作，它还是会返回之前的所有分区数据。所以拉取器在处理拉取结果时，还需要再次判断分区数据是不是客户端想要的。比如消费者分配了[P0,P1,P2]这3个分区，然后发送包含这3个分区的拉取请求，接着暂停了P1分区。服务端会返回3个分区的数据，但是实际上客户端现在只需要[P0,P2]两个分区。

拉取结果集按照分区进行封装后放在了全局变量this.records中，客户端还要主动调用拉取器的fetchedRecords()方法才能获取到拉取结果。虽然客户端轮询、异步请求对象、回调方法这些组合都是异步的，但是为了获取消息，消费者必须主动调用，而不能自动获取结果。这也是客户端主动拉取消息，而不是服务端推送消息给客户端的体现。

4.1.5　消费者获取记录

拉取器处理拉取响应时已经将原始的响应数据封装成了分区记录集，并放到全局的成员变量this.records中。但要真正被消费者可用，还需要封装成消费者记录（ConsumerRecord）。相关代码如下：

```
// 拉取器提供已经拉取到的记录集给KafkaConsumer调用
public Map<TopicPartition, List<ConsumerRecord<K, V>>> fetchedRecords(){
  // 如果消费者正在分配分区，不允许发送拉取请求和获取结果。分配完后设置该变量为false
  if (this.subscriptions.partitionAssignmentNeeded()) {
    return Collections.emptyMap();
  } else {
    Map<TopicPartition,List<ConsumerRecord<K,V>>> drained=new HashMap<>();
    // 分区记录集包含分区、记录集和偏移量，暴露给客户端的数据只需要分区和记录集。
    // 而偏移量会用于更新订阅状态的拉取偏移量
    for (PartitionRecords<K, V> part : this.records) {
      // 判断这个分区是不是分配给这个消费者，有可能分配的分区发生了变化
      if (!subscriptions.isAssigned(part.partition)) continue;
      long position = subscriptions.position(part.partition);
      // 判断分区记录集的拉取偏移量是不是和订阅状态的position变量相同
      // 分区记录集的拉取偏移量在上一节实际上也是来自于订阅状态的position变量
```

```
        if (part.fetchOffset == position) {
          long nextOffset=part.records.get(part.records.size()-1).offset()+1;
          // this.records是全局成员变量，这里方法内声明的是局部变量，两者不会互相影响
          List<ConsumerRecord<K, V>> records = drained.get(part.partition);
          if (records == null) {
            records = part.records;
            drained.put(part.partition, records);
          } else {
            records.addAll(part.records);
          }
          // 更新订阅状态分区状态的拉取偏移量信息，即position变量
          subscriptions.position(part.partition, nextOffset);
        }
      }
      this.records.clear();
      return drained; // drained的数据来源于全局的this.records变量
    }
```

拉取器的获取记录集方法会使用4.1.4节“处理拉取响应”方法生成的全局成员变量，作为数据源构成最终的拉取结果。既然数据已经在全局成员变量中了，那么要提供给客户端使用，就可以直接返回。但实际上拉取器在这一步还做了下面几点优化。

- 一次轮询发送两次拉取请求，必须确保第一个请求获取到结果后，才允许发送第二个请求。
- 全局的this.records成员变量不会同时存放两个请求的拉取结果。
- 客户端轮询时可以设置每个分区的拉取阈值和最大记录数，防止客户端处理不了。
- 如果分区的记录集没有被客户端处理完，新的拉取请求不会拉取这个分区。

1. 保存每次拉取结果的全局成员变量

拉取器的this.records是个全局变量，在客户端的一次轮询里会发送两次拉取请求。虽然第二次发送请求后是无阻塞的快速轮询，但第二次的请求也可能立即产生结果。而每个拉取请求的回调方法都会将自己请求的拉取结果添加到全局变量中。为了保证同一次轮询里两个拉取请求的结果数据不会互相混淆，必须确保**第一个请求获取到结果后，才允许发送第二个请求**。

如图4-17（左）所示，如果没有获取到第一个请求的结果就发送第二个请求，快速轮询返回的结果也会放到全局变量中。最后客户端获取的全局变量包括了两个请求的结果，显然有问题。如图4-17（右）所示，快速轮询的第二个请求结果会先用临时变量保存。当第一个请求的结果返回给客户端时，会将临时变量赋值给全局变量，第二种方案的具体步骤如下。

(1) 拉取器发送第一个请求，并轮询得到结果，放入全局变量中。

(2) 拉取器获得第一个请求的记录集。

(3) 拉取器发送第二个请求，并快速轮询得到结果，暂存到临时变量。

(4) 将步骤(1)生成的全局变量返回给客户端。

(5) 将步骤(3)暂存的临时变量赋值给全局变量，用于下一次的轮询。

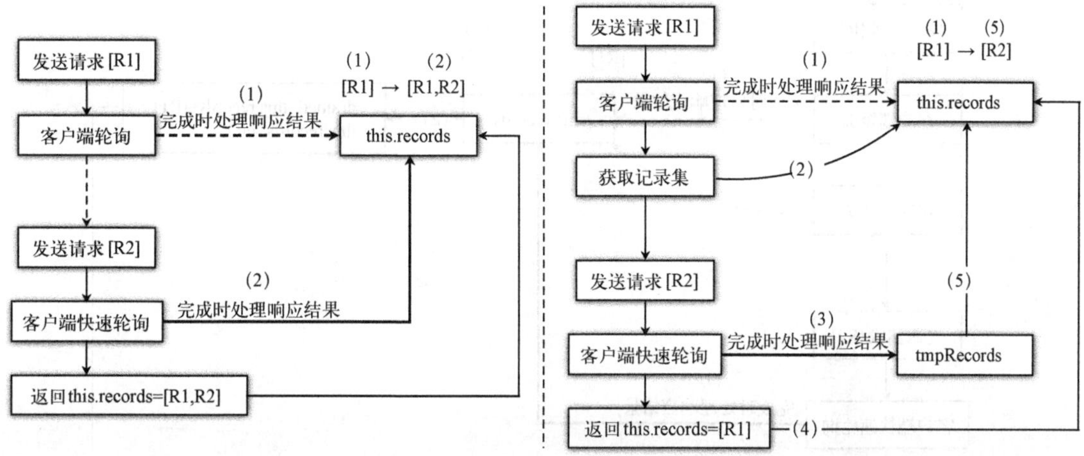

图4-17 第一个请求获取到结果后，才允许发送第二个请求

注意：两个请求不应该操作同一个全局变量，否则第二次请求产生的结果掺杂在全局变量中，就会导致返回给客户端的结果不准确。

上面第二种做法虽然保证了返回结果的准确性，但是在具体的实现上一旦返回结果给客户端，就不好做步骤(5)的控制。一种更好的办法是用一个临时变量（`drained`）来保存第一个请求的结果，返回给客户端的结果也是这个临时变量。实际上，**发送拉取请求 → 处理拉取结果 → 添加到全局变量 → 将全局变量赋值给临时变量 → 清空全局变量**这几步是严格有序的，下一个请求只能接着上一个请求的最后一步"清空全局变量"开始执行。第一个请求的临时变量肯定不会包含第二个请求的拉取结果：在生成第一个请求的临时变量时，第二个请求根本就还没有机会执行；而第二个请求开始执行时，第一个请求的临时变量已经尘埃落定，不会再被更改了。所以用临时变量作为第一个请求的拉取结果返回值是没有问题的。

如图4-18所示，还可以将步骤(5)提前到步骤(4)之前，并且将步骤(3)和步骤(5)进行合并：即不需要再用一个中间变量（`tmpRecords`），而是直接更新全局变量。虽然步骤(3)中将临时变量赋值给全局变量会更新全局变量的值，但是因为最后要返回给客户端的并不是这个全局变量，而是临时变量，所以结果仍然是准确的。以第一次轮询为例，全局变量和临时变量的变化步骤如下。

(1) 拉取器发送第一个请求，并轮询得到结果，放入全局变量中。

(2) 拉取器获得第一个请求的记录集，将全局变量赋值给临时变量，并清空全局变量。

(3) 拉取器发送第二个请求，并快速轮询得到结果，也放入全局变量中。

(4) 拉取器获取步骤(2)的临时变量作为返回值。

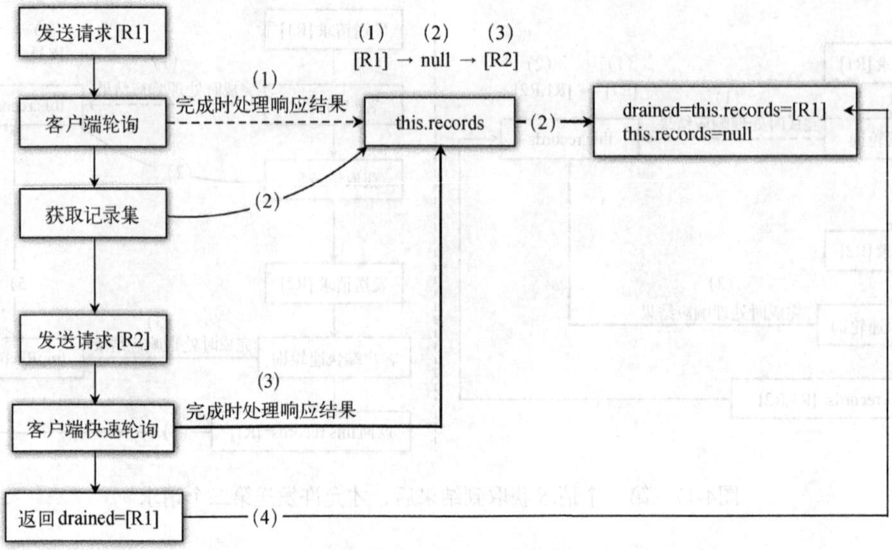

图4-18　第一次轮询获取第一个请求的记录集结果

如图4-19所示，以第二次轮询为例，全局变量和临时变量的变化步骤如下。

(1) 拉取器的上一次轮询会将第二个请求的结果放入全局变量中。

(2) 拉取器获得第二个请求的记录集，将全局变量赋值给临时变量，并清空全局变量。

(3) 拉取器发送第三个请求，并快速轮询得到结果，也放入全局变量中。

(4) 拉取器获取步骤(2)的临时变量作为返回值。

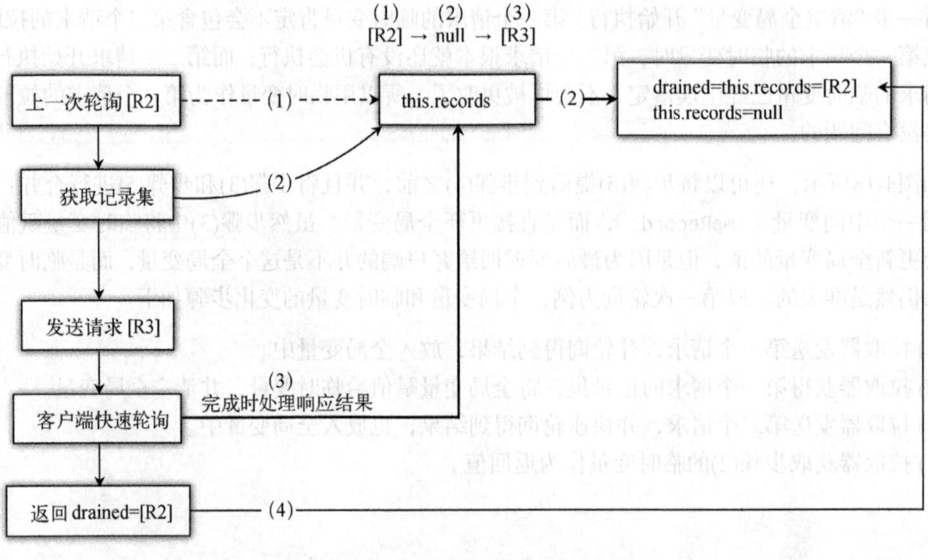

图4-19　第二次轮询获取第二个请求的记录集结果

如果在同一次轮询中，全局变量表示的第一个请求结果被赋值给临时变量后被清空，而客户端的快速轮询没有（或者没那么快）产生第二个请求结果放到全局变量中，那么，在上面两种轮询场景中，没有步骤(3)往全局变量放入新请求的结果，全局变量最后就是空的。下一次轮询时要获取全局变量，它所表示的第二个请求结果就没有数据，只能等待第二个请求的回调方法执行后才有数据。因为两个请求执行的时间顺序没有任何交集，所以两次拉取请求不会互相影响，而且两次请求允许拉取的分区，都是分配给消费者的所有分区。

2. 设置分区拉取阈值

KafkaConsumer调用一次轮询方法只是拉取一次消息。客户端为了不断拉取消息，会用一个外部循环不断调用消费者的轮询方法。每次轮询到消息，在处理完这一批消息后，才会继续下一次轮询。但如果一次轮询返回的结果没办法及时处理，会有什么后果呢？比如服务端会约定客户端要在指定的会话时间内，必须发送一次轮询请求。如果客户端处理一批消息花费的时间超过了会话超时时间，就会导致下一次轮询没有被及时地调用，服务端可能就会把消费者客户端移除掉，显然这不是我们希望看到的。相关代码如下：

```
// 轮询拉取到消息后，只有处理完这一批消息后，才会发起下一次轮询（客户端伪代码）
while (running) {
  ConsumerRecords<K, V> records = consumer.poll(1000);
  records.forEach(record -> process(record));
}
```

那么有什么办法来解决上面的问题呢？客户端拉取消息时有下面两个相关的配置项。

- **消息大小阈值**（message.max.bytes。服务端允许接收一条消息的最大字节，超过这个大小的消息不会被服务端接受，默认值为1000012（976 KB）。
- **分区拉取阈值**（max.partition.fetch.bytes）。客户端拉取每个分区的消息时，返回的每个分区最大字节，默认值为1048576（1 MB）。

注意，分区拉取阈值必须比消息大小阈值大。如图4-20所示，假设服务端设置消息大小阈值等于1 MB，表示最大允许接收1 MB的消息。如果分区拉取阈值设置为512 KB，低于1 MB，对于那些小于1 MB但大于512 KB的消息，就永远无法被消费者获取到，因为服务端返回的分区消息最多只有512 KB。

消息大小阈值是服务端的选项，用户通常无法直接控制，但Kafka针对主题级别还提供了另外一个配置项max.message.bytes，用来控制消息大小的阈值。分区拉取阈值是消费者客户端的选项，每个消费者都可以自定义这个阈值大小。所以如果消费者的处理性能不够好，可以将分区拉取阈值设置低一点，保证每次拉取的分区数据都能很快地处理完成。

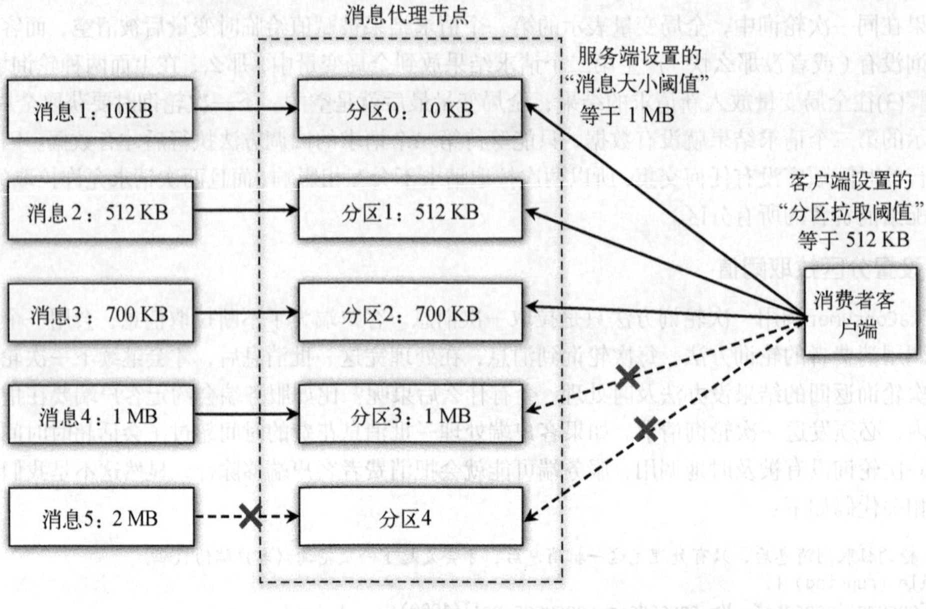

图4-20　客户端的分区拉取阈值必须比服务端的消息大小阈值要大

3. 设置轮询记录阈值

上面客户端伪代码中的轮询方法每次拉取到多少条消息，都要一次性处理完。下面的代码精简了拉取器获取记录的其他细节，最后返回的临时变量实际上就是全局变量的值，即通过拉取器获取到多少条记录，都会全部返回给客户端。客户端也必须一次性全部处理完所有的记录：

```
// 0.9版本拉取器获取的记录集等于全局变量，即拉取多少条，就要处理多少条
public Map<TopicPartition, List<ConsumerRecord<K, V>>> fetchedRecords(){
  Map<TopicPartition,List<ConsumerRecord<K,V>>> drained=new HashMap<>();
  for (PartitionRecords<K, V> part : this.records) {
    List<ConsumerRecord<K, V>> records = drained.get(part.partition);
    if (records == null) {
      drained.put(part.partition, part.records);
    } else {
      records.addAll(part.records);
    }
  }
  this.records.clear();
  return drained;
}
```

假设客户端一次拉取到了10000条消息，如果处理时并不想要（或者根本没办法）一次性处理完，而是期望按照每次100条分批处理，就做不到了。前面的分区拉取阈值选项只能用来控制拉取的消息大小，但无法精确控制消息的数量。新版本（0.10）的消费者客户端可以通过设置轮询记录阈值（`max.poll.records`），控制客户端调用一次轮询方法最多允许处理多少条记录，默认值为2147483647（21亿）。实际上，这是一种批处理的方式，若一次处理不完全部记录，就会分成多次。

轮询记录阈值配置项表示的并非“服务端最多返回这些记录”，而是“客户端的一次轮询最多能处理多少条记录”。比如客户端发送一次拉取请求从服务端得到了1000条记录，但是客户端最多一次只处理100条记录，那么客户端需要分10次，才能处理完一次拉取请求的所有数据。下面的3段伪代码展示了客户端处理记录集的不同方案：

```
// (1) 客户端最多处理maxRecords条记录，但会丢失数据（伪代码）
while(true) {
  client.poll();
  // 拉取器获取记录集时，得到的是全局变量的所有记录，不做限制
  List<ConsumerRecord<K, V>> records = fetcher.fetchedRecords();
  // 为了保证消费者的处理性能，每次只处理最多maxRecords条记录
  List<ConsumerRecord<K, V>> batch = records.take(maxRecords);
  process(batch);
}

// (2) 为了保证消费者的处理性能和不丢失数据，需要分多次处理拉取结果（伪代码）
while(true) {
  client.poll();
  List<ConsumerRecord<K, V>> records = fetcher.fetchedRecords();
  // 只有处理完，才会再次调用客户端轮询，如果处理超时，就有问题
  while(!records.empty) {
    List<ConsumerRecord<K, V>> batch = records.take(maxRecords);
    process(batch);
    records = records - batch;
  }
}

// (3) 拉取器每次最多返回maxRecords条记录给客户端处理，不影响处理性能，也不丢失数据
while(true) {
  client.poll();
  // 拉取器获取记录集，一次最多只得到maxRecords条记录
  List records=fetcher.fetchedRecords(maxRecords);
  // 处理最多maxRecords条记录，可以在正常时间内完成，不影响处理性能
  process(records);
}
```

如图4-21（上）所示，（对应方案一）在获取记录集时将全局变量赋值给临时变量，并且清空了全局变量，但客户端只处理小批量的记录就结束了，因此会丢失剩余的记录。解决这个问题的办法是（方案二）：在客户端循环处理获取到的所有记录，每次只处理一小批数据。但这种方法无法解决客户端每次轮询时必须处理完所有拉取记录，才能再次执行新的轮询调用的问题，仍可能出现前面说过的“处理超时”问题。

如图4-21（下）所示（对应方案三），将全局变量添加到临时变量时，就限制消息数量，确保通过“获取记录集”返回的临时变量只是一小部分消息，足够保证客户端的处理性能。同时，剩余未被处理的记录会继续留在全局变量中。当下一次轮询时会继续获取全局变量中剩余的记录。即使下一次轮询时拉取到新的消息，也会一起放入全局变量。并且，我们还能保证上次剩余的消息相较于新拉取的消息会被优先处理。

注意：尽管方案三限制了一次处理的消息数量，会导致未被处理的消息在客户端不断“积累”，但总比丢失消息要好得多。况且，客户端处理消息的速度本身跟不上拉取的消息量，有消息堆积也是情有可原的。

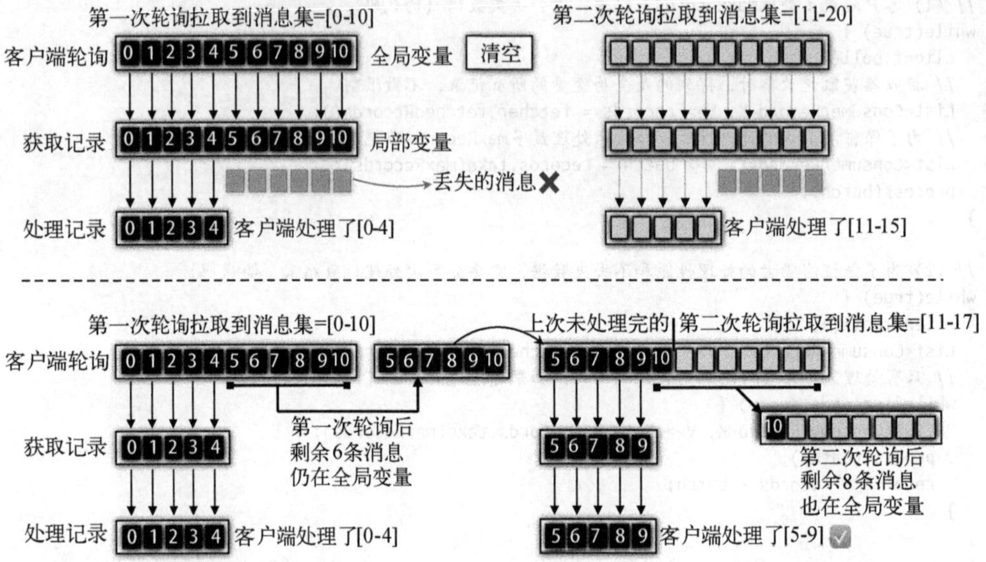

图4-21　客户端一次只处理部分消息集，应该在添加到临时变量时做限制

4. 分区的记录集分多次消费

批处理的实现方式是，调用拉取器的fetchedRecords()方法从全局变量中获取数据，一次最多只返回maxRecords条记录。因为全局变量包括了分配给消费者所有分区的数据，而每个分区可能需要调用多次获取记录的方法才会全部返回，所以在迭代每个分区的记录集时，只有一个分区完全被消费完，才会从迭代器中移除。相关代码如下：

```
// 调用一次拉取器的fetchedRecords()，最多只会从全局变量中获取maxRecords条记录
public Map<TopicPartition, List<ConsumerRecord<K, V>>> fetchedRecords() {
  Map<TopicPartition, List<ConsumerRecord<K, V>>> drained = new HashMap();
  int maxRecords = maxPollRecords; // 配置项max.poll.records, KIP-41
  Iterator<PartitionRecords<K, V>> iterator = this.records.iterator();
  // 用循环是因为有些分区的记录数不足最大值，就需要获取多个分区，凑足最大条数
  while (iterator.hasNext() && maxRecords > 0) {
    PartitionRecords<K, V> part = iterator.next();
    maxRecords -= append(drained, part, maxRecords);
    if (part.isConsumed()) iterator.remove(); // 分区记录集消费完才可以移除
  }
  return drained;
}
private int append(Map drained,PartitionRecords<K, V> part,int maxRecords){
```

```
    long position = subscriptions.position(part.partition);
    if (part.fetchOffset == position) {
      // 限制了每次最多获取maxRecords条记录，防止一次获取太多数据
      List<ConsumerRecord<K,V>> partRecords=part.take(maxRecords);
      long nextOffset = partRecords.get(partRecords.size() - 1).offset()+1;
      drained.get(part.partition).addAll(partRecords);
      subscriptions.position(part.partition,nextOffset); // 更新分区状态
      return partRecords.size();
    }
  }
```

一个分区记录集对象包括分区信息、记录集以及拉取偏移量。可能有些分区记录集的记录数比轮询记录阈值（maxRecords）配置项要多，那么拉取器每次获取一批记录集的方法就需要调用多次，才能完全消费完这个分区。相关代码如下：

```
// 分区记录集包含了从这个分区拉取到的所有记录，但需要分多次才能完全消费
private static class PartitionRecords<K, V> {
  public long fetchOffset; // 分区记录集的拉取偏移量
  public TopicPartition partition; // 分区信息
  public List<ConsumerRecord<K, V>> records; // 记录集

  private boolean isConsumed() { // 记录集为空表示已经消费完该分区
    return records == null || records.isEmpty();
  }
  private List<ConsumerRecord<K, V>> take(int n) { // 获取n条记录
    if (records == null) return Collections.emptyList();
    if (n >= records.size()) { // 记录集比要获取的数量还少，返回全部
      List<ConsumerRecord<K, V>> res = this.records;
      this.records = null;
      return res;
    }
    // 要获取的记录数比分区记录集的记录数少，需要分批获取分区的记录集
    List<ConsumerRecord<K, V>> res = new ArrayList<>(n);
    Iterator<ConsumerRecord<K,V>> iterator = records.iterator();
    for (int i = 0; i < n; i++) {
      res.add(iterator.next()); // 添加到结果集
      iterator.remove(); // 使用迭代器的好处是可以在迭代过程中删除元素
    }
    // 更新分区记录集对象的拉取偏移量
    if(iterator.hasNext()) fetchOffset=iterator.next().offset();
    return res;
  }
}
```

在分区记录集对象的take()方法返回最多maxRecords条记录给“获取记录集”方法之前，会更新分区记录集对象的拉取变量，然后在“获取记录集”方法中也会更新订阅状态中分区状态的拉取偏移量，即分区记录集对象的拉取偏移量和分区状态的拉取偏移量要保持一致的数据。

如图4-22所示，新API中构建拉取请求使用的拉取偏移量来自于分区状态的拉取偏移量，而不是分区记录集对象。分区记录集表示的是拉取到的分区数据结果，只会用于将分区结果放入全局变量中，它的作用并不是很大。拉取器获取拉取记录集后更新偏移量的具体步骤如下。

(1) 拉取器发送拉取请求，将订阅状态中分区的position作为拉取偏移量。

(2) 消费者收到拉取请求后，创建存储拉取结果的分区信息对象，并存储到全局变量。

(3) 消费者调用拉取器的获取记录集方法，会从步骤(2)的全局变量中获取数据。

(4) 为了保证应用程序处理记录的性能，会对每次返回的记录集数量进行限制。

(5) 在返回记录集给应用程序之前，会更新订阅状态中分区信息的position。

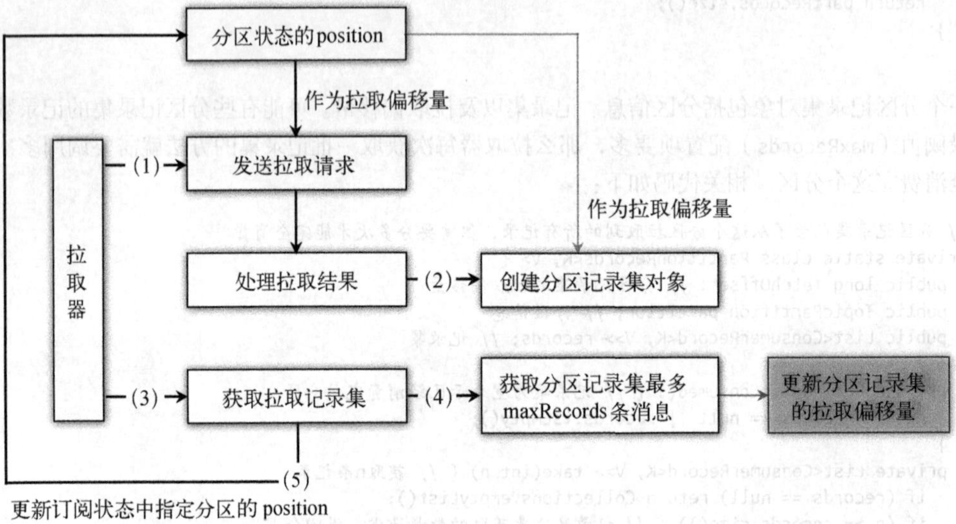

图4-22　拉取器获取拉取记录集后更新订阅状态的偏移量

注意：在拉取过程中，持有“拉取偏移量”这个语义的不同对象都要保持数据的一致性。就像高级API中，分区信息对象的拉取偏移量要和拉取线程中拉取状态的拉取偏移量保持一致。

5. 新请求不会拉取没有处理完的分区

采用轮询记录阈值每次只处理一小批记录，而不是拉取到的全部记录。那么每个分区记录集可能会分成多次才被完全处理，这就带来了一个新的问题：如果这个分区还没有被客户端处理完成，新的拉取请求就不会处理这个分区。相关代码如下：

```
// 拉取器创建拉取请求时，如果分区没有处理完成，不会拉取这个分区
private Set<TopicPartition> fetchablePartitions() {
  // 分配给消费者的所有分区，记录在订阅状态中
  Set<TopicPartition> fetchable = subscriptions.fetchablePartitions();
  if (records.isEmpty()) return fetchable;
  // 如果分区还在全局变量中，则本次拉取请求不会拉取这个分区
  for (PartitionRecords<K, V> partitionRecords : records)
    fetchable.remove(partitionRecords.partition);
  return fetchable; // 返回本次拉取请求允许拉取的分区
}
```

注意：如果没有采用批处理的方案，拉取器获取的所有记录会被一次性处理完成，说明所有分区的记录集都会被完全处理，那么新的拉取请求总是可以拉取分配给消费者的所有分区。

全局变量（this.records）表示的是"未被客户端处理的所有记录"，获取记录集方法中的临时变量（drained）表示的是"本次会被客户端处理的记录"。每次调用获取记录集方法，最多只会从全局变量取出maxRecords条记录放入临时变量，返回给客户端处理，而剩余未被客户端处理的记录仍然保留在全局变量中。拉取器在发送新的拉取请求时，如果分区记录集仍然存在全局变量，这个分区就不需要拉取。

如表4-4所示，假设"轮询记录阈值"为100，消费者分配了[P0-P9]共10个分区，每个分区都有1000条消息。第一次轮询后只会处理分区P0序号为[0-100)的100条消息。此时全局变量中的分区仍然是[P0-P9]，所以下一次发送拉取请求时，不会拉取任何分区，因为分配给消费者的10个分区都还没有处理完。分区P0的1000条消息要分成10次才能消费完，所以调用10次"获取记录集"方法（对应10次轮询）后，分区P0才会从全局变量中移除，接着才会处理P1分区的消息。这时如果再次发送拉取请求，才会开始拉取分区P0的新消息。

表4-4 拉取结果分成多次拉取，没有处理完不会对这个分区再发送拉取请求

轮　询	允许拉取的分区	获取的记录集	全局变量中的分区	已处理完的分区
第1次	[P0,...,P9]	P0:[0,100)	[P0,...,P9]	
第2次		P0:[100,200)	[P0,...,P9]	
第3次		P0:[200,300)	[P0,...,P9]	
...		P0:[...)	[P0,...,P9]	
第10次		P0:[900,1000)	[P1,...,P9]	P0
第11次	P0	P1:[0,100)	[P1,...,P9,P0]	
第12次		P1:[100,200)	[P1,...,P9,P0]	
...		P1:[...)	[P1,...,P9,P0]	
第20次		P1:[900,1000)	[P2,...,P9,P0]	P1
第21次	P1	P2:[0,100)	[P2,...,P9,P0,P1]	

以第11次轮询为例，之前拉取请求返回的分区P0，它的所有消息已经都消费完成了（第一次到第十次轮询），所以新的拉取请求允许拉取分区P0。全局变量中还保留了[P1-P9]共9个分区，调用"获取记录集"方法返回的是分区P1的记录集。因为分区P1的记录集也有1000条，超过了"轮询记录阈值"的100条限制，所以分区P1仍然还在全局变量中。又因为新拉取请求返回了分区P0的新消息，所以分区P0也会重新加入全局变量中。最终全局变量的分区顺序是[P1-P9,P0]，注意：分区P0在最后，它表示的是第二次拉取请求的新消息，而分区[P1-P9]还只是第一次拉取请求的旧消息。

本节分析了拉取器的"获取记录集"方法的多个优化方案，这个方法是在消费者的轮询中调用，并不是由消费者客户端应用程序调用的。否则，如果要让应用程序获取记录集，就要把消费者内部的

“拉取器”对象也暴露给应用程序代码。应用程序应该只要调用消费者的轮询方法，就可以得到需要的数据。

消费者的轮询方法封装了拉取消息的流程，主要包括3个步骤：发送拉取请求、网络层轮询、获取记录集。如果最后一步获取记录集没有得到数据，并且在超时时间内，轮询方法会再次发送拉取请求，并执行网络轮询，直到有数据返回给应用程序，供其进行实际的业务逻辑处理。

4.1.6 消费消息

拉取器返回的记录集是消费者记录列表，在返回给客户端时，会被封装成消费者记录集（ConsumerRecords）迭代器，便于客户端直接进行迭代处理。和旧消费者使用ConsumerIterator类似，消费者记录集迭代器也实现了Iterable接口，所以可以用for循环处理每条消息。

旧API应用程序用到了消费者连接器、消息流和消费者迭代器，新API只用到了消费者对象（KafkaConsumer）、消费者记录集迭代器。还有一个不同点是：旧API返回的消费者迭代器消息是字节数组，而新API直接返回消息的原始类型。相关代码如下：

```
// (1) 旧消费者消息迭代
ConsumerIterator<byte[],byte[]> it=stream.iterator(); // 从消息流获取迭代器
while (it.hasNext()){
  System.out.println("message:"+new String(it.next().message()));
}

// (2) 新消费者消息迭代
consumer.subscribe(Collections.singletonList(this.topic)); // 订阅主题
ConsumerRecords<Integer,String> records=consumer.poll(1000); // 轮询获取
for (ConsumerRecord<Integer, String> record : records) { // 消费消息
  println("["+record.key()+","+record.value()+"]@"+record.offset());
}
```

旧API的消费者迭代器和拉取线程的一些内部对象有关，比如它对应了一个消息流对象，在迭代过程中要处理拉取线程放入的数据块，还要更新分区信息对象的消费偏移量。新API的消费者记录集迭代器逻辑比较简单，只是将列表转换成迭代器，和内部的对象没有关联关系，也不需要更新消费偏移量。

如图4-23所示，新旧API采用不同的消费者线程模型。旧API的消费者存在一个拉取管理器管理了所有的拉取线程。拉取线程会不断地从服务端拉取数据，并将拉取到的数据块填充到队列中。消费者客户端应用程序订阅主题时可以设置线程数量，每个线程对应一个队列。因此如果有多个队列，客户端需要读取所有的队列，才能完整地消费分配给消费者的所有分区数据。

新API的消费者没有在内部使用多线程的拉取线程，它是一个单线程的应用程序。客户端通过循环地轮询来获取数据。消费者拉取消息通过拉取器对象完成，这个拉取器不是一个线程，只是负责把拉取请求发送给分区的主副本节点，并且会在客户端请求的回调方法中，将拉取结果存储到一个全局的成员变量。客户端要获取拉取到的结果，也是通过消费者的轮询从拉取器的全局成员变量中获取数据。

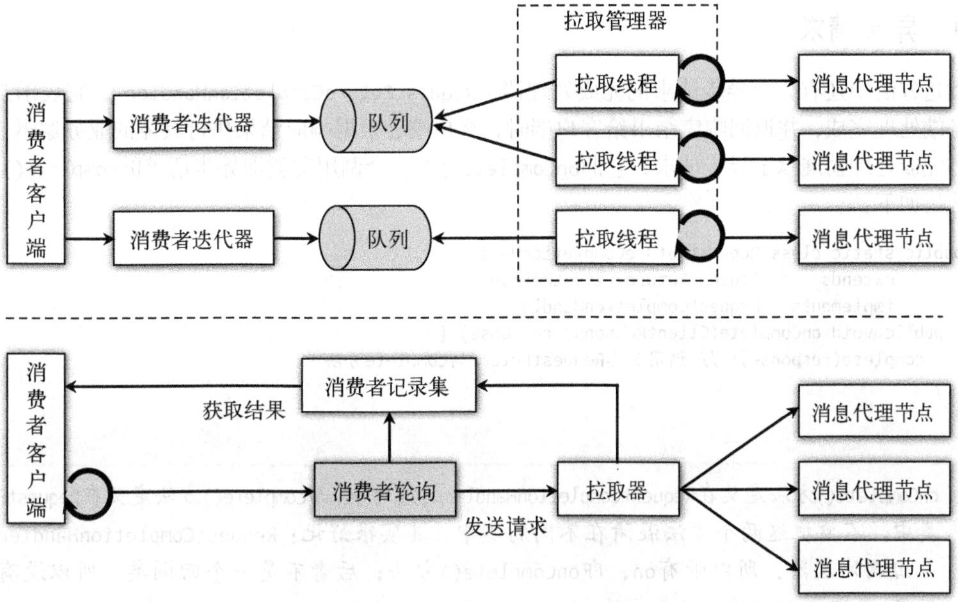

图4-23 新旧API的消费者线程模型

4.2 消费者的网络客户端轮询

Kafka消费者对象（KafkaConsumer）的轮询方法通过拉取器（Fetcher）发送拉取请求，会调用消费者网络客户端对象（ConsumerNetworkClient）的发送请求方法send()和网络轮询方法poll()。调用发送方法后一定要跟着轮询，因为发送方法只是把请求暂存到unsent变量，只有调用轮询才会将unsent中的请求真正发送到目标节点。相关代码如下：

```
private final KafkaClient client; // 实现类是NetworkClient
private final Map<Node, List<ClientRequest>> unsent = new HashMap();

// 消费者通过消费者网络客户端对象发送请求
public RequestFuture<ClientResponse> send(Node node,AbstractRequest req) {
  RequestFutureCompletionHandler future=new RequestFutureCompletionHandler();
  RequestSend send = new RequestSend(node.idString(), header, req);
  unsent.get(node).add(new ClientRequest(send, future));
  return future;
}
```

注意：拉取器获取分区的“列举偏移量”请求（LIST_OFFSETS）、消费者的协调者获取分区的“提交偏移量”请求（OFFSET_FETCH），也都会调用ConsumerNetworkClient的发送和轮询方法。

调用消费者网络客户端对象返回的是一个异步请求对象（RequestFuture），它和Java的异步对象（Future）类似，只不过在Kafka中，它封装了请求相关的信息。

4.2.1 异步请求

发送方法中还有一个异步请求的完成处理器（RequestFutureCompletionHandler），它表示当请求被服务端处理完成，并返回响应结果给客户端时，客户端会根据响应结果执行具体的业务逻辑。异步请求的完成处理器继承了异步请求，它的onComplete()方法会调用父类即异步请求的complete()方法。相关代码如下：

```
public static class RequestFutureCompletionHandler
      extends     RequestFuture<ClientResponse>
      implements  RequestCompletionHandler {
  public void onComplete(ClientResponse response) {
    complete(response); // 调用父类RequestFuture的complete方法
  }
}
```

注意：onComplete()方法定义在RequestCompletionHandler的接口中，而complete()方法定义在RequestFuture类中。不要把这两个方法混淆在不同的类中，其实很好记：RequestCompletionHandler因为是回调处理器，所以带有on，即onComplete()方法；后者不是一个回调类，所以没有on，对应complete()方法。

为了理解异步请求及对应完成处理器之间的关联关系，以及后续的请求调用流程。先来复习一下第2章中生产者使用的网络客户端对象（NetworkClient）是如何发送并处理请求的。

1. 生产者和消费者的网络客户端

如表4-5所示，生产者使用NetworkClient在发送请求时没有返回值，在轮询时才有返回值。消费者使用ConsumerNetworkClient在发送请求时有返回值，而在轮询时则没有返回值。

表4-5　生产者和消费者客户端用不同的网络客户端处理发送和轮询

客户端	发送请求方法的返回值	轮询方法的返回值	请求完成的处理器
生产者	void	List<ClientReponse>	RequestCompletionHandler
消费者	RequestFuture<ClientReponse>	void	RequestFutureCompletionHandler

消费者发送完请求返回的是一个异步请求对象，它表示的是异步请求的结果，可以通过调用异步请求的succeeded()方法查看请求是否已经处理完成。请求被处理完成指的是：服务端已经处理完这个请求，并且客户端也收到了服务端发送的响应结果。对这两种网络客户端发送请求、轮询、处理结果的使用范例如下：

```
// (1) 使用NetworkClient发送请求并处理结果的示例
client.send(request);
ClientResponse response = client.poll(timeout);
handleClientReponse(response);

// (2) 使用ConsumerNetworkClient处理异步请求对象的范例
RequestFuture<ClientResponse> future = client.send(api, request);
```

```
client.poll(future);
if (future.succeeded()) {
  ClientResponse response = future.value();
  handleClientReponse(response);
} else {
  throw future.exception();
}
```

除了使用的网络客户端对象不同，两者创建请求时提供的回调处理器也不同：生产者是请求完成的处理器（RequestCompletionHandler），消费者则是异步请求完成的处理器（RequestFutureCompletionHandler）。客户端（实际上是生产者的发送线程或消费者的拉取器）创建客户端请求对象（ClientRequest）时，都会传递对应的回调处理器实现。相关代码如下：

```
// 客户端请求对象，包括发送的请求和回调处理器接口（详见2.1.3节第三小节）
public final class ClientRequest {
  private final RequestSend request;
  private final RequestCompletionHandler callback;
}

// (1) 生产者的客户端请求对象（回调器是RequestCompletionHandler的匿名实现类）
RequestCompletionHandler callback=new RequestCompletionHandler(){..}
new ClientRequest(acks!=0, send, callback);
// (2) 消费者的客户端请求对象（回调器继承了RequestCompletionHandler接口）
RequestFutureCompletionHandler future=new RequestFutureCompletionHandler();
RequestSend send = new RequestSend(node.idString(), header, req);
new ClientRequest(send, future);
```

注意：RequestCompletionHandler是一个接口，而不是一个类，所以生产者使用请求完成处理器时，必须用匿名实现类的方式。而消费者使用的RequestFutureCompletionHandler因为已经继承了RequestCompletionHandler，所以可以直接传递给客户端请求对象。

---

2. 请求完成的回调处理器

请求完成的回调处理器在请求完成时才需要调用，而请求能否完成只能通过网络客户端的轮询触发。回顾2.1.3节，客户端网络对象在调用完选择器的轮询后，首先会对已经完成的发送或接收请求创建客户端响应，然后执行response.request().callback().onComplete(response)方法，从而触发客户端请求对象的回调方法。这里的调用流程比较重要，先把这段代码贴出来：

```
// NetworkClient的轮询处理：选择器的轮询、创建客户端响应，最后执行客户端请求的回调方法
public List<ClientResponse> poll(long timeout, long now) {
  this.selector.poll(Utils.min(timeout,metadataTimeout,requestTimeoutMs));
  List<ClientResponse> responses = new ArrayList<>();
  handleCompletedSends(responses, updatedNow);     // 完成发送的处理器
  handleCompletedReceives(responses, updatedNow); // 完成接收的处理器
  for (ClientResponse response : responses) {
    response.request().callback().onComplete(response);
  }
  return responses;
}
```

主要看response.request().callback().onComplete(response)这句连续调用的代码。

(1) response.request()表示获取客户端响应对应的客户端请求，因为在创建客户端响应时，会把客户端请求作为它的成员变量。

(2) request().callback()表示获取客户端请求的回调处理器成员变量，即在创建客户端请求时传入的RequestCompletionHandler。

(3) callback().onComplete(response)表示调用回调处理器的回调方法，因为回调处理器接口提供的方法就是onCompete()方法。

下面以生产者发送线程中发送生产请求为例，说明一下回调处理器和回调方法的调用流程。

(1) 生产者客户端创建客户端请求，将回调处理器传递给客户端请求对象。
(2) 通过网络客户端发送客户端请求。
(3) 通过网络客户端进行轮询，在这一步，如果有结果会调用上面连续的代码。
(4) 轮询后会触发回调处理器的onComplete()方法。
(5) handleProduceResponse()定义在onComplete()中，执行具体的业务处理逻辑。

注意： 如果要给下面的每句代码都加上编号，第一句创建回调处理器可以认为是0。因为它在创建客户端请求对象之前就开始创建，是一个匿名的实现了RequestCompletionHandler接口的类。

```
// 生产者使用网络客户端发送生产请求
RequestCompletionHandler callback = new RequestCompletionHandler() {
  public void onComplete(ClientResponse response) { // (4)
    handleProduceResponse(response, recordsByPartition); // (5)
  }
};
ClientRequest request = new ClientRequest(acks!=0, send, callback); // (1)
client.send(request);  // (2)
client.poll(timeout);  // (3)
```

如图4-24所示，生产者发送请求时定义了客户端请求的回调处理器，在网络客户端轮询时，就可以执行到客户端请求中回调处理器的回调方法。

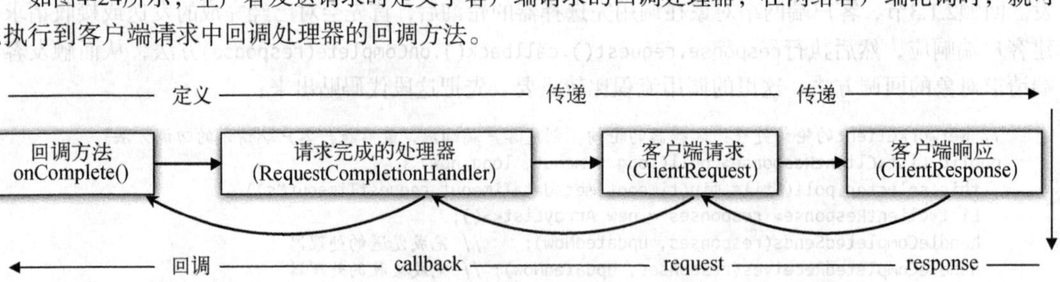

图4-24　请求完成回调处理器从创建到调用回调方法的执行路径

3. 异步请求完成的处理器

因为消费者发送请求时传递的RequestFutureCompletionHandler回调处理器，它也实现了RequestCompletionHandler接口，所以实际上消费者回调处理器的执行流程也和上面的流程是一样的。下面的代码把创建RequestCompletionHandler对象改为RequestFutureCompletionHandler，其他步骤和生产者发送请求的流程类似：

```
// 消费者使用网络客户端发送拉取请求
RequestFutureCompletionHandler future=new RequestFutureCompletionHandler(){
  public void onComplete(ClientResponse response) {  // (4)
    handleFetchResponse(response, recordsByPartition);  // (5)
  }
};
ClientRequest request = new ClientRequest(fetch, future); // (1)
client.send(request); // (2)
client.poll(timeout); // (3)
```

上面生产者和消费者的两个示例中，步骤(5)调用客户端响应相关的具体业务逻辑处理必须先定义好，作为回调处理器的onComplete()回调方法。还有一种实现方式是：不必事先（创建客户端请求前）定义回调方法的具体实现，而是采用监听器的方式在事后（创建客户端请求后）定义。下面以拉取器发送拉取请求为例，说明监听器的使用方式，具体步骤如下。

(1) 客户端发送请求返回异步请求对象，同时它也是一个异步请求完成时的回调处理器。

(2) 在步骤(1)返回的异步请求上添加监听器，监听器会调用具体的客户端响应处理逻辑。

(3) 客户端轮询，在收到请求的响应结果后，调用“回调处理器”的onComplete()方法。

(4) 步骤(3)会触发调用步骤(2)中监听器的onSuccess()回调方法。

(5) 调用客户端响应相关的具体业务逻辑处理方法，即handleFetchResponse()方法。

相关代码如下：

```
// 消费者通过拉取器，使用消费者网络客户端发送拉取请求（4.1.4节“1. 发送拉取请求”）
RequestFuture future = client.send(targetNode, ApiKeys.FETCH, fetch) // (1)
future.addListener(new RequestFutureListener<ClientResponse>() { // (2)
  public void onSuccess(ClientResponse response) { // (4)
    handleFetchResponse(response, fetch); // (5)
  }
});
client.poll(timeout); // (3)
```

注意： 上面代码中并没有出现异步请求完成时的回调处理器，即实现了RequestCompletionHandler的RequestFutureCompletionHandler，我们知道这两个对象才是通过response.request.callback.onComplete()实际触发回调方法的对象。如果没有使用它们，就无法调用最后的回调方法。实际上，步骤(1)客户端发送请求返回的异步请求对象，就实现了RequestFutureCompletionHandler接口，只不过这个类同时又继承了异步请求对象。

图4-25对使用网络客户端（NetworkClient）和消费者网络客户端（ConsumerNetworkClient）发送

请求并调用回调方法进行对比。前者的流程比较简单，后者由于引入了异步请求、监听器，使得整体的调用流程更加复杂。但实际上，最初的回调触发点，都是在轮询时调用RequestCompletionHandler的onComplete()方法发生的。图中的编号和上面示例的类似，只不过在原先的步骤(3)之后引入了调用异步请求的complete()方法。

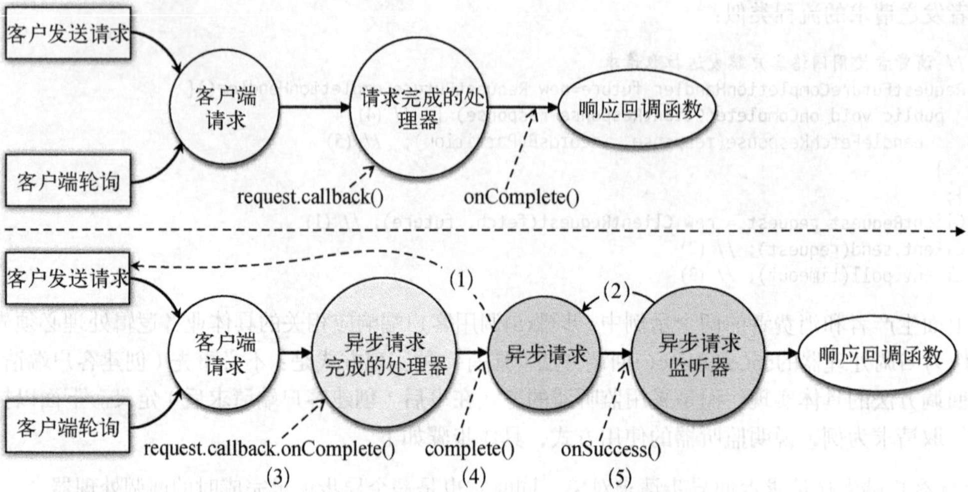

图4-25　两种网络客户端发送请求并调用回调方法

总结消费者网络客户端（ConsumerNetworkClient）异步发送请求涉及的多个相关对象如下。

- 异步请求完成的处理器（RequestFutureCompletionHandler）实现了“请求完成的回调处理器”接口，请求完成时调用其onComplete()回调方法。
- 异步请求（RequestFuture）是客户端调用发送请求的返回值。当异步请求完成时，可以获取异步请求的结果。
- 异步请求监听器（RequestFutureListener）。异步请求可以添加监听器，当异步请求有结果时，会调用监听器的onSuccess()回调方法。

4. 异步请求与监听器

客户端调用发送请求方法返回一个异步请求对象，可以在异步请求上调用addListener()方法添加一个异步请求监听器。异步请求管理了多个监听器，当调用异步请求的complete()方法时，除了设置异步请求的结果，还会触发监听器调用onSuccess()回调方法。相关代码如下：

```
// 异步请求对象，表示异步请求的结果，当异步请求完成时，会触发监听器的回调
public class RequestFuture<T> {
  boolean isDone = false;  // 发送的请求是否完成
  T value; // 如果请求完成了，结果会存储在这里
  List<RequestFutureListener<T>> listeners=new ArrayList(); // 监听器列表

  public void complete(T value) { // 完成异步请求
    this.value = value;
```

```
      this.isDone = true;
      fireSuccess(); // 触发监听器调用其回调方法
    }
    private void fireSuccess() {
      for (RequestFutureListener listener: listeners)
        listener.onSuccess(value); // 监听器一般是客户端自定义的匿名类
    }
    public void addListener(RequestFutureListener<T> listener) {
      if (isDone) {
        listener.onSuccess(value); // 添加监听器时，请求已经完成，直接触发回调
      } else {
        this.listeners.add(listener); // 添加到监听器列表中
      }
    }
  }
```

前面的RequestFutureCompletionHandler继承了RequestFuture父类，它的onComplete()方法就会调用RequestFuture父类的complete()方法。所以只要调用RequestFutureCompletionHandler的onComplete()，就能调用到RequestFuture中监听器的onSuccess()方法。而RequestFutureCompletionHandler本身又实现了RequestCompletionHandler接口，它的onComplete()方法会在客户端轮询到服务端返回的响应结果时调用。相关代码如下：

```
// 异步请求完成的处理器，实现的接口用在轮询时，继承的父类用在监听器上
public static class RequestFutureCompletionHandler
    extends     RequestFuture<ClientResponse>
    implements  RequestCompletionHandler{
  public void onComplete(ClientResponse resp) { // 客户端轮询调用
    complete(resp); // 调用异步请求的完成方法，表示请求已经完成了
  }
}
```

注意：上面以逆序的方式说明了回调方法的执行流程，而实际上从正序来看，当客户端轮询到服务端响应结果时，就表示异步请求已经完成。那么就可以调用异步请求的complete()方法了，继而调用监听器的onSuccess()方法，最后调用到用户自定义的客户端响应处理逻辑。

图4-26对比了生产者和消费者的回调方法的调用流程。为了让对比效果更明显，把消费者示例中匿名的监听器改为先创建、再加入到异步请求中。如果把消费者的监听器去掉，其实它和生产者的用法就一样了。

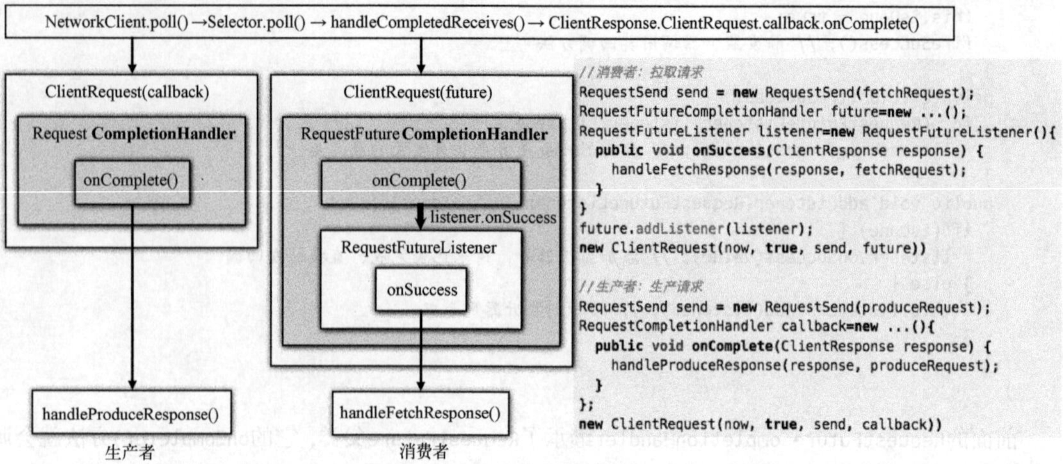
NetworkClient.poll() → Selector.poll() → handleCompletedReceives() → ClientResponse.ClientRequest.callback.onComplete()
ClientRequest(callback)
Request CompletionHandler
onComplete()
ClientRequest(future)
RequestFuture CompletionHandler
onComplete()
listener.onSuccess
RequestFutureListener
onSuccess
handleProduceResponse()
handleFetchResponse()
生产者
消费者
//消费者：拉取请求
RequestSend send = new RequestSend(fetchRequest);
RequestFutureCompletionHandler future=new ...();
RequestFutureListener listener=new RequestFutureListener(){
public void onSuccess(ClientResponse response) {
handleFetchResponse(response, fetchRequest);
}
}
future.addListener(listener);
new ClientRequest(now, true, send, future))
//生产者：生产请求
RequestSend send = new RequestSend(produceRequest);
RequestCompletionHandler callback=new ...(){
public void onComplete(ClientResponse response) {
handleProduceResponse(response, produceRequest);
}
};
new ClientRequest(now, true, send, callback))

图4-26　请求完成时，会调用异步请求中监听器的回调方法

5. 客户端响应结果与监听器

客户端有两种方式处理异步请求的结果：一种是通过监听器的方式，将异步请求的结果即客户端响应传给监听器的onSuccess()方法；另一种是不使用监听器，直接调用异步请求对象的value()方法获取客户端响应。这两种方式实际上是等价的，因为监听器得到的客户端响应和异步请求对象的value结果是一样的。下面两段伪代码模拟了两种方式获取客户端响应并进行处理的步骤：

```
// (1) 回调处理时，监听器onSuccess方法的参数ClientResponse实际上是异步请求的结果
RequestFuture future = client.send(targetNode, ApiKeys.FETCH, fetch)
future.addListener(new RequestFutureListener<ClientResponse>() {
  public void onSuccess(ClientResponse response) {
    handleFetchResponse(response, fetch);
  }
});
client.poll(future);
// (2) 没有使用监听器，而是在异步请求完成后，直接获取异步请求的结果再执行回调处理
RequestFuture future = client.send(targetNode, ApiKeys.FETCH, fetch)
client.poll(future);
if (future.succeeded()) {
  ClientResponse response = future.value();
  handleFetchResponse(response, fetch);
}
```

如图4-27所示，异步请求类的泛型类型<T>决定了请求结果、监听器onSuccess()方法可以接受的参数类型。比如T的类型为ClientResponse，那么监听器方法也会接受ClientResponse类型的value值。通常来说，用户自定义的客户端响应处理逻辑方法也是接受ClientResponse参数，然后从客户端响应中解析出数据，再做进一步的处理。

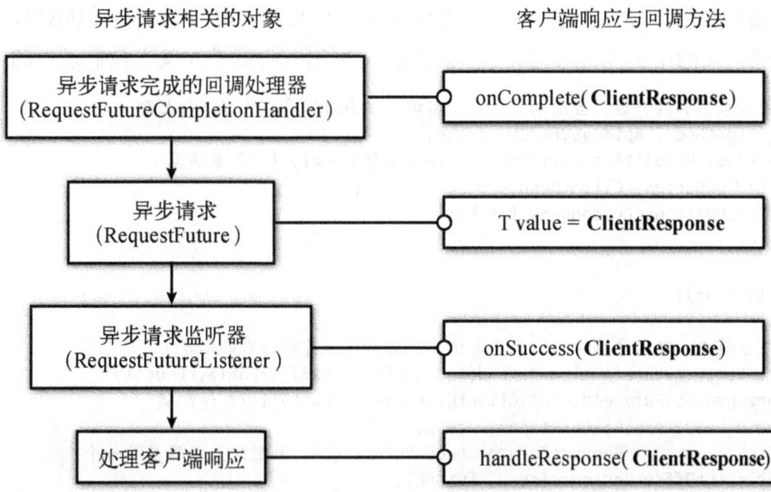

图4-27 客户端响应一路传给回调方法使用

4.2.2 异步请求高级模式

有时候客户端响应对象中的数据比较简单，可能就只有一条数据，而且类型也是确定的。比如获取分区偏移量，客户端响应结果只有一条数据，类型为`Long`。我们可能希望从异步请求得到的结果就是这个偏移量，而不希望根据`ClientResponse`对象再去获取。异步请求对象提供了“组合加适配器”（`compose+Adapter`）的模式，可以让调用者直接获取异步请求对象的结果。

1. 异步请求适配器

异步请求为客户端提供调用自定义业务处理逻辑的入口，除了“添加监听器”的方式，还有一种是“组合加适配器”模式。这种模式不仅有监听器，还能够对客户端响应结果做一次转换。这个转换操作实际上是对客户端响应结果进行解析，直接返回客户端想要的数据。

注意：“组合加适配器”模式中，“组合”表示组装一个监听器，“适配器”表示对客户端响应结果进行适配。

下面比较一下组合模式和上一节两种“获取客户端响应结果”模式（普通模式）的不同点。

(1) 普通模式使用监听器，并将异步请求的结果传给监听器的回调方法。组合模式也有监听器，但对异步请求的结果做了一次转换。

(2) 普通模式不使用监听器，直接获取异步请求结果。组合模式也获取异步请求的结果，但有监听器。

(3) 普通模式在获取到异步请求的结果后，才会执行回调处理。但组合模式在获取到异步请求的结果后，流程就结束了。组合模式的回调处理是在适配器的回调方法中完成的，适配器转换后的结果就是异步请求的最终结果。

下面以客户端发送LIST_OFFSETS请求获取分区的偏移量为例，说明“组合加适配器”模式的使用方法。为了和普通模式的用法进行对比，这里也贴出了采用监听器模式发送拉取请求的用法：

```
// (1) 为异步请求添加监听器，当请求完成时，回调方法会对客户端响应进行处理
client.send(targetNode, ApiKeys.FETCH, fetch)
  .addListener(new RequestFutureListener<ClientResponse>() { // 监听器
    public void onSuccess(ClientResponse response) {
      handleFetchResponse(response, fetch);
    }
  });
client.poll(timeout);

// (2) 使用组合模式，对客户端响应结果进行适配，最后获取异步请求的结果
RequestFuture<Long> future = client.send(node,ApiKeys.LIST_OFFSETS,request)
  .compose(new RequestFutureAdapter<ClientResponse, Long>() { // 适配器
    public void onSuccess(ClientResponse resp,
                          RequestFuture<Long> future){ // 参数比监听器多了一个
      // handleListOffsetResponse(resp, future);
      int offset = resp.get();
      future.complete(offset);  // 使用参数中的异步请求对象，完成这个异步请求
    }
  });
client.poll(future);
// 异步请求的结果，实际上是在适配器中，对异步请求调用complete()方法设置的结果
if (future.succeeded()) return future.value();
```

如表4-6所示，拉取请求使用添加监听器的方式，回调方法的参数只有客户端响应。获取偏移量请求使用组合的方式，回调方法除了客户端响应，还有一个异步请求对象。

表4-6　添加监听器和使用组合模式的区别

发送方法	添加监听器	创建监听器或适配器	onSuccess回调方法的参数
拉取请求	add	RequestFutureListener<ClientResponse>	ClientResponse
偏移量	compose	RequestFutureAdapter<ClientResponse,Long>	ClientResponse,RequestFuture<Long>

比较一下异步请求监听器和异步请求适配器的回调方法差异，后者多了一个异步请求对象。以LIST_OFFSETS请求为例，适配器有两个泛型参数，分别是T:ClientResponse、S:Long。相关代码如下：

```
// 异步请求监听器
public interface RequestFutureListener<T> {
  void onSuccess(T value);
}
// 异步请求适配器
public abstract class RequestFutureAdapter<T, S> {
  public abstract void onSuccess(T value, RequestFuture<S> future);
}
```

如图4-28所示，对于适配器的两个类型，T和S可以理解为输入类型T和输出类型S。适配器的作用是获取输入类型T=ClientResponse，将数据填充到输出类型S=Long中，这也是适配器抽象类的回调方法需要传入两个参数的原因。

注意：适配器可以理解为Scala的`map()`函数，比如`List(1,2,3).map(i => i.toString)`。输入类型是`T=Integer`，输出类型是`S=String`，`map()`函数的返回值类型是`List[S]`。

图4-28 适配器的作用是将输入转换为输出

要将输入类型转为输出类型，使用普通异步请求的方式来做的话，需要先获取到异步请求的客户端响应结果，然后将其转为输出类型。如果使用组合模式，异步请求结果的返回值直接就是输出类型。相关代码如下：

```
// (1) 正常方式为了获取分区的偏移量，要先得到客户端响应，再对它进行解析
public long listOffset(TopicPartition partition,long ts) {
  RequestFuture<ClientResponse> future=sendListOffsetRequest(partition,ts);
  client.poll(future);
  if (future.succeeded()) {
    ClientResponse response = future.value();
    Long offset = response.data.get();
    return offset;
  }
}

// (2) 适配器模式支持直接返回想要的结果，不需要解析客户端响应
public long listOffset(TopicPartition partition,long ts) {
  RequestFuture<Long> future = sendListOffsetRequest(partition,ts);
  client.poll(future);
  if (future.succeeded()) return future.value();
}
```

下面先分析组合模式的一种错误的设计方案，再看一下Kafka是如何使用组合模式对结果进行转换的。

2. 异步请求的组合模式

“组合加适配器”模式的目的是将输入类型转换为输出类型。假设客户端发送请求返回的是输入类型的异步请求，可以为异步请求添加一个监听器，在监听器的回调方法中，将输入类型的结果转换为输出类型。相关代码如下：

```
// 将输入类型转为输出类型的方案一
RequestFuture<T> future = client.send(request);
future.addListener(new RequestFutureListener(){
  public void onSuccess(T value) {
    // 处理异步请求的结果，T的类型是ClientResponse
    S newValue = process(value); // 转换操作，将客户端响应类型T转换为新类型S
    // 但是新类型S怎么暴露给客户端使用呢？
  }
```

```
});
client.poll(future);
if (future.succeeded()) {
  // 不能通过future.value()返回future的值，因为future的类型是T
  // return future.value();
  // 那么如何在这里获取新类型S的值？
}
```

但这里存在的问题是：回调方法转换后的结果，它的作用域对于客户端是不可见的，所以外部客户端无法获取转换后的结果。解决办法是再引入一个新的异步请求对象，这个新异步请求保存的是转换后的结果，然后将其暴露给客户端。客户端获取新异步请求对象的结果，就是转换后的输出类型数据。相关代码如下：

```
// 将输入类型转换为输出类型的方案二
RequestFuture<T> future = client.send(request);
final RequestFuture<S> adapted = new RequestFuture<S>();
future.addListener(new RequestFutureListener(){
  public void onSuccess(T value) {
    adapted.complete(value.get); // 转换操作
  }
});
client.poll(adapted);
if (adapted.succeeded()) return adapted.value();
```

异步请求对象compose()方法的设计思路，采用了第二种方案实现将输入类型转为输出类型。组合模式的调用链比较复杂，还是以LIST_OFFSETS请求为例。适配器类的两个泛型<T,S>分别表示输入和输出，对应这里的示例，输入类型T=ClientResponse，输出类型S=Long。相关代码如下：

```
// 拉取器发送获取分区偏移量的请求，最后从异步请求中得到分区的偏移量
public long listOffset(TopicPartition partition,long ts) {
  RequestFuture<Long> future = sendListOffsetRequest(partition,ts);
  client.poll(future);
  if (future.succeeded()) return future.value(); // (7) 获取异步请求[S]的结果
}

// 采用组合模式传递适配器，在适配器的回调方法中，根据客户端响应结果完成异步请求
RequestFuture<Long> sendListOffsetRequest(final TopicPartition tp,long ts) {
  return client.send(node, ApiKeys.LIST_OFFSETS, request) // (1) 异步请求[T]
  .compose(new RequestFutureAdapter<ClientResponse, Long>(){ // (2) 异步请求[S]
    public void onSuccess(ClientResponse resp,RequestFuture<Long> future){
      int offset = resp.get();  // 异步请求[T]完成，并从客户端响应中解析出偏移量
      future.complete(offset); // (6) 完成异步请求[S]
    }
  });
}

// 异步请求对象的组合方法会新创建一个异步请求，这个新异步请求会返回给客户端使用
public class RequestFuture<T> {
  public <S> RequestFuture<S> compose(RequestFutureAdapter<T, S> adapter) {
    // 现在已经在异步请求[T]里，这里又新建了一个异步请求[S]
    final RequestFuture<S> adapted = new RequestFuture<S>();
```

```
    // (3) 为第一个异步请求[T]添加监听器，新创建的异步请求[S]没有监听器
    addListener(new RequestFutureListener<T>() {
      public void onSuccess(T value) { // (4) 客户端轮询到结果时，会调用监听器的回调方法
        adapter.onSuccess(value, adapted); // (5) 调用适配器的回调方法
      }
    });
    return adapted; // 返回的是第二个异步请求[S]
  }
}
```

如图4-29所示，拉取器调用发送请求，再加上组合方法返回的是一个新创建的异步请求[S]，然后客户端会轮询新异步请求。新异步请求完成后，拉取器获取这个新异步请求对象的结果就是转换后的结果，它的类型是`S=Long`，表示分区的偏移量。整个调用流程的具体步骤如下。

(1) 客户端发送请求，返回第一个异步请求[T]。

(2) 在第一个请求[T]上组合适配器后，返回第二个异步请求[S]。

(3) 为第一异步请求[T]添加一个监听器。

(4) 客户端轮询到响应结果，异步请求[T]完成，会调用监听器的`onSuccess()`回调方法。

(5) 在监听器的回调实现中，会调用适配器的`onSuccess()`回调方法。

(6) 在适配器的回调实现中，会将异步请求[T]的结果转为[S]，并完成异步请求[S]。

(7) 客户端获取异步请求[S]的的结果。

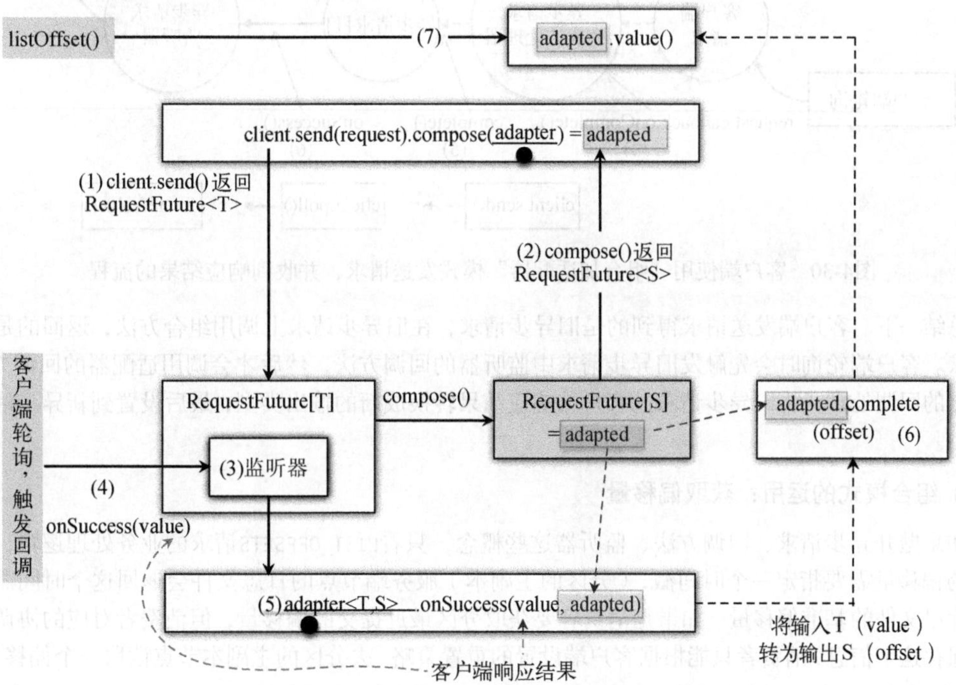

图4-29 "组合加适配器"模式的调用流程

如图4-30所示，“组合加适配器”模式比普通的异步请求模式多了右侧的3个对象，具体步骤如下。

(1) 客户端发送请求得到的是旧异步请求，类型为[T]，实际上是一个客户端响应。

(2) 在旧的异步请求上调用组合方法，返回一个新的异步请求，类型为[S]，可以是自定义的类型。

(3) 在旧异步请求对象上添加一个监听器，后续当它完成后，会调用适配器的回调方法。

(4) 异步请求也是一个异步请求完成的处理器，当客户端轮询到结果，调用其`onComplete()`方法。

(5) 异步请求完成处理器的回调方法会调用异步请求的`complete()`方法。

(6) 异步请求完成后，会调用步骤(3)中监听器的`onSuccess()`回调方法。

(7) 监听器的回调方法会调用组合方法传入适配器的`onSuccess()`回调方法。

(8) 在适配器的回调方法中，会解析客户端响应结果，完成步骤(2)的异步请求。

(9) 客户端获取步骤(2)异步请求的结果值，流程结束。

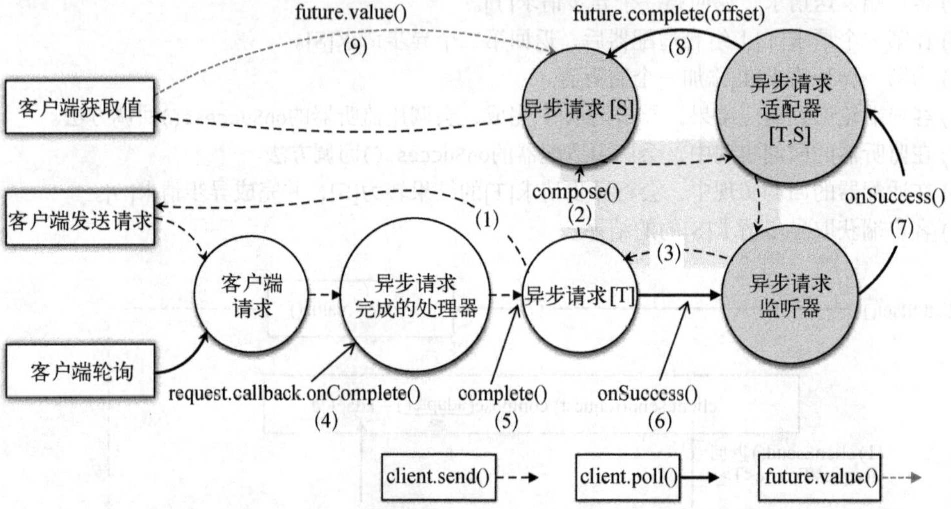

图4-30 客户端使用“组合加适配器”模式发送请求，并收到响应结果的流程

总结一下。客户端发送请求得到的是旧异步请求，在旧异步请求上调用组合方法，返回的是新异步请求。客户端轮询时会先触发旧异步请求中监听器的回调方法，然后才会调用适配器的回调方法。适配器的回调处理是将旧异步请求的客户端响应结果转换成新的输出类型，最后设置到新异步请求的结果中。

3. 组合模式的运用：获取偏移量

如果抛开异步请求、回调方法、监听器这些概念，只看`LIST_OFFSETS`请求的业务处理逻辑，获取分区的偏移量需要指定一个时间戳，（分区的主副本）服务端节点的日志文件会返回这个时间戳之前所有片段文件的基准偏移量。如果是消费者要获取分区最近提交的偏移量，但消费者对应的协调节点没有保存这个信息，消费者只能根据客户端设置的重置策略，去分区的主副本节点读取一个偏移量值。

获取分区的偏移量方法对异步请求的使用，和消费者拉取请求有如下两点区别。

- 客户端轮询的参数不是超时时间，而是异步请求：client.poll(future)。
- 最外层使用了死循环，确保只有在异步请求成功完成时，整个方法才会结束。

调用client.poll(future)与调用client.poll(timeout)是不同的：后者不管异步请求有没有完成，都会在给定的超时时间内返回，因此在轮询后调用异步请求的结果不一定有值；而前者必须等到异步请求完成了才会结束，在轮询结束后可以获取异步请求的值。带有异步请求参数的轮询方法本身也有一层循环，listOffset()方法实际上有两层循环。相关代码如下：

```
// 发送请求后不断轮询，直到异步请求成功完成后，才会返回异步请求的值
private long listOffset(TopicPartition partition,long ts) {
  while (true) { // 如果服务端没准备好，异步请求虽然完成，但没有成功，需要继续循环
    RequestFuture<Long> future = sendListOffsetRequest(partition,ts);
    // 对异步请求进行轮询，一定会确保异步请求完成，才会结束
    // while(!future.isDone()) poll(Long.MAX_VALUE);
    client.poll(future);
    if (future.succeeded()) return future.value(); // 直到成功，才退出外层循环
    else time.sleep(retryBackoffMs);
  }
}
```

正常情况下，客户端发送“获取分区的偏移量”请求，能够获取到响应结果，那么异步请求执行成功且有值。但如果服务端没有这个分区，或者分区还没有主副本，就不需要发送异步请求。这里会构造一个失败的异步请求，返回到listOffset()主方法中。主方法判断异步请求虽然完成，但却是失败的，就要隔段时间再重试。为了保证请求能够被执行，如果在发送请求之前出现异常，需要处理错误并重试。相关代码如下：

```
// 发送请求并定义监听器的回调方法，等待响应结果返回触发监听器的回调方法
RequestFuture<Long> sendListOffsetRequest(TopicPartition tp,long ts){
  // 只获取一个分区的偏移量，不像其他消息一样会有多个分区
  Map<TopicPartition,PartitionData> partitions=new HashMap();
  partitions.put(tp, new ListOffsetRequest.PartitionData(ts,1));
  PartitionInfo info=metadata.fetch().partition(tp);
  if (info == null) {
    metadata.add(tp.topic()); // 等待元数据刷新
    return RequestFuture.staleMetadata();
  } else if (info.leader() == null) { // 分区还没有主副本
    return RequestFuture.leaderNotAvailable();
  }
  // 前面两种异常情况都发生在发送请求之前
  ListOffsetRequest request = new ListOffsetRequest(-1, partitions);
  return client.send(info.leader(), ApiKeys.LIST_OFFSETS, request)
    .compose(new RequestFutureAdapter<ClientResponse, Long>() {
      public void onSuccess(ClientResponse resp,RequestFuture f){
        handleListOffsetResponse(tp, resp, f); // 适配器的回调方法
      }
    });
}

// 在收到响应结果时调用监听器的回调方法，将结果设置到异步请求中
private void handleListOffsetResponse(TopicPartition topicPartition,
        ClientResponse response,RequestFuture<Long> future) {
```

```
    ListOffsetResponse lor=new ListOffsetResponse(response.body());
    short errorCode = lor.responseData().get(topicPartition).errorCode;
    if (errorCode == Errors.NONE.code()) {
      List<Long> offsets=lor.responseData().get(topicPartition).offsets;
      long offset = offsets.get(0); // 一个分区只会有一个偏移量
      future.complete(offset); // complete()方法触发异步请求的完成
    }
  }
```

异步请求完成有两种情况：成功完成和失败完成。上面两种异常情况构造的异步请求虽然完成了，但却是失败的。为什么不把异常情况的异步请求认为没有完成呢？下面代码段第一部分异常情况的异步请求对象，如果是未完成的，就会一直阻塞在内层的循环中，这样根本就没有机会执行发送请求的逻辑。

如果是发送请求给服务端返回的异步请求，一定是可以获取到结果的，只不过是执行时间的问题。客户端第一次查看异步请求可能还没完成，第二次再查看异步请求可能就完成了。那么如果不先处理异常情况，而是先发送请求，然后在服务端进行错误处理，这样是否可能呢？下面代码段第二部分服务端处理异常情况，返回异常的异步请求（完成，但失败），这样客户端还是有机会进行错误重试的。虽然这种方案可行，但因为要指定发送请求的目标节点，对于前面的两种异常情况（没有分区或分区没有主副本）都没有目标节点，所以这种方案是不可取的。相关代码如下：

```
// (1) 如果异常情况的异步请求未完成，会一直阻塞在内层的循环中
while (true) {
  RequestFuture future = RequestFuture.staleMetadata();
  while(!future.isDone()) poll(Long.MAX_VALUE);  // 阻塞住，不会执行下面的代码
  if (future.succeeded()) return future.value();
}

// (2) 直接发送请求，不在客户端处理异常，而是在服务端处理
while (true) {
  RequestFuture future = sendRequest(node); // 发送请求，由服务端处理异常情况
  while(!future.isDone()) poll(Long.MAX_VALUE);  // 不管有没有异常，有结果就算完成
  if (future.succeeded()) return future.value(); // 异常情况不算成功，有机会重试
}
```

正常情况把请求发送出去，异常情况不会发送请求，两者在异步请求的使用上还有以下不同点。

- 只有异常情况才会调用外层的循环。正常情况下发送了请求，但还没有收到结果，不会执行外层的循环，只会执行内层的循环。如果正常情况也要执行外层循环，就会发送多次请求了，而实际上只需要发送一次请求，然后等待这个请求完成。
- 异常情况下调用client.poll(future)会立即返回，然后会隔段时间重试，直到可以发送请求为止。正常情况下有网络通信，调用client.poll(future)会阻塞住。只有客户端轮询到结果，异步请求完成了，才会执行后面的语句。

如图4-31所示，异步请求的“是否完成”和“是否成功”两个变量决定了怎么执行两层while循环。

(1) 完成但不成功，说明出现了异常情况，执行外层循环。

(2) 未完成，说明没有异常情况，而且发送了请求，但还没有收到响应结果，执行内层循环。

(3) 完成而且成功，说明在步骤(2)的基础上收到了响应结果，结束外层循环。

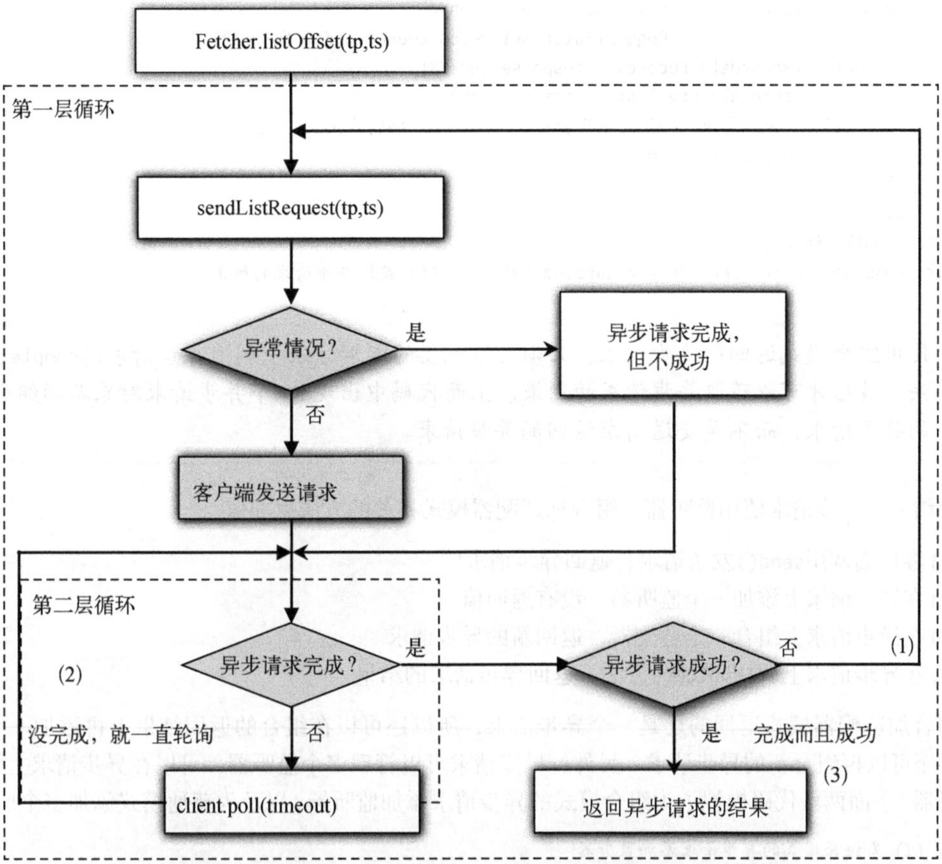

图4-31 异步请求的isDone和succeeded决定了是否需要循环

从“获取分区偏移量”的示例上来看，异步请求中与结果相关的方法和变量如下。

- complete(value)方法。解析客户端响应结果，并设置到异步请求的value变量中。
- raise(exception)方法。出现异常情况，设置异常信息以及isDone=true。
- value变量。获取complete()方法设置的值，在异步请求完成后获取结果。
- isDone变量。判断异步请求是否完成，成功和失败都算完成，都会设置isDone=true。
- succeeded()方法。异步请求是否成功，只有isDone=true而且没有异常，才算成功。

按照LIST_OFFSETS的示例，我们可以模仿拉取请求使用“组合加适配器”模式的用法。相关代码如下：

```
// 改造消费者使用“组合加适配器”模式发送拉取请求，并直接返回消费者记录集
RequestFuture<List<ConsumerRecord>> future = // (1) 组合方法返回的异步请求
  client.send(node,FETCH,fetch)
```

```
    .compose(new RequestFutureAdapter(){ // 组合方法会创建一个新的异步请求
      // (2) 异步请求参数是组合方法中创建的新异步请求
      public void onSuccess(ClientResponse response,
                            RequestFuture<List<ConsumerRecord>> future){
        ConsumerRecords[] records = response.getXXX();
        List<ConsumerRecord> list = List(records);
        // (3) 使用组合模式必须先调用异步请求的complete()方法
        future.complete(records);
      }
    });
client.poll(timeout);
List<ConsumerRecord> records = future.value(); // (4) 获取异步请求的结果
```

注意：使用组合模式返回的异步请求，必须在适配器的回调方法中调用异步请求的complete()方法，最后才可以获取异步请求的结果。上面代码中出现的4个异步请求对象都指组合返回的异步请求，而不是发送请求返回的异步请求。

总结一下异步请求使用监听器、组合加适配器模式相关的方法返回值。

(1) 客户端调用send()发送请求，返回异步请求。

(2) 在异步请求上添加一个监听器，没有返回值。

(3) 在异步请求上组合一个适配器，返回新的异步请求。

(4) 在异步请求上调用value()方法，返回异步请求的结果。

组合加适配器模式返回的还是一个异步请求，所以还可以在组合的返回结果上再添加一个监听器，甚至可以再组合新的异步请求。另外，异步请求可以管理多个监听器，可以在异步请求上添加多个监听器。下面两段代码模拟了为组合模式的异步请求添加监听器，以及为普通模式添加多个监听器：

```
// (1) 为组合模式的异步请求添加监听器
RequesFuture future = send(request).compose(adapter);
future.addListener(new RequestFutureListener(){...});

// (2) 为普通模式的异步请求添加多个监听器
RequesFuture future = send(request);
future.addListener(new RequestFutureListener(){...});
future.addListener(new RequestFutureListener(){...});
```

除了组合模式，异步请求还有更加高级的模式，比如链接模式会将两个异步请求链接在一起。

4. 异步请求的链式调用

异步请求可以通过chain()方法将另一个异步请求链接起来，它和组合模式的对比如下。

- 组合模式和链接模式都会为当前异步请求添加一个监听器。
- 组合模式会创建一个新异步请求，链接模式则传入一个已有的异步请求。
- 组合模式返回新异步请求，链接模式返回当前异步请求，不是传入的已有异步请求。

相关代码如下：

```
// 异步请求的组合模式和链接模式
public class RequestFuture<T> {
  // compose()组合一个适配器，作为调用者异步请求的监听器
  public <S> RequestFuture<S> compose(RequestFutureAdapter<T,S> adapter){
    RequestFuture<S> adapted = new RequestFuture<S>(); // (2) 创建新异步请求
    addListener(new RequestFutureListener<T>() {  // (1) 添加监听器
      public void onSuccess(T value) {      // value是当前异步请求的结果
        adapter.onSuccess(value, adapted);  // 调用适配器的回调
      }
    });
    return adapted; // (3) 返回值为新创建的异步请求
  }

  // chain()链接一个已有的异步请求，作为调用者异步请求的监听器
  public void chain(RequestFuture<T> future) { // (2) 传入已有的异步请求
    addListener(new RequestFutureListener<T>() {  // (1) 添加监听器
      public void onSuccess(T value) {      // value是当前异步请求的结果
        // 用“当前异步请求”的结果作为“传入的异步请求”的结果，所以它们的类型一样
        future.complete(value);             // 完成传入的异步请求
      }
    }); // (3) 没有返回值，所以返回的仍然是当前的异步请求，不是传入的异步请求
  }
}
```

组合模式需要对新异步请求调用complete()方法，链接模式需要对传入的已有异步请求调用complete()方法，只有调用异步请求的完成方法后，调用者才可以获取异步请求的结果。这两种模式的异步请求调用流程区别如下。

- 组合模式在当前异步请求完成时，调用监听器的回调，在监听器的回调中会将新异步请求传给适配器的回调方法。适配器的回调方法会调用新异步请求的complete()方法，从而完成新异步请求，即组合模式方法返回的异步请求。
- 链接模式在当前异步请求完成时，调用监听器的回调，在监听器的回调中会调用传入已有异步请求的onComplete()方法，从而完成已有异步请求。

下面3段伪代码是组合模式和链接模式的用法示例：

```
// (1) A完成时，它的监听器调用适配器的回调，适配器的回调会完成异步请求B
RequestFuture<ClientResponse> A = sendRequest();
RequestFuture<Long> B = A.compose(adapter); // 组合模式，返回“新异步请求”
Long value = B.value();

// (2) B完成时，它的监听器会完成传入的异步请求B，从而A也完成
RequestFuture<ClientResponse> A = sendRequest1();
RequestFuture<ClientResponse> B = sendRequest2();
B.chain(A); // B先完成，然后调用A的complete()，完成A
ClientResponse value = A.value(); // A完成了，现在才可以获取A的值

// (3) A完成时，它的监听器会完成传入的异步请求B，从而B也完成
RequestFuture<ClientResponse> A = sendRequest1();
RequestFuture<ClientResponse> B = sendRequest2();
A.chain(B); // A先完成，然后调用B的complete()，完成B
ClientResponse value = B.value(); // B完成了，现在才可以获取B的值
```

这里我们把调用compose()和chain()方法的对象叫作当前异步请求。比如，组合模式B=A.compose()，那么A是当前异步请求，B是新异步请求；再比如，链接模式A.chain(B)，那么A是当前异步请求，B是传入的已有异步请求。后面两种链接模式使用chain()的调用者和参数不同（即A.chain(B)、B.chain(A)），表示的含义也不同。

- B.chain(A)。异步请求B先完成，通过监听器调用异步请求A的complete，完成异步请求A。
- A.chain(B)。异步请求A先完成，通过监听器调用异步请求B的complete，完成异步请求B。

注意：组合模式中异步请求的类型和原来的类型不一样，而参与链接模式的两个异步请求的类型是一样的。所以chain()方法除了异步请求原先的类型T外，并没有引入第二个类型。

---

5. 链接模式的运用：消费者加入消费组

前面用“获取偏移量”作为组合模式的示例，下面用“消费者加入消费组”作为链接模式的示例：

```
// 消费者加入消费组，使用链接模式，最后获取JoinGroup异步请求的结果
RequestFuture<ClientResponse> joinFuture = sendJoinGroupRequest();
RequestFuture<ClientResponse> syncFuture = sendSyncGroupRequest();
syncFuture.chain(joinFuture);
ClientResponse value = joinFuture.value();
```

“消费者加入消费组”的业务逻辑必须满足加入组请求比同步组请求先发送。但按照前面chain()方法的结论：当前异步请求（即同步组）完成后，才会通过监听器方式调用传入已有异步请求的complete()方法，完成已有异步请求（即加入组），最后才可以获取已有异步请求的结果。那么先发送的请求最后才完成，后发送的请求却先完成，看起来有点不符合逻辑。实际上“消费者加入消费组”的示例综合运用了监听器、组合模式和链接模式，保证业务逻辑的准确和异步请求的调用顺序。

客户端发送加入消费组请求，并得到异步请求（joinFuture）结果的3种实现方案如下。

- 组合加适配器模式，在适配器回调中将客户端响应设置为异步请求的结果。
- 在适配器的回调中，采用链接模式引入一个新的异步请求（同步组对应的syncFuture），在新异步请求完成后，会完成组合方法返回的异步请求（加入组对应的joinFuture）。
- 同第二种的链接模式，但在适配器回调中创建的新异步请求也采用组合加适配器模式。

相关代码如下：

```
// 消费者发送“加入消费组”，要获取异步请求的结果，有多种方法
RequestFuture<ByteBuffer> joinFuture = client.send(node,JOIN_GROUP,fetch)
  .compose(new RequestFutureAdapter(){
    public void onSuccess(ClientResponse response,
                          RequestFuture<ByteBuffer> joinFuture){
      // (1) 直接调用joinFuture的complete()方法
      ByteBuffer buffer = resp.getXXX();
      joinFuture.complete(buffer);

      // (2) 再创建一个异步请求并链接joinFuture，也调用joinFuture的complete()方法。
      // 这种方案有问题，因为客户端发送请求只会返回RequestFuture<ClientResponse>。
```

```
        // 但为了给下面的第三种方案作出铺垫和过渡，这种方式看起来比较简洁，易于理解
        RequestFuture<ByteBuffer> syncFuture=client.send(coor,SYNC_GROUP,req);
        syncFuture.chain(joinFuture); // 用syncFuture的结果作为joinFuture的结果

        // (3) 实际上新创建的异步请求，本身也还可以是组合模式
        RequestFuture<ByteBuffer> syncFuture=client.send(coor,SYNC_GROUP,req)
          .compose(new RequestFutureAdapter(){
            public void onSuccess(JoinGroupResponse resp,
                                  RequestFuture<ByteBuffer> syncFuture){
              ByteBuffer buffer = resp.getXXX();
              syncFuture.complete(buffer); // syncFuture异步请求结果是ByteBuffer
            }
          });
        syncFuture.chain(joinFuture); // 用syncFuture的结果作为joinFuture的结果
      }
    });
ByteBuffer value = joinFuture.value();
```

注意：组合模式的一个重要特点是：在适配器的回调方法中，第一个参数ClientResponse表示“发送方法”的异步请求结果，第二个带有泛型的参数RequestFuture表示组合方法返回的异步请求结果。执行到适配器的回调方法，就表示发送方法已经有返回值了，要不然就不会有客户端响应结果对象。那么要完成组合方法的异步请求，必须调用第二个参数RequestFuture的complete()方法，这时候才表示组合方法的异步请求正式完成。

Kafka消费者采用方案三发送“加入消费组”请求，异步请求结果表示分配到的分区，具体步骤如下。

(1) 客户端发送“加入组请求”，采用组合方法返回加入组的异步请求。
(2) 在加入组的响应回调中，发送“同步组请求”，也采用组合方法返回同步组的异步请求。
(3) 将同步组的异步请求链接上加入组的异步请求，为同步组添加一个监听器。
(4) 当“同步组请求”收到客户端响应结果，完成同步组的异步请求。
(5) 调用同步组异步请求的监听器回调方法，完成加入组的异步请求（chain()方法）。
(6) 加入组的异步请求已经完成，获取加入组异步请求的结果。

注意：“加入组请求”指的是JoinGroupRequest，加入组的异步请求指的是“加入组请求”对应的异步请求。同理，“同步组请求”指的是SyncGroupRequest。请求会从客户端发送给服务端，异步请求是客户端发送请求后，得到的一个代表这个请求状态的对象。

相关代码如下：

```
// 客户端发送“加入组请求”，并得到分配给消费者的分区
RequestFuture<ByteBuffer> future=sendJoinGroup(request); // 发送JoinGroup请求
client.poll(future);
ByteBuffer value = future.value(); // (6) JoinGroup异步请求的结果

// 采用组合模式发送“加入组请求”
```

```
RequestFuture<ByteBuffer> sendJoinGroup(JoinGroupRequest request) {
  return client.send(coordinator, ApiKeys.JOIN_GROUP, request)
      .compose(new JoinGroupResponseHandler()); // (1) JoinGroup的异步请求
}
private class JoinGroupResponseHandler extends RequestFutureAdapter {
  public void onSuccess(JoinGroupResponse resp,
                       RequestFuture<ByteBuffer> future){ // JoinGroup异步请求
    // 先得到加入组的结果，但是不急于完成组合方法的异步请求，而是放到chain方法中去完成
    SyncGroupRequest req = new SyncGroupRequest(resp,...);
    RequestFuture syncFuture = sendSyncGroup(req); // 发送SyncGroup请求
    syncFuture.chain(future); // (3) 将JoinGroup异步请求链接到SyncGroup异步请求
    // 从前面的示例中我们知道，SyncGroup异步请求先完成后，再完成JoinGroup异步请求
  }
}

// 采用组合模式发送"同步组请求"
RequestFuture<ByteBuffer> sendSyncGroup(SyncGroupRequest request) {
  return client.send(coordinator, ApiKeys.SYNC_GROUP, request)
      .compose(new SyncGroupRequestHandler()); // (2) SyncGroup的异步请求
}
class SyncGroupRequestHandler extends RequestFutureAdapter{
  public void onSuccess(SyncGroupResponse resp,
                       RequestFuture<ByteBuffer> future) {
    future.complete(resp.memberAssignment()); // (4) 完成SyncGroup异步请求
  }
}

// 为了整个调用流程的完整性，把异步请求的chain()方法再贴出来
public class RequestFuture<T> {
  public void chain(RequestFuture<T> future) { // JoinGroup的异步请求
    addListener(new RequestFutureListener<T>() { // 添加监听器
      public void onSuccess(T value) { // value是SyncGroup异步请求的结果
        future.complete(value);  // (5) 完成JoinGroup异步请求
      }
    });
  }
}
```

如图4-32所示，消费者加入消费组结合消费者网络客户端的轮询，具体的执行步骤如下。

(1) 消费者在轮询时为了确保分配到分区，会向协调者发送“加入组请求”。

(2)“加入组请求”通过组合模式定义加入组的响应处理器，并返回异步请求。

(3) 请求被发送后，客户端会轮询，并等待服务端返回加入组的响应结果。

(4) 服务端返回加入组的响应结果，步骤(2)的响应处理器被触发。

(5) 加入组的响应处理器回调方法中，会再次向协调者发送“同步组请求”。

(6)“同步组请求”也会定义同步组的响应处理器，也返回异步请求。

(7) 为“同步组请求”的异步请求链接上“加入组请求”的异步请求。

(8) 链接模式会为同步组的异步请求添加一个监听器。

(9) 客户端会轮询并等待服务端返回同步组的响应结果。

(10) 服务端返回同步组的响应结果，步骤(6)的响应处理器被触发。

(11) 从同步组的客户响应结果中解析出字节数组，完成同步组异步请求。

(12) 同步组异步请求完成了，将字节数组设置到同步组异步请求的结果值中。

(13) 同步组异步请求在步骤(8)中有监听器，触发调用监听器的回调方法。

(14) 监听器调用加入组异步请求的`complete()`方法，完成加入组异步请求。

(15) 同步组异步请求的结果值会作为加入组异步请求的结果，两者的类型也一样。

(16) 步骤(1)在发送“加入组请求”后，现在终于可以读取到加入组异步请求的结果值了。

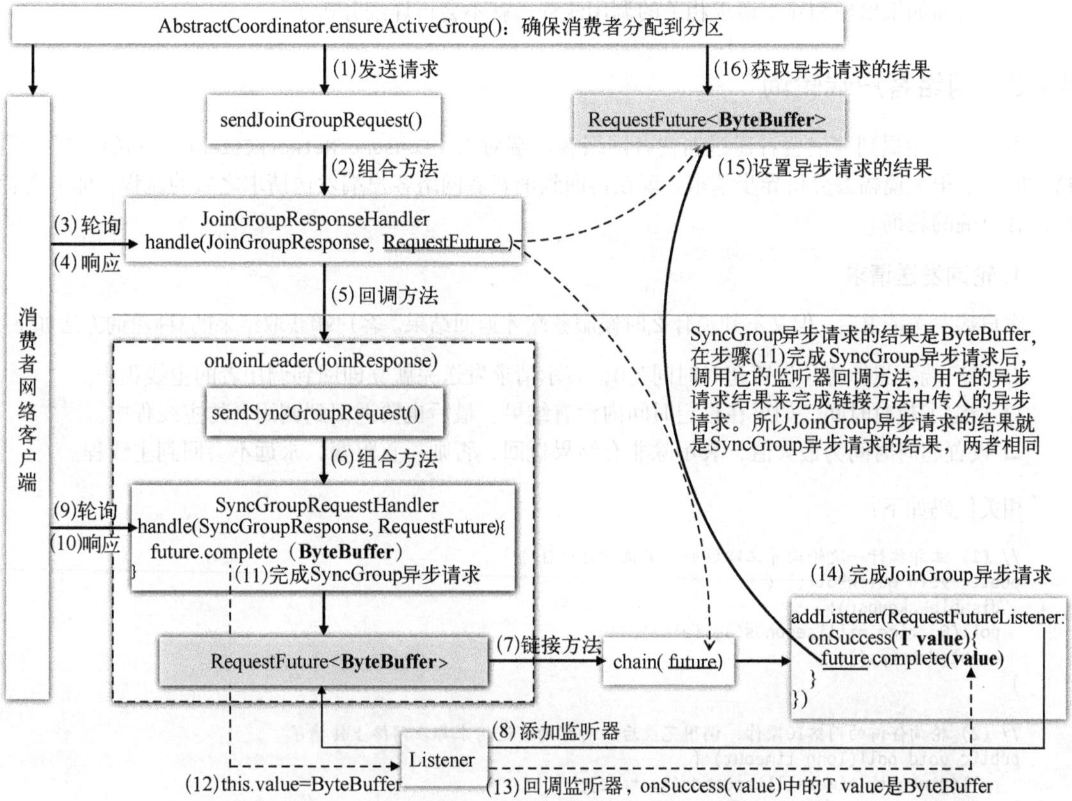

图4-32　使用链接模式的示例：消费者加入消费组

上面大致的流程是：发送“加入组请求” → 返回加入组的异步请求 → 完成“加入组请求” → 发送“同步组请求” → 返回同步组的异步请求 → 完成“同步组请求” → 完成同步组的异步请求 → 完成加入组的异步请求 → 获取加入组异步请求的结果。注意这里第三步：完成“加入组请求”，表示收到加入组的客户端响应，但是这时因为还没有调用加入组异步请求的完成方法，并没有完成加入组的异步请求。加入组的异步请求只在倒数第二步，通过同步组异步请求的链接方法调用才完成。总结一下这些步骤的特点。

- 发送“加入组请求”先于发送“同步组请求”，但完成同步组异步请求先于完成加入组异步请求。
- 组合方法会创建新的异步请求，创建加入组的异步请求也先于创建同步组的异步请求。

- 同步组异步请求的结果和加入组异步请求的结果不仅数据一样，类型也一样。
- 如果发送“加入组请求”没有生成客户端响应结果，就不会发送“同步组请求”。
- 客户端轮询只会调用一次响应处理器，这里可以完成异步请求，比如完成同步组异步请求。
- 加入组的响应处理器没有完成加入组的异步请求，只能通过链接方法由其他对象来间接完成。

这一节分析了异步请求的调用流程以及多种模式的使用。消费者有很多发送请求的方式都采用异步请求，后面如果出现和异步请求相关的调用流程，就不会再详细分析了。

4.2.3　网络客户端轮询

本节一开始提到“消费者通过消费者网络客户端对象（ConsumerNetworkClient）发送请求”，但这中间花了很大篇幅去分析异步请求。现在再回到消费者网络客户端发送请求之后的流程，即消费者网络客户端的轮询。

1. 轮询发送请求

客户端发送请求后，但又不知道什么时候服务端才返回结果。客户端获取结果的3种轮询方法如下。

- 客户端不想等待，设置超时时间为0，表示请求发送完就立即回到调用者的主线程中。
- 指定了超时时间，如果在指定时间内没有结果，最后也要返回到调用者的主线程中。
- 设置超时时间为最大值，表示除非有结果返回，否则一直阻塞，永远不会回到主线程。

相关代码如下：

```
// (1) 立即执行一次轮询并立即返回，不执行延迟任务
public void quickPoll() {
  disableWakeups();
  poll(0, time.milliseconds(), false);
  enableWakeups();
}

// (2) 轮询任何的网络IO操作，调用完成后，所有的发送请求都在网络上传输了
public void poll(long timeout) {
  poll(timeout, time.milliseconds(), true);
}

// (3) 超时时间是无限的，直到异步请求完成前会一直阻塞
public void poll(RequestFuture<?> future) {
  while (!future.isDone()) poll(Long.MAX_VALUE);
}
```

表4-7列举了消费者网络客户端3种不同参数的轮询方法，分别对应上面的3种情景。

表4-7　消费者网络客户端轮询的3种方式

轮询方法	是否阻塞	应用示例
quickPoll()	不会阻塞，立即返回，返回时可能会没有结果	客户端在一次轮询中有返回结果，发送新拉取请求
poll(timeout)	最多阻塞超时时间，超时后没有结果也要返回	Kafka消费者发送拉取请求后轮询
poll(future)	如果没有结果会无限制阻塞，除非有结果返回	拉取器获取分区的偏移量，必须等待请求完成

先来复习一下普通的网络客户端（NetworkClient）发送一个请求的过程，它要经过下面的3个步骤。

(1) client.ready(node)。客户端连接上目标节点，并已经准备好发送请求。

(2) client.send(request)。发送请求，只将请求设置到网络通道，下一步才真正发送。

(3) client.poll(timeout)。客户端轮询获取结果，如果有回调方法会处理响应结果。

消费者的网络客户端底层对NetworkClient进行了封装，它完成一次请求发送的步骤如下。

(1) send()方法创建客户端请求并缓存到未发送的请求集（每个节点对应一个请求列表）。

(2) poll()方法会对未发送的请求集，迭代每个节点的每个客户端请求。

(3) trySend()方法会调用NetworkClient.send()，暂存请求到网络通道。

(4) clientPoll()方法会调用NetworkClinet.poll()，真正把请求发送出去。

消费者的网络客户端尝试发送请求时，会循环处理未发送的请求集（unsent字典）。如果客户端已经和对应的服务端节点建立连接，就可以将客户端请求通过client.send()设置到对应的网络通道中，调用client.poll()把网络通道中的客户端请求真正发送出去。

因为调用一次NetworkClient的轮询方法可以发送多个请求，所以不需要在每次调用client.send()后都立即调用client.poll()。而是应把所有准备好的客户端请求都设置到对应的网络通道，最后才执行一次轮询。另外，在调用client.send()将客户端请求设置到网络通道后，可以将其从未发送的请求集中删除。下次再调用尝试发送请求时，客户端请求不会驻留在未发送的请求集字典中，不会出现重复发送的情况。相关代码如下：

```java
// 消费者的网络客户端通过轮询发送请求
private final DelayedTaskQueue delayedTasks = new DelayedTaskQueue();
private final Map<Node, List<ClientRequest>> unsent = new HashMap<>();

private void poll(long timeout, long now, boolean executeDelayedTasks) {
  trySend(now); // 第一次尽量发送所有请求，不过如果节点没准备好，仍然不能发送
  timeout = Math.min(timeout, delayedTasks.nextTimeout(now));
  clientPoll(timeout, now); // 调用底层的NetworkClient.poll()真正轮询
  checkDisconnects(now); // 使任何不需要连接的失败，在poll()后必须立即检查
  if (executeDelayedTasks) delayedTasks.poll(now); // 执行延迟的任务
  trySend(now); // 再次发送请求，因为缓冲区可能被清空或缓冲区中有连接已经完成
  failUnsentRequests();    // 让不能发送出去的请求失败
}
private boolean trySend(long now) {
  for(Map.Entry<Node,List<ClientRequest>> requestEntry: unsent.entrySet()){
    Node node = requestEntry.getKey();
    Iterator<ClientRequest> iterator = requestEntry.getValue().iterator();
    while (iterator.hasNext()) {
      ClientRequest request = iterator.next();
      if (client.ready(node, now)) { // 已经连接上节点，并且准备发送
        client.send(request, now); // 只有在clientPoll()时才真正发送
        iterator.remove(); // 已经发送过了，可以移除了，下一次选择剩余的
      }
  }  }
  }
}
```

轮询方法除了发送客户端请求，还会负责调度由消费者的协调者产生的定时任务。

2. 定时任务

在Java中实现定时任务有几种方式：使用循环和睡眠方式实现的普通线程、单线程的Timer和TimerTask、线程池的ScheduledExecutorService。用Java实现定时任务，一般这种任务会无条件定时执行，Kafka中的定时任务有下面几个特点。

- 定时任务是通过消费者的轮询动作触发的，如果没有轮询，就不会执行定时任务。
- 定时任务也会发送请求给服务端，并且在收到响应结果后需要做一些具体的业务处理。
- 如果上一次的任务没有完成，定时任务就不会启动新的任务。

Kafka用轮询和队列实现了定时任务，并且引入了延迟任务的概念。延迟任务指的是：当前任务完成后，记录下一次任务被调度的时间，并且以下次调度的时间创建一个新的延迟任务。随着时间的流逝，在某个时刻，如果任务的调度时间超过当前时刻，就说明之前创建的延迟任务的调度时间已经到了，不能再延迟了，需要立即执行。客户端决定任务什么时候开始调度有下面两种方式。

- 记录下一次调度的绝对时间，延迟的任务会在记录的这个时间点开始执行。
- 指定间隔多长时间后再次执行，延迟的任务在当前任务执行后，再经过这个时间间隔开始执行。

方式一比较容易实现，只要用任务的调度时间和当前时间比较即可。如果调度时间超过当前时间，就说明需要执行任务。方式二要保存上一个任务的调度时间，然后用当前时间减去上一次的调度时间得到差距时间，将其再和间隔时间比较，才能判断是否可以执行。

定时任务与延迟任务两个概念并不矛盾，定时任务指的是任务会被定时执行，延迟任务指的是任务会被延迟执行，并且会以定时的方式被调度执行。延迟任务需要通过一个外部调用者不停地检测任务的调度是否已经到了。如果只是把延迟任务放入任务队列，却没有外部调用者的定时检测，那么延迟的任务还是没有机会执行。

在客户端轮询的任何时刻，系统中只会存在一个延迟的任务，这个任务只会有3种状态：等待执行、正在执行、执行完成。如果当前任务执行完，它的生命周期就彻底结束了，并且会创建出一个新的任务，这个新任务的状态也会经历等待执行、正在执行、执行完成这3种状态。例如，客户端每隔10秒向协调者发送1次心跳，第一次任务执行完的时间点是2016-07-06 22:54:35。任务(1)执行完成后，它的生命周期就结束了，并且会新创建一个调度时间点为2016-07-06 22:54:45的延迟任务(2)，然后将这个新创建的延迟任务(2)加入延迟任务队列（delayedTasks）。同时，外部的Kafka客户端每隔1秒执行1次轮询，每次轮询会检查延迟任务队列中是否有超时的任务需要取出来执行。由于轮询的时间间隔为1秒，经过10次轮询后，当前时间会大于延迟任务(2)的调度时间，客户端就会开始执行延迟任务(2)。

注意：因为定时任务的执行是由客户端轮询触发的，所以最好保证客户端轮询的间隔时间比定时任务的间隔时间长。这样定时的任务就不会被延迟太久才轮询到。假设客户端轮询间隔为5秒，那么定时任务的间隔要设置成大于5秒。否则，如果定时任务的间隔为1秒，客户端5秒才轮询一次，那么定时任务就被延迟了4秒才开始执行。

---

3. 延迟的任务队列

客户端要调度定时任务，需要调用消费者网络客户端的schedule()方法，并且指定延迟的任务和调用的时间点。客户端有多种定时任务，会使用队列来保存所有需要定时执行的延迟任务。这个队列是一个按照任务的调度时间进行排序的优先级队列。

客户端调用schedule()方法会将任务添加到优先级队列。优先级队列总是有序的，并且跟任务加入队列的时间没有关系。例如，先加入队列的任务(1)超时时间为10秒，后加入队列的任务(2)超时时间为5秒，队列第一个元素是任务(2)，因为任务(2)的超时时间比任务(1)要小。

优先级队列中的延迟任务按照时间顺序排序，即最先应该执行的任务放在队列头部。那么从队列拉出来的第一个任务一定是最早到期的，后面任务的到期时间一定比第一个任务要晚。每个任务的调度时间在放入队列时就被固定好了，而且一般是在当前时间之后。

延迟任务的弹出方法（poll()）指定了参数当前时间（now），表示会依次弹出所有调度时间小于当前时间的任务。由于客户端会不断轮询，参数now也会不断增加。在某个时刻一定会有调度时间满足now大于等于队列第一个任务的，表示这个任务到期了应该开始执行。也有可能在这个时刻有多个任务同时满足这个条件，那么它们都会被选中执行。例如，队列中每个任务的调度时间分别是Task2=2秒、Task1=3秒、Task5=5秒、Task3=7秒、Task4=9秒，这里任务的编号不一定有序，但是调度时间是有序的。如果当前时间是1秒，不会弹出任何任务；当前时间是2秒，则只会弹出Task2；当前时间是8秒，则会接着弹出Task5、Task3。相关代码如下：

```
// 客户端要执行定时任务，需要调用schedule方法，指定延迟的任务和其调用的时间点
public class ConsumerNetworkClient {
  private DelayedTaskQueue delayedTasks = new DelayedTaskQueue();

  public void schedule(DelayedTask task,long at){delayedTasks.add(task,at);}
  public void unschedule(DelayedTask task){delayedTasks.remove(task);}
}

// 延迟的任务队列，是一个按照时间排序的优先级队列
public class DelayedTaskQueue {
  private PriorityQueue<Entry> tasks;

  public void add(DelayedTask task, long at) {
    tasks.add(new Entry(task, at));
  }
  public void poll(long now) {
    // 放入队列中的任务按照时间顺序排列，取出的是最先应该执行的
    while (!tasks.isEmpty() && tasks.peek().timeout <= now) {
      Entry entry = tasks.poll();
      entry.task.run(now); // 延迟的任务不是一个线程，run()是一个普通方法
    }
  }
}
```

放在队列中的延迟任务只能通过外部调用轮询方法的方式才有机会执行，而队列的轮询方法只通过ConsumerNetworkClient.poll()调用。下面是延迟队列poll()方法的调用栈：

```
DelayedTaskQueue.poll(long) // 弹出队列的延迟任务
  |- ConsumerNetworkClient.poll(long, long, boolean) // 客户端轮询有3种方式
    |- ConsumerNetworkClient.poll(RequestFuture<?>, long) // 无限阻塞
    |- ConsumerNetworkClient.quickPoll()                  // 立即返回
    |- ConsumerNetworkClient.poll(long)                   // 指定时间返回
```

延迟类型的任务（DelayedTask）在消费者客户端有两个实现类：心跳任务（AbstractCoordinator.HeartbeatTask）和定时提交任务（ConsumerCoordinator.AutoCommitTask）。这两种任务都属于需要定时执行的任务，由于都和消费组相关，所以会通过“消费者的协调者”对象，发送对应的客户端请求给服务端的协调者节点。

- **HeartbeatTask**。消费者周期性地向协调者发送心跳，表示自己是存活的。
- **AutoCommitTask**。消费者定期地向协调者发送“偏移量提交请求”，保存消费进度。

4.3 心跳任务

消费者拉取数据是在拉取器中完成的，发送心跳是在消费者的协调者上完成的，但并不是说拉取器和消费者的协调者就没有关联关系。“消费者的协调者”的作用是确保客户端的消费者和服务端的协调者之间的正常通信，如果消费者没有连接上协调者（比如协调者认为消费者挂了，或者消费者认为协调者挂了），那么拉取器的拉取工作以及后续的消息消费等工作就都无法正常进行。

每个消费者都需要定时地向协调者发送心跳，以表明自己是存活的。如果消费者一段时间内没有发送心跳，协调者就会认为消费者挂掉了。协调者还要能够对消费组成员失败进行处理，比如将失败消费者拥有的分区分配给其他消费者消费。心跳通常会作为分布式系统的健康检查状况手段，通过让每个节点都定时上报心跳信息给某个中心节点，如果一段时间没有收到某个节点的心跳，中心节点就认为那个节点挂掉了。

4.3.1 发送心跳请求

客户端发送心跳请求采用“组合加适配器”模式，由于组合模式的返回值是新创建的异步请求，还可以在返回的异步请求上再添加一个监听器。客户端发送心跳请求并处理心跳响应的伪代码如下：

```
// 消费者客户端的ConsumerCoordinator类发送心跳请求
RequestFuture<Void> future = client.send(coordinator, ApiKeys.HEARTBEAT, req)
  .compose(new RequestFutureAdapter<ClientResponse, Void>() {
    public void onSuccess(ClientResponse resp,RequestFuture<Void> future){
      future.complete(null)
    }
  });
future.addListener(...); // 可以在组合模式方法返回的异步请求上添加监听器
```

消费者发送心跳和“定时提交偏移量”都会与服务端的协调者节点进行通信。这两个不同的请求对应不同的客户端响应，CoordinatorResponseHandler类将解析客户端响应（对应parse()方法）和处理客户端响应（对应handle()方法）进行了抽象。相关代码如下：

```
// 消费者发送心跳请求，采用异步请求的组合模式
public RequestFuture<Void> sendHeartbeatRequest() {
  HeartbeatRequest req = new HeartbeatRequest(groupId,generation,memberId);
  return client.send(coordinator, ApiKeys.HEARTBEAT, req)
             .compose(new HeartbeatCompletionHandler());
}

// 组合方法的参数是一个适配器，心跳的完成监听器继承了RequestFutureAdapter
protected abstract class CoordinatorResponseHandler<R, T>
    extends RequestFutureAdapter<ClientResponse, T> {
  protected ClientResponse response;
  public abstract R parse(ClientResponse response);
  public abstract void handle(R response, RequestFuture<T> future);

  public void onSuccess(ClientResponse clientResponse, RequestFuture<T> f) {
    this.response = clientResponse;
    R responseObj = parse(clientResponse); // 解析客户端响应对象
    handle(responseObj, f); // 定义了一个抽象的方法，子类只需要实现该方法
  }
}

// 心跳完成的回调处理器只要实现抽象父类的handle()方法，其他流程和“组合加适配器”模式一样
class HeartbeatCompletionHandler {
  public void handle(HeartbeatResponse resp, RequestFuture<Void> f) {
    // 对心跳响应的处理实际上没什么逻辑，只要服务端没有返回错误码就没什么大问题
    short errorCode = resp.errorCode();
    if (errorCode == Errors.NONE.code()) f.complete(null);
  }
}
```

客户端发送“获取分区偏移量”返回的异步请求结果是Long，而发送心跳请求并不需要保存响应结果，所以异步请求的泛型类型为Void，调用异步请求的complete()方法传入的值是null。

4.3.2 心跳状态

每个消费者客户端都只有一个心跳任务，心跳对象（Heartbeat）除了记录心跳任务的元数据——会话超时时间（timeout）、定时任务时间间隔（interval），还会记录当前心跳任务的状态——最近的会话重置时间、最近的心跳发送时间、最近的心跳接收时间。相关代码如下：

```
// 消费者客户端记录心跳任务的状态
public final class Heartbeat {
  private final long timeout; // 会话超时时间，超过表示会话失效
  private final long interval; // 心跳间隔，表示多久发送一次心跳
  private long lastSessionReset; // 上一次的会话重置时间
  private long lastHeartbeatSend;  // 发送心跳请求时，记录发送时间
  private long lastHeartbeatReceive; // 接收心跳结果后，记录接收时间

  public long timeToNextHeartbeat(long now) {
    // 从上次发送心跳后到现在一共过去了多长时间
    long timeSinceLastHeartbeat = now - lastHeartbeatSend;
    // 当前时间与上次发生心跳的差距超过心跳间隔
    if (timeSinceLastHeartbeat > interval) return 0;
```

```
    // 下次调度的时间与当前时间的差距，即还要多久会发生下一次心跳
    else return interval - timeSinceLastHeartbeat;
  }

  public boolean shouldHeartbeat(long now) {
    return timeToNextHeartbeat(now) == 0; // 是否可以发送心跳，等于0表示需要
  }
}
```

timeToNextHeartbeat()方法会计算当前时间到下一次调度的时间间隔，它跟上一次心跳任务的发生时间有关，会用来判断什么时候可以发送下一次心跳：如果返回值为0，表示当前时间减去上一次调度时间的差距大于心跳间隔，需要立即发送下一次心跳；如果大于0，表示当前时间还没到达下一次调度时间，还需要多久才会发生下一次心跳。

如图4-33（上）所示，心跳间隔设置为5秒，上一次心跳的时间是0秒，下一次的心跳时间就是5秒。如果当前时间是2秒，它距离上次心跳时间才过去了2秒，还没到下次心跳的时间，方法返回值为3秒，表示再过3秒才会发生下一次心跳。如果当前时间是4秒，它距离上次心跳时间过去了4秒，也还没到下次心跳的时间，方法的返回值为1秒，表示再过1秒会发生下一次心跳。如图4-33（下）所示，本来应该在5秒发生的心跳因为某种原因没有执行（浅灰色圆圈）。轮询时的当前时间是6秒，距离上次心跳过去了6秒，超过心跳间隔，返回值为0秒，需要马上发生心跳。

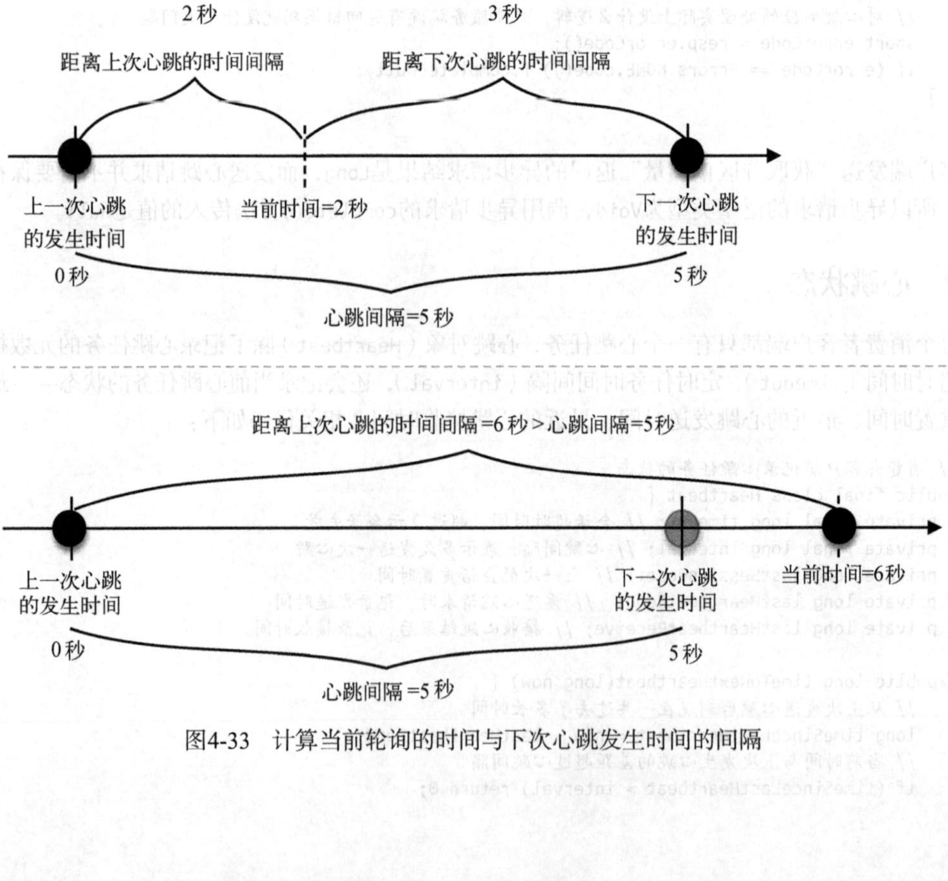

图4-33　计算当前轮询的时间与下次心跳发生时间的间隔

实际上，在计算当前时间和距离上次心跳的时间（timeSinceLastHeartbeat）时，还会用到上一次会话的重置时间（lastSessionReset）。因为如果是客户端第一次启动，上次心跳是没有数据的，只能用上次的会话重置时间。

4.3.3 运行心跳任务

心跳任务（HeartbeatTask）作为一个延迟的任务，定义在抽象的客户端协调者类（AbstractCoordinator）中。在4.2.3节第3小节“延迟的任务队列”中客户端在轮询时，只会取出延迟队列中调度时间小于当前时间（反过来更容易理解：当前时间大于调度时间）的延迟任务，将其弹出来并调用它的run()方法。如果任务的调度时间大于当前时间，它不会从队列中弹出，也不会执行run()方法。相关代码如下：

```
// 抽象的协调者类管理了客户端的心跳状态和心跳定时任务
public abstract class AbstractCoordinator implements Closeable {
  Heartbeat heartbeat = new Heartbeat(
    this.sessionTimeoutMs, heartbeatIntervalMs, time.milliseconds());
  HeartbeatTask heartbeatTask = new HeartbeatTask();

  private class HeartbeatTask implements DelayedTask {
    public void reset() { client.schedule(this, now); } // 启动或重启心跳

    // 只有心跳任务的调度时间超过当前时间，才会被从任务队列中弹出执行
    public void run(final long now) {
      // 没有使用自动分配分区（手动分配不会再平衡，也不需要心跳），或正在等待再平衡
      if (generation < 0 || needRejoin() || coordinatorUnknown()) return;
      // 在会话超时时间内没有收到心跳应答，客户端认为协调者挂掉了
      if (heartbeat.sessionTimeoutExpired(now)) {
        coordinatorDead();  return;
      }
      if (!heartbeat.shouldHeartbeat(now)) {  // 现在不需要心跳，放到下一次
        client.schedule(this, now + heartbeat.timeToNextHeartbeat(now));
      } else {
        heartbeat.sentHeartbeat(now);   // 记录lastHeartbeatSend=now
        RequestFuture<Void> future = sendHeartbeatRequest(); // 发送心跳请求
        future.addListener(new RequestFutureListener<Void>(){ // 添加监听器
          public void onSuccess(Void value){ // 成功收到心跳响应
            long now = time.milliseconds();
            heartbeat.receiveHeartbeat(now);// 设置lastHeartbeatReceive=now
            long nextHeartbeatTime=now+heartbeat.timeToNextHeartbeat(now);
            client.schedule(this, nextHeartbeatTime); // 创建新的延迟任务
          }
        });
      }
    }
  }
}
```

当调用延迟任务的run()方法时，说明当前时间已经超过这个延迟任务的调度时间，正常来说，这时应该发起心跳任务。但上一节最后提到的“客户端第一次启动时，没有上一次的心跳时间”这种

场景需要额外处理。当客户端第一次启动时，会调用心跳任务的重置方法reset()，创建一个调度时间为当前时间的延迟任务（假设为0秒）。当轮询时，轮询的时间点会稍微落后于刚创建的延迟任务（假设为2秒），即轮询时的当前时间大于延迟任务的调度时间，这个延迟任务照理应该立即执行。但实际上还是要按照“当前时间距离下一次心跳时间”同样的逻辑，来处理这个第一个创建的心跳任务。

心跳任务发送心跳请求的主要逻辑是：在发送心跳请求前，记录心跳状态的最近心跳发送时间（lastHeartbeatSend）；在收到心跳响应结果后，记录心跳状态的最近心跳接收时间（lastHeartbeatReceive）；然后计算下一次心跳任务的发生时间，新创建一个延迟的心跳任务。

下面举例了客户端发送一次延迟心跳任务的过程。延迟任务超时后会从队列中弹出，如果延迟的任务没有真正执行，要重新加入队列。如果执行过延迟任务，即发送了心跳请求，在心跳处理完成后也要创建新的延迟任务并重新加入队列。

4.3.4　处理心跳结果的示例

如图4-34所示，客户端启动时会创建调度时间为0秒的延迟任务加入队列。客户端轮询的时间为2秒，会弹出延迟任务（因为延迟任务的调度时间小于当前时间），现在队列为空了。但是因为没有上一次心跳，只有上一次的会话重置时间，经过下面3个步骤的计算后，会重新创建一个调度时间为5秒的延迟任务加入队列。

(1) 距离上次心跳的时间间隔 = 当前轮询的时间 – 上次会话的重置时间 = 2秒 – 0秒 = 2秒。

(2) 距离下次心跳的时间间隔 = 心跳间隔 – 距离上次心跳的时间间隔 = 5秒 – 2秒 = 3秒。

(3) 下次心跳任务的时间 = 当前轮询的时间 + 距离下次心跳的时间间隔 = 2秒 + 3秒 = 5秒。

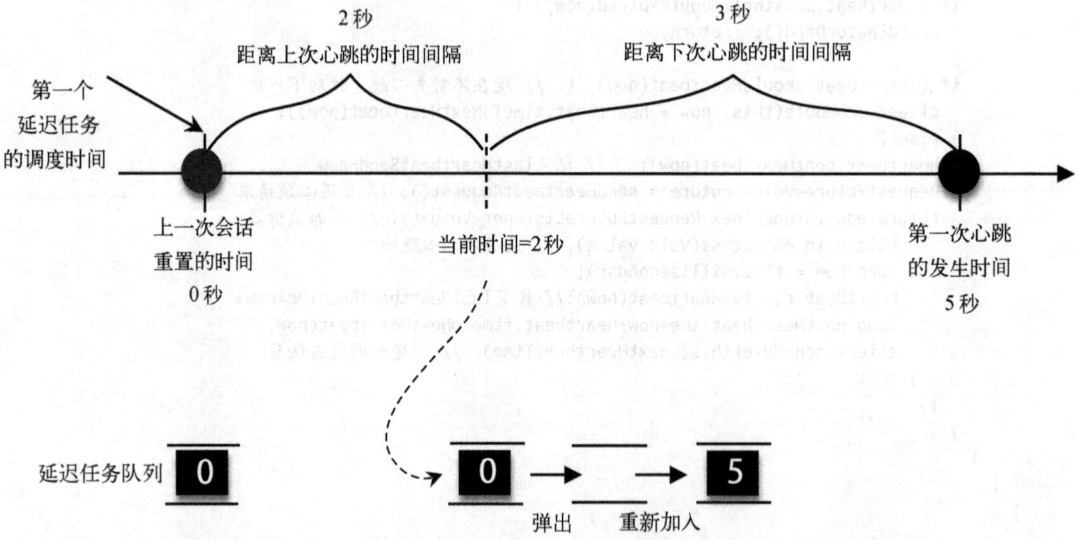

图4-34　第一个延迟任务，采用上次会话重置时间计算下次心跳任务的时间

上面的步骤执行后，队列中延迟任务的调度时间为5秒。在这之后，如果轮询时间小于5秒，则不

会弹出队列的延迟任务，因为轮询的当前时间小于延迟任务的调度时间。如图4-35所示，只有当轮询时间为5秒时，才会弹出调度时间为5秒的延迟任务，现在队列又为空了。此时经过下面两个步骤计算出来的"距离下次心跳时间间隔"为0秒，就会执行发送心跳请求的逻辑。

(1) 距离上次心跳的时间间隔 = 当前轮询的时间 – 上次会话的重置时间 = 5秒 – 0秒 = 5秒。

(2) 距离下次心跳的时间间隔 = 心跳间隔 – 距离上次心跳的时间间隔 = 5秒 – 5秒 = 0秒。

在发送心跳请求之前，先记录上一次的心跳时间为当前时间即5秒。假设心跳在8秒时才完成（虚线部分），经过下面3个步骤后，会重新创建调度时间为10秒的延迟任务放入队列中。

(1) 距离上次心跳的时间间隔 = 心跳完成的时间 – 上次心跳的时间 = 8秒 – 5秒 = 3秒。

(2) 距离下次心跳的时间间隔 = 心跳间隔 – 距离上次心跳的时间间隔 = 5秒 – 3秒 = 2秒。

(3) 下次心跳任务的时间 = 心跳完成的时间 + 距离下次心跳的时间间隔 = 8秒 + 2秒 = 10秒。

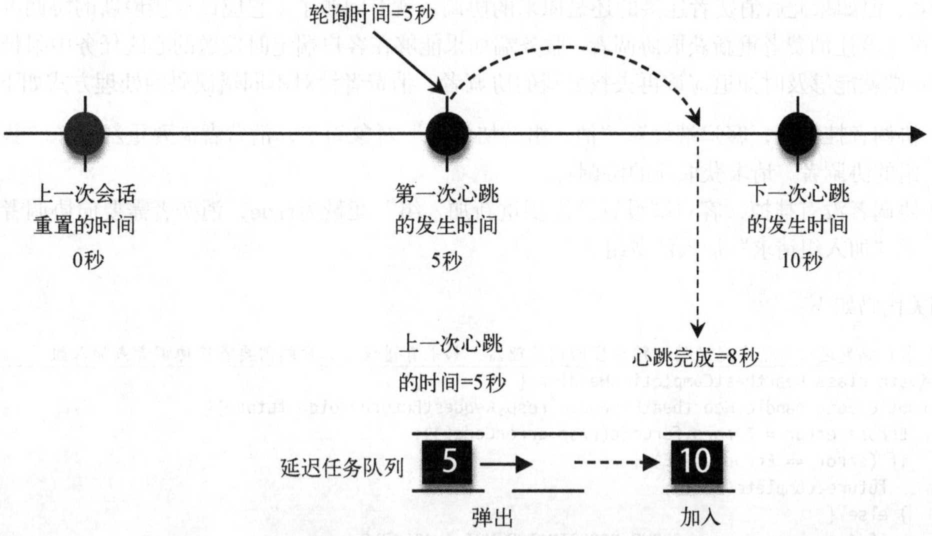

图4-35 心跳请求处理完成后，会重新创建延迟任务放入队列

延迟任务并不是一个线程，它必须通过客户端的轮询来触发执行。客户端刚启动时必须先创建一个延迟任务放入队列，这样客户端在轮询时，才有可能获取出延迟的任务去执行。如果客户端启动时没有创建延迟任务，那么队列中就永远不会有延迟任务。另外，轮询时如果弹出了需要执行的延迟任务，不管有没有执行发送心跳请求的流程，都要重新创建新的延迟任务放入队列。比如，图4-34没有执行发送心跳请求，也要创建调度时间为5秒的延迟任务。图4-34执行了发送心跳请求，在心跳响应处理后，创建调度时间为10秒的延迟任务。那么第一次创建延迟任务是在客户端启动后的什么时候发生呢？

4.3.5 心跳和协调者的关系

客户端调用心跳任务的`reset()`方法会创建第一个延迟任务，这个方法的调用链如下。

- ❑ 确保协调者是已知的，即消费者客户端必须连接上管理消费组的协调者。
- ❑ 确保消费组是活动的，即消费者必须分配到分区。

注意：上面两个调用的方法都定义在对应的请求回调处理器中，前者是“获取消费组的协调者”请求（GroupCoordinatorRequest），后者是“加入消费组”请求（JoinGroupRequest）。

消费者和协调者进行交互操作，必须确保消费者已经知道并且连接上协调者所在的节点，如果都没有连接上协调者，心跳等其他操作都不会正常进行。连接上协调者后，就可以立即向协调者发送一次心跳。另外，如果消费者需要重新加入消费组，在分配到分区后，也要重置心跳任务。

消费者发送心跳，正常来说应当只是通知一下服务端协调者而已。不过在分布式系统中，通信的双方可能都会存在一些问题，比如协调者可能会突然挂掉。这时服务端应该为每个消费组重新选择一个协调者，但如果此后消费者连接的还是原来的协调者就有问题了（它应该连接最新的协调者节点），这种情况应该让消费者重新获取协调者。服务端如果能够在客户端定时发送的心跳任务中附带这种信息，客户端就能够及时知道应该再去找最新的协调者。消费者针对不同错误码的处理方式如下。

- ❑ 协调者挂掉了，客户端设置“消费组的协调者”对象为空，消费者需要重新发送“获取消费组的协调者”请求获取新的协调者。
- ❑ 协调者没有挂掉，客户端设置“需要重新加入组”变量为true，消费者需要向协调者重新发送“加入组请求”加入消费组。

相关代码如下：

```
// 客户端发送心跳请求定义的心跳响应回调处理器，如果有错误，客户端需要重连协调者或加入组
private class HeartbeatCompletionHandler {
  public void handle(HeartbeatResponse resp,RequestFuture<Void> future){
    Errors error = Errors.forCode(resp.errorCode());
    if (error == Errors.NONE) {
      future.complete(null);
    } else {
      if (error == Errors.GROUP_COORDINATOR_NOT_AVAILABLE
              || error == Errors.NOT_COORDINATOR_FOR_GROUP) {
        coordinatorDead(); // 协调者挂掉了，消费者要重新连接新的协调者
      } else if (error == Errors.REBALANCE_IN_PROGRESS
              || error == Errors.ILLEGAL_GENERATION) {
        AbstractCoordinator.this.rejoinNeeded = true; // 协调者没挂
      } else if (error == Errors.UNKNOWN_MEMBER_ID) {
        memberId = JoinGroupRequest.UNKNOWN_MEMBER_ID;
        AbstractCoordinator.this.rejoinNeeded = true; // 消费者成员不被识别
      }
      future.raise(error); // 异常情况下都要抛出异常，isDone=true（失败也算完成）
    }
  }
}
```

心跳的响应处理中并不执行具体的错误处理操作，比如让客户端连接新的协调者或者让消费者重新加入消费组，心跳只是更新这些后续错误处理操作相关的条件变量。当客户端轮询时会监听到条件

变量发生了变化，从而让轮询操作主动地执行对应的操作。这里可以把心跳看作任务通知，必须依赖客户端的轮询来确保能及时捕获到错误情况进行错误处理，不在心跳中处理任务是因为任务的操作时间可能比心跳间隔长得多。所以，客户端的轮询非常重要，它不仅仅驱动了数据的不断拉取，还可以根据心跳结果执行不同的任务。

心跳任务（HeartbeatTask）定义在抽象的协调者类（AbstractCoordinator）中。抽象的协调者有两种实现——消费者的协调者、连接器的协调者，这两者都需要发送心跳给服务端的协调者节点，它们都有组的概念。后者是0.10版本新增的Kafka连接器，会在第8章分析。另外，消费者的协调者因为需要定时存储分区的消费进度，还有一个自动提交偏移量的定时任务。

4.4　消费者提交偏移量

消费组发生再平衡时分区会被分配给新的消费者，为了保证新消费者能够从分区的上一次消费位置继续拉取并处理消息，每个消费者需要将分区的消费进度，定时地同步给消费组对应的协调者节点。新API为客户端提供了两种提交偏移量的方式：异步模式和同步模式。相关代码如下：

```
// (1) KafkaConsumer同步提交偏移量
public void commitSync() {
  coordinator.commitOffsetsSync(subscriptions.allConsumed());
}

// (2) KafkaConsumer异步提交偏移量，可以提供一个回调处理器
public void commitAsync(OffsetCommitCallback callback) {
  coordinator.commitOffsetsAsync(subscriptions.allConsumed(), callback);
}
```

另外，如果消费者客户端设置了自动提交（enable.auto.commit=true，默认开启）的选项，会在客户端的轮询操作中调度定时任务，定时任务也属于异步模式提交偏移量的一种运用场景。

4.4.1　自动提交任务

如果消费者开启自动提交，消费者会通过“消费者的协调者”对象的自动提交任务（AutoCommitTask）定时将分区的拉取偏移量（position）保存到服务端，然后更新分区状态的“提交偏移量”（committed）。自动提交任务定义的run()方法只会执行一次，在每次任务完成后，也要像发送心跳请求一样创建下一次的延迟任务。

另外，创建第一个延迟任务也非常关键，在心跳任务中也提到了：如果没有创建第一个延迟任务，就永远不会有定时任务产生。只有创建了第一个延迟任务并放入队列，当延迟任务超时后，会从队列弹出这个超时任务并执行；任务执行完毕后会创建一个新的延迟任务放入队列。通过这种方式，队列中只会存在一个延迟任务，并且确保一直有一个延迟任务。心跳任务是在消费者连接上协调者或者消费者加入消费组后，调用心跳任务的重置方法创建第一个延迟任务。自动提交任务也是在消费者加入消费组后，调用自动提交任务的enable()方法创建第一个延迟的自动提交任务。

如图4-36所示，假设定时提交任务的时间间隔为5秒，消费者轮询的时间为1秒。但并不是说消费

者发送心跳的时间点是：0秒、5秒、10秒。下一次定时任务的调度时间点，要根据上一次定时任务完成时的时间来决定。比如第一次定时任务第8秒完成，下一次定时任务的时间点就是第13秒，具体步骤如下。

(1) 开启定时任务，第一个延迟任务的时间 = 当前时间 + 时间间隔 = 0秒 + 5秒 = 5秒。
(2) 前面几次轮询都不会弹出延迟任务，第五次轮询弹出延迟任务，执行异步的提交偏移量任务。
(3) 异步提交任务在第8秒完成，新延迟任务的时间 = 当前时间 + 时间间隔 = 8秒 + 5秒 = 13秒。

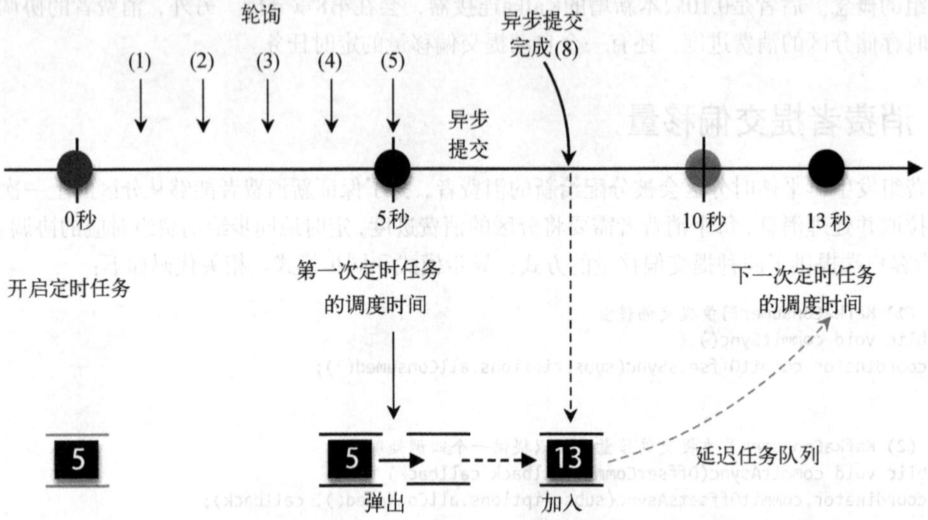

图4-36 异步的提交任务处理完成后，会重新创建延迟任务放入队列

自动提交任务运行时，调用commitOffsetsAsync()方法，采用异步模式提交偏移量。消费者发送OFFSET_COMMIT请求给协调者，“提交偏移量请求”定义的响应处理回调器（OffsetCommitResponseHandler）实现了CoordinatorResponseHandler抽象父类。提交偏移量的逻辑定义了多个回调方法，在回调方法的不同阶段都会处理不同的业务逻辑。

(1) 消费者收到“提交偏移量请求”的响应结果，更新分区状态的“提交偏移量”变量。
(2) 组合模式异步请求对象的监听器回调方法中，调用OffsetCommitCallback的回调方法。
(3) 偏移量提交的最后一个回调方法，会创建新的延迟任务。

下面3段代码中出现的offsets参数和变量都来自于订阅状态的allConsumed()方法，消费者“所有消费的分区偏移量”实际上来自于分区状态对象（TopicPartitionState）的拉取偏移量（position变量），而不是提交偏移量（committed）：

```
// 消费者的协调者定义的自动提交任务，会发送异步提交偏移量请求给服务端的协调者节点
private class AutoCommitTask implements DelayedTask {
  public void enable() {client.schedule(this, now+interval);}

  public void run(final long now) {
    commitOffsetsAsync(subscriptions.allConsumed(), // 已经消费过的分区偏移量
    new OffsetCommitCallback(){
```

```
      public void onComplete(Map<TopicPartition,OffsetAndMetadata> offsets){
        client.schedule(this,now+interval); // (3) 调度下一次延迟任务，最后执行
      }
    });
  }
}

// 发送OFFSET_COMMIT提交偏移量请求，因为是异步请求，使用客户端的快速轮询
private commitOffsetsAsync(Map<TopicPartition,OffsetAndMetadata> offsets,
    OffsetCommitCallback callback){
  this.subscriptions.needRefreshCommits(); // 通知订阅状态需要刷新提交偏移量
  RequestFuture<Void> future=client.send(coordinator,OFFSET_COMMIT,req)
    .compose(new OffsetCommitResponseHandler(offsets))
  future.addListener(new RequestFutureListener<Void>() {
    public void onSuccess(Void value) {
      callback.onComplete(offsets);  // (2) 完成监听器
    }
  });
  client.quickPoll(true); // 因为是异步请求，所以使用快速轮询，不会阻塞主线程
}

// 偏移量提交响应的回调处理器会更新订阅状态的提交偏移量committed
class OffsetCommitResponseHandler extends CoordinatorResponseHandler{
  // 响应回调处理器也可以带有自己的成员变量，保存分区的偏移量状态
  private final Map<TopicPartition, OffsetAndMetadata> offsets;

  public void handle(OffsetCommitResponse resp, RequestFuture<Void> future) {
    for (Map.Entry<TopicPartition,Short> e:resp.responseData().entrySet()) {
      TopicPartition tp = e.getKey();
      OffsetAndMetadata offsetAndMetadata = this.offsets.get(tp);
      subscriptions.committed(tp,offsetAndMetadata); // (1) 更新提交偏移量
    }
    future.complete(null);
  }
}
```

异步发送请求，没有使用阻塞式的client.poll(future)轮询，而是使用无阻塞的client.quickPoll()。由于自动提交任务不需要关心结果，也不会通过future.value()获取异步请求的结果。但发送完请求后不关心结果，并不代表着不处理结果，客户端请求一定都有对应的客户端响应结果。

客户端提交偏移量后，如果没有响应结果返回，或者客户端不处理响应结果。那么仅仅将分区状态中拉取偏移量（position）代表的提交偏移量（consumedOffset）保存到服务端，而没有更新分区状态的提交偏移量（committed），就会导致服务端保存的“已提交偏移量”和消费者本地订阅状态的“提交偏移量”数据不一致。

4.4.2　将拉取偏移量作为提交偏移量

旧API中，当客户端迭代消费消息时会更新分区信息的已消费偏移量，并且有一个后台线程定时将分区信息的已消费偏移量作为已提交偏移量发送给协调者节点。

新API中，订阅状态的分区状态有拉取偏移量（position）和提交偏移量（committed）两个变量。

客户端的轮询方法会在返回拉取的记录集之前，更新分区状态的拉取偏移量，为下一次轮询操作中的拉取做准备。但客户端在迭代消费者记录集时，并没有更新分区状态的提交偏移量。所以拉取偏移量变量也要能够代表分区的消费进度，即新API会使用拉取偏移量的值作为分区的提交偏移量发送给协调者节点。相关代码如下：

```
// (1) 旧API使用分区信息的已消费偏移量作为分区的提交偏移量
def commitOffsets(isAutoCommit: Boolean) {
  // topicRegistry是分配给消费者的所有分区信息
  val offsetsToCommit = immutable.Map(topicRegistry.flatMap {
    case (topic, partitionTopicInfos) =>
      partitionTopicInfos.map { case (partition, info) =>
        TopicAndPartition(info.topic, info.partitionId)
          -> OffsetAndMetadata(info.getConsumeOffset())
      }
    }.toSeq: _*)
  commitOffsets(offsetsToCommit, isAutoCommit)
}

// (2) 新API使用分区状态的拉取偏移量作为分区的提交偏移量
public Map<TopicPartition, OffsetAndMetadata> allConsumed() {
  Map<TopicPartition, OffsetAndMetadata> allConsumed = new HashMap<>();
  // assignment是分配给消费者的每个分区的最新状态
  for(Map.Entry<TopicPartition,TopicPartitionState> e:assignment.entrySet()){
    TopicPartitionState state = e.getValue();
    allConsumed.put(e.getKey(), new OffsetAndMetadata(state.position));
  }
  return allConsumed;
}
```

新API在迭代消息时没有更新订阅状态的任何变量，可以认为并不存在已消费偏移量这个变量。分区状态还要保存提交偏移量这个变量的原因是：在轮询时，如果分区没有拉取偏移量，需要从协调者获取其他消费者提交的分区偏移量，然后保存到分区状态对象的提交偏移量，再将提交偏移量赋值给拉取偏移量，这样分区状态的拉取偏移量就有数据了，客户端才可以发送拉取请求拉取消息。

问题是：新API的定时提交任务为什么可以直接使用拉取偏移量作为已提交偏移量？实际上消费者自动提交任务提交偏移量和轮询操作也有关系。下面先来回顾一下消费者网络客户端轮询时弹出超时任务的调用步骤。客户端轮询时间（clientPoll()方法的timeout参数）取的是两个时间的最小值：客户端的超时时间（poll()方法的timeout参数）、调度时间与当前时间之差（最大为0）。公式为：客户端轮询时间 = min(客户端的超时时间, max(调度时间 - 当前时间, 0))。相关代码如下：

```
// 消费者网络客户端的轮询
private void poll(long timeout, long now) {
  trySend(now);

  timeout = Math.min(timeout, delayedTasks.nextTimeout(now));
  clientPoll(timeout, now);
  delayedTasks.poll(now);

  trySend(now); // 如果有延迟任务弹出执行，它们也会发送请求，这里再次检测下
}
```

如果当前时间比延迟任务的调度时间大或相等，即调度时间 – 当前时间 <= 0，则说明延迟任务已经超时，应该立即调度，这时候：

> 客户端轮询时间 = min(客户端的超时时间, max(调度时间 – 当前时间, 0)) = min(客户端的超时时间, max(<=0, 0)) = min(客户端的超时时间, 0) = 0

即客户端轮询的超时时间为0，等价于快速轮询。如图4-37所示，假设客户端的超时时间为2秒，有一个延迟任务的调度时间是4秒。对于不同的当前时间，客户端轮询的超时时间也不同。一旦当前时间超过或等于调度时间，最后的结果一定是0，说明延迟任务一旦超时，在客户端轮询时，会被马上发现，并被立即调度。

(1) 当前时间 = 1秒：客户端轮询时间 = `min(2, max(4 - 1, 0))` = `min(2, 3)` = 2秒。
(2) 当前时间 = 2秒：客户端轮询时间 = `min(2, max(4 - 2, 0))` = `min(2, 2)` = 2秒。
(3) 当前时间 = 3秒：客户端轮询时间 = `min(2, max(4 - 3, 0))` = `min(2, 1)` = 1秒。
(4) 当前时间 = 4秒：客户端轮询时间 = `min(2, max(4 - 4, 0))` = `min(2, 0)` = 0秒。
(5) 当前时间 = 5秒：客户端轮询时间 = `min(2, max(4 - 5, 0))` = `min(2, 0)` = 0秒。

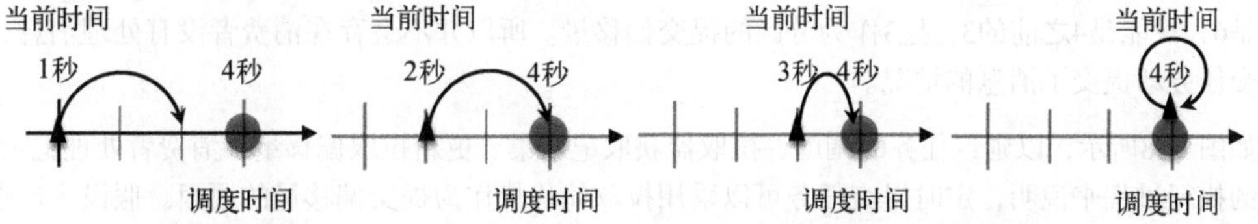

图4-37　客户端轮询超时时间的计算方式，它和延迟任务的调度时间有关

因为延迟任务的调度是在客户端的轮询中触发，而客户端的轮询又是在Kafka消费者的轮询方法中调用的，所以如果Kafka消费者没有轮询，就不会执行延迟的任务。即使任务超时了，它也没有机会从延迟队列中移除出去并执行。

Kafka的轮询除了客户端的轮询（在客户端轮询之前，还有发送拉取请求），还有一个步骤是拉取器获取记录集，客户端应用程序调用一次Kafka的轮询，会返回一批消费者记录集。拉取器在返回获取的记录集给客户端应用程序处理之前，会更新本次拉取记录集后的订阅状态，即分区的拉取偏移量。

综合上面两点的背景知识，再结合拉取器拉取消息、Kafka轮询的流程，具体步骤如下。

(1) 拉取器发送拉取请求；客户端轮询，会把拉取请求发送出去。
(2) 客户端轮询还有可能弹出超时的延迟任务，比如定时提交任务的调度时间到了，应该立即执行。
(3) 拉取器的拉取请求完成后，通过回调处理器暂存拉取结果。
(4) 拉取器调用获取记录集方法，更新订阅状态中分区的拉取偏移量，并返回结果给客户端应用程序。
(5) 最后客户端应用程序开始处理Kafka轮询返回的消费者记录集。

相关代码如下：

```
// Kafka消费者的轮询方法
public ConsumerRecords poll(long timeout) {
  client.poll(timeout); // 客户端轮询，可能会执行定时提交任务
```

```
    ConsumerRecords records = fetcher.fetchedRecords(); // 更新分区状态的拉取偏移量
    return records;
  }

  // Kafka消费者应用程序实例：对轮询的结果进行处理
  ConsumerRecords records = consumer.poll(timeout);
  process(records); // 应用程序处理消费者记录集
```

从上面的步骤中可以得出的结论是：延迟的提交任务超时后会被立即执行，它会比获取记录集时更新分区状态的拉取偏移量要早。Kafka轮询到结果集后，前面这两个步骤都执行完后，客户端应用程序才会真正处理拉取的消费者记录集。在引入前面提到的问题之前，先引出一个新的问题。

拉取器返回拉取到的消费者记录集之前，会更新分区的拉取偏移量，然后客户端应用程序才处理这批消费者记录集。那么会不会出现一种异常情况：消费者处理这批记录集失败了，但是定时提交任务会提交更新过的拉取偏移量？比如拉取器拉取到的分区数据是[4,5,6]，并将分区的拉取偏移量更新为6，但客户端应用程序还没有开始处理，定时提交任务会不会将6作为提交偏移量？实际上这种情况不会发生，因为定时提交任务比更新偏移量、处理消费者记录集都要早，定时提交任务获取拉取偏移量时，拉取器一定还没有更新分区的拉取偏移量。以前面的示例来说，它获取的分区拉取偏移量一定不会是6，只能是4之前的3，把3作为分区的提交偏移量。所以并不会存在消费者没有处理消息，但定时提交任务却提交了消息的情况。

如图4-38所示，以延迟任务的调度、拉取器获取记录集、更新拉取偏移量、消费者处理记录集4个步骤的执行过程来说明，定时提交任务可以采用拉取偏移量作为提交偏移量的原因。假设客户端轮询时间为1秒，定时提交任务间隔为5秒，下面详细说明了消费者5次轮询的执行过程，主要看第五次轮询。

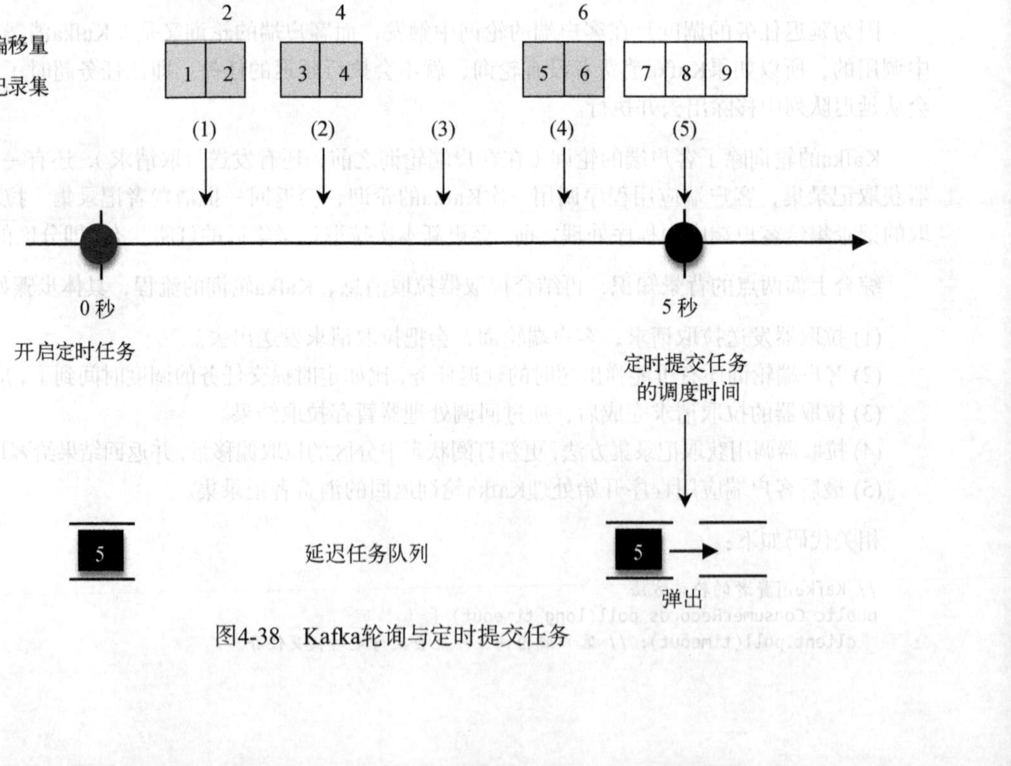

图4-38　Kafka轮询与定时提交任务

(1) 消费者第一次轮询时，延迟任务没有超时不会执行，拉取器获取记录集[1,2]，更新拉取偏移量为2，消费者处理记录集[1,2]。

(2) 第二次轮询时延迟任务没有超时不会执行，拉取器获取记录集[3,4]，更新拉取偏移量为4，消费者处理记录集[3,4]。

(3) 第三次轮询时延迟任务没有超时不会执行，没有拉取到记录集。

(4) 第四次轮询时延迟任务没有超时不会执行，拉取器获取记录集[5,6]，更新拉取偏移量为6，消费者处理记录集[5,6]。

(5) 第五次轮询时延迟任务超时，定时提交任务开始执行，它要获取的最新分区拉取偏移量，来自于步骤(4)更新后的值，等于6。因为定时提交任务是异步提交模式，所以会立即返回到主流程。接着拉取器获取记录集[7,8,9]，更新拉取偏移量为9，消费者处理记录集[7,8,9]。

上面流程的第五次轮询在执行定时提交任务时，因为这个时候拉取器还没有拉取到新消息，或者即使拉取到了新消息，没有调用获取记录集的方法，也不会更新拉取偏移量。所以这时定时提交任务会将分区拉取偏移量值（6）作为分区的最近消费进度提交到协调者。**我们必须要保证消费者"提交偏移量"这个位置的消息被客户端应用程序消费过，才不会丢失数据**。而实际上，消息6也确实已经在步骤(4)被客户端应用程序消费完成了。

现在来回答"定时提交任务为什么可以采用拉取偏移量作为提交偏移量"了。定时提交任务在超时后会立即执行，并且发生在本次轮询中拉取器更新最新一批记录集的拉取偏移量之前。而且这一次Kafka轮询中的定时提交任务一定发生在上一次的Kafka轮询都全部执行完成之后，而上一次Kafka轮询一定成功更新了拉取偏移量，并且也成功处理了上一次拉取的那批记录集。所以**本次轮询中定时提交任务需要获取的提交偏移量，实际上等价于上一次轮询更新后的拉取偏移量**。

消费者拉取消息、心跳请求以及本节的定时提交任务都和轮询有关。可见，轮询是消费者的入口，通过轮询，只要事件发生，就有对应的处理逻辑来接手，后端的操作对于消费者都是透明的。

4.4.3 同步提交偏移量

消费者同步提交偏移量的做法，和4.2.2节第3小节"组合模式的运用：获取偏移量"中的获取偏移量处理方式类似，都是在最外层用一个死循环来确保必须收到服务端返回的响应结果才能结束。自动提交任务使用异步模式提交偏移量，调用`client.quickPoll()`后，可以立即回到主线程，所以异步模式是无阻塞的。而同步模式提交偏移量，调用者必须等到提交偏移量完成后才回到主线程，所以同步模式是阻塞的。相关代码如下：

```
// (1) 消费者发送LIST_OFFSETS请求给分区的主副本节点，获取分区的偏移量
private long listOffset(TopicPartition partition,long ts) {
  while (true) { // 如果服务端没准备好，异步请求虽然完成，但没有成功，需要继续循环
    RequestFuture<Long> future = sendListOffsetRequest(partition,ts);
    client.poll(future);
    if (future.succeeded()) return future.value();
    else time.sleep(retryBackoffMs);
  }
}
```

```
// (2) 消费者采用同步模式提交偏移量
public void commitOffsetsSync(Map<TopicPartition,OffsetAndMetadata> offsets){
  while (true) {
    ensureCoordinatorKnown();
    RequestFuture<Void> future = sendOffsetCommitRequest(offsets);
    client.poll(future); // 同步阻塞方式，异步请求必须完成后，才会执行后面的代码
    if (future.succeeded()) return; // 不需要关心返回值
    time.sleep(retryBackoffMs); // 异步请求虽然完成了，但可能失败，需要重试
  }
}
```

自动提交任务使用异步方式提交偏移量，因为任务是周期性运行的，没有什么依赖条件，不需要采用阻塞方式；而同步提交通常是因为存在某些依赖条件，必须等待提交完成后才能往下进行。我们知道除了KafkaConsumer暴露的两个提交偏移量方法外，异步提交偏移量是通过自动提交任务触发的，那么同步提交偏移量是什么时候被调用的呢？

消费者在准备加入或重新加入消费组之前，如果开启了自动提交任务，要先暂停定时任务，然后执行一次同步模式的提交偏移量方法。消费者调用commitOffsetsSync()方法后，必须等待消费者把偏移量提交到服务端并且收到响应结果，然后才允许进行下一步的操作。相关代码如下：

```
// 消费者准备加入消费组时，先暂停定时提交任务，并调用一次同步模式的提交偏移量
protected void onJoinPrepare(int generation, String memberId) {
  maybeAutoCommitOffsetsSync(); // 消费者重新加入消费组之前先提交一次偏移量
}
private void maybeAutoCommitOffsetsSync() {
  if (autoCommitEnabled) {
    autoCommitTask.disable(); // 暂停自动提交任务
    commitOffsetsSync(subscriptions.allConsumed()); // 阻塞式等待提交完成
  }
  // 主线程接下去的流程，必须等待上面的同步提交偏移量完成后才开始执行
  ConsumerRebalanceListener listener = subscriptions.listener();
  Set revoked = new HashSet(subscriptions.assignedPartitions());
  listener.onPartitionsRevoked(revoked);
  subscriptions.needReassignment();
}
// 消费者加入消费组完成后，分配到分区，才可以重启自动提交任务
protected void onJoinComplete(int generation,..){
  if (autoCommitEnabled) autoCommitTask.enable();  // 重启自动提交任务
}
```

消费者内部的自动提交任务虽然是异步的，但却是定时的。如果消费者想要更精确地控制提交偏移量的时机，可以调用KafkaConsumer暴露出来的同步提交方法（commitSync()）或异步提交方法（commitAsync()）。比如，处理每一条记录就提交一次偏移量，或者只有轮询一次才提交一次。

4.4.4 消费者的消息处理语义

消费者从消息代理节点拉取到分区的消息后，对一条消息的处理语义有下面3种情况。

- 至多一次。消息最多被处理一次，可能会丢失，但绝不会重复传输。
- 至少一次。消息至少被处理一次，不可能丢失，但可能会重复传输。
- 正好一次。消息正好被处理一次，不可能丢失，也不可能重复传输。

消费者重新加入消费组会分配到新的分区，为了保证消费者能从分配分区的最近提交位置重新开始拉取并消费消息，消费者可以通过手动方式或定时任务提交分区的偏移量，保存分区的消费进度。消费者处理消息并更新消费进度，有下面几种不同的消息处理语义。

1. 至多一次

消费者读取消息，**先保存消费进度，然后才处理消息**。这样有可能会出现：消费者保存完消费进度，但在处理消息之前挂了。新的消费者会从保存的位置开始，但实际上在这个位置之前的消息可能并没有被真正处理。这种场景对应了“至多一次”的语义，即消息有可能丢失（没有被处理）。Kafka消费者实现“至多一次”的做法是：设置消费者自动提交偏移量，并且设置较短的提交时间间隔。相关代码如下：

```
// 消费者客户端实现“至多一次”的消息处理语义
public class AtMostOnceConsumer {
  public static void main(String[] str) {
    Properties props = new Properties();
    props.put("bootstrap.servers", "localhost:9092");
    props.put("group.id", "group1");
    props.put("enable.auto.commit", "true"); // 设置自动提交
    props.put("auto.commit.interval.ms", "101"); // 自动提交间隔时间很短
    KafkaConsumer consumer = new KafkaConsumer(props);

    consumer.subscribe(Arrays.asList("test"));
    while (true) {
      ConsumerRecords records = consumer.poll(100);
      processRecords(); // 处理
    }
  }
}
```

如图4-39所示，假设消费者1要处理3条消息，它们的偏移量分别是[1,2,3]。如果先提交偏移量3，然后才开始处理，但消费者1只处理了第一条消息后就失败了，新的消费者2会从消费者1记录的偏移量3开始处理，导致没有处理第二条消息和第三条消息，即消息丢失了。

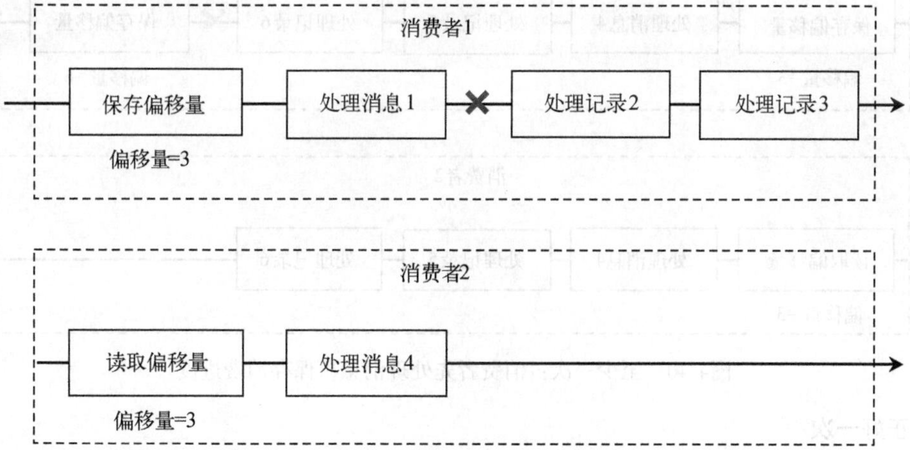

图4-39　“至多一次”：消费者先保存消费进度再处理消息

2. 至少一次

消费者读取消息，**先处理消息，最后才保存消费进度**。这样有可能会出现：消费者处理完消息，但是在保存消费进度之前挂了。新的消费者从保存的位置开始，有可能会重新处理上一个消费者已经处理过的消息。这种场景对应了“至少一次”的语义，即消息有可能会被重复处理。Kafka消费者实现至少一次的做法是：设置消费者自动提交偏移量，但设置很长的提交间隔（或者关闭自动提交偏移量）。在处理完消息后，手动调用同步模式的提交偏移量方法。相关代码如下：

```
// 消费者客户端实现至少一次的消息处理语义
public class AtLeastOnceConsumer {
  public static void main(String[] str) {
    Properties props = new Properties();
    props.put("bootstrap.servers", "localhost:9092");
    props.put("group.id", "group1");
    props.put("enable.auto.commit", "true"); // 自动提交，但是间隔很长
    props.put("auto.commit.interval.ms", "999999999999");
    KafkaConsumer consumer = new KafkaConsumer(props);

    consumer.subscribe(Arrays.asList("test"));
    while (true) {
      ConsumerRecords records = consumer.poll(100);
      processRecords();
      consumer.commitSync(); // 处理完记录后，手动提交偏移量
    }
  }
}
```

如图4-40所示，消费者先处理消息，然后才提交偏移量。假设消费者1处理完消息6，但是在提交偏移量6时失败了，这时偏移量仍然是上一次记录的偏移量3。消费者2会从偏移量3开始处理，就会重复处理第三条消息之后的第4/5/6条消息，即消息被重复处理了。

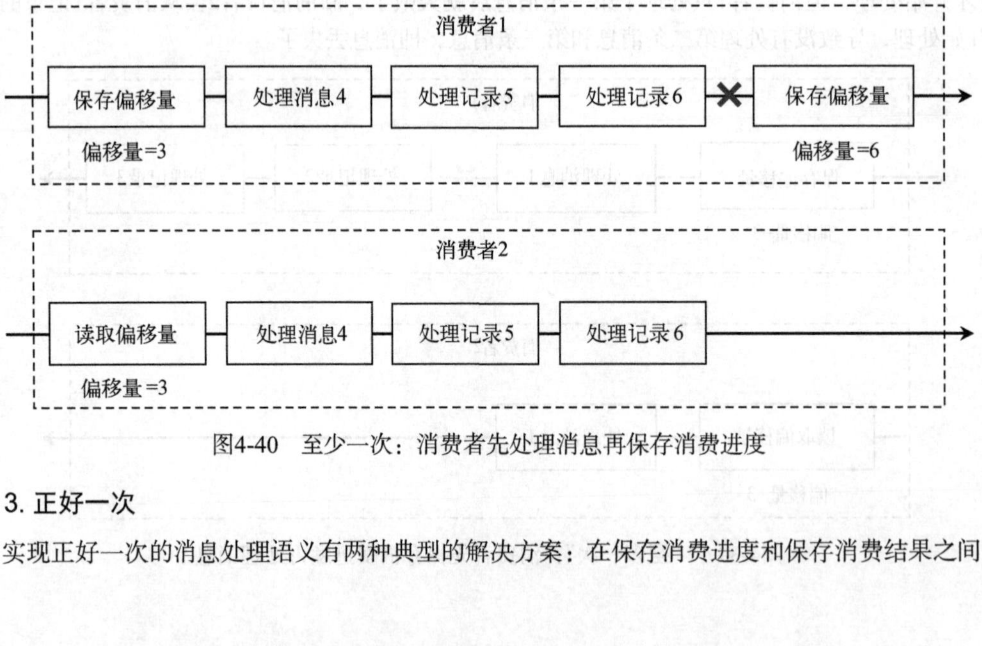

图4-40　至少一次：消费者先处理消息再保存消费进度

3. 正好一次

实现正好一次的消息处理语义有两种典型的解决方案：在保存消费进度和保存消费结果之间，引

入两阶段提交协议；或者让消费者将消费进度和处理结果保存在同一个存储介质中。比如，将读取的数据和偏移量一起存储到HDFS，确保数据和偏移量要么一起被更新，要么都不会更新。Kafka消费者实现正好一次的做法是：设置消费者不自动提交偏移量，订阅主题时设置自定义的消费者再平衡监听器（ConsumerRebalanceListener）。相关代码如下：

```
// 消费者客户端实现正好一次的消息处理语义
public class ExactlyOnceDynamicConsumer {
  static OffsetManager offsetManager = new OffsetManager();

  public static void main(String[] str) {
    Properties props = new Properties();
    props.put("bootstrap.servers", "localhost:9092");
    props.put("group.id", "group1");
    props.put("enable.auto.commit", "false"); // 不自动提交偏移量
    KafkaConsumer consumer = new KafkaConsumer<String, String>(props);

    consumer.subscribe(Arrays.asList("test"), new MyListener(consumer));
    while (true) {
      ConsumerRecords<String, String> records = consumer.poll(100);
      for (ConsumerRecord<String, String> r : records) {
        processRecord();
        offsetManager.saveOffset(r.topic(), r.partition(), r.offset());
      }
    }
  }
}
```

消费者再平衡监听器会在分区发生变化时，分别从外部存储系统写入或读取偏移量。只要能保证消费者处理消息的流程和写入偏移量到存储系统是一个原子操作，就可以实现正好一次的消息处理语义。相关代码如下：

```
// 消费者的订阅发生变化时的监听器
public class MyListener implements ConsumerRebalanceListener {
  private OffsetManager offsetManager = new OffsetManager();
  private Consumer<String, String> consumer;

  public MyListener(Consumer<String, String> consumer) {
    this.consumer = consumer;
  }
  public void onPartitionsRevoked(Collection<TopicPartition> partitions) {
    for (TopicPartition p : partitions) {
      offsetManager.saveOffset(p.topic(),p.partition(),consumer.position(p));
    }
  }
  public void onPartitionsAssigned(Collection<TopicPartition> partitions) {
    for (TopicPartition p : partitions) {
      consumer.seek(p, offsetManager.readOffset(p.topic(), p.partition()));
    }
  }
}

// 存储偏移量到外部存储中，这里以文件作为示例，实际应该放在关系型数据库或HDFS中
```

```
public class OffsetManager {
  void saveOffset(String topic, int partition, long offset) {
    FileWriter writer=new FileWriter(topic+partition, false); // false表示覆盖
    BufferedWriter bufferedWriter = new BufferedWriter(writer);
    bufferedWriter.write(offset+""); // 文件名是分区，内容是偏移量的值
    bufferedWriter.flush();
    bufferedWriter.close();
  }
  long readOffset(String topic, int partition) {
    Stream<String> stream = Files.lines(Paths.get(topic+partition));
    return Long.parseLong(stream.collect(Collectors.toList()).get(0))+1;
  }
}
```

注意：处理消息和保存偏移量必须是一个原子操作。如果不是原子操作，处理消息和保存偏移量之间发生失败，就又回到“至少一次”的场景。这里的关键还是原子操作，而不是说使用消费者再平衡监听器（ConsumerRebalanceListener）就可以实现“正好一次”的处理语义。监听器会在分区发生变化时读取或写入外部的偏移量存储，这个外部存储实际上跟协调节点没有太大区别。下一章分析协调者时，会详细分析“消费者再平衡监听器”的作用和执行流程。

4.5　小结

本章主要分析消费者新API的拉取消息流程，消费者消费消息主要和KafkaConsumer类进行交互。客户端通过subscribe()方法订阅指定的主题，然后调用poll()方法轮询。轮询主要分成3个步骤：通过拉取器发送拉取请求、通过消费者的网络客户端轮询、从拉取器中获取拉取结果。下面列举了消费者消费消息以及发生再平衡操作时的具体步骤。

(1) 消费者分配到分区，订阅状态中的分区状态，初始时还没有拉取偏移量。

(2) 客户端轮询为没有拉取偏移量的分区更新位置，会尝试从服务端协调节点读取分区的提交偏移量。

(3) 由于此时没有记录分区的提交偏移量，只能按照客户端设置的重置策略定位到最早或最近的位置。

(4) 消费者根据分区的拉取偏移量，从分区的主副本节点拉取消息，并更新分区状态的拉取偏移量。

(5) 分区有了拉取偏移量，自动提交偏移量的定时任务开始工作。

(6) 定时提交任务会将分区状态最新的拉取偏移量提交到服务端。

(7) 如果分区所有权没有变化，下次拉取消息时，已经存在拉取偏移量的分区不需要更新位置。

(9) 如果分区所有权发生变化，协调者会将分区重新分配给新的消费者。

(10) 新消费者之前没有分配该分区，会从服务端读取其他消费者之前提交的分区偏移量。

(11) 新消费者从分区最近的提交偏移量拉取数据，而且它的定时任务也会提交偏移量到服务端。

(12) 协调者确保分区一定会分配给消费者，这样让分区一定会被消费者拉取并被消费。

客户端在发送请求后返回一个异步请求对象，表示客户端会在未来的某个时刻收到服务端返回的

响应结果。客户端可以在返回的异步请求上添加一个监听器，当异步请求完成时，就会自动触发监听器的回调方法。异步请求还有其他高级的用法，比如组合模式、链接模式。组合模式返回的是一个新的异步请求，也可以在这个新异步请求上再添加一个监听器，形成组合加监听器模式。

使用异步请求的步骤有3步：调用发送请求返回异步请求、客户端轮询、获取异步请求的结果。客户端轮询有3种方式。

- 快速轮询，调用该方法后会立即返回到主线程，这是无阻塞的轮询。
- 带超时时间的轮询，如果在给定时间内没有结果返回，会返回到主线程，这是阻塞的轮询。
- 没有时间限制的轮询，只有在异步请求完成后才会返回到主线程，这是阻塞的轮询。

客户端发送请求得到的异步请求，它的泛型类型是客户端响应（ClientResponse）。使用“组合加适配器”模式后，可以将客户端响应转换为自定义的类型。比如获取分区的偏移量（LIST_OFFSETS）返回的异步请求对象是RequestFuture<Long>，获取分区的提交偏移量（OFFSET_FETCH）对应类型是Map<TopicPartition,OffsetAndMetadata>，加入消费组对应类型是ByteBuffer，心跳和自动提交任务对应类型是RequestFuture<Void>。下面列举了使用异步请求的3种做法，最后都要获取异步请求的结果，用于回调处理。

第一种使用方式：客户端使用组合模式发送请求，返回异步请求对象后，立即调用client.poll(future)进行阻塞式地轮询操作。客户端只有在异步请求完成的时候，才可以获取异步请求的结果。相关代码如下：

```
// 客户端发送请求返回异步请求对象，先轮询，等异步请求完成后，再获取结果
RequestFuture<ByteBuffer> future = client.send(req).compose(adapter);
client.poll(future); // 如果异步请求没有完成，客户端会一直轮询
if (future.succeeded()) { // 异步请求完成，且成功
  handleResponse(future.value());
}
```

第二种使用方式：为客户端发送请求返回的异步请求对象添加一个监听器，然后才开始阻塞式的轮询。异步请求监听器回调方法的参数是客户端响应对象，当客户端收到服务端的响应结果后，会先将客户端的响应结果设置为异步请求对象的结果值，然后调用监听器的回调方法。异步请求监听器回调方法的参数ClientResponse实际上就是异步请求对象的结果，它和future.value()数据一样。相关代码如下：

```
// 客户端发送请求返回异步请求对象，先添加监听器再轮询，等收到客户端响应后，触发回调
RequestFuture<ClientResponse> future = client.send(req);
future.addListener(new RequestFutureListener<ClientResponse>() {
  public void onSuccess(ClientResponse value) {
    handleResponse(value);
  }
});
client.poll(future);
```

第三种使用方式：客户端使用组合发送请求，并给返回的异步请求对象添加一个监听器，然后开始阻塞式的轮询。使用组合模式发送请求和第一种方式一样，给异步请求对象添加监听器和第二种模式一样，所以第三种实际上结合了两种模式，它和第二种模式的区别是异步请求的类型为ByteBuffer，

而不是客户端响应。第三种方式的执行步骤和第二种一样，最后都会调用异步请求监听器的回调。相关代码如下：

```
// 和第二种模式的执行步骤一样，不过异步请求对象的类型不是原始的客户端响应
RequestFuture<ByteBuffer> future = client.send(req).compose(adapter);
future.addListener(new RequestFutureListener<ByteBuffer>() {
  public void onSuccess(ByteBuffer value) {
    handleResponse(value);
  }
});
client.poll(future);
```

如图4-41所示，以组合模式的异步请求为例，客户端发送请求并获取响应结果的具体步骤如下。

(1) 客户端调用sendRequest()向服务端节点发送请求。
(2) 客户端不需要等待服务端返回结果，返回异步请求。
(3) 在步骤(2)返回的异步请求上添加一个监听器。
(4) 客户端在异步请求上轮询，会阻塞式地等待请求完成。
(5) 如果异步请求没有完成，则继续轮询。
(6) 当收到服务端返回的响应结果后，调用handleResponse()回调方法。
(7) 在回调方法中会解析出客户端响应，调用异步请求的complete()方法，完成异步请求。
(8) 从客户端响应对象解析出来的数据，会被设置为异步请求的结果值。
(9) 客户端调用异步请求的value()方法，获取异步请求的结果。

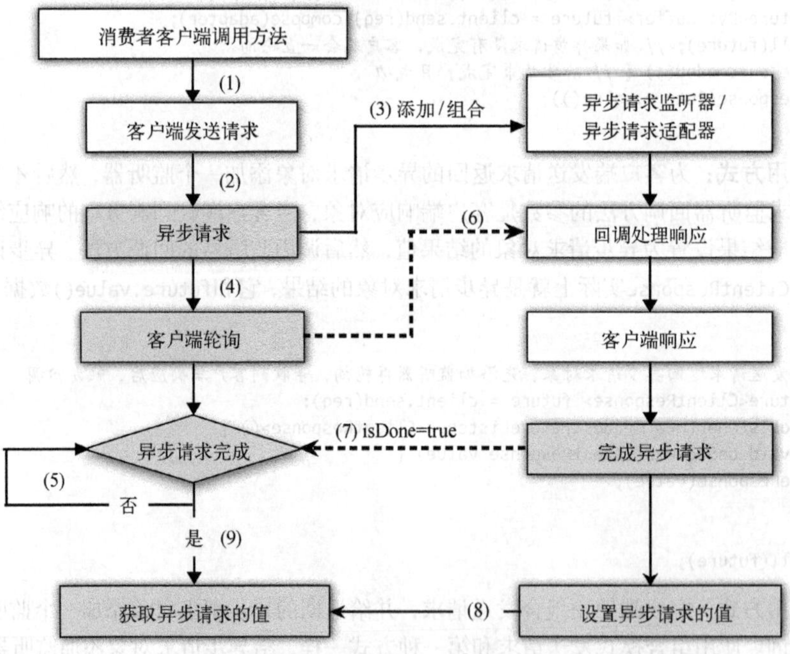

图4-41　客户端使用RequestFuture、监听器模式服务端异步通信

图4-42总结Kafka的消费者和其他组件的关系。Kafka消费者主要有拉取器、消费者的协调者两个主要的类。拉取器会向服务端拉取消息，消费者的协调者会发送心跳和提交偏移量给服务端的协调者节点。属于同一个消费组的所有消费者涉及消费组相关的请求，都会和服务端的协调者节点通信。

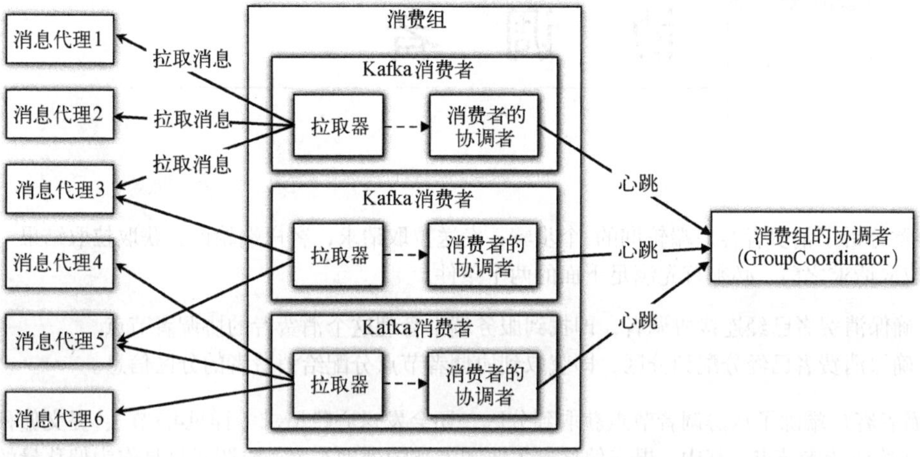

图4-42 消费者和协调者的关系

本章主要分析的是一个消费者的处理流程，并没有和其他消费者联系起来，以全局的视角来理解消费组整体的行为。消费者的大部分工作都要和服务端的协调者通信，服务端的协调者会管理同一个消费组的所有消费者。下一章会分析消费者发送请求后，在服务端的协调者上的处理流程。

第5章 协调者

第4章分析了消费者客户端轮询的3个步骤：发送拉取请求，客户端轮询，获取拉取结果。消费者在发送拉取请求之前，必须首先满足下面的两个条件。

- 确保消费者已经连接协调者，即找到服务端中管理这个消费者的协调者节点。
- 确保消费者已经分配到分区，即获取到协调者节点分配给消费者的分区信息。

消费者客户端除了从协调者节点获取到分区，还会发送心跳请求（详见4.3节）、提交偏移量（详见4.4节）给协调者节点。其中，提交偏移量主要和消息的处理有关，协调者只是作为偏移量的存储介质，因此不是本章的重点。而消费者发送心跳请求给协调者，则有可能出现各种各样的问题，如下。

- 消费者没有及时发送心跳，可能是消费者发生故障。这时协调者应该能够意识到有消费者离开了消费组，需要对消费组内的所有消费者重新分配分区。
- 消费者发送心跳给协调者，但是服务端的协调者节点也可能出现故障。而消费者所有依赖协调者的工作都必须首先存在协调者，所以消费者会等待一段时间重新连接正确的协调者节点，然后由协调者节点再次分配分区。

注意： 如果是协调者节点发生故障，服务端会有自己的故障容错机制，选出管理消费组所有消费者的新协调者节点。消费者客户端没有权利做这个工作，它能做的只是等待一段时间，查询服务端是否已经选出了新的协调节点。如果消费者查到现在已经有管理协调者的协调节点，就会连接这个新协调节点。由于这个协调节点是服务端新选出来的，所以每个消费者都应该重新连接协调节点。

旧版本的消费者再平衡操作主要通过ZK监听器方式来触发，每个消费者为了获得分区，都会在客户端执行分区分配算法。有了协调者之后，分区的分配算法理所当然要交给协调者完成。消费者通过发送“加入组请求”给协调节点来获取分配给它们的分区。协调者可以自己执行这个分配算法（在服务端计算），或者交给其中的一个消费者去完成（在客户端计算）。第二种方法的代价是负责执行分配算法的消费者，还要把分配结果同步给协调者，最终协调者会返回分配结果给每个消费者。

本章主要分析消费者发送“加入组请求”和“同步组请求”给协调者，协调者如何分配分区给消费者。另外，心跳请求也间接影响了消费者是否需要重新加入消费组，因此我们也会分析协调者如何监控客户端的心跳。

注意：为了让协调者能将分区分配给每个消费者，每个消费者都要发送“加入组请求”给协调者。协调者知道了消费组下有哪些消费者，就能决定把哪些分区分配给对应的消费者。

5.1　消费者加入消费组

消费者发送“加入组请求”获取分区定义在抽象客户端协调者的ensureActiveGroup()方法，而该方法又定义在消费者的轮询操作中。即消费者每次轮询都会调用该方法，但并不是每次轮询都要发送“加入组请求”。从4.1.2节的分析中可知，主要通过rejoinNeeded变量和订阅状态的needsPartitionsAssigned变量控制是否需要重新加入组。通常在成功执行一次“加入组”的流程后，会设置这两个变量为false，这样消费者下次轮询时，调用ensureActiveGroup()方法就会立即返回。

消费者发送“加入组”请求会返回一个异步请求对象。为了确保消费者只有分配到分区之后，才可执行后续的拉取分区消息操作，消费者需要通过客户端阻塞式地轮询（client.poll(future)，参见4.2.3节）等待异步请求完成。在异步请求完成后，我们可以在回调方法onJoinComplete()中将“‘加入组响应’结果”，即分配的分区设置到消费者订阅状态的“分配结果”中。

注意：消费者要拉取哪些分区的消息，是从消费者订阅状态（SubscriptionState，参见4.1.1节）中获取数据的。消费者从协调者获取到分配的分区后，要将分配结果加入到订阅状态中。

下面把ensureActiveGroup()方法中执行条件相关的部分（即判断是否需要重新加入消费组）都去掉，只保留“加入组请求”相关的业务逻辑，主要步骤如下。

(1) 消费者加入消费组之前，需要做一些准备工作，比如同步提交一次偏移量，执行监听器的回调。
(2) 消费者创建“加入组请求”，包括消费者的元数据作为请求的数据内容。
(3) 消费者发送“加入组请求”，采用组合模式返回一个新的异步请求对象，并定义回调处理器。
(4) 客户端通过轮询，确保组合模式返回的异步请求必须完成，这是一个阻塞的方法。
(5) 异步请求完成后，执行回调方法，将分区设置到消费者的订阅状态，并重置心跳定时任务。

相关代码如下：

```
// 消费组确保组是有效的，通过发送“加入组请求”分配到分区
public void ensureActiveGroup() {
  if (!needRejoin()) return; // 客户端轮询时，如果不需要重新加入组，不执行下面代码
  onJoinPrepare(generation, memberId);  // (1) 准备加入
  JoinGroupRequest request = new JoinGroupRequest(groupId, // (2) 创建请求
    this.sessionTimeoutMs, this.memberId, protocolType(), metadata());
  RequestFuture future = client.send(coordinator,JOIN_GROUP,request)
    .compose(new JoinGroupResponseHandler()); // (3) 发送请求
  client.poll(future); // (4) 客户端轮询确保异步请求完成后才会返回
  if (future.succeeded()) {  // (5) 请求完成，根据结果处理回调
```

```
      onJoinComplete(generation, memberId, protocol, future.value());
      heartbeatTask.reset(); // 重置心跳，参见4.3节
    }
  }
```

ensureActiveGroup()方法主要的3个子流程是：消费者准备加入消费组，发送“加入组请求”并定义响应处理器，消费者完成加入消费组。下面先来看创建“加入组请求”需要发送的元数据。

5.1.1　元数据与分区分配器

消费者客户端创建“加入组请求”，请求对象的变量有：消费组名称（groupId）、消费者成员编号（memberId）、协议类型（protocolType）、元数据（metadata）。

消费者客户端和第8章的连接器客户端都需要发送“加入组请求”从协调节点获取分区，所以有两种协议类型：消费者（consumer）、连接器（connect）。“协议内容”和“元数据”构成协议元数据（ProtocolMetadata）。元数据和协议类型有关，消费者的元数据是订阅的主题，连接器的元数据是一些配置信息。相关代码如下：

```
// 消费者创建“加入组请求”需要指定消费者的元数据，比如订阅的主题
public List<ProtocolMetadata> metadata() {
  List<ProtocolMetadata> metadataList = new ArrayList<>();
  for (PartitionAssignor assignor : assignors) {
    // 创建一个订阅状态，包含了消费者订阅的主题列表
    Subscription sub = assignor.subscription(subscriptions.subscription());
    ByteBuffer metadata = ConsumerProtocol.serializeSubscription(sub);
    // 每个分区分配器的元数据实际上都是一样的
    metadataList.add(new ProtocolMetadata(assignor.name(), metadata));
  }
  return metadataList;
}
```

注意：ProtocolMetadata由Protocol和Metadata组成，前者是协议内容，后者是元数据内容。

消费者的协议内容是分区分配器（PartitionAssignor）的类名。目前Kafka消费者支持两种分区分配方式：范围（协议名称是range，对应的类是RangeAssignor）、循环（协议名称是roundrobin，对应的类是RoundRobinAssignor）。PartitionAssignor接口定义了assign()抽象的分配算法。不管是协调者还是消费者负责分配分区，调用assign()执行分区分配算法需要下面两个参数，表示分配算法必须传递下面两个数据才能工作。

- subscriptions。哪些消费者订阅了哪些主题。
- metadata。消费者订阅的这些主题都有多少个分区。

subscriptions表示每个消费者的订阅信息，通过让每个消费者都发送自己的订阅信息给协调者，协调者就可以收集到所有消费者订阅的主题。metadata是集群的元数据，它记录了每个主题的相关信息，包括主题的分区数。这样协调者就可以将对应主题的分区，分配给所有订阅这些主题的消费者。

相关代码如下：

```
// 分区分配器接口，负责执行分区分配的具体算法
public interface PartitionAssignor {
  // 每个消费者都有订阅的主题列表，Subscription是消费者的订阅信息
  Subscription subscription(Set<String> topics);

  // 只有主消费者会调用assign()，其中subscriptions是所有消费者的订阅信息
  Map<String, Assignment> assign(
    Cluster metadata, Map<String, Subscription> subscriptions);

  void onAssignment(Assignment assignment); // 分配到结果后的回调处理

  // 消费者的订阅信息，即订阅了哪些主题
  class Subscription {
    private final List<String> topics;
    private final ByteBuffer userData;
  }

  // 消费者的分配结果，即分配了哪些分区
  class Assignment {
    private final List<TopicPartition> partitions;
    private final ByteBuffer userData;
  }
}
```

分配方法的返回值包含了每个消费者对应的分配结果，分配结果是一个“主题分区集合”，表示分配给消费者的所有主题分区。消费者发送订阅信息（Subscription）对象以及服务端返回分配结果（Assignment）对象，在网络传输时都需要进行序列化。

注意：Subscription是订阅信息，消费者订阅了哪些主题。Assignor是分区分配器，它会执行分区分配的算法，Assignment是分配结果，是执行分配分区后的结果。

消费者发送请求用到的元数据，分区分配器会用在具体分区分配的算法执行上。下面分析消费者发送完请求到调用分区分配器assign()方法的整个过程。

5.1.2 消费者的加入组和同步组

消费者向协调者发送“加入组请求”获取分区和现实生活中的任务分配很相似。为了帮助理解分区分配的过程，我们以软件开发常见的任务分工为例，如图5-1所示。公司要开发一个新项目，有3个开发人员向项目经理申请开发任务；项目经理执行任务分配，将项目的3个模块分别交给3个开发人员。这个示例中开发人员是消费者，项目经理是协调者，项目有哪些模块是集群的元数据，项目经理分配任务是分区分配算法，项目经理将不同模块分给不同的开发人员等价于不同分区分配给不同消费者。将这个示例对应到消费者分区分配的流程，具体步骤如下。

(1) 消费者发送订阅信息给协调者。

5

(2) 协调者收集所有的消费者，以及它们对应的订阅信息。

(3) 协调者执行任务分配算法，即具体如何将不同的分区分配给不同的消费者。

(4) 分配结果确定后，协调者将分区返回给消费者，消费者分配到分区开始工作。

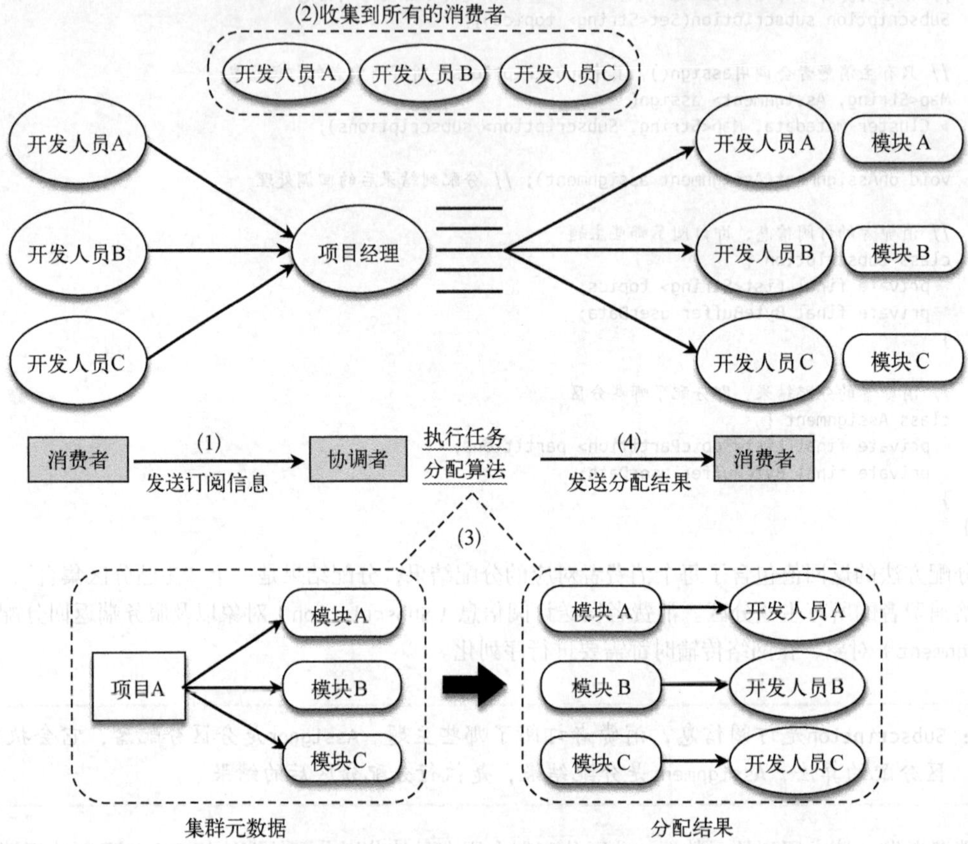

图5-1 消费者从协调者获取分区，协调者执行任务分配的示例

在Kafka的实现中，协调者在收集完所有的消费者及其订阅信息后，并不执行具体的任务分配算法，而是交给其中一个消费者执行分区分配任务，这个消费者叫作主消费者。

注意： 这里的主消费者只是负责执行分区分配，并没有其他相关的状态数据。协调者通常会将第一个发送“加入组请求”的消费者选作主消费者。但后续过程中，如果这个主消费者挂掉了，协调者就会选择下一个消费者作为主消费者。所以这里协调者选择主消费者的策略比较简单，不像分区的主消费者选举会有很多的依赖限制条件。

---

1. 主消费者执行任务分配

如图5-2所示，我们仍然以前面的示例为例，项目经理会选择一个开发人员作为组长（主消费者），让组长帮他执行任务的分配工作。组长分配完任务后，再将分配结果告诉给项目经理。最后项目经理再将任务分配给每个开发人员。改进后的具体步骤如下。

(1) 消费者发送订阅信息给协调者。

(2) 协调者收集所有的消费者，以及它们对应的订阅信息。

(3) 协调者将所有的消费者成员列表及其订阅信息发送给主消费者。

(4) 主消费者执行具体的分区分配算法。

(5) 主消费者将分配结果同步回协调者。

(6) 协调者收到主消费者的分配结果，将分区返回给每个消费者。

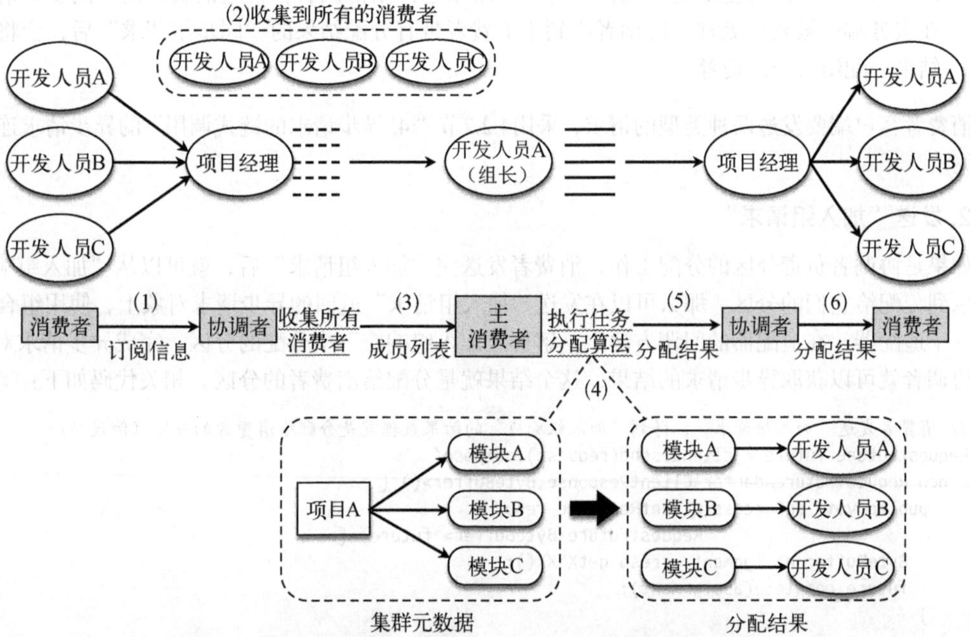

图5-2 消费者从协调者获取分区，主消费者执行任务分配的示例

协调者选择主消费者帮它执行具体的分区分配算法，这种做法的好处是可以减少协调者本身的负担，但缺点是客户端计算完结果后，需要把分配结果同步回协调者，再由协调者将结果返回给各个消费者客户端。这种方式在实现上需要权衡和考虑下面4个设计上的问题。

- 协调者如何选择主消费者，是否需要依赖什么外部的条件？
- 协调者选择主消费者执行分区分配，协调者要怎么处理主消费者失败的情况？
- 协调者将“所有消费者成员及其订阅信息”作为“加入组请求”的响应结果分配给主消费者，是否需要发送“加入组响应”给其他普通的消费者？
- 假设每个消费者都会收到“加入组响应”，但这个响应结果并不表示分配结果，每个消费者如何得到分配给它们的分区，是否需要再次发送请求？

权衡结果分别如下。

5

- 协调者在选择主消费者上不需要做过多的判断，通常会选择第一个发送“加入组请求”的消费者作为主消费者。执行分区分配的算法交给任何一个消费者都是可以完成的。
- 不管什么类型的消费者失败，都会遵照第4章心跳超时的处理方式。失败的消费者会被协调者从消费组中移除，并触发再平衡操作，剩余存活的每个消费者都要重新加入消费组。
- 每个消费者发送“加入组请求”后，协调者在收集完所有的消费者及其订阅信息后，会返回“加入组响应”给每个消费者，但这个响应结果并不是分区分配结果。
- 每个消费者收到“加入组响应”后，都会发送“同步组请求”给协调者来获取分配的分区。主消费者会在完成分区的分配任务后才发送“同步组请求”。普通消费者会立即发送“同步组请求”，但因为主消费者还没有将分配结果返回给协调者，普通消费者的“同步组请求”在服务端会被延迟处理。协调者收到主消费者带有分配结果的“同步组请求”后，会将分配结果分配给每个消费者。

消费者客户端要发送两种类型的请求，采用4.2.2节“4. 异步请求的链式调用”的异步请求连接模式来完成。

2. 发送“加入组请求”

如果是协调者负责分区的分配工作，消费者发送完“加入组请求”后，就可以从“加入组响应”中获取到分配给它们的分区。那么可以在发送“加入组请求”返回的异步请求对象上，使用组合模式加上一个适配器。在适配器的回调方法中，解析“加入组响应”中分配的分区，完成异步请求对象，最后协调者就可以获取异步请求的结果，这个结果就是分配给消费者的分区。相关代码如下：

```
// 消费者发送“加入组请求”，得到“加入组响应”的结果数据就是分配给消费者的分区（伪代码）
RequestFuture future = client.send(request).compose(
  new RequestFutureAdapter<ClientResponse,ByteBuffer>() {
    public void onSuccess(ClientResponse resp,
                          RequestFuture<ByteBuffer> future) {
      ByteBuffer assignment = resp.getXXXX();
      future.complete(assignment);
    }
  }
);
client.poll(future);
ByteBuffer assignment = future.value();
```

但因为协调者并不执行分区分配，所以它返回的“加入组响应”没有分配结果。协调者返回给每个消费者的“加入组响应”是不同的，主消费者收到的是“所有消费者成员列表及其对应的订阅信息”，而普通消费者并没有这些数据，因为普通消费者并不会执行分区分配的工作。

“加入组的响应处理器”继承了“协调者响应处理器”（CoordinatorResponseHandler），它本质上是一个用于组合模式的异步请求适配器。在回调方法中，由于消费者接收的“加入组响应”不是分配的分区，所以不能直接完成“加入组”的异步请求，而应该再次发送“同步组请求”。

但如果“加入组响应”有错误，就不需要继续发送“同步组请求”，而应该对“加入组”的异步请求调用raise()方法，表示“加入组”的异步请求有异常。客户端轮询完成，但异步请求没有成功，就不会执行onJoinComplete()回调方法，消费者需要重新发送“加入组请求”。相关代码如下：

```
// 消费者发送“加入组请求”返回异步请求，客户端轮询后，如果异步请求成功，执行回调
RequestFuture future = client.send(coordinator,JOIN_GROUP,request)
  .compose(new JoinGroupResponseHandler());
client.poll(future);
if (future.succeeded()) {
  onJoinComplete(generation, memberId, protocol, future.value());
}

// “加入组请求”定义的响应处理器，实现了协调者相关的抽象类，只需实现handle方法即可
private class JoinGroupResponseHandler extends CoordinatorResponseHandler {
  public void handle(JoinGroupResponse resp,
                   RequestFuture<ByteBuffer> future){
    short errorCode = resp.errorCode();
    if (errorCode == Errors.NONE.code()) {
      // 响应结果没有错误，除了设置一些相关的变量，还要再次发送“同步组请求”
      AbstractCoordinator.this.memberId = resp.memberId();
      AbstractCoordinator.this.generation = resp.generationId();
      AbstractCoordinator.this.rejoinNeeded = false;
      AbstractCoordinator.this.protocol = resp.groupProtocol();
      // 如果是主消费者，会传递响应结果。主消费者需要响应结果执行分区分配
      if (resp.isLeader()) {
        onJoinLeader(resp).chain(future);
      } else { // 普通消费者不需要响应结果，它会立即发送“同步组请求”
        onJoinFollower().chain(future);
      }
    } else if (errorCode == Errors.GROUP_LOAD_IN_PROGRESS.code()) {
      future.raise(Errors.forCode(errorCode)); // 有异常，完成异步请求，但不成功
    }
  }
}
```

不同的消费者会根据“加入组响应结果”的isLeader()调用不同的回调方法，但是链式模式链接的异步请求都是“加入组”的异步请求。

注意：消费者客户端要获取分配给它们的分区，这个数据会存放在“加入组”的异步请求中。一旦调用“加入组”异步请求的complete()方法完成它，就表示“加入组”的异步请求完成，消费者就可以从异步请求中获取数据，得到分配给它们的分区。注意，“加入组请求”指的是JoinGroupRequest，而“加入组”的异步请求指的是“加入组请求”的异步结果对象。消费者调用到JoinGroupResponseHandler的回调方法，虽然表示消费者收到“加入组响应”，但这时“加入组”的异步请求还没有到被完成的火候。

---

3. 发送“同步组”请求

普通消费者在收到“加入组响应结果”后，会立即发送“同步组请求”给协调者。而主消费者在收到“加入组响应结果”后，会从“加入组响应结果”中获取执行分区分配过程中需要用到的数据，然后调用performAssignment()执行分区分配。只有这个执行过程完成后，主消费者才会开始发送“同

步组请求”给协调者。相关代码如下：

```
// 普通消费者在收到“加入组响应”后，立即发送“同步组请求”
private RequestFuture<ByteBuffer> onJoinFollower() {
  SyncGroupRequest request = new SyncGroupRequest(
    groupId, generation, memberId, Collections.emptyMap());
  return sendSyncGroupRequest(request);
}

// 主消费者在收到“加入组响应”后，执行完分区分配工作，才会发送“同步组请求”
RequestFuture<ByteBuffer> onJoinLeader(JoinGroupResponse resp) {
  // 执行消费组级别的任务分配工作，响应结果中有组协议、所有的组成员等全局信息
  Map<String, ByteBuffer> groupAssignment = performAssignment(
    resp.leaderId(), resp.groupProtocol(), resp.members());
  // 主消费者发送的“同步组请求”与普通消费者的区别是：多了消费组的分配结果
  SyncGroupRequest joinRequest = new SyncGroupRequest(
    groupId, generation, memberId, groupAssignment);
  return sendSyncGroupRequest(joinRequest);
}
RequestFuture<ByteBuffer> sendSyncGroupRequest(SyncGroupRequest request){
  return client.send(coordinator, ApiKeys.SYNC_GROUP, request)
              .compose(new SyncGroupRequestHandler());
}

// “同步组的响应处理器”，完成“同步组”的异步请求，表示分配给消费者的分区结果
class SyncGroupRequestHandler extends CoordinatorResponseHandler{
  public void handle(SyncGroupResponse resp,
                     RequestFuture<ByteBuffer> future) {
    Errors error = Errors.forCode(resp.errorCode());
    if (error == Errors.NONE) { // 这个异步请求是“同步组”的
      future.complete(resp.memberAssignment());
    }
  }
}
```

“加入组响应处理器”的回调方法调用时，表示消费者收到“加入组响应结果”，但“加入组”的异步请求还没有完成。“同步组响应处理器”的回调方法调用时，表示消费者收到“同步组响应结果”。由于“同步组响应结果”表示的数据就是分配给消费者的分区信息，所以可以完成“同步组”的异步请求，并一起完成了“加入组”的异步请求。这时消费者读取“加入组”异步请求的结果就是分配给消费者的分区信息。如图5-3所示，消费者获取协调者的分配结果，总体上可以分为下面4个步骤。

(1) 每个消费者都发送“加入组请求”给协调者节点。

(2) 协调者收到所有消费者发送的“加入组请求”，返回“加入组响应”给每个消费者，还会将执行分区分配算法需要的数据（比如消费者成员列表）传给主消费者。

(3) 主消费者执行完分区分配算法后，将“分配结果”通过“同步组请求”的方式发送给协调者节点。其他消费者也会发送“同步组请求”给协调者，但是它们的请求中并没有“分配结果”数据。

(4) 每个消费者从“同步组响应”的结果数据中获取到分配给它们的分区。

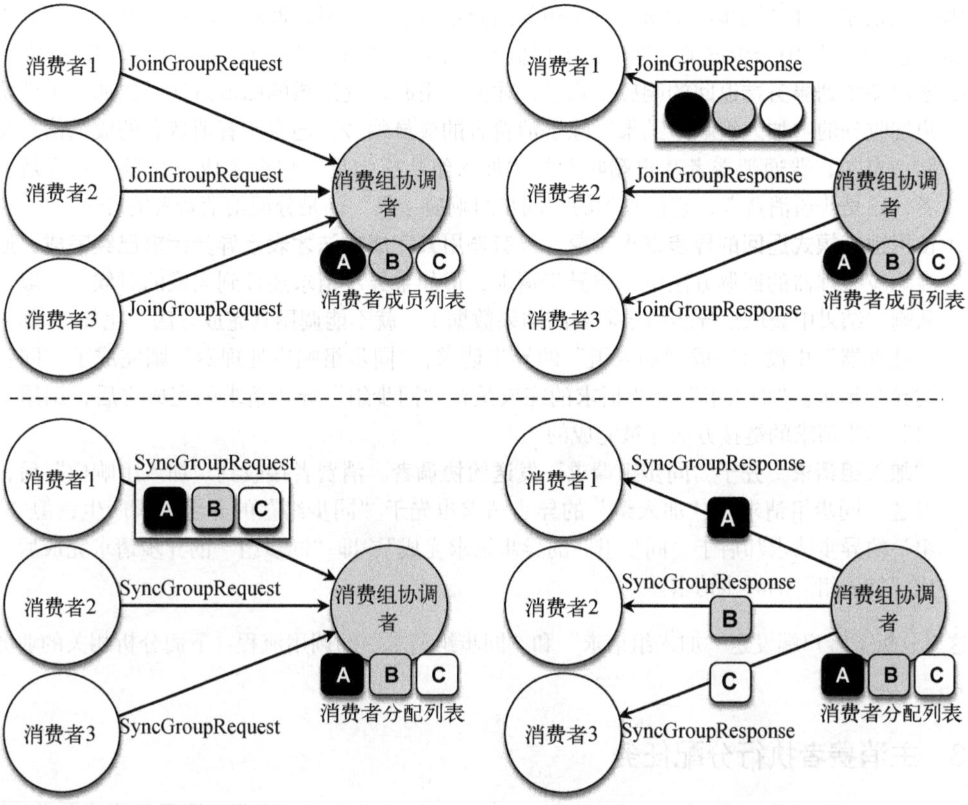

图5-3　消费者发送加入组和同步组给消费组的协调者，最终获取到分区

在“加入组”和“同步组”两种请求的“回调处理器”中，回调方法的第二个参数即异步请求，表示的分别是“加入组”和“同步组”的异步请求。“加入组响应处理器”没有完成“加入组”的异步请求，“同步组响应处理器”则完成了“同步组”的异步请求。那么，“加入组”的异步请求在什么时候完成呢？实际上，通过调用“加入组”异步请求的链接方法，将“同步组”异步请求的结果设置为“加入组”异步请求的结果，从而完成“加入组”的异步请求。这个过程更详细的步骤如下。

(1) 每个消费者都向协调者发送“加入组请求”，申请加入消费组。

(2) 协调者接收每个消费者的“加入组请求”，收集消费组的消费者成员列表。

(3) 协调者选举一个消费者客户端作为主消费者。

(4) 协调者向发送“加入组请求”的每个消费者返回响应结果，其中包含所有消费者成员列表。

(5) 步骤(3)的主消费者会做额外的分区分配算法，并在计算完成后发送同步组请求给协调者。

(6) 普通消费者收到包含成员列表的“加入组响应”结果不做计算，立即发送同步组请求给协调者。

(7) 不管是主消费者还是普通消费者，发送同步组请求的目的都是向协调者申请分区。

(8) 协调者收到主消费者在步骤(5)的分配结果，向每个发送同步组请求的消费者返回分区。

"加入组请求"和"同步组请求"以及相关的异步请求、回调处理器的调用流程在4.2.2节"4. 异步请求的链式调用"中分析过了，这里就不再赘述。下面总结了这两个请求调用流程相关的特点。

- **客户端收到服务端返回的响应结果后，才会调用回调处理器的回调方法**。比如，主消费者客户端收到的"加入组响应结果"除了消费者的成员编号，还有所有消费者的成员信息及其订阅信息等；普通消费者客户端收到的"加入组响应结果"包含了成员编号。不管是主消费者，还是普通消费者，它们收到的"同步组响应结果"都是分配给消费者的分区。
- **使用组合模式返回的异步请求对象，只有调用其完成方法才表示异步请求已经完成**。通常，在响应处理器的回调方法中完成异步请求，但如果异步请求还没到完成的时候（一般是不能从响应结果中获取出异步请求需要的结果数据），就不能调用其完成方法。比如，"加入组响应处理器"中没有完成"加入组"的异步请求，"同步组响应处理器"则完成了"同步组"的异步请求。"加入组"异步请求的完成是在"同步组"异步请求的完成之后，调用"同步组"异步请求的链接方法才被完成的。
- **"加入组请求"先于"同步组请求"发送给协调者**。消费者接收到"加入组响应"后，才会发送"同步组请求"。"加入组"的异步请求也先于"同步组"的异步请求产生，但"'加入组'的异步请求却后于'同步组'的异步请求完成"，即"同步组"的异步请求完成后，才完成"加入组"的异步请求。

这里分析了客户端发送"加入组请求"和"同步组请求"的调用流程，下面分析相关的业务逻辑处理。

5.1.3 主消费者执行分配任务

消费者发送的"加入组请求"（`JoinGroupRequest`）的内容包括：消费组编号、消费者成员编号、协议类型、协议内容和元数据（`ProtocolMetadata`）。其中，协议内容是分区分配算法的名称，元数据是消费者订阅的主题列表。"加入组响应"对象的内容包括：消费者成员编号、统一的消费组协议、主消费者编号、协调者执行分区分配工作的次数、消费者成员列表。

- **客户端发送的协议与服务端返回的"消费组协议"（`groupProtocol`）**。虽然"加入组请求"中的"协议名称"包括了系统支持的所有协议类型（范围分配和循环分配），但真正执行具体的分区分配时只允许一种协议。协调者会负责统一所有消费者的协议，选择一个大家都支持认可的协议作为"消费组协议"。协调者发送"加入组响应"给每个消费者的"消费组"协议都是一样的，虽然只有主消费者会使用这个协议来做实际的分配工作。
- **消费者成员编号（`memberId`）**。消费者发送的"加入组请求"需要指定消费者成员编号，当消费者初次加入消费组时，这个编号是`UNKNOWN_MEMBER`。协调者处理每个消费者发送的"加入组请求"，会为每个消费者指定唯一的消费者成员编号，并包含在"加入组响应"中返回给消费者。后续消费者需要重新加入消费组时，发送"加入组请求"中的消费者成员编号，就是协调者之前分配给它的编号。
- **主消费者编号（`leaderId`）**。协调者选择的主消费者编号，如果消费者的成员编号和主消费者编号相等，那么这个消费者就是主消费者。

- 所有消费者成员信息（members）。协调者会将它收集到的所有消费者信息，都发送给主消费者。注意：members不仅包括所有的消费者成员编号，还包括每个消费者订阅的主题。必须要包含订阅信息，否则只有消费者成员编号，不知道订阅了哪些主题，主消费者还是无法执行分区分配工作。
- 纪元编号（generation）。只在每个消费者每次需要重新加入组时，才会在协调者端进行更新，它表示协调者从启动至今一共发生了多少次分区分配的工作。每次消费组发生再平衡操作时，协调者都会发起一次分区分配的工作。虽然分区分配工作是由主消费者执行的，但主消费者有可能变化，所以要由服务端的协调者来记录这个编号。

普通消费者收到“加入组响应”会调用onJoinFollower()方法，立即发送“同步组请求”给协调者，并给返回的“同步组”异步请求链接上“加入组”的异步请求。当消费者收到“同步组响应”后，会完成“同步组”的异步请求，再完成“加入组”的异步请求，这样普通消费者就可以从“加入组”的异步请求结果中获取分配给它的分区。主消费者在收到“加入组响应”时会调用onJoinLeader()方法，也会发送“同步组请求”给协调者。它也会给返回的“同步组”异步请求链接上“加入组”异步请求，后续流程和普通消费者类似，分别是：收到“同步组响应”、完成“同步组”异步请求、完成“加入组”异步请求、获取“加入组”异步请求结果。

消费者发送“同步组请求”（SyncGroupRequest）的内容包括：消费组编号、纪元编号、消费者成员编号、消费组的分配结果。其中前3个信息都在协调者返回给消费者的“加入组响应”结果中，“消费组的分配结果”只有主消费者会传递。主消费者在收到“加入组响应”后，并不会立即发送“同步组请求”给协调者，而是要等到执行分区分配的工作完成后才发送“同步组请求”。主消费者发送的“同步组请求”带有“消费组的分配结果”（groupAssignment），普通消费者发送的“同步组请求”没有分配结果，因为它并没有执行分区分配工作。

1. 执行任务获取消费组的分配结果

主消费者调用performAssignment()方法执行分区分配工作。其中，members是所有消费者的订阅信息，它的键是每个消费者的成员编号，值是消费者的订阅信息。这个数据是由协调者在收集完所有消费者发送的订阅信息后，作为“加入组响应”传给主消费者的。相关代码如下：

```
// 在主消费者（ConsumerCoordinator）执行分区分配，返回每个消费者的分区分配结果
protected Map<String, ByteBuffer> performAssignment(
    String leaderId, String groupProtocol, // 主消费者编号和消费组协议
    Map<String, ByteBuffer> members){ // 所有消费者的订阅信息
  // 根据协调者指定的消费组协议，获取唯一的分区分配器
  PartitionAssignor assignor = lookupAssignor(groupProtocol);
  Set<String> allSubscribedTopics = new HashSet<>();
  // subscriptions是从所有消费者的订阅元数据中解析出来的
  Map<String, Subscription> subscriptions = new HashMap<>();
  for (Map.Entry<String, ByteBuffer> subs : members.entrySet()) {
    // 反序列化消费者的订阅信息
    Subscription subscription=ConsumerProtocol.deserialize(subs.getValue());
    // 消费者订阅信息的键是消费者成员编号，值是订阅的主题
    subscriptions.put(subs.getKey(), subscription);
    // 所有消费者订阅的所有主题，集群元数据会获取这些主题的所有分区
```

```
    allSubscribedTopics.addAll(subscription.topics());
  }
  this.subscriptions.groupSubscribe(allSubscribedTopics);
  metadata.setTopics(this.subscriptions.groupSubscription());
  client.ensureFreshMetadata();

  // 根据分配策略，为所有消费者分配分区。返回值表示每个消费者的分配结果
  Map<String, Assignment> assignment = assignor.assign(
    metadata.fetch(), subscriptions);

  // 由于分区分配器返回结果的值是一个Assignment对象，要转换为字节数组返回给协调者
  Map<String, ByteBuffer> groupAssignment = new HashMap<>();
  for (Map.Entry<String, Assignment> e : assignment.entrySet()) {
    // 把Assignment序列化存储，因为要发送给协调者，不能以对象的形式直接发送
    ByteBuffer buffer = ConsumerProtocol.serializeAssignment(e.getValue());
    groupAssignment.put(e.getKey(), buffer);
  }
  return groupAssignment;
}
```

主消费者在执行分区分配工作时，根据每个消费者发送的订阅信息，会通过分区分配器的assign()方法计算出每个消费者分配的分区结果。如表5-1所示，这个过程产生了一些字典数据结构，它们的键都是字符串类型的消费者成员编号，值的类型不同，表示的含义也不同。后两个的值都表示每个消费者的分区分配结果，不同点是前者是一个对象，后者是序列化的字节数组。

表5-1　主消费者执行分区分配工作的字典数据结构

字典数据结构	字典的值	数据来源
所有消费者的订阅信息（members）	消费者的订阅信息（ByteBuffer）	订阅信息（Subscription）
所有消费者的分配结果（assignment）	消费者的分配结果（Assignment）	分区列表（TopicPartition）
消费组的分配结果（groupAssignment）	消费者的分配结果（ByteBuffer）	分配结果（Assignment）

2. 抽象分区分配器类

“抽象分区分配器类”（AbstractPartitionAssignor）实现了“分区分配器接口”（PartitionAssignor）的assign()分区分配方法，但它又定义了一个参数类型不同的assign()抽象方法。这样具体的“分区分配实现类”不需要实现“分区分配器接口”，只需继承并实现抽象类的assign()方法。这个方法的两个参数的含义如下，它和“分区分配器接口”的两个参数类似，但做了一点处理。比如，不使用“集群元数据”，而是从集群元数据获取主题对应的分区数；不使用“订阅信息对象”，而是使用订阅信息的订阅主题列表。

- partitionsPerTopic。每个主题有多少个分区。从传入分区分配器的集群元数据获取数据。
- subscriptions。每个消费者的订阅主题。和分区分配器的subscriptions类似，但把订阅信息对象（Subscription）转为字符串列表，实际上订阅信息就是由主题列表组成的。

相关代码如下：

```
// 抽象分区分配器的分配方法实现了分区分配器接口的分配方法，并定义不同参数的新抽象方法
public abstract class AbstractPartitionAssignor implements PartitionAssignor{
  // 再定义一个抽象方法，具体的实现类不需要实现分区分配器接口的方法，而是抽象类的这个方法
  public abstract Map<String, List<TopicPartition>> assign(
      Map<String, Integer> partitionsPerTopic, // 每个主题的分区数量
      Map<String, List<String>> subscriptions); // 每个消费者订阅的主题列表

  public Map<String, Assignment> assign( Cluster metadata, // 集群元数据
      Map<String, Subscription> subscriptions) { // 所有消费者的订阅信息
    // 从集群获取订阅主题的分区数，从订阅信息中获取消费者的订阅主题。这里省略了获取过程
    Map<String, List<String>> topicSubscriptions = new HashMap<>();
    Map<String, Integer> partitionsPerTopic = new HashMap<>();
    Map<String, List<TopicPartition>> rawAssignments = assign(
      partitionsPerTopic, topicSubscriptions);
    // 最后返回给客户端调用时，将分区列表封装成Assignment对象。这里省略了封装过程
    Map<String, Assignment> assignments = new HashMap<>();
    return assignments;
  }
}
```

注意：具体分区分配器的实现类和旧API的算法类似（详见3.2.2节），这里不再分析。

图5-4总结了消费者发送“加入组请求”给协调者，到获取到分区列表的过程，具体步骤如下。

(1) 消费者发送“加入组请求”，得到一个“加入组”的异步请求。
(2) 消费者获得“加入组响应”结果，表示协调者已经收集到所有发送了“加入组请求”的消费者。
(3) 主消费者会执行分区分配任务，返回结果是消费组中所有消费者及其对应的分区列表。
(4) 每个消费者都会发送“同步组请求”，得到一个“同步组”的异步请求。
(5) 每个消费者获得“同步组响应”结果，表示分配给当前消费者的分区列表。
(6) 完成“同步组”的异步请求，并通过模式完成“加入组”的异步请求。
(7) 消费者获取“加入组”异步请求的结果，这个数据表示的就是分配给消费者的分区。

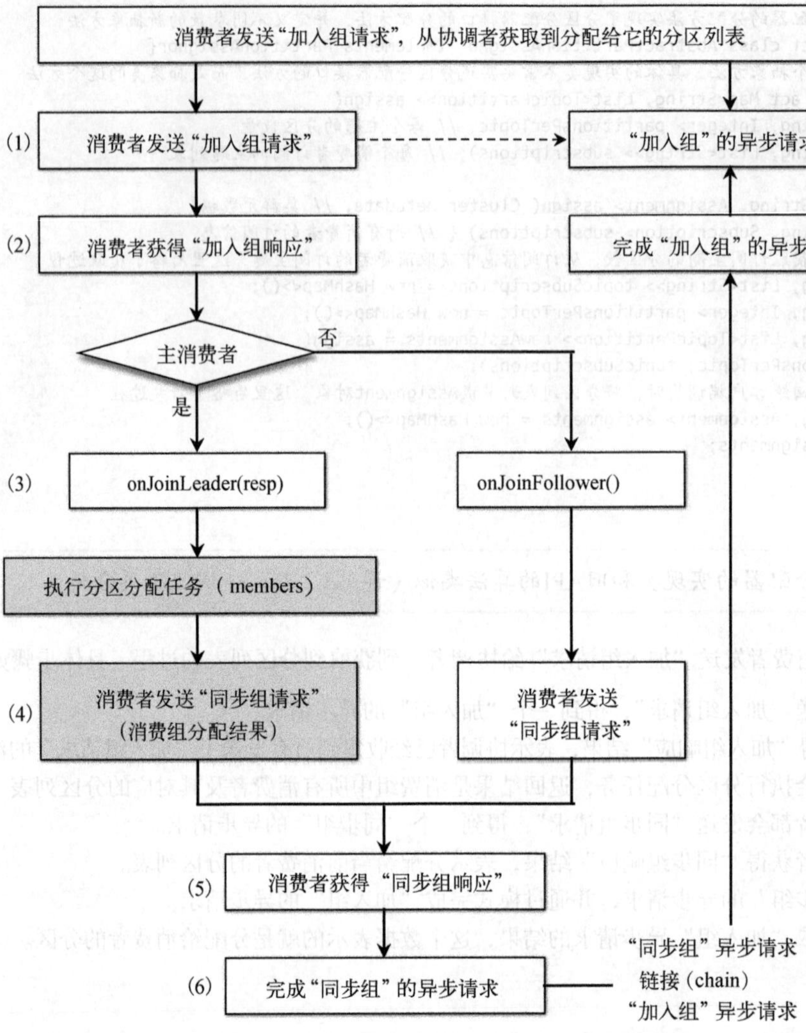

图5-4　消费者发送"加入组请求"，获取分区的流程

5.1.4　加入组的准备、完成和监听器

消费者重新加入消费组，在分配到分区的前后，都会对消费者的拉取工作产生影响。消费者发送"加入组请求"之前要停止拉取消息，在收到"加入组响应"中的分区之后要重新开始拉取消息。同时，为了能够让客户端应用程序感知消费者管理的分区发生变化，在加入组前后，客户端还可以设置自定义的"消费者再平衡监听器"，以便对分区的变化做出合适的处理。

1. 准备和完成"加入组请求"

消费者发送"加入组请求"给协调者，最终从协调者获取到的分配结果对象（`Assignment`）表示分配给消费者的分区列表。消费者在加入消费组过程中调用onJoinPrepare()方法，这表示消费者正准备加入消费组，正在等待分配分区。此时拉取器应该暂停拉取消息，而只有等消费者分配到分区，并将最新的分配结果更新到订阅状态中后，拉取器才可以开始发送拉取请求并拉取消息。相关代码如下：

```
// 消费者在发送"加入组请求"之前，要先清除当前的分配结果
protected void onJoinPrepare(int generation, String memberId) {
  // 保存当前分区的消费进度，如果开启自动提交任务，会暂停掉（4.4.2节）
  maybeAutoCommitOffsetsSync();

  // 加入组之前，消费者已经有分区，这些分区将被移除，触发自定义监听器的回调
  ConsumerRebalanceListener listener = subscriptions.listener();
  Set revoked = new HashSet<>(subscriptions.assignedPartitions());
  listener.onPartitionsRevoked(revoked);

  subscriptions.needReassignment(); // 需要重新分配分区，更新订阅状态
}

// "加入组请求"全部处理完成后，消费者得到协调者分配给它们的分区
protected void onJoinComplete(int generation, String memberId,
    String groupProtocol, ByteBuffer buffer) { // buffer是分配的分区列表
  PartitionAssignor assignor = lookupAssignor(groupProtocol);
  // 协调者返回给消费者的分区列表是字节数组，这里反序列化为Assignment对象
  Assignment assignment = ConsumerProtocol.deserializeAssignment(buffer);
  subscriptions.needRefreshCommits(); // 需要刷新分区状态的提交偏移量
  subscriptions.assignFromSubscribed(assignment.partitions()); // 更新分配结果
  assignor.onAssignment(assignment); // 更新Assignment内部状态，目前没有实现

  // 加入组完成，重新启动自动提交任务（4.4.2节）
  if (autoCommitEnabled) autoCommitTask.reschedule();

  // 加入组之后，消费者分配到新的分区，这些分区已经添加，触发自定义监听器的回调
  ConsumerRebalanceListener listener = subscriptions.listener();
  Set assigned = new HashSet<>(subscriptions.assignedPartitions());
  listener.onPartitionsAssigned(assigned); // 消费者平衡监听器
}
```

下面将消费者加入组分配到分区的操作和拉取操作一起分析。因为客户端轮询采用的是client.poll(future)方式（详见4.2.3节），所以执行"加入组分配到分区"会阻塞主流程：如果"加入组"操作没有完成，后续的流程都不会执行。可以看到，消费者重新加入消费组执行的分区分配工作，为后续的拉取器拉取分区消息提供了数据来源。这两个动作通过消费者的订阅状态关联起来：消费者加入组完成后，将分区设置到订阅状态中，拉取器工作时获取订阅状态的分配结果，然后开始拉取消息。相关代码如下：

```
// 消费者轮询，如果需要重新加入消费组，只有等加入组操作完成后，才会开始拉取消息
Map<TopicPartition, List<ConsumerRecord>> pollOnce(long timeout){
  // 消费者重新加入消费组，从协调者获取到分配给它的分区
  if(needRejoinGroup) {
    onJoinPrepare(generation, memberId); // 消费者准备加入消费组
    RequestFuture future = client.send(coordinator,JOIN_GROUP,joinRequest)
    client.poll(future); // 等待消费者加入消费组完成后，消费者分配到分区
    if (future.succeeded()) {  // 消费者完成加入消费组，更新订阅状态的分区分配结果
```

```
            onJoinComplete(generation, memberId, protocol, future.value());
        }
    }
    // 在拉取消息之前的准备工作，必须保证分区有效，即存在拉取偏移量
    coordinator.refreshCommittedOffsetsIfNeeded();
    fetcher.updateFetchPositions();

    // 拉取器开始创建拉取请求，并拉取分区的消息
    fetcher.initFetches(cluster); // 开始发送拉取请求
    client.poll(timeout); // 客户端轮询，将拉取请求发送出去
    return fetcher.fetchedRecords(); // 获取拉取结果
}
```

消费者在加入组的前后会对其他相关组件产生影响，并不仅仅是发送“加入组请求”，然后获取到分配的分区结果就结束了。比如，在加入组之前，需要执行下面两个操作。

(1) 禁用自动提交任务，因为在加入组过程中不会拉取和消费新消息，所以没必要提交偏移量。

(2) 执行一次同步提交偏移量，这个操作是阻塞的，确保提交偏移量能够成功完成。

在加入组之后，也要执行下面几个操作。

(1) 更新订阅状态的`needsFetchCommittedOffsets`变量，表示需要刷新分区的提交偏移量。

(2) 更新订阅状态的分配结果，为每个分区新创建分区状态，这个对象用来记录分区的最新状态。

(3) 启动消费者的自动提交任务。

如图5-5所示，消费者加入消费组、拉取前的准备工作、拉取消息这3个步骤都在消费者的轮询操作中完成。加入组之前需要先采用同步方式提交分区偏移量给协调者。拉取准备工作会先从协调者获取分区的提交偏移量，然后更新分区的拉取偏移量，使消费者的拉取消息工作可以正常开始。

举例，消费者1在加入组之前分配到分区P0，它提交的偏移量为5；消费者2提交分区P1的偏移量为10。两个消费者都重新加入组后，消费者1分配到分区P1，消费者2分配到分区P0。通过拉取前的准备工作，消费者1从协调者获取分区P1的提交偏移量为10，消费者2从协调者获取分区P0的拉取偏移量为5，接着它们各自从分区对应的最近消费位置开始拉取消息。

消费者重新加入消费组，会导致分配给消费者的分区发生变化。除了在消费者内部可以更新订阅状态外，客户端应用程序也可以定义一个“消费者再平衡监听器”。

说到再平衡操作，“再平衡操作、消费者重新加入消费组、分配分区”，这3个概念互相关联。再平衡操作发生时，消费者需要重新加入消费组，并从协调者获取分配的分区。通常，消费者的再平衡也意味着消费组的再平衡，这时消费组中的所有消费者都要再平衡。有下面几种事件触发再平衡操作。

- 消费者订阅的主题集合中任意一个主题的分区数量发生变化。
- 创建或删除一个主题。
- 消费组中已经存在的一个消费者成员挂掉了。
- 一个新的消费者成员加入已经存在的消费组中。

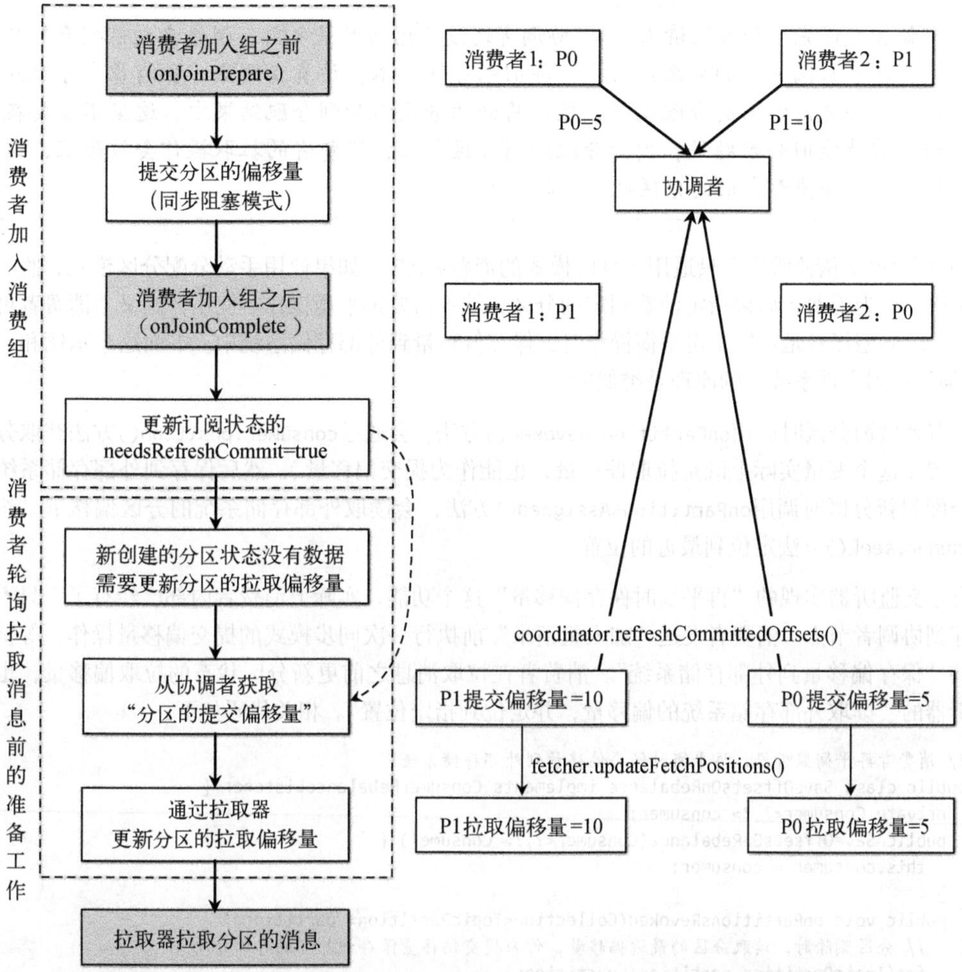

图5-5 消费者发送加入组时会暂停消息拉取

2. 消费者平衡监听器

消费者在发送“加入组请求”之前，调用onJoinPrepare()方法会触发“消费者再平衡监听器”的onPartitionsRevoked()方法，在加入消费组后调用onJoinComplete()方法会调用监听器的onPartitionsAssigned()。这两个方法的参数都是分区，前者是加入组之前分配的分区，后者是加入组之后分配的分区，所以这两个分区参数值会不一样。相关代码如下：

```
// 消费者再平衡监听器接口定义了两个方法，在撤销和分配分区时调用
public interface ConsumerRebalanceListener {
  public void onPartitionsRevoked(Collection<TopicPartition> partitions);
  public void onPartitionsAssigned(Collection<TopicPartition> partitions);
}
```

注意：消费者发送完“加入组请求”，在协调者还没有返回结果之前，消费者之前拥有的分区仍然存在于订阅状态的分配结果中，即旧的分区并不会被真正删除。当消费者分配到新分区后，会先清空旧的分配结果，然后将新的分区添加到分配结果中。这里不需要在加入组之前清空旧分配结果，因为分配到新分区之前，消费者的拉取操作会被阻塞，这时订阅状态中即使存在旧的分区也不会起作用。

“消费者再平衡监听器”只适用于订阅模式的消费者API，如果使用手动分配分区模式，监听器不会起作用。因为消费者如果指定消费固定的分区，就不需要再平衡操作。使用自定义“消费者再平衡监听器”的典型场景是：发生再平衡操作时，保存偏移量到外部存储系统中。下面这个示例和4.4.3节“保存偏移量到文件系统”的原理是类似的。

消费者撤销分区时调用onPartitionsRevoked()方法，会通过consumer.position()方法获取分区的最近位置（这个变量实际上既是拉取偏移量，也能作为提交偏移量），然后保存到外部存储系统。消费者分配到新分区时调用onPartitionsAssigned()方法，会读取外部存储系统的分区偏移量，然后调用consumer.seek()方法定位到最近的位置。

自定义监听器实现的“再平衡时保存偏移量”这个功能，实际上消费者内部已经有了，只不过它是保存到协调者节点。消费者发送“加入组请求”前执行一次同步模式的提交偏移量操作，等价于监听器的“保存偏移量到外部存储系统”。消费者在拉取消息之前更新分区状态的拉取偏移量，也等价于监听器的“读取外部存储系统的偏移量，并定位到指定位置”。相关代码如下：

```
// 消费者再平衡监听器，再平衡时保存偏移量到外部存储系统
public class SaveOffsetsOnRebalance implements ConsumerRebalanceListener {
  private Consumer<?,?> consumer;
  public SaveOffsetsOnRebalance(Consumer<?,?> consumer) {
    this.consumer = consumer;
  }
  public void onPartitionsRevoked(Collection<TopicPartition> partitions) {
    // 分区删除时，读取分区的最近偏移量，作为提交偏移量保存到外部的存储介质
    for(TopicPartition partition: partitions)
      saveOffsetInExternalStore(consumer.position(partition));
  }
  public void onPartitionsAssigned(Collection<TopicPartition> partitions) {
    // 分区分配时，从外部的存储介质读取偏移量，并定位到指定的位置
    for(TopicPartition partition: partitions)
      consumer.seek(partition, readOffsetFromExternalStore(partition));
  }
}
```

客户端应用程序自定义的“消费者再平衡监听器”一般只和KafkaConsumer类交互。KafkaConsumer除了为消费者提供轮询方法，还有下面几个和偏移量相关的方法。

- 同步和异步提交偏移量：commitSync(offsets)、commitAsync(offsets)。
- 获取分区的拉取和提交偏移量：position(partition)、committed(partition)。
- 定位到指定的位置，更新拉取偏移量：seek(partition,position)。

表5-2总结了消费者发送的请求和接收的响应结果数据内容。消费者发送“加入组请求”和获取“同步组响应”的数据是一样的，但获取“加入组响应”和发送“同步组请求”的数据则不同。主消费者需要从“加入组响应”中获取所有的消费者成员信息，才能执行分区分配任务，并且它发送的“同步组请求”有“消费组的分配结果”。而普通消费者不会从“加入组响应”中获取成员列表，发送“同步组请求”时也没有“消费组的分配结果”这种数据。表中括号部分表示主消费者额外的数据。

表5-2 “加入组和同步组”的请求和响应对象

请求和响应	消费者发送和接收的数据
加入组请求	组编号、成员编号、元数据
加入组响应	组协议、成员编号、主消费者编号、(成员列表信息：members)
同步组请求	组编号、成员编号、(消费组的分配结果：groupAssignment)
同步组响应	属于消费者自己的分配结果，即分区列表：assignment

主消费者要从“加入组响应”中获取消费者成员列表信息，而每个消费者都会发送自己的成员信息给协调者，所以看起来，协调者只需要“收集”每个消费者发送的成员信息，然后发给主消费者就可以了。而且分区分配工作也在主消费者客户端完成，协调者同样也只需要“接收”主消费者发送的“消费组的分配结果”就可以了。这样看来，协调者做的工作并不是很复杂。但实际上，协调者的工作不仅仅是收集和接收，它还要对所有消费者发送的两种请求进行协调。

5.2 协调者处理请求

消费者客户端使用“消费者的协调者对象”(ConsumerCoordinator)来代表所有和服务端协调者节点有关的请求处理，比如心跳请求、获取和提交分区的偏移量(自动提交任务)、发送“加入组请求”和“同步组请求”从协调者获取到分区。服务端处理客户端请求的入口都是KafkaApis类，它会针对不同的请求类型分发给不同的方法处理。比如，服务端处理“加入组请求”调用handleJoinGroupRequest()方法，处理“同步组请求”调用handleSyncGroupRequest()方法。

5.2.1 服务端定义发送响应结果的回调方法

不同消费者在不同时刻发送请求给服务端，服务端并不会立即发送响应结果给消费者。比如，服务端会等到收集完所有的消费者成员信息才发送“加入组响应”；等到收到主消费者发送的“消费组分配结果”才会发送“同步组响应”。服务端在条件满足后，会同时发送响应结果给每个消费者。

为了保证服务端的高性能，虽然服务端不能立即返回响应结果给消费者，但并不意味着服务端对每个请求的处理都是阻塞的。那么既要做到不能阻塞请求的处理，又要做到必须返回响应结果给消费者，服务端的做法是：在处理每个请求时，首先定义一个“发送响应结果的回调方法”(sendResponseCallback())，回调方法会传给负责消费组相关业务逻辑的消费组协调者(GroupCoordinator)。当协调者认为请求完成时，会调用回调方法发送响应结果给消费者。相关代码如下：

```
// 服务端处理客户端请求，先定义回调方法。请求完成时调用回调方法（伪代码）
class KafkaApis(requestChannel: RequestChannel) {
  val coordinator = GroupCoordinator() // 消费组相关的业务类

  def handleJoinGroupRequest(request: Request) {
    // 定义回调方法
    def sendResponseCallback(result: JoinGroupResult) {
      requestChannnel.send(Response(request,result))
    }
    // 传给不同的组件类负责具体的业务处理逻辑
    coordinator.doJoinGroup(sendResponseCallback)
  }
}
class GroupCoordinator {
  val groupMetadata = new GroupMetadata() // 保存所有的消费者元数据

  // 消费者的请求会被暂存到消费者的相关元数据中
  def doJoinGroup(sendResponseCallback: JoinGroupResult => Unit) {
    groupMetadata.addMember(new MemberMetadata(sendResponseCallback))
  }
  // 请求处理完成，调用消费者元数据中的回调方法，发送响应结果给客户端
  def onCompleteJoin() {
    // 发送响应结果时，同时返回响应结果给之前发送了请求的所有消费者
    for(MemberMetadata meta <- groupMetadtata) {
      val result = JoinGroupResult(members,memberId,..)
      val sendResponseCallback = meta.callback
      sendResponseCallback(result)
    }
  }
}
```

为什么要在处理请求刚开始就定义回调方法，而不是在请求真正完成时直接发送响应结果，这样就不需要回调方法了。这是因为服务端发送响应结果给客户端，会创建一个和请求互相关联的响应结果对象，确保“客户端发送给服务端的请求”和“服务端返回给客户端的响应结果”是在同一个网络通道中完成的。“创建响应结果时需要持有请求的引用”，如果没有在处理请求的地方定义回调方法，而是在请求完成时直接创建响应结果并发送给客户端，就需要把请求对象一路传到请求完成的地方才可以。下面的伪代码模拟了没有定义回调方法的方式，代价比较大，所以Kafka服务端的实现采用了前面第一种方法。

```
// 不定义回调方法，而是在请求真正完成时，才发送响应结果（伪代码）
class KafkaApis(requestChannel: RequestChannel) {
  val coordinator = GroupCoordinator(requestChannel) // 业务类需要持有网络通道

  def handleJoinGroupRequest(request: Request) {
    coordinator.doJoinGroup(request) // 业务类还需要传递请求
  }
}
class GroupCoordinator (requestChannel: RequestChannel) {
  val groupMetadata = new GroupMetadata()
  def doJoinGroup(request: Request) {
    groupMetadata.addMember(new MemberMetadata(request)) // 请求继续传递
```

```
    }
    def joinComplete() {
      for(MemberMetadata meta <- groupMetadtata) {
        val result = JoinGroupResult(members,memberId,..)
        requestChannel.send(Response(request,result)) // 到这里才开始发送响应结果
      }
    }
  }
```

KafkaApis是处理客户端各种请求的入口，但具体的请求处理则交给不同的服务类去实现。比如，服务端处理协调者相关的请求，交给消费组的协调者（GroupCoordinator）；处理日志存储相关的请求，交给副本管理器（ReplicaManager，参见第6章）；处理控制器相关的请求，交给控制器（KafkaController，参见第7章）。相关代码如下：

```
// KafkaApis处理每个消费者发送的“加入组请求”
def handleJoinGroupRequest(request: RequestChannel.Request) {
  // 首先定义“发送加入组响应结果”的回调方法
  def sendResponseCallback(joinResult: JoinGroupResult) {
    val members = joinResult.members map {
      case (memberId, metadataArray) =>
        (memberId, ByteBuffer.wrap(metadataArray))
    }
    val responseBody = new JoinGroupResponse(
      joinResult.errorCode, joinResult.generationId,
      joinResult.subProtocol, joinResult.memberId,
      joinResult.leaderId, members)
    requestChannel.sendResponse(Response(request,responseBody))
  }
  // 交给服务端的协调者对象（GroupCoordinator）处理消费者的加入组请求
  val protocols = joinGroupRequest.groupProtocols().map(
    protocol =>
      (protocol.name, Utils.toArray(protocol.metadata))).toList
    coordinator.handleJoinGroup(
      // 消费组编号和消费者成员编号
      joinGroupRequest.groupId, joinGroupRequest.memberId,
      // 发送请求的客户端编号和客户端地址
      request.header.clientId, request.session.clientAddress,
      joinGroupRequest.sessionTimeout, // 会话超时时间
      // 协议类型和协议内容（协议名称和元数据）
      joinGroupRequest.protocolType, protocols,
      sendResponseCallback)
  }

// KafkaApis处理每个消费者发送的“同步组请求”
def handleSyncGroupRequest(request: RequestChannel.Request) {
  // 首先定义“发送同步组响应结果”的回调方法
  def sendResponseCallback(memberState:Array[Byte],errorCode:Short){
    val responseBody = new SyncGroupResponse(
      errorCode, ByteBuffer.wrap(memberState))
    requestChannel.sendResponse(Response(request,responseBody))
  }

  // 交给服务端的协调者对象（GroupCoordinator）处理消费者的同步组请求
```

5

```
        coordinator.handleSyncGroup(
            syncGroupRequest.groupId(),
            syncGroupRequest.generationId(),
            syncGroupRequest.memberId(),
            syncGroupRequest.groupAssignment().mapValues(Utils.toArray(_)),
            sendResponseCallback
        )
    }
```

服务端处理“加入组请求”中回调方法的参数是“加入组的结果”，然后封装成“加入组的响应”返回给客户端。处理“同步组请求”中回调方法的参数是“成员状态”，即分配的分区，然后封装成“同步组的响应”返回给客户端。客户端从服务端接收的响应结果和服务端返回给客户端的响应结果必须一样。服务端对“加入组请求”的处理结果用JoinGroupResult对象来表示，其中members表示所有消费者成员编号及其对应的订阅信息，leaderId表示主消费者的编号。服务端处理“同步组请求”的结果比较简单，就是一个字节数组，并没有用对象进行封装。相关代码如下：

```
// 服务端对“加入组请求”的处理结果封装到JoinGroupResult类中
case class JoinGroupResult(
    members: Map[String, Array[Byte]], // 所有消费者成员编号及其订阅信息
    memberId: String, // 消费者成员编号
    generationId: Int, // 纪元编号
    subProtocol: String, // 消费组统一的一个协议名称
    leaderId: String, // 主消费者编号
    errorCode: Short)
```

协调者是同一个消费组下所有消费者的协调节点。一个消费组有多个消费者，而消费组只是一个逻辑概念。具体涉及消费组相关的业务逻辑操作时必须有具体的实现类才能完成，协调者就充当了这样的管理员角色。协调者会通过元数据的方式管理消费组下的所有消费者。由于没有限制协调者只能作为一个消费组的协调节点，协调者可以同时管理多个消费组，所以元数据有两种：消费组的元数据、消费者的元数据。其中，消费组的元数据包括了所有消费者的元数据。

5.2.2　消费者和消费组元数据

消费者加入组过程发送的“加入组请求”和“同步组请求”，都会指定消费组编号（groupId）和消费者成员编号（memberId），同一个消费组编号只对应一个“消费组元数据”（GroupMetadata，下文简称“组元数据”）。服务端使用“消费者成员元数据”（MemberMetadata，下文简称“成员元数据”）表示每个消费者发送的元数据信息，并添加到对应的“组元数据”中。

注意：协调者处理“加入组请求”和“同步组请求”，不需要为每种请求都定义一个“成员元数据”。协调者只用了一个统一的“成员元数据”表示“这个消费者在加入组过程中，在服务端保存的相关状态数据”。

---

1. 消费者成员元数据

“成员元数据”类的构造函数参数和消费者发送的“加入组请求”数据是一样的，比如都有成员

编号、消费组编号、协议元数据集。会话超时时间也是由客户端发送“加入组请求”时指定的，latestHeartbeat变量记录了该消费者最近一次发送心跳的时间。另外，“成员元数据”最重要的一个信息是：当前这个消费者到底分配到了哪些分区（assignment变量），因为消费者加入组的最终目的就是从协调者获取到分区。相关代码如下：

```
// 消费者成员元数据
class MemberMetadata(
  val memberId: String, // 消费者成员编号
  val groupId: String, // 消费组编号
  val clientId: String,
  val clientHost: String,
  val sessionTimeoutMs: Int, // 会话超时时间
  var supportedProtocols: List[(String, Array[Byte])]) { // 支持的协议集

  var latestHeartbeat: Long = -1
  // 消费者发送的协议元数据中，协议名称可以有多个，比如range、roundrobin
  def protocols = supportedProtocols.map(_._1).toSet
  // 消费者的分配结果，即分区列表
  var assignment: Array[Byte] = Array.empty[Byte]
  // 加入组的回调方法
  var awaitingJoinCallback: JoinGroupResult => Unit = null
  // 同步组的回调方法
  var awaitingSyncCallback: (Array[Byte], Short) => Unit = null
}
```

“成员元数据”还定义了两个值对象，它们分别对应服务端在处理请求时定义的两个发送响应回调方法：

- awaitingJoinCallback: JoinGroupResult => Unit 对应 sendResponseCallback(joinResult: JoinGroupResult)回调方法；
- awaitingSyncCallback: (Array[Byte], Short) => Unit对应sendResponseCallback(memberState: Array[Byte],errorCode:Short)回调方法。

这两个值对象使用var定义为“成员元数据”的一个变量，而不是用def定义为一个方法。因为处理“加入组请求”的回调方法参数是JoinGroupResult，没有返回值，所以awaitingJoinCallback值对象的类型是：JoinGroupResult => Unit。值对象除了赋值操作和普通的成员变量一样，我们还可以把值对象当作一个方法，传递正确的参数即可。比如下面的代码中要把值对象awaitingJoinCallback当作方法使用，传递的参数必须是JoinGroupResult：

```
// KafkaApis处理“加入组请求”之前，先定义了“发送响应结果”的回调方法
def sendResponseCallback(joinResult: JoinGroupResult) {..}

// 上面定义的回调方法满足值对象的类型定义约定，可以把值对象当作一个成员变量来赋值
member.awaitingJoinCallback = sendResponseCallback

// 传入JoinGroupResult参数，就会真正调用sendResponseCallback回调方法
member.awaitingJoinCallback(joinResult) // 把值对象当作一个方法来调用
member.awaitingJoinCallback = null // 重置值对象为空
```

为了方便将“发送响应回调方法”作为消费者“成员元数据”值对象的一个变量，可以把回调方法定义成一个高级的类型。这样看起来，值对象的使用方式其实和普通的类型类似。相关代码如下：

```
// 将回调方法定义为一种高级的类型
type JoinCallback = JoinGroupResult => Unit
type SyncCallback = (Array[Byte], Short) => Unit

// 定义变量的方式和普通类型的声明一样
var awaitingJoinCallback: JoinCallback = null
var awaitingSyncCallback: SyncCallback = null
```

KafkaApis虽然在一开始处理请求时就定义了sendResponseCallback()回调方法，但是回调方法只能通过上面那种“传递参数给调用值对象，把值对象当作方法使用”的方式调用。一旦调用回调方法，就表示服务端会发送响应结果给客户端，说明服务端已经处理完客户端发送的请求。

注意：在调用完值对象的回调方法（倒数第二行）后，要重置值对象为空（最后一行）。不过，虽然“成员元数据”的值对象为空，但“成员元数据”仍然在“组元数据”中。消费者一旦发送一次“加入组请求”，就会一直被协调者对应的“组元数据”管理（除非这个消费者没有及时发送心跳给协调者而被移除掉）。

---

2. 消费组元数据

一个“组元数据”管理了所有消费者的“成员元数据”。消费组协调者对象的addMemberAndRebalance()方法表示“组元数据”中没有该消费者，需要添加消费者的“成员元数据”。updateMemberAndRebalance()方法表示“组元数据”中已经有该消费者的元数据，只需做更新。

这两个方法都传递了“组元数据”对象（GroupMetadata），说明必须先有“组元数据”。如果添加“成员元数据”时都还没有“组元数据”（更新时一定存在“组元数据”），就会先创建“组元数据”。创建“组元数据”是必须的，如果没有“组元数据”，即使有“成员元数据”，也是没有意义的。相关代码如下：

```
// 添加成员，并执行再平衡
def addMemberAndRebalance(
    sessionTimeoutMs: Int, // 消费者的会话超时时间
    clientId: String, clientHost: String,  // 客户端编号和地址
    protocols: List[(String, Array[Byte])], // 消费者的协议和元数据
    group: GroupMetadata, // 消费组元数据
    callback: JoinGroupResult => Unit) = { // 回调方法
  // 协调者为发送“加入组请求”的消费者，在第一次创建成员元数据时指定成员编号
  val memberId = clientId + "-" + group.generateMemberIdSuffix
  val member = new MemberMetadata(memberId, group.groupId,
    clientId, clientHost, sessionTimeoutMs, protocols)
  member.awaitingJoinCallback = callback  // 为值对象赋值
  group.add(member.memberId, member) // 添加到组元数据
  maybePrepareRebalance(group) // 加入新成员，可能需要再平衡
  member
}
```

```
// 更新成员，并执行再平衡
def updateMemberAndRebalance(
    group: GroupMetadata,  // 消费组元数据
    member: MemberMetadata, // 更新时已经存在消费者成员元数据
    protocols: List[(String, Array[Byte])], // 消费者的协议和元数据
    callback: JoinGroupResult => Unit) { // 回调方法
  member.supportedProtocols = protocols
  member.awaitingJoinCallback = callback
  maybePrepareRebalance(group) // 更新成员，也可能需要再平衡
}
```

注意：添加或更新消费者的成员元数据，都会执行消费组状态相关的maybePrepareRebalance()方法。

"组元数据"在消费者需要加入或更新时，除了更新对应消费者的"成员元数据"，还会记录一些其他数据。比如，协调者会为消费组选择一个主消费者，来代替它执行分区分配工作。另外，每个消费者发送"加入组请求"时，都会指定一个会话超时时间。协调者会从消费组的所有消费者中，选择一个最大的会话超时时间，作为"再平衡操作的超时时间"。相关代码如下：

```
// 消费组的元数据管理了所有的消费者成员元数据
class GroupMetadata(val groupId: String, val protocolType: String) {
  val members = new mutable.HashMap[String, MemberMetadata]
  var state: GroupState = Stable // 消费组的状态，初始时为稳定状态
  var generationId = 0  // 纪元编号
  var leaderId: String = null // 只有一个主消费者
  var protocol: String = null // 只有一个协议

  // 添加或删除消费者的成员元数据时，会更新主消费者编号
  def add(memberId: String, member: MemberMetadata) {
    if (leaderId == null) leaderId = memberId // 第一个成员成为主消费者
    members.put(memberId, member)
  }
  def remove(memberId: String) {
    members.remove(memberId)
    if (memberId == leaderId) {  // 如果删除的是主消费者
      leaderId = if (members.isEmpty) null
      else members.keys.head    // 下一个成员成为主消费者
    }
  }

  // 消费组的再平衡超时时间
  def rebalanceTimeout = members.values.foldLeft(0) {
    (timeout, member) =>
      timeout.max(member.sessionTimeoutMs)
  }

  // 没有发送"重新加入消费组"的成员：已经在members中，但是没有回调对象
  def notYetRejoinedMembers = members.values.filter(
    _.awaitingJoinCallback == null).toList
}
```

5

注意：notYetRejoinedMembers方法会获取消费组元数据中awaitingJoinCallback值对象为空的消费者成员。正常来说，协调者刚开始处理消费者的“加入组请求”时，会设置“成员元数据”的awaitingJoinCallback为事先定义的“发送响应回调方法”，这时候该方法不会收集到满足条件的成员。但如果消费者成员已经存在于消费组的元数据中，而且值对象被更新为空，就会被选择出来。

消费组元数据中还有一个很重要的数据：“消费组的当前状态”。因为每个消费者加入消费组都分成“加入组”和“同步组”两个步骤，所以协调者在处理不同消费者的这两种请求时，都需要改变消费组的状态。消费组元数据的状态机有 4 种状态：“稳定状态”（Stable）、“准备再平衡状态”（PreparingRebalance）、“等待同步状态”（AwaitingSync）、“离开状态”（Dead）。协调者新创建一个消费组元数据，这个消费组元数据的初始状态为“稳定状态”。

注意：“稳定状态”分成两种，一种是刚刚创建消费组元数据，并且消费组元数据中还没有管理任何一个消费者成员。另一种是完成一次分区分配工作后，消费组管理了所有的消费者，这些消费者都分配到了分区，也进入了稳定状态。前者的“稳定”表示没有消费者，也就不会为消费者分配分区。后者的“稳定”表示已经有消费者，并且也都分配到了分区。注意：消费组元数据的状态代表整个消费组级别。

5.2.3　协调者处理请求前的条件检查

协调者在处理“加入组请求”和“同步组请求”之前都需要优先做下面的一些条件检查。

- 协调者不可用，通常是协调者被关闭了。
- 消费者客户端传递的消费组编号无效，比如没有设置消费组编号。
- 消费者连接错了协调者，这个协调者不是消费组的协调者。
- 协调者正在加载，通常是协调者自身在进行迁移。
- 消费者客户端设置的会话超时时间无效。
- 协调者还没有消费组，但消费者的成员编号却不是“未知编号”。
- 协调者有消费组，消费者的成员编号不是“未知编号”，但是不在消费组中。

协调者针对上面几种异常情况都有特定的错误码，并且会立即调用定义好的回调方法，把错误信息及时地返回给消费者客户端。消费者客户端在响应处理器的回调方法中，针对每种错误码都有不同的处理。比如，如果是“未知编号”错误码，就会重置客户端的成员编号为“未知编号”，然后重新发送“加入组请求”；如果是GROUP_COORDINATOR_NOT_AVAILABLE或NOT_COORDINATOR_FOR_GROUP，消费者就会连接新的协调者节点，并重新发送“加入组请求”。

上面的条件检查过后，handleJoinGroup()方法最终会调用doJoinGroup()方法来允许消费者加入消费组，有下面两种情况。

- 消费组为空并且成员编号为“未知编号”，允许加入。第一个消费者第一次加入组会执行一次。
- 消费组不为空，如果成员编号是“未知编号”，允许加入；如果成员变量不是“未知编号”，必须保证已经在消费组中才允许加入。

下面列举了几个消费者以不同的顺序和方式第一次加入或重新加入消费组，协调者处理的不同方式。

(1) C1以“未知编号”加入组，组不存在，允许加入。创建组，分配C1的成员编号为[1]。
(2) C2以“未知编号”加入组，组已经存在，允许加入。分配C2的成员编号为[2]。
(3) C1以编号[1]加入组，组已经存在，成员也在组中，允许加入。
(4) C3以编号[3]加入组，组已经存在，但成员不在组中，编号[3]不是“未知编号”，拒绝加入。
(5) C4以“未知编号”加入组，组已经存在，允许加入。分配C4的成员编号为[3]。
(6) C3以“未知编号”加入组，组已经存在，允许加入。分配C3的成员编号为[4]。

注意：第一个消费者用C1表示，以此类推。消费者发送加入组请求和分配的编号没有必然的关联关系。

协调者处理消费者发送的“同步组请求”同样需要执行条件检查。客户端发送“加入组请求”后才会发送“同步组请求”，服务端处理“同步组请求”也一定在处理“加入组请求”之后。因为协调者在正常处理“加入组请求”时一定会创建消费组，所以它的`handleSyncGroup()`方法在处理“同步组”请求时必须保证消费组不为空，才可以调用`doSyncGroup()`方法。

消费组发送“加入组请求”和“同步组请求”一定是发送到同一个协调者节点。假设C1发送“加入组请求”给协调节点A，协调节点A会创建C1对应的消费组。但C1发送“同步组请求”时发给了协调节点B，而协调节点B并没有消费组，所以消费组为空。实际上协调者在判断没有消费组之前，会首先判断它是不是消费组的协调者，如果不是，直接返回`NOT_COORDINATOR_FOR_GROUP`错误码。

协调者处理“加入组请求”和“同步组请求”时，涉及比较复杂的状态机转换操作。这里先抛开状态机，协调者处理两种情况的最终目的是：返回“加入组响应”和“同步组响应”给消费者客户端。其中，“加入组响应”要能够返回所有的消费者成员信息，“同步组响应”要能返回消费者的分配信息。

5.2.4 协调者调用回调方法发送响应给客户端

在5.2.2节，消费者成员元数据定义了两个值对象：`awaitingJoinCallback`和`awaitingSyncCallback`。我们也分析了把值对象当作方法调用时，实际上会调用`KafkaApis`中事先定义的“发送响应的回调方法”，说明协调者处理完请求，发送“响应结果”给客户端。

注意：下面的方法会涉及“消费组的状态”，但都只会粗略地一笔带过，后面会详细分析状态机的实现。

5

1. 发送"加入组响应"给消费者

协调者要返回"加入组响应"给消费组下的所有消费者之前，会增加纪元编号、选择出一个统一的消费组协议、将消费组状态更改为"等待同步"。因为是要返回"加入组响应"，而消费者成员元数据的awaitingJoinCallback值对象保存了"发送响应的回调方法"，所以只要用调用方法的方式调用awaitingJoinCallback值对象，就可以调用到"发送加入组响应的回调方法"。相关代码如下：

```
// 协调者处理消费者的"加入组请求"，会将回调方法设置为"成员元数据"值对象的变量
def handleJoinGroup(groupId: String, memberId: String,
    responseCallback: JoinCallback) {
  val member = new MemberMetadata(memberId, groupId,..)
  group.add(member.memberId, member)
  member.awaitingJoinCallback = callback
}

// 协调者发送"加入组响应"给每个消费者
group.initNextGeneration()
for (member <- group.allMemberMetadata) { // 获取消费组的所有消费者成员
  // 从消费者成员元数据中解析"加入组响应结果"需要的数据，比如成员列表、成员编号等
  val joinResult = JoinGroupResult(
    members = if (member.memberId == group.leaderId) {
      group.currentMemberMetadata } else { Map.empty },
    memberId = member.memberId,
    generationId = group.generationId, // 最新的纪元编号
    subProtocol = group.protocol, // 消费组协议
    leaderId = group.leaderId, // 只有一个主消费者
    errorCode = Errors.NONE.code
  )
  // 调用消费者成员的值对象方法，实际上调用了"发送响应的回调方法"
  member.awaitingJoinCallback(joinResult) // 触发回调
  member.awaitingJoinCallback = null // 重置回调方法
  completeAndScheduleNextHeartbeatExpiration(group, member)
}

def initNextGeneration() = {
  generationId += 1 // 增加纪元编号
  protocol = selectProtocol // 从所有消费者的协议中选择一个统一的消费组协议
  transitionTo(AwaitingSync) // 在发送响应之前更改状态为"等待同步"
}
```

消费组管理了所有的消费者成员，协调者发送"加入组响应"时，是一次性一起发送响应结果给每个消费者。但是协调者处理消费者发送的"加入组请求"并不是同时进行的，这说明协调者在处理某些消费者的"加入组请求"时，并不会立即返回"加入组响应"。实际上，这是通过"延迟操作"来实现的，"延迟操作"类似于延迟的任务，它和消费组的状态机也有关系。

注意：协调者在发送"加入组响应"之前就更新消费组状态为"等待同步"。另外，协调者往每个消费者发送响应结果之后，就立即针对该消费者启动服务端的心跳监控。

---

2. 发送“同步组响应”给消费者

普通的消费者在收到“加入组响应”后，会立即发送“同步组请求”。但主消费者只有执行完分区分配工作后，才会发送“同步组请求”。协调者没有同时处理每个消费者的“同步组请求”，但最后同时发送了“同步组响应”。说明协调者在处理某些消费者的“同步组请求”时，并不会立即返回“同步组响应”。

当协调者收到主消费者的“同步组请求”后，它会立即返回“同步组响应”给所有的消费者（包括主消费者和普通消费者）。协调者发送“同步组响应”给消费组每个消费者的方式和发送“加入组响应”类似，把调用的值对象改为awaitingSyncCallback即可。相关代码如下：

```
// 协调者发送“同步组响应”给每个消费者
def doSyncGroup(group: GroupMetadata,generationId: Int,memberId: String,
    groupAssignment:Map[String,Array[Byte]],responseCallback:SyncCallback){
  var delayedGroupStore: Option[DelayedStore] = None
  group.get(memberId).awaitingSyncCallback = responseCallback
  completeAndScheduleNextHeartbeatExpiration(group, group.get(memberId))
  // 普通消费者不会执行下面的代码，只有主消费者才会执行
  if (memberId == group.leaderId) {
    val missing = group.allMembers -- groupAssignment.keySet
    val assignment = groupAssignment++missing.map(_->Array.empty[Byte])
    val delayedGroupStore: DelayedStore = groupManager.prepareStoreGroup(
      // 第三个参数传递了一个高阶函数，类似于前面把“发送响应结果的回调方法”传给值对象
      group, assignment, (errorCode: Short) => {
        if (group.is(AwaitingSync)&&generationId==group.generationId) {
          if (errorCode == Errors.NONE.code) {
            // 传播消费组的分配结果，并持久化到内部主题中
            setAndPropagateAssignment(group, assignment)
            group.transitionTo(Stable) // 更新消费组状态为“稳定状态”
          }
        }
      }
    )
    delayedGroupStore.foreach(groupManager.store)
  }
}

// 设置每个“成员元数据”的分配结果
def setAndPropagateAssignment(group: GroupMetadata,
    groupAssignment: Map[String, Array[Byte]]) {
  for (member <- group.allMemberMetadata) {
    member.assignment = groupAssignment(member.memberId)
  }
  propagateAssignment(group, Errors.NONE.code)
}
// 调用回调方法，发送“同步组响应结果”给每个消费者
def propagateAssignment(group: GroupMetadata, errorCode: Short) {
  for (member <- group.allMemberMetadata) {
    if (member.awaitingSyncCallback != null) {
      member.awaitingSyncCallback(member.assignment, errorCode)
      member.awaitingSyncCallback = null
      completeAndScheduleNextHeartbeatExpiration(group, member)
```

```
    }
  }
}
```

注意：协调者将“加入组响应”返回给每个消费者后，都会重置消费者“成员元数据”的awaitingSyncCallback为空，并立即针对该消费者启动服务端的心跳监控。任何涉及协调者和消费者的网络通信，服务端的协调者节点都会启动一次新的心跳监控。

3. 协调者保存消费组任务

协调者在返回“同步组响应”给消费者之前，会先把“消费组分配结果”（groupAssignemnt）以普通消息的形式持久化到内部主题（__consumer_offsets）中。如果协调节点出现问题需要进行故障迁移，新的协调者可以从“内部主题”中读取持久化的消息，重建“消费组分配结果”。

一个协调者可以充当多个消费组的协调节点，并使用“消费组缓存”（groupsCache）保存它管理的所有“消费组元数据”。迁移协调者时会读取内部主题的“消费组分配结果”，重新加载到“消费组缓存”中。协调者处理“加入组请求”和“同步组请求”时，根据消费者客户端传递的消费组编号查询“消费组元数据”，会先从“消费组缓存”中查询，如果“消费组元数据”已经存在，直接使用现有的数据。相关代码如下：

```
// 消费组的元数据管理器（GroupMetadataManager）保存了消费组的分配结果
val groupsCache = new Pool[String, GroupMetadata]

// 根据消费组编号获取“消费组元数据”，从缓存中获取，如果不存在，新建GroupMetadata对象
def getGroup(groupId: String): GroupMetadata = groupsCache.get(groupId)

// 添加一个消费组元数据，参数和返回值都是“组元数据”对象。在这之后如果给“组元数据”
// 添加消费者的“成员元数据”，这些“成员元数据”也自动存在缓存中
def addGroup(group: GroupMetadata): GroupMetadata = {
  val currentGroup = groupsCache.putIfNotExists(group.groupId, group)
  if (currentGroup != null) currentGroup
  else group // 添加“组元数据”到管理器中，如果已经存在，直接返回已有的“组元数据”
}
```

协调者处理“同步组请求”时，将发送“同步组响应结果”给消费者的逻辑，作为一个回调方法传给了“延迟存储”对象（DelayedStore）。“延迟存储”由消息集和回调方法组成，协调者会先存储完“消费组分配结果”代表的消息集，然后才调用回调方法。即，协调者将“消费组分配结果”保存到内部主题之后，才会发送“同步组响应”给每个消费者。协调者保存“消费组分配结果”和保存生产者发送的消息一样，都落到了副本管理器的追加消息流程上。服务端处理生产者消息的回调方法是发送响应给生产者，协调者保存完“消费组分配结果”后的回调方法是将“同步组响应”返回给消费者。相关代码如下：

```
// 预先准备StoreGroup，创建一个DelayedStore，真正的存储还是交给store方法
def prepareStoreGroup(group: GroupMetadata,
    groupAssignment: Map[String, Array[Byte]],
    responseCallback: Short => Unit): DelayedStore = {
```

```
    // 为消息指定键，会确保相同键的所有消息落在同一个消息代理节点上
    val message = new Message(
      key = GroupMetadataManager.groupMetadataKey(group.groupId),
      bytes = GroupMetadataManager.groupMetadataValue(group,groupAssignment))
    // 消息所属的分区编号，通常分区编号算法以消息的键作为依据
    val partitionId = partitionFor(group.groupId)
    // 构造分区到消息集的映射关系，虽然这里只有一个分区
    val groupMetadataMessageSet = Map(
      new TopicPartition(GROUP_METADATA_TOPIC_NAME, partitionId) ->
      new ByteBufferMessageSet(message))

    // 回调方法传入putCacheCallback()，调用该方法时，会真正调用responseCallback
    def putCacheCallback(response:Map[TopicPartition,PartitionResponse]){
      var responseCode = Errors.NONE.code
      responseCallback(responseCode)
    }
    DelayedStore(groupMetadataMessageSet, putCacheCallback)
  }

  // 延迟的存储操作，包括要存储的消息集和回调方法
  case class DelayedStore(
    messageSet: Map[TopicPartition, MessageSet],
    callback: Map[TopicPartition, PartitionResponse] => Unit)

  // 把prepareStoreGroup的回调作为方法的参数和KafkaApis处理其他请求的方式都是一样的
  def store(delayedStore: DelayedStore) {
    replicaManager.appendMessages( // 保存“消费组分配结果”和追加普通消息的流程一样
      config.offsetCommitTimeoutMs.toLong, // 超时时间
      config.offsetCommitRequiredAcks,true, // 是否需要应答
      delayedStore.messageSet, // 消息集
      delayedStore.callback) // 来自putCacheCallback，本质上是响应回调方法
  }
```

前面主要分析的就是：协调者如何处理消费者的“加入组请求”和“同步组请求”，直到返回“加入组响应”和“同步组响应”给消费者。但在这个过程中，我们省略了一些细节，并遗留了下面这些问题。

- 调用消费者成员元数据的回调方法后，为什么要重置回调方法为空，并且还要启动一次心跳监控？
- 协调者为什么在发送“加入组响应”之前就更新状态为“等待同步”，而在发送“同步组响应”之后才更新状态为“稳定”？另外，消费组的其他状态比如“准备再平衡”是什么时候发生的？
- 不同消费者在不同时刻发送请求给协调者，协调者并不会立即发送响应结果给消费者。比如协调者会等到收集完所有的消费者成员信息才发送“加入组响应”，等到收到主消费者发送的“消费组分配结果”才发送“同步组响应”，那么通过什么方式来做到“延迟发送响应结果”给消费者，以及如何判断请求已经处理完成可以发送响应结果了？

要回答上面这些问题，归根到底是要理解下面这两个概念。

- “延迟的加入组”操作对象（DelayedJoin，下文简称“延迟操作”）。

- 消费组的状态机转换。有4种状态："稳定""准备再平衡""等待同步""离开"。

这两个操作互相关联：在创建延迟操作对象之前，会更新消费组状态为"准备再平衡"；当延迟操作对象完成后，会更新消费组状态为"稳定"。由于消费组状态在不同时间内发生了变化，因此协调者在处理不同消费者的请求时，会根据当前消费组的状态进入不同的执行流程。下面先来看下"延迟的操作"。

5.3　延迟的加入组操作

协调者处理不同消费者的"加入组请求"，由于不能立即返回"加入组响应"给每个消费者，它会创建一个"延迟操作"，表示协调者会**延迟发送"加入组响应"**给消费者。**但协调者不会为每个消费者的"加入组请求"都创建一个"延迟操作"**，而是仅当消费组状态从"稳定"转变为"准备再平衡"，才创建一个"延迟操作"对象。

为了保证只创建一个"延迟操作"，只有消费组的状态为"稳定"时才可以创建"延迟操作"，并且在创建"延迟操作"的同时，更新消费组状态为"准备再平衡"。这样协调者在处理下一个消费者的"加入组请求"时，因为消费组状态已经更新为"准备再平衡"，就不会创建"延迟操作"对象了。下面两个步骤示例了协调者如何处理两个消费者的"加入组请求"。

(1) 初始时消费组状态为"稳定"，第一个消费者加入消费组。因为消费组状态为"稳定"，所以协调者允许消费者执行再平衡操作。协调者更改消费组的状态为"准备再平衡"，并创建一个延迟的操作对象。

(2) 消费组状态为"准备再平衡"，第二个消费者加入消费组。因为消费组状态为"准备再平衡"，所以协调者不允许消费者执行再平衡操作。消费组状态仍然不变，协调者也不会创建延迟的操作对象。

5.3.1 "准备再平衡"

协调者处理消费者的"加入组请求"，如果消费者设置的成员编号未知，协调者会为这个消费者指定一个新的成员编号，然后创建消费者成员元数据，并加入到消费组元数据中。如果消费者成员编号是已知的，说明消费组元数据中已经存在对应的消费者成员元数据，只需要更新已有的成员元数据。

协调者为消费者分配的成员编号，会作为"加入组响应结果"返回给消费者。消费者发送"同步组请求"时必须指定这个新分配的成员编号，这样协调者才能知道成员编号对应的消费者元数据。实际上，后面如果消费者要重新加入消费组，再次发送"加入组请求"时也需要指定成员编号。通常来说，协调者为消费者分配了一个成员编号，协调者的消费组元数据就会一直记录这个消费者的信息。成员编号的主要作用就是用来标识一个消费者，消费者后续的任何请求动作都应该带有分配给它的成员编号。相关代码如下：

```
// 协调者处理消费者的"加入组请求"，将消费者添加到消费组的元数据中
private def doJoinGroup(group: GroupMetadata, memberId: String,...) {
  // 同步块，针对消费组元数据操作时，不允许并发访问
  group synchronized {
    // 先不管状态机什么状态，消费者加入消费组要么添加，要么更新
```

```
    if (memberId == JoinGroupRequest.UNKNOWN_MEMBER_ID) {
      addMemberAndRebalance(group, responseCallback)
    } else {
      val member = group.get(memberId)
      updateMemberAndRebalance(group,member,responseCallback)
    }
  }
}

private def addMemberAndRebalance(callback: JoinCallback) = {
  val memberId = clientId+"-"+group.generateMemberIdSuffix
  val member = new MemberMetadata(...)
  member.awaitingJoinCallback = callback
  group.add(member.memberId, member)
  maybePrepareRebalance(group)
  member
}
private def updateMemberAndRebalance(callback: JoinCallback) {
  member.supportedProtocols = protocols
  member.awaitingJoinCallback = callback
  maybePrepareRebalance(group)
}
```

协调者处理请求时，doJoinGroup()方法和doSyncGroup()方法都会对“消费组元数据”对象进行代码块的同步加锁。目的是保证协调者在处理不同请求时，操作“消费组元数据”对象是线程安全的。

5

注意： 消费组元数据管理“消费者成员元数据”的列表，为了保证列表操作（增加、删除、修改）的线程安全，需要在“消费组元数据”对象上进行代码块的同步。另外，doJoinGroup()方法依次调用了addMemberAndRebalance()、maybePrepareRebalance()方法。maybePrepareRebalance()方法也加了代码块同步，这里的加锁同步因为是在同一个线程内，所以是一个可重入锁。

添加和更新元数据都会执行maybePrepareRebalance()方法。但只有消费组状态为“稳定”或者“等待同步”，才允许调用prepareRebalance()方法。prepareRebalance()方法会先将消费组状态更新为“准备再平衡”，然后开始执行“准备再平衡”操作。相关代码如下：

```
private def maybePrepareRebalance(group: GroupMetadata) {
  // 同步块，可重入锁，最外层调用方法是doJoinGroup
  group synchronized {
    if (group.canRebalance) // 状态为“等待同步”或“稳定时”
      prepareRebalance(group)
  }
}

private def prepareRebalance(group: GroupMetadata) {
  // 如果有任何成员正在等待同步，取消它们的请求，让它们重新加入消费组
  if (group.is(AwaitingSync))
    resetAndPropagateAssignment(group,REBALANCE_IN_PROGRESS)

  // 状态改变为“准备再平衡”
  group.transitionTo(PreparingRebalance)
  // 取消费组所有成员元数据会话超时时间的最大值，作为再平衡操作的超时时间
```

```
    val rebalanceTimeout = group.rebalanceTimeout
    // 创建延迟的"加入组请求"
    val delayedRebalance = new DelayedJoin(this,group,rebalanceTimeout)
    val groupKey = GroupKey(group.groupId)
    // 创建完延迟的操作对象后，立即尝试看能不能完成
    joinPurgatory.tryCompleteElseWatch(delayedRebalance, Seq(groupKey))
}
```

注意：旧API基于ZK，每个消费者都会执行再平衡操作。新API采用协调者，只有调用prepareRebalance()方法的那个消费者才会启动"再平衡操作"。但消费者启动"再平衡操作"，并不意味着它就是主消费者。比如消费组中已经有多个消费者经过一次再平衡后稳定了，新加入一个未知编号的消费者，它会发起"再平衡操作"，但是负责执行分区分配工作的主消费者，可能还是上一次再平衡完成后的那个，而不是刚刚加入的这个消费者。

消费组的状态从"稳定"进入"准备再平衡"，表示准备开始再平衡操作。一次再平衡操作只会由一个消费者发起，并只会创建一个延迟的操作对象。延迟操作还和延迟缓存有关，因为延迟操作如果不能及时完成，就应该放入延迟缓存。当然，延迟缓存不是普通的数据缓存，它还要提供检查延迟操作能否完成的方法，并且保证在指定时间内未完成时，必须强制完成超时的延迟操作。

注意：服务端创建的延迟操作对象和消费者客户端创建的延迟任务（心跳任务、偏移量提交任务）很类似，都指定了一个超时时间。但前者表示延迟操作如果一直没有完成，在超时的时候会被强制完成，在这个时间之前，外部事件可以先检查并尝试能否提前完成。而客户端的延迟任务只能等到超时的时候才会被客户端的轮询触发，在超时时间之前不允许执行。

5.3.2　延迟操作和延迟缓存

Kafka服务端在处理客户端的一些请求时，如果不能及时返回响应结果给客户端，会在服务端创建一个延迟操作对象（DelayedOperation），并放在延迟缓存中（DelayedOperationPurgatory）。Kafka的延迟操作有多种：延迟的生产、延迟的响应、延迟的加入、延迟的心跳。关于延迟操作和延迟缓存相关的流程，会在下一章详细分析，这里先给出一些延迟操作相关的结论。

- 延迟操作需要指定一个超时时间，表示在指定时间内没有完成时会被强制完成。
- 延迟操作加入到延迟缓存中，会指定一个键。比如，和消费组相关的延迟加入，键是消费组编号。
- 服务端创建延迟操作后，通常会有"尝试完成延迟操作"的动作（延迟操作如果能够尽早完成是最好的）。尝试完成延迟操作的外部事件会有多种情况，而且因为延迟操作有依赖条件，所以任何可能改变依赖条件的事件，都应该执行"尝试完成延迟操作"。比如，协调者因为依赖了"等待消费者发送加入组请求"这个条件才会创建"延迟的加入组"对象。如果有消费者发送了加入组请求，就应该尝试完成"延迟的加入组"对象。
- 当外部事件尝试完成延迟操作时，怎么判断延迟操作能不能完成？不同的延迟操作类型因为依赖条件不同，应该自定义可以完成延迟操作的条件判断。

创建延迟操作的最终目的是让操作不再被延迟，延迟操作对象有下面几个跟完成操作相关的方法。

- tryComplete()尝试完成，如果不能完成，返回false，表示延迟操作还不能完成。
- onComplete()延迟操作完成时的回调方法，完成有两种：正常主动完成和超时被动完成。
- onExpiration()延迟操作超时的回调方法，如果之前一直调用尝试完成都不能完成，在指定的超时时间过去后就会强制完成。调用这个回调方法，一定会再调用onComplete()方法。

延迟缓存保存了延迟操作对象。将延迟操作放入延迟缓存时，要将延迟操作和键进行关联。每个延迟操作都对应唯一的键，这样可以通过键来获取延迟缓存中的延迟操作对象。延迟缓存有下面两个相关的方法。

- tryCompleteElseWatch(operation,key)。尝试完成延迟的操作，如果不能完成就以指定的键监控这个延迟操作。创建完延迟操作对象后，可以立即尝试完成，不一定只能由其他事件尝试完成。
- checkAndComplete(key)。检查并尝试完成指定键的延迟操作，在上一个方法中，如果延迟操作没有完成，会被加入到延迟缓存中。

延迟缓存的两个方法都会调用延迟操作的tryComplete()方法：tryCompleteElseWatch()方法会直接调用，因为它的参数中有延迟的操作对象；checkAndComplete()方法只有键，需要先从缓存中根据键取出延迟操作，再尝试完成。

5

下面以协调者在处理第一个消费者的"加入组请求"，创建了"延迟的加入组"对象为例。每种类型的延迟操作都有对应的状态数据，因为延迟操作的相关完成方法，都需要根据状态数据判断是否可以完成。

- "延迟心跳操作"的状态数据有：消费组元数据、消费者元数据。消费者元数据会被协调者用来判断这个消费者是否及时发送了心跳。消费组元数据会用在：当消费者没有及时发送心跳，需要将对应的消费者元数据从消费组元数据中移除时。另外，消费组元数据对象还会用在加锁同步代码块上。
- "延迟加入操作"的状态数据有：消费组元数据。因为协调者判断延迟加入操作是否能够完成的依据是：消费组中的所有消费者成员是否都发送或重新发送了"加入组请求"。

延迟操作对象都会有一个超时时间，"延迟加入操作"的超时时间是所有消费者最大的会话超时时间，因为"延迟加入操作"是针对一个消费组级别的。"延迟心跳操作"的超时时间是消费者的会话超时时间，因为协调者针对每个消费者，都会创建一个"延迟心跳操作"。这也是延迟心跳操作的状态数据需要"消费者成员元数据"的一个原因，否则无法标识是哪个消费者的心跳延迟了。相关代码如下：

```
// 延迟的加入组操作
class DelayedJoin(coordinator: GroupCoordinator,
                  group: GroupMetadata,
                  sessionTimeout: Long)
  extends DelayedOperation(sessionTimeout) {
  override def tryComplete(): Boolean =
    coordinator.tryCompleteJoin(group, forceComplete)
```

```
    override def onExpiration() = coordinator.onExpireJoin()
    override def onComplete() = coordinator.onCompleteJoin(group)
  }

// 延迟的心跳操作，这里暂时不会详细分析延迟心跳，只是为了和延迟加入进行对比
class DelayedHeartbeat(coordinator: GroupCoordinator,
                       group: GroupMetadata,
                       member: MemberMetadata,
                       heartbeatDeadline: Long,
                       sessionTimeout: Long)
```

下面来看“延迟加入操作”和完成相关的方法，主要是tryComplete()尝试完成延迟的加入操作。

5.3.3 尝试完成延迟的加入操作

协调者在创建完延迟操作对象之后，为了检查能否完成刚刚创建的延迟操作，会调用延迟缓存的tryCompleteElseWatch()方法立即尝试完成。延迟缓存会调用延迟操作的tryComplete()方法，对于加入组的延迟缓存，就是调用延迟加入对象的tryCompleteJoin()方法。这个方法的第二个参数表示如果可以完成，就会强制完成延迟加入对象，即最终会调用到延迟加入对象的onCompleteJoin()方法。延迟加入操作对象的tryComplete()方法和onComplete()方法，它们的具体实现是调用协调者的tryCompleteJoin()方法和onCompleteJoin()方法。相关代码如下：

```
// 尝试完成延迟的加入操作，如果条件满足，能够完成，就调用forceComplete回调方法
def tryCompleteJoin(group: GroupMetadata, forceComplete:()=>Boolean)={
  group synchronized {
    if (group.notYetRejoinedMembers.isEmpty)
      forceComplete()
    else false
  }
}
```

延迟操作能否完成的判断条件是：消费组元数据的notYetRejoinedMembers()方法返回值是否为空。这个方法收集的是消费组中awaitingJoinCallback值对象为空的消费者成员元数据。因为协调者一旦开始处理消费者发送的“加入组请求”，就会设置awaitingJoinCallback值对象为“发送响应的回调方法”，所以如果消费者发送了“加入组请求”，并且也被协调者开始处理，就不会被notYetRejoinedMembers()方法选出来。

以协调者处理第一个消费者发送的加入组请求为例，因为第一个消费者的awaitingJoinCallback值对象为空，所以notYetRejoinedMembers()方法不会选择第一个消费者。那么，这个方法因为没有收集到任何一个满足条件的消费者，返回值为空，就会执行forceComplete()方法，并调用延迟操作的onCompleteJoin()方法，开始返回“加入组响应”给消费者。

这和我们前面认为的“协调者会等待所有的消费者都发送了加入组请求后，才会认为请求处理完成”看起来有点矛盾。协调者在处理第一个消费者的加入组请求，没等到其他消费者发送加入组请求，就已经开始返回加入组响应结果给第一个消费者了。

实际上，协调者实现消费组的再平衡操作，是通过让消费者重新发送“加入组请求”的方式来完成的。如图5-6所示，第一个消费者发送“加入组请求”给协调者，具体的处理步骤如下。

(1) 协调者处理第一个消费者的“加入组请求”，会创建消费者成员元数据，并加入消费组元数据。

(2) 消费组初始为“稳定”状态，开始再平衡操作，将状态改为“准备再平衡”。

(3) 创建一个“延迟的加入组”对象，并立即通过“延迟缓存”尝试完成刚创建的延迟操作。

(4) 由于消费组中所有消费者成员（目前只有第一个消费者）的值对象不为空，`notYetRejoinedMembers()` 方法没有收集到任何元素，返回值为空，满足“完成延迟操作”的条件。

(5) 因为可以完成延迟的操作，所以强制完成方法会调用延迟操作对象的`onCompleteJoin()`方法。

(6) 延迟操作对象在完成时的回调方法，会首先将消费组状态更新为“等待同步”。

(7) 返回“加入组响应”给所有的消费者（这里还是只有第一个消费者）。

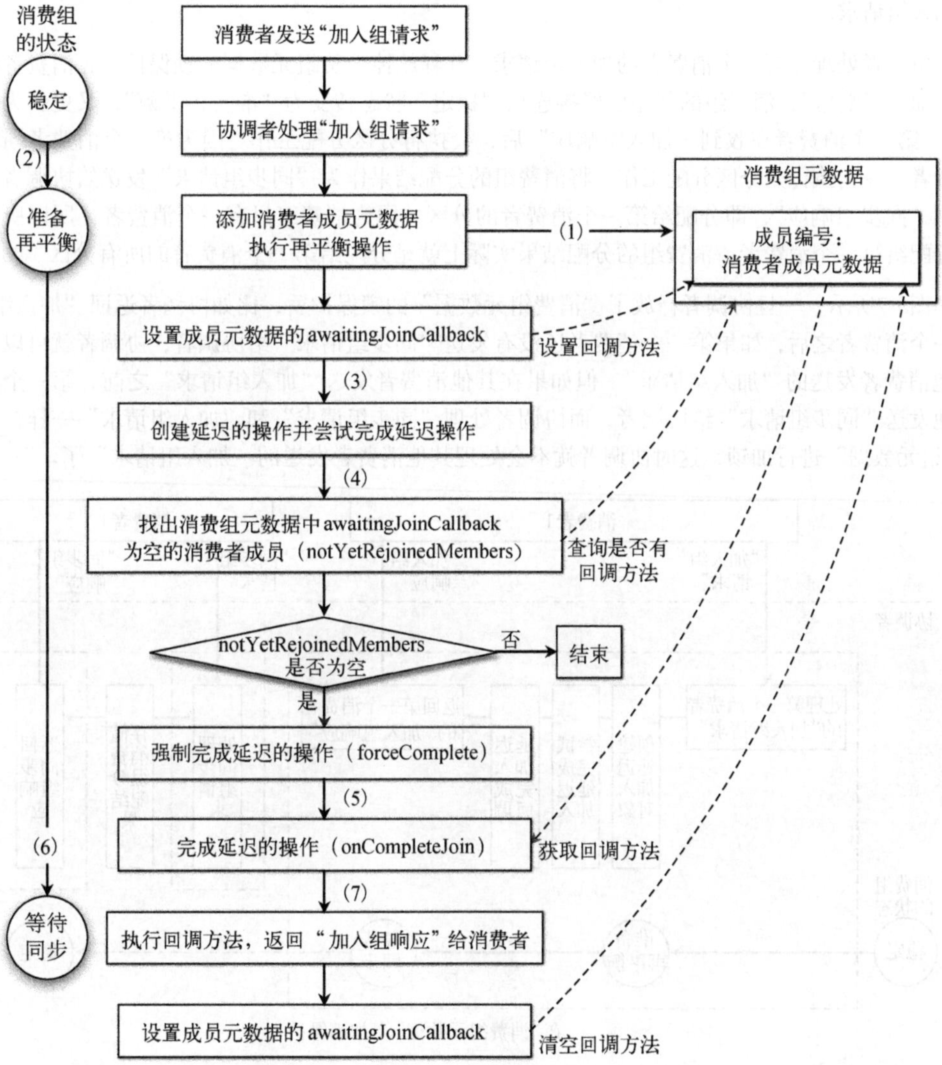

图5-6 协调者处理第一个消费者发送的“加入组请求”

注意：消费者成员元数据的回调方法先后经过了：设置、查询、获取、重置四个步骤，这跟Web开发中常见的CRUD很相似。但注意，这里的重置类似于逻辑删除，不是物理删除。消费者成员元数据在正常情况下，一旦加入到消费组的元数据中，除非超时被迫删除，否则是不允许直接删除的。

在步骤(1)协调者开始处理消费者的“加入组请求”时，就已经对消费组元数据进行加锁同步，以防止一次处理多个消费者的“加入组请求”。步骤(4)和步骤(7)在获取消费组元数据的所有消费者成员时，只会获取到第一个消费者。因为协调者在处理第一个消费者的加入组请求时，不会处理其他消费者的加入组请求。

当协调者处理完第一个消费者的加入组请求，并释放掉消费组元数据的锁保护后，消费者已经收到了“加入组响应”，消费组的状态已经接连从“稳定”状态转变为“准备再平衡”，又更新为“等待同步”。第一个消费者在收到“加入组响应”后，会执行分区分配工作。因为第一个消费者同时也是主消费者，在它执行完分区分配工作，将消费组的分配结果作为“同步组请求”发送给协调者后，也会收到“同步组响应”，即分配给第一个消费者的分区（因为消费组只有一个消费者，所以所有分区都会分配给第一个消费者，消费组的分配结果实际上就是分配给第一个消费者的所有分区）。

如图5-7所示，一旦协调者释放了“消费组元数据”的锁保护后，比如协调者返回“加入组响应”给第一个消费者之后，如果第一个消费者还没有发送“同步组请求”给协调者，协调者就可以接着处理其他消费者发送的“加入组请求”。但如果在其他消费者发送“加入组请求”之前，第一个消费者很快地发送“同步组请求”给协调者，而协调者处理“同步组请求”和“加入组请求”一样，都会对“消费组元数据”进行加锁，这时协调者就不会处理其他消费者发送的“加入组请求”了。

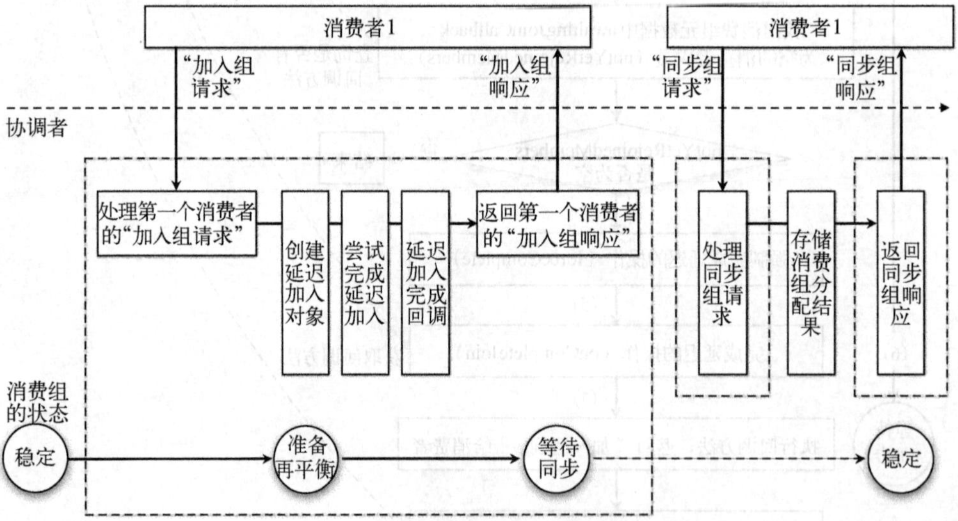

图5-7　协调者在消费组元数据上加锁保护，一次只允许处理一个请求

图5-7中虚线框表示被“消费组元数据”加锁保护，协调者处理第一个消费者的“加入组请求”，一直到返回“加入组响应”给消费者，都是在同一个锁中完成的。但协调者从处理消费者的“同步组请求”，到返回“同步组响应”给消费者的过程，则不在同一个锁中。在返回“同步组响应”给消费者之前，还要保存消费组的分配结果到内部主题中，这一步因为没有操作“消费组元数据”，所以并不需要同步，会释放掉同步的锁。

注意：那么问题是：判断是否需要加锁的依据是什么？答案是：有更新或查询消费组元数据就需要加锁。比如，在查询消费组元数据的所有消费者元数据时，如果没有对查询进行加锁，可能会有其他线程更新了消费者元数据，从而会导致查询出来的数据不一致、线程不安全。

协调者在返回“加入组响应”给第一个消费者之后释放了同步的锁，消费组的状态也更新为“等待同步”。并且第一个消费者同时也是主消费者，它在收到“加入响应”后，会立即执行分区分配工作。如图5-8（上）所示，协调者在处理第一个消费者的“同步组请求”时，不会执行其他消费者的“加入组请求”。如图5-8（下）所示，在第一个消费者发送“同步组请求”给协调者之前，新的消费者发送了“加入组请求”，协调者就会处理新消费者的“加入组请求”，因为现在没有其他线程对消费组元数据进行加锁保护了。

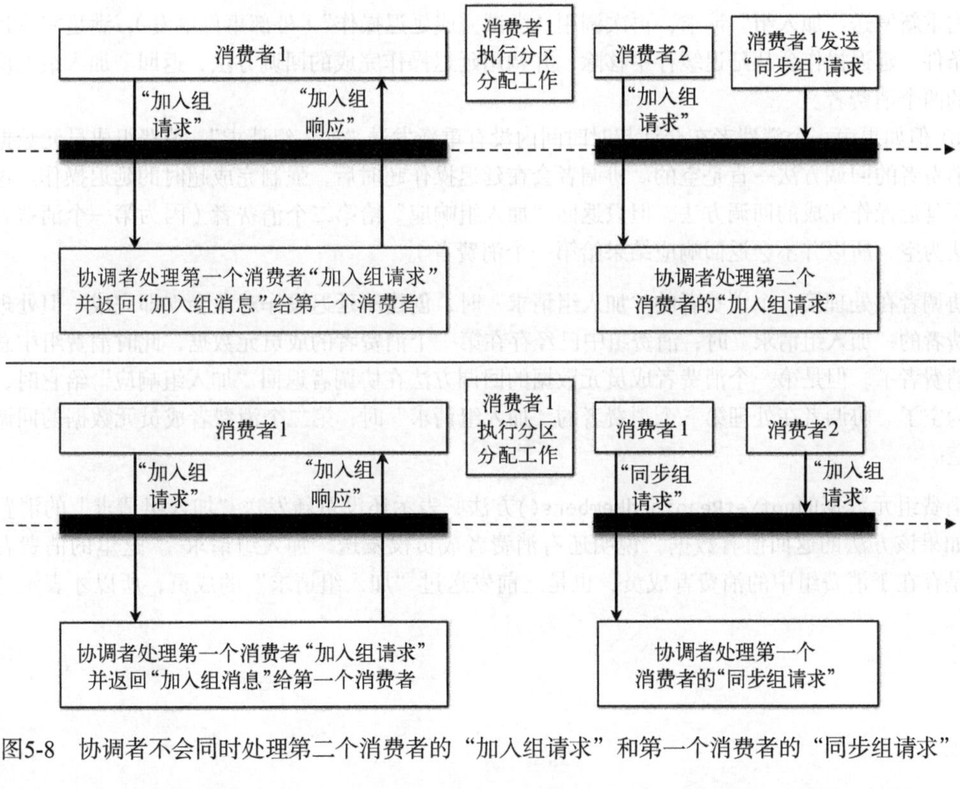

图5-8 协调者不会同时处理第二个消费者的“加入组请求”和第一个消费者的“同步组请求”

5.3.4　消费组稳定后，原有消费者重新加入消费组

协调者在处理消费者发送的“加入组请求”和“同步组请求”时，都会依赖于消费组当前的状态进入不同的分支流程。假设第一个消费者完成一次再平衡操作后，又有新的消费者发送了“加入组请求”。如图5-9所示，新消费者会发起新的再平衡操作，原有的消费者也需要重新发送“加入组请求”，具体步骤如下。

(1)（图5-9（左））第一个消费者发送“加入组请求”，也完成了延迟操作，会将它的回调方法重置为空。

(2)（图5-9（中））协调者处理第二个消费者的“加入组请求”，消费组状态已经是“稳定”。和处理第一个消费者的“加入组请求”类似，它也会将消费组状态改为“准备再平衡”，并创建一个延迟的操作对象。

(3)（图5-9（中））协调者创建完延迟操作后，通过延迟缓存尝试完成刚刚创建的延迟操作。但和协调者处理第一个消费者不一样，这时尝试完成的条件不能满足，处理第二个消费者的“加入组请求”就结束了。

(4) 虽然协调者处理第二个消费者的“加入组请求”结束了，但延迟操作对象还不能完成，延迟操作对象会被加入到延迟缓存的监控列表中。后续要完成延迟操作，有两种办法：外部事件触发、超时触发。

(5)（图5-9（右））协调者等待第一个消费者重新发送“加入组请求”。如果第一个消费者在超时时间内重新发送“加入组”请求，再次调用“尝试完成延迟操作”（外部事件触发），满足完成延迟操作的条件。延迟操作会从延迟缓存中移除，并调用延迟操作完成的回调方法，返回“加入组响应”给所有的两个消费者。

(6) 但如果第一个消费者在会话超时时间内没有重新发送“加入组请求”，消费组成员元数据中第一个消费者的回调方法一直是空的。协调者会在延迟操作超时后，强制完成超时的延迟操作。这时也会调用延迟操作完成的回调方法，但只返回“加入组响应”给第二个消费者（因为第一个消费者的回调方法为空，所以并不会返回响应结果给第一个消费者）。

协调者在处理第一个消费者的“加入组请求”时，创建的延迟操作对象会立即完成。但处理第二个消费者的“加入组请求”时，消费组中已经存在第一个消费者的成员元数据，此时消费组中总共有两个消费者了。但是第一个消费者成员元数据的回调方法在协调者返回“加入组响应”给它时，就被重置为空了。协调者在处理第二个消费者的“加入组请求”时，第二个消费者成员元数据的回调方法不为空。

消费组元数据的`notYetRejoinedMembers()`方法，表示还没重新发送“加入组请求”的消费者成员。如果该方法的返回值有数据，说明还有消费者成员没发送“加入组请求”。这里的消费者成员必须是存在于消费组中的消费者成员，也是之前发送过“加入组请求”的成员，所以才表示“重新发送”。

注意：对于第一次加入消费组的消费者成员而言，它们之前就不在消费组中，就不算作“重新发送”。当消费者发送过一次“加入组请求”后，就会被保存在消费组的元数据中。如果再次发生再平衡操作，已存在消费组中的所有消费者都要重新发送“加入组请求”。notYetRejoinedMembers()方法用来判断延迟的操作对象能否完成。如果存在于消费组中的消费者没有重新发送“加入组请求”，延迟操作就不能完成。而如果存在于消费组中的所有消费者都重新发送了“加入组请求”，延迟操作就可以认为完成，并且不需要等到再平衡设置的超时时间到达，就可以提前完成延迟操作。

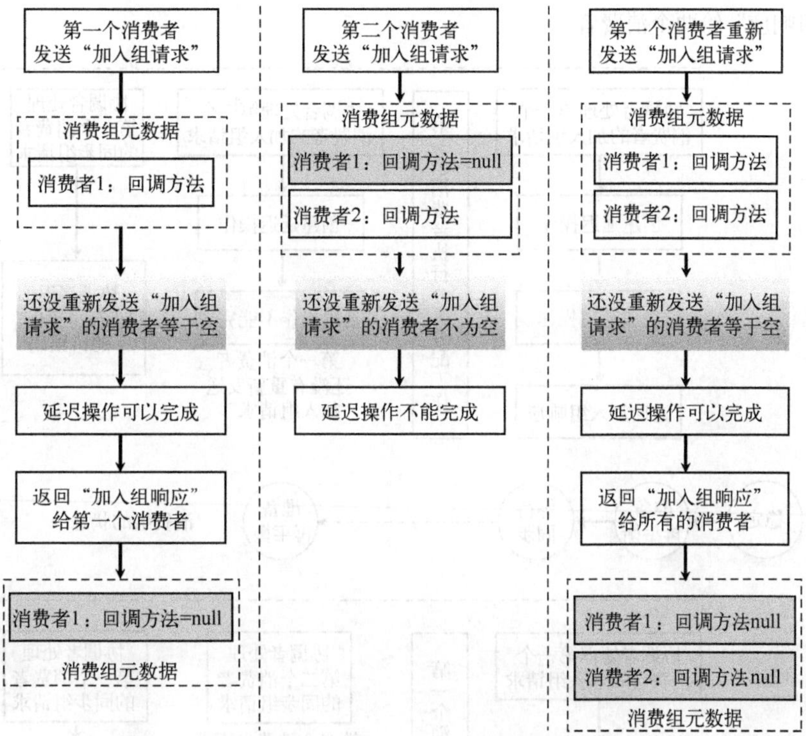

图5-9 新消费者触发再平衡操作，原来的消费组都要重新发送“加入组请求”

5.3.5 消费组未稳定，原有消费者重新加入消费组

再来看另一种场景：其他消费者发送“加入组请求”先于第一个消费者发送“同步组请求”。协调者返回“加入组响应”给第一个消费者，并更改消费组状态为“等待同步”。第一个消费者收到“加入组响应”后，但还没完成分区分配的工作，就有新的消费者发送了“加入组请求”。这时候其实第一个消费者是不需要执行分区分配的，因为即使执行了，也只有它一个的，并不会包含新加入的第二个消费者。

如图5-10（上）所示，第一个消费者完成分区分配工作后，“同步组请求”的消费组分配结果只有

第一个消费者的数据。此时，第一个消费者将分配结果发送给协调者，协调者是不会接受的。因为协调者已经处理了第二个消费者的“加入组请求”，消费组的状态被更改为“准备再平衡”。第二个消费者在这个状态下，会收到REBALANCE_IN_PROGRESS的错误码，并重新发送“加入组请求”。

如图5-10（下）所示，第一个消费者重新发送了“加入组请求”，协调者对第一个消费者重新发送的“加入组请求”，也会尝试完成第二个消费者创建的延迟操作。因为满足可以完成延迟操作的条件，所以协调者会再次将消费组状态改为“等待同步”，并返回“加入组响应”给两个消费者。后续协调者处理两个消费者的“同步组请求”，第二个消费者不是主消费者，只会设置消费者成员元数据中的回调方法。当第一个消费者执行完分区分配后，协调者处理第一个消费者的“同步组请求”，会同时返回“同步组响应”给两个消费者。

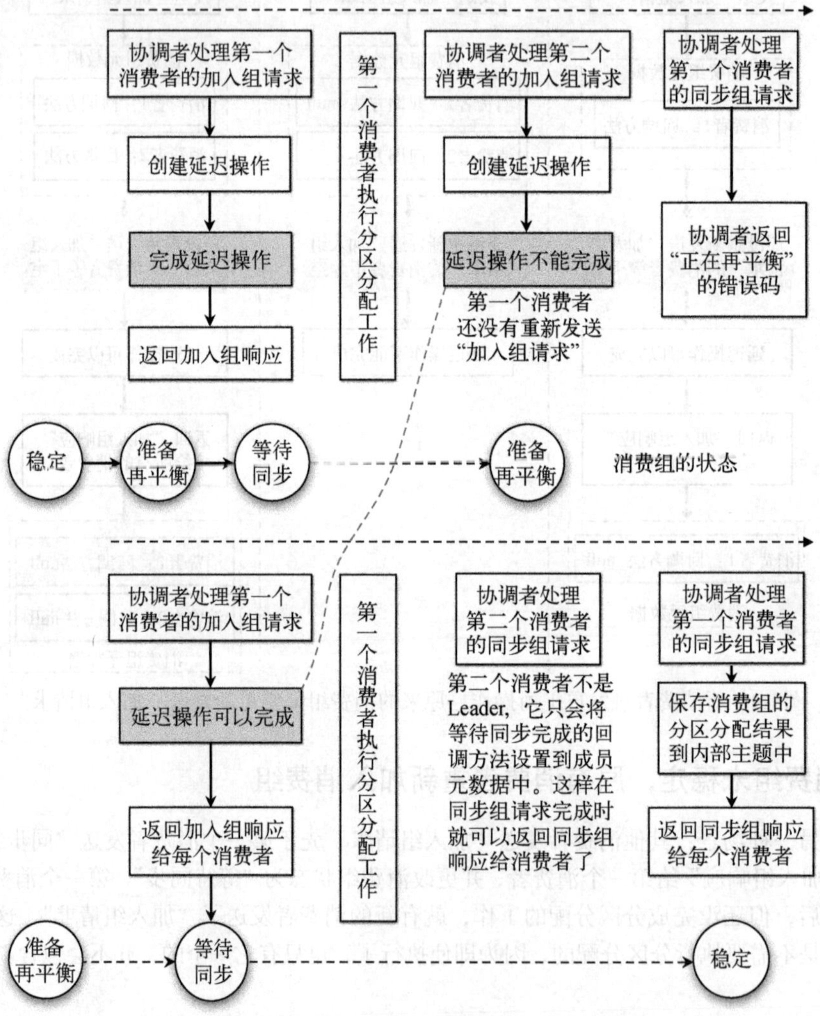

图5-10　消费组状态为“准备再平衡”，原来的消费者需要重新发送“加入组请求”

在5.3.4节中，消费组状态为“稳定”后，当有新消费者加入消费组，并将消费组状态更改为“准备再平衡”，原有的消费者是通过心跳的方式感知到需要重新发送“加入组请求”。而这里，消费组状态还是“等待同步”，就有新消费者加入消费组，也更改消费组状态为“再平衡”。由于消费组状态未稳定，原有的消费者不会有心跳任务，所以协调者采用返回错误码的方式通知原有的消费者。即消费者在发送“同步组请求”时，如果消费组状态为“准备再平衡”，协调者会要求消费者重新发送“加入组请求”。相关代码如下：

```
// 协调者处理消费者的同步组请求，如果消费组状态为准备再平衡，消费者应该重新加入消费组
def doSyncGroup(group: GroupMetadata,responseCallback:SyncCallback){
  group.currentState match {
    case PreparingRebalance =>
      responseCallback(Array.empty, REBALANCE_IN_PROGRESS)
  }
```

消费者发送“加入组请求”如果收到有错误码的结果，会主动重新发送“加入组请求”给协调者。消费者在请求发送前调用一次onJoinPrepare()，在请求成功完成调用一次onJoinComplete()方法。这两个方法在消费者的一次再平衡操作中，即使发送了多次“加入组请求”，也都只会被调用一次。相关代码如下：

```
// 消费者的协调者（客户端）确保消费组有效
public void ensureActiveGroup() {
  // 准备加入，只会调用一次onPartitionsRevoked
  onJoinPrepare(generation, memberId);
  while (needRejoin()) {
    // 发送加入组请求在循环中，如果发送一次失败后，会发送多次“加入组请求”
    RequestFuture<ByteBuffer> future = sendJoinGroupRequest();
    future.addListener(new RequestFutureListener<ByteBuffer>() {
      public void onSuccess(ByteBuffer value) {
        // 完成加入，也只会调用一次onPartitionsAssigned
        onJoinComplete(generation, memberId, protocol, value);
      }
    });
    client.poll(future);
    if (future.failed()) { // 如果有异常，则重试
      RuntimeException exception = future.exception();
      if (exception instanceof UnknownMemberIdException ||
          exception instanceof RebalanceInProgressException ||
          exception instanceof IllegalGenerationException)
        continue; // 这3个异常出现，立即重试
      else if (!future.isRetriable()) throw exception;
      time.sleep(retryBackoffMs); // 其他异常，稍后重试
    }
  }
}
```

这一节主要分析了协调者在处理消费者的“加入组请求”时，使用一个“延迟操作”对象表示延迟返回“加入组响应”给消费者。延迟操作创建时，伴随着消费组状态从“稳定”转变为“准备再平衡”；延迟操作完成时，消费组状态会从“准备再平衡”转变为“等待同步”。另外，我们还分析了协调者处理不同消费者的“加入组请求”和“同步组请求”的两种案例，下面我们来分析消费组处理这两种请求的状态机实现。

5

5.4 消费组状态机

协调者保存的消费组元数据中记录了消费组的状态机，消费组状态机的转换主要发生在“加入组请求”和“同步组请求”的处理过程中。除此之外，协调者处理“离开消费组请求”“迁移消费组请求”“心跳请求”“提交偏移量请求”也会更新消费组的状态机，或者依赖消费组的状态进行不同的处理。

消费者要加入消费组，需要依次发送“加入组请求”和“同步组请求”给协调者。消费者加入组的过程叫作再平衡，因为协调者处理这两种请求会更新消费组状态，所以再平衡操作跟消费组状态也息息相关。

5.4.1 再平衡操作与监听器

为了验证“消费组的状态转换步骤”和“协调者在不同时间处理不同消费者的加入组请求”两者的关系，我们可以使用5.1.4节的“消费者再平衡监听器”，通过监控监听器的回调方法来验证。下面的再平衡监听器仅仅打印了分区信息，监听器回调方法和再平衡操作的执行顺序如下。

(1) 消费者准备加入组，调用“消费者再平衡监听器”的onPartitionsRevoked()方法。
(2) 消费者发送“加入组请求”，协调者开始处理消费者的“加入组请求”，执行再平衡操作。
(3) 消费者完成加入组，调用“消费者再平衡监听器”的onPartitionsAssigned()方法。

相关代码如下：

```
// 消费者再平衡监听器，分区变化时，打印出分区信息
class RebalanceNotifyListener implements ConsumerRebalanceListener {
  private String name;
  public RebalanceNotifyListener(String name) { this.name = name; }

  public void onPartitionsRevoked(Collection<TopicPartition> collection){
    System.out.println(this.name + " onPartitionsRevoked:"+collection);
  }
  public void onPartitionsAssigned(Collection<TopicPartition> collection){
    System.out.println(this.name + " onPartitionsAssigned:"+collection);
  }
}
// 消费者应用程序代码，订阅主题时，指定消费者再平衡监听器
public class Consumer extends ShutdownableThread {
  private final KafkaConsumer<Integer, String> consumer;
  public void doWork() {
    consumer.subscribe(Collections.singletonList(this.topic),
      new RebalanceNotifyListener(this.name));
    ConsumerRecords<Integer, String> records = consumer.poll(1000);
    for (ConsumerRecord<Integer, String> record : records) {
      System.out.println(this.name +
        " 接收消息:("+record.key()+","+record.value()+"), " +
        " 分区:" + record.partition() + ", " +
        "偏移量:" + record.offset());
    }
```

```
    }
}
```

注意:“消费者再平衡监听器”回调方法的流程是在客户端中调用的。消费者的协调者(ConsumerCoordinator)在onJoinPrepare()中调用监听器的onPartitionsRevoked()方法,在onJoinComplete()中调用监听器的onPartitionsAssigned()方法。因为一次再平衡操作只会调用一次onJoinPrepare()和onJoinComplete()方法,所以监听器的两个回调方法在一次再平衡操作中也只会调用一次。

要模拟协调者在不同时间处理不同消费者的“加入组请求”,我们可以通过启动3个终端程序完成。但要做到消费者同时加入消费组,这种方式很难实现。我们在一个示例程序中同时启动3个消费者线程,就可以达到“同时加入组”的效果。注意:为了保证每个消费者都分配到分区,主题至少要有3个分区。相关代码如下:

```
// 通过线程睡眠的方式,模拟3个消费者按照不同顺序加入消费组的场景
Consumer consumerThread = new Consumer("C1");
consumerThread.subscribe(topic);
consumerThread.start();
// Thread.sleep(1000);
Consumer consumerThread2 = new Consumer("C2");
consumerThread2.subscribe(topic);
consumerThread2.start();
// Thread.sleep(1000);
// Thread.sleep(3000);

Consumer consumerThread3 = new Consumer("C3");
consumerThread3.subscribe(topic);
consumerThread3.start();
```

下面模拟3个消费者按照不同顺序加入组的场景,每种场景发生的再平衡操作次数都不同。

- 3个消费者同时加入消费组。这种方式只启动一次再平衡,但第一个消费者发送多次加入组请求。
- 第一个消费者加入组,睡眠一秒后第二个消费者加入组,再睡眠一秒后第三个消费者加入组。
- 第一个消费者加入组,睡眠一秒后第二个消费者加入组,再睡眠两秒后第三个消费者加入组。

1. 3个消费者,一次再平衡操作

第一种场景:3个消费者同时发送了“加入组请求”。下面的日志中,消费者调用onPartitionsRevoked()方法发送“加入组请求”之前,3个消费者可以同时发送加入组请求。但协调者处理请求时,因为在“消费组元数据上”加了锁的保护,只能一次处理一个消费者的“加入组请求”。即第一个消费者收到加入组响应之前,第二个消费者的加入组请求不会被处理。

日志中3个消费者的onPartitionsRevoked()方法后,紧接着是3个消费者的onPartitionsAssigned()方法。这说明该场景下一共只发生了一次再平衡操作,即只执行了一次分区分配工作,3个消费者最

后都收到了分配的分区。只执行一次再平衡操作，并不意味着消费组的状态为“准备再平衡”只有一次：第一个消费者加入组，消费组状态从“稳定”到“准备再平衡”再到“等待同步”；第二个消费者加入组时，消费组状态会从“等待同步”到“准备再平衡”。相关日志如下：

```
消息(1, Message_1) 发送到分区(0), 偏移量(0) 耗时 272 ms
C2 onPartitionsRevoked:[]                    // 发送“加入组”请求之前
C3 onPartitionsRevoked:[]
C1 onPartitionsRevoked:[]
// 再平衡操作开始，所有消费者都参与再平衡。分配到分区后，再平衡操作完成
C3 onPartitionsAssigned:[topic-2]
C2 onPartitionsAssigned:[topic-1]
C1 onPartitionsAssigned:[topic-0]

消息(2, Message_2) 发送到分区(2), 偏移量(0) 耗时 4 ms
C3 接收消息: (2, Message_2), 分区:2, 偏移量:0
消息(3, Message_3) 发送到分区(1), 偏移量(0) 耗时 3 ms
C2 接收消息: (3, Message_3), 分区:1, 偏移量:0
消息(4, Message_4) 发送到分区(1), 偏移量(1) 耗时 2 ms
C2 接收消息: (4, Message_4), 分区:1, 偏移量:1
消息(5, Message_5) 发送到分区(2), 偏移量(1) 耗时 1 ms
C3 接收消息: (5, Message_5), 分区:2, 偏移量:1
```

为了验证协调者处理3个消费者发送请求的处理顺序，我们在GroupCoordinator源码的doJoinGroup()和doSyncGroup()方法中添加了两处日志，然后在IDEA中启动Kafka服务，而不是通过命令行启动。相关日志如下：

```
// 在协调者处理“加入组请求”和“同步组请求”的方法上添加一些日志信息
private def doJoinGroup(group: GroupMetadata,memberId: String,..) {
  val _memberId = memberId match {
    case "" => "UNKNOWN"
    case _ => memberId
  }
  info(_memberId+": 协调者准备开始处理加入组请求")
  group synchronized {
    info(_memberId+"加入组,成员:["+group.allMembers.mkString(",")+"]")
  }
}
```

下面是再平衡操作时Kafka服务端相关的日志记录，日志对应的请求发送和处理步骤如下。

(1) 3个消费者同时发送加入组请求，consumer-3（第一个消费者）的请求优先被协调者处理。

(2) consumer-3（主消费者）完成延迟操作，消费组状态改为“等待同步”。

(3) 处理consumer-2的“加入组请求”，消费组状态改为“准备再平衡”，延迟操作不能完成。

(4) 处理consumer-1的“同步组请求”，延迟操作不能完成；处理consumer-3的同步组请求。

(5) 消费组状态为“再平衡”，consumer-3重新发送“加入组请求”。

(6) 延迟操作可以完成，返回“加入组响应”给3个消费者；consumer-3发送“同步组请求”。

(7) 协调者保存consumer-3发送的分配结果时，也会处理普通消费者的“同步组请求”。

(8) 消费组的分配结果保存完毕后，返回“同步组响应”给所有的消费者，消费组状态为“稳定”。

(9) 关闭应用程序，消费组状态为“离开”，3个消费者都会从消费组中移除。

相关日志如下：

```
[11:30:50,929] UNKNOWN: 协调者准备开始处理加入组请求
[11:30:50,934] UNKNOWN加入组,成员:[]
[11:30:50,938] UNKNOWN: 协调者准备开始处理加入组请求
[11:30:50,946] UNKNOWN: 协调者准备开始处理加入组请求

[11:30:50,965] Preparing to restabilize group with old generation 0
[11:30:51,002] Stabilized group generation 1

[11:30:51,026] UNKNOWN加入组,成员:[consumer-3]
[11:30:51,027] consumer-3: 协调者准备开始处理同步组请求
[11:30:51,031] Preparing to restabilize group with old generation 1

[11:30:51,031] UNKNOWN加入组,成员:[consumer-3,consumer-2]
[11:30:51,036] consumer-3同步组,成员:[consumer-3,consumer-1,consumer-2]

[11:30:51,038] consumer-3: 协调者准备开始处理加入组请求
[11:30:51,038] consumer-3加入组,成员:[consumer-3,consumer-1,consumer-2]

[11:30:51,039] Stabilized group generation 2
[11:30:51,041] consumer-3: 协调者准备开始处理同步组请求
[11:30:51,043] consumer-3同步组,成员:[consumer-3,consumer-1,consumer-2]

[11:30:51,044] consumer-1: 协调者准备开始处理同步组请求
[11:30:51,044] consumer-2: 协调者准备开始处理同步组请求

[11:30:51,046] Assignment received from leader for group for generation 2
[11:30:51,197] consumer-2同步组,成员:[consumer-3,consumer-1,consumer-2]
[11:30:51,198] consumer-1同步组,成员:[consumer-3,consumer-1,consumer-2]

[11:31:45,308] Preparing to restabilize group with old generation 2
[11:31:45,329] Group generation 2 is dead and removed
```

注意：日志中第三次再平衡操作并不是因为协调者处理第三个消费者“加入组请求”，而是关闭应用程序后消费组状态更改为“离开”引起的。协调者在处理第二个消费者的“加入组请求”时，会等待第一个消费者重新发送“加入组请求”。这时，协调者没有对“消费组元数据”进行加锁，第三个消费者发送“加入组请求”可以先于第一个消费者重新发送“加入组请求”。等到协调者收到第一个消费者重新发送的“加入组请求”，延迟操作可以完成，消费组中就有3个消费者了。

第一种场景“3个消费者同时发送加入组请求”有以下几个特点。

- 每个消费者再平衡监听器的onPartitionsRevoked()方法和onPartitionsAssigned()方法都只调用一次。这说明3个消费者加入消费组，总共只发生一次再平衡操作，并且只分配一次分区。
- 第一个消费者和第二个消费者都会调用prepareRebalance()方法，它们都将消费组状态改为“准备再平衡”。第一个消费者更改前的状态是“稳定”，第二个消费者更改前的状态是“等待同步”。

- 在这一次再平衡操作中，消费组的状态变化依次是：**稳定→准备再平衡→等待同步→准备再平衡→等待同步→稳定**。最后关闭应用程序，消费组状态为“离开”。
- 第一个消费者发送了两次“加入组请求”，第二个和第三个消费者各自发送了一次“加入组请求”。

2. 3个消费者，两次再平衡操作

第二种场景：第一个消费者启动后，过一秒启动第二个消费者。第二个消费者启动后，再过一秒启动第三个消费者。这么做的目的是让第一个消费者收到“加入组响应”，保证它发送“同步组请求”、收到“同步组响应”之前，都不会有新消费者加入消费组（睡眠了一秒，足够第一个消费者来完成这些操作）。

第一种场景中消费组状态还是“等待同步”，第一个消费者还没发送“同步组请求”。第二个消费者发送“加入组请求”，会等待第一个消费者重新发送“加入组请求”。第二种场景下第一个消费者发送了“同步组请求”，并收到“同步组响应”，更改消费组状态为“稳定”。在这之后，第二个消费者才发送了“加入组请求”，和第一种场景一样，同样要完成延迟操作，协调者会等待第一个消费者重新发送“加入组请求”。相关日志如下：

```
消息(1, Message_1) 发送到分区(0), 偏移量(3) 耗时 254 ms
C1 onPartitionsRevoked:[]                   // 第一次再平衡操作开始
C1 onPartitionsAssigned:[topic-0,topic-2,topic-1] // 第一次再平衡结束
C1 接收消息: (1, Message_1), 分区:0, 偏移量:3

C2 onPartitionsRevoked:[]                   // 第二次再平衡操作开始
C3 onPartitionsRevoked:[]
消息(2, Message_2) 发送到分区(2), 偏移量(3) 耗时 3 ms

C1 接收消息: (2, Message_2), 分区:2, 偏移量:3
C1 onPartitionsRevoked:[topic-0,topic-2,topic-1] // 第一个消费者重新加入组
C3 onPartitionsAssigned:[topic-2]
C2 onPartitionsAssigned:[topic-1]
C1 onPartitionsAssigned:[topic-0]   // 第二次再平衡结束

消息(3, Message_3) 发送到分区(1), 偏移量(4) 耗时 3 ms
C2 接收消息: (3, Message_3), 分区:1, 偏移量:4
消息(4, Message_4) 发送到分区(1), 偏移量(5) 耗时 2 ms
C2 接收消息: (4, Message_4), 分区:1, 偏移量:5
消息(5, Message_5) 发送到分区(2), 偏移量(4) 耗时 2 ms
C3 接收消息: (5, Message_5), 分区:2, 偏移量:4
```

第一个消费者调用了两次onPartitionsRevoked()和onPartitionsAssigned()方法，说明第一个消费者参与了两次再平衡操作。第二个消费者和第三个消费者都只调用了一次回调方法，说明它们只参与了一次再平衡操作。第一次再平衡操作只有第一个消费者，所以分配结果是3个分区都分配给了第一个消费者。第二次再平衡操作有3个消费者参与，所以每个消费者都分配到了一个分区。

在第二个和第三个消费者调用onPartitionsRevoked()方法，协调者还没有开始处理它们的请求之前，即还没有开始第二次再平衡操作，第一个消费者因为在第一次再平衡操作分配到了分区，所以它可以拉取到消息（Message_2）。但是当协调者开始处理第二个和第三个任何一个消费者的请求时，开始第二次再平衡操作，第一个消费者就不能再拉取消息了。因为消费组状态被更新为“准备再平衡”，

第一个需要重新发送“加入组请求”才能参与第二次再平衡操作。第二种场景消费组的状态变化过程：**稳定→准备再平衡→等待同步→稳定→准备再平衡→ 等待同步→ 稳定**。

下面是第二种场景的服务端日志，它和第一种场景的区别是发生了两次再平衡操作，具体步骤如下。

(1) 协调者处理consumer-1的加入组请求，并且完成第一次再平衡，分配到分区。
(2) 协调者处理consumer-2的加入组请求，消费组状态为“准备再平衡”，延迟操作不能完成。
(3) 协调者处理consumer-3的加入组请求，延迟操作还不能完成。
(4) consumer-1重新发送加入组请求，延迟操作完成，返回“加入组响应”给所有消费者。
(5) consumer-1是主消费者，它发送“同步组请求”，返回“同步组响应”给consumer-1。
(6) consumer-2和consumer-3是普通消费者，协调者依次处理并返回“同步组响应”。
(7) 关闭应用程序，消费组状态为“离开”，3个消费者都会从消费组中移除。

相关日志如下：

```
[11:32:23,904] UNKNOWN: 协调者准备开始处理加入组请求
[11:32:23,904] UNKNOWN加入组,成员:[]
[11:32:23,905] Preparing to restabilize group with old generation 0
[11:32:23,906] Stabilized group generation 1
[11:32:23,910] consumer-1: 协调者准备开始处理同步组请求
[11:32:23,911] consumer-1同步组,成员:[consumer-1]
[11:32:23,911] Assignment received from leader for group for generation 1

[11:32:24,895] UNKNOWN: 协调者准备开始处理加入组请求
[11:32:24,895] UNKNOWN加入组,成员:[consumer-1]
[11:32:24,896] Preparing to restabilize group with old generation 1

[11:32:25,892] UNKNOWN: 协调者准备开始处理加入组请求
[11:32:25,892] UNKNOWN加入组,成员:[consumer-2,consumer-1]

[11:32:26,930] consumer-1: 协调者准备开始处理加入组请求
[11:32:26,930] consumer-1加入组,成员:[consumer-2,consumer-3,consumer-1]
[11:32:26,931] Stabilized group generation 2

[11:32:26,933] consumer-1: 协调者准备开始处理同步组请求
[11:32:26,933] consumer-1同步组,成员:[consumer-2,consumer-3,consumer-1]
[11:32:26,933] Assignment received from leader for group for generation 2

[11:32:26,936] consumer-2: 协调者准备开始处理同步组请求
[11:32:26,936] consumer-2同步组,成员:[consumer-2,consumer-3,consumer-1]
[11:32:26,937] consumer-3: 协调者准备开始处理同步组请求
[11:32:26,937] consumer-3同步组,成员:[consumer-2,consumer-3,consumer-1]

[11:33:20,992] Preparing to restabilize group with old generation 2
[11:33:21,023] Group generation 2 is dead and removed
```

3. 3个消费者，3次再平衡操作

第三种场景：第一个消费者启动后，过一秒启动第二个消费者，再过两秒启动第三个消费者。在第二个消费者加入消费组后，设置两秒的睡眠时间，是为了保证前面两个消费者完成第二次再平衡操作之前，暂时不让第三个消费者提前加入消费组。这种场景相比第二种又多了一次再平衡操作，即每个消费者加入消费组，都会触发一次再平衡操作。第一个消费者经历了3次再平衡，第二个消费者经

历了两次再平衡，第三个消费者经历了一次再平衡：

```
消息(1, Message_1) 发送到分区(0), 偏移量(6) 耗时 282 ms
C1 onPartitionsRevoked:[]                // 第一次再平衡操作开始
C1 onPartitionsAssigned:[topic-0,topic-2,topic-1] // 第一次再平衡结束
C1 接收消息: (1, Message_1), 分区:0, 偏移量:6

C2 onPartitionsRevoked:[]                // 第二次再平衡操作开始
消息(2, Message_2) 发送到分区(2), 偏移量(6) 耗时 4 ms
C1 接收消息: (2, Message_2), 分区:2, 偏移量:6

C1 onPartitionsRevoked:[topic-0,topic-2,topic-1] // 第一个消费者重新加入组
C2 onPartitionsAssigned:[topic-2]
C1 onPartitionsAssigned:[topic-0, topic-1]  // 第二次再平衡结束

C3 onPartitionsRevoked:[]                // 第三次再平衡操作开始
消息(3, Message_3) 发送到分区(1), 偏移量(8) 耗时 5 ms
C1 接收消息: (3, Message_3), 分区:1, 偏移量:8
C2 onPartitionsRevoked:[topic-2]
C1 onPartitionsRevoked:[topic-0, topic-1]
C1 onPartitionsAssigned:[topic-0]
C3 onPartitionsAssigned:[topic-2]
C2 onPartitionsAssigned:[topic-1]   // 第三次再平衡操作结束

消息(4, Message_4) 发送到分区(1), 偏移量(9) 耗时 3 ms
C2 接收消息: (4, Message_4), 分区:1, 偏移量:9
消息(5, Message_5) 发送到分区(2), 偏移量(7) 耗时 2 ms
C3 接收消息: (5, Message_5), 分区:2, 偏移量:7
```

从第三种场景服务端的日志也可以看出，除去关闭应用程序，3个消费者依次加入消费组，总共发生3次再平衡操作。消费组的状态变化过程：**稳定→准备再平衡→等待同步→稳定（第一次再平衡结束）→准备再平衡→等待同步→稳定（第二次再平衡结束）→准备再平衡→等待同步→稳定（第三次再平衡结束）**。具体步骤如下。

(1) 协调者处理consumer-1的加入组请求，并且完成第一次再平衡，消费组状态为“稳定”。

(2) 协调者处理consumer-2的加入组请求，消费组状态为“准备再平衡”，延迟操作不能完成。

(3) consumer-1重新发送加入组请求，延迟操作完成，返回“加入组响应”给两个消费者。

(4) 两个消费者都发送了“同步组请求”，协调者返回“同步组响应”给两个消费者，状态为“稳定”。

(5) 协调者处理consumer-3的加入组请求，延迟操作不能完成，等待前两个消费者重新加入组。

(6) consumer-1和consumer-2重新发送“加入组请求”，延迟操作完成，状态为“等待同步”。

(7) 所有消费者都发送了“同步组请求”，协调者返回“同步组响应”给所有消费者，状态为“稳定”。

(8) 关闭应用程序，消费组状态为“离开”，3个消费者都会从消费组中移除。

相关日志如下：

```
[11:34:03,958] UNKNOWN: 协调者准备开始处理加入组请求
[11:34:03,966] UNKNOWN加入组,成员:[]
[11:34:03,968] Preparing to restabilize group with old generation 0
[11:34:03,969] Stabilized group generation 1
[11:34:03,976] consumer-1: 协调者准备开始处理同步组请求
```

```
[11:34:03,977] consumer-1同步组,成员:[consumer-1]
[11:34:03,977] Assignment received from leader for group for generation 1

[11:34:04,939] UNKNOWN: 协调者准备开始处理加入组请求
[11:34:04,940] UNKNOWN加入组,成员:[consumer-1]
[11:34:04,940] Preparing to restabilize group with old generation 1

[11:34:06,993] consumer-1: 协调者准备开始处理加入组请求
[11:34:06,995] consumer-1加入组,成员:[consumer-1,consumer-2]
[11:34:06,996] Stabilized group generation 2

[11:34:06,998] consumer-1: 协调者准备开始处理同步组请求
[11:34:06,998] consumer-1同步组,成员:[consumer-1,consumer-2]
[11:34:06,998] consumer-2: 协调者准备开始处理同步组请求
[11:34:06,998] Assignment received from leader for group for generation 2
[11:34:06,999] consumer-2同步组,成员:[consumer-1,consumer-2]

[11:34:07,949] UNKNOWN: 协调者准备开始处理加入组请求
[11:34:07,949] UNKNOWN加入组,成员:[consumer-1,consumer-2]
[11:34:07,949] Preparing to restabilize group with old generation 2

[11:34:10,008] consumer-1: 协调者准备开始处理加入组请求
[11:34:10,008] consumer-1加入组,成员:[consumer-1,consumer-3,consumer-2]
[11:34:10,012] consumer-2: 协调者准备开始处理加入组请求
[11:34:10,012] consumer-2加入组,成员:[consumer-1,consumer-3,consumer-2]
[11:34:10,012] Stabilized group generation 3

[11:34:10,014] consumer-2: 协调者准备开始处理同步组请求
[11:34:10,014] consumer-3: 协调者准备开始处理同步组请求
[11:34:10,014] consumer-2同步组,成员:[consumer-1,consumer-3,consumer-2]
[11:34:10,014] consumer-3同步组,成员:[consumer-1,consumer-3,consumer-2]
[11:34:10,015] consumer-1: 协调者准备开始处理同步组请求
[11:34:10,015] consumer-1同步组,成员:[consumer-1,consumer-3,consumer-2]
[11:34:10,015] Assignment received from leader for group for generation 3

[11:35:02,050] Preparing to restabilize group with old generation 3
[11:35:02,092] Group generation 3 is dead and removed
```

上面是3个消费者按照不同顺序加入消费组的例子，其中消费组的状态变化也不一样。要理解不同消费者按照不同顺序加入消费组后，协调者处理请求的执行顺序，需要理解下面这些概念。

(1) 协调者处理请求时，对消费组元数据加锁保护，保证不会同时处理多个请求。

(2) 消费组状态为“稳定”或“等待同步”，都可以转为“准备再平衡”，并创建延迟的操作。

(3). 消费组状态为“准备再平衡”时，主消费者发送“同步组请求”的分配结果是无效的。

(4) 如果消费组中有消费者，但它们还没有重新发送加入组请求，延迟操作不能完成。

(5) 一旦消费组中所有消费者的回调方法不为空，延迟操作可以完成，并返回加入组响应。

本节的3种场景示例除了第一种的消费组状态变化没有规律，后面两种消费组状态变化都很有规律。

- 第一种，**稳定→准备再平衡→等待同步→准备再平衡→等待同步→稳定**。
- 第二种，两次再平衡操作都是：**稳定→准备再平衡→等待同步→稳定**。
- 第三种，3次再平衡操作都是：**稳定→准备再平衡→等待同步→稳定**。

5.4.2　消费组的状态转换

如图5-11所示，一次再平衡操作的正常消费组状态变化过程是：**稳定→准备再平衡→等待同步→稳定**，这个顺序是按顺时针转动的。以只有一个消费者加入消费组为例，要经过下面3个步骤。

(1) 消费者发送“加入组请求”，消费组的状态从初始的“稳定”更改为“准备再平衡”，这个过程会创建一个延迟的操作，并检查能否完成延迟操作。

(2) 因为只有一个消费者，所以延迟操作可以完成，消费组状态从“准备再平衡”改为“等待同步”。

(3) 当前的状态是“等待同步”，表示协调者等待消费者发送“同步组请求”。当协调者收到主消费者发送的“同步组请求”后，会返回“同步组响应”给消费者，消费组状态从“等待同步”改为“稳定”。

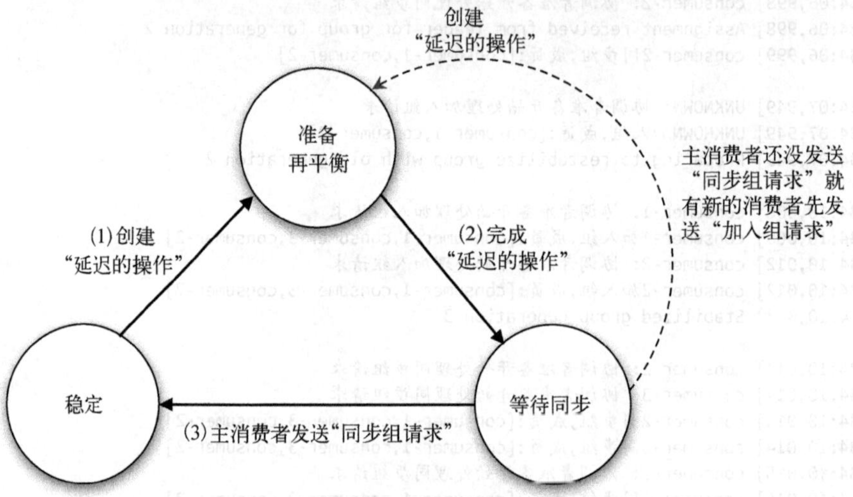

图5-11　一次再平衡操作的消费组状态变化

图5-11中，消费组状态从“等待同步”也可以转到“准备再平衡”，它也会创建一个延迟的操作。无论从“稳定”状态到“准备再平衡”，还是从“等待同步”到“准备再平衡”，只要是进入“准备再平衡”状态，都会创建一个延迟的操作。这种场景一般是：第一个消费者没有发送“同步组请求”前，新的消费者发送了“加入组请求”，对应的是5.4.1节的第一种示例。

注意： 进入消费组的“准备再平衡”状态有两种入口：“稳定”“等待同步”，但进入“稳定”状态只能是“等待同步”。如果在“准备再平衡”状态时，不经过“等待同步”就直接进入“稳定状态”，是不允许的。

消费组进入“准备再平衡”状态，表示消费组要开始再平衡操作。每次再平衡操作，协调者都会创建一个延迟的操作对象。协调者处理多个消费者的请求，并不会创建多个延迟的操作对象。如图5-12所示，以5.4.1节第三种场景的第三次再平衡操作为例，当协调者处理第三个消费者的“加入组请求”时，会创建延迟的操作对象。然后，协调者会等待第一个和第二个消费者重新发送“加入组请求”，然后延迟的操作对象才可以完成，消费组状态更新为“等待同步”。

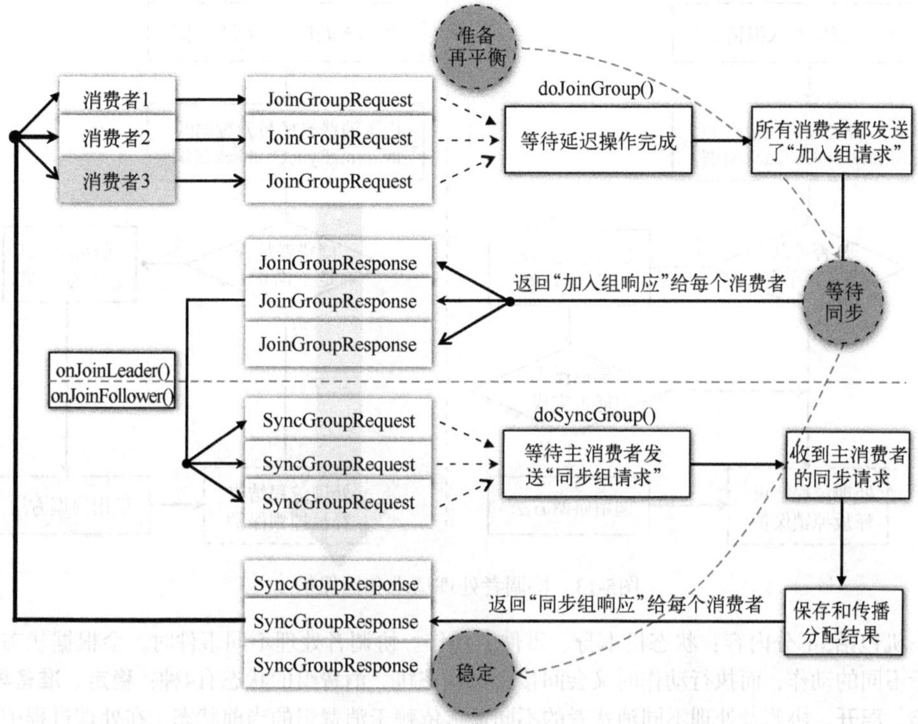

图5-12 协调者处理客户端请求和消费组的状态机

协调者处理“同步组请求”时，如果是普通消费者发送的“同步组请求”，它们不会带有“消费组的分配结果”。协调者处理它们的请求时，只会更新对应消费者成员元数据的回调方法，然后流程就结束了。协调者处理主消费者的“同步组请求”时，除了设置主消费者成员元数据的回调方法外，还会将“同步组请求”中的分配结果数据持久化到内部主题。最后，协调者会调用每个消费者的回调方法，发送带有分配分区的“同步组响应”给每个消费者。在一次完整的再平衡操作完成后，消费组状态变化的过程是：“稳定”、“准备再平衡”、“等待同步”，最后又回到“稳定”状态。

如图5-13所示，协调者在处理“加入组请求”和“同步组请求”时，会对“消费组元数据”进行加锁。协调者只有释放了锁，才可以处理其他消费者的请求。协调者处理同一个消费者的“加入组请求”和“同步组请求”，这两个操作的顺序是固定的，锁的持有永远不会冲突。但协调者处理不同消费者的不同请求时，则有可能发生锁被占用的情况，此时需要等待锁释放后才可以执行。比如协调者处理第一个消费者的“加入组请求”时，就不能处理其他消费者的“加入组请求”；同样，协调者如果正在处理第一个消费者的“同步组请求”，也不能处理其他消费者的“加入组请求”或者“同步组请求”。

注意：实际的实现中，协调者处理“同步组请求”并不非一直持有锁。协调者处理主消费者的“同步组请求”，因为要将消费组的分配结果持久化，这一步就不需要加锁，以免出现死锁的情况。

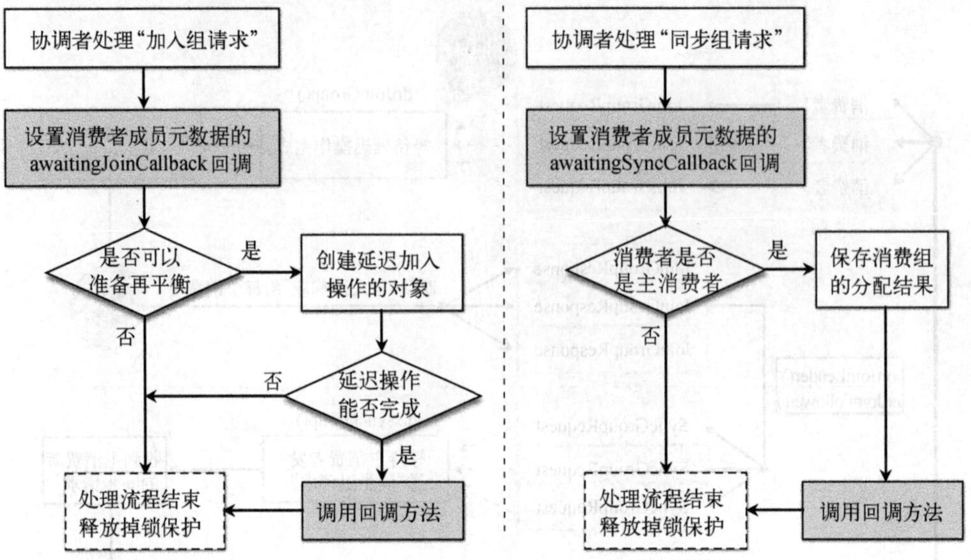

图5-13　协调者处理请求和锁保护

状态机包括3部分内容：状态机本身、事件、动作。协调者处理不同事件时，会根据状态机的状态，执行不同的动作，而执行动作时又会间接影响状态机。消费组的状态有4种：**稳定**、**准备再平衡**、**等待同步**、**离开**。协调者处理不同消费者的不同请求依赖于消费组的当前状态，在处理过程中协调者又会更改消费组的状态。下面主要分析协调者处理“加入组请求”和“同步组请求”过程中的状态机。

5.4.3　协调者处理“加入组请求”

按照5.4.1节第三种的示例，每个消费者加入消费组都有足够的时间触发一次再平衡操作。在没有完成再平衡操作之前，不会有新的消费者加入消费组。消费组的状态会按照“稳定→准备再平衡→等待同步→稳定”的顺序一直循环下去。虽然消费组的状态变化很有规律，但协调者处理不同消费者的“加入组请求”时执行流程是不同的。下面再举3个不同的示例，前两个示例有两个消费者，我们从正常的状态转换开始，逐步引入异常的状态转换。最后为了模拟另一种异常情况，第三个示例有3个消费者，对应的是5.4.1节的第二种场景。

注意：5.4.1节从程序角度“消费者先同时加入组，再依次一个个加入”来分析。而本节则从正常的状态开始，再依次引入不同的状态转换流程。两种分析角度不同，不过列举的示例大体上是相同的。

---

1. 有规律的消费组状态转换

示例一：两个消费者依次加入消费组。第一个消费者首先从“稳定状态”进入，然后消费组状态分别更改为“准备再平衡”“等待同步”，后面两个状态的更改并不在`doJoinGroup()`方法中。“稳定状态”改为“准备再平衡”是在addMemberAndRebalance()方法中完成的，“准备再平衡”改为“等待同步”是在延迟操作的onCompleteJoin()方法中完成的。假设“等待同步”之后，第一个消费组发送“同步组请求”并收到“同步组响应”，消费组状态最终回到“稳定”状态。

第二个消费者发送“加入组请求”时，消费组的初始状态也是“稳定”状态。但实际上协调者调用了两次doJoinGroup()方法，一次是处理第二个消费者的“加入组请求”，另一次是处理第一个消费者重新发送的“加入组请求”。第二个消费者从“稳定状态”进入后，会更改消费组状态为“准备再平衡”，并且创建一个延迟的操作，但是延迟操作不满足完成的条件。第一个消费者重新发送“加入组请求”则是从“准备再平衡状态”进入，并更改消费组状态为“等待同步”，然后完成延迟的操作。

如图5-14所示，协调者的doJoinGroup()方法在第一次再平衡操作时，处理第一个消费者的“加入组请求”从“稳定状态”进入。第二次再平衡操作时，处理第二个消费者的“加入组请求”从“稳定状态”进入，处理第一个消费者重新发送的“加入组请求”，则从“准备再平衡”状态进入（图中灰色背景部分为协调者处理加入组请求的入口状态）。

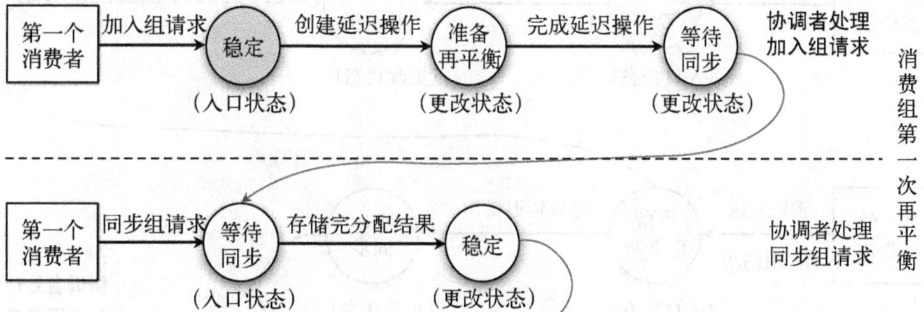

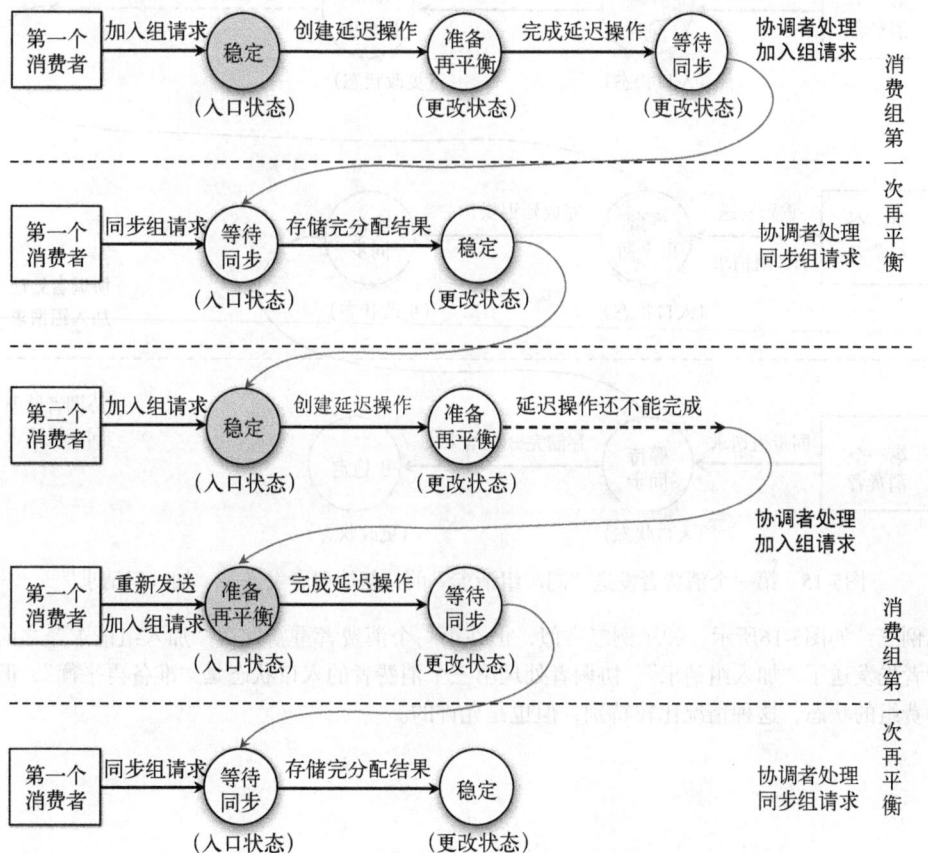

图5-14　第一个消费者收到“同步组响应”后，新消费者发送了“加入组请求”

2. 无规律的消费组状态转换

示例二：如果第一个消费者收到“加入组响应”，消费组状态为“等待同步”。这时第二个消费者加入消费组，协调者处理第二个消费者的“加入组请求”则从“等待同步”状态进入。如图5-15所示，协调者一共只发生一次再平衡操作。第一个消费者发送了两次“加入组请求”，第一次是从“稳定状态”进入，第二次是从“准备再平衡”状态进入的。

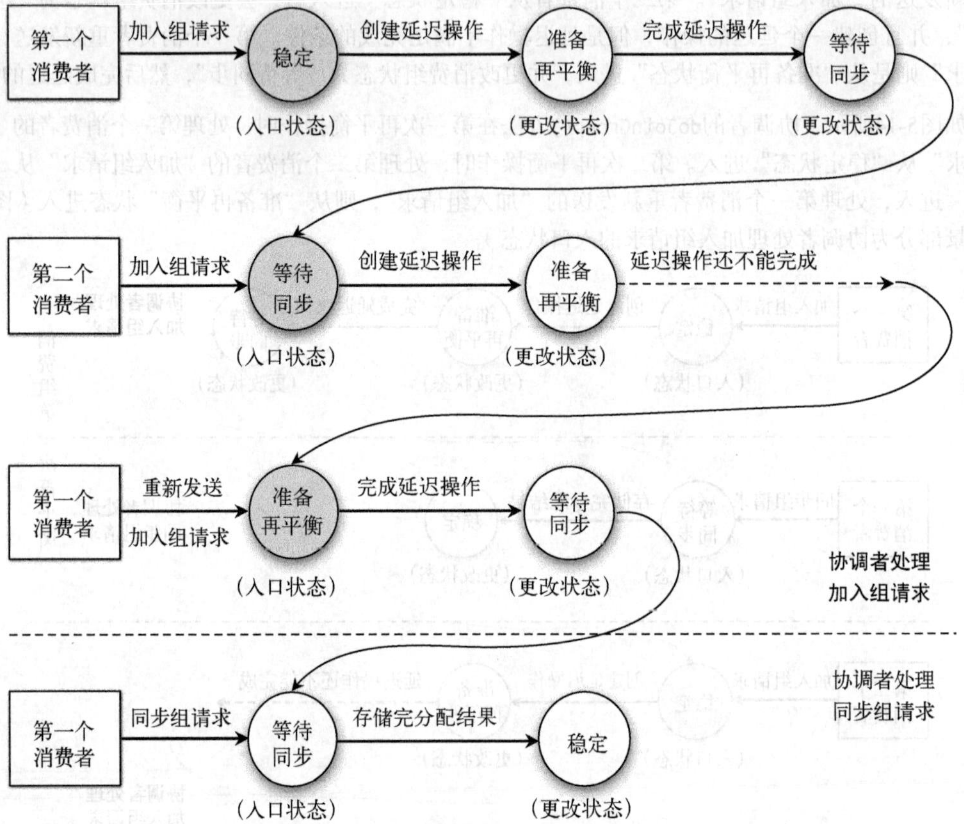

图5-15　第一个消费者发送“同步组请求”前，新消费者发送了“加入组请求”

示例三：如图5-16所示，和示例二类似，但在第一个消费者重新发送“加入组请求”之前，第三个消费者先发送了“加入组请求”。协调者处理第三个消费者的入口状态是“准备再平衡”，但并不会改变消费组的状态，这种情况比较特别，但也是允许的。

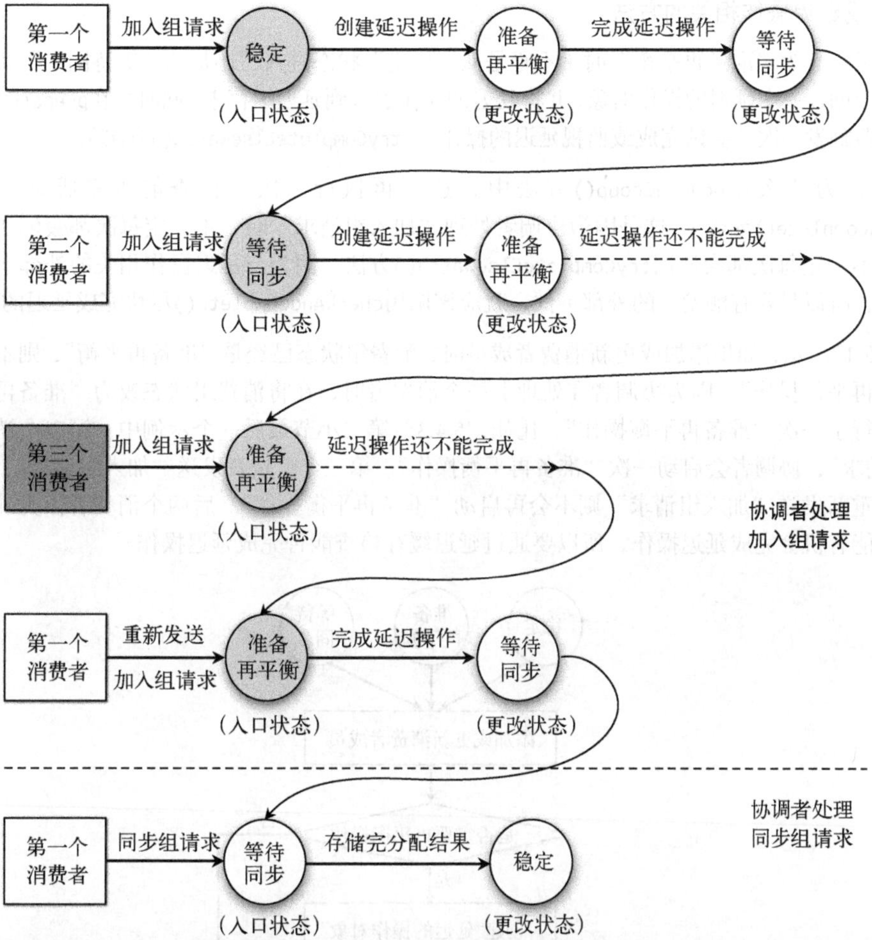

图5-16　第一个消费者重新发送“加入组请求”前，新消费者也发送了“加入组请求”

上面的后两个示例中，协调者的doJoinGroup()方法分别从消费组的3种状态进入请求处理流程。实际上，协调者处理“加入组请求”和“同步组请求”都会有3种状态的入口。下面的代码简化了“消费者是否已经在消费组中”的判断，添加或更新成员用addOrUpdateMemberAndRebalance()方法表示：

```
// 协调者处理加入组请求，处理不同消费者的顺序，会根据消费组状态进入不同的条件分支
def doJoinGroup(group: GroupMetadata, memberId: String){
  group.currentState match {
    case Dead => ...
    case PreparingRebalance => addOrUpdateMemberAndRebalance
    case AwaitingSync => addOrUpdateMemberAndRebalance
    case Stable => addOrUpdateMemberAndRebalance
  }
  if (group.is(PreparingRebalance))
    joinPurgatory.checkAndComplete(GroupKey(group.groupId))
}
```

3. 完成延迟操作相关的方法

消费组状态为“准备再平衡”时（不管是从“稳定”状态进入，还是从“等待同步”状态进入），协调者都会创建一个延迟的操作对象，并将延迟的操作加入到延迟缓存中，同时会在prepareRebalance()方法中立即触发一次“尝试完成或监视延迟的操作”（tryCompleteElseWatch()方法）。

那么，为什么在doJoinGroup()方法中，还要再执行一次“检查能否完成延迟的操作”（checkAndComplete()方法）。这是因为协调者处理“加入组请求”时，不一定每次都会创建延迟的操作，所以不一定每次都会调用tryCompleteElseWatch()方法。因为与延迟操作相关的外部事件有可能会完成它，所以只要有触发它的外部事件，就应该调用checkAndComplete()尽快完成延迟的操作。

如图5-17所示，如果添加或更新消费者成员时，消费组状态已经是“准备再平衡”，则不需要再执行“准备再平衡操作”。因为协调者在处理上一个消费者时，在将消费组状态改为“准备再平衡”时就已经执行了一次“准备再平衡操作”。比如，5.4.3节第二小节最后一个示例中，第二个消费者发送“加入组请求”，协调者会启动一次“准备再平衡操作”。第三个消费者发送“加入组请求”，以及第一个消费者重新发送“加入组请求”则不会再启动“准备再平衡操作”。后两个消费者作为外部事件，由于都可能有机会完成延迟操作，所以要通过延迟缓存检查能否完成延迟操作。

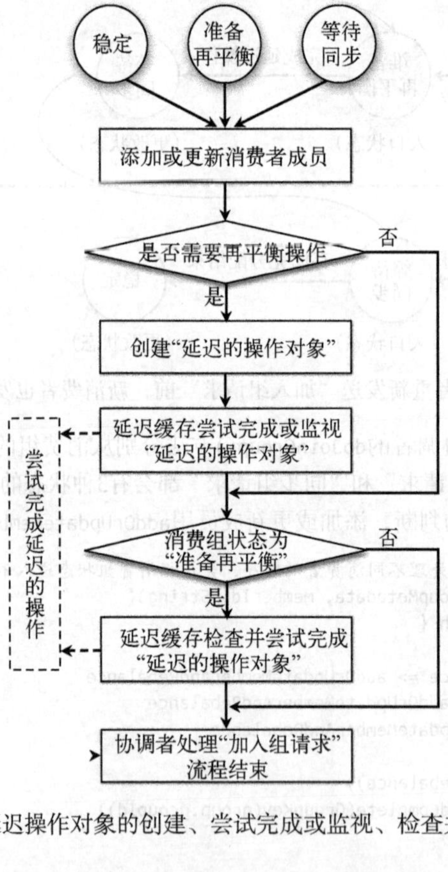

图5-17　延迟操作对象的创建、尝试完成或监视、检查并尝试完成

协调者在创建延迟操作的同时，也会立即尝试完成一次延迟的操作：如果这次尝试不能成功完成，则将延迟的操作放入缓存中；如果可以成功完成，会调用延迟操作的onCompleteJoin()方法，并将消费组状态更改为“等待同步”。当回到doJoinGroup()方法的最后一步，判断到消费组状态不是“准备再平衡”，就不需要检查延迟操作能否完成，因为延迟操作已经完成了。

4. 消费组状态机与添加或更新消费者成员

协调者处理消费者的“加入组请求”还要考虑消费者是否已经在消费组中。如果消费者以“未知编号”发送“加入组请求”，协调者会先创建对应的消费者成员元数据，然后将其加入到消费组元数据中。在协调者返回给消费者第一次的“加入组响应”结果中，要带有分配的成员编号，这样下一次消费者会以分配的成员编号发送“加入组请求”，协调者就可以从消费组元数据中找出对应编号的消费者成员元数据。

前面示例中，新的消费者发送“加入组请求”时，会触发消费组状态更改为“准备再平衡”。已有的消费者重新发送“加入组请求”时，协调者处理这些已有消费者的“加入组请求”，都是从“准备再平衡”状态进入updateMemberAndRebalance()方法。但协调者处理新消费者的“加入组请求”流程与之不同，两者的区别如下。

- 消费组状态是“稳定”，新消费者加入后，会启动一次新的再平衡操作。新消费者从“稳定”进入addMemberAndRebalance()方法，并更改状态为“准备再平衡”。已有消费者需要重新发送“加入组请求”。
- 消费组状态是“等待同步”，新消费者加入后，不会启动新的再平衡操作。新消费者从“等待同步”进入addMemberAndRebalance()方法，并更改状态为“准备再平衡”。已有消费者也需要重新发送“加入组请求”。

注意：addMemberAndRebalance()和updateMemberAndRebalance()方法创建或更新消费者元数据，都会调用prepareRebalance()方法。在一次再平衡操作中，协调者处理消费组中所有消费者的“加入组请求”，其中只有一次机会调用prepareRebalance()方法。一旦调用该方法，消费组状态更改为“准备再平衡”，协调者处理其他消费者的“加入组请求”只能从“准备再平衡”的状态入口进去。

协调者处理消费者的“加入组请求”，根据消费组的不同状态分别执行不同的分支流程。相关代码如下：

```
// 协调者处理消费者的“加入组请求”，消费者可能是第一次加入，或者是重新发送“加入组请求”
def doJoinGroup(group: GroupMetadata,memberId: String,clientId: String,
    clientHost: String, timeout: Int,protocolType: String,
    protocols: List[(String, Array[Byte])],responseCallback: JoinCallback) {
  // 对消费组元数据进行加锁的这部分代码省略了
  group.currentState match {
    case Dead =>
      responseCallback(joinError(memberId, Errors.UNKNOWN_MEMBER_ID))
    case PreparingRebalance =>
      if (memberId == UNKNOWN_MEMBER_ID) {
```

```
        addMemberAndRebalance(timeout,protocols,group, responseCallback)
      } else {
        val member = group.get(memberId)
        updateMemberAndRebalance(group, member, protocols, responseCallback)
      }
    case AwaitingSync =>
      if (memberId == JoinGroupRequest.UNKNOWN_MEMBER_ID) {
        addMemberAndRebalance(sessionTimeoutMs,clientId,clientHost,
          protocols,group,responseCallback)
      } else {
        val member = group.get(memberId)
        if (member.matches(protocols)) {
          // 消费者成员已经存在，直接返回
          responseCallback(JoinGroupResult(
            members=if(memberId==group.leaderId) group.currentMemberMetadata,
            memberId,group.generationId,group.protocol,group.leaderId,NONE))
        } else {
          // 消费者已经更改了元数据，强制发生再平衡
          updateMemberAndRebalance(group,member,protocols,responseCallback)
        }
      }
    case Stable =>
      if (memberId == UNKNOWN_MEMBER_ID) {
        addMemberAndRebalance(timeout,protocols,group,responseCallback)
      } else {
        val member = group.get(memberId)
        if (memberId == group.leaderId || !member.matches(protocols)) {
          updateMemberAndRebalance(group,member,protocols,responseCallback)
        } else {
          responseCallback(JoinGroupResult(Map.empty,memberId,
            group.generationId,group.protocol,group.leaderId,Errors.NONE))
        }
      }
  }
  if (group.is(PreparingRebalance))
    joinPurgatory.checkAndComplete(GroupKey(group.groupId))
}
```

先来看消费组状态入口是“准备再平衡”时，消费者成员编号是否是“未知编号”的示例。第一个消费者（C1）加入组，从“稳定”到“准备再平衡”再到“等待同步”；第二个消费者（C2）加入组，从“等待同步”进入到“准备再平衡”；在这之后，新（第三个，C3）旧（第一个，C1）消费者都有可能从“准备再平衡”进入。如图5-18（中）所示，新消费者先于旧消费者发送“加入组请求”，对应的处理流程如下。

(1) 新消费者在旧消费者重新发送“加入组请求”之前，先发送了“加入组请求”，对应添加成员方法。

(2) 旧消费者重新发送“加入组请求”，对应更新成员方法（updateMemberAndRebalance()）。

如图5-18（右）所示，旧消费者重新发送“加入组请求”后，新消费者才发送“加入组请求”。协调者会先处理旧消费者的“加入组请求”，处理完成后才开始处理新消费者的“加入组请求”。但由于协调者处理旧消费者的“加入组请求”时，就完成延迟操作，并更改消费组状态为“等待同步”，因此协调者处理新消费者的“加入组请求”时，不再从“准备再平衡”状态进入，而是从“等待同步”进入。

正常情况下，协调者处理消费者的“加入组请求”，如果从消费组的“稳定”状态进入，这之后消费组没有完成本次的再平衡操作，其他消费者都不会再从“稳定”状态进入了，只能根据不同场景从其他两个状态“准备再平衡”和“等待同步”进入。比如图5-18中，在步骤(1)之后，本次的再平衡操作没有结束之前，后续的步骤(2)到步骤(4)都从另外两个状态进入。

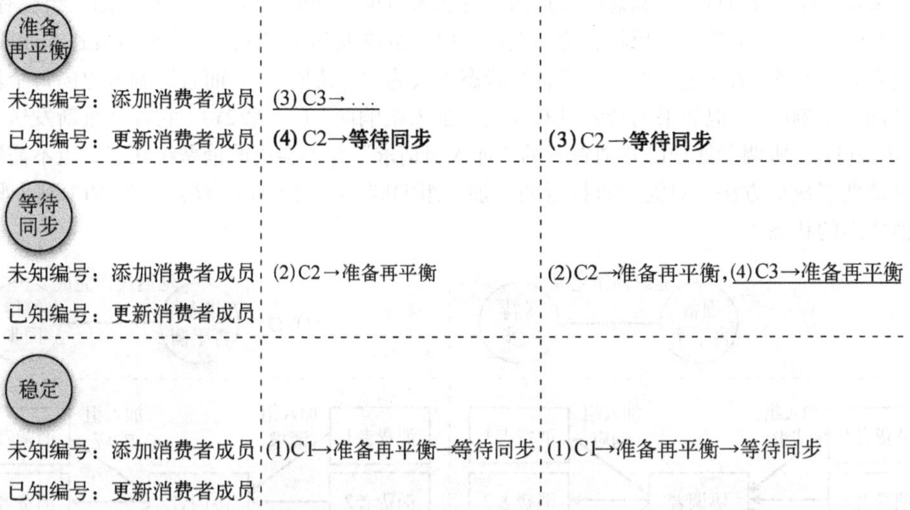

准备再平衡
未知编号：添加消费者成员
(3) C3→...
已知编号：更新消费者成员
(4) C2→等待同步
(3) C2→等待同步
等待同步
未知编号：添加消费者成员
(2) C2→准备再平衡
(2) C2→准备再平衡, (4) C3→准备再平衡
已知编号：更新消费者成员
稳定
未知编号：添加消费者成员
(1) C1→准备再平衡→等待同步
(1) C1→准备再平衡→等待同步
已知编号：更新消费者成员

图5-18　消费组状态：准备再平衡

如图5-19所示，从“准备再平衡”进入的状态有两个：“稳定”和“等待同步”。心形图的左半部分是一次正常的再平衡操作，并且可以一直按照这种状态轨迹循环下去。右半部分表示再平衡操作处于“等待同步”状态时，就有新的消费者加入组。不过后者只要满足完成“延迟操作”的条件，最终也会走左半部分的流程。

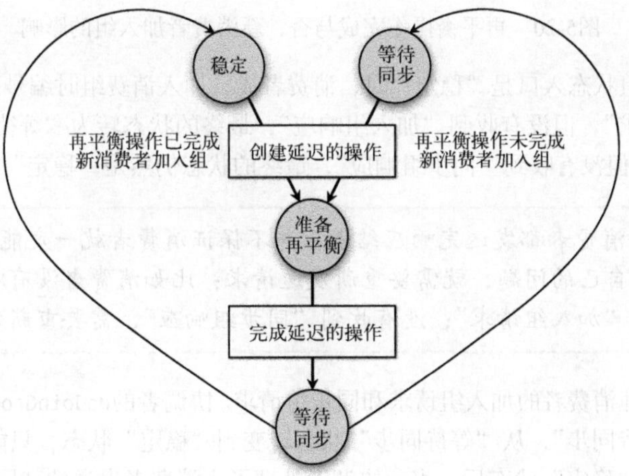

图5-19　再平衡操作完成与否，新消费者加入组的影响

再来看消费组状态入口是“等待同步”时，消费者成员编号是否是“未知编号”的示例。未知编号对应添加消费者成员，这在前面已经分析过多次了，比如图5-18中的第二个消费者、图5-19中心形图的右半部分。但是消费组状态入口是“等待同步”，而且消费者成员是已知的，目前还没看到这样的示例。

正常来说，在“等待同步”状态时，新消费者加入组很好理解，但是旧消费者加入组就有点异常。如图5-20（左）所示，正常的流程是消费者发送“加入组请求”（步骤(1)），协调者发送“加入组响应”给每个消费者。如图5-20（右）所示，消费组状态更改为“等待同步”，而且协调者也向每个消费者都发送了“加入组响应”。但如果消费者没有收到“加入组响应”（步骤(2)），它就会重新发送“加入组请求”（步骤(3)）。协调者处理已知消费者的“加入组请求”并不会更改消费组状态，也不需要执行添加或更新消费者成员方法，只需要直接返回“加入组响应”（步骤(4)）。注意：步骤(3)到步骤(4)并不会改变消费组的状态。

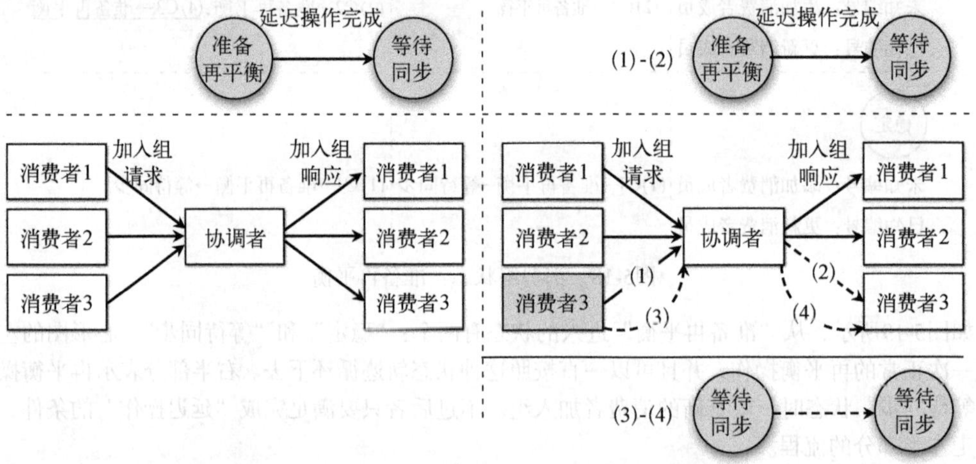

图5-20　再平衡操作完成与否，新消费者加入组的影响

最后再来看消费组状态入口是“稳定”时，消费者成员加入消费组时编号已知的场景。如果消费者发送了“加入组请求”，但没有收到“加入组响应”，最终的状态转为“等待同步”；如果消费者发送了“同步组请求”，但没有收到“同步组响应”，最终的状态仍然是“稳定”状态。

注意： 协调者给每个消费者都发送完响应结果，并不保证消费者就一定能收到响应结果。如果是消费者内部自己的问题，就需要重新发送请求：比如消费者没有收到“加入组响应”，需要重新发送“加入组请求”；没有收到“同步组响应”，需要重新发送“同步组请求”。

总结下协调者处理消费者的加入组请求和同步组请求。协调者的`doJoinGroup()`方法最多只能将消费组状态转换到“等待同步”，从“等待同步”状态转变到“稳定”状态，只能在`doSyncGroup()`方法中做到。消费组到达“稳定”状态后，表示协调者处理了主消费者发送的“同步组请求”，但这并不意味着其他消费者也都发送了“同步组请求”。如图5-21所示，普通消费者发送了“加入组请求”，但没有收到“加入组响应”，需要重新发送“加入组请求”。协调者处理这种消费者重新发送的“加入组请求”时，因为消费组状态已经是“稳定”，所以它会立即返回“加入组响应”给消费者。具体步骤如下。

(1) 3个消费者发送“加入组请求”给协调者，消费组状态从“准备再平衡”到“等待同步”。

(2) 协调者返回“加入组响应”给3个消费者，前两个消费者收到“加入组响应”，第三个没收到响应。

(3) 第二个消费者是普通消费者，它发送“同步组请求”，协调者处理时只是设置对应的回调方法。

(4) 第一个消费者是主消费者，它完成分区分配，发送“同步组请求”给协调者，消费组状态改为“稳定”。

(5) 协调者返回“同步组响应”给两个消费者，因为只有前两个消费者的回调方法不为空。

(6) 第三个消费者没收到“加入组响应”，它重新发送“加入组请求”。

(7) 协调者处理第三个消费者的“加入组请求”，消费组状态是“稳定”，立即返回“加入组响应”。

(8) 第三个消费者因为不是主消费者，它收到“加入组响应”，会立即发送“同步组请求”。

(9) 协调者处理第三个消费者的“同步组请求”，消费组状态是“稳定”，立即返回“同步组响应”。

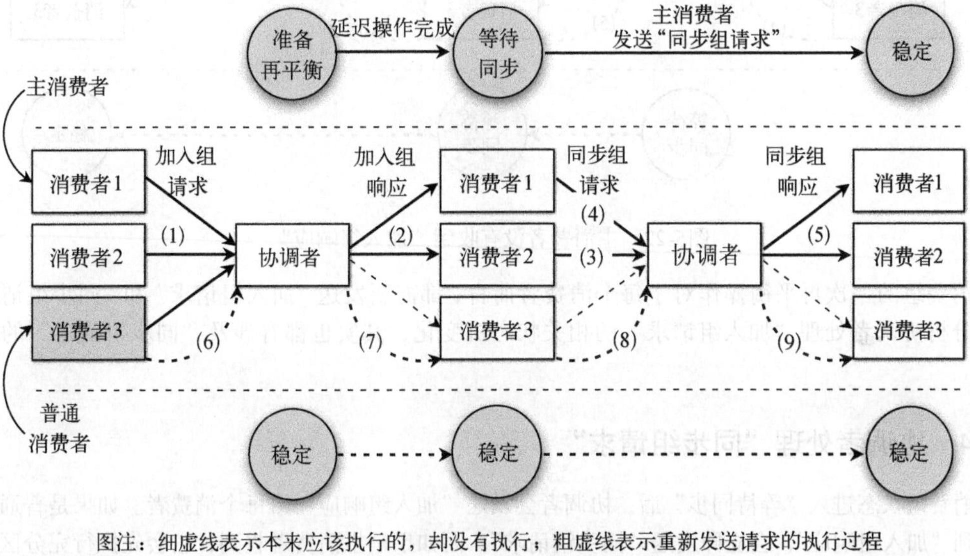

图5-21 普通消费者没有收到“加入组响应”

上面的示例是普通消费者没有收到“加入组响应”，但如果是主消费者没有收到“加入组响应”就不同了。如图5-21所示，由于主消费者没有收到“加入组响应”，它就不可能执行分区分配工作，也不会发送“同步组请求”。协调者也不会将消费组状态更改为“稳定”，因此仍然停留在“等待同步”，只能等主消费者及时地重新发送“加入组请求”。这种场景下，整个过程的具体步骤如下。

(1) 3个消费者发送“加入组请求”给协调者，消费组状态从“准备再平衡”到“等待同步”。

(2) 协调者返回“加入组响应”给3个消费者，前两个消费者收到“加入组响应”，第三个没收到。

(3) 前两个消费者都是普通消费者，它发送“同步组请求”，协调者处理时只是设置对应的回调方法。

(4) 主消费者没有收到“加入组响应”，重新发送“加入组请求”。

(5) 协调者处理主消费者的“加入组请求”，消费组状态是“等待同步”，立即返回“加入组响应”。

(6) 主消费者收到“加入组响应”，执行分区分配工作，并发送“同步组请求”。

(7) 协调者处理主消费者的“同步组请求”，返回响应给所有消费者，更新消费组状态为“稳定”。

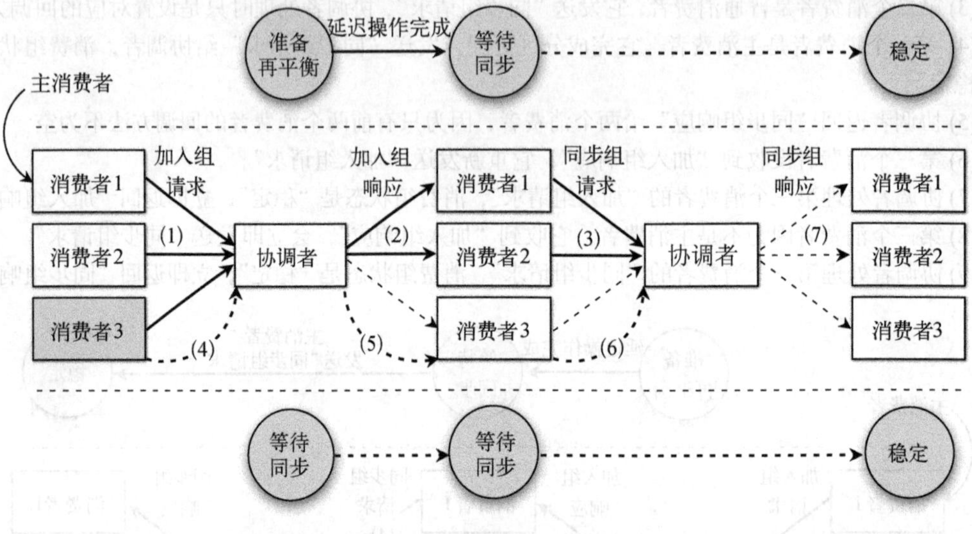

图5-22 主消费者没有收到“加入组响应”

消费组的一次再平衡操作对于每个消费者而言，都需要发送“加入组请求”和“同步组请求”。上面分析协调者处理“加入组请求”的相关状态机变化，其实也都有涉及“同步组请求”的状态变化。

5.4.4 协调者处理“同步组请求”

消费组状态进入“等待同步”后，协调者会发送“加入组响应”给每个消费者。如果是普通消费者收到“加入组响应”，会立即发送“同步组请求”。而如果是主消费者收到，它会先执行完分区分配工作，然后才发送“同步组请求”。正常情况下，普通消费者会先于主消费者发送“同步组请求”。协调者处理普通消费者的“同步组请求”，只会设置对应消费者成员元数据的回调方法，因为主消费者还没有发送“同步组请求”，就还没有到返回“同步组响应”的时机，所以只能将回调方法暂存到元数据中。相关代码如下：

```
// 协调者处理消费者的“同步组请求”，也要根据消费组的状态做不同的处理
def doSyncGroup(group: GroupMetadata,generationId: Int,memberId: String,
    groupAssignment:Map[String,Array[Byte]],responseCallback:SyncCallback){
  var delayedGroupStore: Option[DelayedStore] = None
  // 对消费组元数据进行加锁的这部分代码省略了
```

```
group.currentState match {
  case PreparingRebalance =>
    responseCallback(Array.empty, Errors.REBALANCE_IN_PROGRESS.code)
  case AwaitingSync =>
    group.get(memberId).awaitingSyncCallback = responseCallback
    completeAndScheduleNextHeartbeatExpiration(group, group.get(memberId))
    if (memberId == group.leaderId) {
      val missing = group.allMembers -- groupAssignment.keySet
      val assignment = groupAssignment++missing.map(_->Array.empty[Byte])
      delayedGroupStore = Some(groupManager.prepareStoreGroup(group,
        assignment, (errorCode: Short) => {
          // 对消费组元数据进行加锁的这部分代码省略了
          if (group.is(AwaitingSync)&&generationId==group.generationId) {
            if (errorCode == Errors.NONE.code) {
              setAndPropagateAssignment(group, assignment)
              group.transitionTo(Stable)
            }
          }
      }))
    }
  case Stable => // 如果消费组已经稳定了，直接返回分配结果
    val memberMetadata = group.get(memberId)
    responseCallback(memberMetadata.assignment, Errors.NONE.code)
    completeAndScheduleNextHeartbeatExpiration(group, group.get(memberId))
}
// 这里释放掉消费组元数据的锁保护
delayedGroupStore.foreach(groupManager.store)
}
```

协调者处理消费者发送的“同步组请求”时，还会从“准备再平衡”“稳定”两种状态进入。先来看消费组状态为“准备再平衡”的处理步骤。

(1) 第一个消费者加入组，消费组状态为“等待同步”，第一个消费者同时作为主消费者还在执行分区分配工作。

(2) 第二个消费者作为新的消费者加入组，将消费组状态改为“准备再平衡”。

(3) 第一个消费者执行完分区分配工作，会发送“同步组请求”给协调者。

(4) 协调者处理第一个消费者的“同步组请求”，由于消费组状态是“准备再平衡”，它会返回“正在再平衡”的错误码给第一个消费者。

(5) 第一个消费者收到错误的“同步组响应”，会重新发送“加入组请求”。

上面的示例中，第二个消费者加入组将消费组状态改为“准备再平衡”（步骤(2)）。但第一个消费者还认为消费组状态是“等待同步”，它作为主消费者只顾执行分区分配任务（步骤(1)）。第一个消费者执行分配工作后，发送“同步组请求”给协调者后（步骤(3)），才意识到自己之前的工作其实都白做了，因为现在有一个新的消费者加入了。即使协调者允许接受第一个消费者的“同步组请求”，在这之后，消费组成员不再只有第一个消费者，还是需要再执行一次再平衡操作的。与其那样，协调者还不如直接拒绝第一个消费者的“同步组请求”（步骤(4)），让它重新发送“加入组请求”（步骤(5)），这样消费者和协调者的交互步骤就不会过于烦琐、冗余。

再来看协调者处理“同步组请求”从“稳定”状态进入的场景。有3个消费者，第一个是主消费者，第二个和第三个都是普通消费者。它们都加入组后，消费组状态为“等待同步”。下面的步骤是协调者处理这3个消费者发送“同步组请求”的不同执行顺序和流程。

(1) 第二个消费者收到“加入组响应”后立即发送“同步组请求”，由于第一个消费者还没发送“同步组请求”，协调者处理第二个消费者的“同步组请求”会设置第二个消费者成员元数据的回调方法。

(2) 第一个消费者执行完分区分配，发送“同步组请求”。协调者处理第一个消费者的“同步组请求”，也会设置第一个消费者成员元数据的回调方法。

(3) 协调者返回“同步组响应”给元数据中有回调方法的消费者，即第一个消费者和第二个消费者。因为第三个消费者还没发送“同步组请求”，所以它的元数据回调方法为空，协调者不会返回响应给它。

(4) 协调者发送完“同步组响应”后，更改消费组状态为“稳定”。

(5) 第三个消费者发送“同步组请求”，由于消费组状态为“稳定”，协调者直接返回“同步组响应”给它。

前面我们分析了协调者处理“加入组请求”和“同步组请求”的流程，以及相关的消费组状态机转换。除此之外，消费者也可能会离开消费组。比如，消费者应用程序被手动停掉，虽然消费者不会马上从消费组元数据中移除，但是协调者会对注册在消费组中的所有消费者进行监控，一旦消费者没有反应，就会将其从消费组中移除。如果消费组中所有消费者成员都离开了，协调者也会把消费组删除掉。

5.4.5 协调者处理“离开组请求”

消费者离开消费组有多种情况，比如消费者应用程序被关闭，或者应用程序没有关闭，但消费者不订阅主题了。消费者离开消费组，表示协调者不需要在消费组中管理这个消费者了。消费者客户端的工作如下。

(1) 取消定时心跳任务，因为离开组意味着不被协调者管理，就不需要向协调者发送心跳了。

(2) 通过消费者的协调者对象（`ConsumerCoordinator`）发送“离开组请求”给协调者。

(3) 重置相关的信息，比如设置成员编号为“未知编号”、重置`rejoinNeeded`变量为`false`。

协调者在处理“离开组请求”时，在条件检查通过后，会首先移除心跳检测，然后将消费者从消费组中移除。“离开组请求”的处理和“加入组请求”“同步组请求”一样，都会对“消费组元数据”进行加锁，而且都涉及消费组的状态机转换。

协调者处理消费者不同请求的顺序不同，而处理不同的请求都会导致消费组状态机的变更。反过来说，当消费组状态发生变化时，协调者处理的请求类型也要根据消费组的当前状态来做决定。协调者处理消费者的“离开组请求”，也要处理消费组的所有可能状态，不过具体的处理场景有两种。

第一种场景：消费组状态是“准备再平衡”。由于这个状态一定存在延迟的操作，而且还没到“等待同步”，说明延迟的操作还没有完成（一旦延迟操作完成，消费组状态一定会转为“等待同步”）。那么消费者的离开，有可能会导致延迟的操作可以完成，所以需要通过延迟缓存检查是否能完成延迟的操作。

表5-3和表5-4对比了消费者正常加入组和离开组的区别。这两个场景的最后一步都会检查到“延迟的操作”可以完成，但是最后消费组的成员是不同的。

表5-3 消费组状态是“准备再平衡”，旧消费者重新加入组，完成延迟操作

事件顺序	事件动作	消费组的状态转换	消费组成员
1	C1加入消费组	稳定→准备再平衡→等待同步	[C1]
2	C2加入消费组	等待同步→准备再平衡	[C1, C2]
3	C1重新加入组	检查延迟操作可以完成，准备再平衡→等待同步	[C1, C2]

表5-4 消费组状态是“准备再平衡”，旧消费者离开组，完成延迟操作

事件顺序	事件动作	消费组的状态转换	消费组成员
1	C1加入消费组	稳定→准备再平衡→等待同步	[C1]
2	C2加入消费组	等待同步→准备再平衡	[C1, C2]
3	C1离开消费组	检查延迟操作可以完成，准备再平衡→等待同步	[C2]

第二种场景：消费组状态是“稳定”或者“等待同步”。这两个状态说明要离开的消费者在这之前，已经收到“加入组响应”或者收到“同步组响应”。消费组状态为“等待同步”，说明延迟操作已经完成，消费者已经在消费组中。主消费者在分配分区时，为消费组所有的消费者分配分区，当然也包括这个即将离开的消费者。现在消费者要离开，原本分配给它的分区应该重新分配给其他消费者，所以需要执行再平衡操作（“稳定”状态下，协调者启动一次新的再平衡操作；“等待同步”状态下，协调者继续本次的再平衡操作）。

和第一种场景示例类似，表5-5是正常的再平衡操作步骤，表5-6和表5-7是消费组状态分别是“等待同步”和“稳定”时，消费者离开消费组的步骤。后两种示例都需要执行再平衡操作。

表5-5 消费者执行一次再平衡操作的正常流程

事件顺序	事件动作	消费组的状态转换	消费组成员
1	C1加入消费组	稳定→准备再平衡→等待同步	[C1]
2	C2加入消费组	等待同步→准备再平衡	[C1, C2]
3	C1重新加入组	准备再平衡→等待同步	[C1, C2]
4	C1同步消费组	等待同步→稳定	[C1:P1, C2:P2]

表5-6 消费组状态是“等待同步”，消费者离开消费组，需要启动再平衡

事件顺序	事件动作	消费组的状态转换	消费组成员
1	C1加入消费组	稳定→准备再平衡→等待同步	[C1]
2	C2加入消费组	等待同步→准备再平衡	[C1, C2]
3	C1重新加入组	准备再平衡→等待同步	[C1, C2]
4	**C2离开消费组**	等待同步→准备再平衡	[C1]
5	C1重新加入组	准备再平衡→等待同步	[C1]
6	C1同步消费组	等待同步→稳定	[C1:{P1, P2}]

表5-7　消费组状态是“稳定”，消费者离开消费组，需要启动再平衡

事件顺序	事件动作	消费组的状态转换	消费组成员
1	C1加入消费组	稳定→准备再平衡→等待同步	[C1]
2	C2加入消费组	等待同步→准备再平衡	[C1, C2]
3	C1重新加入组	准备再平衡→等待同步	[C1, C2]
4	C1同步消费组	等待同步→稳定	[C1:P1, C2:P2]
5	C2离开消费组	稳定→准备再平衡	[C1]
6	C1重新加入组	准备再平衡→等待同步	[C1]
7	C1同步消费组	等待同步→稳定	[C1:{P1, P2}]

5.4.6　再平衡超时与会话超时

当消费组状态是“准备再平衡”，协调者会创建一个“延迟的加入组”对象。这个对象表示协调者在处理消费者的“加入组请求”时，由于还没有收集完整“重新发送加入组请求”的消费者，所以还不能返回“加入组响应”给发送了“加入组请求”的消费者。当消费组中的所有消费者都发送（或重新发送）了“加入组请求”，“延迟的加入组”对象就可以完成，协调者这时才会返回“加入组响应”给所有的消费者。

协调者等待“延迟操作”完成有一个时间限制，它会选择消费组中所有消费者会话超时时间的最大值，作为“再平衡操作的超时时间”，也叫作“延迟操作的超时时间”。如果是第一个消费者加入组，再平衡操作的时间等于第一个消费者的会话超时时间。但因为目前消费组中只有第一个消费者，所以协调者刚刚创建的延迟操作可以马上完成。当第二个消费者加入组后，再平衡操作的时间会选择两个消费者的会话超时时间最大值。比如第一个消费者的会话超时时间是10秒，第二个消费者的会话超时时间是5秒，再平衡操作的超时时间等于10秒，延迟的加入操作会最多等待10秒，等待第一个消费者在这段时间内可以重新发送“加入组请求”。

为延迟操作设置超时时间是为了防止延迟操作一直无法完成。假设原有的消费者迟迟没有重新发送“加入组请求”，协调者就无法确定何时才可以返回“加入组响应”给已经发送了“加入组请求”的消费者。从创建延迟操作，经过了“再平衡操作超时时间”之后，延迟操作会被强制完成。在完成延迟操作时，协调者会找出那些没有在规定时间内重新发送“加入组请求”的消费者，将它们从消费组中移除掉。相关代码如下：

```
// 准备再平衡创建延迟的加入操作对象，并指定再平衡操作的超时时间
private def prepareRebalance(group: GroupMetadata) {
  val rebalanceTimeout = group.rebalanceTimeout
  val delayedRebalance = new DelayedJoin(this,group,rebalanceTimeout)
  val groupKey = GroupKey(group.groupId)
  joinPurgatory.tryCompleteElseWatch(delayedRebalance, Seq(groupKey))
}

// 延迟操作完成，有两种完成：正常完成和强制完成
def onCompleteJoin(group: GroupMetadata) {
  // 找出没有重新发送“加入组请求”的消费者成员
  val failedMembers = group.notYetRejoinedMembers
```

```
    if (group.isEmpty || !failedMembers.isEmpty) {
      failedMembers.foreach(group.remove(.memberId))
      if (group.isEmpty) { // 消费组中没有一个消费者
        group.transitionTo(Dead)
        groupManager.removeGroup(group) // 移除消费组
      }
    }
    if (!group.is(Dead)) {
      group.initNextGeneration()
      for (member <- group.allMemberMetadata) {
        // 必须确保成员元数据的回调方法不为空
        assert(member.awaitingJoinCallback != null)
        member.awaitingJoinCallback(joinResult)
        member.awaitingJoinCallback = null
        // 完成本次心跳，并调度下一次心跳
        completeAndScheduleNextHeartbeatExpiration(group, member)
      }
    }
  }
```

在完成“延迟的加入组”对象中，协调者会返回“加入组响应”给消费组中的所有消费者。这也是在onCompleteJoin()方法中，要事先移除掉超时消费者的原因。在发送“加入组响应”时，消费组中的所有消费者一定都在“再平衡操作超时时间”内及时发送了“加入组请求”。

协调者返回“加入组响应”给每个消费者后，都会立即完成本次“延迟的心跳”，并调度下一次“延迟的心跳”。“延迟的心跳”和“延迟的加入组”概念上相同，前者因为是消费者级别，超时时间是消费者自己的会话超时时间；后者因为是消费组级别，超时时间是所有消费者的最大会话超时时间。相关代码如下：

```
// 完成本次心跳，并调度下一次心跳
private def completeAndScheduleNextHeartbeatExpiration(
    group: GroupMetadata, member: MemberMetadata) {
  // 创建延迟的心跳（相关的上下文暂时省略，放在下一节分析）
  val delayedHeartbeat = new DelayedHeartbeat(this, group, member,
    newHeartbeatDeadline, member.sessionTimeoutMs)
  // 类似创建延迟的加入后，也会立即通过延迟缓存尝试完成。如果完成不了，则加入监控中
  heartbeatPurgatory.tryCompleteElseWatch(delayedHeartbeat,Seq(memberKey))
}
```

如图5-23所示，在消费组的一次再平衡操作过程中，服务端的协调者只有一个延迟的加入对象（DelayedJoin），并且它会为每个消费者保存一个延迟的心跳对象（DelayedHeartbeat），用来监控消费者是否及时地发送心跳，具体步骤如下。

(1) 消费者发送“加入组请求”时会指定会话的超时时间（简称“会话时间”）。

(2) 协调者不能立即返回“加入组响应”给消费者，创建一个消费组级别的“延迟加入”。

(3)“延迟加入”可以完成，协调者返回“加入组响应”给消费组中的每个消费者。

(4) 协调者为每个消费者都创建一个“延迟心跳”，并监控每个消费者是否存活。

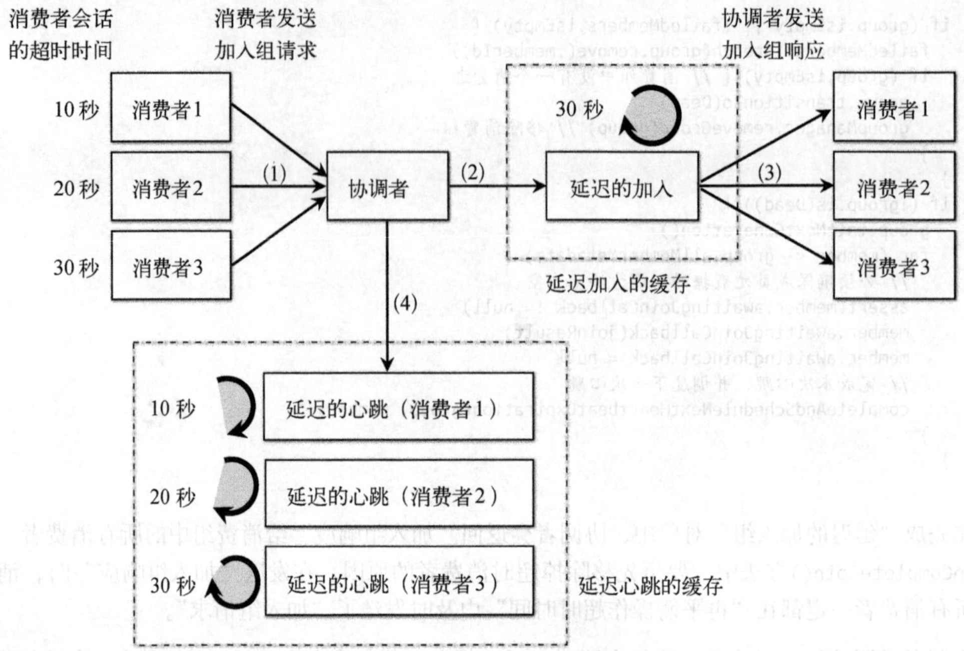

图5-23　消费组级别的“延迟加入”、消费者级别的“延迟心跳”

协调者在处理完消费者的“加入组请求”后，会返回“加入组响应”给消费者。消费者收到“加入组响应”后，就应该在会话时间内及时发送“同步组请求”给协调者；否则，协调者就会认为消费者出现了故障。协调者在处理“同步组请求”时，有多个地方调用了“完成并调度下一次心跳”方法。

(1) 状态为“等待同步”，在设置成员元数据的回调方法后调用。

(2) 状态为“稳定”，在发送“同步组响应”给消费者后调用。

(3) 状态为“等待同步”，收到主消费者的“同步组请求”，给每个消费者发送“同步组响应”后调用。

第三处的用法和协调者处理“加入组请求”时，给每个消费者发送“加入组响应”后调用“完成并调度下一次心跳”方法类似。它们都针对所有消费者，而不是单个消费者。但前面两个用法，只针对一个消费者。相关代码如下：

```
// 协调者处理消费者发送的“同步组请求”，这里有多处都调用了延迟心跳的完成和调度
private def doSyncGroup(groupAssignment: Map[String, Array[Byte]],...){
  case AwaitingSync =>
    group.get(memberId).awaitingSyncCallback = responseCallback
  // (1) 状态为“等待同步”，在设置成员元数据的回调方法后调用
  completeAndScheduleNextHeartbeatExpiration(group,group.get(memberId))
  if (memberId == group.leaderId) {
    group.allMemberMetadata.foreach(
      member => member.assignment = assignment(member.memberId))
    propagateAssignment(group, Errors.NONE.code)
  }
```

```
    case Stable =>
      val memberMetadata = group.get(memberId)
      responseCallback(memberMetadata.assignment, Errors.NONE.code)
      // (2) 状态为“稳定”，在发送“同步组响应”给消费者后调用
      completeAndScheduleNextHeartbeatExpiration(group,group.get(memberId))
  }

  private def propagateAssignment(group: GroupMetadata, errorCode: Short){
    for (member <- group.allMemberMetadata) {
      if (member.awaitingSyncCallback != null) {
        member.awaitingSyncCallback(member.assignment, errorCode)
        member.awaitingSyncCallback = null
        // (3) 给每个消费者发送“同步组响应”后调用
        completeAndScheduleNextHeartbeatExpiration(group, member)
      }
    }
  }
```

协调者创建完“延迟操作”对象后，一个很重要的步骤是：当“延迟操作”相关的外部事件发生时，就需要通过延迟缓存尝试完成延迟的操作。对于“延迟的加入组”，外部事件是消费者发送了“加入组请求”；对于“延迟的心跳”，外部事件则是协调者和消费者之间有网络通信。不管是协调者处理消费者发送的请求，还是协调者发送响应给消费者，协调者都会完成本次延迟的心跳，并开始调度下一次延迟的心跳。如图5-24所示，协调者完成“延迟加入”操作的时间是`10:00:00`，它为每个消费者创建的“延迟心跳”，会根据当前时间和消费者的会话超时时间，设置下一次“延迟心跳”的截止时间（`deadline`）。

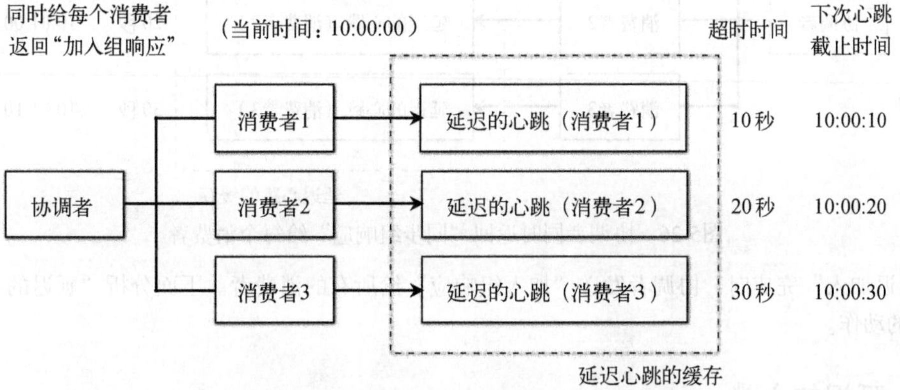

图5-24 协调者同时返回“加入组响应”给每个消费者

如图5-25所示，消费者在收到“加入组响应”后，会发送“同步组请求”给协调者。协调者依次处理每个消费者的“同步组请求”，会先完成延迟缓存中已有的“延迟心跳”，然后创建新的“延迟心跳”。这里假设协调者最后才处理主消费者的“同步组请求”。如果普通消费者发送“同步组请求”比主消费者还要晚，它也会先完成已有的“延迟心跳”，并创建新的“延迟心跳”。但协调者在调用`propagateAssignment()`方法时，就不会为这样的普通消费者再次调用“完成并调度下一次心跳”。

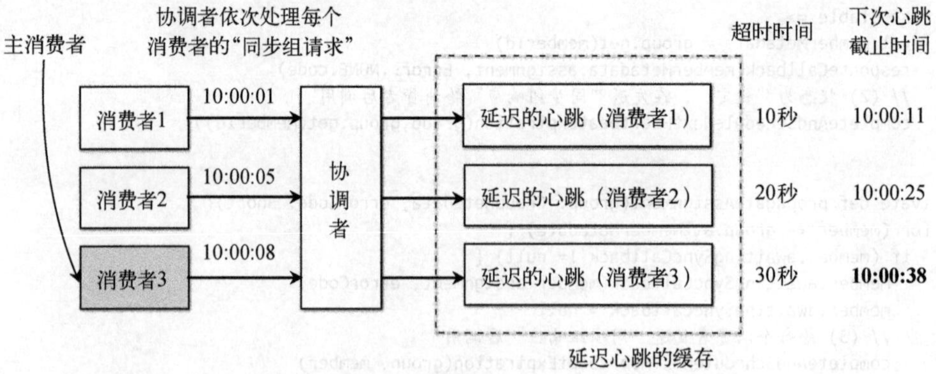

图5-25　协调者处理每个消费者的“同步组请求”

如图5-26所示，协调者在返回“同步组响应”给每个消费者后，会为每个消费者都调用一次“完成并调度下一次心跳”。注意：协调者收到主消费者的时间是`10:00:38`，但返回“同步组响应”的时间是`10:00:40`，在这段时间内，协调者会将“同步组请求”的“消费组分配结果”保存到内部主题。

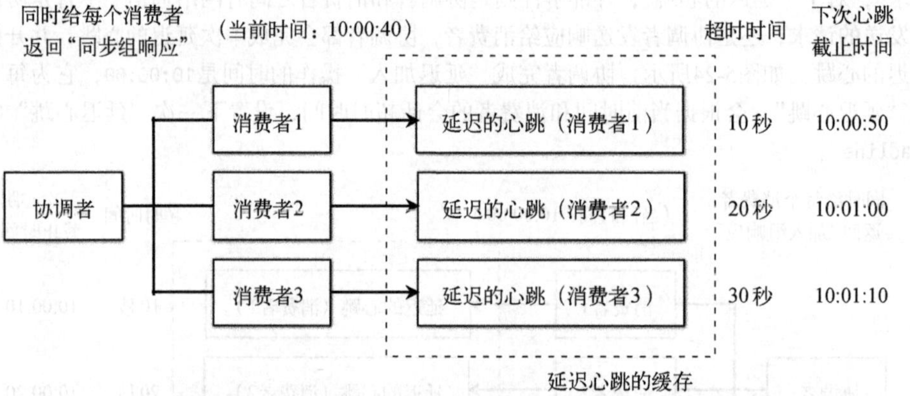

图5-26　协调者同时返回“同步组响应”给每个消费者

“延迟加入”完成时，协调者发送“加入组响应”给所有的消费者。下面分析“延迟的心跳”在完成时的动作。

5.4.7　延迟的心跳

延迟操作有3个主要的方法：尝试完成方法（返回布尔值，表示是否可以完成）、超时的回调方法、完成的回调方法。对于“延迟加入”，尝试完成是判断消费组成员中是否还有消费者没有重新发送“加入组请求”，如果全部都发送了“加入组请求”，就认为“延迟加入”可以完成。“延迟加入”完成时的回调方法会发送“加入组响应”。

“延迟心跳”的尝试完成方法（`tryCompleteHeartbeat()`）判断条件是：消费者成员是否存活。如果消费者存活，则可以调用完成时的回调方法（`onCompleteHeartbeat()`）。但完成“延迟心跳”的方法实现中，并没有具体的处理代码：

```
// 尝试能否完成延迟的心跳
def tryCompleteHeartbeat(group: GroupMetadata,
    member: MemberMetadata, heartbeatDeadline: Long,
    forceComplete: () => Boolean) = {
  group synchronized {
    if (shouldKeepMemberAlive(member,heartbeatDeadline)||member.isLeaving)
      forceComplete()
    else false
  }
}

// 心跳超时
def onExpireHeartbeat(group: GroupMetadata,
    member: MemberMetadata, heartbeatDeadline: Long) {
  group synchronized {
    if (!shouldKeepMemberAlive(member, heartbeatDeadline))
      // 如果消费者成员仍然存活（多种可能的条件），则不会移除消费者
      onMemberFailure(group, member)
  }
}

def onCompleteHeartbeat() { } // 没有做实质性的动作
// 消费者成员是否应该认为是存活的
def shouldKeepMemberAlive(member:MemberMetadata,heartbeatDeadline:Long)=
  member.awaitingJoinCallback != null || // 协调者正在处理消费者的加入组请求
  member.awaitingSyncCallback != null || // 协调者正在处理消费者的同步组请求
  // 消费者上一次的心跳时间加上会话超时时间大于下一次心跳的截止时间，说明还是存活的
  member.latestHeartbeat + member.sessionTimeoutMs > heartbeatDeadline
```

判断消费者成员是否存活有下面的3种条件，只要任何一个条件满足，都认为消费者是存活的。

- 消费者成员的awaitingJoinCallback回调方法不为空。
- 消费者成员的awaitingSyncCallback回调方法不为空。
- 消费者成员最近的心跳时间加上会话超时时间大于下一次心跳的截止时间。

先来看最后一个条件，因为截止时间是在创建“延迟心跳”时指定，那就来看创建“延迟心跳”时是怎么做的。

1. 完成并调度下一次心跳

再来回顾下协调者调用“完成并调度下一次心跳”方法，创建“延迟心跳”的相关上下文。协调者先通过checkAndComplete()方法尝试完成已有的“延迟心跳”。通常来说，这一步一定能够完成“延迟的心跳”，否则就没有必要再创建新的“延迟的心跳”了。

注意：如果是协调者第一次调用checkAndComplete()方法，因为延迟缓存中还没有这个消费者的“延迟心跳”，所以第一次不会真正执行该方法。

在完成了上次的“延迟心跳”后，协调者会计算出下一次的心跳截止时间，并创建新的“延迟心跳”。这一次通过tryCompleteElseWatch()方法尝试完成刚刚创建的“延迟心跳”，则一定不能完成。因为判断能够完成的条件是：最新的心跳时间加上会话超时时间必须大于下一次心跳的截止时间。而刚刚创建的“延迟心跳”对象，在计算这个条件时，“最新条件时间加上会话超时时间等于下一次心跳的截止时间”，因此不满足完成的条件。相关代码如下：

```
// 完成本次心跳，并调度下一次心跳
private def completeAndScheduleNextHeartbeatExpiration(
    group: GroupMetadata, member: MemberMetadata) {
  // 完成当前期望的心跳（上一次创建的延迟心跳）
  member.latestHeartbeat = time.milliseconds()
  val memberKey = MemberKey(member.groupId, member.memberId)
  heartbeatPurgatory.checkAndComplete(memberKey)

  // 调度下一次的心跳（失效时间为截止时间）
  val newHeartbeatDeadline=member.latestHeartbeat+member.sessionTimeoutMs
  val delayedHeartbeat = new DelayedHeartbeat(this, group, member,
    newHeartbeatDeadline, member.sessionTimeoutMs)
  heartbeatPurgatory.tryCompleteElseWatch(delayedHeartbeat,Seq(memberKey))
}
```

如图5-27所示，以协调者处理“加入组请求”和“同步组请求”时，调用“完成和调度下一次心跳”方法（下文简称“调度方法”）为例。有3个地方会调用该方法：协调者返回“加入组响应”给每个消费者之后、协调者处理消费者的“同步组请求”时、协调者返回“同步组响应”给每个消费者之后，具体步骤如下。

(1) 协调者发送“加入组响应”给某个消费者后，当前时间为0秒。第一次调用调度方法，延迟缓存中没有“延迟心跳”，先创建“延迟的心跳”，而且它的截止时间为5秒，不满足完成的条件，加入延迟缓存。

(2) 消费者在1秒时发送了“同步组请求”，当前时间为1秒。协调者处理消费者的“同步组请求”，第二次调用调度方法，延迟缓存中有“延迟的心跳”，尝试完成它，可以完成。然后创建新的“延迟心跳”，截止时间为6秒。

(3) 协调者发送“同步组响应”给某个消费者后，当前时间为3秒。第三次调用调度方法，延迟缓存中有“延迟的心跳”，尝试完成它，可以完成。然后创建新的“延迟心跳”，截止时间为8秒。

如图5-28所示，我们从延迟缓存的角度看调度方法。调度方法分3步：检查并完成延迟心跳、创建新的延迟心跳、尝试完成并监视延迟的心跳。如果缓存中已经存在延迟操作，第一步一定会完成延迟的心跳，并将延迟心跳从缓存中删除。第三步一定不会完成新创建的延迟心跳，并将刚创建的延迟心跳加入缓存。

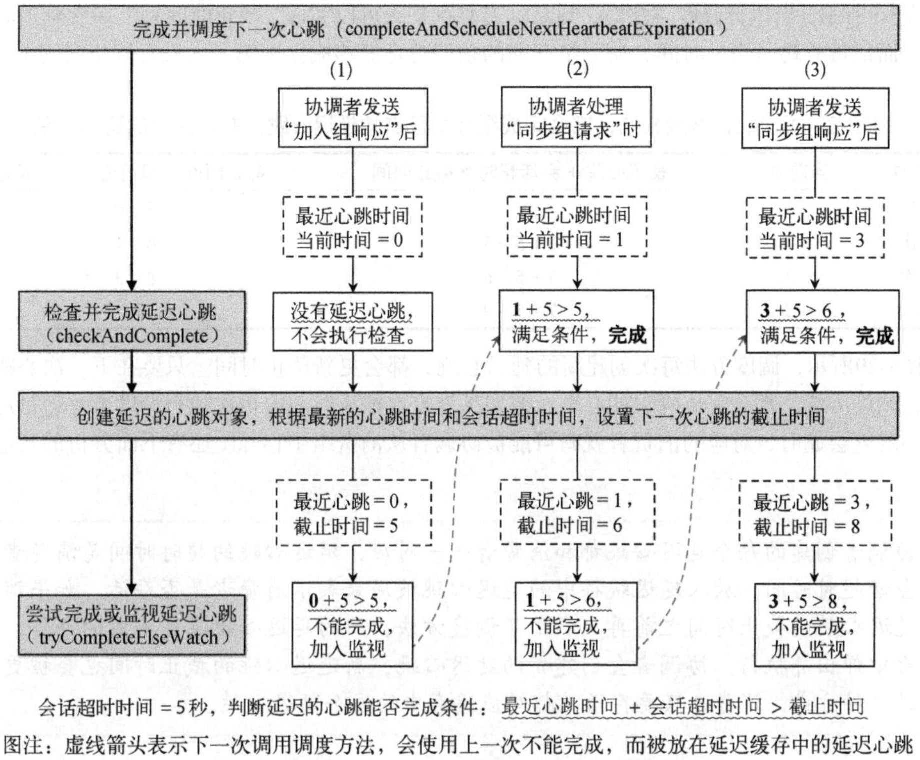

图5-27　协调者完成并调度消费者的下一次心跳

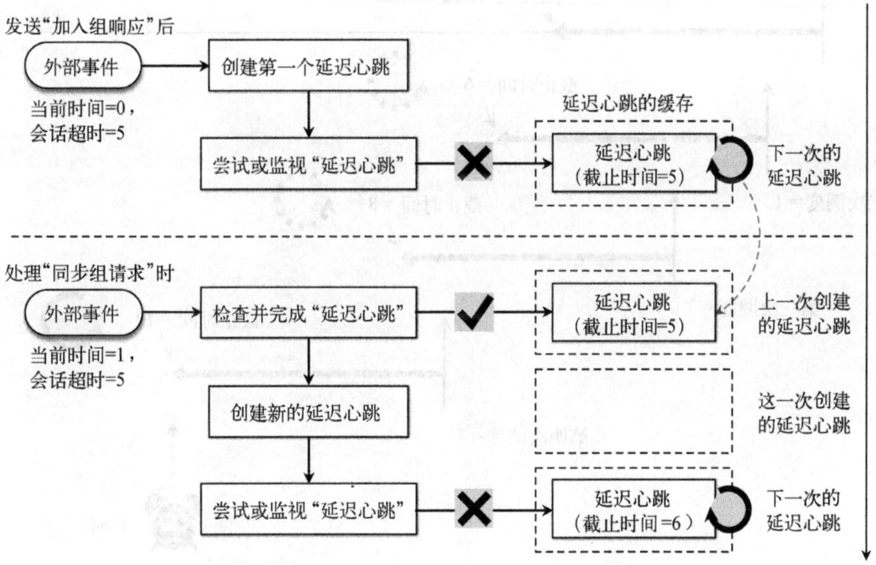

图5-28　调度方法完成旧的心跳，创建新的心跳放入缓存

如表5-8所示，当执行调度方法时，判断延迟心跳是否可以完成。截止时间是上一次延迟心跳的截止时间，而最近心跳是当前时间，所以第三列的条件总是能够成立（第一次没有截止时间）。

表5-8　每次执行调度方法，都会完成缓存中已有的延迟心跳，并创建新的延迟心跳

调度方法	当前时间	最近心跳 + 会话超时 > 截止时间	截止时间 = 最近心跳 + 会话超时
第一次	0	—	5 = 0 + 5
第二次	1	1 + 5 > 5	6 = 1 + 5
第三次	3	3 + 5 > 6	8 = 3 + 5
第四次	7	7 + 5 > 8	12 = 7 + 5

如图5-29所示，调度方法每次创建新的延迟心跳，都会更新截止时间。只要在下一次心跳截止时之前执行调度方法，都会完成延迟的心跳。但如果没有在截止时间内再次执行调度方法，延迟缓存中的延迟心跳就会超时，对应的消费者就**有可能**被协调者从消费组中移除（还有下面分析的其他条件限制）。

注意： 协调者创建的每个延迟心跳都和消费者一一对应，延迟心跳的超时时间是消费者设置的会话超时时间。放入延迟缓存中的延迟心跳被用来表示消费者是否存活。如果消费者在延迟心跳的截止时间之前再次调用了调度方法，旧的延迟心跳满足完成的条件，会从缓存中弹出并执行。协调者会创建新的延迟心跳，新延迟心跳的截止时间也会被更新。通过这种方式，消费者只要存活，都对应缓存中的一个延迟心跳。

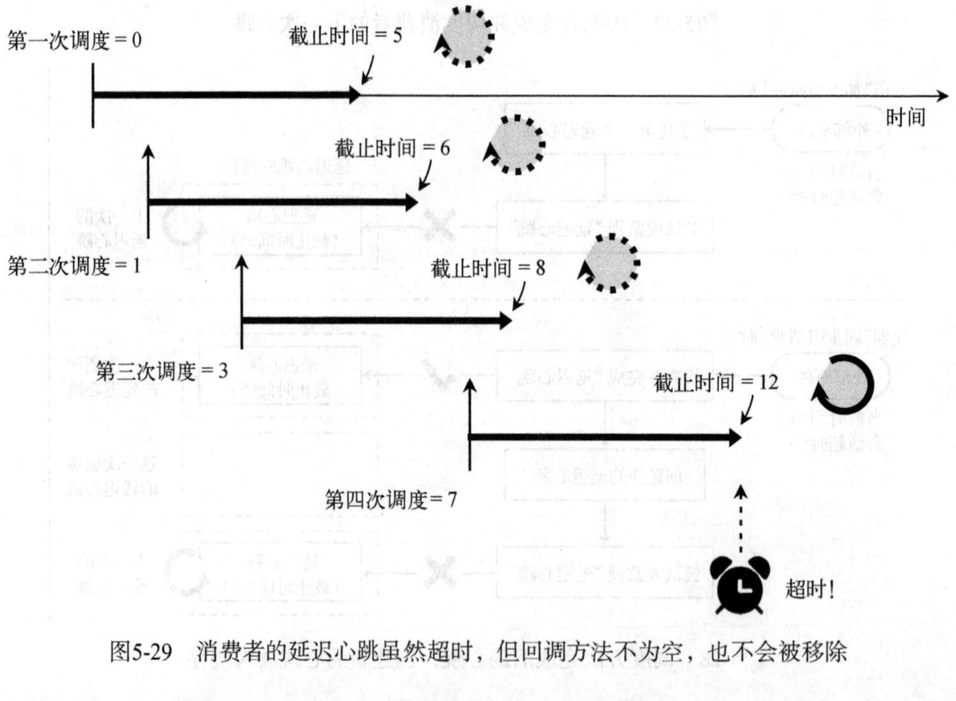

图5-29　消费者的延迟心跳虽然超时，但回调方法不为空，也不会被移除

再来看判断消费者成员是否存活的另外两个条件：消费者成员的awaitingJoinCallback或awaitingSyncCallback回调方法不为空，这两个条件下即使超时了，也被认为是存活的。

2. 判断消费者成员是否存活

消费者成员元数据的回调方法有两个，先来看awaitingSyncCallback和延迟心跳示例。如图5-30所示，假设3个消费者设置的会话超时时间分别是：C1 = 10秒，C2 = 20秒，C3 = 40秒。协调者完成“延迟加入”，发送“加入组响应”的时间为10:00:00。对应每个消费者的下次心跳截止时间分别是：C1 = 10:00:10，C2 = 10:00:20，C3 = 10:00:40。C1在10:00:03发送了“同步组请求”，协调者更新C1的心跳截止时间为10:00:13。那么照理说，C1在10:00:13后因为一直都没有机会再调用调度方法，所以“延迟的心跳”就会超时，C1就会被协调者从消费组中移除。但实际上，协调者处理C1的“同步组请求”时，设置了awaitingSyncCallback回调方法。即使“延迟的心跳”超时了，但“回调方法不为空”，消费者成员仍然被认为是存活的，C1就不会从消费组中移除。

注意：“延迟的心跳”在超时后，还是会调用onExpireHeartbeat()方法，只不过对能够真正执行onMemberFailure()方法再加上一层限制条件，防止消费者仍然存活，却被移除掉。

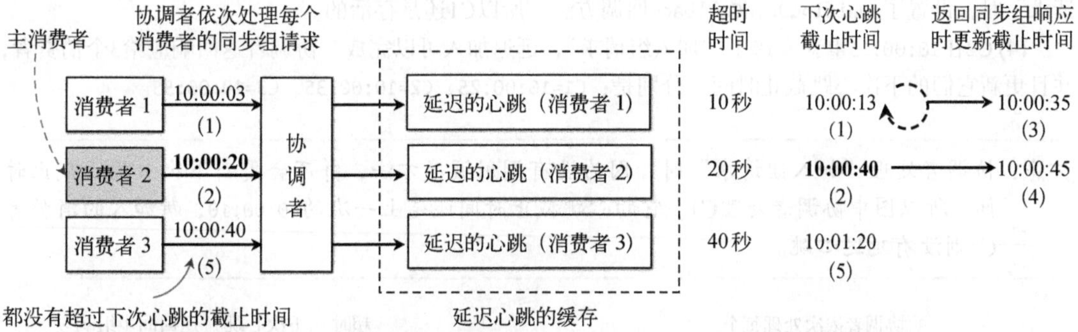

图5-30 消费者的延迟心跳虽然超时，但回调方法不为空，也不会被移除

当主消费者C2直到10:00:20才发送“同步组请求”，而C3还没有发送“同步组请求”。协调者处理C2的“同步组请求”时，只会完成C1和C2上一次的延迟心跳，并创建新的延迟心跳。假设协调者返回“同步组响应”给C1和C2的时间是10:00:25，那么C1下一次的心跳截止时间为10:00:35，C2下一次的心跳截止时间为10:00:45。下面的步骤是3个消费者延迟心跳的变化情况。

(1) 协调者10:00:03处理C1的“同步组请求”，C1的下次心跳截止时间为10:00:13。

(2) 协调者10:00:20处理C2的“同步组请求”，C2的下次心跳截止时间为10:00:40。

(3) 协调者10:00:25返回“同步组响应”给C1，C1的下次心跳截止时间为10:00:35。

(4) 协调者10:00:25返回“同步组响应”给C2，C2的下次心跳截止时间为10:00:45。

(5) 协调者10:00:40处理C3的“同步组请求”，C3的下次心跳截止时间为10:01:20。

协调者调用“完成并调度下一次心跳”的调度方法时，不管外部事件是哪一种（返回加入组响应、处理同步组请求、返回同步组响应），都会更新同一个延迟的心跳对象。在任何时刻，消费者在延迟缓存中的延迟心跳只有一个。也就是说，协调者在返回“加入组响应”时，也可能会更新返回“同步组响应”创建的延迟心跳。

再来看“判断消费者成员存活”的另一个条件：awaitingJoinCallback回调方法不为空。

协调者在处理普通消费者的“同步组请求”时，除了设置awaitingJoinCallback回调方法，也会调用调度方法更新延迟的心跳。如果延迟心跳超时，但主消费者还没有发送“同步组请求”，普通消费者仍然被认为是存活的。协调者在处理消费者的“加入组请求”时，也会设置awaitingJoinCallback回调方法，但不会调用调度方法。如果对应的延迟心跳超时，但延迟的加入操作还不能完成，消费者也被认为是存活的。

如图5-31所示，仍然以前面的示例作为基础，不过这里假设最开始只有两个消费者，协调者在10:00:00返回同步组响应给C1和C2，它们的下次心跳截止时间分别是C1=10:00:10和C2=10:00:20。下面几个步骤是协调者处理“加入组请求”、延迟加入、延迟心跳相关的事件顺序。

(1) 新的消费者C3在10:00:02加入组，C1和C2必须在心跳截止时间内重新发送“加入组请求”。

(2) C1在10:00:03重新发送“加入组请求”，延迟加入不能完成，因为C2还没有发送“加入组请求”。

(3) 当时间到10:00:10时（并不是10:00:13），C1的延迟心跳超时了。但因为协调者处理“加入组请求”时，设置了awaitingJoinCallback回调方法，所以C1还是存活的。

(4) C2在10:00:15重新发送了“加入组请求”，延迟加入可以完成。协调者返回响应给3个消费者，并且更新它们的下次心跳截止时间，分别是：C1=10:00:25、C2=10:00:35、C3=10:00:55。

注意： 协调者处理“加入组请求”时，因为没有调用调度方法，并不会更新下次心跳的截止时间。所以图中协调者处理C1，它的心跳截止时间还是上一次的10:00:10，新加入的消费者C3则没有延迟心跳。

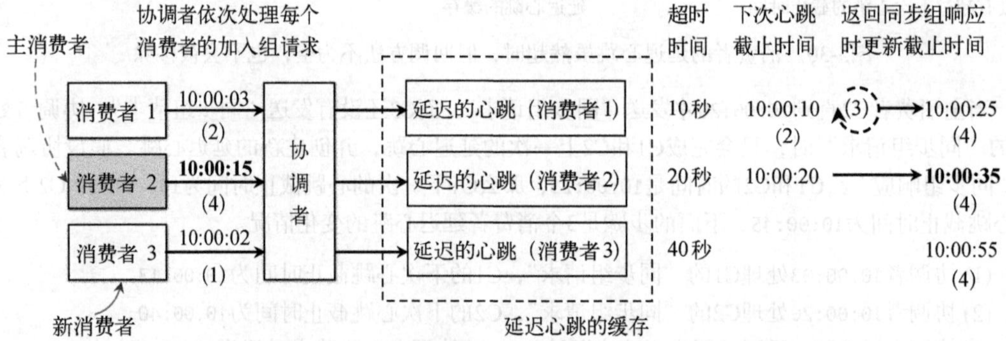

图5-31　消费者的延迟心跳虽然超时，但回调方法不为空，也不会被移除

针对协调者处理“加入组请求”的awaitingJoinCallback回调方法，再举个异常的例子。如图5-32所示，假设消费者2并没有在下次心跳截止时间（10:00:20）之前重新发送“加入组请求”，对应的延迟心跳会判断到消费者2失败，从而将其从消费组中移除。另外，延迟的加入在完成时，协调者也不

会返回“加入组响应”给消费者2，因为它已经不在消费组中了。

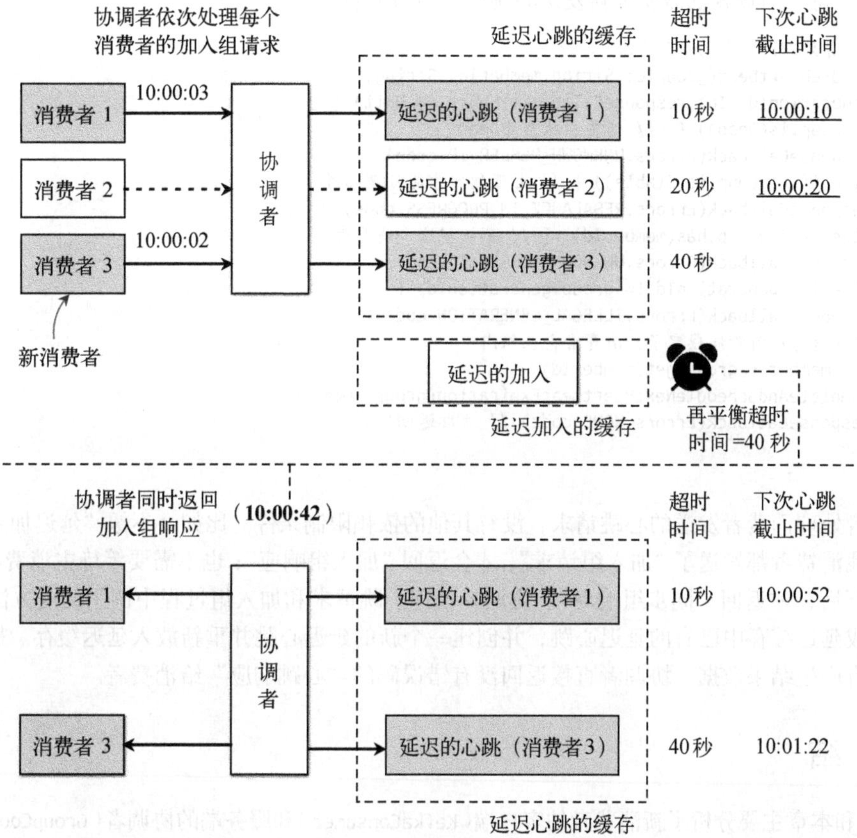

图5-32　消费者在再平衡操作时间内没有重新发送“加入组请求”，会被移除掉

总结成员元数据的`awaitingJoinCallback`和`awaitingSyncCallback`回调方法使用的地方。

- 消费者处理“加入组请求”和“同步组请求”时先保存回调方法，在返回响应时调用回调方法。
- `awaitingJoinCallback`还用来判断消费组中的消费者是否重新发送了“加入组请求”。
- 即使消费者的延迟心跳超时了，如果元数据的两个回调方法不为空，消费者仍然被认为是存活的。

协调者会在消费者加入组的过程中创建延迟的心跳。消费者成功加入消费组（即消费组进入稳定状态）后，它会发送心跳请求给协调者。协调者处理消费者的心跳请求时，也会调用“完成并调度下一次心跳”方法。

3. 协调者处理心跳

消费者成功加入组后，会在调用`onJoinComplete()`回调方法后重置心跳任务，重新开始调度发送心跳的定时任务。这里用“重置”是因为消费组会经常发生再平衡，每次再平衡过后，消费组状态变为“稳定”，每个消费者都需要重新发送心跳请求给协调者。

```
// 协调者处理消费者的心跳请求
def handleHeartbeat(groupId: String,memberId: String,
    generationId: Int,responseCallback: Short => Unit) {
  if (group.is(Dead)) {  // 消费组状态为Dead
    responseCallback(Errors.UNKNOWN_MEMBER_ID.code)
  } else if (!group.is(Stable)) { // 必须稳定才能处理心跳
    responseCallback(Errors.REBALANCE_IN_PROGRESS.code)
  } else if (!group.has(memberId)) { // 不认识这个消费者
    responseCallback(Errors.UNKNOWN_MEMBER_ID.code)
  } else if (generationId != group.generationId) {
    responseCallback(Errors.ILLEGAL_GENERATION.code)
  } else { // 消费组稳定了，消费者也在组内
    val member = group.get(memberId)
    completeAndScheduleNextHeartbeatExpiration(group, member)
    responseCallback(Errors.NONE.code) // 立即返回!
  }
}
```

协调者处理消费者发送的心跳请求，没有其他的依赖限制条件。比如，不像“延迟加入”那样需要等待其他消费者都发送了“加入组请求”，才会返回“加入组响应”；也不需要等待主消费者发送“同步组请求”后，才返回“同步组响应”。协调者处理心跳请求和加入组过程中调用调度方法一样，也会立即完成延迟缓存中已有的延迟心跳，并创建一个新的延迟心跳并重新放入延迟缓存。最后，心跳的处理没有产生结果数据，协调者直接返回没有错误码的“心跳响应”给消费者。

5.5　小结

第4章和本章主要分析了新消费者的客户端（`KafkaConsumer`）和服务端的协调者（`GroupCoordinator`）。消费者客户端的主要业务逻辑是拉取消息，而为了拉取消息必须分配到分区。同一个消费组的所有消费者通过向协调者发送“加入组请求”，最终获得分配给自己的分区。服务端的协调者负责消费组的再平衡操作，将集群所有的分区按照分配算法分配给消费组的每个消费者。

新的消费者将“消费组管理协议”和“分区分配策略”进行了分离。协调者仍然负责消费组的管理，包括消费者元数据、消费组元数据、消费组状态机等数据结构的维护。而分区分配的实现则会在消费组的一个主消费者中完成。由于分区分配交由主消费者客户端完成，但每个消费者为了获得分区分配结果，还是只能和协调者联系，因此主消费者在完成分区分配后，还要将分配结果发送回协调者。

采用这种方式，每个消费者都需要发送下面两种请求给协调者。

- 加入组请求。协调者收集消费组的所有消费者，并选举一个主消费者执行分区分配工作。
- 同步组请求。主消费者完成分区分配，由协调者将分区的分配结果传播给每个消费者。

消费者发送“加入组请求”给协调者，是为了让协调者收集所有的消费者。协调者会把消费者成员列表发送给主消费者，这样主消费者才可以执行分区分配工作。每个消费者发送给协调者的“加入

组请求”，都带有各自的消费者成员元数据。比如，消费者订阅的的主题、消费组编号、会话超时时间等。“加入组请求”和“加入组响应”的字段如下：

```
JoinGroupRequest:
  GroupId                 => String 消费组名称
  SessionTimeout          => int32  会话超时时间
  MemberId                => String 消费者成员编号
  ProtocolType            => String 协议类型
  GroupProtocols          => [Protocol MemberMetadata] 消费组协议
    Protocol              => String 协议名称
    MemberMetadata        => bytes  消费者成员元数据

JoinGroupResponse:
  ErrorCode               => int16  错误码
  GroupGenerationId       => int32  发生负载均衡时递增
  GroupProtocol           => String 所有消费者都支持的协议类型
  GroupLeaderId           => String 选举一个主消费者
  MemberId                => String 消费者编号
  Members                 => [MemberId MemberMetadata]
    MemberId              => String 消费者编号
    MemberMetadata        => bytes  消费者元数据
```

主消费者收到的“加入组响应”带有所有的消费者成员，它在执行完分区分配工作后，发送给协调者的“同步组请求”带有分配给每个消费者的分区结果。协调者在收到主消费者的“同步组请求”后，会先将消费组的分配结果持久化，然后才返回“同步组响应”给每个消费者。每个消费者的“同步组响应”只包含分配给这个消费者的分区列表，分区分配算法保证了不同消费者的分区一定是不同的。“同步组请求”和“同步组响应”的字段如下：

```
SyncGroupRequest:
  GroupId             => String  消费组名称
  GroupGenerationId => int32   发生负载均衡时递增
  GroupState          => [MemberId MemberState] 消费组状态
    MemberId          => String  消费者编号
    MemberState       => bytes   消费者状态（分配到的分区）

SyncGroupResponse:
  ErrorCode           => int16   错误码
  MemberState         => bytes   消费者状态（分配的分区）
```

注意：“同步组请求”和“同步组响应”中并没有消费者成员字段（MemberId，消费组状态中的不算）。这是因为消费者成员编号在“加入组请求”和“加入组响应”中已经存在，所以就不需要了。

消费者发送“同步组请求”，是在它收到协调者的“加入组响应”后才开始的，“加入组请求”和“同步组请求”链式依次调用。协调者处理不同消费者的这两种请求，用消费组状态机来维护不同的事件。消费组的状态主要有下面3个。

- **“准备再平衡”**。新消费者加入组或者旧消费者离开组，消费组都需要执行一次再平衡操作。

5

- "等待同步"。所有消费者都加入组，协调者返回"加入组响应"给每个消费者前，更改状态为"等待同步"。它表示协调者等待接收主消费者发送的包含消费组分配结果的"同步组请求"。
- "稳定"。协调者返回带有分区分配结果的"同步组响应"给每个消费者。

协调者除了管理消费者的负载均衡，并最终分配分区给每个消费者，还会接收每个消费者的心跳请求。协调者通过心跳监控消费者成员是否存活：如果消费者没有在指定的截止时间内发送心跳，协调者认为消费者失败，将其从消费组中移除，这样消费组就需要执行再平衡操作。另外，协调者在处理"加入组请求"和"同步组请求"过程中，为了保证参与加入组的消费者及时响应，也会用心跳来监控消费者成员是否还存活。

第6章 存储层

Kafka是一个分布式的（distributed）、分区的（partitioned）、复制的（replicated）提交日志（commit log）服务。"分布式"是所有分布式系统的特性；"分区"指消息会按照分区分布在集群的所有节点上；"复制"指每个分区都会有多个副本存储在不同的节点上；"提交日志"指新的消息总是以追加的方式进行存储。

注意："分区"可以做到线性扩展和负载均衡，"复制"可以做到故障容错，而"提交日志"是一种存储方式。

Kafka的这几个特性在大多数分布式系统中都很常见，比如HDFS分布式文件系统将一个大文件分成64 MB的数据块（分区），每个数据块有3份副本（复制）；HBase/Cassandra等分布式存储系统会同时将数据写到内存和提交日志文件。写到提交日志的目的是防止节点宕机后，因内存中的数据来不及刷写到磁盘而导致数据丢失。分布式存储系统除了提交日志，一般还有真正的数据存储格式。它们的提交日志只是作为一种故障恢复的数据源，而Kafka直接使用提交日志作为最终的存储格式。

数据的更新操作在分布式存储系统中很常见，比如不同时间产生相同键（key）的数据。分布式存储系统为了保证写数据的性能，采用追加方式，而不是直接修改已有记录。为了只保存最近的一条数据，还会有一个后台的压缩（compaction）操作，负责将相同键的多条记录合并为一条。Kafka的消息如果指定了键，也会有类似的日志压缩操作，保证相同键的消息只会保留最近的一条。

注意：如果Kafka的消息没有指定键，那么消息的写入顺序和读取顺序一致，就不会有压缩操作。

6.1 日志的读写

Kafka的消息按照主题进行组织，不同类别的消息分成不同的主题。为了提高消息的并行处理能力，每个主题会有多个分区。为了保证消息的可用性，每个分区会有多个副本。下面先从逻辑意义上理解Kafka分区和副本的关系，再从物理上理解分区在Kafka代理节点上的存储形式。

6.1.1 分区、副本、日志、日志分段

为了理解Kafka分区的概念，以HDFS分布式文件系统为例进行对比。如表6-1所示，HDFS的文件以数据块的形式存储在多个数据节点上，名称节点保存了文件和数据块的对应关系。Kafka的主题以分区的形式存储在多个代理节点上，ZK记录了主题和分区的对应关系。

表6-1　HDFS和Kafka的对比

分布式存储系统	逻辑存储	物理存储	数据存储节点	保存元数据的节点
HDFS	文件	数据块	数据节点	名称节点
Kafka	主题	分区	代理节点	ZK

Kafka一个主题的所有消息以分区的方式，分布式地存储在多个节点上。主题的分区数量一般比集群的消息代理节点多，而且实际运用时会根据不同的业务逻辑，不同的消息按照不同的主题进行分类。反过来从消息代理节点到分区的角度看，集群的每一个代理节点都会管理多个主题的多个分区。

注意：为什么要对主题进行分区？如果消息没有分区，所有的消息就只能存储到一个节点上。这样无限地追加消息会导致一个节点的文件非常大，这就需要解决文件切分的问题。与其在一个节点上按照一定大小切分文件，还不如在源头控制消息写往不同的节点，从而分散每个节点的压力。使用分区的优势是，生产者可以将一批消息同时写入不同的节点，而没有分区的写操作只能串行。读操作与之类似，多个消费者可以同时读取不同节点的不同分区，从而加快消息消费进度。

Kafka主题的消息分布在不同节点的不同分区上，客户端以分区作为最小的处理单位生产或消费消息。以消费者消费消息为例，主题的分区数设置得越多，就可以启动越多的消费者线程。消费者数量越多，消息的处理性能就越好，消息就可以更快地被消费者处理，消息的延迟就越低。

主题的分区保存在消息代理节点上，当消息代理节点挂掉后，为了保证分区的可用性，Kafka采用副本机制为一个分区备份多个副本。一个分区只有一个主副本（Leader），其他副本叫作备份副本（Follower）。主副本负责客户端的读和写，备份副本负责向主副本拉取数据，以便和主副本的数据同步。当主副本挂掉后，Kafka会在备份副本中选择一个作为主副本，继续为客户端提供读写服务。

如图6-1（左）所示，分区从逻辑上分成一个主副本（图中灰色背景）和多个备份副本。每个分区都有唯一的分区编号，比如，分区1用P1表示，分区5用P5表示。如图6-1（右）所示，分区从物理上来看，所有的副本分布在不同的消息代理节点上。每个副本的编号表示所在的消息代理节点编号。比如，P1的第一个副本编号是2，表示这个备份副本在编号为2的消息代理节点上。

注意：P1（主）表示分区1的主副本，P1（从）表示分区1的备份副本。

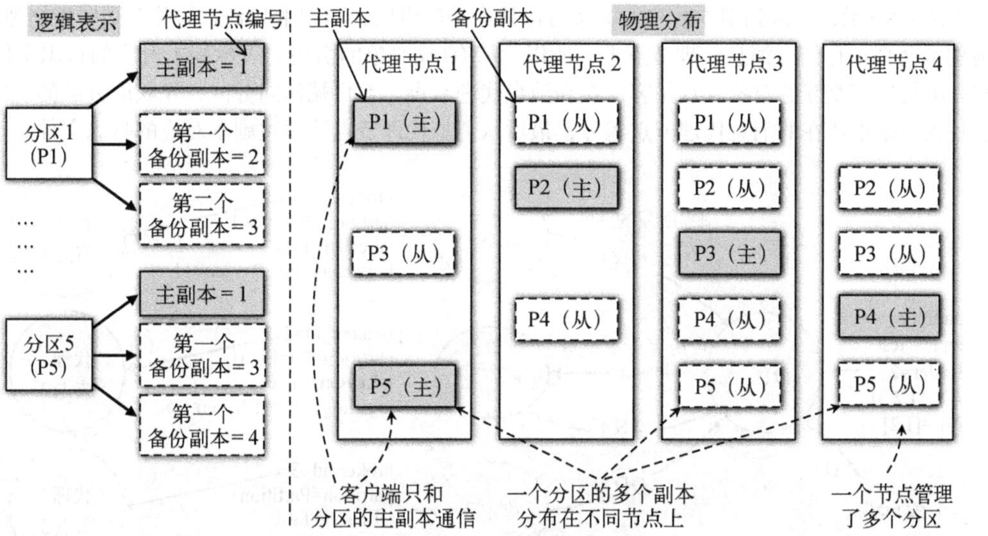

图6-1 分区、副本的逻辑和物理表示

为了进一步理解分区和副本的关系，下面两段代码列举了分区类（`Partition`）和副本类（`Replica`）的成员变量：

```
// 主题中的一个分区
class Partition {
  topic         : string          // 分区所属的主题
  partition_id  : int             // 分区编号
  leader        : Replica         // 当前分区的主副本
  AR            : Set[Replica]    // 分配给这个分区的所有副本
  ISR           : Set[Replica]    // 正在同步的副本集
}
// 分区中的一个副本
class Replica {
  broker_id     : int             // 副本所在的代理节点编号
  partition     : Partition       // 副本所属的分区
  isLeader      : Boolean         // 该副本是否是主副本
  log           : Log             // 和该副本关联的本地日志文件
  hw            : long            // 最近提交消息的偏移量
  leo           : long            // 日志文件的结束位置偏移量
}
```

分区类的变量`partition_id`表示分区的编号，副本类的`broker_id`表示副本所在代理节点的编号，`partition`表示所属的分区对象引用。分区有一个主副本的引用（`leader`），副本有一个日志文件的引用（`log`）。

分区还有两个副本集构成的AR（Assigned Replica）和ISR（In-Sync Replica）。AR表示分区的所有副本，ISR表示和主副本处于同步的所有副本，也叫作“正在同步的副本”。如果副本超出同步范围，就叫作Out-Sync Replica。

如图6-2所示，分区到副本的映射关系可以认为是逻辑层，而副本和日志的关系则属于物理层面。因为副本会真正存储在消息代理节点上，所以会持有Log对象的引用，表示副本对应的日志文件。分区和副本与外部交互的对象分别是客户端和消息代理节点。客户端访问分区，先获取分区的主副本，然后找到主副本所在的消息代理节点编号，最后从消息代理节点读写主副本对应的日志文件。

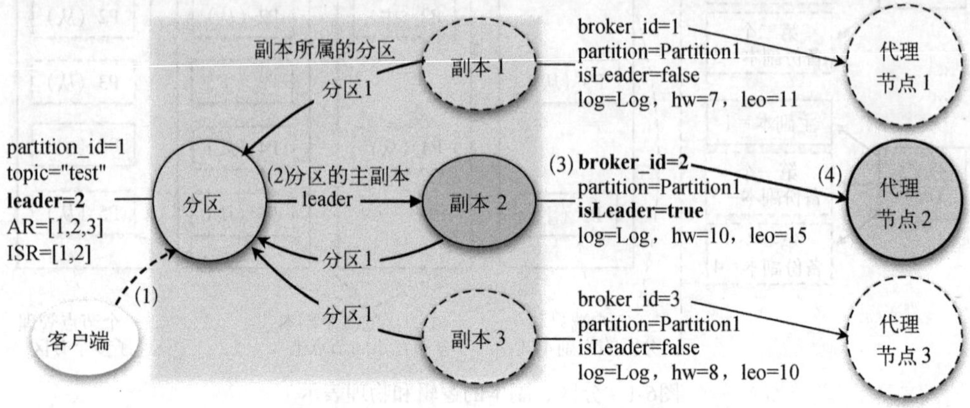

图6-2　Partition类和Replica类的成员变量示例

分区的每个副本存储在不同的消息代理节点上，每个副本都对应一个日志。在将分区存储到底层文件系统上时，每个分区对应一个目录，分区目录下有多个日志分段（LogSegment）。同一个目录下，所有的日志分段都属于同一个分区。

注意：为什么一个分区要分成多个日志分段？如果一个分区只有一个日志分段，这个分区随着消息的不断追加，肯定会越来越大，所以需要进行划分。

每个日志分段在物理上由一个数据文件和一个索引文件组成。数据文件存储的是消息的真正内容，索引文件存储的是数据文件的索引信息。为数据文件建立索引文件的目的是更快地访问数据文件。

注意：生产者写消息到分区时采用追加的方式，顺序写磁盘的性能是很高的。消费者一般情况下也是顺序读取消息的，顺序读磁盘的性能也很高。但有些场景下，消费者可能想要随机读取分区，比如定位到某个指定的偏移量位置，重新处理消息，这时可以利用索引文件快速定位读取的位置。

下面两段代码列举了日志（Log）和日志分段（LogSegment）的主要成员变量：

```
// 日志对应的目录
class Log(val dir: File,..){
  // 日志包括多个日志分段
  val segments = new ConcurrentSkipListMap[java.lang.Long, LogSegment]
  // 一个日志的目录对应一个分区
```

```
  val topicAndPartition:TopicAndPartition=Log.parseTopicPartitionName(dir)
}

// 日志分段，由数据文件和索引文件组成
class LogSegment(val log: FileMessageSet,
                 val index: OffsetIndex,
                 val baseOffset: Long,
                 val indexIntervalBytes: Int)
```

其中日志的dir表示分区的目录，可以从分区目录中解析并构造出对应的分区对象（TopicAndPartition）。日志分段的baseOffset表示这个分段相对于整个日志的基准偏移量（绝对位置）。

上面分别从逻辑层分析了分区和副本的关系，从物理层分析了副本和日志文件的关系。分区和副本的概念比较抽象，下面我们从易于理解的日志文件开始分析，日志文件存储的是实际的消息内容。

6.1.2 写入日志

服务端将生产者产生的消息集存储到日志文件，要考虑对消息集进行分段存储。如图6-3所示，服务端将消息追加到日志文件，并不是直接写入底层的文件，具体步骤如下。

(1) 每个分区对应的日志对象管理了分区的所有日志分段。

(2) 将消息集追加到当前活动的日志分段，任何时刻，都只会有一个活动的日志分段。

(3) 每个日志分段对应一个数据文件和索引文件，消息内容会追加到数据文件中。

(4) 操作底层数据的接口是文件通道，消息集提供一个writeFullyTo()方法，参数是文件通道。

(5) 消息集（ByteBufferMessageSet）的writeFullyTo()方法，调用文件通道的write()方法，将底层包含消息内容的字节缓冲区（ByteBuffer）写到文件通道中。

(6) 字节缓冲区写到文件通道中，消息就持久化到日志分段对应的数据文件中了。

注意：在步骤(4)中，并不是直接调用文件通道的写方法，因为真正的消息内容还在消息集的ByteBuffer中。因此，要让消息集提供一个写方法，接收的参数是文件通道；然后在它的写方法中，调用文件通道的写方法，并将字节缓冲区传入文件通道的写方法。

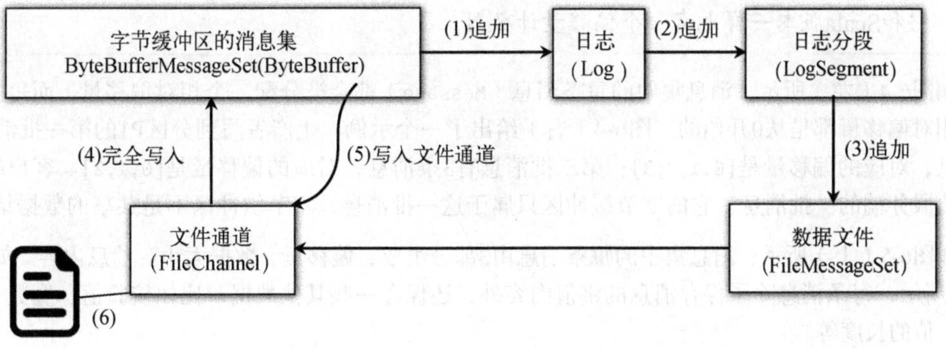

图6-3 追加消息的简要流程

下面以消息集为入口，结合追加消息的流程，逐渐过渡到日志、日志分段、数据文件、索引文件。

1. 消息集

在第2章中，生产者发送消息时，会在客户端将属于同一个分区的一批消息，作为一个生产请求发送给服务端。Java版本和Scala版本的生产者在客户端生成的消息集对象不一样，Java版本的消息内容本身就是字节缓冲区（ByteBuffer），Scala版本则是消息集（Message*）。为了兼容两个版本，两者都要转换为底层是字节缓冲区的ByteBufferMessageSet对象。相关代码如下：

```
// Java版本的生产者客户端传递的消息内容是ByteBuffer，无需额外处理
class ByteBufferMessageSet(val buffer: ByteBuffer) extends MessageSet{
  // Scala版本的客户端传递Message对象，要将消息集填充到字节缓冲区中
  def this(codec: CompressionCodec,counter:LongRef,messages: Message*) {
    // create()的返回值是ByteBuffer，通过this()再调用类级别的构造函数
    this(create(OffsetAssigner(counter, messages.size), messages:_*))
  }
}

// Scala版本将消息集写到字节缓冲区中，并创建一个ByteBufferMessageSet对象
object ByteBufferMessageSet {
  def create(offsetAssigner:OffsetAssigner,messages:Message*):ByteBuffer={
    val buffer = ByteBuffer.allocate(MessageSet.messageSetSize(messages))
    for (message <- messages) // 将每条消息写入到字节缓冲区中
      writeMessage(buffer, message, offsetAssigner.nextAbsoluteOffset())
    buffer.rewind()
    buffer
  }
  def writeMessage(buffer: ByteBuffer, message: Message, offset: Long) {
    buffer.putLong(offset)      // 消息的偏移量
    buffer.putInt(message.size) // 消息大小
    buffer.put(message.buffer)  // 消息内容
    message.buffer.rewind()
  }
}
```

注意： Java版本生产者参与发送消息集的相关类有：RecordAccumulator（记录收集器）、RecordBatch（批记录）、MemoryRecords（内存记录集）。最终发送出去的是内存记录集中的字节缓冲区，它和Scala版本一样也有一个偏移量计数器。

如图6-4（左）所示，消息集中的每条消息（Message）都会被分配一个相对偏移量，而每一批消息的相对偏移量都是从0开始的。图6-4（右）给出了一个示例，生产者写到分区P1的第一批消息有4条消息，对应的偏移量是[0,1,2,3]；第二批消息有3条消息，对应的偏移量是[0,1,2]。客户端每次发送给服务端的一批消息，它的字节缓冲区只属于这一批消息，字节缓冲区不是共享的数据结构。

如图6-5（上）所示，消息集中的每条消息由3部分组成：偏移量、数据大小、消息内容。如图6-5（下）所示，每条消息除了保存消息的键值内容外，还保存一些其他数据，比如校验值、魔数、键的长度、值的长度等。

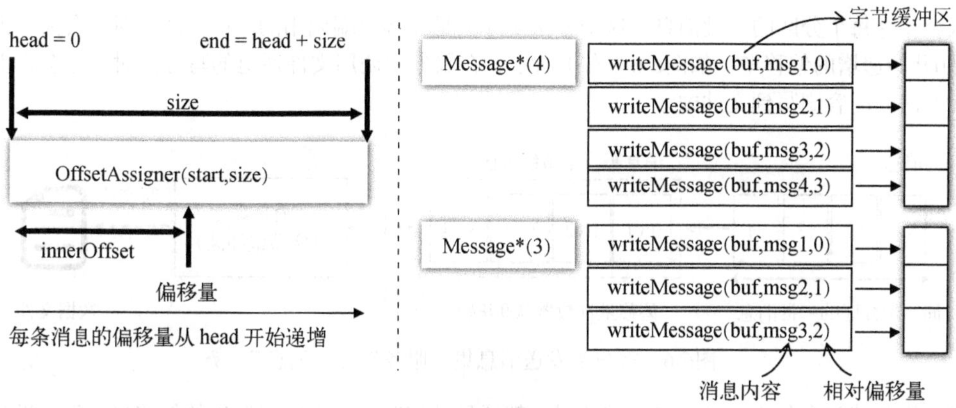

图6-4 消息集示例

注意：Scala版本的消息格式在Message.scala类中，Java版本的消息格式在Record.java中。

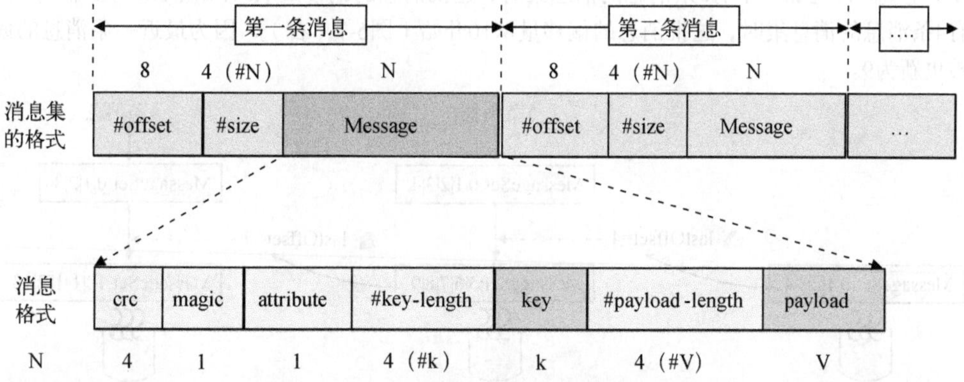

图6-5 一批消息的格式和一条消息的格式

消息集中每条消息的第一部分内容是偏移量。Kafka存储消息时，会为每条消息都指定一个唯一的偏移量。同一个分区的所有日志分段，它们的偏移量从0开始不断递增。不同分区的偏移量之间没有关系，所以说Kafka只保证同一个分区的消息有序性，但是不保证跨分区消息的有序性。

消息集中每条消息的第二部分是当前这条消息的长度。消息长度通常不固定，而且在读取文件时，客户端可能期望直接定位到指定的偏移量。记录消息长度的好处是：如果不希望读取这条消息，只需要读取出消息长度这个字段的值，然后跳过这些大小的字节，这样就可以定位到下一条数据的起始位置。

第三部分是消息的具体内容，和消息集的第二部分类似，每条消息的键值之前也都会先记录键的长度和值的长度。注意：消息格式是在客户端定义的，消息集在传给服务端之前，就用`ByteBufferMessageSet`封装好。服务端接收的每个分区消息就是`ByteBufferMessageSet`。

如图6-6（左）所示，消息集的`writeMessage()`方法将每条消息（`Message`）填充到字节缓冲区中，缓冲区会暂存每个分区的一批消息。这个方法实际上是在客户端调用的，填充消息时，会为这批消息设置从0开始递增的偏移量。如图6-6（右）所示，在服务端调用文件通道的写方法时，才会将消息集字节缓冲区的内容刷写到文件中。

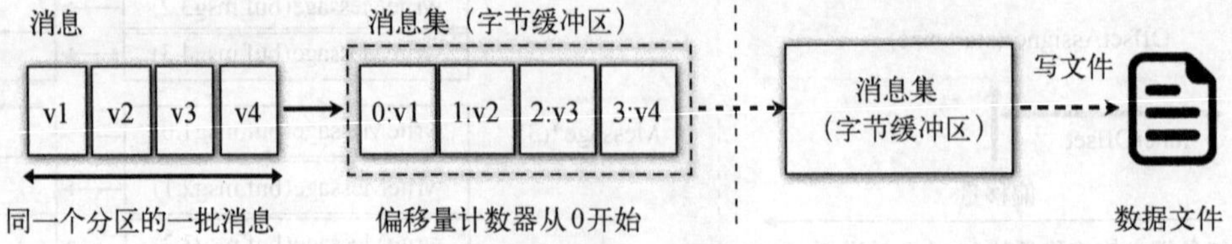

图6-6　客户端发送消息集，服务端存储消息集

客户端创建消息集中每条消息的偏移量，都还只是相对于本批次消息集的偏移量。每一批消息的偏移量都是从0开始的，显然这个偏移量不能直接存储在日志文件中。对偏移量进行转换是在服务端进行的，客户端不需要做这个工作。为了获取到消息真正的偏移量，必须知道存储在日志文件中“最近一条消息”的偏移量。如图6-7所示，假设日志文件中已经有5条消息了，最近一条消息的偏移量是4［图6-7（左）］。再追加一个有5条消息的消息集时，这批消息的偏移量从5开始［图6-7（中）］。再追加一个有4条消息的消息集时，这批消息的偏移量从10开始［图6-7（右）］，因为最近一条消息的偏移量已经被更新为9。

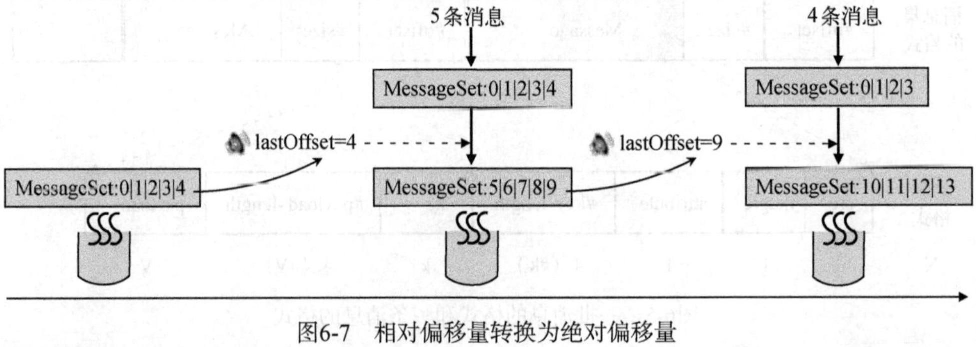

图6-7　相对偏移量转换为绝对偏移量

注意： 实际在计算并获取消息的偏移量时，采用“下一个偏移量”（`nextOffset`），而不是“最近的偏移量”（`lastOffset`）。这样就可以直接使用“下一个偏移量”的值，而不需要在“最近偏移量”上再加一。

既然客户端消息的偏移量只是相对偏移量，都是从0开始的，为什么不在服务端计算消息偏移量时直接设置？比如我们知道消息有5条，客户端不传每条消息的偏移量，而是在服务端存储时，根据“最近的偏移量”，直接设置这5条消息的实际偏移量。实际上，客户端将消息填充到字节缓冲区时，消息的格式就已经确定下来了，只是偏移量的值还只是相对偏移量。

如图6-8（左）所示，服务端在存储消息时，可以直接修改字节缓冲区中每条消息的偏移量值，其他数据内容都不变，字节缓冲区的大小也并不会发生变化。而如图6-8（右）所示，客户端填充消息到字节缓冲区时没有写入相对偏移量。服务端存储消息时，由于最后要保存消息的偏移量，就需要在字节缓冲区每条消息的前面添加偏移量才行，这种方式会修改字节缓冲区的大小，原来的字节缓冲区就不能直接使用了。

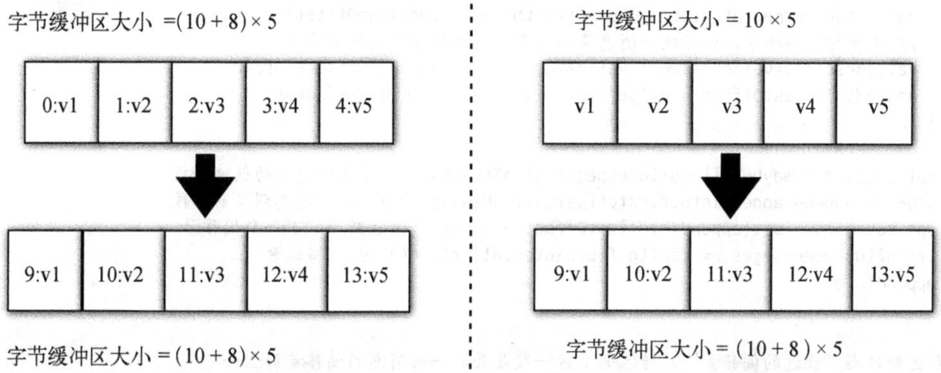

图6-8 客户端传递相对偏移量，服务端处理字节缓冲区时不需要创建新的缓冲区

分析了消息集的构成后，下面来看消息集追加到日志（Log）的实现方式。

2. 日志追加

服务端将每个分区的消息追加到日志中，是以日志分段为单位的。当日志分段累加的消息达到阈值大小（文件大小达到1 GB）时，会新创建一个日志分段保存新的消息，而分区的消息总是追加到最新的日志分段中。每个日志分段都有一个基准偏移量（segmentBaseOffset，或者叫baseOffset），这个基准偏移量是分区级别的绝对偏移量，而且这个值在日志分段中是固定的。有了这个基准偏移量，就可以计算出每条消息在分区中的绝对偏移量，最后把消息以及对应的绝对偏移量写到日志文件中。

日志追加方法中的messages参数是客户端创建的消息集，这里面的偏移量是相对偏移量。在追加到日志分段时，validMessages变量已经是绝对偏移量了，具体步骤如下。

(1) 对客户端传递的消息集进行验证，确保每条消息的（相对）偏移量都是单调递增的。
(2) 删除消息集中无效的消息。如果大小一致，直接返回messages，否则会进行截断。
(3) 为有效消息集的每条消息分配（绝对）偏移量。
(4) 将更新了偏移量值的消息集追加到当前日志分段中。
(5) 更新日志的偏移量（下一个偏移量），必要时调用flush()方法刷写磁盘。

相关代码如下：

```
// 追加消息集到日志
@volatile var nextOffsetMetadata = new LogOffsetMetadata(
    activeSegment.nextOffset(),
    activeSegment.baseOffset, activeSegment.size.toInt)

def append(messages:ByteBufferMessageSet,assignOffsets:Boolean)={
  // LogAppendInfo对象，代表这批消息的概要信息。然后对消息集进行验证
  val appendInfo = analyzeAndValidateMessageSet(messages)
```

```
  var validMessages = trimInvalidBytes(messages, appendInfo)
  // 获取最新的“下一个偏移量”作为第一条消息的（绝对）偏移量
  appendInfo.firstOffset = nextOffsetMetadata.messageOffset
  if(assignOffsets) { // 每条消息的偏移量都是递增的
    // 起始偏移量来自于最新的“下一个偏移量”，不是消息自带的相对偏移量
    val offset = new AtomicLong(nextOffsetMetadata.messageOffset)
    // 基于起始偏移量，为有效的消息集的每条消息重新分配绝对偏移量
    validMessages=validMessages.validateMessagesAndAssignOffsets(offset)
    appendInfo.lastOffset = offset.get - 1 // 最后一条消息的偏移量
  }

  val segment = maybeRoll(validMessages.sizeInBytes) // 可能需要滚动创建分段
  segment.append(appendInfo.firstOffset,validMessages) // 追加消息到当前分段
  updateLogEndOffset(appendInfo.lastOffset + 1) // 修改最新的“下一个偏移量”
  if(unflushedMessages >= config.flushInterval) flush() // 刷写磁盘
  appendInfo
}

// 更新日志“最近的偏移量”，传入的参数一般是最后一条消息的偏移量加上一
// 使用方需要获取日志“最近的偏移量”时，就不需要再做加一的操作了
private def updateLogEndOffset(messageOffset: Long) {
  nextOffsetMetadata = new LogOffsetMetadata(messageOffset,
    activeSegment.baseOffset, activeSegment.size.toInt)
}
```

上面代码最重要的是：volatile类型的nextOffsetMetadata变量。声明为volatile的变量被修改时，其他所有使用到此变量的线程都能立即见到变化后的值（称为“可见性”）。如图6-9所示，以nextOffsetMetadata为例，它的读写操作发生在服务端处理生产请求和拉取请求时，具体步骤如下。

(1) 生产者发送消息集给服务端，服务端会将这一批消息追加到日志中。

(2) 每条消息需要指定绝对偏移量，服务端会用nextOffsetMetadata的值作为起始偏移量。

(3) 服务端将每条带有偏移量的消息写入到日志分段中。

(4) 服务端会获取这一批消息中最后一条消息的偏移量，加上一后更新nextOffsetMetadata。

(5) 消费线程（消费者或备份副本）会根据这个变量的最新值拉取消息。一旦变量值发生变化，消费线程就能拉取到新写入的消息。

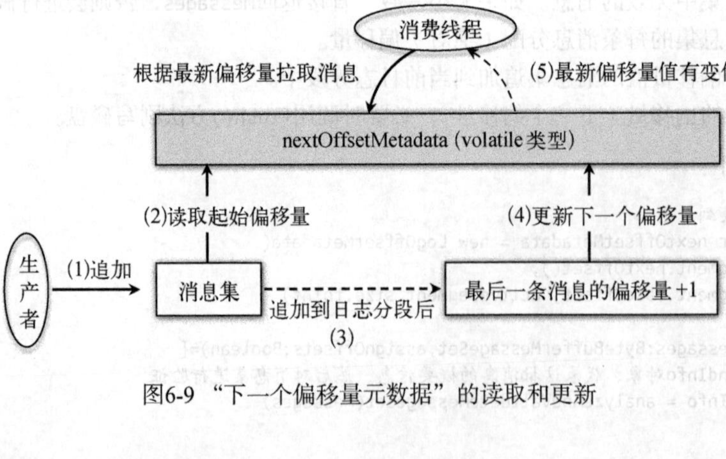

图6-9 “下一个偏移量元数据”的读取和更新

nextOffsetMetadata变量是一个关于日志的偏移量元数据对象（LogOffsetMetadata）。日志的偏移量元数据都是从当前活动的日志分段（activeSegment）获取相关的信息：下一条消息的偏移量、当前日志分段的基准偏移量、当前日志分段的大小。

日志分段会在下一节分析，下面先来分析消息集在传到日志分段之前的处理流程。

3. 分析和验证消息集

对消息集进行分析和验证，主要利用了Kafka中“分区的消息必须有序”这个特性。分析和验证方法的返回值是一个日志追加信息（LogAppendInfo）对象，该对象的内容包括：消息集第一条和最后一条消息的偏移量、消息集的总字节大小、偏移量是否单调递增。

日志追加信息表示消息集的概要信息，但并不包括消息内容。日志追加信息对象也是追加日志方法的最后返回值。服务端上层类（比如分区、副本管理器）调用追加日志的方法，期望得到这一批消息的概要信息，比如第一个偏移量和最后一个偏移量。这样，它们就可以根据偏移量计算出一共追加了多少条消息（服务端接收的消息集和最后真正被追加的消息数量可能会不一样）。上层类甚至还可以做一些复杂的业务逻辑处理，比如根据最后一个偏移量判断被延迟的生产请求是否可以完成。相关代码如下：

```
// 对要追加的消息集进行分析和验证，消息太大或者无效会被丢弃
def analyzeAndValidateMessageSet(messages:ByteBufferMessageSet)={
  var shallowMessageCount = 0 // 消息数量
  var validBytesCount = 0 // 有效字节数
  // 第一条消息和最后一条（循环时表示上一条消息的偏移量）消息的偏移量
  var firstOffset, lastOffset = -1L
  var monotonic = true// 是否单调递增
  for(messageAndOffset <- messages.shallowIterator) {
    // 在第一条消息中更新firstOffset
    if(firstOffset < 0) firstOffset = messageAndOffset.offset
    if(lastOffset >= messageAndOffset.offset) monotonic = false
    // 每循环一条消息，就更新lastOffset
    lastOffset = messageAndOffset.offset
    val m = messageAndOffset.message
    val messageSize = MessageSet.entrySize(m)
    m.ensureValid() // 检查消息是否有效
    shallowMessageCount += 1
    validBytesCount += messageSize
  }
  LogAppendInfo(firstOffset, lastOffset, sourceCodec, targetCodec,
    shallowMessageCount, validBytesCount, monotonic)
}
```

前面说过，消息集对象中消息的偏移量是从0开始的相对偏移量，并且它的底层是一个字节缓冲区。那么要获得消息集中第一条消息和最后一条消息的偏移量，只能再把字节缓冲区解析出来，读取每一条消息的偏移量。这里因为还要对每条消息进行分析和验证，所以读取消息是不可避免的。

注意： 为了方便地获取字节缓冲区消息集中每条消息的内容及其对应的偏移量，消息集提供一个浅层迭代器（shallowIterator），迭代器的每个数据是一个MessageAndOffset对象，包括消息对象本身和偏移量。如果消息集有压缩，对应的迭代器是深层迭代器（deepIterator）。

分析消息集的每条消息时，都会更新最近的偏移量（lastOffset），但只会在分析第一条消息时更新起始偏移量（firstOffset）。判断消息集中所有消息的偏移量是否单调递增，只需要比较最近的偏移量和当前消息的偏移量。如果每次处理一条消息时，当前消息的偏移量都比最近的偏移量值（上一条消息的偏移量）大，说明消息集是单调递增的。

对消息集的每条消息都验证和分析后，下一步要为消息分配绝对偏移量，最后才能追加到日志分段。

4. 为消息集分配绝对偏移量

存储到日志文件中的消息必须是分区级别的绝对偏移量。为消息集分配绝对偏移量时，以nextOffsetMetadata的偏移量作为起始偏移量。分配完成后还要更新nextOffsetMetadata的偏移量值。为了保证在分配过程中，获取偏移量的值并加一是一个原子操作，起始偏移量会作为原子变量传入validateMessagesAndAssignOffsets()方法。相关代码如下：

```
// 消息集追加到日志，获取最近的偏移量作为初始值
class Log{
  def append(messages: ByteBufferMessageSet) {
    // nextOffsetMetadata表示最近下一条消息的偏移量
    val offset = new AtomicLong(nextOffsetMetadata.messageOffset)
    // offset参数作为原子变量，在分配偏移量时，先获取出值再加一
    validMessages=validMessages.validateMessagesAndAssignOffsets(offset)
    // offset的返回值是最后一条消息的偏移量再加一，那么最后一条消息就要减一
    appendInfo.lastOffset = offset.get - 1
    segment.append(appendInfo.firstOffset,validMessages) // 追加消息集
    // 更新nextOffsetMetadata，用最后一条消息的偏移量加一表示最近下一条
    updateLogEndOffset(appendInfo.lastOffset + 1)
  }
}

// 字节缓冲区消息集根据指定的偏移量计数器，更新每条消息的偏移量
class ByteBufferMessageSet(val buffer: ByteBuffer) extends MessageSet{
  def validateMessagesAndAssignOffsets(offsetCounter:AtomicLong) = {
    var messagePosition = 0
    buffer.mark() // 先标记
    while(messagePosition < sizeInBytes - MessageSet.LogOverhead) {
      buffer.position(messagePosition) // 定位到每条消息的起始位置
      // 以最新的偏移量计数器为基础，每条消息的偏移量都在此基础上不断加一
      buffer.putLong(offsetCounter.getAndIncrement())
      val messageSize = buffer.getInt() // 消息的大小
      // 更新消息的起始位置，为下一条消息做准备（12+消息大小，表示一条完整的消息）
      messagePosition += MessageSet.LogOverhead + messageSize
    }
    buffer.reset() // 重置的时候，回到最开始标记的地方
    this // 还是返回字节缓冲区消息集。除了偏移量改了，其他均没有变化
  }
}
```

根据“1. 消息集”中消息集的格式，为消息分配偏移量，实际上是更新每条消息的偏移量数据（offset）。消息的大小（size）和消息内容（Message）都不需要变动。现在的问题主要是：如何在字节缓冲区中定位到每条消息的偏移量所在位置。定位消息偏移量的方式有两种：一种是按照顺序完整地读取每条消息，这种方式代价比较大，我们实际上只需要更改偏移量，不需要读取每条消息的实际

内容；另一种是先读取出消息大小的值，然后计算下一条消息的起始偏移量，最后直接用字节缓冲区提供的定位方法（position()）直接定位到下一条消息的起始位置。

因为底层字节缓冲区和消息集对象是一一对应的，所以消息集中第一条消息的偏移量一定是从字节缓冲区的位置0开始的。每条消息的长度计算方式是：8 + 4 + 消息大小。其中，消息大小的值可以从第二部分读取。如表6-2所示，第一条消息中"消息的大小"存的值是3，表示消息本身的内容长度是3，整个消息占用的大小就是：8 + 4 + 3 = 15。

表6-2　一条消息在消息集中的组成部分，以及占用的大小

偏移量（八字节）	消息长度（四字节）	消息内容（不固定）	消息占用字节	起始位置
0	3	abc	8 + 4 + 3 = 15	0
1	5	bcdef	8 + 4 + 5 = 17	15
2	3	cdef	8 + 4 + 4 = 16	15 + 17 = 32

如图6-10所示，假设偏移量计数器初始值为10（即nextOffsetMetadata的值），第一条消息的偏移量就等于10。分配第一条消息的偏移量时，修改前面8字节的内容为10。接下来要修改第二条消息的偏移量为11，通过读取第一条消息的大小（等于3），再加上12字节，就定位到第二条消息起始位置（等于15）。修改第三条消息的偏移量为12也是类似的，通过读取第二条消息的大小（等于5），再加上12字节（第二条消息总共占用了17字节），就可以定位到第三条消息的起始位置（15再加上17，等于32）。以此类推，第四条消息的起始位置等于第三条消息占用的12字节再加上32，等于48。在写入每条消息的绝对偏移量后，只会读取消息的大小，不会读取这条消息的实际内容。

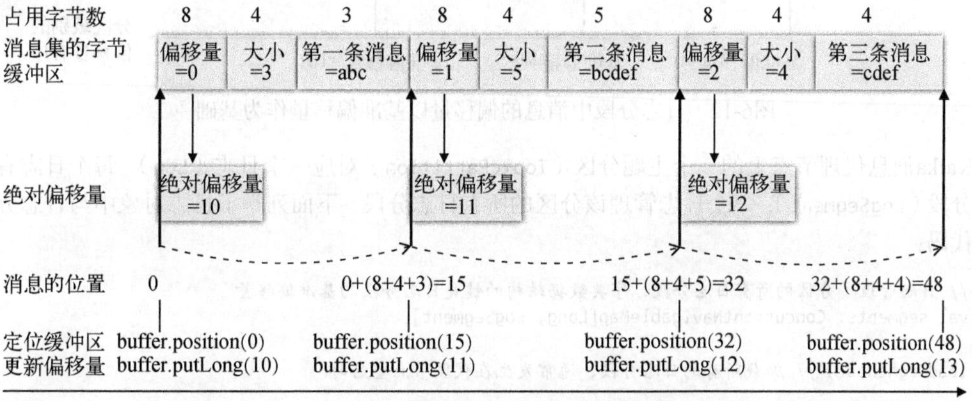

图6-10　相对偏移量转换为绝对偏移量

消息集经过分配绝对偏移量后，才可以追加到日志分段中，日志分段接收消息集并写到文件中。

6.1.3 日志分段

服务端处理每批追加到日志分段中的消息集，都是以nextOffsetMetadata作为起始的绝对偏移量。因为这个起始偏移量总是递增的，所以每一批消息的偏移量也一直保持递增。我们可以得出的结论是：**同一个分区的所有日志分段中，所有消息的偏移量都是递增的**。如图6-11所示，上面的箭头从全局的

日志分段角度看，下面每个日志分段中的箭头则只从当前的日志分段看，有下面的两个特点：

- 新创建日志分段的基准偏移量，都比之前分段的基准偏移量要大；
- 同一个日志分段中，新消息的偏移量也比之前消息的偏移量要大。

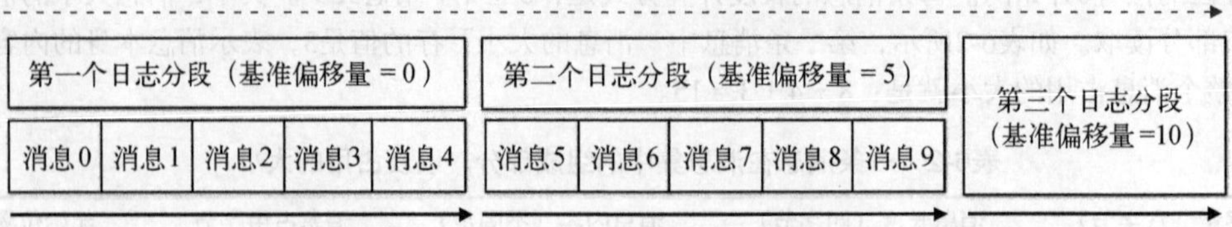

图6-11　分区级别的消息偏移量是有序的

如图6-12所示，客户端传递的每一批消息，它们的偏移量都是从0开始的相对偏移量。消息集追加到日志分段后，相对偏移量会被更新为绝对偏移量。每个日志分段都有一个基准偏移量（segmentBaseOffset），日志分段中每条消息的偏移量都是以这个基准偏移量为基础的。

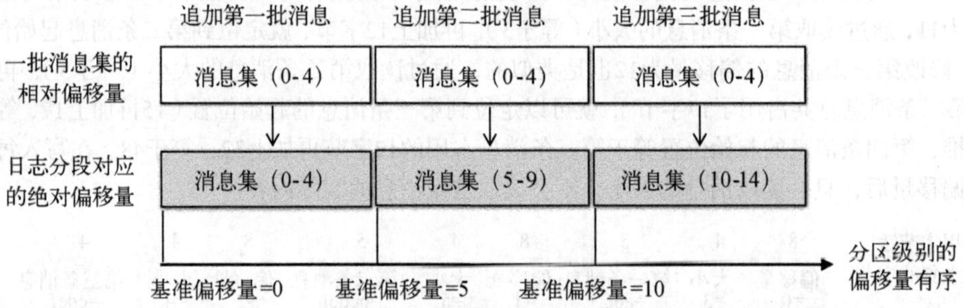

图6-12　日志分段中消息的偏移量以基准偏移量作为基础

Kafka消息代理节点上的一个主题分区（TopicPartition）对应一个日志（Log）。每个日志有多个日志分段（LogSegment），一个日志管理该分区的所有日志分段。下面列举了日志对象中与日志分段有关的代码：

```
// 日志管理了分区的所有日志分段，字典数据结构的键是日志分段的基准偏移量
val segments: ConcurrentNavigableMap[Long, LogSegment]

loadSegments() // 加载所有的日志分段，通常发生在代理节点重启时

def addSegment(segment: LogSegment) =  // 添加日志分段到日志中
  segments.put(segment.baseOffset, segment)
// 任何时刻，只会有一个活动的日志分段
def activeSegment = segments.lastEntry.getValue

// “下一个偏移量元数据”，它的数据都是从当前活动的日志分段获取的
@volatile var nextOffsetMetadata = new LogOffsetMetadata(
    activeSegment.nextOffset(), // 下一条消息的偏移量
    activeSegment.baseOffset,  // 日志分段的基准偏移量
    activeSegment.size.toInt) // 日志分段的大小
```

```
// 下一条消息的偏移量，取自“下一个偏移量元数据”中的第一个字段值
def logEndOffset = nextOffsetMetadata.messageOffset
```

这里最重要的是活动日志分段（activeSegment），用到它的相关变量和方法有下面几个。

- activeSegment被定义为一个方法，它会获取segments的最后一个元素，作为日志最新的活动分段。如果有新日志分段产生，就会被加入到segments的最后一个，这样再次调用activeSegment方法获取的就是新创建的日志分段。
- “下一个偏移量元数据”（nextOffsetMetadata）被定义为一个变量，它的数据依赖于activeSegment，比如活动分段的下一个偏移量值（nextOffset）、活动分段的基准偏移量（baseOffset）、活动分段的大小（size）。
- 日志的最新偏移量（logEndOffset）表示下一条消息的偏移量，它取自nextOffsetMetadata的下一个偏移量，实际上是活动日志分段的下一个偏移量值。

“下一个偏移量元数据”是一个LogOffsetMetadata对象。它的下一条消息偏移量（nextOffset），一般会随着消息的追加一直发生变化。另外，因为消息追加到活动的日志分段，日志分段的大小（size）也会发生变化。“日志分段的大小”会用来判断当前日志分段是否达到阈值，如果达到阈值，日志就会创建一个新的日志分段，并把新创建的日志分段作为“当前活动的日志分段”。日志分段的“基准偏移量”（baseOffset）一般不会变化，除非“当前日志分段”发生变化。

“下一个偏移量元数据”对象在追加消息过程中起到重要的作用，相关的步骤如下。

(1) 追加消息前，使用nextOffsetMetadata的消息偏移量，作为这一批消息的起始偏移量。
(2) 如果滚动创建了日志分段，当前活动的日志分段会指向新创建的日志分段。
(3) 追加消息后，更新nextOffsetMetadata的消息偏移量，作为下一批消息的起始偏移量。

1. 日志的偏移量元数据

日志的偏移量元数据是日志的一个重要特征。客户端对消息的读写操作，都会用到日志的偏移量信息。如图6-13所示，写入消息集到日志，日志的“下一个偏移量”（nextOffset）会作为消息集的“起始偏移量”。从日志读取消息时，不能超过日志的“结束偏移量”（logEndOffset）或“最高水位”（highWatermark）。

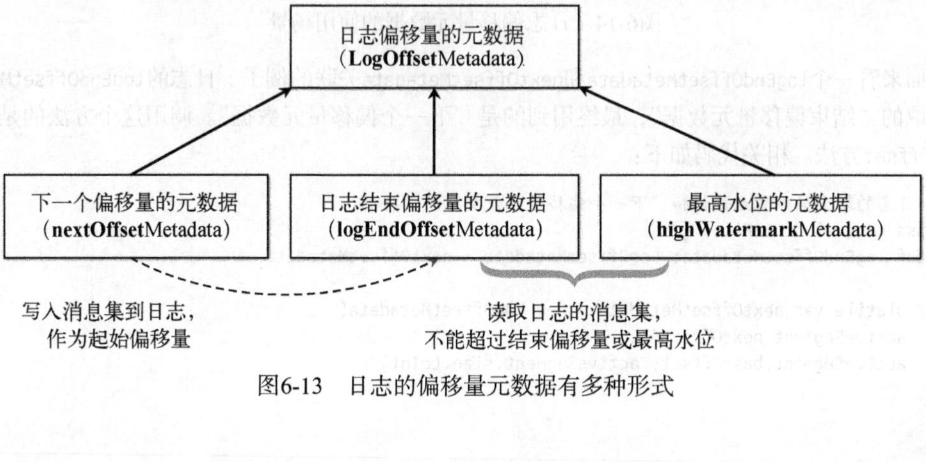

图6-13　日志的偏移量元数据有多种形式

日志的偏移量结构包括3部分：消息的偏移量（messageOffset）、日志分段的基准偏移量（segmentBaseOffset）、消息在日志分段中的物理位置（relativePositionInSegment），其中后两者不一定会有值。追加消息时使用的nextOffsetMetadata，这3个变量都从当前活动的日志分段（activeSegment）获取。相关代码如下：

```
// 日志的偏移量元数据
case class LogOffsetMetadata(messageOffset: Long,
  segmentBaseOffset: Long = LogOffsetMetadata.UnknownSegBaseOffset,
  relativePositionInSegment: Int = LogOffsetMetadata.UnknownFilePosition)
```

追加消息时，因为很明确地知道要写到日志的活动分段中，所以活动分段的基准偏移量和大小都是已知的，nextOffsetMetadata关于日志偏移量元数据的3个变量都有值。但读取时使用的日志偏移量元数据（比如结束偏移量、最高水位）只有消息的偏移量（第一个变量），没有其他的两个变量信息。

如图6-14所示，读取和写入消息集时都会创建或更新LogOffsetMetadata。写入操作主要使用了Log的nextOffsetMetadata（图中虚线上半部分）。读取操作主要使用了Replica的logEndOffsetMetadata和highWatermarkMetadata（图中虚线下半部分）。

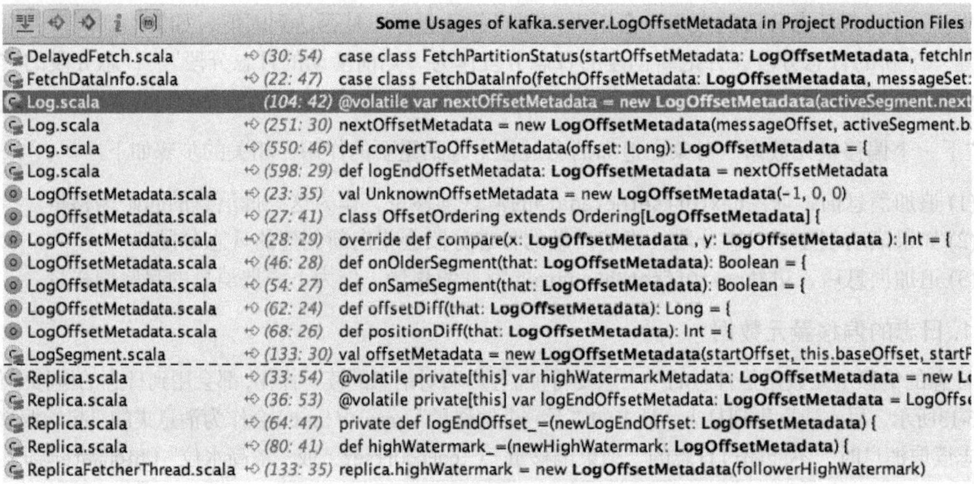
Some Usages of kafka.server.LogOffsetMetadata in Project Production Files
DelayedFetch.scala (30: 54) case class FetchPartitionStatus(startOffsetMetadata: LogOffsetMetadata, fetchIn
FetchDataInfo.scala (22: 47) case class FetchDataInfo(fetchOffsetMetadata: LogOffsetMetadata, messageSet:
Log.scala (104: 42) @volatile var nextOffsetMetadata = new LogOffsetMetadata(activeSegment.next
Log.scala (251: 30) nextOffsetMetadata = new LogOffsetMetadata(messageOffset, activeSegment.b
Log.scala (550: 46) def convertToOffsetMetadata(offset: Long): LogOffsetMetadata = {
Log.scala (598: 29) def logEndOffsetMetadata: LogOffsetMetadata = nextOffsetMetadata
LogOffsetMetadata.scala (23: 35) val UnknownOffsetMetadata = new LogOffsetMetadata(-1, 0, 0)
LogOffsetMetadata.scala (27: 41) class OffsetOrdering extends Ordering[LogOffsetMetadata] {
LogOffsetMetadata.scala (28: 29) override def compare(x: LogOffsetMetadata , y: LogOffsetMetadata): Int = {
LogOffsetMetadata.scala (46: 28) def onOlderSegment(that: LogOffsetMetadata): Boolean = {
LogOffsetMetadata.scala (54: 27) def onSameSegment(that: LogOffsetMetadata): Boolean = {
LogOffsetMetadata.scala (62: 24) def offsetDiff(that: LogOffsetMetadata): Long = {
LogOffsetMetadata.scala (68: 26) def positionDiff(that: LogOffsetMetadata): Int = {
LogSegment.scala (133: 30) val offsetMetadata = new LogOffsetMetadata(startOffset, this.baseOffset, startP
Replica.scala (33: 54) @volatile private[this] var highWatermarkMetadata: LogOffsetMetadata = new Lo
Replica.scala (36: 53) @volatile private[this] var logEndOffsetMetadata: LogOffsetMetadata = LogOffse
Replica.scala (64: 47) private def logEndOffset_=(newLogEndOffset: LogOffsetMetadata) {
Replica.scala (80: 41) def highWatermark_=(newHighWatermark: LogOffsetMetadata) {
ReplicaFetcherThread.scala (133: 35) replica.highWatermark = new LogOffsetMetadata(followerHighWatermark)

图6-14　日志偏移量元数据的使用场景

下面来看一个logEndOffsetMetadata和nextOffsetMetadata关联的例子。日志的logEndOffsetMetadata方法获取的“结束偏移量元数据”，最终用到的是“下一个偏移量元数据”。调用这个方法的是副本的logEndOffset方法。相关代码如下：

```
// 日志的结束偏移量元数据和“下一个偏移量元数据”是一样的
class Log(val dir: File) {
  def logEndOffsetMetadata: LogOffsetMetadata = nextOffsetMetadata

  @volatile var nextOffsetMetadata = new LogOffsetMetadata(
    activeSegment.nextOffset(),
    activeSegment.baseOffset, activeSegment.size.toInt)
}
```

```
// 每个副本对应一个可选的日志(Log),如果副本有日志,表示副本是本地的
class Replica(val brokerId: Int, val partition: Partition,
              val log: Option[Log] = None) {
  // 副本的日志结束偏移量
  def logEndOffset = log match {
    case Some(log) => log.get.logEndOffsetMetadata
    case None => logEndOffsetMetadata
  }
}
```

为什么日志的“结束偏移量”可以认为和“下一个偏移量”相等？如果相等的话，为什么不只用一个变量来统一表示？实际上，如图6-15所示，“下一个偏移量”专门针对写入操作，“结束偏移量”则专门针对读取操作。这两个偏移量对应的元数据虽然相同，但是对应的客户端不同。

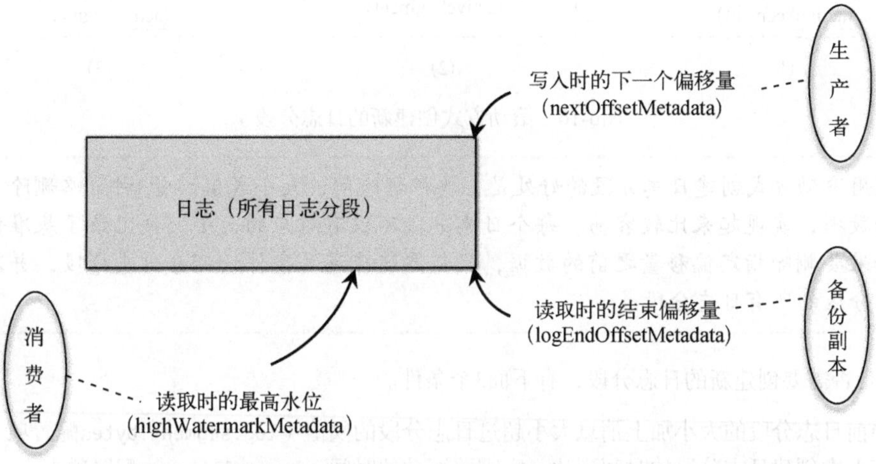

图6-15 服务端处理客户端请求时，使用不同的偏移量元数据

注意：Kafka的分区有主副本和备份副本，它们分布在不同的节点上。不同节点上的副本都有一个日志文件。因为每个副本在对应的消息代理节点上都有日志文件，所以每个副本也都有日志的偏移量信息。日志（Log）和分区（Partition）之间并没有直接的关联，日志（Log）和副本（Replica）才有关联关系。分区通过管理主副本和备份副本，从而间接地管理所有副本中的日志。日志和副本是一一对应的，一个副本对应一个日志。但实际上在Kafka分布式存储系统中，因为存在主副本和备份副本，副本如果不是本地的，就没有日志。总结下：副本有主副本和备份副本之分，日志则有本地和远程之分。

---

2. 滚动创建日志分段

为消息集分配偏移量后，日志会将消息追加到最新的日志分段。如果当前的日志分段放不下新追加的消息集，日志会采用“滚动”方式创建一个新的日志分段，并将消息集追加到新创建的日志分段中。如图6-16所示，滚动创建日志分段分为下面3个步骤。

(1)“当前活动的日志分段”指向旧的日志分段。

(2) 旧的日志分段空间不足，会创建新的日志分段。

(3)“当前活动的日志分段”指向新的日志分段。

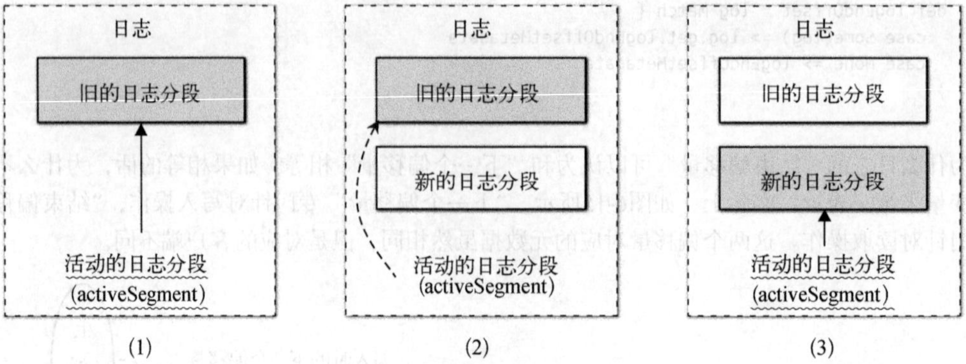

图6-16 滚动方式创建新的日志分段

注意： 采用滚动方式创建日志分段的好处是，要根据时间、大小或偏移量3种策略删除日志的部分数据，实现起来比较容易。每个日志分段不仅有对应的大小，也记录了基准偏移量。如果要删除指定偏移量之前的数据，只需要选择满足条件的部分日志分段，并不需要获取分区的所有日志分段。

判断是否需要创建新的日志分段，有下面3个条件。

- 当前日志分段的大小加上消息大小超过日志分段的阈值（`log.segment.bytes`配置项）。
- 离上次创建日志分段的时间到达一定需要滚动的时间（`log.roll.hours`配置项）。
- 索引文件满了。日志分段由数据文件和索引文件组成，第一个条件是数据文件满了，会创建新的日志分段；这里的第三个条件是索引文件满了，也会创建新的日志分段。

采用滚动方式创建日志分段的代码如下：

```
// 日志管理了所有的日志分段，并在需要时滚动创建新的日志分段，来存储新追加的消息
class Log(val dir: File,...){
  // 根据消息大小，判断是否需要创建新的日志分段。如果不需要，返回现有的日志分段
  def maybeRoll(messagesSize: Int): LogSegment = {
    val segment = activeSegment // 以最后一个日志分段看是否到达滚动条件
    if (segment.size > config.segmentSize - messagesSize ||
        time.ms - segment.created > config.segmentMs ||
        segment.index.isFull){
      roll() // 创建新的日志分段
    } else segment // 使用当前的日志分段，不需要创建新的日志分段
  }

  // 创建新的日志分段，并将其添加到日志管理的segments字典中
  def roll(): LogSegment = {
```

```
        val newOffset = logEndOffset // 最新的偏移量，作为日志分段的基准偏移量
        val segment = new LogSegment(dir, startOffset=newOffset, ...)
        addSegment(segment)

        updateLogEndOffset(nextOffsetMetadata.messageOffset) // 只更新偏移量
        scheduler.schedule("flush-log",()=>flush(newOffset),delay=0L)
        segment // 返回值是新创建的日志分段
      }
    }
```

新创建日志分段的基准偏移量取自logEndOffset，实际上是nextOffsetMetadata的消息偏移量值（messageOffset），也是当前活动日志分段的下一个偏移量值（nextOffset）。如图6-17所示，假设已经有两个日志分段，第三个日志分段初始时nextOffsetMetadata的下一个偏移量等于10，基准偏移量等于10。客户端发送多批消息集，服务端的处理步骤如下。

(1) 第一批消息有3条消息，追加到第三个日志分段，下一个偏移量改为13，基准偏移量仍是10。

(2) 第二批消息有5条消息，追加到第三个日志分段，下一个偏移量改为18，基准偏移量仍是10。

(3) 第三批消息有2条消息，追加到第三个日志分段，下一个偏移量改为20，基准偏移量仍是10。

(4) 第四批消息有10条消息，当前活动的日志分段即第三个日志分段放不下这10条消息。满足滚动条件，创建第四个日志分段。第四个日志分段的下一个偏移量初始时为20，基准偏移量也是20。当新创建的日志分段加入到segments后，当前活动的日志分段会指向新创建的日志分段。第四批的10条消息就会追加到第四个日志分段。

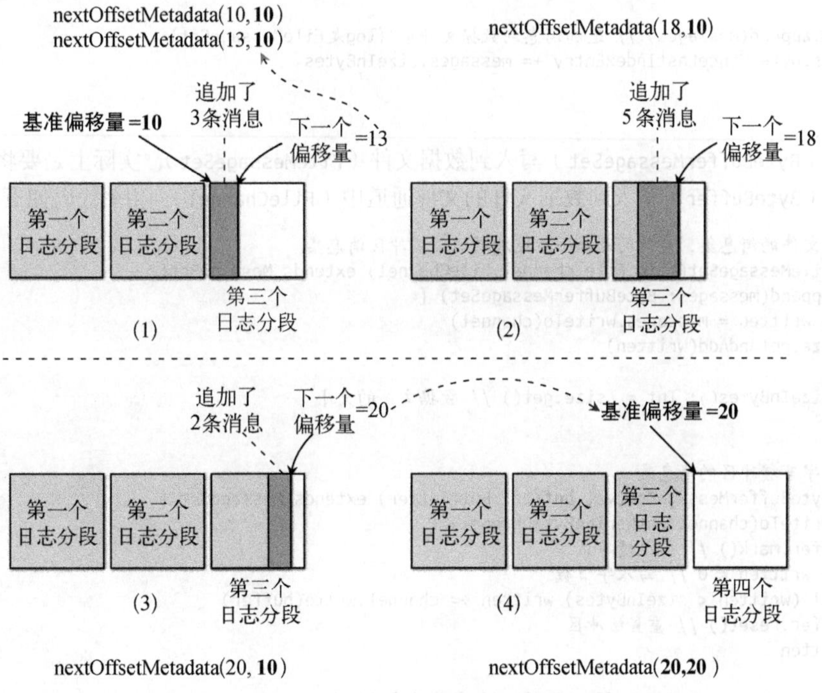

图6-17 创建新日志分段时，下一个偏移量和基准偏移量的取值方式

消息集追加到已有的日志分段或者新创建的日志分段，每个日志分段由数据文件和索引文件组成。数据文件的实现类是文件消息集（FileMessageSet），它保存了消息集的具体内容。索引文件的实现类是偏移量索引（OffsetIndex），它保存了消息偏移量到物理位置的索引。

3. 数据文件

追加一批消息到日志分段，每次都会写到对应的数据文件中，同时间隔indexIntervalBytes大小才写入一条索引条目到索引文件中。假设一条消息占用10字节，每隔100字节才会写入一个索引条目，即10条消息才会写入一个索引条目。如果一批消息有500字节，因为只会调用一次日志分段的append()方法，所以最多也只会创建一个索引条目。相关代码如下：

```
// 日志分段包括数据文件和索引文件，基准偏移量是每个日志分段的标识
class LogSegment(val log:FileMessageSet,val index:OffsetIndex,
                 val baseOffset: Long, val indexIntervalBytes:Int){
  // 创建新的日志分段，会创建数据文件和索引文件，它们的文件名都以基准偏移量开头
  def this(dir: File, startOffset: Long) = this(
    new FileMessageSet(file = Log.logFilename(dir, startOffset),...),
    new OffsetIndex(index = Log.indexFilename(dir, startOffset),...))

  // 追加消息到日志分段，会写入数据文件，并在必要时写入索引文件
  def append(offset: Long, messages: ByteBufferMessageSet) {
    if(bytesSinceLastIndexEntry > indexIntervalBytes) {
      index.append(offset, log.sizeInBytes()) // 添加一条索引条目
      this.bytesSinceLastIndexEntry = 0 // 成功写一次索引后，重置为0
    }

    log.append(messages) // 追加消息到数据文件中（log是FileMessageSet)
    this.bytesSinceLastIndexEntry += messages.sizeInBytes
  }
}
```

消息集（ByteBufferMessageSet）写入到数据文件（FileMessageSet），实际上是要将消息集中的字节缓冲区（ByteBuffer）写入到数据文件的文件通道中（FileChannel）。相关代码如下：

```
// 基于文件的消息集，存储的是每一批追加的字节缓冲区消息集
class FileMessageSet(file:File,channel:FileChannel) extends MessageSet{
  def append(messages: ByteBufferMessageSet) {
    val written = messages.writeTo(channel)
    _size.getAndAdd(written)
  }
  def sizeInBytes(): Int = _size.get() // 数据文件的大小
}

// 基于字节缓冲区的消息集
class ByteBufferMessageSet(val buffer: ByteBuffer) extends MessageSet {
  def writeTo(channel:GatheringByteChannel)={
    buffer.mark() // 标记缓冲区
    var written = 0 // 写入字节数
    while(written < sizeInBytes) written += channel.write(buffer)
    buffer.reset() // 重置缓冲区
    written
  }
  def sizeInBytes: Int = buffer.limit // 字节缓冲区的大小
}
```

注意：日志分段的追加方法中，`log.sizeInBytes()`方法和`messages.sizeInBytes`方法的结果不一样。前者是数据文件的大小，后者是当前这批消息的大小，数据文件包括了多批追加的消息集。

消息集存储到日志分段中只是简单的追加。但要查询指定偏移量的消息，如果一条条查询就太慢了，而建立索引文件的目的就是：快速定位指定偏移量消息在数据文件中的物理位置。

4. 索引文件

写入数据文件的每一个消息集，它的每条消息都带有消息的绝对偏移量、大小、内容。为数据文件建立索引文件的基本思路是：建立“消息绝对偏移量”到“消息在数据文件中的物理位置”的映射关系。索引文件的存储结构有下面3种形式。

- 为每条消息都存储这样的对应关系：“消息的绝对偏移量”到“消息在数据文件中的物理位置”。
- 以稀疏的方式存储部分消息的绝对偏移量到物理位置的对应关系，减少内存占用。
- 将绝对偏移量改用相对偏移量，进一步减少内存的占用。

Kafka的索引文件采用第三种形式，具有以下特性。

- 索引文件映射偏移量到文件的物理位置，它不会对每条消息都建立索引，所以是稀疏的。
- 索引条目的偏移量存储的是相对于“基准偏移量”的“相对偏移量”，不是消息的“绝对偏移量”。
- 索引条目的“相对偏移量”和物理位置各自占用4字节，即1个索引条目占用8字节。
- 消息集的“消息绝对偏移量”占用8字节，索引文件的“相对偏移量”只占用4字节。
- 消息集8字节的“消息绝对偏移量”减去8字节的“基准偏移量”，结果是4字节。
- 偏移量是有序的，查询指定的偏移量时，使用二分查找可以快速确定偏移量的位置。
- 指定偏移量如果在索引文件中不存在，可以找到小于等于指定偏移量的最大偏移量。
- 稀疏索引可以通过内存映射方式，将整个索引文件都放入内存，加快偏移量的查询。

为了理解索引文件的几个特点，下面来看个例子。如图6-18所示，假设有1000条消息，每100条消息写满了一个日志分段，一共会有10个日志分段。客户端要查询偏移量为28的消息内容，如果没有索引文件，我们必须从第一个日志分段的数据文件中，从第一条消息一直往前读，直到找到偏移量为28的消息。有了索引文件后，我们可以在第一个日志分段的索引文件中，先找到偏移量等于20的物理位置39，然后再到数据文件中，从文件物理位置39开始往前读每一条消息，直到找到偏移量为28的消息。

索引文件通常比较小，可以直接放入内存。索引条目的键如果存储的是消息的绝对偏移量，那么每个索引条目占用12字节；如果存储的是消息的相对偏移量，每个索引条目只会占用8字节，可以减少三分之一的内存。

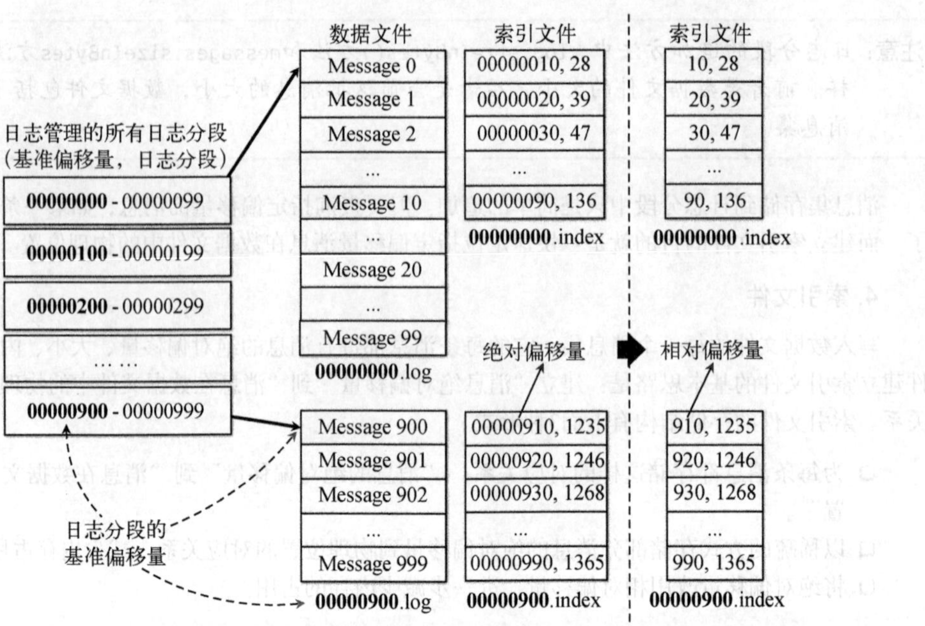

图6-18　索引文件建立消息偏移量到物理位置的映射关系

日志分段如果需要添加索引条目到索引文件，会先添加索引条目，然后才开始追加消息集到数据文件。索引文件的追加方法接收两个参数：第一个参数是追加消息集的起始绝对偏移量（它表示消息集第一条消息的绝对偏移量，这个偏移量值是nextOffset，已经是上一个消息集的最后一条消息偏移量再加上一了）；第二个参数是消息集第一条消息在数据文件中的物理位置。这两个参数都表示消息集第一条消息的信息，所以索引条目存储偏移量到物理位置的映射关系是准确的。相关代码如下：

```
// 日志分段的追加方法
def append(offset: Long, messages: ByteBufferMessageSet) {
  index.append(offset, log.sizeInBytes()) // 先加索引条目到索引文件
  log.append(messages) // 再追加消息到数据文件
}

// 索引文件
class OffsetIndex(var _file:File, val baseOffset:Long, val maxIndexSize:Int){
  var mmap: MappedByteBuffer = {
    val newlyCreated = _file.createNewFile()
    val raf = new RandomAccessFile(_file, "rw")
    val idx = raf.getChannel.map(FileChannel.MapMode.READ_WRITE,0,raf.length)
  }

  // 第一个参数是消息的绝对偏移量，第二个参数是未追加消息前数据文件的大小，即物理位置
  def append(offset: Long, position: Int) {
    if (size.get == 0 || offset > lastOffset) {
      this.mmap.putInt((offset - baseOffset).toInt) // 存储相对偏移量
      this.mmap.putInt(position) // 存储消息的物理位置
      this.size.incrementAndGet()
```

```
        this.lastOffset = offset
      }
    }
  }
```

这一节分析了消息集的追加流程，以及日志、日志分段、数据文件和索引文件这些概念。下面总结下这些概念之间的关联关系，以及在消息集追加过程中各自起到的作用。

- 一个日志由多个日志分段组成，日志管理了所有的日志分段。
- 日志用segments保存每个日志分段的基准偏移量到日志分段的映射关系。
- 日志分段的基准偏移量是分区级别的绝对偏移量。
- 日志分段中第一条消息的绝对偏移量也等于日志分段的基准偏移量。
- 每个日志分段都由一个数据文件和一个索引文件组成。
- 日志分段的数据文件和索引文件的文件名称以基准偏移量命名。
- 数据文件保存每条消息的格式是：消息的绝对偏移量、消息的大小、消息的内容。
- 索引文件保存消息偏移量和消息在数据文件中的物理位置。
- 索引文件中索引条目的键存储值是：消息的绝对偏移量减去基准偏移量。
- 索引文件可以通过内存映射的方式，将整个索引文件加载到内存中，加快文件的读取。

下一节我们分析消息的读取流程，和追加消息流程一样，也从日志开始，不会涉及上层的业务逻辑。

6.1.4 读取日志

Kafka中分区的主副本负责消息集的读写操作，消费者或者备份副本都会向主副本同步数据。客户端读取主副本的过程又叫作“拉取”，拉取主副本的消息集，一定会指定拉取偏移量。比如，前面章节中消费者会根据提交偏移量，或者客户端设置的重置策略，从指定的拉取位置（startOffset）开始拉取消息。服务端处理客户端的拉取请求，就会返回从这个位置开始读取的消息集。另外，客户端还会指定拉取的数据量（fetchSize），这个值默认是max.partition.fetch.bytes配置项，大小为1 MB。

注意： 客户端拉取消息时，还有一个fetch.min.bytes配置项，大小为1字节。这个配置项表示服务端至少要有1字节，才会返回响应结果给客户端；如果没有，就不需要返回结果。这个细节和本节的读取操作关系不是很大，所以会在后面分析“延迟的拉取请求”时再详细分析。

一个分区对应的日志管理了所有的日志分段，日志保存了基准偏移量和日志分段的映射关系。给定一个偏移量，要读取从指定位置开始的消息集，最多读取fetchSize字节。因为fetchSize默认大小只有1 MB，而日志分段对应的数据文件大小默认有1 GB，所以通常来说服务端读取日志时，没有必要读取所有的日志分段，只需要选择其中的一个分段，就可以满足客户端的一次拉取请求。

日志分段的选择要参考客户端设置的起始偏移量。如图6-19所示，假设日志管理的所有日志分段，它们的基准偏移量分别是[000,100,200,300,400,500]。客户端要读取起始偏移量等于350的消息，服务端不需要从第一个日志分段开始读取，它可以直接跳到基准偏移量为300的日志分段开始读取消息。这个操作叫作floor，即从所有基准偏移量中选择出小于等于350的最大值，最后的结果就是300。

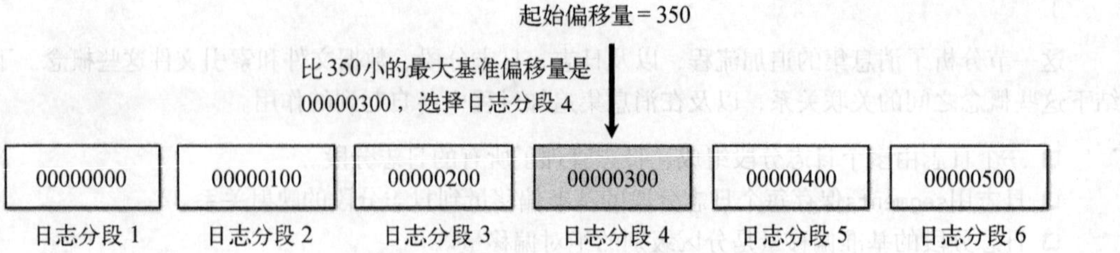

图6-19 根据起始偏移量选择一个日志分段

日志的读取方法和调用日志分段的读取方法，有多个很容易混淆的参数，下面是这些参数的说明。

- startOffset。客户端拉取请求设置的起始偏移量，日志会根据这个起始偏移量找出日志分段。
- maxLength。客户端拉取请求设置的拉取大小（fetchSize），默认是1 MB。
- maxOffset。最大的偏移量，备份副本的拉取，不会有这个值。如果是消费者的拉取，为了不让未提交的消息传给客户端，主副本会有一个"最高水位"标记，超过最高水位的消息不会被消费者拉取。
- maxPosition。日志分段读取方法的最后一个参数，即entry.getValue.size的值，entry表示通过startOffset选择的日志分段。获取日志分段的大小，实际上是数据文件的大小。这个值是文件的物理位置，不是偏移量。它主要会在真正读取数据文件时使用，作为读取的长度限制。比如，我们定位到了数据文件的起始读取位置后，这个数据文件有多大，最多只能读取到这个数据文件的末尾。

注意：要特别注意"偏移量"（offset）和"位置"（position）这两个名词的区别。"偏移量"针对消息而言，每条消息都有递增的偏移量。而"位置"主要针对数据文件，它表示的是消息在数据文件中的物理位置。后续的代码中有出现position的变量，一般都是针对数据文件的，而且跟文件的物理位置有关。

日志读取方法的相关代码如下：

```
// 日志管理了所有的日志分段，保存了基准偏移量和日志分段的映射关系
val segments = new ConcurrentSkipListMap[Long, LogSegment]

// 从指定的起始偏移量读取日志
def read(startOffset:Long,
    maxLength: Int,  // fetchSize，默认值为1 MB
    maxOffset: Option[Long]=None) = { // 最大偏移量
  var entry = segments.floorEntry(startOffset) // 先找日志分段
  while(entry != null) {
    val fetchInfo = entry.getValue.read(
      startOffset, maxOffset, maxLength, entry.getValue.size)
    if(fetchInfo==null) // 如果日志分段没有读到数据，会去读取更高的分段
```

```
      entry=segments.higherEntry(entry.getKey)
    else return fetchInfo
  }
  FetchDataInfo(nextOffsetMetadata, MessageSet.Empty)
}
```

上面的代码考虑了读取日志分段，但没有读取到消息的情况。代码会通过一个循环不断往后找下一个日志分段，直到读取到数据才会结束。我们只需要分析一个日志分段的读取过程，其他日志分段的读取过程都是类似的：每次循环都会更新日志分段（entry），对应的最大物理位置（maxPosition）也会更新。其他的变量，比如起始偏移量、最大长度、最大偏移量，都不会变化（前两者是客户端设置的变量，最大偏移量则和具体的日志分段无关，它表示日志的最高水位）。

如图6-20所示，因为日志分段是逻辑概念，它管理了物理概念的一个数据文件和索引文件。读取日志分段时，要先读取索引文件再读取数据文件，不应该直接读取数据文件，具体步骤如下。

(1) 根据起始偏移量（startOffset）读取索引文件中对应的物理位置。

(2) 查找索引文件最后返回：起始偏移量对应的最近物理位置（startPosition）。

(3) 根据起始位置直接定位到数据文件，然后开始读取数据文件的消息。

(4) 最多只能读取到数据文件的结束位置（maxPosition）。

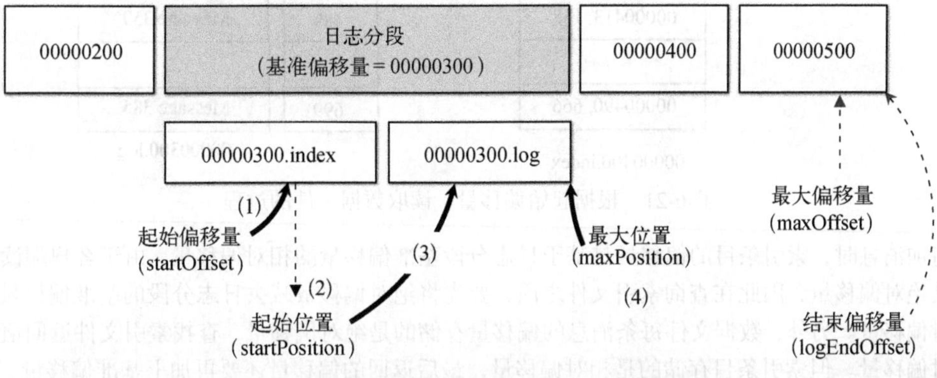

图6-20　读取日志分段的过程中，有一些重要的变量

索引文件采用稀疏索引的方式，建立消息绝对偏移量到物理位置的映射关系。如果给定一个任意的目标偏移量去查找索引文件，不一定能找到对应的索引条目。但索引文件中所有索引条目的偏移量都是递增的，我们可以找到离目标偏移量最近的索引条目偏移量（小于目标偏移量的最大值，和找日志分段的floor操作类似）。如图6-21所示，读取日志分段时，从索引文件到数据文件的步骤如下。

(1) 起始偏移量为350，找到索引文件中偏移量为345的索引条目，对应的物理位置是328。

(2) 根据物理位置328，直接定位到数据文件的328文件位置。

(3) 读取每条消息的偏移量，但不读取消息内容。

(4) 步骤(3)最终会找到偏移量为350的消息，得到物理位置448。

(5) 客户端定位到数据文件的448位置，开始真正读取起始偏移量为350的消息内容。

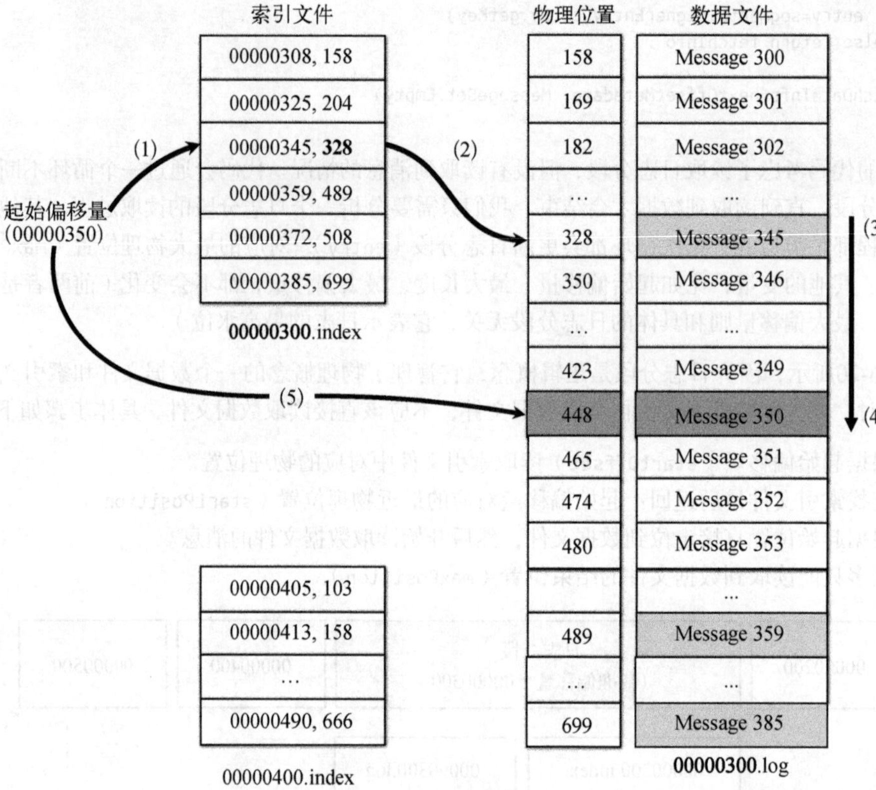

图6-21　根据起始偏移量，读取数据文件的过程

追加消息时，索引条目的偏移量是基于日志分段基准偏移量的相对偏移量。由于客户端读取消息给的是绝对偏移量，因此在查询索引文件之前，要先将绝对偏移量减去日志分段的基准偏移量，转换为相对偏移量。另外，数据文件每条消息的偏移量存储的是绝对偏移量，查找索引文件返回值也应该是绝对偏移量。但索引条目存储的是相对偏移量，最后返回的偏移量还要再加上基准偏移量。

如图6-22所示，客户端要查询起始偏移量为350的消息，首先会定位到文件名称为300的日志分段。查询索引文件时，将绝对偏移量350减去基准偏移量300得到50，再去查询索引文件。通过二分查找查到了相对偏移量为45的索引条目，返回结果要将相对偏移量45加上基准偏移量300得到绝对偏移量345。然后再定位到物理位置为328的数据文件，并从绝对偏移量为345的消息开始读取，直到查询到绝对偏移量为350的消息。

注意： 给定起始偏移量，查询索引文件，最后还要返回索引条目的偏移量（相对偏移量），因为起始偏移量不一定存在于索引文件中。但索引条目的相对偏移量不能直接返回，要加上基准偏移量后才可以返回。对于客户端调用者来说，实际上它并不需要知道索引文件底层存储相对偏移量还是绝对偏移量，而只需要知道给一个绝对偏移量，返回的也是绝对偏移量就行了。

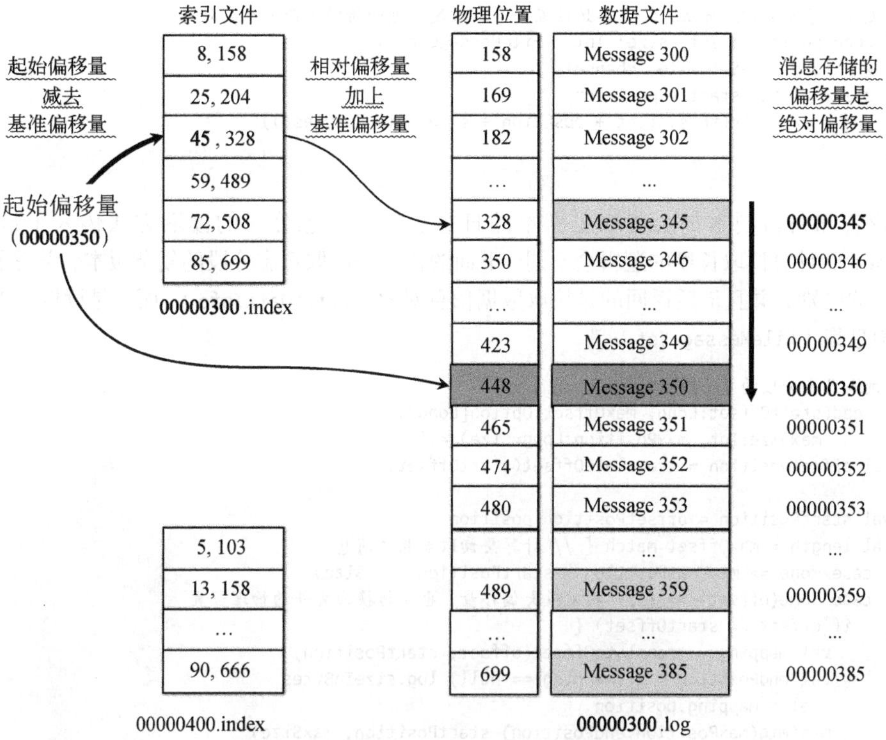

图6-22 绝对偏移量和相对偏移量的转换

读取日志会先选择一个日志分段，然后调用这个日志分段的read()方法读取数据。

1. 读取日志分段

下面的代码片段是针对“备份副本拉取请求”简化后的读取方法：

```
// 读取日志分段的简化版本，备份副本不会使用maxOffset
def read(startOffset:Long, maxOffset:Option[Long], // 起始偏移量和最大偏移量
        maxSize:Int, maxPosition:Long=size) = { // 最大拉取大小和最大物理位置
  val startPosition = translateOffset(startOffset) // 将起始偏移量转换为起始位置
  val length = min(maxPosition - startPosition.position,maxSize) // 读取长度
  log.read(startPosition.position,length) // 根据起始位置和读取长度，读取数据文件
}
```

其中translateOffset()方法将起始偏移量（startOffset）转换成它在数据文件中的起始物理位置（startPosition）。读取数据文件时，最大偏移量表示的数据文件大小（maxPosition）和起始物理位置的差距，要和客户端设置的拉取大小（maxSize）进行比较，取两者的最小值为读取长度（length）。

日志分段的log引用指的是文件消息集（FileMessageSet），而不是日志对象（Log）。文件消息集的读取方法会根据传入的开始位置和读取长度，构造一个新的文件消息集对象。读取文件的一般做法是：定位到指定的位置，读取出指定长度的数据，并且借助字节缓冲区来保存读取出来的数据。而这里读取出来后还要用对象来表示，所以直接创建新的文件消息集，类似于一个视图对象。相关代码如下：

```
// 文件消息集的读取方法，给定起始位置和读取长度，返回新的文件消息集对象
def read(position: Int, size: Int): FileMessageSet = {
  new FileMessageSet(file, channel,
    start = this.start + position,
    end = math.min(this.start + position + size, sizeInBytes())
  )
}
```

消费者和备份副本都会读取主副本的日志。如果日志分段的读取方法传入了最大偏移量（maxOffset），计算读取长度的逻辑会不同。下面的代码是读取日志分段的复杂版本，考虑了消费者和备份副本的区别，并且最后返回的是拉取数据信息对象（FetchDataInfo），而不是读取数据文件返回的文件消息集（FileMessageSet）：

```
// 读取日志分段的复杂版本
def read(startOffset:Long, maxOffset:Option[Long],
        maxSize:Int, maxPosition:Long=size) = {
  val offsetPosition = translateOffset(startOffset)

  val startPosition = offsetPosition.position
  val length = maxOffset match { // 计算要读取多长的消息
    case None => min(maxPosition - startPosition, maxSize)
    case Some(offset) => { // 指定最大偏移量，也要转换为文件的物理位置
      if(offset >= startOffset) {
        val mapping = translateOffset(offset, startPosition)
        val endPosition = if(mapping == null) log.sizeInBytes
          else mapping.position
        min(min(maxPosition,endPosition)-startPosition, maxSize)
      }
    }
  }
  FetchDataInfo(
    // 起始偏移量、日志分段的基准偏移量、数据文件的起始读取位置
    new LogOffsetMetadata(startOffset, baseOffset, startPosition),
    log.read(startPosition,length)) // 读取数据文件
}
```

上面的代码有两处translateOffset()方法的调用：第一次是将起始偏移量（startOffset）转换为起始位置（startPosition），第二次是将最大偏移量（maxOffset）转换为结束位置（endPosition）。如图6-23（左）所示，“备份副本”拉取消息时没有使用最大偏移量。右图中消费者拉取消息时，最多只能读到最大偏移量对应的结束位置。

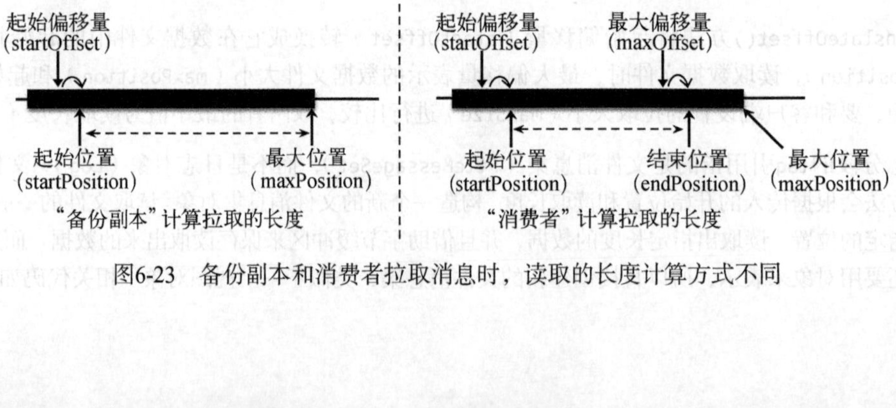

图6-23　备份副本和消费者拉取消息时，读取的长度计算方式不同

下面我们重点分析translateOffset()方法的实现。注意，将起始偏移量转换为文件的起始位置，需要分别查询索引文件和搜索数据文件。

2. 查找索引文件

每个日志分段都对应一个索引文件和数据文件。给定起始偏移量，先调用索引文件的lookup()查询方法，获得离起始偏移量最接近的物理位置。然后再调用数据文件的searchFor()方法，从指定的物理位置开始读取每条消息，直到找到起始偏移量对应的起始位置。相关代码如下：

```
// 日志分段将起始偏移量转换为文件的起始物理位置
def translateOffset(offset: Long,
    startingFilePosition: Int = 0): OffsetPosition = {
  // 查询索引文件，返回值包括偏移量和物理位置，但不一定准确地对应到起始偏移量
  val mapping: OffsetPosition = index.lookup(offset)
  // 搜索数据文件，返回值包括偏移量和物理位置，而且一定准确地对应到起始偏移量
  log.searchFor(offset, max(mapping.position, startingFilePosition))
}
```

注意：既然在搜索数据文件时，可以找到起始偏移量对应的起始位置，为什么不直接读取消息？这是因为转换方法只是负责找到起始位置，并不负责读取消息。具体的读取动作交给日志分段处理，而且日志分段的读取方法还会计算出要读取多少长度的消息。

下面我们先来分析查询索引文件的过程。索引文件用内存映射（mmap）的方式加载到内存中。由于在查询的过程中，可能会有新的索引条目添加到索引文件，导致内存映射发生变化，因此要先复制出一个字节缓冲区（idx），然后在这个字节缓冲区上查询，不需要和底层索引文件发生磁盘读取的操作。相关代码如下：

```
// 查询索引文件
def lookup(targetOffset: Long): OffsetPosition = {
  val idx = mmap.duplicate // 查询时mmap会发生变化，先复制一个出来
  val slot = indexSlotFor(idx, targetOffset) // 二分查找
  if(slot == -1) OffsetPosition(baseOffset, 0)
  else OffsetPosition(
    baseOffset + relativeOffset(idx, slot), // 基准偏移量加上相对偏移量
    physical(idx, slot) // 绝对偏移量在数据文件中对应的物理位置
  )
}
```

对索引文件进行二分查找返回的OffsetPosition包含两个信息：偏移量和物理位置。偏移量不一定和起始偏移量对应，物理位置也不会和起始位置对应。查询返回的物理位置和返回的偏移量是对应的。相关代码如下：

```
// 找到小于等于目标偏移量的最大偏移量
def indexSlotFor(idx: ByteBuffer, targetOffset: Long): Int = {
  // 将目标偏移量减去基准偏移量，转为相对偏移量，才能和索引条目进行比较
  val relOffset = targetOffset - baseOffset
  if(entries == 0) return -1 // 检查索引文件有没有条目
  // 如果索引条目最小的偏移量都比目标偏移量要大，说明不在这个索引文件里
```

```
    if(relativeOffset(idx, 0) > relOffset) return -1 // 有效性检查

    // 二分查找的一个前提是数组是有序的，而在写入索引条目时已经保证了有序性
    var lo = 0
    var hi = entries - 1
    while(lo < hi) {
      val mid = ceil(hi/2.0 + lo/2.0).toInt
      val found = relativeOffset(idx, mid) // 可以把idx看作数组，取第mid个元素
      if(found == relOffset) return mid // 找到了，返回索引位置
      else if(found < relOffset) lo = mid
      else hi = mid - 1
    }
    lo // 没有找到，返回小于目标偏移量的最大偏移量，即lo
  }

  // 获取索引文件第n个索引条目的相对偏移量值
  def relativeOffset(buffer: ByteBuffer, n: Int) = buffer.getInt(n * 8)
  // 获取索引文件第n个索引条目的物理位置值
  def physical(buffer: ByteBuffer, n: Int) = buffer.getInt(n * 8 + 4)
```

索引文件中每个索引条目占用8字节，索引条目中偏移量和物理位置各自占用4字节。在查找过程中，需要读取出偏移量的值，然后和目标偏移量进行比较。如图6-24所示，relativeOffset()方法会根据索引编号快速地定位到偏移量的位置，然后读取这个索引条目的偏移量值。physical()方法会根据索引编号快速地定位到物理位置，然后读取出这个索引条目的物理位置值。

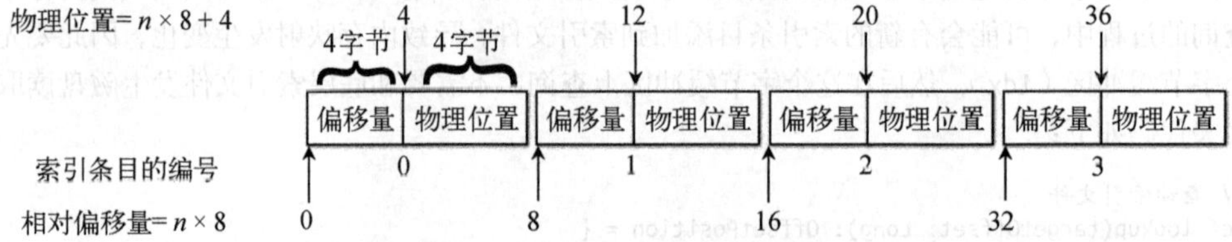

图6-24　根据索引条目编号快速读取偏移量的值和物理位置的值

如图6-25所示，二分查找的low、mid、high表示索引编号，found值是索引条目编号为mid的偏移量值。如果found值比目标偏移量（relOffset）小，在右边查找；如果found值比目标偏移量大，在左边查找。如果最后还是没有查到，则返回low，因为要找的是小于或等于目标偏移量的值。

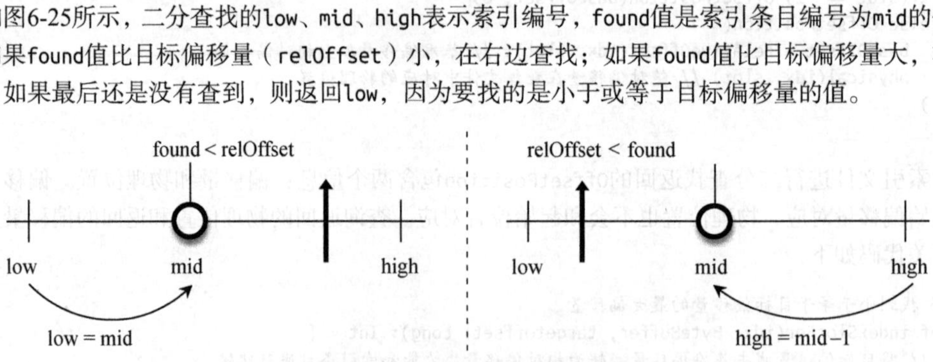

图6-25　使用二分查找，快速定位目标偏移量

查询索引文件返回的偏移量和物理位置不一定表示起始偏移量和起始位置，还需要搜索数据文件

才能确定起始偏移量对应的起始位置。只有确定起始位置，日志分段才会调用数据文件的读取方法读取消息。

3. 搜索数据文件

文件消息集的搜索方法中，第一个参数targetOffset表示要查询的目标偏移量，第二个参数startingPosition表示要从数据文件的哪个位置开始读取，它被用于最开始的文件定位。在读取数据文件的每条消息时，会判断消息的绝对偏移量是否等于起始偏移量，如果相等，表示找到这条消息；如果不相等，则继续读取下一条消息。相关代码如下：

```
// 从起始位置（第一个参数）搜索数据文件，找到偏移量等于目标偏移量（第二个参数）的消息
def searchFor(targetOffset: Long, startingPosition: Int): OffsetPosition = {
  var position = startingPosition
  // 缓冲区只保存偏移量和消息大小，并不能保存消息内容，实际上并不需要读取消息内容
  val buffer = ByteBuffer.allocate(MessageSet.LogOverhead)
  val size = sizeInBytes() // 文件消息的大小，超过这个值还没找到，返回空
  while(position + MessageSet.LogOverhead < size) {
    // 倒回会将指针移到缓冲区的开始位置。刚开始读取第一条消息，缓冲区为空。
    // 读完一条消息，在读下一条消息前，应该回到缓冲区的开始位置，重复利用缓冲区
    buffer.rewind()
    // 从文件通道读取数据到缓冲区。缓冲区被填满后，缓冲区的指针指到了末尾
    channel.read(buffer, position)
    // 回到缓冲区的开始位置，上一步是填充缓冲区，现在要从缓冲区中读取出内容
    buffer.rewind()
    // 读取缓冲区中的偏移量和大小
    val offset = buffer.getLong() // 偏移量的值
    if(offset>=targetOffset) return OffsetPosition(offset, position)
    val messageSize = buffer.getInt() // 消息的大小
    // 现在一条消息读取完了（实际上只读取了偏移量和大小），指针又到了缓冲区末尾
    position += MessageSet.LogOverhead + messageSize
  }
  null
}
```

注意： 上面代码中的LogOverhead字节缓冲区（buffer变量）和字节缓冲区消息集的buffer虽然都是字节缓冲区，但表示的数据不一样。前者最多只会存放一条消息的绝对偏移量和消息大小，而后者存放了客户端发送一个消息集中的所有消息。另外，操作文件消息集的文件通道（channel）就意味着和底层的数据文件打交道了，文件通道的读取方法会读取出数据文件中的消息内容。

在6.1.2节“1. 消息集”中，消息集每条消息由3部分组成：消息的绝对偏移量、消息的大小、消息的内容。要查询数据文件中消息偏移量等于目标偏移量的消息，需要读取每条消息第一部分的值。如果不满足条件，就应该立即读取下一条消息的绝对偏移量。为了快速读取每条消息的绝对偏移量，我们只需要读取每条消息前两部分的数据，它们占用的字节缓冲区是固定的12字节（8字节的绝对偏移量加上4字节的消息大小）。通过这种方式，我们不会读取消息内容，而是“跳跃式”在不同消息之间快速移动。

6

如图6-26所示，假设要查询目标偏移量为13的消息，数据文件的起始定位位置是0。查询第一条消息，它的偏移量为10，小于目标偏移量，于是读取第一条消息的大小，然后跳过这个大小定位到第二条消息的起始位置。查询第二条消息，它的偏移量为11，也小于目标偏移量，剩下的操作和第一条消息的处理方式类似。当查询到第四条消息时，消息的偏移量等于目标偏移量，就可以结束并返回结果了。

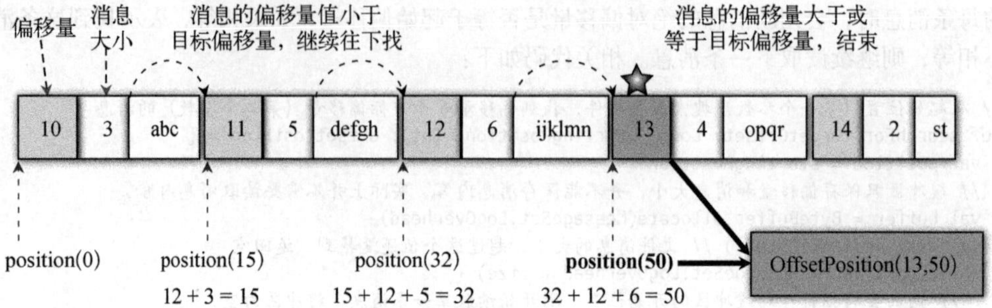

图6-26　查找目标偏移量对应的物理位置

现在已经分析完了日志的整个读取过程，在结束本节之前，再来看一个文件传输的优化方案。

4. 文件消息集视图

文件消息集是数据文件的实现类，这个类除了文件、文件通道外，还有两个代表文件位置的变量：开始位置（start）和结束位置（end）。文件消息集的读取方法根据起始位置和读取大小，创建一个新的文件消息集视图。每次调用读取方法，都会生成一个新的文件消息集对象。我们仅在服务端处理客户端的拉取请求时才会调用消息集的读取方法。相关代码如下：

```
// 文件消息集引用了底层的数据文件和文件通道。起始位置和结束位置表示文件的局部视图
class FileMessageSet (var file: File, val channel: FileChannel,
    val start: Int, val end: Int, isSlice: Boolean){
  // 读取文件消息集，给定起始位置和读取大小，创建一个新的文件消息集视图
  def read(position: Int, size: Int): FileMessageSet = {
    new FileMessageSet(file, channel,
      start = this.start + position,
      end = math.min(this.start + position + size, sizeInBytes()), true)
  }

  // 将文件消息集的数据传输到目标通道中，通常用于读取文件
  def writeTo(destChannel:GatheringByteChannel,writePosition:Long,size:Int)={
    val position = start + writePosition
    val count = math.min(size, sizeInBytes)

    // 下面两种传输实际上都是将当前文件通道的字节直接传输给外部通道
    val bytesTransferred = (destChannel match {
      // 虽然这个方法看起来是传入，但实际上会调用文件通道的transferTo()方法
      case tl: TransportLayer => tl.transferFrom(channel, position, count)
      case dc => channel.transferTo(position, count, dc)
    }).toInt
    bytesTransferred
```

```
    }
  }
```

如果客户端的拉取请求读取的是同一个日志分段（一个日志分段够客户端的拉取请求读取很多次），数据文件是同一个，说明同一个文件消息集会调用多次读取方法。虽然读取方法新创建的文件消息集视图每次都不同，但**所有的文件消息集都共用同一个文件和文件通道**。为了区分不同的文件消息集，我们把和日志分段相关的文件消息集叫作“原始文件消息集”，调用“原始文件消息集”读取方法创建的新文件消息集叫作“文件消息集视图”。“原始文件消息集”的起始位置为0，结束位置为无限大，而且它们都不会变化。但读取方法创建的“文件消息集视图”，它们的起始和结束位置则是变化的。

如图6-27所示，服务端读取日志分段创建了新消息集，并将消息集发送给客户端，具体步骤如下。

(1) 日志分段新创建数据文件，文件和文件通道会用来创建一个文件消息集对象（原始文件消息集）。

(2) 每次读取日志分段，都会调用原始消息集的读取方法。

(3) 原始消息集的每次读取方法，都会创建新的“文件消息集视图”。

(4) 文件消息集视图的`writeTo()`方法，会将文件通道的字节直接传输到客户端网络通道。

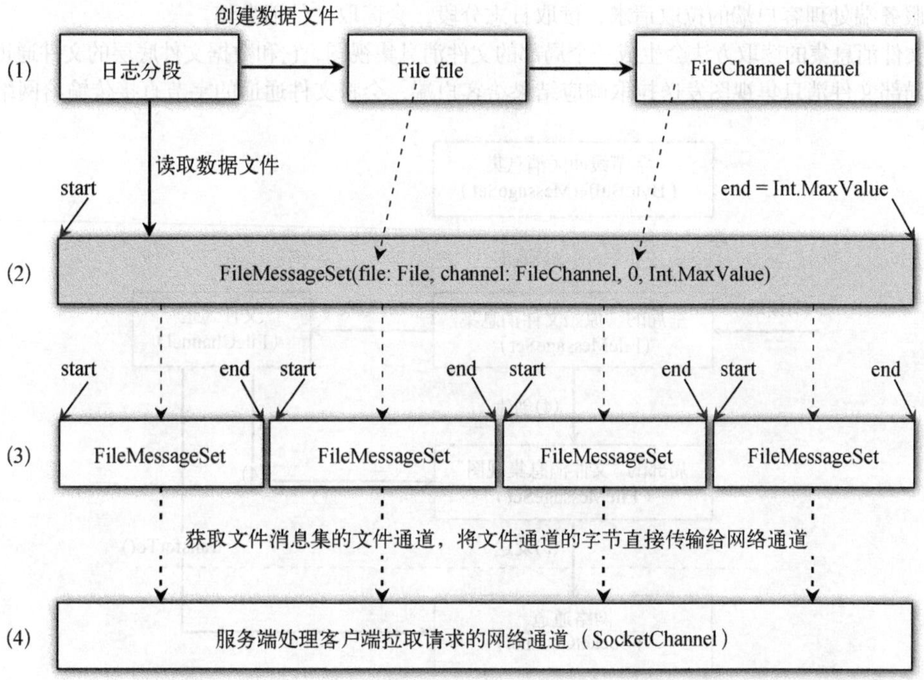

图6-27 调用原始文件消息集的读取方法，每次都会新创建一个文件消息集视图

读取方法创建的“文件消息集视图”，它的大小等于结束位置减去开始位置。因为是一个视图，所以一旦创建后，文件消息集就固定下来。即使有新的消息集追加到日志分段，它们只会追加到“原

始文件消息集"，不会改变已有的文件消息集视图。相关代码如下：

```
// 原始文件消息集和新创建的文件消息集视图，都是相同的对象，但是使用场景不同
class FileMessageSet (var file: File, val channel: FileChannel,
    val start: Int, val end: Int, isSlice: Boolean){
  // 新创建一个文件消息集视图，它的大小由结束位置减去开始位置确定
  val _size = new AtomicInteger(math.min(channel.size.toInt, end)-start)

  def sizeInBytes(): Int = _size.get()

  // 调用追加方法，只会针对原始文件消息集，不会针对读取方法创建的文件消息集视图
  def append(messages: ByteBufferMessageSet) {
    val written = messages.writeFullyTo(channel)
    _size.getAndAdd(written)
  }
}
```

原始文件消息集和新创建的文件消息集视图使用场景不同。前者可以看作全局的文件消息集，后者是局部的文件消息集视图。如图6-28所示，这两种文件消息集互相关联，与之相关的操作如下。

(1) 生产者产生的字节缓冲区消息集会追加到日志分段对应的文件消息集。
(2) 文件消息集会将字节缓冲区消息集写入到数据文件底层的文件通道中。
(3) 服务端处理客户端的拉取请求，读取日志分段，会读取文件消息集。
(4) 文件消息集的读取方法会生成一个局部的文件消息集视图，它和数据文件底层的文件通道相关。
(5) 局部文件消息集视图发送拉取响应结果给客户端，会将文件通道的字节直接传输给网络通道。

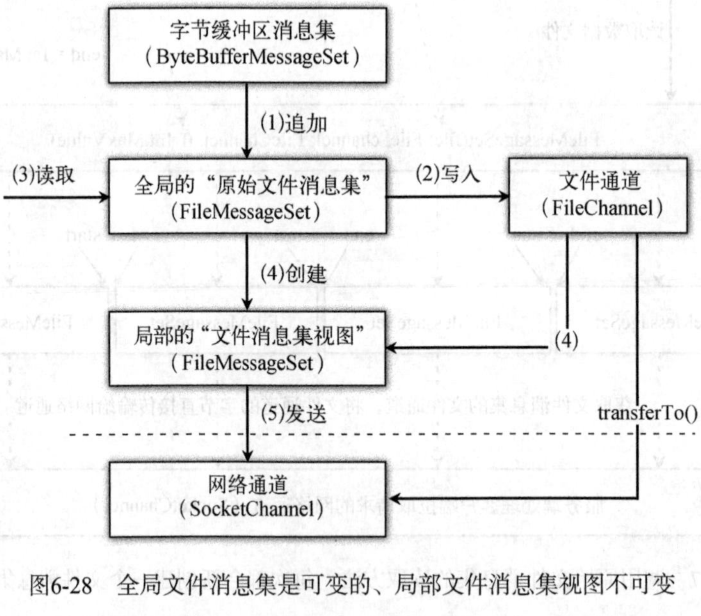

图6-28　全局文件消息集是可变的、局部文件消息集视图不可变

总结下来：全局的、可变的"原始文件消息集"除了接受消息集的追加，还会在每次处理客户端的拉取请求时，生成不可变的、局部的"文件消息集视图"。文件消息集视图的消息集表示一次拉取

请求的分区数据，它最终会被封装到拉取响应中，通过服务端的网络通道发送给客户端。

5. 文件通道零拷贝传输

Java的文件通道（FileChannel）提供了两个和外部通道交互的传输方法。transferTo()方法会将当前文件通道的字节直接传输到可写通道中，transferFrom()方法会将可读通道的字节直接传输到当前文件通道中。从方法名也可以看出，to是从本地传出到远程，from是从远程传入到本地。相关代码如下：

```
// 将当前文件通道的字节传输到给定的可写通道中
public abstract long transferTo(long position, long count,
                                WritableByteChannel target);

// 将一个可读文件通道的字节传输到当前文件通道中
public abstract long transferFrom(ReadableByteChannel src,
                                  long position, long count);
```

Kafka服务端处理客户端的拉取请求，在读取到文件消息集后，也会通过transferTo()方法将文件通道的字节传输到网络通道。如果从网络传输层来看，它的transferFrom()方法接收文件通道参数，表示文件通道的字节会传入网络传输层的网络通道。相关代码如下：

```
// Kafka的网络传输层，它的transferFrom()方法表示文件通道的字节会传入网络通道
public class PlaintextTransportLayer implements TransportLayer {
  public long transferFrom(FileChannel fileChannel,long position,long count){
    return fileChannel.transferTo(position, count, socketChannel);
  }
}
```

下面是文件消息集writeTo()方法的调用链，分区数据的发送对象会调用文件消息集的写入方法：

```
// 消息集的writeTo()方法会将文件通道的字节传输到目标通道
FileMessageSet.writeTo(GatheringByteChannel, long, int)
  |-- PartitionDataSend.writeTo(GatheringByteChannel)
      |-- KafkaChannel.send(Send)
          |-- KafkaChannel.write()
              |-- Selector.poll()
```

如图6-29所示，发送对象中的数据是读取日志得到的文件消息集视图。发送对象和网络传输层的网络通道通过Kafka通道进行关联。调用Kafka通道的发送方法，将发送对象发送到网络通道中，这实际上是将文件消息集视图的文件通道传输给网络通道（图中右侧竖直的虚线）。

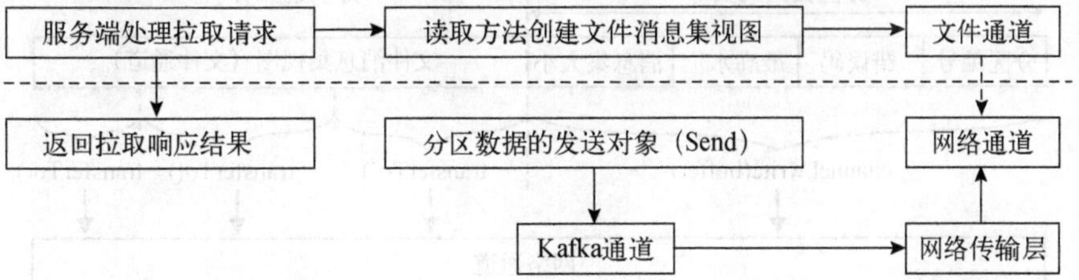

图6-29 服务端采用零拷贝将消息集视图的文件通道直接传输到网络通道

文件消息集视图中文件通道的字节传输给网络通道，并不一定会一次性全部发送完毕。如果分区数据要分成多次发送，会多次调用分区数据发送对象（PartitionDataSend）的writeTo()方法。注意：消息集之前的头部数据（即缓冲区的内容）只会写一次。相关代码如下：

```
// 要发送给客户端的分区数据，每个分区对应一个该对象
class PartitionDataSend(val partitionId: Int,
    val partitionData: FetchResponsePartitionData) extends Send{
  private val messageSize = partitionData.messages.sizeInBytes
  private var sentSize = 0

  // 缓冲区表示分区数据的头部，并不包含消息集的内容
  val buffer = ByteBuffer.allocate(18) // 头部一共18字节
  buffer.putInt(partitionId) // 4字节
  buffer.putShort(partitionData.error) // 2字节
  buffer.putLong(partitionData.hw) // 8字节
  buffer.putInt(partitionData.messages.sizeInBytes) // 4字节
  buffer.rewind() // 回到缓冲区的头部，接着会读取缓冲区的内容

  override def writeTo(channel: GatheringByteChannel): Long = {
    // 在上面rewind()后，缓冲区定位到头部，即还有剩余的空间，开始写到通道
    if (buffer.hasRemaining) written += channel.write(buffer)
    // 头部完全写完后，才会开始发送消息集的内容
    if (!buffer.hasRemaining) {
      if (sentSize < messageSize) {
        // partitionData.messages是文件消息集，channel是目标通道
        val bytesSent = partitionData.messages.writeTo(
          channel, sentSize, messageSize - sentSize)
        sentSize += bytesSent
      }
    }
  }
  // 判断发送对象是否已经发送完成
  override def completed = !buffer.hasRemaining && sentSize >= messageSize
}
```

客户端发送消息集中每条消息的格式是：偏移量、消息大小、消息内容。服务端返回给客户端的分区数据格式为：分区编号、错误码、最高水位、消息集大小、消息集。如图6-30所示，分区数据的头部采用缓冲区方式，直接写到网络通道。缓冲区的内容必须全部写到网络通道，才可以接着写消息集的内容。消息集内容比较多，服务端发送数据时会采用transferTo()零拷贝的方式，将消息集中文件通道中的字节数据直接传输给网络通道。

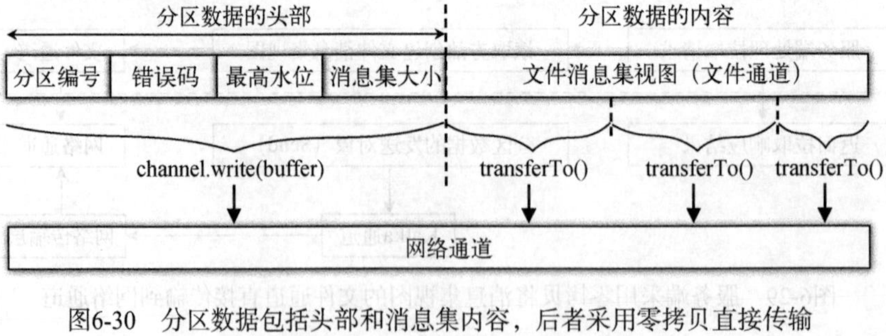

图6-30　分区数据包括头部和消息集内容，后者采用零拷贝直接传输

前面分析了一个分区对应的日志读写操作。总结下各种对象的关联关系：一个分区对应一个日志（Log），一个日志下有多个日志分段（LogSegment），每个日志分段都有一个数据文件（FileMessageSet）和索引文件（OffsetIndex）。下面分析日志的管理类（LogManager）。

6.1.5 日志管理

Kafka的日志管理负责日志的创建、检索、清理，但和日志相关的读写操作则交给日志实例去处理。每个逻辑意义的分区都对应一个物理意义的日志实例，日志管理类用logs管理了分区对应的日志实例。相关代码如下：

```
// 日志管理类保存了分区和日志实例的映射关系
class LogManager(val logDirs: Array[File]){
  private val logs = new Pool[TopicAndPartition, Log]()

  // 根据分区编号创建一个日志实例，并加入映射关系表中
  def createLog(tp: TopicAndPartition, config: LogConfig): Log = {
    var log = logs.get(tp)
    if(log != null) return log // 如果已经存在，直接返回
    val dataDir = nextLogDir() // 选择一个数据目录存储日志
    val dir = new File(dataDir, tp.topic + "-" + tp.partition)
    dir.mkdirs() // 日志目录的名称是由主题和分区组成
    log = new Log(dir, config, recoveryPoint = 0L, scheduler, time)
    logs.put(tp, log)
    log
  }
}
```

Kafka消息代理节点的数据目录配置项（log.dirs）可以设置多个目录。如图6-31（左）所示，代理节点的log.dirs=/tmp/kafka_logs1,/tmp/kafka_logs2，表示它有两个数据目录。代理节点负责的所有分区分别分布在这两个目录中，第一个数据目录下有[test0-0,test0-1,test1-2]，第二个数据目录下有[test0-2,test1-0,test1-1]。右图中，第一个数据目录下除了所有分区的日志目录，还有一个代表所有分区的全局检查点文件。

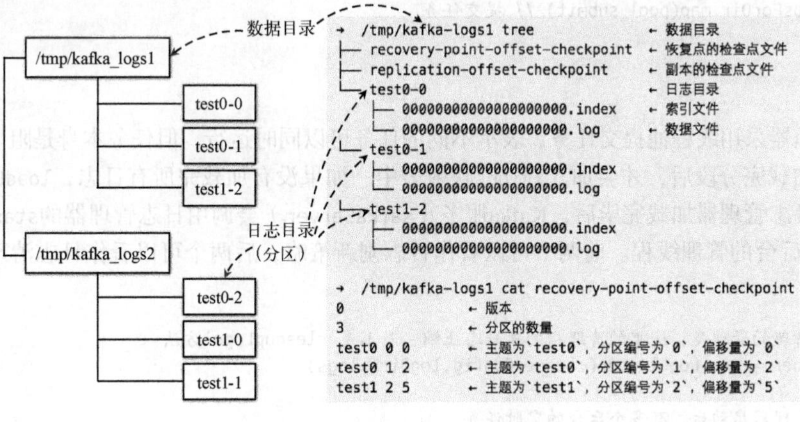

图6-31 数据目录和日志目录

注意：为了区分log.dirs和logDir，前者叫作数据目录，后者叫作日志目录。一个数据目录下可以有多个分区，而一个分区只对应一个日志目录。注意，同一个分区只会在其中的一个数据目录，不会同时存在多个数据目录中。

Kafka服务启动时会创建一个日志管理类，并且会执行loadLogs()方法加载所有的日志，而每个日志也会调用loadSegments()方法加载所有的分段。由于这个过程比较缓慢，因此日志管理类用线程池的方式，为每个日志的加载都创建一个单独的线程。相关代码如下：

```
// 日志管理类在启动时，会加载数据目录下的所有日志
class LogManager(val logDirs: Array[File]){
  val logs = new Pool[TopicAndPartition, Log]()
  // 每个数据目录都有一个检查点文件，存储这个数据目录下所有分区的检查点信息
  val checkpoints=logDirs.map((_,new OffsetCheckpoint(_,"checkpoint")))
  loadLogs() // 创建日志管理类，就会立即调用该方法，加载所有的日志

  private def loadLogs(): Unit = {
    val threadPools = mutable.ArrayBuffer.empty[ExecutorService]
    for (dir <- this.logDirs) { // 处理每个数据目录
      val pool = Executors.newFixedThreadPool(ioThreads)
      threadPools.append(pool) // 每个数据目录都有一个线程池
      var recoveryPoints = checkpoints(dir).read // 读取检查点文件内容

      val jobsForDir = for {
        // dir是数据目录，dirContent是数据目录下的所有日志目录
        dirContent <- Option(dir.listFiles).toList
        logDir <- dirContent if logDir.isDirectory // logDir是日志目录（分区）
      } yield { CoreUtils.runnable { // 每个日志目录都有一个线程
        val topicPartition = Log.parseTopicPartitionName(logDir)
        val config = topicConfigs.getOrElse(topicPartition.topic,default)
        val logRecoveryPoint = recoveryPoints.getOrElse(topicPartition,0L)
        val current=new Log(logDir,config,logRecoveryPoint,scheduler,time)
        this.logs.put(topicPartition,current) // 创建日志后，加入日志管理的映射表
      }}
      jobsForDir.map(pool.submit) // 提交任务
    }
  }
}
```

日志管理器采用线程池提交任务，表示不同的任务可以同时运行，但任务本身是阻塞式的。每个日志只有都加载完分段后，才会加入到logs映射表中。如果没有加载完所有日志，loadLogs()方法就不能返回。日志管理器加载完毕后，Kafka服务（KafkaServer）会调用日志管理器的startup()方法，启动下面4个后台的管理线程。前两个可以看作日志刷新策略，后两个可以看作日志清理策略。相关代码如下：

```
// 日志清理的管理类，这里的清理指的是日志压缩，而不是`cleanupLogs`方法
val cleaner = new LogCleaner(cleanerConfig,logDirs,logs)

// 日志管理器启动后，有多个后台的定时任务
def startup() {
```

```
  // 定时将所有数据目录所有日志的检查点写到检查点文件中
  scheduler.schedule("recovery",checkpointRecoveryPointOffsets)
  // 定时刷新还没有写到磁盘上的日志
  scheduler.schedule("log-flusher", flushDirtyLogs)
  // 定时清理失效的日志分段，并维护日志的大小
  scheduler.schedule("log-retention", cleanupLogs)
  // 定时压缩日志，相同键不同值的消息只保存最近一条
  if(cleanerConfig.enableCleaner) cleaner.startup()
}
```

Kafka服务端的配置文件（server.properties）中针对日志管理后台线程有不同的配置项：

```
# 启动时每个数据目录用来恢复日志的线程数（检查点相关的配置）
num.recovery.threads.per.data.dir=1

############################# 日志刷新策略 #########################
# 追加的消息立即写到文件系统的操作系统页面缓存中，有下面两种策略会刷新磁盘。
# 超过10000条消息，或者经过1秒就调用一次fsync，将页面缓存的数据刷写到磁盘
#log.flush.interval.messages=10000
#log.flush.interval.ms=1000

############################# 日志保留策略 #########################
# 清理日志也有两种策略。如果是时间策略，表示日志最多只会保存168小时，即7天；
# 如果是大小策略，超过这个大小后，多余的数据会被删除，保证日志不能太大
log.retention.hours=168
#log.retention.bytes=1073741824

log.segment.bytes=1073741824 # 日志分段超过1 GB，会创建新的日志分段
log.retention.check.interval.ms=300000 # 每5分钟检查是否有删除的日志

# 关闭日志压缩：日志分段在失效后删除。开启日志压缩：不同的日志分段会合并
log.cleaner.enable=false
```

下面按照服务端配置文件的顺序，依次分析检查点文件、日志刷新、日志清理、日志压缩。

1. 检查点文件

消息代理节点用多个数据目录存储所有的分区日志，每个数据目录都有一个全局的检查点文件，检查点文件会存储这个数据目录下所有日志的检查点信息。比如前面的示例中，/tmp/kafka-logs1会存储[test0-0,test0-1,test1-2]的检查点。检查点表示日志已经刷新到磁盘的位置，它在分布式存储系统中，主要用于故障的恢复。下面的代码列举了日志管理器中与检查点有关的方法：

```
// 日志管理类不仅管理了所有的日志，还管理了所有日志的检查点
val logs = new Pool[TopicAndPartition, Log]()
val checkpoints: Map[String, OffsetCheckpoint] = logDirs.map(
  logDir => (logDir,new OffsetCheckpoint(logDir,"checkpoint")))

// 根据数据目录对所有日志分组
def logsByDir: Map[String, Map[TopicPartition, Log]] =
  logs.groupBy { case (_,log) => log.dir.getParent }

// 对数据目录下的所有日志（即所有分区），将其检查点写入检查点文件
private def checkpointLogsInDir(dir: File): Unit = {
```

```
  val recoveryPoints: Map[TopicPartition, Log] =
    this.logsByDir.get(dir.toString)
  val logCheckPoints: Map[TopicPartition, Long] =
    recoveryPoints.mapValues(log => log.recoveryPoint)
  this.checkpoints(dir).write(logCheckpoints)
}

// 通常所有数据目录都会一起执行，不会专门操作某一个数据目录的检查点文件
def checkpointRecoveryPointOffsets() {
  this.logDirs.foreach(checkpointLogsInDir)
}
```

注意： 涉及检查点文件的日志管理操作只针对特定的数据目录，而日志管理类的logs映射表并没有区分数据目录。logsByDir()方法会对数据目录进行分组，确保同一个数据目录下的所有日志会分在同一个组。

如图6-32所示，检查点文件在日志管理类和日志实例的运行过程中起了重要作用，具体步骤如下。

(1) Kafka启动时创建日志管理类，读取检查点文件，并把每个分区对应的检查点（checkPoint）作为日志的恢复点（recoveryPoint），最后创建分区对应的日志实例。

(2) 消息追加到分区对应的日志，在刷新日志时，将最新的偏移量作为日志的检查点。

(3) 日志管理器会启动一个定时任务：读取所有日志的检查点，并写入全局的检查点文件。

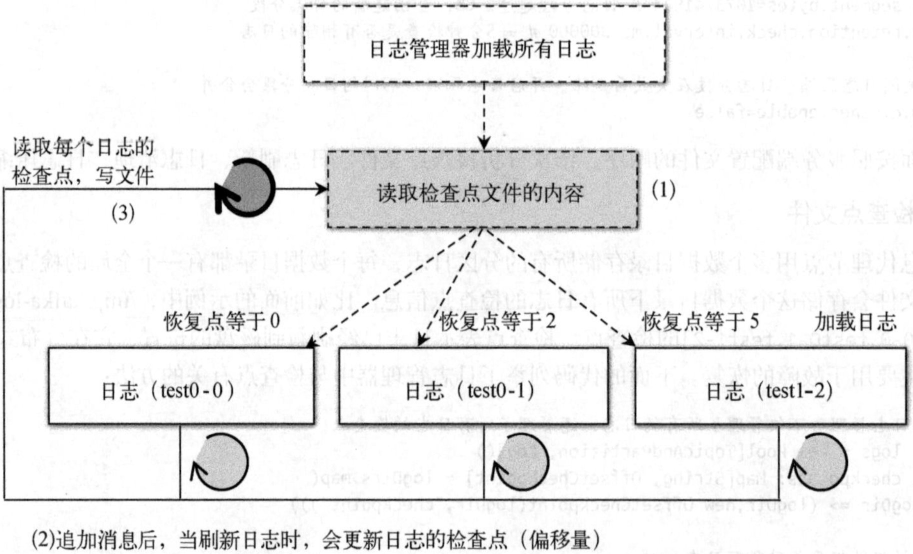

图6-32　读取检查点文件加载日志，刷新日志时更新检查点文件

2. 刷新日志

日志管理器启动时会定时调度flushDirtyLogs()方法，定期将页面缓存中的数据真正刷写到磁盘

的文件中。日志在未刷写之前，数据保存在操作系统的页面缓存中，这比直接将数据写到磁盘文件快得多。但这种做法同时也意味着：如果数据还没来得及刷写到磁盘上，消息代理节点崩溃了，就会导致数据丢失（当然，如果有副本，多个节点同时崩溃的情况比较少见，降低了数据丢失的风险）。有两种策略可以将日志刷写到磁盘上：时间策略和大小策略。对于时间而言，用调度器来做最适合，所以日志管理器启动的时候会启动一个定时器，每隔log.flush.interval.ms的时间执行一次刷写动作。相关代码如下：

```
// 日志管理器在启动时，会启动一个定时刷写所有日志的任务
private def flushDirtyLogs() = {
  for ((topicAndPartition, log) <- logs) {
    // 虽然是定时的，但是每个日志的最近刷新时间不同，下一次刷新的时间也不同
    val timeSinceLastFlush = time.milliseconds - log.lastFlushTime
    if(timeSinceLastFlush >= log.config.flushMs) log.flush
  }
}
```

对于大小策略，仅在有新消息产生的时候才可能有机会调用日志的flush()方法。相关代码如下：

```
// 每个日志在新创建日志分段，或未刷新的消息数量超过阈值时会刷写日志
class Log(val dir: File, @volatile var recoveryPoint:Long=0L) {
  def roll(): LogSegment = { // 滚动创建日志分段
    val newOffset = logEndOffset
    val segment = new LogSegment() // 立即启动定时刷写任务
    scheduler.schedule("flush-log",()=>flush(newOffset),delay=0L)
  }

  def append(messages: ByteBufferMessageSet) = {
    segment.append(appendInfo.firstOffset, validMessages)
    updateLogEndOffset(appendInfo.lastOffset + 1)
    // 未刷新消息数量的计算方式是：最新偏移量减去（上次的）检查点位置
    if (unflushedMessages >= config.flushInterval) flush()
  }
  def unflushedMessages = this.logEndOffset - this.recoveryPoint

  // 获取最近的偏移量，刷新上一次检查点到最近偏移量之间的所有日志分段
  def flush(): Unit = flush(this.logEndOffset)
  def flush(offset: Long) : Unit = {
    if (offset <= this.recoveryPoint) return
    // 刷新恢复点到最新偏移量之间的所有日志分段
    for(segment <- logSegments(this.recoveryPoint,offset))
      segment.flush() // 刷新数据文件和索引文件（调用操作系统的fsync）
    if(offset > this.recoveryPoint) {
      this.recoveryPoint = offset
      lastflushedTime.set(time.milliseconds) // 更新最近的刷新时间
    }
  }
}
```

消息追加到日志中，有下面两种场景会发生刷新日志的动作。

- 新创建一个日志分段，立即刷新旧的日志分段。
- 日志中未刷新的消息数量超过log.flush.interval.messages配置项的值。

刷新日志方法的参数是日志的最新偏移量（logEndOffset），它要和日志中现有的检查点位置（recoveryPoint）比较，只有最新偏移量比检查点位置大，才需要刷新。由于一个日志有多个日志分段，所以刷新日志时，会刷新从检查点位置到最新偏移量的所有日志分段，最后更新检查点位置。如图6-33（左）所示，消息集追加到一个日志分段中，通过收集的消息数量或者固定的间隔时间，周期性地更新检查点。如右图所示，新创建一个日志分段，会立即刷写旧的日志分段，并更新检查点。

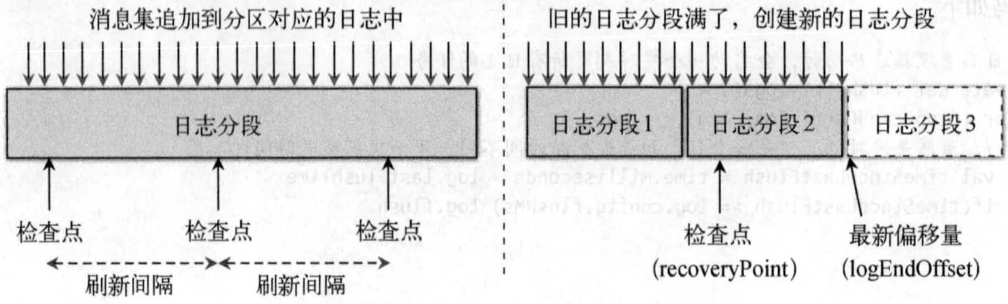

图6-33　刷新日志时，更新检查点

3. 清理日志

为了控制日志中所有日志分段的总大小不超过阈值（log.retention.bytes配置项），日志管理器会定时清理旧的日志分段。清理日志分段时，从最旧的日志分段开始清理。因为日志分段中消息的偏移量是递增的，所以清理旧的日志分段，表示清理旧的消息。日志清理有下面两种策略。

- 删除（delete）。超过日志的阈值，直接物理删除整个日志分段。
- 压缩（compact）。不直接删除日志分段，而是采用合并压缩的方式。

日志清理的相关代码如下：

```
// 日志管理器的日志清理任务
def cleanupLogs() {
  for(log <- allLogs; if !log.config.compact)
    cleanupExpiredSegments(log) + cleanupSegmentsToMaintainSize(log)
}

private def cleanupExpiredSegments(log: Log): Int = {
  log.deleteOldSegments(now - _.lastModified > log.config.retentionMs)
}

private def cleanupSegmentsToMaintainSize(log: Log): Int = {
  var diff = log.size - log.config.retentionSize
  def shouldDelete(segment: LogSegment) = {
    if(diff - segment.size >= 0) {
      diff -= segment.size
      true
    } else false
  }
  log.deleteOldSegments(shouldDelete)
}
```

删除日志的实现思路是：将当前最新的日志大小减去下一个即将删除的日志分段大小，如果结果超过阈值，则允许删除下一个日志分段；如果小于阈值，则不会删除下一个日志分段。如图6-34所示，假设有4个日志分段，大小分别是[1 GB,1 GB,1 GB,500 MB]，并且日志的大小阈值为1 GB。最终清理操作会删除前面两个日志分段，剩余后两个日志分段。虽然后两个日志分段加起来为1.5 GB，超过阈值的1 GB，但并不会删除第三个日志分段，因为如果把它删除，日志分段就只剩下500 MB了。

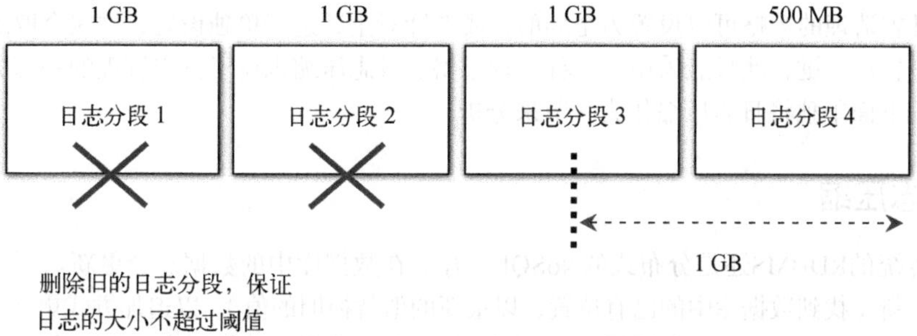

图6-34 删除日志分段，保证日志的大小不超过阈值

日志的deleteOldSegments()方法接收一个predicate()高阶函数。高阶函数的参数是日志分段，返回值表示该日志分段是否需要被删除。日志的所有日志分段都会调用该方法，但只有predicate()方法返回值等于true的日志分段才会被删除。删除日志分段是一个异步的操作，在执行异步删除之前，要将日志分段从映射表中删除，并将日志分段的文件名（数据文件和索引文件）添加上.deleted后缀，最后才调度异步删除日志分段的任务。相关代码如下：

```
// 日志管理器清理日志，让每个日志实例自己清理需要删除的日志分段
class Log(val dir: File, @volatile var recoveryPoint:Long=0L) {
  def deleteOldSegments(predicate: LogSegment => Boolean): Int = {
    lock synchronized {
      val deletable = logSegments.takeWhile(s => predicate(s))
      deletable.foreach(deleteSegment(_))
    }
  }
  private def deleteSegment(segment: LogSegment) {
    lock synchronized {
      segments.remove(segment.baseOffset) // 从映射关系表中删除数据
      asyncDeleteSegment(segment) // 异步删除日志分段
    }
  }
  private def asyncDeleteSegment(segment: LogSegment) {
    segment.changeFileSuffixes("", Log.DeletedFileSuffix)
    def deleteSeg() = segment.delete()
    scheduler.schedule("delete-file", deleteSeg)
  }
}
```

日志实例中涉及日志分段的修改，比如追加消息（append()）、删除（delete()）、滚动创建（roll()）、刷新（flush()）、截断（truncateTo()）、替换（replaceSegments()）、关闭（close()）、加载（loadSegments()）等操作，都会用一个对象锁保证同步。有些方法虽然没有直接加锁，但如果调用的是带有参数的logSegments(from,to)方法，也会进行加锁。

注意： 追加消息有加锁，但读取消息不需要加锁。否则消息在不断追加到分区的过程中，如果存在写锁，客户端读取时获取不到锁，就无法读取同一个分区的消息。

清理日志有两种策略：一种是根据时间或大小策略直接删除日志分段，另一种是针对每个键进行日志压缩。日志清理的策略可以设置为全局的，或者针对主题进行单独设置，这完全取决于你的业务需求。如果消息没有键，就只能采用第一种清理策略。日志压缩也属于日志管理的一部分，但这个内容比较复杂，下面单独将日志压缩作为一节来分析。

6.1.6　日志压缩

不管是传统的RDBMS还是分布式的NoSQL，存储在数据库中的数据总会更新。更新数据有两种方式：直接更新（找到数据库中的已有位置，以最新的值替换旧的值）、以追加方式更新（保留旧值，查询时再合并；或者会有一个后台线程，对相同键的所有记录进行定期合并操作）。第二种做法因为在写操作时不需要查询，所以写性能会很高。如表6-3所示，很多分布式存储系统都采用这种追加方式。这种方式的缺点是：需要通过后台的压缩操作保证相同键的多条记录，经过合并后只保留最新的一条记录。

表6-3　分布式存储系统采用追加日志的方式保存更新的数据

分布式系统	更新数据追加到哪里	数据文件	是否需要压缩操作
ZK	log	snapshot	不需要，因为数据量不大
Redis	aof	rdb	不需要，因为是内存数据库
Cassandra	commit log	data.db	需要，数据存在本地文件
HBase	commit log	HFile	需要，数据存在HDFS
Kafka	commit log	commit log	需要，数据存在分区的多个日志分段里

如图6-35所示，Kafka的消息由键值组成，在日志压缩时，如果相同的键出现了多次，则只会保留最新的那条消息。比如，键为`K1`出现了3次，偏移量分别是`[0,2,3]`，最后只会保留偏移量等于3的记录；键为`K2`出现了3次，偏移量分别是`[1,5,9]`，最后只会保留偏移量等于9的记录。

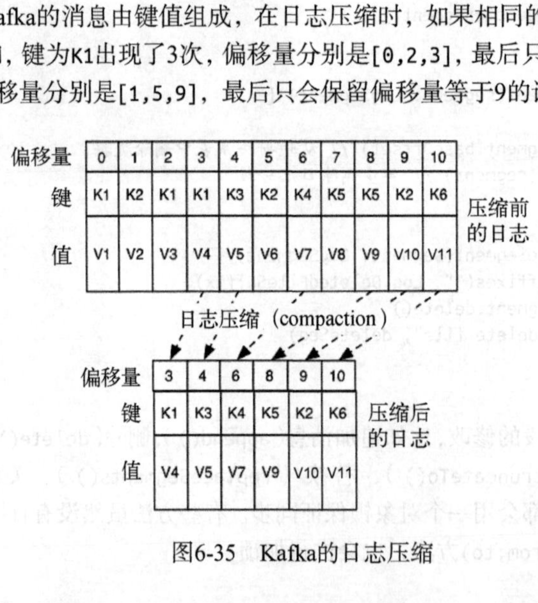

图6-35　Kafka的日志压缩

下面先介绍日志压缩的两个重要概念——清理点和删除点，然后分析日志压缩的具体实现。

1. 清理点（日志头部和尾部）

基于时间和大小策略的“日志清理”是一种粗粒度的日志保留策略，“日志压缩”则是一种基于每条记录的细粒度日志保留策略。前者的做法是：要么保留一个日志分段，要么删除整个日志分段。后者的做法是：如果相同键有新的记录，则有选择地删除旧的记录，保证每个键至少都保存有最近的一条记录。

不同的系统有不同的清理方式，比如JVM的垃圾回收算法将存活的对象复制、整理到指定区域；HBase或Cassandra的压缩策略会将多个数据文件合并、整理成新的数据文件。日志压缩的工作是：删除旧的更新操作，只保留最近的一次更新操作。为了执行日志压缩，我们需要解决下面两个问题：

- 如何选择参与合并的文件；
- 选择到文件后，如何压缩。

问题一：除了当前活动的日志分段（`activeSegment`），Kafka的日志压缩会选择其他所有的日志分段参与合并操作。之所以要排除活动的日志分段，是为了不影响写操作，因为追加消息总是追加到活动的日志分段的末尾。

注意：其他NoSQL分布式存储系统选择参与合并文件的算法比较复杂，因为它们把所有的数据文件都放在以表级别为粒度的同一个文件目录下。合并文件时，显然不能把表中所有数据文件都一起合并。而Kafka的每个文件目录都是一个分区，不同分区有不同的文件目录，每个分区目录下的日志分段都不会太多。即使一次合并一个分区下的所有日志分段，也不会有太大的问题。

问题二：日志压缩会将所有旧日志分段的消息，复制到新的日志分段上。为了降低复制过程产生的内存开销，Kafka在开始日志压缩操作之前，会将日志按照“清理点”（`CleanerPoint`）分成日志尾部和头部。如图6-36所示，方框中的数字表示偏移量，下面列举了3次日志压缩的步骤。

(1) 第一次日志压缩，清理点就等于0。日志头部的范围从0到活动日志分段的基准偏移量13。

(2) 第一次压缩后，清理点更新为13。第二次日志压缩时，日志头部范围从13到活动日志分段的基准偏移量20。日志尾部范围从0到清理点的位置13。

(3) 第二次压缩后，清理点更新为20。第三次日志压缩时，日志头部范围从20到活动日志分段的基准偏移量28。日志尾部范围从2到清理点的位置20。

上面几个步骤中，在开始日志压缩之前，日志头部和传统的Kafka日志类似，它们的偏移量都是顺序递增的，并且保存了所有的消息。日志尾部的偏移量是稀疏的，虽然整体上有序，但不是逐一递增的。比如第二次压缩之前，日志尾部的偏移量是`[0,2,5,6,8,9,10]`；第三次压缩之前，日志尾部的偏移量是`[2,5,9,14,17]`。

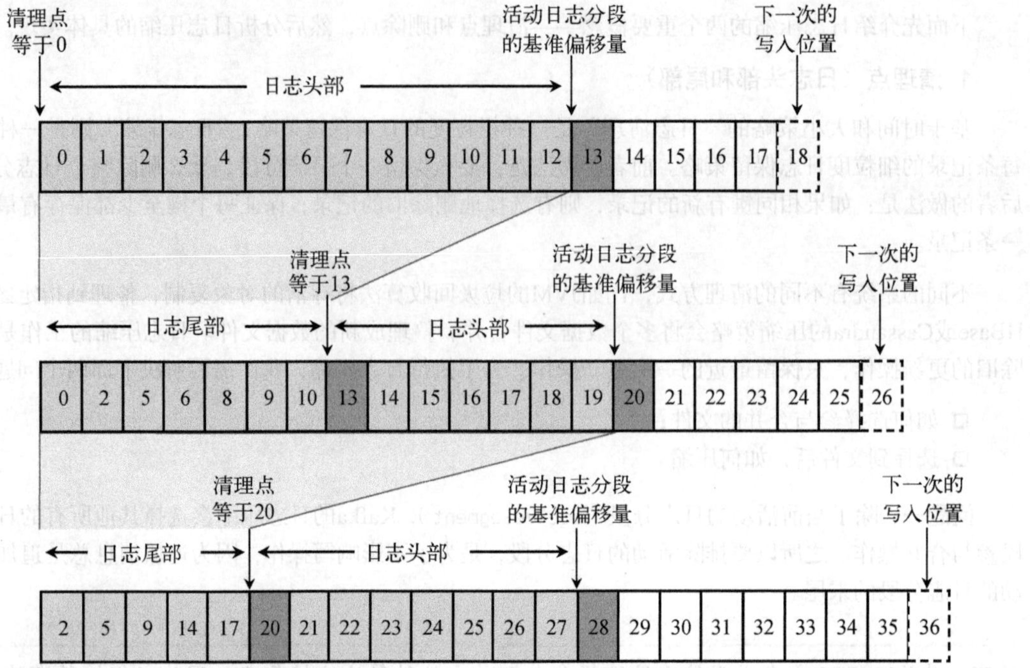

图6-36　待清理的日志包括之前清理过的日志尾部和从未清理过的日志头部

注意： 图中每条消息所在的键值、日志分段并没有画出来（除了活动日志分段的基准偏移量，可以比较明显地看出来），这些消息存储在不同的日志分段里。日志压缩面向整个分区，淡化了日志分段的边界。不过，具体在执行压缩动作时，还是会面向日志分段，因为复制消息时必须要读取原来的日志分段。

除了新引入的“清理点”概念，Kafka的日志压缩操作中与偏移量、文件位置相关的特点有以下几点。

- 日志压缩前后，日志分段中每条消息的偏移量和写入时总是保持一致。被保留的消息即使复制到新的日志分段，也不会改变消息的偏移量。即：消息总是有序的，日志压缩不会对消息重新排序。
- 日志压缩后，消息的物理位置会发生变化。因为生成了新的日志分段，日志分段中每条消息的物理位置会重新按照新文件来组织。
- 日志压缩后，日志分段的消息偏移量不再是连续的，但并不影响日志的查询。以图6-36为例，假设要读取偏移量分别是[15,16,17]的消息，它们都会从偏移量等于17的文件物理位置开始读取。

在清理日志的同时，客户端也会读取日志。因为日志头部的消息偏移量是逐一递增的，而日志尾部的消息偏移量是断续的。如果客户端总是能够赶上日志的头部，它就能读到日志的所有消息；反之，就可能不会读到全部的消息。如图6-37所示，不同的日志分段用虚线分隔，下面举例了客户端读取日志分段的步骤。

(1) 第一次日志压缩会合并偏移量从0到12的范围，客户端读取第一个日志分段读到偏移量3。

(2) 第一次日志压缩后，偏移量从0到12做了合并。客户端继续从偏移量4开始读取，但是日志分段中没有偏移量4的消息，客户端就只会从偏移量5开始读取。这种场景下，客户端没有赶上日志的头部，它就可能不会读到全部的消息。比如，从偏移量5到偏移量13中间被删除的消息，就不会被客户端读取到。

(3) 假设客户端在每次日志压缩完成之前，都已经读取到了日志的头部，它就可以读取到所有的消息。比如，在第二次日志压缩后，客户端已经读取到了偏移量20。那么第二次日志压缩即使完成了，对客户端也没有影响，因为客户端已经在日志头部之后了，偏移量20之前的消息都已经被客户端读取过了。

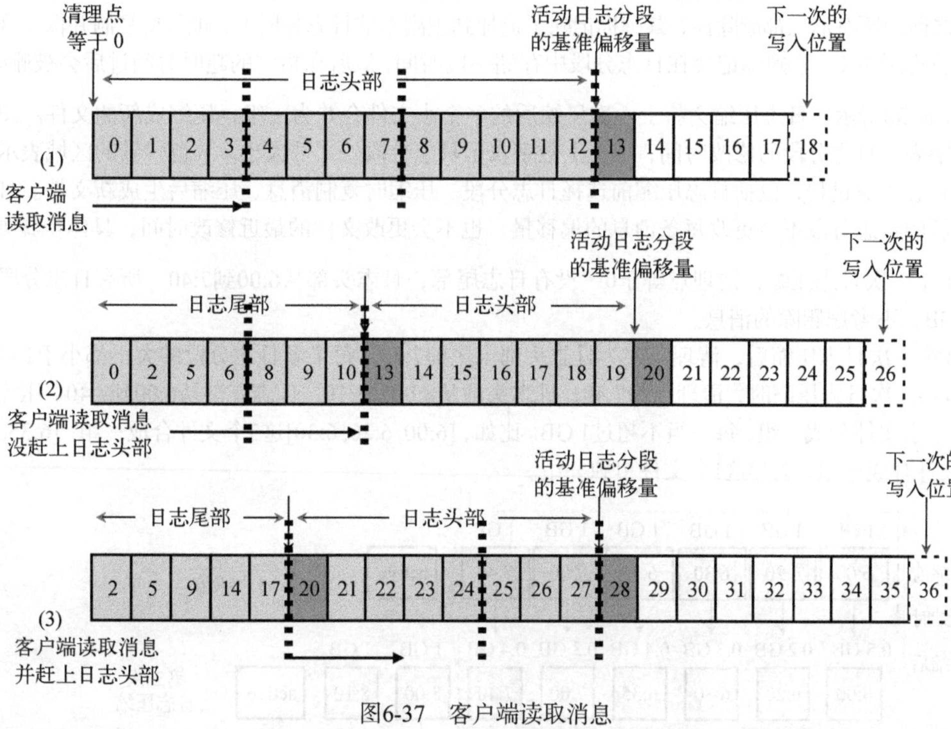

图6-37 客户端读取消息

"客户端有没有赶上日志头部"的依据是：**在日志压缩后，客户端有没有读取到日志头部的起始偏移量**。这个日志的头部指的是日志压缩后的日志头部，而不是日志压缩前的日志头部。因为每次日志压缩，日志头部的起始位置都会不同。下面对比了日志压缩前后，使用不同日志头部偏移量的区别。

- 以**日志压缩前**的日志头部偏移量作为依据。第一次**日志压缩前**的日志头部偏移量等于0。日志压缩后，客户端虽然读取过了偏移量0，但仍然不会读取到所有的消息。
- 以**日志压缩后**的日志头部偏移量作为依据。第一次**日志压缩后**的日志头部偏移量等于13。日志压缩后，客户端已经读取过偏移量13，说明已经读取了偏移量0到偏移量13之间的每条消息，这就意味着读取到了所有的消息。

日志压缩后，客户端即使没有读取到每条消息的所有记录，但它总能够读取到每条消息最近的那条记录。对于只关心消息最新状态的客户端而言，它们的消费速度可以放慢点，也不会有影响。对于关心每条消息所有状态的客户端而言，它们要一直保持与主副本的同步；否则一旦发生日志压缩，消息的旧状态被删除后，就对客户端不可见了。

2. 删除点（墓碑标记）

日志压缩还要考虑删除消息的场景。如果一条带有键的消息，它的值内容为`null`，表示这条“删除的消息”所在偏移量之前的所有消息都需要删除。当然，“删除的消息”本身也会被删除。在其他分布式存储系统中，“删除的消息”也叫作“墓碑标记”（tombstone）。

分布式存储系统中的每条消息都有多个副本，而消息的复制可能存在延迟或者失败。为了保证墓碑标记之前的所有消息都删除掉，墓碑标记除了追加到主副本的日志分段上，也需要复制并保存到其他节点的备份副本上。墓碑标记会在日志分段中存储一段时间，最后在指定的超时时间过后会被删除掉。

如图6-38所示，日志压缩会将上一次压缩后的多个小文件合并为一组，压缩成新的文件。图中方框内数字表示日志分段的修改时间，方框上数字表示日志分段的文件大小。灰色背景的区域表示一次完整的日志压缩过程，包括日志压缩前选择日志分段、压缩时复制消息、压缩后生成新文件。日志压缩后，新的日志分段不会更改每条消息的偏移量，也不会更改文件的最近修改时间，具体步骤如下。

(1) 第一次日志压缩，清理点等于0，没有日志尾部，日志头部从6:00到7:40。所有日志分段文件都是1 GB，不考虑删除的消息。

(2) 第一次日志压缩后，清理点改为日志头部末尾即7:40。每个新日志分段的大小都小于1 GB。

(3) 第二次日志压缩时，清理点为7:40，日志头部从8:00到8:10，日志尾部从6:00到7:40。压缩操作会将多个小文件分成一组，每一组不超过1 GB。比如，[6:00, 6:20, 6:30]这3个文件合成一组，[6:35, 7:00]这2个文件合成一组，7:40这1个文件单独一组。

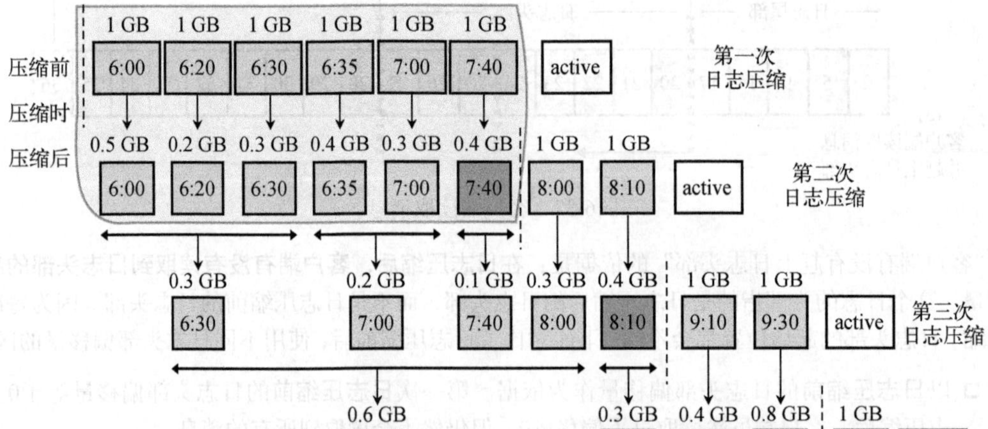

图6-38　日志压缩后，日志分段的最近修改时间不会改变

在第二次之后的日志压缩，都要考虑“删除的消息”（墓碑标记）是否需要保留。日志分段保留墓碑标记的条件是：日志分段的最近修改时间大于`deleteHorizonMs`。`deleteHorizonMs`的计算方式：从0到日志头部起始位置前的最后一个日志分段，它的最近修改时间减去保留阈值（`delete.retention.ms`配置项，默认为24小时，这里假设为1小时），下面举了两个示例。

第二次日志压缩时，日志头部（从6:00到7:40）前的最后一个日志分段修改时间等于7:40，减去1小时等于6:40。下面开始判断日志头部的每个日志分段是否需要保留墓碑标记。

(1) 第一组：删除墓碑标记的分段`[6:00,6:20,6:30]`。
(2) 第二组：删除墓碑标记的分段`[6:35]`，保留墓碑标记的分段`[7:00]`。
(3) 第三组：保留墓碑标记的分段`[7:40]`。

第三次日志压缩时，日志头部（从`6:30`到`8:10`）前的最后一个日志分段修改时间等于8:10，减去1小时等于7:10。下面开始判断日志头部的每个日志分段是否需要保留墓碑标记。

(1) 第一组：删除墓碑标记的分段`[6:30,7:00]`，保留墓碑标记的分段`[7:40,8:00]`。
(2) 第二组：保留墓碑标记的分段`[8:10]`。

注意：只有日志尾部才需要判断是否需要保留墓碑标记，日志头部一定会保留墓碑标记（因为日志头部之后的每个日志分段，它们的修改时间一定大于`deleteHorizonMs`）。

日志清理器会处理日志的压缩操作，结合前面的背景知识，压缩操作的具体步骤如下。

(1) 选择日志头部到日志尾部比率最大的日志进行日志压缩。
(2) 对日志头部构建一个消息的键到最近偏移量的映射关系。
(3) 重新复制每条消息到新文件中。如果消息的键有更高的偏移量，则不会复制这条消息。
(4) 新的日志分段完成复制后，会替换掉旧的日志分段。

其中，步骤(3)判断消息是否需要复制到新文件中，它依赖于步骤(2)构建的映射表。假设映射表的示例数据是`{K1->100,K2->110}`，如果日志分段（不管是日志尾部还是头部，日志头部中也可能有相同键不同偏移量的消息）中消息键为`K1`的消息偏移量还有`[15,80,99]`，它们都不会被复制到新文件中，最终键为`K1`的消息只会保留偏移量100的那条。

注意：映射表的数据结构是一个空间紧凑的散列表，每个条目只占用24 Byte。假设映射表的缓冲区空间为8 GB，它可以存储的消息数量有8 GB / 24 Byte = 357,913,941，如果一条消息有1 KB，它能缓存的日志头部大小接近356 GB。也就是说，对大小为356 GB的日志头部构建映射表，只需要占用8 GB的内存。缓冲区的配置项为`log.cleaner.dedupe.buffer.size`，默认值为128 MB，可以缓存的日志头部大小为5.6 GB。

日志的压缩由日志清理器处理，下面来分析日志压缩的具体实现。

3. 日志清理的管理器与清理线程

在分布式系统中，涉及多线程时，一般会用线程池来实现。下面列举了Kafka用到的一些线程池。

- 服务端网络层处理器的线程数（num.network.threads），默认值为3。网络服务端（SocketServer）会创建多个处理器（Processor）。
- 服务端处理网络请求的线程数（num.io.threads），默认值为8。Kafka的请求处理线程池（KafkaRequestHandlerPool）会创建多个请求处理器（KafkaRequestHandler）。
- 日志清理的线程数（log.cleaner.threads），默认值为1。日志清理器（LogCleaner）会创建多个清理线程（CleanerThread）。

如图6-39所示，日志管理器（LogManager）除了管理日志的常用操作，也管理了一个日志清理器（LogCleaner）。日志清理器通过管理器（LogCleanerManager）选择出需要清理的日志（LogToClean），并将具体的清理动作交给清理线程（CleanerThread）完成。

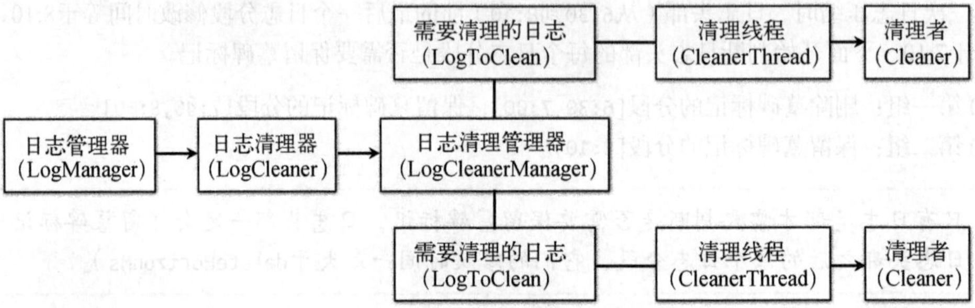

图6-39　日志清理器的线程模型

日志管理器需要把数据目录（logDirs）和所有的日志（logs）作为参数，传递给日志清理管理器（LogCleanerManager）。每个数据目录都有一个清理点检查点文件（cleaner-offset-checkpoint），它记录了每个日志的最近一次清理点位置。日志清理管理器的grabFilthiestLog()方法在选择日志时，会读取每个日志的清理点，然后选择**最需要清理**的日志。并且在这个日志清理完成后，它也会负责在doneCleaning()方法中，将这个日志的最新清理点写入清理点检查点文件。相关代码如下：

```
// 日志清理器通过管理器选择日志，并通过清理器执行日志的清理工作
class LogCleaner(val logDirs:Array[File],
                 val logs:Pool[TopicAndPartition,Log]) {
  // 一个日志清理的管理器和多个清理器线程
  val cleanerManager = new LogCleanerManager(logDirs, logs)
  val cleaners = (0 until config.numThreads).map(new CleanerThread(_))
  def startup() = cleaners.foreach(_.start()) // 启动所有清理器线程

  private class CleanerThread(threadId: Int) {
    // 每个清理器线程都有一个清理器，每个线程每次运行时只清理一个日志
    val cleaner = new Cleaner(threadId,offsetMap=new SkimpyOffsetMap())
    override def doWork() {
      cleanerManager.grabFilthiestLog() match { // 选择一个最肮脏的日志
        case Some(cleanable) =>
          var endOffset = cleanable.firstDirtyOffset
          endOffset = cleaner.clean(cleanable) // 开始清理这个日志
          // 清理完成，会更新日志的清理点，并写入到检查点文件中
          cleanerManager.doneCleaning(cleanable.topicPartition,
```

```
            cleanable.log.dir.getParentFile, endOffset)
        }
      }
    }
  }
```

清理线程（CleanerThread）每次运行时，只会让管理器选择一个最需要清理的日志；清理线程对应的清理器（Cleaner）每次也只会清理一个日志。清理日志的选择有一定的策略：选择cleanableRatio比率最大的那个日志。相关代码如下：

```
// 日志清理器选择最需要清理的一个日志
def grabFilthiestLog(): Option[LogToClean] = {
  val lastClean = allCleanerCheckpoints() // 读取记录了清理点的检查点文件
  val dirtyLogs = logs.filter { // 清理策略是去重，而不是删除
    case (topicPartition, log) => log.config.compact
  }.filterNot { // 如果正在清理，就跳过
    case (topicPartition, log) => inProgress.contains(topicPartition)
  }.map {
    case (topicPartition, log) => // 为每个日志创建一个LogToClean对象
      // 如果日志分段被异常地截断，检查点无效，需要重置到第一个日志分段的基准偏移量
      val logStartOffset = log.logSegments.head.baseOffset
      val firstDirtyOffset = {
        val offset = lastClean.getOrElse(topicPartition, logStartOffset)
        if (offset < logStartOffset) logStartOffset else offset
      }
      LogToClean(topicPartition, log, firstDirtyOffset)
  }.filter(ltc => ltc.totalBytes > 0)

  val cleanableLogs = dirtyLogs.filter( // 必须满足最小阈值
    ltc => ltc.cleanableRatio > ltc.log.config.minCleanableRatio)
  val filthiest = cleanableLogs.max // 最终只选择一个待清理的日志
  inProgress.put(filthiest.topicPartition, LogCleaningInProgress)
  Some(filthiest)
}
```

每个分区的日志都对应一个LogToClean对象，选择哪个分区优先做合并操作的计算公式是：日志头部的大小（dirtyBytes）除以日志的大小（日志头部加上日志尾部），选择比率最大的那个分区。相关代码如下：

```
// 需要清理的日志，每个分区都会根据清理点的位置构造一个这样的对象
case class LogToClean(tp:TopicAndPartition,log:Log, firstDirtyOffset: Long){
  // 日志尾部的大小，从-1到日志的清理点，起始位置的值为-1
  val cleanBytes = log.logSegments(-1, firstDirtyOffset).map(_.size).sum
  // 日志头部的大小，从日志清理点到活动日志分段的基准偏移量，不包括活动的日志分段
  val dirtyBytes = log.logSegments(firstDirtyOffset,
    math.max(firstDirtyOffset,log.activeSegment.baseOffset)).map(_.size).sum
  // 头部表示未清理的区域，计算比率时，将头部大小除以“头部加尾部”
  val cleanableRatio = dirtyBytes / (cleanBytes + dirtyBytes).toDouble

  override def compare(th:LogToClean)=this.cleanableRatio-th.cleanableRatio
}
```

清理点作为日志头部和尾部的分界点，清理点之前的尾部，消息的偏移量是断续的；而清理点之

后的头部，每条消息的偏移量都是递增的。如图6-40所示，日志压缩的具体步骤如下。

(1) 消息追加到活动的日志分段，选择活动日志分段之前的所有日志分段参与日志压缩。

(2) 为日志头部构建一张消息键到偏移量的映射表，相同键但偏移量低于映射表的消息会被删除。

(3) 通过复制消息的方式，将需要保存的消息复制到新的日志分段，每条键都只有一条最新的消息。

(4) 复制完成后，新的日志分段会代替所有参与压缩操作的旧日志分段。

(5) 更新日志的清理点，为下次的日志压缩做准备。清理点会将日志分成头部和尾部。

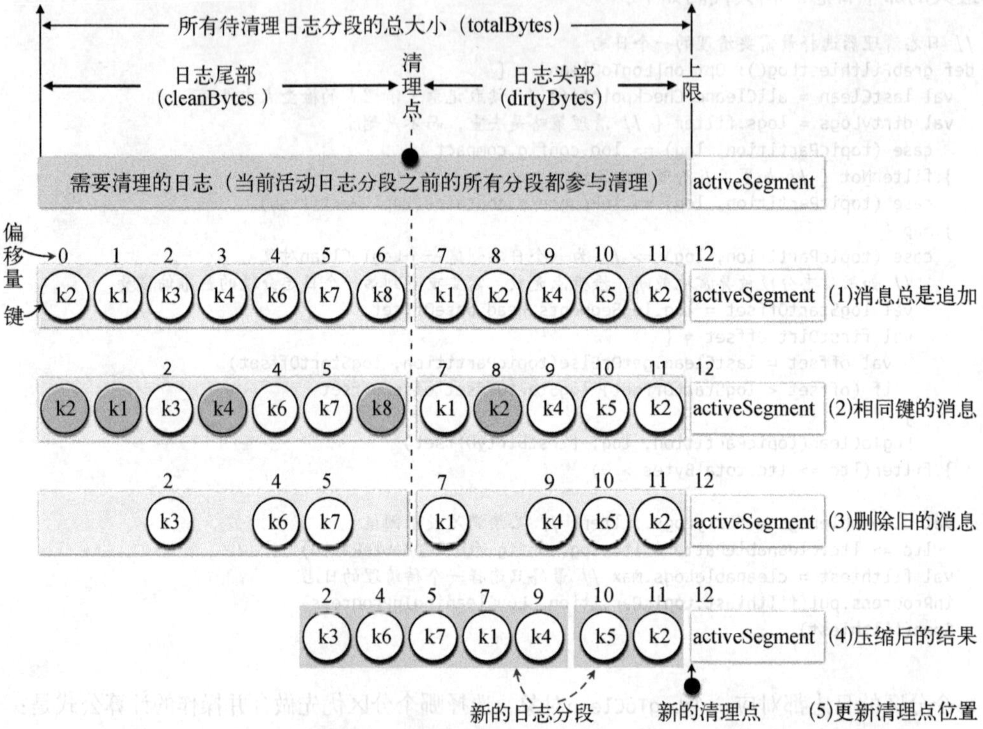

图6-40 待清理的日志分成头部和尾部

在图6-40中，步骤(1)到步骤(3)方框之间的虚线间隔表示清理点分隔的日志头部（偏移量从7到12）和尾部（偏移量最高到6），它们可能分别都有多个日志分段。步骤(4)中的灰色方框产生了两个新的日志分段，清理点也更新到了日志头部的下一个偏移量位置13。接下来分析图6-40中步骤(2)到步骤(4)的具体实现，即清理线程执行日志压缩操作。

4. 日志清理

日志清理的工作主要分成3步：为日志头部构建映射表、对所有日志分段进行分组、分别清理每一组的日志分段。映射表结构是消息键到偏移量的映射关系（`OffsetMap`），这就不可避免地需要读取日志头部的所有日志分段。为构建映射表而需要读取日志头部的消息，和最后复制旧日志分段的消息，都使用同一个读缓冲区（`readBuffer`）。从旧日志分段读取出来的消息会先暂存到读缓冲区，然后复制到写缓冲区（writeBuffer），最后才会将写缓冲区的消息写到新日志分段中。

日志以清理点（firstDirtyOffset）作为头部和尾部的边界，目的是为清理点之后的日志头部构建一张映射表。复制消息时需要复制头部和尾部两部分的消息，即从偏移量0一直到"当前活动日志分段基准偏移量"的所有日志分段都参与日志压缩操作。相关代码如下：

```
// 日志清理
class Cleaner(val id: Int, val offsetMap: OffsetMap) {
  var readBuffer=ByteBuffer.allocate(ioBufferSize) // 读取旧的日志分段
  var writeBuffer=ByteBuffer.allocate(ioBufferSize) // 写入新的日志分段

  def clean(cleanable: LogToClean): Long = {
    val log = cleanable.log
    val firstDirtyOffset = cleanable.firstDirtyOffset // 清理点位置
    val upperBoundOffset = log.activeSegment.baseOffset // 上限
    val endOffset = buildOffsetMap(   // 构建日志头部的映射表
      log,firstDirtyOffset,            // 起始位置为清理点之后的日志头部
      upperBoundOffset,offsetMap) + 1 // 结束位置为活动分段的基准偏移量

    // 删除点，用来判断日志分段是否需要保留墓碑标记
    val deleteHorizonMs=log.logSegments(0,firstDirtyOffset).lastOption match{
      case None => 0L
      case Some(seg) => seg.lastModified - log.config.deleteRetentionMs
    }

    // 从0到结束位置，表示日志头部和尾部的所有日志分段都要参与压缩操作
    for (group <- groupSegmentsBySize(log.logSegments(0,endOffset),
        log.config.segmentSize, log.config.maxIndexSize))
      // 将多个之前压缩过的小文件放在同一组中一起压缩
      cleanSegments(log, group, offsetMap, deleteHorizonMs)
    endOffset // 返回值表示日志的最新清理点
  }
```

日志头部和日志尾部的所有日志分段都会参与日志压缩，压缩会将一个大文件变成一个小文件。为了防止出现太多的小文件，日志压缩并不是对每个小文件单独压缩，而是将多个相连的小文件组成一组一起压缩。同一个组的所有小文件加起来不能超过日志分段的阈值，否则压缩后新生成的日志分段就会超过阈值。分组时，日志尾部的日志分段都是上次日志压缩后产生的小文件，它们需要进行分组。而日志头部之后的每个日志分段，它们的文件大小都等于分段阈值，每个日志分段都单独一组。groupSegmentsBySize()方法会为所有参与压缩的日志分段进行分组，这涉及Scala列表的一些复杂操作。比如，获取列表第一个元素（head）、获取剩余元素（tail）、追加元素（::）。相关代码如下：

```
// 为所有参与压缩的日志分段进行分组，每一组的总大小不能超过日志分段的阈值
private[log] def groupSegmentsBySize(segments: Iterable[LogSegment],
    maxDataSize: Int, maxIndexSize: Int): List[Seq[LogSegment]] = {
  var grouped = List[List[LogSegment]]() // 所有分组
  var segs = segments.toList // 所有参与压缩的日志分段
  while(!segs.isEmpty) {
    var group = List(segs.head) // 每一个分组
    var logSize = segs.head.size
    var indexSize = segs.head.index.sizeInBytes
    segs = segs.tail
```

```
    // 直到一组满了才会退出循环，然后重新从第一个while循环开始下一组
    while(!segs.isEmpty &&
        logSize + segs.head.size <= maxDataSize &&
        indexSize + segs.head.index.sizeInBytes <= maxIndexSize &&
        segs.head.index.lastOffset-group.last.index.baseOffset<=MaxValue){
      group = segs.head :: group // 追加到当前分组中
      logSize += segs.head.size
      indexSize += segs.head.index.sizeInBytes
      segs = segs.tail
    }
    grouped ::= group.reverse
  }
  grouped.reverse
}
```

当前活动日志分段之前的所有日志分段在加入分组时，顺序不能打乱。因为后面将消息复制到新的日志分段时，是按照顺序复制的。如果日志分段顺序乱了，消息的顺序就不一致了。分组的方法比较复杂，一共有两层循环，内层循环用来确定同一组的所有日志分段，外层循环用来确保分配完所有的日志分段。如图6-41所示，假设有11个日志分段参与分组，图中折线是将[1,2,3,4]这4个分段加入第一个分组的过程，其他分段加入到对应分组的过程与之类似。

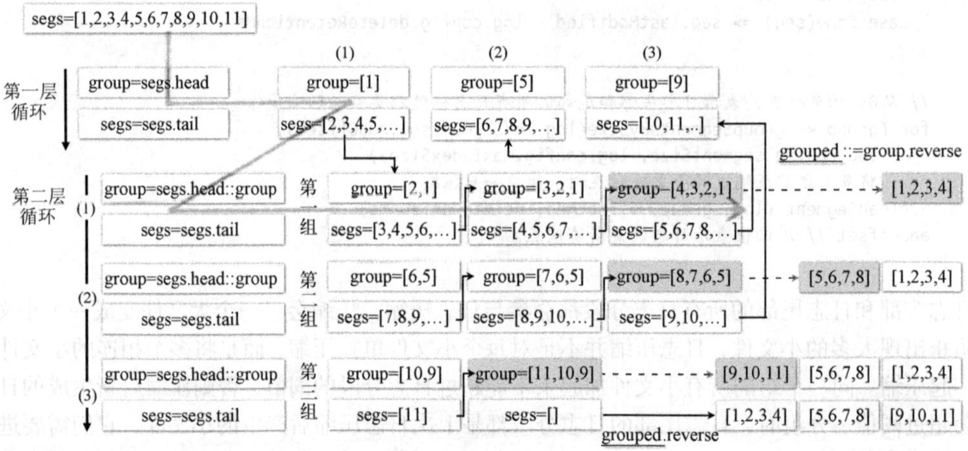

图6-41　为所有参与压缩的日志分段进行分组

每一个分组有一个或多个日志分段，每一组都会调用cleanSegments()方法清理这一组内的多个日志分段。同一个组的多个日志分段清理后，只会生成一个新的日志分段，而非多个。新日志分段的文件名会和本组内第一个日志分段的文件名一样。比如，一组内有3个日志分段[0000.log,0100.log,0200.log]，清理后的日志文件名还是0000.log。当然，因为清理完成之前，原先旧的日志分段还存在，所以要先创建对应的临时文件：[0000.log.cleaned,0000.index.cleaned]。相关代码如下：

```
// 清理一个分组内的所有日志分段，最后用一个新的日志分段代替所有旧的日志分段
def cleanSegments(log:Log,segments:Seq[LogSegment],map:OffsetMap,horiz:Long){
  // 开始清理之前，先创建临时的数据文件、索引文件、消息集、日志分段等对象
  val logFile=new File(segments.head.log.file.getPath+".cleaned")
```

```
  val indexFile=new File(segments.head.index.file.getPath+".cleaned")
  val messages = new FileMessageSet(logFile)
  val index = new OffsetIndex(indexFile, segments.head.baseOffset)
  val cleaned = new LogSegment(messages, index, segments.head.baseOffset)

  for (old <- segments) { // 清理这个分组内的所有日志分段
    val retainDeletes = old.lastModified > horiz // 是否需要保留墓碑标记
    cleanInto(log.topicAndPartition, old, cleaned, map, retainDeletes)
  }

  cleaned.flush() // 在交换前，先将新的日志分段刷新到磁盘
  cleaned.lastModified = segments.last.lastModified // 保持修改时间不变
  log.replaceSegments(cleaned, segments) // 将新日志分段替换掉旧的日志分段
}
```

清理每个分段时，只有需要保留的消息才会复制到新日志分段中。下列两种场景会把消息删除掉。

- 如果消息的键在映射表中，但是消息的偏移量比映射表中的偏移量低，删除这条消息。
- 消息是一个墓碑标记，并且墓碑标记已经过期，不再需要保留，也要删除这条消息。

日志清理过程中与保留消息相关的代码如下：

```
// 将旧的日志分段复制到新的日志分段中
def cleanInto(topicAndPartition:TopicAndPartition,source:LogSegment,
              dest:LogSegment,map: OffsetMap, retainDeletes: Boolean) {
  var position = 0
  while (position < source.log.sizeInBytes) { // 读取旧日志分段
    val msgBuff=source.log.readInto(readBuffer,position) // 暂存到读缓冲区
    val messages = new ByteBufferMessageSet(msgBuff)
    for (m <- messages.shallowIterator) {
      if (shouldRetainMessage(source, map, retainDeletes, m)) {
        // 消息需要保留，才会暂存到写缓冲区中
        ByteBufferMessageSet.writeMessage(writeBuffer,m.message,m.offset)
      }
    }
    position += messages.validBytes // 增加计数器，用来判断是否读完旧的日志分段
    writeBuffer.flip() // 开始将写缓冲区的内容追加到新的日志分段中
    val retained = new ByteBufferMessageSet(writeBuffer)
    dest.append(retained.head.offset, retained)
  }
}

def shouldRetainMessage(map:OffsetMap, retainDeletes:Boolean,
    e:MessageAndOffset)={ // 判断这条消息是否需要保留
  val key = e.message.key
  if (key != null) {
    val foundOffset = map.get(key) // 消息的键是否在映射表中
    // 消息的偏移量比映射表中的低，说明这条消息不需要复制、不需要保留，它是冗余的
    val redundant= foundOffset>=0 && e.offset < foundOffset
    // 判断墓碑标记是否需要保留。消息没有值，就是一个墓碑标记
    val obsoleteDelete = !retainDeletes && entry.message.isNull
    !redundant && !obsoleteDelete
  } else false
}
```

Kafka的日志清理有两种策略：删除策略会直接删除日志分段，确保日志占用的磁盘空间不会一直膨胀；压缩策略则不同，它只会删除相同键，但是偏移量较旧的消息。日志压缩的特点是：消息的键只要有值，它就永远不会被删除。除非生产者发送了值为空的消息，才会将消息删除掉。

总结下本节的主要内容：我们将消息集的格式作为入口，分析了日志、日志分段，以及它们的读写方法。我们主要关注的是物理层（或者叫存储层、文件系统）的实现，下面将分析日志的上层逻辑：即服务端如何处理客户端发送的读写请求，并最终调用到日志的读取方法。

在0.7版本之前，Kafka还没有副本机制，每个消息代理节点的Kafka服务（`KafkaServer`）都直接管理了一个日志管理器（`LogManager`）。服务端处理生产请求和拉取请求也都比较简单直接：通过日志管理器获取出分区对应的日志，就可以直接操作日志对象了。相关代码如下：

```
// 0.7版本的Kafka服务端，没有副本机制，直接使用日志管理器
class KafkaServer(val config: KafkaConfig) {
  def startup() {
    logManager = new LogManager(config)
    val handlers = new KafkaRequestHandlers(logManager)
    socketServer = new SocketServer(..,handlers,..)
    socketServer.startup()
    logManager.startup()
  }
}

// 服务端处理请求的入口依赖的组件也只有一个日志管理器
class KafkaRequestHandlers(val logManager: LogManager){
  // 处理生产请求，获取或创建日志对象，并将消息追加到日志上
  def handleProducerRequest(request: ProducerRequest) = {
    val partition = logManager.chooseRandomPartition
    val log = logManager.getOrCreateLog(request.topic, partition)
    log.append(request.messages)
  }
  // 处理拉取请求，获取日志对象，并从日志上读取出消息
  def handleFetchRequest(request: FetchRequest) = {
    val log = logManager.getLog(request.topic, request.partition)
    log.read(request.offset, request.maxSize)
  }
}
```

在0.8版本之后，Kafka引入了副本机制。Kafka服务在处理请求时，转而通过基于日志管理器之上、并且与副本机制相关的副本管理器完成操作。

6.2　服务端处理读写请求

如图6-42所示，上一节将日志作为入口，分析了日志的读写，但并没有分析日志相关的上下文。本节会从服务端的入口出发，通过副本管理器、分区、副本，一直到日志，将整个读写流程串联起来。图中分区到日志的虚线表示：业务逻辑层的一个分区对应物理存储层的一个日志。消息集到数据文件的虚线表示：客户端发送的消息集最终会写入日志分段对应的数据文件，存储到Kafka的消息代理节点。

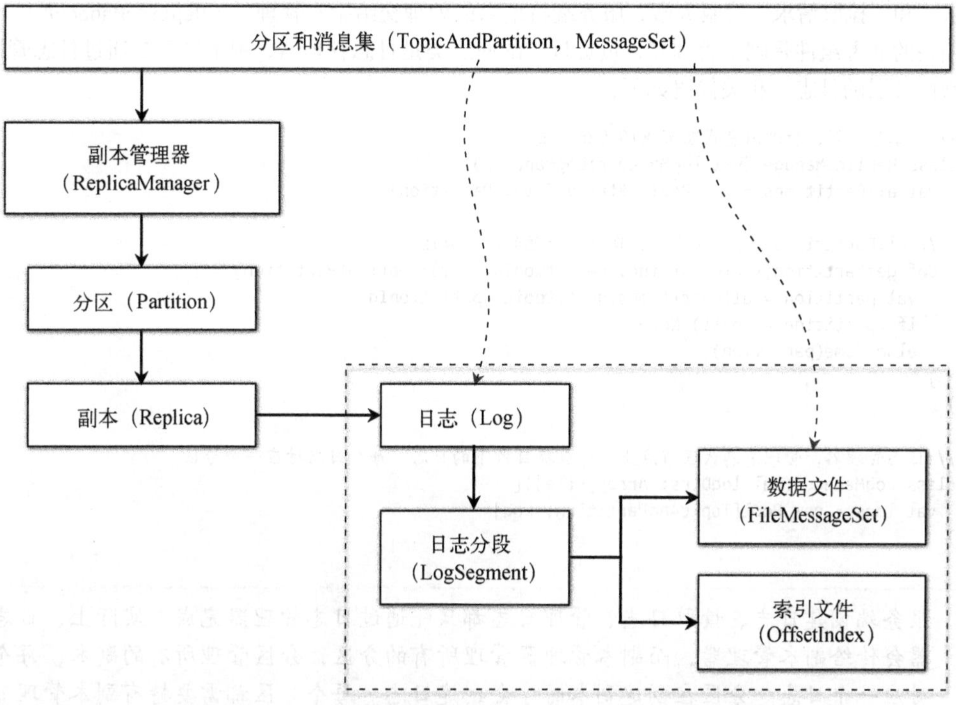

图6-42 消息集通过副本管理器，最后写入存储层的日志

Kafka服务在启动时会先创建各种相关的组件，最后才会创建KafkaApis。业务组件一般都有后台的线程，除了创建组件后，也要启动这些后台线程。比如，日志管理器会启动日志管理相关的后台线程（详见6.1.5节）；网络服务端会启动处理器线程（详见2.3.1节）。相关代码如下：

```
// Kafka服务端在创建KafkaApis之前，会先创建并启动依赖的业务组件
class KafkaServer(val config: KafkaConfig) {
  def startup() {
    // 创建并启动日志管理器
    logManager = createLogManager(zkUtils.zkClient, brokerState)
    logManager.startup()
    // 创建并启动副本管理器
    replicaManager = new ReplicaManager(config, logManager)
    replicaManager.startup()
    // 创建并启动网络服务端
    socketServer = new SocketServer(config, metrics, kafkaMetricsTime)
    socketServer.startup()

    apis = new KafkaApis(..,replicaManager,...)
  }
}
```

从5.2.1节我们了解到，消费者客户端发送“加入组请求”和“同步组请求”给服务端，服务端通过KafkaApis将请求的处理交给消费组的协调者（GroupCoordinator）。与之类似，本章客户端发送“生

产请求”和“拉取请求”给服务端，服务端将请求的处理交给副本管理器（ReplicaManager）。与日志存储相关的业务组件是副本管理器，负责日志的底层类是日志管理器，副本管理器通过日志管理器间接地操作底层的日志。相关代码如下：

```
// 副本管理器，管理消息代理节点的所有分区
class ReplicaManager(val logManager:LogManager){
  val allPartitions = new Pool[(String,Int), Partition]

  // allPartitions保存当前消息代理节点管理的所有分区
  def getPartition(topic: String, partitionId: Int): Option[Partition] = {
    val partition = allPartitions.get((topic, partitionId))
    if (partition == null) None
    else Some(partition)
  }
}

// 日志管理器，管理消息代理节点上所有数据目录下的日志，每个日志对应一个分区
class LogManager(val logDirs: Array[File]){
  val logs = new Pool[TopicAndPartition, Log]
}
```

注意：服务端创建日志、读取日志、管理日志都只能通过日志管理器完成。实际上，日志管理器会传给副本管理器，而副本管理器管理所有的分区，分区管理所有的副本，每个副本对应一个日志。分区在创建副本时才会创建日志。每个分区都需要持有副本管理器的引用，才能通过日志管理器创建日志。

KafkaApis是服务端处理所有请求的入口，它只负责将请求的具体处理转发给其他组件去处理。服务端处理客户端发送的生产请求和拉取请求，会先解析请求中的数据，不同的请求有不同的数据。生产请求包含：分区消息集、应答超时时间、是否需要应答。拉取请求包含：最长等待时间、最小拉取字节数、备份副本的编号。由于服务端处理请求最后都要返回响应结果给客户端，它们都要事先定义一个“发送响应结果的回调方法”，并作为参数传给副本管理器。相关代码如下：

```
// 服务端的请求处理入口
class KafkaApis(val requestChannel:RequestChannel, // 请求通道（第2章）
                val replicaManager: ReplicaManager, // 副本管理类（第6章）
                val coordinator: GroupCoordinator,  // 协调者（第5章）
                val controller: KafkaController,     // 控制器（第7章）
                val brokerId: Int, val metadataCache: MetadataCache){
  def handle(request: RequestChannel.Request) {
    ApiKeys.forId(request.requestId) match {
      // 服务端处理客户端发送的各种请求
      case ApiKeys.PRODUCE => handleProducerRequest(request)
      case ApiKeys.FETCH => handleFetchRequest(request)
    }
  }
}

// 服务端处理生产者客户端发送的生产请求
```

```
def handleProducerRequest(request: RequestChannel.Request) {
  val produceRequest=request.requestObj.asInstanceOf[ProducerRequest]
  def sendResponseCallback(
    responseStatus: Map[TopicPartition, PartitionResponse]) {}

  // 将字节缓冲区转为消息集 (ByteBufferMessageSet)
  val messagesPerPartition = produceRequest.partitionRecords.map {
    case (tp,buffer)=>(tp, new ByteBufferMessageSet(buffer))
  }
  replicaManager.appendMessages( // 调用副本管理器追加消息到副本的日志中
    produceRequest.ackTimeoutMs, // 生产请求设置的应答超时时间
    produceRequest.requiredAcks, // 生产请求设置的是否需要应答
    messagesPerPartition,        // 生产者请求发送的分区及对应的消息集
    sendResponseCallback)        // 发送生产响应结果的回调方法
}

// 服务端处理消费者客户端或者备份副本发送的拉取请求
def handleFetchRequest(request: RequestChannel.Request) {
  val fetchRequest=request.requestObj.asInstanceOf[FetchRequest]
  def sendResponseCallback(responsePartitionData:
    Map[TopicAndPartition, FetchResponsePartitionData]) {}

  replicaManager.fetchMessages(  // 调用副本管理器从本地副本中拉取消息
    fetchRequest.maxWait.toLong, // 拉取请求设置的最长等待时间
    fetchRequest.replicaId,      // 备份副本编号，消费者没有该编号
    fetchRequest.minBytes,       // 拉取请求设置的最小拉取字节
    sendResponseCallback)        // 发送拉取响应结果的回调方法
}
```

服务端处理客户端的生产请求和拉取请求，都会通过副本管理器执行具体的业务处理逻辑。

6.2.1　副本管理器

追加消息时，生产者客户端会发送每个分区以及对应的消息集（`messagesPerPartition`）；拉取消息时，客户端会发送每个分区以及对应的拉取信息（`fetchInfo`）。服务端返回给客户端的响应结果也会按照分区分别返回，生产请求的响应结果（`PartitionResponse`）包含追加消息集到分区后返回的起始偏移量。拉取请求的响应结果（`FetchResponsePartitionData`）包含每个分区的最高水位、每个分区的消息集。相关代码如下：

```
// 追加消息到主副本，并等待它们完全复制到其他备份副本上，才会返回生产结果给客户端
def appendMessages(timeout: Long, acks:Short,
    messagesPerPartition: Map[TopicAndPartition, MessageSet],
    cb: Map[TopicAndPartition,ProducerResponseStatus]=>Unit){
  // 追加消息集到本地的日志，然后判断是否要立即返回响应给客户端
  val localProduceResults = appendToLocalLog(messagesPerPartition)

  if(!delayedProduceRequest(acks,messagesPerPartition,localProduceResults)){
    val produceResponseStatus = localProduceResults.mapValues(
      result => new PartitionResponse(
        result.errorCode,
        result.info.firstOffset)
```

```
    )
    cb(produceResponseStatus) // 调用KafkaApis中定义的回调函数，即发送响应
  }
}

// 向主副本拉取消息，并等待收集到足够的数据之后，才会返回拉取结果给客户端
def fetchMessages(timeout: Long, replicaId: Int, fetchMinBytes: Int,
    fetchInfo: immutable.Map[TopicAndPartition, PartitionFetchInfo],
    cb: Map[TopicAndPartition, FetchResponsePartitionData] => Unit) {
  val isFromFollower = replicaId >= 0 // 拉取请求是否来自备份副本
  // 拉取请求来自消费者，只能拉取已提交的。拉取请求来自备份副本，没有拉取的限制
  val fetchOnlyCommitted = ! Request.isValidBrokerId(replicaId)
  // 读取本地日志，第一个参数表示：是否可以返回未提交的消息给客户端
  val logReadResults = readFromLocalLog(fetchInfo, fetchOnlyCommitted)

  // 备份副本的拉取请求，更新对应的日志结束偏移量
  if(Request.isValidBrokerId(replicaId))
    updateFollowerLogReadResults(replicaId, logReadResults)

  if(!delayedFetchRequest(timeout,fetchMinBytes,logReadResults)) {
    val fetchPartitionData = logReadResults.mapValues(
      result => FetchResponsePartitionData(
        result.errorCode, result.hw,
        result.info.messageSet))
    cb(fetchPartitionData)
  }
}
```

注意：为了快速理解服务端处理读写消息的流程，下面的代码暂时省略了与“延迟操作”相关的内容。

服务端追加消息集通过appendMessages()调用appendToLocalLog()方法，将多个分区的消息集分别追加到分区对应的本地日志文件中。拉取消息集通过fetchMessages()方法调用readFromLocalLog()方法，从多个分区对应的本地日志文件中拉取出消息集。

1. 追加和读取本地日志

服务端接收客户端发送的生产请求和拉取请求都会包括多个分区。追加消息集和读取消息集，首先都需要获取到分区对象，然后再获取到分区的主副本。针对本地日志文件的读写，追加和拉取在实现上稍微有些不同。

- 追加消息集时，在分区（Partition）中获取主副本，并写入本地的日志文件。
- 读取消息集时，在副本管理器中获取分区的主副本，并读取本地的日志文件。

为了对比追加消息集和拉取消息集的不同，我们将追加消息集到分区的代码从分区中移动到副本管理器中。这样两者的使用方式就有点类似了，它们都会获取到本地副本的日志对象（localReplica.log），然后分别调用日志（Log）的append()方法和read()方法。每个分区的消息集追加到本地日志文件后，都会返回一个LogReadResult对象。从每个分区的本地日志文件拉取出消息集后，

都会返回一个LogReadResult对象。相关代码如下：

```
// 将分区的消息集写入对应的本地日志文件
def appendToLocalLog(
    messagesPerPartition: Map[TopicAndPartition, MessageSet],
    requiredAcks: Short): Map[TopicPartition, LogAppendResult] = {
  messagesPerPartition.map { case (tp, messages) =>
    val partition = getPartition(tp.topic, tp.partition)
    // 将消息集追加到分区中
    //val logAppendInfo = partition.appendMessagesToLeader(
    //    messages.asInstanceOf[ByteBufferMessageSet], requiredAcks)

    // 为了和读取本地日志进行对比，将分区中追加消息的逻辑移到副本管理器中
    val localReplica = partition.leaderReplicaIfLocal
    val logAppendInfo = localReplica.log.get.append(messages)
    tryCompleteDelayedFetch(TopicPartitionOperationKey(tp))
    if(partition.maybeIncrementLeaderHW(localReplica))
      tryCompleteDelayedRequests()

    (tp, LogAppendResult(logAppendInfo))
  }
}

// 从分区对应的本地日志文件读取消息集
def readFromLocalLog(
    readPartitionInfo: Map[TopicAndPartition, PartitionFetchInfo],
    readOnlyCommitted: Boolean): Map[TopicAndPartition, LogReadResult]={
  readPartitionInfo.map { case (TopicAndPartition(t, p),
                              PartitionFetchInfo(offset, fetchSize)) =>
    val localReplica = getPartition(t, p).leaderReplicaIfLocal
    val maxOffsetOpt = if (!readOnlyCommitted) None else
      Some(localReplica.highWatermark.messageOffset)
    // 从分区日志文件的指定位置开始读取消息，最多读取fetchSize
    val logReadInfo=localReplica.log.read(offset, fetchSize, maxOffsetOpt)
    val logReadResult = LogReadResult(logReadInfo,maxOffsetOpt,fetchSize)
    (TopicAndPartition(t, p), logReadResult)
  }
}
```

注意：appendMessages()和fetchMessages()中分别调用localProduceResults和logReadResults的mapValues()方法，这是因为转换Map的值时不需要利用Map的键。而上面两段代码在迭代Map时会用到Map的键（即分区）执行一些其他的操作，不能用mapValues()方法，而只能采用map()方法。另外map()方法也有两种使用模式：在case模式匹配中可以用变量匹配、对象匹配。

在appendToLocalLog()方法中，每个分区的消息集追加到主副本对应的日志文件后，有两个“延迟操作”相关的方法：尝试完成延迟的拉取请求（tryCompleteDelayedFetch）、尝试完成当前分区的延迟请求（tryCompleteDelayedRequests）。同样地，拉取每个分区的消息集时，也有类似的“延迟操作”，只不过在实现上相关的代码比较隐蔽。副本管理器的fetchMessages()方法，在读取所有分区的

拉取结果后，判断拉取请求：如果是来自备份副本，就会通过updateFollowerLogReadResults()方法调用每个分区的updateReplicaLogReadResult()方法更新每个分区的备份副本。下面的前两段代码去掉了分区的迭代，只专注于一个分区的处理：

```
// 消息集追加到本地日志后，会尝试完成延迟的拉取请求
def appendToLocalLog(){
  // 先追加消息集到本地日志
  val logAppendInfo = localReplica.log.get.append(messages)

  // 尝试完成被延迟的拉取请求（这个拉取请求来自备份副本）
  tryCompleteDelayedFetch(TopicPartitionOperationKey(tp))
  // 如果分区的最高水位发生变化，尝试完成被延迟的生产请求和拉取请求
  // 这里被延迟的拉取请求来自于消费者客户端，而不是备份副本
  if(partition.maybeIncrementLeaderHW(localReplica))
    tryCompleteDelayedRequests(tp)
}

// 备份副本读取到消息后（还没发送给备份副本），尝试完成延迟的生产请求
def readFromLocalLog(){
  // 先从本地日志读取消息集
  val logReadInfo=localReplica.log.read(offset,fetchSize,maxOffsetOpt)
  val logReadResult = LogReadResult(logReadInfo,maxOffsetOpt,fetchSize)

  // 尝试完成被延迟的生产请求
  partition.updateReplicaLogReadResult(replicaId, readResult)
  tryCompleteDelayedProduce(new TopicPartitionOperationKey(tp))
}

// 尝试完成被延迟的请求，包括生产请求和拉取请求
def tryCompleteDelayedRequests(tp: TopicAndPartition) {
  val requestKey = new TopicPartitionOperationKey(tp)
  tryCompleteDelayedFetch(requestKey)
  tryCompleteDelayedProduce(requestKey)
}
```

为了方便理解“读写本地日志”与“延迟操作”的关联关系，上面3段代码都对源码进行了改造。实际的源码与上面代码有几个不同点，如下。

- appendToLocalLog()和readFromLocalLog()会循环所有的分区，每个分区都会读写日志。这里只列出一个分区的处理方式。
- appendToLocalLog()方法写入主副本日志的逻辑在分区类中，这里移到副本管理器。这是为了和readFromLocalLog()形成对比，readFromLocalLog()方法在副本管理器中读取主副本的日志。
- 副本管理器调用完readFromLocalLog()，才会调用updateReplicaLogReadResult()方法更新每个分区的备份副本。而这里把更新分区的备份副本，移到了readFromLocalLog()读取主副本日志之后，这是为了和appendToLocalLog()形成对比。
- appendToLocalLog()方法在写入主副本日志后，会尝试完成被延迟的拉取求。readFromLocalLog()方法在读取主副本日志后，会尝试完成被延迟的生产请求。
- tryCompleteDelayedRequests()方法在分区类中，它会尝试完成当前分区的生产请求和拉取请求。这里把它们移到副本管理器中，就需要给这个方法添加上分区参数。

如表6-4所示，副本管理器处理客户端发送的生产请求和拉取请求，整体上的处理方式是类似的。

表6-4 副本管理器处理生产、拉取请求的共同点

副本管理器	处理方法	本地日志的读写	尝试完成延迟的操作
生产请求	appendMessages()	appendToLocalLog()	尝试完成延迟的拉取
拉取请求	fetchMessages()	readFromLocalLog()	尝试完成延迟的生产

生产者发送的生产请求会设置应答值，服务端会根据应答值判断是否需要创建延迟的生产对象。

2. 生产者客户端设置的应答值

在2.1.1节中，生产者可以用同步和异步模式发送生产请求给服务端：同步模式下，生产者发送一条消息后，必须等待收到响应结果，才会接着发送下一条消息；异步模式下，生产者发送一条消息后，不用等待收到上一条消息的响应结果，就可以接着发送下一条消息。生产者发送的生产请求还有一个设置项（`request.required.acks`）——是否需要等待服务端的应答，应答的值表示：**生产者要求主副本收到指定数量的应答，才会认为生产请求完成了**。应答的值有下面3种场景。

"应答值等于0"，表示生产者不会等待服务端的任何应答。客户端将消息添加到网络缓冲区（socket buffer）后，就认为生产请求已经完成了。这种情况下，主副本收到的应答数量为0，意味着主副本可能都没有收到客户端发送的消息，消息有可能会丢失。客户端发送生产请求后，对应的响应结果需要返回每条消息在服务端的偏移量。应答值等于0时，每条消息的偏移量都是–1。

如图6-43所示，生产者设置的应答值等于0，可能会丢失数据，具体步骤如下。

(1) 生产者将消息发送到网络通道后就认为生产请求完成。
(2) 消息1和消息2发送出去，它们都算完成了。但消息3没完全发送出去，就不算完成。
(3) 主副本只收到了消息1，但不保证备份副本会复制这条消息。
(4) 主副本挂掉了，它接收的消息1也没有备份，这条消息就丢失了。
(5) 备份副本变为主副本后，客户端认为成功的消息1和消息2实际上都丢失了。

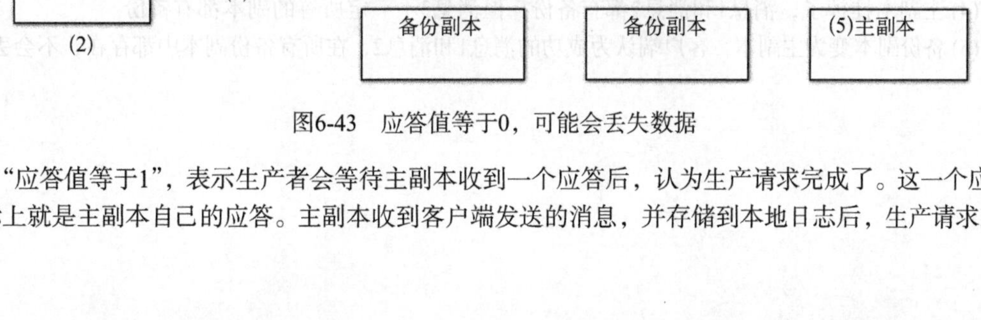

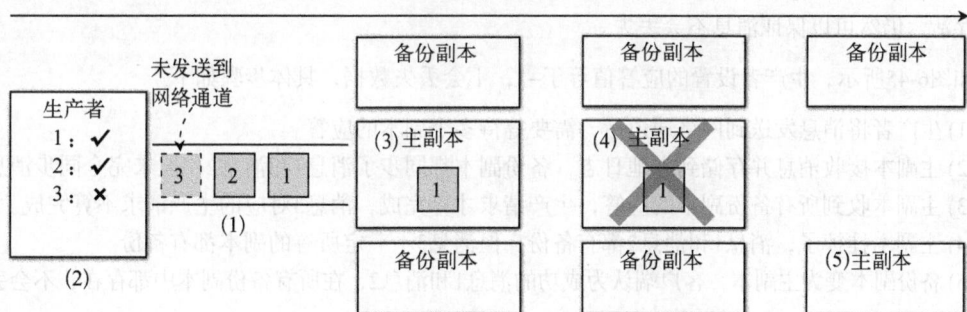

图6-43 应答值等于0，可能会丢失数据

"应答值等于1"，表示生产者会等待主副本收到一个应答后，认为生产请求完成了。这一个应答，实际上就是主副本自己的应答。主副本收到客户端发送的消息，并存储到本地日志后，生产请求就算

完成，服务端就可以返回响应结果给客户端。这种情况下，由于主副本只收到自己发送的应答（实际上主副本自己不会发送应答，只不过主副本写入成功，就算作一个应答），没有收到备份副本发送的应答，仍然有可能丢失消息。比如主副本写入本地日志后，发送了它自己的应答，生产者认为请求完成了，但这时主副本挂掉了，备份副本都还没有及时地同步主副本写入本地日志的那些消息。

如图6-44所示，生产者设置的应答值等于1，也有可能会丢失数据，具体步骤如下。

(1) 生产者将消息发送到网络通道后，需要等待一个副本的应答。

(2) 主副本接收消息1和消息2并存储到本地日志。备份副本同步了消息1，但没有同步消息2。

(3) 主副本将消息存储到主副本的本地日志，生产请求就算完成，消息3对应的生产请求不算完成。

(4) 主副本挂掉了，它接收的消息2没有备份，但消息1在挂掉之前存在一个副本备份。

(5) 备份副本变为主副本，客户端认为成功的消息1和消息2，只有消息1，丢失了消息2。

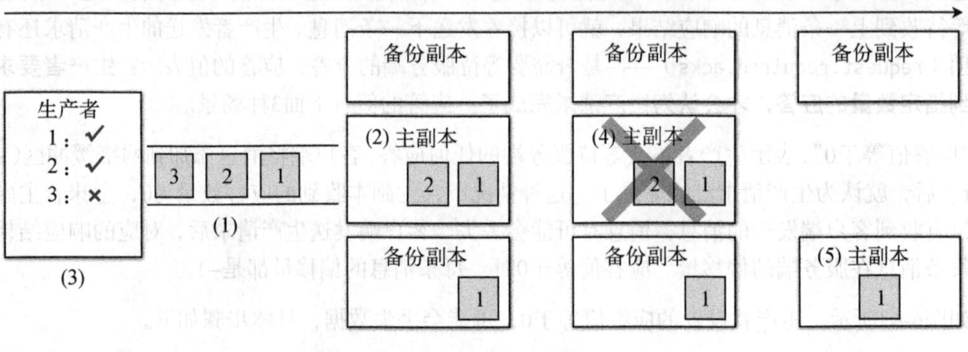

图6-44　应答值等于1，可能会丢失数据

“应答值等于-1（或者all）”，表示生产者发送生产请求后，“所有处于同步的备份副本（ISR）”都向主副本发送了应答之后，生产请求才算完成。在这之前，如果这些备份副本只要有一个没有向主副本发送应答，主副本就会阻塞并等待，生产请求就不能完成。这种情况保证了：ISR中的副本只要有一个是存活的，消息就不会丢失。ISR一定会包括主副本，即使主副本挂掉了，只要还有一个备份副本存活，仍然可以保证消息不会丢失。

如图6-45所示，生产者设置的应答值等于-1，不会丢失数据，具体步骤如下。

(1) 生产者将消息发送到网络通道后，需要等待多个副本的应答。

(2) 主副本接收消息并存储到本地日志，备份副本都同步了消息1和消息2，但未完全同步消息3。

(3) 主副本收到所有备份副本的应答，生产请求才算完成，消息3对应的生产请求不算完成。

(4) 主副本挂掉了，消息1和消息2都有备份，但消息3不一定所有的副本都有备份。

(5) 备份副本变为主副本，客户端认为成功的消息1和消息2，在所有备份副本中都存在，不会丢失。

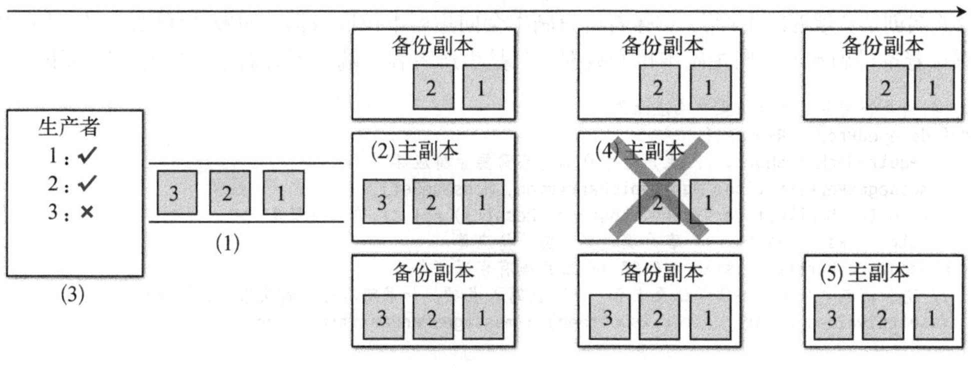

图6-45 应答值等于-1，不会丢失数据

对于应答值等于0，服务端并不保证一定会收到生产者客户端发送的消息集，但这并不意味着服务端不需要处理生产请求。服务端仍然需要处理生产请求，并将消息集追加到本地日志中。只不过消息存储到主副本的本地日志文件后，不再需要发送响应结果给生产者客户端。（因为生产者客户端在把生产请求发送到网络通道后，就会立即收到响应结果。如果服务端处理完成后还要发送响应结果给客户端，那客户端就收到了两次响应结果，而这显然是不必要的。）

对于应答值等于1，副本管理器的`appendMessages()`方法调用`appendToLocalLog()`就确保消息集追加到主副本的本地日志文件中了。这时就可以调用回调方法，立即返回响应结果给客户端。

对于应答值等于-1，消息集只是追加到主副本还不够，主副本还需要等待ISR中的所有备份副本都向它发送应答。这意味着：消息集在写到主副本的本地日志文件之后，服务端还不能返回响应结果给客户端。服务端为了等待备份副本发送应答，可以采用阻塞的方式，但这种实现方式对服务端的性能影响较大。Kafka针对这种需要"延迟返回响应结果"给客户端的情况，专门会有一个"延迟的操作"。

6

注意：从服务端的角度来看，服务端会延迟返回响应结果给客户端。而从客户端的角度来看，客户端发送的请求需要等待一段时间才能收到响应结果，生产请求的响应结果被延迟返回。

3. 创建延迟的生产和延迟的拉取

服务端延迟返回响应结果是有一定限制条件的。对于生产请求，`delayedProduceRequest()`方法必须同时满足下面3个条件，服务端才需要"延迟返回生产结果"给客户端。

- 生产者等待所有ISR备份副本都向主副本发送应答：`requiredAcks == -1`。
- 生产者发送的消息有数据：`messagesPerPartition.size > 0`。
- 至少要有一个分区写入到主副本的本地日志文件是成功的。

如果不满足上面任意一个条件，服务端就会立即返回响应结果给客户端。比如，生产者设置的应答值等于1，或生产者发送的消息集根本没有数据，或所有分区写入到主副本的本地日志文件都失败了。服务端创建"延迟的生产"，意味着备份副本会向主副本拉取数据。如果没有创建"延迟的生产"，并不意味着备份副本不会向主副本拉取数据，只是生产者客户端不关心而已。相关代码如下：

```
// 判断是否需要延迟返回生产响应结果
def delayedProduceRequest(
    requiredAcks: Short, // 生产者客户端是否需要等待应答
    messagesPerPartition: Map[TopicPartition, MessageSet],
    results: Map[TopicPartition, LogAppendResult]) = { // 追加结果集
  requiredAcks == -1 &&  // 客户端设置需要等待应答
  messagesPerPartition.size > 0 && // 客户端有发送消息
  // 追加消息到分区，必须保证至少有一个分区写入成功。如果所有分区都失败，立即返回
  results.values.count(_.error.isDefined) < messagesPerPartition.size
}
```

对于拉取请求，必须同时满足下面4个条件，服务端才需要"延迟返回拉取结果"给客户端。

- 拉取请求设置等待时间：`timeout > 0`。
- 拉取请求要有拉取分区：`fetchInfo.size > 0`。
- 本次拉取还没有收集足够的数据：`bytesReadable < fetchMinBytes`。
- 拉取分区时不能发生错误：`!errorReadingData`。

追加消息集到主副本的本地日志文件后，如果满足"延迟生产"的限制条件，就会创建一个"延迟的生产"对象（DelayedProduce）。读取主副本的本地日志文件后，如果满足"延迟拉取"的限制条件，就会创建一个"延迟的拉取"对象（DelayedFetch）。相关代码如下：

```
// 副本管理器追加消息集到主副本后，满足延迟条件，创建延迟的生产
def appendMessages(timeout: Long, acks:Short,
    messagesPerPartition: Map[TopicAndPartition, MessageSet],
    cb: Map[TopicAndPartition,ProducerResponseStatus]=>Unit){
  val localProduceResults = appendToLocalLog(messagesPerPartition)
  val produceStatus = localProduceResults.mapValues(
    result => ProducePartitionStatus(
      result.info.lastOffset + 1, // 需要的偏移量
      new PartitionResponse(result.errorCode,result.info.firstOffset))
  }
  // 延迟的生产对象 (DelayedProduce) 需要生产请求相关的元数据 (ProduceMetadata)
  val produceMetadata = ProduceMetadata(acks, produceStatus)
  val delayedProduce = new DelayedProduce(timeout,produceMetadata,this,cb)
  val keys=messagesPerPartition.keys.map(new TopicPartitionOperationKey(_))
  delayedProducePurgatory.tryCompleteElseWatch(delayedProduce, keys)
}

// 副本管理器读取主副本的消息集后，满足延迟条件，创建延迟的拉取
def fetchMessages(timeout: Long, replicaId: Int, fetchMinBytes: Int,
    fetchInfo: immutable.Map[TopicAndPartition, PartitionFetchInfo],
    cb: Map[TopicAndPartition, FetchResponsePartitionData] => Unit) {
  val logReadResults = readFromLocalLog(fetchOnlyCommitted, fetchInfo)
  val fetchStatus = logReadResults.map {
    case (tp, result) => (tp, FetchPartitionStatus(
      result.info.fetchOffsetMetadata,
      fetchInfo.get(tp).get))
```

```
  }
  // 延迟的拉取对象（DelayedFetch）需要拉取请求相关的元数据（FetchMetadata）
  val fetchMetadata = FetchMetadata(fetchMinBytes,
     fetchOnlyCommitted, isFromFollower, fetchStatus)
  val delayedFetch = new DelayedFetch(timeout, fetchMetadata, this, cb)
  val keys = fetchStatus.keys.map(new TopicPartitionOperationKey(_))
  delayedFetchPurgatory.tryCompleteElseWatch(delayedFetch, keys)
}
```

回顾下第5章可知，协调者处理消费者“加入组请求”“同步组请求”“心跳请求”时，也会创建两种延迟操作：“延迟的加入”（DelayedJoin）、“延迟的心跳”（DelayedHeartbeat）。相关代码如下：

```
// 消费组的协调者（GroupCoordinator）处理消费者的加入组请求，创建延迟的加入
def prepareRebalance(group: GroupMetadata) {
  val rebalanceTimeout = group.rebalanceTimeout
  val delayedRebalance = new DelayedJoin(this, group, rebalanceTimeout)
  val groupKey = GroupKey(group.groupId)
  joinPurgatory.tryCompleteElseWatch(delayedRebalance, Seq(groupKey))
}

// 消费组的协调者（GroupCoordinator）监控客户端的心跳，创建延迟的心跳
def completeAndScheduleNextHeartbeatExpiration(
    group: GroupMetadata, member: MemberMetadata) {
  member.latestHeartbeat = time.milliseconds()
  val memberKey = MemberKey(member.groupId, member.memberId)
  heartbeatPurgatory.checkAndComplete(memberKey)

  val newHeartbeatDeadline = member.latestHeartbeat+member.sessionTimeoutMs
  val delayedHeartbeat = new DelayedHeartbeat(
    this, group, member, newHeartbeatDeadline, member.sessionTimeoutMs)
  heartbeatPurgatory.tryCompleteElseWatch(delayedHeartbeat, Seq(memberKey))
}
```

服务端创建延迟操作对象后，会立即尝试是否能够完成这个延迟的操作，如果不能完成会加入“延迟缓存”。加入延迟缓存中的延迟操作对象，有两种完成方式：超时或者外部事件。超时后，服务端必须返回响应结果给客户端。外部事件导致“限制条件”不再满足，服务端可以立即返回响应结果给客户端。创建延迟操作对象，并加入延迟缓存的步骤如下。

(1) 获取延迟操作的超时时间。“延迟生产”和“延迟拉取”的超时时间都是客户端设置的，“延迟加入”是消费组的再平衡时间，“延迟心跳”是消费组的会话时间。

(2) 创建延迟的操作对象。除了设置超时时间，还要传递相关的元数据，即延迟操作对象是有状态的。

(3) 指定延迟操作的键。“延迟生产”和“延迟拉取”的键都是分区，“延迟加入”的键是消费组编号，“延迟心跳”的键是消费者成员编号。

(4) 通过延迟缓存执行第一次的尝试完成操作。如果完成不了，将延迟操作对象加入延迟缓存的监控。

如表6-5所示，列举了服务端创建的4种延迟操作对象，以及它们分别在对应的外部事件触发下，返回响应结果给客户端需要满足的条件。“延迟加入”的外部事件是：消费组中的所有旧消费者全部重新发送了“加入组请求”。这时“延迟的加入”操作才认为不再被延迟了，服务端会返回“加入组响应结果”给每个消费者。“延迟生产”的外部事件是：ISR的所有备份副本都向主副本发送了应答。这时“延迟的生产”操作才认为不再被延迟，服务端会返回“生产响应结果”给生产者。

表6-5 延迟的操作对象，以及对应的外部事件

延迟的操作	外部事件触发返回响应结果的条件
延迟的加入（DelayedJoin）	消费组的所有消费者都发送了加入组请求
延迟的心跳（DelayedHeartbeat）	没有限制条件，可以立即返回心跳响应结果
延迟的生产（DelayedProduce）	ISR的所有备份副本都向主副本发送了应答
延迟的拉取（DelayedFetch）	读取到足够数量的消息集

除了上面的外部事件会完成延迟的操作外，针对“延迟的生产”和“延迟的拉取”，还有其他事件会尝试完成延迟的操作对象。

4. 延迟的操作与外部事件的关系

如表6-6所示，服务端处理生产请求，追加消息集到主副本的本地日志后，会尝试完成延迟的拉取；服务端处理备份副本的拉取请求，向主副本的本地日志读取消息集后，会尝试完成延迟的生产。

表6-6 创建延迟的请求、尝试完成延迟的请求

副本管理器	操作本地日志后，尝试完成延迟的操作	延迟返回响应，创建延迟的操作
生产请求	完成延迟的拉取（tryCompleteDelayedFetch）	创建延迟的生产（DelayedProduce）
拉取请求	完成延迟的生产（tryCompleteDelayedProduce）	创建延迟的拉取（DelayedFetch）

服务端处理的拉取请求可以来自消费者和备份副本。备份副本拉取主副本的消息，会尝试完成“延迟的生产”，而消费者拉取主副本的消息时，并不会尝试完成“延迟的生产”。不过，生产者追加消息到主副本的本地日志后，则可能会尝试完成消费者创建的“延迟拉取”。如图6-46所示，生产者在追加消息集后（中图），会创建延迟的生产请求；消费者（左图）和备份副本（右图）在读取消息集后，会创建延迟的拉取请求。图中生产者、消费者、备份副本之间的虚线连线表示：不同的外部事件尝试完成不同的延迟操作。

生产者追加消息集到主副本的本地日志、备份副本读取主副本的本地日志，这两者看起来没有什么关联关系。但是在服务端中，通过“延迟的生产”和“延迟的拉取”，两者联系在一起了。理解上面几条虚线之间的关系，要理解下面两个问题。

(1) 当不能返回响应结果时，什么限制条件需要让服务端创建一个延迟操作对象。

(2) 当发生限制条件对应的外部事件时，就可以尝试完成第一步创建的延迟操作。

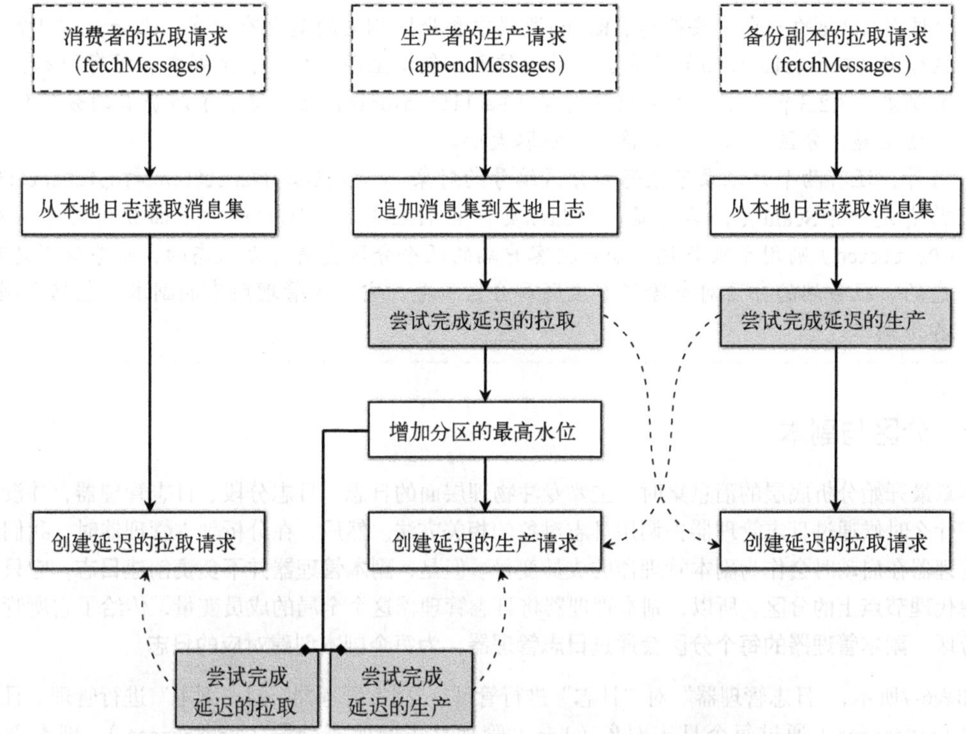

图6-46 生产者、消费者、备份副本与尝试完成延迟操作的关系

如图6-47所示，生产者追加消息创建延迟的生产（问题1），它的限制条件是：所有备份副本发送应答给主副本。当备份副本拉取消息，表示备份副本发送应答给主副本，就会尝试完成延迟的生产请求（问题2）。同样地，备份副本拉取消息创建延迟的拉取（问题1），它的限制条件是：拉取到足够的消息。当生产者追加消息到主副本后，表示有新的消息，就会尝试完成延迟的拉取请求（问题2）。

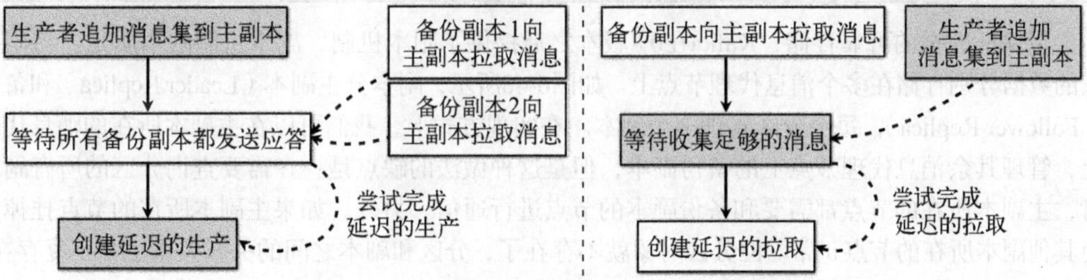

图6-47 延迟操作的限制条件与外部事件的关系

关于延迟操作和延迟缓存，以及延迟操作的尝试完成、真正完成，会在6.3节再深入分析，接下来看存储层上的分区。副本管理器追加消息到分区，或者从分区拉取消息，都需要操作分区对象。

注意： 分区是Kafka的一个重要概念，Kafka源码中和分区相关的类也有很多。比如，2.1.1节的分区信息（`PartitionInfo`）记录了分区的信息，包括主题、分区、主副本、所有副本、同步的副本。3.2.3节的分区主题信息对象（`PartitionTopicInfo`）记录了消费者的分配信息，包括主题、分区、队列、偏移量、拉取大小。

另外，还有两个只记录了主题和分区编号的对象——`TopicAndPartition`和`TopicPartition`，前者是一个Scala类，后者是一个Java类，它们主要用在客户端。下面分析的分区对象（`Partition`）则用于服务端。如果把客户端的两个分区类看作无状态的，服务端则是有状态的。服务端的分区对象除了有主题和分区编号，它还要管理所有的副本，包括主副本、备份副本。

6.2.2　分区与副本

本章最开始分析底层的消息集时，主要专注物理层面的日志、日志分段、日志管理器，并没有过多考虑什么时候通过日志管理器去调用日志对象的相关方法。然后，在分析副本管理器时，我们知道日志管理器在启动时会作为副本管理器的成员变量。但是，**副本管理器并不负责创建日志，它只是管理消息代理节点上的分区**。所以，副本管理器将日志管理器这个全局的成员变量，传给了它所管理的每个分区。**副本管理器的每个分区会通过日志管理器，为每个副本创建对应的日志。**

如表6-7所示，"日志管理器"对"日志"进行管理，"副本管理器"对"副本"进行管理。日志管理器（`LogManager`）通过每个日志对象（`Log`）管理日志的所有分段（`LogSegment`），副本管理器（`ReplicaManager`）也通过每个分区（`Partition`）管理分区的所有副本（`Replica`）。

表6-7　日志管理器与副本管理器

管理器	主要的对象	组成部分
日志管理器（`LogManager`）	日志（`Log`）	日志分段（`LogSegment`）
副本管理器（`ReplicaManager`）	分区（`Partition`）	副本（`Replica`）

为了保证数据的可靠存储，Kafka在0.8版本之后提供了副本机制，副本机制的本质是：将同一个分区的数据分别存储在多个消息代理节点上。如图6-48所示，副本分主副本（Leader Replica）和备份副本（Follower Replica），每个分区管理多个副本。在实现方式上，我们可以在主副本所在的消息代理节点上，管理其余消息代理节点上的备份副本，但是这种做法的缺点是：在需要查询分区的所有副本信息时，主副本所在的节点都需要和备份副本的节点进行通信。另外，如果主副本所在的节点挂掉了，即使其他副本所在的节点正常。但分区对象就不存在了，分区和副本之间的关联关系也都不复存在了。

Kafka副本机制的做法是：同一个分区会存在于多个消息代理节点上，并被对应节点的副本管理器所管理。虽然每个节点上的分区在逻辑意义上都有多个副本，但只有本地副本才有对应的日志文件（一个节点上只需要存储一个副本对应的日志文件）。如图6-49所示，分区`P1`存在1个节点上，每个分区都有3个副本，深色方框表示本地副本，以及对应的日志文件。比如，节点1的本地副本是副本1，它同时也是分区的主副本。节点2的本地副本是副本2，节点3的本地副本是副本3，它们都是分区的备份副本。

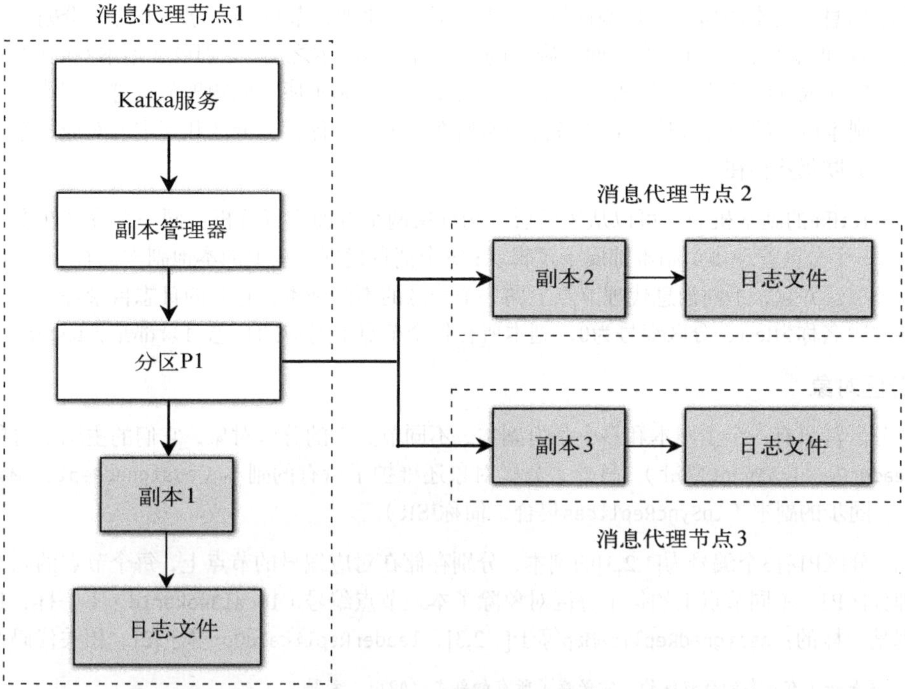

图6-48 通过副本机制，每个分区管理了多个副本

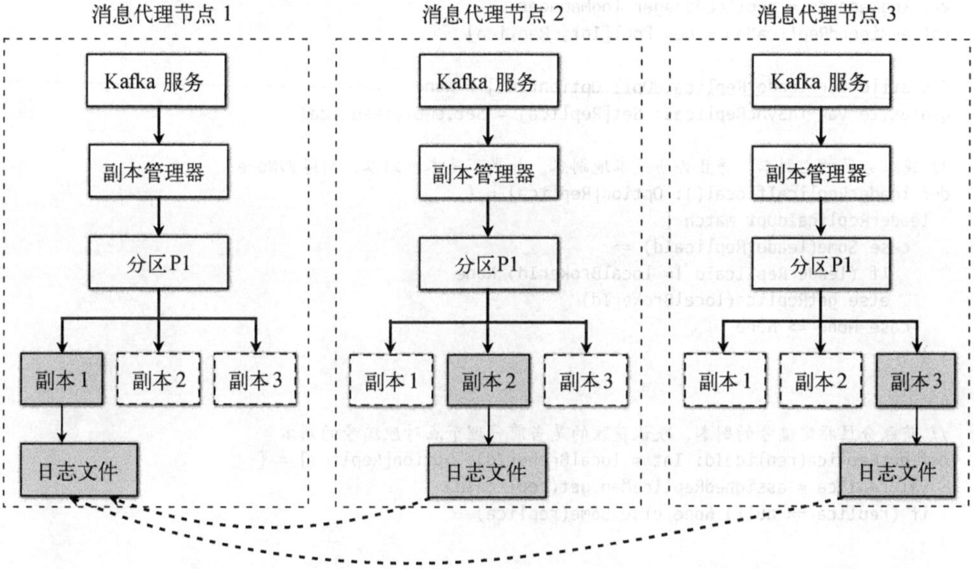

图6-49 多个消息代理节点的副本管理器管理了同一个分区

备份副本会向主副本拉取消息保持数据的同步，服务端处理备份副本的拉取请求，也会更新对应

的备份副本信息（副本的信息包括偏移量、最高水位）。比如，节点2和节点3上的备份副本向主副本所在的节点1拉取消息，节点1会在返回主副本的数据给备份副本之前，分别更新副本2和副本3的信息。这样，当需要获取分区的所有副本信息时，就不需要和备份副本所在的物理节点进行网络通信了。另外，即使主副本所在的节点挂掉，其他备份副本所在的节点也保存着分区和副本的对应关系，所以分区和副本的关联仍然存在。

要理解Kafka的副本机制，可以从逻辑层和物理层两个方面进行分析：同一个分区在多个消息代理节点上、一个分区管理多个副本都属于逻辑层；每个消息代理节点上的本地副本都有一个日志文件，则属于物理层。并且，不同消息代理节点上同一个分区的不同副本，它们的日志目录都是以分区命名的。比如主题名称为test、分区编号为0，副本所在每个节点上对应的日志目录都是：test-0。

1. 分区对象

每个分区都只有一个主副本和多个备份副本，不同节点上的分区对象，它们的主副本对象都是同一个（leaderReplicaIdOpt变量）。另外，分区对象还维护了所有的副本（assignedReplicaMap字典，简称AR）、同步的副本（inSyncReplicas集合，简称ISR）。

举例，分区P1有3个编号为[1,2,3]的副本，分别存储在对应编号的节点上，每个节点的副本管理器都会管理分区P1。不同节点上的每个分区对象除了本地节点编号（localBrokerId）不一样，其他的成员变量都是一样的：assignedReplicaMap等于[1,2,3]，leaderReplicaIdOpt等于[2]。相关代码如下：

```
// 分区是一个有状态的数据结构，它保存了所有的副本（AR）、主副本
class Partition(topic:String, partition:Int, replicaMgr:ReplicaManager){
  val localBrokerId = replicaMgr.config.brokerId
  val logManager = replicaManager.logManager
  val assignedReplicaMap = new Pool[Int, Replica]

  @volatile var leaderReplicaIdOpt: Option[Int] = None
  @volatile var inSyncReplicas: Set[Replica] = Set.empty[Replica]

  // 获取分区的主副本，并且必须是本地副本。如果不是本地副本，则返回None
  def leaderReplicaIfLocal(): Option[Replica] = {
    leaderReplicaIdOpt match {
      case Some(leaderReplicaId) =>
        if (leaderReplicaId != localBrokerId) None
        else getReplica(localBrokerId)
      case None => None
    }
  }

  // 获取分区指定编号的副本，默认获取的是当前代理节点对应编号的副本
  def getReplica(replicaId: Int = localBrokerId): Option[Replica] = {
    val replica = assignedReplicaMap.get(replicaId)
    if (replica == null) None else Some(replica)
  }

  // 根据给定的副本编号，判断它是不是本地的副本
  def isReplicaLocal(replicaId: Int) = (replicaId == localBrokerId)
```

```
  // 验证分区
  def isUnderReplicated(): Boolean = {
    leaderReplicaIfLocal() match {
      case Some(_) => inSyncReplicas.size < assignedReplicas.values.size
      case None => false
    }
  }
}
```

如表6-8所示，分区的getReplica()方法会返回当前节点所在的副本，不同节点返回不同的值。分区的leaderReplicaIfLocal()方法则只有主副本所在的节点才有数据，在备份副本所在的节点上调用分区的这个方法，返回值为None。

表6-8 不同消息代理节点上分区对象的成员变量和方法

消息代理节点	localBrokerId	leaderReplica	leaderReplicaIfLocal()	getReplica()
1	1	2	None	Some(Replica(1))
2	2	2	Some(Replica(2))	Some(Replica(2))
3	3	2	None	Some(Replica(3))

上面分区对象（Partition）的几个变量和方法都是获取数据，副本管理器还会通过调用分区的getOrCreateReplica()方法，根据给定的副本编号创建对应的副本对象（Replica）。

2. 副本对象

分区创建副本分成本地副本（localReplica）和远程副本（remoteReplica）。节点编号和副本编号相同的副本叫作本地副本，编号不同的叫作远程副本。本地副本和远程副本的区别如下。

- 本地副本有日志（Log），远程副本没有日志。有日志就表示有日志文件。
- 创建本地副本时，会读取“检查点文件”中这个分区的初始最高水位。远程副本没有初始最高水位。

注意： Kafka的数据目录下有3个检查点文件：恢复点、清理点、最高水位。检查点文件记录了每个分区及其对应的检查点位置。最高水位也叫作复制点，表示备份副本的数据同步位置。

分区创建副本的相关代码如下：

```
// 分区（Partition）根据给定的副本编号创建副本（Replica）
def getOrCreateReplica(replicaId: Int = localBrokerId): Replica = {
  val replicaOpt = getReplica(replicaId)
  replicaOpt match {
    case Some(replica) => replica // 已经存在副本
    case None =>
      if (isReplicaLocal(replicaId)) { // 本地副本，需要创建物理层的日志
        val tp = TopicAndPartition(topic, partitionId)
        val log = logManager.createLog(tp, config)
        // log.dir表示分区对应的日志目录，log.dir.parent表示分区上层的数据目录
        // Kafka服务端可以设置多个数据目录，每个数据目录下都有检查点文件
```

```
      val checkpoint = replicaManager.highWatermarkCheckpoints(
        log.dir.getParentFile.getAbsolutePath)
      val hw = checkpoint.read.getOrElse(tp,0L).min(log.logEndOffset)
      val localReplica = new Replica(replicaId,this,hw,Some(log))
      addReplicaIfNotExists(localReplica)
    } else { // 远程副本，不需要创建物理层的日志
      val remoteReplica = new Replica(replicaId,this)
      addReplicaIfNotExists(remoteReplica)
    }
    getReplica(replicaId).get
  }
}
```

每个副本对象都定义了两个元数据：最高水位元数据（highWatermarkMetadata，简称HW）和偏移量元数据（logEndOffsetMetadata，简称LEO）。创建副本对象时，从检查点文件读取（replication-offset-checkpoint）分区的HW作为初始的最高水位。相关代码如下：

```
// 副本对象有两个重要的元数据：最高水位元数据和偏移量元数据
class Replica(brokerId:Int,partition:Partition,initHW:Long,log:Option[Log]){
  // 最高水位元数据、偏移量元数据都是原子类型的变量，类似于日志的nextOffsetMetadata
  @volatile var highWatermarkMetadata = new LogOffsetMetadata(initHW)
  @volatile var logEndOffsetMetadata=LogOffsetMetadata.UnknownOffsetMetadata

  // 更新副本的偏移量元数据，只有远程副本可以更新
  def logEndOffset_=(newLogEndOffset: LogOffsetMetadata) {
    if (!isLocal) logEndOffsetMetadata = newLogEndOffset
  }
  // 获取副本的偏移量元数据，本地副本通过读取日志文件获取
  def logEndOffset = if (isLocal) log.get.logEndOffsetMetadata
                     else logEndOffsetMetadata
  // 更新日志的读取结果，一般针对远程副本
  def updateLogReadResult(logReadResult: LogReadResult) {
    logEndOffset = logReadResult.info.fetchOffsetMetadata
  }

  // 设置副本的最高水位线，只有本地副本可以更新
  def highWatermark_=(newHighWatermark: LogOffsetMetadata) {
    if (isLocal) highWatermarkMetadata = newHighWatermark
  }
  def highWatermark = highWatermarkMetadata // 获取副本的最高水位线
  def convertHWToLocalOffsetMetadata() = { // 以最新HW的offset读取Log
    if (isLocal) highWatermarkMetadata = log.get.
      convertToOffsetMetadata(highWatermarkMetadata.messageOffset)
  }
}
```

副本对象定义了两个元数据，以及对应的get/set方法。以偏移量元数据为例，logEndOffset_=是set方法，logEndOffset是get方法。副本对象的两个元数据代表副本的状态，对应的get/set方法会更新或者获取副本的状态。下面是偏移量和最高水位的更新方法调用链：

```
Replica.logEndOffset_$eq(LogOffsetMetadata)
  |- Replica.updateLogReadResult(LogReadResult)
     |- Partition.makeLeader(int, PartitionState, int)
```

```
        |- Partition.updateReplicaLogReadResult
           |- ReplicaManager.updateFollowerLogReadResults() // 更新备份副本的偏移量
              |- ReplicaManager.fetchMessages() // 处理拉取请求

Replica.highWatermark_$eq(LogOffsetMetadata)
  |- ReplicaFetcherThread.processPartitionData()
  |- Partition.maybeIncrementLeaderHW(Replica)
      |- Partition.maybeShrinkIsr(long) // 减少ISR
      |- Partition.makeLeader(int,PartitionState,int) // 改变主副本也可能改变ISR
      |- Partition.appendMessagesToLeader() // ISR只有主副本，直接更新HW
      |- Partition.maybeExpandIsr(int) // 增加ISR
```

先来看偏移量元数据的更新和获取方法。如果从本地副本的角度来看，有下面两种场景。

- 消息集追加到主副本的本地日志，更新日志的下一个偏移量元数据（nextOffsetMetadata）。
- 备份副本读取到主副本的拉取结果，将拉取结果写到本地日志，也更新日志的下一个偏移量元数据。

上面两种场景都只是更新“日志”的下一个偏移量元数据，并不需要更新“副本”的偏移量元数据。针对本地副本，当需要获取副本的偏移量元数据，可以直接获取“日志”的偏移量元数据。

如图6-50所示，生产者追加消息集到主副本的本地日志（步骤(2)），备份副本同步数据也会将拉取结果写入自己的本地日志（步骤(6)），这两种场景都会更新本地日志的偏移量元数据。除此之外，主副本所在的服务端处理备份副本的拉取请求，也会更新备份副本的偏移量元数据（步骤(4)），具体步骤如下。

(1) 生产者客户端将消息集追加到分区的主副本，这里假设副本1是主副本。
(2) 消息集追加到主副本的本地日志，会更新日志的偏移量元数据。
(3) 其他消息代理节点上的备份副本向主副本所在的消息代理节点同步数据。
(4) 主副本所在的副本管理器读取本地日志，并更新对应拉取的备份副本信息。
(5) 主副本所在的服务端将拉取结果返回给发起拉取请求的备份副本。
(6) 备份副本接收到服务端返回的拉取结果，将消息集追加到本地日志，更新日志的偏移量元数据。

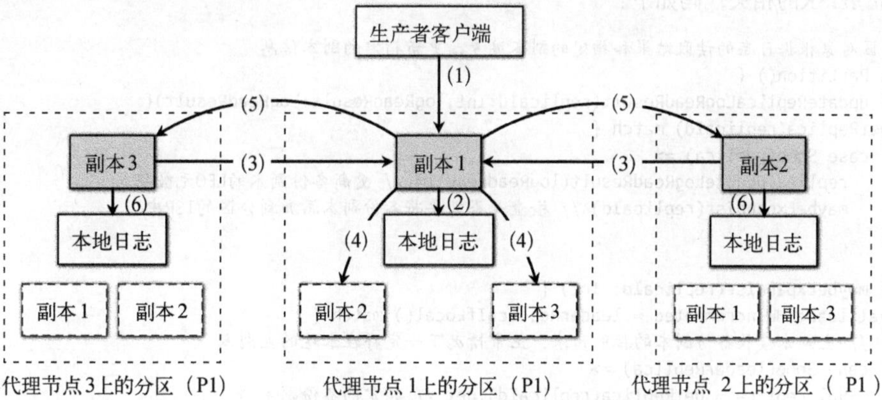

图6-50 更新本地日志和备份副本的偏移量元数据

从图6-50可以看出，主副本所在节点更新备份副本的偏移量元数据，它更新的是远程副本（步骤(4)）。而如果备份副本更新本地日志的偏移量元数据，它更新的是本地副本（步骤(6)）。这两种更新动作发生的前提都必须是：备份副本向主副本发起了拉取请求（步骤(3)）。

3. "备份副本"同步数据

备份副本向主副本所在的消息代理节点发送拉取请求，会指定备份副本编号（replicaId）。服务端处理备份副本的拉取请求，会先读取主副本的本地日志文件，然后用日志的读取结果（logReadResults）更新备份副本的相关信息。相关代码如下：

```
// 服务端的副本管理器处理备份副本的拉取请求，并更新备份副本的偏移量元数据
class ReplicaManager() {
  def fetchMessages(replicaId: Int){ // 备份副本的编号
    val logReadResults = readFromLocalLog(fetchInfo) // 读取本地日志
    if(Request.isValidBrokerId(replicaId)) // 更新备份副本的偏移量
      updateFollowerLogReadResults(replicaId, logReadResults)
  }
  def updateFollowerLogReadResults(replicaId: Int,
      logReadResults: Map[TopicAndPartition, LogReadResult]) {
    logReadResults.foreach { case (tp, readResult) =>
      val partition = getPartition(tp.topic,tp.partition)
      partition.updateReplicaLogReadResult(replicaId, readResult)
      // 当更新了备份副本的LEO后，检查是否可以完成延迟的生产请求
      tryCompleteDelayedProduce(new TopicPartitionOperationKey(tp))
    }
  }
}
```

服务端处理备份副本的拉取请求，除了更新备份副本的偏移量元数据，调用maybeExpandIsr()方法可能还会扩展分区的ISR集合。扩展ISR集合必须满足下面3个条件。

- 这个备份副本之前不在分区的ISR集合中，如果已经在ISR集合中，就不需要重复加入。
- 这个备份副本必须在分区的AR集合中，只有属于分区的副本，才会加入到ISR集合中。
- 这个备份副本的偏移量必须大于或等于主副本的最高水位，才会加入到ISR集合中。

分区扩展ISR的相关代码如下：

```
// 分区对象根据日志的读取结果和指定的副本编号，更新指定的副本信息
class Partition() {
  def updateReplicaLogReadResult(replicaId:Int,logReadResult:LogReadResult){
    getReplica(replicaId) match {
      case Some(replica) =>
        replica.updateLogReadResult(logReadResult) // 更新备份副本的LEO元数据
        maybeExpandIsr(replicaId) // 检查是否需要将备份副本添加到分区的ISR中
    }
  }
  def maybeExpandIsr(replicaId: Int) {
    val leaderHWIncremented = leaderReplicaIfLocal() match {
      // 主副本接收备份副本的拉取请求，正常情况下一定存在本地的主副本
      case Some(leaderReplica) =>
        val replica = getReplica(replicaId).get // 指定的备份副本
        val leaderHW = leaderReplica.highWatermark // 主副本的最高水位
```

```
        if(!inSyncReplicas.contains(replica) && // 不在目前的ISR中
          assignedReplicas.map(_.brokerId).contains(replicaId) && // 在AR中
          // 备份副本的LEO超过主副本的HW，说明备份副本赶上了主副本，可以加入到ISR中
          replica.logEndOffset.offsetDiff(leaderHW) >= 0) {
          val newInSyncReplicas = inSyncReplicas + replica
          updateIsr(newInSyncReplicas)
        }
        maybeIncrementLeaderHW(leaderReplica) // ISR变化，增加Leader的HW
      case None => false
    }
    // 如果主副本的HW增加了，需要尝试完成延迟的操作（比如延迟的生产和延迟的拉取）
    if (leaderHWIncremented) tryCompleteDelayedRequests()
  }
}
```

服务端处理备份副本的拉取请求，除了更新备份副本的偏移量元数据、判断是否需要将备份副本加入到ISR集合，还会调用`maybeIncrementLeaderHW()`方法判断是否需要增加主副本的最高水位。如果分区对应主副本的最高水位有增加，就会调用`tryCompleteDelayedRequests()`方法尝试完成延迟的请求：包括“延迟的生产”和“延迟的拉取”。相关代码如下：

```
// 分区对象选择ISR集合中最小的偏移量值，判断是否需要增加主副本的HW
def maybeIncrementLeaderHW(leaderReplica: Replica): Boolean = {
  // 主副本新的HW会选择ISR集合中最小的偏移量
  val newHighWatermark = inSyncReplicas.map(_.logEndOffset).min()
  val oldHighWatermark = leaderReplica.highWatermark // 上一次的HW值
  if (oldHighWatermark.messageOffset < newHighWatermark.messageOffset ||
      oldHighWatermark.onOlderSegment(newHighWatermark)) {
    leaderReplica.highWatermark = newHighWatermark
    true
  } else false
}
```

注意： 在6.2.1节中，生产者客户端设置的应答值如果是-1，则主副本必须等到ISR的所有备份副本都向主副本发送了应答后，服务端才会返回响应结果给客户端。服务端完成“延迟生产”的外部触发事件就是备份副本发送应答，那么当备份副本向主副本发送拉取请求，服务端处理备份副本的拉取请求，就可能会完成“延迟的生产”。

除了备份副本主动发送拉取请求可能会尝试完成延迟的生产，另外一种场景是：追加消息集到主副本的本地日志，如果ISR只有一个主副本，会立即增加主副本的HW，并不需要等待其他备份副本发送应答。这种情况也会同时调用`maybeIncrementLeaderHW()`和`tryCompleteDelayedRequests()`方法。

尝试完成“延迟生产”对应的场景是：服务端处理生产者客户端的生产请求，没有满足“ISR所有副本发送应答给主副本”限制条件，创建了延迟的生产。尝试完成“延迟拉取”对应的场景是：服务端处理消费者客户端的拉取请求，没有满足“拉取到足够的消息”限制条件，创建了延迟的拉取。主副本的最高水位增加了，就可以同时尝试完成这两个被延迟的操作对象，可以从下面两个角度来分析这个原因。

- 消费者最多只能消费到主副本的最高水位，如果消费者已经消费到最高水位，但是主副本的最高水位一直没有增加，服务端就不会返回拉取结果给消费者。而一旦主副本的最高水位增加了，就有可能满足“拉取到足够的消息”限制条件，服务端就可以返回拉取结果给消费者。
- 主副本等待ISR集合的所有备份副本都向它发送应答，在这之前，服务端不会返回生产请求给生产者。主副本的最高水位会选择ISR集合中所有备份副本的最小偏移量值。服务端处理备份副本的拉取请求，会更新备份副本的偏移量，那么就有可能会增加主副本的最高水位。一旦增加了主副本的最高水位，表示ISR集合中所有副本一定都发送了应答，服务端就可以返回生产请求给生产者。

偏移量和最高水位是副本对象的两个重要数据，下面分析这两个状态的使用场景。

4. 偏移量、最高水位、复制点

备份副本向主副本同步数据的过程中，备份副本自己会更新本地的日志偏移量，主副本所在的服务端也会更新对应备份副本的偏移量。比如，有1个主副本和3个备份副本，主副本的偏移量是25，3个备份副本的偏移量分别是[8,9,10]，这些信息都可以通过分区对象的`assignedReplicaMap`成员变量获取。这就意味着：当需要获取分区所有副本的日志偏移量时，直接查询分区的所有副本状态即可。如图6-51所示，备份副本同步数据时，除了更新副本的偏移量（`LEO`），也会更新副本的最高水位（`HW`），具体步骤如下。

(1) 生产者往主副本写数据，主副本的`LEO`增加，初始时所有副本的`HW`都为0。

(2) 备份副本拉取到数据，更新本地的`LEO`。拉取响应带有主副本的`HW`，但主副本的`HW`还是0，备份副本的`HW`也为0。

(3) 备份副本再次拉取数据，会更新主副本的`HW`。主副本返回给备份副本的拉取响应包含最新的`HW`。

(4) 备份副本拉取到数据，更新本地的`LEO`，并且也会更新备份副本的`HW`。

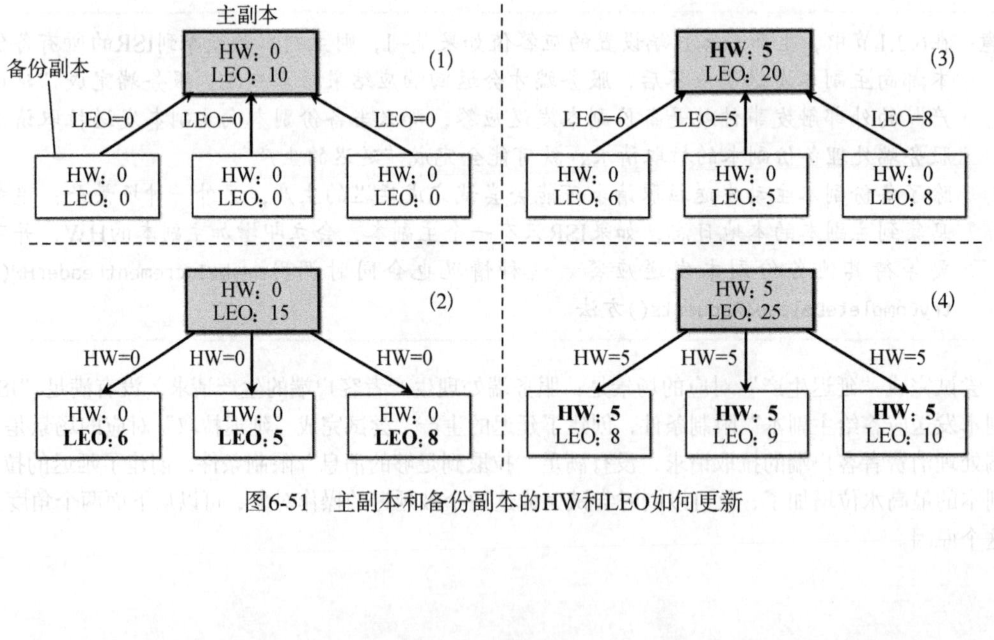

图6-51　主副本和备份副本的HW和LEO如何更新

注意： 备份副本无论在服务端读取出多少条记录，服务端都会把读取到的所有记录返回给备份副本。服务端知道本次读取的记录条数，就可以在返回结果前，更新备份副本对应的LEO。备份副本在收到拉取记录后，也会更新本地日志文件的LEO，这样主副本记录的备份副本LEO、备份副本自己记录的LEO是一致的数据。

更新副本的偏移量有下面两种场景：更新本地日志的偏移量、更新远程的备份副本偏移量。

- 追加消息到主副本的本地日志、备份副本拉取消息写到自己的本地日志，都会更新日志的偏移量。
- 主副本所在的服务端处理备份副本的拉取请求，也会更新分区中备份副本对应的偏移量。

更新副本的最高水位也有下面两种场景：更新主副本的最高水位、更新备份副本的最高水位。

- 主副本的最高水位取决于ISR中所有副本的最小偏移量。最小值没有变化，最高水位也不会变化。
- 备份副本的最高水位取决于主副本的最高水位和它自己的偏移量，它会选择这两者的最小值。

备份副本的拉取线程（`ReplicaFetcherThread`）发送拉取请求，它在收到主副本所在服务端返回的拉取结果后，会将拉取到的消息追加到备份副本自己的本地日志文件中，并且会更新日志的偏移量。同时，拉取结果中包含了主副本当前最新的最高水位，拉取线程会在备份副本的偏移量、主副本的最高水位两者之间选择最小值，作为备份副本的最高水位。相关代码如下：

```
// 备份副本的拉取线程处理每个分区的拉取数据，追加消息集到本地日志，并且更新最高水位
def processPartitionData(tp:TopicAndPartition,partitionData:PartitionData) {
  val replica = replicaMgr.getReplica(tp.topic, tp.partitionId).get
  val messageSet = partitionData.toByteBufferMessageSet
  replica.log.get.append(messageSet) // 这里会更新日志的LEO
  val followerHighWatermark = replica.logEndOffset.messageOffset.
    min(partitionData.highWatermark) // 更新备份副本的HW
  replica.highWatermark = new LogOffsetMetadata(followerHighWatermark)
}
```

日志管理器会定时将所有分区的副本偏移量，刷写到恢复点文件（recovery-point-offset-checkpoint检查点文件）。副本管理器也会定时将所有分区的副本最高水位，刷写到复制点文件（replication-offset-checkpoint检查点文件）。相关代码如下：

```
// 日志管理器刷写恢复点到检查点文件
def checkpointRecoveryPointOffsets() {
  this.logDirs.foreach(dataDir => // 数据目录下每个分区对应一个日志目录
    val recoveryPoints = this.logsByDir.get(dataDir.toString).get
    this.recoveryPointCheckpoints(dir).write(
      recoveryPoints.mapValues(log => log.recoveryPoint))
  )
}

// 副本管理器刷写最高水位到检查点文件
def checkpointHighWatermarks() {
```

```
  // 获取所有分区对应的本地副本，使用`flatMap`是因为`getReplica`返回的是`Option`
  val replicas = allPartitions.values.flatMap(_.getReplica(config.brokerId))
  val replicasByDir = replicas.filter(_.log.isDefined).groupBy(
    replica => replica.log.get.dir.getParentFile.getAbsolutePath)
  for ((dir, reps) <- replicasByDir) {
    val hwms = reps.map(r => // 每个分区的日志目录对应的都是本地副本
      new TopicAndPartition(r) -> r.highWatermark.messageOffset).toMap
    highWatermarkCheckpoints(dir).write(hwms)
  }
}
```

同一个分区在不同消息代理节点上，它们的本地副本都有偏移量和最高水位。如图6-52所示，主副本所在的节点会记录所有副本的偏移量，备份副本所在的节点只会记录它自己的偏移量，不会记录其他副本的偏移量。

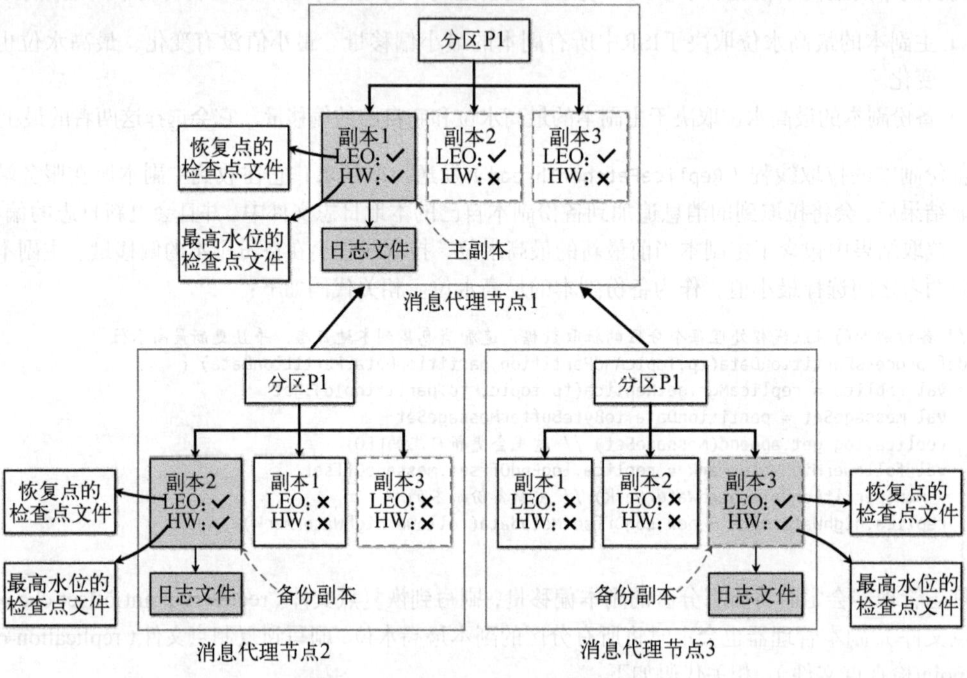

图6-52　每个副本的偏移量、最高水位都会刷新到检查点文件

对于消费者客户端而言，它最多只会读取到主副本的最高水位。但因为主副本可能会出现故障，所以备份副本也需要记录最高水位。当主副本出现故障时，备份副本成为主副本，它的最高水位如果和之前主副本的最高水位保持一致，消费者客户端就不会丢失数据。关于分区和副本的容错处理，以及如何创建分区会在第7章控制器做更深入的分析。

本节主要分析了逻辑意义上与存储相关的副本管理器、分区、副本。副本管理器管理了分区，分区管理了副本，副本对应了日志。副本管理器处理生产请求、拉取请求，如果不能立即返回响应结果给客户端，会创建对应的延迟操作对象。下面继续分析延迟操作会在什么时候完成。

6.3 延迟操作

Kafka的服务端处理客户端的请求，针对不同的请求，可能不会立即返回响应结果给客户端。比如，生产者设置的应答值等于–1，服务端必须等待ISR所有副本都同步完消息，才会发送生产结果给生产者。消费者或备份副本设置的最小拉取大小等于1字节，服务端必须至少读取到1字节的消息，才会发送拉取结果给消费者或备份副本。

Kafka在处理这种类型的请求时，会将“延迟返回响应结果的请求”即“延迟操作”对象（`DelayedOperation`）放入“延迟缓存队列”（`DelayedOperationPurgatory`）。延迟的操作对象有两种方式可以从“延迟缓存队列”中完成，并从缓存队列中移除。

- 延迟操作对应的外部事件发生时，外部事件会尝试完成延迟缓存中的延迟操作。
- 如果外部事件仍然没有完成延迟操作，超时时间达到后，会强制完成延迟的操作。

如图6-53所示，服务端处理客户端请求，返回响应结果给客户端有下面3种情况。

- 读取或写入主副本的本地日志文件后，如果不需要延迟返回，**立即返回**。
- 存在限制条件导致无法立即返回响应结果，创建延迟操作。一旦超时时间到了，**必须返回**。
- 外部事件发生时，判断是否可以解除限制条件。一旦满足条件，**可以返回**。

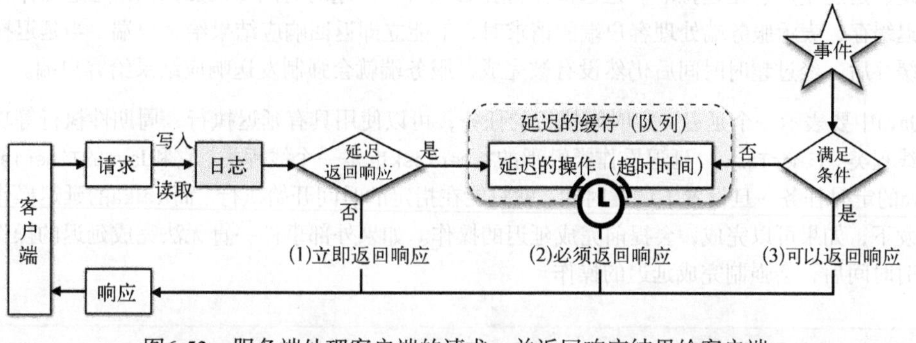

图6-53 服务端处理客户端的请求，并返回响应结果给客户端

“延迟操作”对象被创建并加入“延迟缓存”后，外部事件是完成“延迟操作”的主要因素。“延迟生产”和“延迟拉取”两种操作分别对应不同的延迟缓存。尝试完成延迟的生产有下面两种时机：

- 分区的最高水位增加了，尝试完成延迟的生产；
- 服务端接收到一个备份副本的拉取请求，尝试完成延迟的生产。

尝试完成延迟的拉取有下面两种时机：

- 分区的最高水位增加了，尝试完成消费者的延迟拉取；
- 服务端接收到生产者的生产请求，追加消息集到主副本的本地日志，尝试完成备份副本的延迟拉取。

尝试完成这两种操作的相关代码如下：

```
// 副本管理器将“延迟的生产”和“延迟的拉取”放入不同的“延迟缓存”
val delayedProducePurgatory = DelayedOperationPurgatory[DelayedProduce]()
val delayedFetchPurgatory = DelayedOperationPurgatory[DelayedFetch]()
// 尝试完成“延迟的生产”
def tryCompleteDelayedProduce(key: DelayedOperationKey) {
  delayedProducePurgatory.checkAndComplete(key)
}
// 尝试完成“延迟的拉取”
def tryCompleteDelayedFetch(key: DelayedOperationKey) {
  delayedFetchPurgatory.checkAndComplete(key)
}
```

“延迟缓存”数据结构（DelayedOperationPurgatory）类似Map，它的键是DelayedOperationKey，值是延迟操作对象（DelayedOperation）。生产者的生产请求、消费者和备份副本的拉取请求都会包含多个分区，延迟缓存的键和分区有关。第5章中“延迟加入缓存”、“延迟心跳缓存”的键和消费组编号、消费者成员编号有关。

6.3.1 延迟操作接口

Kafka服务端用DelayedOperation接口表示延迟的操作对象，它的实现类有前面分析的延迟加入、延迟心跳、延迟生产、延迟拉取。延迟操作首先必须有一个超时时间（delayMs），延迟操作被创建并加入延迟缓存，表示服务端处理客户端的请求时，不能立即返回响应结果给客户端。当延迟操作加入到延迟缓存后，经过超时时间后仍然没有被完成，服务端就会强制发送响应结果给客户端。

在Java中要表示一个延迟一定时间执行的任务，可以使用具有延迟执行、周期性执行等功能的定时任务线程类（TimerTask）。延迟操作类继承的TimerTask也是一个线程类，它和Java的TimerTask类似，不过Java的定时任务一旦设置了调度时间，就只能在指定的时间开始执行。而Kafka的延迟操作在外部事件触发下，如果可以完成，会提前完成延迟的操作。如果外部事件一直无法完成延迟的操作，在指定的超时时间后，会强制完成延迟的操作。

注意：“延迟的操作”表示延迟返回响应结果给客户端。完成延迟的操作，表示可以返回响应结果给客户端。不能完成延迟的操作，表示暂时还不能返回响应结果给客户端。

延迟操作接口定义了下面几个与“完成”相关的方法，不过最终只会调用一次完成延迟的操作方法。

(1) 尝试完成（tryComplete）。延迟操作相关的外部事件发生时会尝试完成延迟的操作。该方法返回值如果为true，表示可以完成延迟的操作，接下来会调用强制完成的方法（步骤(2)）。如果返回值为false，表示还不能完成延迟的操作。这个方法的主要逻辑会根据不同的请求类型，判断是否可以返回响应结果给客户端。

(2) 强制完成（forceComplete）。有两个地方会调用这个方法，一个是调用尝试完成的方法（步骤(1)），返回值为true的时候；另一个是超时的时候。这个方法在接口中的实现是调用完成的回调方法（步骤(4)）。

(3) **线程运行**（run）。延迟操作超时的时候，会调用线程的运行方法。因为超时只会发生一次，所以线程的运行方法也只会调用一次。超时后，会先调用强制完成的方法（步骤(2)），如果返回值为true，则会继续调用超时的回调方法（步骤(5)）。

(4) **完成的回调方法**（onComplete）。延迟操作的请求类型不用，它们的回调逻辑也不同。

(5) **超时的回调方法**（onExpiration）。和完成的回调方法类似，延迟操作的超时回调也不同。

延迟操作接口的相关代码如下：

```
// 延迟的操作接口，定义了延迟操作对象的生命周期。从创建、尝试完成、完成、到超时
abstract class DelayedOperation(val delayMs: Long) extends TimerTask{
  val completed = new AtomicBoolean(false)
  // 强制完成延迟的操作，如果没有完成，有两个方法会有机会调用这个方法：
  // (1) 在tryComplete()尝试完成时，判断到可以完成了，调用forceComplete()
  // (2) 超时了，必须立即调用forceComplete()
  // 如果被当前线程完成，返回true；如果其他线程完成了，当前线程调用时返回false
  def forceComplete(): Boolean = {
    if (completed.compareAndSet(false, true)) {
      cancel() // 取消定时器
      onComplete()
      true
    } else false // 有其他线程完成了这个延迟的请求
  }
  // 检查延迟的操作是否已经完成
  def isCompleted(): Boolean = completed.get()
  // 当延迟的操作超时后会执行该回调，如果有多个线程，只有一个线程会执行一次
  def onExpiration(): Unit
  // 操作完成时的处理，在forceComplete()中只会被调用一次
  def onComplete(): Unit
  // 尝试完成被延迟的操作，如果可以完成，调用forceCompelte()处理完成的逻辑
  def tryComplete(): Boolean
  // 任务在超时时才会调用一次run()方法
  override def run(): Unit = if (forceComplete()) onExpiration()
}
```

延迟操作对象有两种完成的方式：外部事件触发完成，或者超时完成。它们都会调用forceComplete()方法，并调用onComplete()。因为onComplete()方法只会调用一次，所以forceComplete()也只会执行一次。在多线程环境下，用原子变量（completed）来控制只有一个线程会调用到onComplete()方法。

注意：延迟操作只会调用一次的方法有：onComplete()和run()。如果不考虑多线程，forceComplete()也只会调用一次。不过，tryComplete()方法由外部事件触发，而事件不止一个，并且一个事件触发后可能还不能完成延迟的操作，tryComplete()有可能会被调用多次。

以延迟的生产为例，服务端处理备份副本的拉取请求会尝试完成延迟的生产。假设分区的主副本是R1，ISR集合有[R1,R2,R3]这3个副本。服务端将消息集写入主副本R1后，会创建一个延迟的生产请求，并第一次尝试完成延迟的生产，但不能完成。然后，备份副本R2发送拉取请求，服务端处理R2的拉取请求，会第二次尝试完成延迟的生产，还不能完成。最后，备份副本R3发送拉取请求，服务端处理R3的拉取请求，会第三次尝试完成延迟的生产，可以完成。三次尝试完成操作都会调用tryComplete()方法，前两次返回false，最后一次返回true。最后一次还会调用一次forceComplete()、onComplete()方法。

下面会分别分析“延迟生产”和“延迟拉取”完成时的回调方法、尝试完成的延迟操作。

1. 完成延迟的操作

副本管理器在创建延迟操作时，会把回调方法传给延迟操作对象。当延迟操作完成时，在onComplete()方法中会调用回调方法，返回响应结果给客户端，具体步骤如下。

(1) 服务端处理客户端发送的请求，将消息集追加到本地，或者读取本地日志。

(2) 服务端由于不能立即返回响应结果给客户端，它创建一个延迟的操作对象。

(3) 当外部事件尝试完成延迟操作，或者超时后完成延迟的操作。

(4) 服务端在延迟操作中调用回调方法，返回响应结果给客户端。

如表6-9所示，创建延迟操作对象时需要提供请求对应的元数据（第三列）。延迟生产元数据的内容是分区的生产结果（PartitionResponse，第二行第四列）。延迟拉取元数据的内容是分区的拉取信息（PartitionFetchInfo，第三行第二列）。

表6-9 延迟操作的元数据

延迟的操作	输入的分区信息	延迟操作的元数据	输出的分区信息
延迟的生产（DelayedProduce）	消息集（MessageSet）	生产的元数据（ProduceMetadata）	分区的生产结果（PartitionResponse）
延迟的拉取（DelayedFetch）	拉取消息（PartitionFetchInfo）	拉取的元数据（FetchMetadata）	分区的拉取结果（FetchResponsePartitionData）

“创建延迟的生产对象”之前，将消息集写入分区的主副本中，每个分区的生产结果会作为“延迟生产的元数据”。“创建延迟的拉取对象”之前，从分区的主副本中读取消息集，但并不会使用分区的拉取结果作为“延迟拉取的元数据”。这是因为“延迟生产”返回给客户端的响应结果，可以直接从分区的生产结果中获取，而“延迟拉取”返回给客户端的响应结果不能直接从分区的拉取结果中获取。相关代码如下：

```
// 延迟的生产
class DelayedProduce(delayMs: Long,
    produceMetadata: ProduceMetadata, // 生产请求相关的元数据
    replicaManager: ReplicaManager,   // 副本管理器
    responseCallback: Map[TopicPartition, PartitionResponse] => Unit)
  override def onComplete() { // 延迟的生产完成时，返回生产响应结果给客户端
    val respStat = produceMetadata.produceStatus.mapValues(_.responseStatus)
    responseCallback(respStat)
  }
}

// 延迟的拉取
class DelayedFetch(delayMs: Long,
    fetchMetadata: FetchMetadata,    // 拉取请求相关的元数据
    replicaManager: ReplicaManager, // 副本管理器
    responseCallback: Map[TopicAndPartition,FetchResponsePartitionData]=>Unit)
  override def onComplete() { // 延迟的拉取完成时，返回拉取响应结果给客户端
    // 再根据拉取元数据，读取主副本的本地日志文件
    val logReadResults = replicaManager.readFromLocalLog(
```

```
      fetchMetadata.fetchOnlyLeader, fetchMetadata.fetchOnlyCommitted,
      fetchMetadata.fetchPartitionStatus.mapValues(_.fetchInfo))
    // 返回拉取响应结果给客户端
    val fetchPartitionData = logReadResults.mapValues(r =>
      FetchResponsePartitionData(r.errorCode, r.hw, r.info.messageSet))
    responseCallback(fetchPartitionData)
  }
}
```

元数据可以包含返回结果的条件是：从“创建延迟操作对象”再到“完成延迟操作对象”，元数据的含义不会改变。对于延迟的生产，服务端写入消息集到主副本返回的结果（即分区的生产结果）是确定的，但因为ISR集合中的备份副本还没有发送应答给主副本，所以才需要“创建延迟的生产操作对象”。服务端在处理备份副本的拉取请求时，不会改变分区的生产结果。最后在“完成延迟操作对象”时，服务端就可以把“创建延迟操作对象”时传递给它的分区生产结果直接返回给生产者。

“创建延迟的拉取对象”之前，读取了主副本的本地日志，但因为消息数量不够，所以“创建延迟的拉取对象”。延迟拉取的元数据是分区的拉取信息，并不是分区的拉取结果。在“完成延迟的拉取操作对象”时，会再次读取主副本的本地日志，第二次的读取有可能是消息数量已经足够或者超时触发的。前者会返回足够的消息给客户端，后者返回给客户端的消息可能不够。

注意： 一旦创建延迟的拉取操作对象，就一定会读取两次主副本的本地日志，因为第一次读取的消息数量不够，所以并不需要把第一次读取产生的拉取结果，作为元数据传给延迟的拉取对象。第一次读取和第二次读取使用的拉取信息都是一样的，但是这两次读取本地日志的拉取结果则不一样。

外部事件发生时，服务端会尝试完成延迟的操作对象。延迟生产的外部事件是“备份副本发送了拉取请求”。延迟拉取分两种场景，如果是备份副本的延迟拉取，它的外部事件是“消息集追加到主副本”；如果是消费者的延迟拉取，它的外部事件是“增加主副本的最高水位”。下面分析这两种延迟操作的完成方法。

2. 尝试完成延迟的生产

服务端处理生产者客户端的生产请求，将消息集追加到对应主副本的本地日志后，会等待ISR中所有的备份副本都向主副本发送应答。生产请求包括多个分区的消息集，每个分区都有对应的ISR集合。当所有分区的ISR副本都向对应分区的主副本发送了应答，生产请求的处理才算完成。

虽然生产请求有多个分区，但是延迟的生产对象只会创建一个。如果“追加消息集到分区的主副本”没有发生错误，初始化延迟的生产对象时，每个分区的acksPending值等于true，表示分区正在等待应答，即应答正在进行中。当这个分区的ISR备份副本都同步了写入主副本的消息集，才会更改acksPending为false。并且，只有当所有分区的acksPending都等于false，才说明生产请求中所有分区的消息集都同步完成，可以完成延迟的生产请求，即返回需要结果给生产者。相关代码如下：

```
class DelayedProduce(produceMetadata: ProduceMetadata){
  // 初始化每个分区的应答状态，如果没有错误，acksPending表示应答正在进行中
  produceMetadata.produceStatus.foreach { case (topicPartition, status) =>
```

```
        if (status.responseStatus.errorCode == Errors.NONE.code) {
          status.acksPending = true
        } else status.acksPending = false
      }
      // 尝试完成延迟的生产
      override def tryComplete(): Boolean = {
        produceMetadata.produceStatus.foreach { case (tp, status) =>
          if (status.acksPending) { // 只检查acksPending值为true的分区
            val partitionOpt = replicaManager.getPartition(tp.topic,tp.partition)
            val (hasEnough, errorCode) = partitionOpt match {
              case Some(partition) => // 检查分区是否有足够的副本
                partition.checkEnoughReplicasReachOffset(status.requiredOffset)
              case None => (false, UnknownTopicOrPartitionCode) // 不是主副本，结束
            }
            if (errorCode != Errors.NONE.code) { // 有错误，立即结束
              status.acksPending = false
              status.responseStatus.error = errorCode
            } else if (hasEnough) { // 没有错误，并且有足够的副本，结束
              status.acksPending = false
              status.responseStatus.error = Errors.NONE.code
            } // 其他情况：（没有错误，但是副本不足）分区的acksPending值仍然等于true
          }
        }
        // 只要有一个分区的acksPending值为true（应答正在进行），尝试完成的结果就为false
        if (produceMetadata.produceStatus.values.exists(_.acksPending)) false
        else forceComplete() // 当所有分区的acksPending都等于false，尝试完成的结果为true
      }
    }
```

注意：分布式系统将“应答”作为数据同步是否完成的判断条件。Kafka生产请求的一批消息分成多个分区，只有每个分区都成功应答了，才表示这一批消息都同步完成。需要说明的是，在写入消息集的过程中，只要有一个分区出现错误，就应该立即返回响应结果给生产者，即延迟操作可以立即完成。

判断分区的ISR副本是否都已经向主副本发送了应答，需要检查ISR中所有备份副本的偏移量（LEO）是否达到了元数据的指定偏移量（requiredOffset）。因为分区的消息集追加到本地日志返回的下一个偏移量就是requiredOffset，所以ISR所有副本的偏移量只要等于requiredOffset，就表示备份副本向主副本发送了应答。

当备份副本向主副本发送拉取请求，服务端读取日志后，会更新对应备份副本的偏移量数据。如图6-54所示，分区P1的主副本是R1，ISR等于[R1,R2,R3]。下面举例了分区P1的备份副本发送应答给主副本的过程，具体步骤如下。

(1) 生产者发送5条消息到分区P1，延迟操作元数据的requiredOffset等于6。

(2) 备份副本R2第一次拉取时，只读了2条消息，它的偏移量小于6，还不能发送应答给主副本。

(3) 备份副本R3第一次拉取时，就读了5条消息，它的偏移量等于6，可以发送应答给主副本。

(4) 备份副本R2第二次拉取时，读了3条消息，它的偏移量等于6，可以发送应答给主副本。

(5) 备份副本R2和备份副本R3都拉取到主副本R1偏移量等于6的位置。分区的`acksPending`等于`false`，表示分区的应答已经结束，即分区中ISR的所有副本都同步了5条消息。

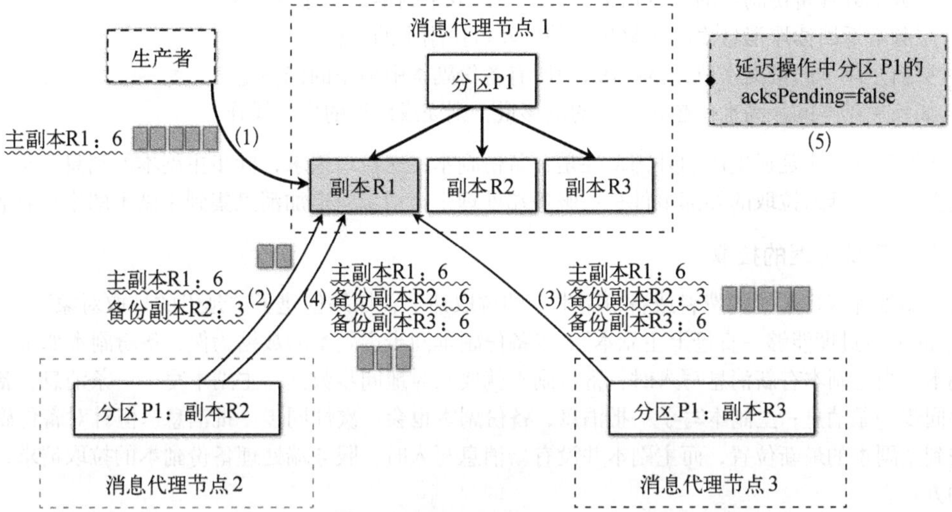

图6-54 分区的ISR所有备份副本向主副本发送应答

在具体的实现上，备份副本并不需要真正发送一种类型为应答的请求给主副本。因为分区对象已经记录了所有副本的信息，所以在尝试完成延迟的生产时，根据副本的偏移量就可以判断备份副本是否发送了应答。实际上，检查分区是否有足够的副本赶上指定偏移量，只需要判断主副本的最高水位是否等于指定偏移量。以上面的例子为例，在步骤(3)过后，主副本的最高水位等于6，因为最高水位等于`requiredOffset`，就表示分区的ISR所有备份副本都向主副本发送了应答。相关代码如下：

```
// 检查分区是否有足够的副本赶上指定偏移量
def checkEnoughReplicasReachOffset(requiredOffset:Long):(Boolean,Short)={
  val curInSyncReplicas = inSyncReplicas
  // 计算发送了应答的副本数量，副本的偏移量超过requiredOffset就表示发送了应答
  val numAcks = curInSyncReplicas.count(r => {
    if (r.isLocal) true // 主副本自己也在ISR中
    else if (r.logEndOffset.messageOffset >= requiredOffset) true
    else false
  })
  val minIsr = leaderReplica.log.get.config.minInSyncReplicas
  // 当主副本的最高水位等于requiredOffset时，实际上就表示ISR的所有副本赶上了主副本
  if (leaderReplica.highWatermark.messageOffset >= requiredOffset ) {
    if (minIsr <= curInSyncReplicas.size){ // ISR的所有备份副本都赶上了主副本
      (true, ErrorMapping.NoError)
    } else { // 虽然所有备份副本都赶上主副本，但ISR的副本数量还是不满足最小值的设置
      (true, ErrorMapping.NotEnoughReplicasAfterAppendCode)
    }
  } else // ISR的所有副本并没有全部都赶上主副本，不会更新主副本的最高水位，返回false
    (false, ErrorMapping.NoError)
}
```

总结下服务端创建了延迟的操作对象，在尝试完成时根据主副本的最高水位判断，具体步骤如下。

6

(1) 服务端处理生产者的拉取请求，写入消息集到主副本的本地日志。

(2) 服务端返回追加消息集的下一个偏移量，并且创建一个延迟的操作对象。

(3) 服务端处理备份副本的拉取请求，首先会读取主副本的本地日志。

(4) 服务端返回读取消息集的偏移量，并更新备份副本的偏移量。

(5) 更新主副本的最高水位，选择ISR中所有备份副本中最小的偏移量。

(6) 如果主副本的最高水位超过指定的偏移量，则完成延迟的生产操作。

服务端尝试完成延迟生产的外部事件是：备份副本发送拉取请求，同步主副本的消息。类似地，服务端尝试完成延迟拉取的外部事件是：服务端处理生产请求，追加消息集到主副本的本地日志。

3. 尝试完成延迟的拉取

服务端处理客户端（消费者或备份副本）的拉取请求，如果创建了“延迟的拉取对象”，一般是“客户端的消费进度能够一直赶上主副本”。以备份副本同步主副本的数据为例，备份副本如果一直赶上主副本，当主副本有新消息写入时，备份副本就要及时地同步数据。主副本写了一条消息，备份副本就要同步一条消息；主副本写了一批消息，备份副本也会一次性同步一批消息。但针对备份副本已经消费到主副本的最新位置，而主副本并没有新消息写入时，服务端处理备份副本的拉取请求，有下面两种方式。

(1) 服务端处理立即返回空的拉取结果给备份副本。这种方式的缺点是：如果主副本一直没有新消息写入，备份副本会一直发送拉取请求，并总是收到空的响应结果。

(2) 服务端没有立即返回空的拉取结果给备份副本，而是创建一个“延迟的拉取对象”。如果有新消息写入主副本，服务端会等到收集够“拉取请求设置的最少字节数”时，才返回拉取结果给备份副本。如果有新消息写入，但写入的消息数量还不满足最少的字节数。在延迟的拉取对象超时后，服务端也会读取出新写入主副本的消息，返回拉取结果给备份副本。

注意：如果客户端没有赶上主副本，读取主副本的本地日志时，一般会大于拉取请求设置的最少字节数，服务端就不会创建“延迟的拉取对象”，而是会立即返回拉取结果给客户端。

消费者或备份副本向主副本发起拉取请求时，会指定拉取数据的起始位置（fetchOffset），表示从日志文件的哪个位置开始读取消息。服务端处理拉取请求，会先读取一次日志文件，如果读取出来的消息数量不足fetchMinBytes，就会创建一个“延迟的拉取操作对象”（DelayedFetch）。当完成“延迟的拉取”时，服务端还会再一次读取主副本的本地日志，返回新读取出来的消息集。相关代码如下：

```
// 尝试完成延迟的拉取
class DelayedFetch(delayMs: Long, fetchMetadata: FetchMetadata) {
  override def tryComplete() : Boolean = {
    var accumulatedSize = 0
    fetchMetadata.fetchPartitionStatus.foreach {
      case (topicPartition, fetchStatus) =>
        val fetchOffset = fetchStatus.startOffsetMetadata
        // 获取本地的主副本，因为延迟拉取在主副本所在的节点创建，所以一定能取到主副本
        val replica = replicaManager.getLeaderReplicaIfLocal(topicPartition)
```

```
        val endOffset = fetchMetadata.fetchOnlyCommitted match{
          case true => replica.highWatermark // 消费者的拉取，取主副本的最高水位
          case false => replica.logEndOffset // 备份副本的拉取，取主副本的偏移量
        }
        if (endOffset.messageOffset != fetchOffset.messageOffset) {
          if (endOffset.onOlderSegment(fetchOffset)) {
            return forceComplete() // 拉取操作发生在被截断的主副本
          } else if (fetchOffset.onOlderSegment(endOffset)) {
            return forceComplete() // 拉取的偏移量和当前你偏移量所在的日志分段不同
          } else if (fetchOffset.messageOffset < endOffset.messageOffset) {
            accumulatedSize += math.min( // 在同一个日志分段里
              endOffset.positionDiff(fetchOffset),
              fetchStatus.fetchInfo.fetchSize)
          }
        } // 拉取偏移量和结束偏移量相等，说明读取到了主副本的最新位置了
      }
      if (accumulatedSize < fetchMetadata.fetchMinBytes) true
      else forceComplete() // 收集到的所有消息超过fetchMinBytes，才会返回结果给客户端
    }
  }
```

客户端的拉取请求包含多个分区，服务端判断拉取的消息大小时，会收集拉取请求涉及的所有分区。只要消息的总大小超过拉取请求设置的最少字节数，就会调用`forceComplete()`方法完成延迟的拉取。如图6-55所示，假设客户端拉取请求设置的最少字节数等于5字节，2个分区[P1,P2]的主副本都在第一个消息代理节点上。主题设置了2个副本，每个分区都有1个主副本和1个备份副本。分区P1的备份副本在第二个消息代理节点上，分区P2的备份副本在第三个消息代理节点上。这2个备份副本发送拉取请求给主副本，服务端的具体处理步骤如下。

(1) 分区P1和分区P2的备份副本发送拉取请求，它们的拉取偏移量等于零。初始时2个分区的主副本都没有数据，服务端读取本地日志的消息数量都等于零。由于2个备份副本的拉取请求在不同的消息代理节点上，服务端为2个拉取请求分别创建对应的延迟拉取操作对象，并加入到服务端全局的延迟缓存。

(2) 生产者往P1和P2的主副本追加第一批消息，P1写4条消息，P2写3条消息。2个分区的主副本偏移量都增加，服务端尝试完成延迟缓存中的2个延迟拉取操作。由于主副本的偏移量和拉取偏移量差距不足5字节，所以服务端还不能完成延迟的拉取操作。

(3) 生产者继续往分区P1和分区P2追加第二批消息，P1写2条消息，P2写3条消息。

(4) 分区的主副本偏移量增加了，服务端再次尝试完成延迟的拉取操作。由于主副本的偏移量和拉取偏移量的差距超过5字节，所以服务端可以完成延迟的拉取操作。

(5) 服务端再次读取主副本的本地日志，并将拉取结果返回给备份副本。备份副本接收到消息后，会写入自己的本地日志，并更新日志的偏移量。备份副本下次发送拉取请求时，使用新的偏移量作为拉取偏移量。

服务端在尝试完成延迟的生产和延迟的拉取时，都是根据主副本的相关偏移量信息，判断是否可以完成延迟的操作对象。如表6-10所示，外部事件尝试完成延迟的生产对象时，根据主副本的最高水位判断是否超过指定的偏移量（`requiredOffset`）。类似地，外部事件尝试完成延迟的拉取对象时，根据主副本的偏移量（或最高水位），判断它与拉取偏移量（`fetchOffset`）的差距是否超过`fetchMinBytes`。

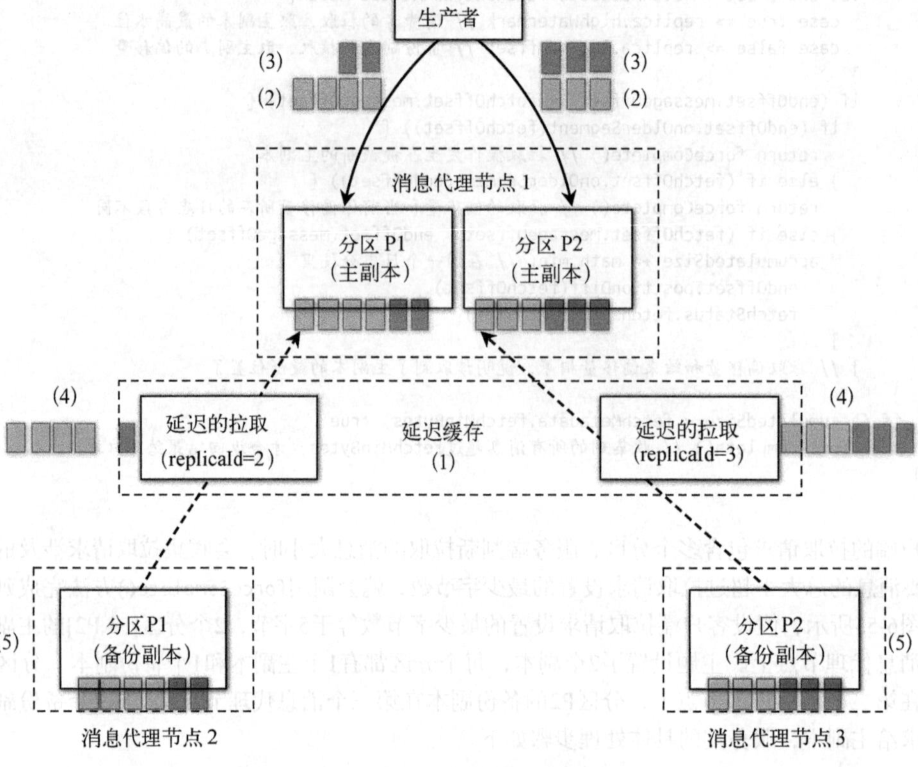

图6-55　备份副本尝试完成延迟的拉取

注意：对于备份副本的延迟拉取，主副本的结束偏移量是它的最新偏移量（LEO）；对于消费者的延迟拉取，主副本的结束偏移量是它的最高水位（HW）。这是因为备份副本要时刻保持与主副本的数据同步，而消费者拉取的消息最多只到主副本的最高水位。

表6-10　外部事件尝试完成延迟操作时的判断条件

延迟的操作	输入的参数	判断完成的条件
延迟的生产	指定的偏移量（requiredOffset）	主副本的最高水位超过指定的偏移量
延迟的拉取	最少的字节数（fetchMinBytes）	主副本的结束偏移量减去拉取偏移量超过最少的字节数

本节主要从业务层面上分析了服务端处理延迟生产和延迟拉取的几种操作，主要内容如下。

(1) 服务端创建延迟的生产、延迟的拉取，并加入到延迟缓存中。

(2) 延迟操作的外部事件发生时，服务端调用`tryComplete()`方法尝试完成对应的延迟操作。

(3) 当可以完成延迟的操作或者超时，服务端调用`onComplete()`方法执行完成延迟操作的回调方法，即返回响应结果给客户端。

下一节的内容和业务层面无关，我们主要分析延迟缓存、延迟操作底层数据结构的设计。

6.3.2 延迟操作与延迟缓存

客户端的一个请求包括多个分区，服务端为每个请求都会创建一个延迟操作对象，而不是为每个分区创建一个延迟操作对象。服务端的“延迟操作缓存”管理了所有的“延迟操作对象”，缓存的键是每一个分区，缓存的值是分区对应的延迟操作列表。

1. 分区与延迟操作的映射关系

如图6-56所示，假设第一个延迟操作包含的分区有[P1,P2,P3,P4,P5]，第二个延迟操作包含的分区有[P1,P3,P5,P6,P7]。在延迟缓存中，从分区的角度来看，分区P1上有两个延迟的操作，分区P2上只有一个延迟的操作，分区P3上有两个延迟的操作。

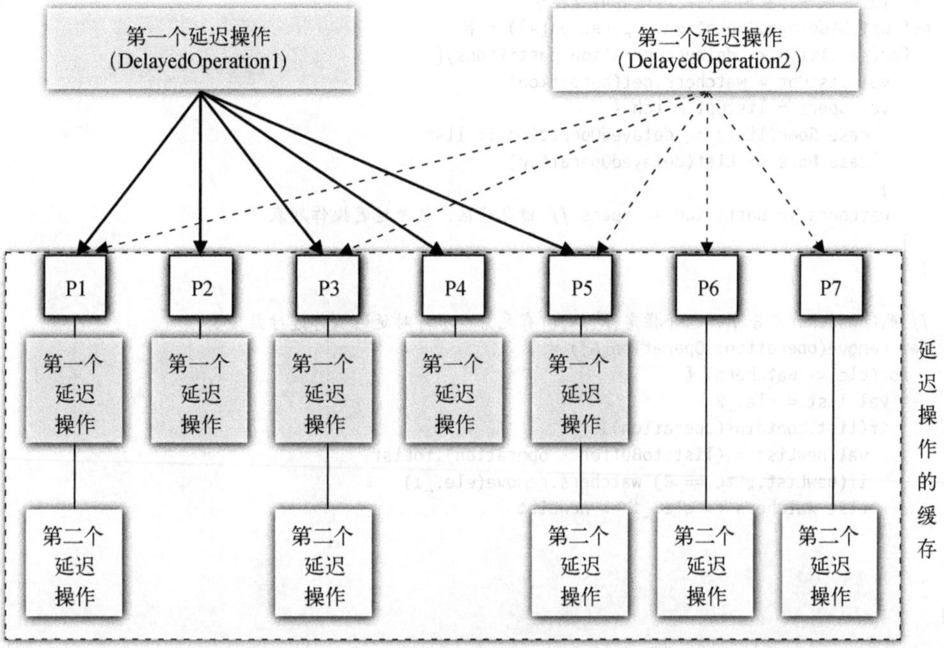

图6-56 延迟操作、分区、延迟缓存

下面的代码模拟了延迟缓存（`Purgatory`）添加或删除延迟操作（`Operation`）的方法。延迟操作有多个分区，延迟缓存保存了分区到延迟操作的映射关系。延迟缓存的`watch()`方法会将延迟操作对象加入到每个分区的值列表中。比如第一个延迟操作对象有`[P1,P2,P3,P4,P5]`这5个分区，那么延迟缓存中对应有5个映射关系，分别是`[P1->Operation1, P2->Operation1, P3->Operation1, P4->Operation1, P5->Operation1]`。第二个延迟操作对象有`[P1,P3,P5,P6,P7]`这5个分区，延迟缓存会更新为7个元素：`[P1->List(Operation1,Operation2), P2->Operation1, P3->List(Operation1,Operation2), P4->Operation1, P5->List(Operation1,Operation2), P6->Operation2, P7->Operation2]`。

每个延迟操作对象都是一个带有超时的线程类。当延迟操作完成时，延迟缓存会调用`remove()`方法将延迟操作从延迟缓存中移除。比如，从延迟缓存中移除第二个延迟操作（Operation2）后，延迟缓存会从每个分区的值列表中删除第二个延迟操作。最后延迟缓存会更新为[P1->Operation2, P3->Operation2, P5->Operation2, P6->Operation2, P7->Operation2]。相关代码如下：

```
// 一个延迟操作对象持有多个分区
case class Operation[A](partitions: List[A], name: String) {
  override def toString = name
}

// 保存延迟操作的延迟缓存，缓存的键是分区，值是延迟操作列表
class Purgatory[A] {
  val watchers=mutable.Map[A, List[Operation[A]]]() // 每个分区有多个延迟操作

  // 将延迟操作对象加入到延迟缓存的监控中
  def watch(delayedOperation: Operation[A]) = {
    for(partition <- delayedOperation.partitions){
      val listOpt = watchers.get(partition)
      val opers = listOpt match {
        case Some(list) => delayedOperation :: list
        case None => List(delayedOperation)
      }
      watchers += partition -> opers // 键是分区，值是延迟操作列表
    }
  }

  // 删除watcher集合中，包含指定操作的所有元素。不再对延迟操作进行监控了
  def remove(operation: Operation[A]) = {
    for(ele <- watchers) {
      val list = ele._2
      if(list.contains(operation)) {
        val newList = (list.toBuffer - operation).toList
        if(newList.size == 0) watchers.remove(ele._1)
        else watchers += ele._1 -> newList
      }
    }
  }
}

// 模拟带有多个分区的延迟操作（operation1和operation2），并加入到延迟缓存中
val operation1: List[Int] = List(1,2,3,4,5)
val operation2: List[Int] = List(1,3,5,6,7)
val purgatory = new Purgatory[Int]
purgatory.watch(Operation(operation1, "operation1")) // 加入延迟操作
purgatory.watch(Operation(operation2, "operation2"))

purgatory.remove(operation1) // 移除延迟操作
purgatory.remove(operation2)
```

注意：延迟缓存watch()和remove()方法的参数都是延迟操作对象，两者分别表示监控延迟的操作，或者移除延迟操作的监控。

一个客户端请求对应一个延迟的操作，一个延迟操作对应多个分区。在延迟缓存中，一个分区对应多个延迟操作。因为延迟操作的外部事件以分区为粒度，所以延迟缓存保存了分区到延迟操作的映射关系。延迟操作加入到延迟缓存，以分区作为缓存的键。外部事件也是从分区的角度，尝试完成延迟的操作。

2. 根据分区尝试完成延迟的操作

不同的延迟操作可能会有相同的分区，比如主题的副本数等于4，就会有3个备份副本向主副本同步数据。那么主副本所在的服务端针对3个备份副本的拉取请求，就会存在3个延迟的拉取操作。但对于消费者而言，不同消费者的拉取请求，它们的分区一定不会相同。如图6-57所示，分区P1和P2的主副本在消息代理节点1上，有3个角色都和主副本有关：生产者、消费者、备份副本。

(1) 生产者向主副本追加消息，生产请求包含2个分区。

(2) 2个消费者向主副本发送拉取请求，每个拉取请求都只拥有不同的分区。

(3) 3个备份副本所在的消息代理节点向主副本发送拉取请求，每个拉取请求都包含2个相同的分区。

图6-57中黑色的长条表示延迟的操作对象，服务端一共创建了6个延迟的操作对象。在延迟缓存中，只有2个键，分别是分区P1和分区P2，这2个分区在延迟缓存中对应的值如下。

- 分区P1对应：延迟的生产、消费者1的延迟拉取、3个备份副本的延迟拉取，总共有5个延迟操作。
- 分区P2对应：延迟的生产、消费者2的延迟拉取、3个备份副本的延迟拉取，总共有5个延迟操作。

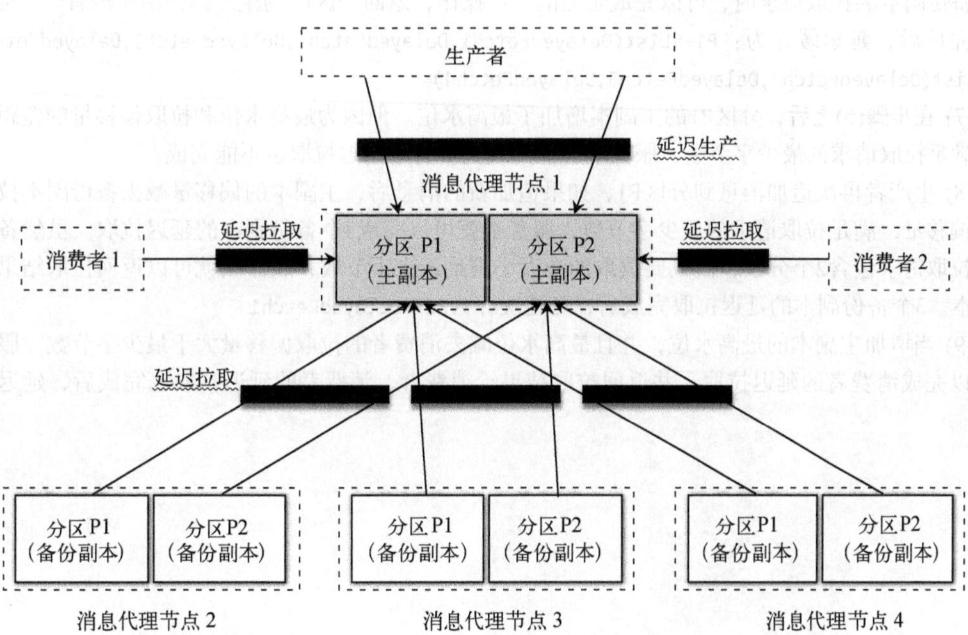

图6-57 不同的延迟操作可能会有相同或不同的分区

外部事件以指定的键尝试完成延迟操作，图6-58是图6-57的简化版本。消息代理节点1上仍然有2个分区，消费者和备份副本拉取主副本的方式保持不变，但生产者只写消息到分区P1。图6-58中分区P1相关的延迟操作用实线箭头表示，分区P2相关的延迟操作用虚线箭头表示。3个备份副本的延迟拉取除了拉取分区P1，也会拉取分区P2，具体步骤如下。

(1) 生产者追加消息集到分区P1的主副本，由于ISR的备份副本还没有发送应答，服务端创建延迟的生产。延迟缓存的内容为`P1->DelayedProduce`。

(2) 消费者拉取分区P1的主副本消息，由于读取的字节数不够，服务端创建延迟的拉取（`DelayedFetch1`）。延迟缓存为`P1->List(DelayedProduce,DelayedFetch1)`。

(3) 分区P1的第一个备份副本（第二个消息代理节点）发送拉取请求，拉取请求包括2个分区。由于读取的字节数不够，服务端创建延迟的拉取（`DelayedFetch2`），延迟缓存为`P1->List(DelayedProduce,DelayedFetch1,DelayedFetch2), P2->DelayedFetch2`。

(4) 分区P1的第二个备份副本（第三个消息代理节点）发送拉取请求，拉取请求包括2个分区。由于读取的字节数不够，服务端创建延迟的拉取（`DelayedFetch3`），延迟缓存为`P1->List(DelayedProduce,DelayedFetch1,DelayedFetch2,DelayedFetch3), P2->List(DelayedFetch2,DelayedFetch3)`。

(5) 分区P1的第三个备份副本（第四个消息代理节点）发送拉取请求，拉取请求包括2个分区。由于读取的字节数不够，服务端创建延迟的拉取（`DelayedFetch4`），延迟缓存为`P1->List(DelayedProduce,DelayedFetch1,DelayedFetch2,DelayedFetch3,DelayedFetch4), P2->List(DelayedFetch2,DelayedFetch3,DelayedFetch4)`。

(6) 服务端处理分区P1前2个副本的拉取请求，尝试完成延迟的生产不能完成。服务端在处理第三个备份副本的拉取请求时，可以完成延迟的生产操作，返回分区P1的生产结果给生产者　。延迟的生产完成后，延迟缓存为：`P1->List(DelayedFetch1,DelayedFetch2,DelayedFetch3,DelayedFetch4), P2->List(DelayedFetch2,DelayedFetch3,DelayedFetch4)`。

(7) 在步骤(6)之后，分区P1的主副本增加了最高水位。但因为最高水位和拉取偏移量的差距，仍然不满足拉取请求的最少字节数，服务端尝试完成消费者的延迟拉取也不能完成。

(8) 生产者再次追加消息到分区P1，如果追加新的消息后，主副本的偏移量减去备份副本拉取请求的偏移量，满足拉取请求的最少字节数，服务端就可以完成3个备份副本的延迟拉取。虽然备份副本的拉取请求包含2个分区，但只要读取的总大小满足最少字节数，服务端就可以返回拉取结果给备份副本。3个备份副本的延迟拉取完成后，延迟缓存为`P1->DelayedFetch1`。

(9) 当增加主副本的最高水位，并且最高水位减去消费者的拉取偏移量大于最少字节数，服务端才可以完成消费者的延迟拉取，并返回拉取结果给消费者。消费者的延迟拉取也完成后，延迟缓存为空。

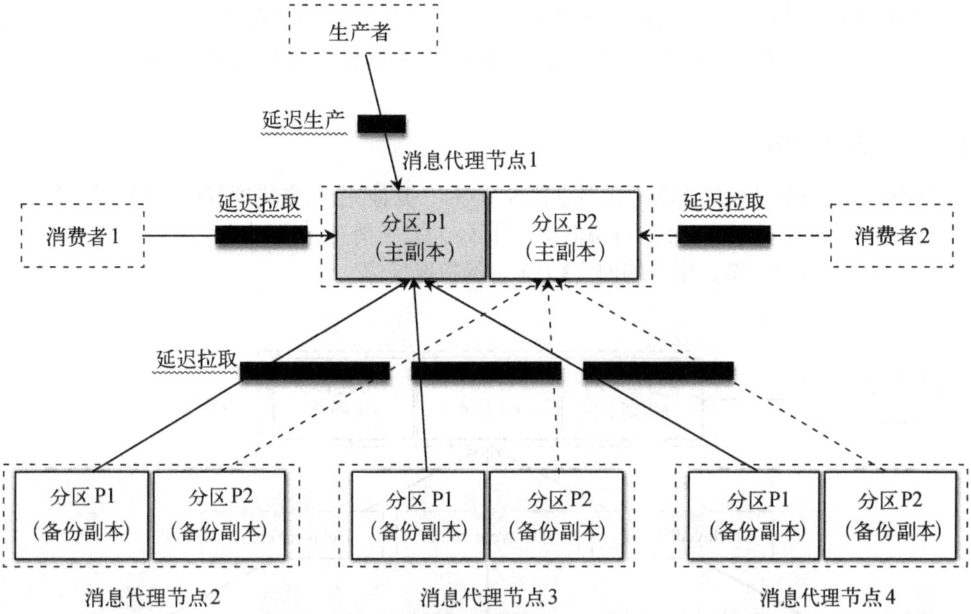

图6-58 尝试完成延迟的操作，以分区为粒度

总结下服务端处理生产请求、拉取请求过程中与延迟操作相关的几个重要知识点。

(1) 服务端在读取或写入本地日志后，因为生产请求要等待ISR集合的所有副本发送应答，拉取请求要等待收集足够的消息，所以服务端会创建延迟的生产和延迟的拉取，并放入延迟缓存中。加入到延迟缓存的延迟操作，在外部事件发生时，会尝试完成延迟的操作。

(2) 一个延迟操作有多个分区，加入到延迟缓存中，键是每个分区，值是分区对应的延迟操作列表。外部事件发生时，服务端会以分区为粒度，尝试完成这个分区中的所有延迟操作。如果指定分区对应的某个延迟操作可以被完成，那么延迟操作会从这个分区的延迟操作列表中移除。但这个延迟操作还有其他分区，其他分区中已经被完成的延迟操作也需要从延迟缓存中删除。

(3) 仍然以前面的示例为例，3个备份副本的延迟拉取都有2个分区P1和P2，延迟缓存为`[P1->List(DelayedOperation2,DelayedOperation3,DelayedOperation4), P2->List(DelayedOperation2,DelayedOperation3,DelayedOperation4)]`。如果分区P1的主副本新追加了一批消息，3个延迟拉取都收集到足够的消息，延迟缓存会删除分区P1的所有延迟操作，只留下`[P2->List(DelayedOperation2,DelayedOperation3,DelayedOperation4)]`。最后，分区P2中的延迟操作也应该删除，因为这3个延迟操作实际上都已经完成了。

在具体实现上，外部事件通过指定分区尝试完成延迟的操作，如果延迟操作可以完成，其他分区中的延迟操作并不会被立即删除。这是因为分区作为延迟缓存的键，在服务端的数量会很多，如果一个个检查所有的分区，再从延迟缓存中删除已经完成的延迟操作，速度就会很慢。另外，如果采用这种方式，只要分区对应的延迟操作完成了一个，就要立即检查所有分区，对服务端的性能影响比较大。以上面的示例为例，外部事件根据分区P1尝试完成延迟的操作，最多只会删除分区P1中可以完成的延迟操作，并不会删除其他分区中已经完成的延迟操作。Kafka的延迟缓存还有一个清理器，会负责定时地清理所有分区中已经完成的延迟操作。下面再以延迟拉取和延迟生产为例，分析这两种延迟操作的工作过程。

3. 延迟拉取的示例

如图6-59所示，3个分区的主副本在消息代理节点1，其他3个消息代理节点分别保存2个分区的备份副本。分区P1有2条消息，分区P2有1条消息，分区P3有2条消息。3个消息代理节点向主副本同步数据时，都不满足最少的5字节，服务端创建3个延迟的拉取操作。

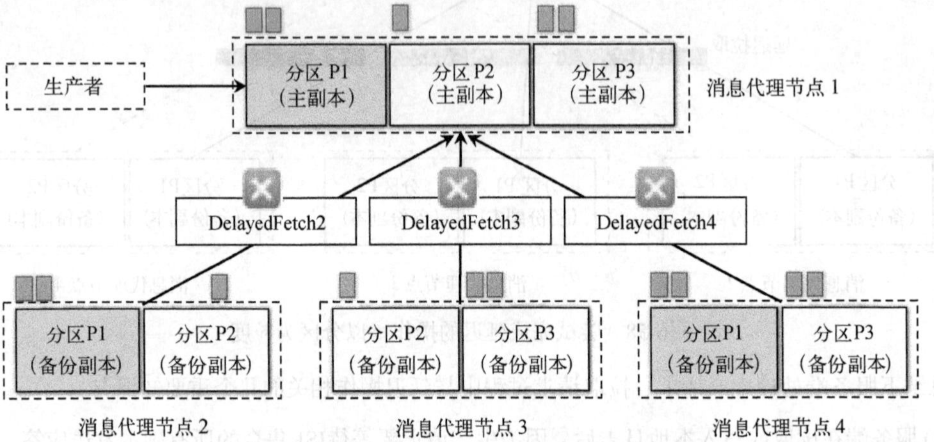

图6-59　服务端处理拉取请求，创建延迟的拉取

如图6-60所示，生产者往分区P1新追加了一条消息（深灰色方块），服务端会尝试完成分区P1对应的延迟拉取。由于消息代理节点2对应的延迟拉取，它的数据仍然不足5字节，服务端不会完成延迟拉取；消息代理节点4对应的延迟拉取，它的数据满足5字节，服务端可以完成这个延迟拉取。

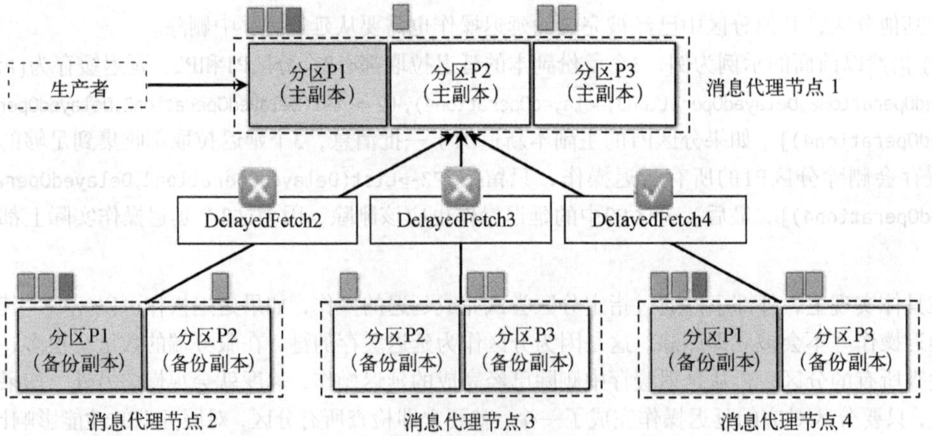

图6-60　分区P1追加新消息，消息代理节点4的延迟拉取可以完成

如图6-61所示，生产者继续往分区P1追加2条消息，消息代理节点2和消息代理节点4继续同步分区P1的主副本数据，如果它们对应延迟拉取对象的数据都已经足够了，服务端就都可以完成这两个延迟的拉取。

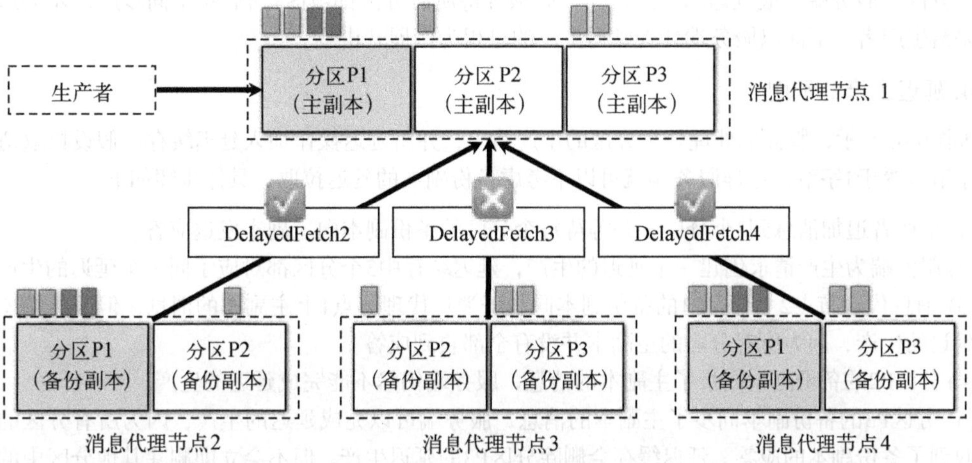

图6-61 分区P1追加新消息，消息代理节点2和消息代理节点4的延迟拉取都可以完成

如图6-62所示，从延迟缓存保存的数据来看，生产者追加消息到分区P1，第一种场景完成了消息代理节点4对应的延迟拉取，第二种场景完成了消息代理节点2对应的延迟拉取，第三种场景则完成了消息代理节点2和消息代理节点4对应的延迟拉取。图6-60对应了第一种场景，图6-61对应了第三种场景。

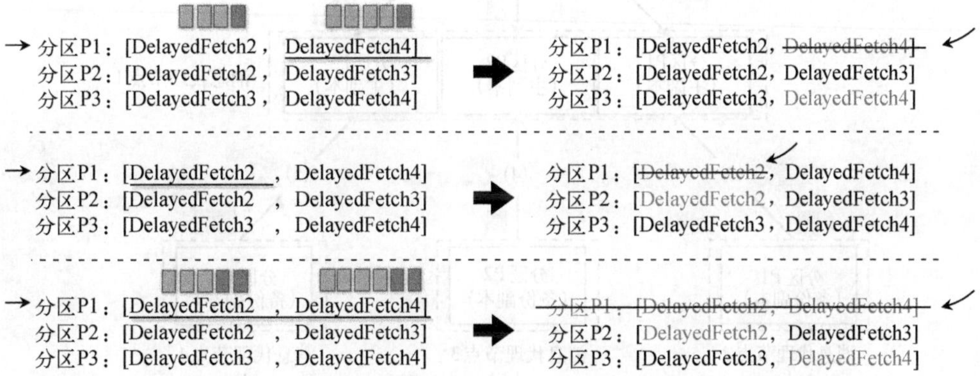

图6-62 延迟缓存保存了分区到延迟操作列表的映射关系

注意： 图6-62中外部事件根据指定分区尝试完成的延迟操作，用删除线和浅色字体表示。其他分区中完成的延迟操作用浅色字体表示，它们并不会立即从延迟缓存中删除，而是通过延迟缓存的清理器被定时清理掉。

延迟拉取共有两种：备份副本和消费者的拉取。备份副本或消费者的拉取请求都可以有多个分区，但服务端完成延迟的拉取操作并不需要等待所有分区都收集够最少字节数，它只需要所有分区加起来的大小满足最少字节数，就可以返回拉取结果给备份副本或消费者。与拉取请求相反，生产请求如果有多个分区，服务端完成延迟的生产操作，必须等待所有分区都被ISR所有副本同步后，才会返回生产结果给生产者。下面以服务端处理延迟生产的过程为例展开讲解。

4. 延迟生产的示例

如图6-63所示，服务端处理多个分区的生产请求，并将延迟操作加入延迟缓存。假设拉取请求的最少字节数等于1字节，这样服务端就可以不考虑备份副本的延迟拉取，具体步骤如下。

(1) 生产者追加消息到3个分区，并等待每个分区的备份副本向主副本发送应答。

(2) 服务端为生产请求创建一个延迟的生产，延迟缓存中3个分区都对应了同一个延迟的生产。

(3) 消息代理节点2上分区P1的备份副本同步了消息代理节点1上主副本的消息，但服务端还不能完成延迟的生产，因为所有分区的主副本并没有全部收到应答。

(4) 分区P2的备份副本同步了主副本的消息，服务端仍然不能完成延迟的生产。

(5) 分区P3的备份副本同步了主副本的消息，服务端可以完成延迟的生产，因为所有分区的主副本都收到了备份副本的应答。延迟缓存会删除分区P3的延迟生产，但不会立即删除其他分区中的延迟生产。分区P1和分区P2中已经完成的延迟生产，会通过延迟缓存的清理器删除。

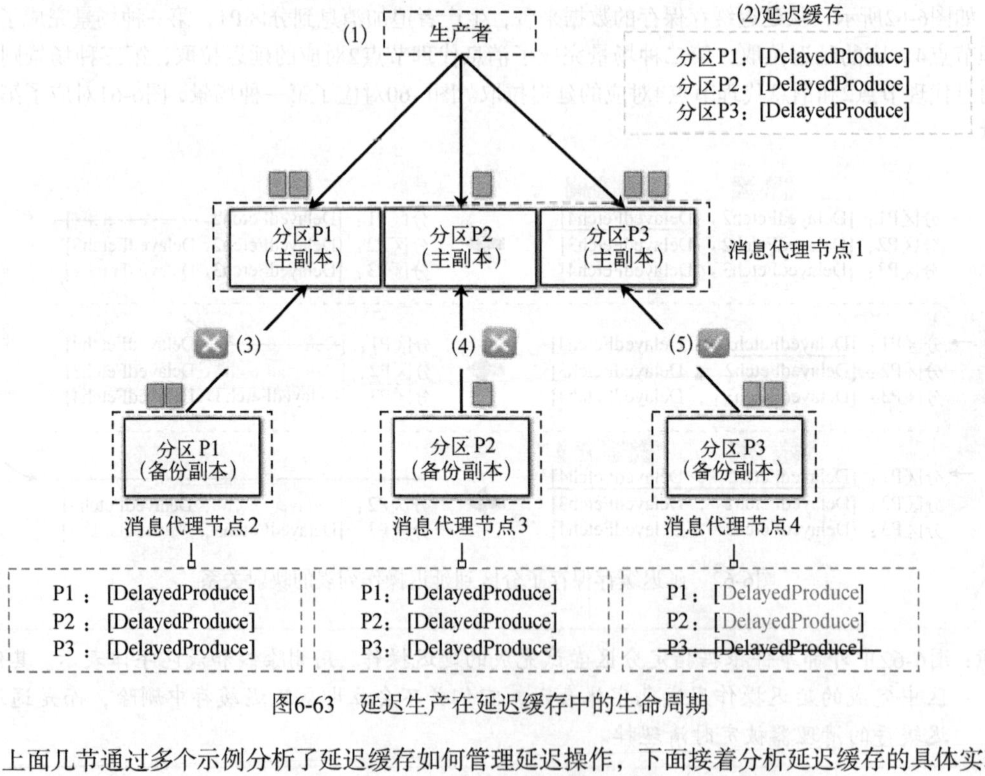

图6-63　延迟生产在延迟缓存中的生命周期

上面几节通过多个示例分析了延迟缓存如何管理延迟操作，下面接着分析延迟缓存的具体实现。

6.3.3 延迟缓存

副本管理器针对生产请求和拉取请求都有一个全局的延迟缓存，生产请求对应延迟缓存中存储了延迟的生产（DelayedProduce），拉取请求对应延迟缓存中存储了延迟的拉取（DelayedFetch）。Kafka的延迟缓存数据结构（DelayedOperationPurgatory）和上一节的Purgatory类似。下面的代码片段以延迟的生产和拉取为例，列举了副本管理器中，与延迟缓存、延迟操作相关的方法：

```
// 副本管理器为延迟生产和延迟拉取两种延迟操作分别创建一个全局的延迟缓存
val delayedProducePurgatory = new DelayedOperationPurgatory[DelayedProduce]()
val delayedFetchPurgatory = new DelayedOperationPurgatory[DelayedFetch]()

// 创建延迟的生产或延迟的拉取操作时，需要指定超时时间、元数据、回调方法等
val delayedProduce = new DelayedProduce(timeout,produceMetadata,this,callback)
val delayedFetch = new DelayedFetch(timeout,fetchMetadata,this,callback)

// 每个延迟的操作对象都包含了多个分区，这些分区会作为延迟缓存的键
val delayedProduceKeys = messagesPerPartition.keys.map(
  new TopicPartitionOperationKey(_))
val delayedFetchKeys = fetchPartitionStatus.keys.map(
  new TopicPartitionOperationKey(_))

// 创建延迟操作对象后，延迟缓存会首先尝试完成，如果不能完成延迟操作，才加入到监控中
delayedProducePurgatory.tryCompleteElseWatch(delayedProduce,delayedProduceKeys)
delayedFetchPurgatory.tryCompleteElseWatch(delayedFetch, delayedFetchKeys)

// 外部事件根据指定的键，尝试完成延迟的生产或延迟的拉取
def tryCompleteDelayedFetch(key: DelayedOperationKey) {
  val completed = delayedFetchPurgatory.checkAndComplete(key)
}
def tryCompleteDelayedProduce(key: DelayedOperationKey) {
  val completed = delayedProducePurgatory.checkAndComplete(key)
}
```

延迟缓存除了管理延迟操作，还要从分区角度尝试完成延迟的操作，延迟缓存主要有下面两个方法。

- tryCompleteElseWatch()方法。尝试完成延迟的操作，如果不能完成，将延迟操作加入延迟缓存中。一旦将延迟操作加入延迟缓存的监控，延迟操作的每个分区都会监视该延迟操作。
- checkAndComplete()方法。它的参数不是延迟操作对象，而是延迟缓存的键（分区）。外部事件调用该方法，根据指定的键（分区），尝试完成延迟缓存中的延迟操作。

注意： 本章分析的延迟生产和延迟拉取，在延迟缓存中的键都是分区，但延迟缓存的键并不一定就是分区。比如上一章延迟的加入和延迟的心跳，在延迟缓存中的键分别是消费组和消费者编号，而不是分区。

---

1. 监视延迟操作

服务端创建的延迟操作有多个分区，在加入到延迟缓存时，每个分区都对应相同的延迟操作。服

务端在刚创建延迟操作时，因为没有满足条件，所以才会创建延迟的操作。以6.3.2节“4.延迟生产的示例”为例，服务端处理生产请求，将消息集写到分区[P1,P2,P3]，并创建了延迟的生产。服务端将延迟的生产加入到延迟缓存中，正常的结果是[P1->DelayedProduce, P2->DelayedProduce, P3->DelayedProduce]。但如果在加入的过程中，延迟的生产满足了条件，即3个分区的备份副本都同步了主副本的消息，那么服务端就不需要再监控这个延迟的操作了。比如服务端将P1->DelayedProduce加入延迟缓存后，延迟的生产可以完成，那么剩下的[P2->DelayedProduce, P3->DelayedProduce]就不会被加入延迟缓存了。

延迟缓存的tryCompleteElseWatch()方法将延迟操作加入延迟缓存之前，会先尝试一次完成延迟的操作。如果不能完成，才会调用watchForOperation()方法将延迟操作加入到分区对应的监视器（Watchers）。在这之后，还会再次尝试一次完成延迟的操作,如果还不能完成，才会将延迟操作加入定时器（Timer）。相关代码如下：

```
// 延迟缓存，泛型参数表示不同类型的请求有不同的延迟缓存
class DelayedOperationPurgatory[T <: DelayedOperation](){
  val timeoutTimer = new Timer(executor) // 定时器线程
  val estTotalOperations = new AtomicInteger(0)
  val watchersForKey=new Pool[Any,Watchers](
    Some((key:Any) => new Watchers(key))) // 每个键都有一个监视器

  // 根据给定的键，监视指定的延迟操作
  def watchForOperation(key: Any, operation: T) {
    val watcher = watchersForKey.getAndMaybePut(key)
    watcher.watch(operation) // 将延迟操作加入到键的监视列表中
  }
  // 检查并尝试完成指定键的所有延迟操作列表
  def checkAndComplete(key: Any): Int = {
    val watchers = watchersForKey.get(key)
    watchers.tryCompleteWatched()
  }
  def removeKeyIfEmpty(key: Any, watchers: Watchers) {
    if(watchers!=null&&watchers.watched==0)watchersForKey.remove(key)
  }

  def tryCompleteElseWatch(operation: T, watchKeys: Seq[Any]): Boolean = {
    // 第一次尝试完成延迟的操作
    var isCompletedByMe = operation synchronized operation.tryComplete()
    if (isCompletedByMe) return true // 操作完成了，不会被加入延迟缓存

    var watchCreated = false // 这个操作是否被监视过
    for(key <- watchKeys) { // 所有的键都监视这个相同的延迟操作
      // 在加入过程中，延迟操作已经完成，那么这之后的键不需要再监视
      if (operation.isCompleted()) return false
      // 延迟操作没有完成，才将操作注册/加入到每个键的监视列表中
      watchForOperation(key, operation)
      if (!watchCreated) {
        watchCreated = true // 一旦为true，其他键就没有机会再执行了
        estTotalOperations.incrementAndGet() // 一个操作即使有多个键，只会增加一次
      }
    }
```

```
    // 第二次尝试完成这个操作
    isCompletedByMe = operation synchronized operation.tryComplete()
    if (isCompletedByMe) return true // 只要能完成，就立即结束
    // 经过两轮tryComplete()，但还没有完成，并且也被监视了，才会加入定时器中
    if (!operation.isCompleted()) {
      timeoutTimer.add(operation) // 现在还没有完成，加入失效队列
      if (operation.isCompleted()) // 添加前没完成，但添加后完成了
        operation.cancel() // 取消这个延迟操作的定时线程
    }
    false
  }
}
```

延迟操作不仅存在于延迟缓存中，还会被定时器监控。延迟操作在延迟缓存中的生命周期分别与外部事件、定时器有关。下面两点解释了延迟操作在延迟缓存中的生命周期。

- 将延迟操作加入延迟缓存，目的是让外部事件有机会尝试完成延迟的操作。当满足条件，可以完成延迟操作时，服务端才会返回响应结果给客户端，并将延迟操作从延迟缓存中删除。
- 将延迟操作加入定时器，目的是在延迟操作超时后，服务端可以强制返回响应结果给客户端。

注意： 延迟缓存的作用是：外部事件可以根据分区，尝试完成监视器的所有延迟操作。定时器的作用是：在延迟操作超时后，强制完成延迟的操作。两者都保存了延迟操作，但前者有分区，后者没有分区。被定时器监控的延迟操作，并不需要分区，因为定时器与分区无关。

---

2. 监视器

延迟缓存的每个键都有一个监视器，它管理了链表结构的延迟操作。外部事件发生时，会给定一个键，然后调用这个键对应监视器的`tryCompleteWatched()`方法，尝试完成监视器中所有的延迟操作。监视器尝试完成所有延迟操作的过程中，会调用每个延迟操作的`tryComplete()`方法，判断能否完成延迟的操作。如果某个延迟操作能够完成，则将对应的延迟操作从链表中移除。相关代码如下：

```
// 每个延迟缓存的键对应一个监视器，它管理了这个键的所有延迟操作
private class Watchers(val key: Any) { // 作为延迟缓存的内部类
  val operations = new LinkedList[T]()
  // 将延迟操作添加到键的监视列表中，它被延迟缓存的tryCompleteElseWatch()调用
  def watch(t: T) = operations.add(t)
  // 尝试完成监视器中所有的延迟操作，它被外部事件的checkAndComplete()调用
  def tryCompleteWatched(): Int = {
    val iter = operations.iterator()
    while (iter.hasNext) {
      val curr = iter.next()
      if (curr.isCompleted) {
        iter.remove() // 有其他线程完成了这个延迟的操作
      } else if (curr synchronized curr.tryComplete()) {
        iter.remove() // 当前线程完成了这个延迟的操作
      }
    }
```

```
    if (operations.size == 0) removeKeyIfEmpty(key, this)
  }
  // 遍历列表，并移除已经完成的延迟操作，它被清理器周期性地调用
  def purgeCompleted(): Int = {
    val iter = operations.iterator()
    while (iter.hasNext) {
      val curr = iter.next()
      if (curr.isCompleted) { // 操作已经完成
        iter.remove() // 从监视链表中删除
      }
    }
    if (operations.size == 0) removeKeyIfEmpty(key, this)
  }
}
```

6.3.2节提到，外部事件根据指定分区尝试完成延迟的操作。如果延迟操作可以完成，只会从延迟缓存中删除这个分区中已经完成的延迟操作，并不会删除其他分区中已经完成的延迟操作。监视器的purgeCompleted()方法会清理所有已经完成的延迟操作，这个方法会被清理线程调用。

如图6-64所示，以6.3.2节的延迟拉取为例，外部事件尝试完成分区P1的延迟操作，可以完成DelayedFetch2和DelayedFetch4，它们会立即从延迟缓存中删除。另外，定时的清理线程会检查所有的监视器，在检查到DelayedFetch2和DelayedFetch4时，才会将其从分区P2和分区P3的监视器中移除。

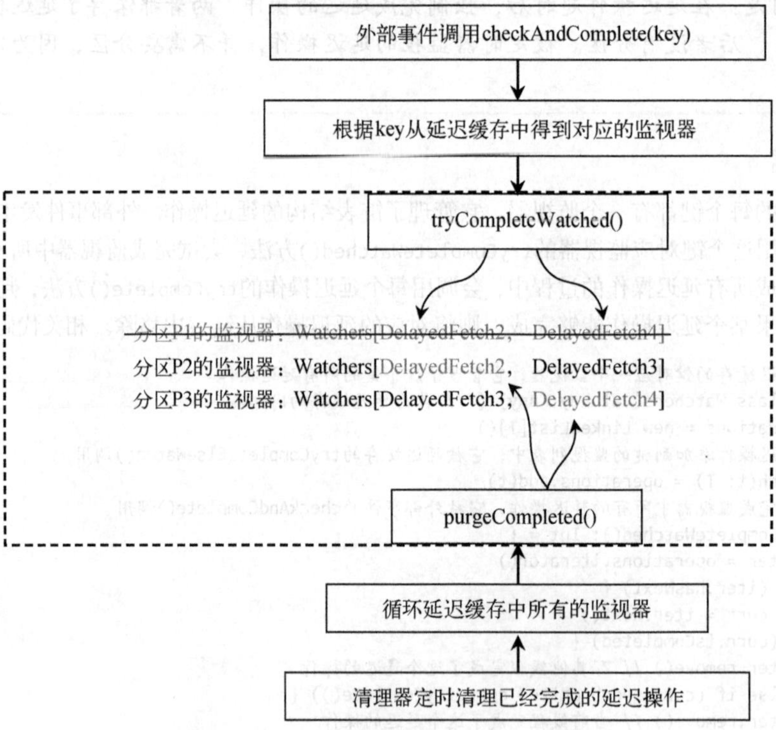

图6-64　监视器针对延迟操作的两个方法

下面对比了监视器尝试完成延迟的操作、清理已完成的延迟操作两个方法的不同点。

- 尝试完成时会先判断延迟操作是否已经完成，如果没有，则调用每个延迟操作的tryComplete()方法。这两者的返回值只要是true，就会删除当前的延迟操作。
- 清理已完成的延迟操作，并不会调用延迟操作的tryComplete()方法，而是直接判断延迟操作是否已经完成，如果是，则从监视器中删除当前的延迟操作。

3. 清理线程

清理线程的作用是清理所有监视器中已经完成的延迟操作。它作为延迟缓存的内部类，需要访问延迟缓存的watchersForKey成员变量才能正常地展开工作。另外，清理器每次运行时都会增加定时器的时钟。下面列出了清理器与延迟缓存、定时器相关的代码：

```
// 延迟缓存的清理器、监视器、定时器之间都存在一定的关联关系
class DelayedOperationPurgatory(timeoutTimer:Timer,purgeInterval:Int=1000){
  def delayed() = timeoutTimer.size // 在失效队列中被延迟的操作数量
  def allWatchers = watchersForKey.values // 所有的监视器

  def tryCompleteElseWatch(operation: T, watchKeys: Seq[Any]):Boolean={
    watchersForKey.getAndMaybePut(key).watch(operation) // 将延迟操作加入监控
    estimatedTotalOperations.incrementAndGet() // 计数器，每个延迟操作只会增加一
    timeoutTimer.add(operation) // 将延迟操作加入定时器中
  }

  private class Watchers(val key: Any) {} // 监视器管理了指定键的所有延迟操作

  // 后台清理失效的延迟操作的线程
  private class ExpiredOperationReaper extends ShutdownableThread {
    override def doWork() { // 这只是一次运行的逻辑，线程的循环运行定义在父类中
      timeoutTimer.advanceClock(200L) // 定时器时钟的滑动间隔，每隔200毫秒前进一次
      if (estimatedTotalOperations.get - delayed > purgeInterval) {
        estimatedTotalOperations.getAndSet(delayed)
        allWatchers.map(_.purgeCompleted()) // 清理监视器中已经完成的延迟操作
      }
    }
  }
}
```

延迟缓存的tryCompleteElseWatch()方法在将延迟操作加入指定键的监视器后，会增加estimatedTotalOperations计数器，并往定时器的延迟队列中添加延迟的操作。清理线程的运行方法根据计数器的值减去定时器的大小（delayed变量），正常来看这个差距会等于零。

但实际上，清理器在运行时会先调用定时器的advanceClock()方法，将定时器的时钟往前移动一次。定时器在运行时，如果延迟的操作超时了，就会将延迟操作从定时器的延迟队列中移除。一旦延迟操作从定时器中删除，定时器的大小就会减少，那么计数器减去定时器的大小就会大于零。最后，清理线程就会满足“差距大于purgeInterval这个条件”，开始清理延迟缓存中所有的监视器。

4. 定时器

Kafka服务端创建的延迟操作（DelayedOperation）会作为一个定时任务（TimerTask），加入定时

器（Timer）的延迟队列（DelayQueue）。当延迟操作超时后，定时器会将延迟操作从延迟队列中弹出，并调用延迟操作的运行方法，强制完成延迟的操作。

定时器使用“延迟队列”管理服务端创建的所有延迟操作，延迟队列的每个元素是定时任务列表（TimerTaskList），一个定时任务列表可以存放多个定时任务条目（TimerTaskEntry）。服务端创建的延迟操作对象，会先包装成定时任务条目，然后才会加入延迟队列指定的一个定时任务列表。“延迟队列”是定时器中保存“定时任务列表”的全局数据结构，但服务端创建的“延迟操作”不是直接加入“定时任务列表”，而是加入到“时间轮”（TimingWheel），延迟队列和时间轮之间的关系如下。

(1) 延迟队列作为成员变量传给定时器，将定时任务条目加入到定时器，实际上它也会在延迟队列中。

(2) 超时的定时任务列表会被延迟队列的poll()方法弹出。定时任务列表超时并不一定表示定时任务超时，将定时任务重新加入时间轮，如果加入失败，说明定时任务的确超时，通过线程池执行任务。

(3) 执行延迟操作对应的定时任务，只在定时器的addTimerTaskEntry()方法中调用。所以在advanceClock()方法中将定时任务列表从延迟队列中弹出后，调用定时任务列表的flush()方法将所有的定时任务重新加入时间轮，这样才有机会执行超时的定时任务。

(4) 延迟队列的poll()方法只会弹出超时的定时任务列表，队列中的每个元素按照超时时间排序，如果第一个定时任务列表都没有过期，那么其他定时任务列表也一定不会超时。假设调用advanceClock()方法时，第一次调用延迟队列的poll()方法会弹出一个超时的定时任务列表，第二次调用延迟队列没有参数的poll()方法没有超时的定时任务列表，就不会再弹出定时任务列表了。

定时器的相关代码如下：

```
// 定时器有一个全局的延迟队列，以及一个时间轮
class Timer(taskExecutor: ExecutorService,
    tickMs:Long = 1, wheelSize:Int = 20,
    startMs:Long = System.currentTimeMillis) {
  val delayQueue = new DelayQueue[TimerTaskList]() // 延迟队列，按照失效时间排序
  val taskCounter = new AtomicInteger(0) // 原子共享变量，所有时间轮共用一个计数器
  val timingWheel = new TimingWheel( // 时间轮
    tickMs, wheelSize, startMs, taskCounter, delayQueue)

  def add(timerTask: TimerTask) = { // 延迟操作是一个定时任务类（TimerTask）
    addTimerTaskEntry(new TimerTaskEntry(timerTask)) // 包装成定时任务条目
  }
  val reinsert = (entry:TimerTaskEntry)=>addTimerTaskEntry(entry) // 重新加入

  // 将定时任务条目加入到时间轮，如果加入失败，会立即执行定时任务条目
  def addTimerTaskEntry(timerTaskEntry: TimerTaskEntry) {
    val addSuccess = timingWheel.add(timerTaskEntry) // 添加到时间轮中
    if (!addSuccess && !timerTaskEntry.cancelled) { // 过期的任务立即执行
      taskExecutor.submit(timerTaskEntry.timerTask) // 提交给线程池执行
    }
  }

  // 弹出超时的定时任务列表，将定时器的时钟往前移动，并将定时任务重新加入定时器中
  def advanceClock(timeoutMs: Long): Boolean = { // 轮询队列的最长等待时间
    var bucket = delayQueue.poll(timeoutMs, TimeUnit.MILLISECONDS)
```

```
        while (bucket != null) { // 延迟队列轮询出的桶，表示这个桶超时了
          timingWheel.advanceClock(bucket.getExpiration())
          bucket.flush(reinsert) // 重新将所有定时任务加入定时器，这样才有机会执行定时任务
          bucket = delayQueue.poll() // 立即再轮询一次，如果没有超时，返回的桶为空
        }
      }
    }
```

注意：延迟操作本身的失效时间（expirationMs）等于客户端请求设置的延迟时间（delayMs）加上当前时间，它是一个绝对的时间戳。比如客户端请求设置的延迟时间是10秒，当前时间是2017-1-1 10:00:00，那么延迟操作的失效时间等于2017-1-1 10:00:10。Java的延迟队列是一个基于时间的优先级队列，延迟队列的元素（即每个定时任务列表）都有一个失效时间，这个失效时间也是一个绝对的时间戳。不过，定时任务列表在实现Delayed接口的getDelay()方法，则要将绝对的失效时间减去当前时间，表示定时任务列表在多长时间之后会过期。当getDelay()方法返回值小于等于零时，就表示定时任务列表已经过期，需要立即执行。

时间轮类似于一个环形缓冲区，不同的是，加入环形缓冲区的数据只能顺序加入，而加入时间轮的数据可以不按顺序加入。并且，如果当前时间轮放不下加入的数据时，它会创建一个更高层的时间轮。第一层时间轮的tickMs=1表示一格的长度是1毫秒，wheelSize=20表示一共20格，它的范围是20毫秒。第二层时间轮的tickMs=20表示一格的长度是20毫秒，它的范围是400毫秒。如图6-65所示，假设有5个定时任务，它们的超时时间分别是[8,8,25,30,35]。前2个定时任务会加入到第一个时间轮的第八个桶，后3个定时任务会加入到第二个时间轮的第一个桶中。

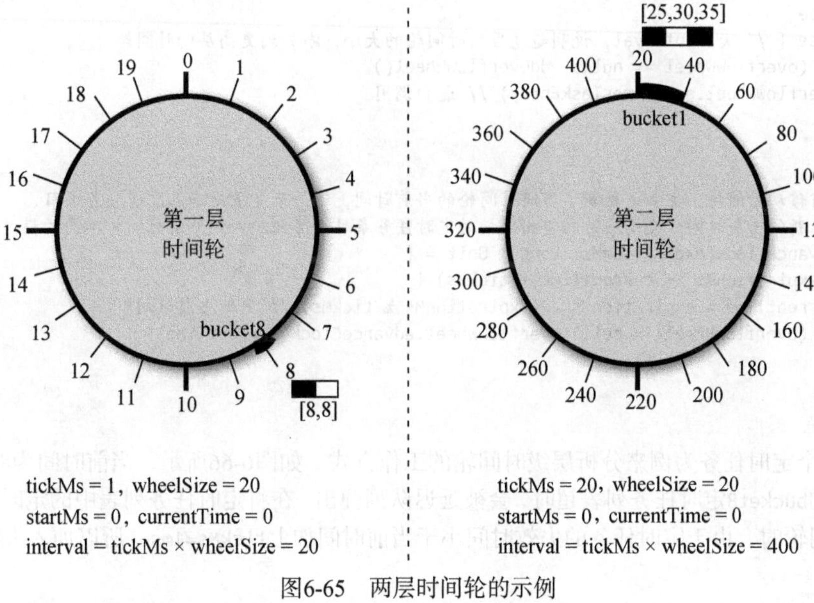

图6-65 两层时间轮的示例

定时器只持有第一层时间轮的引用，并不会持有其他更高层的时间轮。比如上面的示例中，第一层时间轮会持有第二层时间轮的引用，如果还有第三层时间轮，则第二层时间轮会持有第三层时间轮的引用定时器将定时任务加入当前时间轮，要判断定时任务的失效时间是否在当前时间轮的范围内。如果不在当前时间轮的范围内，则要将定时任务上升到更高一层的时间轮中。相关代码如下：

```
// 时间轮包含了定时器全局的延迟队列，加入定时任务到定时任务列表，列表会加入到延迟队列
class TimingWheel(tickMs:Long, wheelSize:Int, startMs:Long,
    taskCounter: AtomicInteger, queue: DelayQueue[TimerTaskList]) {
  val interval = tickMs * wheelSize // 时间轮的范围
  val buckets = Array.tabulate[TimerTaskList](wheelSize) { // 桶的数量
    _ => new TimerTaskList(taskCounter) } // 共享全局的任务计数器
  var currentTime = startMs - (startMs % tickMs)
  @volatile var overflowWheel: TimingWheel = null

  // 创建更高层的时间轮，低层时间轮的interval作为高层时间轮的tickMs
  def addOverflowWheel() = { overflowWheel = new TimingWheel(
    interval, wheelSize, currentTime, taskCounter, queue) }

  // 将定时任务条目加入时间轮，如果超过当前时间轮的范围，加入更高层的时间轮
  def add(timerTaskEntry: TimerTaskEntry): Boolean = {
    val expiration = timerTaskEntry.expirationMs
    if (timerTaskEntry.cancelled) { // 被其他线程取消了，不再需要添加到定时器中
      false
    } else if (expiration < currentTime + tickMs) { // 已经超时了，不需要添加
      false
    } else if (expiration < currentTime + interval) { // 还没超时，可以添加
      val virtualId = expiration / tickMs
      val bucket = buckets((virtualId % wheelSize.toLong).toInt)
      bucket.add(timerTaskEntry) // 根据任务的失效时间，将任务添加到指定的桶中
      if (bucket.setExpiration(virtualId * tickMs)) queue.offer(bucket)
      true
    } else { // 大于interval，说明超过当前时间轮的大小，添加到更高层的时间轮
      if (overflowWheel == null) addOverflowWheel()
      overflowWheel.add(timerTaskEntry) // 递归调用
    }
  }

  // 往前移动时间轮，主要是更新了当前时间轮的当前时间。下一步是重新加入定时任务条目，
  // 对于新的当前时间，更高层时间轮相同桶的定时任务条目会降级加入到低层时间轮不同的桶
  def advanceClock(expirationMs: Long): Unit = {
    if (expirationMs >= currentTime + tickMs) {
      currentTime = expirationMs - (expirationMs % tickMs) // 更新当前时间
      if (overflowWheel != null) overflowWheel.advanceClock(currentTime)
    }
  }
}
```

以前面5个定时任务为例来分析层级时间轮的工作方式。如图6-66所示，当前时间为8毫秒时，第一层时间轮的bucket8定时任务列表超时，会被延迟队列弹出。在将定时任务列表中的定时任务重新加入第一层时间轮时，由于定时任务的失效时间小于当前时间加上tickMs=1ms，所以加入失败。

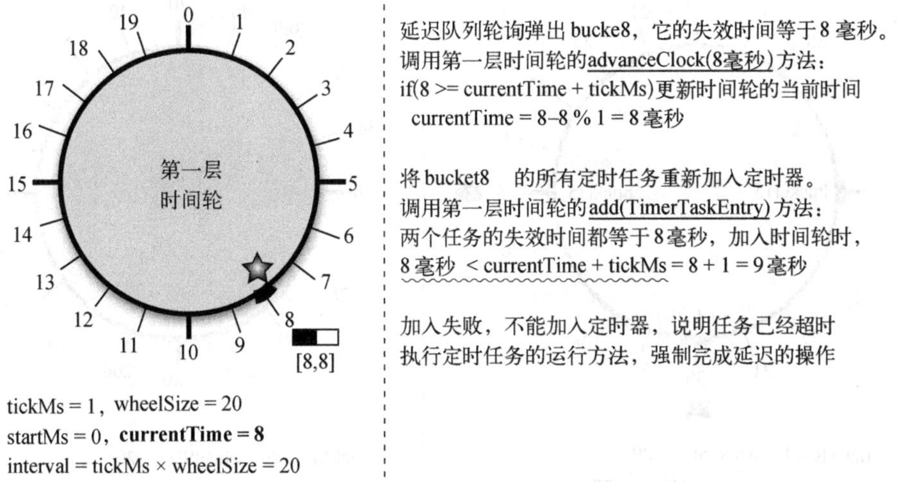

19
0
1
18
2
17
3
16
4
第一层
时间轮
15
5
14
6
13
7
12
8
11
10
9
[8,8]
tickMs = 1，wheelSize = 20
startMs = 0，**currentTime = 8**
interval = tickMs × wheelSize = 20
延迟队列轮询弹出 bucke8，它的失效时间等于 8 毫秒。
调用第一层时间轮的advanceClock(8毫秒)方法：
if(8 >= currentTime + tickMs)更新时间轮的当前时间
currentTime = 8–8 % 1 = 8 毫秒
将 bucket8 的所有定时任务重新加入定时器。
调用第一层时间轮的add(TimerTaskEntry)方法：
两个任务的失效时间都等于 8毫秒，加入时间轮时，
8 毫秒 < currentTime + tickMs = 8 + 1 = 9 毫秒
加入失败，不能加入定时器，说明任务已经超时
执行定时任务的运行方法，强制完成延迟的操作

图6-66 第一层时间轮的定时任务超时后立即执行

如图6-67所示，当前时间为20毫秒时，第二层时间轮的`bucket1`定时任务列表超时，也会被延迟队列弹出。不同的是：在将定时任务列表中的定时任务重新加入第一层时间轮时，3个定时任务都还没有失效。并且，它们都在第一层时间轮的范围内，所以允许重新加入定时器的第一层时间轮中。

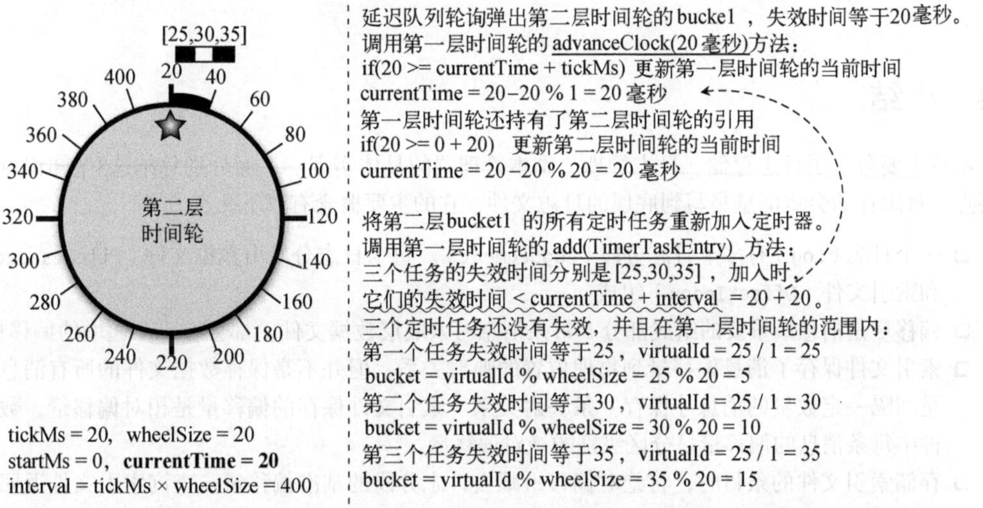

[25,30,35]
400
20
40
380
60
360
80
340
100
第二层
时间轮
320
120
300
140
280
160
260
180
240
220
200
tickMs = 20，wheelSize = 20
startMs = 0，**currentTime = 20**
interval = tickMs × wheelSize = 400
延迟队列轮询弹出第二层时间轮的 bucke1 ，失效时间等于20毫秒。
调用第一层时间轮的 advanceClock(20 毫秒)方法：
if(20 >= currentTime + tickMs) 更新第一层时间轮的当前时间
currentTime = 20–20 % 1 = 20 毫秒
第一层时间轮还持有了第二层时间轮的引用
if(20 >= 0 + 20) 更新第二层时间轮的当前时间
currentTime = 20 –20 % 20 = 20 毫秒
将第二层bucket1 的所有定时任务重新加入定时器。
调用第一层时间轮的 add(TimerTaskEntry) 方法：
三个任务的失效时间分别是 [25,30,35]，加入时，
它们的失效时间 < currentTime + interval = 20 + 20。
三个定时任务还没有失效，并且在第一层时间轮的范围内：
第一个任务失效时间等于25，virtualId = 25 / 1 = 25
bucket = virtualId % wheelSize = 25 % 20 = 5
第二个任务失效时间等于30，virtualId = 25 / 1 = 30
bucket = virtualId % wheelSize = 30 % 20 = 10
第三个任务失效时间等于35，virtualId = 25 / 1 = 35
bucket = virtualId % wheelSize = 35 % 20 = 15

图6-67 第二层时间轮的定时任务超时后，重新加入第一层时间轮

如图6-68所示，最终第二层时间轮`bucket1`定时任务列表的3个定时任务都被降级后，加入到第一层时间轮3个不同的定时任务列表中，分别是`[bucket5,bucket10,bucket10]`。后续这3个定时任务的执行和图6-66类似，一旦超时被延迟队列弹出，再次加入定时器就会失败，并且会立即执行定时任务，强制完成延迟的操作。

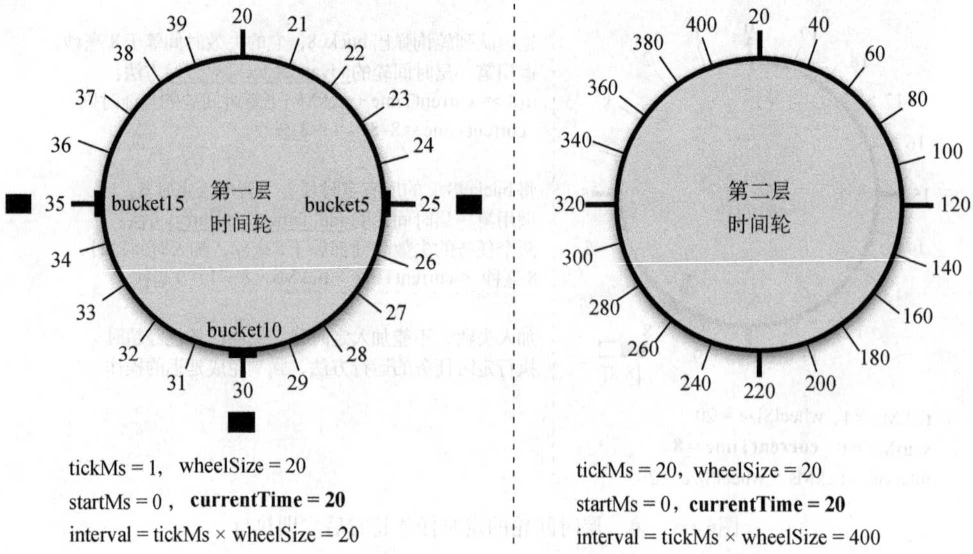

图6-68　第二层时间轮的定时任务降级到第一层时间轮

本节分析了延迟操作在延迟缓存和定时器中的生命周期，外部事件尝试完成延迟缓存中的延迟操作，定时器会在延迟操作失效后强制完成延迟操作。清理器会定期地删除延迟缓存中已经完成的延迟操作。

6.4　小结

本章主要分析了日志存储、日志管理、副本管理器的具体实现。下面分别总结这3个知识点的一些要点。日志存储会将消息集写到底层的日志文件，它的主要概念有以下几点。

- 一个日志（`Log`）有多个日志分段（`LogSegment`）。每个日志分段由数据文件（`FileMessageSet`）和索引文件（`OffsetIndex`）组成。
- 偏移量是消息最重要的组成部分。每条消息写入底层数据文件，都会有一个递增的偏移量。
- 索引文件保存了消息偏移量到物理位置的映射关系，但并不是保存数据文件的所有消息，而是间隔一定数量的消息才保存一条映射关系。索引文件保存的偏移量是相对偏移量，数据文件中每条消息的偏移量是分区级别的绝对偏移量。
- 存储索引文件的条目时，将绝对偏移量减去日志分段的基准偏移量。查询索引文件返回的相对偏移量要加上基准偏移量，才能用于查询数据文件。
- 客户端每次读取数据文件，服务端都会创建一个文件视图，文件视图和底层数据文件共用一个文件通道，但拥有不同的开始位置和结束位置。
- 服务端返回文件视图给客户端，采用零拷贝技术，将底层文件通道的数据直接传输到网络通道。

日志管理器（`LogManager`）管理了服务端的所有日志，除了上面对日志的追加和读取操作外，日志管理还有下面几个后台管理的线程类。

- 定时将数据文件写到磁盘上、定时将恢复点写入检查点文件。
- 日志清理线程根据日志的大小和时间清理最旧的日志分段。
- 日志压缩线程将相同键的不同消息进行压缩，压缩线程将日志按照清理点分成头部和尾部。

副本管理器（ReplicaManager）保存了服务端的所有分区，并处理客户端发送的读写请求。

- 副本管理器处理读写请求，会先操作分区的主副本。appendMessages()方法会将消息集写入主副本的本地日志，fetchMessage()方法会从主副本的本地日志读取消息集。
- 每个分区都有一个主副本和多个备份副本，只有本地副本才有日志对象。副本有两个重要的位置信息：LEO表示副本的最新偏移量，HW表示副本的最高水位。
- 生产请求的应答值（acks）需要服务端创建延迟的生产（DelayedProduce），拉取请求的最少字节数（fetchMinBytes）需要服务端创建延迟的拉取（DelayedFetch）。
- 延迟缓存会记录分区到延迟操作的映射关系，外部事件会根据分区尝试完成延迟的操作。
- 延迟缓存有监视器、清理器、定时器协调完成延迟的操作。

在0.8版本以前，Kafka并没有日志复制的特性，因此一旦消息代理节点挂掉，这个节点上的数据就会丢失。在0.8版本以后，Kafka提供了日志的副本机制，虽然只有主副本可以响应数据的读写请求，但是备份副本会向主副本中及时地同步数据。这样，当主副本挂掉后，备份副本就可以选举出新的主副本，并继续响应客户端的读写请求。下一章我们来分析服务端如何实现副本的复制特性。

第 7 章

控 制 器

在第6章中，副本管理器（ReplicaManager）管理的是分区的副本，每个消息代理节点（broker，下文简称“代理节点”）管理的分区都是集群所有分区的一部分子集。管理员在创建Kafka主题后，Kafka的控制器（KafkaController）会将主题的不同分区分布在不同的代理节点上。另外，每个分区有多个副本，Kafka的控制器还负责为分区选择出一个主副本，其他副本都是备份副本。分区的不同副本也会分布在不同的代理节点上。Kafka的控制器除了分区的分配、分区的选举，还有下面这些工作。

- 代理节点启动或下线时，处理代理节点的故障转移。
- 新创建或删除主题，或新增加分区时，处理分区的重新分配。
- 管理所有分区的状态机和副本的状态机，处理状态机的变化事件。

Kafka集群的一些重要信息都记录在ZK中，比如集群的所有代理节点、主题的所有分区、分区的副本信息（副本集、主副本、同步的副本集）。外部事件会更新ZK的数据，ZK中的数据一旦发生变化，控制器都要做出不同的响应处理。下面举例了几种外部事件，它们分别会更新ZK的不同节点。

- 代理节点上线或下线，更新ZK的/brokers/ids节点。
- 创建或删除主题，更新ZK的/brokers/topics节点。
- 增加或减少分区数，更新ZK中与主题相关的节点，比如/brokers/topics/[topic]。
- 增加或减少副本数，更新ZK中与分区相关的节点，比如/brokers/topics/[topic]/[partition_id]/state。

本章主要分析Kafka控制器的实现，控制器是实现Kafka副本机制的核心组件。上面发生的几种外部事件都会对Kafka分区的副本产生影响，我们会分析控制器如何处理这些事件，保证分区副本的可用性。

7.1 Kafka 控制器

相比前面几章而言，Kafka控制器的工作内容多而杂，它要处理分区的主副本选举（PartitionLeaderSelector）、管理分区状态机（PartitionStateMachine）、管理副本状态机（ReplicaStateMachine）、管理多种类型的监听器等。它的构造函数中有下列成员变量。

- ControllerContext。控制器上下文数据，启动控制器时从ZK初始化数据。
- PartitionStateMachine。分区状态机，管理分区的状态。
- ReplicaStateMachine。副本状态机，管理副本的状态。
- ZookeeperLeaderElector。通过ZK选举一个主控制器。
- autoRebalanceScheduler。自动平衡调度器，平衡分区的分布。
- TopicDeletionManager。删除主题的管理器。
- PartitionLeaderSelector。选举分区的主副本，有多种场景需要选举分区的主副本。
- ControllerBrokerRequestBatch。控制器以批量请求方式发送给代理节点。
- PartitionsReassignedListener。重新分配分区。
- PreferredReplicaElectionListener。选举最优的副本作为分区的主副本。
- IsrChangeNotificationListener。ISR发生变化时的监听器，更新元数据。

控制器的onControllerFailover()初始化方法需要执行比较多的准备工作，具体步骤如下。

(1) 在控制器中注册管理性质的监听器（重新分配分区、ISR改变、最优副本的选举）。
(2) 在分区状态机中注册更改主题的监听器。
(3) 在副本状态机中注册更改代理节点的监听器。
(4) 初始化控制器上下文对象，包括读取监听器相关的ZK节点。
(5) 启动副本状态机和分区状态机，并在分区状态机中为每个主题注册更改分区的监听器。
(6) 执行步骤(1)中注册监听器的分区重新分配、最优副本选举。
(7) 将分区的主副本和ISR信息发送给所有存活的代理节点。
(8) 如果开启了主副本的自动平衡，启动一个定时检查分区平衡的线程。
(9) 启动删除主题的管理器线程，删除主题并不是直接删除，而是用异步线程完成。

本节先分析主控制器的选举和启动过程，然后分析状态机，最后分析主控制器的一些管理操作。

7.1.1 控制器选举

Kafka利用了ZK的领导选举机制，每个代理节点都会参与竞选主控制器，但只有一个代理节点可以成为主控制器，其他代理节点只有在主控制器出现故障或者会话失效时参与领导选举。Kafka实现领导选举的做法是：每个代理节点都会作为ZK的客户端，向ZK服务端尝试创建/controller临时节点，但最终只有一个代理节点可以成功创建/controller节点。由于主控制器创建的ZK节点是临时节点，因此当主控制器出现故障，或者会话失效时，临时节点会被删除。这时候所有的代理节点都会尝试重新创建/controller节点，并选举出新的主控制器。如图7-1所示，有三个消息代理节点，它们都会尝试创建/controller节点，但只有第三个代理节点创建成功，那么第三个代理节点就是Kafka集群的主控制器。

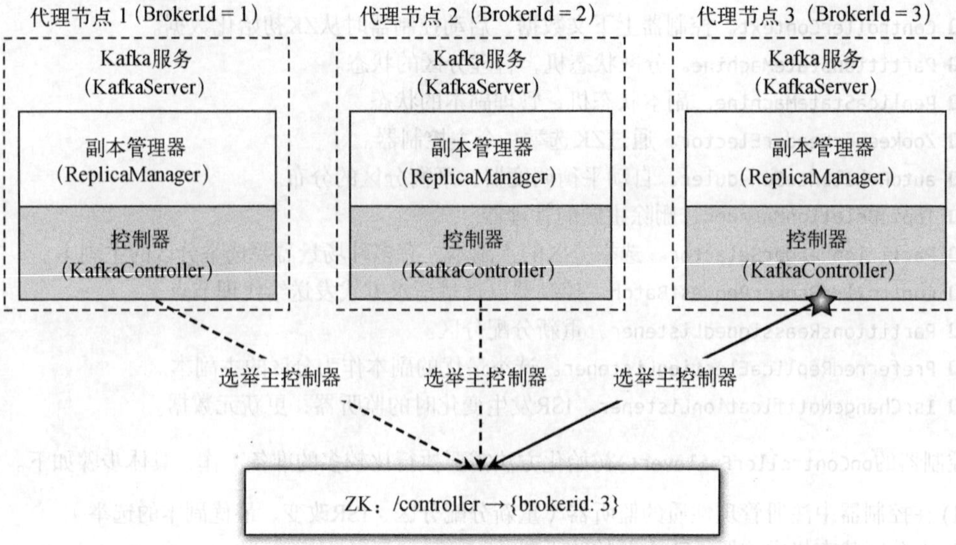

图7-1　集群的所有代理节点，其中只有一个代理节点成为集群的主控制器

每个代理节点都需要和ZK交互，它们作为ZK的客户端，会建立和ZK服务端的网络连接。代理节点启动控制器时，会先注册一个会话失效的监听器（SessionExpirationListener），然后才会通过选举器（ZookeeperLeaderElector）启动选举过程。相关代码如下：

```
// 控制器启动时参与选举
class KafkaController(zkUtils: ZkUtils) {
  val controllerElector = new ZookeeperLeaderElector( // 基于ZK的选举控制器
     controllerContext, ZkUtils.ControllerPath,
     onControllerFailover, onControllerResignation, config.brokerId)
  def onControllerFailover() {} // 代理节点被选举为主控制器时调用
  def onControllerResignation() {} // 代理节点被剥夺主控制器时调用

  def startup() = { // 启动控制器，先注册会话失效的监听器，然后开始选举
    zkUtils.zkClient.subscribeStateChanges(new SessionExpirationListener)
    controllerElector.startup // 启动选举过程
  }

  class SessionExpirationListener() extends IZkStateListener {
    def handleNewSession() { // 会话超时，重新参与选举
     onControllerResignation()
     controllerElector.elect()
    }
  }
}
```

ZK客户端注册监听器，实际上是注册了ZK的Watcher。ZK的Watcher都是一次性的，当会话失效后，客户端除了会重新创建临时节点选举新的主控制器，还需要再次注册会话失效的监听器。Kafka中和ZK有关的客户端操作使用了zkclient第三方库，zkclient对官方原始的API做了简单的封装，并提供了断链重连、事件监听、异常处理等功能。

Kafka控制器在调用选举器的选举方法之前，会先调用zkclient的subscribeStateChanges()方法订阅“会话失效的事件”。基于ZK的选举器在选举主控制器之前，会先调用zkclient的subscribeDataChanges()方法订阅“临时节点上的数据改变事件”。选举器处理/controller节点被删除，以及控制器处理会话失效，都会调用选举器的elect()方法重新选举主控制器。

表7-1列举了控制器与选举器在实现上的一些相似点。客户端调用zkclient的事件订阅方法，在会话失效或者节点被删除时，可以自动重新订阅这些事件，而不需要在代码中重新订阅。

表7-1　控制器与选举器调用zkclient的方法订阅事件

作　用　域	启动前注册的监听器	zkclient的监听器接口	订阅事件的方法
Kafka控制器	会话失效的监听器	IZkStateListener	subscribeStateChanges()
ZK选举器	数据改变的监听器	IZkDataListener	subscribeDataChanges()

控制器创建基于ZK的选举器时，将onControllerFailover()方法和onControllerResignation()方法传给了选举器，在选举器中这两个方法分别对应onBecomingLeader()方法和onResigningAsLeader()方法。当代理节点成为主控制器时，会调用onBecomingLeader()方法；当代理节点被剥夺为主控制器时，会调用onResigningAsLeader()方法。

如图7-2所示，基于ZK的选举器在选举主控制器时，只有成功创建临时节点的代理节点才会调用控制器的onControllerFailover()方法。另外，除了正常的选举过程，在会话失效或者临时节点被删除时，代理节点都会重新选举主控制器。

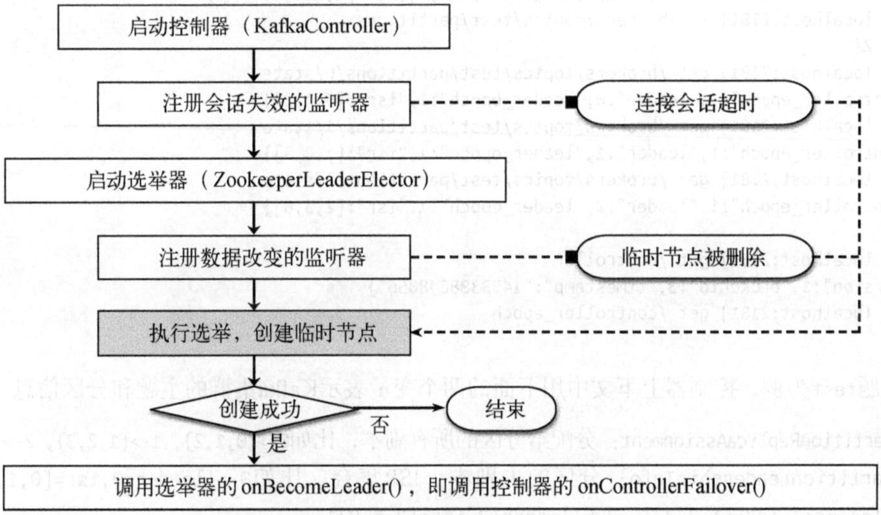

图7-2　基于ZK选举器选举主控制器的流程

虽然每个代理节点都有一个控制器对象，但Kafka集群只有一个主控制器。在分布式系统中，这个主控制器可以叫作Active控制器，其他控制器叫作Standby控制器。每个控制器都有一个选举器，并且都注册一个会话失效的监听器；每个选举器也都会注册一个数据改变的监听器。下面结合每个控制器和选举器的两种监听器，给出了选举主控制器的几种场景，具体步骤如下。

(1) 假设有三个代理节点[Broker1,Broker2,Broker3]，它们启动时都会通过创建/controller节点竞选主控制器，但只有第三个代理节点（Broker3）创建成功，竞选成为主控制器。

(2) 三个代理节点都会注册会话失效的监听器，并在/controller节点注册数据改变的监听器。

(3) 第一个代理节点的会话失效，它的选举器尝试重新创建/controller节点，但是创建失败。

(4) 第三个代理节点的会话失效，由于客户端创建的是临时节点，会话失效时，/controller节点会被删除。三个代理节点都会收到数据改变的事件，它们的选举器都会尝试重新创建/controller节点。假设这次是第二个代理节点（Broker2）创建成功，竞选成为主控制器。

Kafka集群的主控制器将代理节点编号记录到ZK的/controller节点。另外，集群的元数据也会记录到ZK中，主控制器会读取ZK的集群元数据，构造出控制器上下文对象（ControllerContext）。

7.1.2 控制器上下文

Kafka最重要的两个概念是"主题"和"分区"，ZK中主题节点记录了所有分区的副本，分区节点记录了分区的LeaderAndIsr信息。下面的示例假设管理员创建了名称为test的主题，它有三个分区、三个副本。通过zkCli.sh连接到ZK服务端，查询一些ZK节点的结果如下：

```
[zk: localhost:2181] ls /brokers/ids
[0,1,2,3]
[zk: localhost:2181] get /brokers/topics/test
{"version":1,"partitions":{"0":[0,1,2],"1":[1,2,3],"2":[2,3,0]}}
[zk: localhost:2181] ls /brokers/topics/test/partitions
[0,1,2]
[zk: localhost:2181] get /brokers/topics/test/partitions/0/state
{"controller_epoch":1,"leader":0,"leader_epoch":1,"isr":[0,1,2]}
[zk: localhost:2181] get /brokers/topics/test/partitions/1/state
{"controller_epoch":1,"leader":1,"leader_epoch":1,"isr":[1,2,3]}
[zk: localhost:2181] get /brokers/topics/test/partitions/2/state
{"controller_epoch":1,"leader":2,"leader_epoch":1,"isr":[2,3,0]}

[zk: localhost:2181] get /controller
{"version":1,"brokerid":3,"timestamp":"1453388848056"}
[zk: localhost:2181] get /controller_epoch
1
```

以主题test为例，控制器上下文中用下面的两个变量表示Kafka集群的主题和分区信息。

- partitionReplicaAssignment：分配给分区的所有副本，比如0->{0,1,2}，1->{1,2,3}，2->{2,3,0}。
- partitionLeadershipInfo：分区的主副本、ISR集合，比如0->{leader:0,isr=[0,1,2]}，1->{leader:1,isr=[1,2,3]}，2->{leader:2,isr=[2,3,0]}。

控制器在初始化上下文对象时，除了读取ZK的主题和分区数据，还会初始化下面几种类型的数据。

- 初始化控制器的通道管理器，建立到集群各个代理节点的网络连接。
- 初始化"选举最优副本作为主副本""重新分配分区""删除主题的管理器"。

Kafka的主题、分区、副本是一对多的关系，并且副本的编号表示对应的代理节点编号。把代理节点也引入后，主题、分区、副本都和代理节点有关系。下面列举了控制器上下文对象的相关方法，这些方法如果返回的是分区对象，用TopicAndPartition表示；如果返回的是副本对象，用PartitionAndReplica表示。前者包括主题名称和分区编号，后者还包括副本编号。

- partitionsOnBroker(brokerId)。代理节点上的所有分区。
- replicasOnBrokers(brokerIds)。指定代理节点列表的所有副本。
- replicasForTopic(topic)。属于某个主题的所有副本。
- partitionsForTopic(topic)。属于某个主题的所有分区。
- allLiveReplicas()。集群中所有存活的副本。
- replicasForPartition(partitions)。在指定分区列表中的所有副本。

如图7-3所示，假设主题test的分区信息为0->[0,1,2]，1->[1,2,3]，2->[2,3,0]，用P0表示编号为0的分区，用P0(R0)表示分区P0的副本在代理节点0上。下面给出了几个方法的结果。

- 主题的所有分区（partitionsForTopic）：test->[P0,P1,P2]。
- 代理节点上的分区（partitionsOnBroker）：0->[P0,P2]，1->[P0,P1]，2->[P0,P1,P2]，3->[P1,P2]。
- 代理节点上的副本（replicasOnBrokers）：0->[P0(R0),P2(R0)]，1->[P0(R1),P1(R1)]，2->[P0(R2),P1(R2),P2(R2)]，3->[P1(R3),P2(R3)]。
- 分区的所有副本（replicasForPartition）：P0->[P0(R0),P0(R1),P0(R2)]，P1->[P1(R1),P1(R2),P1(R3)]，P2->[P2(R2),P2(R3),P2(R0)]。

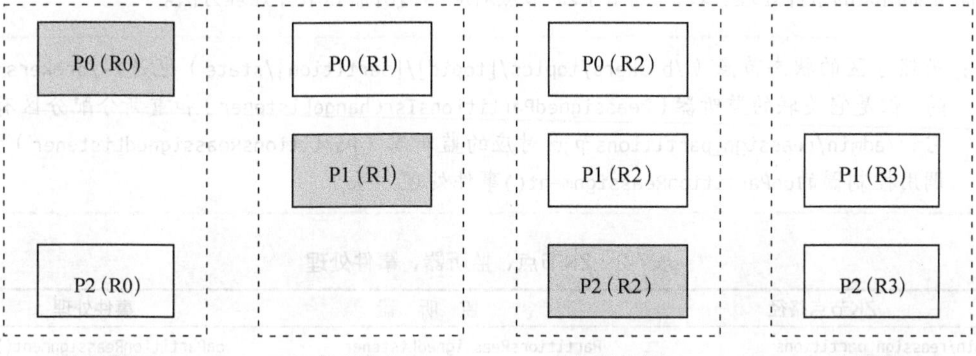

图7-3 主题、分区、副本、代理节点的关联关系

控制器上下文对象（下文简称“上下文”）可以认为是控制器工作时的数据存储和共享介质，控制器的具体动作主要通过事件的监听器触发。“上下文”和事件监听器都与ZK有关，前者从ZK读取数据，后者注册监听器到ZK节点。控制器、监听器、ZK三者完成一次事件处理的步骤如下。

(1) “控制器”向“ZK节点”注册“监听器”，每种“监听器”都有具体的事件处理逻辑。

(2) 管理员更新“ZK节点”的数据，触发“监听器”调用不同的回调方法（比如子节点变化、数据变化）。

(3)“控制器”执行具体的事件处理逻辑，处理完成后，再次注册“监听器”，为下次事件触发做准备。

“上下文”保存了上一次的数据，而ZK保存了最新的数据，两者的数据会不一致。ZK节点关联的监听器触发事件处理时，监听器要对比ZK节点和“上下文”，找出新增和删除的数据，具体步骤如下。

(1)“ZK节点的最新数据”减去“控制器上下文数据”表示需要新增的数据。
(2)“控制器上下文数据”减去“ZK节点的最新数据”表示需要删除的数据。
(3) 将“控制器上下文数据”更新为“ZK节点最新的数据”。
(4) 让控制器分别处理需要新增和删除数据对应的事件。

以代理节点的更新事件为例，当ZK节点发生变化时，具体步骤如下。

(1) ZK节点/brokers/ids为[0,1,2,3]，当前“上下文”记录的代理节点列表为[0,1,2,3]。
(2) ZK节点/brokers/ids更新为[3,4,5,6]，触发“更新代理节点监听器”的事件处理。
(3) 监听器计算出新上线的代理节点为[4,5,6]，需要下线的节点为[0,1,2]。
(4) 当前“上下文”的代理节点列表更新为[3,4,5,6]。
(5) 控制器对[4,5,6]进行上线处理，对[0,1,2]进行下线处理。

7.1.3 ZK监听器

Kafka控制器在初始化“上下文”之前，向ZK节点注册一些监听器，并在初始化“上下文”后，执行监听器相关的事件处理。表7-2列举了ZK节点对应的监听器和事件处理方法。

注意：虽然分区的状态节点（/brokers/topics/[topic]/[partition]/state）也是以/brokers开头的，但是它关联的监听器（ReassignedPartitionsIsrChangeListener）和重新分配分区有关。它和/admin/reassign_partitions节点对应的监听器（PartitionsReassignedListener）都会调用控制器的onPartitionReassignment()事件处理方法。

表7-2 ZK节点、监听器、事件处理

ZK节点路径	监　听　器	事件处理
/admin/reassign_partitions	PartitionsReassignedListener	onPartitionReassignment()
/admin/preferred_replica_election	PreferredReplicaElectionListener	onPreferredReplicaElection()
/admin/delete_topics	DeleteTopicListener	enqueueTopicsForDeletion()
/isr_change_notification	IsrChangeNotificationListener	updateLeaderAndIsrCache()
/brokers/topics/[topic]/[partition]/state	ReassignedPartitionsIsrChangeListener	onPartitionReassignment()
/brokers/topics/[topic]	PartitionModificationsListener	onNewPartitionCreation()
/brokers/topics	TopicChangeListener	onNewTopicCreation
/brokers/ids	BrokerChangeListener	onBrokerStartup()

表7-2中前三种以/admin开头的ZK节点与管理操作有关，后三种以/brokers开头的ZK节点与代理节点有关。下面详细说明后三种ZK节点和事件监听器的关系。

- "主题改变的监听器"（TopicChangeListener）会监听/brokers/topics/的子节点变化事件。当主题发生变化时，监听器会处理主题的增加和删除事件。比如创建主题时，Kafka会往ZK节点/brokers/topics/添加子节点/brokers/topics/[topic_name]，并触发监听器调用onNewTopicCreation()方法。
- "分区改变的监听器"（PartitionModificationsListener）会监听/brokers/topics/[topic]节点的数据变化事件。当主题的分区发生变化时，监听器会处理分区增加的事件。比如增加分区时，Kafka会修改ZK节点/brokers/topics/[topic_name]的数据内容。对于主题中新增的分区，监听器会调用onNewPartitionCreation()方法创建新的分区。
- "代理节点改变的监听器"（BrokerChangeListener）会监听/brokers/ids的子节点变化事件。当代理节点发生变化时，监听器会处理代理节点的上线和下线事件。比如代理节点宕机，Kafka会删除/brokers/ids/[broker_id]子节点，并触发监听器调用onBrokerFailure()方法。代理节点上线时，Kafka会创建/brokers/ids/[broker_id]子节点，并触发监听器调用onBrokerStart()方法。

下面三个监听器并不是在控制器对象中定义的，更改分区的监听器和更改主题的监听器都与主题有关，定义在分区状态机中。更改代理节点的监听器则定义在副本状态机中。相关代码如下：

```
// 更改分区的监听器（定义在分区状态机中）
class PartitionModificationsListener(topic:String)extends IZkDataListener{
  def handleDataChange(dataPath: String, data: Object) {
    // 注册在/brokers/topics/[topic]，内容为该主题所有分区对应的副本集
    val partitionAR = zkUtils.getReplicaAssignmentForTopics(List(topic))
    // 不在上下文中表示新增的分区，因为初始时已经读取到上下文对象中
    val partitionsToBeAdded = partitionAR.filter(p =>
      !context.partitionReplicaAssignment.contains(p._1))
    // 先往上下文对象中增加，然后让控制器处理分区的新增事件
    if (partitionsToBeAdded.size > 0) {
      context.partitionReplicaAssignment ++= partitionsToBeAdded
      controller.onNewPartitionCreation(partitionsToBeAdded.keySet.toSet)
    }
  }
}
// 更改主题的监听器（定义在分区状态机中）
class TopicChangeListener extends IZkChildListener {
  def handleChildChange(parentPath: String,children: List[String]) {
    // ZK里的主题减去上下文的主题，表示新增的主题
    val newTopics = children -- context.allTopics
    // 上下文的主题减去ZK里的主题，表示删除的主题
    val deletedTopics = context.allTopics -- children
    context.allTopics = children // 更新上下文对象的主题列表
    // 更新上下文对象的分区信息，过滤掉被删除的主题，增加新主题对应的分区信息
    val addedPartitionAR = zkUtils.getReplicaAssignmentForTopics(newTopics)
    context.partitionReplicaAssignment = context.partitionReplicaAssignment.
      filter(p =>!deletedTopics.contains(p._1.topic))
    context.partitionReplicaAssignment ++= addedPartitionAR
    if(newTopics.size > 0)  // 让控制器处理主题的新增事件
      controller.onNewTopicCreation(newTopics,addedPartitionAR.keySet.toSet)
  }
```

```
}
// 更改代理节点的监听器（定义在副本状态机中）
class BrokerChangeListener() extends IZkChildListener {
  def handleChildChange(parentPath:String,currentBrokerList:List[String]){
    val curBrokers = currentBrokerList.flatMap(zkUtils.getBrokerInfo)
    val curBrokerIds = curBrokers.map(_.id) // ZK中最新的代理节点编号列表
    // ZK中的代理节点列表减去上下文对象的代理节点，表示新增的代理节点
    val newBrokerIds = curBrokerIds -- context.liveOrShuttingDownBrokerIds
    // 上下文对象的代理节点减去ZK中的代理节点列表，表示下线的代理节点
    val deadBrokerIds = context.liveOrShuttingDownBrokerIds -- curBrokerIds
    val newBrokers = curBrokers.filter(broker => newBrokerIds(broker.id))
    context.liveBrokers = curBrokers // 更新上下文对象的存储代理节点列表
    // 添加或删除代理节点，更新控制器通道管理器所管理的节点列表
    newBrokers.foreach(context.controllerChannelManager.addBroker)
    deadBrokerIds.foreach(context.controllerChannelManager.removeBroker)
    if(newBrokerIds.size > 0) // 让控制器处理代理节点的新增和删除事件
      controller.onBrokerStartup(newBrokerIds.toSeq.sorted)
    if(deadBrokerIds.size > 0)
      controller.onBrokerFailure(deadBrokerIds.toSeq.sorted)
  }
}
```

控制器在处理分区、主题、代理节点的更改事件时，分别调用了不同的处理方法。

- 为已有的主题新创建分区，调用onNewPartitionCreation()方法。
- 新创建一个不存在的主题，调用onNewTopicCreation()方法。
- 代理节点上线或下线，调用onBrokerStartup()或onBrokerFailure()方法。

控制器初始化时会启动一个副本状态机（ReplicaStateMachine）和一个分区状态机（PartitionStateMachine）。状态机和控制器都是无状态的，它们都可以从共享存储（比如ZK）中恢复运行时需要的数据。状态机负责状态改变时的事件处理，当控制器发生故障转移时，除了重启控制器，也会重启状态机。故障转移时，不仅要保证集群的状态可以恢复，也要保证状态机可以正常运转。

7.1.4 分区状态机和副本状态机

状态机一般用在事件处理中，并且事件会有多种状态。当事件的状态发生变化时，会触发对应的事件处理动作。Kafka控制器启动状态机时有下面两个特点。

- 因为分区状态机和副本状态机需要分别获取集群的所有分区和所有副本，而初始化控制器上下文会从ZK读取集群的所有分区与副本，所以**初始化控制器上下文后，才能启动状态机**。
- 因为分区包含了多个副本，只有集群中所有副本的状态都初始化完毕，才可以初始化分区的状态。所以控制器会**先启动副本状态机，然后才启动分区状态机**。

分区状态机和副本状态机分别维护集群中所有分区和副本的状态，它们的状态有四种：新建（New）、在线（Online）、下线（Offline）、不存在（NonExistent）。如图7-4所示，从一个状态转变为另一个状态都对应了不同的事件。比如副本状态从“新建”转为“在线”，它对应的事件是副本在分区的集合中；分区状态从“新建”转为“在线”，它对应的事件是分区选举出了主副本。

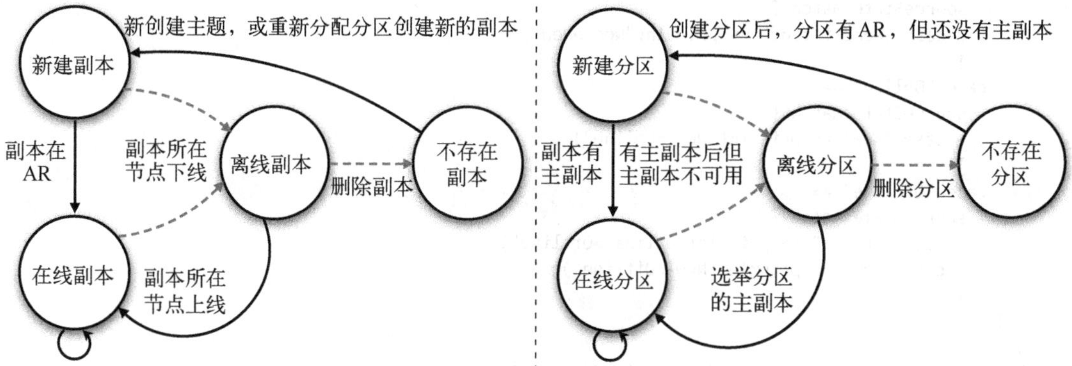

图7-4　副本状态机和分区状态机

下面列举了副本状态机中副本的状态和状态转移。

- NewReplica。新创建主题，重新分配分区时创建新副本，副本状态为“新建”。该状态下副本只能收到“成为备份副本”的请求。
- OnlineReplica。当副本启动，并且是分区副本集的一部分，副本状态为“在线”。该状态下可以收到“成为备份副本”或“成为主副本”的请求。
- OfflineReplica。代理节点宕机后，节点上的所有副本状态为“下线”。
- NonExistentReplica。副本被成功删除后，状态为“不存在”。

注意：副本状态机还有三个关于删除的状态：ReplicaDeletionStarted表示开始删除副本，ReplicaDeletionSuccessful表示成功删除副本，ReplicaDeletionIneligible表示副本删除失败。NonExistentReplica的前一个有效状态是“成功删除副本”，而不是“下线”。

下面列举了分区状态机中分区的状态和状态转移。

- NonExistentPartition。分区没有创建或者创建后立即被删除掉，状态为“不存在”。
- NewPartition。新创建分区，状态为“新建”。
- OnlinePartition。分区选举出主副本，状态为“上线”。
- OfflinePartition。分区有主副本，但是主副本所在的节点宕机了，状态为“下线”。

为了确保状态机的正常运行，状态机的状态转换都有前置条件。正常的状态机流程是：“不存在状态”→“新建状态”→“在线状态”→“下线状态”，也可以从“新建状态”到“下线状态”。无效的状态转换包括：从“不存在状态”直接到“上线状态”、从“不存在状态”直接到“下线状态”。状态机处理无效状态的方式是检查前置状态，如果不满足，就不会执行任何操作。下面的代码模拟了一个简单的状态机转换：

```
// 一个简单的状态机转换：NonExistent->New->Online->Offline
def handleStateChange(sourceState:String, targetState:String){
  targetState match {
    case "New" =>
```

```
    sourceState match {
      case "NonExistent" => println("Non->New")
    }
  case "Online" =>
    sourceState match {
      case "New" => println("New->Online")
    }
  case "Offline" =>
    sourceState match {
      case "Online" => println("Online->Offline")
      case "New" => println("New->Offline")
    }
  }
}
handleStateChange("NonExistent", "New")  // NonExistent->New
handleStateChange("New", "Online") // New->Online
handleStateChange("Online", "Offline") // Online->Offline
handleStateChange("New", "Offline") // New->Offline
handleStateChange("NonExistent", "Online") // scala.MatchError:NonExistent
```

外部事件调用状态机的handleStateChange()方法，需要传递一个副本或分区，以及一个目标状态，表示外部事件要将状态机中这个副本或分区的状态更改为指定的目标状态。另外，分区状态机的处理方法还需要传递一个分区主副本的选举器（PartitionLeaderSelector）。

分区选举实现类的selectLeader()方法会根据当前的副本和ISR信息（LeaderAndIsr），返回最新的主副本、ISR、AR集合。但处理分区的状态转换不一定要传递分区主副本的选举类（下文简称“选举类”），只有当分区要从“下线状态”和“上线状态”转为“上线状态”，才需要传递并用到“选举类”。其他状态的转换并不需要传递“实现类”，原因如下。

- 分区状态从“不存在状态”到“新建状态”，还没到为分区选举主副本的时候，不需要传递“实现类”。
- 分区状态从“新建状态”到“上线状态”，因为选举分区主副本的算法是固定的（选举第一个副本作为分区的主副本），所以也不需要传递“实现类”。

分区状态机与副本状态机的状态改变处理方法如下：

```
// 副本状态机的状态改变处理方法（处理一个副本）
def handleStateChange(partitionAndReplica: PartitionAndReplica,
  targetState: ReplicaState,
  callbacks: Callbacks) {}

// 分区状态机的状态改变处理方法（处理一个分区）
def handleStateChange(topic: String, partition: Int,
  targetState: PartitionState,
  leaderSelector: PartitionLeaderSelector,
  callbacks: Callbacks) {}

// 分区主副本的选举器接口，返回分区的主副本、ISR和副本集
trait PartitionLeaderSelector {
  def selectLeader(topicAndPartition: TopicAndPartition,
    currentLeaderAndIsr: LeaderAndIsr): (LeaderAndIsr, Seq[Int])
}
```

状态机启动时，将集群中已有的副本和分区都转为“上线状态”。为了方便理解，下面以在一个空的Kafka集群上创建新的主题和分区为例，分析状态机的状态转换处理逻辑。

注意：管理员通过kafka-topics.sh --create --topic test --partitions 3命令创建新主题，会往/brokers/topics节点创建一个子节点：/brokers/topics/test。管理员通过kafka-topics.sh --alter --topic test --partitions 4命令修改主题，会修改/brokers/topics/test节点的内容。前者会触发“更改主题监听器”调用创建新主题的处理逻辑，后者会触发“更改分区监听器”调用创建新分区的处理逻辑。这两部分的代码逻辑在TopicCommand的createTopic()和alterTopic()方法中，最后都会调用AdminUtils.scala的createOrUpdateTopicPartitionAssignmentPathInZK()方法，来创建或更新ZK节点。

1. 状态转换与处理

新创建主题时，ZK节点/brokers/topics的更改主题监听器（TopicChangeListener）捕获到创建主题事件，会调用控制器的onNewTopicCreation()方法。新创建分区时，ZK节点/brokers/topics/[topic]的更改分区监听器（PartitionModificationsListener）捕获到创建分区事件，会调用控制器的onNewPartitionCreation()方法。控制器的这两个方法都将新建的分区从“不存在状态”改为“上线状态”，但不能直接从“不存在状态”到“上线状态”。正常的转换过程是：先从“不存在状态”到“新建状态”，然后再从“新建状态”到“上线状态”，具体步骤如下。

(1) 分区的状态从初始的“不存在状态”改为“新建状态”。

(2) 副本的状态从初始的“不存在状态”改为“新建状态”。

(3) 分区的状态从“新建状态”改为“上线状态”。

(4) 副本的状态从“新建状态”改为“上线状态”。

相关代码如下：

```
// 控制器处理新创建主题
def onNewTopicCreation(topics:Set[String],newParts:Set[TopicAndPartition]){
  // 为新创建的主题注册一个“更改分区监听器”（PartitionModificationsListener)
  topics.foreach(t=>partitionStateMachine.registerPartitionChangeListener(t))
  onNewPartitionCreation(newParts)
}
// 控制器处理新创建分区
def onNewPartitionCreation(newPartitions: Set[TopicAndPartition]) {
  // 状态机的handleStateChanges()处理多个分区或副本，采用批量方式发送请求给代理节点
  partitionStateMachine.handleStateChanges(newPartitions, NewPartition)
  replicaStateMachine.handleStateChanges(
    controllerContext.replicasForPartition(newPartitions), NewReplica)
  partitionStateMachine.handleStateChanges(
    newPartitions, OnlinePartition, offlinePartitionSelector)
  replicaStateMachine.handleStateChanges(
    controllerContext.replicasForPartition(newPartitions), OnlineReplica)
}
```

下面将步骤(1)和步骤(3)放在一起分析，将步骤(2)和步骤(4)放在一起分析，前者属于分区状态机，后者属于副本状态机。新建分区会调用两次分区状态机的状态改变处理方法，具体步骤如下。

7

(1) 分区从“不存在状态”转为“新建状态”，只需要在partitionState变量中记录分区的状态为NewPartition。这个状态转换前，没有分区。转换后，分区有副本。

(2) 分区从“新建状态”转为“上线状态”，除了更新分区的状态为OnlinePartition，还会根据不同的当前状态，选择不同的分区主副本选举实现类，为分区选举副本。

相关代码如下：

```
// 分区状态机，保存了集群所有的分区以及对应的分区状态
class PartitionStateMachine(controller: KafkaController) {
  val partitionState: mutable.Map[TopicAndPartition, PartitionState]

  // 处理多个分区的状态转换，这样就可以采用批量方式发送请求给多个代理节点
  def handleStateChanges(partitions: Set[TopicAndPartition],
      targetState: PartitionState,
      leaderSelector: PartitionLeaderSelector = noOpPartitionLeaderSelector,
      callbacks: Callbacks = (new CallbackBuilder).build) {
    brokerRequestBatch.newBatch()
    partitions.foreach{ tp => handleStateChange(tp.topic, tp.partition,
      targetState, leaderSelector, callbacks) }
    brokerRequestBatch.sendRequestsToBrokers(controller.epoch)
  }

  // 分区状态机（PartitionStateMachine）针对单个分区的状态改变处理逻辑
  def handleStateChange(tp: TopicAndPartition,targetState: PartitionState,
                        leaderSelector: PartitionLeaderSelector) {
    val currState = partitionState.getOrElseUpdate(tp, NonExistentPartition)
    targetState match {
      case NewPartition =>
        // 转换前，不存在该分区
        assertValidPreviousStates(tp, List(NonExistentPartition), NewPartition)
        partitionState.put(tp, NewPartition)
        // 转换后，分区分配了副本
      case OnlinePartition =>
        // “新建状态”“下线状态”“上线状态”都可以到“上线状态”
        assertValidPreviousStates(tp, List(New,Online,Offline),Online)
        currState match { // 转换前，如果是新建或下线状态，分区没有主副本
          case NewPartition => // 为新的分区初始化主副本和ISR
            initializeLeaderAndIsrForPartition(tp)
          case OfflinePartition => // 已经下线的分区要上线，就必须重新选举主副本
            electLeaderForPartition(topic, partition, leaderSelector)
          case OnlinePartition => // 重新选举主副本
            electLeaderForPartition(topic, partition, leaderSelector)
        }
        partitionState.put(tp, OnlinePartition)
        // 转换后，分区有主副本
    }
  }

  // 分区从“新建状态”到“上线状态”，选举分区AR集合中第一个副本作为主副本
  def initializeLeaderAndIsrForPartition(tp: TopicAndPartition) {
    val AR = context.partitionReplicaAssignment(tp) // 获取
    val liveAR = AR.filter(context.liveBrokerIds.contains(_))
    val leaderIsrAndEpoch = new LeaderIsrAndControllerEpoch(
```

```
      new LeaderAndIsr(liveAR.head, liveAR), controller.epoch)
    // 创建ZK节点：/brokers/topics/[topic]/[partition]/state->leaderAndIsrEpoch
    zkUtils.createPersistentPath(leaderPath(), leaderIsrAndEpoch)
    context.partitionLeadershipInfo.put(tp, leaderIsrAndEpoch)
    // 向分区的所有存活副本发送分区的主副本、ISR、AR信息（LeaderAndIsrRequest）
    brokerRequestBatch.addLeaderAndIsrRequestForBrokers(
      liveAR, tp.topic, tp.partition, leaderIsrAndEpoch, AR)
  }
}
```

接下来分析副本状态机的状态变化事件。新创建分区时，分区的副本也一定都是新创建的。相较于分区的状态转换而言，副本的状态转换需要判断分区是否有主副本，但它本身并没有义务选举分区的主副本。

- 副本从“不存在状态”到“新建状态”，如果分区存在主副本，而且副本的编号不是当前新建副本的编号，说明当前新建的副本会作为分区的备份副本。控制器将分区信息发送给这个新建的副本。
- 副本从其他状态（“上线”“下线”“删除失败”）到“上线状态”，如果分区存在主副本，控制器也将分区信息发送给当前副本（分区信息包括：主副本、ISR集合、AR集合）。

注意： 上面这两个“判断分区存在主副本”的逻辑，针对新建分区的场景都不会执行到。副本从“不存在状态”到“新建状态”时，还没有执行“为分区选举主副本”；副本从“新建状态”到“上线状态”，也不会执行“判断分区存在主副本”的逻辑。用到这两个逻辑的是其他场景，比如为分区增加副本数，会执行“重新分配分区”，对于新的副本，就会执行上面的步骤(1)。另外，如果不是“新建状态”，而是其他状态转为“上线状态”，就会执行上面的步骤(2)。

相关代码如下：

```
// 副本状态机，保存了集群所有的副本以及对应的副本状态
class ReplicaStateMachine(controller: KafkaController) {
  val replicaState: mutable.Map[PartitionAndReplica, ReplicaState]

  // 对多个副本的状态改变，以批量请求的方式发送给多个代理节点
  def handleStateChanges(replicas: Set[PartitionAndReplica],
      targetState: ReplicaState,
      callbacks: Callbacks = (new CallbackBuilder).build) {
    brokerRequestBatch.newBatch()
    replicas.foreach(handleStateChange(_, targetState, callbacks))
    brokerRequestBatch.sendRequestsToBrokers(controller.epoch)
  }

  // 副本状态机（ReplicaStateMachine）针对单个副本的状态改变处理逻辑
  def handleStateChange(replica:PartitionAndReplica,targetState:ReplicaState){
    val currState = replicaState.getOrElseUpdate(replica, NonExistentReplica)
    val replicaAssignment = controllerContext.partitionReplicaAssignment(tp)
    val replicaId = replica.replica
    targetState match {
      case NewReplica =>
```

7

```
      // “不存在状态”到“新建状态”
      assertValidPreviousStates(replica,List(NonExistentReplica),targetState)
      val lie = zkUtils.getLeaderIsrAndEpochForPartition(topic,partition)
      lie match {
        case Some(leaderIsrAndEpoch) =>
          // 假设这个副本是主副本，不能转为新建，即上线状态不能逆转为新建状态
          // 新创建的副本只能是备份副本，所以需要向新副本发送分区的主副本等其他信息
          if(leaderIsrAndEpoch.leaderAndIsr.leader == replicaId)
            throw new Exception("不能转为New，因为当前副本不应该是Leader")
          brokerRequestBatch.addLeaderAndIsrRequestForBrokers(
            List(replicaId),t,p,leaderIsrAndEpoch,replicaAssignment)
        case None =>
      }
      replicaState.put(replica, NewReplica)
    case OnlineReplica =>
      // “新建状态”“在线状态”“下线状态”“删除失败状态”都可以到“新建状态”
      assertValidPreviousStates(replica,List(NewReplica,OnlineReplica,
        OfflineReplica,ReplicaDeletionIneligible), targetState)
      currState match {
        case NewReplica =>
          val currentAR = context.partitionReplicaAssignment(tp)
          if(!currentAR.contains(replicaId)) // 如果不在上下文中，才添加到上下文
            context.partitionReplicaAssignment.put(tp,currentAR :+ replicaId)
        case _ =>
          context.partitionLeadershipInfo.get(tp) match {
            case Some(leaderIsrAndEpoch) =>
              brokerRequestBatch.addLeaderAndIsrRequestForBrokers(
                List(replicaId),t,p,leaderIsrAndEpoch,replicaAssignment)
            }
            case None =>
      }
      replicaState.put(replica, OnlineReplica)
    }
  }
}
```

如图7-5所示，假设新创建了一个分区P4，它的副本分别在代理节点[0,1,2]上，用[R0,R1,R2]表示这三个副本。下面列举了新创建分区P4的过程中，状态机的变化以及“上下文”的变化。

(1) 分区P4从“不存在状态”改为“新建状态”，更新分区状态机：`[P4->NewPartition]`。

(2) 分区P4的所有副本从“不存在状态”改为“新建状态”。这一步会判断分区是否有主副本，但由于是新创建的分区，分区还没有主副本，因此这一步也只是更新副本状态机：`[P4R0->NewReplica,P4R1->NewReplica,P4R2->NewReplica]`。

(3) 分区P4从“新建状态”改为“上线状态”，控制器为分区选举主副本、创建ZK节点(/brokers/topics/[topic]/[partition]/state)、更新“上下文”的`partitionLeadershipInfo`变量、更新分区状态机：`[P4->OnlinePartition]`。

(4) 分区P4的所有副本从“新建状态”改为“上线状态”，更新“上下文”的`partitionReplicaAssignment`变量：`P4->[P4R0,P4R1,P4R2]`。更新副本状态机：`[P4R0->OnlineReplica,P4R1->OnlineReplica,P4R2->OnlineReplica]`。

更改主题的监听器

partitionReplicaAssignment

步骤	ZK节点	分区状态机	副本状态机	控制器上下文
(1)	/brokers/topics/test	P4：NewPartition		P4：[P4R0,P4R1,P4R2]
(2)			P4R0：NewReplica P4R1：NewReplica P4R2：NewReplica	
(3)	/brokers/topics/test /0/state /1/state /2/state	P4：OnlinePartition		P4：[P4R0,P4R1,P4R2] P4：{leader:0, isr:[0,1,2]}
(4)			P4R0：OnlineReplica P4R1：OnlineReplica P4R2：OnlineReplica	

更改分区的监听器

partitionLeadershipInfo

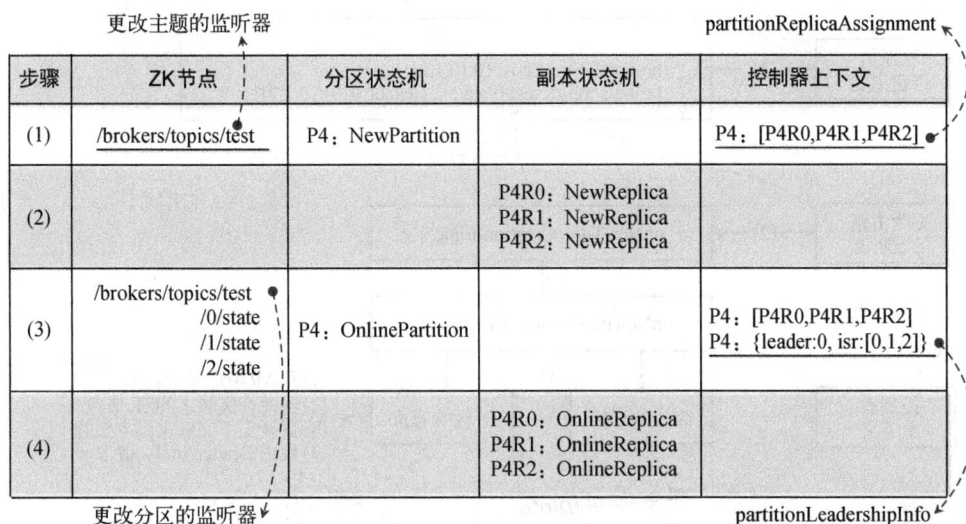

图7-5　新创建分区的状态转换处理

在“更改主题监听器”的`handleChildChange()`和“更改分区监听器”的`handleDataChange()`事件处理方法中，监听器已经将新的分区加入“上下文”的`partitionReplicaAssignment`（即图7-5步骤(1)的最后一列）。步骤(3)将分区从“新建状态”改为“上线状态”，会更新“上下文”的`partitionLeadershipInfo`。步骤(4)将副本从“新建状态”改为“上线状态”，只有“上下文”中不存在该副本时，才会添加到“上下文”的`partitionReplicaAssignment`，如果已经存在，就不需要添加了。

注意：如果步骤(1)开始前，“上下文”没有分区的AR信息，步骤(3)就无法为分区选举主副本，也就不会更新“上下文”的主副本信息。所以在监听器中，一旦监听到ZK节点发生变化，在调用控制器的处理方法之前，要先将ZK中的最新数据更新到“上下文”的`partitionReplicaAssignment`变量中。

图7-6总结了Kafka控制器（图中深色背景部分）创建主题的过程，主要步骤如下。

(1) 管理员创建主题，会在/brokers/topics/下创建主题的子节点。

(2)“更改主题监听器”调用`onNewTopicCreation()`方法，向ZK节点注册“更改分区监听器”，并对所有分区调用`onNewPartitionCreation()`方法。

(3) 控制器分别对分区、所有的副本进行状态转换，最后分区和副本都转为“上线状态”。

(4) 分区从“新建状态”到“上线状态”，控制器会选举出主副本、创建分区状态的ZK节点、发送`LeaderAndIsr`请求给分区的所有副本（即图中下方的三个代理节点）。

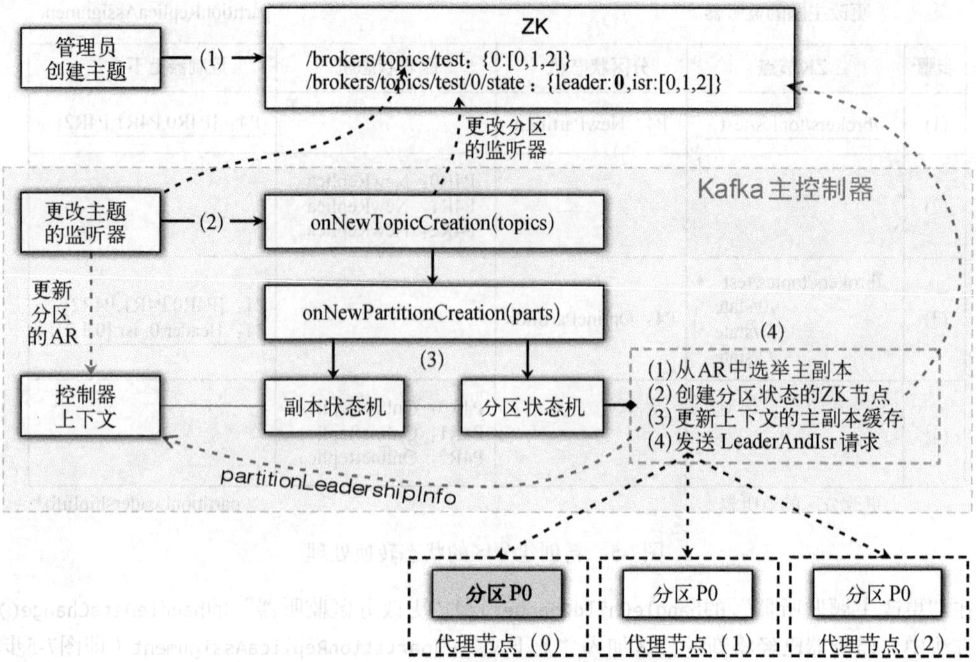

图7-6　Kafka控制器创建主题的主要流程

新建分区过程中，控制器处理分区从“新建”到“上线”的状态转换时，会为分区选举主副本。另外，分区从其他状态（“下线状态”“上线状态”）转换为“上线状态”时，控制器也需要为分区选举主副本。选举分区的主副本都有下面三个比较重要的步骤，下一节会分析其他的选举实现类。

(1) 控制器不仅为分区选举出主副本，也会设置分区的ISR，然后将分区的这些信息都写到ZK节点/brokers/topics/[topic]/[partition]/state。

(2) 更新控制器上下文对象的`partitionLeadershipInfo`缓存。

(3) 控制器发送`LeaderAndIsr`请求给这个分区的所有副本（AR）。

2. 选举分区的主副本

如果分区当前处于“上线状态”或“下线状态”，要转变为“上线状态”，说明需要重新选举分区的主副本。分区当前为“下线状态”表示：分区有主副本，但是主副本挂掉了。分区当前为“上线状态”表示：分区有主副本，虽然主副本还存活，但是控制器要选举其他的副本作为分区的主副本。分区的主副本选举接口，在不同的场景下对应了下面几种实现类。

- `OfflinePartitionLeaderSelector`。主副本不可用后，选举主副本。
- `ReassignedPartitionLeaderSelector`。重新分配分区时，选举主副本。
- `PreferredReplicaPartitionLeaderSelector`。使用最优的副本作为主副本。
- `ControlledShutdownLeaderSelector`。代理节点挂掉后，重新选举主副本。

注意：这几个“选择分区主副本”的实现类定义在控制器中。当发生不同的操作，它们都会通过分区状态机的状态改变处理方法，传递具体的实现类以及“上线状态”，从而实现选举分区主副本的功能。

分区状态机调用electLeaderForPartition()方法为分区选举主副本，具体步骤如下。

(1) 从分区的状态节点读取分区当前的主副本、ISR集合（currentLeaderIsrAndEpoch）。

(2) 调用“选举分区主副本”具体实现类的selectLeader()方法，为分区选举最新的主副本。

(3) 将最新的主副本和ISR信息（newLeaderAndIsr）更新到ZK的分区状态节点。

(4) 更新“上下文”的分区缓存信息（partitionLeadershipInfo）。

(5) 发送最新的LeaderAndIsr请求给分区的所有副本，更新其他副本上的缓存信息。

相关代码如下：

```
// 为分区选举主副本的伪代码（简化的版本）
def electLeaderForPartition(tp: TopicAndPartition,
  leaderSelector: PartitionLeaderSelector){
  val current = getLeaderIsrAndEpoch(tp) // 1
  val (newLeaderAndIsr,replicas) = leaderSelector.selectLeader(tp,current) // 2
  zkUtils.updateLeaderAndIsr(tp, newLeaderAndIsr) // 3
  controllerContext.partitionLeadershipInfo.put(tp, newLeaderAndIsr) // 4
  brokerRequestBatch.addLeaderAndIsrRequestForBrokers( // 5
    replicas, tp, newLeaderAndIsr, replicas)
}
```

具体的实现上，因为更新ZK节点并不一定能成功，所以一定要确保更新ZK节点成功后，才继续更新“上下文”和发送LeaderAndIsr请求。另外，选举主副本的方法会返回主副本（newLeaderAndIsr）和存活的副本（replicas），控制器会发送LeaderAndIsr请求给分区的所有存活副本。相关代码如下：

```
// 分区状态机处理分区的状态转为“上线”时，为分区选举主副本
def electLeaderForPartition(topic: String, partition: Int,
    leaderSelector: PartitionLeaderSelector) {
  val tp = TopicAndPartition(topic, partition)
  var zookeeperPathUpdateSucceeded = false
  var newLeaderAndIsr: LeaderAndIsr = null
  var replicasForThisPartition = Seq.empty[Int]

  while(!zookeeperPathUpdateSucceeded) {
    val current = getLeaderIsrAndEpoch(topic, partition)
    val (newLeaderAndIsr,replicas)=leaderSelector.selectLeader(tp,current)
    val (succeed, newVersion) = ReplicationUtils.updateLeaderAndIsr(
      zkUtils, topic, partition, newLeaderAndIsr, epoch, current.zkVersion)
    zookeeperPathUpdateSucceeded = succeed
    replicasForThisPartition = replicas
  }

  val newLeaderIsr = new LeaderIsrAndControllerEpoch(newLeaderAndIsr,epoch)
  controllerContext.partitionLeadershipInfo.put(tp, newLeaderIsr)
  val replicas = controllerContext.partitionReplicaAssignment(tp)
  // 分区更新了主副本和ISR后，通过发送请求更新其他代理节点上的缓存信息
```

```
  brokerRequestBatch.addLeaderAndIsrRequestForBrokers(
    replicasForThisPartition, topic, partition, newLeaderIsr, replicas)
}
```

为分区选举主副本时，优先从ISR中选择第一个副本作为主副本。如果能够从ISR集合中选举主副本，可以保证数据不会丢失。如果ISR都挂了，则选择AR中第一个存活的副本作为主副本。这种场景下，从不在ISR的副本集合中选举主副本后，丢失数据的可能性就比较大。选举分区的主副本，这个副本必须是存活的。另外，ISR集合、AR集合也都需要判断集合中的元素是否存活，下面定义了一个判断副本是否存活的liveReplica()方法（伪代码）：

```
// 判断副本是否存活，副本在“上下文”的存活代理节点列表中，就表示副本是存活的
def liveReplica(replica: Int) = context.liveBrokerIds.contains(replica)
```

分区从“下线状态”转为“上线状态”时，通过OfflinePartitionLeaderSelector选举类为分区选举主副本。注意：分区状态机中只有在“下线状态”和“上线状态”转换为“上线状态”时，才会用到选举类。如果分区从“新建状态”到“上线状态”，即使传递了选举类，也不会用到。比如创建新分区时，虽然在控制器中传递了选举类，但为新建的分区选举主副本，并不会使用选举类来选择主副本。下面三段代码分别表示：新建分区不使用选举类、启动分区状态机使用选举类、选举类的主副本选举算法。

```
// 控制器在创建新分区，状态从“新建”到“上线”时，会传递offlinePartitionSelector。
// 但实际上，分区状态机处理这个状态转换时，并不会使用“分区主副本的选举器”
class KafkaController(){
  val offlinePartitionSelector = new OfflinePartitionLeaderSelector(..)
  def onNewPartitionCreation(newPartitions: Set[TopicAndPartition]) {
    partitionStateMachine.handleStateChanges(newPartitions,
      OnlinePartition, offlinePartitionSelector)
  }
}
// 分区从“下线状态”到“上线状态”时，才会真正使用offlinePartitionSelector。
// 比如启动分区状态机时，读取已有的分区，如果状态是“下线”，就通过选举器选择新的主副本
class PartitionStateMachine(controller: KafkaController) {
  def triggerOnlinePartitionStateChange() {
    if(partitionState.equals(OfflinePartition) || // “下线状态”转为“上线状态”
      partitionState.equals(NewPartition)) // 这个状态实际上即使传递选举器，也没用
    handleStateChange(tp,OnlinePartition,controller.offlinePartitionSelector)
  }
}

// 分区从“下线状态”转为“上线状态”时，控制器为分区选举新的主副本
class OfflinePartitionLeaderSelector(controllerContext: ControllerContext) {
  def selectLeader(tp:TopicAndPartition,oldLeaderIsr:LeaderAndIsr)={
    val replicas = context.partitionReplicaAssignment(tp) // 分区的所有副本
    val liveAR = replicas.filter(liveReplica) // 分区的存活副本集合
    val liveISR = oldLeaderIsr.isr.filter(liveReplica) // 当前ISR中存活的副本

    val newLeaderAndIsr = liveISR.isEmpty match {
      case true => liveAR.isEmpty match {
        case false =>
          val newLeader = liveAR.head // ISR都挂了，只能从存活的AR中选举了
          new LeaderAndIsr(newLeader, epoch+1, List(newLeader), version+1)
```

```
            case true => throw NoReplicaOnlineException() // 分区的所有副本都挂了
          }
          case false =>     // 当前ISR中只要有一个副本存活，就不会丢数据
            // 从分区的存活副本集合（liveAR）中选取在当前ISR集合中的副本（liveISR）
            val liveReplicasInIsr = liveAR.filter(liveISR.contains(_))
            val newLeader = liveReplicasInIsr.head
            new LeaderAndIsr(newLeader, epoch+1, liveISR,version+1)
        }
        (newLeaderAndIsr, liveAR)
      }
    }
```

再来看最优副本选举类（PreferredReplicaPartitionLeaderSelector）的选举算法：选择分区的第一个副本作为主副本。那么，什么情况下分区的第一个副本会不是主副本呢？一旦主副本所在的代理节点挂掉，控制器会为分区选举新的主副本。当原来主副本的代理节点重新上线后，就会出现分区的第一个副本不是主副本的场景。

"最优副本选举"的目的是平衡分区，这是因为Kafka的分区分配算法保证了：分区的主副本会均匀分布在所有的代理节点上。如果频繁出现第一个副本不是主副本的情况，有可能某些节点上的分区主副本太集中了，就会对客户端的读写带来影响。分区平衡作为一个后台线程，会定时检查"最优的副本"（即第一个副本）是不是主副本。如果不是，在重新平衡分区时，控制器将最优的副本，也就是原来的主副本作为分区最新的主副本。相关代码如下：

```
// 选举最优的副本作为分区的主副本，除了监听器，还有一个定时线程也会调度该方法
def selectLeader(tp: TopicAndPartition,currentLeaderAndIsr: LeaderAndIsr)={
  val assignedReplicas = controllerContext.partitionReplicaAssignment(tp)
  val preferredReplica = assignedReplicas.head // 最优的副本，即第一个副本
  val leadershipInfo = controllerContext.partitionLeadershipInfo(tp)
  val currentLeader = leaderAndIsr.leader
  // 当前的主副本不是最优副本，最优副本是存活的，在ISR中，将最优副本作为主副本
  if (currentLeader != preferredReplica && liveReplica(preferredReplica)
      && currentLeaderAndIsr.isr.contains(preferredReplica)) {
    (new LeaderAndIsr(preferredReplica,currentLeaderAndIsr.isr),
    assignedReplicas)
  }
}
```

上面说过，主副本所在的代理节点下线后，控制器会为分区重新选举一个主副本。实际上，保存多个分区的代理节点一旦下线，只要分区的主副本在这个节点上，控制器都要为这些分区重新选举主副本。

3. 代理节点下线

代理节点发生变化时，BrokerChangeListener监听器会读取/brokers/ids中最新的代理节点列表（currentBrokerList），并与控制器上下文的liveOrShuttingDownBrokerIds比较，得出需要上线和下线的节点。控制器对上线的节点调用onBrokerStartup()方法，对下线的节点调用onBrokerFailure()方法。代理节点下线时，它上面所有副本的状态都会被更改为"下线状态"。假设代理节点下线之前，分区的状态为"上线状态"，如果分区的主副本在下线的代理节点上，控制器针对没有主副本的分区（partitionsWithoutLeader），处理步骤如下。

(1) 将这些分区的状态从“上线状态”更改为“下线状态”。

(2) 通过选举器（OfflinePartitionLeaderSelector）为分区选举新的主副本。

(3) 为分区选举新的副本后，会发送LeaderAndIsr请求给分区的所有存活副本。

(4) 如果为分区选举出主副本，将分区的状态从“下线状态”更改为“上线状态”。

(5) 代理节点上所有副本的状态全部更改为“下线状态”。

相关代码如下：

```
// 控制器处理代理节点下线的事件
def onBrokerFailure(deadBrokers: Seq[Int]) {
  // 主副本在下线代理节点上的分区，代理节点下线后，这些分区就没有主副本了
  val partitionsWithoutLeader = context.partitionLeadershipInfo.filter(
    info => deadBrokers.contains(info._2.leaderAndIsr.leader)
  // 下线节点上所有副本的状态改为“下线”
  var deadReplicas = context.replicasOnBrokers(deadBrokers)
  // 没有主副本的分区，将状态改为“下线”
  partitionSM.handleStateChanges(partitionsWithoutLeader, OfflinePartition)
  // 重新选举分区的主副本，“下线状态”的分区会转为“上线状态”
  partitionSM.triggerOnlinePartitionStateChange()

  val offlineReplicas = deadReplicas.filter(!topicDeletion(_.topic))
  val deleteReplicas = deadReplicas.filter(topicDeletion(_.topic))

  // 不需要删除的副本，状态转为“下线”。需要删除的则由于代理节点下线，先标记为“删除失败”
  replicaSM.handleStateChanges(offlineReplicas, OfflineReplica)
  if(deleteReplicas.size > 0) {
    deleteTopicManager.failReplicaDeletion(deleteReplicas)
  }

  // 主副本都没有在下线的节点上，通知所有代理节点“更新元数据”
  // 如果主副本在下线的节点上，在重新选举主副本时，就会发送请求给所有代理节点
  if (partitionsWithoutLeader.isEmpty)
    sendUpdateMetadataRequest(context.liveOrShuttingDownBrokerIds.toSeq)
}
// 判断主题是否需要删除
def topicDeletion(topic)=deleteTopicManager.isTopicQueuedUpForDeletion(topic)
```

注意：代理节点下线时，如果副本对应的主题正在删除，则删除操作会暂停。删除主题会在后面详细分析。

分区状态机处理分区从“上线状态”到“上线状态”，以及从“下线状态”到“上线状态”的状态转换，都调用了相同的electLeaderForPartition()方法，那么控制器是否可以不改变分区状态，而只执行主副本的选举？如图7-7所示，对于副本数超过一个的分区，状态的变化过程是“上线”→“下线”→“上线”，这种情况可以不改变分区状态。但如果分区只有一个副本，或者分区的所有副本都挂掉，分区的状态就无法转为“上线”。这种情况下，如果没有更新分区状态为“下线”，分区状态机的状态就不正确。

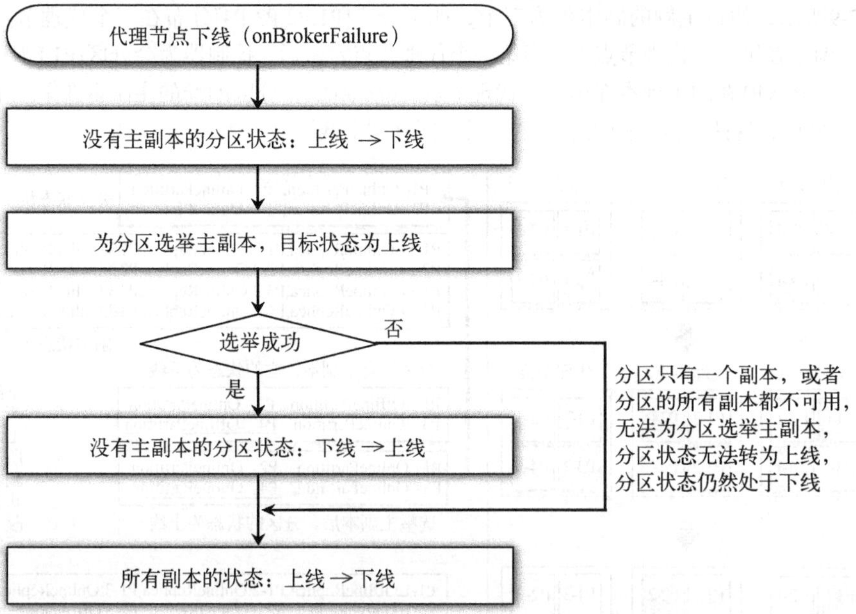

图7-7　代理节点下线改变分区状态机和副本状态机

如图7-8所示，假设主题的副本数只有一个，三个分区[P1,P2,P3]分布在三个代理节点上。P1-1表示分区P1的副本在编号为1的代理节点上（Broker1），该副本是分区的主副本，也是唯一的副本。第一个代理节点下线后，分区P1的状态为“下线”。随后，控制器为分区P1选举主副本，但因为分区P1没有其他可用的副本，所以分区P1的状态仍然停留在“下线状态”。

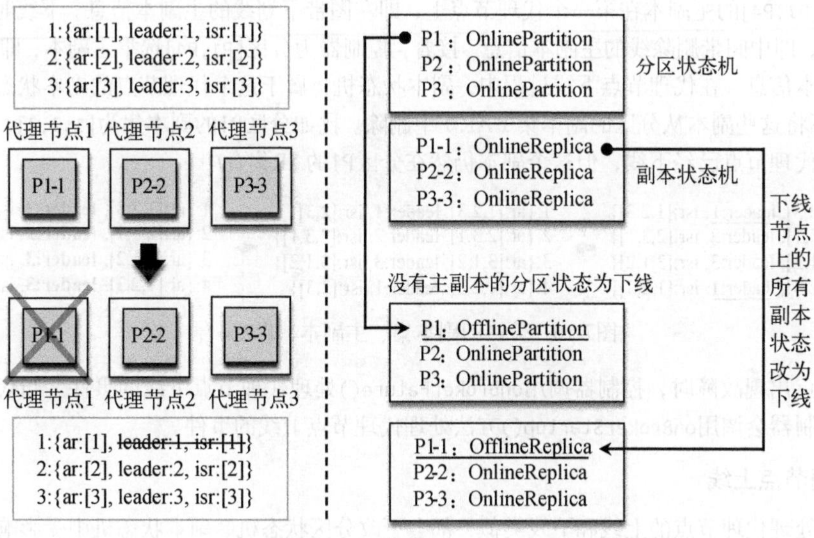

图7-8　分区只有一个副本，代理节点下线后，分区状态为“下线”

如图7-9所示，假设主题的副本数为三个，四个分区[P1,P2,P3,P4]分布在三个代理节点上，分区[P1,P4]的主副本在第一个代理节点上。当第一个代理节点宕机后，控制器为会分区[P1,P4]重新选举主副本。比如，分区P1新的主副本在第二个代理节点（`Broker2`），分区P4新的主副本在第三个代理节点（`Broker3`）。最后，这两个分区的状态从“下线”回到“上线”。

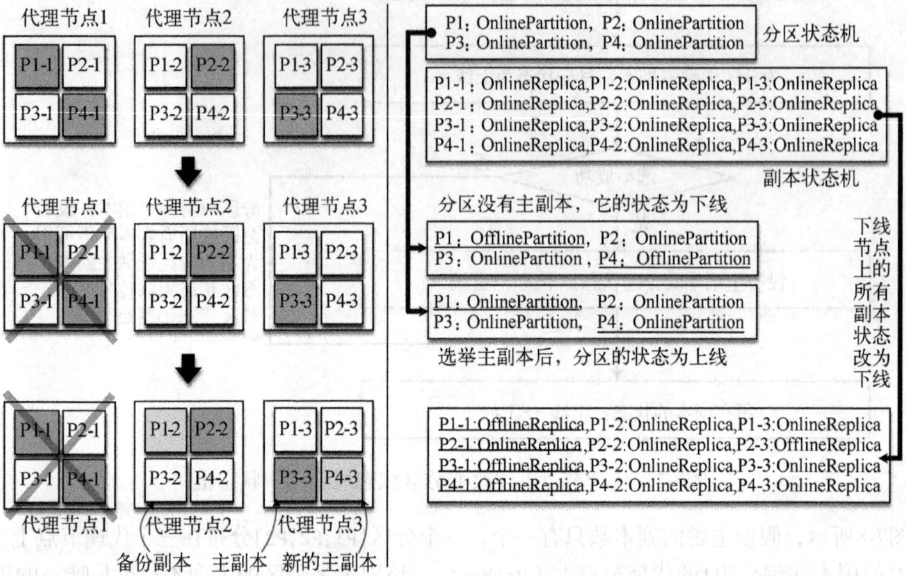

图7-9　分区有多个副本，代理节点下线后，选举分区的主副本，分区状态从“下线”到“上线”

在代理节点下线过程中，“上下文”和ZK节点的分区数据发生变化。如图7-10所示，代理节点下线前，分区`[P1,P4]`的主副本在第一个代理节点上，即左图带下划线的主副本信息。下线时，分区的主副本不可用，即中间带删除线的主副本信息。接着，控制器为分区`[P1,P4]`选举主副本，即图7-10（右）加粗的主副本信息。在代理节点下线过程中，副本状态机将属于这个代理节点的副本状态更改为“下线”，但并不将这些副本从分区的副本集（AR）中删除。比如分区P1的副本集为`[1,2,3]`，虽然第一个副本所在的代理节点已经下线，但这个副本仍然在分区P1的AR集合中。

1:{ar:[1,2,3], leader:1, isr:[1,2,3]}	1:{ar:[1,2,3], ~~leader:1~~, isr:[2,3]}	1:{ar:[1,2,3], **leader:2**, isr:[2,3]}
2:{ar:[2,3,1], leader:2, isr:[2,3,1]}	2:{ar:[2,3,1], leader:2, isr:[2,3,1]}	2:{ar:[2,3,1], **leader:2**, isr:[2,3,1]}
3:{ar:[3,1,2], leader:3, isr:[3,1,2]}	3:{ar:[3,1,2], leader:3, isr:[3,1,2]}	3:{ar:[3,1,2], **leader:3**, isr:[3,1,2]}
4:{ar:[1,2,3], leader:1, isr:[1,2,3]}	4:{ar:[1,2,3], ~~leader:1~~, isr:[2,3]}	4:{ar:[1,2,3], **leader:3**, isr:[2,3]}

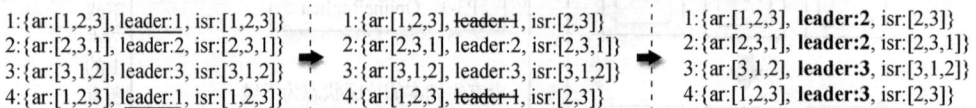

图7-10　分区的副本集、主副本、ISR集合

代理节点出现故障时，控制器调用`onBrokerFaiure()`处理代理节点下线的事件。当代理节点重新启动时，控制器会调用`onBrokerStartup()`方法处理代理节点上线的事件。

4. 代理节点上线

控制器处理代理节点的上线和下线类似，都会更改分区状态机、副本状态机中受影响的分区与副本。代理节点下线时，控制器针对没有主副本的分区，通过选举新的主副本，分区状态从“下线”到

“上线”。如果没有成功选举出新的主副本，分区状态仍然是“下线”。所以在代理节点上线时，还要触发一次分区的状态转换，将“下线状态”的分区转为“上线状态”。对于副本状态机，代理节点下线时，副本状态为“下线”；代理节点上线时，副本状态从“下线”到“上线”。相关代码如下：

```
// 控制器处理代理节点上线的事件
def onBrokerStartup(newBrokersSet: Seq[Int]) {
  // 发送“更新元数据”请求给所有代理节点，旧节点在这次更新时知道有新节点加入
  sendUpdateMetadataRequest(context.liveOrShuttingDownBrokerIds.toSeq)
  val allReplicasOnNewBrokers = context.replicasOnBrokers(newBrokersSet)

  // 上线节点上的所有副本状态转换为“上线”
  replicaSM.handleStateChanges(allReplicasOnNewBrokers, OnlineReplica)
  // 如果分区状态为“新建”或“下线”，则重新选举主副本，并转为“上线”状态
  partitionSM.triggerOnlinePartitionStateChange() // 已经是在线状态则不变

  // 如果重新分配分区的新副本在上线节点中，则重新分配分区
  val partitionsOnNewBrokers = context.partitionsBeingReassigned.filter {
    case (_,reassign)=>reassign.newReplicas.exists(newBrokersSet.contains(_))
  }
  partitionsOnNewBrokers.foreach(p => onPartitionReassignment(p._1, p._2))

  // 代理节点下线时，不能执行“删除副本”。上线后，恢复删除副本的动作
  val deleteReplicas = allReplicasOnNewBrokers.filter(topicDeletion(_.topic))
  if(deleteReplicas.size > 0) {
    deleteTopicManager.resumeDeletionForTopics(deleteReplicas.map(_.topic))
  }
}
```

注意：代理节点上线，如果分区正在重新分配或主题被删除，都要恢复这些操作，后面会分析这两个操作。

如图7-11所示，以只有一个副本的分区为例。代理节点下线时，分区的状态为“下线”。代理节点上线时，控制器要处理分区状态从“下线”到“上线”的状态转换事件，即为分区重新选举主副本。

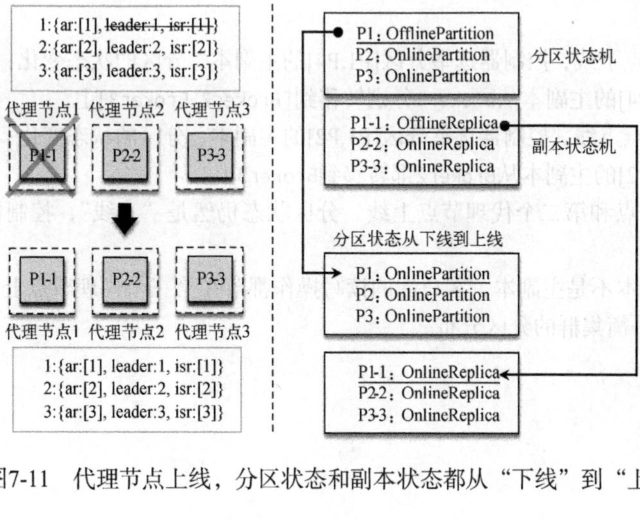

图7-11 代理节点上线，分区状态和副本状态都从“下线”到“上线”

如图7-12所示，以有三个副本的分区为例。代理节点下线时，控制器就会为分区[P1,P4]选举新的主副本，分区的状态从“下线”到“上线”。代理节点上线时，分区[P1,P4]的状态因为已经处于“上线”，所以控制器并不会处理这两个分区的状态转换事件。

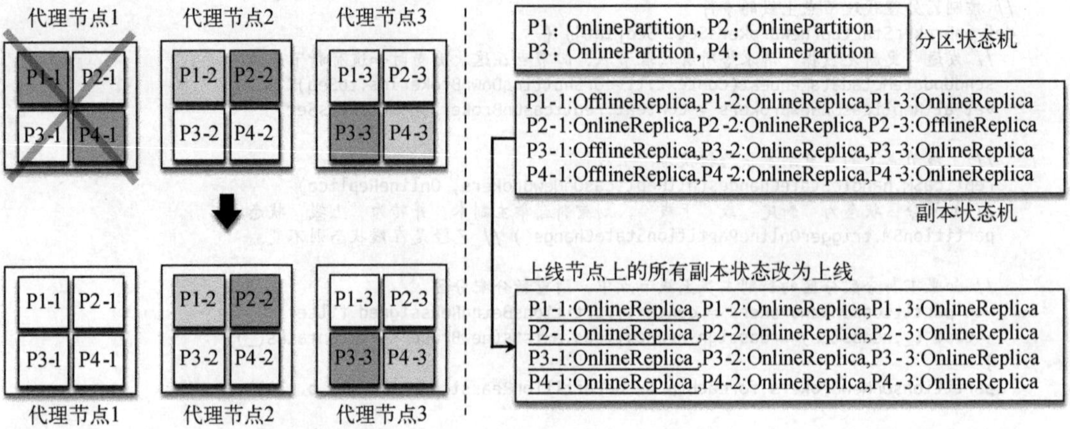

图7-12　代理节点上线，副本状态从“下线”到“上线”

注意： 代理节点上线有两种场景：新启动、重新启动。新启动的代理节点之前不在集群中，没有分配到任何分区，控制器不会处理分区和副本的状态改变。重新启动的代理节点之前在集群中，并且分配到分区，控制器需要处理分区和副本的状态改变。

上面两种场景，在代理节点上线时，控制器都要处理副本状态从“下线”到“上线”的状态转换事件。另外，控制器也会发送“更新元数据”的请求（`UpdateMetadataRequest`）给集群中现有的代理节点。如图7-13所示，将代理节点下线、代理节点上线、选举最优副本三个过程串联起来，具体步骤如下。

(1) 第一个代理节点下线，控制器选举分区[P1,P4]的主副本，分区的状态变化：“上线”→“下线”→“上线”。分区[P1,P4]的主副本从`Broker1`分别转移到[`Broker2`,`Broker3`]上。

(2) 第二个代理节点下线，控制器选举分区[P1,P2]的主副本，分区的状态变化：“上线”→“下线”→“上线”。分区[P1,P2]的主副本从`Broker2`都转移到`Broker3`上。

(3) 第一个代理节点和第二个代理节点上线，分区状态仍然是“上线”，控制器没有重新选举主副本。

(4) 分区的最优副本不是主副本，客户端的读写操作都落在第三个代理节点上。通过选举最优副本作为主副本，可以平衡集群的分区分布。

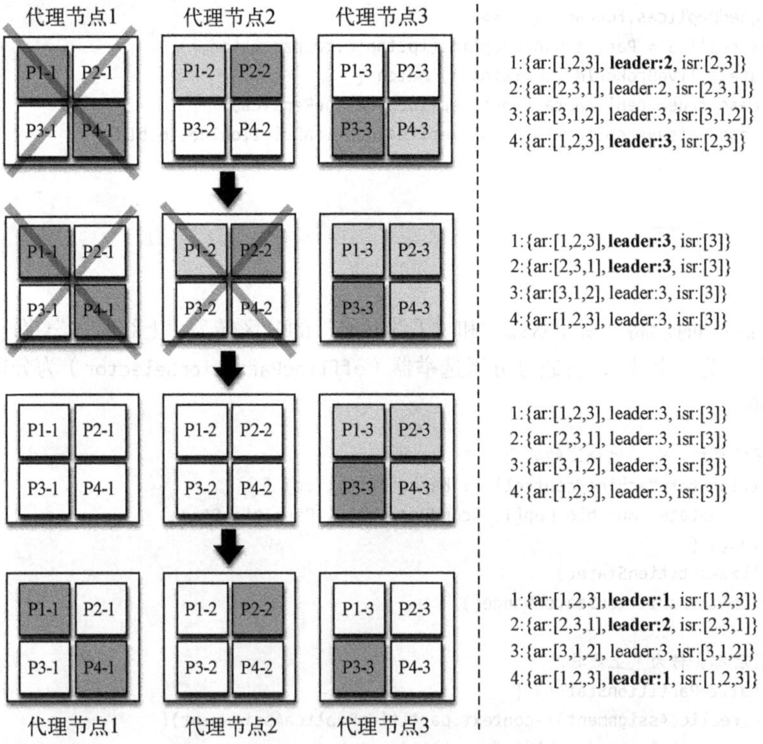

图7-13 代理节点下线和上线、选举最优副本的示例

状态机正常情况下，处理不同外部事件触发的状态转换。当控制器发生故障转移时，需要重启状态机。

5. 初始化状态机

控制器在故障转移时，会分别启动副本状态机和分区状态机，并根据“上下文”初始化分区和副本的状态。启动副本状态机时，存活的副本状态会初始化为“上线”，不存活的副本状态会初始化为“删除失败”。接着，状态机还要处理将存活副本转为“上线”的状态转换（实际上副本的状态从“上线”转为“上线”）。相关代码如下：

```
// 启动副本状态机，初始化副本的状态
class ReplicaStateMachine(controller: KafkaController) {
  val replicaState: mutable.Map[PartitionAndReplica, ReplicaState]
  def startup() {
    initializeReplicaState()
    // 只针对存活的副本，触发“上线”到“上线”的状态转换
    handleStateChanges(context.allLiveReplicas(), OnlineReplica)
  }
  // 初始化副本的状态，副本如果存活，状态是“上线”，如果不存活，状态为“删除失败”
  def initializeReplicaState() {
    for((tp,assignedReplicas)<-context.partitionReplicaAssignment){
```

```
        assignedReplicas.foreach { r =>
          val replica = PartitionAndReplica(tp.topic,tp.partition,r)
          context.liveBrokerIds.contains(r) match {
            case true=>replicaState.put(replica, OnlineReplica)
            case false=>replicaState.put(replica,ReplicaDeletionIneligible)
          }
        }
      }
    }
  }
```

分区状态机启动时会将“新建状态”和“下线状态”的分区转为“上线状态”。分区的状态从“新建”或“下线”转为“上线”，会通过分区选举器（offlinePartitionSelector）为分区选出一个主副本。相关代码如下：

```
// 启动分区状态机，初始化分区的状态
class PartitionStateMachine(controller: KafkaController) {
  val partitionState: mutable.Map[TopicAndPartition, PartitionState]
  def startup() {
    initializePartitionState()
    triggerOnlinePartitionStateChange()
  }
  // 分区最后都会转为“上线状态”
  def initializePartitionState() {
    for((tp,replicaAssignment)<-context.partitionReplicaAssignment){
      context.partitionLeadershipInfo.get(tp) match {
        case Some(lie) => // 分区有主副本
          context.liveBrokerIds.contains(lie.leaderAndIsr.leader) match {
            case true=>partitionState.put(tp, OnlinePartition) // 主副本存活
            case false=>partitionState.put(tp, OfflinePartition)// 主副本挂掉
          }
        case None=>partitionState.put(tp,NewPartition) // 分区没有主副本
      }
    }
  }
  // 启动状态机时，只针对新建和下线的分区做状态转换，并采用批量请求方式发送给代理节点
  def triggerOnlinePartitionStateChange() {
    brokerRequestBatch.newBatch()
    for((tp, state) <- partitionState
        if(state.equals(OfflinePartition) || state.equals(NewPartition))) {
      // 分区状态是下线状态或新建状态，通过分区选举器，将分区状态转变为上线状态
      handleStateChange(tp.topic, tp.partition, OnlinePartition,
        controller.offlinePartitionSelector,(new CallbackBuilder).build)
    }
    brokerRequestBatch.sendRequestsToBrokers(controller.epoch)
  }
}
```

如表7-3所示，副本状态机和分区状态机在启动时，分别执行分区和副本的初始化和一次状态转换。副本状态机会将已有的副本从“上线状态”转到“上线状态”，分区状态机会将已有的分区从“新建状态”或“下线状态”转到“上线状态”。

表7-3 启动状态机时的初始化和状态转换

状 态 机	初始化副本和分区的状态	状态转换
副本状态机	1. 存活的副本，初始化为“上线” 2. 不存活的副本，初始化为“删除失败”	存活的副本，转为“上线”
分区状态机	1. 分区有主副本，初始化为“上线” 2. 分区有主副本，但不存活，初始化为“下线” 3. 分区没有主副本，初始化为“新建”	“新建”或“下线”的分区，转为“上线”

如图7-14所示，假设“上下文”的分区数据（partitionReplicaAssignment）为P1->[1,2,3], P2->[2,3,4], P3->[3,4,1], P4->[4,1,2]，分区的主副本信息（partitionLeadershipInfo）为[P1->{leader:1}, P2->{leader:3}, P3->{leader:4}]，存活的代理节点为[1,2,3]。下面列举了启动状态机时，根据“上下文”恢复副本和分区的初始状态。

- 上线状态的副本有：[P1R1,P1R2,P1R3, P2R2,P2R3, P3R3,R3R1, P4R1,P4R2]。
- 删除状态的副本有：[P2R4,P3R4,P4R4]。
- 在线状态的分区有：[P1,P2]。
- 下线状态的分区有：[P4]。
- 新建状态的分区有：[P3]。

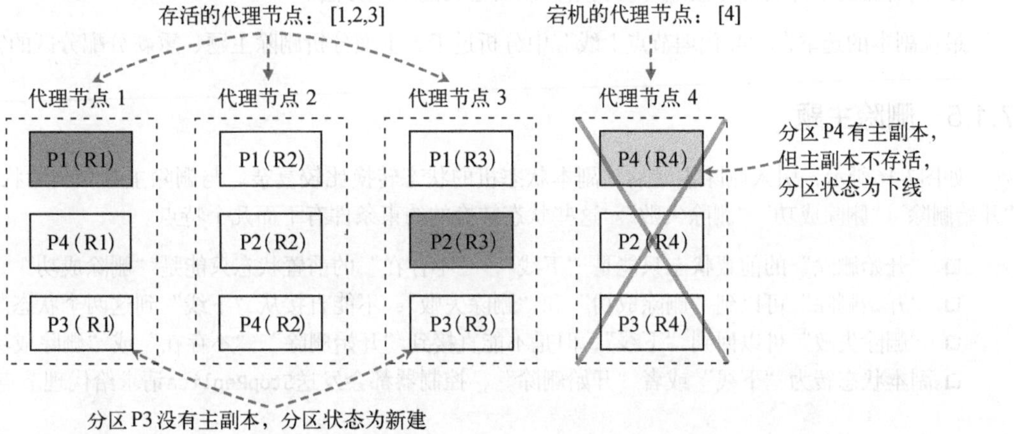

图7-14 启动状态机时，副本和分区的初始状态

如图7-15所示，分区P1和P2已经存在主副本，它们的状态是“上线”，控制器不会处理这两个分区的状态改变。而分区P3没有主副本，分区P4的主副本挂掉了，它们的初始状态分别是“新建”和“下线”。控制器会为这两个分区重新选举主副本，并会将分区状态转为“上线”。

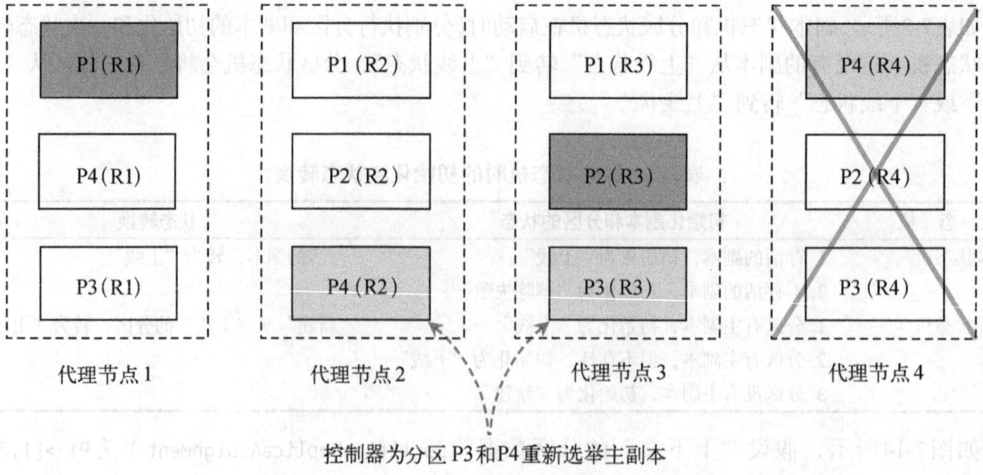

图7-15　分区选举器选举分区的主副本，分区状态改为“上线”

控制器除了处理自身的故障转移以及代理节点的上线和下线，还需要进行一些管理操作。比如代理节点下线时，如果副本对应的主题需要删除，通过标记副本状态为“删除失败”，暂停副本的删除。在代理节点上线时，恢复删除副本的工作。另外，也要考虑重新分配分区的操作。Kafka管理操作比如删除主题、重新分配分区、选举最优副本，执行的流程都类似，具体步骤如下。

(1) 控制器在与管理操作相关的ZK节点上，注册不同事件类型的监听器。

(2) 管理操作往ZK节点添加数据，触发监听器对注册的事件作出响应。

(3) 监听器的事件处理方法最终会调用控制器定义的处理方法。

最优副本的选举在“4. 代理节点上线”中分析过了，下面分析删除主题、重新分配分区的实现。

7.1.5　删除主题

如图7-16所示，引入删除主题后，副本状态机的状态转换比较复杂。与删除主题相关的状态有：“开始删除”“删除成功”“删除失败”。这些状态转换的约束条件有下面几个特点。

- “开始删除”的前置状态只能是“下线”，“不存在”的前置状态只能是“删除成功”。
- “开始删除”可以到“删除成功”和“删除失败”，不能直接从“下线”到这两个状态。
- “删除失败”可以回到“下线”，但是不能直接到“开始删除”“不存在”或“删除成功”。
- 副本状态转为“下线”或者“开始删除”，控制器都会发送StopReplica请求给代理节点。

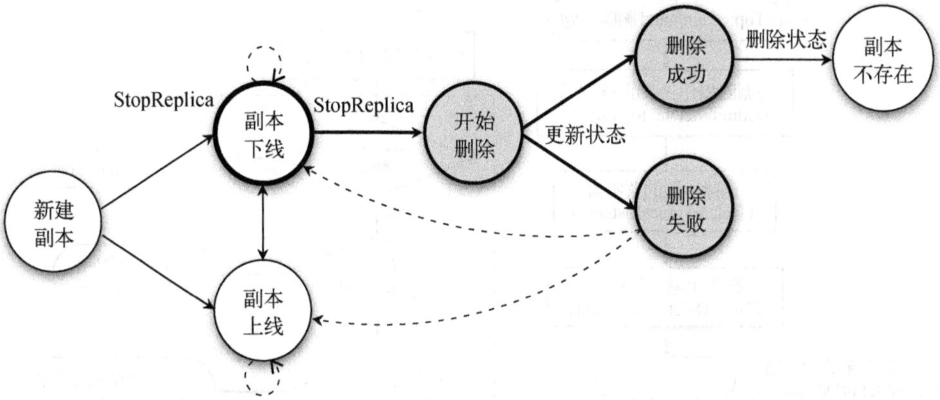

图7-16 引入删除机制之后的副本状态机转换

当副本状态转换为“删除失败”时，删除主题的动作是无效的，无效主题的触发事件有下面三种：

- 副本所在的代理节点挂掉了；
- 主题正在执行重新分配分区；
- 主题正在执行最优副本选举。

与无效主题的事件相反，当下面三种事件触发时，删除的主题从“无效”转为“有效”：

- 副本所在的代理节点启动了；
- 主题已经完成重新分配分区；
- 主题已经完成最优副本选举。

注意：Kafka的主题并没有对应的状态机，只有分区和副本才有状态机。判断待删除主题是否有效的方式是：检查它是否在`topicsIneligibleForDeletion`集合中，如果在集合中，待删除主题就是无效的。只有不在“无效的主题集合”中，它才允许被删除线程删除。

---

1. 删除主题流程

如图7-17所示，Kafka中删除主题的方式是先在/admin/delete_topics/下新建要删除的主题，比如/admin/delete_topics/test表示要删除主题test。“删除主题的监听器”监听到ZK节点的改变事件，通过“删除主题管理器”“删除主题的线程”执行“删除主题的处理”。图中右边表示删除主题时，需要查询副本状态机的状态，只有允许删除时，“删除主题的线程”才会调用`onTopicDeletion()`回调方法。

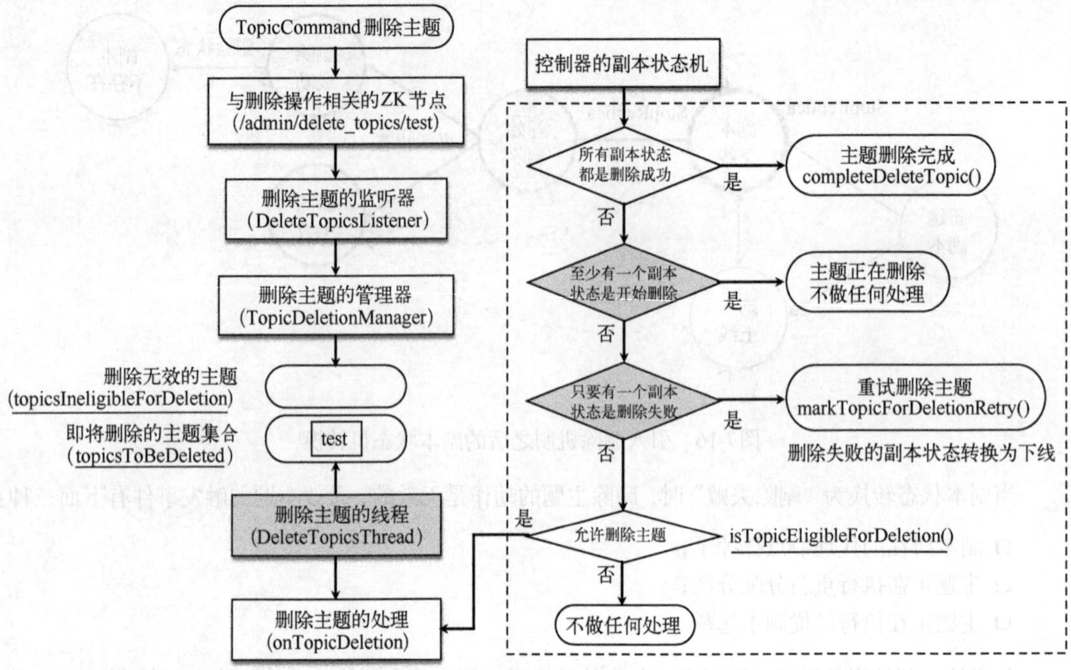

图7-17　删除主题结合ZK节点、管理器、监听器、副本状态机的执行流程

"删除主题监听器"触发时，将需要删除的主题加入管理器的"待删除集合"（`topicsToBeDeleted`）。只有主题被成功删除，它才会从"待删除集合"移除。否则，如果删除未开始、未完成或删除失败，主题都会一直存在于"待删除集合"。管理器允许删除主题，必须同时满足下面三个条件。

- 主题还没有删除完成，即还在"待删除集合"（`topicsToBeDeleted`）中。
- 还没开始删除主题，即不存在任何一个副本的状态是"开始删除"。
- 删除主题有效，即不在"无效的主题集合"（`topicsIneligibleForDeletion`）中。

当副本状态机中所有副本的状态为"删除成功"时，删除主题的整个过程就完成了。主题删除完成时，"删除主题的线程"会执行如下的清理工作。

(1) 主题的所有副本状态转换为"不存在"。
(2) 主题的所有分区状态转换为"下线"。
(3) 主题的所有分区状态转换为"不存在"。
(4) 将主题从管理器的集合中移除。
(5) 删除ZK节点/brokers/topics/[topic]。
(6) 删除ZK节点/admin/delete_topics/[topic]。
(7) 删除上下文对象中与主题相关的所有数据。

接下来分析删除主题的具体实现，删除主题实际上是将这个主题在各个代理节点上的副本全部删除。`onTopicDeletion()`方法调用`onPartitionDeletion()`删除主题的所有分区，后者再调用

startReplicaDeletion()方法删除所有的副本，删除副本的具体步骤如下。

(1) 将挂掉的副本状态转为“删除失败”，主题只要有一个副本状态为失败，删除线程会重试删除操作。

(2) 将挂掉副本对应的主题加入无效集合，只有删除主题是有效的，才允许被删除线程删除。

(3) 将删除的副本状态转为“下线”，控制器发送不带删除标记的StopReplica请求给代理节点。

(4) 将删除的副本状态转为“开始删除”，控制器发送带有删除标记的StopReplica请求给代理节点。

相关代码如下：

```
// 副本管理器负责“开始删除副本”的执行
class TopicDeletionManager(){
  // 不是直接删除作为方法参数的所有副本（replicasToBeDeleted），
  // 而是选择状态不是“删除成功”的存活副本（replicasForDeletion）
  def startReplicaDeletion(replicasToBeDeleted:Set[PartitionAndReplica]){
    replicasToBeDeleted.groupBy(_.topic).foreach { case(topic, replicas) =>
      var aliveReplicas = context.allLiveReplicas.filter(_.topic.equals(topic))
      val deadReplicas = replicasToBeDeleted -- aliveReplicas // 挂掉的副本
      val success = replicaSM.replicasInState(topic,ReplicaDeletionSuccessful)
      val replicasForDeletion = aliveReplicas -- success // 排除已经删除成功的副本
      // 挂掉的副本（副本所在的代理节点挂掉了）状态转为“删除失败”
      replicaSM.handleStateChanges(deadReplicas, ReplicaDeletionIneligible)
      // 待删除的副本状态先转为“下线”，再转为“开始删除”
      replicaSM.handleStateChanges(replicasForDeletion, OfflineReplica)
      replicaSM.handleStateChanges(replicasForDeletion, ReplicaDeletionStarted,
        deleteTopicStopReplicaCallback) // 每个副本状态转为“开始删除”都传了回调方法
      // 如果有挂掉的副本，将副本对应的主题加入“无效的主题集合”
      if(deadReplicas.size > 0) markTopicIneligibleForDeletion(Set(topic))
    }
  }
  // 控制器发送指定副本的StopReplica请求给代理节点，回调方法处理StopReplica的响应
  def deleteTopicStopReplicaCallback(resp:AbstractRequestResponse,replica:Int){
    val responseMap = resp.asInstanceOf[StopReplicaResponse].responses
    val errorPartitions = responseMap.filter(_.error!=Errors.NONE).map(_._1)
    val errorReplicas = errorPartitions.map(p=>PartitionAndReplica(p,replica))
    failReplicaDeletion(errorReplicas) // 将错误分区对应的副本状态转为“删除失败”
    if (errorReplicas.size != responseMap.size) {
      // 将成功删除的副本状态转换为“删除成功”
      val deletedReplicas = responseMap.keySet -- errorPartitions
      completeReplicaDeletion(deletedReplicas.map(
        p => PartitionAndReplica(p.topic, p.partition, replica)))
    }
  }
  def completeReplicaDeletion(replicas: Set[PartitionAndReplica]) {
    val success = replicas.filter(r => isTopicQueuedUpForDeletion(r.topic))
    replicaStateMachine.handleStateChanges(success, ReplicaDeletionSuccessful)
  }
}
```

如图7-18所示，副本状态机处理副本状态转为“下线”“开始删除”，都会发送StopReplica请求给副本编号对应的代理节点。不同的是，后者带有删除标记（deletePartition=true），并传递了处理StopReplica响应的回调方法。正常情况下，被删除主题对应的副本状态从“下线”到“开始删除”在

7

startReplicaDeletion()方法中触发，从“开始删除”到“删除成功”在回调方法中触发。

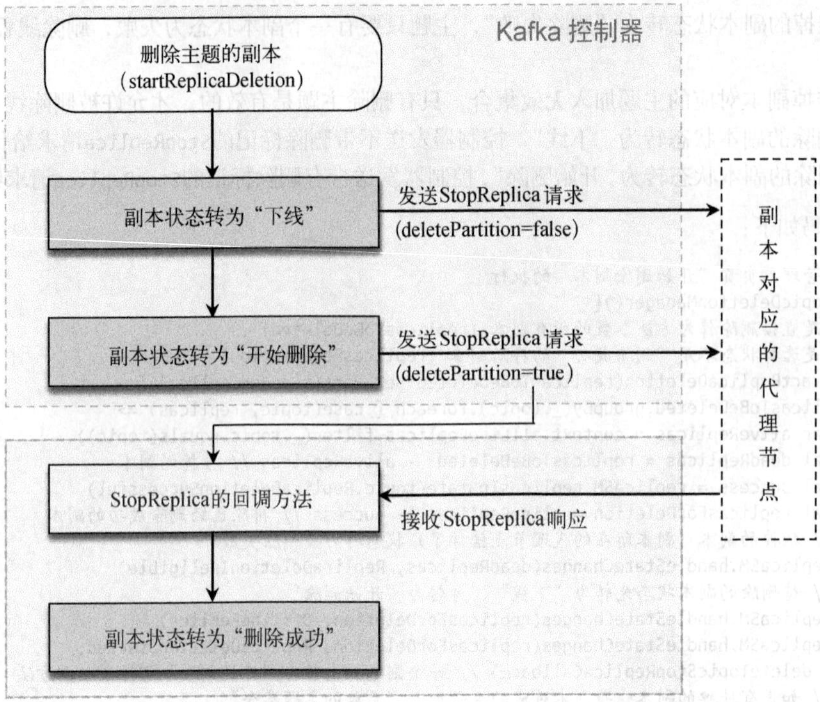

图7-18　控制器删除主题，发送StopReplica请求给代理节点

“删除主题管理器”在处理StopReplica响应结果的回调方法中，如果响应结果有错误，副本状态转为“删除失败”，对应的主题也会加入“删除无效的集合”。下面总结副本状态转为“删除失败”的几种场景：

- 代理节点挂掉时（onBrokerFailure方法），副本对应的主题需要删除；
- 开始删除主题的副本时（startReplicaDeletion方法），待删除的副本不在活动的副本集中；
- 处理停止副本的响应回调方法（deleteTopicStopReplicaCallback方法），状态码有错误。

2. 停止副本

副本状态机处理副本转为“下线”“开始删除”的状态转换事件，都会向当前副本发送“停止副本”（StopReplica）的请求。副本状态转为“下线”时，如果副本在分区的ISR集合，控制器会先将下线的副本从分区的ISR集合中移除。副本状态从“下线”转为“开始删除”（“开始删除”的前置条件是“下线”），并不需要执行从ISR集合移除的操作。因为副本状态转为“开始删除”，说明这个副本之前已经“下线”了。相关代码如下：

```
// 副本状态机处理副本状态转为“下线” “开始删除”，都会发送StopReplica请求给代理节点
class ReplicaStateMachine(){
  def handleStateChange(replica:PartitionAndReplica,targetState:ReplicaState,
                        callbacks: Callbacks) {
```

```
    val currentAR = controllerContext.partitionReplicaAssignment(tp)
    targetState match {
      case ReplicaDeletionStarted => // 副本的前置状态必须是“下线”
        replicaState.put(partitionAndReplica, ReplicaDeletionStarted)
        brokerRequestBatch.addStopReplicaRequestForBrokers(
          List(replicaId),tp, deletePartition = true, // 带有删除标记
          callbacks.stopReplicaResponseCallback) // 删除时，传递处理响应的回调方法

      case OfflineReplica => // 副本的状态转为“下线”
        brokerRequestBatch.addStopReplicaRequestForBrokers(
          List(replicaId),tp, deletePartition = false) // 不带删除标记

        // 将下线的副本从ISR集合中移除，更新ZK节点中分区的ISR、“上下文”中分区的主副本
        val newLeaderIsr = controller.removeReplicaFromIsr(tp,replicaId)
        // 上一步并没有更新分区的副本信息，所以实际上，newAR等于currentAR
        val newAR = controllerContext.partitionReplicaAssignment(tp)
        if (!controller.deleteTopicManager.isPartitionToBeDeleted(tp)) {
          brokerRequestBatch.addLeaderAndIsrRequestForBrokers(
            // 向分区的副本集（除下线副本外）发送更新请求。AR是所有副本，包括下线的副本
            newAR.filterNot(_ == replicaId),tp,newLeaderIsr,currentAR)
        }
        replicaState.put(partitionAndReplica, OfflineReplica)
      }
    }
  }
```

控制器向状态为“下线”或者“开始删除”的副本发送StopReplica请求，这些副本所在的副本管理器会先停止分区的拉取线程。如果需要删除分区（比如副本的状态是“开始删除”），副本管理器就会通过分区对象（Partition，6.2.2节“1. 分区对象”）删除副本对应的本地日志文件。相关代码如下：

```
// 副本管理器（ReplicaManager）停止副本
def stopReplicas(stopReplicaRequest: StopReplicaRequest) = {
  replicaStateChangeLock synchronized { // 副本状态改变的同步锁
    val partitions = stopReplicaRequest.partitions.asScala
    replicaFetcherManager.removeFetcherForPartitions(partitions) // 停止拉取线程
    partitions.foreach { tp => if(stopReplicaRequest.deletePartitions) {
      // 如果需要删除分区，则删除副本对应的日志文件
      val partition = getPartition(tp.topic, tp.partition)
      val removedPartition = allPartitions.remove((topic, partitionId))
      if (removedPartition!=null) removedPartition.delete() // 删除日志文件
    }}
  }
}
```

如图7-19所示，停止副本参与的组件有：ZK节点、控制器、状态机、副本管理器。相关的步骤如下。

(1) 当前集群有四个代理节点，修改ZK节点，删除第一个代理节点，触发“更改代理节点的监听器”。

(2) 控制器处理代理节点的下线事件，并通过副本状态机，将副本的状态转换为“下线”。

(3) 控制器对状态转为“下线”的副本，发送StopReplica请求给对应下线的代理节点。

(4) 在下线代理节点上的副本管理器，会停止分区的备份副本拉取线程。

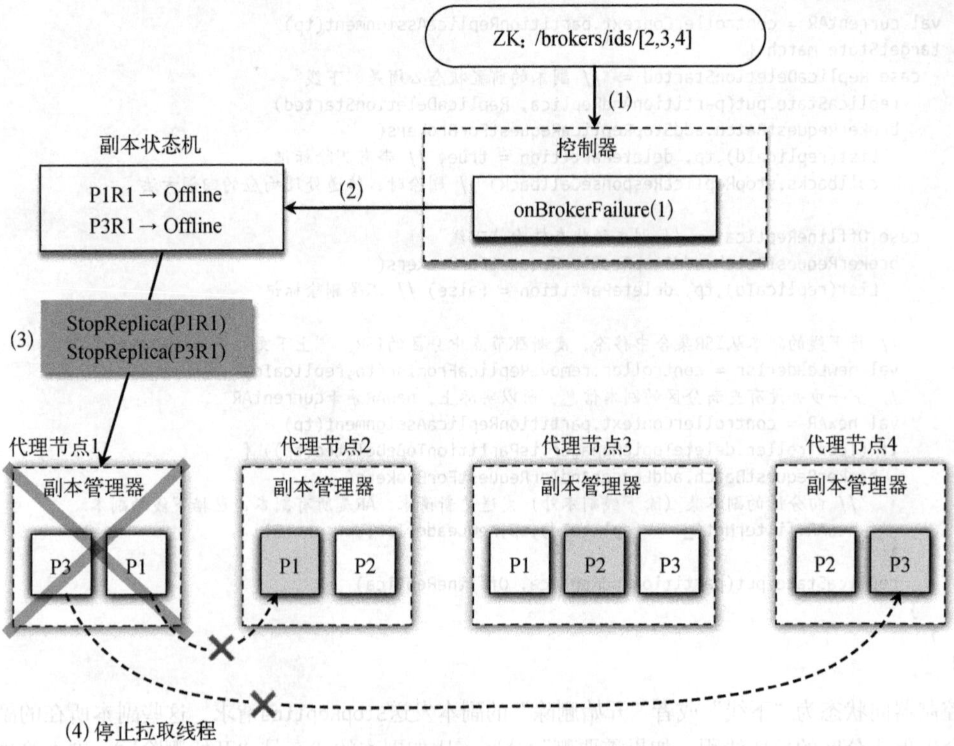

图7-19　副本下线过程的示例流程图

注意：上面的示例通过主动修改ZK节点的内容/brokers/ids，来达到将代理节点下线的目的。这种场景下，代理节点在真正下线之前，还可以接收控制器下发的“停止副本”请求。但如果是代理节点出现故障意外中断，那么它就无法收到控制器下发的“停止副本”请求了。

控制器删除主题的过程除了需要和代理节点进行交互，它还与控制器端的其他管理操作（比如重新分配分区、最优副本选举）有关联。当重新分配分区、选举最优副本正在进行，删除的主题是无效的，对应的副本状态为“删除失败”，删除主题的线程不允许删除无效的主题。

删除主题的触发条件是ZK节点/admin/delete_topics增加了新节点，对应的监听器（`DeleteTopicsListener`）注册了子节点改变的监听事件。重新分配分区的触发条件是ZK节点/admin/reassign_partitions修改了数据，对应的监听器（`PartitionsReassignedListener`）注册了数据改变的监听事件。

7.1.6　重新分配分区

“重新分配分区”指的是将分区的副本重新分配到不同的代理节点上。如果ZK节点中分区的新副本集合和当前分区的副本集合相同，这个分区就不需要重新分配了。下面是ZK节点的示例数据：

```
{ "version":1, "partitions":
  [
    {"topic": "test", "partition": 0, "replicas": [4,5,6]},
    {"topic": "test", "partition": 1, "replicas": [1,2,3]},
    {"topic": "test", "partition": 4, "replicas": [4,5,6]}
  ]
}
```

如图7-20所示，假设当前“上下文”的分区信息是：{P0->[0,1,2], P1:[1,2,3]}。这意味着分区P0原先的三个副本在[0,1,2]代理节点上，会被转移到[4,5,6]三个新的代理节点上。分区P1的三个副本所在的代理节点并没有变化，分区P4不属于当前主题，这两个分区并不会执行重新分配分区的动作。图7-20（左）是重新分配分区前的副本分布，图7-20（右）是重新分配分区后的副本分布。

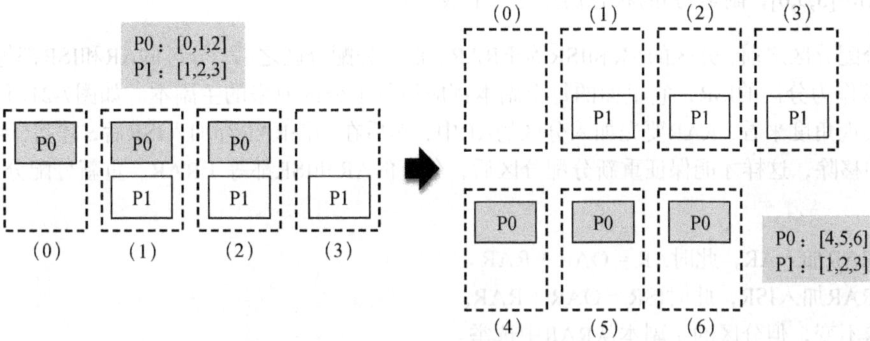

图7-20 重新分配分区的示例

表7-4列举了控制器重新分配分区过程中，ZK节点的数据和“上下文”的区别。步骤2启动重新分配分区时，控制器将分区P1和P4删除，并更新到ZK。同时，控制器将分区P0加入“上下文”的`partitionsBeingReassigned`变量。步骤3控制器完成分区P0的重新分配分区任务后，它将分区P0从`partitionsBeingReassigned`变量中删除，并删除ZK中的分区。最后，ZK节点和“上下文”的变量数据都为空，说明控制器的重新分配分区工作全部完成了。

表7-4 在重新分配分区的不同阶段，对比ZK节点的数据和“上下文”的数据

步骤	事件处理	/admin/reassign_partitions节点	partitionsBeingReassigned变量
1	重新分配分区之前	P0->[4,5,6], P1:[1,2,3], P4->[4,5,6]	空
2	重新分配分区时	P0->[4,5,6]	[P0->重新分配分区的上下文对象]
3	重新分配分区之后	空	空

重新分配分区过程有两个重要的术语：OAR和RAR。这两个集合的减法操作表示的含义不同。

- OAR：分区的原始副本集合，比如上面例子中分区P0的OAR为：[1,2,3]。
- RAR：重新分配的副本集合，比如上面例子中分区P0的RAR为：[4,5,6]。
- AR、ISR：分区的当前副本集以及与主副本保持同步的副本集。
- OAR - RAR：在OAR中，但不在RAR中。比如[1,2,3]减去[4,5,6]等于[1,2,3]
- RAR - OAR：在RAR中，但不在OAR中。比如[4,5,6]减去[1,2,3]等于[4,5,6]

7

注意：重新分配分区过程中，RAR不会变化，AR和ISR会变化，从ZK中读取AR和ISR在不同阶段的数据不同。

1. 重新分配分区流程

根据OAR和RAR数据是否有重叠，重新分配分区有下面两种场景。

- OAR和RAR没有重叠，则OAR中的副本都会下线，RAR中的副本都会上线。重新分配分区并不会保留旧的副本，而是以新的副本全部替换所有旧的副本。
- RAR中的副本有一部分在OAR中，在OAR中的已有副本状态不变。比如OAR=[1,2,3]，RAR=[3,5,6]，副本为3的状态仍然是“上线”。

重新分配分区之前，分区的AR和ISR等于RAR；重新分配分区之后，分区的AR和ISR都等于RAR。RAR要能够作为分区的ISR，它里面的每个副本都应该赶上分区原来的主副本。如图7-21所示，从具体的算法实现角度来看，RAR要先加入分区的AR中，然后在确保RAR都加入ISR后，才将OAR分别从AR和ISR中移除，这样才能保证重新分配分区后，分区的AR和ISR都等于RAR。重新分配分区的大致步骤如下。

(1) 将RAR加入AR，此时AR = OAR + RAR。

(2) 将RAR加入ISR，此时ISR = OAR + RAR。

(3) ISR不变，但分区的主副本从RAR中选举。

(4) 将OAR从ISR中移除，此时ISR = RAR。

(5) 将OAR从AR中移除，此时AR = RAR。

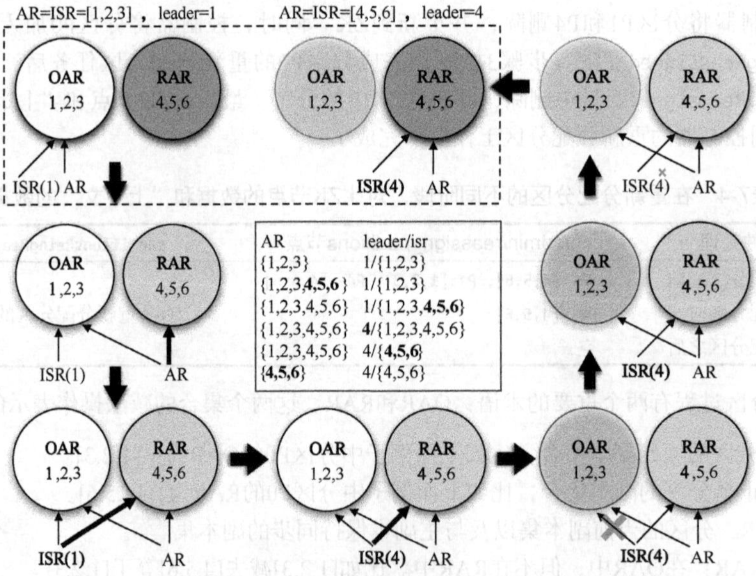

图7-21 重新分配分区过程（算法）

注意：这里只针对OAR和RAR不重叠的场景。如果OAR和RAR有重叠，则步骤(4)和步骤(5)并不会全部移除OAR，而是移除RAR-OAR的副本，但最后AR和ISR仍然为RAR。增加和修改AR、ISR的顺序是：增加AR→增加ISR→减少ISR→减少AR。因为副本在AR中，不一定会在ISR中。而副本在ISR中，一般会在AR中。所以增加AR后才可以增加ISR，删除ISR后才可以删除AR。如果先增加ISR，然后才增加AR；或者先删除AR，才删除AR，就会存在错误的情况：在ISR中的副本，却不在AR中。

如图7-22所示，从物理视图的角度来看，重新分配分区之前，分区的副本分布在[1,2,3]三个代理节点上。重新分配分区后，分区的副本分布在[4,5,6]三个新的代理节点上。

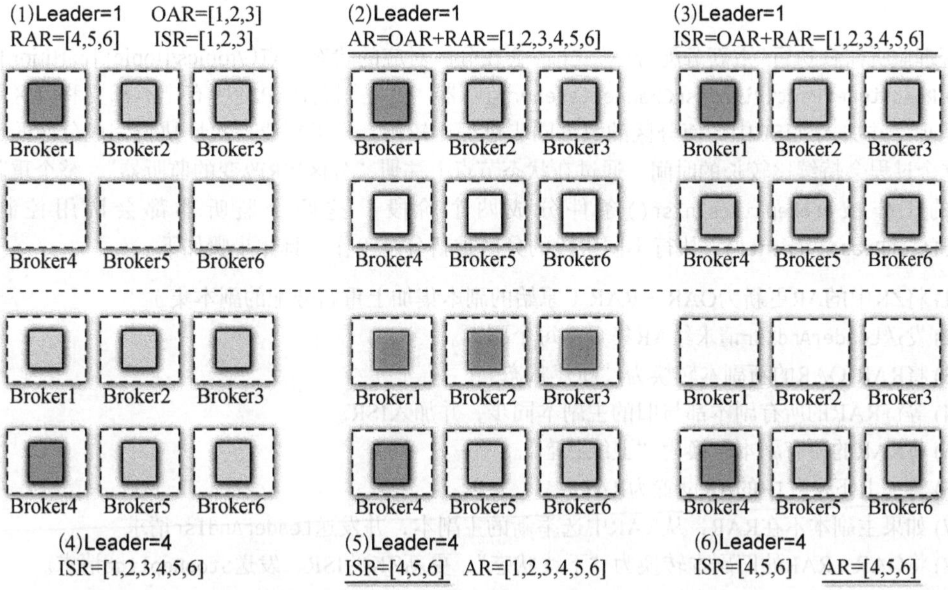

图7-22　重新分配分区过程（物理视图）

`PartitionsReassignedListener`监听器注册在ZK节点`/admin/reassign_partitions`，它的事件处理方法调用控制器的`onPartitionReassignment()`，执行每个分区的重新分配工作。相关代码如下：

```
// 重新分配分区的管理监听器
class PartitionsReassignedListener(controller: KafkaController){
  def handleDataChange(dataPath: String, data: Object) {
    val partitionsReassignment=zkUtils.parsePartitionReassignmentData(data)
    partitionsReassignment.filter( // 过滤掉正在进行重新分配的分区
      !controllerContext.partitionsBeingReassigned.contains(_._1)
    ).foreach { p => // 重新分配的上下文保存了新的副本集
      val context = new ReassignedPartitionsContext(p._2) // 新的副本集
      controller.initiateReassignReplicasForTopicPartition(p._1, context)
    }
  }
}
```

```
// 通过控制器的onPartitionReassignment方法，启动分区的重新分配工作
def initiateReassignReplicasForTopicPartition(tp: TopicAndPartition,
    context: ReassignedPartitionsContext) {
  val newReplicas = context.newReplicas // 上一步重新分配的上下文传了新的副本集
  val aliveNewReplicas = newReplicas.filter(liveReplica(_)) // 存活的副本集
  if(aliveNewReplicas == newReplicas) { // 新的副本集必须全部存活才执行重新分配
    // 在分区状态节点上注册"重新分配时ISR改变的监听器"（分区状态监听器）
    val listener = new ReassignedPartitionsIsrChangeListener(tp,newReplicas)
    zkClient.subscribeDataChanges(getLeaderAndIsrPath(tp), listener)

    controllerContext.partitionsBeingReassigned.put(tp, context) // 正在进行
    deleteTopicManager.markTopicIneligibleForDeletion(Set(topic)) // 删除无效
    onPartitionReassignment(tp, context) // 控制器为分区执行重新分配的工作
  }
}
```

管理监听器在执行"重新分配分区"之前，会在分区对应的状态节点（/topics/[topic]/[partition]/state）上注册ReassignedPartitionsIsrChangeListener监听器。这是因为RAR的所有副本都要和分区旧的主副本同步，并加入到ISR中，而分区的数据同步过程比较慢。如果想要一次性执行完成分区的重新分配，这个过程会持续比较长的时间。通过在状态节点上注册"分区ISR改变的监听器"，整个重新分配分区的工作被areReplicasInIsr()条件分成两个阶段。这两个监听器都会调用控制器的onPartitionReassignment()，执行不同阶段的分区重新分配工作，具体步骤如下。

(1) 将ZK中的AR更新为OAR + RAR（原始的副本集加上重新分配的副本集）。
(2) 发送LeaderAndIsr请求给AR集合的每个副本。
(3) 将RAR-OAR的新副本转换为"新建状态"。
(4) 等待RAR的所有副本都与旧的主副本同步，并加入ISR。
(5) 将RAR的所有副本转换为"上线状态"。
(6) 将"上下文"中的AR设置为RAR。
(7) 如果主副本不在RAR，从RAR中选举新的主副本，并发送LeaderAndIsr请求。
(8) 将OAR - RAR的旧副本转换为"下线状态"，更新ZK的ISR、发送StopReplica请求。
(9) 将OAR - RAR的旧副本转换为"不存在状态"，并将副本从磁盘上删除。
(10) 将ZK中的AR设置为RAR。
(11) 删除/admin/reassign_partition节点中分区对应的数据。
(12) 选举新主副本后，AR和ISR都变化，重新发送UpdateMetadata请求。

上面的步骤(1)到步骤(3)是通过PartitionsReassignedListener监听器触发调用的，步骤(4)之后都是通过ReassignedPartitionsIsrChangeListener监听器触发调用的。相关代码如下：

```
def AR(tp:TopicAndPartition)=controllerContext.partitionReplicaAssignment(tp)
// 判断所有的副本是否都在ISR中。取ISR时，每次都要从ZK中读取最新的数据
def areReplicasInIsr(topic: String, partition: Int, replicas: Seq[Int]) = {
  val leaderAndIsr = zkUtils.getLeaderAndIsrForPartition(topic, partition)
  val replicasNotInIsr = replicas.filter(!leaderAndIsr.isr.contains(_))
  replicasNotInIsr.isEmpty
}
```

```
// 重新分配分区分成两个阶段，第一次通过管理操作的监听器，第二次通过分区状态的监听器
def onPartitionReassignment(tp: TopicAndPartition,
    context: ReassignedPartitionsContext) {
  val reassignedReplicas = context.newReplicas
  // 重新分配的副本集是否都在ISR中，如果都在，表示新副本都赶上分区旧的主副本
  val allNewReplicaInIsr = areReplicasInIsr(tp, reassignedReplicas)
  if (!allNewReplicaInIsr) {
    val newReplicasNotInOld = reassignedReplicas -- AR(tp)
    val newAndOldReplicas = reassignedReplicas ++ AR(tp)
    // (1) 更新ZK（AR = OAR + RAR），也更新“上下文”的partitionAR
    updateAssignedReplicasForPartition(tp, newAndOldReplicas)
    // (2) 发送LeaderAndIsr请求给OAR + RAR中的每个副本
    updateLeaderEpochAndSendRequest(tp,AR(tp), newAndOldReplicas)
    // (3) RAR - OAR -> NewReplica，新的副本状态为“新建状态”
    startNewReplicasForReassignedPartition(tp,context,newReplicasNotInOld)
  } else {
    // (4) 等待RAR中所有的副本都与分区旧的主副本同步，同步后RAR全部都加入ISR
    val oldReplicas = AR(tp) -- reassignedReplicas
    // (5) 将RAR的副本转换为“上线状态”
    reassignedReplicas.foreach{r=> replicaStateMachine.handleStateChanges(
      new PartitionAndReplica(t,p,r), OnlineReplica)
    }
    // (6) 将“上下文”的AR设置为RAR，在这之前，“上下文”的AR等于OAR + RAR
    // (7) 从RAR中选举主副本，并发送LeaderAndIsr请求给RAR
    moveReassignedPartitionLeaderIfRequired(tp, context)
    // (8) OAR - RAR -> OfflineReplica，旧的副本下线
    // (9) OAR - RAR -> NonExistentReplica，删除旧的副本
    stopOldReplicasOfReassignedPartition(tp, context, oldReplicas)
    // (10) 将ZK中的AR设置为RAR，步骤(6)更新“上下文”，这里更新ZK节点
    updateAssignedReplicasForPartition(tp, reassignedReplicas)
    // (11) 删除/admin/reassign_partition中当前分区的数据
    removePartitionFromReassignedPartitions(tp)
    controllerContext.partitionsBeingReassigned.remove(tp) // 分区重新分配完成
    // (12) 重新发送最新的元数据给所有的代理节点
    sendUpdateMetadata(controllerContext.liveOrShuttingDownBrokerIds,tp)
    deleteTopicManager.resumeDeletionForTopics(tp.topic) // 恢复删除
  }
}
```

注意：重新分配分区过程比较复杂，下面从多个角度进行分析。如果没有特殊说明，提到重新分配分区的特定步骤时，都是指上面12个步骤中相同序号对应的步骤。

如果onPartitionReassignment()只执行一次，那么areReplicasInIsr()要么执行false，要么执行true。但上面代码的步骤从false到true都是连续的，说明第一次判断是false：新的副本集中至少有一个不在分区的ISR中。第二次判断为true：所有的新副本都在分区的ISR中。如表7-5所示，我们以几种不同的ISR与RAR数据为例。假设RAR为[4,5,6]，只有ISR为[1,2,3,4,5,6]时，areReplicasInIsr()方法的返回值才为true。

7

表7-5　判断是否所有的新副本都在分区的ISR中

ISR	newReplicas(RAR)	replicasNotInIsr	areReplicasInIsr
[1,2,3]	[4,5,6]	[4,5,6]	false
[1,2,3,4]	[4,5,6]	[5,6]	false
[1,2,3,4,5]	[4,5,6]	[6]	false
[1,2,3,4,5,6]	[4,5,6]	[]	true

分区状态节点上注册的ISR改变监听器，会确保只有在上面的最后一种情况下（即分区的ISR包含所有的新副本），才会再次调用控制器的onPartitionReassignment()方法，并进入第二个分支条件。相关代码如下：

```
// 重新分配分区时，注册了分区状态的ISR改变事件，只有新副本都加入ISR，才恢复执行
class ReassignedPartitionsIsrChangeListener(controller: KafkaController,
  topic: String, partition: Int, reassignedReplicas: Set[Int]) {
 def handleDataChange(dataPath: String, data: Object) {
  controller.controllerContext.partitionsBeingReassigned.get(tp) match {
   case Some(context) => // 检查这个分区是否还在重新分配
    val leaderAndIsr = zkUtils.getLeaderAndIsrForPartition(tp)
    // 检查新的副本集是否都已经加入ISR中
    val caughtUpReplicas = reassignedReplicas & leaderAndIsr.isr.toSet
    if(caughtUpReplicas == reassignedReplicas) {
     controller.onPartitionReassignment(tp, context) // 恢复重新分配
    }
   case None => // 如果这个分区没有在重新分配了，就不执行重新分配分区
  }
 }
}
```

举例，假设新副本（reassignedReplicas）为[4,5,6]，ISR为[1,2,3,4,5,6]时，赶上主副本的副本集（caughtUpReplicas）计算公式为[4,5,6] & [1,2,3,4,5,6] = [4,5,6]，即等于新副本集。如果ISR是表7-5中的前三种数据，则赶上主副本的副本集不等于新副本集，就不会调用控制器的onPartitionReassignment()方法。

2. 重新选举主副本

在“重新分配分区的第一阶段”（即areReplicasInIsr()方法返回false的分支），分区的AR更新为OAR+RAR，并且新的副本（RAR-OAR）状态会转为“新建”。控制器会发送LeaderAndIsr请求给新副本。新副本只会作为分区的备份副本，并同步主副本（OAR中旧的主副本）的数据。当新副本赶上主副本，就会被加入到ISR中。

注意：新副本加入到ISR这个操作，并不是在控制器中完成的。而是新副本在同步数据的过程中，主副本所在的服务端判断新副本赶上主副本，就会将其加入到ISR中，并更新ZK节点（详见6.2.2节“3.‘备份副本’同步数据”）。

控制器必须发送LeaderAndIsr请求给新副本，这样新副本才有机会加入到ISR中。否则，如果控制器只是更新分区的AR信息，那么新副本就不能同步主副本的数据，它们就没有机会加入ISR集合，也就不会进入“重新分配分区的第二个阶段”。

当RAR中的所有副本都加入到ISR中，就会进入“重新分配分区的第二个阶段”（即areReplicasInIsr()方法返回true的分支）。进入第二阶段后，RAR所有副本的状态转为“上线”，然后分区的AR更新为RAR，并且从RAR中选举主副本。相关代码如下：

```
// 重新分配分区过程中，当RAR加入到ISR后，如果主副本不在RAR中，则在RAR中选举主副本
def moveReassignedPartitionLeaderIfRequired(tp: TopicAndPartition,
    reassignedPartitionContext: ReassignedPartitionsContext) {
  val newReplicas = reassignedPartitionContext.newReplicas
  val currentLeader = controllerContext.partitionLeadershipInfo(tp).leader
  val oldAndNewReplicas = controllerContext.partitionReplicaAssignment(tp)
  // 更新上下文对象中分区的AR为RAR，但ZK中分区的AR还是OAR+RAR
  controllerContext.partitionReplicaAssignment.put(tp, newReplicas)
  val selector = reassignedPartitionLeaderSelector // 选举主副本

  if(!newReplicas.contains(currentLeader)) { // 当前主副本不在RAR中
    partitionStateMachine.handleStateChanges(tp,OnlinePartition,selector)
  } else if(!controllerContext.liveBrokerIds.contains(currentLeader)){
    partitionStateMachine.handleStateChanges(tp,OnlinePartition,selector)
  } else { // 当前主副本在RAR中，而且副本是存活的，不需要重新选举主副本
    updateLeaderEpochAndSendRequest(tp, oldAndNewReplicas, newReplicas)
  }
}
```

表7-6列举了在RAR中重新选举主副本的不同示例。如果OAR中的主副本在RAR中，就不需要重新选举主副本。如果OAR中的主副本不在RAR中，或者在RAR中，但是副本没有存活，都需要通过reassignedPartitionLeaderSelector选举器，重新在RAR中选举第一个副本作为分区新的主副本。重新分配分区后，分区的主副本一定会在RAR中。

表7-6 从RAR中选举新副本

示例	主副本	OAR	RAR	新的主副本	新的AR
1	3	[1,2,3]	[3,4,5]	3（不选举）	[3,4,5]
2	1	[1,2,3]	[3,4,5]	3（选举第一个）	[3,4,5]
3	1	[1,2,3]	[4,5,6]	4（选举第一个）	[4,5,6]

重新分配分区从RAR中选举一个主副本时，分区的ISR中一定包含RAR的全部副本，但不一定包含OAR的全部副本。RAR在同步主副本的过程中，OAR中的副本可能有些因为落后太多而从ISR中移除。不过没有关系，执行“重新分配分区的主副本选举”只要RAR全部在ISR中即可。比如OAR最开始为[1,2,3]，RAR为[4,5,6]。当RAR全部加入ISR中，currentLeaderAndIsr可能是[1,2,3,4,5,6]、[1,2,4,5,6]、[1,3,4,5,6]、[1,4,5,6]的任何一种情况（即，ISR必须包含RAR=[4,5,6]，以及旧的主副本1）。相关代码如下：

```
// 重新分配分区的主副本选举器，假设当前的ISR为OAR+RAR
class ReassignedPartitionLeaderSelector(context: ControllerContext) {
  def selectLeader(tp: TopicAndPartition,
                   currentLeaderAndIsr: LeaderAndIsr // OAR + RAR
  ): (LeaderAndIsr, Seq[Int]) = {
    // 重新分配分区的RAR，从RAR中选举主副本。注意：RAR已经在ISR中
    val reassignedISR = context.partitionsBeingReassigned(tp).newReplicas
    val currentLeaderEpoch = currentLeaderAndIsr.leaderEpoch
```

7

```
    val currentLeaderIsrZkPathVersion = currentLeaderAndIsr.zkVersion
    val newLeader = reassignedISR.filter(
      r => context.liveBrokerIds.contains(r) &&
           currentLeaderAndIsr.isr.contains(r) // (OAR+RAR)一定包括RAR
    ).headOption // 选举RAR中的第一个副本作为主副本
    new LeaderAndIsr(newLeader, currentLeaderEpoch + 1,
      currentLeaderAndIsr.isr, // OAR + RAR
      currentLeaderIsrZkPathVersion + 1),
    reassignedISR) // 作为selectLeader方法的第二个参数，只返回RAR
  }
}
```

在重新分配分区的不同阶段需要改变的数据有："上下文"的分区信息、ZK节点分区的AR信息（/brokers/topics/[topic]）、ZK节点的主副本与ISR信息（/brokers/topics/[topic]/[partition]/state）。如图7-23所示，分区的AR与ISR都会从OAR依次转为OAR+RAR、RAR，而分区的主副本会从OAR转为RAR。

重新分配分区过程对应的步骤

步骤	上下文的分区信息（partitionAR）	ZK的主题节点（AR）	ZK的分区节点（LeaderAndISR）
0	AR=OAR	/topic: P1 → OAR	/P1: Leader(OAR) , ISR(OAR)
1	AR=OAR+RAR	/topic: P1→OAR+RAR	
3	新副本同步旧的主副本，加入ISR		/P1: Leader(OAR)，ISR(OAR+RAR)
6	AR=RAR		
7	从RAR中选举主副本，ISR不变		/P1: Leader(RAR)，ISR(OAR+RAR)
8,9	旧副本下线，RAR从ISR中移除		/P1: Leader(RAR)，ISR(RAR)
10		/topic: P1 → RAR	

图7-23　重新分配分区过程中，更新"上下文"和ZK节点的数据

当分区的主副本信息发生变化，控制器需要发送LeaderAndIsr请求给分区副本对应的代理节点。举例，分区P1在选举副本之前，副本集（AR）为[1,2,3]，当发生下面这些不同的事件，控制器会将分区信息发送给不同的代理节点。

- 控制器选举出主副本为1，发送LeaderAndIsr请求P1:{leader:1,isr:[1,2,3],ar:[1,2,3]}给分区的所有副本，即发送给[1,2,3]三个代理节点。
- 代理节点3宕机，控制器将副本3从分区的ISR中移除，并发送LeaderAndIsr请求P1:{leader:1,isr:[1,2],ar:[1,2,3]}给分区存活的副本，即发送给[1,2]两个代理节点。

- 代理节点1宕机，控制器选举新的副本为2，并发送LeaderAndIsr请求P1:{leader:2,isr:[2,3],ar:[1,2,3]}给分区存活的副本，即发送给[2,3]两个代理节点。

控制器除了发送分区的LeaderAndIsr请求给分区的存活副本，还会发送其他类型的请求给代理节点。如表7-7所示，把生产者、消费者、控制器都当作客户端的话，它们都会向Kafka服务端的代理节点发送请求（虽然控制器本身也属于服务端的一个组件）。

表7-7 客户端通过请求管理器发送不同的请求内容给服务端

客户端	请求管理器	发送请求的内容
生产者	发送器（Sender）	分区→消息集（ByteBufferMessageSet）
消费者	拉取器（Fetcher）	分区→拉取信息（PartitonFetchInfo）
控制器	通道管理器	分区→状态信息（PartitionStateInfo）

注意：控制器发送给代理节点的请求除了StopReplica请求外，LeaderAndIsr和UpdateMetadata两种请求的数据内容都包含分区的状态信息（PartitionStateInfo）。“分区状态信息”主要包括分区的主副本、ISR、AR。“更新元数据请求”更新的是主题元数据，因为主题包括多个分区，所以主题的元数据实际上包括所有分区的“分区状态信息”。

下面分析控制器通道管理器（ControllerChannelManager）的实现，控制器发送给代理节点的请求都是一些管理性质的命令。

7.1.7 控制器的网络通道管理器

控制器发送请求给代理节点，需要首先建立和服务端目标代理节点的网络连接。控制器要连接的代理节点必须是存活的，它可以通过读取ZK节点（/brokers/ids）来确定要连接哪些代理节点。还有一种做法是在“更改代理节点的监听器”中，控制器在处理代理节点的上下线事件之前，直接更新控制器的网络通道管理器：对于需要新增的代理节点，创建控制器到新代理节点的网络连接；对于需要删除的代理节点，取消控制器到旧代理节点的网络连接。

控制器的网络通道管理器用brokerStateInfo保存了代理节点编号（brokerId）到代理节点状态（ControllerBrokerStateInfo）的映射关系，节点状态包括：网络连接对象（NetworkClient）、请求队列（BlockingQueue）、请求发送线程（RequestSendThread）。相关代码如下：

```
// 副本管理器注册的“更改代理节点监听器”，在代理节点变化时，更新控制器的通道管理器
class BrokerChangeListener() extends IZkChildListener {
  def handleChildChange(path: String, currentBrokerList: List[String]) {
    newBrokers.foreach(context.controllerChannelManager.addBroker)
    deadBrokerIds.foreach(context.controllerChannelManager.removeBroker)
    controller.onBrokerStartup(newBrokers)
    controller.onBrokerFailure(deadBrokerIds)
  }
}
// 控制器的网络通道管理器保存了所有存活代理节点的网络连接
class ControllerChannelManager(context: ControllerContext){
```

```
val brokerStateInfo = new HashMap[Int, ControllerBrokerStateInfo]

  // 添加新的代理节点，建立控制器到新代理节点的网络连接，并启动请求发送线程
  private def addNewBroker(broker: Broker) {
    brokerStateInfo.put(broker.id, new ControllerBrokerStateInfo(
      networkClient, brokerNode, messageQueue, requestThread))
    requestThread.start()
  }
  // 添加旧的代理节点，取消控制器到新代理节点的网络连接，并关闭请求发送线程
  private def removeExistingBroker(brokerState: ControllerBrokerStateInfo) {
    brokerState.networkClient.close()
    brokerState.messageQueue.clear()
    brokerState.requestSendThread.shutdown()
    brokerStateInfo.remove(brokerState.brokerNode.id)
  }
}
```

控制器在发送请求之前，先组织好属于每个目标节点的请求，最后在所有需要的请求都准备完毕时，才向目标节点发送“批量请求”（ControllerBrokerRequestBatch）。因为控制器发送给代理节点的请求类型有三种：分区信息（LeaderAndIsr）、停止副本（StopReplica）、更新元数据（UpdateMetdata），所以“批量请求”用三个字典结构保存三种类型的请求。以发送LeaderAndIsr请求为例，控制器使用“批量请求”的3个步骤如下。

(1) batch.newBatch()：创建新的批量请求，必须确保前一批的请求全部发送完毕。

(2) batch.addLeaderAndIsrRequestForBrokers()：为目标代理节点添加请求。

(3) batch.sendRequestsToBrokers()：根据步骤(2)的数据将请求发送给多个代理节点。

相关代码如下：

```
// 控制器以批量方式发送请求给代理节点，每个代理节点的请求包括多个分区
class ControllerBrokerRequestBatch(controller: KafkaController) {
  val leaderAndIsrRequestMap = Map[Int,Map[TopicPartition,PartitionStateInfo]]
  val stopReplicaRequestMap = Map[Int,Seq[StopReplicaRequestInfo]]
  val updateMetadataRequest = Map[Int,Map[TopicPartition,PartitionStateInfo]]

  def newBatch() {
    if(leaderAndIsrRequestMap.size>0) throw new IllegalStateException("")
  }
  // 将LeaderAndIsr请求添加到代理节点，但还没开始发送
  def addLeaderAndIsrRequestForBrokers(brokerIds:Seq[Int],tp:TopicAndPartition,
      lie: LeaderIsrAndControllerEpoch,replicas: Seq[Int]) {
    brokerIds.foreach { id =>
      leaderAndIsrRequestMap(id).put(tp,PartitionStateInfo(lie, replicas))
    }
    // 更新了分区的信息，也需要更新主题的元数据，因为主题的元数据信息包括每个分区的信息
    addUpdateMetadataRequestForBrokers(context.liveOrShuttingDownBrokerIds,tp)
  }
  // 发送请求给代理节点
  def sendRequestsToBrokers(epoch: Int) {
    leaderAndIsrRequestMap.foreach { case (broker, states) =>
      val leaders = states.map(_._2.leaderIsrEpoch.leaderAndIsr.leader)
      val req = new LeaderAndIsrRequest(controllerId,epoch,states,leaders)
      controller.sendRequest(broker, LEADER_AND_ISR, None, req, null)
```

```
    }
    leaderAndIsrRequestMap.clear() // 处理完一批请求，清空数据
  }
}
```

addLeaderAndIsrRequestForBrokers()方法表示要将LeaderAndIsr请求添加到对应的代理节点上。控制器在真正发送请求给代理节点之前，会多次调用"添加请求"的方法。如图7-24所示，假设管理员创建了有两个分区、三个副本的主题，控制器监听到"主题改变"的事件，并更新状态机，为分区选举主副本。控制器向分区的每个副本发送LeaderAndIsr请求之前，会先在控制器的通道管理器按照目标进行分组，最后发送给每个代理节点的请求包括多个分区。

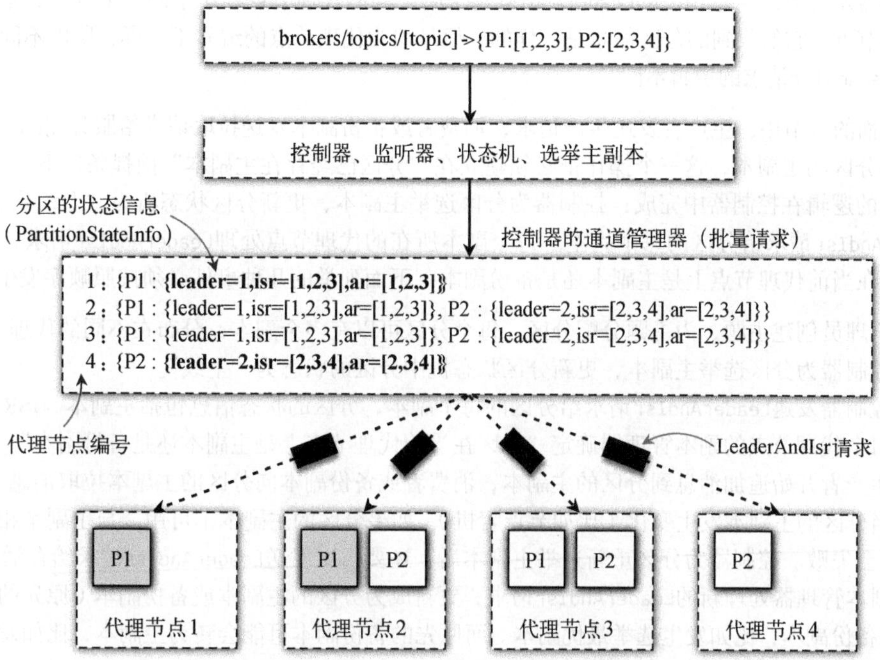

图7-24 控制器发送LeaderAndIsr请求给多个代理节点

比如，分区P1有三个副本[1,2,3]，分区的状态为PartitionStateInfo(leader=1,isr=[1,2,3],ar=[1,2,3])。分区P2有三个副本[2,3,4]，分区的状态为PartitionStateInfo(leader=2,isr=[2,3,4],ar=[2,3,4])。分区P1发送LeaderAndIsr请求给[1,2,3]三个目标代理节点，加入到通道管理器的数据如下。

- 1: {P1 : PartitionStateInfo(leader=1,isr=[1,2,3],ar=[1,2,3])}。
- 2: {P1 : PartitionStateInfo(leader=1,isr=[1,2,3],ar=[1,2,3])}。
- 3: {P1 : PartitionStateInfo(leader=1,isr=[1,2,3],ar=[1,2,3])}。

分区P2发送LeaderAndIsr请求给[2,3,4]三个目标代理节点，加入到通道管理器的数据如下。

- 2: {P2 : PartitionStateInfo(leader=2,isr=[2,3,4],ar=[2,3,4])}。

- 3：{P2 : PartitionStateInfo(leader=2,isr=[2,3,4],ar=[2,3,4])}。
- 4：{P2 : PartitionStateInfo(leader=2,isr=[2,3,4],ar=[2,3,4])}。

最后，按照目标代理节点分区后，每个目标节点只有一个LeaderAndIsr请求，但可以有多个分区。

- 1：{P1 : PartitionStateInfo}。
- 2：{P1 : PartitionStateInfo, P2 : PartitionStateInfo}。
- 3：{P1 : PartitionStateInfo, P2 : PartitionStateInfo}。
- 4：{P2 : PartitionStateInfo}。

控制器发送分区信息相关的LeaderAndIsr请求给不同的代理节点，对于同一个分区、不同副本所在的代理节点，它们收到的分区信息是一样的。但是因为代理节点的编号不一样，所以不同代理节点处理LeaderAndIsr请求的逻辑不同。

在前面的章节中，生产者发送生产请求，消费者或备份副本发送拉取请求给服务端的代理节点，都是针对分区的主副本，这三个操作都必须建立在“分区已经存在主副本”前提条件下。“分区存在主副本”的逻辑在控制器中完成：控制器为分区选举主副本，更新分区状态机为“上线状态”，并发送LeaderAndIsr请求给分区的每个副本。每个副本所在的代理节点处理LeaderAndIsr请求，最后必须确定分区在当前代理节点上是主副本还是备份副本。下面列举的几种事件必须按照顺序发生。

(1) 管理员创建主题，为主题分配分区，每个分区可以有多个副本，分布在不同的代理节点上。

(2) 控制器为分区选举主副本，更新分区状态机中分区的状态为“上线”。

(3) 控制器发送LeaderAndIsr请求给分区的每个副本，分区的状态信息包括主副本、ISR、AR。

(4) 每个代理节点的副本管理器确定“分区在当前代理节点上是主副本还是备份副本”。

(5) 生产者开始追加消息到分区的主副本，消费者或备份副本向分区的主副本拉取消息。

(6) 当分区的主副本发生变化（比如节点宕机），如果分区的主副本不可用，与主副本相关的客户端操作都会失败。控制器为分区重新选举主副本后，还要再次发送LeaderAndIsr请求给存活的副本。

(7) 副本管理器处理新的LeaderAndIsr请求，更新成为分区的主副本或备份副本（原先的主副本可能要转为备份副本，比如发生选举最优副本。而原先的备份副本可能会转为主副本，比如发生主副本下线）。

7.2　服务端处理 LeaderAndIsr 请求

控制器发送LeaderAndIsr请求、“更新元数据”的请求，这两者都不需要接收响应结果。控制器发送“停止副本”的请求，则需要响应结果。比如，删除主题时，控制器会发送“停止副本”的请求，如果处理过程有错误，控制器会将副本的状态转为“删除失败”；对于正常处理的副本，状态则转为“删除成功”。相关代码如下：

```
// 控制器的通道管理器发送LeaderAndIsr和“更新元数据”的请求给代理节点，不需要响应结果
class ControllerBrokerRequestBatch(){
  def sendRequestsToBrokers(controllerEpoch: Int) {
    controller.sendRequest(broker,LEADER_AND_ISR, leaderAndIsrRequest, null)
    controller.sendRequest(broker,UPDATE_METADATA,updateMetadataRequest,null)
```

```
        controller.sendRequest(broker,STOP_REPLICA, stopReplicaRequest, callback)
    }
}
```

代理节点处理控制器发送的LeaderAndIsr请求，由于和Kafka的副本机制有关，服务端还是交给副本管理器完成。分区在当前代理节点上成为主副本，还是主副本，都调用了相同的becomeLeaderOrFollower()方法。相关代码如下：

```
// 代理节点处理控制器发送的LeaderAndIsr请求，交给副本管理器处理
class KafkaApis(){
  def handleLeaderAndIsrRequest(request: RequestChannel.Request) {
    // 回调方法，如果是内部主题，通过消费组的协调者处理消费组的迁移
    def onLeadershipChange(leaders:List[Partition],followers:List[Partition]){
      coordinator.handleGroupImmigration(updatedLeaders)
      coordinator.handleGroupEmigration(updatedFollowers)
    }
    replicaManager.becomeLeaderOrFollower(request,onLeadershipChange)
  }
}
```

注意：服务端处理LeaderAndIsr请求、UpdateMetdata请求，虽然会发送响应结果给控制器，但目前控制器处理这两种响应都没有执行实际的业务，所以上面的代码省略了发送响应的代码。

服务端处理LeaderAndIsr请求时，如果分区对应的主题是内部主题（__consumer_offsets），还需要执行额外的回调方法来处理消费组相关的数据迁移，7.3节会分析这个操作的实现。

7.2.1 创建分区

服务端处理LeaderAndIsr请求，根据主题名称和分区编号首先创建分区对象（Partition），并更新副本管理器的allPartitions集合。LeaderAndIsr请求记录了分区和分区状态的映射关系，服务端也会创建分区对象，这几个分区对象的关系如下。

- 分区是一个TopicPartition对象，它的内容是：主题名称、分区编号。
- 分区状态是一个PartitionState对象，它的内容是：分区的主副本、ISR、AR。
- 服务端创建的分区是一个Partition对象，它也有主题名称、分区编号，以及分区的状态信息。
- 可以认为Partition对象综合了TopicPartition和PartitionState两个对象的数据。
- 服务端Partition对象保存的副本信息是一个Replica对象，而不是一个简单的副本编号。
- 服务端根据分区状态的副本信息（ISR、AR），将副本编号转换成副本对象（Replica）。
- 分区状态的ISR和AR在分区对象中对应了副本对象集合：inSyncReplicas和assignedReplicaMap。后者是一个字典，记录了副本编号到副本对象的映射关系。

副本管理器创建分区的相关代码如下：

```
// 获取或创建分区，如果分区已经存在，直接返回；否则创建一个新分区，并加入分区集合
class ReplicaManager() {
  def getOrCreatePartition(topic: String, partitionId: Int) = {
    var partition = allPartitions.get((topic, partitionId))
    if (partition == null) {
      partition = new Partition(topic, partitionId, this)
      allPartitions.putIfNotExists((topic, partitionId), partition)
    }
    partition
  }
}

// 服务端的分区对象，它保存的副本信息是副本对象，而不是副本编号
class Partition(val topic: String, val partitionId: Int,
                replicaManager: ReplicaManager) {
  val localBrokerId           = replicaManager.config.brokerId
  val logManager              = replicaManager.logManager
  val zkUtils                 = replicaManager.zkUtils
  var zkVersion               = LeaderAndIsr.initialZKVersion
  val assignedReplicaMap      = new Pool[Int, Replica]
  @volatile var leaderEpoch = -1
  @volatile var leaderReplicaIdOpt: Option[Int] = None
  @volatile var inSyncReplicas: Set[Replica]    = Set.empty[Replica]
}
```

注意：在Kafka中，分区相关的类很多，TopicPartition的信息只有主题名称和分区编号，用来在一些组件中传递数据，并标识具体的分区。Partition对象会在服务端真正用于分区数据的读写。类似地，副本编号（replicaId）、代理节点编号（brokerId）、主副本编号（leaderId）也仅仅起到标识的作用，真正涉及副本和日志文件的读写则用Replica类标识。

6.2.2节分析了在分区对象中如何判断本地副本（isReplicaLocal()方法）、获取主副本（leaderReplicaIfLocal()方法）、获取或创建副本（getReplica()和getOrCreateReplica()方法）。这里主要分析服务端处理LeaderAndIsr请求时，如何将流程转到创建分区、创建副本上。

副本管理器创建分区对象时，分区对象的成员变量中除了与replicaManager相关的有数据，其他成员变量在创建时都没有数据，只有在调用分区对象的getOrCreateReplica()方法时才会更新数据。通过分区对象创建副本，并更新分区成员变量的调用链如下所示：

```
Partition.getOrCreateReplica(int) // 为分区创建一个副本，更新分区对象的成员变量
  |-- Partition.makeLeader(PartitionState) // 根据分区状态创建主副本
     |-- ReplicaManager.makeLeaders() // 为多个分区创建主副本
        |-- ReplicaManager.becomeLeaderOrFollower()
  |-- Partition.makeFollower(PartitionState) // 根据分区状态创建备份副本
     |-- ReplicaManager.makeFollowers() // 为多个分区创建备份副本
        |-- ReplicaManager.becomeLeaderOrFollower()
```

如图7-25所示，以一个分区为例，假设分区P1的分区状态（PartitionState）数据是{leader=1, isr=[1,2,3],ar=[1,2,3]}。控制器发送LeaderAndIsr请求给[1,2,3]三个代理节点，这三个代理节点收到

请求后，都会在副本管理器创建分区P1代表的分区对象。

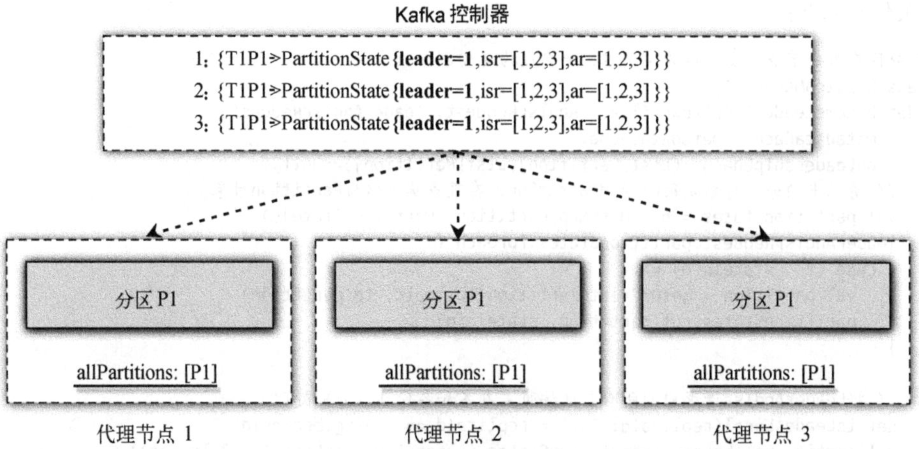

图7-25 副本管理器创建分区对象

如图7-26所示，副本管理器管理了代理节点上的所有分区。针对同一个分区，不管是主副本，还是备份副本，存储在代理节点数据目录中的文件夹名称都一样。比如分区P1的三个副本，它们在三个代理节点上的文件夹目录都是topic-1。

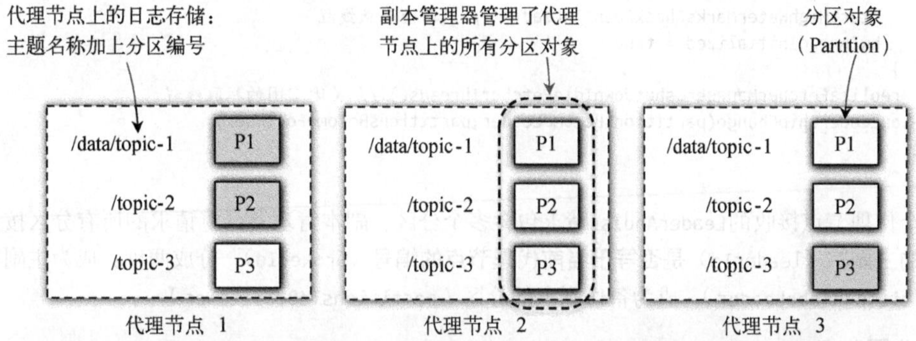

图7-26 副本管理器管理了代理节点的所有分区，分区以目录形式存储在代理节点上

下面分析在不同的代理节点上，副本管理器为分区创建主副本和备份副本的具体实现。

7.2.2 创建主副本、备份副本

副本管理器的`becomeLeaderOrFollower()`方法处理`LeaderAndIsr`请求，具体步骤如下。

(1) 创建分区对象，如果分区已经存在，则使用`LeaderAndIsr`请求中的最新分区状态。
(2) 对“成为主副本”的分区调用`makeLeaders()`方法，为这些分区创建主副本。
(3) 对“成为备份副本”的分区调用`makeFollowers()`方法，为这些分区创建备份副本。
(4) 如果代理节点是第一次收到`LeaderAndIsr`请求，则启动最高水位的检查点线程。

(5) 移除空闲的拉取线程，并调用onLeadershipChange()回调方法。

相关代码如下：

```
// 分区在当前节点上要么成为主副本，要么成为备份副本
class ReplicaManager() {
  def becomeLeaderOrFollower(leaderAndIsrRequest: LeaderAndIsrRequest,
      metadataCache: MetadataCache,
      onLeadershipChange:(List[Partition],List[Partition])=>Unit){
    // 请求中的分区对象是TopicAndPartition，在服务端要转为Partition对象
    val partitionStates = new HashMap[Partition, PartitionState]()
    leaderAndIsrRequest.partitionStates.foreach {
      case (tp, stateInfo) =>
        val partition = getOrCreatePartition(tp.topic, tp.partition)
        partitionStates.put(partition, stateInfo)
    }

    // 将LeaderAndIsr请求中的所有分区按照主副本和备份副本分别处理
    def isLeaderLocal(replicaId: Int) = replicaId == config.brokerId
    val partitionsTobeLeader=partitionStates.filter(isLeaderLocal(_._2.leader))
    val partitionsToBeFollower = (partitionStates -- partitionsTobeLeader.keys)

    // 对成为主副本的分区调用makeLeaders，对成为备份副本的分区调用makeFollowers
    val partitionsBecomeLeader = makeLeaders(partitionsTobeLeader)
    val partitionsBecomeFollower = makeFollowers(partitionsToBeFollower)

    if (!hwThreadInitialized) {
      startHighWaterMarksCheckPointThread() // 启动检查点线程
      hwThreadInitialized = true
    }
    replicaFetcherManager.shutdownIdleFetcherThreads() // 关闭空闲的拉取线程
    onLeadershipChange(partitionsBecomeLeader,partitionsBecomeFollower)
  }
}
```

每个代理节点接收的LeaderAndIsr请求包含多个分区，副本管理器会将请求的所有分区按照“**分区状态的主副本（leaderId）是否等于当前代理节点的编号（brokerId）**”分成两种：成为主副本的分区（partitionsTobeLeader）、成为备份副本的分区（partitionsToBeFollower）。

1. 分区分组

假设集群有三个代理节点、主题有三个分区、每个分区有三个副本，每个代理节点都会管理三个分区。分区P1的状态为{leader:1,ar:[1,2,3]}，分区P2的状态为{leader:1,ar:[1,2,3]}，分区P3的状态为{leader:3,ar:[3,1,2]}。如图7-27所示，从代理节点的角度来看，第一个代理节点将[P1,P2]作为“成为主副本的分区”，将[P3]作为“成为备份副本的分区”，其他代理节点的处理方法与此类似。从分区的角度来看，分区P3在第三个代理节点上是主副本，在其他两个代理节点上都是备份副本。

副本管理器将LeaderAndIsr请求的分区按照主副本和备份副本划分后，partitionsTobeLeader和partitionsToBeFollower两个集合是互斥的，不会存在一个分区在同一个节点同时作为主副本和备份副本的情况。比如在第一个代理节点上，分区[P1,P2]属于partitionsTobeLeader，那么它们就不可能属于partitionsToBeFollower。同样，分区[P3]属于partitionsToBeFollower，就不可能属于partitionsTobeLeader。

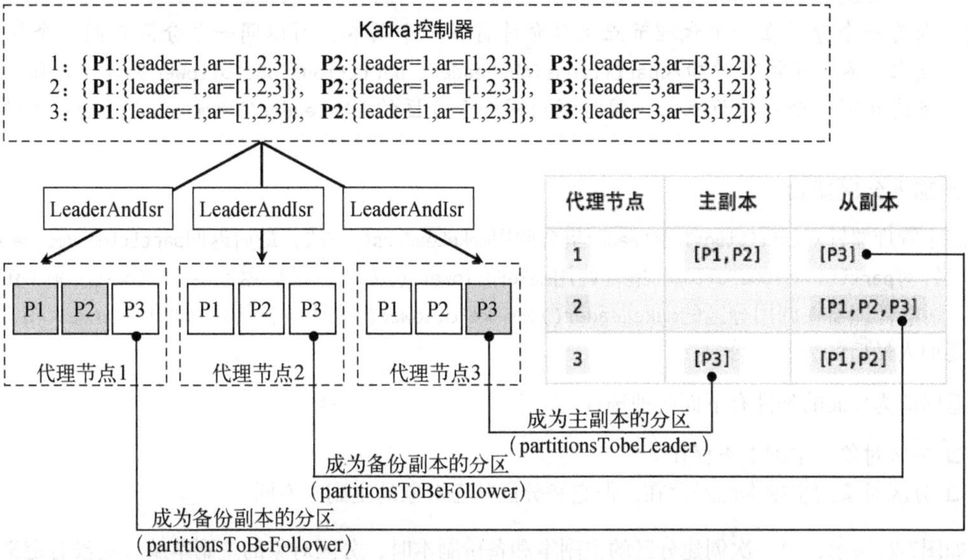

图7-27　副本管理器将请求的分区列表分成两种情况处理

并且，如果一个分区在某个节点上是主副本，在其他节点上只能是备份副本。比如，分区[P1,P2]在第一个代理节点上属于partitionsToBeFollower，在其他两个代理节点上就只能属于partitionsTobeLeader。

一个分区可以有多个备份副本，但只允许有一个主副本。对于同一个分区而言，如果LeaderAndIsr请求的主副本编号（leaderId）和当前代理节点的编号（brokerId）相等，则调用分区的makeLeader()方法，否则调用分区的makeFollower()方法。如图7-28所示，分区的主副本编号是1，那么第一个代理节点（副本编号也等于1）会调用分区的makeLeader()方法。在其他两个代理节点上，分区的主副本不等于代理节点的编号，则调用分区的makeFollower()方法。

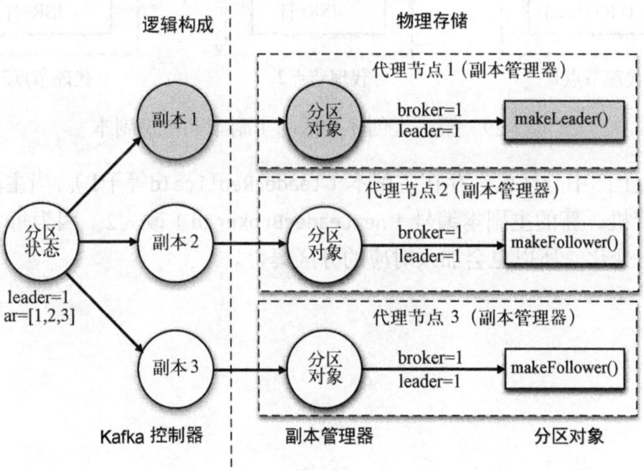

图7-28　同一个分区在不同代理节点上处理方式不同

注意：因为一个分区在一个代理节点上只允许存在一个副本，所以同一个分区在同一个代理节点上，不可能被同时加入partitionsTobeLeader、partitionsToBeFollower集合。并且，也不可能在同一个代理节点上，同时调用同一个分区的makeLeader()和makeFollower()方法。

2. 加入分区集合

副本管理器针对partitionsTobeLeader集合调用makeLeaders()方法，最后返回partitionsBecomeLeader集合。针对partitionsToBeFollower集合调用makeFollowers()方法，最后返回partitionsBecomeFollower集合。副本管理器在调用分区的makeLeader()和makeFollower()方法时，只有返回值为true，相应分区才需要加入最后的分区集合。

返回值为true的条件有下面两种场景。

- 分区对象的主副本不存在。
- 分区对象的主副本已经存在，但它和分区状态对象的主副本不同。

如图7-29所示，第一次创建分区的主副本和备份副本时，分区对象的主副本编号还没有定义。因此，分区的makeLeader()方法和makeFollower()方法都返回true，都加入对应的分区集合。

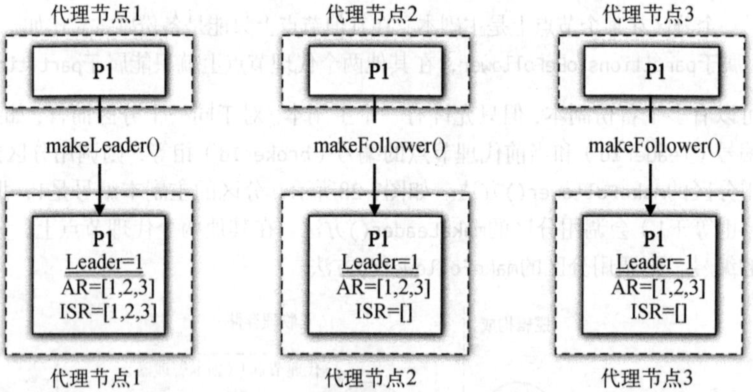

图7-29　第一次创建分区的主副本和备份副本

如图7-30所示，上图中分区已经存在主副本（leaderReplicaId等于1）。当主副本发生变化时，比如第一个代理节点宕机，新的主副本编号（newLeaderBrokerId）改为2。因为每个代理节点分区对象的主副本编号都发生变化，所以也会加入对应的分区集合。

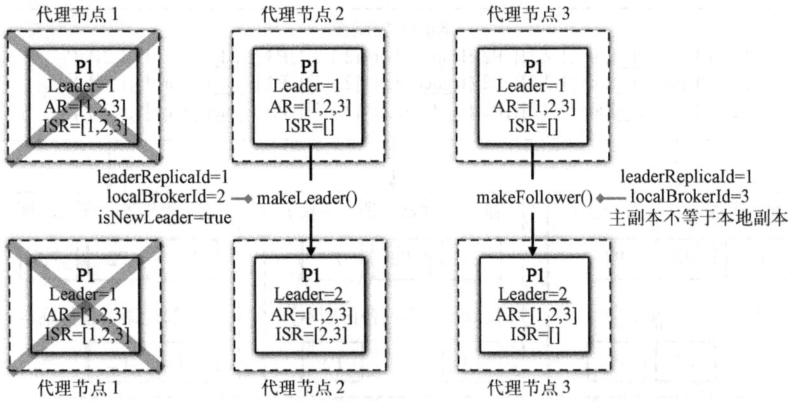

图7-30 主副本发生变化时，分区会加入对应的分区集合

如图7-31所示，控制器第二次发送`LeaderAndIsr`请求，分区的主副本没有变化。`makeLeader()`方法和`makeFollower()`方法的返回值都是`false`，说明不需要将分区加入对应的分区集合。

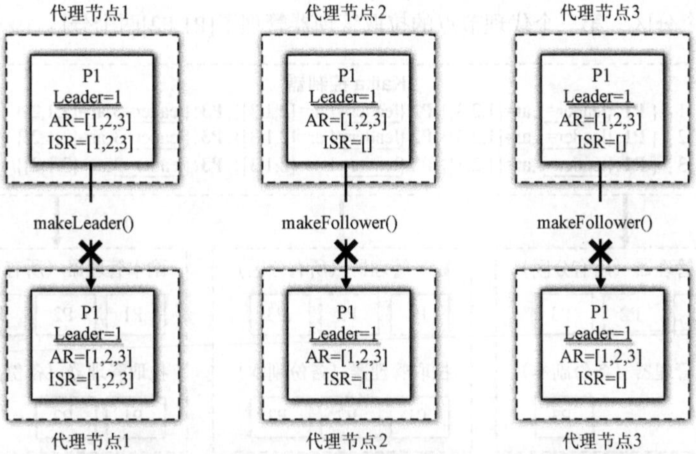

图7-31 主副本没有变化，不需要将分区加入对应的分区集合

分区对象调用`makeLeader()`和`makeFollower`方法需要有返回值的原因是：如果控制器多次下发`LeaderAndIsr`请求的内容都一样，代理节点实际上只需要处理一次。代理节点处理`LeaderAndIsr`请求，不仅仅通过分区状态对象（`PartitionState`）更新分区对象（`Partition`）的信息，还需要处理分区对象相关的其他组件，比如拉取管理器管理的分区集合。

3. 分区与拉取管理器

代理节点的副本管理器会管理所有的分区，拉取管理器会管理所有的备份副本对应的分区。如图7-32所示，第一个代理节点上，分区P1是主副本，分区[P2,P3]都是备份副本。副本管理器管理了[P1,P2,P3]三个分区，拉取管理器管理了[P2,P3]两个分区。

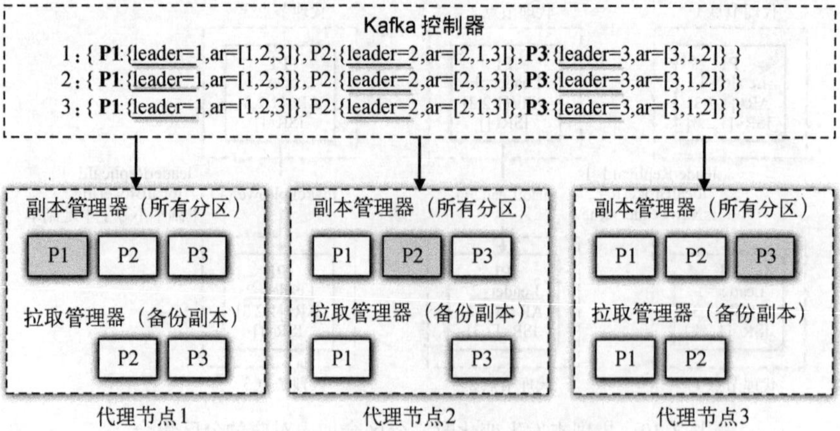

图7-32　代理节点的副本管理器和拉取管理器示例1

如图7-33所示，第一个代理节点上，分区[P1,P2]是主副本，分区[P3]是备份副本。副本管理器管理了[P1,P2,P3]三个分区，拉取管理器管理了[P3]一个分区。类似地，第二个代理节点的拉取管理器管理了[P1,P2,P3]三个分区，第三个代理节点的拉取管理器管理了[P1,P2]两个分区。

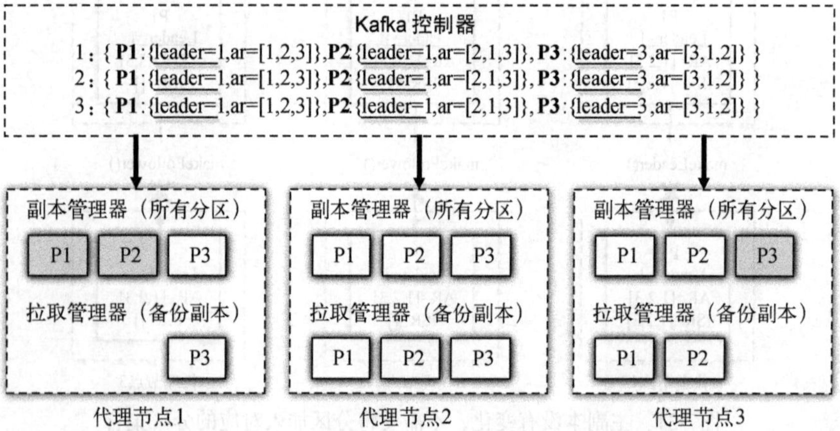

图7-33　代理节点的副本管理器和拉取管理器示例2

调用分区的`makeLeader()`和`makeFollower()`方法时，拉取管理器都需要处理分区的变化。如图7-34（上）所示，分区[P1,P2]的主副本在代理节点1，备份副本在代理节点2和代理节点3。分区[P3]的主副本在代理节点3，备份副本在代理节点1和代理节点2。在图7-34（下）中，代理节点1宕机，分区[P1,P2]的主副本分别转移到代理节点2和代理节点3。原先代理节点2上分区[P1]的备份副本会从拉取管理器中移除，代理节点3上分区[P2]的备份副本也会从拉取管理器中移除。

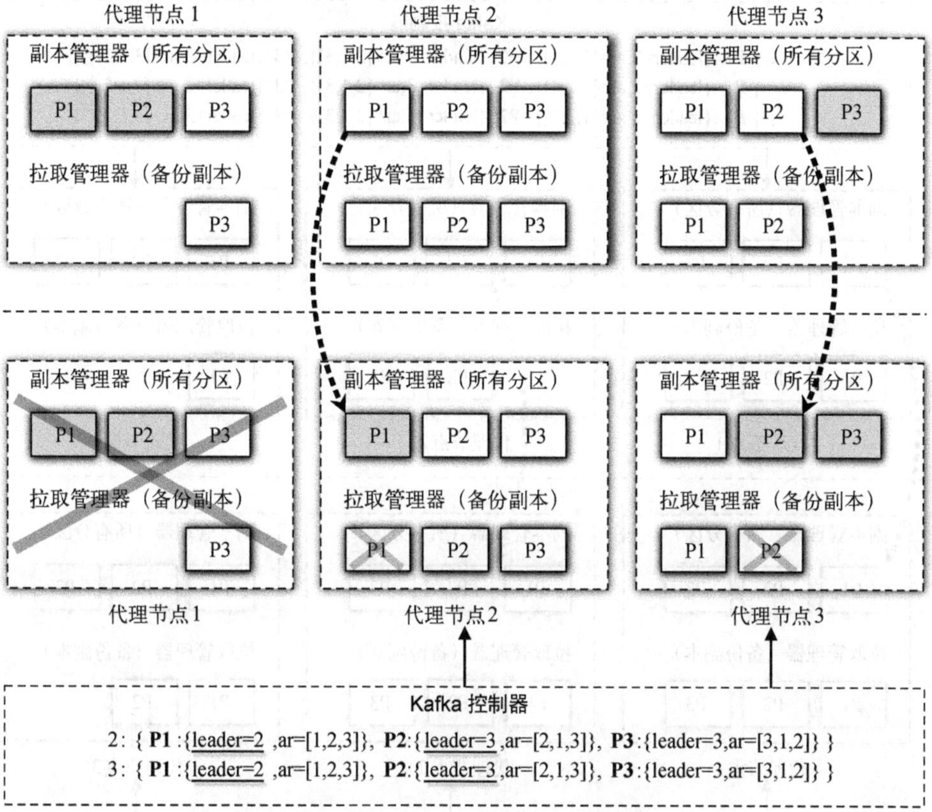

图7-34 备份副本转为主副本，分区从拉取管理器中移除

如图7-35所示，在上面示例的基础上执行了“最优副本的选举”（7.1.4节“2. 选举分区的主副本”），分区P1的主副本从代理节点2转移到代理节点1上，分区P2的主副本从代理节点3转移到代理节点2上。备份副本转为主副本，需要将分区从拉取管理器移除；主副本转为备份副本，需要添加分区到拉取管理器。

副本管理器调用分区的`makeLeaders()`让当前代理节点成为分区的主副本，调用分区的`makeFollowers()`让当前代理节点成为分区的备份副本。如图7-36所示，由于分区的主副本会发生变化，主副本和备份副本的角色都可以互相转换。比如主副本可以转为备份副本，备份副本也可以转为主副本。

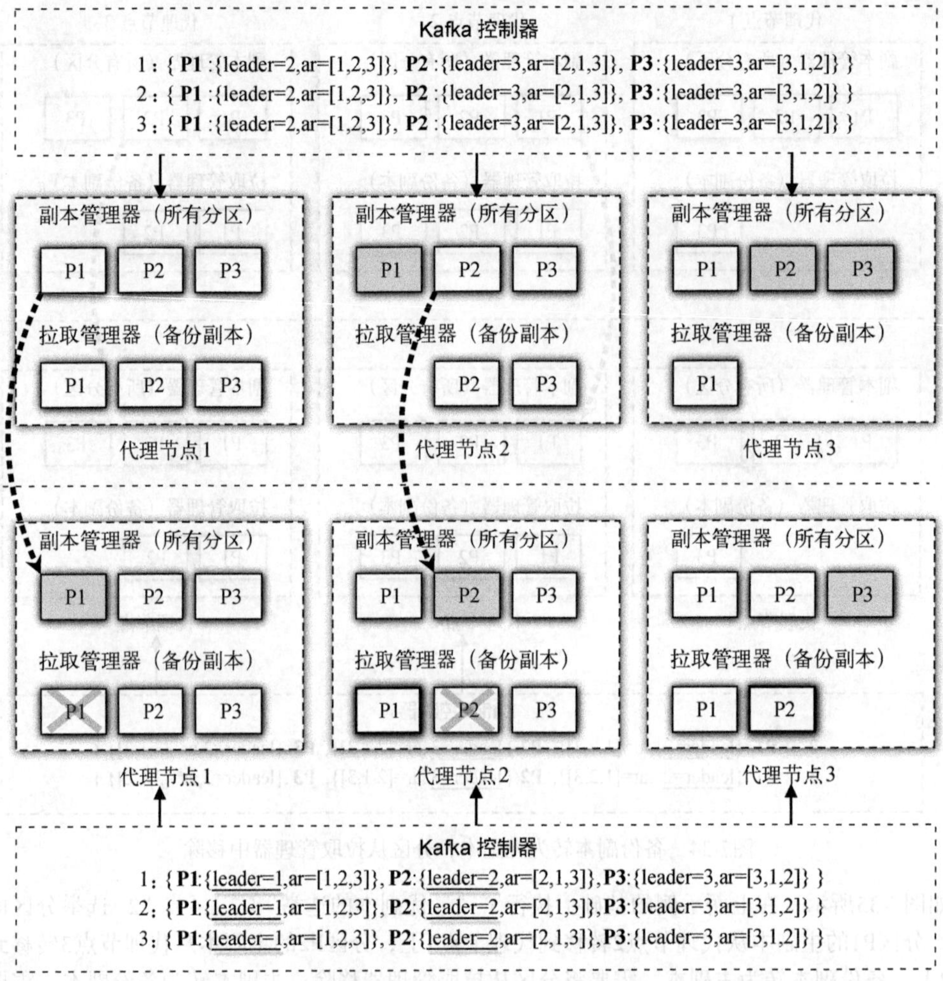

图7-35　主副本转为备份副本，分区添加到拉取管理器

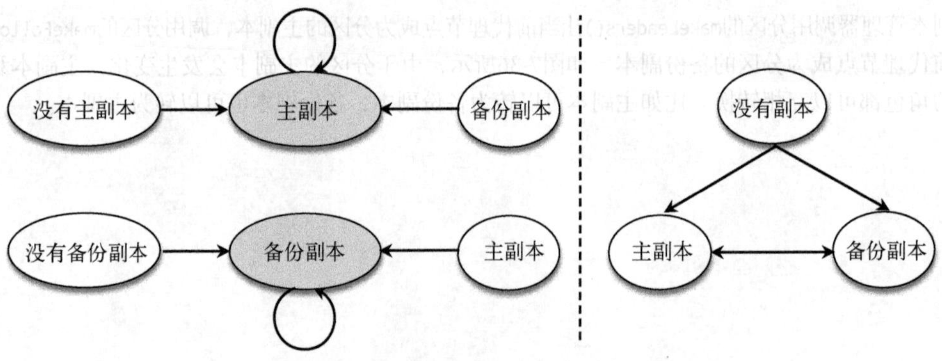

图7-36　主副本和备份副本可以互相转换

下面分析副本管理器如何调用makeLeaders()和makeFollowers()，来分别处理主副本和备份副本的分区。

4. 处理主副本、备份副本的逻辑

调用makeLeader()方法，如果分区之前是备份副本，拉取管理器有这个分区。当分区的备份副本转为主副本，拉取管理器需要将分区移除。当然，如果之前就不存在主副本，或者主副本没有改变，副本管理器本身就没有分区，调用拉取管理器的removeFetcherForPartitions()方法就不需要删除分区。调用makeFollowers()方法，如果分区是主副本，拉取管理器没有这个分区。当分区的主副本转为备份副本，拉取管理器要添加这个分区。如果分区之前是备份副本，则先删除分区再添加分区到拉取管理器。

副本管理器除了处理拉取管理器相关的添加和删除操作，也要处理相关的日志操作和延迟请求。比如，调用makeFollowers()转为备份副本时，需要将日志文件截断到副本的最高水位。副本管理器调用分区对象的makeLeader()方法转为主副本时，需要将副本的最高水位作为日志的最新偏移量。为了与备份副本的处理逻辑互相比较，下面将分区对象中与日志、请求相关的逻辑都移到副本管理器中。相关代码如下：

```
// 副本管理器分别处理“成为主副本”的分区、“成为备份副本”的分区
class ReplicaManager() {
  def makeLeaders(partitionStates: Map[Partition,PartitionState]) = {
    val topicPartitions = partitionStates.keySet.map(new TopicAndPartition(_))
    // 转为主副本时，不再需要拉取数据，将分区从拉取管理器中移除
    replicaFetcherManager.removeFetcherForPartitions(topicPartitions)
    // 调用每个分区的makeLeader方法，创建主副本
    partitionStates.map((partition, state) => {
      val isNewLeader = partition.makeLeader(state))

      // 下面的代码实际上在分区的makeLeader()方法中，移到副本管理器时，都要加上分区
      val leaderReplica = partition.getReplica().get
      if (isNewLeader) {
        leaderReplica.convertHWToLocalOffsetMetadata()
        partition.assignedReplicas().filter(_.brokerId != localBrokerId).
          foreach(_.updateLogReadResult(LogReadResult.UnknownLogReadResult))
      }
      if (partition.maybeIncrementLeaderHW(leaderReplica)) // 如果增加了分区的HW
        tryCompleteDelayedRequests(tp) // 尝试完成延迟的请求
    }
  }

  def makeFollowers(partitionStates: Map[Partition, PartitionState]) = {
    val topicPartitions = partitionStates.keySet.map(new TopicAndPartition(_))
    partitionStates.map((partition, state) => partition.makeFollower(state))
    // 先将分区从拉取管理器中移除，主要针对“从副本转为备份副本”的场景
    replicaFetcherManager.removeFetcherForPartitions(topicPartitions)
    // 截断日志到副本的最高水位
    logManager.truncateTo(topicPartitions.map(partition => (
      new TopicAndPartition(partition),
      partition.getReplica.highWatermark.messageOffset))
    // 尝试完成延迟的请求（包括延迟的拉取和延迟的生产）
```

```
      topicPartitions.foreach(tp => tryCompleteDelayedRequests(tp))
      // 添加分区到拉取管理器，转为备份副本时，需要向主副本拉取消息
      val partitionBrokerOffset = topicPartitions.map(partition =>
        new TopicAndPartition(partition) -> BrokerAndInitialOffset(
          partition.leaderReplicaIdOpt.get.getBrokerEndPoint,
          partition.getReplica.logEndOffset.messageOffset))
      replicaFetcherManager.addFetcherForPartitions(partitionBrokerOffset)
      topicPartitions
    }
  }
```

副本管理器调用makeLeaders()和makeFollowers()方法处理的是多个分区。针对每个分区，分别调用makeLeader()和makeFollower()方法更新分区信息。

5. 创建副本

分区对象包含了分区的主副本、AR、ISR等信息，在副本管理器创建分区对象的时候，这些信息都为空。当分区创建副本时（不管是创建主副本还是备份副本），才会开始更新分区的相关信息。分区对象除了调用getOrCreateReplica()方法创建副本，还可能需要调用removeReplica()方法删除副本。创建或删除副本只是更新分区的assignedReplicaMap集合（即分配给分区的副本集合：AR）。相关代码如下：

注意：当分区状态信息的AR比ISR少时，才需要删除副本。比如，7.1.6节“3. 重新选举主副本”重新分配分区，需要在RAR中选举一个主副本。控制器发送LeaderAndIsr请求给RAR所在的代理节点，其中AR等于RAR，但是ISR有可能是OAR+RAR。执行移除副本的逻辑时，assignedReplicas()方法的返回值等于OAR+RAR，减去allReplicas即RAR后，需要删除的副本是OAR。

```
// 分区创建主副本和备份副本，更新分区对象的主副本、AR、ISR
class Partition(){
  def makeLeader(partitionStateInfo: PartitionState): Boolean = {
    val allReplicas = partitionStateInfo.replicas
    allReplicas.foreach(replica => getOrCreateReplica(replica))
    val newInSyncReplicas = partitionStateInfo.isr.map(getOrCreateReplica(_))
    (assignedReplicas().map(_.brokerId)--allReplicas).foreach(removeReplica(_))
    inSyncReplicas = newInSyncReplicas
    if (leaderReplicaIdOpt.isDefined &&
        leaderReplicaIdOpt.get == localBrokerId) {
      false // 返回false，不需要更新主副本编号
    } else {
      leaderReplicaIdOpt = Some(localBrokerId)
      true  // 返回true，才需要更新主副本编号
    }
  }

  def makeFollower(partitionStateInfo: PartitionState): Boolean = {
    val allReplicas = partitionStateInfo.replicas
    val newLeaderBrokerId = partitionStateInfo.leader
    allReplicas.foreach(r => getOrCreateReplica(r))
```

```
    (assignedReplicas().map(_.brokerId)--allReplicas).foreach(removeReplica(_))
    inSyncReplicas = Set.empty[Replica] // 备份副本所在的分区没有ISR集合
    if (leaderReplicaIdOpt.isDefined &&
        leaderReplicaIdOpt.get == newLeaderBrokerId) {
      false
    } else {
      leaderReplicaIdOpt = Some(newLeaderBrokerId)
      true
    }
  }
}
```

makeLeader()方法的返回值为true表示新的主副本，判断条件是分区的已有主副本编号（leaderReplicaId）与本地副本编号（localBrokerId）相比较。因为新的主副本编号等于本地代理节点的编号，才会调用makeLeader()方法，所以判断条件可以简化为：分区的已有主副本编号与新的主副本编号是否相等。如表7-8所示，举例了3种调用makeLeader()方法的场景。

- 原先没有主副本，调用makeLeader()方法的副本就会转为主副本。
- 原先有主副本，而且新的主副本和原来的主副本一致。
- 原先有主副本，但是新的主副本和原来的主副本不一致，比如备份副本转为主副本。

表7-8 调用分区对象的makeLeader()方法成为主副本

本地副本编号	新的主副本编号	已有的主副本编号	是否新的主副本	更改主副本编号
1	1	未定义	Y	1
1	1	1	N	不需要更改
1	2	1	Y	2

分区调用makeFollower()方法创建备份副本和调用makeLeader()方法创建主副本的处理方式类似。这两个方法都会设置分区的主副本（leaderReplicaIdOpt）和AR。不同的是创建分区的主副本时，分区对象中有ISR，而创建备份副本时，分区对象没有ISR。

调用分区对象的makeLeader()和makeFollower()方法并不只是创建一个对应的副本，而是根据分区的AR集合创建多个副本。这些副本按照是否在当前代理节点上，可以分为本地副本（Local Replica）和远程副本（Remote Replicas）。

6. 本地副本和远程副本

在6.2.2节“2. 副本对象”中，我们已经知道创建本地副本有日志文件，创建远程副本没有日志文件。分区对象的makeLeader()和makeFollower()方法，首先都会从分区状态信息对象中解析出分配给分区的副本集，然后调用getOrCreateReplica()方法创建所有的副本。

总结下从副本管理器，到分区对象（Partition），最后创建副本对象（Replica）的流程。副本管理器管理当前代理节点的所有分区，代理节点收到LeaderAndIsr请求，通过getOrCreatePartition()方法创建每一个分区。分区对象管理了分区的所有副本，通过调用分区对象的getOrCreateReplica()方法创建每一个副本。相关代码如下：

```
// 分区对象根据副本编号创建副本对象，如果是本地副本，副本有日志文件
class Partition(topic:String,partitionId:Int,replicaManager:ReplicaManager){
  private val localBrokerId = replicaManager.config.brokerId
  private val assignedReplicaMap = new Pool[Int, Replica]

  def getOrCreateReplica(replicaId: Int = localBrokerId): Replica = {
    val replicaOpt = getReplica(replicaId)
    replicaOpt match {
      case Some(replica) => replica // 已经存在副本
      case None =>
        if (isReplicaLocal(replicaId)) { // 本地副本，需要创建物理层的日志
          val tp = TopicAndPartition(topic, partitionId)
          val localReplica = new Replica(replicaId,this,hw,Some(log))
          addReplicaIfNotExists(localReplica)
        } else { // 远程副本，不需要创建物理层的日志
          val remoteReplica = new Replica(replicaId,this)
          addReplicaIfNotExists(remoteReplica)
        }
        getReplica(replicaId).get
    }
  }
  def getReplica(replicaId: Int = localBrokerId): Option[Replica] = {
    val replica = assignedReplicaMap.get(replicaId)
    if (replica == null) None else Some(replica)
  }
}
```

如图7-37所示，每个分区对象都会创建分区的所有副本。分区对象从分区状态信息对象中读取所有的副本集（allReplicas，即AR），并为每个副本编号创建一个对应的副本对象。不过，分区创建出来的副本不一定都有日志文件。日志是真正存储在代理节点上的物理介质，只有本地副本才有日志。

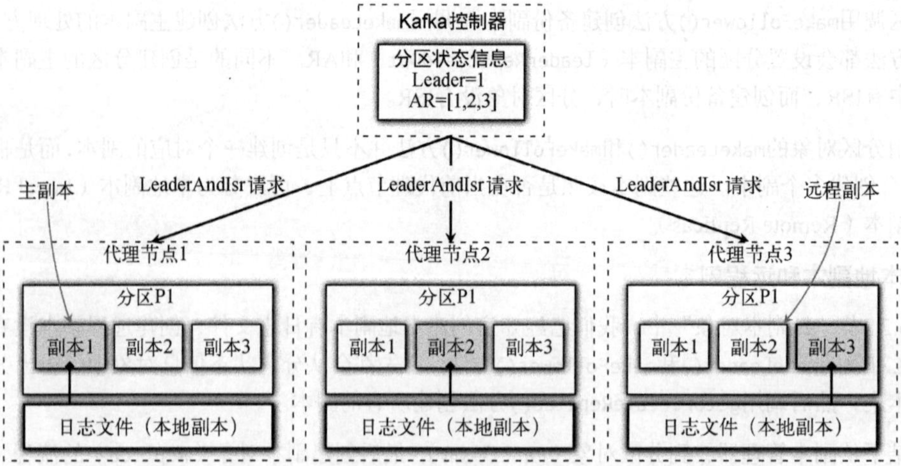

图7-37 分区创建副本，只有本地副本才有日志文件

就像主副本只有一个，备份副本有多个一样，本地副本也只有一个，远程副本可以有多个。但本地副本和主副本、备份副本没有必然的联系，本地副本的概念只有结合本地代理节点才有意义。比如

分区在当前代理节点上是主副本，那么本地副本就是主副本，其他远程副本都是备份副本。分区在当前代理节点上是备份副本，那么本地副本是备份副本，远程副本有一个是主副本，其他是备份副本。

分区的每个副本（包括主副本和备份副本）在代理节点上，都有一个对应的本地日志文件。对于同一个分区，备份副本会同步主副本的日志文件数据，并写入到备份副本自己的本地日志文件中。这样，相同分区的多份副本数据就保持同步了。一旦主副本挂掉，控制器会在备份副本中选举一个作为主副本。因为备份副本的日志文件和旧的主副本已经保持数据同步，所以选举新的主副本，并不会丢失数据。

7.2.3 消费组元数据迁移

在消费者相关的章节（第3章~第5章）中，协调者处理消费者请求，有下面两种数据都以内部主题（__consumer_offsets，它默认的分区数有50个）的形式存储在服务端的协调者节点上。

- 消费者提交的偏移量：键为GroupTopicPartition，值为消费者提交的偏移量。
- 消费组分配的状态数据：键为消费组编号，值为分配给每个消费者的分区结果。

Kafka处理关于内部主题的LeaderAndIsr请求与普通主题的处理方式类似，服务端也会创建分区的主副本和备份副本。除此之外，上面两种数据除了保存到日志文件中，还会保存在协调者节点的内存缓存中。当节点宕机时，服务端除了要处理主副本的故障转移，还要在其他节点上恢复缓存的数据。相关代码如下：

```
// 消费组的协调者（GroupCoordinator）处理消费组的数据迁移
class GroupCoordinator() {
  def handleGroupImmigration(offsetTopicPartitionId: Int) {
    groupManager.loadGroupsForPartition(offsetTopicPartitionId,onGroupLoaded)
  }
  def handleGroupEmigration(partitionId: Int) {
    groupManager.removeGroupsForPartition(partitionId,onGroupUnloaded)
  }
}

// 消费组的元数据管理器
class GroupMetadataManager(){
  val offsetsCache = new Pool[GroupTopicPartition, OffsetAndMetadata]
  val groupsCache = new Pool[String, GroupMetadata]

  def loadGroupsForPartition(offsetsPartition: Int,
                             onGroupLoaded: GroupMetadata => Unit) {
    val tp = TopicAndPartition(GROUP_METADATA_TOPIC, offsetsPartition)
    val log = replicaManager.logManager.getLog(tp) // 本地日志
    var currOffset = log.logSegments.head.baseOffset // 从第一个日志分段开始
    val loadedGroups = mutable.Map[String, GroupMetadata]()
    while (currOffset < getHighWatermark(offsetsPartition) { // 直到最高水位
      for(msg <- log.read(currOffset).messageSet) { // 读取日志分段的每条消息
        if (msg.key.isInstanceOf[OffsetKey]) { // 消费者提交的偏移量
          offsetsCache.put(msg.key, msg.value) // 放入偏移量缓存
        } else { // 消费组的元数据
          groupsCache.putIfNotExists(msg.key, msg.value)
          onGroupLoaded(group) // 调用回调方法
```

```
                }
                currOffset = msgAndOffset.nextOffset // 处理下一条消息
            }
        }
    }
}
```

回顾下第3章到第5章中消费者的处理流程。消费者要和协调者通信，必须首先找到消费组所属的协调者。消费者通过GROUP_COORDINATOR请求，向任意一个节点获取消费组对应的协调者，然后再和协调者联系。每个消费组都有唯一对应的协调者，协调者会保存消费组相关的元数据（比如3.5节的偏移量缓存、5.2.4节"3. 协调者保存消费组任务"的消费组元数据缓存）。消费者提交分区的偏移量给协调者，更新消费者元数据，除了追加消息到内部主题对应的本地日志文件，也会更新缓存的内容。缓存是为了更快地查询，当需要查询分区的提交偏移量，或者查询消费者的元数据，可以直接查询缓存，而不需要读取日志文件。

如图7-38所示，消费者联系的协调者节点属于内部主题某个分区的主副本，比如有三个消费组[group1,group2,group3]分别对应三个分区[__consumer_offsets_1,__consumer_offsets_2,__consumer_offsets_3]，这三个分区的主副本分别在三个代理节点上，对应的消费组元数据也分别保存在三个代理节点上。以消费组group2为例，如果代理节点2的分区__consumer_offsets_2（简称P2）第一次成为主副本（可能之前是备份副本），消费组的元数据管理器（GroupMetadataManager）会调用loadGroupsForPartition()方法，以加载分区的消费组元数据到缓存中。如果代理节点1和代理节点3的分区P2转为备份副本（主副本发生变化，或者之前是主副本），元数据管理器调用removeGroupsForPartition()方法，以移除消费组group2的缓存内容。

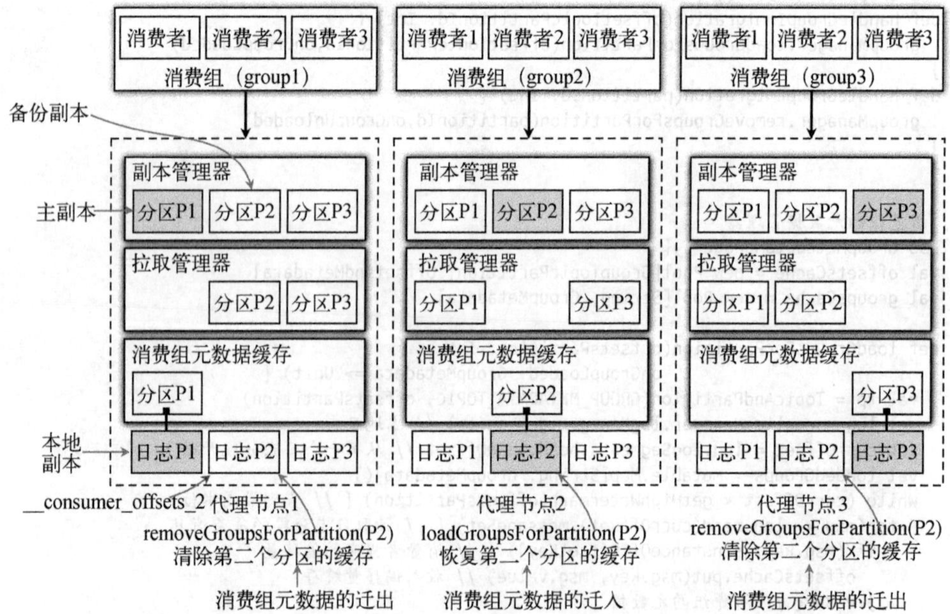

图7-38　消费组元数据缓存的加载和删除

如图7-39所示，当代理节点2出现故障时，控制器为分区P2选举的新主副本在代理节点3上。除了正常的主副本与备份副本的状态转换（比如更新分区的主副本、AR、ISR信息），代理节点3还需要调用`loadGroupsForPartition()`方法恢复消费组group2的元数据缓存。另外，由于分区的主副本发生变化，消费组group2联系的协调者也转为代理节点3。

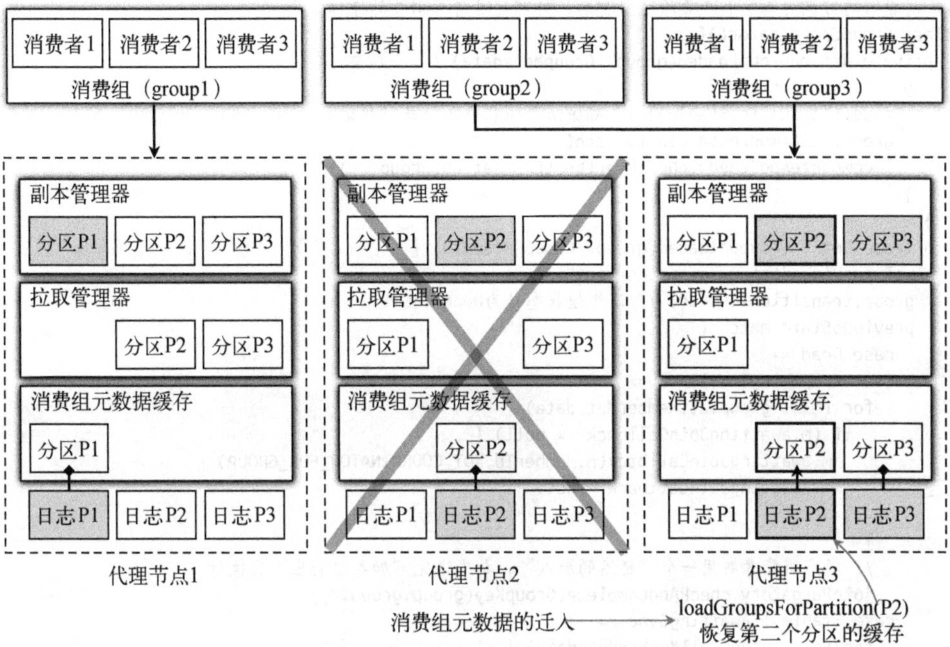

图7-39　内部主题的主副本故障转移

在5.2.4节“2. 发送‘同步组响应’给消费者”中，消费组的协调者收到主消费者发送的分区分配结果（同步组请求），并存储到内部主题。然后，协调者会发送“同步组响应”给消费组的所有消费者，并且“尝试完成并调度下一次心跳”。最后，协调者才会将消费组的状态改为“稳定”。协调者在调用`onGroupLoaded()`方法加载消费组的元数据时，如果数据有在内部主题中，说明消费组已经处于“稳定状态”，协调者也需要“尝试完成并调度下一次心跳”。

注意：`onGroupLoaded()`方法、`onGroupUnloaded()`方法和协调者的其他方法都会在`GroupMetadata`对象上加同步锁。以协调者处理消费者的同步组请求为例，`doSyncGroup()`方法发送“同步组响应”给消费组，并将消费组状态从“等待同步”更改为“稳定”，这两个操作在同一个对象锁中。只有这两个操作都完成后，其他操作才有机会获取`GroupMetadata`对象锁。这也是“只要能读取到消费组的元数据，消费组一定处于稳定状态”的原因。

协调者加载完消费组元数据后，会开始监控每个消费者成员的心跳请求。与之相反，协调者调用`onGroupUnloaded()`方法会卸载消费组，并将消费组的状态转为“失败”。如果消费组之前的状态是“准备再平衡”，则返回“加入组响应”给所有消费者；如果消费组之前的状态是“稳定”或者“等待同步”，则返回“同步组响应”给所有消费者。这两种场景返回响应结果给消费者客户端，它们的错误码都是“当前节点不是消费组的协调者”（NOT_COORDINATOR_FOR_GROUP）。消费者在收到这样的错误码后，会重新连接正确的协调者节点，并重新发送“加入组请求”或“同步组请求”。相关代码如下：

```
// 消费组的协调者在加载或删除元数据后，处理延迟请求相关的操作
class GroupCoordinator(){
 private def onGroupLoaded(group: GroupMetadata) {
   group synchronized {
     assert(group.is(Stable)) // 确保消费组状态已经是“稳定”
     group.allMemberMetadata.foreach(
       completeAndScheduleNextHeartbeatExpiration(group, _))
   }
 }
 private def onGroupUnloaded(group: GroupMetadata) {
   val previousState = group.currentState
   group.transitionTo(Dead) // 消费组状态转为Dead（失败）
   previousState match {
     case Dead =>
     case PreparingRebalance =>
       for (m <- group.allMemberMetadata) {
         if (m.awaitingJoinCallback != null) {
           m.awaitingJoinCallback(m.memberId,NOT_COORDINATOR_FOR_GROUP)
           m.awaitingJoinCallback = null
         }
       }
       // 所有消费者共用一个“延迟的加入”，都发送完“加入组响应”后执行
       joinPurgatory.checkAndComplete(GroupKey(group.groupId))
     case Stable | AwaitingSync =>
       for (m <- group.allMemberMetadata) {
         if (m.awaitingSyncCallback != null) { // 返回SyncGroup响应
           m.awaitingSyncCallback(null,Errors.NOT_COORDINATOR_FOR_GROUP)
           m.awaitingSyncCallback = null
         }
         // 每个消费者都有一个“延迟的心跳”，每个消费者发送完都执行
         heartbeatPurgatory.checkAndComplete(MemberKey(m.groupId,m.memberId))
       }
   }
 }
}
```

如图7-40所示，主题test有三个分区，消费组group1的三个消费者分配到不同的分区，并向分区的主副本拉取数据。假设消费组对应内部主题的分区是__consumer_offset_1，分区的主副本在代理节点1上。这个内部分区保存的数据有两种：三个消费者提交的分区偏移量、主消费者发送的分区分配结果。另外，代理节点1的“消费组元数据管理器”也会保存这两种数据的缓存内容。即数据在写到内部分区后，也会更新管理器的缓存。其他两个代理节点因为不是消费组的协调者，它们的“消费组管理器”并不会保存这两种缓存数据。但是它们的内部分区作为备份副本，会向内部分区的主副本同步数据。

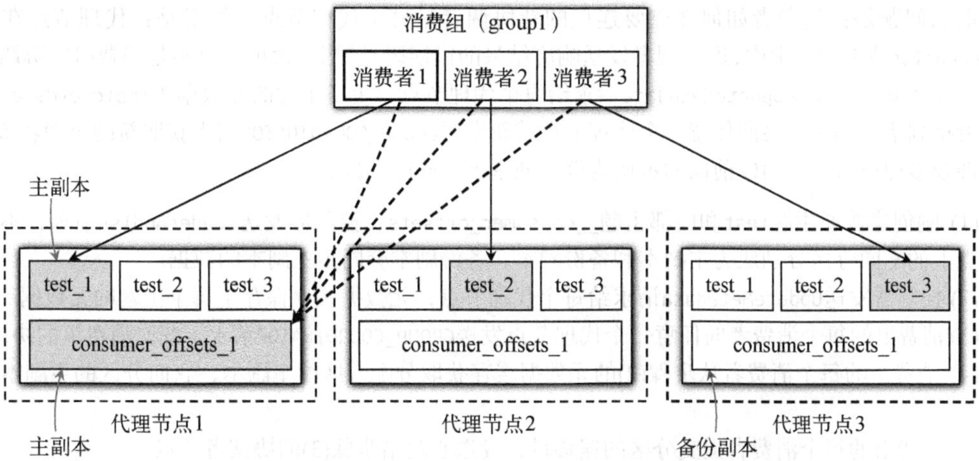

图7-40 消费者拉取分区的数据，并提交分区的偏移量到内部主题的分区上

如图7-41所示，假设代理节点1下线，普通分区test_1的主副本转移到代理节点2，内部分区__consumer_offset_1的主副本转移到代理节点3。代理节点3的协调者会处理内部分区的数据迁移，即加载内部分区的所有数据到缓存中。原先的代理节点1不是消费组的协调者，如果消费者连接到代理节点1上，服务端会返回错误码给消费者。消费者必须重新连接新的协调者，即代理节点3。

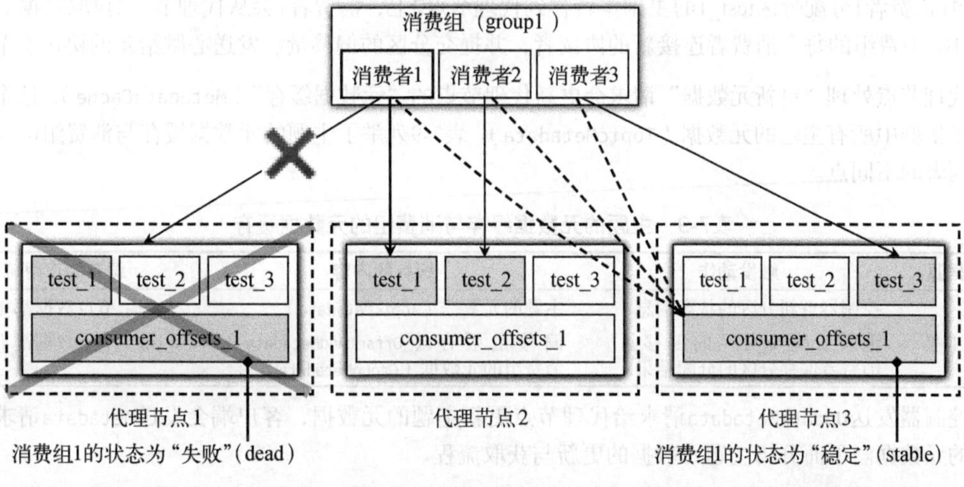

图7-41 内部分区出现故障，协调者节点发生变化，服务端还需要迁移消费组的元数据

当分区的主副本发生故障转移，代理节点处理控制器发送的`LeaderAndIsr`请求，会对分区调用`makeLeader()`或`makeFollower()`方法更新分区的状态信息：更新主副本、AR、ISR。当消费组的协调者发生故障转移，消费组的每个消费者都需要连接新的协调者。代理节点还要恢复缓存数据，当消费者需要获取分配的分区，或者根据分区读取提交偏移量，就可以直接从缓存内容中读取，减少磁盘的读取操作。

那么问题是：消费者如何知道要连接的新协调者是哪个代理节点？答案是：代理节点在处理LeaderAndIsr请求的逻辑中，旧协调者发送响应结果的错误码是"当前代理节点不是消费组的协调者"。同时，控制器还会发送UpdateMetadata请求给每个代理节点，更新主题的元数据（TopicMetdata）。当消费者得到错误码后，会向任意一个代理节点重新发送GROUP_COORDINATOR请求获取新的协调者节点。这里涉及多种请求，下面以前面的示例为例，列举了不同的事件。

(1) 刚创建普通主题test和内部主题__consumer_offsets，控制器发送LeaderAndIsr请求，不同代理节点上的不同分区分别成为主副本和备份副本，备份副本会同步主副本的数据。

(2) 控制器发送UpdateMetadata请求给每个代理节点，元数据缓存保存了每个主题的元数据。

(3) 消费组的每个消费者向任意一个代理节点发送GROUP_COORDINATOR请求，获取消费组的协调者。

(4) 消费组的每个消费者从步骤(2)的元数据缓存获取分配分区的主副本，它向分区的主副本拉取数据。

(5) 消费组的每个消费者提交分区的偏移量，发送心跳给步骤(3)的协调者节点。

(6) 代理节点1出现故障，控制器选举分区test_1和__consumer_offsets_1的主副本，并发送LeaderAndIsr请求给存活的代理节点。代理节点处理请求，会更新分区的状态信息，比如主副本。

(7) 控制器发送UpdateMetadata请求给每个代理节点，更新元数据缓存。

(8) 消费组的每个消费者原先连接的协调者是代理节点1，它会返回"不是消费组的协调者"给每个消费者。消费者重新发送GROUP_COORDINATOR请求获取新的协调者。因为步骤(7)中已经更新了元数据缓存，所以消费者查询到的协调者就是管理消费组的最新协调者。

(9) 消费者1分配分区test_1的主副本转移到代理节点2上，消费者1会从代理节点2拉取数据。

(10) 消费组的每个消费者连接新的协调者，并提交分区的偏移量、发送心跳给新的协调者节点。

代理节点处理"更新元数据"请求会更新代理节点的"元数据缓存"（MetadataCache），这个缓存保存了集群中所有主题的元数据（TopicMetadata）。表7-9列举了主题的元数据缓存与消费组的元数据缓存两者的不同点。

表7-9 主题的元数据缓存与消费组的元数据缓存

数据源	触发动作	缓存的内容	缓存的作用域
ZK	控制器更新分区的状态信息	主题的元数据（TopicMetadata）	每个节点数据都相同
内部主题	消费者提交分区的偏移量、消费者保存分区的分配结果	偏移量缓存（OffsetAndMetadata）、消费组的元数据（GroupMetadata）	每个节点数据都不同

控制器发送UpdateMetadata请求给代理节点更新主题的元数据，客户端会发送Metadata请求获取主题的元数据。下面分析主题元数据的更新与获取流程。

7.3 元数据缓存

控制器发送LeaderAndIsr请求，一般只发送给分区副本对应的代理节点；但控制器发送UpdateMetadata请求，则会发送给所有存活的代理节点。如图7-42所示，集群有三个代理节点，主题test有三个分区，每个分区有两个副本。刚创建主题时，控制器会先后发送LeaderAndIsr请求和UpdateMetadata请求给三个代理节点。当代理节点1出现故障时，控制器为分区test_1重新选举的主副本在代理节点2

上。控制器会发送LeaderAndIsr请求给代理节点2，并发送UpdateMetadata请求给存活的代理节点2和代理节点3。因为代理节点1出现故障，所以控制器不会发送LeaderAndIsr请求和UpdateMetadata请求给它。

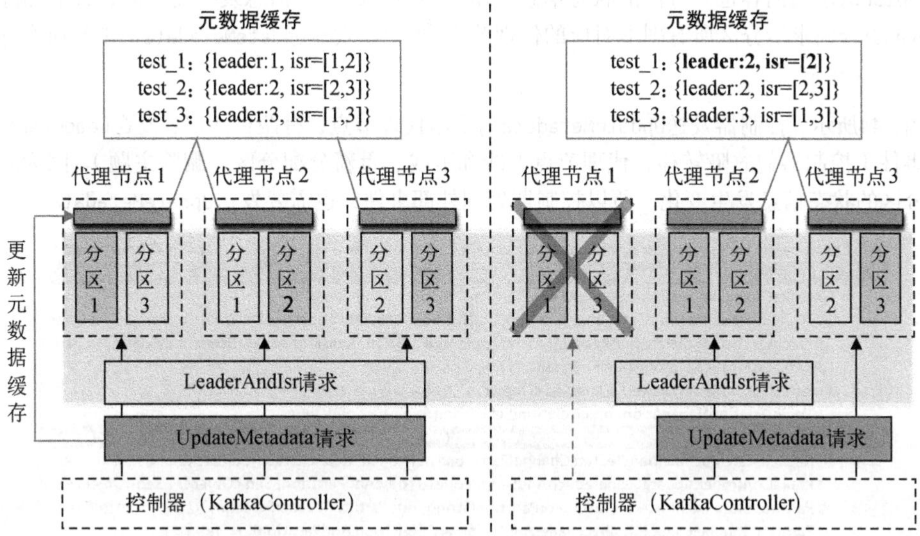

图7-42 LeaderAndIsr请求和UpdateMetadata请求的示例1

如图7-43（左）所示，代理节点1重新上线后，分区test_1的ISR更改为[1,2]，控制器会再次发送LeaderAndIsr请求和UpdateMetadata请求给代理节点1和代理节点2，并发送UpdateMetadata请求给存活的三个代理节点。在图7-43（右）中，控制器为分区选举最优的副本，分区test_1的主副本回到代理节点1上，控制器发送请求给代理节点的方式和图7-43（左）一样。

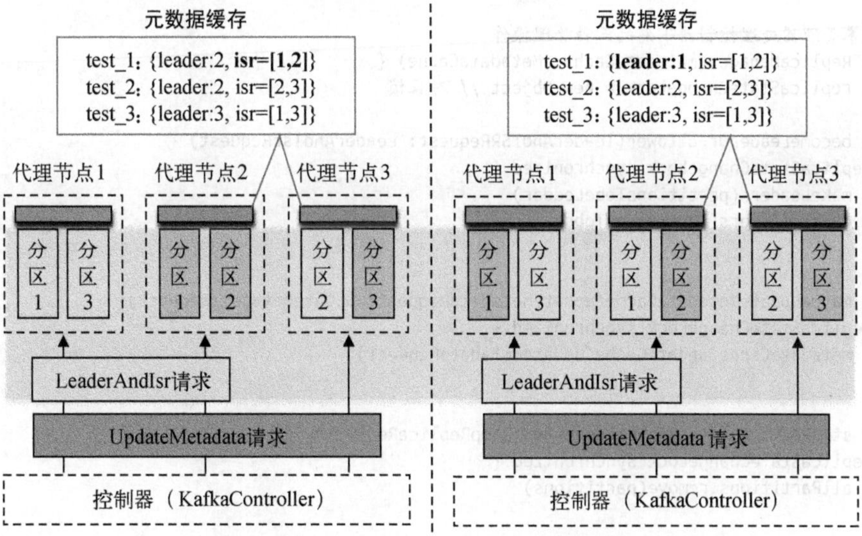

图7-43 LeaderAndIsr请求和UpdateMetadata请求的示例2

7

UpdateMetadata请求的元数据和LeaderAndIsr请求的分区状态信息两者是有关联的。上面的例子中，元数据缓存的内容只举例了分区的主副本信息，实际上却包括主题中所有分区的状态信息。因为LeaderAndIsr请求的内容也是分区的状态信息，所以当分区的状态信息发生变化时，控制器除了要发送LeaderAndIsr请求给分区所有副本对应的代理节点，也应该发送UpdateMetadata请求给所有存活的代理节点。

如图7-44所示，控制器发送UpdateMetadata请求给代理节点，有两种入口：发送LeaderAndIsr请求和外部事件（控制器的故障转移、代理节点上线和下线、重新分配分区、删除主题）。因为外部事件会导致分区的状态信息发生变化，所以控制器处理外部事件，也需要发送UpdateMetadata请求。

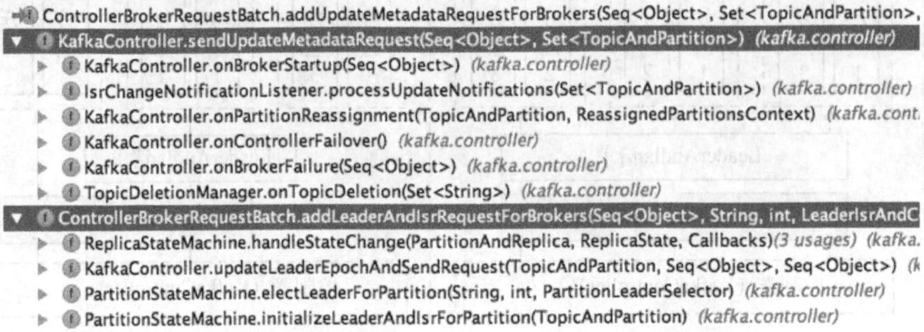

图7-44　控制器发送UpdateMetadata请求的调用链

控制器向代理节点发送的请求类型有三种：分区的主副本和ISR信息（LeaderAndIsr）、更新元数据（UpdateMetadata）、停止副本（StopReplicas）。代理节点处理这三种请求，都会转交给副本管理器执行具体的业务逻辑。由于这三种请求都会更新分区的副本状态，因此这三个操作都会使用同一个对象锁（replicaStateChangeLock）进行同步。相关代码如下：

```
// 副本管理器处理控制器下发的三种管理操作
class ReplicaManager(metadataCache: MetadataCache) {
  val replicaStateChangeLock = new Object // 对象锁

  def becomeLeaderOrFollower(leaderAndISRRequest: LeaderAndIsrRequest) {
    replicaStateChangeLock synchronized {
      makeLeaders(partitionsTobeLeader)
      makeFollowers(partitionsTobeFollower)
    }
  }
  def maybeUpdateMetadataCache(updateMetadataRequest: UpdateMetadataRequest){
    replicaStateChangeLock synchronized {
      metadataCache.updateCache(updateMetadataRequest)
    }
  }
  def stopReplicas(stopReplicaRequest: StopReplicaRequest) = {
    replicaStateChangeLock synchronized {
      allPartitions.remove(partitions)
    }
  }
}
```

控制器按照顺序发送三种请求，如果代理节点正在处理LeaderAndIsr请求，又收到了UpdateMetadata请求，那么代理节点只有等到处理完LeaderAndIsr请求后，才会接着处理UpdateMetadata请求。如图7-45所示，结合客户端访问分区的主副本，具体的步骤如下。

(1) 控制器发送LeaderAndIsr请求给分区的所有代理节点，不同代理节点的分区会分别创建分区的主副本或备份副本。主副本会将分区从拉取管理器移除，备份副本会将分区加入拉取管理器。

(2) 控制器发送UpdateMetadata请求给集群的所有代理节点。

(3) 每个代理节点处理UpdateMetadata请求，都会更新元数据缓存。

(4) 客户端发送Metdata请求，从元数据缓存中获取主题的元数据。

(5) 客户端从主题元数据中找出分区的主副本，并和分区的主副本进行通信。

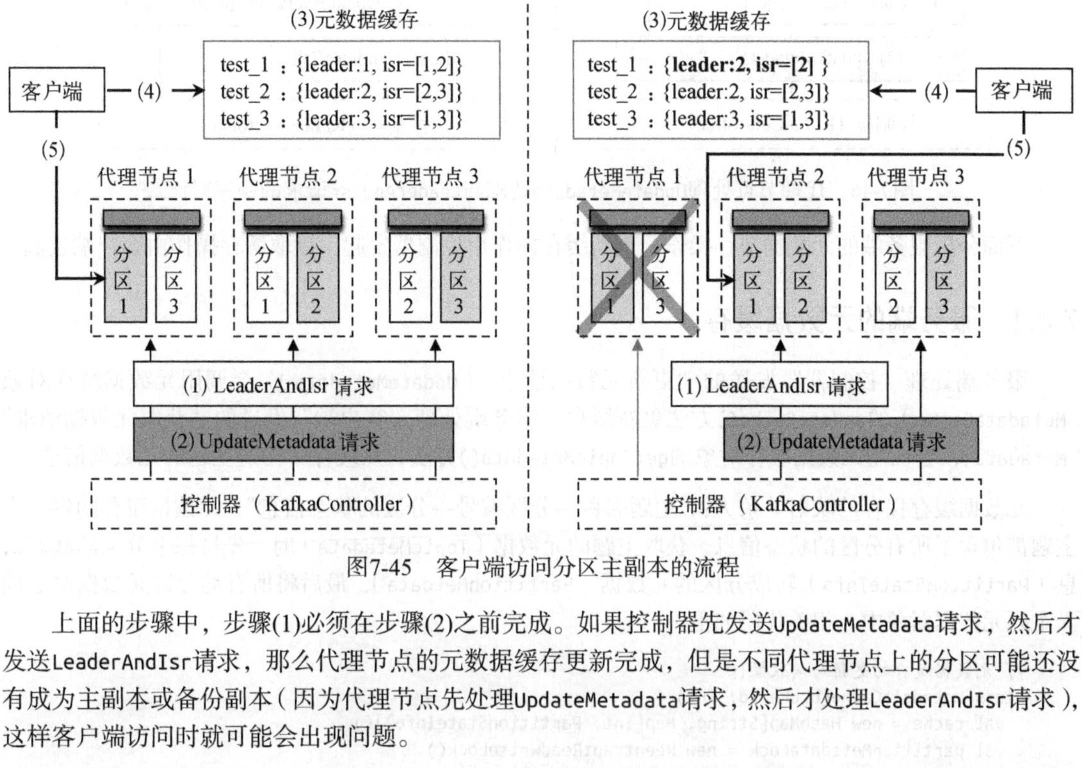

图7-45 客户端访问分区主副本的流程

上面的步骤中，步骤(1)必须在步骤(2)之前完成。如果控制器先发送UpdateMetadata请求，然后才发送LeaderAndIsr请求，那么代理节点的元数据缓存更新完成，但是不同代理节点上的分区可能还没有成为主副本或备份副本（因为代理节点先处理UpdateMetadata请求，然后才处理LeaderAndIsr请求），这样客户端访问时就可能会出现问题。

如图7-46（左）所示，客户端访问分区主副本的处理流程和图7-39类似。右图中，控制器为分区test_1选举最优的主副本，如果它先发送了UpdateMetadata请求给三个代理节点，元数据缓存中分区test_1的主副本会被更新为代理节点1，于是客户端就会访问代理节点1。但实际上，代理节点1因为还没有处理LeaderAndIsr请求，所以其分区test_1还没有成为主副本。客户端这时如果联系分区test_1的主副本（即代理节点1），就会报错："代理节点1不是分区test_1的主副本。"客户端需要等待代理节点1处理完成LeaderAndIsr请求，然后才可以访问分区test_1的主副本（即代理节点1）。

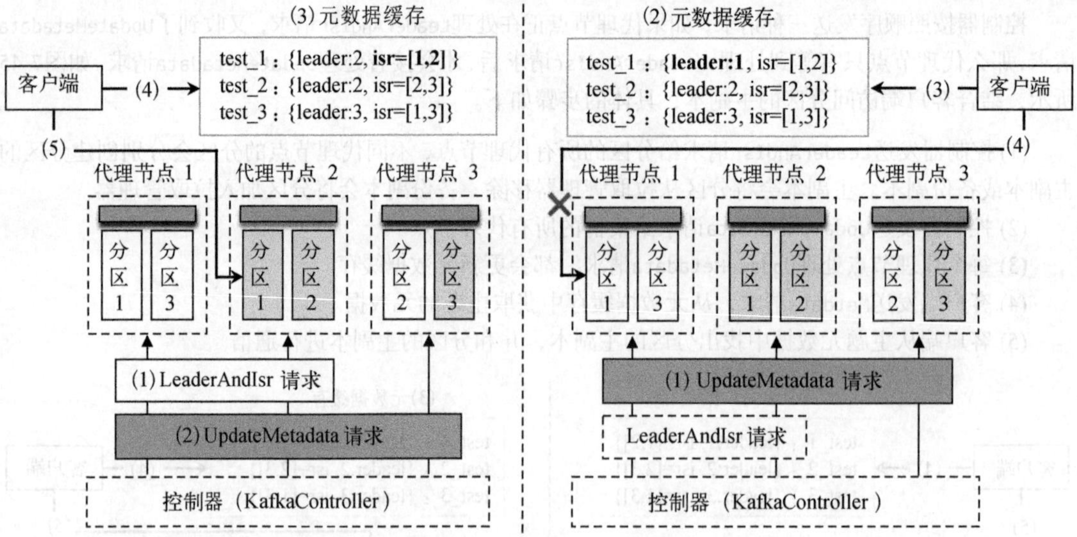

图7-46　代理节点处理UpdateMetadata请求与LeaderAndIsr请求的顺序对比

下面分析服务端的元数据缓存操作。更新缓存操作由控制器发起，读取缓存操作由客户端发起。

7.3.1　服务端的元数据缓存

服务端处理"控制器"发送的"更新元数据请求"（UpdateMetadata），会调用元数据缓存对象（MetadataCache）的updateCache()方法更新缓存。服务端处理"客户端"发送的"获取元数据请求"（Metadata），会调用元数据缓存对象的getTopicMetadata()方法，从缓存中构造主题的元数据信息。

元数据缓存保存的映射关系为："主题名称→分区编号→分区的状态信息"，元数据缓存的每一个主题都包含了所有分区的状态信息。获取主题的元数据（TopicMetadata）时，先将每个分区的状态信息（PartitionStateInfo）转成分区的元数据（PartitionMetdata），最后将所有的分区元数据对象放入主题元数据对象中。相关代码如下：

```
// 元数据缓存的更新与读取操作
class MetadataCache(brokerId: Int) {
  val cache = new HashMap[String, Map[Int, PartitionStateInfo]]()
  val partitionMetadataLock = new ReentrantReadWriteLock()

  // 更新元数据缓存
  def updateCache(req: UpdateMetadataRequest){
    inWriteLock(partitionMetadataLock) {
      req.partitionStateInfos.foreach { case(tp, stateInfo) =>
        cache(topic)(tp) = stateInfo
      }
    }
  }
  // 获取指定主题的元数据
  def getTopicMetadata(topic: String) = {
```

```
    inReadLock(partitionMetadataLock) {
      // 获取元数据缓存指定主题下每个分区对应的状态信息
      val partitionStateInfos = cache(topic)
      val partitionMetadatas = partitionStateInfos.map {
        // 将分区编号和分区状态信息，构造成分区的元数据
        case (partitionId, partitionState) =>
          val replicaInfo = partitionState.allReplicas
          val leader = partitionState.leaderIsrAndEpoch.leaderAndIsr.leader
          val isr = partitionState.leaderIsrAndEpoch.leaderAndIsr.isr
          var leaderInfo = aliveBrokers.get(leader).get.getBrokerEndPoint()
          new PartitionMetadata(partitionId,leaderInfo,replicaInfo,isr)
      }
      // 所有的分区元数据组成一个主题的元数据
      new TopicMetadata(topic, partitionMetadatas)
    }
  }
}
```

上面的两个方法分别更新和读取缓存变量（cache），元数据缓存对象有一个可重入的读写锁（partitionMetadataLock），读取缓存的操作使用了读锁，更新缓存的操作使用了写锁。可重入读写锁的特点是：对于写操作，一次只有一个线程可以修改缓存数据；对于读操作，允许任意数量的线程同时读取缓存。写入锁是独占的，只有写操作完成后，读取操作才可以访问缓存数据。

注意：多线程环境下，不同线程对共享数据的访问和修改，必须通过加锁或同步的方式，来保证数据的一致性。副本管理器分别处理三种请求类型时，使用“对象锁”进行同步；针对缓存的更新和读取操作则使用“读写锁”。对象锁和读写锁都是一种可重入锁，只不过实现方式不同。

正常情况下，因为服务端的元数据缓存不会经常变化，因此客户端也不需要每次都重新获取主题的元数据。客户端会将集群信息相关的元数据记录在一个Metadata对象中，当它需要查询主题的元数据时，并不是每次都通过发送Metadata请求来获取结果，而是直接从元数据对象中获取数据。当然，一旦服务端的元数据缓存发生变化，客户端就应该及时地更新元数据对象，确保客户端的操作使用正确的元数据。否则，客户端从元数据对象获取的数据就和服务端的元数据缓存不一致了。

注意：客户端获取主题的元数据时，发送Metadata请求。客户端收到响应结果后，更新Metadata元数据对象。这里要区分Metadata的概念，前者是一个请求，后者是一个对象。

7.3.2 客户端更新元数据

当客户端需要更新元数据时，会调用元数据对象的requestUpdate()方法，设置元数据对象的needUpdate变量为true。但客户端调用元数据对象的requestUpdate()方法，只是请求更新元数据，并没有发送Metadata请求。当客户端执行网络客户端（NetworkClient）的轮询时，如果需要请求更新元数据，才会发送Metdata请求。结合第2章中客户端发送请求的过程，客户端更新元数据的具体步骤如下。

(1) 客户端需要更新元数据，调用元数据对象的requestUpdate()方法请求更新元数据。

(2) 更新元数据的超时时间为0，说明客户端需要立即更新元数据，客户端调用选择器的send()方法，准备发送Metadata请求。

(3) 客户端调用选择器的poll()方法，真正开始发送Metadata请求给服务端。

(4) 客户端收到Metadata请求的响应结果，更新元数据对象。

如图7-47所示，客户端请求更新元数据有多种入口，主要都是Java版本的生产者和消费者客户端。Scala版本的生产者和消费者客户端也会更新元数据，但是它们只在客户端维护一个简单的缓存结构，而没有使用Metadata元数据对象。元数据对象只用于Java版本的生产者和消费者。

图7-47　客户端请求更新元数据

按照客户端发送请求给服务端的事件顺序，大致可以分为两类：发送请求之前分区没有主副本、处理响应结果有异常。下面重点分析客户端请求更新元数据的各种场景。

1. 发送请求前，分区没有主副本

以生产者和消费者为例，生产者的发送线程在发送生产请求前，或者消费者的拉取器在创建拉取请求前，如果分区没有主副本，都需要更新元数据。注意：这两种场景都还没有开始发送“生产请求”和“拉取请求”给服务端，只是更新了needUpdate变量，表示需要更新元数据。相关代码如下：

```
Metadata.requestUpdate() // 请求更新元数据
  |-- Sender.run(long)    // 发送线程发送生产请求之前
  |-- Fetcher.createFetchRequests()  // 拉取器发送拉取请求之前
     |-- Fetcher.sendFetches()
        |-- KafkaConsumer.pollOnce(long)
```

注意： 生产者和消费者在第2章和第4章分析过了，这里只列举它们和元数据对象（Metadata）相关的代码。调用元数据的fetch()方法返回一个集群配置对象（Cluster），集群配置对象记录了代理节点、主题、分区以及它们之间的映射关系，并提供了一些便于客户端获取数据的方法。本章虽然分析的是服务端的控制器，但是与元数据相关的处理，比较复杂的都在客户端这一层。因为服务端只是更新元数据缓存和获取元数据而已，所以下面会重点分析客户端如何处理元数据的更新。

下面的两段代码列举了生产者和消费者在发送请求之前的准备工作：

```
// 生产者的发送线程在发送生产请求之前，如果分区的主副本不存在，请求更新元数据（第2章）
class Sender {
  void run(long now) {  // 生产者客户端用一个后台的线程不断发送生产请求
    Cluster cluster = metadata.fetch(); // 从元数据对象中获取集群信息
    for(Map.Entry<TopicPartition,Deque<RecordBatch>> entry:batches.entrySet()){
      TopicPartition part = entry.getKey();
      Node leader = cluster.leaderFor(part); // 获取分区的主副本
      // 如果有任意一个分区的主副本为空，强制更新元数据
      if (leader == null) metadata.requestUpdate();
      Map<Integer,List<RecordBatch>> batches=this.accumulator.drain(cluster);
      List<ClientRequest> requests = createProduceRequests(batches, now);
      for (ClientRequest request : requests) client.send(request, now);
      this.client.poll(pollTimeout, now); // 轮询，这里会真正发送请求
    }
  }
}
// 消费者的拉取器在发送拉取请求之前，如果分区的主副本不存在，请求更新元数据（第4章）
class Fetcher {
  private Map<Node, FetchRequest> createFetchRequests() {
    Cluster cluster = metadata.fetch(); // 从元数据对象中获取集群信息
    for (TopicPartition partition : fetchablePartitions()) {
      Node node = cluster.leaderFor(partition); // 获取分区的主副本
      if (node == null) metadata.requestUpdate(); // 强制更新元数据
    }
    createFetchRequests();
  }
  public void sendFetches() { // 新的消费者在客户端代码中循环发送拉取请求
    val fetchRequests = createFetchRequests().entrySet();
    for (Map.Entry<Node,FetchRequest> fetchEntry: fetchRequests) {
      client.send(fetchEntry.getKey(),ApiKeys.FETCH,fetchEntry.getValue());
    }
  }
}
```

其中生产者通过一个后台的发送线程（Sender）创建并发送生产请求，消费者通过调用拉取器的sendFetches()方法创建并发送拉取请求。它们最后都会调用客户端网络连接对象（NetworkClient）的poll()方法把请求发送出去。其中，新的消费者通过调用KafkaCosumer的poll()方法调用网络连接的poll()方法，而生产者直接在发送线程中调用网络连接的poll()方法。

如图7-48所示，客户端更新元数据时会发送元数据请求，并更新元数据对象的集群配置信息。图中灰色部分都与元数据有关。如果分区有主副本（第一个判断条件为“N”），并且元数据的更新时间大于0（第二个判断条件为“N”），客户端的轮询就不需要发送元数据请求，也不会更新元数据对象。

注意：图7-48没有画出客户端发送的生产请求和拉取请求，它们都发生在客户端的轮询之前。实际上，生产请求、拉取请求、元数据请求在调用客户端网络连接对象（NetworkClient）的send()方法时，都只是准备发送请求，只有调用NetworkClient的poll()方法才会把请求发送出去。

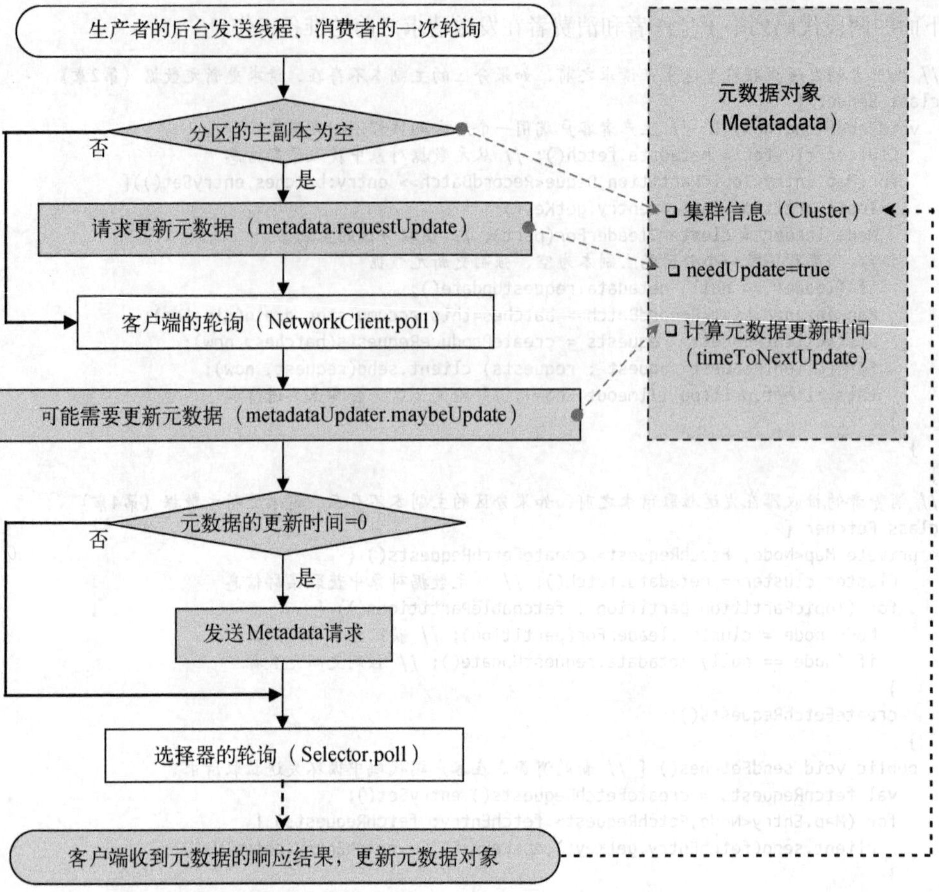

图7-48　客户端发送元数据请求，更新元数据的流程

客户端除了在发送请求前要判断分区是否有主副本，在处理响应结果时也要处理元数据相关的异常：

```
Metadata.requestUpdate() // 请求更新元数据
 |-- Sender.completeBatch() // 发送线程处理生产结果时
     |-- Sender.handleProduceResponse()
 |-- Fetcher.parseFetchedData(CompletedFetch) // 拉取器处理拉取结果时
     |-- Fetcher.fetchedRecords()
         |-- KafkaConsumer.pollOnce(long)
```

2. 处理响应结果时，分区有异常信息

仍以生产者和消费者为例，客户端收到并处理响应结果时，如果元数据有异常，下面的两种场景都需要调用requestUpdate()方法，请求更新客户端的元数据对象。

- 发送线程处理生产结果，异常信息是“无效的元数据”（InvalidMetadataException）。
- 拉取器处理拉取结果，错误码为“不是分区的主副本”（NOT_LEADER_FOR_PARTITION）、“未知的主题或分区”（UNKNOWN_TOPIC_OR_PARTITION）。

生产者和消费者处理元数据异常场景的相关代码如下：

```
// 生产者客户端的发送线程处理生产请求的响应结果
class Sender {
  private void completeBatch(RecordBatch batch, Errors error) {
    if (error != Errors.NONE && canRetry(batch, error)) {
      this.accumulator.reenqueue(batch, now); // 有错误，重新发送
    } else {
      batch.done(baseOffset, timestamp, exception); // 发送成功
    }
    if (error.exception() instanceof InvalidMetadataException)
      metadata.requestUpdate(); // 基于异常类处理
  }
}
// 消费者客户端的拉取器处理拉取请求的响应结果
class Fetcher {
  private PartitionRecords parseFetchedData(CompletedFetch completedFetch){
    FetchResponse.PartitionData partition = completedFetch.partitionData;
    if (partition.errorCode == Errors.NOT_LEADER_FOR_PARTITION.code()
        || partition.errorCode == Errors.UNKNOWN_TOPIC_OR_PARTITION.code()) {
      this.metadata.requestUpdate(); // 基于错误码处理
    }
  }
}
```

客户端处理响应结果中的每个分区，它们的错误码都是在服务端处理请求时设置的。服务端处理生产者发送的“生产请求”以及消费者发送的“拉取请求”，如果出现异常信息，会返回对应的异常类。Errors类定义了异常类和错误码的枚举关系，比如，NotLeaderForPartitionException的错误码是NOT_LEADER_FOR_PARTITION。客户端在处理响应结果时，可以直接基于异常类，或者基于错误码进行错误处理。相关代码如下：

```
// 副本管理器处理“生产请求”和“拉取请求”，有异常时捕获异常信息
class ReplicaManager {
  // 处理“生产请求”，追加消息到分区的主副本
  def appendToLocalLog(...) {
    try {
      partition.appendMessagesToLeader(messages)
    } catch { // 捕获各种异常，不同的异常类对应不同的错误码
      case e@ (_: UnknownTopicOrPartitionException |
               _: NotLeaderForPartitionException =>
        (tp, LogAppendResult(UnknownLogAppendInfo, Some(e)))
    }
  }
  // 处理“拉取请求”，从分区的主副本读取消息
  def readFromLocalLog(...){
    try{
      val localLeaderReplica = getLeaderReplicaIfLocal
      localLeaderReplica.log.read(offset,fetchSize,maxOffsetOpt)
    }catch{
      case e@ (_: UnknownTopicOrPartitionException |
               _: NotLeaderForPartitionException |
               _: ReplicaNotAvailableException |
               _: OffsetOutOfRangeException =>
```

```
            (tp, LogReadResult(UnknownOffsetMetadata, Some(e)))
        }
    }
}
```

服务端集群每个代理节点的元数据缓存都是一致的，客户端只需要向任意一个节点发送元数据请求，就可以获取缓存的元数据，并更新客户端的元数据对象。客户端的元数据对象保存了集群的配置信息，包括每个分区的主副本。以生产者为例，如图7-49所示，生产者为消息分配不同的分区编号，并将不同分区的消息集通过"生产请求"发送到不同的代理节点。正常情况下，如果服务端的分区没有返回错误码，生产者客户端会使用已有的元数据对象继续发送"生产请求"。

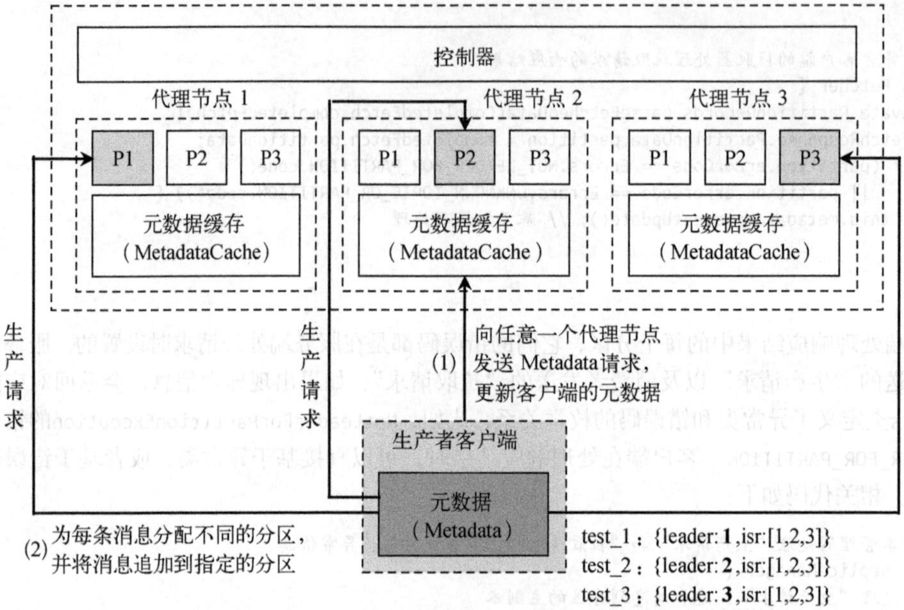

图7-49　生产者根据元数据对象发送生产请求

如图7-50所示，控制器将分区的主副本从代理节点1转移到代理节点2，代理节点1处理生产者发送的"生产请求"会抛出异常。客户端收到带有异常的响应结果，就会重新发送元数据请求，并更新元数据对象。

总结下客户端与服务端交互时，需要更新元数据的流程，具体步骤如下。

(1) 客户端发送请求之前，如果分区的主副本为空，则强制更新元数据。
(2) 服务端处理客户端的请求，如果处理过程有错误，为对应的分区返回异常信息。
(3) 客户端处理响应结果，如果分区的结果存在异常信息，则强制更新元数据。

客户端除了正常的请求更新元数据，在元数据对象相关的方法中还有下面几种特殊的使用场景。

- 生产者发送数据之前，必须等待元数据更新完成，才会将消息追加到记录收集器。
- 消费者分配分区之前，必须确保刷新完元数据，才会开始拉取分区的消息集。

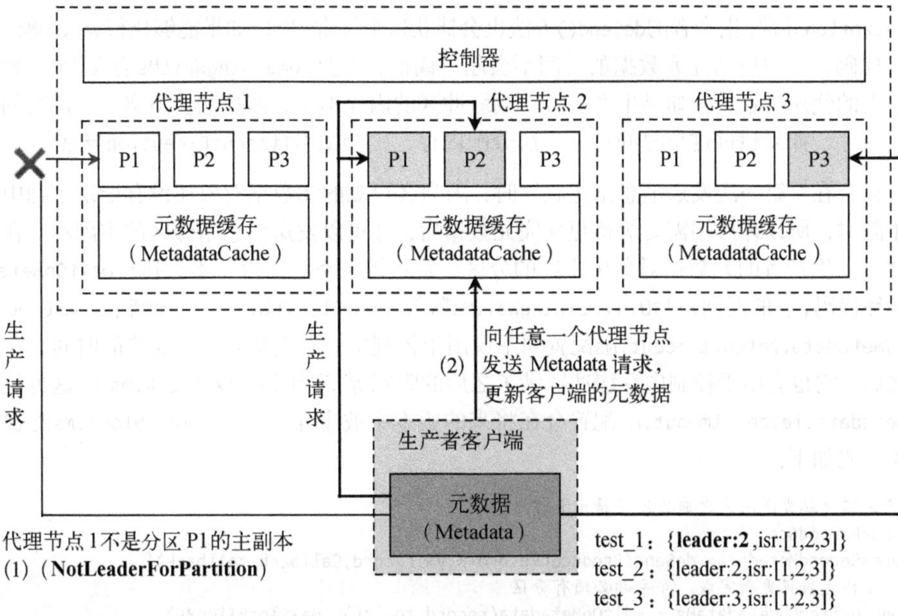

图7-50 服务端处理生产请求出错，客户端需要重新获取元数据缓存

相关代码如下：

```
Metadata.awaitUpdate(int, long)  // 等待更新元数据完成
  |-- KafkaProducer.waitOnMetadata(String, long)
       |-- KafkaProducer.partitionsFor(String)
       |-- KafkaProducer.doSend(ProducerRecord<K, V>, Callback)

Metadata.updateRequested()
  |-- ConsumerNetworkClient.ensureFreshMetadata() // 确保刷新完元数据
       |-- ConsumerCoordinator.ensurePartitionAssignment()
            |-- KafkaConsumer.pollOnce(long)
       |-- ConsumerCoordinator.performAssignment()
            |-- AbstractCoordinator.onJoinLeader(JoinGroupResponse)
```

3. 生产者第一次发送消息，等待元数据可用

生产者在发送数据之前，必须确保主题有可用的分区。生产者调用`waitOnMetadata()`方法会一直阻塞，直到主题有了分区后，它才会为消息分配分区，并追加消息到记录收集器中。如果元数据对象的主题没有分区，客户端会先调用元数据对象的`requestUpdate()`方法请求更新元数据，然后调用发送线程的`wakeup()`方法唤醒发送线程，最后调用元数据对象的`awaitUpdate()`方法等待元数据更新完成。

这里还要理解几个不同的时间所代表的含义。`maxBlockTimeMs`是更新元数据最多允许花费的时间（简称“阈值”），它的配置项为`metadata.fetch.timeout.ms`或`max.block.ms`，默认值为60秒。`waitedOnMetadataMs`表示等待更新元数据完成花费的时间，`remainingWaitMs`表示剩余的时间。如果更新元数据花费的时间超过阈值，则`remainingWaitMs=0`，表示剩余需要等待的时间为0，即不需要等待。在具体的实现上，如果更新完元数据实际花费的时间超过了阈值，在`waitOnMetadata()`方法中就会抛出TimeoutException异常,生产者的doSend()方法也会捕获这个异常。所以如果能够执行waitOnMetadata()方法之后的代码，一般更新完元数据的时间不会超过阈值，并且remainingWaitMs会大于0。剩余等待时间在接下去的使用场景是：如果生产者客户端缓冲区的内存不足，客户端会阻塞一定的时间，等待分配更多的内存，如果超过这个时间还是无法分配内存，也会抛出TimeoutException异常。

生产者只有在“第一次发送消息给主题”时，因为客户端的元数据对象还没有记录主题中每个分区对应的主副本，所以客户端需要等待更新完元数据后，才可以发送消息给分区的主副本。在第一次发送消息之后，生产者的元数据对象中主题的分区一定不等于空，所以就不会执行waitOnMetadata()方法中的循环代码,它的返回值为0, remainingWaitMs就等于maxBlockTimeMs了。总结下, maxBlockTimeMs阈值对应的metadata.fetch.timeout.ms配置项不仅用于控制第一次更新元数据需要的时间，在第一次发送消息之后，它也会用于控制内存缓冲区满了之后的阻塞等待时间（max.block.ms）。这也是生产者配置项中metadata.fetch.timeout.ms配置会在将来的版本中被废弃，并使用max.block.ms配置代替的原因。相关代码如下：

```
// 生产者客户端发送消息之前必须等待元数据可用
class KafkaProducer {
  Future<RecordMetadata> doSend(ProducerRecord<K,V> record,Callback callback){
    // 等待元数据更新完成，即主题必须有分区
    long waitedOnMetadataMs = waitOnMetadata(record.topic(), maxBlockTimeMs);
    long remainingWaitMs = Math.max(0, maxBlockTimeMs - waitedOnMetadataMs);
    // 主题有了分区后，才可以为每条消息设置所属的分区编号
    int partition = partition(record, key, value, metadata.fetch());
    RecordAppendResult result=accumulator.append(tp,key,value,remainingWaitMs);
    if (result.batchIsFull || result.newBatchCreated) this.sender.wakeup();
    return result.future;
  }

  private long waitOnMetadata(String topic, long maxWaitMs)  {
    long begin = time.milliseconds();
    long remainingWaitMs = maxWaitMs; // maxWaitMs等于maxBlockTimeMs
    // 主题必须有分区，如果没有分区，就不知道要将消息追加到哪个分区
    while (metadata.fetch().partitionsForTopic(topic) == null) {
      int version = metadata.requestUpdate(); // 请求更新元数据
      sender.wakeup(); // 唤醒发送线程
      metadata.awaitUpdate(version, remainingWaitMs); // 等待元数据更新完成
      long elapsed = time.milliseconds() - begin;
      if (elapsed >= maxWaitMs) throw new TimeoutException("Failed");
      remainingWaitMs = maxWaitMs - elapsed;
    }
    return time.milliseconds() - begin;
  }
}
```

生产者发送消息之前，如果主题没有分区，在等待元数据更新完成之前会唤醒发送线程。在等待更新元数据完成之后，追加消息集到记录收集器，如果批记录满了，或者创建了新的一批记录，也会唤醒发送线程。这两个唤醒发送线程的动作，最后都会调用选择器的wakeup()方法。相关代码如下：

```
public class Sender implements Runnable { // 发送线程
  public void wakeup() { this.client.wakeup(); } // 唤醒客户端
```

```
}

public class NetworkClient { // 客户端网络连接对象的轮询
  public void wakeup() { this.selector.wakeup(); } // 唤醒选择器

  public List<ClientResponse> poll(long pollTimeout, long now) {
    // 如果元数据的更新时间等于0，在这里会准备发送元数据请求
    long metadataTimeout = metadataUpdater.maybeUpdate(now);
    // 轮询方法的等待时间也等于0，选择器不会阻塞，而是立即发送元数据请求
    selector.poll(Utils.min(pollTimeout,metadataTimeout,requestTimeoutMs));
  }
}
```

发送线程在后台不断循环运行，即使客户端没有需要发送的请求，它也会间隔一段时间（pollTimeout）调用一次轮询方法。选择器在轮询时，如果没有请求需要发送，它最多会阻塞pollTimeout时间后，再次调用轮询方法。发送线程轮询时会调用选择器的select(pollTimeout)方法，当生产者客户端唤醒发送线程时，它会中断选择器调用的select()方法。即当唤醒（即中断）操作发生时，选择器的select()如果处于阻塞状态，它会立即返回。下面分析这两种唤醒操作的具体实现细节。

第一次唤醒：如图7-51所示，生产者第一次发送消息时，由于还没有发送"元数据请求"，所以主题的分区为空。生产者发送消息必须为消息指定分区编号，因为主题的分区为空，所以生产者必须立即唤醒发送线程，让选择器立即从当前的轮询中退出，进行下一次的轮询。又因为生产者请求更新元数据，所以在下一次的轮询时，选择器的轮询不会进入阻塞状态，而是立即发送"元数据请求"。

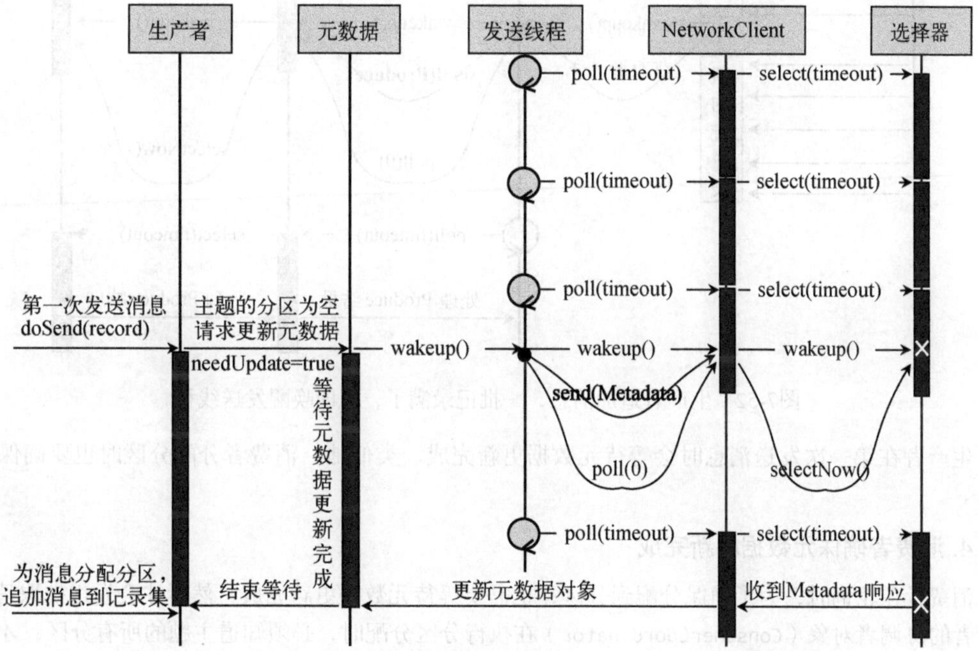

图7-51　生产者第一次发送消息，立即唤醒发送线程，等待元数据可用

注意：图7-51中，黑色矩形表示调用被阻塞，轮询操作和等待元数据更新完成都会阻塞外部的调用线程。

第二次唤醒：如图7-52所示，生产者将消息追加到记录收集器，只有在一批记录满了，或者创建了新的一批记录时，才会唤醒发送线程。在这之前，选择器的轮询仍然周期性地运行，并且每次轮询都会阻塞一段时间。当需要发送“生产请求”时，生产者会立即让选择器从当前的轮询中退出，进行下一次的轮询。在下一次轮询时，发送线程会从记录收集器中选出需要发送的批记录，并立即发送“生产请求”。

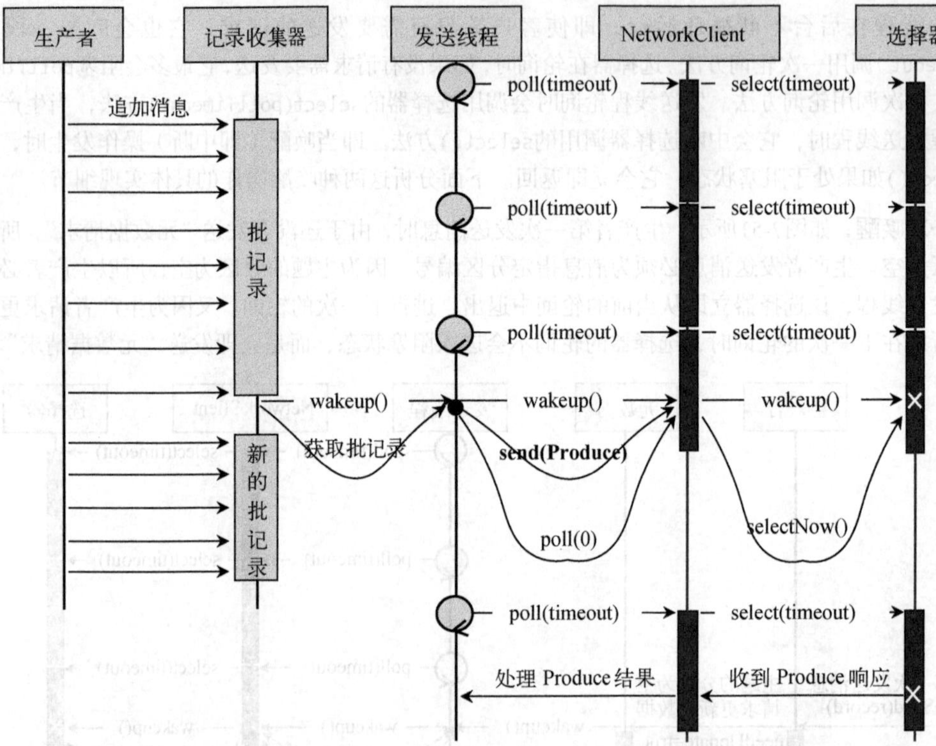

图7-52　生产者追加消息，一批记录满了，立即唤醒发送线程

生产者在第一次发送消息时会等待元数据更新完成。类似地，消费者分配分区时也要确保有元数据。

4. 消费者确保元数据刷新完成

消费者在轮询时，为了确保分配到分区，也需要等待元数据更新完成，然后才会发送拉取请求。消费者的协调者对象（`ConsumerCoordinator`）在执行分区分配时，必须知道主题的所有分区，才能为同一个消费组中所有的消费者分配分区。如果没有元数据信息，协调者就无法执行分区分配的任务。回顾生产者在发送消息时的情况，如果主题没有分区，就无法为消息指定所属的分区，这两种情况是类似的。相关代码如下：

```
// 消费者的协调者必须确保有元数据，才可以执行分区分配的任务（第5章）
class ConsumerCoordinator {
  protected Map<String, ByteBuffer> performAssignment(String leaderId,
      String assignmentStrategy, Map<String, ByteBuffer> allSubscriptions) {
    metadata.setTopics(this.subscriptions.groupSubscription());
    client.ensureFreshMetadata();
    assignor.assign(metadata.fetch(),subscriptions); // 从可用的元数据获取集群配置
  }
}
class ConsumerNetworkClient {
  public void ensureFreshMetadata() {
    if (this.metadata.updateRequested() || // 请求更新元数据等于true
        this.metadata.timeToNextUpdate(time.milliseconds()) == 0) // 更新时间到了
      awaitMetadataUpdate();
  }
  public void awaitMetadataUpdate() { // 等待元数据更新完成，如果没有完成，就一直阻塞
    int version = this.metadata.requestUpdate();
    do{
      poll(Long.MAX_VALUE); // 如果元数据的版本没有变化，则一直轮询
    }while(this.metadata.version()==version); // 一旦版本变化，说明更新了元数据
  }
}
```

比较上一节和本节，生产者等待元数据更新完成的条件是："主题的分区不为空。"消费者等待元数据更新的条件是："元数据的版本号发生变化。"一旦主题的分区不为空，或者元数据的版本号发生变化，说明客户端已经更新完元数据。客户端后续的操作，就可以调用元数据的fetch()方法获取集群配置。

消费者的协调者在分配分区时，等待元数据更新完成的前提条件是"元数据需要更新"，或者"元数据的更新时间为0"。如果元数据不需要更新，或者更新时间大于0，消费者分配分区的操作就不会被阻塞，而是立即执行。同样地，生产者发送消息时，如果主题的分区不为空，也不需要阻塞地更新元数据，它也会立即为消息指定分区，并将消息追加到记录集中。总结这两种场景，只有在必要的时候才需要更新客户端的元数据。如果不需要更新元数据，客户端的元数据对象就保持不变。

本章前面三节分析了控制器启动后的主要工作，包括状态机的状态处理，以及发送LeaderAndIsr请求、UpdateMetadata、StopReplica请求给代理节点。当代理节点挂掉后，BrokerChangeListener监听器会触发调用控制器的onBrokerFailure()方法，处理下线的代理节点。另外，代理节点启动异常，或者手动中断Kafka服务端，都会调用KafkaServer的shutdown()方法：

```
KafkaServer.shutdown()
   |-- KafkaServer.startup() // 启动出现异常
   |-- KafkaServerStartable.shutdown() // Runtime.getRuntime().addShutdownHook
     |-- <anonymous> in main() in Kafka$.run() // 关闭钩子，内置一个关闭线程
```

7.4 Kafka 服务关闭

Kafka服务关闭时，会先发送ControlledShutdown请求给主控制器，然后依次关闭网络服务端（SocketServer，详见第2章）、处理请求的连接池（KafkaRequestHandlerPool，详见第2章）、副本管理

器（ReplicaManager，详见第6章）、日志管理器（LogManager，详见第6章）、消费组的协调者（GroupCoordinator，详见第5章）、控制器（KafkaController，详见第7章）。相关代码如下：

```
class KafkaServer { // Kafka服务关闭
  private implicit val kafkaMetricsTime: org.apache.kafka.common.utils.Time =
    new org.apache.kafka.common.utils.SystemTime() // 隐式变量

  def shutdown() {
    // Kafka服务启动成功，并且开启了controlled.shutdown.enable=true配置项
    if (startupComplete.get() && config.controlledShutdownEnable) {
      if (config.interBrokerProtocolVersion >= KAFKA_0_9_0)
        networkClientControlledShutdown(maxRetries)
      else blockingChannelControlledShutdown(maxRetries)
    }
    // 接下去依次关闭网络服务端、副本管理器、消费组的协调者、控制器等其他组件
    kafkaController.shutdown()
  }
  def networkClientControlledShutdown(retries: Int): Boolean = {
    val networkClient = new NetworkClient(...)
    import NetworkClientBlockingOps._ // 隐式转换，为NetworkClient扩展新的方法
    var shutdownSucceeded: Boolean = false // 是否关闭成功
    var remainingRetries = retries // 剩余的重试次数

    while (!shutdownSucceeded && remainingRetries > 0){ // 不成功且还有机会重试
      remainingRetries = remainingRetries - 1 // 剩余次数减一
      val controllerId = zkUtils.getController() // 获取集群的控制器
      val request = new ClientRequest(controllerId, // 向控制器发送请求
        new ControlledShutdownRequest(config.brokerId)) // 请求内容是被关闭的节点
      val response = networkClient.blockingSendAndReceive(request)
      // 剩余分区为空，关闭成功
      if (response.partitionsRemaining.isEmpty) shutdownSucceeded = true
    }
  }
  // 版本小于0.9.0的Kafka，因为没有NetworkClient，所以采用BlockingChannel关闭
  def blockingChannelControlledShutdown(retries: Int): Boolean = {}
}
```

这种关闭方法是一种优雅的服务关闭方式，相比直接kill掉进程的方式，它的优点有下面两点。

- 同步日志：将所有未同步的日志刷写到磁盘，避免重启时需要执行恢复日志的流程。因为日志恢复会花费一定的时间，在服务关闭前同步日志，重启时就不需要恢复日志，从而可加快服务重启的速度。
- 分区迁移：在服务关闭之前，将代理节点上属于主副本的分区迁移到其他代理节点上。这种方式可以更快地转移分区的主副本，减少分区不可用的时间窗口。

代理节点发送ControlledShutdown请求给主控制器是阻塞式的，但NetworkClient的轮询是异步非阻塞的。为了提供同步阻塞的功能，NetworkClientBlockingOps提供了一个隐式的blockingSendAndReceive()方法，该方法可以确保调用者只有在收到响应结果后才返回。相关代码如下：

```
object NetworkClientBlockingOps { // 阻塞式地发送请求和接收响应（隐式方法）
  implicit def block(client:NetworkClient)=new NetworkClientBlockingOps(client)
}
```

```
class NetworkClientBlockingOps(val client: NetworkClient) extends AnyVal {
  def blockingSendAndReceive(request: ClientRequest)(implicit time: Time) = {
    client.send(request, time.milliseconds()) // 发送请求
    pollContinuously { responses =>
      responses.find(_.request.correlationId == request.correlationId)
    }
  }
  def pollContinuously[T](collect: Seq[ClientResponse] => Option[T])
     (implicit time: Time): T = { // 隐式参数
    @tailrec def recursivePoll: T = {
      // 虽然轮询方法的超时参数是最大值，但限于请求的超时时间阈值，这里并不会永远阻塞
      val responses = client.poll(Long.MaxValue, time.milliseconds()) // 轮询
      collect(responses) match {
        case Some(result) => result // 获取到结果，可以立即返回
        case None => recursivePoll // 没有获取到结果，继续递归调用
      }
    }
    recursivePoll
  }
}
```

主动关闭Kafka服务的代理节点向主控制器发送ControlledShutdown请求，它收到响应结果的partitionsRemaining数据必须为空，代理节点才可以关闭其他的组件。partitionsRemaining表示分区的主副本仍然在即将关闭的代理节点上。这里主要针对副本数大于1的分区，如果分区只有一个副本，由于没有可用的其他副本，也就没办法迁移主副本到其他代理节点上。相关代码如下：

```
class KafkaController { // 服务端处理ControlledShutdown请求
  def shutdownBroker(id: Int) : Set[TopicAndPartition] = {
    context.shuttingDownBrokerIds.add(id) // 添加到即将关闭的代理节点列表
    context.partitionsOnBroker(id).foreach { tp =>
      context.partitionLeadershipInfo.get(tp).foreach { currLeaderAndIsr =>
        if (currLeaderAndIsr.leaderAndIsr.leader == id) {
          // 代理节点是分区的主副本，转移主副本、更新ISR、更新ZK，通知其他受影响的代理节点
          partitionStateMachine.handleStateChanges(Set(tp), OnlinePartition,
            controlledShutdownPartitionLeaderSelector)
        } else { // 如果是备份副本，停止副本，然后将副本状态转为下线
          brokerRequestBatch.newBatch()
          brokerRequestBatch.addStopReplicaRequestForBrokers(Seq(id),tp,false)
          brokerRequestBatch.sendRequestsToBrokers(epoch)
          replicaStateMachine.handleStateChanges(
            Set(PartitionAndReplica(tp, id)), OfflineReplica)
        }
      }
    }
    // 副本数大于1，且分区的主副本还在即将关闭的代理节点上，返回值不为空
    context.partitionLeadershipInfo.filter { case (tp, leaderAndIsr) =>
      leaderAndIsr.leader == id &&
      context.partitionReplicaAssignment(tp).size > 1
    }.map(_._1)
  }

  // 如果代理节点是当前的主控制器，则关闭状态机，否则不会有任何实际的操作
  def shutdown() = onControllerResignation()
}
```

7

图7-53给出了四种关闭代理节点的场景。只有示例三需要多次发送ControlledShutdown请求，因为控制器第一次处理完成后，仍然有主副本的分区在即将关闭的节点上，没有迁移到其他节点。

- 示例1：只有分区P1的主副本在代理节点1上，当分区P1的主副本转移到代理节点2上时，关闭动作才认为完成。
- 示例2：三个分区[P1,P2,P3]都在代理节点1上，只有这个三个分区的主副本都转移到其他代理节点上时，才算关闭完成。
- 示例3：代理节点1上分区P3的主副本没有迁移到其他代理节点，它需要再次发送ControlledShutdown请求给主控制器，直到所有副本全部迁移完成。
- 示例4：由于分区的副本数为1，这种场景下不需要转移分区的主副本，也认为关闭完成。

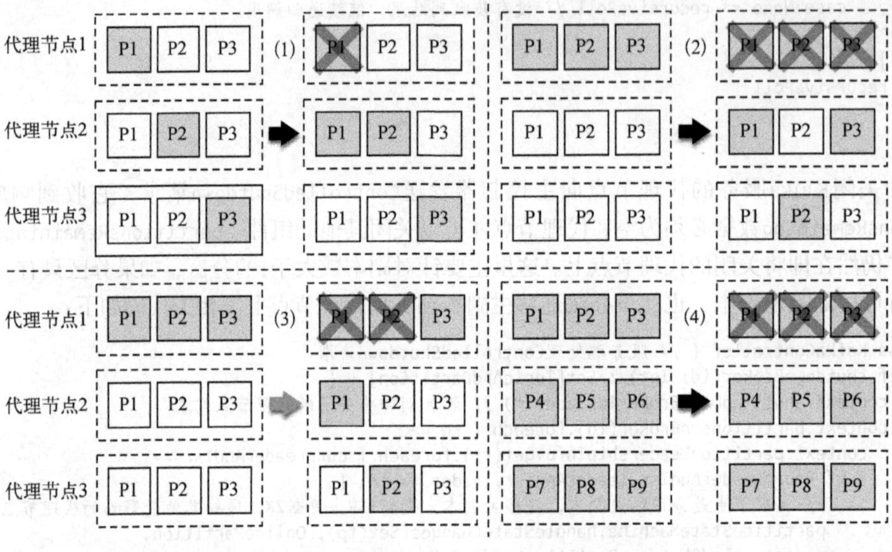

图7-53　代理节点关闭时，如果副本数大于1，主副本全部转移到其他节点才算关闭完成

即将关闭的代理节点发送ControlledShutdown请求，会带有代理节点的编号。因为控制器上下文记录了每个节点上的所有分区，所以控制器知道即将关闭的代理节点上都有哪些分区。主控制器处理分区的主副本和备份副本逻辑不同：如果是主副本，控制器会通过"分区状态机"和"分区的主副本选举器"，将分区的主副本转移到其他代理节点，并将分区状态转为"上线状态"；如果是备份副本，控制器会先向即将失败的代理节点发送StopReplica请求，然后将对应的副本转为"下线状态"。相关代码如下：

```
class ControlledShutdownLeaderSelector(context: ControllerContext) {
  def selectLeader(tp: TopicAndPartition, leaderAndIsr: LeaderAndIsr) = {
    // liveOrShuttingDownBrokerIds包括存活的所有代理节点，以及即将关闭的代理节点
    val liveAssignedReplicas = context.partitionReplicaAssignment(tp).filter(
      context.liveOrShuttingDownBrokerIds.contains)
    // shuttingDownBrokerIds只包括即将关闭的代理节点，新的ISR会过滤即将关闭的节点
    val newIsr=leaderAndIsr.isr.filter(!context.shuttingDownBrokerIds.contains)
    // 新的ISR（newIsr）和新的主副本（newLeader）都不包括即将关闭的节点
```

```
      val newLeader = liveAssignedReplicas.filter(newIsr.contains).headOption
      (LeaderAndIsr(newLeader,epoch+1,newIsr,zkVersion+1),liveAssignedReplicas)
    }
  }
```

控制器处理分区状态机和副本状态机的状态转换，会发送本章重点分析的三种请求给对应的代理节点。

- **发送LeaderAndIsr请求给受影响的代理节点。**分区的主副本如果在即将关闭的代理节点上，控制器选举出新的主副本后，发送LeaderAndIsr请求给分区所有副本所在的代理节点。新主副本所在的代理节点会调用分区的makeLeader()方法成为主副本，其他代理节点会调用分区的makeFollower()成为备份副本。
- **发送UpdateMetadata请求给所有的代理节点。**由于分区的主副本和ISR信息发生变化，每个代理节点都会接收控制器发送的UpdateMetadata请求，并更新元数据缓存。
- **发送StopReplica请求给即将失败的代理节点。**分区的备份副本如果在即将关闭的代理节点上，即将关闭代理节点上对应的分区会关闭备份副本的拉取线程。因为代理节点一旦真正下线，它上面的备份副本就不需要向主副本同步消息了。

7.5 小结

控制器是实现Kafka副本机制的核心。如图7-54所示，从逻辑层来看，一个主题有多个分区，一个分区有多个副本。如何将一个分区的多个副本以分布式的方式存储在不同的消息代理节点上，这就是控制器的主要职责。

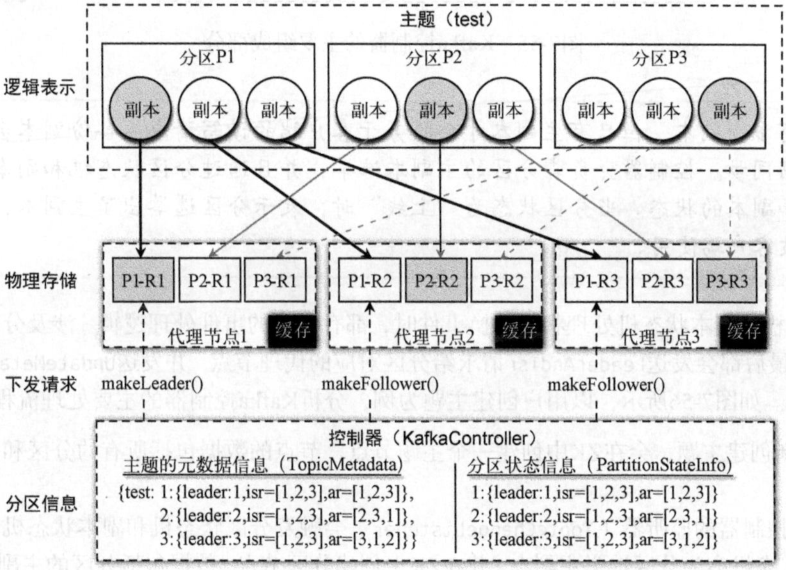

图7-54　Kafka实现副本机制的核心是控制器

Kafka集群的元数据信息会持久化到ZK中，Kafka控制器需要和ZK进行交互，获取分区的副本集合（AR）、主副本（Leader）、同步的副本集（ISR）。新创建主题时，Kafka控制器会从每个分区的AR中选举主副本，并下发LeaderAndIsr请求给分区所有副本所在的代理节点。在主题数据变化时，Kafka控制器有不同的主副本选举策略。

如图7-55所示，控制器内部的主要组件包括多种类型的监听器，它们分别注册到不同的ZK节点，监控不同的外部事件，比如：代理节点上下线、分区数变化、重新分区等。Kafka控制器使用了分区状态机和副本状态机处理分区和副本的状态变化，状态包括："不存在""新建""上线""下线"。删除主题时，副本状态机还引入了"开始删除""删除成功""删除失败"三个状态。状态机的状态转换都有一定的规则，比如：删除主题时，副本状态要从"下线"到"不存在"，中间必须经过"开始删除"和"删除成功"。

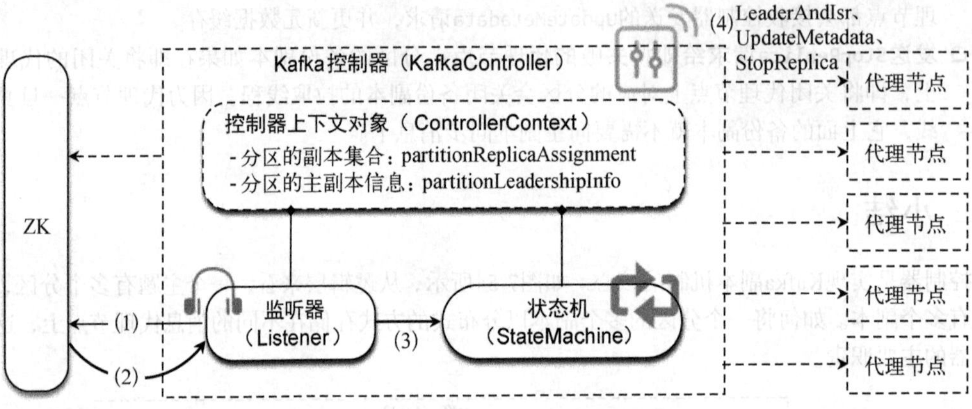

图7-55 Kafka控制器的主要组成部分

注意： 分区有多个副本，但只有主副本才会服务于客户端的读写请求，备份副本会和主副本保持数据同步。控制器会负责分区的主副本选举，并且通过分区状态机和副本状态机维护分区和副本的状态。当分区状态为"上线"时，表示分区选举出了主副本，这时分区才可以被客户端使用。

分区状态机和副本状态机处理状态转换事件时，都有不同的事件处理逻辑。涉及分区状态变化的事件，控制器最后都会发送LeaderAndIsr请求给分区对应的代理节点，并发送UpdateMetadata请求给所有的代理节点。如图7-56所示，以用户创建主题为例，分析Kafka控制器的主要处理流程，步骤如下。

(1) 用户新创建主题，会在ZK中创建一个主题节点，节点的数据包括所有的分区和分区的所有副本集。

(2) Kafka控制器的监听器（TopicChangeListener）会触发分区状态机和副本状态机的事件处理。

(3) 分区状态机会为分区选举主副本，并在ZK中创建分区节点，数据包括分区的主副本、ISR集合。

(4) 控制器发送LeaderAndIsr请求给分区的所有副本，不同副本可以成为主副本、备份副本。

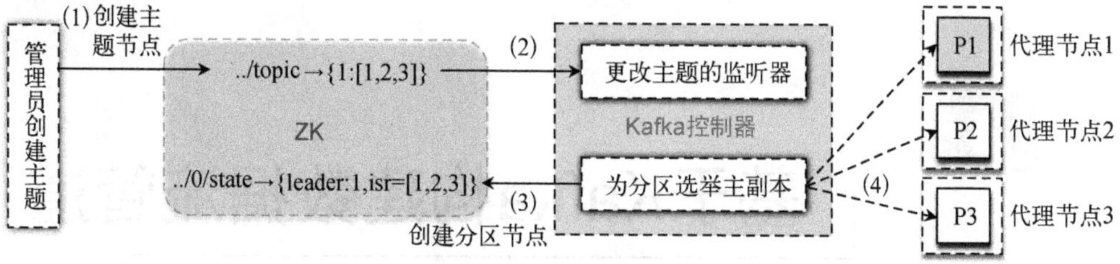

图7-56 Kafka控制器处理新增主题的流程

为了维护Kafka集群的稳定性和可用性，控制器要处理各种各样的异常情况，比如：代理节点挂掉会对上面有主副本的分区产生影响、代理节点重启后增加了可用的副本。另外，控制器还要处理一些管理工作，比如重新分配分区、选举最优副本平衡分区、删除主题等。

控制器一个很重要的工作是决定了分区的主副本后，要将`LeaderAndIsr`请求下发给受到影响的代理节点。每个收到`LeaderAndIsr`请求的代理节点，都会根据分区在当前代理节点是“主副本”还是“备份副本”，分别调用分区的`makeLeader()`或者`makeFollower()`方法。由于分区只有一个主副本，因此对于一个分区而言，仅一个代理节点有机会调用`makeLeader()`，其他代理节点都只会调用`makeFollower()`。

控制器除了发送`LeaderAndIsr`给部分代理节点，还会发送`UpdateMetadata`请求给所有代理节点。元数据包括分区状态数据、存活的代理节点，每个代理节点都会缓存元数据数据到`MetadataCache`对象中。元数据的缓存在每个代理节点上都是一致的，客户端在需要查询主题元数据（`TopicMetadata`）时，发送元数据请求（`Metadata`）只需要连接任意一个节点，就可以获取对应的数据。比如（旧版本的）生产者客户端要获取分区的主副本，才能知道要往哪个节点写数据，因此生产者的配置项`metadata.broker.list`可以指定任意一个代理节点。

从上面的分析中可以知道，控制器下发`LeaderAndIsr`请求、`UpdateMetadata`请求，以及客户端发送元数据请求获取`TopicMetadata`数据、客户端往分区的主副本写入数据这几个过程都是有序的。如果说没有下面的前两个步骤，没有元数据，生产者客户端就无法获取元数据，也就无法正常工作了。表7-10列举了涉及Kafka控制器的几种请求顺序。

表7-10 Kafka控制器与代理节点、客户端相关的请求

序号	请求类型	请求的发送方和接收方	处理逻辑
1	`LeaderAndIsr`	控制器发送给代理节点	分区在不同的节点上分别成为主副本或备份副本
2	`UpdateMetadata`	控制器发送给代理节点	代理节点更新元数据缓存的`TopicMetadata`
3	`Metadata`请求	客户端发送给任意一个代理节点	客户端要获取主题的元数据，比如分区的主副本
4	`Produce`请求	客户端发送给分区的主副本节点	客户端往分区的主副本节点生产消息

第 8 章

基于Kafka构建数据流管道

Kafka的核心概念有两个：生产者和消费者。如果有多个Kafka集群，为了实现不同集群的数据同步，可以编写一个应用程序，其中生产者读取源集群（source cluster）的消息，消费者写入消息到目标集群。不过，Kafka本身内置了一个集群同步的工具：MirrorMaker。此外，本章还会分析Uber开源的uReplicator工具，它是MirrorMaker的改进版。另外，除了Kafka集群之间的数据同步，Kafka集群和其他存储系统需要同步数据时，Kafka也提供了"Kafka连接器"（Kafka Connect）完成数据的导入和导出。

8.1 Kafka 集群同步工具：MirrorMaker

Kafka内置的MirrorMaker是多个Kafka集群之间（单向）同步数据的工具。如图8-1（上）所示，假设要自己实现不同集群的数据同步，用户需要自己编写消费者程序从源集群拉取数据，然后编写生产者程序，将拉取到的消息写到目标集群。如果要将多个源集群的数据同步到一个目标集群，那么不同的消费者应用程序分别负责拉取不同源集群的数据，然后写到同一个目标集群。如图8-1（下）所示，Kafka提供的MirrorMaker简化了数据同步的过程，用户只需要配置好消费者和生产者，就可以方便地将数据从源集群同步到目标集群。

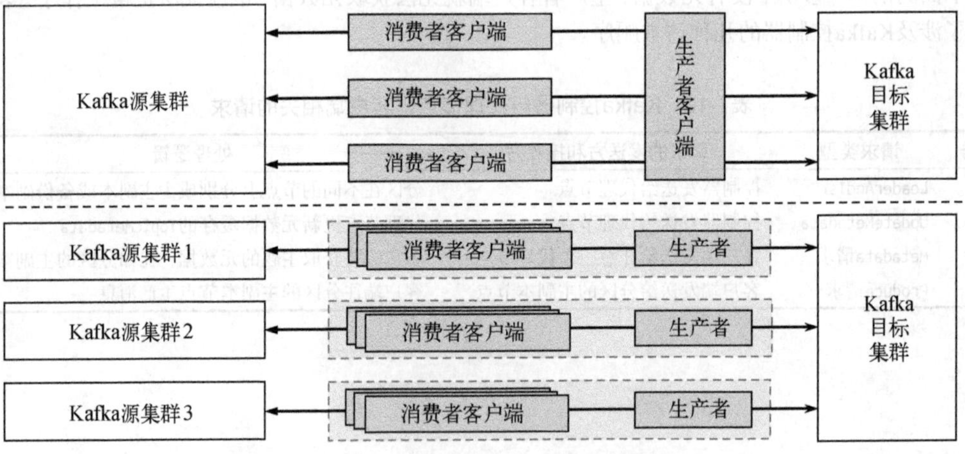

图8-1　Kafka集群数据同步的方式

MirrorMaker的运行方式和普通的客户端一样，不要求必须在Kafka的源集群或者目标集群执行。但和普通客户端不同的是，由于MirrorMaker依赖于Kafka框架，所以客户端用脚本直接运行时，虽然不要求启动Kafka，但是要求安装Kafka。执行`bin/kafka-mirror-maker.sh help`脚本，可以打印出MirrorMaker需要的运行参数。其中，`consumer.config`指定Kafka源集群的ZK地址，`producer.properties`则指定Kafka目标集群的代理节点地址：

```
$ bin/kafka-mirror-maker.sh
--consumer.config <config file>     内置的消费者配置（源集群）
--new.consumer                      使用新的消费者API
--num.streams                       消费者线程的数量
--producer.config <config file>     内置的生产者配置（目标集群）
--whitelist <Java regex (String)>   需要同步的白名单主题
--abort.on.send.failure             发送到目标集群失败时，是否停止拉取源集群
--offset.commit.interval.ms         提交偏移量的间隔
--message.handler                   消息处理器，自定义消费记录转为生产记录
--message.handler.args              消息处理器的参数
--consumer.rebalance.listener       消费者再平衡监听器，自定义分区改变时的处理
--rebalance.listener.args           消费者再平衡监听器的参数
```

注意： 每一个MirrorMaker进程可以有多个消费者线程，但只有一个生产者线程。如果有多个源集群需要同步到一个目标集群，虽然我们希望只有一个生产者，但不同MirrorMaker进程并不会共享同一个生产者线程，所以对于目标集群而言，这种场景存在多个生产者线程。

8.1.1 单机模拟数据同步

Kafka服务端的配置文件（server.properties）指定ZK的根节点，我们可以为不同的集群指定不同的根节点。下面模拟单机模式下只启动一个ZK和两个Kafka集群的情况，这两个Kafka集群使用了同一个ZK，MirrorMaker进程会从第一个集群（代理节点的端口是9092）同步数据到第二个集群（代理节点的端口是19092）。如图8-2所示，灰色背景的MirrorMaker进程包含了3个消费者线程和1个生产者线程。

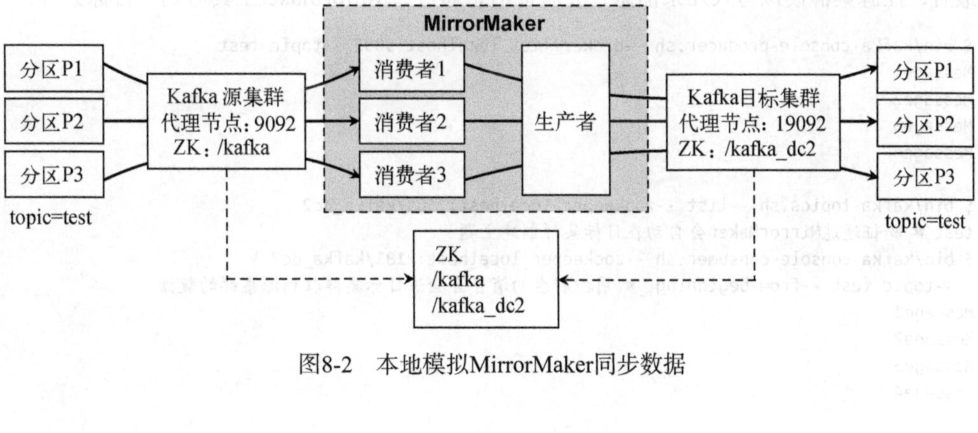

图8-2 本地模拟MirrorMaker同步数据

首先，配置两个Kafka代理节点执行不同的ZK根节点，并分别启动ZK和两个Kafka节点：

```
$ bin/zookeeper-server-start.sh config/zookeeper.properties
$ cp config/server.properties config/server_dc2.properties

$ cat config/server.properties
broker.id=0
listeners=PLAINTEXT://:9092
zookeeper.connect=localhost:2181/kafka # 源集群的根节点
log.dirs=/tmp/kafka-logs

$ cat config/server_dc2.properties
broker.id=0  # 不同集群的代理节点编号都可以从0开始
listeners=PLAINTEXT://:19092  # 本机需要更改端口号时，才能启动多个代理节点
zookeeper.connect=localhost:2181/kafka_dc2 # 目标集群的根节点
log.dirs=/tmp/kafka-logs_dc2

$ bin/kafka-server-start.sh config/server.properties
$ bin/kafka-server-start.sh config/server_dc2.properties
```

接着，配置消费源集群的消费者、写入目标集群的生产者，并启动MirrorMaker进程：

```
$ cp config/producer.properties config/producer_dest.properties
$ cp config/consumer.properties config/consumer_source.properties
$ cat consumer_source.properties
zookeeper.connect=127.0.0.1:2181/kafka  # 消费源集群（Kafka根节点）
group.id=mm

$ cat producer_dest.properties
bootstrap.servers=localhost:19092        # 生产到目标集群（代理节点地址）

$ bin/kafka-topics.sh --create --zookeeper localhost:2181/kafka \
  --replication-factor 1 --partitions 3 --topic test

$ bin/kafka-mirror-maker.sh --num.streams 3 \ # 3个消费者线程对应3个分区
  --consumer.config config/consumer_source.properties \
  --producer.config config/producer_dest.properties --whitelist test
```

最后，往源集群模拟写入几条消息，并验证消息通过，MirrorMaker工具写到了目标集群：

```
$ bin/kafka-console-producer.sh --broker-list localhost:9092 --topic test
Message1
Message2
Message3
Message4

$ bin/kafka-topics.sh --list --zookeeper localhost:2181/kafka_dc2
test # 验证通过MirrorMaker会自动在目标集群创建主题
$ bin/kafka-console-consumer.sh --zookeeper localhost:2181/kafka_dc2 \
  --topic test --from-beginning  # 用控制台的消费者验证目标集群收到源集群的数据
Message1
Message2
Message3
Message4
```

```
# 产生4条消息，分区P2收到两条消息，偏移量为2+1=3，其他分区的偏移量为2（一条消息）
$ bin/kafka-run-class.sh kafka.tools.ConsumerOffsetChecker \
  --group mm --zookeeper localhost:2181/kafka --topic test
Group    Topic  Pid Offset logSize Lag  Owner
mm       test   0   2      2       0    mm-844e9093-0
mm       test   1   2      2       0    mm-b104e037-0
mm       test   2   3      3       0    mm-d59356ea-0
```

MirrorMaker基于Kafka的生产者和消费者进行数据同步。为了兼容Java版本和Scala版本的消费者，MirrorMaker脚本的参数`--new.consumer`表示采用新消费者，不加这个参数表示采用旧消费者。下面分析MirrorMaker的具体实现，这里主要分析消费者的两种实现。

8.1.2 数据同步的流程

MirrorMaker进程包括一个MirrorMakerProducer线程和多个MirrorMaker线程（MirrorMakerThread）。其中每个MirrorMaker线程都对应一个消费者线程（MirrorMakerNewConsumer）。用户启动MirrorMaker进程时，会创建一个内置的生产者线程，并根据`num.streams`配置项创建多个MirrorMaker线程。在实际的部署环境中，不同集群之间的网络异常很可能造成数据同步出现问题。为了保证数据在不同集群间不丢失，MirrorMaker的生产者的配置如下。

- `acks=all`。通过消息的应答机制确保只有成功写完一条消息，才会发送下一条消息。
- `retries=Int.MaxValue`。消息发送异常允许重新发送，不会丢弃消息，重试次数无上限。
- `max.block.ms=Long.MaxValue`。如果消息被阻塞了，应该一直等待，直到没有消息再被阻塞。
- `max.in.flight.requests.per.connection=1`。将消息写入目标集群的每个节点，每个连接只允许一个正在进行中的请求。如果生产者发送失败，请求会重新放入队列。

MirrorMaker的消费者有两种实现，旧的消费者采用第3章的ZK实现（ZookeeperConsumerConnector），新的消费者采用第4章的轮询实现（KafkaConsumer）。这两种消费者都会关闭自动提交偏移量，并在消费过程中自己控制提交偏移量。相关代码如下：

```
object MirrorMaker { // 数据同步的运行类（消费者）
  private var producer: MirrorMakerProducer = null
  private var messageHandler: MirrorMakerMessageHandler = null

  def main(args: Array[String]) {
    producer = new MirrorMakerProducer(producerProps) // 创建一个生产者

    val mirrorMakerConsumers = if (!useNewConsumer) {
      createOldConsumers(numStreams)
    } else {
      createNewConsumers(numStreams)
    }
    // 启动多个MirrorMaker线程，一个MirrorMaker线程对应一个消费者线程
    val mirrorMakerThreads = (0 until numStreams) map (i =>
      new MirrorMakerThread(mirrorMakerConsumers(i), i))
    mirrorMakerThreads.foreach(_.start())
  }
```

8

```
def createNewConsumers(numStreams: Int)={
  consumerConfigs.set("enable.auto.commit", "false") // 关闭自动提交偏移量
  val consumers = (0 until numStreams) map { i =>
    new KafkaConsumer[Array[Byte], Array[Byte]](consumerConfigs)
  }
  consumers.map(c=>new MirrorMakerNewConsumer(c,listener,whitelist))
}

def createOldConsumers(numStreams: Int)={
  consumerConfigs.set("enable.auto.commit", "false")
  val connectors = (0 until numStreams) map { i =>
    val consumerConfig = new ConsumerConfig(consumerConfigProps)
    new ZookeeperConsumerConnector(consumerConfig)
  }
  connectors.map(c=>new MirrorMakerOldConsumer(connectors(i), whitelist))
}
}
```

如图8-3所示，每个MirrorMaker线程都有一个消费者，每个消费者调用receive()方法从源集群获取到的数据，要立即调用生产者的send()方法发送到目标集群。因为消费者读取出来的是ConsumerRecord，而生产者需要的是ProducerRecord，所以要通过消息处理器（MirrorMakerMessageHandler）进行转换。

注意： 消息处理器除了可以将消费者记录（ConsumerRecord）转为生产者记录（ProducerRecord），还可以提供自定义的转换、过滤等方法。执行MirrorMaker脚本时，可以通过指定message.handler参数自定义消息的处理类。

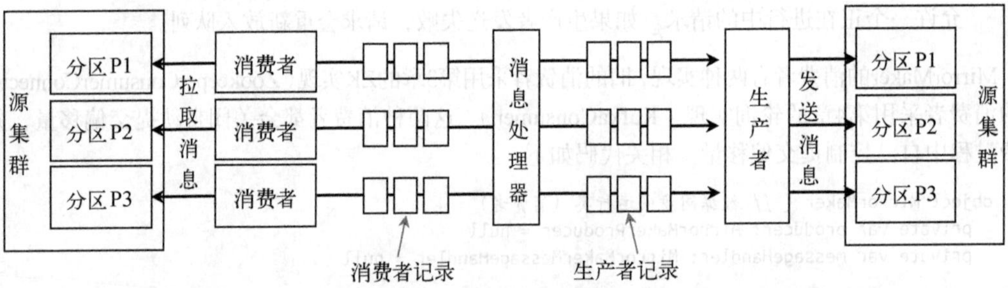

图8-3　数据同步的流程

由于MirrorMaker创建的消费者线程关闭了自动提交偏移量的功能，所以在消费源集群消息的过程中，要自己处理偏移量的提交。一般的做法是定时提交偏移量，比如间隔offsetCommitIntervalMs提交一次偏移量。另外，当MirrorMaker进程挂掉时，要最后一次提交偏移量。相关代码如下：

```
// MirrorMaker线程，消费者读取源集群的数据，然后通过生产者将数据发送给目标集群
class MirrorMakerThread(
    consumer: MirrorMakerBaseConsumer, // 每个MirrorMaker都有一个消费者线程
    threadId: Int) extends Thread { // 消费者线程的编号
  override def run() {
    try {
```

```
      consumer.init() // 初始化消费者，即订阅主题（脚本传入的白名单主题）
      while (!exitingOnSendFailure && !shuttingDown) {
        try {
          while(!exitingOnSendFailure && !shuttingDown && consumer.hasData){
            val data = consumer.receive() // 从源集群中通过消费者读取消息
            val records = messageHandler.handle(data) // 将消费记录转换为生产记录
            records.foreach(producer.send) // 通过生产者将消息发送到目标集群

            if (now() - lastOffsetCommitMs > offsetCommitIntervalMs) {
              maybeFlushAndCommitOffsets()
            }
          }
        } catch { // 捕获到异常时，程序并没有退出，而是继续第二层的while循环
          case cte: ConsumerTimeoutException =>
          case we: WakeupException =>
        }
      }
    } finally { // 如果执行finally，说明第一层的while()循环退出了
      maybeFlushAndCommitOffsets()
    }
  }

  def maybeFlushAndCommitOffsets() {
    producer.flush()  // 刷新生产者
    consumer.commit() // 提交偏移量
    lastOffsetCommitMs = System.currentTimeMillis() // 重置提交时间
  }
}
```

注意：当消费者需要提交偏移量的时候，也要调用生产者的flush()方法，确保暂存在生产者内存中的消息刷写到目标集群。客户端调用生产者的send()方法发送消息时，并不会立即将消息发送到目标集群，而是存储在生产者客户端的缓存队列中（第2章的记录收集器）。刷新生产者之后（即消息完全写到目标集群），才提交消费者的偏移量（记录源集群的消费进度）。这两个操作必须同时调用，才能确保同步程序从源集群拉取的多条记录都写到了目标集群。

MirrorMaker线程为了兼容新旧版本的消费者，定义了MirrorMakerBaseConsumer接口，不同版本的消费者都要实现这个接口。该接口除了继承BaseConsumer接口外，还定义了两个方法：初始化消费者的init()方法；判断是否有数据的hasData()方法。相关代码如下：

```
trait MirrorMakerBaseConsumer extends BaseConsumer {
  def init() // 初始化工作
  def hasData : Boolean // 是否还有新的数据
}
trait BaseConsumer {
  def receive(): BaseConsumerRecord // 获取一条记录
  def commit() // 提交偏移量
}
```

MirrorMaker线程有两层while()循环。对于新消费者，它的hasData()方法总是返回true。但是它

在轮询时如果没有拉取到数据，会抛出ConsumerTimeoutException异常，所以第一层while()循环确保即使有异常，消费者线程还会继续轮询。对于旧消费者，hasData()方法可能为false，所以第一层while()循环也要保证能够获取到新的消息。

新的MirrorMaker消费者在初始化时订阅了主题。接收数据时，需要判断记录迭代器（recordIter）是否有数据：如果没有，就调用KafkaConsumer的poll()方法获取新的一批记录；如果有，则直接获取记录迭代器的下一条数据。为了记录消费者的偏移量，每调用一次receive()方法获取到一条新的记录时，都要更新偏移量字典（offsets）。相关代码如下：

```
private class MirrorMakerNewConsumer( // 新版本的MirrorMaker消费者
    consumer: Consumer[Array[Byte], Array[Byte]],
    listener: Option[ConsumerRebalanceListener],
    whitelistOpt: Option[String]) {
  var recordIter: Iterator[ConsumerRecord[Array[Byte], Array[Byte]]]
  val offsets = new HashMap[TopicPartition, Long]()

  override def init() {  // 初始化函数，消费者订阅主题，只会调用一次
    consumer.subscribe(Pattern.compile(whitelistOpt.get), listener)
  }
  override def hasData = true // 只要没有被手动关闭，消费者会保持运行

  override def receive() : ConsumerRecord = {
    if (recordIter == null || !recordIter.hasNext) {
      recordIter = consumer.poll(1000).iterator
      // 抛出异常，但消费者线程并不会退出，MirrorMaker线程会继续调用receive()方法
      if (!recordIter.hasNext) throw new ConsumerTimeoutException
    }
    val r = recordIter.next()
    offsets.put(new TopicPartition(r.topic,r.partition), r.offset+1)
    ConsumerRecord(r.topic,r.partition,r.offset,r.timestamp,r.key,r.value)
  }
  override def commit() {
    consumer.commitSync(offsets)
    offsets.clear()
  }
}
```

旧的MirrorMaker消费者初始化时，采用基于ZK的消费者连接器创建一个Kafka消息流（KafkaStream）和一个消费者迭代器（ConsumerIterator）。第2章基于ZK的消费者连接器可以为主题订阅多个消费者线程，这里只需要一个线程，因此一个Kafka消息流对应一个消费者迭代器。相关代码如下：

```
private class MirrorMakerOldConsumer(connector: ZookeeperConsumerConnector,
    filterSpec: TopicFilter) extends MirrorMakerBaseConsumer {
  private var iter: ConsumerIterator[Array[Byte], Array[Byte]] = null

  override def init() {
    val streams = connector.createMessageStreamsByFilter(filterSpec, 1)
    val stream = streams(0) // 只有一个消费者线程，它对应一个消息流
    iter = stream.iterator() // 获取消息流对应的迭代器，但是数据还没有获取到
  }
  override def hasData = iter.hasNext()
```

```
    override def receive() : BaseConsumerRecord = {
      val msg = iter.next()
      BaseConsumerRecord(m.topic,m.partition,m.offset,m.key,m.message)
    }
    override def commit() { connector.commitOffsets }
  }
```

MirrorMaker脚本可以设置的消费者线程的数量，指的都是粗粒度级别的（这里暂时把粗粒度的消费者当作进程级别）。如图8-4所示，假设消费者线程的数量等于3，新消费者有3个KafkaConsumer进程。旧消费者有3个ZookeeperConsumerConnector进程，每个进程都只有一个拉取线程。

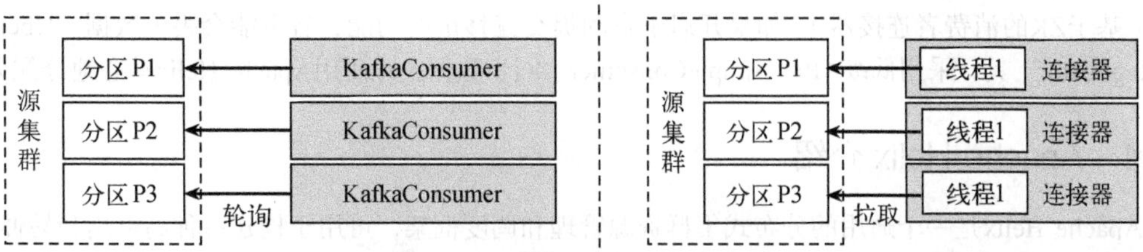

图8-4　不同版本的消费者线程数量

使用MirrorMaker的最佳实践是在多个物理节点（最好在目标集群上）启动多个MirrorMaker进程，并且每个MirrorMaker脚本的消费者配置使用相同的`group.id`。请避免只在一个节点启动唯一的MirrorMaker进程，因为一旦它挂掉，数据就不会再同步了。如图8-5所示，启动多个相同消费组编号的MirrorMaker进程时，一旦有一个进程挂掉，其他进程会接管这个进程负责的源集群分区。这与消费者的消费过程是类似的，MirrorMaker同步源集群分区的机制也使用了消费组平衡协议。

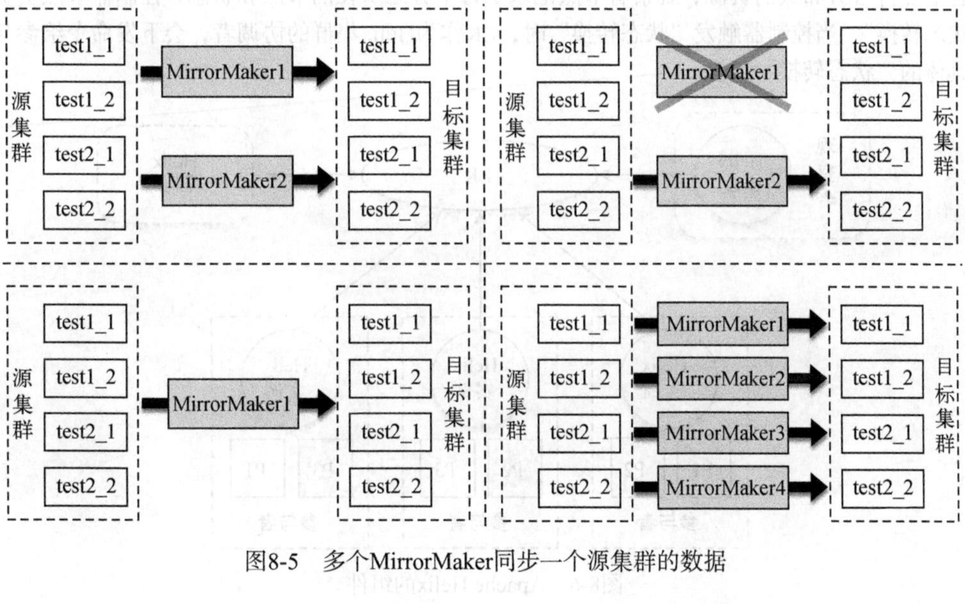

图8-5　多个MirrorMaker同步一个源集群的数据

总结下MirrorMaker工具的工作原理可知，它内置了消费者和生产者程序。消费者负责消费Kafka源集群的消息，然后把读取到的消息经过消息处理器交给生产者，最后由生产者写入Kafka目标集群。MirrorMaker典型的使用场景是在不同数据中心间进行数据迁移和同步，比如线上业务使用一个数据中心，然后通过MirrorMaker同步数据到线下的离线数据中心。

8.2 Uber 集群同步工具：uReplicator

在实际的应用中，Kafka内置的MirrorMaker作为集群间数据同步的方式，如果新增了需要同步的主题，需要重启MirrorMaker，这对于集群的运维来说不是很方便。并且，旧版本的消费者采用了高级API（基于ZK的消费者连接器），如果开启了自动提交偏移量的功能，有可能会丢失数据。Uber开发的uReplicator工具，采用低级API（SimpleConsumer）同步数据，并使用Apache Helix动态地分配分区。

8.2.1 Apache Helix 介绍

Apache Helix是一个通用的分布式集群资源管理和调度框架，可用于构建各种高可用和易伸缩的分布式数据存储和服务系统。Helix将分布式系统抽象出下面这些共同的组件和属性：

- 集群中的节点叫作实例（instance）；
- 集群中的资源（resource）可以是数据库、索引或者任务；
- 每个资源可以分成多个分区（partition）和多个副本（replica）；
- 每个副本的状态可以是`master`、`slave`、`leader`、`standby`、`online`、`offline`。

如图8-6所示，Helix有三种组件：控制器（controller）、参与者（participant）、观察者（spectator）。参与者节点持有分布式的资源，观察者节点记录了每个分区所在的节点和状态，控制器节点负责集群的“状态转换”。当控制器触发“状态转换”时，ZK作为Helix集群的协调者，会下发命令给参与者去执行具体的“状态转换”逻辑。

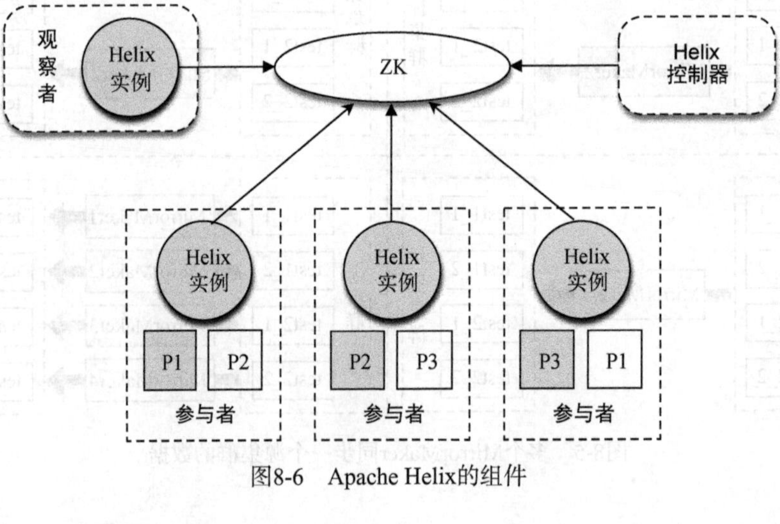

图8-6　Apache Helix的组件

提到“状态转换”，就必然有“状态机”。Helix的资源有一个状态机模型，它有3个重要的概念：目标状态（`IdealState`）、当前状态（`CurrentState`）和外部视图（`ExternalView`）。如图8-7所示，Helix集群的参与者节点有[S1,S2,S3]。从节点的角度来看，不同的节点持有不同的资源，比如节点S1的资源有[S1-P1-Master，S1-P2-Slave]。从资源的角度来看，不同的资源分布在不同的节点上，比如分区P1的两个副本分别存在于[S1,S2]两个节点上。

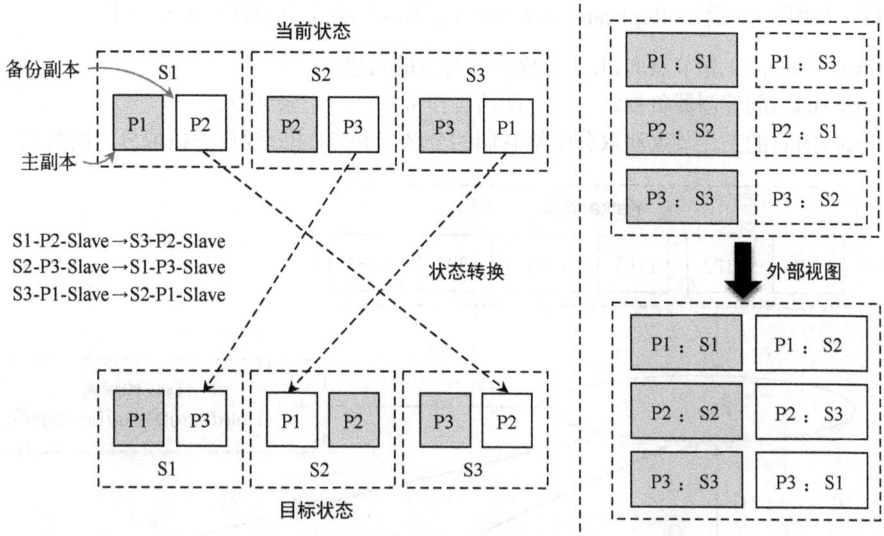

图8-7 资源的目标状态、当前状态和外部视图

uReplicator使用Helix管理集群的所有节点，并为这些节点分配分区。如表8-1所示，uReplicator将Kafka的主题定义为Helix的资源（每个主题是一种资源），将Kafka的分区定义为Helix的分区。MirrorMaker的控制器是Helix的控制器，MirrorMaker的工作节点是Helix的参与者节点。

表8-1 uReplicator基于Helix为MirrorMaker定义了一些术语

Kafka的术语	Helix的术语
主题（topic）	资源（resource）
分区（partition）	分区（partition）
MirrorMaker控制器（`HelixMirrorMakerManager`）	Helix控制器（`Controller`）
MirrorMaker工作节点（`MirrorMakerWorker`）	Helix参与者（`Participant`）

注意：当分布式系统的集群节点出现故障或恢复、集群扩容、配置变化时，Helix都会自动重新分配资源。这里的节点指的是Helix的参与者节点，在uReplicator中也叫作MirrorMaker工作节点。注意不要和Kafka集群的消息代理节点混淆，Helix和Kafka集群的代理节点没有任何关系。虽然Helix的控制器和Kafka的控制器（第7章）都叫作控制器，但两者完全没有交集。

注意：Helix的控制器在uReplicator中对应的是MirrorMaker控制器，Helix的参与者对应的是MirrorMaker工作节点。下面为了方便，这两者分别简称为控制器和工作节点。

uReplicator与MirrorMaker的区别在于修改了消费者读取Kafka源集群的流程。当消费者读取源集群的数据后，接下来的步骤和Kakfa的MirrorMaker类似：经过消息处理器的转换，最后交给生产者写到目标集群。如图8-8所示，uReplicator基于Helix读取Kafka源集群数据的步骤如下。

(1) MirrorMaker的工作节点向ZK注册成为参与者的角色。

(2) MirrorMaker的控制器负责将分区分配给工作节点，并记录到ZK。

(3) MirrorMaker的工作节点获取分配给它们的分区，并向Kafka源集群拉取分区的数据。

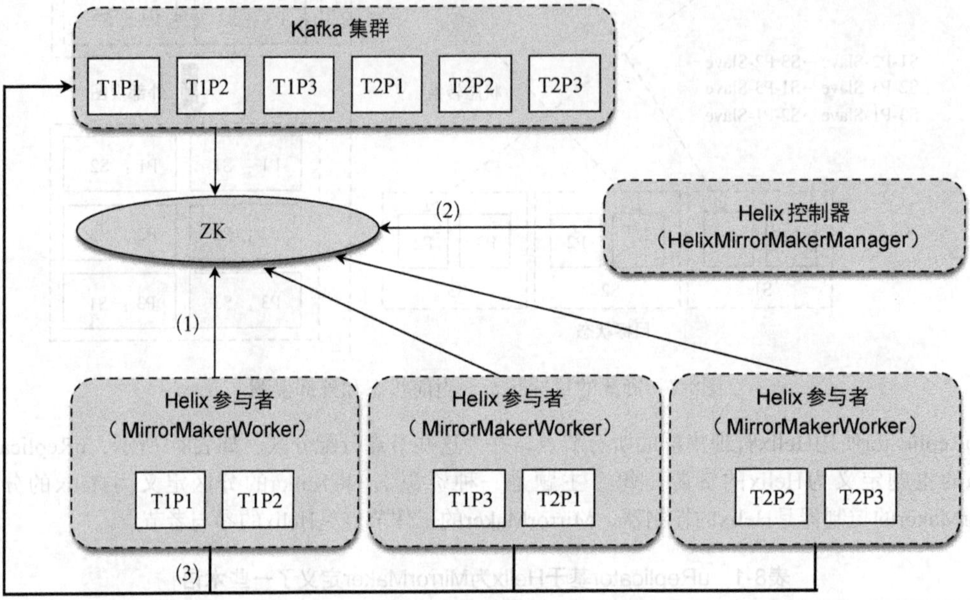

图8-8　uReplicator的控制器与工作节点

下面的示例启动了一个MirrorMaker的控制器和工作节点，实现了数据从源集群同步到目标集群的功能：

```
$ cd uReplicator && mvn clean package -DskipTests
$ cd uReplicator-Distribution/target/uReplicator-Distribution-pkg
$ bin/start-controller-example1.sh
$ bin/start-worker-example1.sh

$ curl -X POST -d '{"topic":"dummyTopic", "numPartitions":"1"}' \
  http://localhost:9000/topics

$ bin/kafka-console-consumer.sh --zookeeper localhost:2181/cluster2 \
  --topic dummyTopic1
```

注意： MirrorMaker只需要生产者和消费者配置文件，而uReplicator引入了Helix集群，启动控制器和工作节点时要指定相同的helixClusterName和zkServer。另外，控制器和工作节点在Helix集群中都叫作实例（instance），所以也要指定instanceId。

MirrorMaker的控制器和工作节点都可以用Helix中的HelixManager对象来表示，不过前者是控制器，后者是参与者。下面的分析会结合Helix的一些关键概念，简单介绍uReplicator两大核心组件（控制器和工作节点）的实现细节。

8.2.2 Helix 控制器

Helix的目标状态（IdealState）记录了资源的分区、分区所在的参与者节点、分区的目标状态。Helix将分布式系统的资源抽象成MasterSlave、LeaderStandy、OnlineOffline等多种状态机模型。uReplicator使用了OnlineOffline状态机模型，工作节点上的分区只有两种状态：上线和下线。启动Helix控制器时，会创建一个基于ZK的Helix集群（Helix运行时的数据都在ZK中），并添加一个OnlineOffline类型的状态机定义，最后启动一个独立的（STANDALONE）Helix控制器。HelixSetupUtils类启动Helix集群的相关代码如下：

```
class HelixSetupUtils {
  public static void createAndStartHelixCluster(String cluster,String zkPath){
    HelixAdmin admin = new ZKHelixAdmin(zkPath);
    admin.addCluster(cluster, false); // 添加Helix集群
    admin.addStateModelDef(cluster, "OnlineOffline", // 添加状态机
      OnlineOfflineStateModel.build()); // 定义并构建状态模型
    HelixControllerMain.startHelixController(zkUrl, cluster, // 启动控制器
      controllerInstanceId, HelixControllerMain.STANDALONE);
  }
}
```

注意： uReplicator不需要使用具有副本的状态机模型，比如主从（MasterSlave）、主备（LeaderStandy）模式。Helix的资源对应工作节点的分区，工作节点分配到分区后，会去Kafka集群拉取数据。如果Helix的资源有多个备份，就意味着多个工作节点上有相同的分区，那么Kafka的同一个分区就会被多个消费者线程同时消费，这种情况不符合Kafka的消费模型，也会重复读取Kafka源集群的数据，显然是错误的。

Helix集群与资源相关的状态转换操作，都是由Helix控制器发起的。管理员通过REST方式添加主题时，会调用HelixAdmin的addResource()方法添加资源。因为资源定义了工作节点和目标状态，所以"添加资源"就表示将工作节点上的分区转换成指定的目标状态。相关代码如下：

```
public class HelixMirrorMakerManager { // Helix控制器
  PriorityQueue<InstanceTopicPartitionHolder> instances; // 实例以及分配的分区

  public void addTopicToMirrorMaker(String topic,int partitions){
    setEmptyResourceConfig(topic);
    updateCurrentServingInstance(); // 这里会将集群的Helix实例放入instances
```

```
    CustomModeISBuilder builder = new CustomModeISBuilder(topic);
    builder.setStateModel(OnlineOfflineStateModel.name) // 设置状态机模型
        .setNumPartitions(partitions).setNumReplica(1) // 设置分区与副本数
        .setMaxPartitionsPerNode(partitions); // 每个节点的最多分区数
    for (int i = 0; i < partitions; ++i) { // 为节点分配分区，并指定目标状态
      InstanceTopicPartitionHolder liveInstance = instances.poll();
      if (liveInstance != null) {
        builder.assignInstanceAndState(""+i,liveInstance.name(), "ONLINE");
        liveInstance.addTopicPartition(new TopicPartition(topic, i));
        instances.add(liveInstance);
      }
    }
    IdealState ideaState = builder.build();
    helixAdmin.addResource(helixClusterName, topic, ideaState); // 添加资源
  }
}
```

注意：Helix分配资源的模式有多种：FULL_AUTO、SEMI_AUTO、CUSTOMIZED和USER_DEFINED。资源分配包括两个步骤：将资源分布在哪些节点上、资源的状态是什么。FULL_AUTO表示交给Helix完成资源的再平衡算法。SEMI_AUTO表示分区的分布由用户定义，但是目标状态仍然由Helix决定。CUSTOMIZED和USER_DEFINED表示完全由用户自己实现资源的再平衡。

如图8-9所示，控制器新增了需要同步的主题，最终工作节点会同步新增的分区，具体步骤如下。

(1) Kafka集群新增了主题和分区，管理员通过REST服务向Helix控制器新建需要同步的主题。
(2) Helix的控制器获取新建主题的分区信息，并为存活的工作节点分配分区和目标状态。
(3) Helix的工作节点收到分区上线的状态转换，将分区加入到工作节点的拉取管理器中。
(4) 每个工作节点的拉取线程向Kafka源集群拉取新增加的分区，并同步到目标集群。

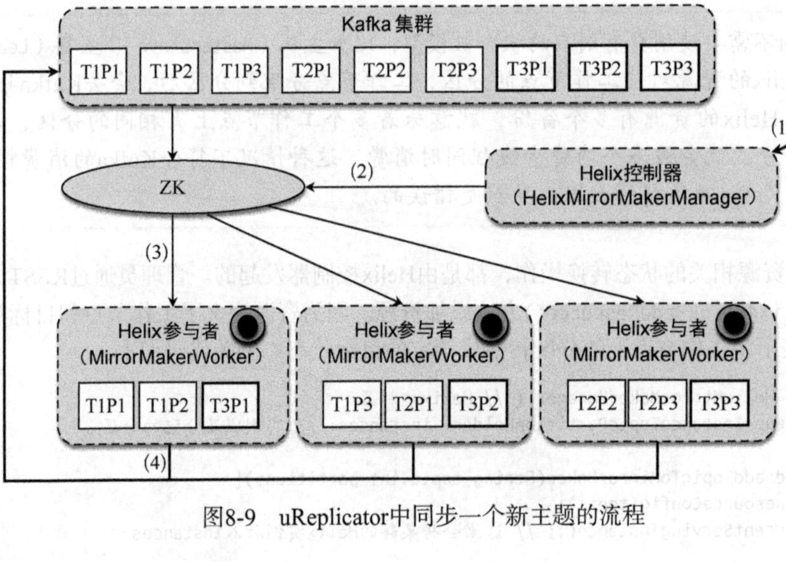

图8-9　uReplicator中同步一个新主题的流程

除了管理员通过REST添加需要同步的主题外，当工作节点上线或下线时，Helix控制器也需要重新分配分区。Helix控制器作为uReplicator的核心组件，主要功能如下。

- 为uReplicator集群的每个工作节点分配分区，并决定分区的目标状态。
- 处理分区的增加和删除事件，以及工作节点的上线和下线事件。
- 检测工作节点的故障，并将故障节点上的分区重新分配给其他工作节点。

如图8-10所示，假设第一个工作节点出现故障，控制器会将属于它的分区分配给其他存活的工作节点。

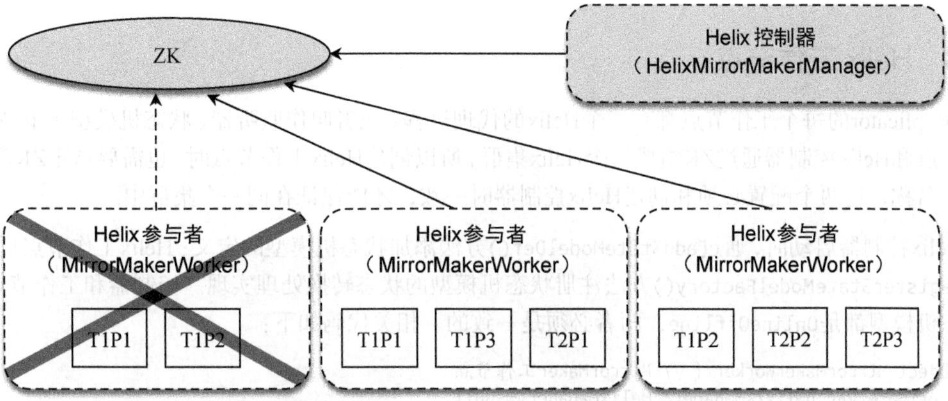

图8-10　uReplicator工作节点的故障转移处理

Helix控制器监听工作节点故障的方式是：在启动时会注册一个工作节点改变的监听器（AutoRebalanceLiveInstanceChangeListener）。当工作节点改变时（上线或下线），Helix控制器会重新执行分区分配，并将最新的分区分配给工作节点。Helix处理工作节点改变与添加主题类似，最后都会设置资源的目标状态。相关代码如下：

```
public class AutoRebalanceLiveInstanceChangeListener
    implements LiveInstanceChangeListener { // 工作节点改变的监听器
  private final HelixMirrorMakerManager helixMirrorMakerManager;
  private final HelixManager helixManager;

  public void onLiveInstanceChange(final List<LiveInstance> liveInstances) {
    Map<String, IdealState> idealStatesFromAssignment =
      HelixUtils.getIdealStatesFromAssignment(newAssignment);
    assignIdealStates(idealStatesFromAssignment); // 分配资源的目标状态
  }
  void assignIdealStates(Map<String, IdealState> idealStatesFromAssignment){
    String helixClusterName = helixManager.getClusterName();
    for (String topic : idealStatesFromAssignment.keySet()) {
      IdealState idealState = idealStatesFromAssignment.get(topic);
      helixAdmin.setResourceIdealState(helixClusterName, topic, idealState);
    }
  }
}
```

注意：在Kafka中也有为消费者分配分区的过程。旧消费者基于ZK的高级API在每个消费者客户端执行分区分配，新消费者通过协调者转交给一个主消费者完成分区分配。uReplicator使用的还是旧消费者，但并不是在每个消费者客户端都执行分区分配。Helix控制器负责执行分区分配的工作，然后将分区分配给工作节点，工作节点负责拉取分区的数据。

Helix集群的实例实际上是Helix的参与者。因为参与者持有集群的资源，所以参与者一旦发生变化，Helix控制器就需要为集群中存活的参与者重新分配资源。MirrorMaker的工作节点作为Helix的参与者，会接收Helix控制器下发的分区与目标状态，并做出状态转换处理。

8.2.3　Helix 工作节点

uReplicator的每个工作节点都有一个Helix的代理进程（或者叫作监听器、状态机模型）。因为Helix工作节点和Helix控制器通过ZK组成一个Helix集群，所以创建Helix工作节点时，也需要指定ZK和Helix的集群名称，这两个配置必须和创建Helix控制器时一致，才能保证在同一个集群中。

Helix控制器启动时，通过`addStateModelDef()`方法添加状态机模型的定义；Helix工作节点启动时，通过`registerStateModelFactory()`方法注册状态机模型的状态转换处理实现。控制器和工作节点使用的状态机模型都是`OnlineOffline`，两者必须是一致的。相关代码如下：

```
object MirrorMakerWorker { // MirrorMaker工作节点
  private var helixZkManager: HelixManager = null
  private var connector: KafkaConnector = null
  private var producer: MirrorMakerProducer = null
  private var mirrorMakerThread: MirrorMakerThread = null
  private val messageHandler = defaultMirrorMakerMessageHandler

  def main(args: Array[String]) {
    producer = new MirrorMakerProducer(producerProps)
    connector = new KafkaConnector(consumerIdString, consumerConfig)
    addToHelixController() // 创建Helix参与者实例，并加入Helix集群
    mirrorMakerThread = new MirrorMakerThread(connector, instanceId)
    mirrorMakerThread.start() // 启动MirrorMaker线程
  }
  def addToHelixController(): Unit = {
    helixZkManager = HelixManagerFactory.getZKHelixManager(
      helixClusterName, instanceId, InstanceType.PARTICIPANT, zkServer)
    val stateMachine  = helixZkManager.getStateMachineEngine()
    val stateModelFactory = new HelixWorkerOnlineOfflineStateModelFactory(
      instanceId, connector)
    stateMachine.registerStateModelFactory("OnlineOffline",stateModelFactory)
    helixZkManager.connect() // 连接Helix集群
  }
}
```

Kafka内置的MirrorMaker进程允许启动多个MirrorMaker线程，每个MirrorMaker线程对应一个消费者线程。在uReplicator中，每个工作节点（MirrorMakerWorker）只启动一个MirrorMaker线程（MirrorMakerThread）和一个消费者管理器（KafkaConnector）。

Helix工作节点注册的OnlineOffline状态机模型要处理两种状态转换：分区从“上线状态”转为“下线状态”，以及分区从“下线状态”转为“上线状态”。前者会将分区添加到消费者的管理器，后者将分区从消费者的管理器中移除。添加分区时，工作节点会同步该分区；删除分区时，工作节点就不会同步该分区。相关代码如下：

```
class HelixWorkerOnlineOfflineStateModelFactory(final val instanceId: String,
    final val connector: KafkaConnector) extends StateModelFactory[StateModel]{
  override def createNewStateModel(partitionName:String) = // 创建状态模型
    new OnlineOfflineStateModel(instanceId, connector)

  class OnlineOfflineStateModel (final val instanceId: String,
      final val conn: KafkaConnector) extends StateModel { // 状态模型的定义
    // 分区状态从“下线”转为“上线”
    def onBecomeOnlineFromOffline(msg:Message,context:NotificationContext)={
      conn.addTopicPartition(msg.getResourceName, msg.getPartitionName)
    }
    // 分区状态从“上线”转为“下线”
    def onBecomeOfflineFromOnline(msg:Message,context:NotificationContext)={
      conn.deleteTopicPartition(msg.getResourceName, msg.getPartitionName)
    }
  }
}
```

如图8-11所示，基于Apache Helix的状态模型和资源分配，uReplicator实现了消费者动态地管理和拉取分区。Helix的控制器负责将资源分配给工作节点，Helix的工作节点处理分区的状态转换事件，为消费者的拉取管理器（`CompactConsumerFetcherManager`）动态地添加或删除分区。

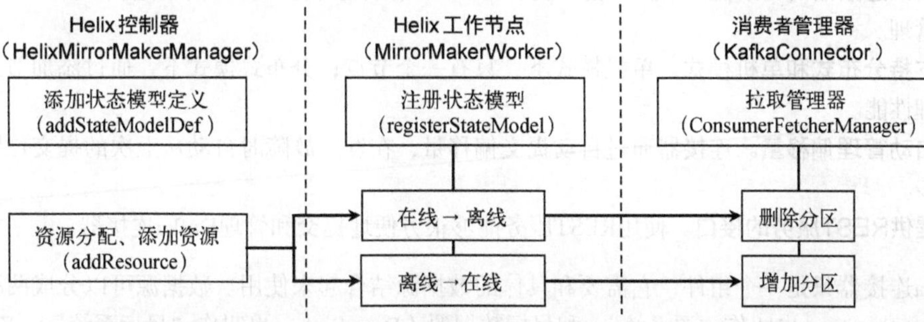

图8-11　基于Helix的状态模型和资源分配，消费者动态地拉取分区

除了Uber开源的uReplicator同步工具，Kafka背后主导的Confluent公司基于Kafka的连接器实现了Kafka集群的数据同步，但目前并未开源。Kafka连接器是在0.10版本引入的一个新特性，它不仅可以在Kafka集群间同步数据，还支持不同数据源在Kafka集群的导入和导出。

8.3 Kafka 连接器

虽然Kafka现在已经成为大规模流数据事实上的中央仓库，但是如果要在业务系统中引入，需要编写生产者和消费者程序来和Kafka集群交互。以现有的这种使用方式，Kafka对数据的导入和导出支持得都不够灵活：针对不同的外部系统（存储系统或者流计算引擎），用户需要编写特定的应用程序代码，并且还要处理故障容错、扩展性等一些常见问题。

为了解决不同系统之间的数据同步，Kafka连接器用一个标准框架来解决这些问题。它把连接器需要解决的故障容错、分区扩展、偏移量管理、发送语义、管理和监控等问题抽象出来，这样开发和使用连接器就变得非常简单。用户只需要在配置文件中定义连接器，就可以将数据导入或导出Kafka。Kafka连接器的设计目标有以下几点。

- 只专注于可靠、可扩展地同步数据，将数据转换、抽取等交给专门负责处理数据的框架。
- 尽可能粗粒度地同步，比如数据库默认的处理单元是整个数据库，而不是一张张表。
- 并行的数据同步应该包含到核心逻辑中，框架应该利用并行来实现处理能力的自动扩展。
- 当源系统支持强语义时，尽可能实现“正好一次”的消息语义，其次才是“至少一次”“至多一次”。
- 当系统提供定义好的数据结构和类型时，框架应该在数据同步过程中保存元数据。
- 必须很容易开发新的连接器，实现新连接器的API和运行模型要足够简单、可重用、易于理解。
- 连接器必须能和现有的流处理、批处理框架无缝地集成，尽量兼容现有的数据流生态系统。
- 不管在只有一个进程的开发测试环境中，还是在大规模的生产环境中，应用程序都能很方便地扩展。

为了实现上面的设计目标，Kafka连接器需要实现下面几点。

- **抽象连接器的公共框架**。将其他系统和Kafka的集成进行标准化，简化连接器的开发、部署和管理。
- **支持分布式和单机模式**。单机模式下，只有一个节点；分布式模式下，通过添加节点增加处理性能。
- **自动管理偏移量**。连接器通过自动提交偏移量，在发生故障时自动从上次的提交位置继续同步。
- **提供REST服务的接口**。使用REST服务能够很方便地提交和管理Kafka连接器。

Kafka连接器只是一个组件，它需要和具体的数据源结合起来使用。数据源可以分成两种：源数据源（Data Source，也叫作“源系统”）和目标数据源（Data Sink，也叫作“目标系统”）。Kafka连接器和源系统一起使用时，它会将源系统的数据导入到Kafka集群。Kafka连接器和目标系统一起使用时，它会将Kafka集群的数据导入到目标系统。

如图8-12所示，中间灰色部分都是Kafka连接器的内部组件，连接器使用源连接器（Source Connector）从源系统导入数据到Kafka集群，使用目标连接器（Sink Connector）从Kafka集群导出数据到目标系统。源连接器会写数据到Kafka集群，内部会有生产者对象。目标连接器会消费Kafka集群的数据，内部会有消费者对象。

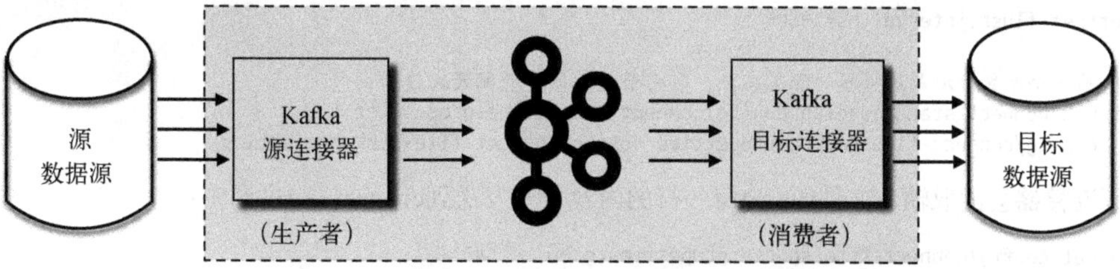

图8-12 Kafka连接器的源连接器与目标连接器

与前几章的分析方式不同，本节先列出连接器的示例，然后分析连接器的架构模型，最后再分析实现。

8.3.1 连接器的使用示例

在前两节中，MirrorMaker可以在本机模拟两个Kafka集群的数据同步，uReplicator也可以在本机同时启动控制器和工作节点。类似地，Kafka连接器在本机也可以模拟单机和分布式模式。

1. 单机模式

下面的示例模拟了将源文件的内容导入到目标文件。为了在本机模拟将源系统通过Kafka连接器导入到目标系统，启动connect-standalone.sh脚本的同时需要指定3个配置文件：连接器的配置文件、源系统的配置文件和目标系统的配置文件。连接器配置文件中比较重要的配置项有下面几个。

- **Kafka集群的连接地址**：源连接器和目标连接器都需要连接Kafka集群。
- **偏移量的存储位置**：源连接器读取源系统，需要记录偏移量的读取位置。
- **键值的转换器**：源系统导入到Kafka，以及从Kafka导出到目标系统时，数据格式需要保持一致。

注意：实际上，运行connect-standalone.sh脚本的配置文件分别是：Worker的配置文件、源连接器的配置文件和目标连接器的配置文件。在还没深入理解Kafka连接器的架构模型时，暂且把第一个叫作连接器相关的配置文件，后两个分别叫作源系统和目标系统的配置文件。

相关配置如下：

```
$ cd kafka_2.10-0.10.0.0
$ bin/zookeeper-server-start.sh config/zookeeper.properties
$ bin/kafka-server-start.sh config/server.properties

$ cat config/connect-standalone.properties |grep -v "#"
bootstrap.servers=localhost:9092
# 为了简化，这里用o.a.k.c表示org.apache.kafka.connect
key.converter=o.a.k.c.json.JsonConverter
value.converter=o.a.k.c.json.JsonConverter
internal.key.converter=o.a.k.c.json.JsonConverter
internal.value.converter=o.a.k.c.json.JsonConverter
offset.storage.file.filename=/tmp/connect.offsets
```

```
offset.flush.interval.ms=10000

# 第一个参数必须是连接器的配置文件，后两个是数据源的配置文件
$ bin/connect-standalone.sh config/connect-standalone.properties \
  config/connect-file-source.properties config/connect-file-sink.properties
```

源连接器会读取输入文件test.txt每一行的内容，并发送到connect-test主题中：

```
$ cat config/connect-file-source.properties|grep -v "#"
name=local-file-source
connector.class=FileStreamSource
tasks.max=1
file=test.txt
topic=connect-test
```

目标连接器会消费connect-test主题的每条消息，并写到输出文件test.sink.txt：

```
$ cat config/connect-file-sink.properties|grep -v "#"
name=local-file-sink
connector.class=FileStreamSink
tasks.max=1
file=test.sink.txt
topics=connect-test
```

检查输出文件test.sink.txt或者消费者，都可以看到输入文件的文件内容。如果用控制台的消费者，还可以看到消息内容是JSON格式。这是因为在连接器的配置中，键值的转换器为JsonConverter。相关代码如下：

```
$ echo -e "foo\nbar" >> test.txt # 往源文件添加两行数据
$ cat test.sink.txt
foo
bar

$ bin/kafka-console-consumer.sh --zookeeper localhost:2181 \
  --topic connect-test --from-beginning
{"schema":{"type":"string","optional":false},"payload":"foo"}
{"schema":{"type":"string","optional":false},"payload":"bar"}

$ strings /tmp/connect.offsets # 读取源文件的偏移量
java.util.HashMap..loadFactorI..thresholdxp?@
-["local-file-source",{"filename":"test.txt"}]uq{"position":8}x
```

/tmp/connect.offsets文件记录了源文件的读取位置，这样即使把Kafka连接器停掉，下次重启时也会从上一次读取过的最近位置继续读取新的数据，而不是从头开始读取重复的数据。为了验证这个结论，重启后如果没有新增数据，目标文件不会有任何变化。当源文件新增加一行数据时，输出文件也会新增加一行数据。并且，新增数据后，偏移量也会更新到源文件的最后位置。相关代码如下：

```
$ echo "New line" >> test.txt
$ cat test.sink.txt
foo
bar
New line
```

```
$ bin/kafka-console-consumer.sh --zookeeper localhost:2181 \
  --topic connect-test --from-beginning
{"schema":{"type":"string","optional":false},"payload":"foo"}
{"schema":{"type":"string","optional":false},"payload":"bar"}
{"schema":{"type":"string","optional":false},"payload":"New line"}

$ strings /tmp/connect.offsets
-["local-file-source",{"filename":"test.txt"}]uq{"position":17}x
```

注意：如果源文件的数据没有同步到目标文件，则偏移量文件不会更新位置信息。只有同步到目标文件后，才会更新偏移量文件。反之，如果先更新偏移量文件，然后才同步数据，有可能会丢失数据。比如，更新偏移量文件之后，在同步数据之前出现了异常，就会导致源文件的数据没有同步到目标文件。

总结单机模式下Kafka连接器的工作流程：源连接器从输入文件读取新数据，并写入消息到Kafka集群。目标连接器从Kafka读取消息，并写入到输出文件。同时，为了保证连接器重启不会丢失源文件的数据或者写入重复数据到目标文件，连接器还需要记录源文件的读取位置到偏移量文件中。

2. 分布式模式

单机模式和分布式模式的连接器使用不同的配置文件，后者使用connect-distributed.properties，并且启动时只需要一个连接器配置文件。单机模式下，偏移量数据存储在本地的文件系统中。分布式模式下，偏移量数据存储成Kafka的内部主题。除此之外，连接器的配置和状态信息也都是内部主题。每个Kafka连接器进程都有一个内置的REST服务端，为了模拟本机启动两个分布式的Kafka连接器，第一个连接器的REST端口默认是8083，第二个连接器的REST端口是8084（端口不能冲突，否则无法启动）。相关代码如下：

```
$ cat config/connect-distributed.properties
bootstrap.servers=localhost:9092
group.id=connect-cluster
config.storage.topic=connect-configs # 连接器与任务的配置，主题的分区数最好只有一个
status.storage.topic=connect-status # 连接器的状态，主题的分区数和副本数最好有多个
offset.flush.interval.ms=10000 # 刷新偏移量的间隔时间

$ cp config/connect-distributed.properties \
    config/connect-distributed2.properties
$ echo "rest.port=8084" >> config/connect-distributed2.properties

$ bin/kafka-topics.sh --create --zookeeper localhost:2181 \
  --replication-factor 1 --partitions 1 --topic connect-configs # 创建主题
```

这里仍然以读取文件为例，不过两个源连接器读取的源文件并不相同。另外，和单机模式使用的属性文件不同，分布式模式的源连接器配置（目标连接器也一样）采用JSON格式，这些配置最终会存储在内部主题中。相关代码如下：

```
$ cat config/connect-file-source.json
{
  "name": "connect-file-source",
```

```
  "config": {
    "connector.class":"FileStreamSourceConnector",
    "tasks.max":"1",
    "topic":"connect-test",
    "file":"test.txt"
  }
}
$ cat config/connect-file-source2.json
{
  "name": "connect-file-source2",
  "config": {
    "connector.class":"FileStreamSourceConnector",
    "tasks.max":"1",
    "topic":"connect-test",
    "file":"test2.txt"
  }
}
```

下面启动了两个Kafka连接器进程，并使用REST方式提交两个源连接器的任务。同时，为了验证每个连接器都有一个REST服务端，两个源连接器分别提交到不同的REST端口。相关代码如下：

```
$ bin/connect-distributed.sh config/connect-distributed.properties
$ bin/connect-distributed.sh config/connect-distributed2.properties

$ curl -X POST -H "Content-Type: application/json" -d \
  @config/connect-file-source.json http://localhost:8083/connectors
$ curl -X POST -H "Content-Type: application/json" -d \
  @config/connect-file-source2.json http://localhost:8084/connectors
```

当往两个源连接器对应的源文件写入数据时，通过命令行的消费者可以看到两个源文件的内容都打印到控制台上，这说明单机模拟分布式模式是正常的。这个实验并没有提交目标连接器的任务，不过这和单机模式类似，目标连接器会读取Kafka集群的数据，写入数据到目标文件中。如果配置了目标连接器，并通过REST提交了目标连接器的任务，目标文件的内容就会有两个源文件的数据。相关代码如下：

```
$ echo "hello world" >> test.txt
$ echo "hello kafka" >> test2.txt
$ bin/kafka-console-consumer.sh --zookeeper localhost:2181 \
  --topic connect-test --from-beginning
hello world
hello kafka
```

上面的两个实验验证了Kafka连接器在单机模式和分布式模式下都可以成功运行。Kafka连接器提供了数据同步的框架，并且内置了一个文件同步的示例。下面分析用户开发一个自定义连接器的步骤。

8.3.2 开发一个简单的连接器

在分析自定义连接器的实现之前，我们先来理解Kafka连接器主要的类结构关系。连接器框架抽象出了Worker、Connector和Task这3个基本的模型。在此基础上，结合源连接器和目标连接器又延伸出了多种管理类和实现类。如图8-13所示，这些类之间的关系有以下一些特点。

- Worker和WorkerConnector都是普通的Java类，Connector和WorkerTask都是抽象类。
- WorkerTask有两个实现类：WorkerSourceTask和WorkerSinkTask。
- WorkerConnector 包含 Connector 抽象类，WorkerSourceTask 中包含 SourceTask 抽象类，WorkerSinkTask中包含SinkTask抽象类。
- WorkerTask是一个线程类，它的两个实现类也是线程。Task是一个接口，不是线程类。
- Connector是抽象类，Task是接口，它们各自定义了连接器和任务的生命周期。

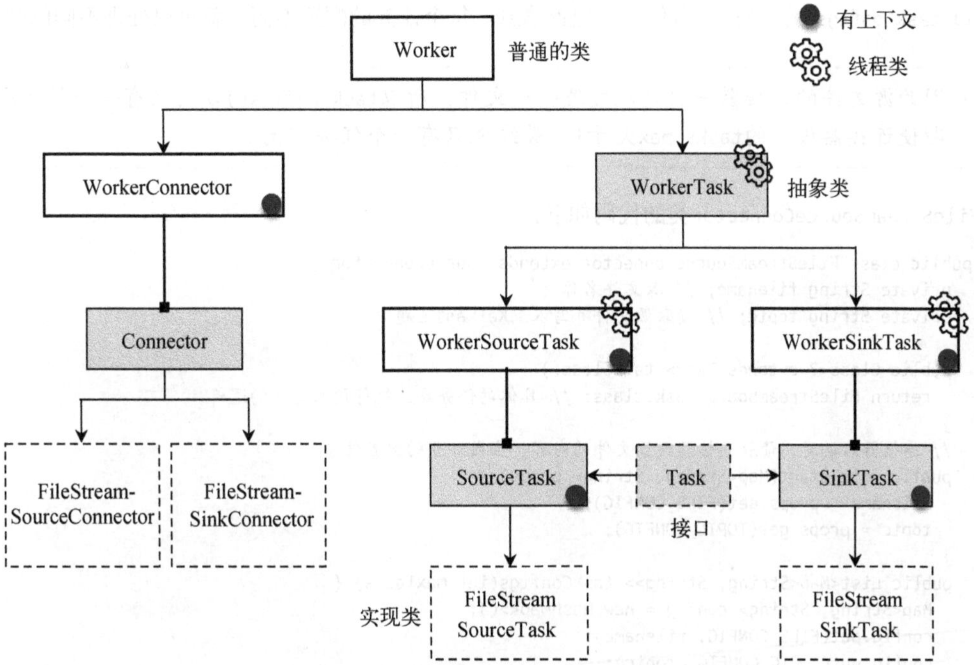

图8-13 Kafka连接器的主要类结构

注意： Kafka连接器的主要组件是Worker、Connector和Task，这3个类分别是Java进程、抽象类和接口。WorkerTask及其实现类（WorkerSourceTask和WorkerSinkTask）是线程类。虽然Task接口不是一个线程类，但框架内置的WorkerTask则是一个线程类。内置的线程类会循环调用自定义实现的任务类，这样用户的任务实现类就不需要以线程的角度来处理数据同步。

Kafka连接器的Connector组件会根据连接器的配置信息，为不同的任务分配不同的配置信息。Task组件执行具体的数据同步逻辑，这样不同的任务就可以执行不同的数据处理。比如，一个数据库连接器要同步一个具有多张表的数据库，假设连接器配置的任务数有5个，连接器就可以将数据库的所有表分给5个任务去执行，每个任务同步的表都不同。下面开发的自定义连接器实现了源文件和目标文件的数据同步：源连接器从源文件读取数据并写入到Kafka，目标连接器从Kafka读取数据并写入到目标文件。

1. 读取源文件并写入到Kafka

源文件连接器的配置文件（connect-file-source.properties）需要指定读取的文件和写入的主题。源连接器的实现类FileStreamSourceConnector分别用对应的变量来保存这两个配置信息，并实现下面3个方法。

- start()方法：启动连接器时，解析Map类型的属性参数，并将其作为任务的配置信息。
- taskClass()方法：定义任务的类名，每种不同类型的连接器都对应不同的任务类。
- taskConfigs()方法：所有任务的配置信息。每个任务的配置不同，就可以处理不同的数据。

注意：因为源文件的连接器一次只能处理一个文件，所以taskConfigs()方法只有一个任务配置。即使连接器设置的tasks.max大于1，最终也只有一个任务实例。

FileStreamSourceConnector类的代码如下：

```
public class FileStreamSourceConnector extends SourceConnector {
  private String filename; // 源文件名称
  private String topic; // 读取源文件并写入到Kafka的主题中

  public Class<? extends Task> taskClass() {
    return FileStreamSourceTask.class; // 具体的任务类，执行读取文件的逻辑
  }
  // 连接器启动时，读取连接器配置文件的内容，生成任务的配置信息
  public void start(Map<String, String> props) {
    filename = props.get(FILE_CONFIG);
    topic = props.get(TOPIC_CONFIG);
  }
  public List<Map<String, String>> taskConfigs(int maxTasks) {
    Map<String, String> config = new HashMap<>();
    config.put(FILE_CONFIG, filename);
    config.put(TOPIC_CONFIG, topic);
    List<Map<String, String>> configs = new ArrayList<>();
    configs.add(config);
    return configs;
  }
}
```

因为任务是有生命周期的，所以自定义的任务类要实现启动和停止方法，在任务开始前后执行必要的逻辑。对于读取文件的任务而言，在任务开始时打开文件，在任务结束时关闭文件。

不同源系统的数据格式千差万别，为了将源系统的数据导入到Kafka集群，Kafka连接器的框架约定了源任务的poll()方法返回的类型必须是一个源记录（SourceRecord）列表。自定义的源任务实现类要实现连接器框架提供的poll()方法，执行从源系统读取数据的具体逻辑。这里的自定义任务实现类是FileStreamSourceTask，相关代码如下：

```
public class FileStreamSourceTask extends SourceTask {
  private String filename; // 源文件名称
  private String topic; // Kafka主题名称
  private Long streamOffset;
```

```
  private InputStream stream; // 源文件的输入流
  private BufferedReader reader = null;

  public void start(Map<String, String> props) {
    filename = props.get(FileStreamSourceConnector.FILE_CONFIG);
    stream = openOrThrowError(filename); // 打开文件，创建输出流
    topic = props.get(FileStreamSourceConnector.TOPIC_CONFIG);
    streamOffset = null;
    reader = new BufferedReader(new InputStreamReader(stream));
  }
  public synchronized void stop() { stream.close(); } // 关闭输出流

  // 拉取源系统的数据，返回SourceRecord列表，然后被生产者转换后写入Kafka（框架处理）
  public List<SourceRecord> poll() throws InterruptedException {
    if (stream == null) {
      stream = new FileInputStream(filename);
      // 从上下文对象（SourceTaskContext）中获取偏移量存储的读取器，并获取偏移量值
      Map offset = context.offsetStorageReader().offset(
        Collections.singletonMap("filename", filename));
      if (offset != null) {
        Object lastRecordedOffset = offset.get("position");
        if (lastRecordedOffset != null) stream.skip(skipLeft);
        streamOffset = lastRecordedOffset;
      } else {
        streamOffset = 0L; // 偏移量存储没有记录偏移量，则从文件起始位置开始
      }
      reader = new BufferedReader(new InputStreamReader(stream));
    }

    // 读取文件，返回源文件的记录。剩余的步骤交给连接器框架去处理
    ArrayList<SourceRecord> records = new ArrayList<>();
    LineAndOffset line = readToNextLine(reader);
    Map srcPartition = Collections.singletonMap("filename", filename);
    Map srcOffset = Collections.singletonMap("position", streamOffset);
    records.add(new SourceRecord(srcPartition, srcOffset, topic, line));
    return records; // poll()方法调用一次就结束，框架会确保循环调用，保证一直读取
  }
}
```

注意：自定义的任务实现类不需要知道如何将消息写入Kafka以及如何保存偏移量，它只需要读取源系统并返回源记录列表即可。连接器框架的内部线程会循环调用自定义任务的poll()方法，并将源记录列表写入到Kafka集群，以及保存源偏移量信息。

源记录有以下两个特别的变量。

- 源分区（sourcePartition）：表示这条记录的来源，它可以是一个文件名或者数据库的一张表名。
- 源偏移量（sourceOffset）：表示这条记录在源系统中的位置，比如文件或数据库的读取位置。源偏移量会用在任务启动或重启时，能够从正确的位置恢复读取源系统的源记录。

注意：源记录的源分区与源记录最终写到的Kafka集群的Kafka分区（kafkaPartition）是两个不同的概念。从数据类型来看，源分区是一个Map<String,Object>类型，而Kafka分区是整数型的分区编号。源记录的内容写入到Kafka集群时，如果消息内容没有键，源记录就不会有Kafka分区。那么，源记录会被随机发送到Kafka集群的不同Kafka分区。

每条源记录的内容都记录了源系统的所在分区和偏移量。当任务恢复或者迁移到其他节点上运行时，都需要从最近记录的位置继续读取源系统。虽然提交偏移量是Kafka连接器框架完成的，但为什么不将读取偏移量这个工作也交给框架去完成呢？这是因为对于不同类型的源系统，定位到指定偏移量的方式都不尽相同。下面以读取文件和数据库为例，比较这两种源系统不同的偏移量恢复处理方式。

- 读取文件的偏移量存储记录了文件名与已经读取过的位置，poll()方法需要跳过指定的长度。
- 读取数据库的偏移量存储记录了表名与读取过的主键编号，poll()方法通过where限制记录。

前面分析了读取源文件相关的连接器和任务，接下来分析写入目标文件相关的目标连接器（FileStreamSinkConnector）和目标任务（FileStreamSinkTask）。由于目标连接器的实现和源连接器的实现类似，它实现的几个方法都比较简单，所以这里不再具体分析目标连接器。

2. 消费Kafka并写入到目标文件

FileStreamSinkTask的实现与FileStreamSourceTask类似，Kafka连接器框架内部的线程（WorkerSinkTask）会通过Kafka消费者从Kafka集群中轮询地消费消息，每次轮询都会构造一个SinkRecord列表，并不断地循环调用自定义任务实现类的put()方法，从而将Kafka中的数据导入到目标系统。在这个例子中，写入文件任务的实现方式是将接收到的每条记录写到文件的输出流。FileStreamSinkTask类的代码如下：

```
public class FileStreamSinkTask extends SinkTask {
  private String filename; // 输出的文件名
  private PrintStream outputStream; // 文件的输出流

  public void start(Map<String, String> props) {
    filename = props.get(FileStreamSinkConnector.FILE_CONFIG);
    outputStream = new PrintStream(new FileOutputStream(filename));
  }
  public void put(Collection<SinkRecord> sinkRecords) {
    for (SinkRecord record : sinkRecords) { // 解析每一条从Kafka集群中读取到的记录
      outputStream.println(record.value()); // 写入到文件的输出流
    }
  }
  public void flush(Map<TopicPartition, OffsetAndMetadata> offsets) {
    outputStream.flush();
  }
}
```

如表8-2所示，源连接器和目标连接器有不同的实现方式，前者基于拉取模型，后者基于推送模型。

表8-2　源连接器和目标连接器的实现方式

连接器	任务实现的方法	数据的来源	数据的去向	数据的同步方式
源连接器	poll():List<SourceRecord>	源系统	Kafka集群	从源系统拉取数据
目标连接器	put(List<SinkRecord>)	Kafka集群	目标系统	推送数据到目标系统

如图8-14所示，源任务（SourceTask）的poll()方法负责读取源系统生成源记录（SourceRecord）。目标任务（SinkTask）的put()方法负责将目标记录（SinkRecord）写入到目标系统。至于源任务如何将源记录写入Kafka、目标任务如何从Kafka获取记录，这都是由Kafka连接器框架完成的。

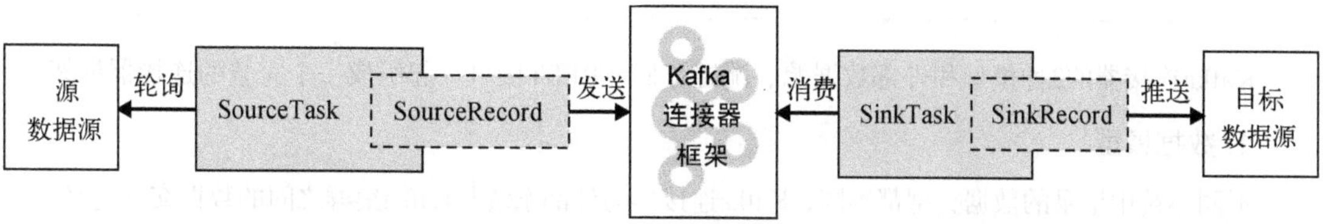

图8-14 自定义连接器的任务与Kafka连接器框架的交互

下面开始分析Kafka连接器底层的架构模型与实现细节。

8.3.3 连接器的架构模型

运行Kafka连接器的进程是Connect类，它包括一个Herder（Kafka连接器框架的总入口）和一个RestServer（提供REST接口）。如表8-3所示，单机模式和分布式模式的入口分别是StandaloneHerder和DistributedHerder，它们的配置、状态、偏移量数据的存储位置也不同。

表8-3 Kafka连接器的单机模式与分布式模式

运行模式	启动脚本的运行类	Herder实现类	配置、状态、偏移量的存储
单机模式	ConnectStandalone	StandaloneHerder	本地的内存
分布式模式	ConnectDistributed	DistributedHerder	Kafka内部主题

如图8-15所示，在分析Kafka连接器的实现前，先来理解Kafka连接器框架提供的3种重要模型。

- 数据模型：定义了Kafka连接器管理的数据结构、记录的序列化。
- Connector模型：定义了连接器与外部系统的操作接口，它包括连接器和任务。
- Worker模型：管理连接器与任务的生命周期，比如启动或停止连接器与任务。

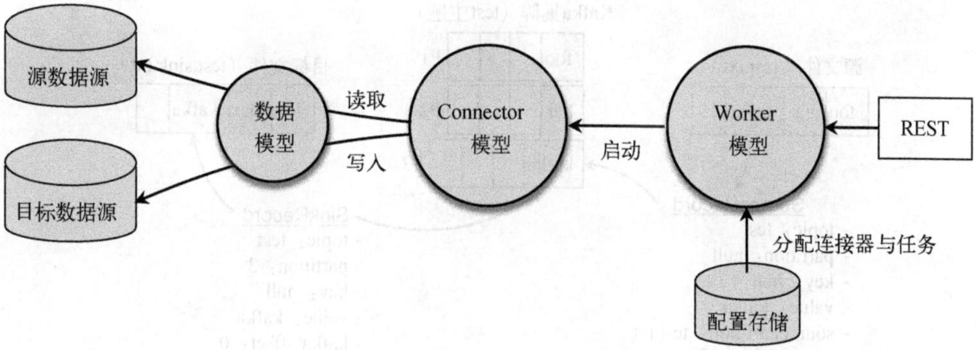

图8-15 Kafka连接器的3种模型

8

注意：Kafka Connect、Connector模型、Connector类，这3个概念都有“连接器”的含义。为了区别这几个名词，下面约定“连接器”指的是Connector模型和Connector类，而Kafka Connect即Connect类，表示Kafka连接器的框架。

Kafka连接器的3种模型和外部数据源、配置存储、REST接口一起组成一个完整的连接器框架。

1. 数据模型

不同系统中记录的数据类型都不同，Kafka连接器为外部系统与Kafka集群之间的数据交互定义了一个抽象的连接记录类ConnectRecord。它除了包含数据的键值和格式外，还包括Kafka的主题和分区编号。

针对源系统和目标系统的不同实现，源记录（SourceRecord）还包含源系统的分区（sourcePartition）和源系统的偏移量（sourceOffset），SinkRecord也包括Kafka分区的消费偏移量（kafkaOffset）。相关代码如下：

```
public abstract class ConnectRecord { // 连接器定义的基础记录类
  private final String topic;
  private final Integer kafkaPartition;
  private final Object key; // 数据的类型
  private final Object value;
  private final Schema keySchema; // 数据的格式
  private final Schema valueSchema;
}
public class SourceRecord extends ConnectRecord { // 从源系统读取出的记录
  private final Map<String, ?> sourcePartition;
  private final Map<String, ?> sourceOffset;
}
public class SinkRecord extends ConnectRecord { // 要写入到目标系统的记录
  private final long kafkaOffset;
}
```

如图8-16所示，以读取源文件到Kafka和读取Kafka到目标文件为例，源记录的源分区和源偏移量指的是源文件的文件名和读取记录的位置，目标记录的Kafka偏移量指的是这条记录在Kafka分区中的偏移量。

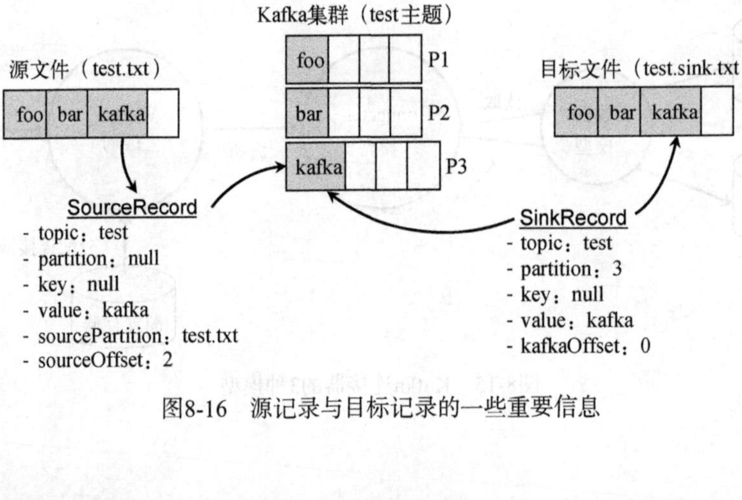

图8-16　源记录与目标记录的一些重要信息

数据模型只是定义了源系统、Kafka集群、目标系统的数据传递规范，还需要Connector模型，才能将数据模型的数据在这3个系统之间进行真正的数据传递。

2. Connector模型

Connector模型定义连接器如何处理数据的导入和导出，它包括连接器（Connector）和任务（Task）。源连接器（SourceConnector）的任务（SourceTask）从源系统导入数据到Kafka，目标连接器（SinkConnector）的任务（SinkTask）从Kafka导出数据到目标系统。相关代码如下：

```
public abstract class Connector { // 连接器有两种实现：源连接器与目标连接器
  protected ConnectorContext context; // 连接器的上下文对象

  public void initialize(ConnectorContext context) {
    this.context = context; // 初始化
  }
  public abstract void start(Map<String, String> props); // 启动
  public abstract void stop(); // 停止
  public void reconfigure(Map<String, String> props) { // 重新配置
    stop(); // 停止
    start(props); // 重新启动
  }

  public abstract Class<? extends Task> taskClass();
  public abstract List<Map<String, String>> taskConfigs(int maxTasks);
}

public interface Task { // 任务接口的实现也有两种：源任务和目标任务
  void start(Map<String, String> props); // 启动任务
  void stop(); // 停止任务
}
```

Connector模型的连接器和任务都有生命周期的概念。Kafka连接器框架的内部组件定义了3个生命周期相关的方法：initialize()方法初始化组件，start()方法启动组件，stop()方法停止组件。虽然任务接口的定义中没有初始化方法，不过它的实现类SourceTask和SinkTask都有各自的初始化方法，分别接收不同的上下文对象。所以任务和连接器一样，生命周期的管理都一样。

源任务和目标任务有不同的接口方法。源任务的实现基于**拉取模型**（从源系统拉取数据），它能够从源系统轮询获取新的输入记录。Kafka连接器框架会持续调用源任务的poll()方法，对数据进行序列化，然后写入到Kafka。框架还会跟踪源系统记录的偏移量，并管理偏移量的提交。比如，框架可以在源记录被完全刷写到Kafka之后才更新源记录的偏移量。SourceTask类的代码如下：

```
// 基于拉取模型的SourceTask从源系统拉取消息
public abstract class SourceTask implements Task {
  protected SourceTaskContext context;

  public void initialize(SourceTaskContext context) {this.context = context;}
  public abstract void start(Map<String, String> props);
  public abstract void stop();

  public abstract List<SourceRecord> poll() throws InterruptedException;
  public void commit() throws InterruptedException {}
  public void commitRecord(SourceRecord record) {}
}
```

目标任务的实现基于**推送模型**（写入数据到目标系统）。框架内部使用消费者API从Kafka集群中读取出目标记录后，会持续调用目标任务的put()方法，将数据推送到目标系统。另外，目标任务也可以实现与源任务类似的提交方法，它的flush()方法可以将偏移量提交到Kafka的内部主题。SinkTask类的代码如下：

```
// 基于推送模型的SinkTask将数据推送到目标系统
public abstract class SinkTask implements Task {
  protected SinkTaskContext context;

  public void initialize(SinkTaskContext context) {this.context = context;}
  public abstract void start(Map<String, String> props);
  public abstract void stop();

  public abstract void put(Collection<SinkRecord> records);
  public abstract void flush(Map<TopicPartition,OffsetAndMetadata> offsets);
}
```

Connector模型的连接器与任务都会被Worker管理，下面分析Kafka连接器的Worker模型。

3. Worker模型

Kafka连接器的单机模式会在一个进程内启动一个Worker以及所有的连接器和任务。分布式模式的每个进程都有一个Worker，而连接器和任务则分别运行在各个节点上。在8.3.1节中，Worker配置文件的配置项有：键值与内部键值的转换器、偏移量的存储，这些配置在Worker类中都有对应的成员变量。Worker类的定义如下：

```
public class Worker { // Worker管理了连接器和任务的生命周期
  private WorkerConfig config; // Worker的配置
  private Converter keyConverter; // 外部系统与Kafka同步数据的键转换器
  private Converter valueConverter; // 外部系统与Kafka同步数据的值转换器
  private Converter internalKeyConverter; // Kafka连接器内部主题的键转换器
  private Converter internalValueConverter; // Kafka连接器内部主题的值转换器
  private OffsetBackingStore offsetBackingStore; // Kafka连接器的偏移量后台存储

  private HashMap<String, WorkerConnector> connectors; // Worker管理的所有连接器
  private HashMap<ConnectorTaskId, WorkerTask> tasks; // Worker管理的所有任务
}
```

Worker还负责管理“工作节点”上的所有连接器和任务。工作节点指的是启动Worker进程的机器，通常一台机器只会启动一个Worker进程。如图8-17所示，两个自定义连接器实现类都有两个任务。如果只启动一个Worker，这个Worker会启动并管理所有的连接器与任务。

在分布式模式下，不同机器都会启动一个Worker进程，不同Worker进程管理的连接器和任务都不同。图8-18以文件同步为例，列举了4种场景下连接器和任务在不同Worker上的分布方式。

(1) 单机模式下，连接器和任务都只有一个，它们在同一个Worker进程内。

(2) 单机模式下，连接器只有一个，任务有多个，但它们也都在同一个Worker进程内。

(3) 分布式模式下，有两个Worker进程。与场景2类似，每个连接器都配置了两个任务。Worker1管理了源连接器和它的两个任务，Worker2管理了目标连接器和它的两个任务。

(4) 分布式模式下，有3个Worker进程。Worker1管理了源连接器和一个任务，Worker2管理了目标连接器和一个任务，Worker3管理了源连接器的另一个任务和目标连接器的另一个任务。

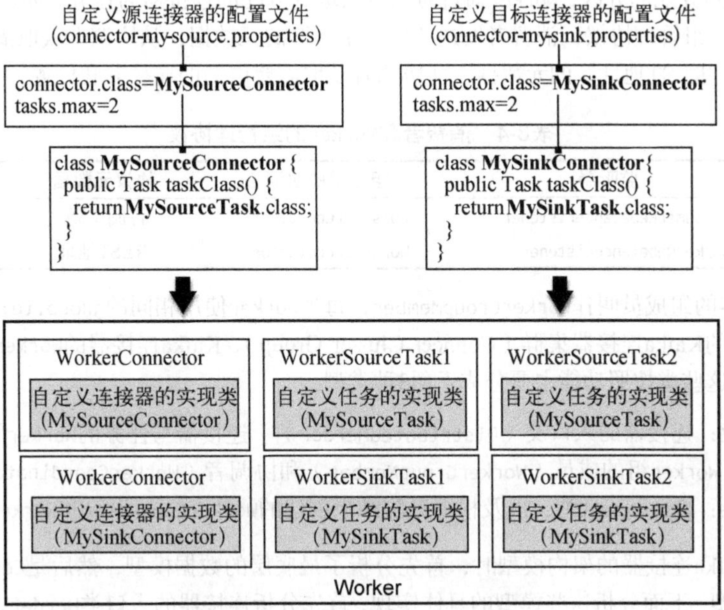

图8-17 单机模式的Kafka连接器

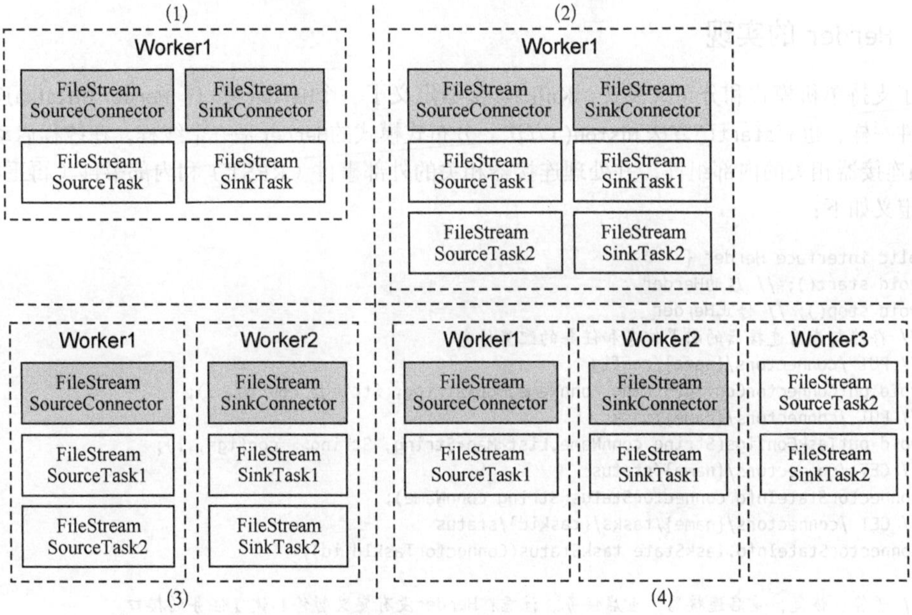

图8-18 分布式模式的Kafka连接器集群

从上面Kafka连接器集群单机模式与分布式模式的部署方式可以看出，Kafka连接器的Worker模型和Kafka客户端的消费者模型非常相似。第3章的消费者和本章的Worker都可以称作“组成员”，消费者通过协调者获取到分配的分区，Worker通过协调者获取到分配的连接器与任务。如表8-4所示，消费者和Worker都采用了组管理协议，消费者发送“订阅主题”的元数据，从协调者获取需要拉取的分区列表。Worker发送“REST地址”的元数据，从协调者获取需要启动的连接器和任务。

表8-4　消费者和Worker的组管理协议

组成员	监听器	组成员的协调者	协议元数据	分配结果
消费者	ConsumerRebalanceListener	ConsumerCoordinator	订阅主题	分区
Worker	WorkerRebalanceListener	WorkerCoordinator	REST地址	连接器与任务

Kafka连接器的组成员叫作WorkerGroupMember，每个Worker使用相同的group.id，不同的Worker组成了一个分布式的Kafka连接器集群（Connect Cluster Group）。Kafka连接器的Worker模型涉及较多的连接器相关类，这些类按照功能主要分成下面3种类型。

- **管理功能**：连接器的入口类（DistributedHerder）、连接器与任务的Worker管理类。
- **再平衡**：Worker组的成员（WorkerGroupMember）和协调者（WorkerCoordinator）。
- **分配结果**：Assignment类，以及根据分配结果创建的WorkerConnector和WorkerTask。

这里分析Kafka连接器的架构模型时，首先分析了最底层的数据模型，然后是Connector模型，最后再到Worker模型。下面分析这些模型的具体实现，首先分析连接器的入口类Herder，然后再到Worker模型。

8.3.4　Herder 的实现

为了支持单机模式和分布式模式，Kafka连接器定义了一个Herder接口。Herder和Kafka连接器的其他组件一样，也有start()方法和stop()方法。分布式模式的Herder是一个线程，在线程启动时会启动Kafka连接器相关的内部组件，并处理连接器相关的外部事件（REST）和内部事件（再平衡）。该接口的定义如下：

```
public interface Herder {
  void start(); // 启动Herder
  void stop(); // 停止Herder
  // 存储与查看连接器的配置信息和任务的配置信息
  // PUT /connectors/{name}/config
  void putConnectorConfig(String connName,Map<String, String> config,..);
  // PUT /connectors/{name}/tasks
  void putTaskConfigs(String connName,List<Map<String, String>> configs,..);
  // GET /connectors/{name}/status
  ConnectorStateInfo connectorStatus(String connName);
  // GET /connectors/{name}/tasks/{taskid}/status
  ConnectorStateInfo.TaskState taskStatus(ConnectorTaskId id);

  // 暂停、恢复、重启连接器，重启任务。注意：Herder没有定义暂停和恢复任务的接口
  // PUT /connectors/{name}/pause
```

```
    void pauseConnector(String connector);
    // PUT /connectors/{name}/resume
    void resumeConnector(String connector);
    // POST /connectors/{name}/restart
    void restartConnector(String connName, Callback<Void> cb);
    // POST /connectors/{name}/tasks/{taskId}/restart
    void restartTask(ConnectorTaskId id, Callback<Void> cb);
}
```

单机模式下,用户同时指定Worker和连接器的配置。启动单机模式的Kafka连接器的工作流程如下。

(1) StandaloneHerder启动时，会立即读取Worker和连接器的配置，然后将配置信息保存到内存中。

(2) 根据连接器配置中的任务数量，Worker会启动一个连接器和指定数量的任务。

(3) 连接器和任务启动后，调用连接器状态或任务状态的监听器回调方法。

在分布式模式下，上面的几个步骤也不是同时发生的。而且用户启动Worker时，只指定Worker的配置，而连接器的配置则通过REST方式提交。另外，为Worker分配任务也引入了协调者。具体步骤如下。

(1) 用户通过REST提交配置信息后，分布式Herder会先将配置信息存储到后台的配置存储，并触发Worker组成员的再平衡操作。再平衡操作完成后，分布式Herder通过Worker启动连接器与任务。

(2) 连接器与任务启动完成后，会调用连接器状态或任务状态的监听器回调方法。

(3) 外部系统需要维护时，用户可以通过REST暂停连接器；外部系统重新可用时，用户可以通过REST恢复连接器。暂停或恢复连接器，也会暂停或恢复连接器的所有任务。这两个操作都会更新后台的配置存储。

(4) 分布式Herder的内部线程读取到连接器的目标状态变化事件时，会设置Worker的目标状态。Worker会触发连接器与任务的状态机转换事件，将连接器与任务的目标状态转为指定的状态。

(5) 当连接器或任务运行失败时，用户可以通过REST重启连接器与任务。这两种操作不会更改后台的配置存储，也没有内部线程和协调者的参与，而是通过Worker先停止连接器与任务，再启动连接器与任务。

注意： 上面分析了用户通过REST操作3种类型的API：提交连接器与任务的配置、暂停或恢复连接器、重启连接器与任务。分布式Herder处理前两种操作都和配置存储有关，最后都会通过Worker启动连接器与任务。而重启连接器与任务直接通过Worker，没有存储数据到配置存储中。

Kafka连接器对Worker、连接器和任务出现故障的处理方式各不相同。

- 连接器与任务出现故障时，并不会自动重启，也不会在其他节点上重启，只能通过REST服务手动重启。
- Kafka连接器只处理Worker级别的故障转移，当Worker出现故障时，协调者会为集群的每个存活Worker重新分配连接器与任务。这个故障转移并不需要通过REST服务，而是自动进行的。

单机模式比较简单，这里就不再详细分析，下面列举了抽象Herder类和分布式Herder相关的代码：

```
public abstract class AbstractHerder implements Herder, // Kafka连接器的入口
    TaskStatus.Listener, ConnectorStatus.Listener { // 实现了状态相关的监听器
  private final String workerId;
  protected final Worker worker;
  protected final StatusBackingStore statusBackingStore;
  protected final ConfigBackingStore configBackingStore;

  protected void startServices() {
    this.worker.start(); // 启动Worker的服务进程
    this.statusBackingStore.start(); // 启动后台的状态存储
    this.configBackingStore.start(); // 启动后台的配置存储
  }

  // (2) 监听器的具体实现，调用后台的状态存储，保存连接器和任务的状态
  public void onStartup(String connector) { // 连接器状态的监听器
    statusBackingStore.put(new ConnectorStatus( // 更新连接器的状态
      connector, ConnectorStatus.State.RUNNING, workerId, generation()));
  }
  public void onStartup(ConnectorTaskId id) { // 任务状态的监听器
    statusBackingStore.put(new TaskStatus( // 更新任务的状态
      id, TaskStatus.State.RUNNING, workerId, generation()));
  }
  // (3) Herder的具体实现，REST服务会暂停或恢复连接器，并保存目标状态到配置存储
  public void pauseConnector(String connector) { // 暂停连接器
    configBackingStore.putTargetState(connector, TargetState.PAUSED);
  }
  public void resumeConnector(String connector) { // 恢复连接器
    configBackingStore.putTargetState(connector, TargetState.STARTED);
  }
}

// 分布式的Herder提供了连接器与任务的REST服务接口
public class DistributedHerder extends AbstractHerder implements Runnable {
  // (1) 更新连接器和任务的配置
  void putConnectorConfig(String connName, Map<String, String> config){
    configBackingStore.putConnectorConfig(connName, config);
  }
  void putTaskConfigs(String connName,List<Map<String, String>> configs){
    configBackingStore.putTaskConfigs(connName, configs);
  }
  // (4) 处理连接器的目标状态变化事件
  void processTargetStateChanges(Set<String> connectorTargetStateChanges) {
    for (String connector : connectorTargetStateChanges) {
      TargetState targetState = configState.targetState(connector);
      worker.setTargetState(connector, targetState);
      if(worker.ownsConnector(connector)&&targetState==TargetState.STARTED)
        reconfigureConnectorTasksWithRetry(connector);
    }
  }
  // (5) 重启连接器和任务
  public synchronized void restartConnector(String connName) {
    worker.stopConnector(connName);
    startConnector(connName);
  }
  public synchronized void restartTask(ConnectorTaskId id) {
    worker.stopAndAwaitTask(id);
    startTask(id);
  }
}
```

如图8-19所示，分布式的Herder包括一个Worker，还有一个配置存储和一个状态存储。除此之外，Kafka连接器内部主题的后台存储还有一个偏移量存储，它与Worker内部的任务处理有关。

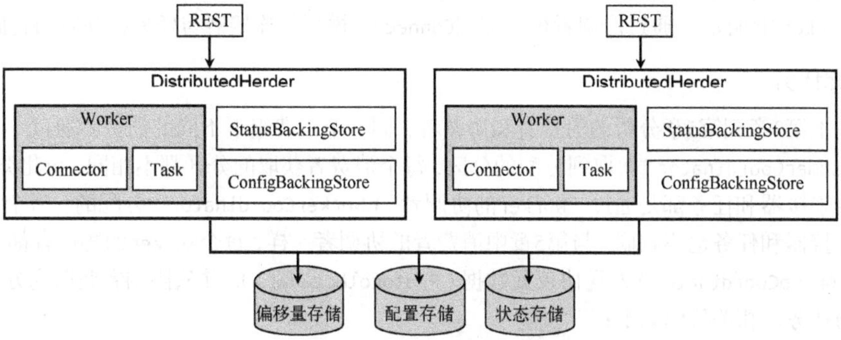

图8-19　Herder的组件包括Worker、配置存储和状态存储

Herder是Kafka连接器框架的总入口。另外，用户还可以通过REST服务与Kafka连接器的内部组件交互。如图8-20所示，以分布式模式为例，外部客户端调用REST服务进入Kafka连接器的处理流程如下。

(1) Kafka连接器的DistributedHerder启动Worker服务、后台的状态存储和后台的配置存储。

(2) 用户通过REST服务向Kafka连接器提交连接器的配置，并存储到后台的"配置存储"。

(3) DistributedHerder的内部线程获取配置信息，并通过Worker启动连接器和任务。

(4) 连接器和任务启动完成后，会分别调用状态监听器的onStart()方法，更新"状态存储"。

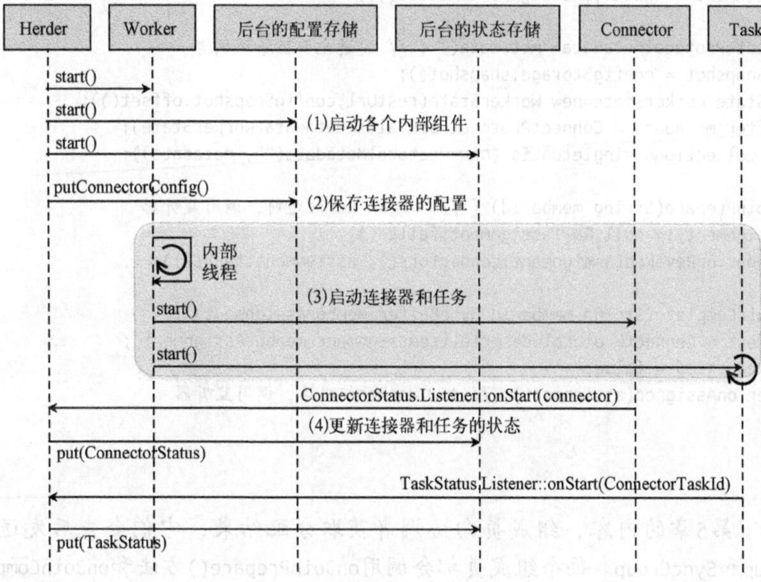

图8-20　Herder、Worker、连接器和任务的工作流程

Herder的组件包括Worker和后台存储，下面分别分析Worker与后台存储的实现。

8.3.5 Worker的实现

Kafka连接器的数据模型约定了外部系统的数据如何与Kafka集群交互。作为核心的Worker模型，它利用“Worker组协议”，通过协调者被分配到Connector模型的连接器与任务，并启动它们。

1. 分配任务

回顾一下第3章到第5章分析的消费者和协调者，同一个消费组下不同的消费者通过“消费者的协调者”（ConsumerCoordinator）获取到分配的分区，每个消费者获取的分区都不相同。与此类似，Worker进程管理的连接器和任务都是通过“Worker的协调者”（WorkerCoordinator）分配的，每个Worker进程分配到的连接器和任务也不相同。与第5章中消费者的协调者一样，每个Worker的协调者都会向服务端的协调者（GroupCoordinator）发送协议元数据（ProtocolMetadata），并从协调者获取到分配给Worker的连接器与任务。相关代码如下：

```
// Worker的协调者采用Worker组管理协议获取分配的连接器和任务
public final class WorkerCoordinator extends AbstractCoordinator {
  private final String restUrl; // 发送给协调者的元数据
  private ConnectProtocol.Assignment assignment; // 分配结果
  private final ConfigBackingStore configStorage; // 配置的后台存储
  private ClusterConfigState configSnapshot; // 配置的快照
  private final WorkerRebalanceListener listener; // 再平衡的监听器
  private boolean rejoinRequested; // 是否需要重新加入Worker组

  public boolean needRejoin() { // 分配结果为空或者分配失败，都要重新加入
    return super.needRejoin() || rejoinRequested ||
      (assignment == null || assignment.failed());
  }
  public List<ProtocolMetadata> metadata() { // 发送元数据给协调者
    configSnapshot = configStorage.snapshot();
    WorkerState workerState=new WorkerState(restUrl,configSnapshot.offset());
    ByteBuffer metadata = ConnectProtocol.serializeMetadata(workerState);
    return Collections.singletonList(new ProtocolMetadata("", metadata));
  }
  void onJoinPrepare(String memberId) { // 加入Worker组之前，调用监听器
    if (assignment != null && !assignment.failed())
      listener.onRevoked(assignment.connectors(), assignment.tasks());
  }
  void onJoinComplete(String memberId,ByteBuffer memberAssignment) {
    assignment = ConnectProtocol.deserializeAssignment(memberAssignment);
    rejoinRequested = false;
    listener.onAssigned(assignment); // 加入Worker组之后，调用监听器
  }
}
```

注意：回顾一下第5章的内容，组成员向协调者获取分配结果，它们会先后发送两种请求：JoinGroup和SyncGroup。每个组成员都会调用onJoinPrepare()方法和onJoinComplete()方法，但只有Leader成员才会调用performAssignment()方法。Worker进程获取连接器和任务、消费者获取分区，都是一种再平衡操作。只有再平衡完成后，组成员才可以得到分配结果。

再平衡操作发生时，每个Worker在加入Worker组的前后，会分别触发监听器（WorkerRebalanceListener）的回调方法。在再平衡操作之前，监听器的onRevoked()方法会停止分配给当前Worker的连接器和任务。再平衡操作结束后，监听器的onAssigned()方法会启动分配给当前Worker的最新连接器和任务。相关代码如下：

```
public class DistributedHerder extends AbstractHerder implements Runnable {
  private final WorkerGroupMember member; // Worker组成员，作为连接器集群的一员

  // 分布式的Herder会创建状态存储、配置存储和Worker组成员，并设置必要的监听器
  DistributedHerder(Worker worker, String workerId, String rest,
      StatusBackingStore statusStore,ConfigBackingStore configStore, ) {
    super(worker, workerId, statusStore, configStore);
    // 设置配置存储的更新监听器
    configStore.setUpdateListener(new ConfigUpdateListener());
    // 创建Worker组成员，并设置再平衡的监听器
    member=new WorkerGroupMember(rest,configStore,new RebalanceListener());
  }
  // 再平衡的监听器在再平衡操作前后，分别启动和停止分配给Worker的连接器与任务
  public class RebalanceListener implements WorkerRebalanceListener {
    void onAssigned(ConnectProtocol.Assignment assignment) {
      synchronized (DistributedHerder.this) {
        DistributedHerder.this.assignment = assignment;
      }
      member.wakeup(); // 唤醒Worker组成员
    }
    void onRevoked(List<String> connectors,List<ConnectorTaskId> tasks){
      for (String connector : connectors) worker.stopConnector(connector);
      if (!tasks.isEmpty()) {
        worker.stopTasks(tasks); // 停止所有的任务
        worker.awaitStopTasks(tasks); // 等待停止任务完成
      }
      statusStore.flush(); // 刷新状态存储
    }
  }
}
```

Worker和消费者的一个不同点是：消费者启动时，就立即向协调者获取分配分区；而Worker启动时还不能立即向协调者获取连接器与任务。只有用户通过REST服务提交连接器的配置时，Worker才会开始向协调者申请获取连接器与任务。因为Worker启动、获取连接器与任务这两个操作不是同时进行的，所以DistributedHerder的内部线程在检测到再平衡操作完成后，会唤醒WorkerGroupMember，通知Worker从分配的结果中获取连接器与任务并启动它们。相关代码如下：

```
public class DistributedHerder extends AbstractHerder implements Runnable{
  private ClusterConfigState configState; // 集群的配置状态，来自于后台的配置存储
  private final WorkerGroupMember member; // Worker组成员，作为连接器集群的一员

  public void start() { // 分布式的Herder内部有一个线程
    Thread thread = new Thread(this, "DistributedHerder");
    thread.start();
  }
  public void run() {
```

```
    startServices(); // 启动其他服务
    while (!stopping.get()) tick(); // 循环运行
    halt(); // 一旦退出循环，说明DistributedHerder也停止运行了
  }
  public void tick() {
    member.poll(nextRequestTimeoutMs); // 轮询
    handleRebalanceCompleted(); // 再平衡操作完成
  }
  private boolean handleRebalanceCompleted() {
    if (this.rebalanceResolved) return true;
    if (needsRejoin) { // 如果需要重新加入，则立即返回
      member.requestRejoin();
      return false;
    }
    startWork(); // 再平衡操作完成，开始工作
  }

  private void startWork() { // 通过Worker启动连接器和任务
    for (String conn : assignment.connectors()) startConnector(conn);
    for (ConnectorTaskId taskId : assignment.tasks()) startTask(taskId);
  }
  private void startConnector(String connectorName) {
    Map<String, String> configs = configState.connectorConfig(connectorName);
    ConnectorConfig connConfig = new ConnectorConfig(configs);
    String connName = connConfig.getString(ConnectorConfig.NAME_CONFIG);
    ConnectorContext ctx = new HerderConnectorContext(this, connName);
    TargetState initialState = configState.targetState(connectorName);
    worker.startConnector(connConfig, ctx, this, initialState);
    if (initialState == TargetState.STARTED) // 连接器的初始化是“启动”
      reconfigureConnectorTasksWithRetry(connName); // 重新配置连接器的任务
  }
  private void startTask(ConnectorTaskId taskId) {
    TargetState initialState = configState.targetState(taskId.connector());
    Map<String, String> configs = configState.taskConfig(taskId);
    TaskConfig taskConfig = new TaskConfig(configs);
    worker.startTask(taskId, taskConfig, this, initialState);
  }
}
```

注意：分布式Herder一启动后，它的内部线程就一直在运行。每执行一次tick()方法，都会调用Worker组成员的轮询方法，在轮询结束后，会处理再平衡完成的操作。但正常请求下，如果不需要再平衡操作，调用handleRebalanceCompleted()会立即返回。只有发生了再平衡操作，并且再平衡完成后，才会调用startWork()方法启动连接器与任务。

图8-21总结了分布式模式下Kafka连接器的Worker模型启动任务的流程，具体步骤如下。

(1) DistributedHerder启动Worker、后台存储和内部线程。内部线程轮询Worker组成员。

(2) 用户通过REST服务提交连接器的配置信息，每个DistributedHerder的内部线程会通过Worker组成员向协调者申请获取连接器与任务。

(3) 每个DistributedHerder都收到协调者分配的连接器与任务，触发监听器的回调方法。监听器的onAssigned()方法会设置DistributedHerder的分配结果。

(4) DistributedHerder有了分配结果，唤醒内部线程开始工作。

(5) DistributedHerder的handleRebalanceCompleted()方法处理再平衡操作完成的事件。

(6) DistributedHerder根据分配结果获取连接器和任务，并通过Worker启动连接器和任务。

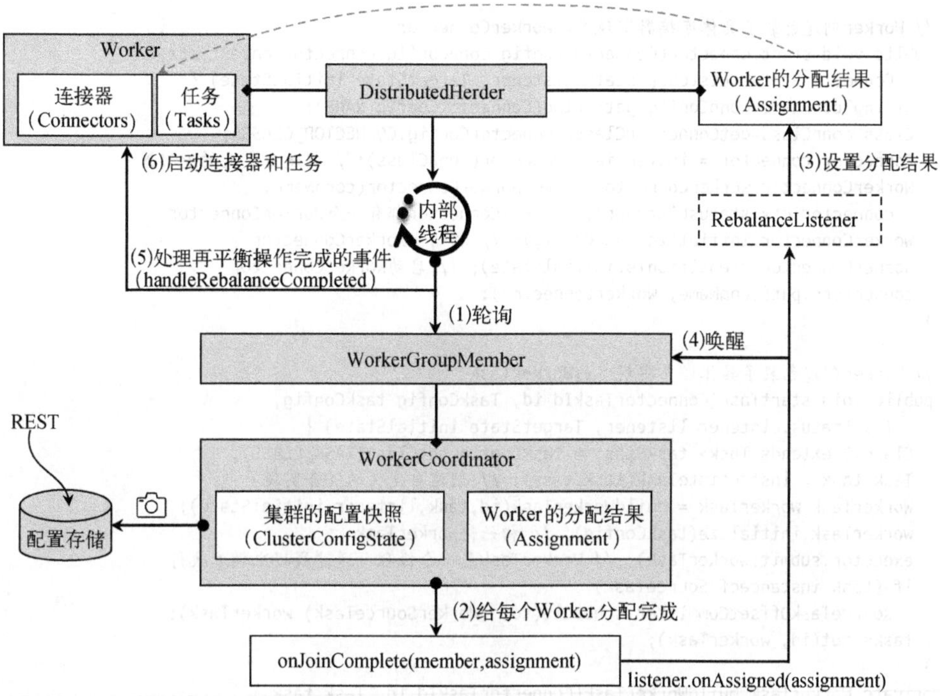

图8-21 Worker模型的任务启动流程

当再平衡操作完成时，意味着Worker成功加入Worker组，并获取到协调者的分配结果。DistributedHerder的内部线程为Worker分配连接器与任务，接着Worker就可以启动连接器与任务了。

2. 启动连接器与任务

Worker调用startConnector()方法启动连接器时，会将连接器配置文件定义的连接器类（connector.class）封装到WorkerConnector中，然后放入connectors集合。同理，Worker调用startTask()方法启动任务时，会根据“自定义连接器实现类”中的taskClass()方法是源任务还是目标任务，分别封装成WorkerSourceTask对象和WorkerSinkTask对象，然后放入tasks集合。Worker类的代码如下：

```
public class Worker { // Worker管理了连接器与任务，并负责启动它管理的连接器与任务
  private final ExecutorService executor;
  private HashMap<String, WorkerConnector> connectors = new HashMap<>();
  private HashMap<ConnectorTaskId, WorkerTask> tasks = new HashMap<>();
  private KafkaProducer<byte[], byte[]> producer;
  private SourceTaskOffsetCommitter sourceTaskOffsetCommitter;
```

```
    public void start() { // 启动Worker，会立即创建生产者对象
      Map<String, Object> props = new HashMap<>();
      producer = new KafkaProducer<>(producerProps);
      offsetBackingStore.start(); // 启动后台的偏移量存储，创建源任务的偏移量提交管理器
      sourceTaskOffsetCommitter = new SourceTaskOffsetCommitter(config);
    }

    // Worker创建包装了具体连接器实现类的WorkerConnector
    public void startConnector(ConnectorConfig connConfig,ConnectorContext ctx,
        ConnectorStatus.Listener statusListener, TargetState initialState) {
      String connName=connConfig.getString(ConnectorConfig.NAME);
      Class connClass=getConnectorClass(ConnectorConfig.CONNECTOR_CLASS);
      Connector connector = instantiateConnector(connClass);// 创建自定义的连接器
      WorkerConnector workerConnector = new WorkerConnector(connName,
        connector,ctx,statusListener); // 每个Connector都有一个WorkerConnector
      workerConnector.initialize(connConfig); // 初始化WorkerConnector
      workerConnector.transitionTo(initialState); // 启动WorkerConnector
      connectors.put(connName, workerConnector);
    }

    // Worker创建包装了具体任务实现类的WorkerTask
    public void startTask(ConnectorTaskId id, TaskConfig taskConfig,
        TaskStatus.Listener listener, TargetState initialState) {
      Class<? extends Task> taskClass = taskConfig.getClass(TASK_CLASS);
      Task task = instantiateTask(taskClass); // 创建自定义的任务实现类
      WorkerTask workerTask = buildWorkerTask(id,task,listener,initialState);
      workerTask.initialize(taskConfig); // 初始化WorkerTask
      executor.submit(workerTask); // WorkerTask是一个线程，通过线程池调度执行
      if (task instanceof SourceTask)
        sourceTaskOffsetCommitter.schedule(id, (WorkerSourceTask) workerTask);
      tasks.put(id, workerTask);
    }
    private WorkerTask buildWorkerTask(ConnectorTaskId id, Task task,
        TaskStatus.Listener statusListener,TargetState initialState) {
      if (task instanceof SourceTask) {
        OffsetStorageReader offsetReader = new OffsetStorageReaderImpl(..);
        OffsetStorageWriter offsetWriter = new OffsetStorageWriter(..);
        return new WorkerSourceTask(id, (SourceTask) task, statusListener,
          initialState, keyConverter, valueConverter,
          producer, offsetReader, offsetWriter, config, time);
      } else if (task instanceof SinkTask) {
        return new WorkerSinkTask(id, (SinkTask) task, statusListener,
          initialState, config, keyConverter, valueConverter, time);
      }
    }
}
```

Worker启动连接器与任务时，有下面几个特点。

- Worker启动连接器与任务时，会传递连接器与任务的配置信息，其中配置信息用来初始化连接器与任务。
- Worker从配置中分别获取连接器与任务的类名，并通过反射机制实例化创建连接器与任务。

- Worker创建并启动连接器与任务后，会将它们放入集合中，这么做的目的是方便管理它们。

注意：与创建目标任务相比，Worker创建源任务时，多了偏移量的读取器（OffsetStorageReader）与写入器（OffsetStorageWriter），并且还会启动源任务的偏移量提交线程（SourceTaskOffsetCommitter）。虽然只有源任务需要偏移量相关的读取器、写入器和提交线程，但这并不是说目标任务不需要处理偏移量。目标任务使用了消费者API，它的偏移量使用Kafka内置的偏移量管理机制。在Kafka连接器框架的内部，源任务和目标任务都需要处理偏移量相关的逻辑。

Worker负责管理并启动协调者分配给它的连接器与任务列表，并用connectors和tasks集合保存它所管理的所有连接器与任务。Worker保存它创建的连接器与任务，有下面几点用处。

- 再平衡操作之前，Worker获取当前的所有连接器与任务，停止所有的连接器和任务。
- REST服务暂停或恢复连接器，除了更新连接器的状态外，也需要暂停或恢复连接器的所有任务。
- 停止Worker时，需要停止Worker管理的所有连接器与任务。
- 用户通过REST服务重启连接器或任务时，只有Worker拥有该连接器或任务，才可以重启。

如图8-22所示，Worker启动连接器和任务主要分成3个步骤：创建、初始化和启动。任务是一个线程，启动任务表示执行线程。

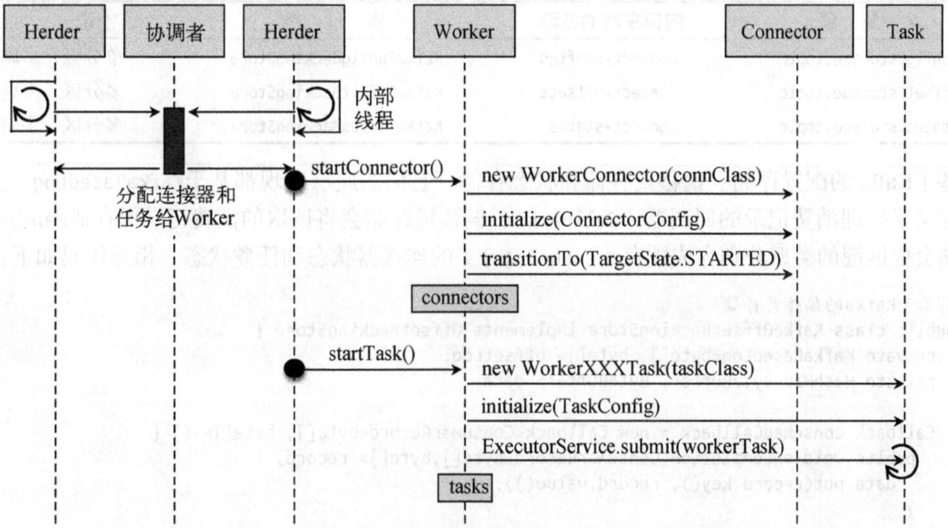

图8-22 Herder采用Worker组协议获取分配的连接器与任务，并通过Worker管理和启动

在Worker启动连接器与任务的逻辑中，创建并初始化WorkerConnector和WorkerTask后，都需要处理连接器与任务的初始状态。这个初始状态是连接器与任务的目标状态（TargetState）。WorkerConnector与WorkerTask都有一个接收目标状态作为参数的transitionTo()方法，它们的处理逻辑都会确保连接

器与任务的状态转到指定的目标状态。

另外，分布式Herder的startConnector(connectorName)、startTask(ConnectorTaskId)与Worker的startConnector(ConnectorConfig)、startTask(TaskConfig)的参数不同。一个是连接器名称和任务编号，一个是连接器的配置和任务的配置。在进入Worker的调用之前，分布式Herder会根据名称或编号从配置存储中获取对应的配置对象。

下面就来分析与连接器相关的后台配置存储和后台状态存储，这里主要分析基于Kafka的分布式后台存储。

8.3.6　配置存储与状态存储

如表8-5所示，分布式模式的Kafka连接器有下面3种类型的数据会存储成Kafka内部主题的形式。与普通主题不同，Kafka连接器相关的内部主题都会指定消息的键，并且都会开启“日志压缩功能”（详见6.1.5节）。Kafka集群的管理员最好事先按照下面的分区数和副本数，提前创建这些内部主题。否则，如果开启了自动创建主题的功能，默认的分区数和副本数有可能不符合Kafka连接器的约定。

- connect-configs：连接器的配置、任务的配置和连接器的目标状态。
- connect-status：连接器与任务的当前状态。与目标状态不同，这里记录的是当前状态。
- connect-offsets：Kafka连接器框架的源任务读取源系统的源分区与源偏移量。

表8-5　Kafka连接器的内部主题

配　置　项	内部主题的名称	实　现　类	说　　明
config.storage.topic	connect-configs	KafkaConfigBackingStore	单分区、多副本
offset.storage.topic	connect-offsets	KafkaOffsetBackingStore	多分区、多副本
status.storage.topic	connect-status	KafkaStatusBackingStore	多分区、多副本

基于Kafka的配置存储、偏移量存储和状态存储，它们的底层实现都基于KafkaBasedLog，并且它们都定义了处理消费记录的回调器（Callback）。偏移量存储会将读取的消费记录保存成Map类型。状态存储会根据键的类型分别存成缓存（CacheEntry）的连接器状态和任务状态。相关代码如下：

```
//基于Kafka的偏移量存储
public class KafkaOffsetBackingStore implements OffsetBackingStore {
  private KafkaBasedLog<byte[], byte[]> offsetLog;
  private HashMap<ByteBuffer, ByteBuffer> data;

  Callback consumedCallback = new Callback<ConsumerRecord<byte[], byte[]>>() {
    public void onCompletion(ConsumerRecord<byte[],byte[]> record) {
      data.put(record.key(), record.value());
    }
  };
}
//基于Kafka的状态存储
public class KafkaStatusBackingStore implements StatusBackingStore {
  private KafkaBasedLog<String, byte[]> kafkaLog;
  private final Table<String, Integer, CacheEntry<TaskStatus>> tasks;
  private final Map<String, CacheEntry<ConnectorStatus>> connectors;
```

```
    Callback readCallback = new Callback<ConsumerRecord<String, byte[]>>() {
      public void onCompletion(ConsumerRecord<String, byte[]> record) {
        String key = record.key();
        if (key.startsWith(CONNECTOR_STATUS_PREFIX)) {
          readConnectorStatus(key, record.value());
        } else if (key.startsWith(TASK_STATUS_PREFIX)) {
          readTaskStatus(key, record.value());
        }
      }
    };
  }
```

作为Kafka的底层核心数据，配置信息起到非常重要的作用。因为Kafka连接器集群的每个Worker成员具体要处理哪些连接器与任务，都取决于连接器和任务的配置。

1. 配置存储

单机模式下，连接器的配置文件只设置了自定义连接器的实现类，并没有设置自定义任务的实现类。分布式模式下，用户通过REST只提交了连接器的配置，并没有提交任务的配置。那么启动任务时，如何获取任务的配置呢？实际上，连接器的配置和任务的配置都会存储在持久化的后台配置存储中。如图8-23所示，Worker启动连接器与任务的具体步骤如下。

(1) 用户通过REST提交连接器配置，接着调用DistributedHerder的putConnectorConfig()方法。

(2) 后台的配置存储（ConfigBackingStore）会保存连接器名称以及对应的连接器配置。

(3) 触发第一次再平衡操作时，协调者将连接器分配给Worker，Worker会启动连接器。

(4) 连接器的目标状态为“启动”（STARTED），DistributedHerder会调用reconfigureConnector()方法。

(5) 重新配置连接器时，获取已经实例化的连接器和定义的任务类，构建任务的配置。

(6) 后台的配置存储会保存连接器的名称以及所有任务的配置。

(7) 触发第二次再平衡操作时，协调者将连接器和任务分配给Worker，而Worker会启动连接器与任务。

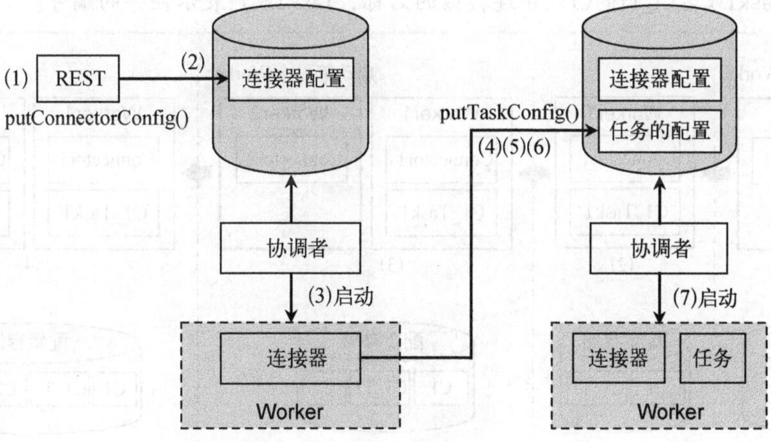

图8-23 Worker启动连接器和任务

为了验证配置存储与协调者的分配工作，这里按照8.3.1节介绍的分布式模式，先启动两个Worker，然后启动两个源连接器。第一个源连接器读取第一个源文件，第二个源连接器读取第二个源文件。如图8-24所示，两个Worker组成一个连接器集群，因为协调者执行再平衡操作以及分配连接器和任务给Worker几乎是同时发生的，所以下面将两个Worker的日志并列展示。

Worker1 日志

```
#启动第一个Worker
15:20:17,698 Connector connect-file-source config updated
15:20:17,719 Joined group and got assignment: Assignment{
  offset=1, connectorIds=[], taskIds=[]}
---------------------------------------------------------
15:20:21,740 Tasks [connect-file-source-0] configs updated
15:20:22,267 Joined group and got assignment: Assignment{
  offset=3, connectorIds=[], taskIds=[connect-file-source-0]}
15:20:22,272 Starting task connect-file-source-0
---------------------------------------------------------
#启动第二个Worker
15:24:34,286 Connector connect-file-source2 config updated
15:24:34,808 Joined group and got assignment: Assignment{
  offset=4, connectorIds=[], taskIds=[connect-file-source-0]}
15:24:34,809 Starting task connect-file-source-0
---------------------------------------------------------
15:24:40,320 Tasks[connect-file-source-0,connect-file-source2-0]
15:24:40,832 Joined group and got assignment: Assignment{
  offset=6, connectorIds=[],
  taskIds=[connect-file-source-0, connect-file-source2-0]}
15:24:40,832 Starting task connect-file-source-0
15:24:40,833 Starting task connect-file-source2-0
```

Worker2 日志

```
#启动第一个Worker
15:20:17,242 Connector connect-file-source config updated
15:20:17,720 Joined group and got assignment: Assignment{
(1) offset=1, connectorIds=[connect-file-source], taskIds=[]}
15:20:17,720 Starting connector connect-file-source
---------------------------------------------------------
15:20:21,740 Tasks [connect-file-source-0] configs updated
15:20:22,267 Joined group and got assignment: Assignment{
(2) offset=3, connectorIds=[connect-file-source], taskIds=[]}
15:20:22,268 Starting connector connect-file-source
---------------------------------------------------------
#启动第二个Worker
15:24:34,286 Connector connect-file-source2 config updated
15:24:34,808 Joined group and got assignment: Assignment{
(3) offset=4, connectorIds=[connect-file-source, connect-file-source2],
  taskIds=[]}
15:24:34,809 Starting connector connect-file-source
15:24:37,921 Starting connector connect-file-source2
---------------------------------------------------------
15:24:40,319 Tasks [connect-file-source-0, connect-file-source2-0],
15:24:40,832 Joined group and got assignment: Assignment{
(4) offset=6, connectorIds=[connect-file-source, connect-file-source2],
  taskIds=[]}
15:24:40,832 Starting connector connect-file-source
15:24:42,106 Starting connector connect-file-source2
```

图8-24　协调者分配任务给两个Worker组成的连接器集群

上面的日志验证了“启动一个连接器会发生两次再平衡操作”，所以，启动两个连接器一共会发生4次再平衡操作。如图8-25所示，在这4次再平衡操作完成后，Worker分配的任务与配置存储的信息是对应的。

注意：连接器的名称定义在配置文件中，比如connector.name=connect-file-source。连接器的任务编号是连接器的名称加上任务编号，比如connect-file-source-0表示第一个任务。图8-25中C1_Task1或者C1_T1的C1表示连接器的名称，Task1或T1表示任务的编号。

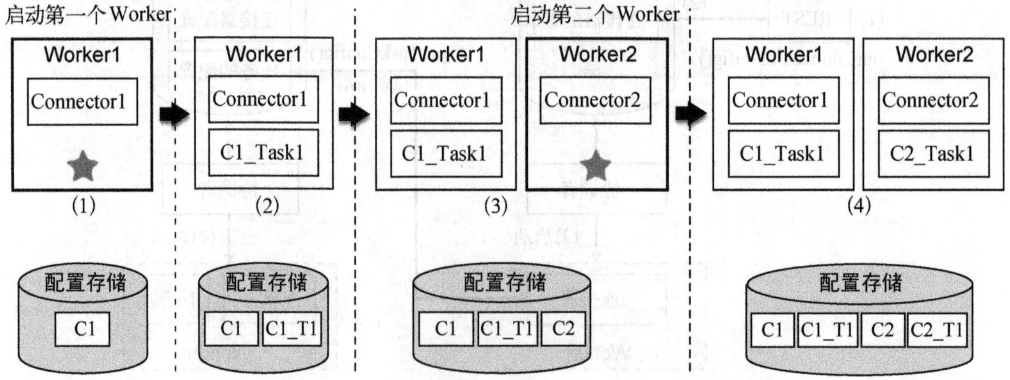

图8-25　Worker上的连接器、任务以及对应的配置存储信息

后台的配置存储不仅记录连接器与任务的配置，也会记录它们的目标状态。比如启动连接器与任务时，它们的目标状态是“已启动”。暂停连接器和任务时，它们的目标状态是“已暂停”。如图8-26所示，只有目标状态是“已启动”的连接器与任务，它们才会被协调者分配给Worker启动。Worker在再平衡操作之前，会停止所有的连接器与任务。Worker在再平衡操作结束后，会启动分配给它的所有连接器与任务。

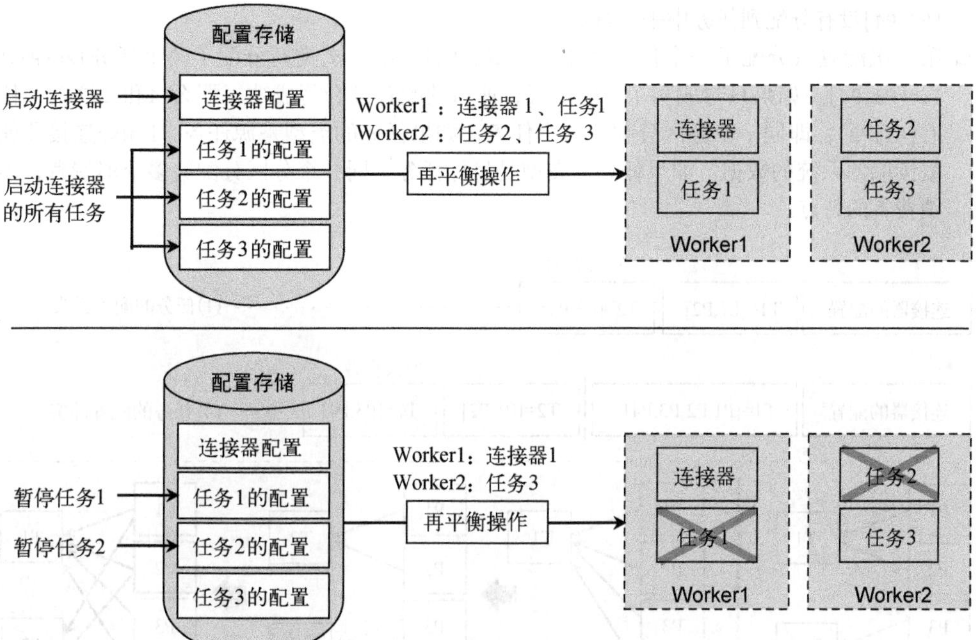

图8-26　配置存储中连接器与任务的目标状态，决定了协调者是否需要将其分配给Worker

配置信息包括连接器的配置和任务的配置。当用户通过REST服务改变连接器与任务的目标状态时，会触发Kafka连接器集群发生再平衡操作。Kafka连接器框架为了确保正确的Worker组管理协议（每个连接器与任务只能分配给一个Worker），“配置存储”的内部主题只允许创建一个分区。我们知道Kafka只保证分区级别的消息有序，不能保证整个主题级别多个分区的消息有序性。因此，一旦将主题的分区数设置为一个，就可以保证主题级别的消息有序性，即消息的发送和消费一定是完全有序的。

2. 读写配置

单机模式的配置存储实现是MemoryConfigBackingStore，分布式模式的配置存储实现是KafkaConfigBackingStore。因为配置信息只有连接器与任务的，所以不管是哪种存储实现，本质上都应该是键值类型的数据。比如，单机模式的内存实现实际上是一个Map，分布式模式的内部主题实现实际上是带有键的消息。

Kafka连接器内部主题的配置信息只有一个分区，这是为了保证消息的有序性。内部主题开启了日志压缩，会清理过期的配置数据。连接器的配置信息是独立的，每个连接器都只有一个日志条目，保证了配置的原子操作（读取出一条记录，就可以立即被应用），但任务的配置因为有多个，所以需要特殊处理。Kafka目前不支持多条消息的事务操作，即不提供多个条目的原子写操作，无法保证多个任务配置条目的事务，而保证任务配置的原子操作非常重要。图8-27列举了两种没有原子操作保证可能会出现的错误场景。

- 一个连接器有两个任务`T1=[P1,P2]`和`T2=[P3,P4]`，但如果只写入了`T1`的任务配置，就会导致`[P3,P4]`没有分配到任务中去执行。
- 第一次配置只分配了一个任务`T1=[P1,P2,P3,P4]`，第二次重新分配了两个任务`T2=[P1,P2]`和`T1=[P3,P4]`。如果只写成功了`T2`的配置，而`T1`的配置没有写成功，那么`T1`和`T2`这两个任务都有`[P1,P2]`，即同一个分区分配了两个任务。如果任务的类型是源任务，Kafka连接器就会重复读取源系统的数据。如果任务的类型是目标任务，同一个分区分配给多个消费者，不符合消费者的特点。

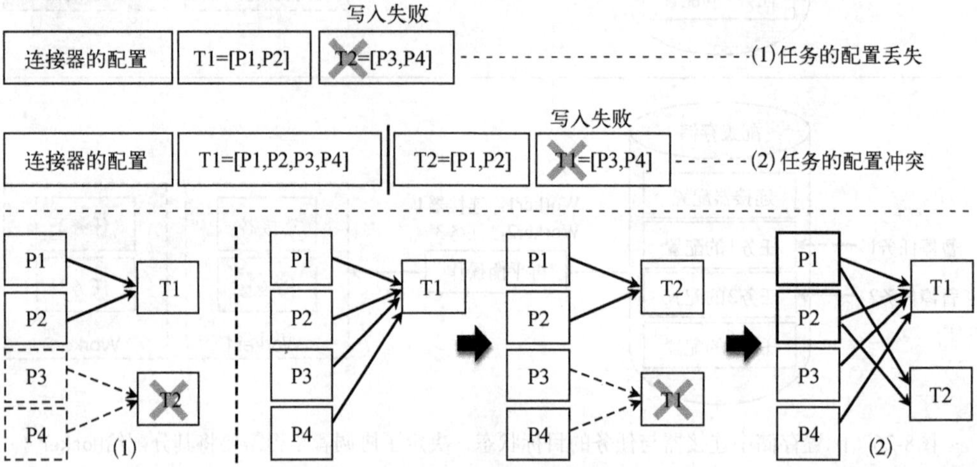

图8-27　任务配置没有原子操作保证，结果导致配置丢失或冲突

Kafka连接器解决上面两种问题的方案是引入“两阶段提交协议”：在正常地写入“任务配置”条目之后，引入一条**提交日志**。只有写完提交日志，或者读取到日志，读写操作才算成功，这保证了读取和写入操作的原子性。如图8-28所示，条目1是连接器foo的配置，只要写成功就立即可见。连接器有两个任务，即条目2和条目3。如果条目4（提交日志）没有写成功，则条目2和条目3都是不可见的。只有写入了条目4，才可以看到条目2和条目3。这4个条目如下：

```
1. connector-foo-config
2. task-foo-1-config
3. task-foo-2-config
4. commit-foo (2 tasks)
```

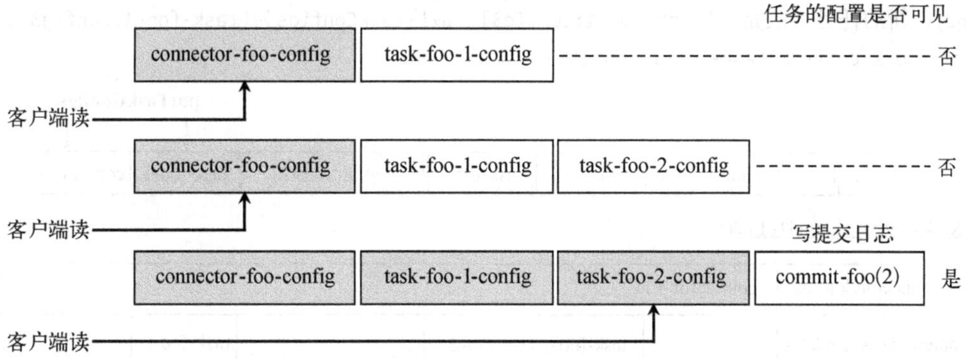

图8-28 任务配置引入提交日志，任务的数据视图才是完整的

由于只有写入了提交日志，之前的任务配置才是可见的，所以在写入任务配置时，需要使用缓冲区来保存临时的任务配置。只有在写入了提交日志后，才能以原子的方式应用缓冲区中的数据（应用指的是对读取操作是可见的。类似于数据库的读提交事务操作：读操作只会看到一致的数据视图，不会看到还没有写成功的数据）。实际上，客户端读取时不需要关注写，它在读取到提交日志时，就应该能够看到完整的任务配置。为"任务配置"引入"提交日志"有下面两个作用。

- 记录当前连接器正在运行的任务数，这样用户可以通过REST服务增加或修改任务的并行度。
- 每个任务的配置分开存储。为了确保每个分区只会被分配给唯一的任务，它们应该被同时一起应用。

基于Kafka的后台配置存储为任务的配置引入了"延迟的更新缓存"（`deferredTaskUpdates`）。如图8-29所示，更新任务的配置包括两个步骤：写入任务的配置和写入提交日志。写入配置时，任务的配置暂存在"延迟的更新"中。只有写入提交日志，才会将"延迟缓存更新"的任务配置设置为`taskConfigs`。

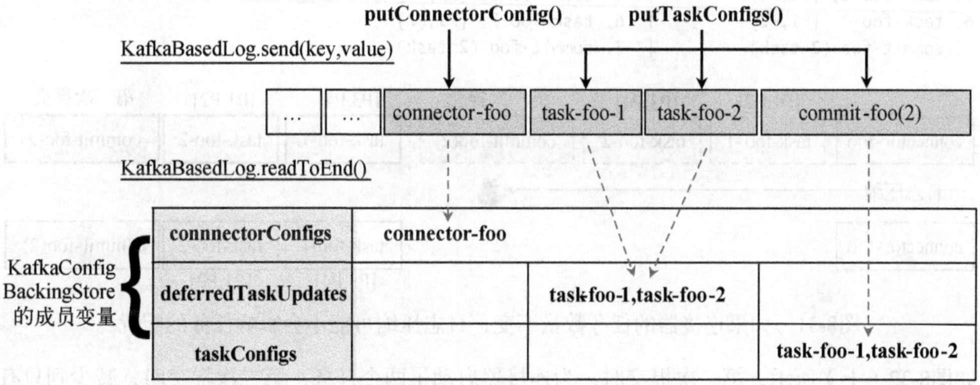

图8-29 更新日志的两个步骤

当连接器更新了任务配置时，新的任务配置会完全覆盖所有旧的任务配置。如图8-30所示，假设连接器原先有两个任务，现在更改为一个任务。比如，原先的任务列表是：`[task-foo-1:config1,task-foo-2:`

config2]，新的任务列表是：[task-foo-1:config3]。最后taskConfigs为[task-foo-1:config3]，而不是[task-foo-2:config2,task-foo-1:config3]。

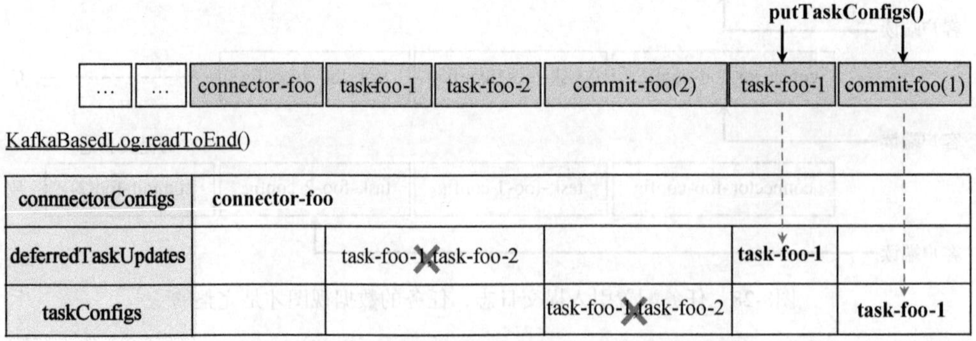

图8-30　更新任务配置会完全覆盖所有旧的配置

虽然我们通过“两阶段的提交日志”解决了事务的原子操作问题。但是，在开启日志压缩的场景下，还是会造成任务配置数据的不一致性。正常情况下，如果连接器的任务数量没有变化，可能不会出现配置冲突问题。如图8-31所示，第一次的任务配置是：[task-foo-1:{P1,P2}，task-foo-2:{P3,P4}]，第二次的任务配置是：[task-foo-1:{P3,P4}，task-foo-2:{P1,P2}]。当发生日志压缩时，如果键相同，旧的值会被清理掉。即使第一次的任务配置完全被清理掉，任务的配置数据仍然完整且正确。相关代码如下：

```
日志压缩前                          || 日志压缩后
1. connector-foo-config            | 1. connector-foo-config
2. task-foo-1, {P1,P2}             |
3. task-foo-2, {P3,P4}             |
4. commit-foo (2 tasks)            |
5. task-foo-1, {P3,P4}             | 5. task-foo-1, {P3,P4}
6. task-foo-2, {P1,P2}             | 6. task-foo-2, {P1,P2}
7. commit-foo (2 task)             | 7. commit-foo (2 task)
```

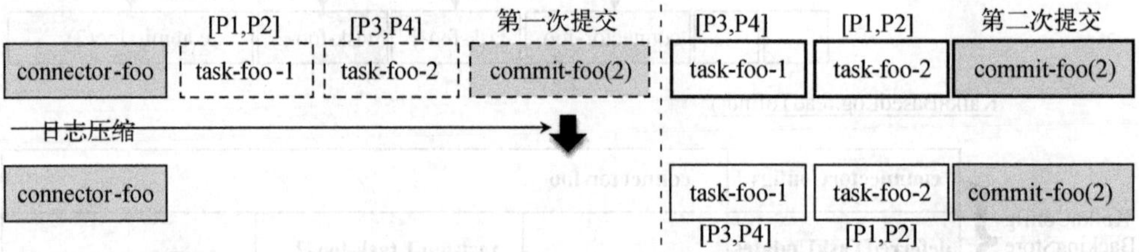

图8-31　如果连接器的任务数量不变，日志压缩可能不会影响任务的配置

如图8-32（上）所示，第一次提交时，为连接器启动了两个任务；第二次提交时，减少到只有一个任务。当日志压缩操作进行到第五条日志条目时，因为第二条和第五条日志条目的键都等于task-foo-2，所以第二条日志条目被删除。这就出现了不一致的数据：第三条日志条目（即第一次的提交日志）commit-foo (2 tasks)记录了有两个任务，但是客户端从第一条日志读取到第三条日志，却发现其实只有一个任务（task-foo-2）。

```
日志压缩前                          ||  日志压缩后
1. connector-foo-config             |  1. connector-foo-config
2. task-foo-1, {P1,P2}              |
3. task-foo-2, {P3,P4}              |  3. task-foo-2, {P3,P4}
4. commit-foo (2 tasks)             |  4. commit-foo (2 tasks)
5. task-foo-1, {P1,P2,P3,P4]        |  5. task-foo-1, {P1,P2,P3,P4}
6. commit-foo (1 task)              |  6. commit-foo (1 task)
```

如图8-32（下）所示，当日志压缩操作进行到第六条日志条目时，第四条和第六条日志条目的键都等于`commit-foo`，所以第四条日志条目也会被删除。这种场景同样会出现数据不一致：客户端从第一条读取到第六条一共读取了两个任务，但是第六条的提交日志记录的任务数量却只有一个。上面的两种日志压缩场景都会造成错误的任务配置。比如，任务`task-foo-1`记录的配置信息是`[P1,P2,P3,P4]`，任务`task-foo-2`记录的配置信息是`[P3,P4]`，这两个任务不应该同时存在。

```
日志压缩前                          ||  日志压缩后
1. connector-foo-config             |  1. connector-foo-config
2. task-foo-1, {P1,P2}              |
3. task-foo-2, {P3,P4}              |  3. task-foo-2, {P3,P4}
4. commit-foo (2 tasks)             |
5. task-foo-1, {P1,P2,P3,P4}        |  5. task-foo-1, {P1,P2,P3,P4}
6. commit-foo (1 task)              |  6. commit-foo (1 task)
```

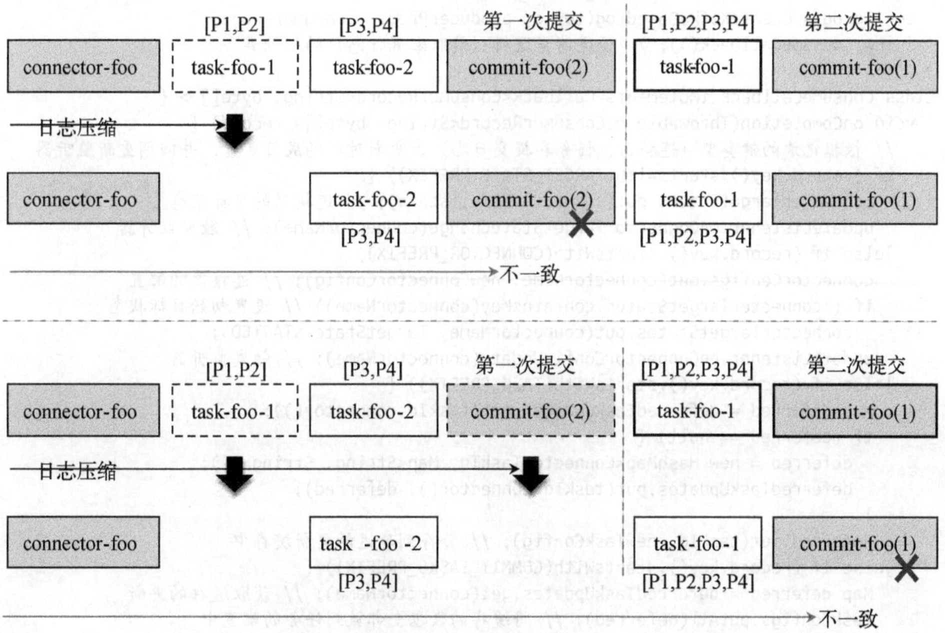

图8-32　日志压缩会删除过期的数据，可能会对任务的配置产生影响

那么，如何解决上面这种状态不一致的问题呢？Kafka连接器的`KafkaConfigBackingStore`用一个`inconsistent`集合保存所有不一致的连接器（并不是说连接器的配置本身有问题，而是连接器的任务数量与实际存储的任务配置数量不匹配）。对于不一致的连接器，在获取连接器的所有任务时，返回

空的集合，这样就让连接器有机会重新生成新的任务配置列表。比如，协调者需要读取配置信息来决定怎么分配连接器与任务给Worker。如果连接器的任务列表为空，协调者在本次执行分配时，就不会分配任务给Worker。

基于Kafka的后台配置存储需要在内存中保存内部主题的数据，比如，连接器的配置、连接器的任务数量、任务的配置、连接器的目标状态。另外，它不仅定义了一个处理消费记录的消费回调器（ConsumeCallback），也接收了DistributedHerder传递的一个监听器（UpdateListener）。相关代码如下：

```
// 基于Kafka的后台配置存储
public class KafkaConfigBackingStore implements ConfigBackingStore {
  UpdateListener updateListener;
  Map<String, Integer> connectorTaskCounts;
  Map<String, Map<String, String>> connectorConfigs;
  Map<ConnectorTaskId, Map<String, String>> taskConfigs;
  Map<String, TargetState> connectorTargetStates;
  Map<String, Map<ConnectorTaskId, Map<String, String>>> deferredTaskUpdates;
  Set<String> inconsistent = new HashSet<>(); //不一致的连接器

  public void setUpdateListener(UpdateListener listener) {
    this.updateListener = listener;
  }
  public void configure(WorkerConfig config) {
    configLog = createKafkaBasedLog(topic, producerProps, consumerProps,
      new ConsumeCallback()); // 传递消费逻辑（读取配置信息）的回调类
  }
  class ConsumeCallback implements Callback<ConsumerRecord<String, byte[]>> {
    void onCompletion(Throwable e,ConsumerRecord<String, byte[]> record) {
      // 根据记录的键类型（连接器、任务和提交日志），更新对应的成员变量，并回调更新监听器
      if (record.key().startsWith(TARGET_STATE_PREFIX)) {
        connectorTargetStates.put(connectorName, state); // 连接器的目标状态
        updateListener.onConnectorTargetStateChange(connectorName); // 触发监听器
      }else if (record.key().startsWith(CONNECTOR_PREFIX)) {
        connectorConfigs.put(connectorName, newConnectorConfig); // 连接器的配置
        if (!connectorTargetStates.containsKey(connectorName)) // 设置初始目标状态
          connectorTargetStates.put(connectorName, TargetState.STARTED);
        updateListener.onConnectorConfigUpdate(connectorName); // 触发监听器
      }else if (record.key().startsWith(TASK_PREFIX)) {
        Map deferred = deferredTaskUpdates.get(taskId.connector());
        if (deferred == null) {
          deferred = new HashMap<ConnectorTaskId, Map<String, String>>();
          deferredTaskUpdates.put(taskId.connector(), deferred);
        }
        deferred.put(taskId, newTaskConfig); // 暂存到延迟的更新缓存中
      }else if (record.key().startsWith(COMMIT_TASKS_PREFIX)) {
        Map deferred = deferredTaskUpdates.get(connectorName); // 获取缓存的更新
        taskConfigs.putAll(deferred); // 将缓存的数据全部放到任务的配置中
        deferred.clear(); // 清理缓存的更新
        connectorTaskCounts.put(connectorName, newTaskCount); // 连接器的任务数
        updateListener.onTaskConfigUpdate(taskConfigs.keySet()); // 触发监听器
      }
    }
  }
```

```
  public ClusterConfigState snapshot() { // 一旦更新了成员变量，做快照时数据最新
    return new ClusterConfigState(offset,connectorTaskCounts,
      connectorConfigs,connectorTargetStates,taskConfigs,inconsistent);
  }
}
```

如图8-33所示，KafkaConfigBackingStore与上一层的DistributedHerder通过监听器关联，并与下一层的KafkaBasedLog通过回调器关联，相关步骤如下。

(1) 用户通过REST服务提交连接器的配置或者任务的配置，“提交”可以是增加配置或者修改配置。

(2) DistributedHerder最终调用KafkaBasedLog执行两个步骤：发送数据、读取到日志末尾。

(3) KafkaBasedLog内部的消费者会轮询后台的配置存储，即消费Kafka内部主题的消息。

(4) 消费者读取到每一条消息内容时，都会调用回调器的onCompletiton()方法传递每条消费内容。

(5) 配置存储处理每条消费记录，并在更新完成员变量后，调用监听器的回调方法。

(6) DistributedHerder的监听器处理回调方法，会更新与内部线程相关的变量。

(7) 内部线程需要对后台的配置存储做最新的快照数据，快照数据在第(5)步中被更新过，是最新的。

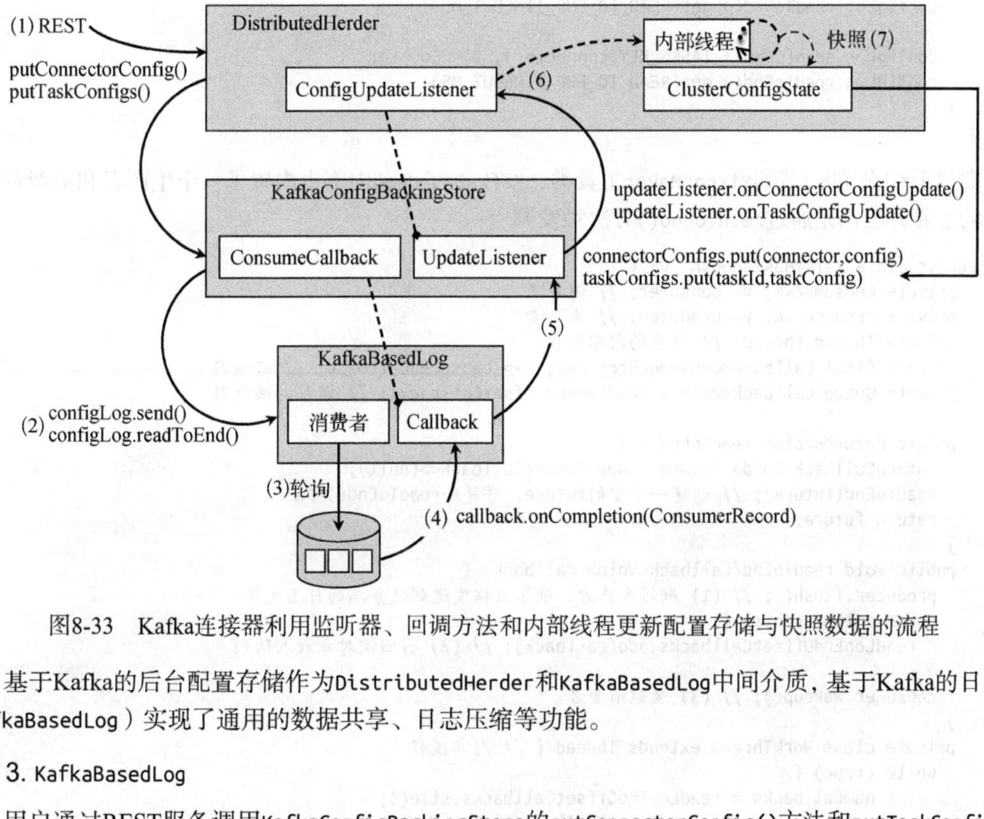

图8-33 Kafka连接器利用监听器、回调方法和内部线程更新配置存储与快照数据的流程

基于Kafka的后台配置存储作为DistributedHerder和KafkaBasedLog中间介质，基于Kafka的日志类（KafkaBasedLog）实现了通用的数据共享、日志压缩等功能。

3. KafkaBasedLog

用户通过REST服务调用KafkaConfigBackingStore的putConnectorConfig()方法和putTaskConfigs()方法，更新连接器的配置或任务的配置。后台存储会依次调用KafkaBasedLog的send()方法和readToEnd()方法，其中第一个方法发送消息内容时，并不会真正写到服务端内部主题的日志文件，第二个方法会

确保读取到日志文件的最新位置。相关代码如下：

```
public class KafkaConfigBackingStore implements ConfigBackingStore {
  KafkaBasedLog<String, byte[]> configLog;

  // 存储连接器的配置，并“应用”连接器的配置
  void putConnectorConfig(String connector, Map<String, String> config) {
    configLog.send(CONNECTOR_KEY(connector), config);
    configLog.readToEnd().get(READ_TO_END_TIMEOUT_MS);
  }
  // 存储任务的配置，只有写成功“提交日志”，才可以“应用”任务的配置
  void putTaskConfigs(String connector, List<Map<String, String>> configs) {
    configLog.readToEnd().get(READ_TO_END_TIMEOUT_MS);
    int taskCount = configs.size();
    int index = 0;
    for (Map<String, String> taskConfig: configs) {
      ConnectorTaskId connectorTaskId = new ConnectorTaskId(connector, index);
      configLog.send(TASK_KEY(connectorTaskId), taskConfig);
      index++;
    }
    configLog.readToEnd().get(READ_TO_END_TIMEOUT_MS);

    configLog.send(COMMIT_TASKS_KEY(connector), taskCount);
    configLog.readToEnd().get(READ_TO_END_TIMEOUT_MS);
  }
}
```

类似于8.1节和8.2节的MirrorMaker工具类，KafkaBasedLog内部也内置了一个生产者和消费者，这个类的主要方法都是通过readToEnd()方法触发调用：

```
public class KafkaBasedLog<K, V> {
  private Consumer<K, V> consumer; // 消费者
  private Producer<K, V> producer; // 生产者
  private Thread thread; // 内置的内部线程
  private final Callback<ConsumerRecord<K, V>> consumedCallback; // 回调器
  private Queue<Callback<Void>> readLogEndOffsetCallbacks; // 读取的回调器

  public Future<Void> readToEnd() {
    FutureCallback<Void> future = new FutureCallback<>(null);
    readToEnd(future); // 创建一个空的future，并传给readToEnd()方法
    return future;
  }
  public void readToEnd(Callback<Void> callback) {
    producer.flush(); // (1) 刷写生产者，确保数据发送到服务端的日志文件
    synchronized (this) {
      readLogEndOffsetCallbacks.add(callback); // (2) 将回调对象放入队列
    }
    consumer.wakeup(); // (3) 唤醒消费者
  }
  private class WorkThread extends Thread { // 内部线程
    while (true) {
      int numCallbacks = readLogEndOffsetCallbacks.size();
      if(numCallbacks > 0) readToLogEnd(); // (4) 队列有数据
      for (int i = 0; i < numCallbacks; i++) {
        Callback<Void> cb = readLogEndOffsetCallbacks.poll(); // (7) 取队列
        cb.onCompletion(null, null); // 第一个参数是异常信息，第二个是结果值 (Void)
```

```
        }
        poll(Integer.MAX_VALUE); // 再次调用消费者的轮询方法
      }
    }
    private void poll(long timeoutMs) {
      ConsumerRecords<K, V> records = consumer.poll(timeoutMs); // (5) 消费者的轮询
      for (ConsumerRecord<K, V> record : records)
        consumedCallback.onCompletion(null, record); // (6) 触发回调
    }
  }
```

如图8-34所示，中间灰色背景部分是KafkaBasedLog读取到最近位置的主要流程，主要包括下面几步。

(1) 刷写生产者，确保调用send()方法发送的消息写到服务端分区的日志文件。
(2) 创建一个空实现的Future回调器，它的作用只是为了内部线程能调用readToLogEnd()方法。
(3) 唤醒消费者，如果消费者在轮询时阻塞，该操作会解除阻塞的轮询。
(4) 解除阻塞后，内部线程会立即调用readToLogEnd()方法。否则，轮询操作可能不会立即返回。
(5) 消费者调用轮询方法，执行消息消费的流程。
(6) 触发回调器（定义在后台配置存储中的回调器传给了KafkaBasedLog）的回调方法。

消费者读取到记录后，后续的流程在上一节已经分析过了。比如，触发后台配置存储的回调器，进而触发DistributedHerder监听器的回调方法（步骤(7)和步骤(8)），以及对后台的配置存储做快照（步骤(9)）。

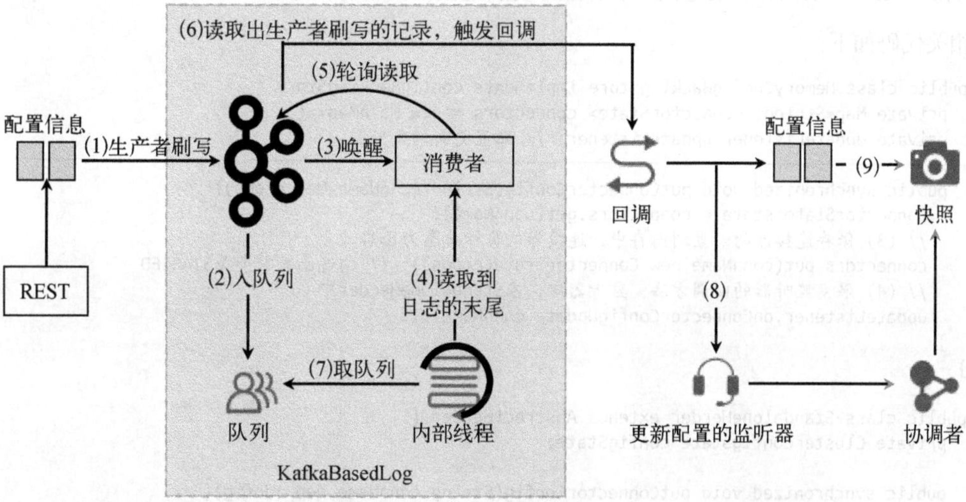

图8-34　KafkaBasedLog内部组件的工作流程，以及与其他组件的关系

下面总结一下用户通过REST服务提交连接器的配置到分布式的后台配置存储的具体步骤。

(1) Herder处理REST服务，将配置信息发送给后台的配置存储（KafkaConfigBackingStore）。
(2) 后台的配置存储再将配置信息发送给基于Kafka的日志（KafkaBasedLog）。

(3) 配置信息写到Kafka的内部主题后，内部的消费者立即读取数据，并读取到日志的最末尾。

(4) 消费者读取出每条消费记录，都会触发后台配置存储的消费回调器（ConsumeCallback）。

(5) 消费回调器处理消费记录，更新后台配置存储的变量，触发监听器的回调（UpdateListener）。

(6) 监听器处理回调事件，会请求Herder的组成员加入组，获取协调者分配的连接器与任务。

(7) 协调者执行再平衡操作，为每个Worker分配连接器与任务，并触发再平衡监听器的回调。

(8) 再平衡监听器会为Herder设置分配结果（Assignment），并唤醒Worker组成员。

(9) Herder会根据协调者分配的连接器与任务，通过Worker启动连接器与任务。

单机模式下，提交连接器的配置不需要“消费回调器”、“协调者”和“再平衡监听器”，但仍然有“配置更新的监听器”。单机模式的DistributedHerder用MemoryConfigBackingStore代替分布式的KafkaConfigBackingStore，用内存Map代替KafkaBasedLog。StandaloneHerder首先保存连接器的配置到内存中，然后触发“配置更新监听器”的回调，最后通过Worker启动连接器与任务，具体步骤如下。

(1) StandaloneHerder调用startConnector()方法启动连接器。

(2) StandaloneHerder调用配置存储的putConnectorConfig()方法保存连接器的配置。

(3) 配置存储将连接器的配置保存到内存中，连接器的目标状态为已启动。

(4) 配置存储触发监听器的回调方法，监听器定义在StandaloneHerder的内部类中。

(5) StandaloneHerder内部监听器的回调处理：对内存的配置存储做快照，更新集群的配置信息。

(6) 第(5)步已经更新集群的配置（ClusterConfigState），从集群配置中获取连接器的目标状态。

(7) StandaloneHerder调用Worker的startConnector()方法，启动连接器。

(8) StandaloneHerder启动连接器后，立即更新连接器的所有任务。

相关代码如下：

```
public class MemoryConfigBackingStore implements ConfigBackingStore {
  private Map<String, ConnectorState> connectors = new HashMap<>();
  private UpdateListener updateListener; // 配置更新的监听器

  public synchronized void putConnectorConfig(String connName,Map props){
    ConnectorState state = connectors.get(connName);
    // (3) 保存连接器的配置到内存中，连接器的目标状态为已启动
    connectors.put(connName,new ConnectorState(props)); // 构造函数状态是STARTED
    // (4) 触发监听器的回调方法，监听器定义在StandaloneHerder中
    updateListener.onConnectorConfigUpdate(connName);
  }
}

public class StandaloneHerder extends AbstractHerder {
  private ClusterConfigState configState;

  public synchronized void putConnectorConfig(String connName,Map config){
    startConnector(config); // (1) 启动连接器
    updateConnectorTasks(connName); // (8) 更新连接器的所有任务
  }
  private String startConnector(Map<String, String> connectorProps) {
    ConnectorConfig connConfig = new ConnectorConfig(connectorProps);
    String connName = connConfig.getString(ConnectorConfig.NAME_CONFIG);
    // (2) 保存连接器的配置
    configBackingStore.putConnectorConfig(connName, connectorProps);
```

```
    // (6) 集群配置被更新过，获取连接器的目标状态
    TargetState targetState = configState.targetState(connName);
    // (7) 启动连接器
    worker.startConnector(connConfig, this, targetState);
    return connName;
  }
  private void updateConnectorTasks(String connName) {
    // (9) 判断任务的配置是否需要更新，如果不需要，则保存并启动任务。它的流程和连接器类似
    List<Map<>> newTaskConfigs = recomputeTaskConfigs(connName);
    List<Map<>> oldTaskConfigs = configState.allTaskConfigs(connName);
    if (!newTaskConfigs.equals(oldTaskConfigs)) {
      removeConnectorTasks(connName); // 移除任务
      configBackingStore.putTaskConfigs(connName, newTaskConfigs); // 保存配置
      TargetState targetState = configState.targetState(connName);
      createConnectorTasks(connName,targetState); // 创建并启动任务
    }
  }

  class ConfigUpdateListener implements ConfigBackingStore.UpdateListener {
    // (5) 监听器的回调处理，对内存的配置存储做快照，更新集群的配置信息
    public void onConnectorConfigUpdate(String connector) {
      synchronized (StandaloneHerder.this) {
        configState = configBackingStore.snapshot();
      }
    }
  }
}
```

如图8-35所示，不同模式在提交连接器配置的过程中，各个组件互相协调工作，最后通过Worker启动连接器与任务。分布式模式的流程比较复杂，它比单机模式多了图中深灰色的部分。

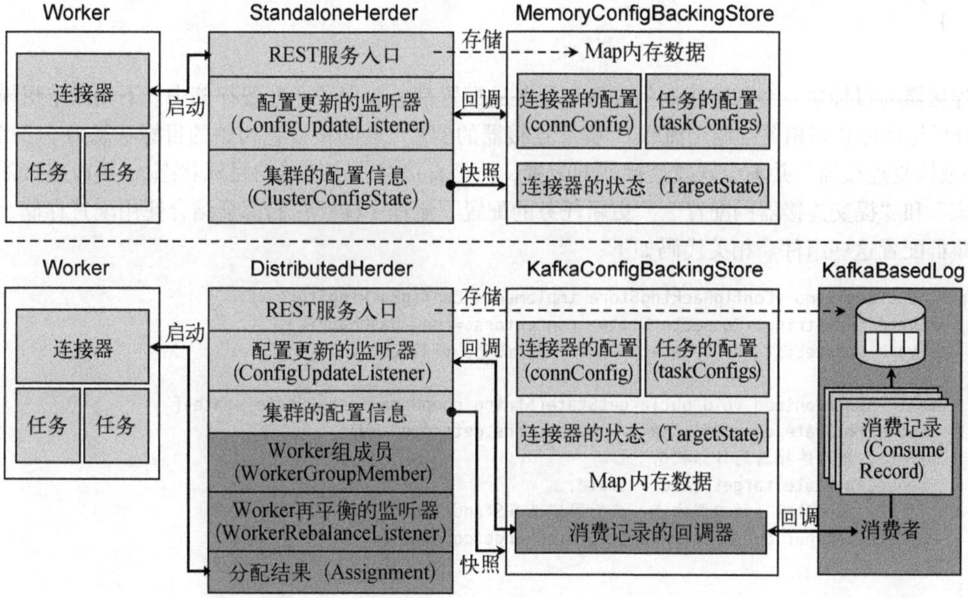

图8-35 单机模式与分布式模式下提交连接器的配置流程

Kafka连接器的配置存储除了连接器的配置和任务的配置外，还包括连接器的目标状态。配置信息和目标状态持久化存储到Kafka内部主题后，即使连接器或任务出现故障，它们在重启后，也可以从后台的配置存储中恢复到正常的状态。注意："配置存储"（ConfigBackingStore）中的"目标状态"与"状态存储"（StatusBackingStore）的状态是不同的概念，前者是要将连接器或任务**转到**指定的状态，后者是连接器或任务**当前所处**的状态。

4. 状态模型

用户通过REST服务既可以提交连接器的配置，也可以更改连接器的状态。Kafka连接器有两种目标状态："已启动"（STARTED）和"已暂停"（PAUSED）。

- 当连接器第一次创建时，它的目标状态是"已启动"，但这并不意味着连接器已经启动了，而是说Kafka连接器框架在为连接器分配到任务后，会尝试启动连接器和任务。
- 当连接器被暂停时，它的目标状态转为"已暂停"。暂停连接器，也会暂停连接器的所有任务。

REST服务更改连接器的状态，最终会通过Herder调用Worker的setTargetState()方法。相关代码如下：

```
// Worker设置连接器的目标状态，也会同时设置连接器中所有任务的目标状态
public class Worker {
  public void setTargetState(String connName, TargetState state) {
    WorkerConnector connector = connectors.get(connName);
    connector.transitionTo(state); // 更改连接器的目标状态
    for (Map.Entry<ConnectorTaskId, WorkerTask> taskEntry : tasks.entrySet()){
      if (taskEntry.getKey().connector().equals(connName))
        taskEntry.getValue().transitionTo(state); // 更改连接器所有任务的目标状态
    }
  }
}
```

连接器的目标状态会和连接器的配置、任务的配置都一起保存在配置存储中。下面以单机模式为例，分析与目标状态相关的调用流程。"提交连接器的配置"会间接设置初始的目标状态为"已启动"，"暂停或恢复连接器"并不会修改连接器的配置，而是直接修改连接器的目标状态。"更改连接器的目标状态"和"提交连接器的配置"、"更新任务的配置"流程一样，它们都会结合使用配置存储、监听器和集群配置这些组件。相关代码如下：

```
public class MemoryConfigBackingStore implements ConfigBackingStore {
  private Map<String, ConnectorState> connectors = new HashMap<>();
  private UpdateListener updateListener; // 配置更新的监听器

  public synchronized void putTargetState(String connName,TargetState state){
    ConnectorState connectorState = connectors.get(connName);
    // (1) 更新连接器的目标状态
    connectorState.targetState = state;
    // (2) 触发监听器的回调方法，监听器定义在StandaloneHerder中
    updateListener.onConnectorTargetStateChange(connName);
  }
}
public class StandaloneHerder extends AbstractHerder {
```

```
private ClusterConfigState configState;

class ConfigUpdateListener implements ConfigBackingStore.UpdateListener {
  public void onConnectorTargetStateChange(String connector) {
    synchronized (StandaloneHerder.this) {
      // (3) 对内存的配置存储做快照，更新集群的配置信息
      configState = configBackingStore.snapshot();
      // (4) 从集群的配置信息中获取连接器的最新目标状态
      TargetState targetState = configState.targetState(connector);
      // (5) 设置Worker的目标状态，连接器与任务都会转到指定的目标状态
      worker.setTargetState(connector, targetState);
      // (6) 如果目标状态是已启动，并且任务配置有变化，则重启任务
      if(targetState==TargetState.STARTED) updateConnectorTasks(connector);
    }
  }
}
}
```

下面是WorkerConnector状态转换方法transitionTo()的调用链，单机模式和分布式模式的Herder在更改连接器的目标状态时，都会触发WorkerConnector转换到指定的目标状态。相关代码如下：

```
WorkerConnector.transitionTo(TargetState)
  |-- Worker.startConnector(TargetState) # 启动连接器，目标状态是已启动 (STARTED)
      |-- DistributedHerder.startConnector(String)
      |-- StandaloneHerder.startConnector(Map<String, String>)
  |-- Worker.setTargetState(String, TargetState) // 设置连接器的目标状态
      |-- DistributedHerder.processTargetStateChanges(Set<String>)
          |-- DistributedHerder.tick()
      |-- StandaloneHerder.onConnectorTargetStateChange(String)
          |-- MemoryConfigBackingStore.putTargetState(String, TargetState)
```

通过REST服务暂停或恢复连接器时，会更改连接器的目标状态。单机模式和分布式模式下，Worker初次启动连接器时，它的目标状态也会被设置为“已启动”。

下面的实验在本机下运行分布式模式，并且列举了REST服务操作对Kafka连接器框架内部主题的影响。注意：单机模式下也有REST服务，但因为内部主题相关的数据存储在内存中，不好看出数据的变化，所以采用分布式模式启动一个连接器进程。

5. REST服务实验

启动分布式模式的DistributedHerder时，会分别启动后台的日志和后台的配置存储等内部组件：

```
[08:33:16,616] INFO Discovered coordinator 10.57.2.7:9092
[08:33:16,626] INFO Finished reading KafkaBasedLog for topic connect-configs
[08:33:16,627] INFO Started KafkaBasedLog for topic connect-configs
[08:33:16,627] INFO Started KafkaConfigBackingStore
[08:33:16,628] INFO Herder started
```

Herder第一次启动时，也会执行一次再平衡操作，不过Worker不会分配到任何的连接器与任务：

```
[08:33:16,737] INFO Discovered coordinator 10.57.2.7:9092
[08:33:16,738] INFO (Re-)joining group connect-cluster
[08:33:16,913] INFO Successfully joined group connect-cluster with gen 1
```

8

```
[08:33:16,914] INFO Joined group and got assignment: Assignment{
  leaderUrl='http://10.57.2.7:8083/', offset=-1, connectorIds=[], taskIds=[]}
[08:33:16,915] INFO Starting connectors and tasks using config offset -1
[08:33:16,916] INFO Finished starting connectors and tasks
```

通过POST方式提交连接器的配置，触发协调者的再平衡操作，Worker第一次只分配连接器：

```
[08:34:04,370] INFO Connector connect-file-source config updated
[08:34:04,870] INFO Rebalance started
[08:34:04,871] INFO Finished stopping tasks in preparation for rebalance
[08:34:04,871] INFO (Re-)joining group connect-cluster
[08:34:04,883] INFO Successfully joined group connect-cluster with gen 2
[08:34:04,883] INFO Joined group and got assignment: Assignment{
  leaderUrl='http://10.57.2.7:8083/', offset=1,
  connectorIds=[connect-file-source], taskIds=[]}
[08:34:04,884] INFO Starting connectors and tasks using config offset 1
[08:34:04,884] INFO Starting connector connect-file-source

// 注意：这里打印的POST表示REST服务处理完成，因为是异步请求，不会等到连接器启动完成才返回
[08:34:05,060] INFO "POST /connectors HTTP/1.1" 201 184  943
// Kafka的连接器框架正在启动连接器，而且还没有创建连接器对象，所以访问连接器的状态返回404
[08:34:05,192] INFO "GET /connectors/connect-file-source/status HTTP/1.1" 404
[08:34:06,961] INFO Creating connector connect-file-source
[08:34:06,962] INFO Instantiated connector connect-file-source
[08:34:06,968] INFO Finished creating connector connect-file-source
```

再平衡操作完成后，协调者只为Worker分配了连接器。接着，连接器开始运行，状态为“运行中”：

```
[08:34:07,539] INFO "GET /connectors/connect-file-source/status HTTP/1.1" 200
{
  "connector": {
    "state": "RUNNING",
     "worker_id": "10.57.2.7:8083"
  },
  "name": "connect-file-source",
  "tasks": []
}
```

上一次的再平衡操作没有为Worker分配任务，下面紧接着更新任务的配置，再次触发再平衡操作：

```
[08:34:07,908] INFO Tasks [connect-file-source-0] configs updated
[08:34:08,414] INFO Finished starting connectors and tasks
[08:34:08,414] INFO Rebalance started
[08:34:08,414] INFO Stopping connector connect-file-source
[08:34:08,415] INFO Stopped connector connect-file-source
[08:34:08,419] INFO Finished stopping tasks in preparation for rebalance
[08:34:08,419] INFO (Re-)joining group connect-cluster
[08:34:08,429] INFO Successfully joined group connect-cluster with gen 3
[08:34:08,429] INFO Joined group and got assignment: Assignment{
  leaderUrl='http://10.57.2.7:8083/', offset=3,
  connectorIds=[connect-file-source], taskIds=[connect-file-source-0]}
[08:34:08,429] INFO Starting connectors and tasks using config offset 3
[08:34:08,429] INFO Starting connector connect-file-source

// 准备启动连接器和任务，但还没有创建对象，所以连接器的状态是“未分配”
```

```
[08:34:09,452] INFO "GET /connectors/connect-file-source/status HTTP/1.1" 200
{
  "connector": {
    "state": "UNASSIGNED",
    "worker_id": "10.57.2.7:8083"
  },
  "name": "connect-file-source",
  "tasks": []
}
[08:34:09,989] INFO Creating connector connect-file-source
[08:34:09,989] INFO Instantiated connector connect-file-source
[08:34:09,989] INFO Finished creating connector connect-file-source
[08:34:09,990] INFO Starting task connect-file-source-0
[08:34:09,994] INFO Creating task connect-file-source-0
[08:34:09,994] INFO Instantiated task connect-file-source-0
[08:34:09,998] INFO Source task WorkerSourceTask finished init and start
[08:34:10,003] INFO Finished starting connectors and tasks
```

协调者完成再平衡操作，为Worker分配连接器与任务。启动连接器与任务后，状态是“运行中”：

```
[08:34:11,285] "GET /connectors/connect-file-source/status HTTP/1.1" 200 157  5
{
  "connector": {
    "state": "RUNNING",
    "worker_id": "10.57.2.7:8083"
  },
  "name": "connect-file-source",
  "tasks": [
    {
      "id": 0,
      "state": "RUNNING",
      "worker_id": "10.57.2.7:8083"
    }
  ]
}
[08:34:20,115] INFO Finished WorkerSourceTask commitOffsets success in 113 ms
```

Kafka连接器处理完“提交连接器配置”的REST服务后，可以通过REST服务查看连接器的配置：

```
curl -X GET http://localhost:8083/connectors/$name/config |pjson
{
  "connector.class": "FileStreamSourceConnector",
  "file": "test.txt",
  "name": "connect-file-source",
  "tasks.max": "1",
  "topic": "connect-test"
}
```

配置存储的内部主题有3条记录：连接器的配置、任务的配置和任务的提交日志（即任务的数量）。状态存储的内部主题对应4条记录，状态分别是RUNNING、UNASSIGNED、RUNNING和RUNNING。相关代码如下：

```
$ bin/kafka-console-consumer --zookeeper localhost:2181 --topic connect-configs
{"properties":{"connector.class":"FileStreamSourceConnector","tasks.max":"1","topic":"connect-test
","file":"test.txt","name":"connect-file-source"}}
```

```
{"properties":{"task.class":"org.apache.kafka.connect.file.FileStreamSourceTask","topic":"connect-test","file":"test.txt"}}
{"tasks":1}

$ bin/kafka-console-consumer --zookeeper localhost:2181 --topic connect-status
{"state":"RUNNING","trace":null,"worker_id":"10.57.2.7:8083","generation":2}
{"state":"UNASSIGNED","trace":null,"worker_id":"10.57.2.7:8083","generation":2}
{"state":"RUNNING","trace":null,"worker_id":"10.57.2.7:8083","generation":3}
{"state":"RUNNING","trace":null,"worker_id":"10.57.2.7:8083","generation":3}
```

Kafka连接器的REST服务还提供了其他API，包括与状态相关的暂停连接器、恢复连接器等：

```
$ curl -X GET http://localhost:8083/connector-plugins
[{"class": "org.apache.kafka.connect.file.FileStreamSourceConnector"},
{"class": "org.apache.kafka.connect.file.FileStreamSinkConnector"}]
$ curl -X POST -H "Content-Type: application/json" -d \
  @config/connect-file-source.json http://localhost:8083/connectors
$ curl -X GET http://localhost:8083/connectors
$ curl -X GET http://localhost:8083/connectors/$name/config |pjson
$ curl -X GET http://localhost:8083/connectors/$name/status |pjson
$ curl -X GET http://localhost:8083/connectors/$name/tasks |pjson
$ curl -X GET http://localhost:8083/connectors/$name/tasks/0/status |pjson

$ curl -X PUT http://localhost:8083/connectors/$name/pause
$ curl -X PUT http://localhost:8083/connectors/$name/resume
$ curl -X POST http://localhost:8083/connectors/$name/restart
$ curl -X POST http://localhost:8083/connectors/$name/tasks/0/restart
$ curl -X DELETE http://localhost:8083/connectors/$name
```

不同的REST服务类型不同，参数也不同。为了方便执行不同的命令，下面写了一个相关的运行脚本：

```
$ cat conn.sh
echo "连接器名称：$1，命令：$2，其他参数：$3"
if [ "$2" == "status" ] || [ "$2" == "config" ]; then
  curl -X GET http://localhost:8083/connectors/$1/$2 |pjson
elif [ "$2" == "pause" ] || [ "$2" == "resume" ]; then
  curl -X PUT http://localhost:8083/connectors/$1/$2
elif [ "$2" == "restart" ]; then
  curl -X POST http://localhost:8083/connectors/$1/$2
elif [ "$2" == "taskrestart" ]; then
  curl -X POST http://localhost:8083/connectors/$1/tasks/$3/restart
elif [ "$2" == "delete" ]; then
  curl -X DELETE http://localhost:8083/connectors/$1
elif [ "$2" == "put" ]; then
  curl -X POST -H "Content-Type: application/json" -d \
  @config/$1 http://localhost:8083/connectors
elif [ "$2" == "update" ]; then
  curl -X PUT -H "Content-Type: application/json" -d \
  @config/$1 http://localhost:8083/connectors/$3/config
fi

$ sh conn.sh "connect-file-source.json" put
$ sh conn.sh "connect-file-source" status
```

```
$ sh conn.sh "connect-file-source" restart
$ sh conn.sh "connect-file-source" taskrestart 0
$ sh conn.sh "connect-file-source2.json" update "connect-file-source"
$ sh conn.sh "connect-file-source" delete
```

下面列举了不同的REST服务操作，这些操作会改变连接器的配置、目标状态以及连接器和任务的状态。

- **提交连接器的配置（put）**：连接器的状态和任务的状态（connect-status）都为“运行中”。
- **恢复连接器（resume）**：连接器的目标状态（connect-configs）为“已启动”（STARTED）。
- **重启连接器（restart）**：连接器状态从“未分配”（UNASSIGNED）到“运行中”（RUNNING）。
- **重启任务（taskrestart 0）**：任务状态从“未分配”（UNASSIGNED）到“运行中”（RUNNING）。
- **暂停连接器(pause)**：连接器的目标状态以及连接器和任务的状态都是“已暂停”（PAUSED）。
- **重启连接器(restart)**：连接器的状态从“未分配”到“已暂停”，任务的状态还是“已暂停”。
- **重启任务（taskrestart 0）**：任务的状态没有变化，仍然是“已暂停”。
- **恢复连接器(resume)**：连接器的目标状态是“已启动”，连接器和任务的状态都转为“运行中”。
- **重启连接器(restart)**：连接器的状态从“未分配”到“运行中”，任务状态还是“运行中”。
- **重新提交连接器的配置（update）**：连接器和任务状态最终都回到“运行中”。

注意：重启连接器或任务后，它们的当前状态与重启之前的目标状态是一致的。比如，重启之前的目标状态是“已启动”，重启之后的当前状态也是“已启动”。重启之前的目标状态是“暂停”，重启之后的当前状态也是“暂停”。重启连接器或任务，并不会改变连接器与任务的当前状态。

“更新连接器配置”用PUT方式，“提交监听器配置”使用POST方式，它们的配置文件格式也不同，具体如下：

```
$ cat config/connect-file-source2.json
{
  "connector.class":"FileStreamSourceConnector",
  "tasks.max":"1",
  "topic":"connect-test",
  "file":"test2.txt"
}
$ echo -e "kafka\nconnect" test2.txt
```

更新连接器的配置会先停止连接器，然后使用新的连接器配置启动连接器与任务。这个过程还会发生一次再平衡操作。新启动的任务读取新的输入文件，并写入到同一个主题，新增加的数据如下：

```
{"schema":{"type":"string","optional":false},"payload":"foo"}  # 第一次的数据
{"schema":{"type":"string","optional":false},"payload":"bar"}
{"schema":{"type":"string","optional":false},"payload":"kafka"} # 第二次的数据
{"schema":{"type":"string","optional":false},"payload":"connect"}
```

8.3.5节分析了Worker启动连接器和任务，本节分析了连接器与任务的配置信息、目标状态以及它们存储的后台配置。下面开始分析连接器与任务的具体实现。

8.3.7　连接器与任务的实现

协调者给Worker分配连接器与任务时，需要利用配置存储的数据进行任务分配。Worker启动连接器与任务时，也需要读取配置存储，才能将配置信息传给启动的连接器与任务。

1. 连接器的状态转换

连接器为了支持更细粒度的生命周期管理，内部有一个状态机（State），它定义了下面几个状态。

- **INIT**：启动之前的初始状态为“初始化状态”。
- **STOPPED**：连接器已经被停止或被暂停，都处于“停止状态”。
- **STARTED**：连接器已经被启动或被恢复，都处于“开始状态”。
- **FAILED**：连接器失败了。在这个状态下，调用连接器的transitionTo()方法，会立即返回。

WorkerConnector的transitionTo()方法会根据连接器当前的状态和目标状态（TargetState），分别调用不同的处理方法。如图8-36所示，目标状态为STARTED时，根据当前状态是不是INIT，会分别调用start()方法和resume()方法。目标状态为STOPPED时，会调用pause()方法。当用户通过REST服务提交连接器的配置时，会设置连接器的目标状态为STARTED。Worker创建WorkerConnector时，会设置连接器的初始状态为INIT。那么，连接器第一次启动并调用transitionTo()方法的状态转换是：从INIT内部状态到STARTED目标状态（图中的粗线箭头）。

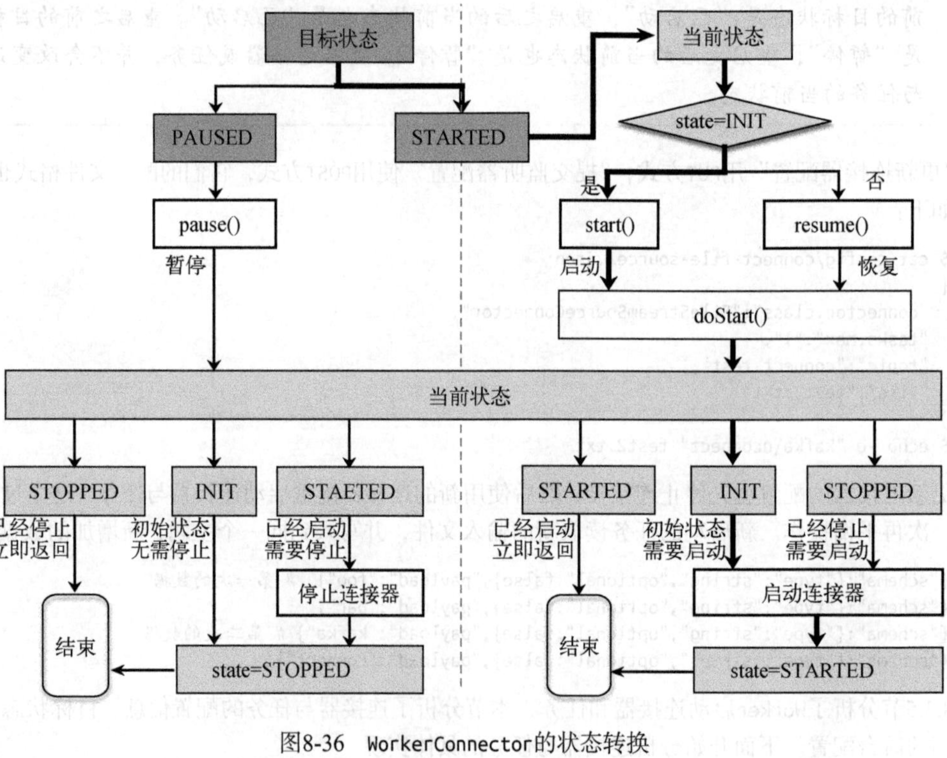

图8-36　WorkerConnector的状态转换

WorkerConnector在处理外部目标状态导致的状态转换事件时，会调用连接器的相关方法。比如，目标状态为STARTED时，会调用连接器的start()方法；目标状态为STOPPED时，会调用连接器的stop()方法（当然，还要根据连接器的当前状态来判断是否需要调用对应的方法）。相关代码如下：

```
public class WorkerConnector { // 连接器内部也有一个简单的状态机模型
  private final String connName;
  private final ConnectorStatus.Listener statusListener; // 状态监听器
  private final ConnectorContext ctx; // 连接器的上下文
  private final Connector connector; // 自定义的连接器实现类
  private State state; // 连接器的当前内部状态

  public void transitionTo(TargetState targetState) {
    if (state == State.FAILED) return; // 当前状态是失败，不处理
    if (targetState == TargetState.PAUSED) { pause(); // 目标状态为已暂停
    } else if (targetState == TargetState.STARTED) { // 目标状态为已启动
      // 如果当前状态是初始化，则启动连接器。如果当前状态不是初始化，则恢复连接器
      if (state==State.INIT) start(); else resume();
    }
  }
  private void start() { // 启动连接器
    if (doStart()) statusListener.onStartup(connName);
  }
  private void resume() { // 重启连接器
    if (doStart()) statusListener.onResume(connName);
  }
  private boolean doStart() { // 启动和重启连接器，都会调用该方法
    switch (state) {
      case STARTED: return false; // 当前状态已经启动了，不需要处理
      case INIT: case STOPPED: // 当前状态是初始化或者已停止，则开始启动连接器
        connector.start(config);
        this.state = State.STARTED; // 设置连接器的状态为已启动
        return true; // 返回true，会执行监听器的回调方法
    }
  }
  private void pause() { // 暂停连接器
    switch (state) {
      case STOPPED: return; // 当前状态已经停止了，不处理
      case STARTED: connector.stop(); // 当前状态是已启动，停止连接器
      case INIT: // 当前状态是已启动或者初始化，都会执行下面的逻辑
        statusListener.onPause(connName); // 更改监听器的状态
        this.state = State.STOPPED; // 设置连接器的状态为已停止
        break;
    }
  }
}
```

注意：虽然这里的成员变量是一个Connector接口，但是创建WorkerConnector时，传递的是已经实例化后的自定义连接器实现类。所以，调用Connector的start()和stop()方法，实际上调用的是自定义连接器实现类的start()和stop()方法。也就是说，自定义连接器实现类中实现的start()和stop()方法是被Kafka连接器框架内部调用的。

8

在8.3.6节最后一节的实验中，如果目标状态是STOPPED，则重启连接器后，连接器的当前状态为PAUSED。用户通过REST服务获取连接器的状态，读取的是状态存储（StatusBackingStore）中的状态。状态存储也定义了几种状态：未分配（UNASSIGNED）、运行中（RUNNING）、暂停（PAUSED）、失败（FAILED）、销毁（DESTROYED）。更新状态存储发生在连接器调用完相关的方法后。如表8-6所示，以启动连接器为例，如果目标状态是STARTED，则调用完连接器的start()方法后，会调用连接器状态监听器（ConnectorStatus.Listener）的onStart()方法，此时存储的状态为RUNNING。

表8-6　连接器相关的几种状态模型

动　作	目标状态	连接器的内部状态	状态监听器的回调方法	状态存储的状态
启动连接器	已启动（STARTED）	已启动（STARTED）	onStartup()	运行中（RUNNING）
暂停连接器	已暂停（PAUSED）	停止（STOPPED）	onPause()	已暂停（PAUSED）

Kafka的连接器模型包括连接器和任务两个组件。Kafka连接器框架为用户抽象出了连接器（Connector）与任务（Task）这两种抽象的接口，框架通过Worker管理连接器与任务，并将它们分别包装成WorkerConnector和WorkerTask。上面分析了连接器的状态转换，任务也有状态转换操作，不同的是WorkerTask是一个线程类。

2. 任务的状态转换

Kafka连接器的任务会从外部系统同步数据到Kafka，或从Kafka同步数据到外部系统。外部系统和Kafka的数据都是不断更新的，任务也必须保持不间断地运行。任务是一个线程类，它基于以下两点考虑。

- Worker启动任务，会启动一个额外的线程，这个线程会执行具体的数据同步流程，它不会阻塞Worker主流程。
- 如果任务不是一个线程，即数据同步的逻辑和Worker都在同一个主线程里，这时任务就会一直阻塞主线程，Worker启动任务后，就没办法继续执行其他逻辑了。如果要解除任务的阻塞，只能结束任务。但是结束任务后，就无法同步数据了。所以，必须将Worker主线程和任务线程分离开来，才能保证任务可以一直运行，而且主线程也不会被阻塞。

用户通过REST服务更改连接器的状态时，也会一起更改任务的状态。更改连接器的状态只有两种外部事件会触发：暂停连接器和恢复连接器。任务是一个线程，它在不断运行的过程中也会对目标状态的改变做出处理。但下面先来分析没有外部事件更改目标状态时，如何初始化任务线程。

(1) Worker的startConnector()和startTask()方法，根据连接器的名称从配置存储中获取到连接器的目标状态都是“已启动”（STARTED）。

(2) Worker创建WorkerConnector后，会立即调用连接器的transitionTo()状态转换方法，将连接器的目标状态转为“已启动”。但创建WorkerTask并没有立即调用它的transitionTo()状态转换方法，而是将目标状态作为WorkerTask的一个原子成员变量。

(3) Worker通过线程池调度WorkerTask线程开始运行。任务运行时，目标状态为“已启动”。调用状态监听器的onStartup()方法，更改状态存储的任务状态为“运行中”。

(4) 任务线程的execute()方法由具体的实现类完成。正常情况下，源任务（WorkerSourceTask）和目标任务（WorkerSinkTask）的execute()方法都用while()循环来保证任务一直运行。

(5) 任务线程也可以被停止。为了将停止任务的动作暴露给Kafka连接器框架，源任务和目标任务中while()循环的条件是任务没有被停止，一旦任务被停止，任务的execute()方法就会退出while()循环。

WorkerTask的stopping是一个原子变量，任务被停止时调用stop()方法，设置stopping变量为true。因为原子变量是内存可见的，所以源任务和目标任务在execute()方法的下一次循环中就会监测到任务已经停止，它们就不会继续执行数据同步的逻辑。相关代码如下：

```
abstract class WorkerTask implements Runnable { // 抽象的线程类
  ConnectorTaskId id; // 任务的完整编号
  AtomicBoolean stopping; // 是否停止
  TaskStatus.Listener statusListener; // 任务的状态监听器
  AtomicReference<TargetState> targetState; // 目标状态

  public void run() { // 任务是一个线程
    doRun();           // 任务的运行主体逻辑
    triggerStop();     // 任务关闭时的处理逻辑
  }
  private void doRun() {
    try {
      synchronized (this) {
        if (stopping.get()) return; // 刚启动时，任务就已经停止了，立即返回
        if (targetState.get()==TargetState.PAUSED)statusListener.onPause(id);
        else statusListener.onStartup(id); // 更新状态存储
      }
      execute(); // 调用自定义任务实现类的execute()方法，其他线程相关的都由框架实现
    } finally { close(); }
  }
  protected abstract void execute(); // 自定义任务实现类只需实现该方法

  private void triggerStop() { // 触发停止。停止任务表示任务线程也会停止
    synchronized (this) {
      this.stopping.set(true);
      this.notifyAll(); // 通知所有获取stopping变量的方法，它被更新为true了
    }
  }
  protected abstract void close();
  public void stop() { triggerStop(); }
}
```

接下来，分析任务的状态变化，但要注意“只有连接器有目标状态，任务没有目标状态”，这也是REST服务只有“暂停或恢复连接器”，而没有“暂停或恢复任务”的原因。不过，连接器的目标状态实际上也代表任务的目标状态，即“暂停”或“恢复”连接器，也会“暂停”或“恢复”连接器的所有任务。

上一节中，连接器有一个内部的状态机，任务则没有当前状态这个概念，它只有两种类型的目标状态转换：任务从“已暂停”转到“已启动”，需要唤醒其他阻塞在“已暂停”状态下的线程；任务从“已启动”转到“已暂停”，则不需要其他额外操作。相关代码如下：

8

```
abstract class WorkerTask implements Runnable { // 抽象的线程类
  public void transitionTo(TargetState state) { // 状态机的状态转换处理
    synchronized (this) {
      if (stopping.get()) return; // 如果任务停止，立即返回
      TargetState oldState=targetState.getAndSet(state); // 比较当前状态和目标状态
      if (state != oldState) { // 如果状态不相等，就意味着需要处理状态转换
        if (state == TargetState.PAUSED) { // 目标状态为“暂停”
          statusListener.onPause(id);
        } else if (state == TargetState.STARTED) { // 目标状态为“启动”
          statusListener.onResume(id);
          this.notifyAll();
        }
      }
    }
  }
  // 等待恢复。如果状态为暂停，则一直阻塞式地等待。当状态不是暂停时，才退出阻塞状态
  protected boolean awaitUnpause() throws InterruptedException {
    synchronized (this) {
      while (targetState.get() == TargetState.PAUSED) {
        if (stopping.get()) return false;
        this.wait();
      }
      return true;
    }
  }
}
```

如图8-37所示，Worker启动任务，以及“暂停”或“恢复”连接器都会改变目标状态。Worker启动任务时，先根据任务查出所属的连接器名称，然后再查询配置存储中的连接器目标状态，并将其作为任务的初始目标状态。Herder处理连接器的状态改变事件时，会根据连接器名称查询配置存储中的连接器目标状态，然后将该目标状态分别作为WorkerConnector和WorkerTask状态转换方法的参数。

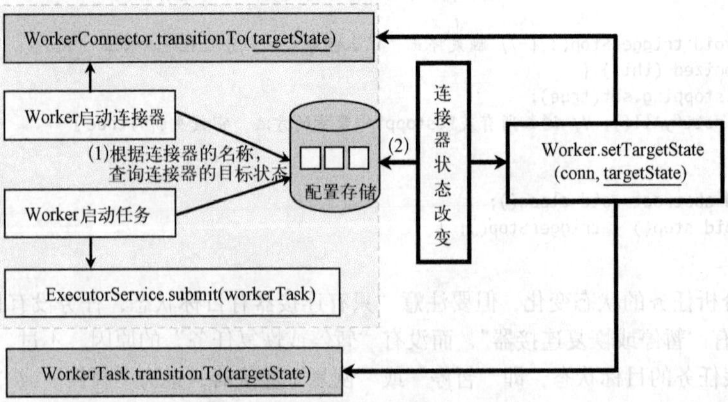

图8-37　连接器与任务的目标状态改变

源任务运行时，如果shouldPause()方法判断到目标状态是“已暂停”，它会调用WorkerTask的awaitUnpause()方法。如果目标状态是“已暂停”，任务线程会一直处于阻塞等待的状态。只有当任务

的目标状态不是“已暂停”，而是“已启动”时，才不会阻塞。任务正常运行时，会调用实现了SourceTask接口类的poll()方法，然后通过sendRecords()将轮询到的数据发送给Kafka集群。相关代码如下：

```
class WorkerSourceTask extends WorkerTask { // 源任务的线程类
  private final SourceTask task; // 自定义拉取源系统的任务实现类

  public void execute() {
    try {
      while (!isStopping()) {
        if (shouldPause()) {
          awaitUnpause();
          continue;
        }
        if (toSend == null) toSend = task.poll();
        sendRecords(toSend)
      }
    } catch (InterruptedException e) {
    } finally commitOffsets();
  }
}
```

WorkerSourceTask实现了WorkerTask抽象类的execute()方法，自定义的任务类则需要实现SourceTask抽象类的poll()方法。如图8-38所示，将源任务线程轮询拉取源系统，并与目标状态的转换操作结合起来分析。目标状态的改变会影响源任务线程的运行，具体步骤如下。

(1) 目标状态从“已启动”转为“已暂停”，源任务线程在运行时会检测到需要暂停。

(2) 源任务调用线程的wait()方法，进入等待状态。

(3) 目标状态从“已暂停”转为“已启动”，会调用线程的notify()方法，解除第(2)步的等待状态。

(4) 源任务线程检测到不需要暂停，开始轮询拉取源系统的数据，并将源记录发送给Kafka集群。

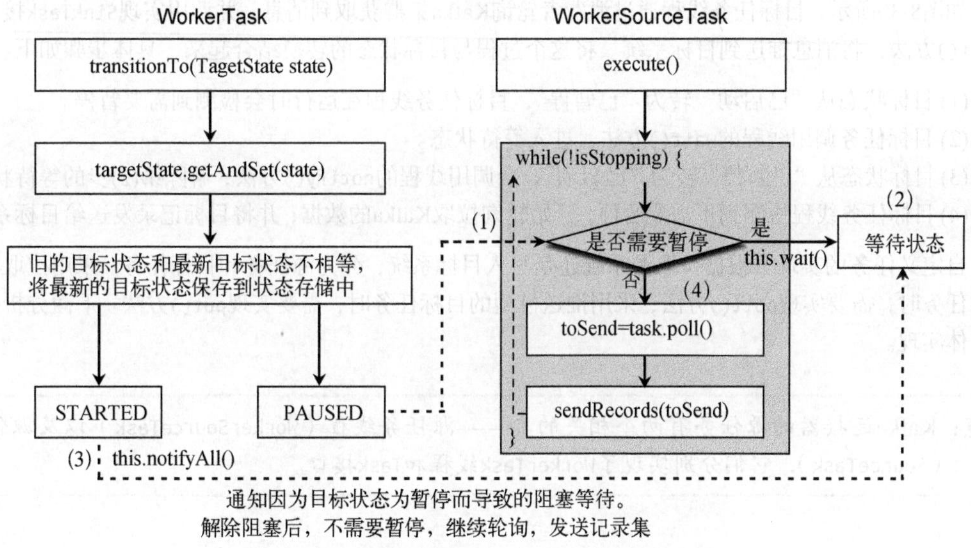

图8-38　源任务线程的运行与状态转换的关系

目标任务线程的执行方法与源任务线程类似，它们都会检测目标状态转换的外部事件。不同的是，源任务在循环体内判断如果需要暂停，则进入阻塞的等待状态。而目标任务在捕获到WakeupException异常时才判断是否需要暂停。而且，目标任务不管是转为“已启动”，还是“已暂停”，都会唤醒消费者。相关代码如下：

```
class WorkerSinkTask extends WorkerTask { // 目标任务的线程类
  private final SinkTask task; // 自定义导入数据到目标系统的任务实现类
  private KafkaConsumer<byte[], byte[]> consumer;

  public void transitionTo(TargetState state) {
    super.transitionTo(state); // 调用WorkerTask父类的方法，更新状态存储
    consumer.wakeup(); // 唤醒消费者
  }
  public void execute() {
    try {
      while (!isStopping()) poll(timeout);
    } finally commitOffsets();
  }
  protected void poll(long timeoutMs) {
    try {
      ConsumerRecords msgs = pollConsumer(timeoutMs);
      convertAndDeliverMessages(msgs);
    } catch (WakeupException we) {
      if (isStopping()) return;
      if (shouldPause()) pauseAll(); else resumeAll();
    }
  }
  void resumeAll(){consumer.resume(consumer.assignment());}
  void pauseAll(){consumer.pause(consumer.assignment());}
}
```

如图8-39所示，目标任务线程通过消费者轮询Kafka集群获取到消息，并调用实现SinkTask接口类的put()方法，将消息推送到目标系统。将这个过程与目标状态的转换结合起来，具体步骤如下。

(1) 目标状态从“已启动”转为“已暂停”，目标任务线程在运行时会检测到需要暂停。

(2) 目标任务调用线程的wait()方法，进入等待状态。

(3) 目标状态从“已暂停”转为“已启动”，会调用线程的notify()方法，解除第(2)步的等待状态。

(4) 目标任务线程检测到不需要暂停，开始轮询拉取Kafka的数据，并将目标记录发送给目标系统。

自定义任务的实现类根据拉取源系统还是写入目标系统，分为源任务和目标任务。采用拉取模型的源任务时，需要实现poll()方法；采用推送模型的目标任务时，需要实现put()方法。下面分析任务的具体实现。

注意：Kafka连接器的源任务有两个相关的类——源任务线程（WorkerSourceTask）以及源任务（SourceTask），它们分别实现了WorkerTask线程和Task接口。

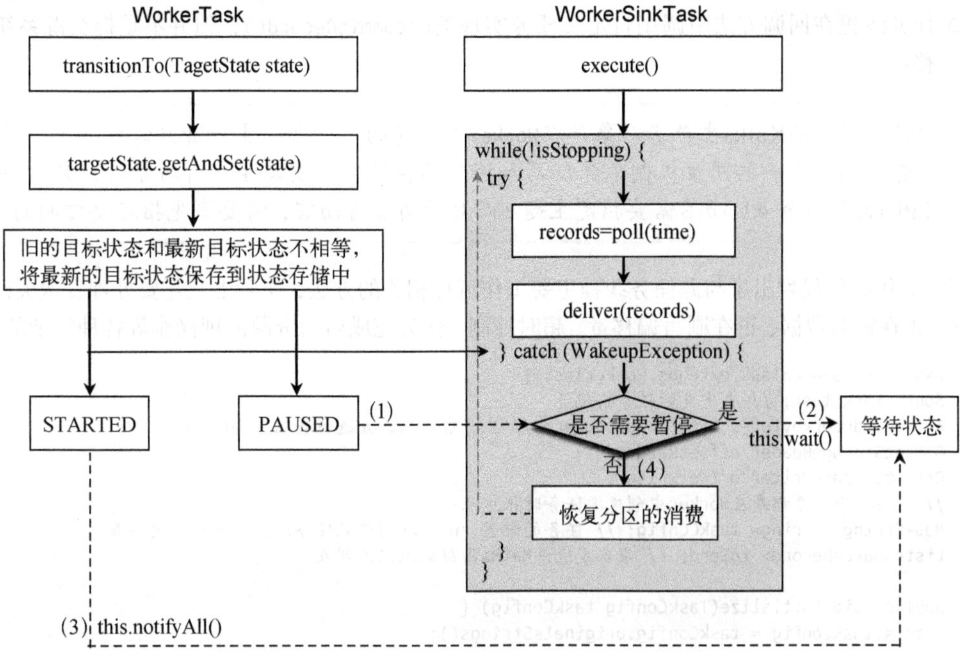

图8-39 目标任务线程的运行与状态转换的关系

3. 源任务与偏移量存储

源任务线程中内置了一个Kafka生产者和一个源任务。Worker创建源任务线程时，会将自定义的源任务实现类作为源任务的成员变量。另外，为了支持偏移量的存储操作，源任务也内置了一个偏移量存储的写入器（OffsetStorageWriter），它会在必要的时候提交源系统的偏移量到偏移量存储中。

偏移量的写入器（OffsetStorageWriter）在线程的运行过程中并没有被用到，但是它被传给了任务的上下文对象（WorkerSourceTaskContext）。通常，自定义的源任务实现类需要从任务上下文对象中获取出偏移量的读取器，然后从偏移量存储中读取源系统的最近提交偏移量。以8.3.2节的读取文件为例，如果打开的文件流为空，需要读取偏移量存储的最近读取位置，然后通过文件操作跳过指定的位置。下面列举了源任务线程的一些实现细节。

- 初始化和启动自定义的任务实现类，都是在源任务线程的execute()方法中调用的。注意：自定义任务的初始化方法并没有在源任务线程类的初始化方法中调用。
- 调用自定义任务实现类的poll()方法时，一次返回一批源记录列表。这批源记录要完全发送给Kafka集群后，才可以再次轮询源系统获取新的记录。下一次循环时，如果还有未写成功的源记录，就不需要轮询。
- 任务线程在使用Kafka的生产者API发送记录之前，要先记录源系统的分区与偏移量到偏移量存储中。
- 任务线程发送记录定义了回调方法，每条记录真正被写入Kafka集群后，会调用相关的回调方法。

8

- 任务线程在回调方法中调用自定义任务实现类的commitRecord()，但并不是提交源系统的偏移量。

注意：源任务线程的Kafka生产者对象是在Worker中创建的。通常，生产者只需要一个，多个生产者反倒需要一些同步机制来保证写入消息不会冲突。创建生产者对象时，只需要指定Kafka服务端节点，而不需要指定主题。而对于消费者而言，需要事先指定要订阅的主题。

下面的代码仅仅列出了与源任务线程主要工作流程相关的方法，实际上它还要处理发送失败、重新发送、正在刷写数据、正在刷写偏移量、超时控制、任务完成后的资源清理操作等各种复杂的场景：

```
class WorkerSourceTask extends WorkerTask {
  SourceTask task; // 自定义的任务实现类
  KafkaProducer<byte[], byte[]> producer; // 生产者对象，发送源数据到Kafka集群
  OffsetStorageReader offsetReader;
  OffsetStorageWriter offsetWriter;
  // 上面几个对象都是在Worker中创建源任务时传进来的
  Map<String, String> taskConfig; // 任务的配置，Worker创建完任务后，立即初始化任务
  List<SourceRecord> toSend; // 准备发送给Kafka集群的源记录列表

  public void initialize(TaskConfig taskConfig) {
    this.taskConfig = taskConfig.originalsStrings();
  }
  public void execute() { // WorkerTask的run()会调用execute()抽象方法
    try {
      task.initialize(new WorkerSourceTaskContext(offsetReader)); // 初始化任务
      task.start(taskConfig); // 启动自定义的任务
      while (!isStopping()) { // 线程类，如果没有外部触发停止，会一直运行下去
        if (toSend == null) toSend = task.poll();
        if (toSend == null) continue; // 如果没有数据，继续循环
        if (!sendRecords()) stopRequestedLatch.await(SEND_FAILED_BACKOFF_MS);
      } // 任务的线程结束
    } finally commitOffsets();
  }
  private boolean sendRecords() { // 发送记录
    for (SourceRecord record : toSend) {
      byte[] key = keyConverter.fromConnectData(topic,keySchema(),key());
      byte[] val = valConverter.fromConnectData(topic,valSchema(),val());
      ProducerRecord<byte[], byte[]> producerRecord = new ProducerRecord<>(
        record.topic(), record.kafkaPartition(), key, val);
      // 读取输入源数据时，偏移量会被转换并序列化成byte[]，这在提交偏移量时会记录下来
      offsetWriter.offset(record.sourcePartition(), record.sourceOffset());
      producer.send(producerRecord, new Callback() { // 发送消息到Kafka
        public void onCompletion(RecordMetadata metadata,Exception e){
          task.commitRecord(record);
            recordSent(producerRecord);
        }
      });
    }
    toSend = null;
    return true;
  }
}
```

源任务线程拉取源系统的数据并发送给Kafka，并没有更新源系统的偏移量。源任务线程中唯一的提交偏移量发生在finally代码块中，即只有源任务线程停止时，才会提交偏移量。因此，在8.3.5节第二小节中，Worker启动源任务时，需要在Worker级别启动一个定时提交源系统偏移量的“偏移量管理器”（SourceTaskOffsetCommitter）。下面列出了源任务commitOffsets()方法的调用链：

```
WorkerSourceTask.commitOffsets()
  |-- SourceTaskOffsetCommitter.commit(ConnectorTaskId,WorkerSourceTask)
  |-- WorkerSourceTask.execute() // 源任务线程停止时，在finally里执行
```

WorkerSourceTask提交偏移量时，会利用OffsetStorageWriter异步地写到偏移量存储系统OffsetBackingStore中。OffsetStorageWriter是包装了OffsetBackingStore的写缓冲区，它在内存中缓存偏移量的KeyValue数据，好处是可以对内存数据做快照，然后使用异步线程刷写到底层存储中。同时在这期间，新的数据仍然可以继续写入内存，即异步刷写线程不会阻塞新数据的写入。相关代码如下：

```
public boolean commitOffsets() { // 提交源系统的偏移量
  long timeout = time.milliseconds() + OFFSET_COMMIT_TIMEOUT_MS;
  offsetWriter.beginFlush();
  while (!outstandingMessages.isEmpty()) { // 等待还没完成的消息发送完毕
    long timeoutMs = timeout - time.milliseconds();
    this.wait(timeoutMs);
  }
  Future<Void> flushFuture = offsetWriter.doFlush();
  flushFuture.get(Math.max(timeout - time.milliseconds(), 0));
  finishSuccessfulFlush();
  commitSourceTask();
  return true;
}
private void commitSourceTask() {
  this.task.commit(); // 存储完偏移量后，提供hook机制
}
```

如图8-40所示，源任务导入源数据到Kafka中，需要使用偏移量存储来记录任务的读取进度，这样即使源任务挂掉并重启，新的源任务仍然可以从偏移量存储系统中恢复最新的读取状态。图中右下角是用户自定义任务实现类需要实现的方法，其他步骤都是由Kafka连接器框架帮我们完成的，具体步骤如下。

(1) Kafka连接器框架的源任务线程调用自定义任务实现类的poll()方法从源系统中拉取数据。

(2) 源任务线程在发送消息给Kafka之前会更新OffsetStorageWriter的缓存数据。

(3) 源任务线程将第(1)步拉取到的源记录列表发送给Kafka集群。

(4) 定时提交偏移量的后台线程，会将最新的偏移量提交到内部主题的偏移量存储。

(5) 自定义源任务在读取源系统的数据时，可以通过上下文从偏移量存储中恢复读取进度。

源任务线程提交源系统的偏移量到内置的偏移量存储时，当源系统的偏移量被保存到偏移量存储后，表示源任务线程成功地拉取了一批数据，并且也将这批数据成功地写入到Kafka集群中。下面分析目标任务线程的具体实现。目标任务线程的主要工作是从Kafka集群消费数据，然后写入到目标系统中。

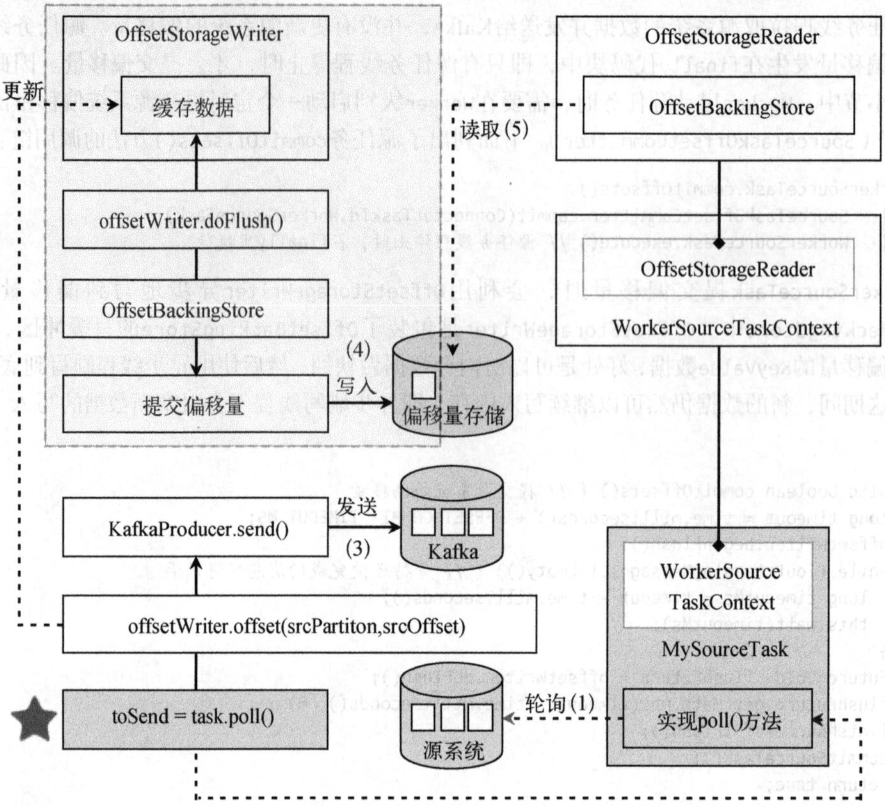

图8-40　源任务使用偏移量存储记录和恢复进度

4. 目标任务与偏移量存储

目标任务线程包含一个Kafka消费者和自定义的任务实现类，它的`execute()`方法会先初始化和启动任务，然后在`while()`循环体中通过消费者轮询Kafka集群的数据。目标任务线程在拉取到Kafka的数据后，会调用自定义目标任务实现类的`put()`方法，将数据写入到目标系统中。下面列举了目标任务线程的一些实现细节。

- 初始化目标任务线程时，会创建一个消费者对象和一个包含了消费者的任务上下文对象。
- 执行目标任务线程时，先订阅主题，并调用自定义任务实现类的初始化方法和启动方法。
- 目标线程运行的主体逻辑是：循环调用消费者对象的轮询方法，并定时提交偏移量。
- 当目标线程结束运行时，比如外部事件停止了任务，在结束线程之前，提交一次偏移量。

注意： 调用自定义任务实现类的`start()`方法并不是真正启动任务，这一步主要是为执行数据同步做一些准备工作。比如8.3.2节第二小节中写入文件的任务实现了该方法，它会解析任务配置中的文件名，创建一个输出流对象。当任务真正开始运行时，就可以将目标记录写入到创建好的输入流对象中。

源任务线程轮询源系统，将源记录写入Kafka。目标任务线程轮询Kafka，将目标记录写入目标系统。这两者有下面几个不同点。

- 一个Worker创建多个源任务和目标任务，所有的源任务共享同一个生产者，每个目标任务都会创建一个消费者。不同任务的消费者会使用同一个消费组编号（connect-加上连接器名称）。
- 源任务拉取到数据后，会先更新"偏移量写入器"的偏移量缓存，然后才发送数据给Kafka。目标任务从Kafka轮询到数据后，先将数据发送给目标系统，然后才会更新偏移量缓存。源任务和目标任务提交偏移量都是定时的，并不会每同步一条数据就提交一次偏移量。
- 任务线程还需要暴露上下文对象给自定义的任务实现类，便于自定义实现类获取框架内部相关的组件。比如，"源任务的上下文"包含一个"偏移量读取器"。源任务的实现类从上下文中获取"偏移量读取器"，在任务重启时读取偏移量存储，跳到指定的偏移量开始拉取数据。"目标任务的上下文"则包含一个消费者对象，目标任务的实现类从上下文中获取消费者对象，可以执行消费者提供的API。比如，消费者可以暂停或恢复分区、手动提交偏移量、定位到指定的偏移量等。

如图8-41所示，多个Worker进程组成了一个Kafka连接器集群。每个Worker进程虽然有多个源任务线程，但只有一个生产者对象从源系统拉取数据并发送到Kafka集群。每个目标任务线程内部的消费者属于同一个消费组，它们共同消费Kafka主题分区的数据，并推送到目标系统。

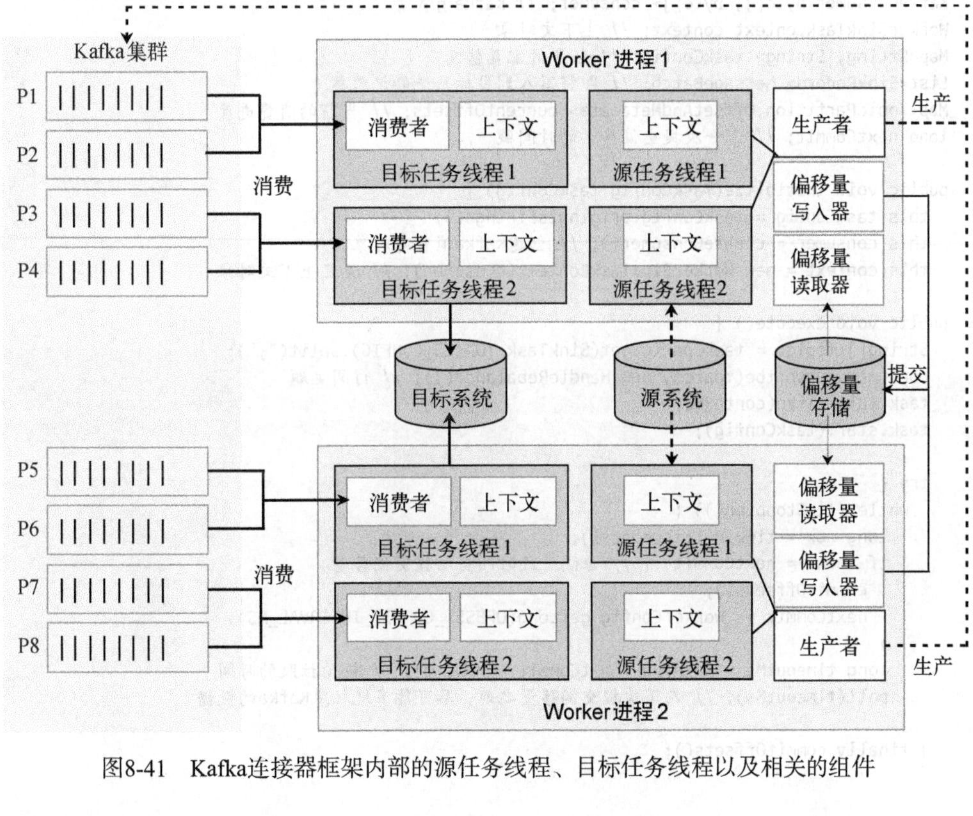

图8-41 Kafka连接器框架内部的源任务线程、目标任务线程以及相关的组件

如表8-7所示，在源任务和目标任务抽象接口定义的方法中，除了生命周期的方法相同，其他方法都不同。

表8-7　源任务线程与目标任务线程的对比

方法类型	源任务（SourceTask）	目标任务（SinkTask）
生命周期	初始化、启动、停止	初始化、启动、停止
数据同步	轮询（poll()方法）	推送（put()方法）
偏移量相关	提交偏移量（commit()方法）	刷新偏移量（flush()方法）
记录相关	提交记录（commitRecord()方法）	打开或关闭分区（open()和close()方法）

目标任务线程做完准备工作后，接着循环调用poll()方法同步数据。轮询方法的具体步骤如下。

(1) 如果上下文对象中有偏移量数据，则通过消费者定位到指定的偏移量，并更新为当前的偏移量。

(2) 调用消费者的poll(timeout)方法执行一次轮询方法，拉取Kafka集群的一批记录集。

(3) 将拉取的消费者记录集转为目标记录集，并调用自定义任务实现类的put()方法写入目标系统。

(4) 更新当前的偏移量缓存数据。下一次循环时，如果时间超过提交间隔，则提交分区的偏移量。

(5) 清理目标记录集（messageBatch），下次继续轮询时，新拉取的数据会继续写入目标系统。

```
class WorkerSinkTask extends WorkerTask {
  SinkTask task; // 实现了目标任务接口的自定义实现类
  KafkaConsumer<byte[], byte[]> consumer; // Kafka消费者
  WorkerSinkTaskContext context; // 上下文对象
  Map<String, String> taskConfig; // 任务的配置信息
  List<SinkRecord> messageBatch; // 即将写入到目标系统的记录集
  Map<TopicPartition,OffsetAndMetadata> currentOffsets; // 当前的消费进度
  long nextCommit; // 下一次提交偏移量的时间戳

  public void initialize(TaskConfig taskConfig) {
    this.taskConfig = taskConfig.originalsStrings();
    this.consumer = createConsumer(); // 创建Kafka消费者对象
    this.context = new WorkerSinkTaskContext(consumer); // 设置上下文对象
  }
  public void execute() {
    String[] topics = taskConfig.get(SinkTask.TOPICS_CONFIG).split(",");
    consumer.subscribe(topics, new HandleRebalance()); // 订阅主题
    task.initialize(context);
    task.start(taskConfig);

    try {
      while (!isStopping()) {
        long now = time.milliseconds();
        if (now >= nextCommit) { // 每隔一段时间自动提交偏移量
          commitOffsets();
          nextCommit += workerConfig.getLong(OFFSET_COMMIT_INTERVAL_MS);
        }
        long timeoutMs = Math.max(nextCommit - now, 0); // 轮询拉取的时间
        poll(timeoutMs); // 在下次提交偏移量之前，尽可能多地拉取Kafka的数据
      }
    } finally commitOffsets();
```

```
    }
    private void commitOffsets() {
      task.flush(currentOffsets);
      consumer.commitAsync(currentOffsets); // 异步提交偏移量
    }

    protected void poll(long timeoutMs) {
      rewind();
      ConsumerRecords<byte[], byte[]> msgs = consumer.poll(timeoutMs);
      messageBatch.add(consumerRecordsToSinkRecords(msgs));
      task.put(new ArrayList(messageBatch)); // 调用自定义任务写到目标系统
      // 数据写入到目标系统后才更新偏移量缓存，但是不一定需要立即提交偏移量
      for (SinkRecord record : messageBatch) {
        currentOffsets.put(
          new TopicPartition(record.topic(), record.kafkaPartition()),
          new OffsetAndMetadata(record.kafkaOffset() + 1));
      }
      messageBatch.clear(); // 清空数据
    }
    private void rewind() { // 回退到指定的偏移量
      Map<TopicPartition,Long> offsets = context.offsets(); // 从上下文中获取偏移量
      for (TopicPartition tp: offsets.keySet()) {
        Long offset = offsets.get(tp);
        consumer.seek(tp, offset); // 定位到指定的偏移量，并更新分区的当前偏移量
        currentOffsets.put(tp, new OffsetAndMetadata(offset));
      }
      context.clearOffsets(); // 清空上下文对象中的偏移量
    }
  }
```

这里重点分析目标任务线程使用的上下文对象，它为自定义目标任务的实现类（简称“目标任务”）提供了一种“回退”（rewind）机制。正常情况下，目标任务会拉取Kafka数据并写入到目标系统。但如果目标任务的代码逻辑发生变化，还要将Kafka中的历史数据重新导入目标系统的话，框架要能够允许目标任务自己指定重新消费的位置。由于目标任务线程内部本质上是一个消费者，所以框架可以利用消费者的seek()方法定位到指定的位置。目标任务只要将偏移量存储到上下文中，框架的目标任务线程就可以在运行时根据上下文的数据定位到指定的位置。

注意：为了支持重新消费，目标任务只需要调用上下文对象的offsets()方法并提供分区和偏移量，剩下的回退工作则交给框架去完成。除此之外，目标任务的上下文对象还包含了一个框架内部的消费者对象。目标任务的实现类可以利用消费者提供的方法暂停或恢复某个分区、手动提交偏移量等。

如图8-42所示，正常情况下，目标任务线程通过内部消费者轮询获取Kafka集群，并将拉取的数据保存到缓存中。然后它会将每条消费者记录（ConsumerRecord）转成目标记录（SinkRecord），并调用自定义目标任务实现类的put()方法将数据推送到目标系统，最后才更新内部的偏移量缓存。

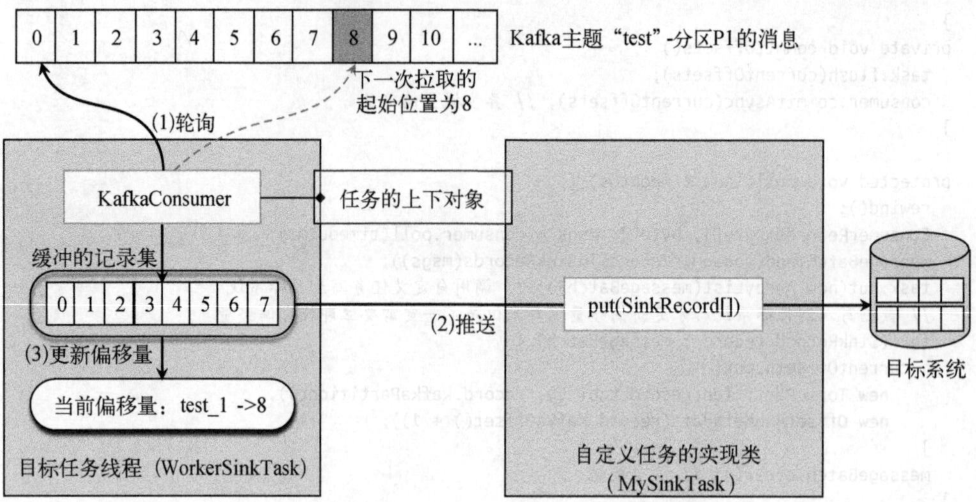

图8-42 目标任务线程轮询消费Kafka集群，并将数据推送给目标系统

如图8-43所示，上一步中目标任务线程对分区P1的消费进度是8，这就意味着下一次消费者会从8开始拉取数据。但这时自定义任务实现类更新了上下文的偏移量信息，目标任务线程的运行步骤如下。

(1) 目标任务线程先从上下文对象中获取分区P1的偏移量信息。

(2) 目标任务线程通过消费者的seek()方法，定位到指定的偏移量，即位置4。

(3) 原先的偏移量缓存为{P1->8}，现在更新为{P1->4}。

(4) 目标任务线程通过消费者的poll()方法，轮询时从偏移量4开始拉取消息，并放入缓存。

(5) 目标任务线程调用自定义任务实现类的put()方法，推送数据到目标系统。

(6) 第(3)步的偏移量缓存为{P1->4}，现在更新为{P1->11}。

到目前为止，我们分析完了Kafka连接器的几个重要内部组件：作为连接器入口的Herder、管理连接器与任务的Worker、定义任务配置以及处理状态机转换事件的Connector、与外部系统进行数据同步的Task任务接口的具体实现类。

Kafka连接器可以作为不同数据源和Kafka进行数据交换的工具：源连接器连接外部数据源，使用生产者将外部数据写入Kafka；目标连接器使用消费者从Kafka消费数据，写入外部数据源。Kafka连接器的框架内部将源连接器和目标连接器共同需要解决的容错性、扩展性都抽象出来。开发者编写自定义的任务实现时，只需要按照框架提供的模板，就可以轻松地开发自己的连接器。目前，Kafka社区已经支持了很多数据源，比如Cassandra、HBase、Redis、ElasticSearch、InfluxDB等。Kafka连接器除了作为数据的导入导出工具外，它还可以和Kafka的其他组件一起工作（比如下一章的Kafka Streams）。这样，基本上只需要以Kafka为中心，就可以建立起一套完整的数据流框架。

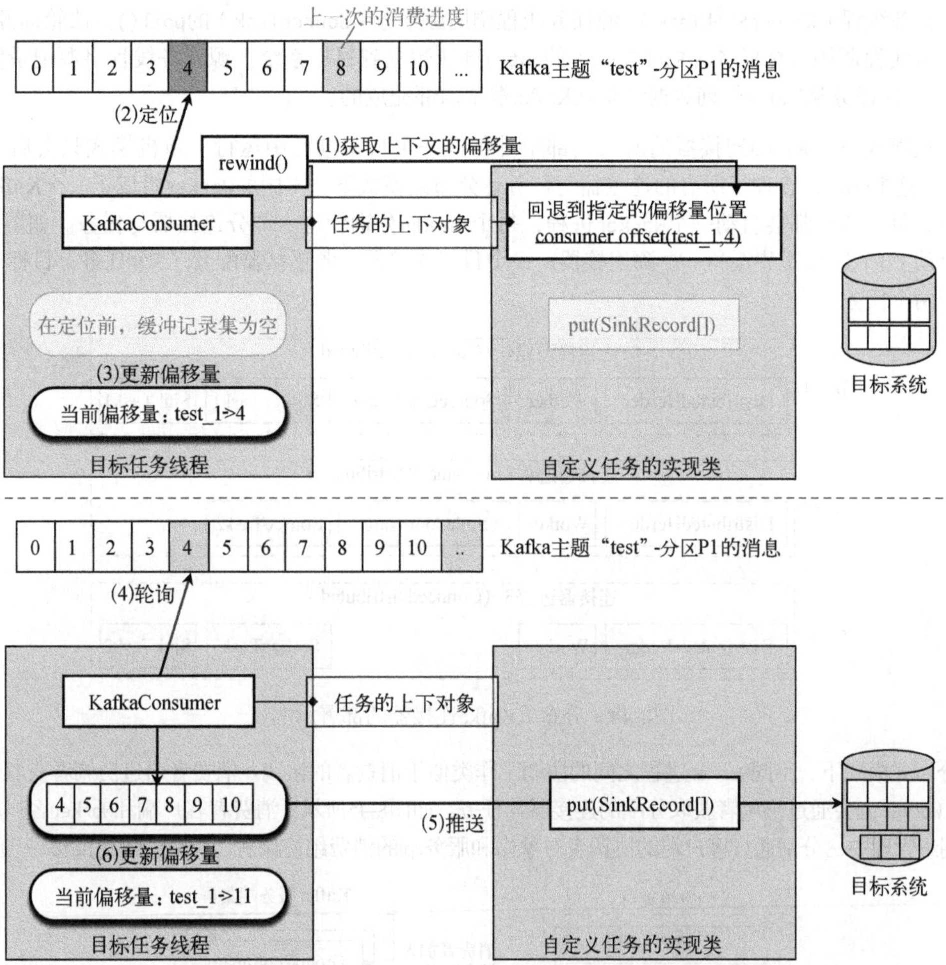

图8-43 Kafka连接器提供“回退”机制，允许自定义任务实现类重新消费数据

8.4 小结

本章先分析了Kafka内置的MirrorMaker和Uber的uReplicator，它们都用于不同Kafka集群的数据同步。在实际运用中，不同数据源与Kafka集群的数据同步也非常重要。Kafka连接器为源系统导入到Kakfa定义了源连接器（SourceConnector），为数据从Kakfa导入到目标系统定义了目标连接器（SinkConnector）。源连接器与目标连接器在底层通过源任务（SourceTask）和目标任务（SinkTask）执行具体的数据同步逻辑。

为了支持单机模式和分布式模式，Kafka连接器提供了Herder作为框架的入口，并用Worker进程来管理当前节点上的连接器实例和任务线程。与源系统相关的Worker组件有源连接器（WorkerConnector）和源任务线程（WorkerSourceTask），与目标系统相关的Worker组件有目标连接器（WorkerSinkConnector）

和目标任务线程（WorkerSinkTask）。源任务线程调用源任务（SourceTask）的poll()方法轮询源系统，目标任务线程调用目标任务（SinkTask）的put()推送数据到目标系统。源任务线程将源记录发送到Kafka，目标任务从Kafka轮询数据都是在Kafka框架内部完成的。

单机模式下，Kafka连接器的所有内部组件都在一个JVM进程中运行。单机模式只会启动一个Worker，这个Worker管理了所有的连接器与任务。分布式模式下，不同的Worker组成了一个Kafka连接器集群，每个节点都会启动一个Worker进程，每个Worker分别管理一部分连接器与任务。如图8-44所示，启动了3个连接器节点和一个源连接器、一个目标连接器。源连接器配置了3个任务，目标连接器配置了两个任务。

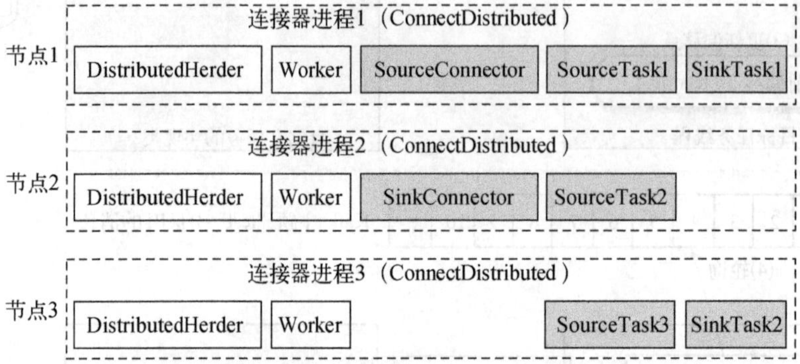

图8-44　分布式Kafka连接器的部署示例

分布式模式下，不同Worker进程之间的协调工作类似于消费者的协调。消费者通过协调者获取分配的分区，Worker也会通过协调者获取分配的连接器与任务。如图8-45所示，消费者客户端和Worker客户端为了加入到组管理中，分别通过客户端的协调者对象来和服务端的消费组协调者（GroupCoordinator）通信。

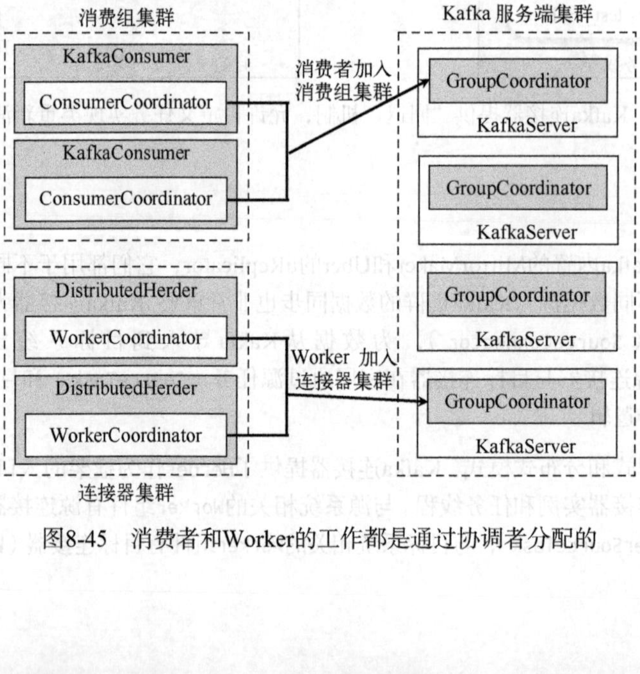

图8-45　消费者和Worker的工作都是通过协调者分配的

消费组的每个消费者成员用KafkaConsumer表示，Worker组的每个Worker成员用WorkerGroupMember表示。消费者的ConsumerCoordinator和Kakfa连接器的WorkerCoordinator都继承了抽象的AbstractCoordinator类。抽象类实现了组管理协议，它的主要方法是ensureActiveGroup()。客户端调用该方法，最终可以确保组成员得到协调者返回的分配结果。作为客户端的消费者和Worker，都需要实现下面这4个抽象方法。

- metadata()。客户端元数据，消费的元数据是订阅的主题，Worker的元数据是主机地址。
- onJoinPrepare()。准备加入组，并调用监听器的onRevoked方法执行一些清理工作。
- performAssignment()。Leader成员为组执行分配任务，返回所有成员的分配结果。
- onJoinComplete()。加入组后，调用监听器的onAssigned执行一些设置工作。

源任务和目标任务都是一个接口，它们的实现类和具体的外部存储系统有关。类似Hadoop提供了作业计算引擎，用户编写MapReduce作业只需要实现MapTask和ReduceTask。Kafka连接器也为我们封装好了连接器配置的解析、上下文对象、任务的调度和执行。用户开发自定义的连接器时，只需要实现Connector和Task这两个类即可。图8-46总结了单机模式下Kafka连接器内部的生命周期与工作流程，图中的圆点分别表示初始化并启动连接器与任务。

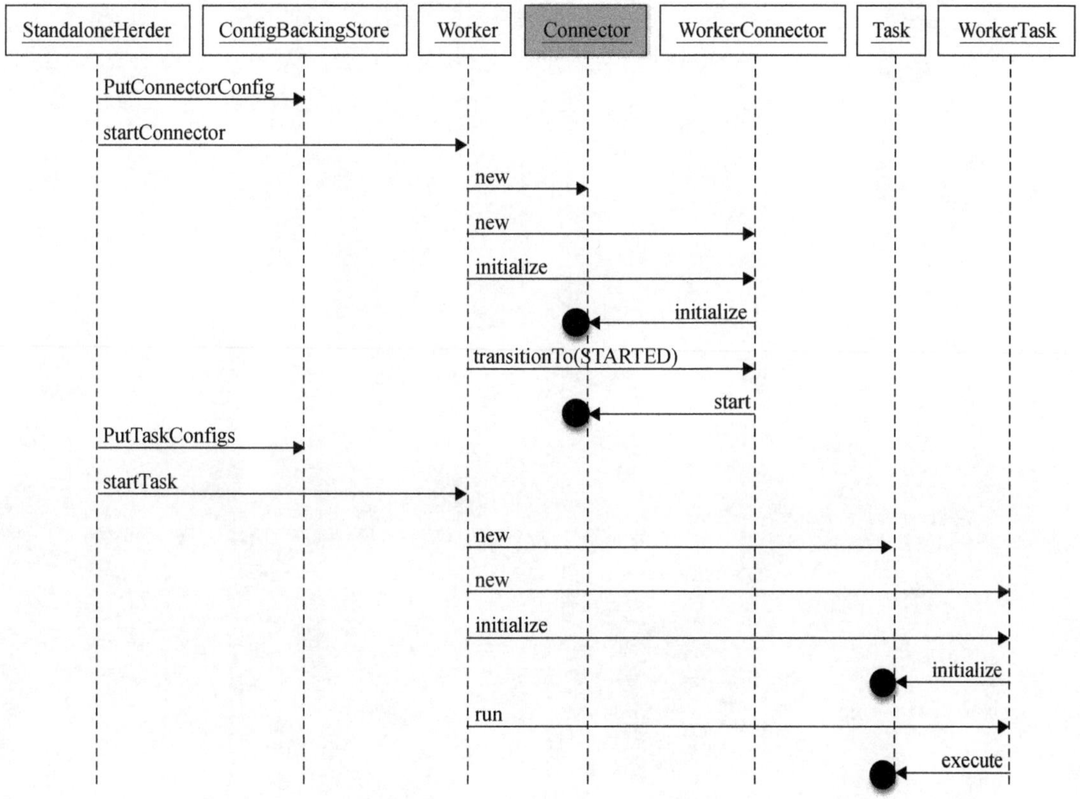

图8-46 单机模式下Worker、连接器、任务的生命周期与工作流程

分布式模式下的Herder不仅通过Worker从协调者获取分配结果（连机器与任务），还要由Worker启动连接器与任务。分布式模式不同于单机模式直接提供连接器的配置文件，而是通过REST方式提交连接器的配置。分布式模式下，提交连接器配置到启动任务的步骤如下。

(1) REST服务提交连接器的配置，并将配置信息写入基于Kafka的后台配置存储。

(2) 每个分布式的Herder进程都有一个Worker向协调者申请连接器与任务。

(3) 协调者返回的分配结果中包含每个Worker的连接器与任务。

(4) 分布式的Herder进程通过Worker创建并启动连接器与任务。

第 9 章

Kafka流处理

在0.10版本之前，Kafka仅仅作为消息的存储系统，开发者如果要对Kafka集群中的数据进行流计算，只能借助第三方的流计算引擎来实现。在0.10版本之后，Kafka内置了一个流处理框架的客户端库，开发者可以直接以Kafka为核心构建复杂的流计算任务。

Kafka流处理框架为开发者提供了两种API：低级的Processor API和高级的流式DSL。前者需要开发者自己实现流处理逻辑，后者由框架提供一些通用的流处理器来满足流计算的需求。下面先从一个简单的低级Processor示例程序开始，然后以示例程序涉及的相关类，逐步分析Kafka流处理框架的内部实现。

9.1 低级 Processor API

使用低级Processor API构建一个Kafka流处理应用程序，主要包括下面3个步骤。对于开发者而言，主要的工作是步骤(1)，剩下的工作都由Kafka的流处理框架完成。

(1) 构建流处理的拓扑：包括添加源处理节点、业务处理节点和目标处理节点。
(2) 使用步骤(1)构建的流处理拓扑，创建一个KafkaStreams流处理的实例。
(3) 启动步骤(2)创建的KafkaStreams实例。

9.1.1 流处理应用程序示例

下面的单词计数程序会从Kafka的streams-input1主题读取消息，然后对每条消息运用自定义处理器（Processor），最后将结果写入到Kafka的streams-output1主题。Kafka流处理框架将“输入主题到自定义处理器再到输出主题”抽象成一张任务的DAG拓扑图。开发者在构建拓扑时，分别指定了“源处理节点”“自定义处理节点”“状态存储”和“目标处理节点”。Kafka流处理的框架通过“源处理节点”读取Kafka的输入主题，通过“自定义处理节点”执行计算，并将计算结果保存到“状态存储”中，最终通过“目标处理节点”将计算结果写到Kafka的输出主题。应用程序创建“拓扑构建器”后，分别调用“拓扑构建器”的下面几个方法，构建出任务的执行拓扑。

- **addSource()方法**：添加源处理节点。需要为源处理节点指定名称和它订阅的Kafka输入主题。
- **addProcessor()方法**：添加自定义处理节点。需要指定名称、处理器类和上一个节点的名称。
- **addStateStore()方法**：添加状态存储。需要指定状态存储的名称和类型、处理节点的名称。

- **addSink()**方法：添加目标处理节点。需要指定目标处理节点的名称、上一个节点的名称。

注意：任务的执行拓扑图是一张有向无环图（DAG）。“有向”表示从一个处理节点到另一个处理节点是有方向的。“无环”表示不能有环路，因为一旦有环路，就会陷入死循环，任务就永远不会结束。

```
public static void main(String[] args) throws Exception {
  // Kafka流处理应用程序的配置
  Properties props = new Properties();
  props.put(APPLICATION_ID_CONFIG, "streams-wordcount");
  props.put(BOOTSTRAP_SERVERS_CONFIG, "localhost:9092");
  props.put(ZOOKEEPER_CONNECT_CONFIG, "localhost:2181");
  props.put(KEY_SERDE_CLASS_CONFIG, Serdes.String().getClass());
  props.put(VALUE_SERDE_CLASS_CONFIG, Serdes.String().getClass());
  props.put(ConsumerConfig.AUTO_OFFSET_RESET_CONFIG, "earliest");

  // 构建Kafka流处理的拓扑
  TopologyBuilder builder = new TopologyBuilder();
  builder.addSource("Source", "streams-input1");
  builder.addProcessor("Process", new MyProcessorSupplier(), "Source");
  builder.addStateStore(Stores.create("Counts")
    .withStringKeys().withIntegerValues().inMemory().build(), "Process");
  builder.addSink("Sink", "streams-output1", "Process");

  KafkaStreams streams = new KafkaStreams(builder, props); // 创建实例
  streams.start(); // 启动KafkaStreams实例
}
```

MyProcessorSupplier是负责创建自定义处理器的工厂类，它只需要实现ProcessorSupplier接口的get()方法，并返回一个自定义的处理器实例。Processor接口会被Kafka流处理框架在运行时调用，它主要定义了下面这4个方法。

- **init(context)**方法：设置调度punctuate()方法的周期，并根据名称获取本地状态存储。
- **process(k,v)**方法：接收到每条消息时，都会调用该方法处理并更新状态存储。
- **punctuate()**方法：框架会周期性地调度该方法，而周期间隔在初始化方法中指定。
- **close()**方法：关闭处理器。与初始化方法相反，这里可以做一些资源的清理工作。

注意：虽然Processor接口没有定义状态存储相关的方法，但自定义处理器的初始化方法会从上下文对象根据名称获取状态存储。这个名称必须与应用程序中创建的状态存储名称一致，这里是Counts。由于process()方法处理每条消息时都会更新状态存储，并且Process接口的其他方法需要调用上下文对象的相关方法，所以一般自定义处理器的实现会有上下文对象和状态存储这两个变量。

示例中自定义处理器的提供类（MyProcessorSupplier）对Processor接口的具体实现如下：

```
// MyProcessorSupplier实现了ProcessorSupplier接口
class MyProcessorSupplier implements ProcessorSupplier<String, String> {
  public Processor<String, String> get() {
    return new Processor<String, String>() { // 返回一个匿名的Processor实例
      private ProcessorContext context; // 上下文对象
      private KeyValueStore<String, Integer> kvStore; // 状态存储

      public void init(ProcessorContext context) { // 初始化方法
        this.context = context;
        this.context.schedule(1000);
        kvStore = (KeyValueStore)context.getStateStore("Counts");
      }
      public void process(String dummy, String line) { // 处理一条消息
        System.out.println("Processor processing: " + line);
        String[] words = line.toLowerCase().split(" ");
        for (String word : words) {
          Integer oldValue = this.kvStore.get(word);
          if (oldValue == null) this.kvStore.put(word, 1);
          else this.kvStore.put(word, oldValue + 1);
        }
      }
      public void punctuate(long timestamp) { // 定时方法
        KeyValueIterator<String,Integer> iter = this.kvStore.all();
        System.out.println("-------- " + timestamp + " -------- ");
        while (iter.hasNext()) {
          KeyValue<String, Integer> entry = iter.next();
          System.out.println("["+entry.key+", "+entry.value+"]");
          context.forward(entry.key, entry.value.toString()); // 转发数据
        }
        iter.close();
        context.commit(); // 提交当前的处理进度
      }
      public void close() { this.kvStore.close(); } // 关闭方法
    };
  }
}
```

下面简要介绍一下上述代码。

- init()方法设置定时调度的间隔为一秒，并从上下文对象中获取名称为Counts的状态存储。
- process()方法处理每一行数据时，根据单词获取状态存储的结果，加上1后再更新状态存储。
- punctuate()方法从状态存储中获取所有记录，并通过上下文对象将每条结果数据转发出去。
- close()方法用于关闭状态存储。示例中的计算结果数据放在内存中，关闭状态存储会清空数据。

“自定义处理器”通过“上下文对象”与Kafka流处理框架交互，上下文对象定义了下面几个接口方法。

- **schedule()方法**：指定多长时间调用一次自定义处理器的punctuate()方法。
- **getStateStore()方法**：获取处理器的状态存储，处理器处理记录时可以获取或更新状态存储。
- **commit()方法**：提交当前的处理进度，通常不需要处理一条记录就提交一次，而是定时提交。

❑ **forward()方法**：转发数据到拓扑的下游处理节点，调用下游处理节点的process()方法。

分析完Kafka流处理应用程序的相关方法后，我们分别在单机和分布式这两种模式下运行流处理应用程序。

1. 单机模式

Kafka流处理需要读取输入主题。首先，创建只有一个分区的输入主题，并往输入主题中写入一条消息：

```
$ bin/kafka-topics.sh --zookeeper localhost:2181 --create \
  --topic streams-input1 --partitions 1 --replication-factor 1
$ echo "kafka streams" | bin/kafka-console-producer.sh \
  --broker-list localhost:9092 --topic streams-input1
```

接着，运行流处理应用程序WordCountProcessorDemo（简称“流实例”），此时控制台打印的日志如下：

```
Processor processing: kafka streams
----------- 1495977322140 -----------
[kafka, 1]
[streams, 1]
```

然后通过控制台的消费者验证输出主题是否有数据。下面的命令会同时打印消息的键值，并用冒号分隔：

```
$ bin/kafka-console-consumer.sh --new-consumer \
  --bootstrap-server localhost:9092 \
  --property print.key=true --property key.separator=":" \
  --from-beginning --topic streams-output1
kafka:1
streams:1
```

输入主题会被Kafka流处理框架内部的消费者所消费，之前产生的一条数据会被全部消费掉：

```
$ bin/kafka-consumer-groups.sh --list --new-consumer \
  --bootstrap-server localhost:9092  # 查看消费组
streams-wordcount
$ bin/kafka-consumer-offset-checker.sh --zookeeper localhost:2181 \
  --topic streams-input1 --group streams-wordcount # 查看主题的消费情况
Pid Offset       logSize        Lag         Owner
0   1            1              0           none
```

为了验证Kafka流处理框架可以不断地处理新的消息，接着往输入主题中再写入一条消息：

```
$ echo "hello kafka" | bin/kafka-console-producer.sh \
  --broker-list localhost:9092 --topic streams-input1
```

此时Kafka流处理框架会收到新的消息，经过自定义处理器的记录后，控制台的日志如下：

```
Processor processing: hello kafka
----------- 1495977349800 -----------
[hello, 1]
```

```
[kafka, 2]
[streams, 1]
```

注意：在实际测试中，可能会同时调用多次punctuate()方法。由于示例中的punctuate()方法会往输出主题写数据，所以如果打印多次内容，输出主题就会有重复的数据。但因为输出主题的消息带有键，所以出现重复数据不会有太大问题。

再次回到控制台消费者的终端，可以看到，输出主题的内容新增加了3条与控制台相同的数据：

```
$ bin/kafka-console-consumer.sh --new-consumer \
  --bootstrap-server localhost:9092 \
  --property print.key=true --property key.separator=":" \
  --from-beginning --topic streams-output1
hello:1
kafka:1  # 这一条和上面一条是流处理框架处理第一条消息时写入到输出主题的内容
hello:1  # 这一条和下面两条是流处理框架处理第二条消息时写入到输出主题的内容
kafka:2  # 第一次的kafka streams，第二次的hello kafka，一共出现两次kafka
streams:1 # 虽然第二条消息有两个单词，但是打印出了3条数据，这说明包括历史数据
```

除了输入主题和输出主题外，Kafka流处理框架针对状态存储也有对应的"变更日志流"内部主题：

```
$ ls /tmp/kafka-logs
streams-input1  # 输入主题（手动创建）
streams-output1 # 输出主题（自动创建）
streams-wordcount-Counts-changelog-0 # 变更日志流（自动创建）

$ bin/kafka-console-consumer.sh --new-consumer \
  --bootstrap-server localhost:9092 \
  --property print.key=true --property key.separator=":" --from-beginning \
  --topic streams-wordcount-Counts-changelog
kafka:
streams:
hello:
kafka:
```

接下来，在本地启动两个流实例。为了对比单机模式产生的消息没有键，分布式模式下产生的消息有键，并且键值内容都相同。对于相同键的消息，不管什么时候产生数据，都会写到主题的同一个分区。这就意味着，启动多个流实例时，相同键的消息一定会被同一个流实例所处理。

2. 分布式模式

创建输入主题和输出主题，并指定它们的分区数为两个，这是为了和下面示例中的两个流实例相对应。否则，如果输入主题只有一个分区，启动两个流实例，只会有一个流实例在工作，另一个流实例空闲：

```
$ bin/kafka-topics.sh --zookeeper localhost:2181 --create \
  --topic streams-input2 --partitions 2 --replication-factor 1

$ bin/kafka-topics.sh --zookeeper localhost:2181 --create \
  --topic streams-output2 --partitions 2 --replication-factor 1
```

9

如表9-1所示，生产者一共发送了3批消息，每批消息有两条记录，每条记录会写到不同的分区。由于kafka和streams写到了分区P0，所以第一批消息的两条记录都会被第一个流实例处理。hello会写到分区P1，所以第二批消息的hello会被第二个流实例处理，kafka仍会被第一个流实例处理。

表9-1　分布式模式的流处理应用程序实例

生产者发送带有键的消息	第一个流处理应用程序	第二个流处理应用程序
"kafka streams" => Kafka -> partition: 0, offset: 0 streams -> partition: 0, offset: 1	Processor processing: kafka ----------- 1495980889157 ----------- [kafka, 1] Processor processing: streams	
"hello kafka" hello -> partition: 1, offset: 0 kafka -> partition: 0, offset: 2	Processor processing: kafka ----------- 1495980990821 ----------- [kafka, 2] [streams, 1]	Processor processing: hello ----------- 1495980990717 ----------- [hello, 1]
"kafka connect" kafka -> partition: 0, offset: 3 connect -> partition: 1, offset: 1	Processor processing: kafka ----------- 1495981026530 ----------- [kafka, 3] [streams, 1]	Processor processing: connect ----------- 1495981026664 ----------- [connect, 1] [hello, 1]

与单机模式一样，分布式模式也有变更日志流，并且它的分区数和输入主题、输出主题一样，都有两个：

```
streams-input2-0  # 输入主题，两个分区（手动创建）
streams-input2-1
streams-output2-0 # 输出主题，两个分区（手动创建）
streams-output2-1
streams-wordcount-Counts-changelog-0 # 变更日志流，两个分区（自动创建）
streams-wordcount-Counts-changelog-0
```

如表9-2所示，通过控制台的消费者查看，可以发现输入主题、输出主题和变更日志流的数据都会按照分区排序。

表9-2　流处理应用程序相关的输入主题、输出主题和变更日志流

	streams-input2	streams-output2	Streams-wordcount-Counts-changelog
P0	kafka: kafka	kafka: 1	kafka:
	streams: streams	kafka: 2	streams:
	kafka: kafka	streams: 1	kafka:
	kafka: kafka	kafka: 3	kafka:
P1	hello:hello	streams: 1	hello:
	connect: connect	hello: 1	connect:
		hello: 1	
		connect: 1	

Kafka流处理框架内置的消费者会读取输入主题的数据，并且记录输入主题的消费偏移量。当有新数据发送给输入主题时，自定义的处理器就会接收到新数据，并在处理完成后写入新的计算结果到目标主题。上面我们运行了单机模式和分布式模式的流实例，停止流实例后，再次重启流实例。如果输入主题没有新数据，就不会执行自定义处理器的处理逻辑，目标主题也不会有新数据。

上面我们分析了Kafka流处理框架提供的基本API。开发者构建流处理应用程序时，需要首先构建流处理的拓扑。另外，流实例可以运行在单机模式和分布式模式下，所以在介绍完流处理的拓扑后，会分析Kafka流处理框架中流实例（`KafkaStreams`）的启动过程。

9.1.2 流处理的拓扑

流计算框架最底层的数据抽象是流，流是一个有序的、无界的数据集。对流数据的处理方式有两种：一条一条处理（比如Storm）和一次一小批（即micro-batch，比如Spark Streaming）处理。Kafka采用一条一条处理的流处理方式，可以使消息的延迟控制在毫秒以内。流计算的物理视图通常会用作业（Job）或拓扑（Topology）结构来表示，“处理拓扑”（processor topology）定义了流处理应用程序（stream application）对流数据（stream data）的计算处理逻辑（stream processing）。“处理拓扑”是一张由“流处理节点”（processor，也叫作流处理器，图的顶点）和相连接的“流”（stream，图的边）组成的DAG图。Kafka流处理中有两种特殊的处理节点：源节点（`SourceNode`）和目标节点（`SinkNode`）。源节点和目标节点都继承了处理节点，它们是处理节点的一种特例。源节点没有上游节点，目标节点没有下游节点，一般的处理节点既有上游节点，也有下游节点。

1. 处理节点

如图9-1（上）所示，流处理拓扑的源节点会从一个或多个Kafka输入主题消费记录，然后产生输入流（Input Stream）到流处理的拓扑中，并且转发数据给下游（Down Stream）的处理节点。目标节点会接收上游（Up Stream）处理节点的任何记录，发送到Kafka目标主题。图9-1（下）以单词计数为例，其中流处理拓扑只有3个处理节点。源节点读取输入主题（`streams-input`），经过自定义处理节点的计算，将计算结果通过目标节点发送给输出主题（`streams-output`）。

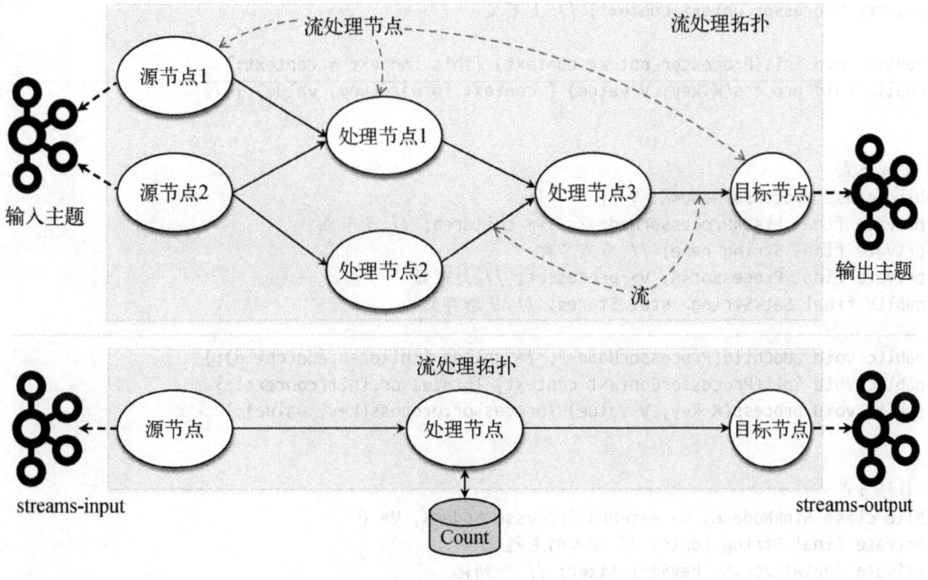

图9-1 Kafka流处理的拓扑组成

注意：输入主题对于Kafka流处理框架而言是源系统，输出主题则是目标系统。Kafka流处理框架的拓扑使用源节点（SourceNode）读取源系统的输入主题，使用目标节点（SinkNode）写入目标系统的输出主题。回顾上一章的Kafka连接器，源连接器（SourceConnector）读取源系统，目标连接器（SinkConnector）写入目标系统。Kafka连接器的源连接器与目标连接器属于连接器的内部组件，Kafka流处理的源节点和目标节点属于流处理框架的内部组件。

Kafka流处理拓扑的处理节点（ProcessorNode）是拓扑的基本组成单位，执行拓扑时会调用每个处理节点的process()方法。该方法有两个参数，分别表示从上游处理节点接收过来的消息的键和值。处理节点本身不需要关心它是怎么收到消息的，它的process()方法用于处理收到的消息。由于源节点、目标节点和处理节点的处理方法在拓扑中所处的位置不同，所以它们接收到消息后的处理逻辑也不同，它们的处理方法有如下特点。

- **源节点的处理方法**：将消息通过上下文转发给拓扑，由框架调用下游处理节点的处理方法。
- **处理节点的处理方法**：接收到的消息将调用自定义处理器实现类的process()方法。
- **目标节点的处理方法**：作为拓扑的最后一个处理节点，目标节点将消息发送到Kafka的目标主题。

源节点、目标节点和处理节点的相关代码如下：

```
// 源节点
public class SourceNode<K, V> extends ProcessorNode<K, V> {
  private Deserializer<K> keyDeserializer; // 反序列化
  private Deserializer<V> valDeserializer;
  private ProcessorContext context; // 上下文

  public void init(ProcessorContext context) {this.context = context;}
  public void process(K key, V value) { context.forward(key, value);}
}

// 处理节点
public class ProcessorNode<K, V> {
  private final List<ProcessorNode<?, ?>> children; // 子节点
  private final String name; // 节点名称
  private final Processor<K, V> processor; // 处理器
  public final Set<String> stateStores; // 状态存储

  public void addChild(ProcessorNode<?, ?> child) {children.add(child);}
  public void init(ProcessorContext context) {processor.init(context);}
  public void process(K key, V value) {processor.process(key, value);}
}

// 目标节点
public class SinkNode<K, V> extends ProcessorNode<K, V> {
  private final String topic; // 写入的主题
  private Serializer<K> keySerializer; // 序列化
  private Serializer<V> valSerializer;
```

```
    private final StreamPartitioner<K, V> partitioner; // 写入的分区方式
    private ProcessorContext context; // 上下文

    public void init(ProcessorContext context) {this.context = context;}
    public void process(K key, V value) { // 通过上下文的记录收集器发送消息到目标主题
      RecordCollector collector = context.recordCollector();
      collector.send(new ProducerRecord<>(topic,null,context.timestamp(),
        key, value), keySerializer, valSerializer, partitioner);
    }
  }
```

注意：Kafka流处理的拓扑开始运行时，它内部的消费者会轮询消费输入主题，轮询出来的每条数据都会经过拓扑的源节点、处理节点和目标节点。所有的处理节点通过上下级的关系互相连接组成一张DAG图。对于每个单独的处理节点个体而言，它们不需要知道自己的上下游节点分别是什么，这个上下文的信息是由拓扑来维护的。也就是说，当某个处理节点处理完成后，拓扑知道当前节点的下一个节点，它会将上一个处理节点的结果发送给下一个处理节点。下一个处理节点处理完成后再次发送给下游节点，直到拓扑的所有节点都处理完成，表示一条消息经过了拓扑的处理。

构建拓扑时，会添加不同类型的处理节点，并且根据处理节点是读取数据还是写入数据，传递的参数也不同。

- 添加源节点时，需要指定输入主题。可以为源节点指定一个或多个主题，表示源节点订阅的主题。
- 添加处理节点时，需要为自定义处理器指定提供类。提供类的`get()`方法用于返回自定义的处理器实现类。
- 添加目标节点时，需要指定输出主题，不同的目标节点可以共用同一个输出主题。通常，一个目标节点只有一个输出主题，不过用户也可以重新实现自定义的目标节点，根据不同的消息发送到不同的输出主题。

从DAG图的角度来看，处理节点仅仅是DAG图的顶点。因此，流处理框架还需要将不同的处理节点关联起来（DAG图的边关系），才能构建出一张完整的DAG拓扑图。

2. 构建拓扑

开发者通过“拓扑的构建器”（`TopologyBuilder`）添加处理节点时，需要为当前添加的处理节点指定它的上游处理节点。下面的伪代码演示了流处理拓扑如何处理上下游节点的关联关系：

```
// 流处理应用程序通过拓扑构建器添加处理节点的方式
class Application:
  TopologyBuilder builder = new TopologyBuilder();
  String[] parents = new String[]{"Node1","Node2"};
  builder.addNode("Node3", parents);

// 流处理框架会将当前的处理节点加入到所有父节点的子节点列表中
class TopologyBuilder:
```

9

```
def addNode(String currentNode, String... parents) {
  for(ProcessorNode node: parents) {
    node.addChild(currentNode);
  }
}

// 上面代码的for循环等价于将Node3同时作为两个父节点的子节点
"Node1".addChild("Node3");
"Node2".addChild("Node3");
```

构建流处理拓扑时，processorNodes集合保存了所有的处理节点，processorMap字典保存了处理节点名称与处理节点对象的映射关系。处理节点之间通过addChild()方法相互关联，最终源节点、处理节点、目标节点以及它们的关联关系组成了一张DAG拓扑图。图9-2以单词计数为例，演示了流处理框架通过"拓扑的构建器"构建DAG拓扑图的过程，具体步骤如下。

(1) 拓扑构建器添加处理节点时，指定处理节点的名称、节点的相关数据以及上游处理节点的名称。

(2) 拓扑构建器根据不同的方法创建不同类型的处理节点，比如源节点、自定义处理节点和目标节点。

(3) 拓扑构建器将新添加的处理节点添加到不同的数据结构，比如处理节点的集合和处理节点的映射。

(4) 拓扑构建器在上一步中通过addChild()方法将不同处理节点串联起来，构成一张DAG拓扑图。

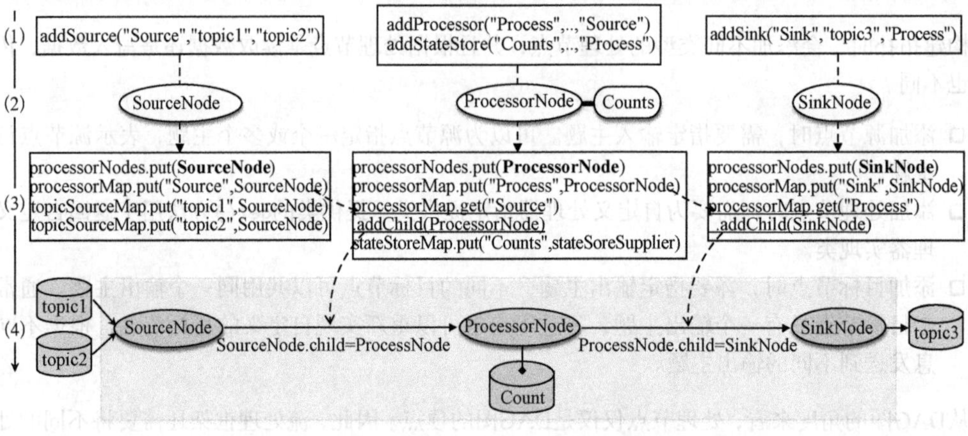

图9-2　使用TopologyBuilder构建拓扑图

上面的示例构建了一张只有3个处理节点的简单拓扑图，下面的代码构建一个稍微复杂的拓扑图：

```
TopologyBuilder builder = new TopologyBuilder();
builder.addSource("SOURCE1", "source-topic1")
  .addSource("SOURCE2", "source-topic2")
  .addProcessor("PROCESS1",()->new MyProcessor1(),"SOURCE1","SOURCE2") // 1
  .addProcessor("PROCESS2",()->new MyProcessor2(),"PROCESS1") // 2
  .addProcessor("PROCESS3",()->new MyProcessor3(),"PROCESS1") //3
  .addSink("SINK1", "sink-topic1", "PROCESS1") // 4
  .addSink("SINK2", "sink-topic2", "PROCESS2") // 5
  .addSink("SINK3", "sink-topic3", "PROCESS3");
```

如图9-3所示，这个拓扑有多个源节点、多个处理节点和多个目标节点。除了目标节点外，源节点和处理节点都可以有多个子节点。比如，处理节点PROCESS1有两个上游节点——SOURCE1和SOURCE2，同时有3个下游节点——PROCESS2、PROCESS3和SINK1。PROCESS2和PROCESS3都只有一个上游节点和一个下游节点。流处理框架为处理节点添加子节点的具体步骤如下：

(1) "SOURCE1".addChild("PROCESS1"), "SOURCE2".addChild("PROCESS1");

(2) "PROCESS1".addChild("PROCESS2");

(3) "PROCESS1".addChild("PROCESS3");

(4) "PROCESS1".addChild("SINK1");

(5) "PROCESS2".addChild("SINK2")、"PROCESS3".addChild("SINK3")。

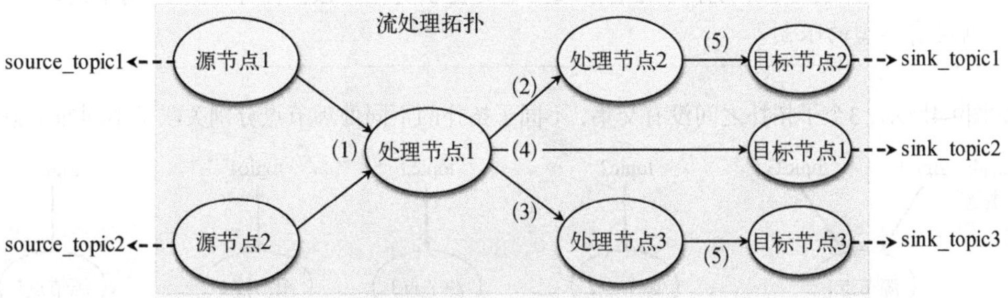

图9-3 稍微复杂的拓扑图

拓扑构建器是一个构造器模式，它的build()方法返回一个“处理拓扑”对象（ProcessorTopology）。“处理拓扑”对象的成员变量有所有处理节点、输入主题与源节点的映射关系以及状态存储的提供类，但没有保存处理节点与下游处理节点之间的映射关系（即顶点与顶点的边关系）。实际上，处理节点的下游处理节点会作为它的child属性，一旦流处理框架能够从“处理拓扑”中获得某个处理节点，就可以调用它的child()方法获取当前处理节点的所有下游节点，所以“处理拓扑”并没有再单独维护一个处理节点与下游处理节点的映射关系字典。处理拓扑的定义如下：

```
public class ProcessorTopology {
  List<ProcessorNode> processorNodes; // 所有的处理节点
  Map<String, SourceNode> sourceByTopics; // 输入主题与源节点的映射关系
  List<StateStoreSupplier> stateStoreSuppliers; // 状态存储
}
```

一个拓扑还可以由多个子拓扑组成。如果用户定义的处理节点组成多张DAG图，就有多个子拓扑。下面的代码使用一个拓扑构建器，但最后生成了3个处理拓扑，即3个DAG子图：

```
TopologyBuilder builder = new TopologyBuilder();
builder.addSource("source-1", "topic-1", "topic-1x");
builder.addSource("source-2", "topic-2");
builder.addSource("source-3", "topic-3");
builder.addSource("source-4", "topic-4");
builder.addSource("source-5", "topic-5");
builder.addProcessor("processor-1", ..., "source-1");
builder.addProcessor("processor-2", ..., "source-2", "processor-1");
builder.addProcessor("processor-3", ..., "source-3", "source-4");
```

```
builder.addStateStore(StateStore("store-1"), "processor-1", "processor-2");
builder.addStateStore(StateStore("store-2"), "processor-3", "processor-4");
builder.addStateStore(StateStore("store-3"), "processor-5");
builder.setApplicationId("X");
ProcessorTopology topology0 = builder.build(0);
ProcessorTopology topology1 = builder.build(1);
ProcessorTopology topology2 = builder.build(2);
```

注意：流处理拓扑中输入主题与源节点的关系并没有严格的一对一关系。比如，多个输入主题可以添加到同一个源节点，也可以添加到不同的源节点。如果两个不同输入主题添加到同一个源节点，必须确保这两个输入主题的键值类型一致。如果是添加到不同的源节点，则没有类型的限制。

如图9-4所示，3个子拓扑之间没有交集，不同子拓扑的不同处理节点分别关联了不同的状态存储。

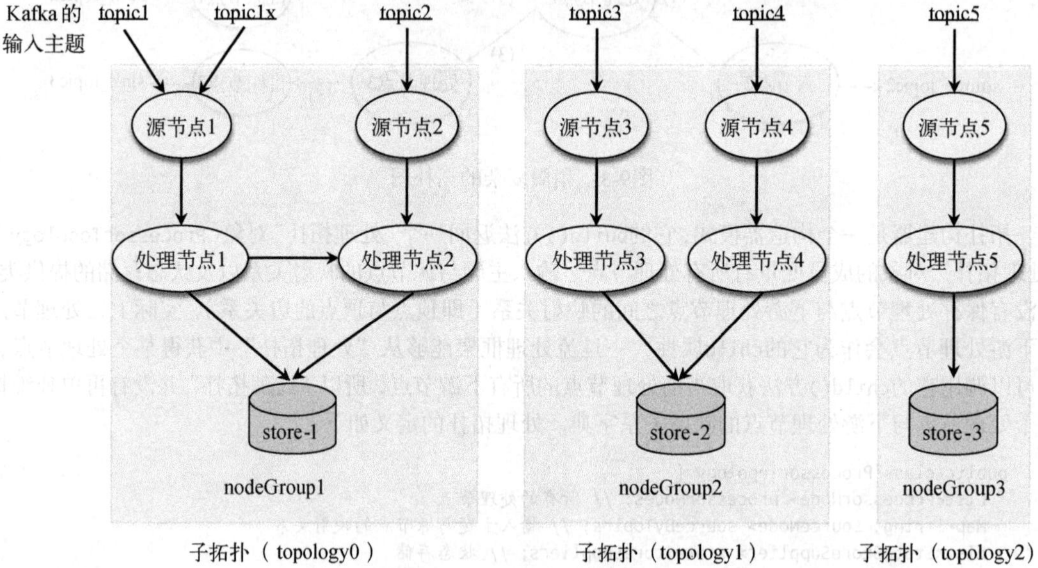

图9-4　拓扑分组：不同的子拓扑分成不同的组

"处理拓扑"是流处理应用程序的执行骨架，它定义了一条消息在流处理应用程序中的数据流处理过程。不过处理拓扑仅仅是一张**静态**的DAG拓扑图，流处理要通过框架提供的线程模型触发任务执行，才能把数据流和DAG拓扑图**动态**地结合起来。

9.1.3 流处理的线程模型

Kafka流处理的输入数据源基于具有分布式分区模型的Kafka主题，它主要由下面3个类组成。

- 流实例（KafkaStreams）：通常一个节点（一台机器）只运行一个流实例。

- 流线程（StreamThread）：一个流实例可以配置多个流线程。
- 流任务（StreamTask）：一个流线程可以运行多个流任务，根据输入主题的分区数确定任务数。

Kafka流处理线程模型的核心是：将输入主题的分区分配给“流实例”上的不同“流线程”。每个流线程都有一个内置的“消费者”、“记录缓冲区”和“生产者”。其中，消费者会读取输入主题的数据，将拉取结果暂存到记录缓冲区。流线程中的流任务从记录缓冲区中读取数据，并将每条数据经过流处理的拓扑计算。最后，流任务的计算结果通过生产者写入到输出主题。如图9-5所示，输入主题有6个分区，Kafka流处理总共就会有6个流任务。流实例可以动态扩展，流线程的个数也可以动态配置。图中一共有3个流线程，则每个流线程会有两个流任务，每个流任务都对应输入主题的一个分区。

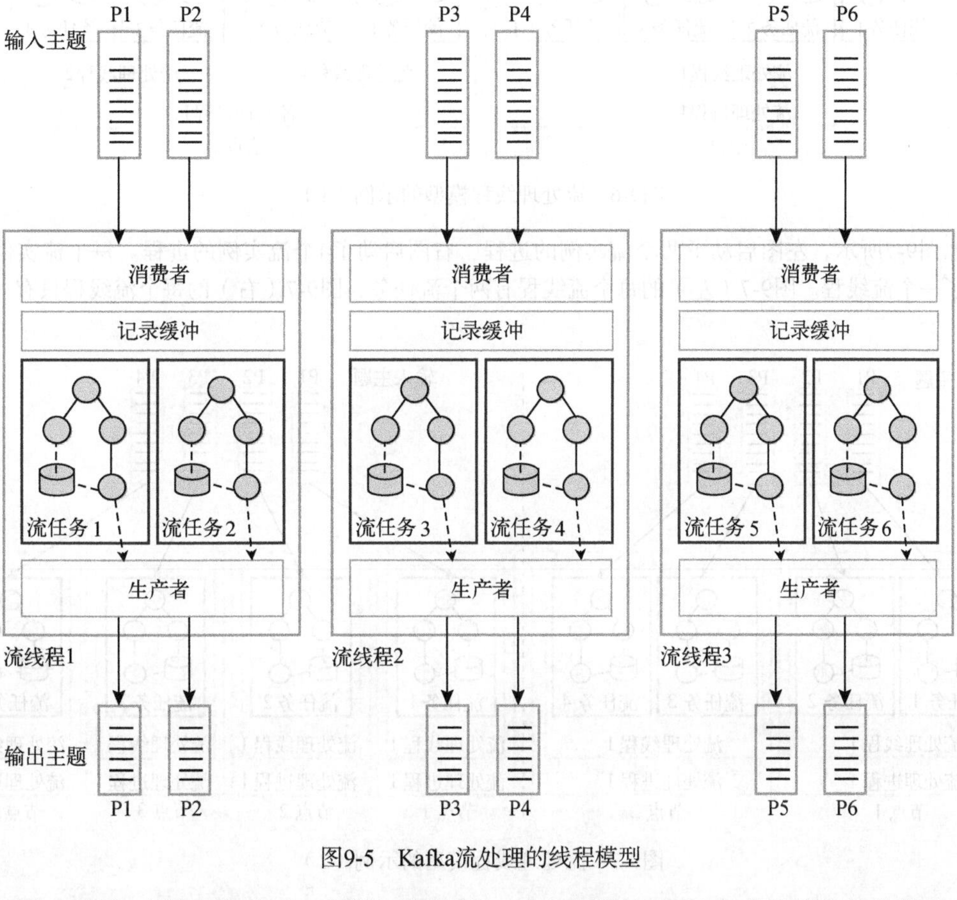

图9-5 Kafka流处理的线程模型

如图9-6所示，假设只启动了一个流实例的进程，输入主题有4个分区，则流处理总共有4个任务。图9-6（左）的流实例只配置一个流线程，则一个流线程有4个流任务。图9-6（右）的一个流实例进程配置了两个流线程，则每个流线程有两个流任务。图中每个流任务都对应一个输入主题的一个分区。

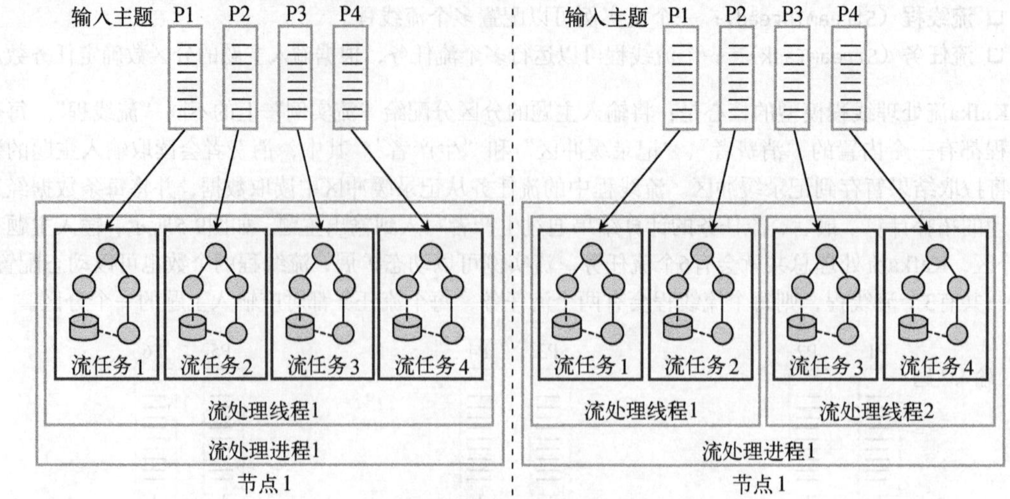

图9-6 流处理线程模型的示例（1）

如图9-7所示，左图启动了两个流实例的进程，右图启动了4个流实例的进程。每个流实例都只配置了一个流线程。图9-7（左）的每个流线程有两个流任务，图9-7（右）的每个流线程只有一个流任务。

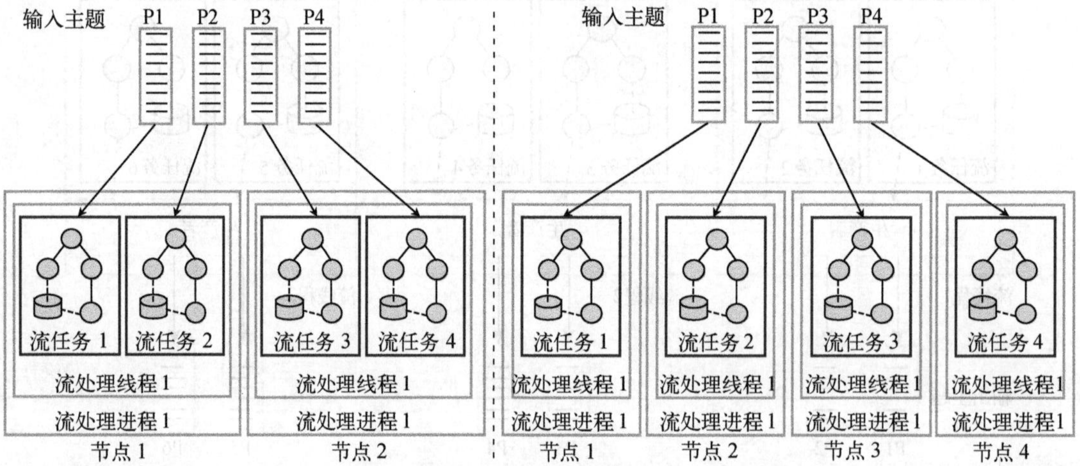

图9-7 流处理线程模型的示例（2）

图9-8与前面的示例不同，输入主题有两个，每个输入主题都有3个分区，则流处理总共有3个流任务，而不是6个流任务。图9-8（左）的一个流实例进程配置了一个流线程，图9-8（右）的一个流实例进程配置了3个流线程。每个流任务都会分配到两个分区，这两个分区分别来自不同输入主题的不同分区。

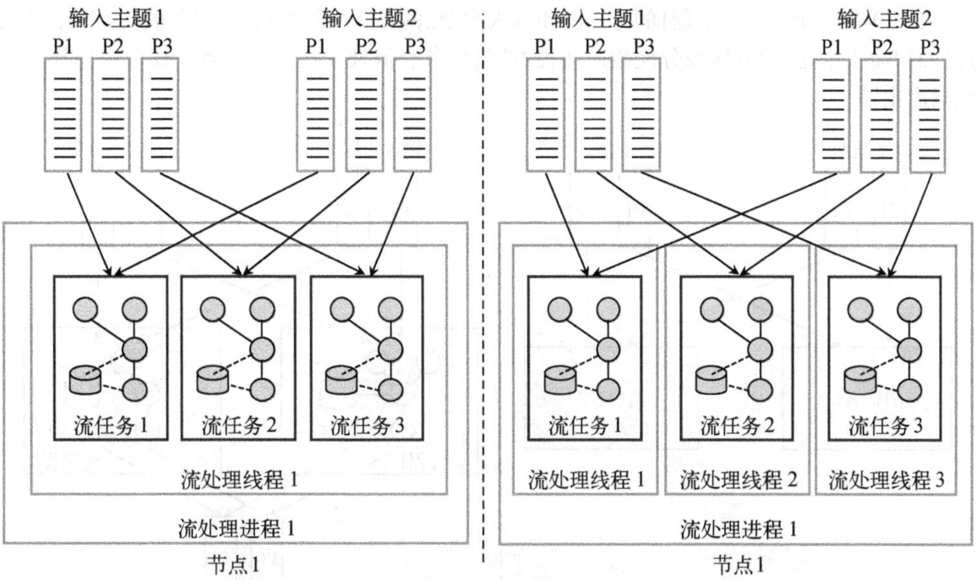

图9-8 流处理线程模型的示例（3）

如图9-9所示，仍然采用上面的示例，不过左图启动了两个流实例的进程，右图启动了3个流实例的进程。和前面的示例一样，每个流任务也分配到不同输入主题的不同分区。

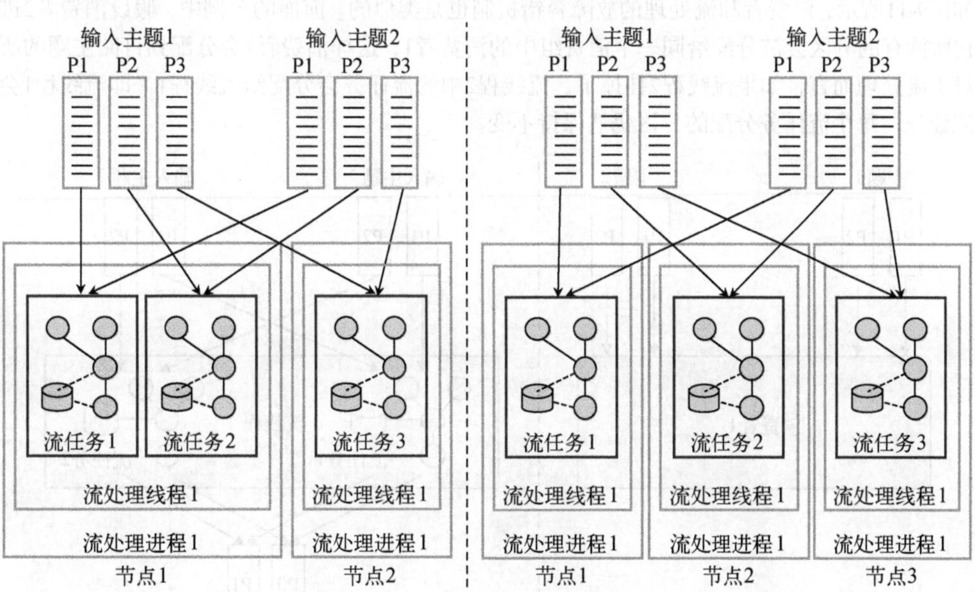

图9-9 流处理线程模型的示例（4）

Kafka的流处理框架使用并行的线程模型处理输入主题的数据集，这种设计思路和Kafka的消费者线程模型非常类似。消费者分配到订阅主题的不同分区，流处理框架的流任务也分配到输入主题的不同分区。如图9-10所示，输入主题1的分区P1和输入主题2的分区P1分配给流线程1的流任务，输入主题1的分区P2和输入主题2的分区P2分配给流线程2的流任务。流处理相比消费者，还会将拓扑的计算结果写到输出主题。

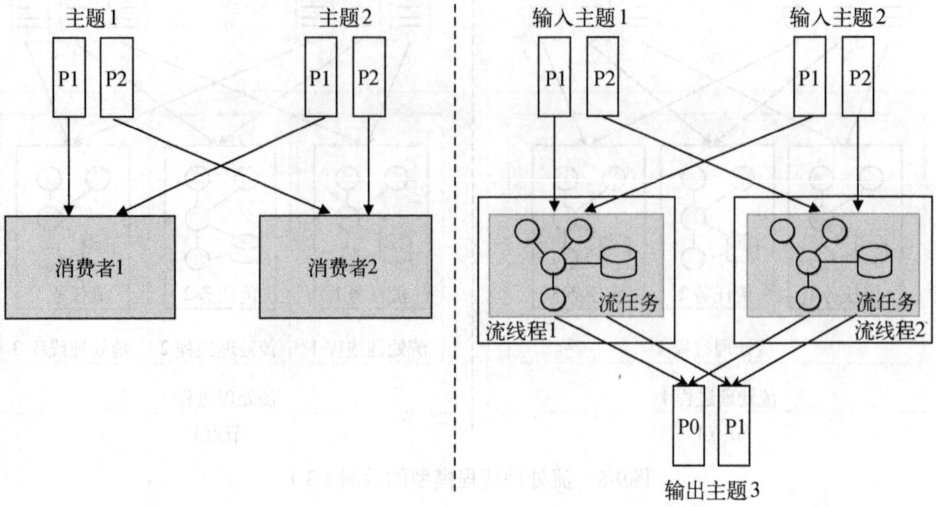

图9-10　消费者模型与流处理的线程模型

如图9-11所示，消费者和流处理的故障容错机制也是类似的。前面的示例中，假设消费者2进程挂掉，它所持有的分区会被分配给同一个消费组中的消费者1，这样消费者1会分配到订阅主题的所有分区。对于流处理而言，如果流线程2挂掉了，流线程2中的流任务会分配给流线程1。即流线程1会运行两个流任务，每个流任务分配的分区仍然保持不变。

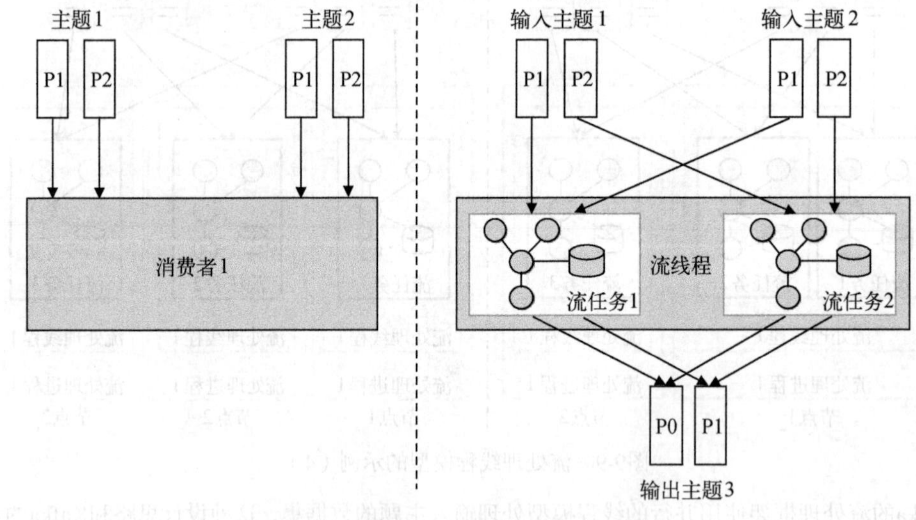

图9-11　消费者与流处理的故障容错机制

注意：流线程挂掉一般是流实例进程挂掉导致的。上面的示例假设启动了两个流实例进程，每个流实例进程配置了一个流线程：流线程1运行在流实例进程1，流线程2运行在流实例进程2。如果只启动一个流实例进程，则流实例进程挂掉也会导致两个流线程全部挂掉，此时就无法实现故障的容错机制。流线程2挂掉后，流处理故障容错机制的处理方式不是将流线程2中流任务的分区分配给流线程1的流任务，而是在流线程1中再启动一个流任务。原先的流线程1只有一个流任务，现在有两个流任务。

Kafka流处理框架的线程模型具有高可靠性、分布式协调、并行处理的特点。除此之外，流处理框架还有备份任务、本地状态存储等功能。下面先从“启动流实例进程”开始分析流处理框架的内部实现细节。

1. 流实例与流线程

开发者编写的流处理应用程序都需要首先创建拓扑，然后根据拓扑创建一个Kafka流处理实例的进程（KafkaStreams，以下简称“流实例”）。流实例构造函数中的应用程序编号（applicationId）会作为不同流处理应用程序的标识。开发者可以在多台机器上启动多个流实例，不同的流实例指定相同的应用程序编号，然后由流处理框架负责协调不同流实例的运行。相关代码如下：

```
public class KafkaStreams {
  private final StreamThread[] threads; // 一个流实例可以配置多个流线程

  public KafkaStreams(TopologyBuilder builder, StreamsConfig config,
      KafkaClientSupplier clientSupplier) { // 创建流实例
    this.processId = UUID.randomUUID();
    String applicationId = config.getString(APPLICATION_ID_CONFIG);
    String clientId = config.getString(StreamsConfig.CLIENT_ID_CONFIG);
    this.threads = new StreamThread[config.getInt(NUM_STREAM_THREADS)];
    for (int i = 0; i < this.threads.length; i++) { // 创建多个流处理线程
      this.threads[i] = new StreamThread(builder,config,clientSupplier,
        applicationId, clientId, processId);
    }
  }
  public synchronized void start() { // 启动流实例的所有流处理线程
    for (StreamThread thread : threads) thread.start();
  }
}
```

一个流处理应用程序只有一个流实例，而一个流实例可以配置多个流线程。每个流线程可以运行多个流任务，但是流任务的个数只与输入主题的分区数有关，与流线程的数量无关。如图9-12所示，启动了一个流实例，左图配置了一个流线程，右图配置了3个流线程。因为输入主题有3个分区，所以总共有3个流任务。图9-12（左）的3个流任务在同一个流线程里，图9-12（右）的3个流任务分别在不同的流线程中。

注意：流处理应用程序的输入主题有多少个分区，就对应有多少个流任务。假设输入主题只有一个分区，则每个流任务只分配到一个分区。输入主题有两个分区，则每个流任务都会分配到两个分区。上面的示例中，不管是一个流线程还是三个流线程，每个流任务都只会分配到输入主题的一个分区。

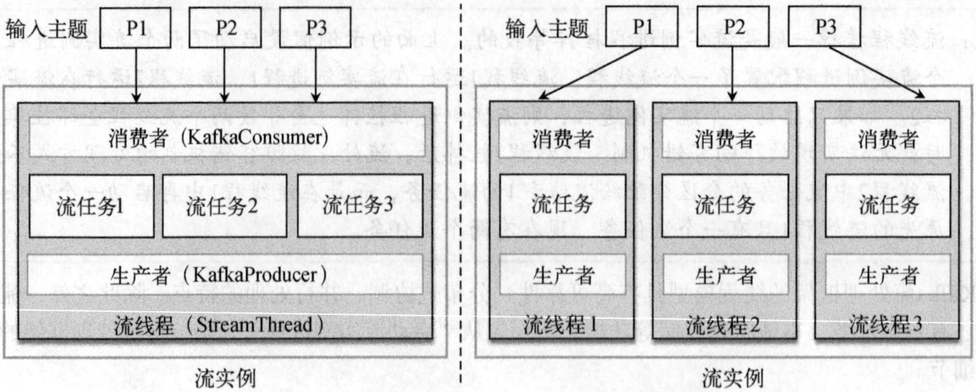

图9-12 流实例可以配置一个或多个流线程

Kafka流处理的一个流实例可以配置多个流线程，每个流线程可以运行多个流任务。每个流线程除了记录活动的流任务列表外，还记录了分区与流任务的映射关系。另外，每个流线程都有一个线程级别的Kafka生产者和消费者对象，流线程内的所有流任务共用同一个生产者和消费者对象。流实例进程启动的流线程是一个Java线程。由于Kafka流处理读取的是Kafka的输入主题，所以流线程必须一直处于运行状态。启动流线程时，首先通过消费者订阅拓扑中的输入主题列表，然后在一个循环中通过消费者轮询拉取输入主题的消费记录。这两个步骤和普通的消费者逻辑类似，后续的步骤如下。

(1) 将消费者轮询的消费记录集分别按照分区进行处理，首先从activeTasksByPartition映射关系中获取分区对应的流任务，然后将该分区的所有记录加入到流任务的缓冲队列中。

(2) 循环流线程的所有活动任务（activeTasks），每次处理一个任务中的一条记录。如果任务的缓冲队列中还有数据，则继续循环处理。每次还是处理每个任务的一条记录，直到任务的缓冲队列为空，说明流任务把上次轮询的记录集都处理完毕，接着才可以发起新的轮询，并循环步骤(1)和步骤(2)。

流线程类的构造函数和运行方法如下：

```
public class StreamThread extends Thread {
  Producer<byte[], byte[]> producer; // 生产者
  Consumer<byte[], byte[]> consumer; // 消费者
  Map<TaskId, StreamTask> activeTasks; // 活动的任务列表
  Map<TopicPartition, StreamTask> activeTasksByPartition; // 分区对应的流任务
  ThreadCache cache; // 线程缓存

  public StreamThread(TopologyBuilder builder,
      KafkaClientSupplier clientSupplier, String applicationId,..) {
    this.cache = new ThreadCache(threadClientId, cacheSizeBytes);
    this.producer = clientSupplier.getProducer(producerConfigs);
    this.consumer = clientSupplier.getConsumer(consumerConfigs);
    this.activeTasks = new ConcurrentHashMap<>();
    this.activeTasksByPartition = new HashMap<>();
    this.stateDirectory = new StateDirectory(appId, "/tmp/kafka-streams");
  }
  public void run() {
    boolean requiresPoll = true;
    consumer.subscribe(new ArrayList(sourceTopics),rebalanceListener); // 订阅
```

```
        while (stillRunning()) {
          if (requiresPoll) {  // 需要轮询
            requiresPoll = false;
            ConsumerRecords<byte[],byte[]> records=consumer.poll(pollTimeMs);
              for (TopicPartition partition : records.partitions()) {
                StreamTask task = activeTasksByPartition.get(partition);
                task.addRecords(partition, records.records(partition));
              }
          }
          for (StreamTask task : activeTasks.values()) {
            task.process(); // 处理任务，一次处理一条记录
            requiresPoll = requiresPoll||task.requiresPoll(); // 更新是否需要轮询
            maybePunctuate(task); // 定时调用，任务级别
          }
          maybeCommit();
          maybeUpdateStandbyTasks();
          maybeClean();
        }
      }
    }
```

消费者每次轮询拉取都会返回一批不同分区的消费记录，消费记录进入流处理拓扑后，同一个分区的消费记录只有处理完一条记录后，才会处理下一条记录。如果一个流线程中有多个流任务，因为没有线程的隔离，所以不同流任务之间必须按照顺序处理不同分区的记录，即不同流任务不能同时处理不同分区的记录。如图9-13所示，流线程的3个流任务分别分配到不同的分区，每个流任务每次按照顺序处理一条记录，只有消费完任务的记录队列，才会拉取新记录。

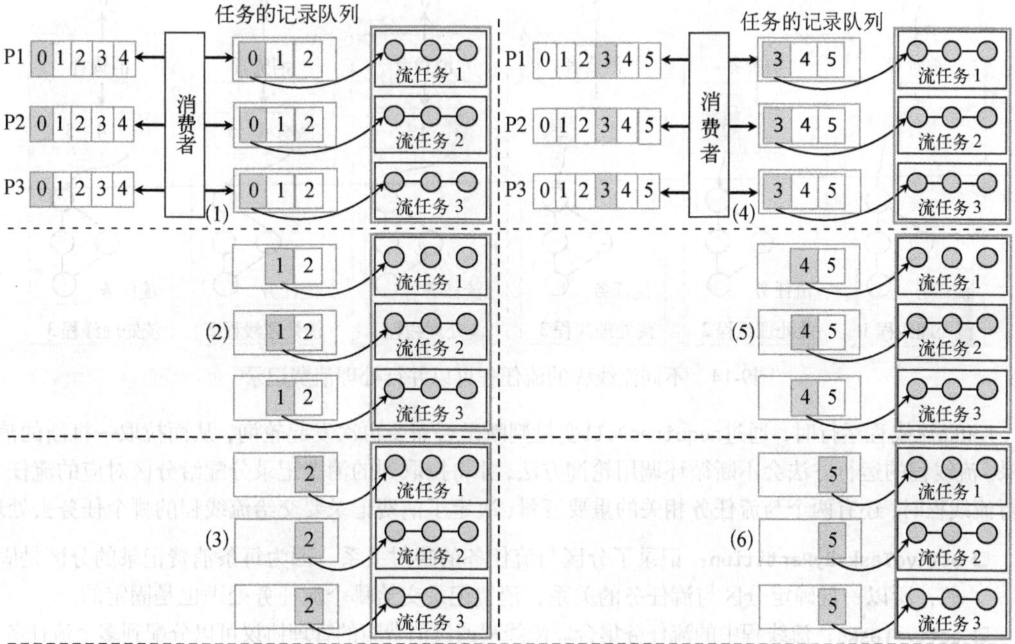

图9-13 相同流线程的流任务按照顺序处理消费记录

虽然流处理一次只允许处理同一个分区的一条记录，但不同分区的消费记录应该是可以同时处理的。这种场景必须保证流任务不在同一个流线程中，即分配了不同分区的流任务运行在不同的流线程。如图9-14所示，3个流处理线程都有独立的消费者对象。因为不同的流任务之间是线程隔离的，所以不同的流任务可以同时处理不同分区的记录，而不需要按照顺序处理。

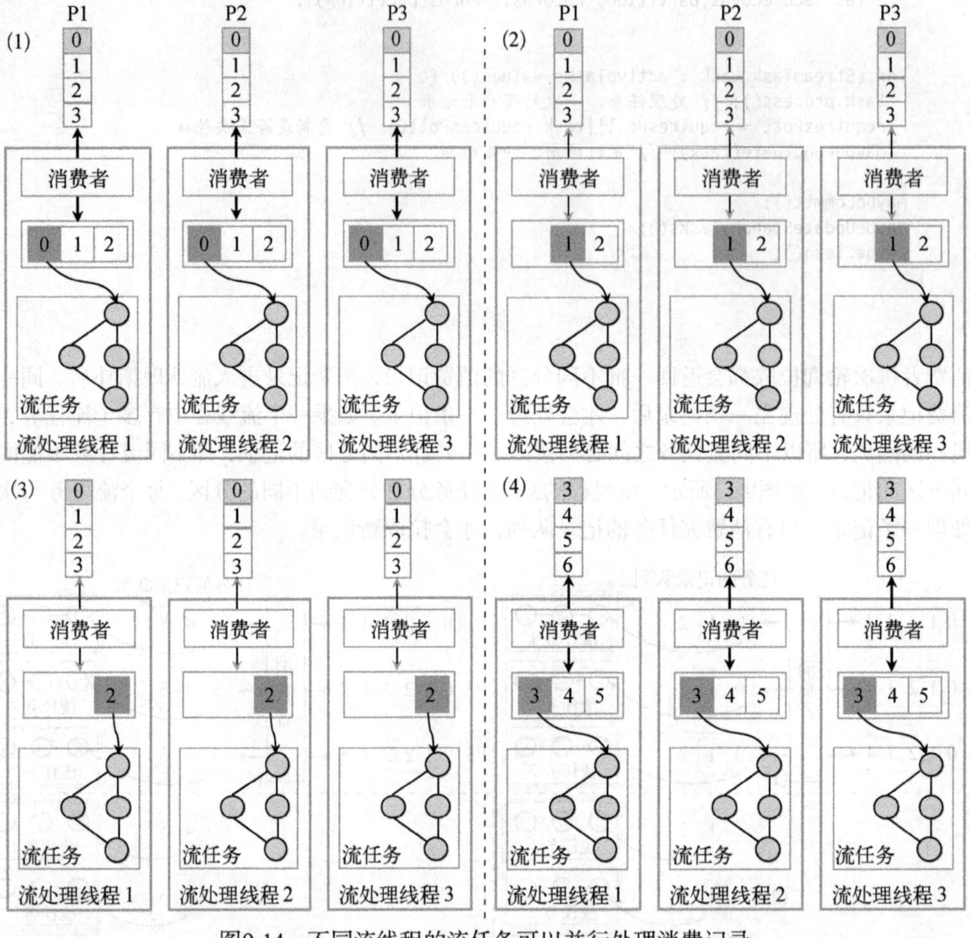

图9-14　不同流线程的流任务可以并行处理消费记录

Kafka流线程运行时，通过requiresPoll变量判断是否需要再次发起轮询，从而拉取一批新的消费记录。流线程的运行方法会不断循环调用轮询方法，并将拉取到的消费记录分配给分区对应的流任务。运行流线程时，还有两个与流任务相关的重要变量，决定了消费记录要交给流线程的哪个任务去处理。

- **activeTasksByPartition**：记录了分区与流任务的映射关系。因为每条消费记录的分区是固定的，所以一旦确定分区与流任务的关系，消费记录交给哪个流任务处理也是固定的。
- **activeTasks**：流线程中的流任务集合。流线程通过消费组的管理协议可以分配到多个流任务。

流线程本身不处理记录，它只负责管理流任务。运行流线程会循环调用流任务的process()方法，依次处理对应分区中缓冲记录队列的每条记录。在分析流任务的处理方法之前，先来看下流线程如何分配到流任务。流线程类似于消费者，也使用消费组的协调协议。不同的是，消费者从协调者分配到**分区**，流线程则从协调者分配到**流任务**，而每个流任务本身实际上也关联了输入主题的不同分区。Kafka的消费者约定：一个分区只会分配给一个消费者，一个消费者可以分配多个分区。对于流处理而言，输入主题的一个分区只会分配给一个流任务，一个流任务可以分配多个分区。但这里"一个流任务可以分配多个分区"的限制条件是：多个分区不允许来自同一个输入主题，只能是不同的输入主题。

2. 流任务的分区分配算法

流线程分配流任务时，有下面两个主要的配置项，其他配置项还有备份任务的个数和应用程序的地址等。

- `__stream.thread.instance`：流线程的实例（`StreamThread`）。
- `partition.assignment.strategy`：分区分配的策略（`StreamPartitionAssignor`）。

流线程（`StreamThread`）和流分区分配器（`StreamPartitionAssignor`）两者的关系如下。

- 流分区分配器通过流线程获取拓扑相关的信息，比如拓扑的分组编号与输入主题的映射关系。
- 当再平衡操作完成后，流线程从流分区分配器中获取分配给它的流任务。
- 每个流线程都有一个流分区分配器，每个流线程都内置一个消费者，消费者订阅拓扑的输入主题。
- 流线程内的消费者再平衡操作和普通消费者的再平衡操作类似，它也会分配到输入主题的分区。

当流线程内部的消费者发生再平衡操作时，流线程的流任务会发生变化，但分区与流任务的关系并不会变化。如图9-15（左）所示，流线程3停止后，它内置的消费者也会停止拉取输入主题的分区P3。如图9-15（右）所示，在发生再平衡操作后，分区P3仍然被分配给流任务3，但是流任务3现在运行在流线程1上。

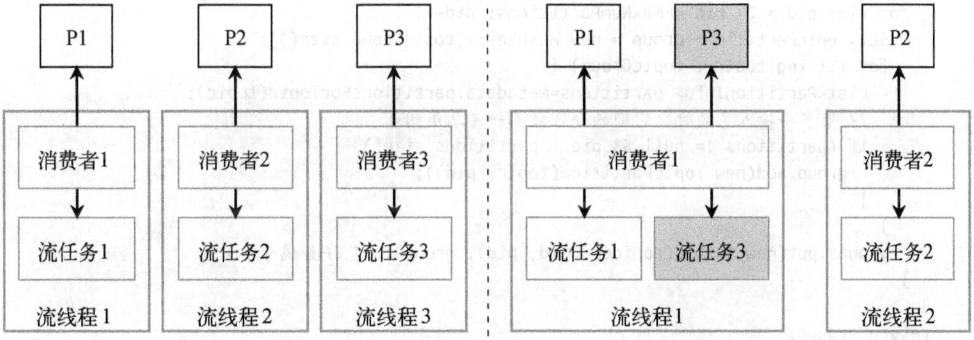

图9-15　流线程内部消费者的再平衡操作

流处理的分区分配比消费者的分区分配要复杂。首先，要理解拓扑的输入主题会被分组。`topicGroups`记录了分组编号与输入主题的映射关系。如图9-16（左）所示，第一种拓扑有两个分组，分组编号与输入主题的映射结果为{0->[test1], 1->[test2]}。如图9-16（中）所示，第二种拓扑只有一个分组，分组编号与输入主题的映射结果为{0->[test1,test2]}。如图9-16（右）所示，这里列举了这两种拓扑的伪代码。

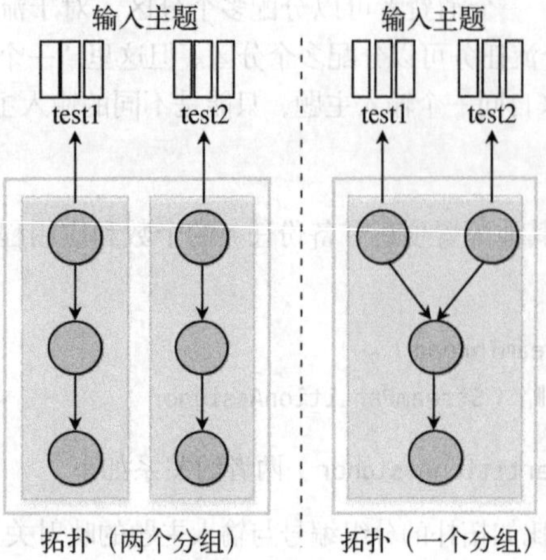


```
TopologyBuilder builder = new TopologyBuilder();
builder.addSource("source-1", "test1");
builder.addSource("source-2", "test2");
builder.addProcessor("processor-1", "source-1");
builder.addProcessor("processor-2", "source-2");
builder.addProcessor("sink-1", "processor-1");
builder.addProcessor("sink-2", "processor-2");
ProcessorTopology topology0 = builder.build(0);
ProcessorTopology topology1 = builder.build(1);
```

```
TopologyBuilder builder = new TopologyBuilder();
builder.addSource("source-1", "test1");
builder.addSource("source-2", "test2");
builder.addProcessor("processor-1",
 "source-1", "source2");
builder.addProcessor("sink-1", "processor-1");
ProcessorTopology topology0 = builder.build(0);
```

图9-16　流处理的拓扑与分组

流任务分配的分区是固定的，分区分组器（DefaultPartitionGrouper）的partitionGroups()方法根据分组编号与主题集合的映射关系，返回流任务编号与分区的集合。相关代码如下：

```
public class DefaultPartitionGrouper implements PartitionGrouper{ // 分区分组
  public Map<TaskId, Set<TopicPartition>> partitionGroups(
      Map<Integer, Set<String>> topicGroups, Cluster metadata) {
    Map<TaskId, Set<TopicPartition>> groups = new HashMap<>();
    for (Map.Entry<Integer, Set<String>> entry : topicGroups.entrySet()){
      Integer topicGroupId = entry.getKey(); // 跟拓扑有关，不同子拓扑的组编号不同
      Set<String> topicGroup = entry.getValue();
      int maxNumPartitions = maxNumPartitions(metadata, topicGroup);
      for (int pid = 0; pid < maxNumPartitions; pid++) {
        Set<TopicPartition> group = new HashSet<>(topicGroup.size());
        for (String topic : topicGroup) {
          List<PartitionInfo> partitions=metadata.partitionsForTopic(topic);
          // 有多个输入主题时，它们的分区数不一定总是相等
          if (partitions != null && pid < partitions.size()) {
            group.add(new TopicPartition(topic, pid));
          }
        }
        groups.put(new TaskId(topicGroupId, pid), group); // 任务编号与分组
      }
    }
    return groups;
  }
}
```

假设流处理的拓扑只有一个输入主题——test，它有3个分区。topicGroups等于{0->[test1]}，对输入主题分区的分组结果如下所示。

- TaskId(0,0) -> [TopicPartition(test,0)]。
- TaskId(0,1) -> [TopicPartition(test,1)]。
- TaskId(0,2) -> [TopicPartition(test,2)]。

假设流处理的拓扑有两个输入主题——test1和test2，它们都有3个分区。topicGroups等于{0->[test1,test2]}，对输入主题分区的分组结果如下所示。

- TaskId(0,0) -> [TopicPartition(test1,0),TopicPartition(test2,0)]。
- TaskId(0,1) -> [TopicPartition(test1,1),TopicPartition(test2,1)]。
- TaskId(0,2) -> [TopicPartition(test1,2),TopicPartition(test2,2)]。

如图9-17所示，输入主题test1有5个分区，test2有4个分区。其中，前4个任务编号的分区分组分别来自两个输入主题，第五个任务只有test1输入主题的第五个分区（T1P4）。

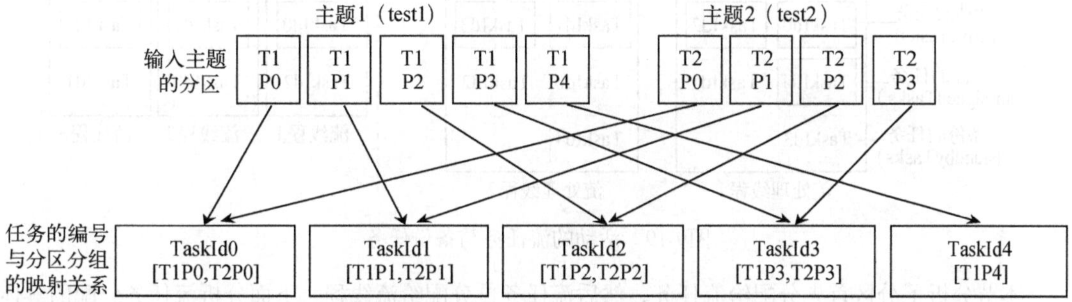

图9-17　任务编号与分区分组的映射关系

输入主题的分区对应唯一的流任务，流任务接着会被分配给流线程。如图9-18（左）所示，一共有5个流任务，只有2个流线程，则第一个流线程分配了3个流任务，第二个流线程分配了2个流任务。如果只有一个流线程的话，则5个流任务会全部分配给唯一的一个流线程。如图9-18（右）所示，有3个流线程和3个流任务，则每个流线程都会分配到一个流任务，每个流任务都对应了一个输入主题的一个分区。

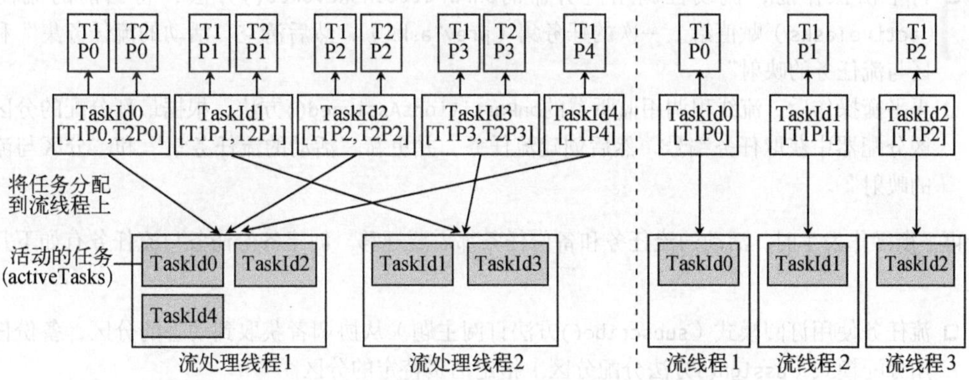

图9-18　分区对应了流任务，流任务分配给流线程

流线程中除了活动的流任务（activeTasks）外，还有备份任务（standbyTasks），其数量通过配置项num.standby.replicas指定。备份任务的分组过程与流任务的分组类似，不同的是：不允许把相同编号的任务分配给同一个流线程。比如，TaskId0对应的活动任务分配给流线程1时，这个任务编号对应的备份任务就不允许再分配给流线程1。如图9-19（左）所示，总共有5个流任务和2个流线程，而且备份任务的数量等于1。每个流线程都有5个流任务，第一个流线程有3个活动的流任务和2个备份任务，第二个流线程有2个活动的流任务和3个备份任务。如图9-19（右）所示，有3个流任务和3个流线程，则每个流线程都有一个活动的流任务和一个备份任务。

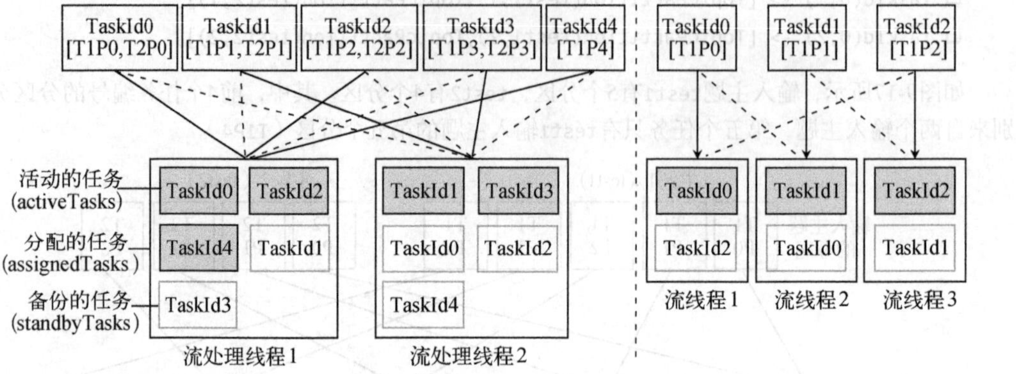

图9-19　活动的流任务与备份任务

本节分析了分区首先分配给流任务，然后流任务再分配给流线程。下面分析流任务分配的具体实现。

3. 流线程与再平衡监听器

每个流线程内部都有一个读取输入主题的消费者，并且注册了一个“消费者的再平衡监听器”。当再平衡操作发生时，流线程会根据最新分配的分区，从“流分区分配器”中获取分配给当前消费者的流任务和备份任务。注意：再平衡监听器的两个方法的参数不是**流任务**的集合，而是**分区**的集合。

- 再平衡操作前，流线程调用监听器的onPartitionsRevoked()方法，将当前的流任务集（activeTasks）赋值给上一次的任务集（prevTasks），然后清空“活动的流任务集”和“分区与流任务的映射”。
- 再平衡操作后，流线程调用监听器的onPartitionsAssigned()方法，根据最新分配的分区从分区分配器中获取任务编号，然后创建流任务，并更新“活动的流任务集”和“分区与流任务的映射”。

再平衡操作发生时，活动的流任务和备份任务都需要迁移。创建备份任务与流任务有如下几个不同点。

- 流任务使用订阅模式（subscribe()方法订阅主题）从协调者获取到动态的分区，备份任务使用分配模式（assign()方法分配分区）指定消费特定的分区。

- 发生再平衡操作时，流线程的运行方法不需要重新订阅主题，它内置的消费者的轮询方法会拉取最新分配分区的消费记录。备份任务在再平衡操作前，要先取消分配的分区，然后在再平衡操作后，重新分配最新的分区。
- 调用addStreamTasks()方法添加流任务时，需要把新分配的分区集合作为参数。调用addStandbyTasks()方法添加备份任务时，不需要把新分配的分区集合作为参数。

流线程中与活动任务、备份任务相关的代码如下：

```
public class StreamThread extends Thread {
  StreamPartitionAssignor partitionAssignor = null; // 分区分配器
  Producer<byte[], byte[]> producer; // 生产者
  Consumer<byte[], byte[]> consumer; // 消费者
  Consumer<byte[], byte[]> restoreConsumer; // 用来恢复状态的消费者
  Map<TaskId, StreamTask> activeTasks; // 活动的任务
  Map<TaskId, StandbyTask> standbyTasks; // 备份的任务
  Map<TopicPartition, StreamTask> activeTasksByPartition; // 分区对应的流任务
  Map<TopicPartition, StandbyTask> standbyTasksByPartition;
  Set<TaskId> prevTasks;  // 上一次的任务集

  public void partitionAssignor(StreamPartitionAssignor partitionAssignor) {
    this.partitionAssignor = partitionAssignor;
  }
  public Set<TaskId> prevTasks() { return prevTasks; }

  // 流线程的消费者重新平衡监听器
  ConsumerRebalanceListener listener = new ConsumerRebalanceListener() {
    public void onPartitionsAssigned(Collection<TopicPartition> assignment){
      addStreamTasks(assignment); // 根据分配的分区创建流任务（StreamTask）
      addStandbyTasks();  // 添加用于恢复本地状态的备份任务（StandbyTask）
    }
    public void onPartitionsRevoked(Collection<TopicPartition> assignment) {
      commitAll(); // 提交流处理的进度，类似于提交消费者的偏移量
      removeStreamTasks(); // 移除活动的流任务
      removeStandbyTasks(); // 移除备份任务
    }
  };
  public void run() {
    consumer.subscribe(new ArrayList(sourceTopics),rebalanceListener);
    //...后续的流程在“流实例与流线程”一节中已经分析过
  }
  private void removeStreamTasks() {
    // 清理prevTasks、activeTasks和activeTasksByPartition等数据结构
    prevTasks.addAll(activeTasks.keySet());
  }
  private void removeStandbyTasks() {
    // 清理standbyTasks、standbyTasksByPartition和standbyRecords等数据结构
    restoreConsumer.assign(Collections.<TopicPartition>emptyList());
  }
  private void addStreamTasks(Collection<TopicPartition> assignment) {
    // 从分区分配器中获取分配的流任务，并调用createStreamTask()方法创建任务
  }
  private void addStandbyTasks() {
```

9

```
    // 从分区分配器中获取分配的备份任务，并调用createStandbyTask()方法创建备份任务
  }
  StreamTask createStreamTask(TaskId id,Set<TopicPartition> parts){
    ProcessorTopology topo = builder.build(id.topicGroupId);
    return new StreamTask(id,parts,topo,consumer,producer,restoreConsumer);
  }
  StandbyTask createStandbyTask(TaskId id, Set<TopicPartition> partitions) {
    ProcessorTopology topo = builder.build(id.topicGroupId);
    return new StandbyTask(id, partitions, topo, consumer, restoreConsumer);
  }
}
```

如图9-20所示，输入主题有3个分区，有3个流线程，每个流线程中的流任务（这里暂时以任务编号表示流任务，实际上每个任务编号都对应了一个流任务）都对应一个分区。当流线程2挂掉后，再平衡操作会将流线程2的所有流任务（流任务TaskId1和备份任务TaskId0）全部转移到流线程1上。但因为流任务TaskId0已经运行在流线程1上了，如果流线程2的备份任务TaskId0也迁移到流线程1上，就会出现相同任务编号的流任务和备份任务都在同一个流线程内，所以流线程2的备份任务TaskId0应该迁移到流线程3上。

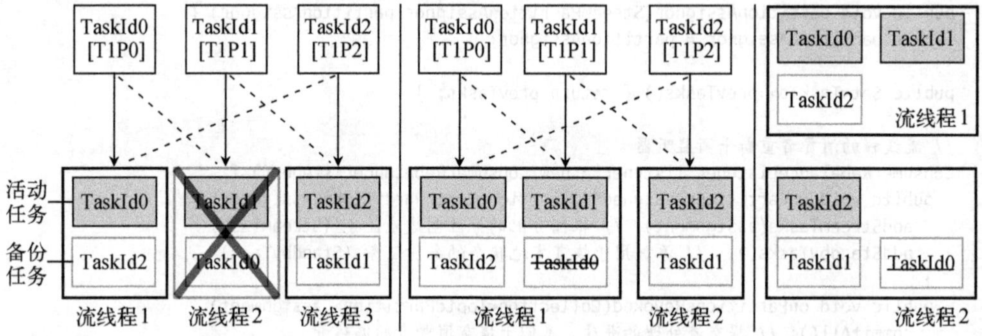

图9-20　流线程故障转移，将流任务和备份任务迁移到其他流线程

因为再平衡监听器两个回调方法的参数assignment都表示活动流任务的分区集合，而不是备份任务的分区集合，所以添加流任务时需要把分区集合作为参数，而添加备份任务时并不需要分区。以图9-20为例，第一次再平衡操作完成后，流线程1的新分配分区集合为[T1P0]，流线程2的新分配分区集合为[T1P1]，流线程3的新分配分区集合为[T1P2]。第二次再平衡操作完成后，流线程1的新分配分区集合为[T1P0,T1P1]，流线程3的新分配分区集合仍然是[T1P2]。

图9-21列举了3次再平衡操作导致的流任务重新分配的过程，具体步骤如下。

(1) 第一次再平衡操作完成后，3个流线程分别分配到不同的流任务，每个流任务的分区也不同。
(2) 流线程2挂掉，触发第二次再平衡操作，流线程2的活动流任务TaskId1会迁移到流线程1上。
(3) 流线程2的备份任务TaskId0会被迁移到流线程3上，然后流线程3挂掉，触发第三次再平衡。
(4) 流线程3上的活动流任务迁移到流线程1上，其他所有的备份任务都不会运行。

第一次再平衡
(1)
任务与分区
流线程 1
流线程 2
流线程 3
prevTasks
[]
[]
[]
(2)
activeTasks
[TaskId0→StreamTask0(T1P0)]
[TaskId1→StreamTask1(T1P1)]
[TaskId2→StreamTask2(T1P2)]
standbyTasks
[TaskId2→StandbyTask2(T1P2)]
[TaskId0→StandbyTask0(T1P0)]
[TaskId1→StandbyTask1(T1P1)]
activeTasksByPartition
[T1P0→StreamTask0(T1P0)]
[T1P1→StreamTask1(T1P1)]
[T1P2→StreamTask2(T1P2)]
standbyTasksByPartition
[T1P2→StandbyTask2(T1P2)]
[T1P0→StandbyTask0(T1P0)]
[T1P1→StandbyTask1(T1P1)]
onPartitionsAssigned()
[T1P0]
[T1P1]
[T1P2]
第二次再平衡
任务与分区
流线程 1
流线程 2
流线程 3
prevTasks
[TaskId0]
[TaskId2]
activeTasks
[TaskId0→StreamTask0(T1P0),
TaskId1→StreamTask1(T1P1)]
[TaskId2→StreamTask2(T1P2)]
standbyTasks
[TaskId2→StandbyTask2(T1P2),
TaskId0→StandyTask0(T1P0)]
(3)
[TaskId1→StandbyTask1(T1P1)]
activeTasksByPartition
[T1P0→StreamTask0(T1P0),
T1P1→StreamTask1(T1P1)]
[T1P2→StreamTask2(T1P2)]
standbyTasksByPartition
[T1P2→StandbyTask2(T1P2),
T1P0→StandbyTask0(T1P0)]
[T1P1→StandbyTask1(T1P1)]
onPartitionsAssigned()
[T1P0,
T1P1]
[T1P2]
第三次再平衡
任务与分区
流线程 1
流线程 3
prevTasks
[TaskId0, TaskId1]
(4)
activeTasks
[TaskId0→StreamTask0(T1P0),
TaskId1→StreamTask1(T1P1),
TaskId2→StreamTask2(T1P2)]
standbyTasks
[TaskId2→StandbyTask2(T1P2),
TaskId0→StandbyTask0(T1P0),
TaskId1→StandbyTask1(T1P1)]
activeTasksByPartition
[T1P0→StreamTask0(T1P0),
T1P1→StreamTask1(T1P1),
T1P2→StreamTask2(T1P2)]
standbyTasksByPartition
[T1P2→StandbyTask2(T1P2),
T1P0→StandbyTask1(T1P0),
T1P1→StandbyTask1(T1P1)]
onPartitionsAssigned()
[T1P0,
T1P1,
T1P2]

图9-21　流线程的故障转移与再平衡操作

每个流线程内部除了有一个读取输入主题的消费者外，还有一个生产者和用于恢复状态的备份消费者。如图9-22所示，流处理应用程序的名称（`application.id`）等于`streams-wc`，它设置了两个流线程。通过`jconsole`，可以查看流处理应用程序与Kafka服务端的JMX信息。可以看到，流实例的客户端编号（`clientId`）等于`streams-wc-1`，流线程的编号（`threadClientId`）等于流实例的客户端编号加上线程编号，比如`streams-wc-1-StreamThread-1`。消费者的客户端编号（`client.id`）等于流线程的编号加上`-consumer`，比如`streams-wc-1-StreamThread-1-consumer`。

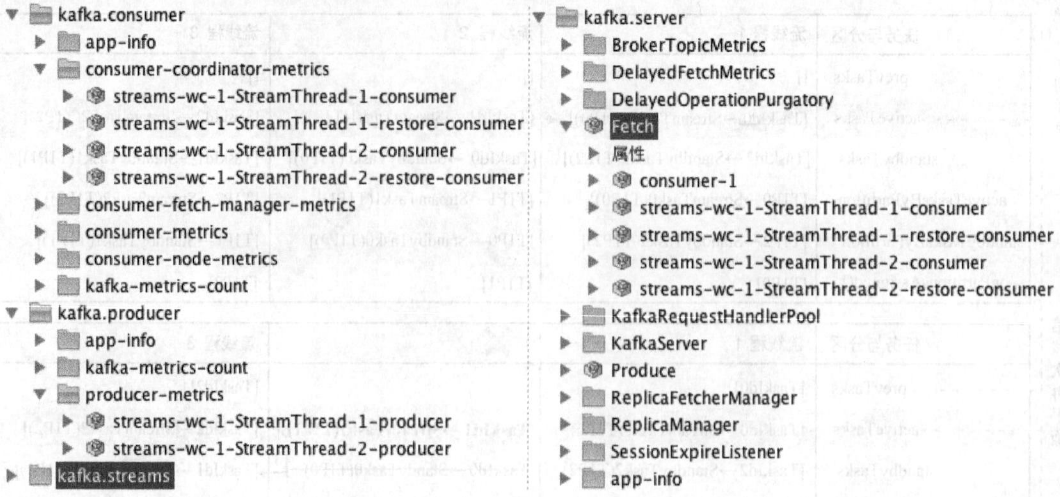

图9-22　通过JMX验证每个流线程包含生产者、消费者和恢复状态的消费者

本节介绍了流线程通过“消费者再平衡监听器”添加流任务与备份任务的流程。下面分析“流分区分配器”（`StreamPartitionAssignor`）为流线程分配流任务与备份任务的具体实现。

4. 分区分配器

回顾一下5.1.1节的“分区分配器”接口，它定义了“订阅信息”（`Subscription`）和“分配结果”（`Assignment`）这两个类，这两个类都可以添加用户自定义的数据。消费者的分区分配规则比较简单，它没有用户数据。而流处理的分区分配涉及流任务，它的用户数据有`SubscriptionInfo`和`AssignmentInfo`。下面列举了消费者与流线程中分配分区相关的几个特点。

- 消费者的订阅信息包含“主题”，分配结果包含分配的“分区”，即通过主题获取到分配的分区。
- 流线程的订阅信息除了主题外，还有流处理编号、上一次的任务集合和备份任务集合。
- 流线程的分配结果除了分区（流任务的分区集，类似于消费者分配的分区）外，还有活动的任务编号集合、备份的任务编号与分区的集合。前者作为分配结果的固定字段，后两者作为用户的自定义数据。
- 由于`Subscription`和`Assignment`的用户数据（`userData`）都是字节数组，所以`SubscriptionInfo`和`AssignmentInfo`要作为用户数据，都需要经过序列化。

`Subscription`、`SubscriptionInfo`、`Assignment`和`AssignmentInfo`这4个类的代码如下：

```
class Subscription { // 订阅信息
  private final List<String> topics; // 订阅的主题，比如拓扑的输入主题
  private final ByteBuffer userData; // 用户数据，比如流任务和备份任务
}
// 流处理的自定义订阅信息数据，会被序列化为Subscription的用户数据
public class SubscriptionInfo {
```

```
    public final UUID processId; // 流实例的处理编号，不同流实例的处理编号不同
    public final Set<TaskId> prevTasks; // 上一次的流任务集合
    public final Set<TaskId> standbyTasks; // 备份的任务集合
  }

  class Assignment { // 分配结果
    private final List<TopicPartition> partitions; // 新分配的分区
    private final ByteBuffer userData; // 用户数据
  }
  public class AssignmentInfo {
    public final List<TaskId> activeTasks; // 每个元素对应一个分区
    public final Map<TaskId, Set<TopicPartition>> standbyTasks;
  }
```

流处理和消费者一样，它们都使用了“消费者的协调者”（ConsumerCoordinator，简称“协调者”）来获取分配结果。“协调者”实现了“抽象协调者”提供的4个抽象方法。在这4个方法的实现中，“协调者”会在不同阶段调用“分区分配器”（简称“分配器”）定义的3个方法，具体步骤如下。

(1) “协调者”的metadata()方法调用“分配器”的subscription()方法。

(2) “协调者”的onJoinPrepare()方法调用“再平衡监听器”的onPartitionsRevoked()方法。

(3) “协调者”的performAssignment()方法会调用“分配器”的assign()方法，返回分配结果。

(4) “协调者”的onJoinComplete()方法调用“分配器”的onAssignment()方法处理收到的分配结果，最后调用“再平衡监听器”的onPartitionsAssigned()方法。

注意：“协调者”指的是消费者客户端的协调者，每个消费者客户端对象（KafkaConsumer）都有一个“消费者的协调者”（ConsumerCoordinator）。服务端也有一个消费组级别的协调者（GroupCoordinator），所有的“消费者客户端协调者”都会和“服务端的协调者”进行通信。

图9-23总结了“协调者”调用“分配器”的相关流程。只有主消费者（详见第5章）才会在“协调者”的performAssignment()内调用“分配器”的assign()方法。assign()方法的返回值表示每个消费者对应的分配结果（Assignment），协调者的performAssignment()方法会将分配结果对象用字节数组表示。另外，协调者的onJoinComplete()方法的memberAssignment参数也与分配器的onAssignment()方法的参数assignment类似，前者是字节数组，后者是分配结果对象。

“流分区分配器”与流线程的关系是一对一的，每个流线程都有一个“流分区分配器”。流分区分配器除了为流线程分配分区（partitions）外，分配结果中的用户数据还包括“分区与流任务编号的映射关系”（partitionToTaskIds）、“备份任务编号与分区的映射关系”（standbyTasks）。

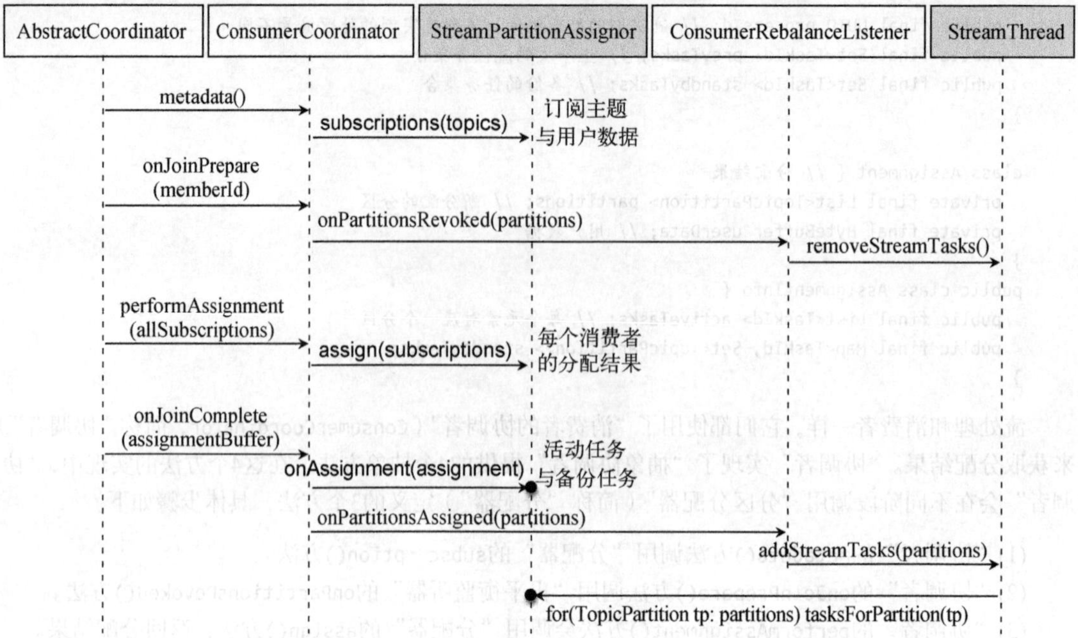

图9-23 “消费者的协调者”调用“流分区分配器”的流程

消费者的分区分配（PartitionAssignor）有两种算法：按照“范围”（RangeAssignor）或“随机”（RoundRobinAssignor）分区。它们的缺点是分区分配不固定。比如，第一次再平衡操作的结果是{T1P0->流线程1, T1P1->流线程2, T1P2->流线程3}。假设流线程2挂掉了，采用随机分区有可能会存在下面的多种分配结果。

- {T1P0->流线程3, T1P1->流线程1, T1P2->流线程1}。
- {T1P0->流线程3, T1P1->流线程3, T1P2->流线程1}。
- {T1P0->流线程1, T1P1->流线程1, T1P2->流线程3}。
- {T1P0->流线程1, T1P1->流线程3, T1P2->流线程3}。

流线程并没有使用默认的“分区分配器”，它采用的“流分区分配器”（StreamPartitionAssignor）会尽量保证分区的分配是固定的。但前提是“流分区分配器”的subscription()方法需要从流线程中获取上一次分配的流任务和备份任务。假设流线程2挂掉了，T1P0仍然会被分配给流线程1，T1P2也仍然会被分配给流线程3，只有T1P1是不确定的。

- {T1P0->流线程1, T1P1->流线程1, T1P2->流线程3}。
- {T1P0->流线程1, T1P1->流线程3, T1P2->流线程3}。

下面我们暂时不关心具体的分配算法，先来看一下流分区分配器的订阅与分配结果这两个方法：

```
public class StreamPartitionAssignor  // 流任务的分区分配算法
    implements PartitionAssignor, Configurable {
  private StreamThread streamThread;
```

```java
private Map<Integer, TopologyBuilder.TopicsInfo> topicGroups;
private Map<TopicPartition, Set<TaskId>> partitionToTaskIds;
private Map<TaskId, Set<TopicPartition>> standbyTasks;

public void configure(Map<String, ?> configs) {
  Object o = configs.get("__stream.thread.instance");
  streamThread = (StreamThread) o;
  streamThread.partitionAssignor(this);
  this.topicGroups = streamThread.builder.topicGroups();
}
// 流线程调用addStreamTasks()添加流任务，会根据分区获取任务集合
public Set<TaskId> tasksForPartition(TopicPartition partition) {
  return partitionToTaskIds.get(partition);
}
// 流线程调用addStandbyTasks()添加备份任务，直接获取这里的备份任务集合
public Map<TaskId,Set<TopicPartition>> standbyTasks(){return standbyTasks;}

public Subscription subscription(Set<String> topics) { // 消费者发送的订阅信息
  Set<TaskId> prevTasks = streamThread.prevTasks();
  Set<TaskId> standbyTasks = streamThread.cachedTasks();
  standbyTasks.removeAll(prevTasks);
  SubscriptionInfo data = new SubscriptionInfo( // 流处理的自定义用户数据
    streamThread.processId, prevTasks, standbyTasks);
  return new Subscription(new ArrayList<>(topics), data.encode());
}

public void onAssignment(Assignment assignment) {
  List<TopicPartition> partitions = new ArrayList(assignment.partitions());
  Collections.sort(partitions, PARTITION_COMPARATOR); // 排序所有的分区
  AssignmentInfo info = AssignmentInfo.decode(assignment.userData());
  this.standbyTasks = info.standbyTasks; // 备份任务编号与分区的映射关系
  Iterator<TaskId> iter = info.activeTasks.iterator();
  for (TopicPartition partition : partitions) { // 流任务的分区集合
    Set<TaskId> taskIds = partitionToTaskIds.get(partition);
    if (taskIds == null) {
      taskIds = new HashSet<>();
      this.partitionToTaskIds.put(partition, taskIds);
    }
    // 因为每次循环一个分区，就从流任务列表的迭代器中取出下一个元素，
    // 所以分区的数量必须和流任务列表的数量一致，示例中都有6个元素
    if (iter.hasNext()) taskIds.add(iter.next());
  }
}
}
```

流线程内部的消费者调用“分区分配器”的subscription()方法发送订阅信息，并调用onAssignment()方法从“分配结果”（Assignment）解析出流线程需要的数据。如图9-24所示，假设流线程的消费者分配到3个任务，每个任务有两个分区。“分配器”在将分区分配给流任务之前，对所有分区进行排序。排序后的分区列表为[T1P0,T1P1,T1P2,T2P0,T2P1,T2P2]，活动的流任务列表也有6个元素——[TaskId0,TaskId1,TaskId2,TaskId0,TaskId1,TaskId2]。

注意：在流分区分配器的onAssignment()方法中，“分配结果”对象有两个属性：partitions和userData。分区表示流任务的分区列表，用户数据包括流任务的编号列表。该方法会从分配结果中构建一个“分区”到“任务编号集”的映射关系——partitionToTaskIds，它会在流线程添加流任务时用到。如果分区有6个，而任务只有3个，映射关系就无法建立。

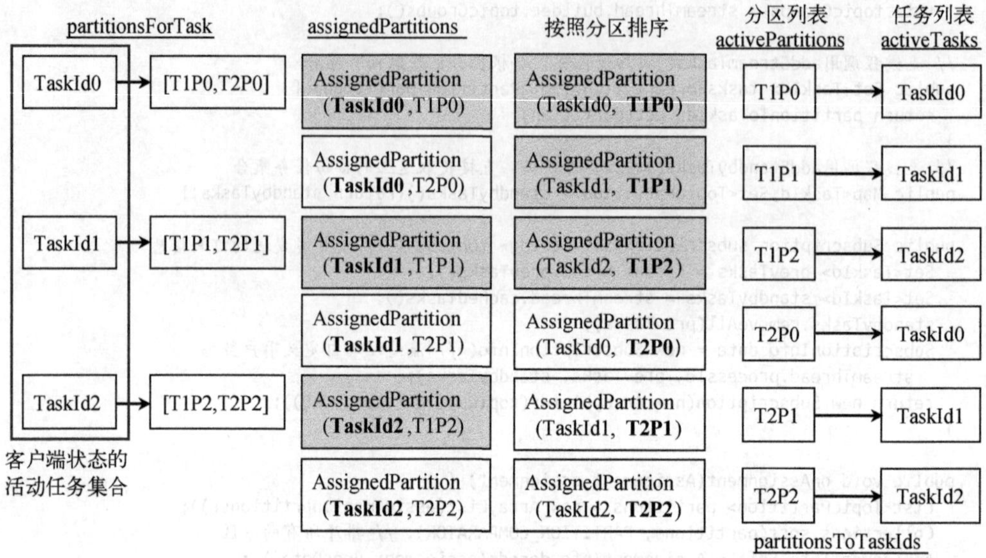

图9-24　分区分配给流任务，分区个数与流任务列表的任务个数一样

“流分区分配器”执行分区分配的过程是，用“客户端状态”（ClientState）保存分区分配的上下文数据。每个流实例都有一个客户端状态，其中包括订阅信息和分配结果。以图9-24为例，客户端状态的activeTasks集合等于[TaskId0,TaskId1,TaskId2]，而分配结果的activeTasks等于[TaskId0,TaskId1,TaskId2,TaskId0,TaskId1,TaskId2]。分区信息和客户端状态的定义如下：

```
public class AssignmentInfo {
  public final List<TaskId> activeTasks; // 本次的流任务列表
  public final Map<TaskId, Set<TopicPartition>> standbyTasks;
}
public class ClientState<T> {
  public final Set<T> activeTasks; // 本次的流任务集
  public final Set<T> assignedTasks; // 本次分配的任务集
  public final Set<T> prevActiveTasks; // 上一次分配的流任务集
  public final Set<T> prevAssignedTasks; // 上一次分配的任务集
}
```

此外，“流分区分配器”负责为所有的消费者分配分区，消费者的分配结果不仅包含分区，还包括流任务与活动任务。其中assign()方法的步骤比较多，最重要的部分是调用“任务分配器”（TaskAssignor）的assign()方法为每个流实例更新“客户端状态”的“任务分配信息”（活动任务与备份任务）。由于一个客户端状态对应一个流实例，一个流实例有多个流线程，每个流线程都有一个消费者，所以一个客户端状态包含了多个消费者的任务分配信息。紧跟在TaskAssignor.assign()方法之后的是几个循环操作，最后将客户端状态的任务分配信息分配给流实例的每个消费者。“流分区分配器”的分配算法如下：

```
// 流分区分配器的`assign()`方法收集每个消费者的订阅信息，并返回消费者对应的分配结果
public Map<String,Assignment> assign(Map<String,Subscription> subscriptions){
  Map<UUID, Set<String>> consumersByClient = new HashMap<>();
  Map<UUID, ClientState<TaskId>> states = new HashMap<>();
  // 解析订阅信息中的自定义数据，添加到处理器编号对应的客户端状态（ClientState）
  for (Map.Entry<String, Subscription> entry : subscriptions.entrySet()) {
    // 字典的键是消费者的编号，值是消费者的订阅信息，即subscription()方法的返回值
  }
  Map<TaskId, Set<TopicPartition>> partitionsForTask = streamThread.
    partitionGrouper.partitionGroups(sourceTopicGroups, cluster);
  states = TaskAssignor.assign(states,partitionsForTask.keySet(),replicas);

  Map<String, Assignment> assignment = new HashMap<>();
  for (Map.Entry<UUID, Set<String>> entry : consumersByClient.entrySet()) {
    UUID processId = entry.getKey(); // 每个KafkaStreams实例都有唯一的处理器编号
    // 一个流实例可以配置多个流线程，每个流线程都有一个消费者，一个流实例有多个消费者
    Set<String> consumers = entry.getValue(); // 每个流线程都有一个内部的消费者
    ClientState<TaskId> state = states.get(processId); // 流线程的客户端状态
    // 任务编号集合分成两组——第一组是活动任务，第二组是备份任务，它们组成一个列表
    ArrayList<TaskId> taskIds = new ArrayList<>(state.assignedTasks.size());
    for (TaskId taskId : state.activeTasks) taskIds.add(taskId); // 活动任务
    for (TaskId id : state.assignedTasks) {
      if (!state.activeTasks.contains(id)) taskIds.add(id); // 备份任务
    }
    Map<TaskId, Set<TopicPartition>> standby = new HashMap<>();
    int i = 0;
    for (String consumer : consumers) {
      ArrayList<AssignedPartition> assignedPartitions = new ArrayList();
      // 为消费者分配活动任务和备份任务，尽量保证分配均匀
      for (int j = i; j < taskIds.size(); j += consumers.size()) {
        TaskId taskId = taskIds.get(j);
        if (j < state.activeTasks.size()) {
          for (TopicPartition partition : partitionsForTask.get(taskId))
            assignedPartitions.add(new AssignedPartition(taskId,partition));
        } else {
          Set<TopicPartition> standbyPartitions = standby.get(taskId);
          if (standbyPartitions == null) {
            standbyPartitions = new HashSet<>();
            standby.put(taskId, standbyPartitions);
          }
          standbyPartitions.addAll(partitionsForTask.get(taskId));
        }
      }
    // 为每个消费者设置分配结果
```

9

```
      Collections.sort(assignedPartitions); // 排序
      List<TaskId> active = new ArrayList<>();
      List<TopicPartition> activePartitions = new ArrayList<>();
      for (AssignedPartition partition : assignedPartitions) {
        active.add(partition.taskId);
        activePartitions.add(partition.partition);
      }
      AssignmentInfo data = new AssignmentInfo(active, standby);
      assignment.put(consumer,new Assignment(activePartitions, data));
      i++; active.clear(); standby.clear();
    }
  }
}
```

“任务分配器”（TaskAssignor）的assign()方法的返回值是所有流实例的“客户端状态”，“流分区分配器”（StreamPartitionAssignor）的assign()方法的返回值是每个消费者的分配结果。在任务分配之后，如果一个流实例存在多个消费者，“客户端状态”中的流任务会均匀地分配给多个消费者。如果一个流实例只有一个消费者，那么“客户端状态”中的流任务会全部分配给唯一的一个消费者。

5. 流线程分配任务的示例

下面用一个实际的例子来验证流处理的任务分配过程。假设我们要启动两个流处理应用程序，其中每个应用程序都配置了一个流线程和一个备份任务。单机模式下启动的两个程序需要配置不同的状态目录，并且设置状态存储采用持久化的方式。另外，在启动流处理应用程序前，还要提前创建两个分区的输入主题：

```
// 第一个流处理应用程序的配置
props.put(StreamsConfig.NUM_STREAM_THREADS_CONFIG, 1);
props.put(StreamsConfig.NUM_STANDBY_REPLICAS_CONFIG, 1);

// 第二个流处理应用程序的配置
props.put(StreamsConfig.NUM_STREAM_THREADS_CONFIG, 1);
props.put(StreamsConfig.NUM_STANDBY_REPLICAS_CONFIG, 1);
props.put(StreamsConfig.STATE_DIR_CONFIG, "/tmp/kafka-streams2");
```

下面在单机模式下分别启动两个流处理应用程序。第一个程序启动时，由于只有一个流实例进程，所以备份任务不起作用。启动第二个程序时，流处理集群有两个流实例进程，这时才有备份任务。并且，两个不同流实例分配的备份任务和流任务都是交叉的，即在同一个流实例内，任务的编号不会重叠。如图9-25所示，以启动第二个程序为例，第一个流线程分配的流任务是TaskId0，备份任务是TaskId1；第二个流线程分配的流任务是TaskId1，备份任务是TaskId0，具体的实验步骤如下。

(1) 启动第一个程序，并往输入主题中写入两条数据。

(2) 启动第二个程序，再往输入主题中写入两条数据。

(3) 第一个程序运行一分钟后关闭，第二个程序再继续运行一分钟后也关闭。

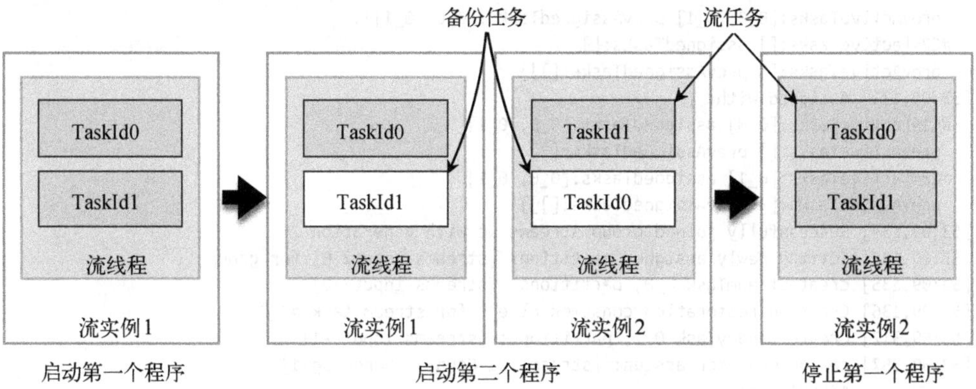

图9-25　两个流处理应用程序的任务分配示例（1）

下面是第一个程序的客户端日志，在53:09,093时刻启动了第二个程序，触发任务重新分配：

```
# 启动第一个流处理应用程序
[52:09,566] Creating producer client for stream thread [StreamThread-1]
[52:09,891] Creating consumer client for stream thread [StreamThread-1]
[52:10,536] Creating restore consumer for stream thread [StreamThread-1]
[52:10,552] Starting stream thread [StreamThread-1]
[52:12,480] Revoking pre assigned partitions [] for group streams-wc
[52:12,480] (Re-)joining group streams-wc
[52:12,822] Assigning tasks to clients: {
  #C1=[activeTasks:[] assignedTasks:[]
   prevActiveTasks:[] prevAssignedTasks:[]
   capacity: 1.0 cost: 0.0]}, tasks: [0_0, 0_1], replicas: 1
[52:12,825] Assigned with: { # 只有第一个流线程，没有备份任务
  #C1=[activeTasks:[0_0, 0_1] assignedTasks:[0_0, 0_1]
   prevActiveTasks:[] prevAssignedTasks:[]]}
[52:13,983] Successfully joined group streams-wc with generation 1
[52:13,987] Setting newly assigned partitions
  [streams-input2-0, streams-input2-1] for group streams-wc
[52:13,987] createStreamTask 0_0, partitions: [streams-input2-0]
[52:14,055] Creating restoration consumer client for stream task #0_0
[52:14,500] createStreamTask 0_1, partitions: [streams-input2-1]
[52:14,501] Creating restoration consumer client for stream task #0_1
[52:15,042] restoreConsumer assign: []
----------- 1496811121755 -----------
[msg1, 1]  # 第一条消息进入分区P1，被流任务task #0_1处理
----------- 1496811122678 -----------
[msg2, 1]  # 第二条消息进入分区P0，被流任务task #0_0处理

# 启动第二个流处理应用程序
[53:09,093] Revoking previously assigned partitions
  [streams-input2-0, streams-input2-1] for group streams-wc
[53:09,093] Removing a task 0_0 (stream task)
[53:09,108] Removing a task 0_1 (stream task)
[53:09,111] (Re-)joining group streams-wc
[53:09,120] Assigning tasks to clients: {
  #C1=[activeTasks:[] assignedTasks:[]
```

```
  prevActiveTasks:[0_0, 0_1] prevAssignedTasks:[0_0, 0_1]],
 #C2=[activeTasks:[] assignedTasks:[]
  prevActiveTasks:[] prevAssignedTasks:[]]}
[53:09,121] Assigned with: {
 #C1=[activeTasks:[0_0] assignedTasks:[0_0, 0_1]
  prevActiveTasks:[] prevAssignedTasks:[]],
 #C2=[activeTasks:[0_1] assignedTasks:[0_0, 0_1]
  prevActiveTasks:[] prevAssignedTasks:[]]}
[53:09,134] Successfully joined group streams-wc with generation 2
[53:09,135] Setting newly assigned partitions [streams-input2-0] for group
[53:09,135] createStreamTask 0_0, partitions: [streams-input2-0]
[53:09,136] Creating restoration consumer client for stream task #0_0
[53:09,317] createStandbyTask 0_1, partitions: [streams-input2-1]
[53:09,387] restoreConsumer assign: [streams-wc-Counts-changelog-1]
----------- 1496811225175 -----------
[msg2, 1] # 这里会把之前的消息打印出来，因为会取出所有的状态存储
[msg4, 1] # 第四条消息进入第一个程序的P0，因为P0分配给第一个程序

# 关闭第一个流处理应用程序
[54:10,618] Shutting down stream thread [StreamThread-1]
[54:10,620] Removing a task 0_1 (standby task)
[54:10,646] Removing a task 0_0 (stream task)
[54:10,649] Stream thread shutdown complete [StreamThread-1]
[54:10,649] Stopped Kafka Stream process
```

第二个程序启动后，当它和第一个程序共存时，它们会分担两个任务。当第一个程序关闭时，第二个程序会接手所有的任务。下面是第一个流处理应用程序的客户端日志内容：

```
# 启动第二个流处理应用程序
[53:00,800] Creating producer client for stream thread [StreamThread-1]
[53:01,205] Creating consumer client for stream thread [StreamThread-1]
[53:06,728] Creating restore consumer for stream thread [StreamThread-1]
[53:06,743] Started Kafka Stream process
[53:06,743] Starting stream thread [StreamThread-1]
[53:07,155] Discovered coordinator 10.57.2.6:9092 for group streams-wc
[53:07,155] Revoking prev assigned partitions [] for group streams-wc
[53:07,156] (Re-)joining group streams-wc
[53:09,134] Successfully joined group streams-wc with generation 2
[53:09,153] Setting newly assigned partitions [streams-input2-1] for group
[53:09,154] createStreamTask 0_1, partitions: [streams-input2-1]
[53:09,222] Creating restoration consumer client for stream task #0_1
[53:09,906] createStandbyTask 0_0, partitions: [streams-input2-0]
[53:09,980] restoreConsumer assign: [streams-wc-Counts-changelog-0]
----------- 1496811200069 -----------
[msg1, 1]
[msg3, 1] # 第三条消息进入第二个程序的P1，因为P1分配给第二个程序

# 关闭第一个流处理应用程序，两个流任务都交给第二个流处理应用程序，同时不会有备份任务
[54:40,056] Revoking pre assigned partitions [streams-input2-1] for group
[54:40,057] Removing a task 0_1 (stream task)
[54:40,074] Removing a task 0_0 (standby task)
[54:40,077] (Re-)joining group streams-wc
[54:40,084] Completed validating internal topics in partition assignor.
[54:40,089] Assigning tasks to clients: {
```

```
  #C2=[activeTasks:[] assignedTasks:[]
   prevActiveTasks:[0_1] prevAssignedTasks:[0_0, 0_1]]}
[54:40,092] Assigned with: {
  #C2=[activeTasks:[0_0, 0_1] assignedTasks:[0_0, 0_1]
   prevActiveTasks:[] prevAssignedTasks:[]]}
[54:40,317] Successfully joined group streams-wc with generation 3
[54:40,318] Setting newly assigned partitions
  [streams-input2-0, streams-input2-1] for group streams-wc
[54:40,318] createStreamTask 0_0, partitions: [streams-input2-0]
[54:40,319] Creating restoration consumer client for stream task #0_0
[54:40,502] createStreamTask 0_1, partitions: [streams-input2-1]
[54:40,502] Creating restoration consumer client for stream task #0_1
[54:41,013] restoreConsumer assign: []
----------- 1496811280296 -----------
[msg1, 1]
[msg3, 1]
[msg5, 1] # 第五条消息
----------- 1496811301421 -----------
[msg2, 1]
[msg4, 1]
[msg6, 1] # 第六条消息

# 关闭第二个流处理应用程序
[56:06,772] Shutting down stream thread [StreamThread-1]
[56:06,795] Removing a task 0_0 (stream task)
[56:06,799] Removing a task 0_1 (stream task)
[56:06,803] Stream thread shutdown complete [StreamThread-1]
[56:06,803] Stopped Kafka Stream process
```

在上面的示例中，每个流实例只有一个流线程。下面举例说明多个流线程的场景。如图9-26所示，假设有3个任务，第一个流实例配置两个流线程，第二个流实例配置一个流线程。图9-26（左）的流任务分配是不准确的，图9-26（右）的任务分配保证了同一个流实例的流任务编号不会重叠。虽然从备份任务来看，3个流线程的分配不是很均匀（第一个流线程有一个备份任务，第二个流线程没有备份任务，第三个流线程则有两个备份任务），但也不能将第三个流线程的备份任务分配给第二个流线程。

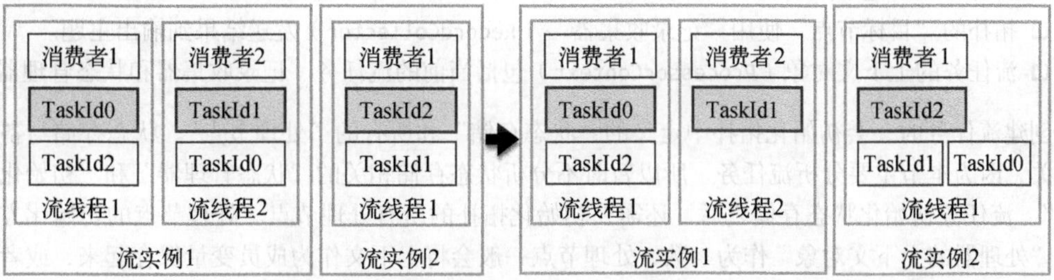

图9-26　流处理应用程序的任务分配示例（2）

如图9-27所示，假设有6个任务，流实例的线程配置与图9-26一样。同样，经过流分区分配器的分配算法后，从流任务的分布来看，每个流线程都分配了两个流任务。但从备份任务的分布来看，第一个流线程和第二个流线程都分配了一个备份任务，第三个流线程则分配了4个备份任务。

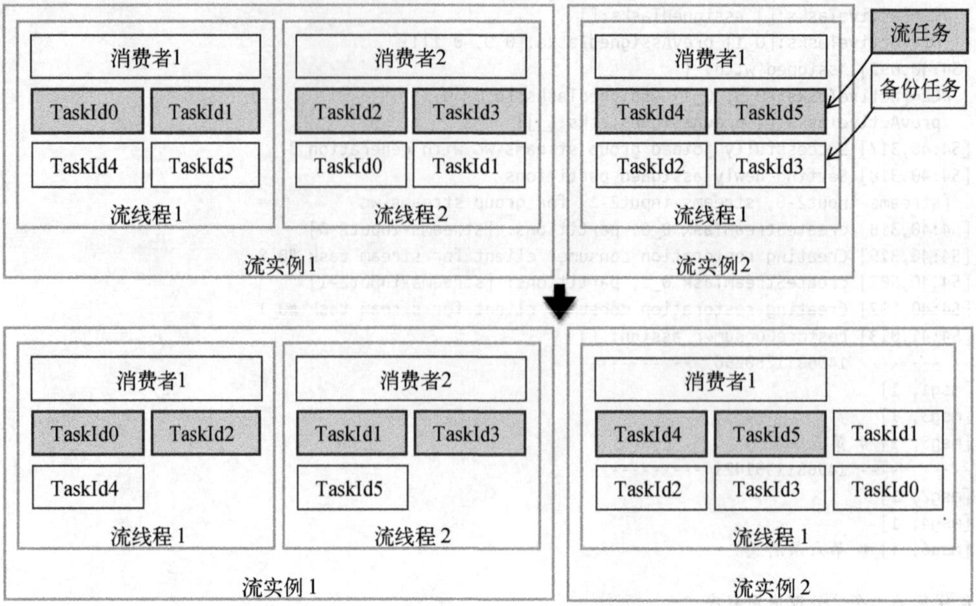

图9-27　流处理应用程序的任务分配示例（3）

每个流线程内部的消费者都会循环地轮询输入主题的数据，一个流线程可以分配多个流任务。流线程会依次调用所有流任务的processs()方法，并处理每一条消费记录。下面分析流任务的具体实现。

6. 流任务的处理流程

流任务（StreamTask）负责执行具体的任务处理逻辑：读取输入主题，然后经过流处理应用程序拓扑的各个处理节点，最终将计算结果写入输出主题。创建流任务时，有下面这些相关的对象。

- 拓扑的“源节点”针对每个输入主题的分区都有一个“记录队列”（RecordQueue）。
- 所有分区的记录队列统一由“分区组”（PartitionGroup）管理。
- 拓扑的“目标节点”使用“记录收集器”（RecordCollector）发送结果到输出主题。
- 流任务的上下文对象（ProcessorContext）包括当前的流任务、记录收集器和状态管理器。

创建流任务时，会初始化拓扑中定义的“状态存储”和所有的“处理节点”。状态存储与备份任务有关，因为本节主要分析流任务，所以暂时不分析状态存储相关的“状态管理器”和“初始化状态存储”。流任务初始化状态存储之后，还需要初始化拓扑的所有处理节点。处理节点的初始化方法传入了“处理器的上下文对象”作为参数，处理节点一般会将上下文作为成员变量保存起来，或者从上下文对象中获取出需要的数据。比如，拓扑的“目标节点”会从上下文对象中获取出用于发送记录的“记录收集器”。相关代码如下：

```
public class StreamTask extends AbstractTask implements Punctuator {
  private final int maxBufferedSize; // 缓冲区的大小
  private final PartitionGroup partitionGroup; // 分区组
  private final RecordInfo recordInfo = new RecordInfo(); // 记录信息
```

```
    private final PunctuationQueue punctuationQueue; // 定时队列
    private final Map<TopicPartition, Long> consumedOffsets; // 分区的偏移量
    private final RecordCollector collector; // 记录收集器
    private ProcessorNode currNode = null; // 当前的处理节点

    public StreamTask(TaskId id, String applicationId,
        Set<TopicPartition> partitions, ProcessorTopology topology,
        Consumer<byte[], byte[]> consumer, Producer<byte[], byte[]> producer,
        Consumer<byte[], byte[]> restoreConsumer){
      super(id, applicationId, partitions, topology, // 父类会创建状态管理器
        consumer, restoreConsumer, config, false); // 最后一个参数表示不是备份任务
      Map<TopicPartition, RecordQueue> partitionQueues = new HashMap<>();
      for (TopicPartition partition : partitions) { // 流任务分配了多个分区
        SourceNode source = topology.source(partition.topic()); // 源节点
        RecordQueue queue = new RecordQueue(partition, source); // 记录队列
        partitionQueues.put(partition, queue); // 每个分区都有一个记录队列
      }
      this.partitionGroup = new PartitionGroup(partitionQueues);
      this.collector = new RecordCollector(producer); // 记录收集器
      // 上下文对象包括流任务、记录收集器和状态管理器
      this.processorContext=new ProcessorContextImpl(this,collector,stateMgr);
      initializeStateStores(); // 初始化状态存储
      for (ProcessorNode node : this.topology.processors()) {
        this.currNode = node; // 循环每个处理节点时，需要设置currNode为当前的处理节点
        node.init(this.processorContext); // 初始化拓扑的每个处理节点
        this.currNode = null; // 重置当前的处理节点为空
      }
    }

    void addRecords(TopicPartition partition,Iterable<ConsumerRecord> records){
      int queueSize = partitionGroup.addRawRecords(partition, records);
      if(queueSize > this.maxBufferedSize) consumer.pause(partition);
    }
    public int process() {
      StampedRecord record = partitionGroup.nextRecord(recordInfo);
      this.currNode = recordInfo.node(); // 流处理拓扑的源节点
      TopicPartition partition = recordInfo.partition();
      this.currNode.process(record.key(), record.value()); // 处理一条记录
      consumedOffsets.put(partition, record.offset()); // 更新偏移量
      commitOffsetNeeded = true;
      if(recordInfo.queue().size()==maxBufferedSize)consumer.resume(partition);
      return partitionGroup.numBuffered();
    }
  }
```

流任务从输入主题拉取到消费记录，并将消费记录添加到“分区组”中指定的分区，每个分区都有一个时间戳。执行流任务时，“分区组”会选择时间戳最小那个分区的记录。如图9-28所示，假设有两个分区，T1P0中3条消息的时间戳是[20,30,40]，T2P0中3条消息的时间戳是[25,35,45]。第一次获取的是分区T1P0中时间戳等于20的记录。第二次获取的是分区T2P0时间戳等于25的记录。

9

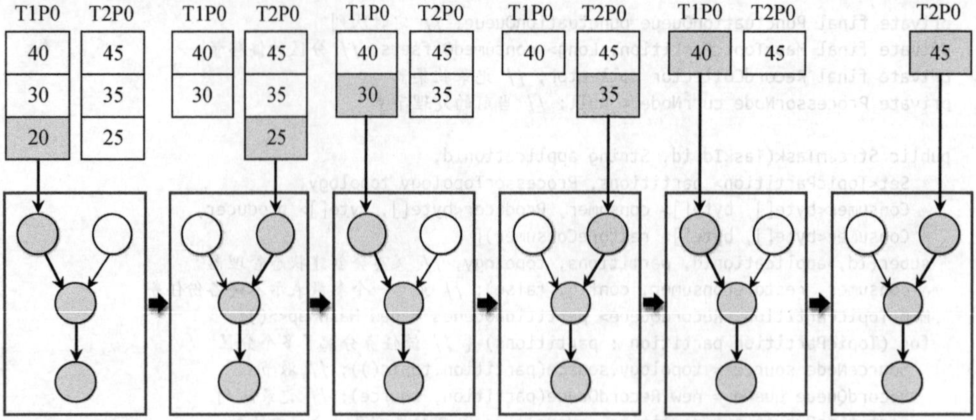

图9-28　流任务每次处理一条记录，会选出时间戳最小的分区

流处理应用程序的拓扑定义了流任务如何按照顺序执行每个处理节点，每个流任务都有一个处理拓扑的引用。流任务处理输入主题每条记录的入口是拓扑的源节点。如图9-29所示，输入主题的消息首先进入源节点，然后依次按照拓扑定义的顺序，经过处理节点和目标节点，最后写入输出主题。

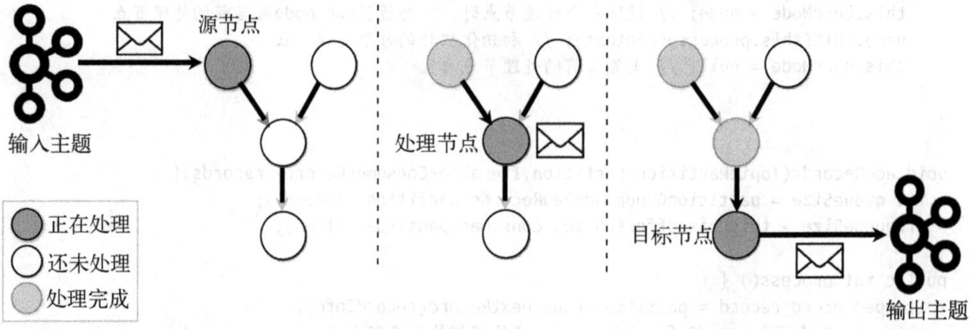

图9-29　每条消息从输入到输出，要流经处理拓扑的每个处理节点

流任务处理一条记录时，只需要调用源节点的`process()`方法，后续的执行路径都会被自动调用。当这条记录完全写到输出主题后，流线程才会继续处理下一条记录。在9.1.2节中，每个处理节点都有一个子节点列表，如果当前的记录被当前的处理节点处理完成，那么通过调用上下文对象的`forward()`方法，就可以将新的计算结果转发到下游的子节点。执行一条记录的完整步骤如下。

(1) 流线程调用流任务的`process()`方法，流任务从分区组中找出时间戳最小分区的一条记录。

(2) 记录的分区和源节点都是确定的，流任务开始调用源节点的`process()`方法。

(3) 源节点的`process()`方法调用上下文对象的`forward()`方法直接将记录转发给下游节点。

(4) 上下文对象的`forward()`方法调用流任务的`forward()`方法。

(5) 流任务获取源节点的子节点列表，分别调用每个子节点的`process()`方法。

(6) 每个子节点的`process()`方法会调用自定义处理器的`process()`方法。自定义处理器可以每次处理一条记录，就调用一次上下文的`forward()`方法，或者在`punctuate()`方法中定时地调用上下文的

forward()方法。

(7) 子节点调用上下文对象的forward()方法将处理后的计算结果转发给下游节点。

(8) 同步骤(4)，上下文对象将计算结果转发给流任务，接着流任务调用下游目标处理节点的process()方法。最后，目标处理节点的process()方法从上下文对象中获取记录收集器，并将计算结果发送到拓扑定义的输出主题。

相关代码如下：

```
// 源节点、处理节点、目标节点与上下文的关系
public class SourceNode<K, V> extends ProcessorNode<K, V> {
  ProcessorContext context; // 上下文
  public void init(ProcessorContext context) {this.context = context;}
  public void process(K key, V value) { context.forward(key, value);}
}
public class ProcessorNode<K, V> {
  Processor<K, V> processor; // 自定义的处理器
  public void process(K key, V value) {processor.process(key, value);}
}
public class SinkNode<K, V> extends ProcessorNode<K, V> {
  ProcessorContext context; // 上下文
  public void init(ProcessorContext context) {this.context = context;}
  public void process(K key, V value) { // 通过上下文的记录收集器发送消息到目标主题
    context.recordCollector().send(new ProducerRecord(...));
  }
}

public class ProcessorContextImpl { // 处理器上下文对象的转发方法
  private final StreamTask task; // 流任务创建上下文时，将自己作为参数传给上下文
  private final RecordCollector collector; // 记录收集器，用于目标节点发送记录

  public <K, V> void forward(K key, V value) {
    task.forward(key, value); // 将消息转发给流任务处理，因为流任务有拓扑的相关信息
  }
}

public class StreamTask extends AbstractTask {
  public <K, V> void forward(K key, V value) { // 流任务的转发方法
    ProcessorNode thisNode = currNode; // 当前的处理节点
    for (ProcessorNode childNode: thisNode.children()){ // 子节点列表
      currNode = childNode;
      childNode.process(key, value); // 处理子节点
    }
    currNode = thisNode;
  }
}
```

上下文对象每次调用流任务的转发方法时，都需要先将当前处理节点的引用（currNode）保存下来（thisNode），然后在调用子节点的process()方法时，把currNode更新为当前处理的子节点。最后，在处理完所有子节点后，重新将currNode重置为thisNode。如图9-30所示，拓扑有两个源节点、一个处理节点和一个目标节点。第一次调用流任务的process()方法时，处理第一个源节点，此时会依次经过处理节点和目标节点。第二次调用流任务的process()方法时，处理第二个源节点，此时也会依次经

过处理节点和目标节点。

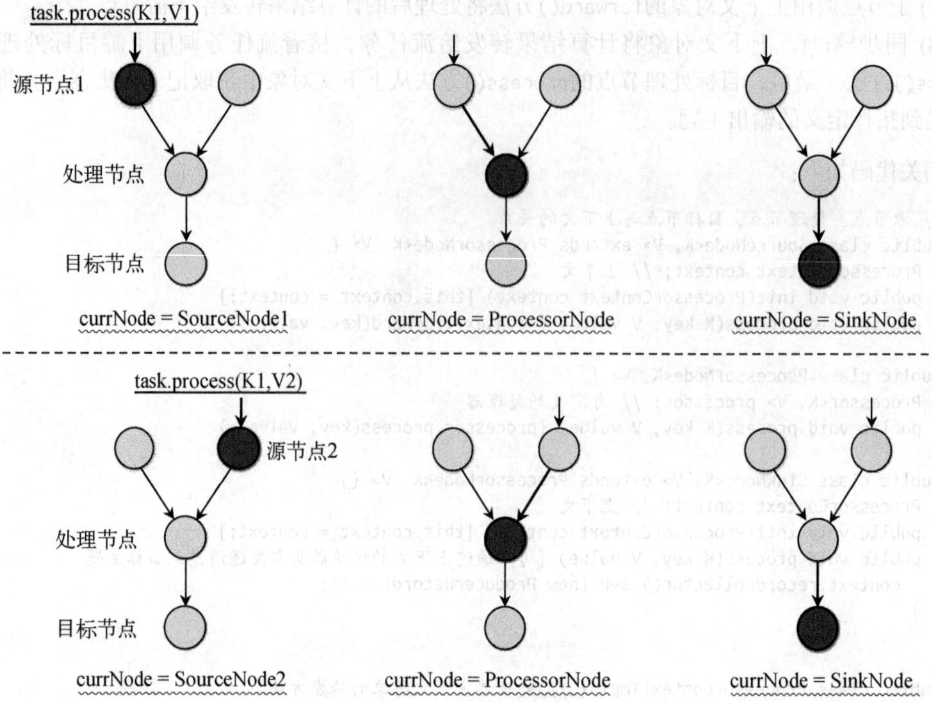

图9-30　多个源节点的拓扑图

如图9-31所示，拓扑有一个源节点、两个处理节点和两个目标节点。调用一次流任务的`process()`方法，会先处理源节点、第一个处理节点和第一个目标节点，然后才接着处理第二个处理节点和第二个目标节点。需要注意的是：循环处理子节点时，并不是并行的，而是一个处理完之后接着处理另一个。

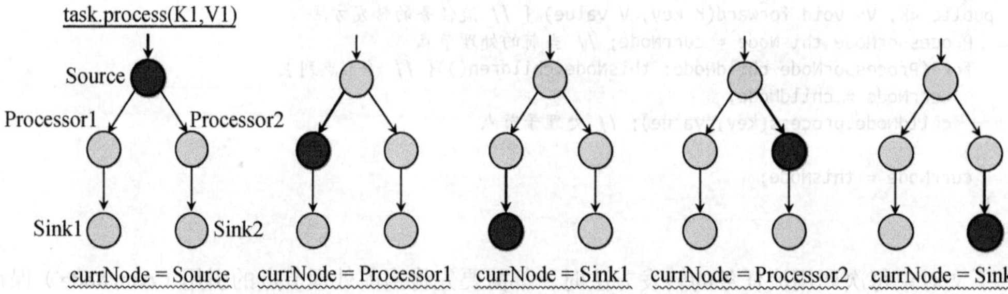

图9-31　多个处理节点和多个目标节点的拓扑图

由于处理拓扑是一个DAG图，每个节点互相串联起来。对于流入处理拓扑的每一条记录，流任务要依次调用每个处理节点的`process()`方法。处理拓扑是动态的，我们希望只要调用源节点的`process()`

方法，然后框架就会自动按照顺序**链式**调用整个处理拓扑。具体做法是：在处理完当前节点后，调用子节点的process()方法；然后子节点处理完后，再调用子节点的process()方法，如此下去，就可以完成整个拓扑的调用。如图9-32所示，3种类型处理节点的处理方法各不不同。源节点通过“消费者”将输入主题的消费记录转发到下游节点，自定义处理节点在需要的时候进行转发，目标节点通过“生产者”将上游处理节点的计算结果写入输出主题。

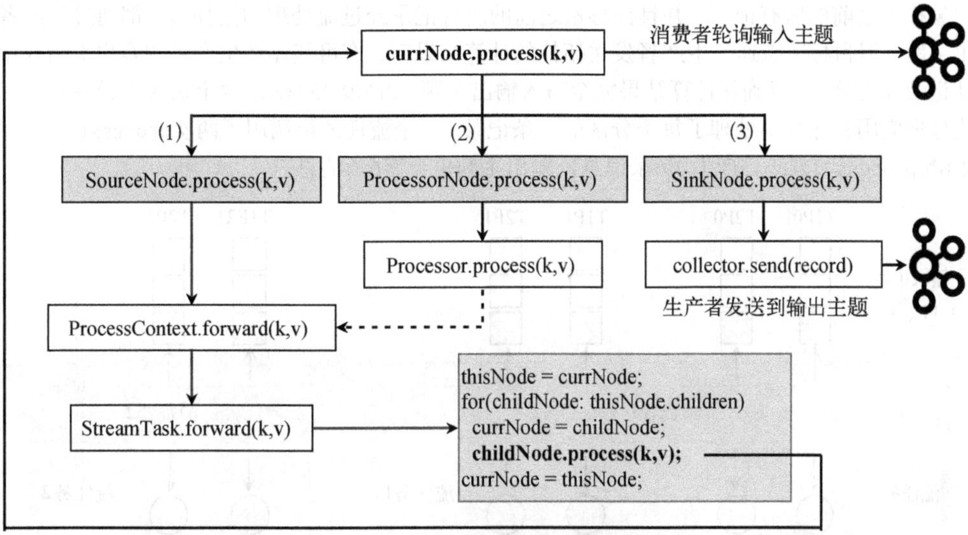

图9-32 处理不同类型处理节点的process方法

流任务的process()方法一次只能处理输入主题的一条记录。即使流任务分配到多个输入主题的分区，一次也只处理一个输入主题的一个分区。当调用完currNode的process()方法后，说明这条记录已经经过了拓扑的所有处理节点，并且完全写入到输出主题。流任务处理完输入主题的一条消费记录后，它会在内存中更新对应分区的消费偏移量：consumedOffsets。当流线程要提交流任务的状态时，可以获取最新的consumedOffsets变量，然后调用消费者的commitSync()方法异步地提交偏移量。相关代码如下：

```
public class StreamTask extends AbstractTask {
  private final Map<TopicPartition, Long> consumedOffsets;
  private final RecordCollector recordCollector;

  public void commit() { // 提交流任务
    stateMgr.flush(); // 刷新本地状态
    recordCollector.flush(); // 刷新下游的生产记录以及本地状态的变更日志流
    Map offsetAndMetadata = new HashMap<>(consumedOffsets.size());
    // 流任务的process方法在每次调用currNode.process()后会更新consumedOffsets
    for (Map.Entry entry: consumedOffsets.entrySet()){
      TopicPartition tp = entry.getKey();
      long offset = entry.getValue() + 1;
      offsetAndMetadata.put(tp, new OffsetAndMetadata(offset));
      stateMgr.putOffsetLimit(tp, offset); // 更新状态管理的偏移量上限
```

```
    }
    consumer.commitSync(offsetAndMetadata); // 消费者异步提交偏移量
  }
}
```

消费者调用commitSync()方法提交分区的偏移量时，说明消费者处理完了指定偏移量之前的所有记录。对于流处理而言，流任务提交分区的偏移量时，说明流处理应用程序的所有处理节点都处理完了指定偏移量之前的所有记录，并且偏移量之前的所有记录经过流处理的拓扑后，都通过生产者发送给输出主题。但目标节点通过生产者发送拓扑的计算结果后，有可能还在生产者的客户端缓存中。通过刷新记录收集器，可以确保计算结果完全写入输出主题。如图9-33所示，两个输入主题各有3个分区，假设流处理应用程序分别处理了每个分区的一条记录。每个流任务都调用了两次process()方法，一共调用了6次process()方法，产生了6条消息，输出主题也会有6条消息。

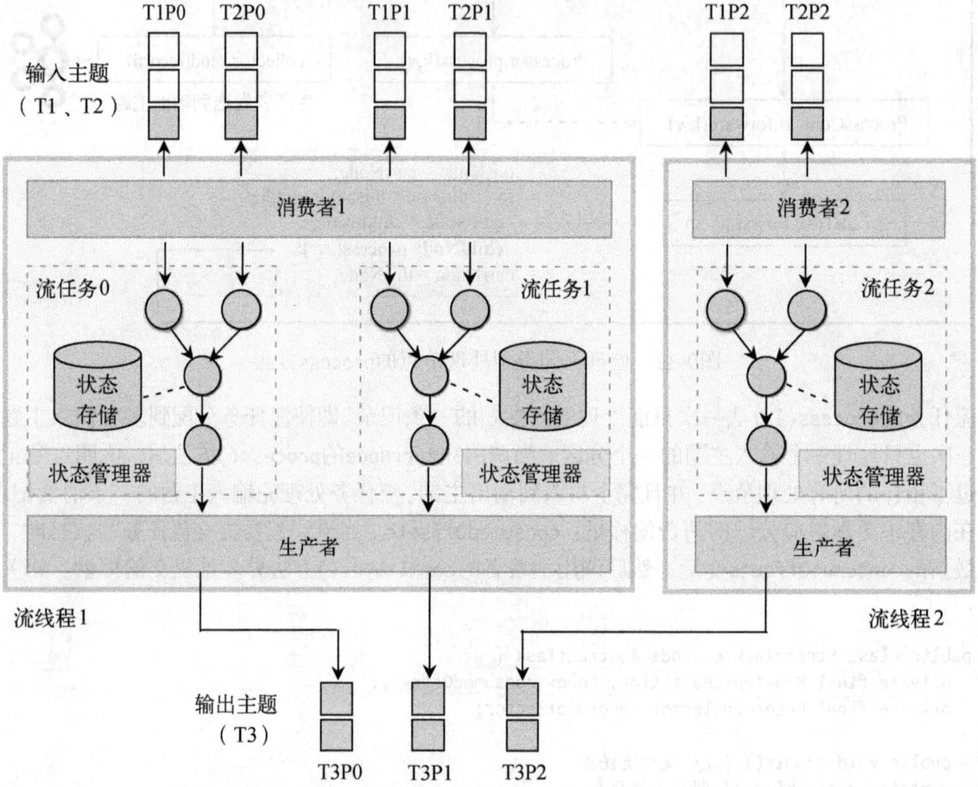

图9-33　提交流任务，刷新状态存储和记录收集器，并提交偏移量

流任务使用“处理拓扑”（ProcessorTopology）处理输入主题的消费记录。提交流任务时，“状态管理器”会刷新状态存储，并更新状态存储中偏移量的上限。下面分析状态存储的原理以及具体实现。

9.1.4 状态存储

在流处理应用程序中，处理器有两种操作类型：有状态（statefull）和无状态（stateless）。以基于实时流数据的SQL查询为例，过滤或者基于单行的转换操作（比如select和where）是无状态的，不需要记住其他行的状态，一次就处理一条记录。聚合多行记录或者联合多个数据流的操作（比如join、group by、sum和count等）是有状态的，需要维护多行记录之间的状态。

1. 本地状态存储

为了保存流计算产生的计算结果，可以使用外部的数据库作为"远程状态存储"系统。如图9-34（左）所示，流处理作业从输入流获取输入记录，每条记录都会调用远程的分布式数据库，这种架构模型存在远程调用产生的网络开销。而在图9-34（右）中，则将流处理作业产生的计算结果直接保存在"本地的状态存储"，这种架构模型下流处理作业所需的数据都在本地机器的内存或磁盘中，这样可以加快查询和保存状态存储的速度。

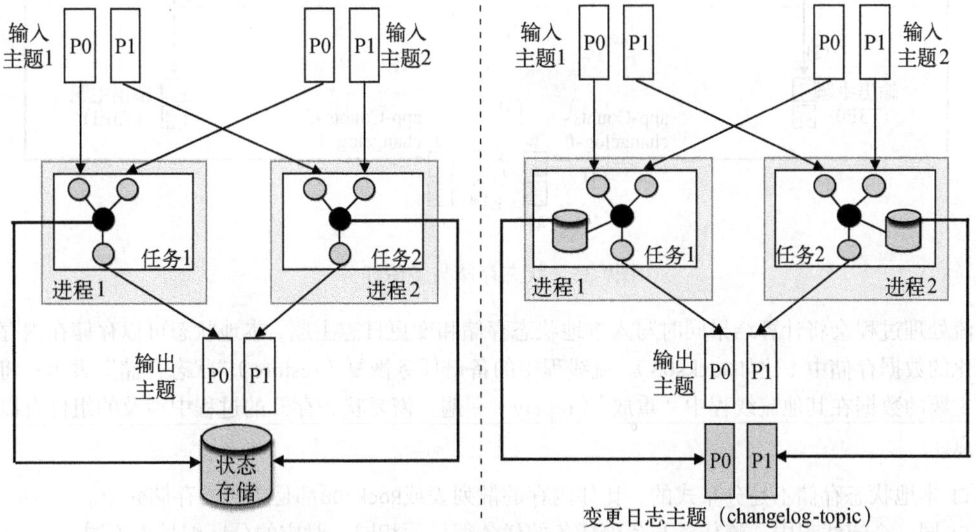

图9-34 远程状态存储和本地状态存储

在有些场景下，比如应用程序失败或者重启应用程序时，如果没有持久化状态存储，应用程序的计算结果就会全部丢失。Kafka流处理将本地状态存储的变更日志发布到Kafka的内部主题，然后通过备份任务恢复状态，确保状态存储在故障转移时计算结果仍然可用。如图9-35所示，备份任务使用本地状态存储恢复状态的相关步骤如下。

(1) 流任务的消费者轮询输入主题的分区数据，并通过应用程序定义的拓扑处理每一条消费记录。
(2) 流处理的拓扑处理完一条记录时，都会通过生产者将计算结果写入输出主题对应的分区中。
(3) 处理节点既可以将键值的计算结果暂存到本地状态存储，也可以从状态存储中根据键查询结果。
(4) 计算结果处理存储到状态存储时，也会被流任务发送到变更日志内部主题对应的分区中。
(5) 流线程创建备份任务时，会将变更日志主题的分区通过assign()方式分配给备份任务。

(6) 备份任务轮询变更日志主题指定的分区数据，并将每条消费记录恢复成本地的状态存储。

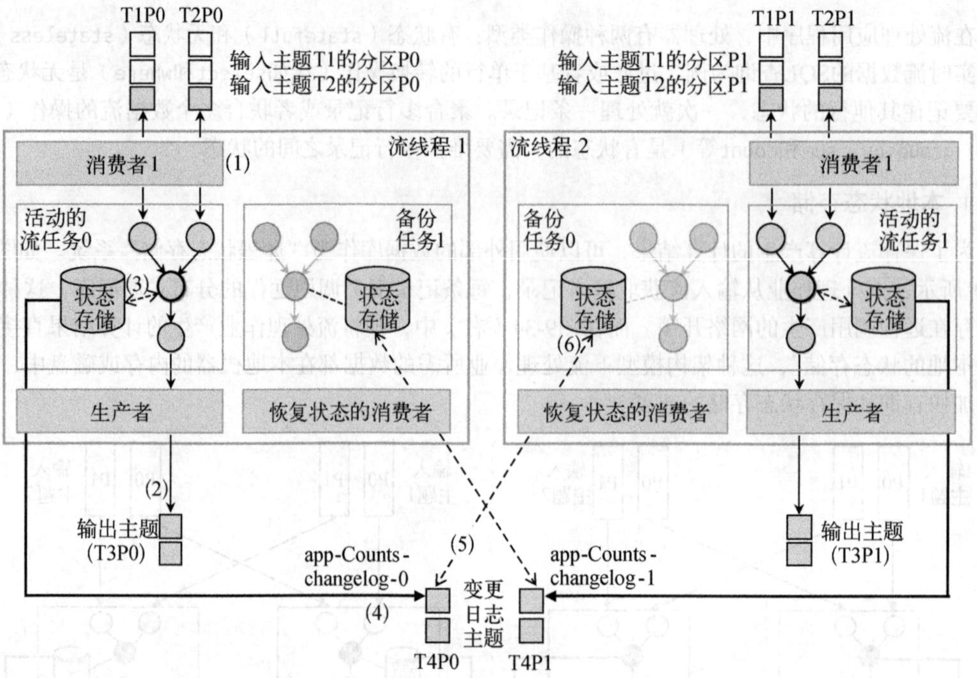

图9-35　状态存储与备份任务

流处理过程会将计算结果同时写入本地状态存储和变更日志主题，本地状态可以存储在内存或者持久化的数据存储中（比如RocksDB）。流线程中的备份任务恢复（restore）“状态存储”表示：将变更日志主题的数据在其他流线程中“重放”（replay）一遍。恢复状态存储的过程中涉及的组件有以下这些特点。

- 本地状态存储不是分布式的，比如内存的散列表或RocksDB都是单机的存储介质。
- 同一个流线程中，流任务与备份任务的任务编号不相同，对应的分区编号也不同。
- 流任务的消费者订阅输入主题，备份任务的消费者分配的是变更日志的内部主题。
- 流任务将状态存储的变更日志写入内部主题，备份任务读取变更日志主题，然后恢复状态存储。

9.1.3节第三小节的“流分区分配器”为流线程分配流任务和备份任务时，相同任务编号的流任务和备份任务不允许分配给同一个流线程，甚至同一个流实例内所有流线程的任务编号都不允许重复。这主要与状态存储有关，不管是流任务还是备份任务，**每个任务都有一个状态存储**。流任务对应的状态存储的路径为：应用程序的名称/任务编号。如果任务编号相同，状态存储目录中的数据就会冲突。服务端除了输入主题和输出主题外，还会自动创建变更日志主题，它的分区数与输入主题的分区数一致。如图9-36所示，这里启动了两个流处理应用程序，在运行流处理应用程序的客户端，会生成两个持久化的状态存储目录：/tmp/kafka-streams和/tmp/kafka-streams2。

```
→  tree kafka-logs/streams-*
streams-input2-0
└── 00000000000000000000.log
streams-input2-1
└── 00000000000000000000.log
streams-output2-0
└── 00000000000000000000.log
streams-wc-Counts-changelog-0
└── 00000000000000000000.log
streams-wc-Counts-changelog-1
└── 00000000000000000000.log
```

```
→  /tmp tree kafka-streams*
kafka-streams/streams-wc
├── 0_0
│   └── rocksdb/Counts
└── 0_1
    └── rocksdb/Counts
kafka-streams2/streams-wc
├── 0_0
│   └── rocksdb/Counts
└── 0_1
    └── rocksdb/Counts
```

图9-36　服务端的主题和客户端的状态存储目录

持久化状态存储默认采用RocksDB，状态存储最终的完整目录路径是“状态存储的配置/应用程序的名称/任务编号/rocksdb/状态存储的名称”，比如/tmp/kafka-streams/streams-wc/0_0/rocksdb/Counts表示第一个程序的P0分区，/tmp/kafka-streams2/streams-wc/0_1/rocksdb/Counts表示第二个程序的P1分区。在单机模式下启动两个流处理应用程序时，必须保证状态存储目录的配置不一样。

通过控制台的消费者查看变更日志主题的内容时，由于编码的问题，只会打印键，不会打印值。注意：消费者打印的消费记录顺序与变更日志主题的写入顺序是不一致的，这是因为消费者按照分区的顺序读取消息。比如，流处理写入变更日志两个分区时，分别从msg1到msg6，而消费者的打印内容如下：

```
$ bin/kafka-console-consumer.sh --new-consumer --from-beginning \
  --bootstrap-server localhost:9092 --topic streams-wc-Counts-changelog \
  --property print.key=true --property key.separator=":"
msg2:  # 分区P0开始
msg4:
msg6:  # 分区P0结束
msg1:  # 分区P1开始
msg3:
msg5:  # 分区P1结束
```

要正确查看变更日志主题的内容，需要设置值的解码类型为字节数组，再将十六进制的值转成字符串，相关代码如下：

```
public class DemoConsumer {
  public static void main(String[] args) {
    Properties props = new Properties();
    props.put(BOOTSTRAP_SERVERS_CONFIG,"localhost:9092");
    props.put(GROUP_ID_CONFIG, "DemoConsumer");
    props.put(KEY_DESERIALIZER_CLASS_CONFIG, "StringDeserializer");
    props.put(VALUE_DESERIALIZER_CLASS_CONFIG,"ByteArrayDeserializer");
    props.put(AUTO_OFFSET_RESET_CONFIG, "earliest");
    KafkaConsumer<String, byte[]> consumer = new KafkaConsumer<>(props);
    consumer.subscribe("streams-wc-Counts-changelog");
    ConsumerRecords<String, byte[]> consumerRecords = consumer.poll(1000);
    for(ConsumerRecord<String, byte[]> record: consumerRecords) {
      System.out.println("p:"+record.partition()+ ",o:"+record.offset() +
        ",k:" + record.key() + ",v:" + bytesToHexString(record.value()));
```

```
    }
  }
  public static String bytesToHexString(byte[] src){
    StringBuilder stringBuilder = new StringBuilder("");
    for (int i = 0; i < src.length; i++) {
      int v = src[i] & 0xFF;
      String hv = Integer.toHexString(v);
      if (hv.length() < 2) stringBuilder.append(0);
      stringBuilder.append(hv);
    }
    return stringBuilder.toString();
  }
}
```

如图9-37（上）所示，左侧是输入主题消息的发送顺序，右侧是按照分区查看的消息顺序，该示例中消息的键都没有重复。图9-37（下）列举了相同键的消息，从msg5之后发送消息的键之前就存在过。比如msg2一共发送了3次，所以变更日志主题中msg2这条键的值分别从1到2，再到3。

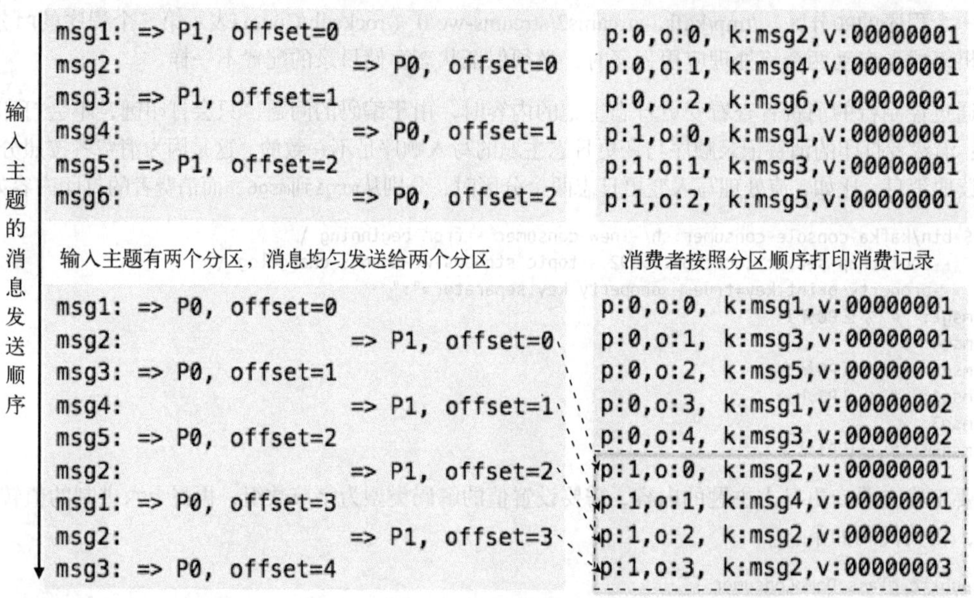

图9-37　变更日志主题的内容

每个流任务都对应一个状态存储，更新到状态存储的数据会发送到变更日志主题。另外，每个流任务也都有一个检查点文件（.checkpoint隐藏文件），它记录了分区的消费情况/恢复情况。

注意： 在分布式系统中，为了记录不同组件的数据同步进度，通常会有“检查点”这个概念。比如，3.5节中消费者记录“消费进度的检查点”（checkpointedZkOffsets）。第6章中服务端的分区日志记录了“副本同步进度的检查点”（replication-offset-checkpoint文件）和“恢复点的检查点”（recovery-point-offset-checkpoint文件）。

---

2. 任务的状态存储恢复示例

下面的实验会分别启动两个流处理应用程序，并观察不同阶段的检查点变化情况，具体步骤如下。

(1) 启动第一个程序，分别写入两条消息，发现并没有产生检查点文件。

(2) 关闭第一个程序，可以看到生成了检查点文件，每个分区的检查点都是1，因为只有两条消息。

(3) 再次启动第一个程序，还是看不到检查点文件，因为启动流任务时，会在读取检查点后删除文件。

(4) 启动第二个程序，再次写入两条消息。和步骤(1)类似，也没有生成检查点文件。

(5) 关闭第一个程序后，第一个状态存储目录下会生成检查点文件，两个分区的检查点都是2。

(6) 再次写入两条消息，和步骤(1)、步骤(3)、步骤(4)一样，第二个状态存储目录都没有产生检查点文件。

(7) 关闭第二个程序后，第二个状态存储目录下会生成检查点文件，两个分区的检查点都是3。

(8) 重启第一个程序，等待第一个程序关闭后，分区的检查点更新为3。

(9) 重启第二个程序，等待第二个程序关闭后，分区的检查点仍然等于3。

下面打印的日志内容从步骤(3)开始，即发送两条消息给第一个程序，停止第一个程序，然后再重启第一个程序。这里还在“状态管理器”（ProcessorStateManager）的构造函数中打印checkpointedOffsets变量的值，并在“变更日志存储”（StoreChangeLogger）的logChange()方法中打印写入变更日志主题的键值内容。下面是第一个程序打印的日志内容：

```
# (1) 发送msg1和msg2给第一个程序，在第一个程序运行的过程中，不会产生检查点文件
# (2) 停止第一个程序，/tmp/kafka-streams目录下检查点文件的分区内容等于1
$ strings kafka-streams/streams-wc/*/.checkpoint
streams-wc-Counts-changelog 0 1
streams-wc-Counts-changelog 1 1

(3) 再次启动第一个程序，/tmp/kafka-streams目录下的检查点文件会被删除
[09:38,284] createStreamTask 0_0, partitions: [streams-wc-input1-0]
[09:38,317] checkpointedOffsets: {streams-wc-Counts-changelog-0=1},
[09:38,355] Creating restoration consumer client for stream task #0_0
[09:38,757] restoreActiveState topic-partition:streams-wc-Counts-changelog-0
[09:38,771] streams-wc-Counts-changelog-0,restoreConsumer endOffset:1
[09:38,772] streams-wc-Counts-changelog-0,restoreActiveState seek to 1
[09:38,772] streams-wc-Counts-changelog-0,restoreActiveState position now: 1
[09:38,883] streams-wc-Counts-changelog-0,restore current offset:1
[09:38,894] createStreamTask 0_1, partitions: [streams-wc-input1-1]
[09:38,897] checkpointedOffsets: {streams-wc-Counts-changelog-1=1},
[09:38,897] Creating restoration consumer client for stream task #0_1
[09:38,963] restoreActiveState topic-partition:streams-wc-Counts-changelog-1
[09:39,300] streams-wc-Counts-changelog-1,restoreConsumer endOffset:1
[09:39,300] streams-wc-Counts-changelog-1,restoreActiveState seek to 1
[09:39,301] streams-wc-Counts-changelog-1,restoreActiveState position now: 1
[09:39,405] streams-wc-Counts-changelog-1,restore current offset:1
[09:39,405] restoreConsumer assign: []

# (4) 启动第二个程序，第一个程序和第二个程序会协调工作，并且会存在备份任务
[10:30,432] Removing a task 0_0 (stream task)
```

```
[10:30,451] Removing a task 0_1 (stream task)
[10:30,484] createStreamTask 0_0, partitions: [streams-wc-input1-0]
[10:30,486] checkpointedOffsets: {streams-wc-Counts-changelog-0=1},
[10:30,487] Creating restoration consumer client for stream task #0_0
[10:30,549] restoreActiveState topic-partition:streams-wc-Counts-changelog-0
[10:30,553] streams-wc-Counts-changelog-0,restoreConsumer endOffset:1
[10:30,553] streams-wc-Counts-changelog-0,restoreActiveState seek to 1
[10:30,553] streams-wc-Counts-changelog-0,restoreActiveState position now: 1
[10:30,654] streams-wc-Counts-changelog-0,restore current offset:1
[10:30,654] createStandbyTask 0_1, partitions: [streams-wc-input1-1]
[10:30,656] checkpointedOffsets: {streams-wc-Counts-changelog-1=1},
[10:30,765] restoreConsumer assign: [streams-wc-Counts-changelog-1]

# 发送两条消息到输入主题，msg3会被第一个程序处理，msg4会被第二个程序处理
[10:54,037] logChange removed:[], dirty:[msg3]
[10:54,040] logChange key:msg3,value:[0, 0, 0, 1]
----------- 1496895052970 -----------
[msg1, 1]
[msg3, 1]
[11:04,730] RocksDB restored k:msg4, v:00000001

# (5) 停止第一个程序，查看/tmp/kafka-streams的检查点文件，两个分区的检查点都等于2
[12:36,887] Shutting down stream thread [StreamThread-1]
[12:36,889] Removing a task 0_1 (standby task)
[12:36,915] Removing a task 0_0 (stream task)

$ strings kafka-streams/streams-wc/*/.checkpoint
streams-wc-Counts-changelog 0 2
streams-wc-Counts-changelog 1 2

# (8) 重启第一个程序，读取检查点文件，并从指定的位置开始读取变更日志主题，恢复状态存储
[06:55,061] createStreamTask 0_0, partitions: [streams-wc-input1-0]
[06:55,108] checkpointedOffsets: {streams-wc-Counts-changelog-0=2}
[06:55,149] Creating restoration consumer client for stream task #0_0
[06:55,577] restoreActiveState topic-partition:streams-wc-Counts-changelog-0
[06:55,639] streams-wc-Counts-changelog-0,restoreConsumer endOffset:3
[06:55,639] streams-wc-Counts-changelog-0,restoreActiveState seek to 2
[06:55,639] streams-wc-Counts-changelog-0,restoreActiveState position now: 2
[06:55,823] streams-wc-Counts-changelog-0,restore state, k:msg5, v:00000001
[06:55,823] RocksDB restored k:msg5, v:00000001
[06:55,826] streams-wc-Counts-changelog-0,restore current offset:3
[06:55,842] createStreamTask 0_1, partitions: [streams-wc-input1-1]
[06:55,846] checkpointedOffsets: {streams-wc-Counts-changelog-1=2}
[06:55,846] Creating restoration consumer client for stream task #0_1
[06:55,920] restoreActiveState topic-partition:streams-wc-Counts-changelog-1
[06:56,338] streams-wc-Counts-changelog-1,restoreConsumer endOffset:3
[06:56,338] streams-wc-Counts-changelog-1,restoreActiveState seek to 2
[06:56,339] streams-wc-Counts-changelog-1,restoreActiveState position now: 2
[06:56,345] streams-wc-Counts-changelog-1,restore state, k:msg6, v:00000001
[06:56,345] RocksDB restored k:msg6, v:00000001
[06:56,345] streams-wc-Counts-changelog-1,restore current offset:3
[06:56,345] restoreConsumer assign: []

# 第一个程序再次停止后，查看检查点文件，分区的检查点更新为最新的位置3
```

```
$ strings kafka-streams/streams-wc/*/.checkpoint
streams-wc-Counts-changelog 0 3
streams-wc-Counts-changelog 1 3
```

注意： 因为每次启动一个流处理应用程序，流实例的处理器编号都会发生变化，所以状态存储的目录应该与应用程序编号有关。这里说的第一个程序虽然代码相同，但实际上流实例已经发生了变化。由于本节的实验和9.1.3节第五小节的示例类似，所以这里会把一些与本节内容无关的日志省略掉。比如，启动流实例、创建流线程、流任务与备份任务的分配等这些日志这里不会打印出来。另外一个与之前示例不同的是，这里对第一个程序的处理方式是：启动、关闭、再重启。

在步骤(4)启动第一个程序之后，再启动第二个程序。当同时存在两个流处理应用程序时，这两个流实例会通过“流分区分配器”各自分配到一个流任务和一个备份任务。不同流实例的流线程（这里每个流实例只配置了一个流线程）分配到的任务在9.1.3节中分析过了。下面是第二个程序打印的日志内容：

```
# (4) 启动第二个程序，第二个程序和第一个程序会协调工作，并且会存在备份任务
[10:30,502] createStreamTask 0_1, partitions: [streams-wc-input1-1]
[10:30,532] checkpointedOffsets: {},
[10:30,560] Creating restoration consumer client for stream task #0_1
[10:31,170] restoreActiveState topic-partition:streams-wc-Counts-changelog-1
[10:31,288] streams-wc-Counts-changelog-1,restoreConsumer endOffset:1
[10:31,288] streams-wc-Counts-changelog-1,restoreActiveState seek to begnning
[10:31,290] streams-wc-Counts-changelog-1,restoreActiveState position now: 0
[10:31,396] streams-wc-Counts-changelog-1,restore state, k:msg2, v:00000001
[10:31,396] RocksDB restored k:msg2, v:00000001
[10:31,397] streams-wc-Counts-changelog-1,restore current offset:1
[10:31,407] createStandbyTask 0_0, partitions: [streams-wc-input1-0]
[10:31,408] checkpointedOffsets: {},
[10:31,475] restoreConsumer assign: [streams-wc-Counts-changelog-0]
[10:31,998] RocksDB restored k:msg1, v:00000001

# 同时存在第一个程序和第二个程序，msg3会被第一个程序处理，msg4会被第二个程序处理
[10:54,311] RocksDB restored k:msg3, v:00000001
[11:04,491] logChange removed:[], dirty:[msg4]
[11:04,494] logChange key:msg4,value:[0, 0, 0, 1]
----------- 1496895063433 -----------
[msg2, 1]
[msg4, 1]

# (5) 停止第一个程序后，两个流任务都分配给第二个程序，并且不会有备份任务存在了
[12:37,731] Removing a task 0_1 (stream task)
[12:37,749] Removing a task 0_0 (standby task)
[12:38,013] createStreamTask 0_0, partitions: [streams-wc-input1-0]
[12:38,014] checkpointedOffsets: {streams-wc-Counts-changelog-0=2},
[12:38,014] Creating restoration consumer client for stream task #0_0
[12:38,088] restoreActiveState topic-partition:streams-wc-Counts-changelog-0
[12:38,091] streams-wc-Counts-changelog-0,restoreConsumer endOffset:2
```

```
[12:38,092] streams-wc-Counts-changelog-0,restoreActiveState seek to 2
[12:38,092] streams-wc-Counts-changelog-0,restoreActiveState position now: 2
[12:38,193] streams-wc-Counts-changelog-0,restore current offset:2
[12:38,193] createStreamTask 0_1, partitions: [streams-wc-input1-1]
[12:38,194] checkpointedOffsets: {streams-wc-Counts-changelog-1=2},
[12:38,194] Creating restoration consumer client for stream task #0_1
[12:38,262] restoreActiveState topic-partition:streams-wc-Counts-changelog-1
[12:38,595] streams-wc-Counts-changelog-1,restoreConsumer endOffset:2
[12:38,595] streams-wc-Counts-changelog-1,restoreActiveState seek to 2
[12:38,595] streams-wc-Counts-changelog-1,restoreActiveState position now: 2
[12:38,699] streams-wc-Counts-changelog-1,restore current offset:2
[12:38,699] restoreConsumer assign: []

# (6) 发送消息给输入主题，由于第一个程序已经停止，所以消息都会发送给第二个程序
----------- 1496880642739 -----------
[14:02,328] logChange removed:[], dirty:[msg5]
[14:02,329] logChange key:msg5,value:[0, 0, 0, 1]
----------- 1496895241310 -----------
[msg1, 1]
[msg3, 1]
[msg5, 1]
[14:04,486] logChange removed:[], dirty:[msg6]
[14:04,487] logChange key:msg6,value:[0, 0, 0, 1]
----------- 1496895243481 -----------
[msg2, 1]
[msg4, 1]
[msg6, 1]

# (7) 停止第二个程序，查看/tmp/kafka-streams2的检查点文件，两个分区的检查点都等于3
[15:27,750] Shutting down stream thread [StreamThread-1]
[15:27,776] Removing a task 0_0 (stream task)
[15:27,789] Removing a task 0_1 (stream task)

$ strings kafka-streams2/streams-wc/*/.checkpoint
streams-wc-Counts-changelog 0 3
streams-wc-Counts-changelog 1 3

# (9) 重启第二个程序，读取检查点文件，由于已经在最新的位置，所以不需要恢复状态存储
[17:01,143] createStreamTask 0_0, partitions: [streams-wc-input1-0]
[17:01,180] checkpointedOffsets: {streams-wc-Counts-changelog-0=3}
[17:01,215] Creating restoration consumer client for stream task #0_0
[17:01,601] restoreActiveState topic-partition:streams-wc-Counts-changelog-0
[17:01,638] streams-wc-Counts-changelog-0,restoreConsumer endOffset:3
[17:01,638] streams-wc-Counts-changelog-0,restoreActiveState seek to 3
[17:01,638] streams-wc-Counts-changelog-0,restoreActiveState position now: 3
[17:01,741] streams-wc-Counts-changelog-0,restore current offset:3
[17:01,751] createStreamTask 0_1, partitions: [streams-wc-input1-1]
[17:01,754] checkpointedOffsets: {streams-wc-Counts-changelog-1=3}
[17:01,755] Creating restoration consumer client for stream task #0_1
[17:01,821] restoreActiveState topic-partition:streams-wc-Counts-changelog-1
[17:02,191] streams-wc-Counts-changelog-1,restoreConsumer endOffset:3
[17:02,192] streams-wc-Counts-changelog-1,restoreActiveState seek to 3
[17:02,192] streams-wc-Counts-changelog-1,restoreActiveState position now: 3
[17:02,293] streams-wc-Counts-changelog-1,restore current offset:3
```

```
[17:02,294] restoreConsumer assign: []

# 第二个程序再次停止后，检查点文件的内容不变，分区的检查点仍然等于3
$ strings kafka-streams2/streams-wc/*/.checkpoint
streams-wc-Counts-changelog 0 3
streams-wc-Counts-changelog 1 3
```

注意： 检查点文件记录的分区偏移量指向分区的下一个位置，而不是当前位置。比如第一个程序关闭后，检查点文件的分区偏移量等于1，而实际上两个分区各自只有一条记录。因为偏移量从0开始，所以如果指向当前位置，检查点文件记录的值应该是0。这里偏移量等于1就表示下一个位置。

如图9-38所示，流任务中与状态存储相关的处理节点在处理完记录后，除了将计算结果转发到下游节点，还会将计算结果写入状态存储（内存或者RocksDB）和Kafka的变更日志主题中，具体步骤如下。

(1) 流处理应用程序需要执行一些有状态的操作，流处理拓扑为处理节点定义了一个状态存储。

(2) 自定义处理节点既可以从状态存储中获取上一次的结果，也可以将最新的结果更新到状态存储。

(3) 状态存储的put()方法接收处理节点发送的键值结果，并将其存储到底层的内存或持久化介质中。

(4) 处理节点的计算结果在保存到状态存储之后，在转发给下游节点之前，会写入到变更日志主题中。

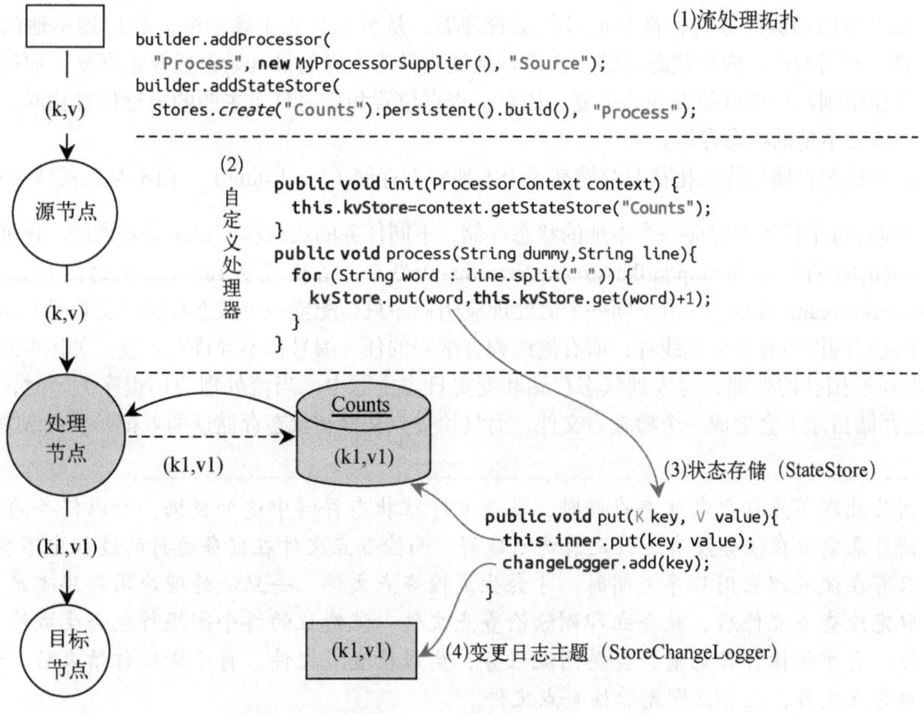

图9-38 流任务与本地状态存储的执行流程

不管是内存还是持久化的状态存储，一般都会开启“写入变更日志主题”（loggingEnabled等于true），这并不是说内存级别的状态存储就不会写入变更日志主题。处理节点更新状态存储时，会通过StoreChangeLogger添加需要更新的键，并在记录数量达到一定阈值时，将缓存记录发送给“变更日志主题”。下面是内存状态存储的实现，它底层的状态存储可以是一个最简单的Map：

```
// 内存状态存储，并且会写入变更日志主题
public class InMemoryKeyValueLoggedStore implements KeyValueStore<K, V> {
  private final KeyValueStore<K, V> inner;
  private StoreChangeLogger<K, V> changeLogger;
  private StoreChangeLogger.ValueGetter<K, V> getter;

  public void put(K key, V value) {
    this.inner.put(key, value); // 写入底层的状态存储
    changeLogger.add(key); // 添加到变更日志主题
    changeLogger.maybeLogChange(this.getter);
  }
  public V get(K key) return this.inner.get(key);
}
```

状态存储的作用域是客户端进程，下面总结了“内存状态存储”与“持久化状态存储”这两者的几个特点。

- 两种状态存储都会在客户端本地创建目录，但是只有持久化状态存储有实际的数据文件。
- 内存状态存储没有检查点文件，持久化状态存储则在关闭流处理程序后生成检查点文件。
- 流线程启动流任务时，都会通过状态管理器，从变更日志主题中恢复数据到本地的状态存储。不同的是：内存状态存储每次都是从变更日志主题的最开始位置开始恢复，而持久化状态存储则从检查点位置开始恢复。如果检查点位置和变更日志主题的最近位置相同，则不需要恢复本地的状态存储。
- 内存状态存储与持久化状态存储都属于本地状态存储（local state），而不是远程状态存储。

流处理的每个任务都对应一个本地的状态存储，不同任务的状态存储目录是隔离的。比如，流任务TaskId0(0,0)的目录为/tmp/kafka-streams/streams-wc/0_0，备份任务TaskId1(0,1)的目录为/tmp/kafka-streams/streams-wc/0_1。由于同一个流处理应用程序只会配置一个状态存储的父目录（state.dir），所以一个流实例即使有多个流线程，所有流线程分配到的任务编号都不允许有重复。如图9-39所示，输入主题经过拓扑的处理，写入到状态存储和变更日志主题中。当流处理应用程序关闭时，任务所在的状态存储目录下会生成一个检查点文件，而且检查点文件和状态存储这两者都是任务级别。

注意：因为处理节点在更新状态存储时，就会立即往状态存储中追加数据，所以任务的状态存储目录需要在任务没有运行之前就创建好。而检查点文件在任务运行的过程中不会存在，只有在流处理应用程序关闭时，才会生成检查点文件。一旦流处理应用程序重启，在读取完检查点文件后，就会立即删除检查点文件。流线程的再平衡操作也会生成检查点文件：再平衡操作开始前，会关闭流任务，生成检查点文件。再平衡操作结束后，读取完检查点文件，还会立即删除检查点文件。

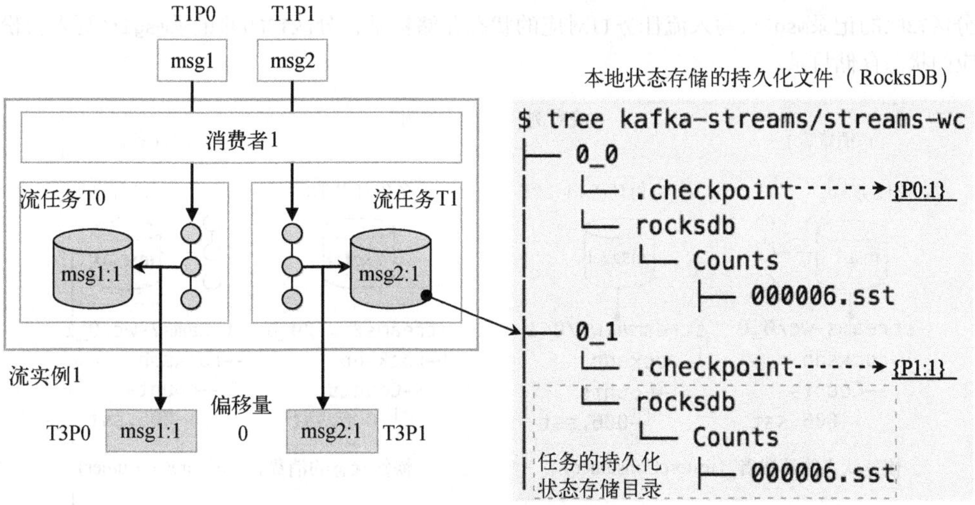

图9-39　流任务与本地状态存储的示例

检查点文件与状态存储的恢复息息相关。接下来以前面的实验步骤，分析流处理任务如何根据检查点恢复本地状态存储。如图9-40所示，启动第一个程序之后又启动了第二个程序，第一个程序的客户端分配了流任务`T0`和备份任务`T1`，并且/tmp/kafka-streams下每个任务的本地状态存储目录都有数据文件。第二个程序的客户端分配了流任务`T1`和备份任务`T0`，但是/tmp/kafka-streams2下每个任务的本地状态存储目录并没有数据文件。第二个流实例的流任务`T1`会定位到变更日志主题分区`T3P1`的最开始位置，备份任务`T0`分配到变更日志主题的分区`T3P0`。

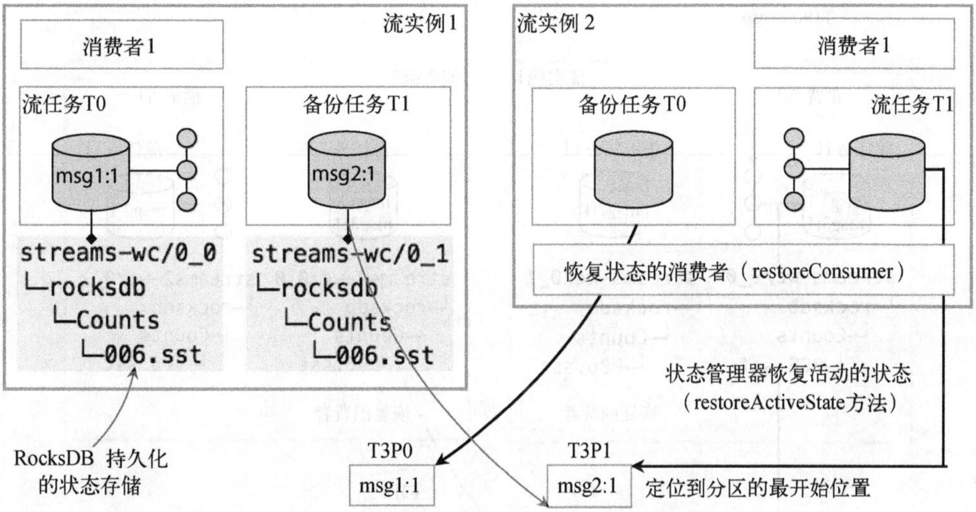

图9-40　启动第二个流处理应用程序实例

如图9-41所示，第二个流实例的流任务`T1`和备份任务`T0`从变更日志主题对应的分区恢复状态存储后，分区T3P1的记录msg2:1写入流任务T1对应的状态存储目录，分区T3P0的记录msg1:1写入备份任务T0对应的状态存储目录。

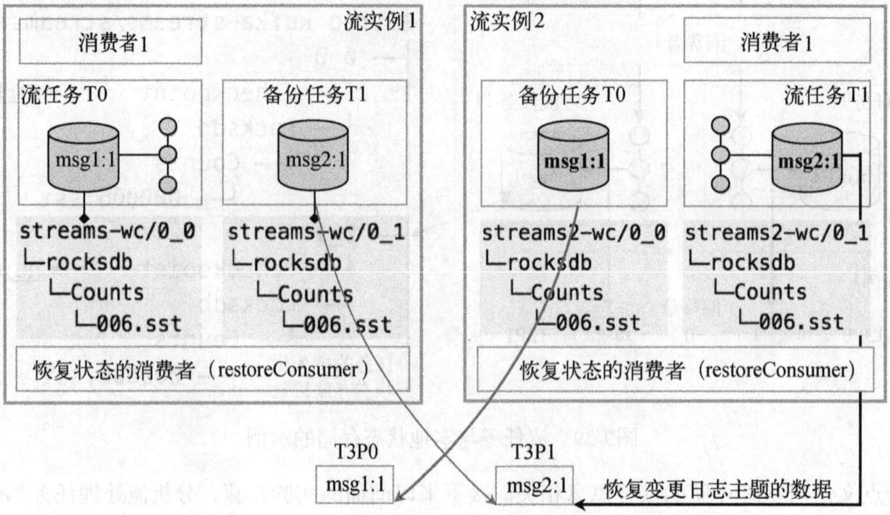

图9-41　第二个流实例的流任务和备份任务都会恢复本地状态存储

如图9-42所示，输入主题新产生的一条消息msg3会被第一个流实例的流任务T0处理，msg3:1会写入流任务T0对应的本地状态存储，以及变更日志主题的分区T3P0。第二个流实例的备份任务T0因为订阅了分区T3P0，所以它会将msg3:1同步到自己的本地状态存储。

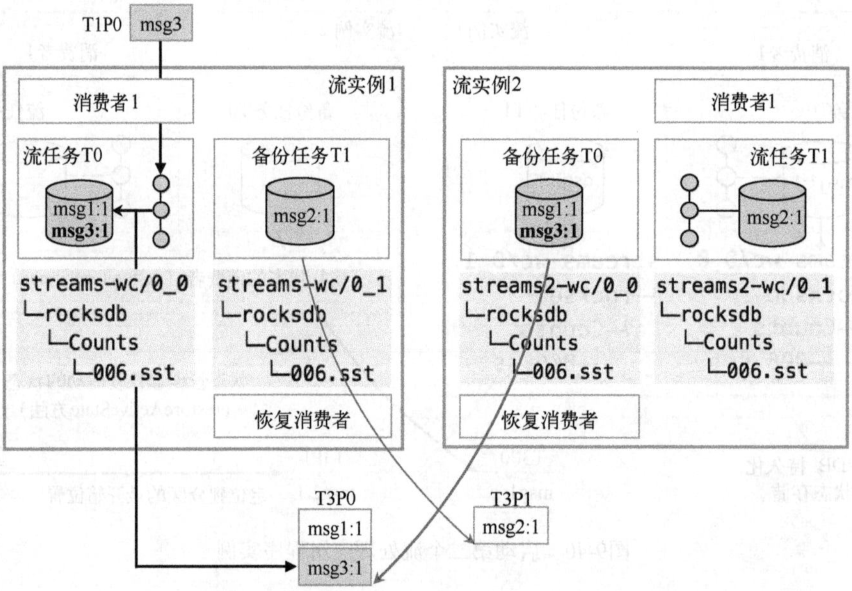

图9-42　流实例1的流任务写入变更日志，流实例2的备份任务同步变更日志

如图9-43所示，与上面的示例类似，新消息msg4被第二个流实例的流任务T1处理，msg4:1会写入流任务T1对应的本地状态存储，以及变更日志主题的分区T3P1。第一个流实例的备份任务T1因为订阅了分区T3P1，所以它会将msg4:1也同步到自己的本地状态存储。

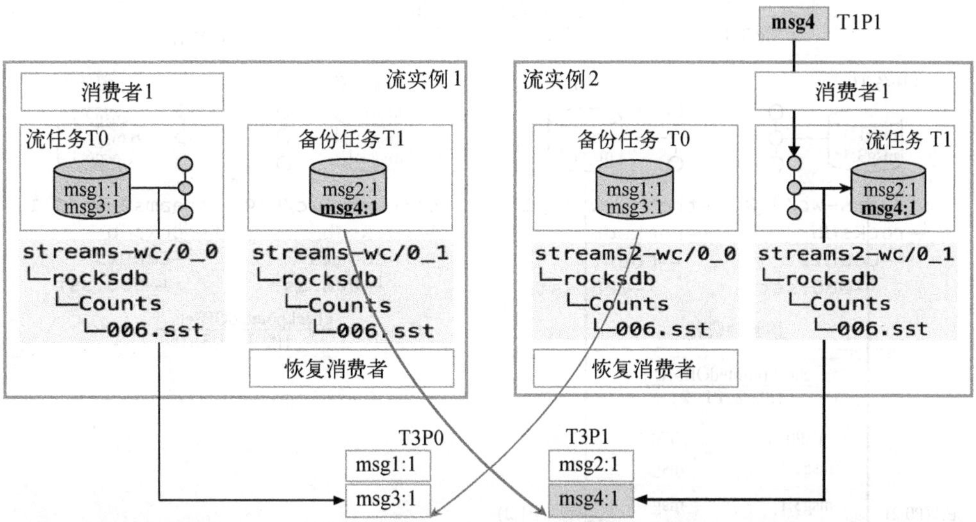

图9-43 流实例2的流任务写入变更日志，流实例1的备份任务同步变更日志

如图9-44所示，停止第一个流实例后，每个任务的状态存储目录都会生成一个检查点文件，并且两个变更日志主题分区的检查点都等于2。现在只剩下第二个流实例，新的消息msg5和msg6会分别被第二个流实例的两个流任务处理，并写入到对应变更日志主题的分区T3P0和T3P1中。

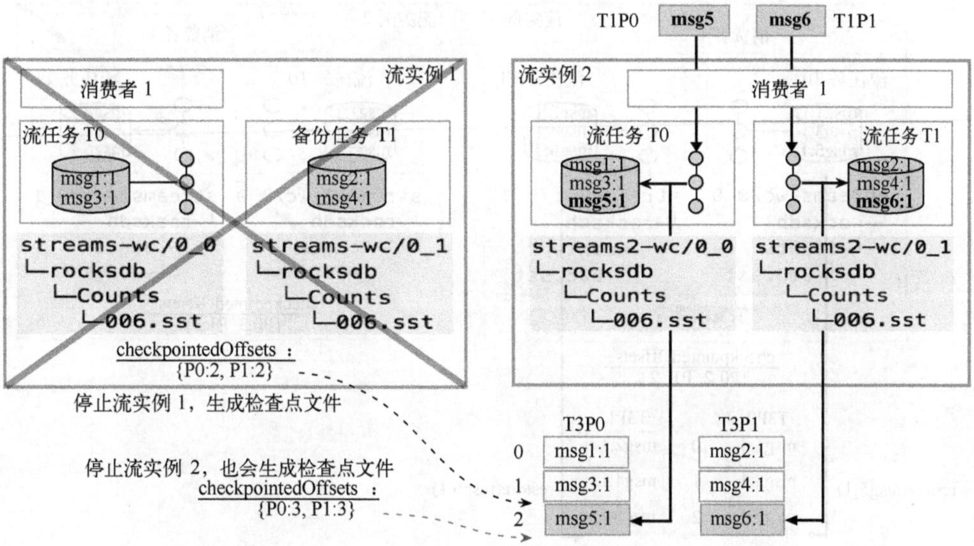

图9-44 停止第一个流实例后，新的消息都会写到第二个流实例

如图9-45所示，停止第二个流实例后，它的每个任务也会生成检查点文件，并且分区的检查点都等于3。重启第一个流实例时，由于检查点文件记录的两个分区检查点都等于2，第一个流实例的两个流任务会定位到变更日志主题的位置2，然后准备开始恢复状态。

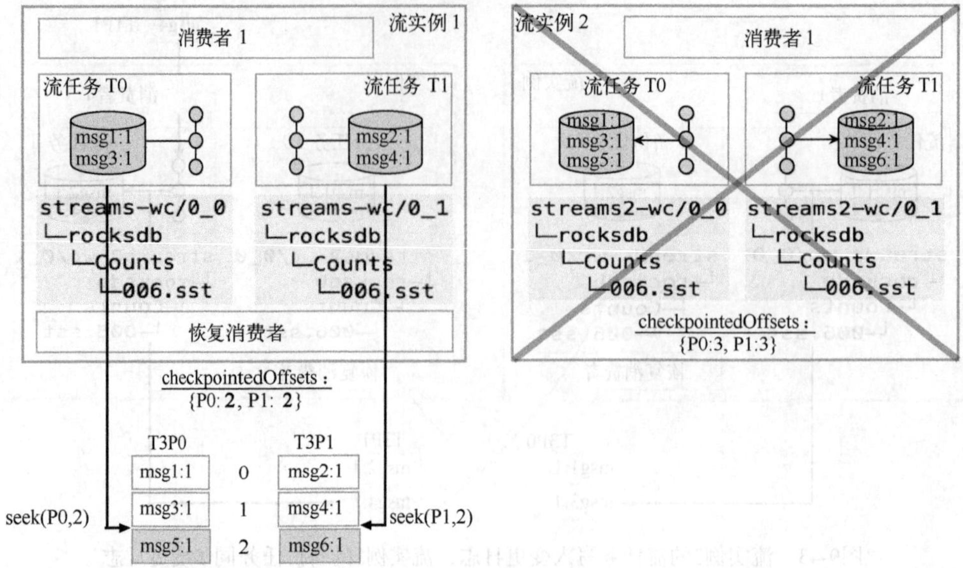

图9-45　重启第一个流实例，两个流任务都准备开始恢复状态

如图9-46所示，第一个流实例的流任务`T0`读取分区`T3P0`的消息`msg5:1`，并保存到本地状态存储。流任务`T1`读取分区`T3P1`的消息`msg6:1`，并保存到本地状态存储。

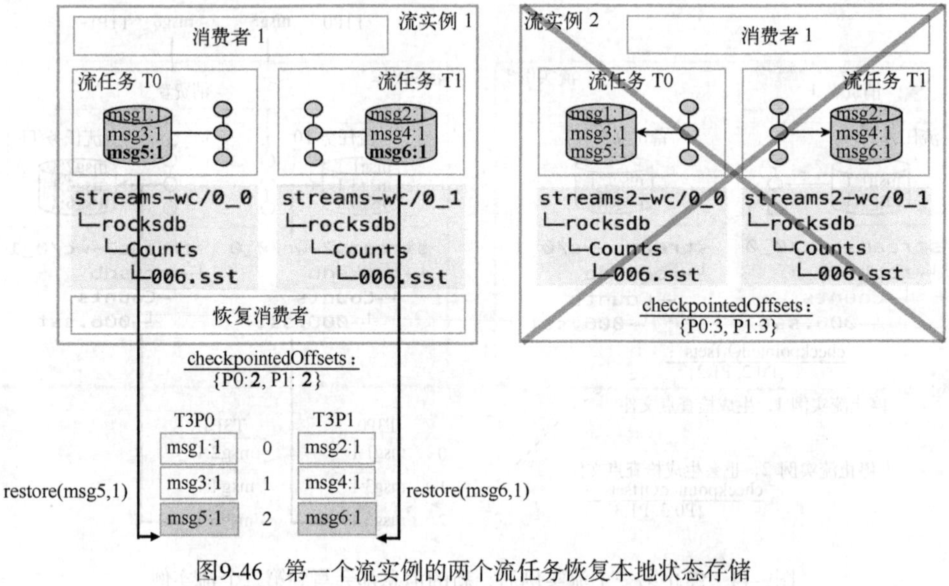

图9-46　第一个流实例的两个流任务恢复本地状态存储

如图9-47所示，重启第二个流实例后，两个流实例的流任务和备份任务都会重新分配。由于第二个流实例的检查点文件中，分区的检查点等于3，所以第二个流实例并不需要恢复本地状态存储。

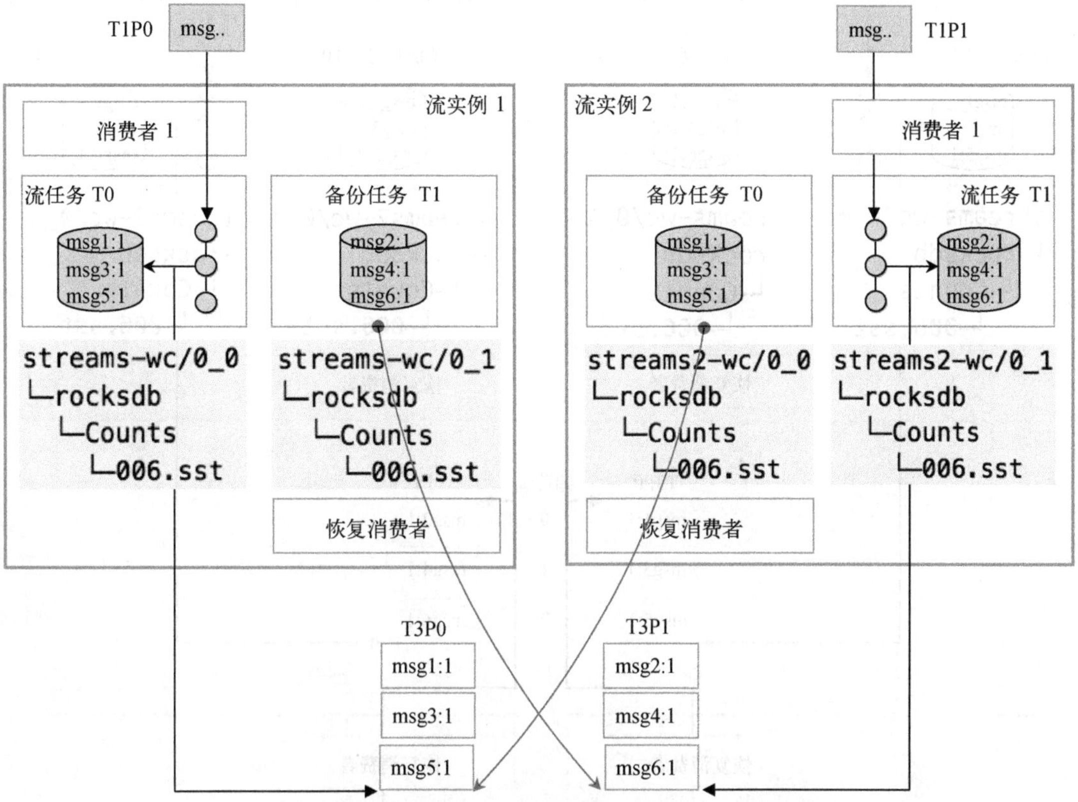

图9-47　第二个流实例的任务并不需要恢复本地的状态存储

如图9-48所示，假设又启动了两个流实例，现在一共有4个流实例。再平衡操作会将第一个流实例的备份任务T1分配给第三个流实例，将第二个流实例的备份任务T0分配给第四个流实例。两个新的流实例上的备份任务由于都不存在检查点文件，它们都会定位到变更日志主题的最开始位置。

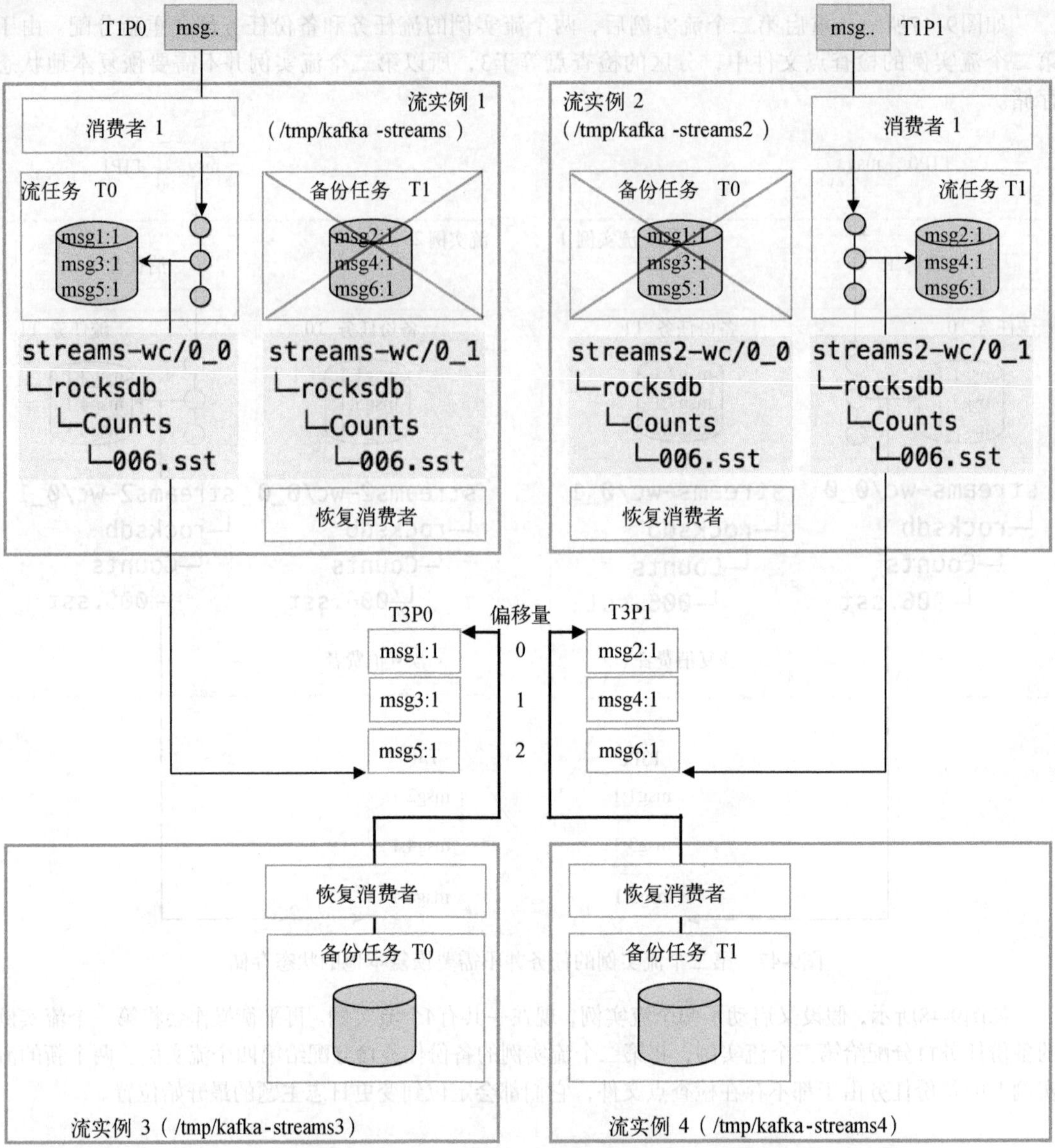

图9-48　启动两个新的流实例，备份任务定位到变更日志主题的最开始位置

如图9-49所示，两个新的流实例都从变更日志主题的最开始位置轮询数据，并且恢复成对应的本地状态存储。现在，所有这4个流实例的本地状态存储上的数据都是一样的。

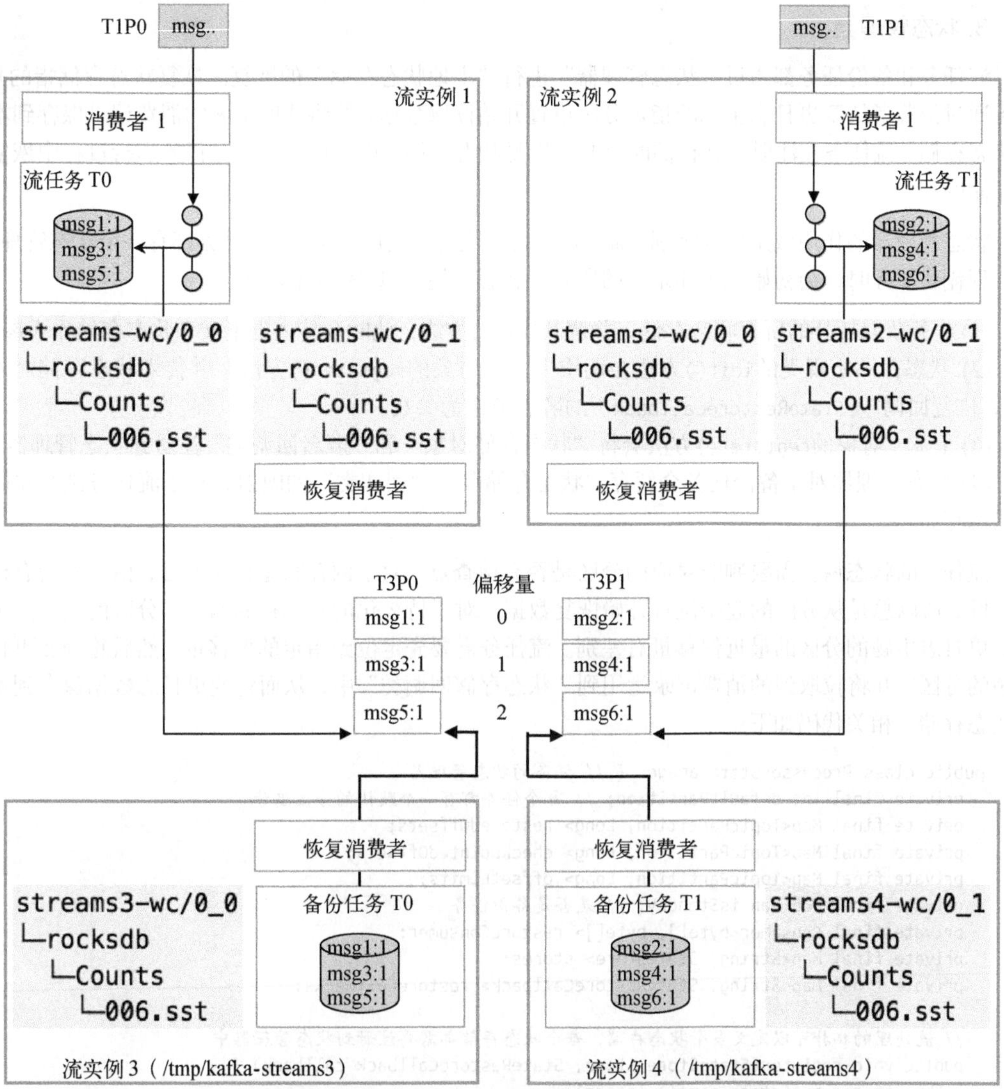

图9-49 两个新的流实例通过备份任务恢复本地状态存储

上面分析了流处理重启、停止、新增节点等各种状态恢复的过程，下面总结下相关组件之间的关系。

- 每个任务允许分配多个输入主题的一个分区，比如TaskId0分配到[T1P0,T2P0]两个分区。
- 流处理拓扑可以为处理节点定义一个或多个状态存储，或者为多个处理节点定义状态存储。
- 不管是流任务还是备份任务，它们都有一个状态管理器，它会管理拓扑的所有状态存储。
- 任务的状态存储对应变更日志主题的分区，比如状态存储的名称为Count，任务TaskId0的状态存储目录是wc/0_0/rocksdb/Count，变更日志主题的分区为wc-Count-changelog-0。

3. 状态管理器

流任务和备份任务都通过“状态管理器”进行“本地状态存储”的恢复。恢复状态存储指的是：任务通过消费者从变更日志主题的指定分区位置开始读取数据，并将读取出来的消费记录保存到本地的状态存储。流任务在注册状态存储时就开始恢复状态存储，而备份任务是在任务运行过程中恢复状态存储的。

状态管理器的作用域是任务级别，而不是流线程或者流实例级别，每个任务都有一个状态管理器。流线程创建任务时，会初始化拓扑定义的所有“状态存储”，具体步骤如下。

(1) 任务获取拓扑的所有状态存储，并调其init()方法，此时会传入上下文和状态存储作为参数。

(2) 状态存储实现类的init()方法会调用上下文对象的register()方法，并传入状态存储对象和“状态恢复回调”（StateRestoreCallback）的匿名类作为参数。

(3) 上下文对象的register()方法会将“状态存储对象”和“匿名回调类”注册到状态管理器。

(4) 状态管理器对于备份任务会暂存“状态存储”与“回调类”的映射，对于流任务则会立即恢复状态存储。

流任务的状态恢复需要判断对应的分区是否有检查点。对于内存状态存储而言，由于不会有检查点文件，所以总是从分区的起始位置开始恢复数据。对于持久化的状态存储而言，分区的检查点可能和变更日志主题的分区的最近偏移量有差别。流任务需要先定位到指定的偏移量，然后轮询变更日志主题的分区，并将拉取到的消费记录运用到“状态存储回调类”中，从而将变更日志数据保存到本地的状态存储。相关代码如下：

```
public class ProcessorStateManager { // 任务的状态管理器
  private final int defaultPartition; // 每个任务都有一个默认的分区编号
  private final Map<TopicPartition, Long> restoredOffsets;
  private final Map<TopicPartition, Long> checkpointedOffsets;
  private final Map<TopicPartition, Long> offsetLimits;
  private final boolean isStandby; // 是否是备份任务
  private final Consumer<byte[], byte[]> restoreConsumer;
  private final Map<String, StateStore> stores;
  private final Map<String, StateRestoreCallback> restoreCallbacks;

  // 流处理的拓扑可以定义多个状态存储，每个状态存储都需要注册到状态管理器中
  public void register(StateStore store, StateRestoreCallback callback) {
    this.stores.put(store.name(), store);
    if (isStandby) { // 备份任务，而且是持久化类型的
      if (store.persistent()) restoreCallbacks.put(topic, callback);
    } else { // 流任务在注册时（初始化时），需要恢复状态存储
      restoreActiveState(topic, callback); // 从变更日志主题恢复状态
    }
  }
  void restoreActiveState(String topic,StateRestoreCallback restoreCallback){
    TopicPartition tp = new TopicPartition(topic, defaultPartition);
    log.info("restoreActiveState topic-partition:{}", tp);
    restoreConsumer.assign(Collections.singletonList(tp));
    restoreConsumer.seekToEnd(singleton(tp)); // 计算分区的最近位置
    long endOffset = restoreConsumer.position(tp);
    log.info("{},restoreConsumer endOffset:{}", tp, endOffset);
```

```
    // 如果检查点有分区的偏移量，则从变更日志的指定位置开始恢复状态，否则从头开始恢复
    if (checkpointedOffsets.containsKey(tp)) {
      long offset = checkpointedOffsets.get(tp);
      log.info("{},restoreActiveState seek to {}",tp,offset);
      restoreConsumer.seek(tp, offset);
    } else {
      log.info("{},restoreActiveState seek to begnning", tp);
      restoreConsumer.seekToBeginning(tp);
    }
    log.info("{},position now: {}", tp, restoreConsumer.position(tp));
    long limit = offsetLimit(tp); // 最多恢复到limit位置
    while (true) {
      long offset = 0L;
      ConsumerRecords records = estoreConsumer.poll(100);
      for (ConsumerRecord record : records.records(tp)) {
        offset = record.offset();
        if (offset >= limit) break;
        log.info("{},restore state, k:{}, v:{}", tp,
          new String(record.key()), record.value());
        restoreCallback.restore(record.key(), record.value());
      }
      if (offset >= limit) break;
      else if (restoreConsumer.position(tp) == endOffset) break;
    }
    // 记录从变更日志分区已经恢复成功的偏移量，写入检查点文件时，会使用该变量
    long newOffset=Math.min(limit,restoreConsumer.position(tp));
    restoredOffsets.put(tp, newOffset);
    log.info("{},restore current offset:{}", tp, newOffset);
    restoreConsumer.assign(Collections.<TopicPartition>emptyList());
  }

  public void close(Map<TopicPartition, Long> ackedOffsets) {
    Map<TopicPartition, Long> checkpointOffsets = new HashMap<>();
    for (String storeName : stores.keySet()) {
      TopicPartition tp=new TopicPartition(changelog,defaultPartition);
      if (stores.get(storeName).persistent()) {
        Long offset = ackedOffsets.get(tp);
        if (offset != null) checkpointOffsets.put(tp, offset + 1);
        else checkpointOffsets.put(tp, restoredOffsets.get(tp));
      }
    }
    OffsetCheckpoint checkpoint = new OffsetCheckpoint(...);
    checkpoint.write(checkpointOffsets);
  }
}
```

任务关闭时，调用状态管理器的close()方法，会将最新的检查点写入检查点文件。关闭流任务时，会使用记录收集器的“应答偏移量”（ackedOffsets）作为分区的检查点；关闭备份任务时，则使用“恢复偏移量”（restoredOffsets）作为分区的检查点。备份任务在运行过程中，只要其他流实例的流任务往变更日志主题新增了数据，备份任务的“恢复消费者”在将变更日志主题的分区恢复到本地状态存储后，就会更新“恢复偏移量”。

如图9-50所示，流任务TaskId0将拓扑的计算结果发送到输出主题的分区T2P0，将状态存储的更新结果发送到变更日志主题的分区T3P0。流任务在收到发送的响应结果后，会更新分区的应答偏移量，这里的应答偏移量表示生产记录在分区中的偏移量。备份任务与流任务不同，它在恢复状态存储后，分区的恢复偏移量值会加一。比如，流实例2的流任务写入一条消息到变更日志主题的分区T3P1时，它的记录收集器会将分区T3P1的应答偏移量更新为0。同时，流实例1的备份任务TaskId1在恢复状态存储后，分区T3P1的恢复偏移量会更新为1。

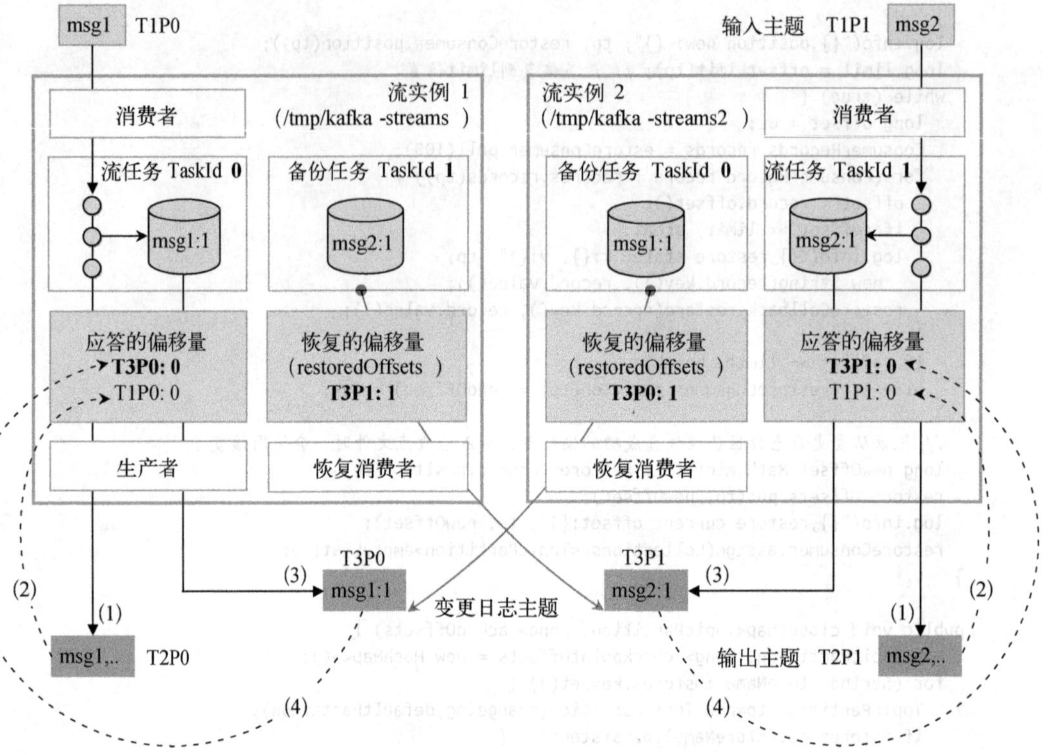

图9-50　流任务的应答偏移量与备份任务的恢复偏移量

如图9-51所示，当发生再平衡操作或者流处理应用程序挂掉后，两个流实例上的每个任务都会将分区的应答偏移量或者恢复偏移量写入检查点文件。写入时应答偏移量需要加一，恢复偏移量不需要加一。

"流分区分配器"虽然可以同时为流任务和备份任务分配输入主题的分区，但是只有流任务才会轮询输入主题的分区，备份任务只会分配到变更日志主题的分区。下面列举了流任务和备份任务的几个不同点。

- 流任务轮询输入主题的分区，并将拉取的每条消费记录执行流处理的拓扑，备份任务不会执行拓扑。
- 流任务采用订阅模式动态获取输入主题的分区，备份任务采用分配模式静态分配变更主题的分区。

- 备份任务与状态存储有关，如果流处理应用程序没有定义状态存储，则流线程不会创建备份任务。

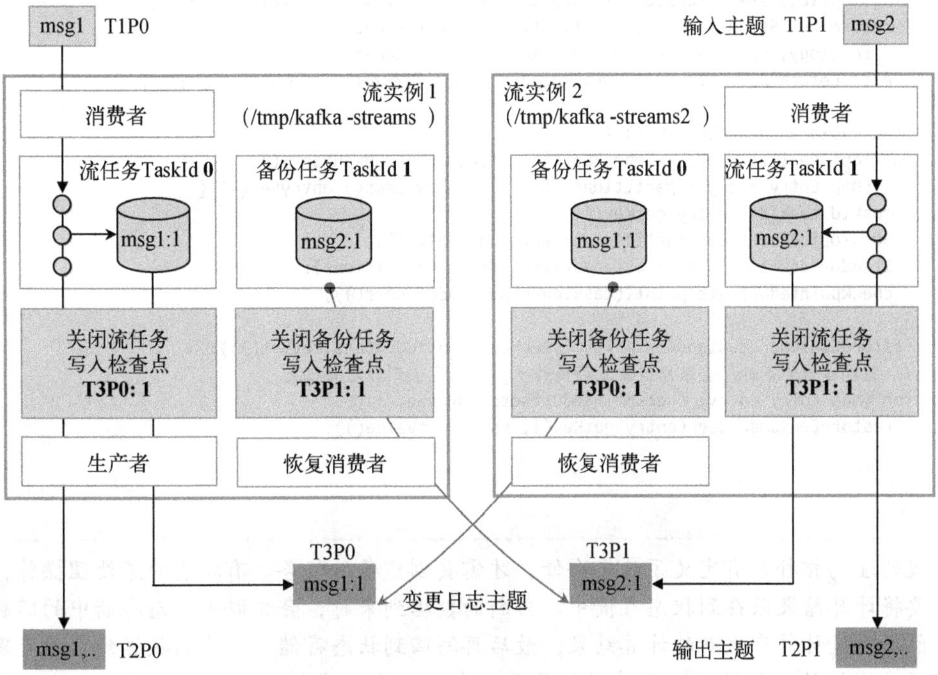

图9-51 关闭任务时，将偏移量写入检查点文件

4. 备份任务

活动任务和备份任务对应存在两种消费者：使用订阅API（subscribe）处理拓扑的活动消费者（consumer）、使用分配API（assign）恢复状态存储的消费者（restoreConsumer）。虽然“流分区分配器”也会将输入主题的分区分配给备份任务，但是备份任务并不会去轮询输入主题的分区数据。备份任务还会分配到变更日志主题的分区，它会真正去轮询变更日志主题的分区数据。

变更日志主题、主题存储、检查点文件这几个组件都和恢复状态存储有关。状态存储的名称会作为变更日志主题名称的一部分，检查点文件对应的分区就是变更主题的分区。比如，流处理应用程序的名称为wc，状态存储的名称是Counts，对应的变更主题的名称为wc-Counts-changelog。

流任务的消费者处理完一条记录时，会更新输入主题分区的偏移量，它表示输入主题的处理进度（consumedOffset）。备份任务的“恢复消费者”没有使用拓扑处理输入主题，但同步了其他流实例的状态存储（变更日志主题），它使用restoredOffset表示分区的恢复进度。上一节中，我们知道因为流任务和备份任务最终分别将变更日志主题分区的“应答偏移量”（ackedOffsets）和“恢复偏移量”写入检查点文件，所以流线程在重新创建流任务时，会从检查点文件恢复状态存储。流线程重新创建备份任务时，需要读取检查点文件，并用检查点文件的分区列表作为分配给“恢复消费者”的最新分区。相关代码如下：

```
public class StreamThread extends Thread {
  StandbyTask createStandbyTask(TaskId id, Set<TopicPartition> partitions) {
    ProcessorTopology topology = builder.build(id.topicGroupId);
    if (!topology.stateStoreSuppliers().isEmpty()) { // 定义状态存储时才会创建
      return new StandbyTask(id, applicationId, partitions,
        topology, consumer, restoreConsumer, config, sensors);
    } else return null; // 如果流处理的拓扑没有定义状态存储，则不会创建备份任务
  }
  private void addStandbyTasks() {
    Map<TopicPartition, Long> checkpointedOffsets = new HashMap<>();
    for (Map.Entry entry : partitionAssignor.standbyTasks().entrySet()) {
      TaskId taskId = entry.getKey();
      Set<TopicPartition> partitions = entry.getValue();
      StandbyTask task = createStandbyTask(taskId, partitions);
      checkpointedOffsets.putAll(task.checkpointedOffsets());
    }
    restoreConsumer.assign(new ArrayList(checkpointedOffsets.keySet()));
    // 创建备份任务时，会根据检查点的偏移量，直接定位到指定的位置
    for (Map.Entry entry: checkpointedOffsets.entrySet()){
      restoreConsumer.seek(entry.getKey(), entry.getValue());
    }
  }
}
```

注意：流处理的拓扑只有定义了状态存储，才需要创建备份任务。有状态的流处理操作，才需要将计算结果保存到状态存储中。当新的数据到来时，会先取出状态存储中的旧数据，然后经过计算产生新的计算结果，最后再写回到状态存储。下次新数据到来的处理方式还是这样的。如果流处理的操作是无状态的，比如映射（map）、过滤（filter）和转换（transform），则不需要状态存储，因为这样的操作对于不同的数据而言没有关联性。而有状态的操作对于不同的数据是有关联的。

流线程在运行时，除了调用流任务的process()方法进行拓扑处理外，还会更新备份任务的状态："恢复的消费者"（restoreConsumer）会轮询变更日志主题的分区数据，并调用备份任务的update()方法更新备份任务的状态存储。备份任务会使用状态存储的回调类（StateRestoreCallback）调用其restore()方法，该方法会将传入的键值记录添加到本地状态存储中，最后更新恢复进度（restoredOffsets）。相关代码如下：

```
public class StreamThread extends Thread { // 流线程更新备份任务
  Consumer<byte[], byte[]> restoreConsumer;

  private void maybeUpdateStandbyTasks() {
    ConsumerRecords<byte[], byte[]> records = restoreConsumer.poll(0);
    for (TopicPartition partition : records.partitions()) {
      StandbyTask task = standbyTasksByPartition.get(partition);
      task.update(partition, records.records(partition));
    }
  }
}
```

```
public class StandbyTask extends AbstractTask {
  public void update(TopicPartition tp, List records) {
    stateMgr.updateStandbyStates(partition, records); // 通过状态管理器更新状态
  }
}

public class ProcessorStateManager { // 状态管理器
  Map<String, StateRestoreCallback> restoreCallbacks;
  Map<TopicPartition, Long> restoredOffsets;

  public updateStandbyStates(TopicPartition p,List<ConsumerRecord> records){
    StateRestoreCallback restoreCallback=restoreCallbacks.get(p.topic());
    long lastOffset = -1L;
    for (ConsumerRecord<byte[], byte[]> record : records) {
      restoreCallback.restore(record.key(), record.value()); // 恢复数据
      lastOffset = record.offset();
    }
    restoredOffsets.put(p, lastOffset + 1); // 记录分区的恢复进度
  }
}
```

注意：restore单词可以译为“恢复”或者“重建”，重建表示在其他节点上重新创建备份数据/状态存储，恢复表示从变更日志主题中恢复数据（状态存储），两者的含义本质上是类似的。

备份任务通过restore()方法构建本地状态存储，它需要读取对应变更主题的分区记录；而流任务在自定义处理器中通过put()方法直接更新本地状态存储，不需要读取变更主题的记录，而是直接在处理节点处理完成后就地更新。如图9-52（左）所示，流任务往变更主题生产数据，备份任务就可以从变更主题中拉取数据，从而构建本地状态。如图9-52（右）所示，相同编号的备份任务和流任务不会在同一个流实例上。

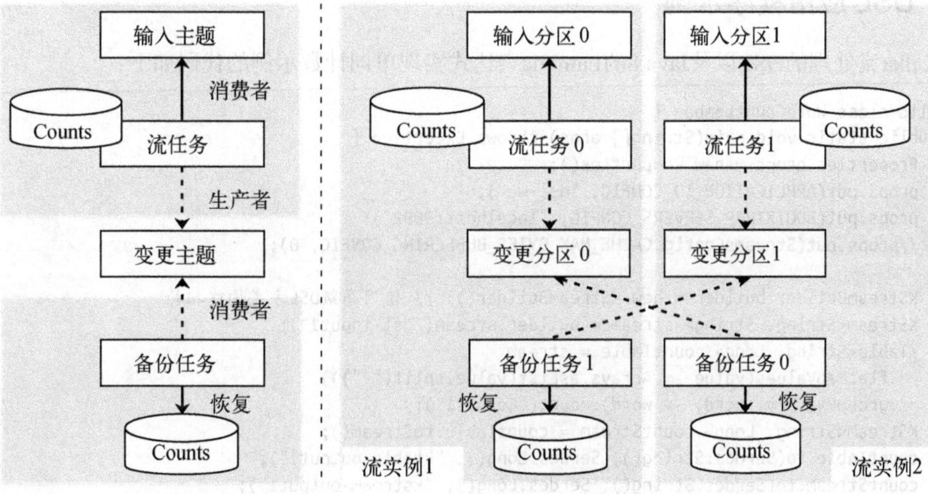

图9-52　流线程的流任务写入变更记录，备份任务读取变更记录

流实例的备份任务并不是必需的，如果流实例设置的备份任务数量等于0，或者只有一个流实例时，就不会有备份任务。只有同时满足“备份任务数量大于0”“至少有两个流实例”“流处理应用程序配置了状态存储”这3个条件，才会存在备份任务。即使没有备份任务，状态存储的数据也不会丢失，只不过恢复状态存储时，需要从变更日志主题的起始位置开始恢复状态存储。备份任务的作用是可以更快地恢复状态存储，本地状态的切换过程是非常快速的。因为备份任务会一直和活动流任务的本地状态保持同步，一旦活动的流任务不可用，备份任务就可以很快地成为活动的流任务。

本节分析了Kafka流处理线程模型的流任务和备份任务，以及它们和状态存储相关的流程。用户创建的流处理作业构建在流处理的线程模型之上，Kafka流处理提供两种API来开发流处理作业：低级Processor、构建在低级Processor上的高级流式DSL（high-level Streams DSL）。

9.2 高级流式 DSL

流处理的高级流式DSL（high-level Streams DSL）具有以下几个特点。

- 更简洁的代码，尤其是使用Java 8的Lambda表达式时，代码量会非常简洁。
- 内置了常用的流处理算子操作，比如映射、过滤、选择键、分组、分支和遍历等。
- 支持有状态的算子操作，比如Count、Reduce、Aggregate、Window等。
- 区分记录流（record stream）和变更流（changelog stream）。
- 支持交互式查询（interactive query），允许查询本地或全局的状态存储。
- “连接”操作支持内连接、左连接、外连接，“窗口”操作支持翻滚窗口、滑动窗口和会话窗口等。

下面先使用流式DSL实现单词计数，然后分析流处理的两个重要概念：KStream和KTable。

9.2.1 DSL 应用程序示例

用Kafka流处理的DSL以及Java 8的Lambda表达式实现单词计数示例的代码如下：

```
public class WordCountLambda {
  public static void main(String[] args) throws Exception {
    Properties props = new Properties();
    props.put(APPLICATION_ID_CONFIG, "dsl-wc");
    props.put(BOOTSTRAP_SERVERS_CONFIG, "localhost:9092");
    //props.put(StreamsConfig.CACHE_MAX_BYTES_BUFFERING_CONFIG, 0);

    KStreamBuilder builder = new KStreamBuilder(); // 使用高级DSL方式构建拓扑
    KStream<String, String> stream = builder.stream("dsl-input1");
    KTable<String, Long> countTable = stream
      .flatMapValues(value -> Arrays.asList(value.split(" ")))
      .groupBy((key, word) -> word).count("Counts1");
    KStream<String, Long> countStream = countTable.toStream();
    countTable.to(Serdes.String(), Serdes.Long(), "ktable-output1");
    countStream.to(Serdes.String(), Serdes.Long(), "kstream-output1");

    KafkaStreams streams = new KafkaStreams(builder, props);
```

```
    streams.start();
  }
}
```

用Java 7实现时，主要是实现映射内部类的apply()方法，还要注意参数和返回值的类型：

```
KStream<String, String> stream = builder.stream("streams-input");
// Java 7：先按照值分组，然后对每个相同的值进行计数
KTable<String, Long> countTable = stream
  .flatMapValues(new ValueMapper<String, Iterable<String>>() {
    public Iterable<String> apply(String value) {
      return Arrays.asList(value.split(" "));
    }
  })
  .groupBy(new KeyValueMapper<String, String, String>() {
    public String apply(String key, String word) {
      return word;
    }
  }).count("Counts");
```

假设在应用程序启动之前，我们已经往只有一个分区的输入主题dsl-input1发送了3条消息：

```
$ bin/kafka-console-producer --broker-list localhost:9092 --topic dsl-input1
hello kafka
hello kafka streams
join kafka summit
```

然后启动上面的WordCountLambdaExample应用程序，并观察流处理过程产生的目录和文件：

```
$ ll /tmp/kafka-logs
dsl-input1-0                    // 输入主题
dsl-wc1-Counts1-changelog-0     // 变更日志主题
dsl-wc1-Counts1-repartition-0 // 重新分区的主题
kstream-output1-0               // KStream的输出主题
ktable-output1-0                // KTable的输出主题
$ tree /tmp/kafka-streams
kafka-streams
└─ dsl-wc1
   ├─ 0_0
   └─ 1_0
      ├─ .checkpoint            // 检查点文件
      └─ rocksdb
         └─ Counts1             // 主题存储
$ strings kafka-streams/dsl-wc1/1_0/.checkpoint
dsl-wc1-Counts1-changelog 0 6
```

接着通过控制台的消费者，检查两个输出主题以及两个内部主题的内容。其中，“重新分区主题”（dsl-wc1-Counts1-repartition）最先输出结果，并且和其他3个主题的数据都不一样：

```
$ bin/kafka-console-consumer.sh --new-consumer --from-beginning \
  --bootstrap-server localhost:9092 --topic dsl-wc1-Counts1-repartition \
  --property print.key=true --property key.separator=":"
hello:hello
kafka:kafka
hello:hello
```

```
kafka:kafka
streams:streams
join:join
kakfa:kakfa
summit:summit
```

查看两个输出主题以及变更日志主题（dsl-wc1-Counts1-changelog）的输出结果，发现它们都相同：

```
$ bin/kafka-console-consumer.sh --new-consumer --from-beginning \
  --bootstrap-server localhost:9092 --topic dsl-wc1-Counts1-changelog \
  --property print.key=true --property key.separator=":" --property \
  value.deserializer=org.apache.kafka.common.serialization.LongDeserializer
hello:2      # 偏移量等于0
streams:1
join:1
kafka:3
summit:1     # 偏移量等于5，下一个偏移量等于6，即检查点文件的值
```

假设在应用程序启动之后才开始发送数据，并且为了保证输入主题的每条新记录都能被框架立即处理，可以设置缓存大小（CACHE_MAX_BYTES_BUFFERING_CONFIG）等于0。接着，再次通过控制台的消费者查看，会发现“重新分区主题”的内容没有变化，但是两个输出主题以及变更日志主题的结果则发生了变化：

```
# 查看kstream-output1/ktable-output1/dsl-wc1-Counts1-changelog的内容
hello   1   # 偏移量等于0
kafka   1
hello   2
kafka   2
streams 1
join    1
kafka   3
summit  1   # 偏移量等于7，下一个偏移量等于8，即检查点文件的值

# 由于dsl-wc1-Counts1-changelog主题现在有
$ strings kafka-streams/dsl-wc1/1_0/.checkpoint
dsl-wc1-Counts1-changelog 0 8
```

在上面的代码示例中，除了用来构建拓扑的KStreamBuilder外，另外两个非常重要的对象就是KStream和KTable，这两个对象是流处理DSL定义的抽象接口。KStream可以认为类似于分布式数据库的提交日志（即使键已经存在，也是插入），它是一种不可变数据的记录流（record stream）。KTable可以认为是类似于关系型数据库的表（如果键已经存在，则是更新；如果键不存在，则是插入），它是一种可以更新数据的变更流（changelog stream）。

9.2.2　KStream 和 KTable

下面用网站访问的两种相关场景来帮助读者理解KStream和KTable这两个概念。KStream可以类比为用户点击网页的事件，事件流的每个事件都是针对用户在不同时间点的行为记录，所以这是一种记录流。比如，用户1先后访问了/home?user=1和/profile?user=1页面，即使访问相同的页面，时间可能也不同，都应该当作不同的事件：

```
1 => {"time":1440557381, "user_id":1, "url":"/home?user=1"}
5 => {"time":1440557382, "user_id":5, "url":"/home?user=5"}
2 => {"time":1440557383, "user_id":2, "url":"/profile?user=2"}
1 => {"time":1440557385, "user_id":1, "url":"/profile?user=1"}
```

KTable可以类比为用户更新个人的邮箱地址，每个用户只允许设置一个邮箱，新的邮箱设置会覆盖旧的邮箱，用户也可以删除关联的邮箱。每一次更新动作都会覆盖之前的动作，所以这是一种变更流：

```
1 => {"time":1440557381, "user_id":1, "email":"user1@gmail.com"}
5 => {"time":1440557382, "user_id":5, "email":"user5@gmail.com"}
2 => {"time":1440557383, "user_id":2, "email":"user2@yahoo.com"}
1 => {"time":1440557385, "user_id":1, "email":"user1@yahoo.com"}
2 => {"time":1440557386, "user_id":2, "email":null}
```

变更流（KTable）和记录流（KStream）两者可以互相转换，它们的关系如下所示。

- 将“数据流”当做“表”：数据流可以认为是一张表的变更记录，数据流中的每条记录表示捕获表的状态变更事件。把流当成表时，可以通过从头到尾重放所有的变更记录，构造一张真正的表。
- 将“表”当做“数据流”：表可以看做在某一个时刻数据流中每个键对应最新值的快照。把表当成流时，通过迭代表中的每一个键值条目，就可以将其转成数据流（键只有最新值，没有历史值）。

如图9-53所示，每条新的消息都会更新表（KTable），灰色部分表示当前消息对应表中的最新值。因为表也叫作变更流（changelog stream），所以**每次更新表，都会发送最新的键值记录给流处理内部的变更日志主题，每一条发送到变更日志主题的记录就组成了一个变更日志流**。在前面的示例中，如果缓存为0，两个输出主题（ktable-output1和kstream-output1）和变更日志主题（dsl-wc1-Counts1-changelog）的输出结果完全一致。

实际上，调用KTable的to()方法会调用到KStream的to()方法，所以查看两个输出主题的结果，并不能看出两者的不同点。下面我们分别调用KStreamBuilder的table()和stream()方法读取不同的输出主题，并且去掉缓存等于0的设置：

```java
public class WordCountDuality {
  public static void main(String[] args) throws Exception {
    Properties props = new Properties();
    props.put(APPLICATION_ID_CONFIG, "dsl-wc2");
    props.put(COMMIT_INTERVAL_MS_CONFIG, 15000); // 提交间隔为15秒
    KStreamBuilder builder = new KStreamBuilder();
    builder.table("ktable-output1", "Counts2").print();
    builder.stream("kstream-output1").print();
    KafkaStreams streams = new KafkaStreams(builder, props);
    streams.start();
    Thread.sleep(40000L);
    streams.close();
  }
}
```

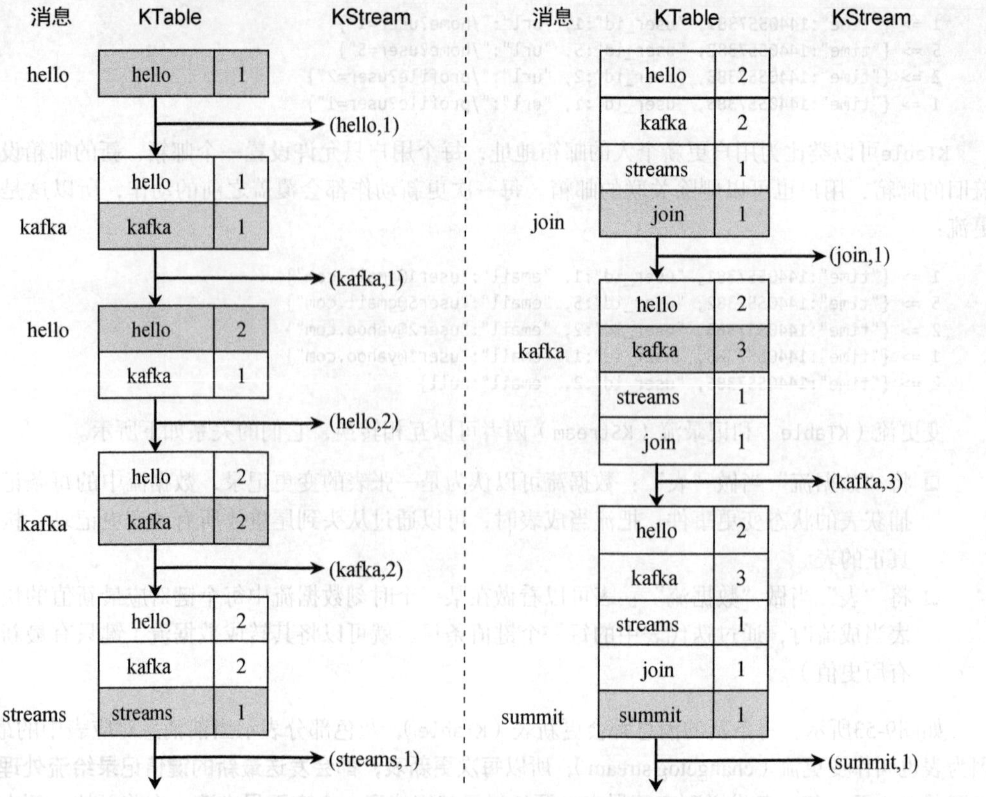

图9-53　单词计数示例的KTable和KStream数据产生过程

注意：虽然两个输出主题的内容完全一样，可以让table()方法和stream()方法读取同一个输出主题，但是这样会报错：输出主题已经被其他源节点注册过了。

如表9-3所示，虽然在代码中先打印了KTable，但是结果却是KStream先输出。另外，注意KStream和KTable名称中的编号，KTable是0001，KStream是0003。这就意味着，高级DSL和低级Processor类似，它也有自己的DAG拓扑图构建方式。

表9-3　控制台、KStream、KTable的输出结果

控制台的消费者	KStream的打印结果	KTable的打印结果
hello: 1	[KSTREAM-SOURCE-0003]: hello, 1	[KTABLE-SOURCE-0001]: hello, (2<-null)
kafka: 1	[KSTREAM-SOURCE-0003]: kafka, 1	[KTABLE-SOURCE-0001]: streams, (1<-null)
hello: 2	[KSTREAM-SOURCE-0003]: hello, 2	[KTABLE-SOURCE-0001]: join, (1<-null)
kafka: 2	[KSTREAM-SOURCE-0003]: kafka, 2	[KTABLE-SOURCE-0001]: kafka, (3<-null)
streams: 1	[KSTREAM-SOURCE-0003]: streams, 1	[KTABLE-SOURCE-0001]: summit, (1<-null)
join: 1	[KSTREAM-SOURCE-0003]: join, 1	
kafka: 3	[KSTREAM-SOURCE-0003]: kafka, 3	
summit: 1	[KSTREAM-SOURCE-0003]: summit, 1	

如图9-54所示，第一个程序的检查点文件记录了变更日志主题的检查点。第二个程序虽然有状态存储，但因为在KTable上没有相关的流处理转换操作，所以检查点文件的偏移量等于0。

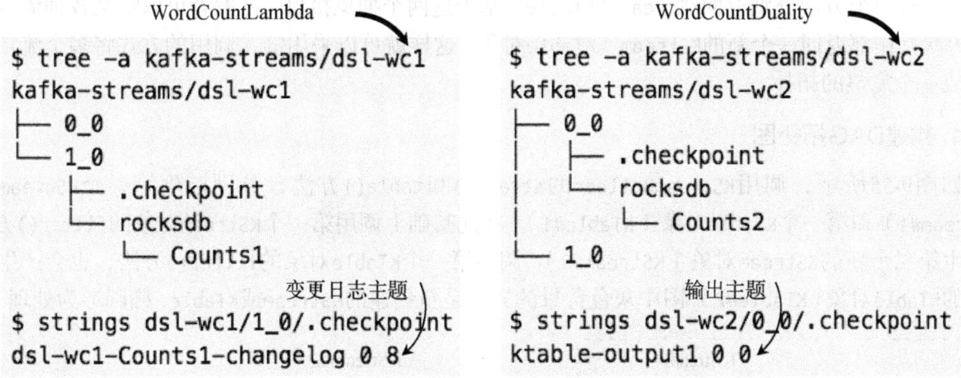
WordCountLambda
$ tree -a kafka-streams/dsl-wc1
kafka-streams/dsl-wc1
├── 0_0
└── 1_0
├── .checkpoint
└── rocksdb
└── Counts1
变更日志主题
$ strings dsl-wc1/1_0/.checkpoint
dsl-wc1-Counts1-changelog 0 8
WordCountDuality
$ tree -a kafka-streams/dsl-wc2
kafka-streams/dsl-wc2
├── 0_0
├── .checkpoint
└── rocksdb
└── Counts2
└── 1_0
输出主题
$ strings dsl-wc2/0_0/.checkpoint
ktable-output1 0 0

图9-54　高级流式DSL的状态存储与检查点文件

低级Processor中的处理节点除了将计算结果写入状态存储和变更日志主题外，还会发送到下游的处理节点。如果下游处理节点是一个目标节点，那么实际上处理节点的计算结果也会发送给输出主题。高级DSL隐含了处理节点的概念，但是把处理节点的相关计算逻辑暴露给开发者。实际上，高级DSL的工作流程仍然复用了低级Processor的工作流程。

通过KStreamBuilder的stream()方法或者table()方法，可从输入主题中创建对应的KStream和KTable实例。stream()方法可以指定多个输入主题，而table()只允许指定一个输入主题。另外，table()方法还需要指定一个状态存储的名称。相关代码如下：

```
public class KStreamBuilder extends TopologyBuilder {
  // 从一个或多个输入主题构造一个KStream
  public <K, V> KStream<K, V> stream(String... topics) {
    String name = newName(KStreamImpl.SOURCE_NAME);
    addSource(name, topics);
    return new KStreamImpl(this,name,Collections.singleton(name),false);
  }
  // 从一个输入主题和状态存储名称构造一个KTable
  public KTable<K, V> table(String topic, final String storeName) {
    String source = newName(KStreamImpl.SOURCE_NAME);
    String name = newName(KTableImpl.SOURCE_NAME);
    ProcessorSupplier<K,V> supplier = new KTableSource(storeName);
    addSource(source, topic);
    addProcessor(name, supplier, source);

    KTable kTable = new KTableImpl(this,name,supplier,source,storeName);
    StateStoreSupplier store = new RocksDBKeyValueStoreSupplier(storeName);
    addStateStore(store, name);
    connectSourceStoreAndTopic(storeName, topic);
    return kTable;
  }
}
```

9

KStreamBuilder的stream()方法和table()方法实际上是高级DSL处理拓扑的入口，两者都会从输入主题中创建源处理节点。不同的是后者还会创建KTableSourceProcessor处理节点，并关联上本地状态存储。这两个方法分别返回KStream和KTable，基于这两个抽象接口，开发者可以定义各种流转换操作，每次操作都返回一个新的KStream或KTable对象，这样就可以采用链式调用的方式将多个流转换操作组成一个完整的拓扑。

1. 构建DAG拓扑图

如图9-55所示，调用KStreamBuilder的stream()和table()方法，分别产生第一个KStream对象（KStream#1）和第一个KTable对象（KTable#1）。在此基础上调用第一个KStream对象的filter()方法，会产生第二个新的KStream对象（KStream#2）。调用第一个KTable对象的filter()方法，也会产生第二个新的KTable对象（KTable#2）。图中灰色背景的方框是新创建的KStream或KTable，椭圆形为处理节点。

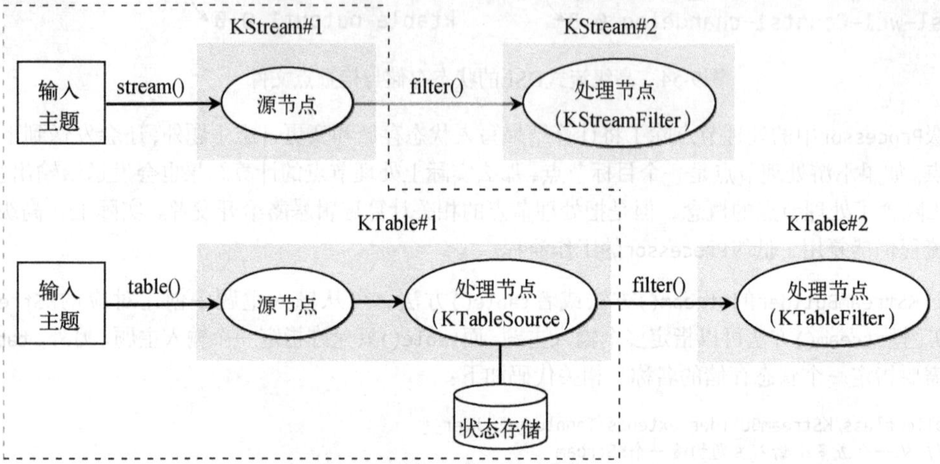

图9-55　拓扑的每次转换操作都会创建新的KStream或KTable对象

如表9-4所示，KStream和KTable已经内置了一些流处理常见的转换操作，这里仅列举了与状态无关的操作算子。由于KStream和KTable都是泛型接口，所以开发者提供给不同算子的参数需要指定输入和输出的键值类型。以map()操作为例，输入键值类型是<K,V>，输出类型是<K1,V1>。

表9-4　KStream和KTable的流转换操作、参数、输出类型、处理节点

算子类型	参　数	输出	KStream Processor	KTable Processor
filter	Predicate<K,V>	<K,V>	KStreamFilter	KTableFilter
filterNot	Predicate<K,V>	<K,V>	KStreamFilter	KTableFilter
map	KeyValueMapper<K,V, KeyValue<K1,V1>>	<K1,V1>	KStreamMap	
mapValues	ValueMapper<V,V1>	<K,V1>	KStreamMapValues	KTableValues
flatMap	KeyValueMapper<K,V>,Iterable<KeyValue<K1,V1>>>	<K1,V1>	KStreamFlatMap	
flatMapValues	ValueMapper<V,Iterable<V1>>	<K,V1>	KStreamFlatMapValues	
branch	Predicate<K, V>...	<K,V>[]	KStreamBranch	

（续）

算子类型	参 数	输出	KStream Processor	KTable Processor
foreach	ForeachAction<K, V>	void	KStreamPeek	KStreamPeek
peek	ForeachAction<K, V>	<K,V>	KStreamPeek	
transform	TransformerSupplier<K,V, KeyValue<K1,V1>>	<K1,V1>	KStreamTransform	
transformValues	ValueTransformerSupplier<V, V1>	<K,V1>	KStreamTransformValues	
selectKey	KeyValueMapper<K,V, K1>	<K1,V>	KStreamMap	
groupBy	KeyValueMapper<K,V, K1>	<K1,V>	**KGroupedStream**	KGroupedTable

注意：对KStream进行分组（groupBy）的参数类型是KeyValueMapper<K,V, K1>。对KTable进行分组的参数类型是KeyValueMapper<K,V, KeyValue<K1,V1>>。

如图9-56所示，左侧是流转换操作，右侧是对应的拓扑。虽然流转换时可能会生成不同的对象（比如KStream、KGroupedStream和KTable），但是最终的流处理拓扑总是只有一个。注意，有些转换操作可能不会添加处理节点到拓扑中，比如groupByKey()方法仅仅创建了KGroupedStream。

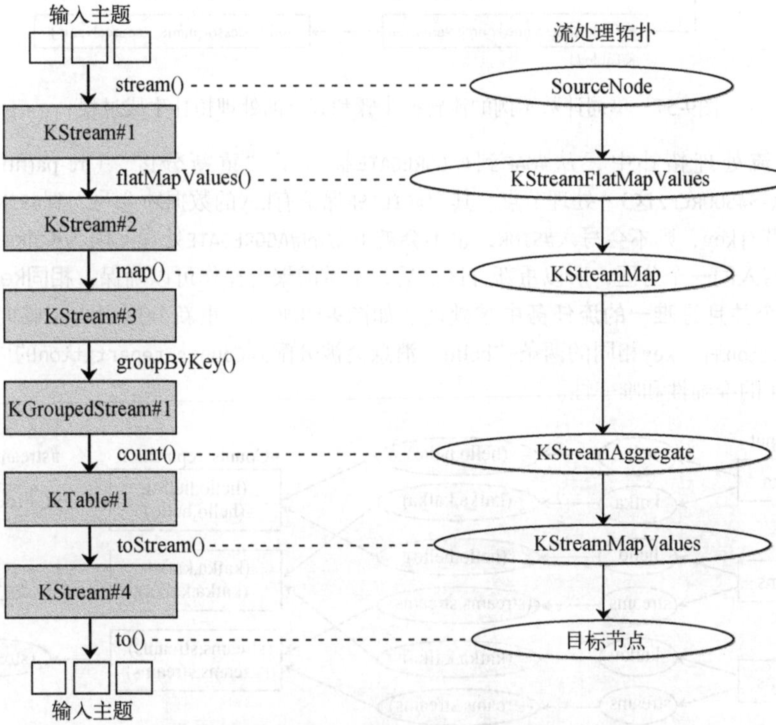

图9-56 流转换操作和对应拓扑处理节点的构造

如图9-57所示，第一列是流转换操作，第二列是生成的KStream、KTable或KGroupedStream对象，第三列是添加处理节点到拓扑的构造过程，第四列是处理拓扑DAG图的最终表现形式。

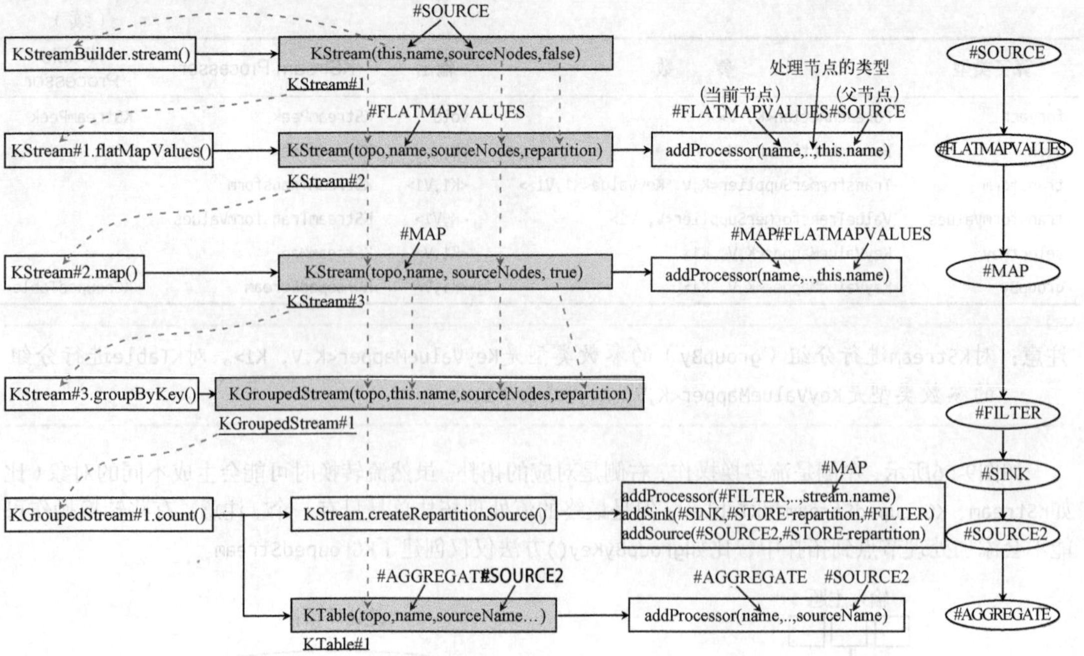

图9-57　单词计数示例的流转换步骤和底层的处理拓扑生成过程

在上面的流处理拓扑中，从`#MAP`到`#AGGREGATE`插入了"重新分区"（re-partition）需要的`#FILTER->#SINK->#SOURCE2`这3个处理节点。其中`#FILTER`保证有key的数据才会写入到`#SINK`中，如果上游传入的记录没有key，则不会写入`#SINK`，也不会被下游的`#AGGREGATE`处理。因为**Kafka保证相同key的消息总是会写入同一个分区**，所以重新分区之后，下游的聚合操作可以确保：**相同key的不同消息一定会在同一个并且是唯一的流任务中被处理**。如图9-58所示，重新分区引入了临时的内部主题`Counts-repartition`后，key相同的两条"hello"消息会被分配到`Counts-repartition`的同一个分区，保证了聚合操作的准确性和唯一性。

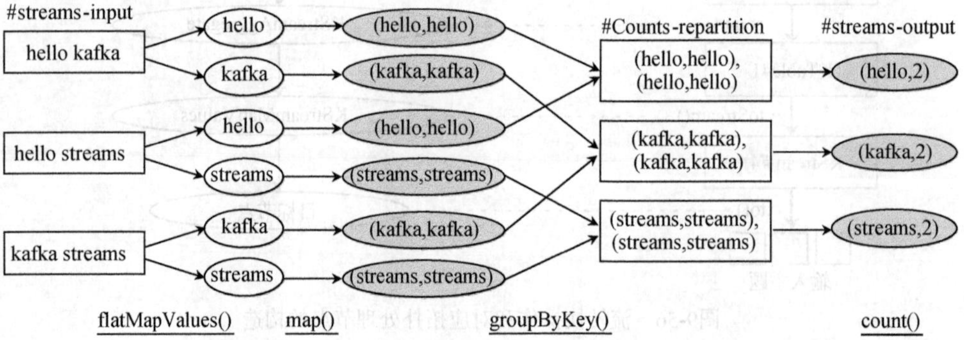

图9-58　聚合操作的重新分区先写入到临时内部主题

注意：画流处理的DAG拓扑图时，使用椭圆形代表处理节点。但在举例消息如何被处理时，则使用椭圆形表示消息的具体内容。如果是输入主题、输出主题、内部主题的消息，则用矩形表示。因为主题中的消息是一批批（batch）的，而主题中的消息是被一条条（tuple）处理并发送出去的。

前面分析了高级DSL的DAG拓扑图，下面仍然以单词计数为例，不过对每个步骤进行了分解。相关代码如下：

```
// 句子流
KStream<byte[], String> sentences = builder.stream(
  Serdes.ByteArray(), Serdes.String(), "sentence-topic");
// 将句子转成一个个单词
KStream<byte[], String> words = sentences.flatMapValues(
  value -> Arrays.asList(value.split("\\s+")));
words.to("word-input"); // 输出到新的主题，返回一个单词流
KStream<byte[], String> lowerWords = words.mapValues(
  value -> value.toLowerCase()); // 转换成小写
// 对键值进行转换，更改值的类型
KStream<String, Integer> _words2 = lowerWords.map(
  (key, value) -> KeyValue.pair(value, value.length()));
// 根据键分组
KGroupedStream<String,String> groups=lowerWords.groupBy((key,word)->word);
groups=lowerWords.groupBy((key,word) -> word);
groups=lowerWords.map((key,word)->KeyValue.pair(word,word)).groupByKey();
groups=lowerWords.selectKey((key,word) -> word).groupByKey();
// 对分组流（KGroupedStream）的每个单词进行计数
KTable<String, Long> counts = groups.count("Counts1");
// 对表进行过滤
KTable<String, Long> filter = counts.filter((key,value) -> value > 2);
KTable<byte[], String> table = builder.table( // 构造表
  Serdes.ByteArray(), Serdes.String(), "word-input", "wc-store");
// 对分组表（KGroupedTable）进行单词计数
counts = table.mapValues(value -> value.toLowerCase())
  .groupBy((key,value) -> KeyValue.pair(value, value))
  .count("Counts2");
```

上面的代码示例包含了KStream和KTable的常用操作。另外，KStream和KTable的分组操作对应KGroupedStream和KGroupedTable。接下来，按照无状态（stateless）和有状态（statefull）两种场景，分别分析几个主要操作的具体实现细节。

2. KStream的无状态操作

KStream的不同转换方法都对应了不同的处理节点。调用KStream的转换方法时，会将对应的处理节点添加到拓扑构建器（KStreamBuilder）中，并返回一个新的KStream对象。以映射操作为例，map()方法的“处理节点提供器”（实现了ProcessorSupplier接口的KStreamMap）对应的处理节点KStreamMapProcessor会加入拓扑。相关代码如下：

```
public class KStreamImpl<K, V> implements KStream<K, V> {
  public KStream<K,V> filter(Predicate<K,V> predicate) { // 过滤
    String name = topology.newName(FILTER_NAME);
    topology.addProcessor(name,new KStreamFilter(predicate,false),name);
    return new KStreamImpl(topology,name,sourceNodes,repartition);
  }
  // 映射，输入类型是<K,V>，输出类型是<K1,V1>
  public KStream map(KeyValueMapper<K,V, KeyValue<K1,V1>> mapper) {
    String name = topology.newName(MAP_NAME);
    topology.addProcessor(name, new KStreamMap(mapper), this.name);
    return new KStreamImpl(topology, name, sourceNodes, true);
  }
  public KStream<K,V1> flatMapValues(ValueMapper<V,Iterable<V1>> mapper){
    String name = topology.newName(FLATMAPVALUES_NAME);
    topology.addProcessor(name,new KStreamFlatMapValues(mapper),this.name);
    return new KStreamImpl<>(topology,name,sourceNodes,repartition);
  }
  public KGroupedStream<K, V> groupByKey() { // 根据键进行分组
    return new KGroupedStreamImpl<>(topology,name,sourceNodes,repartition);
  }
}
```

不同转换操作在处理器process()方法中的处理逻辑是：调用“自定义映射类”（mapper）的apply()方法，传入类型为<K,V>的输入键值，返回不同的输出键值类型。然后处理器调用上下文的forward()方法，把输出键值转发到DAG拓扑图的下游节点。下面列举了两种转换操作的特点。

- map()的输入键值是K,V，输出键值是K1,V1，处理器将每条输出键值转发到下游节点。
- flatMapValues()操作的输入值是V，输出值是V1的迭代器，处理器会把迭代器的所有键值都转发到下游节点。

相关代码如下：

```
class KStreamMap<K, V, K1, V1> implements ProcessorSupplier<K, V> {
  private final KeyValueMapper<K, V, KeyValue<K1, V1>> mapper;
  private class KStreamMapProcessor extends AbstractProcessor<K, V> {
    public void process(K key, V value) {
      KeyValue<K1, V1> newPair = mapper.apply(key, value);
      context().forward(newPair.key, newPair.value);
    }
  }
}
class KStreamFlatMapValues<K, V, V1> implements ProcessorSupplier<K, V> {
  private final ValueMapper<V, ? extends Iterable<V1>> mapper;
  public Processor<K,V> get() {return new KStreamFlatMapValuesProcessor();}
  private class KStreamFlatMapValuesProcessor extends AbstractProcessor<K,V>{
    public void process(K key, V value) {
      Iterable<V1> newValues = mapper.apply(value);
      for (V1 v : newValues) context().forward(key, v);
    }
  }
}
```

自定义映射类是由开发者的流处理应用程序实现的，比如将字符串转为小写、将值作为键、计算字符串长度，这些都是用户定制的处理逻辑。如果只改变值，则使用值的映射器（ValueMapper）；如果键值都改变，则使用键值映射器（KeyValueMapper）。下面用Java 7的语法来改写几个示例，虽然这种写法比Java 8的Lambda表达式复杂，但是理解起来却更加容易：

```
KStream<byte[], String> sentenceStream = builder.stream(
  Serdes.ByteArray(), Serdes.String(), "input-topic");
// 输入类型：<byte[],String>, 输出类型：<String,Integer>
KStream<String, Integer> lengths = sentenceStream.map(
  new KeyValueMapper<byte[], String, KeyValue<String, Integer>>() {
    public KeyValue<String, Integer> apply(byte[] key, String value) {
      return new KeyValue<>(value.toLowerCase(), value.length());
    }
  });
// 输入类型：<byte[],String>, 输出类型：<byte[],String>
KStream<byte[], String> uppers = sentenceStream.mapValues(
  new ValueMapper<String, String>() {
    public String apply(String s) {
      return s.toUpperCase();
    }
  });
// 输入类型和输出类型都是<byte[],String>, 但是一个输入变成多个输出
KStream<byte[], String> splits = sentenceStream.flatMapValues(
  new ValueMapper<String, Iterable<String>>() {
    public Iterable<String> apply(String value) {
      return Arrays.asList(value.split(" "));
    }
});
// 输入类型是<byte[],String>, 输出类型是<String,Int>, 一个输入对应多个输出
KStream<String, Interger> pairs = sentenceStream.flatMap(
  new KeyValueMapper<byte[], String, Iterable<KeyValue<String, Integer>>>(){
    public Iterable<KeyValue<String,Integer>> apply(byte[] key,String value){
      String[] tokens = value.split("");
      List<KeyValue<String,Integer>> result = new ArrayList(tokens.length);
      for(String token: tokens) result.add(new KeyValue<>(token, 1));
      return result;
    }
  }
});
```

如图9-59所示，同一个数据经过4种不同的处理节点，输出结果的类型和数量都不一样。map()和mapValues()都只输出一个结果，flatMap()和flatMapValues()输出多个结果。map()和flatMap()可能改变键值的类型，mapValues()和flatMapValues()只会改变值的类型。

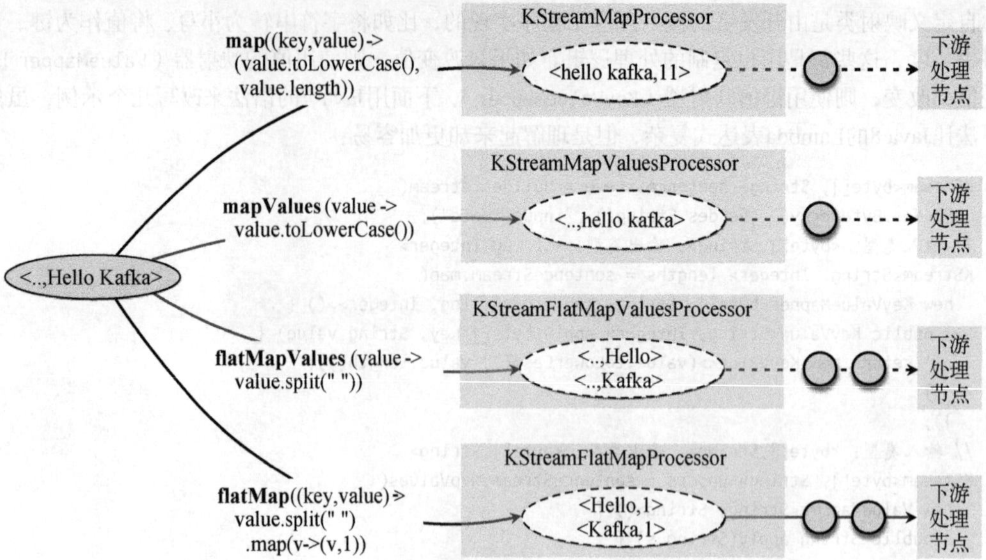

图9-59　相同的数据被不同的处理节点处理后，输出结果不一样

高级流式DSL的处理器和低级Processor的自定义处理器有很多共同之处。

- 执行完流式操作和自定义处理器后，都会调用上下文对象的forward()方法转发到下游处理节点。
- 对于有状态的操作，自定义Processor为处理节点关联状态存储，高级DSL使用KTable。

上面分析的几种操作都是无状态的，对KStream进行分组（groupByKey()或者groupBy()）后，可以调用一些聚合方法（计数、聚合、求和等）执行一些与状态存储相关的有状态操作。

3. KStream的有状态操作

KGroupedStream定义了多种聚合操作相关的方法，其中count()和reduce()是aggregate()方法的特殊实现。另外，应用程序也可以调用KStreamBuilder的table()方法生成一个KTable对象。这些方法的共同点是都需要指定状态存储的名称。相关代码如下：

```
class KGroupedStreamImpl<K, V> implements KGroupedStream<K, V> {
  // 本节开始的示例实际上和这里的count()方法类似
  public KTable<K, Long> count(final String storeName) {
    return aggregate(new Initializer<Long>() {
      public Long apply() { return 0L; }
    }, new Aggregator<K, V, Long>() {
      public Long apply(K aggKey, V value, Long aggregate) {
        return aggregate + 1; // 计数时，跟K和V都没有关系，只是加1
      }
    }, Serdes.Long(), storeName);
  }
  // count()、reduce()和aggregate()这3个方法都会调用doAggregate()
  public <T> KTable<K, T> aggregate(Initializer<T> initializer,
```

```
        Aggregator<K,V,T> aggregator,Serde<T> aggValueSerde,String store){
      return doAggregate(
        new KStreamAggregate(store, initializer, aggregator),
        AGGREGATE_NAME, keyValueStore(aggValueSerde, store));
    }
    private <T> KTable<K, T> doAggregate(
        KStreamAggProcessorSupplier<K, ?, V, T> aggregateSupplier,
        String functionName, StateStoreSupplier storeSupplier) {
      String aggFunctionName = topology.newName(functionName);
      String sourceName = repartitionIfRequired(storeSupplier.name());
      // 重新分区之后，将读取重新分区的源节点作为聚合节点的父节点
      topology.addProcessor(aggFunctionName, aggregateSupplier, sourceName);
      topology.addStateStore(storeSupplier, aggFunctionName); // 添加状态存储
      return new KTableImpl<>(topology,aggFunctionName,aggregateSupplier,
        sourceName, storeSupplier.name());
    }
    private String repartitionIfRequired(final String storeName) {
      if (!repartitionRequired) return this.name;
      return KStreamImpl.createReparitionedSource(this, storeName);
    }
  }
  // 创建重新分区的源节点
  public class KStreamImpl<K, V> implements KStream<K, V> {
    static <K1, V1> String createReparitionedSource(
        AbstractStream<K1> stream,String prefix){ // 重新分区
      String baseName = prefix != null ? prefix :stream.name;
      String repartitionTopic = baseName + REPARTITION_TOPIC_SUFFIX;
      String sinkName = stream.topology.newName(SINK_NAME);
      String filterName = stream.topology.newName(FILTER_NAME);
      String sourceName = stream.topology.newName(SOURCE_NAME);
      stream.topology.addInternalTopic(repartitionTopic);
      // 添加过滤、写入重新分区的目标节点、再次读取重新分区的源节点
      stream.topology.addProcessor(filterName,
        new KStreamFilter<>((k,v)->k!=null, false), stream.name);
      stream.topology.addSink(sinkName, repartitionTopic, filterName);
      stream.topology.addSource(sourceName, repartitionTopic);
      return sourceName;
    }
  }
```

注意： 流处理应用程序必须对KStream或者KTable先进行分组，再生成KGroupedStream或者KGroupedTable之后，才能调用聚合操作相关的方法。不能直接针对KStream或者KTable执行聚合操作。聚合操作都是有状态的操作，有状态指的是聚合操作关联了状态存储，但是这并不是说KStream或者KTable就没有状态存储。实际上，KTable即使没有聚合操作，也会关联状态存储。而且，KStream的连接操作也会关联状态存储。

执行聚合操作需要确保key相同的记录被放在一起处理，这也是必须先对KStream进行分组的目的。分组时，只是创建了一个KGroupedStream对象。真正对KGroupedStream执行聚合操作，并且保证相同key的所有记录被一起处理的动作，则在doAggregate()中完成。

聚合操作需要提供初始化算法（Initializer）和聚合算法（Aggregator），聚合操作都是有状态的，它对应的处理节点会关联一个状态存储。聚合操作处理器（KStreamAggregateProcessor）的process()方法每次处理一条记录的步骤如下。

(1) 根据记录的key从状态存储中获取旧的聚合值（oldAgg）。

(2) 如果状态存储中没有旧的聚合值，则调用初始化算法的apply()方法，为记录的key设置一个默认值。

(3) 如果记录的值不为空，则调用聚合算法的apply()方法生成新的聚合值。

(4) 将最新的聚合值保存到状态存储中，这一步还会将计算结果发送到变更日志主题。

以本节一开始的单词计数为例，因为处理前3条记录时，都没有从状态存储中查询到旧的聚合值，所以会调用初始化方法。另外，因为所有的记录都有值，所以处理这6条记录时，都会调用合并算法。相关代码如下：

```
public class KStreamAggregate<K, V, T> // 流的聚合
    implements KStreamAggProcessorSupplier<K, K, V, T> {
  private final String storeName;
  private final Initializer<T> initializer; // 初始化算法
  private final Aggregator<K, V, T> aggregator; // 聚合算法

  private class KStreamAggregateProcessor extends AbstractProcessor<K,V>{
    private KeyValueStore<K, T> store;
    private TupleForwarder<K, T> tupleForwarder;

    public void init(ProcessorContext context) { // 处理器的初始化方法
      super.init(context);
      store = (KeyValueStore<K, T>) context.getStateStore(storeName);
      tupleForwarder = new TupleForwarder<>(store,context,sendOldValues,
        new ForwardingCacheFlushListener<K, V>(context, sendOldValues));
    }
    public void process(K key, V value) {
      if (key == null) return; // 记录的键值正常情况下都不应该为空
      T oldAgg = store.get(key); // 获取状态存储中旧的聚合值
      if (oldAgg == null) oldAgg = initializer.apply(); // 初始化算法
      T newAgg = oldAgg; // 将旧的聚合值设置为新的聚合值，便于下一步统一操作
      if (value != null) newAgg = aggregator.apply(key, value, newAgg);
      store.put(key, newAgg); // 将最新的聚合结果更新到状态存储和变更日志主题
      tupleForwarder.maybeForward(key, newAgg, oldAgg); // 转发结果
    }
  }
}
```

如果将上面的聚合处理器与9.1节MyProcessor的process()方法进行比较，可以看到，这两个处理器都在初始化时获取状态存储，并在处理每条记录时更新状态存储。不同点是自定义处理器会定时调度punctuate()方法，而聚合处理器则通过一个“刷新记录的监听器”（FlushListener）在特定条件下将处理结果发送到下游的处理节点。这里的条件可能有多个，比如设置提交间隔或者设置缓存的大小，一旦条件满足，就会调用上下文的forward()方法进行转发。相关代码如下：

```
class TupleForwarder<K, V> { // 键值的转发器
  private final boolean cached; // 是否有缓存
  private final ProcessorContext context; // 上下文
  private final boolean sendOldValues; // 是否发送（状态存储中）旧的值

  public void maybeForward(K key, V newValue, V oldValue) {
    if (!cached) { // 只要与状态存储有关，转发的是一个Change对象
      if (!sendOldValues) context.forward(key, new Change<>(newValue, null));
      else context.forward(key, new Change<>(newValue, oldValue));
    }
  }
}
```

下面给出使用聚合方法实现单词计数的示例，它类似于调用KGroupedStream的count()方法：

```
KStream<String, Integer> wordCounts = ...;
KGroupedStream<String,Integer> groupedStream = wordCounts.groupByKey();
KTable<String, Integer> aggregated = groupedStream.aggregate(
  () -> 0, // 初始化
  (aggKey, newValue, aggValue) -> aggValue + newValue, // 加法
  "Counts"); // 状态存储
```

这个示例对KStream进行分组，如果将提交间隔设置为15秒，那么在最终的输出结果中，对于相同key的记录，也会输出多次（类似于9.2.2节中KStream的打印结果）。如表9-5所示，假设6条记录按照时间顺序（第一列）依次被处理。当记录的键不存在于状态存储（第六列）中时，会调用初始化方法（第四列）和加法（第五列）；否则，则只会调用加法。表中加粗的字体表示对状态存储进行添加或更新操作（如果键不存在，则是添加操作，键值都加粗；否则就是更新，只有值加粗）。

表9-5 KGroupedStream的聚合操作

KStream#1（wordcounts）			KGroupedStream#1(groupedStream)		KTable#1（aggregated）
时间	输入记录	分组方式	初 始 化	加 法	状 态
1	(hello,1)	(hello,1)	0 (for hello)	(hello, 0 + 1)	**(hello,1)**
2	(kafka, 1)	(kafka, 1)	0 (for kafka)	(kafka, 0 + 1)	(hello,1), **(kafka,1)**
3	(streams, 1)	(streams, 1)	0 (for streams)	(streams, 0 + 1)	(hello,1), (kafka,1), **(streams, 1)**
4	(kafka, 1)	(kafka, 1)		(kafka, 1 + 1)	(hello,1), (kafka,**2**), (streams, 1)
5	(kafka, 1)	(kafka, 1)		(kafka, 2 + 1)	(hello,1), (kafka,**3**), (streams, 1)
6	(streams, 1)	(streams, 1)		(streams, 1 + 1)	(hello,1), (kafka,3), (streams, **2**)

如图9-60所示，两条消息<hello,1>分组后的聚合计算结果分别是<hello,1>和<hello,2>。这里聚合计算的加法逻辑是：将状态存储中的旧值加上新传入的值。如果第一条消息是<hello,1>，第二条消息是<hello,3>，那么两次输出的聚合结果分别是<hello,1>和<hello,4>。

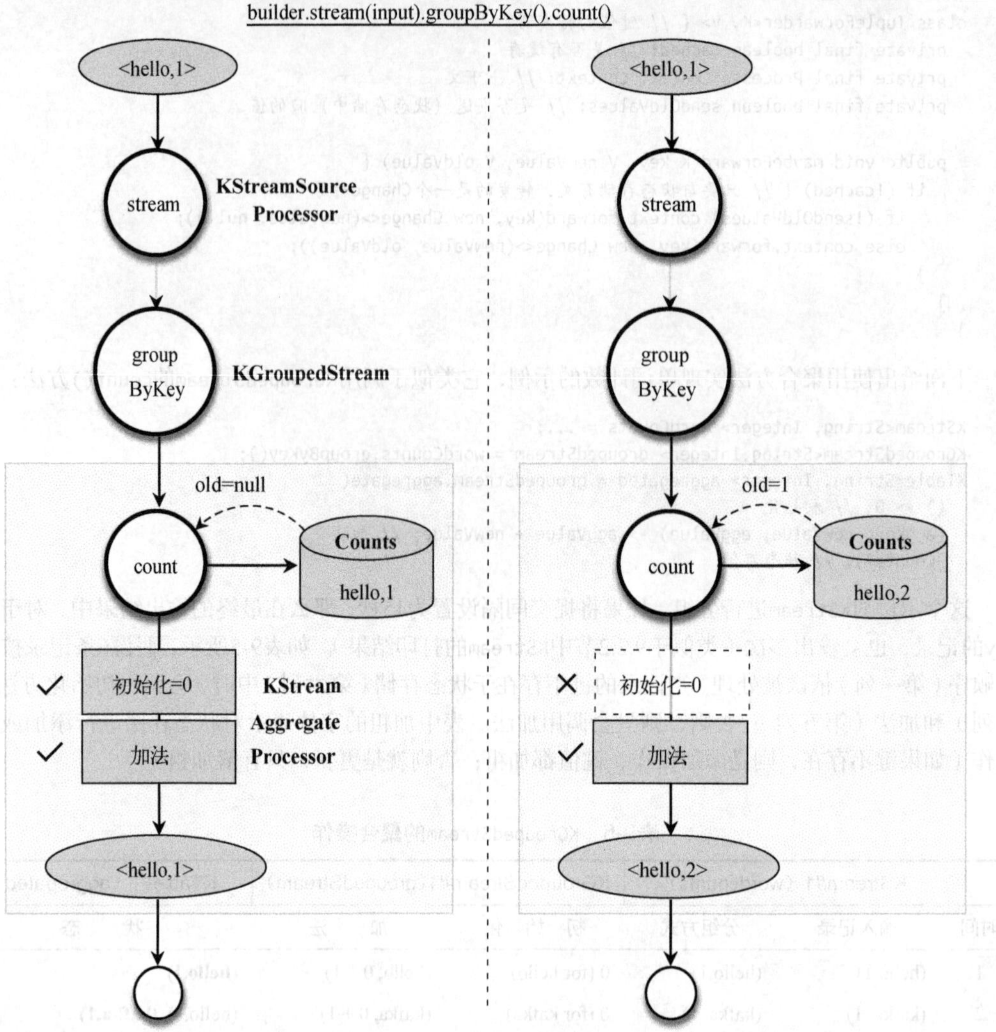

图9-60　KStream的聚合计算

前面只是从流处理的拓扑角度分析了KStream的两种操作类型，以及DAG拓扑图中上下游处理节点的关系。下面结合流处理的线程模型，分析有状态的聚合操作中与重新分区有关的实现细节。

4. 重新分区与流处理的计算模型

KStream在聚合操作之前需要先分组。Kafka流处理的分组聚合计算类似于Hadoop的MapReduce计算模型（简称MR模型）。如图9-61所示，MapReduce的主要工作流程为：每个Mapper读取各自输入分片的数据，并通过Shuffle将数据按照键发送到指定的Reducer。每个Reducer都会收到多个Mapper的输出结果，它会处理多个Mapper中相同键的所有记录。图9-61（左）有两个Reducer，图9-61（右）有三个Reducer，相同键的所有数据一定会被同一个Reducer处理。

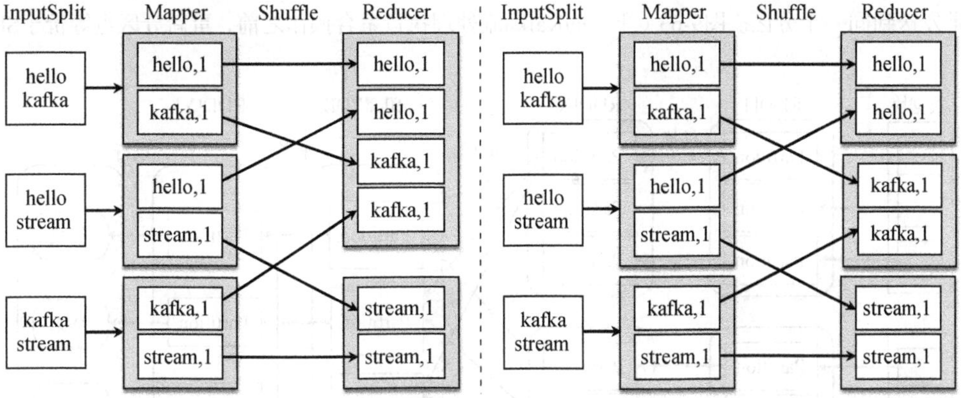

图9-61 Hadoop的经典MapReduce计算模型

将Kafka的流处理模型与MR模型进行对比，可以认为Kafka输入主题的分区对应Hadoop的输入分片，Kafka流处理的聚合操作对应Hadoop的Reducer，Kafka流处理在聚合操作之前的“处理节点链”（processor pipeline）可以简单认为对应了Hadoop的Mapper。

MR模型的Mapper处理完输入之后，会将计算结果写入本地磁盘的文件，然后由Reducer拉取多个Mapper的计算结果。如图9-62所示，Kafka流处理执行聚合计算前，也会将计算结果先分组，然后发送到“重分区主题”。接着，下游节点读取重分区主题，并执行聚合计算。Kafka流处理的聚合计算和Reducer类似：分组之后，相同key的所有消息进入同一个分区，从而被同一个流任务处理。

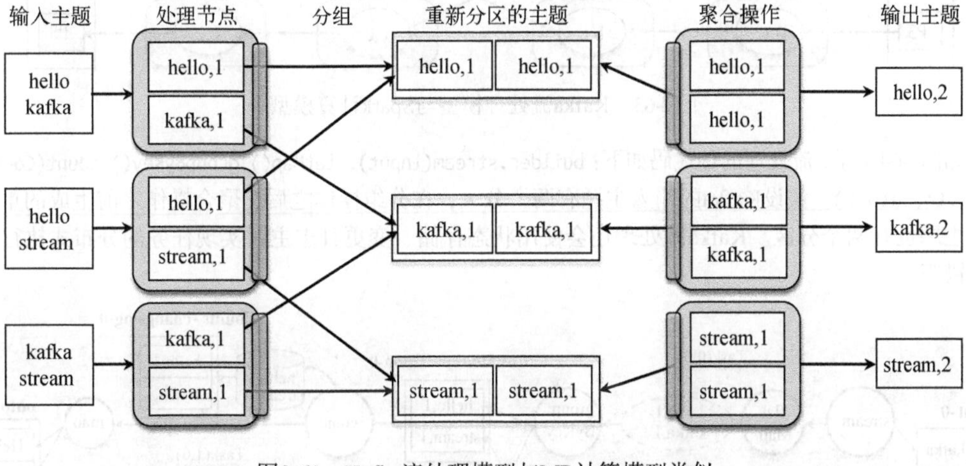

图9-62 Kafka流处理模型与MR计算模型类似

因为Hadoop的MR模型只能处理单个作业的输入和输出，它对迭代性的计算支持不是很好，所以诞生了基于DAG计算模型的Tez、Spark等新兴计算引擎，Kafka流处理的DAG拓扑图也和这些DAG计算模型类似。如图9-63（上）所示，以Spark为例，每个RDD的分区都有对应的输入数据块，RDD也可以经过链式转换。当需要在RDD上执行聚合操作时，Shuffle操作生成的`ShuffledRDD`确保相同键的所有记录发送到同一个分区。图9-63（下）的Kafka流处理执行聚合操作之前，重新分区也等价于Shuffle操作。

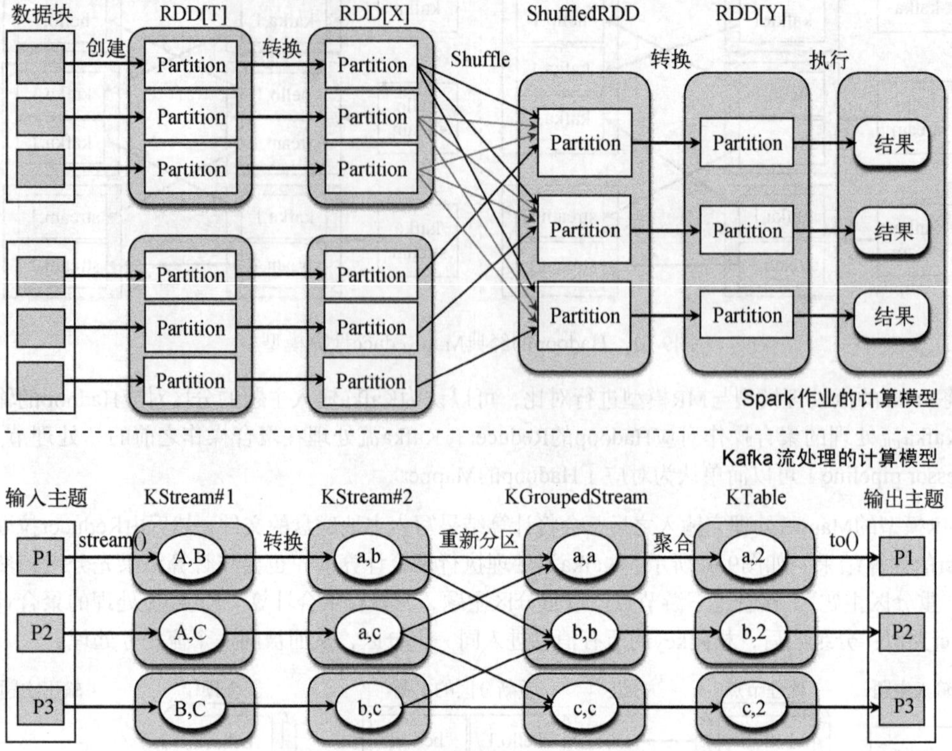

图9-63　Kafka流处理模型与Spark计算模型

如图9-64所示，流处理的伪代码如下：`builder.stream(input).flatMap().groupByKey().count(Counts).map().to(output)`。假设Kafka的输入主题有两个分区，在分组操作之后、聚合操作之前生成的重分区内部主题也有两个分区。Kafka流处理还会使用状态存储、变更日志主题实现任务的分布式执行、故障容错等。

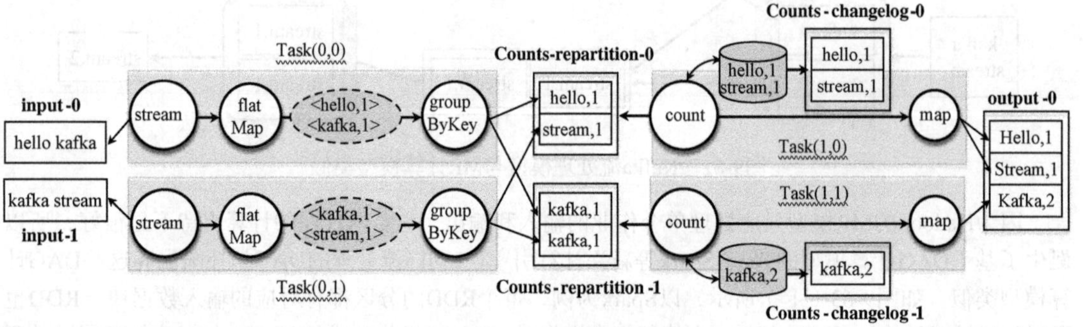

图9-64　Kafka流处理的线程模型

流处理的聚合计算在引入重分区后，会将拓扑拆分成多个子拓扑。这种子拓扑的结构与普通子拓扑的不同点是：第一个子拓扑的输出是第二个子拓扑的输入，即第一个子拓扑产生输出到重分区主题，第二个子拓扑读取重分区主题。图9-65列举了4种不同的流实例，其中每个灰色背景对应一个流实例。不同场景下每个流处理实例分配了不同的流任务，比如只有一个流实例时，4个流任务全部分配给这个流实例。有4个流实例时，每个流任务各自分配给一个流实例。

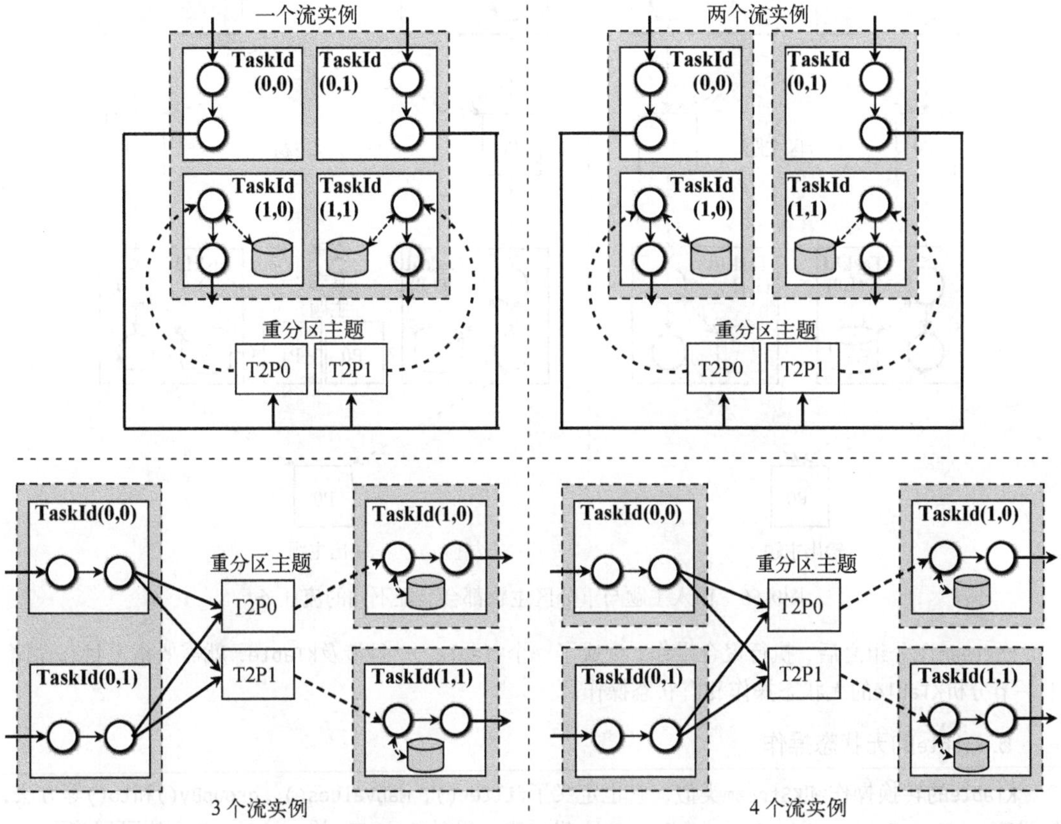

图9-65　流处理聚合计算的线程模型

涉及分区的消费时，Kafka主题的分区与流任务之间是一对一的关系，即每个分区只能分配给一个流任务，不允许分配多个流任务。如图9-66（左）所示，“输入主题”的分区只能分配给第一个任务分组（任务编号等于0），“重分区主题”的分区只能分配给第二个任务分组（任务编号等于1）。不过，第一个任务分组的两个任务可以写入“重分区主题”的任意分区。右图考虑了状态存储的持久化，写入状态存储的计算结果也会发送到变更日志主题，主要用来备份任务的数据恢复（详见9.1.4节第四小节）。

9

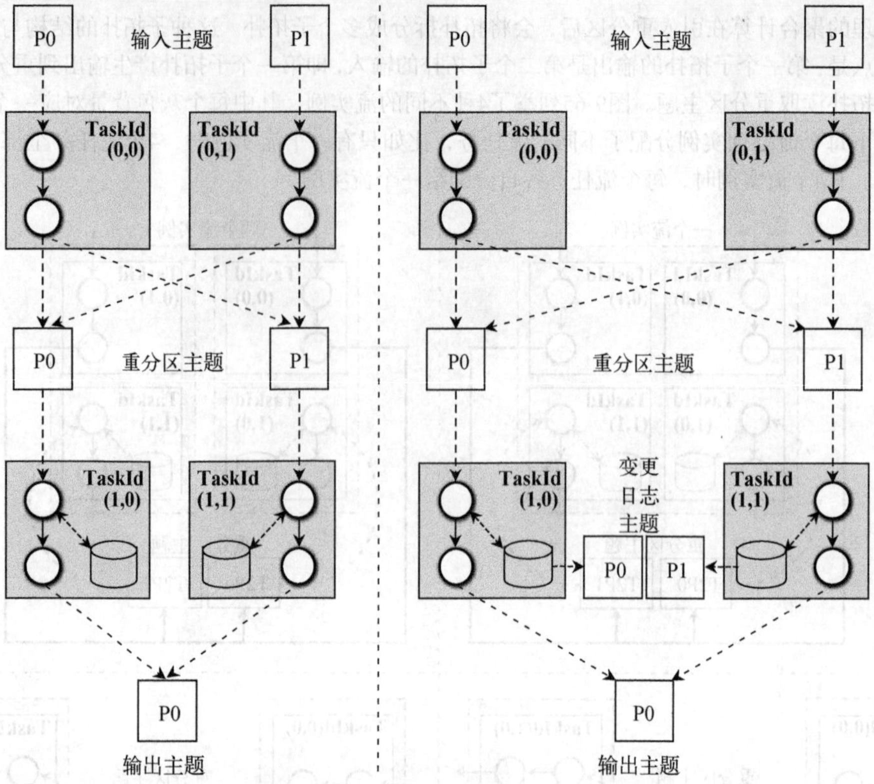

图9-66　输入主题与重分区主题都会分配不同的流任务

KStream在分组之后，执行聚合操作，生成了一个KTable。一旦涉及KTable，就需要指定状态存储。下一节分析KTable的无状态操作和有状态操作。

5. KTable的无状态操作

KTable的转换操作和KStream类似，它也定义了filter()、mapValues()、groupBy()和to()等方法，但没有map()、flatMap()和flatMapValues()这些方法。另外，KTable的toStream()方法可以将KTable（变更流）对象转为KStream（日志流）。如表9-6所示，KTable相关方法的处理器的输入类型和输出类型是一个包含新值和旧值的Change对象（除了toStream()方法的输出类型不同），并且新值和旧值的类型肯定是一致的。

表9-6　KTable方法的处理器、输入类型和输出类型

方　法	处 理 器	输入类型	输出类型
filter()	KTableFilterProcessor	<K, Change<V>>	<K, Change<V>>
mapValues()	KTableMapValues	<K, Change<V>>	<K, Change<V1>>
groupBy()	KTableRepartitionMap	<K, Change<V>>	<K1, Change<V1>>
toStream()	KStreamMapValues	<K, Change<V>>	<K, V>

不管是KGroupedStream通过聚合操作生成一个KTable，还是直接从拓扑通过table()方法创建一个KTable，只要是和KTable有关的操作，对应的处理节点通过上下文发送出去的都是一个Change对象。从KTable转换成KStream时，输入的值是Change，输出的值是Change中的新值。KTable转换成KStream的处理节点是KStreamMapValues，而不是KTableMapValues。KStreamMapValues类一共有3个泛型类型<K,V,V1>,它的处理方法会将输入的类型V转换成输出类型V1。对应到KTable的类型，输入<K,Change<V>>会转换为输出<K,V>。相关代码如下：

```
public class KTableImpl<K, S, V> implements KTable<K, V> {
  public KStream<K, V> toStream() {
    String name = topology.newName(TOSTREAM_NAME);
    topology.addProcessor(name,
      // KStream的mapValues()，只会改变值的类型：从Change<V>到V，键不变
      new KStreamMapValues<K, Change<V>, V>(
        new ValueMapper<Change<V>, V>() { // 值的映射器，对应了值的类型转换
          public V apply(Change<V> change) { // 输入的类型是Change<V>
            return change.newValue; // 输出的类型是V，选取Change对象的新值
          }
      }),
      this.name);
    return new KStreamImpl<>(topology, name, sourceNodes, false);
  }
}
```

流处理拓扑中每个处理节点的上下游消息类型必须是对应的。如图9-67（左）所示，KStream的mapValues()接收字符串的值，发送整型的值，下游处理节点接收的输入也应该是整型。由于这里直接输出，所以忽略了类型。如果还有其他操作，输入类型必须一致。右图中，分组后的聚合操作创建了KTable对象，并且发送的值类型是Change对象。调用KTable的to()方法，接收的也是一个Change对象。即聚合操作的下游节点，不管是什么处理节点，都必须接收Change类型的输入。

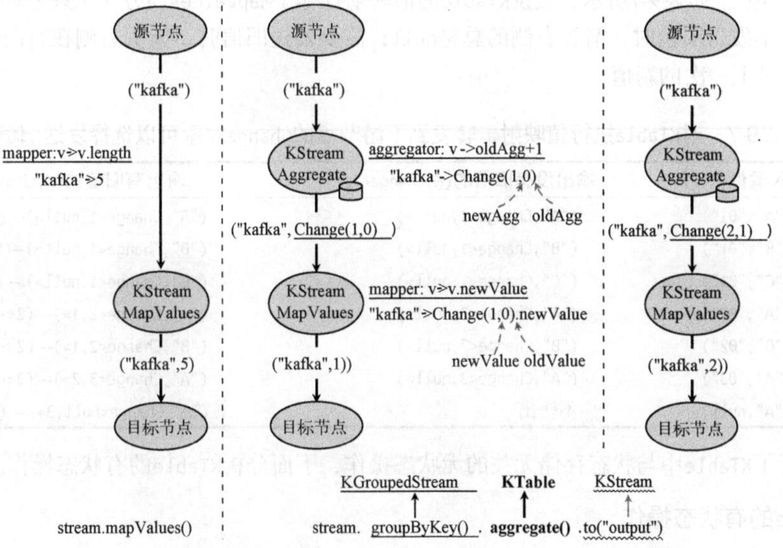

图9-67 拓扑的上下游处理节点的键值类型必须一致

KTable各种处理节点的process()方法都接收Change类型的值。比如，KTableMapValues的处理节点接收Change<V>类型的输入值，输出Change<V1>的值。KTableRepartitionMap的处理节点接收<K,Change<V>>类型的输入键值，输出<K1,Change<V1>>的键值。相关代码如下：

```
// 输入值Change<V>，输出值Change<V1>
class KTableMapValuesProcessor extends AbstractProcessor<K, Change<V>> {
  public void process(K key, Change<V> change) {
    V1 newValue = mapper.apply(change.newValue);
    V1 oldValue = sendOldValues ? mapper.apply(change.oldValue) : null;
    context().forward(key, new Change<>(newValue, oldValue));
  }
}
// 输入键值：<K, Change<V>>；输出键值：<K1, Change<V1>>
class KTableMapProcessor extends AbstractProcessor<K, Change<V>> {
  public void process(K key, Change<V> change) {
    KeyValue<K1,V1> newPair = mapper.apply(key, change.newValue);
    KeyValue<K1,V1> oldPair = mapper.apply(key, change.oldValue);
    if (oldPair != null && oldPair.key != null && oldPair.value != null)
      context().forward(oldPair.key, new Change<>(null, oldPair.value));
    if (newPair != null && newPair.key != null && newPair.value != null)
      context().forward(newPair.key, new Change<>(newPair.value, null));
  }
}
```

注意：KTable没有提供map()方法，但是groupBy()会用到重新分区的映射关系。这里的重新分区会在聚合操作时真正执行，映射指的是KTable要怎么进行分区。分组之后，键值类型可能发生变化，其中分组后的键会作为重新分区的依据。

KTable也可以开启sendOldValues标记，表示会发送旧的值到下游节点。Change对象的字符串格式是："新值<-旧值"。如表9-7所示，假设KTable的值映射操作（mapValues()方法）只是将字符串的值转成整数类型。不发送旧值时，箭头右侧的总是null；需要发送旧值时，箭头右侧在有旧值的情况下就不为null，而是上一次的新值。

表9-7　对KTable执行值映射，转发到下游节点的Change对象可以选择发送旧值

时间	输入键值(K,V)	输出没有旧值的(K,Change<V1>)	输出有旧值的(K,Change<V1>)
1	("A","01")	("A",Change<1,null>)	("A",Change<1,null>)-- (1<-null)
2	("B","01")	("B",Change<1,null>)	("B",Change<1,null>)--(1<-null)
3	("C","01")	("C",Change<1,null>)	("C",Change<1,null>) -- (1<-null)
4	("A","02")	("A",Change<2,null>)	("A",Change<2,1>)-- (2<-1)
5	("B","02")	("B",Change<2,null>)	("B",Change<2,1>)-- (2<-1)
6	("A","03")	("A",Change<3,null>)	("A",Change<3,2>)-- (3<-2)
7	("A",null)	不输出	("A",Change<null,3>) -- (null<-3)

上面分析了KTable中与状态存储无关的无状态操作，下面分析KTable的有状态操作。

6. KTable的有状态操作

对KStream进行分组并执行聚合操作时，会进行重新分区。同样，对KTable进行分组并执行聚合操

作时，也需要重新分区。不同的是，KTable没有定义groupByKey()，它只有groupBy()方法，因此分组的键值可能会发生变化，重新分区的键也会变化。在下面的代码示例中，输入主题的每条记录是用户及其地区信息，然后按照地区进行分组，并聚合计算每个地区的用户数：

```
KTable<String,String> locations=builder.table("user-location","Locations");

// 按照地区分区，计算地区中的用户总数
KGroupedTable<String, Integer> groupedTable = locations
  .groupBy((user, location) -> KeyValue.pair(location, 1));

KTable<String, Integer> counts = groupedTable.aggregate(
  () -> 0, // 初始化
  (aggKey, newValue, aggValue) -> aggValue + newValue, // 加法
  (aggKey, oldValue, aggValue) -> aggValue - oldValue, // 减法
  "LocationCounts"); // 状态存储
```

如表9-8所示，以不同时间点发生的事件作为输入主题数据，用户所在的地区中，用BJ表示北京，用HZ表示杭州。统计每个地区的用户数时，如果用户的地区发生变化，则旧地区的聚合结果减去1，新地区的聚合结果加上1。比如，用户alice的第一条记录是BJ，第四条记录是HZ，所以状态存储中HZ的结果加1，BJ的结果减1。用户bob的第二条记录是HZ，第七条记录是BJ，所以状态存储中BJ的结果加1，HZ的结果减1。

表9-8 KTable的聚合操作

时间	输入记录	解读为	分组方式	初始化	加法	减法	状态
1	(alice,BJ)	*INSERT* alice	(BJ,1)	0 (for E)	(BJ,0 + 1)		(BJ,1)
2	(bob,HZ)	*INSERT* bob	(HZ,1)	0 (for A)	(HZ,0 + 1)		(HZ,1), (BJ,1)
3	(charlie,HZ)	*INSERT* charlie	(HZ,1)		(HZ,1 + 1)		(HZ,2), (BJ,1)
4	(alice,HZ)	*UPDATE* alice	(HZ,1)		(HZ,2 + 1)	(BJ,1 – 1)	(HZ,3), (BJ,0)
5	(charlie,null)	*DELETE* charlie	(null,1)			(HZ,3 – 1)	(HZ,2), (BJ,0)
6	(null,BJ)	忽略					(HZ,2), (BJ,0)
7	(bob,BJ)	*UPDATE* bob	(BJ,1)		(BJ,0 + 1)	(HZ,2 – 1)	(HZ,1), (BJ,1)

注意：KTable这个示例的应用场景可以类比为计算网站的独立访客（UV），而KStream的聚合计算可以类比为计算网站的访问量（PV），KTable对于相同键的不同记录只会计算一次。

上面举例说明了KTable的聚合操作，下面分析它如何实现聚合操作。这里先复习一下KStream的两个分组方法：groupByKey()不需要重新分区，groupBy()需要重新分区。因为groupBy()提供给开发者的键值映射器（KeyValueMapper）会改变键的类型，所以重新分区可以确保后续的聚合计算是在同一任务中执行的。相关代码如下：

```
// KStream的分组方法有两个：groupByKey()和groupBy()
public class KStreamImpl<K, V> implements KStream<K, V> {
  public KGroupedStream<K, V> groupByKey() { // 没有添加处理节点
    return new KGroupedStreamImpl<>(topology,
```

```
    this.name,sourceNodes,this.repartitionRequired);
  }
  // groupBy()方法引入的处理节点不会改变值的类型，输入为<K,V>，输出为<K1,V>
  public KGroupedStream<K1, V> groupBy(KeyValueMapper<K,V,K1> mapper) {
    String selectName = topology.newName(KEY_SELECT_NAME);
    topology.addProcessor(selectName, new KStreamMap<>(
      new KeyValueMapper<K, V, KeyValue<K1, V>>() {
        public KeyValue<K1, V> apply(K key, V value) {
          return new KeyValue(mapper.apply(key, value), value);
        }
      }), // 处理器的提供类，处理节点会调用这里自定义键值映射器的apply()方法
      this.name  // 父节点
    );
    return new KGroupedStreamImpl(topology,selectName,sourceNodes,true);
  }
}
```

KTable的分组方法和KStream的第二个分组方法类似，它也会引入重新分区。表9-9对比了KStream与KTable在分组方式上的一些不同点。因为KStream和KTable的groupBy()方法都会改变键的类型（K到K1），所以它们后续的聚合操作都会引入重新分区的内部主题。

表9-9　KStream与KTable的分组

流或表	分组的方法	输入类型	处理节点	输出类型	重新分区
KStream	groupByKey()	<K,V>	无	<K,V>	否
KStream	groupBy()	<K,V>	KStreamMap	<K1,V>	是
KTable	groupBy()	<K,Change<V>>	KTableRepartitionMap	<K1,Change<V1>>	是

与KTable相关的处理节点，其输入和输出都是Change对象，分组方法引入了处理节点KTableMapProcessor，它的process()方法接收值为Change<V>类型的对象，最后输出Change<V1>的结果。另外，对KTable进行分组，必须要发送Change对象的旧值。假设当前KTable是调用KStreamBuilder.table()直接生成的，发送旧值表示KTable对应的KTableSource处理节点会发送状态存储中的旧值，这样下游节点（即这里的KTableMapProcessor）收到的Change对象就能同时取到新的输入值和状态存储中的旧值。相关代码如下：

```
// KTable的分组方法引入的处理节点会改变值的类型，输入为<K,V>，输出为<K1,V1>
public class KTableImpl<K, S, V> implements KTable<K, V> {
  public <K1, V1> KGroupedTable<K1, V1> groupBy(
      KeyValueMapper<K, V, KeyValue<K1, V1>> selector) {
    String selectName = topology.newName(SELECT_NAME);
    KTableProcessorSupplier<K, V, KeyValue<K1, V1>> selectSupplier =
      new KTableRepartitionMap<>(this, selector);
    topology.addProcessor(selectName, selectSupplier, this.name);
    this.enableSendingOldValues(); // 必须要往下游处理节点发送旧的聚合值
    return new KGroupedTableImpl<>(topology, selectName, this.name);
  }
}
// KTable重新分区的处理节点，由于键值可能发生变化，所以不同键值发送不同的Change对象
public class KTableRepartitionMap<K, V, K1, V1>
    implements KTableProcessorSupplier<K, V, KeyValue<K1, V1>> {
```

```
private class KTableMapProcessor extends AbstractProcessor<K, Change<V>>{
  public void process(K key, Change<V> change) {
    // 调用自定义键值映射类，输入是<K,V>，输出是<K1,V1>
    KeyValue<K1, V1> newPair = mapper.apply(key, change.newValue);
    KeyValue<K1, V1> oldPair = mapper.apply(key, change.oldValue);
    // 这一步虽然和状态存储无关，但如果新旧的映射结果都有值，都要发送给下游节点
    if (oldPair != null && oldPair.key != null && oldPair.value != null)
      context().forward(oldPair.key, new Change<>(null, oldPair.value));
    if (newPair != null && newPair.key != null && newPair.value != null)
      context().forward(newPair.key, new Change<>(newPair.value, null));
  }
 }
}
```

如图9-68所示，假设通过KStreamBuilder.table()生成KTable，输入主题有两条消息：[<A,1>,<A,3>]。先看上半部分KTableSourceProcessor（图中没有灰色方框的内容）的处理流程。图9-68（左）处理第一条消息<A,1>时，键等于A的消息不在状态存储中，它发送给KTableMapProcessor的值为<A,Change(1,null)>。图9-68（右）处理第二条消息<A,3>时，状态存储中键等于A的值等于1，它发送给KTableMapProcessor的值为<A,Change(3,1)>。

再看下半部分KTableMapProcessor（图中灰色方框的内容）的处理流程。图9-68（左）输入是<A,Change(1,null)>，输出是<A,Change(1,null)>一条记录。图9-68（右）输入是<A,Change(3,1)>，输出是<A,Change(null,1)>和<A,Change(3,null)>两条记录。

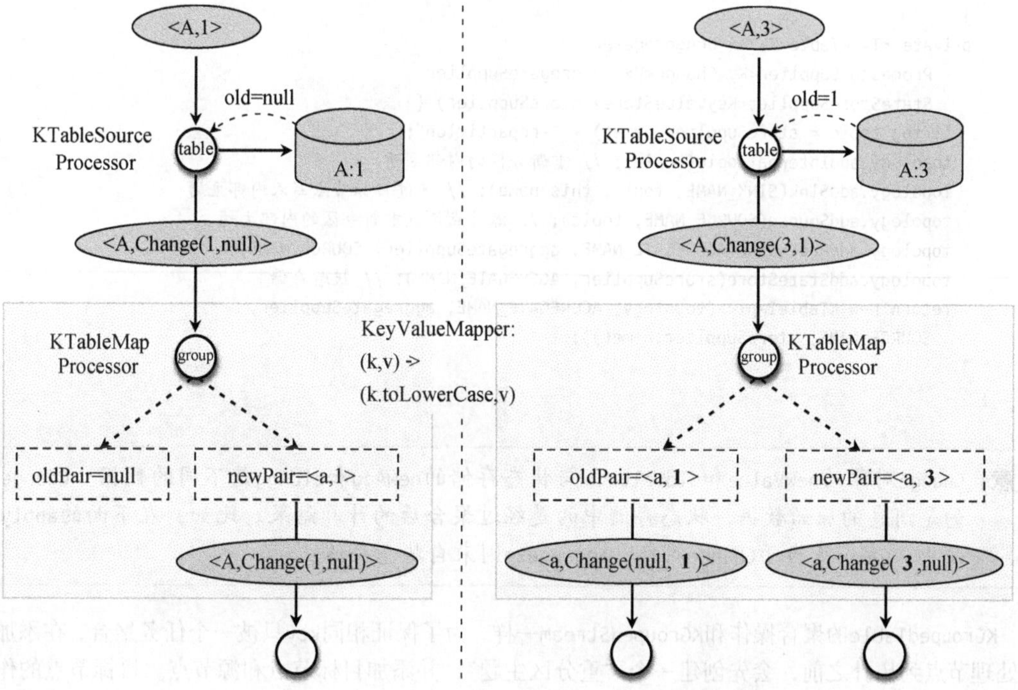

图9-68　KTable分组时可以同时发送旧值和新值

9

注意：图中圆形表示拓扑的处理节点，椭圆形表示消息的内容<k,v>，箭头是数据流的方向。

以聚合操作count为例，KGroupedTable的处理节点KTableAggregate比KGroupedStream的KStreamAggregate多了一个Aggregator。KTable因为关联了状态存储，聚合操作需要读取状态存储中旧的聚合值，所以KTableAggregate有初始化（initializer）、增加（adder）、删除（remover）这3个参数。相关代码如下：

```
public class KGroupedTableImpl<K, V> {
  public KTable<K, Long> count(String storeName) {
    return this.aggregate(() -> 0L,  // 初始化
      (K aggKey,V vaue,Long aggregate) -> aggregate + 1L, // 加法
      (K aggKey,V vaue,Long aggregate) -> aggregate - 1L  // 减法
      Serdes.Long(), storeName); //值的类型为Long，状态存储
  }
  public <T> KTable<K, T> aggregate(Initializer<T> initializer,
      Aggregator<K,V,T> adder,Aggregator<K,V,T> subtractor,String storeName){
    // 创建状态存储和KTable的聚合操作提供类 (KTableAggregate)
    StateStoreSupplier aggregateStore = Stores.create(storeName)
      .persistent().enableCaching().build();
    ProcessorSupplier<K, Change<V>> aggregateSupplier = new KTableAggregate(
      storeName, initializer, adder, subtractor);
    return doAggregate(aggregateStore, aggregateSupplier);
  }
  private <T> KTable<K, T> doAggregate(
      ProcessorSupplier<K, Change<V>> aggregateSupplier,
      StateStoreSupplier<KeyValueStore> storeSupplier) {
    String topic = storeSupplier.name() + "-repartition";
    topology.addInternalTopic(topic); // 重新分区的内部主题
    topology.addSink(SINK_NAME, topic, this.name); // 通过目标节点写入内部主题
    topology.addSource(SOURCE_NAME, topic); // 源节点读取重新分区的内部主题
    topology.addProcessor(AGGREGATE_NAME, aggregateSupplier, SOURCE_NAME);
    topology.addStateStore(storeSupplier, AGGREGATE_NAME); // 状态存储
    return new KTableImpl<>(topology, AGGREGATE_NAME, aggregateSupplier,
      SOURCE_NAME, storeSupplier.name());
  }
}
```

注意：Change对象的newValue和oldValue，与状态存储的newAgg和oldAgg是不同的数据。Change中的是消息的原始数据，状态存储中的是经过聚合后的计算结果。比如，在下面的apply方法中，value来自于Change对象，aggregate则来自状态存储：

KGroupedTable的聚合操作和KGroupedStream一样，为了保证相同key只被一个任务聚合，在添加聚合处理节点到拓扑之前，会先创建一个“重分区主题”，并添加目标节点和源节点。目标节点的作用是将分组的数据写入重分区主题，源节点会读取重分区主题。接着，聚合处理节点

（KTableAggregateProcessor）在源节点之后关联了一个状态存储，用来保存聚合后的计算结果。相关代码如下：

```
public class KTableAggregate<K, V, T> {
  private final String storeName;
  private final Initializer<T> initializer;
  private final Aggregator<? super K, ? super V, T> add;
  private final Aggregator<? super K, ? super V, T> remove;

  class KTableAggregateProcessor extends AbstractProcessor<K, Change<V>> {
    private KeyValueStore<K, T> store;
    private TupleForwarder<K, T> tupleForwarder;

    public void init(final ProcessorContext context) {
      store = (KeyValueStore<K, T>) context.getStateStore(storeName);
      tupleForwarder = new TupleForwarder<>(...);
    }
    public void process(K key, Change<V> value) {
      T oldAgg = store.get(key);
      if (oldAgg == null) oldAgg = initializer.apply();
      T newAgg = oldAgg;
      if (value.oldValue != null) // 先删除旧值
        newAgg = remove.apply(key, value.oldValue, newAgg);
      if (value.newValue != null) // 然后加上新值
        newAgg = add.apply(key, value.newValue, newAgg);
      store.put(key, newAgg); // 最后更新状态存储
      tupleForwarder.maybeForward(key, newAgg, oldAgg);
    }
  }
}
```

如图9-69所示，第一条消息的聚合值为`0+1`，第二条消息处理旧值1时，聚合结果为`0+1-1`；处理新值3时，聚合结果为`0+1-1+3`。第二条消息第一次删除旧值时，并没有立即存储到状态存储，而是将聚合结果和新值继续处理，再加上新值的聚合结果后才更新到状态存储中。

注意：为了更清楚地理解聚合算法的执行流程，这里参考了Kafka源码中的MockAggregator测试用例类。adder()和remover()仅仅对字符串的值进行拼接，而没有做实际的计算。

9

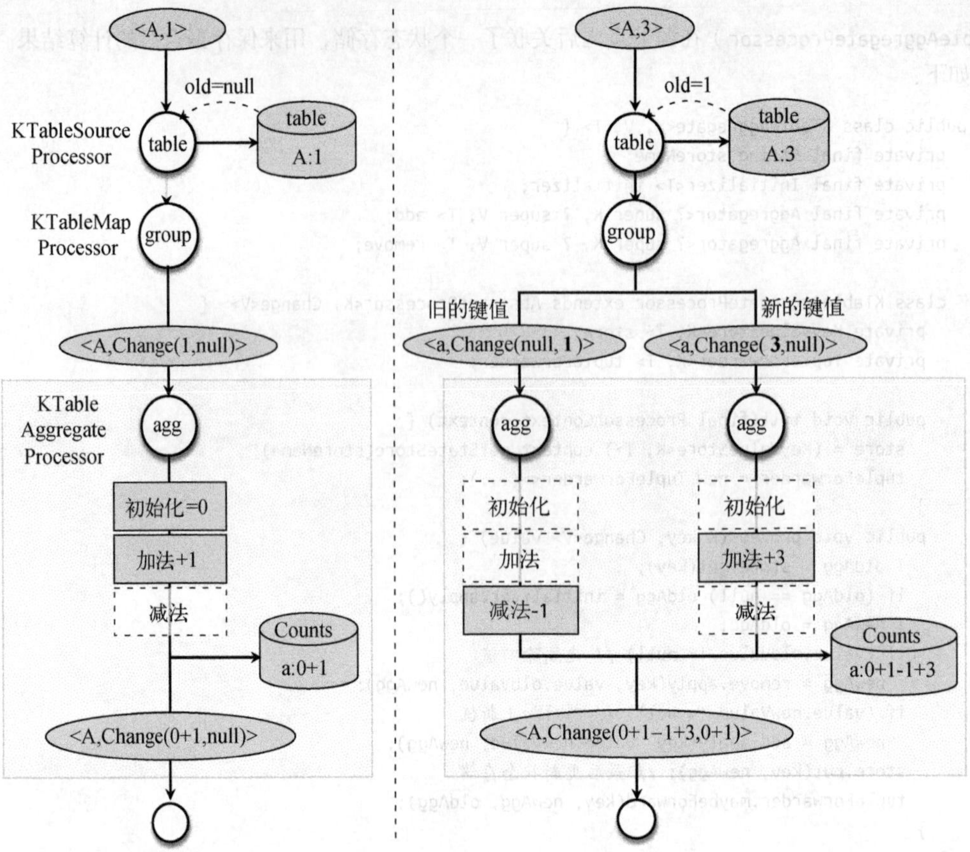

图9-69　KTable的聚合处理先删除旧值，再加上新值，最后用新值更新状态存储

上例中将输入记录的键转成小写后作为分组的条件，下面看一个采用SelectValueKeyValueMapper键值映射器，将输入记录的值作为分组的例子。这个例子和本节一开始的统计地区用户数类似，它会统计每种颜色的数量。如图9-70所示，假设有3条消息(A,green)、(B,green)和(A,blue)，我们可以不用太关心键的含义，只要记住如果键相同，它只可能对应最新的颜色，新的颜色会替换旧的颜色（就好比用户不可能同时属于两个地区）。比如，处理完第二条消息后，状态存储的内容是(green,2)。处理第三条消息时，(A,blue)是对(A,green)的更新。最后，状态存储的结果是[(green,1),(blue,1)]，而不是[(green,2),(blue,1)]。

注意：这个流处理应用程序中有两个状态存储：第一个状态存储用来保存原始记录，用来判断输入记录是增加还是更新；第二个状态存储用来保存聚合的计算结果，它的键和原始记录的键不同。

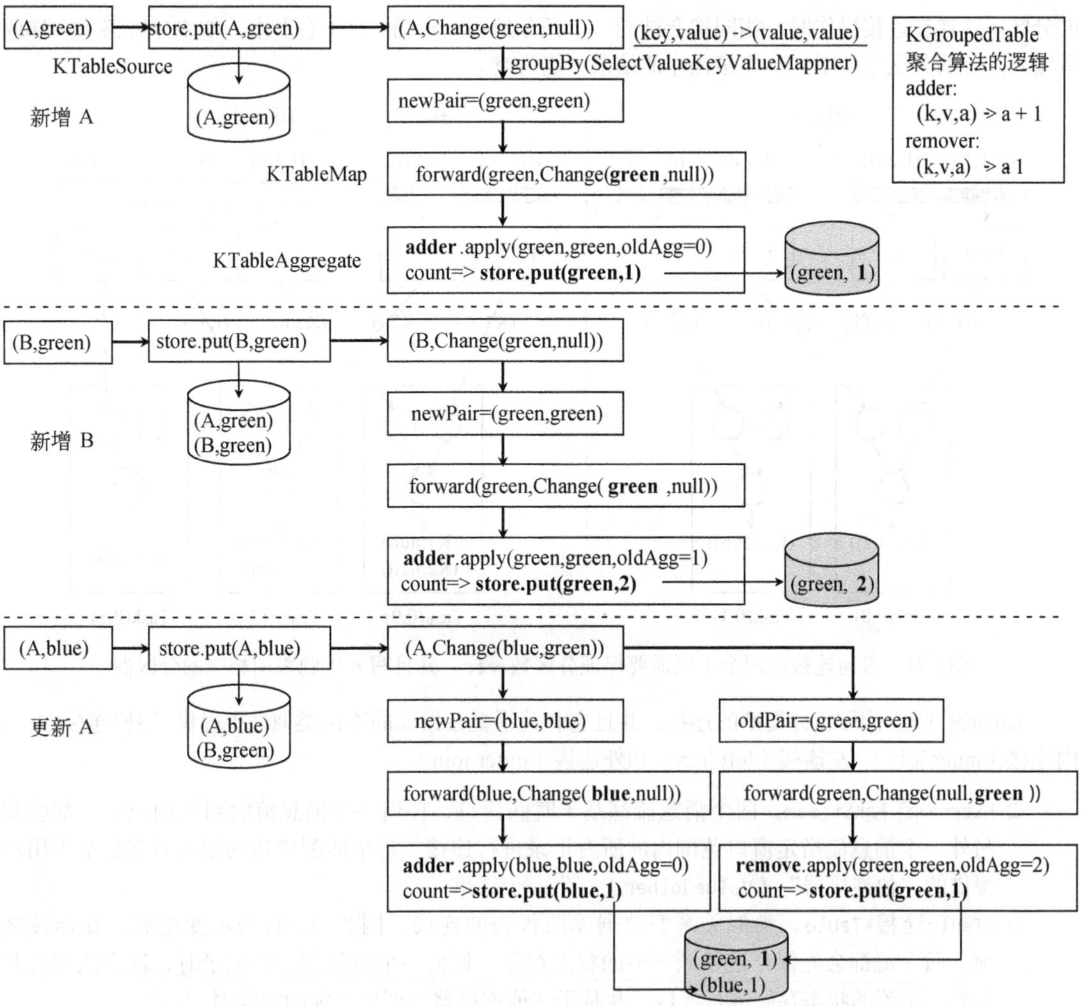

图9-70 KTable分组计数示例

前面分析了KStream和KTable流处理的无状态和有状态两种类型的操作，它们都是针对单个消息流。虽然KStream可以订阅多个主题，但是通常在同一个KStream里，不同主题的处理逻辑是一样的。高级DSL还支持两个消息流的连接操作（join），这类似于关系型数据库不同表的连接。

9.2.3 连接操作

Kafka流处理的连接操作基于两个消息流的键进行合并，并产生一个新的消息流。连接操作需要在时间窗口上执行，否则为了运行连接，任务需要维护的记录会无限膨胀。参与连接的两个输入主题，它们的分区数量必须相同。并且，生产者写入两个输入主题所使用的分区器（Partitioner）也需要一样。如图9-71（左）所示，生产者采用相同的分区器发送消息给两个主题，相同的键会进入编号相同的分区。这样在连接操作时，相同键会被同一个任务处理。在图9-71（右）中，如果分区器不一样或者输入主题的分区个数不同，连接操作的结果可能为空。

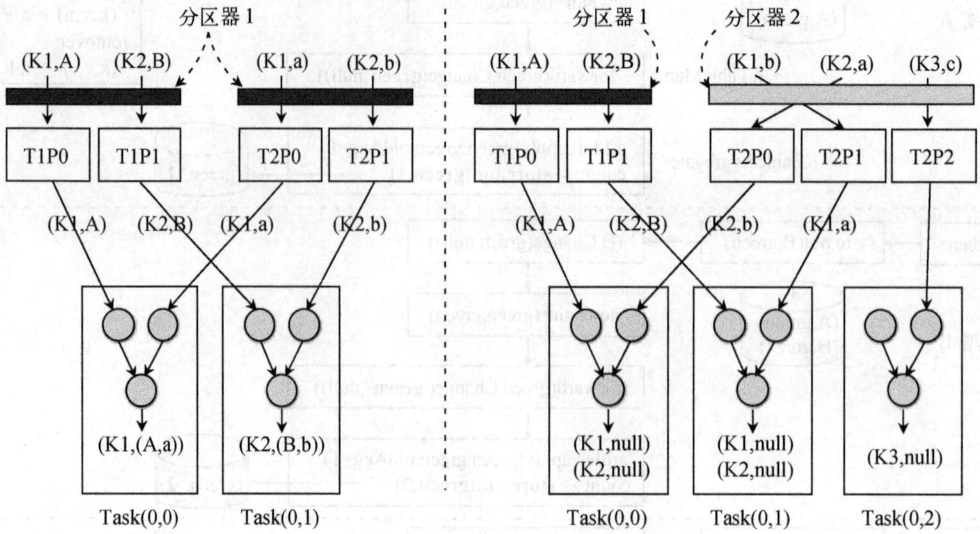

图9-71　参与连接的两个主题需要保证分区数一样，并且写入主题采用相同的分区器

Kafka流处理有下面3种类型的连接，并且它和关系型数据库的连接类似，也提供了3种连接方式：内连接（inner join）、左连接（left join）和外连接（outer join）。

- KStream连接KStream。两个消息流都基于时间窗口，任何一个消息流收到新的记录，都会和另外一个消息流指定窗口范围内的所有记录进行连接。每个匹配成功的记录对都会基于用户提供的“值连接器”（ValueJoiner）产生一个结果。
- KTable连接KTable。类似关系型数据库两张表的连接，因为KTable表示变更流，在连接之前，两个流都会先保存记录到本地的状态存储。任何一个流收到新的记录时，这个流都会和另外一个流的状态存储进行连接，并基于“值连接器”产生匹配的记录对。
- KStream连接KTable。当记录流接收到新的记录时，它会查询变更流执行连接操作。注意：只有记录流接收到的记录才会触发连接，反过来则不会。即变更流收到新记录时，只会更新对应的状态存储。这也说明了记录流和变更流进行连接时，记录流是和变更流的状态存储进行连接的。

在0.10.2版本后，除了本地的KTable，还有全局的GlobalKTable。本地和全局针对的是流实例的状态存储，不同流实例的本地状态存储数据不同，但它们的全局状态存储数据都一样。因为连接操作必须确保数据集是有限的，所以两个KStream进行连接时，通过窗口来保证数据是有限的。而KStream与KTable连接、KTable与KTable连接则不需要使用窗口，因为与KTable有关的状态存储数据是固定的。如图9-72（上）所示，两个输入主题形成不同的消息流，它们根据相同的键进行连接，并执行聚合计算。图9-72（下）是低级Processor和高级DSL两种API分别实现连接操作的伪代码。

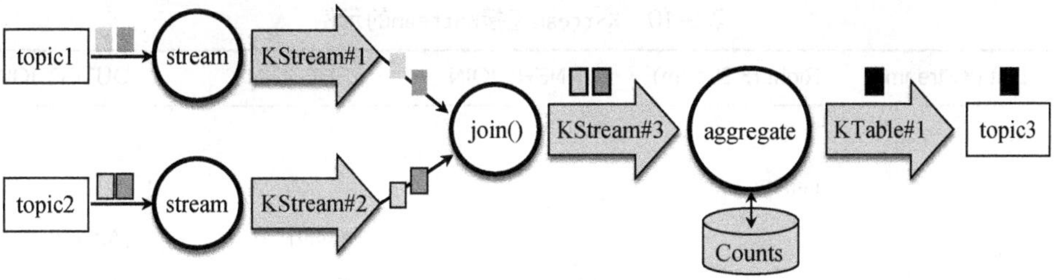


```
builder.addSource("Source1", "topic1")
 .addSource("Source2", "topic2")
 .addProcessor("Join",MyJoin(),"Source1","Source2")
 .addProcessor("Aggregate",MyAggregate(), "Join")
 .addStateStore(Stores("Counts"), "Aggregate")
 .addSink("Sink", "topic3", "Aggregate");
```

低级Processor API

```
KStream stream1 = builder.stream("topic1");
KStream stream2 = builder.stream("topic2");
KStream joined = stream1.join(stream2);
KTable aggregate = joined.aggregate(...);
aggregate.to("topic3");
```

高级DSL API

图9-72　两个消息流进行连接操作的拓扑图

下面举例说明两个KStream的3种连接操作。假设先不考虑时间窗口的因素，即两个流参与连接的记录都在各自允许的时间窗口内。另外，我们也假设这个例子中所有记录的键都相同，所以表9-9省略了键。比如，时间等于1的记录为(k1,null)，时间等于3的记录为(k1,A)，这两条记录分别记为1:null和3:A，表示这条记录被处理的时间点和对应的值。在这个例子中，两个KStream按照时间顺序发送的记录如下所示。

- stream1：1:null、3:A、5:B、7:null、9:C、12:null、15:D。
- stream2：2:null、4:a、6:b、8:null、10:c、11:null、13:null、14:d。

注意：1:null表示时间和值，并不是键和值。这里假设所有记录的键都相同。表中连接的内容表示两个KStream的连接结果。比如[A,a]表示左边的流是A，右边的流是a。如果“值连接器”只是拼接两个流，那么最后的连接结果示例(k1, Aa)表示连接后的值是Aa。

如表9-10所示，当其中一个流的键和另外一个流的键有匹配的值时，就会触发连接操作。下面举几个例子。

- 空值不会触发内连接。比如，时间等于3时，左边流的记录值等于A，右边流的记录只有null。内连接没有输出结果，但左连接和外连接都有结果。
- 时间等于6时，右边流的记录等于b，它会匹配到左边流的两条记录值A和B。
- 时间等于15时，左边流的记录等于D，它会匹配到右边流的四条记录值[a,b,c,d]。

表9-10　KStream连接KStream的示例

时间	Left (KStream)	Right (KStream)	(INNER) JOIN	LEFT JOIN	OUTER JOIN
1	null				
2		null			
3	A			[A,null]	[A,null]
4		a	[A,a]	[A,a]	[A,a]
5	B		[B,a]	[B,a]	[B,a]
6		b	[A,b],[B,b]	[A,b],[B,b]	[A,b],[B,b]
7	null				
8		null			
9	C		[C,a],[C,b]	[C,a],[C,b]	[C,a],[C,b]
10		c	[A,c],[B,c],[C,c]	[A,c],[B,c],[C,c]	[A,c],[B,c],[C,c]
11		null			
12	null				
13		null			
14		d	[A,d],[B,d],[C,d]	[A,d],[B,d],[C,d]	[A,d],[B,d],[C,d]
15	D		[D,a],[D,b],[D,c],[D,d]	[D,a],[D,b],[D,c],[D,d]	[D,a],[D,b],[D,c],[D,d]

两个KStream的连接操作，不管是哪一边的流有新记录时，都会触发连接操作。KStream的3种连接方式最后都会调用doJoin()方法，该方法主要有4个参数：另一边的流、值连接器、窗口、连接操作对应的处理节点。在执行连接操作之前，如果需要重新分区，则会创建内部的“重分区主题”。相关代码如下：

```
private <V1, R> KStream<K, R> doJoin(
    KStream<K,V1> other, ValueJoiner<V,V1,R> joiner,
    JoinWindows windows, KStreamImplJoin join){
  KStreamImpl<K, V> joinThis = this;
  KStreamImpl<K, V1> joinOther = (KStreamImpl<K, V1>) other;
  if (joinThis.repartitionRequired) {
    joinThis = joinThis.repartitionForJoin(keySerde, thisValueSerde, null);
  }
  if (joinOther.repartitionRequired) {
    joinOther=joinOther.repartitionForJoin(keySerde, otherValueSerde, null);
  }
  joinThis.ensureJoinableWith(joinOther);
  return join.join(joinThis,joinOther,joiner,windows);
}
```

如果连接操作直接基于两个输入主题，则由用户自己来保证输入主题的分区数必须相同。如果连接操作之前存在一些更改了记录键的转换操作，则由框架通过引入重分区主题来保证在执行连接之前，相同键的所有记录进入同一个分区。下面两段伪代码模拟了这两种场景的使用示例：

```
// 第一种场景：从两个输入主题读取KStream后，直接进行连接操作
// stream1：(A,1)，stream2：(A,2)
KStream<String, Integer> stream1 = builder.stream("topic1");
KStream<String, Integer> stream2 = builder.stream("topic2");
// joinStream：(A,1+2)
ValueJoiner joiner = new ValueJoiner((v1,v2) => v1 + v2)
KStream<String, Integer> joinStream = stream1.join(stream2, joiner);

// 第二种场景：从两个输入主题读取KStream后，经过转换后再进行连接操作
// stream1：(1,A)，stream2：(2,A)
KStream<Integer, String> stream1 = builder.stream("topic1");
KStream<Integer, String> stream2 = builder.stream("topic2");
// stream11：(A,1)，stream21：(A,2)
KStream<String, Integer> stream11 = stream1.map((k,v) => (v,k));
KStream<String, Integer> stream21 = stream2.map((k,v) => (v,k));
// joinStream：(A,1+2)
ValueJoiner joiner = new ValueJoiner((v1,v2) => v1 + v2)
KStream<String, Integer> joinStream = stream11.join(stream21, joiner);
```

两个消息流进行连接的第一步是：将记录保存到各自的状态存储中（处理节点为KStreamJoinWindow）。当前消息流（this）中的一条记录和另外一个（other）消息流进行连接时，实际上是查询另外一个消息流的状态存储。这里的"当前消息流"和"另外一个消息流"是相对的。比如，stream1.join(stream2)，如果stream1有新的记录到达，那么当前消息流为stream1，另外一个消息流为stream2。如果stream2有新的记录到达，那么当前消息流为stream2，另外一个消息流为stream1。由于两个消息流都可能被对方的消息流连接，所以这两个消息流都要先保存记录到对应的状态存储中。

连接操作入口的处理节点是保存当前消息流对应状态存储的KStreamJoinWindow，其次是负责与另外一个消息流进行连接的KStreamKStreamJoin，后者会查询另外一个消息流的状态存储。下面举例说明stream1和stream2进行连接时，这两个消息流如何查询另外一个消息流的匹配记录。

- stream1作为第一个流（主流），它的状态存储为KSTREAM-JOINTHIS-1-store。
- stream2作为第二个流（从流），它的状态存储为KSTREAM-JOINOTHER-1-store。
- stream1有新记录，它会去查询KSTREAM-JOINOTHER-1-store中匹配的所有记录。
- stream2有新记录，它会去查询KSTREAM-JOINTHIS-1-store中匹配的所有记录。

KStream连接操作的相关代码如下：

```
// 在连接操作之前，先保存记录到本地的窗口状态存储，窗口名称是当前消息流
class KStreamJoinWindow<K, V> implements ProcessorSupplier<K, V> {
  private final String windowName;
  private class KStreamJoinWindowProcessor extends AbstractProcessor<K, V> {
    private WindowStore<K, V> window; // 初始化时，根据名称获取状态存储的引用
    public void process(K key, V value) {
      if (key != null) {
        context().forward(key, value); // 先转发到下游的处理节点
        window.put(key, value); // 然后保存到状态存储中
      }
  }
```

9

```
    }
  }
  // 连接操作时，当前流的记录要和另外一个流的状态存储进行匹配，所以窗口名称是另外一个消息流
  class KStreamKStreamJoin<K, R, V1, V2> implements ProcessorSupplier<K, V1> {
    private final String otherWindowName; // 另外一个窗口的状态存储名称
    private final long joinBeforeMs; // 另外一个消息流中状态存储的起点
    private final long joinAfterMs; // 另外一个消息流中状态存储的终点
    private final ValueJoiner<V1,V2,R> joiner;
    private class KStreamKStreamJoinProcessor extends AbstractProcessor<K,V1>{
      private WindowStore<K, V2> otherWindow; // 初始化时，根据名称获取状态存储的引用
      public void process(K key, V1 value) {
        boolean needOuterJoin = KStreamKStreamJoin.this.outer; // 是否是外连接
        long from = Math.max(0L, context().timestamp() - joinBeforeMs);
        long to = Math.max(0L, context().timestamp() + joinAfterMs);
        try (WindowStoreIterator<V2> iter=otherWindow.fetch(key,from, to)) {
          while (iter.hasNext()) { // 另外一个消息流中存储匹配的记录
            needOuterJoin = false;
            context().forward(key, joiner.apply(value, iter.next().value));
          }
          // 如果是外连接
          if (needOuterJoin) context().forward(key, joiner.apply(value,null));
      }
    }
  }
}
```

如表9-11所示，KStreamImplJoin类会根据两个KStream创建连接相关的DAG拓扑图，该拓扑图一共有两个KStreamJoinWindow、两个KStreamKStreamJoin、两个状态存储以及一个用于合并操作的KStreamPassThrough。

表9-11　两个KStream进行连接，多个处理节点构成DAG拓扑图

序号	处理节点的名称	处理节点	上一级的处理节点
1	KSTREAM-WINDOWED-1	KStreamJoinWindow<K1, V1>	KSTREAM-1
2	KSTREAM-WINDOWED-2	KStreamJoinWindow<K1, V2>	KSTREAM-2
3	KSTREAM-JOINTHIS-1	KStreamKStreamJoin<K1,R,V1,V2>	KSTREAM-WINDOWED-1
4	KSTREAM-JOINOTHER-1	KStreamKStreamJoin<K1,R,V2,V1>	KSTREAM-WINDOWED-2
5	KSTREAM-MERGE-1	KStreamPassThrough<K1, R>	KSTREAM-JOINTHIS-1,KSTREAM-JOINOTHER-1
6	KSTREAM-JOINTHIS-1-store		KSTREAM-WINDOWED-1,KSTREAM-JOINOTHER-1
7	KSTREAM-JOINOTHER-1-store		KSTREAM-WINDOWED-2,KSTREAM-JOINTHIS-1

如图9-73所示，我们将两个流的连接操作进行分解。第一个流stream1收到一条新记录<K1,A>，它首先通过KStreamJoinWindow保存到状态存储store1中，然后第一个流的KStreamKStreamJoin会去查询第二个流的状态存储store2，但是第二个流并没有匹配的记录。图中步骤(1)到步骤(2)的粗线箭头表示第一个消息流的执行流程。

如图9-74所示，第二个流stream2收到一条新记录<K1,B>，它首先通过KStreamJoinWindow保存到状态存储store2中，然后第二个流的KStreamKStreamJoin会去查询第一个流的状态存储store1，并且找到

了匹配的记录，最后通过值连接器输出的结果为`<K1,A-B>`。

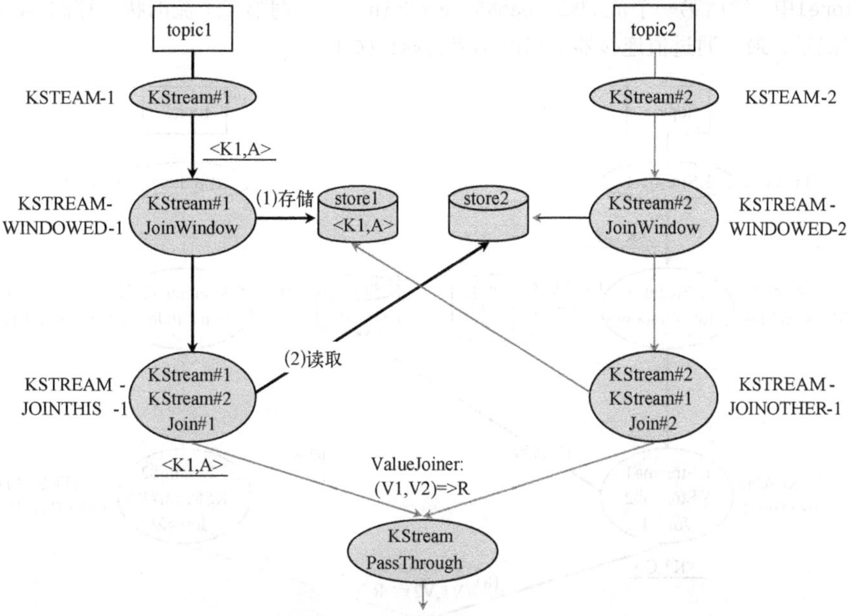

图9-73　第一个KStream消息流没有找到第二个流的匹配记录

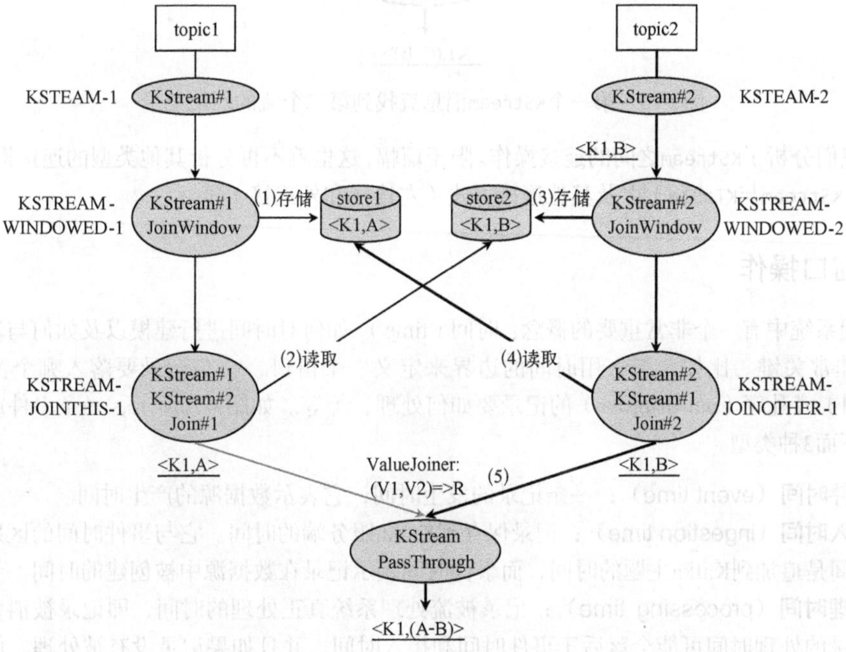

图9-74　第二个KStream消息流找到第一个流的匹配记录

如图9-75所示，第一个流stream1又收到一条新记录<K1,C>，它首先通过KStreamJoinWindow保存到状态存储store1中，然后第一个流的KStreamKStreamJoin会去查询第二个流的状态存储store2，并且找到了匹配的记录，最后通过值连接器输出的结果为<K1,(C-B)>。

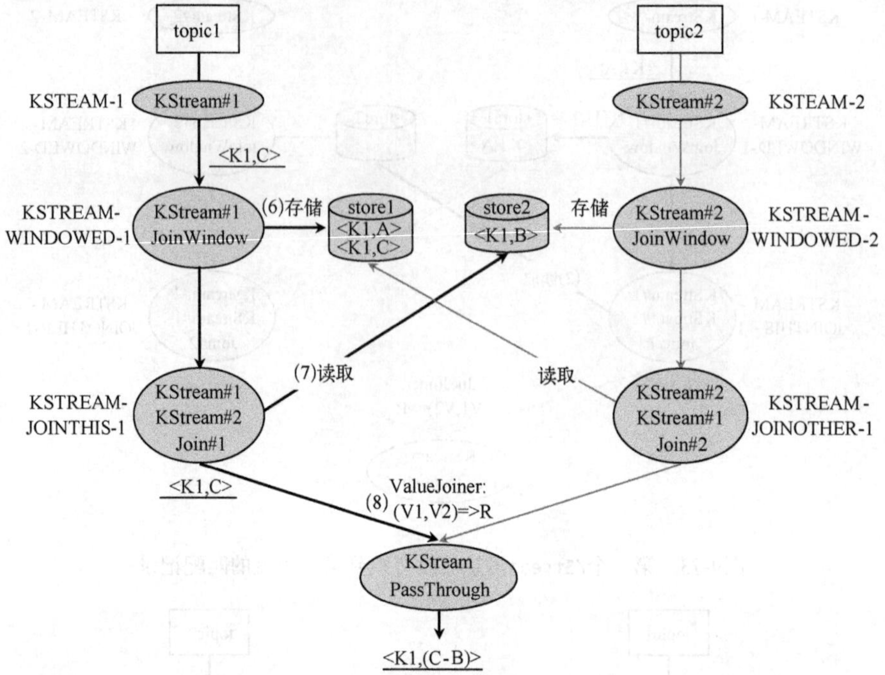

图9-75　第一个KStream消息流找到第二个流的匹配记录

上面我们分析了KStream之间的连接操作。限于篇幅，这里就不再分析其他类型的连接操作（KTable与KTable、KStream与KTable）以及其他连接方式（左连接和外连接）了。

9.2.4　窗口操作

流处理系统中有一个非常重要的概念：时间（time）。如何对时间进行建模以及如何与流处理系统进行协调非常关键。比如，怎么用时间的边界来定义一个窗口，一条记录要落入哪个窗口，迟来（late-arrival）或乱序（out-of-order）的记录要如何处理，等等。如图9-76所示，一条事件或记录的时间语义有下面3种类型。

- **事件时间（event time）**：一条记录的发生时间，它表示数据源的产生时间。
- **摄入时间（ingestion time）**：记录保存到Kafka服务端的时间。它与事件时间的区别是：摄入时间是追加到Kafka主题的时间，而事件时间表示记录在数据源中被创建的时间。
- **处理时间（processing time）**：记录被流处理系统真正处理的时间，即记录被消费的时间。记录的处理时间可能会落后于事件时间和摄入时间，并且如果记录没有被处理，就不会有处理时间。

在0.10版本之后，每条消息都自动内置了一个时间戳字段。用户可以通过两种方式设置时间戳的类型：Broker级别全局的`log.message.timestamp.type`配置项，或者主题级别的`message.timestamp.type`配置项。这两个配置项的可选值为`CreateTime`（创建时间）或者`LogAppendTime`（日志的追加时间）。“创建时间”可以表示为事件的时间，“日志追加时间”可以表示为摄入时间。前者可以认为是生产者写入的时间，后者可以认为是Broker的接收时间。

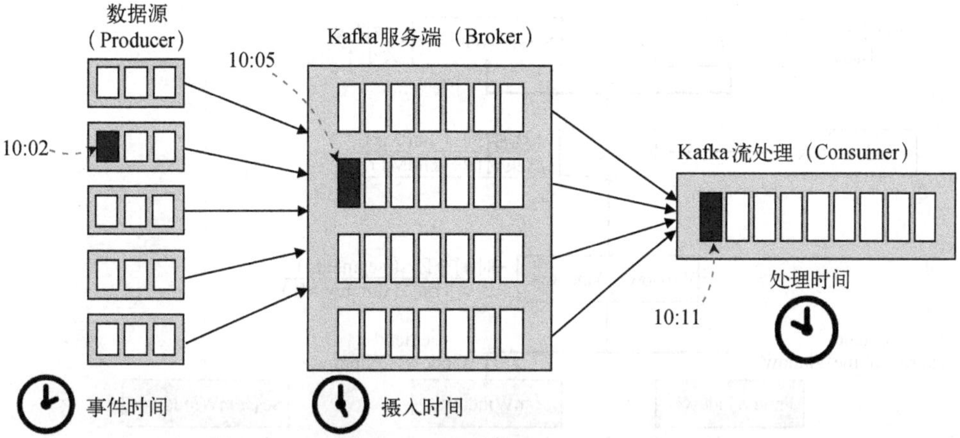

图9-76 事件或记录的3种时间语义

Kafka流处理使用“时间戳解析器”（`TimestampExtractor`）从消费记录（`ConsumerRecord`）中解析出时间戳字段。默认的解析策略是`FailOnInvalidTimestamp`，如果一条记录包含了无效的时间戳，Kafka流处理就会抛出异常。其他的解析策略还有：跳过无效的记录（`LogAndSkipOnInvalidTimestamp`）、使用前一个有效的时间戳（`UsePreviousOnInvalidTimestamp`）和当前时钟（`WallclockTimestampExtractor`）。另外，用户也可以自己实现`TimestampExtractor`接口，并在配置中定义自定义的实现类。

流处理与时间有关的一个应用场景是“窗口”，Kafka流处理中与窗口相关的操作如表9-12所示。`KStream`的聚合操作可以带窗口，也可以不带窗口。两个`KStream`进行连接时，必须使用`JoinWindows`。涉及`KTable`时就不需要窗口，因为`KTable`的状态存储数据集是有限的。

表9-12 Kafka流处理中与窗口相关的操作

KStream/KGroupedStream	聚合/连接操作	窗口类型	处理节点
KStream	join(JoinWindows)	JoinWindows	KStreamKStreamJoin
KGroupedStream	aggregate()	无	KStreamAggregate
KGroupedStream	aggregate(TimeWindows)	TimeWindows	KStreamWindowAggregate
KGroupedStream	aggregate(SessionWindows)	SessionWindows	KStreamSessionWindowAggregate

在具体的实现上，与窗口相关的对象有如下几个。

- `Window`：定义了窗口的边界，它有两个属性——开始时间（`startMs`）和结束时间（`endMs`）。
- `Windowed<K>`：在窗口上执行聚合操作后键的返回类型，它包括记录的键类型和`Window`对象。

- Windows<Window>：定义了窗口的大小（segments）和保留时间（durationMs）。
- WindowStore<K,V>：存储键值记录到窗口类型的状态存储时，可以为每条记录指定时间戳。

需要注意的是，只有状态存储才会存储实际的窗口数据，其他对象并不会存储真正的数据，而是为了辅助执行窗口相关的操作，它们主要保存窗口的元数据。如图9-77所示，Window主要有两种实现：基于固定时间大小的窗口和基于会话的窗口。Windows也有两个实现类：TimeWindows和JoinWindows。

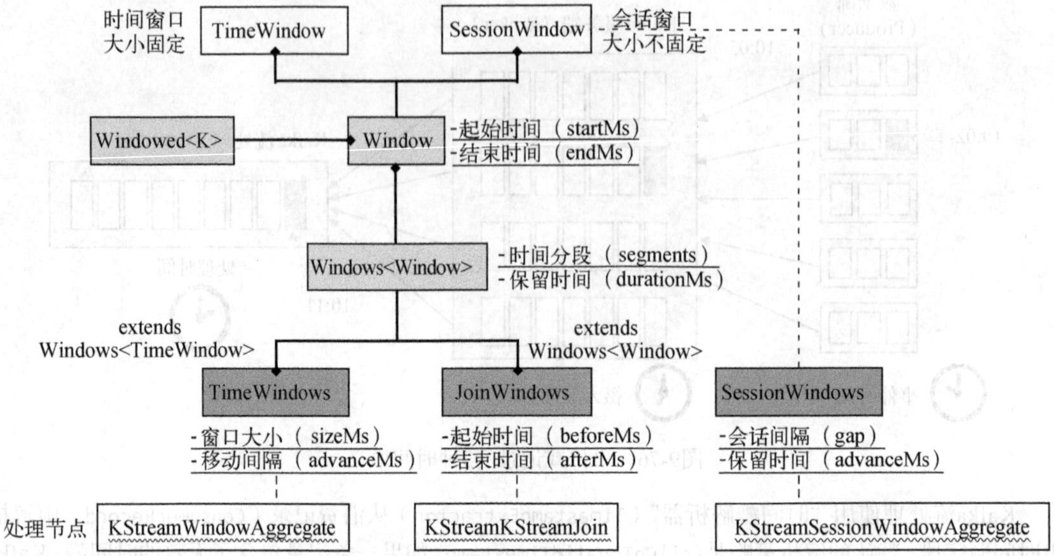

图9-77　流处理的窗口继承体系

时间窗口和会话窗口的区别是：时间窗口不包含结束时间，会话窗口包括结束时间。判断两个时间窗口是否重叠的条件是：当前时间窗口的起始时间小于另一个窗口的起始时间，并且当前时间窗口的结束时间大于另一个窗口的结束时间。判断两个会话窗口是否重叠的条件是：当前时间窗口的起始时间小于等于另一个窗口的起始时间，并且当前时间窗口的结束时间大于等于另一个窗口的结束时间。如图9-78（左）所示，时间窗口[0,5)和[10,15)与[5,10)没有重叠，而会话窗口[0,5]和[10,15]与[5,10]则有重叠。右图中，3个事件发生的时间点分别是0、5和10，假设时间窗口的大小为5，3个时间窗口的范围分别是[0,5)、[5,10)和[10,15)，3个会话窗口的范围分别是[0,5]、[5,10]和[10,15]。那么，第一个事件落在第一个时间窗口，第二个事件落在第二个时间窗口以及第一个会话窗口，第三个事件落在第三个时间窗口以及第二个会话窗口。

“窗口存储”（WindowStore）不同于“键值存储”（KeyValueStore）的特点是窗口中的数据随着时间的移动会过期，因此窗口存储也需要定期删除。Kafka的底层窗口存储的设计思路是按照时间顺序分成多个分段（segment，这个分段的概念和第6章日志的分段不同）。如图9-79（上）所示，假设窗口的保留时间为4分钟，总共有5个分段，每个窗口的间隔为1分钟。不同时间到达的事件会落入不同的分段。而在图9-79（下）中，到了第六分钟，会把第一分钟之内的窗口清除掉，只保留最新最近的5个分段。

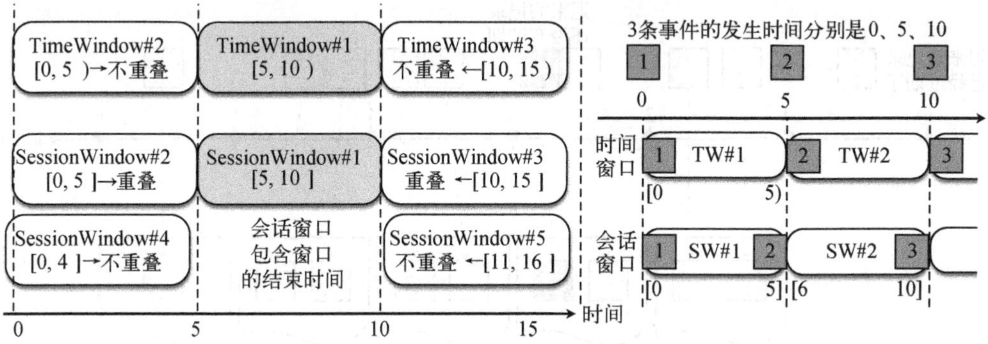

图9-78 时间窗口与会话窗口的区别

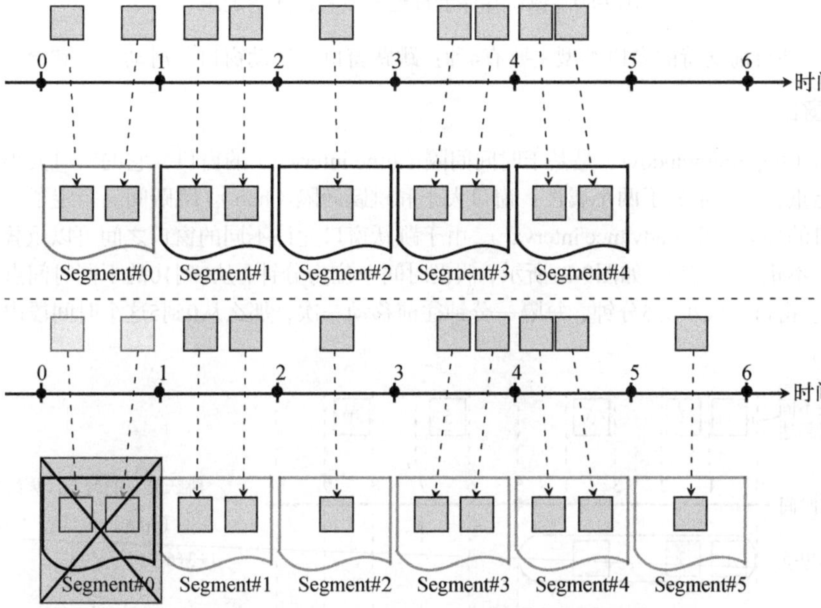

图9-79 窗口存储按照时间顺序分成多个分段

"窗口状态存储"设置一定的保留时间，这个功能允许Kafka流处理框架处理迟来或者乱序的事件。如图9-80所示，假设在第六分钟[5,6)到达了两条事件，第一条事件的时间在第一分钟里，由于[0,1)对应的分段已经过期了，所以第一条事件会被丢弃掉。第二条事件的时间在第三分钟里，由于[2,3)对应的分段并没有过期，所以第二条事件会添加到编号为Segment#2的分段内。

注意：在实时流处理系统中，出现迟来或者乱序的记录是很正常的。迟来的记录只针对"事件时间"或者"摄入时间"这两种时间语义，对于"处理时间"则不适用。在其他一些流处理系统（比如Flink）中，采用水位线（watermark）和触发器（trigger）的方式来定义最多等待多久处理迟来的记录。

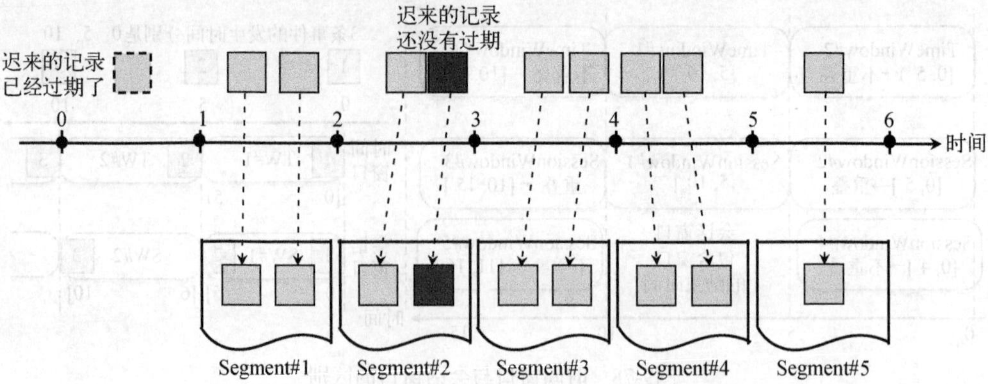

图9-80　窗口存储处理迟来或者乱序的记录

Kafka流处理目前支持的窗口类型主要有4种：跳跃窗口、滚动窗口、滑动窗口和会话窗口。

1. 跳跃窗口

跳跃窗口（hopping window）是基于时间间隔（time interval）的窗口，它的窗口大小是固定的，窗口之间可能重叠。它定义了两个属性：窗口大小和跳跃间隔（hop）。跳跃间隔指定了一个窗口相对于前一个窗口的移动大小（advance interval）。由于跳跃窗口允许不同的窗口之间可以重叠，所以一条记录可能属于不止一个窗口。如图9-81所示，假设时间单位为分钟，从0到10的不同时间点一共接收了5条事件记录。窗口的大小为5分钟，每隔一分钟往前移动一次，那么从0到5这个时间段内一共产生了6个时间窗口。

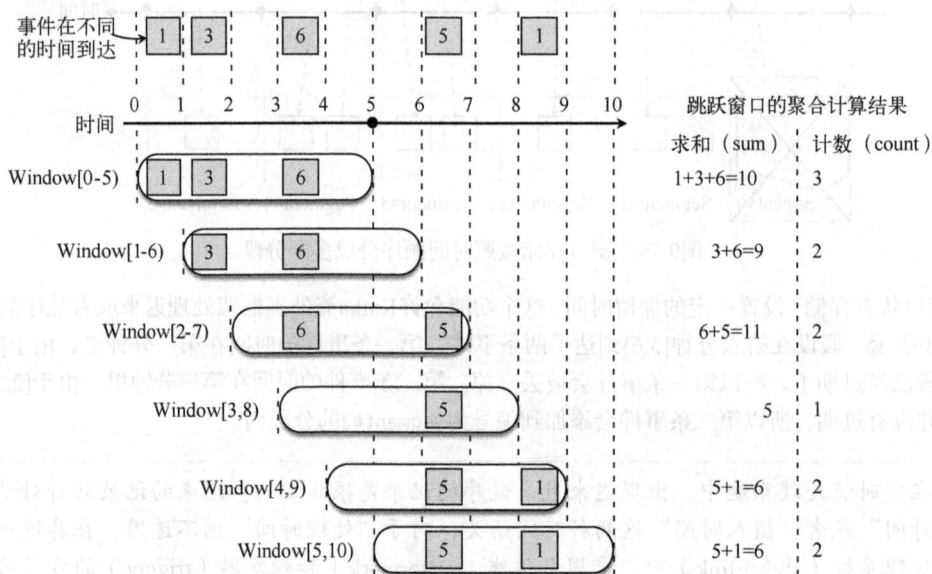

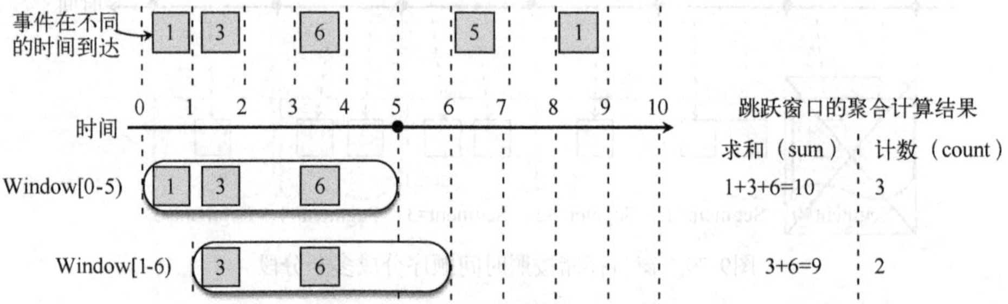

图9-81　跳跃窗口的示例

窗口在Kafka流处理中的使用场景是聚合计算，下面的代码片段举例说明了跳跃窗口的使用方式：

```
KStream<String, Long> pageViews = ...;
KTable<Windowed<String>, Long> windowedPageViewCounts = pageViews
  .groupByKey() // 在聚合计算之前必须先分组，并生成KGroupedStream
  .count(TimeWindows.of(TimeUnit.MINUTES.toMillis(5)) // 窗口大小为5分钟
    .advanceBy(TimeUnit.MINUTES.toMillis(1)), // 每隔一分钟统计一次
    "views-per-window-by-user"); // 状态存储的名称
```

这个示例首先对用户进行分组，然后每隔一分钟统计过去5分钟窗口内用户的页面访问量（PageView）。

对时间窗口进行聚合计算的处理节点是KStreamWindowAggregateProcessor。因为同一事件会出现在多个跳跃窗口中，所以根据事件的时间戳获取匹配的窗口时，会获取到多个时间窗口。具体步骤如下。

(1) 根据事件的时间戳获取所有匹配的时间窗口时，每个时间窗口根据窗口大小和移动间隔来对齐。
(2) 计算所有匹配窗口全局的起始时间（第一个时间窗口）和结束时间（最后一个时间窗口）。
(3) 根据事件的键去“窗口状态存储”中查询步骤(2)中指定起始和结束范围的“窗口存储迭代器”。
(4) 步骤(3)的迭代器中每个条目的键是对应窗口的时间戳（起始时间），值是窗口中旧的聚合值。
(5) 根据步骤(4)窗口的起始时间戳（注意不是事件的时间戳）查询步骤(1)中对应的匹配窗口。
(6) 运用初始化和聚合方法到当前事件，其中apply()方法会用到当前值和步骤(4)中旧的聚合值。
(7) 步骤(6)产生新的聚合值，然后更新“窗口状态存储”，其中记录的时间戳为窗口的起始时间。
(8) 将带有窗口的键，以及步骤(7)中新的聚合值、步骤(4)中旧的聚合值转发到下游的处理节点。
(9) 迭代器每次处理完一条记录，就要将步骤(5)中当前匹配的窗口从映射集合中移除。
(10) 步骤(3)的迭代器处理完所有记录后，有可能存在一些没有匹配的窗口，需要最后处理一次。

注意：事件的时间戳仅用来查询状态存储，其他时间相关的操作用的都是窗口的起始时间。步骤(7)中存储聚合结果到“窗口状态存储”时，时间戳为窗口的起始时间。步骤(4)中查询“窗口状态存储”条目的键也是窗口的起始时间，这两个时间戳刚好是对应的。

相关代码如下：

```
private class KStreamWindowAggregateProcessor { // 窗口的聚合操作
  private WindowStore<K, T> windowStore; // 窗口状态存储
  private TupleForwarder<Windowed<K>, T> tupleForwarder; // 记录转发器
  public void process(K key, V value) { // 处理一条新的事件/记录
    long timestamp=context().timestamp(); // 根据事件时间找出匹配的所有窗口
    Map<Long, W> matchedWindows = windows.windowsFor(timestamp);
    long timeFrom = Long.MAX_VALUE;
    long timeTo = Long.MIN_VALUE;
    // 使用范围查询，有多个时间窗口，不需要计算每个窗口，而是计算所有窗口
    for (long windowStartMs : matchedWindows.keySet()) {
      timeFrom = windowStartMs < timeFrom ? windowStartMs : timeFrom;
      timeTo = windowStartMs > timeTo ? windowStartMs : timeTo;
    }
    WindowStoreIterator<T> iter=windowStore.fetch(key,timeFrom,timeTo))
    while (iter.hasNext()) { // 对每个匹配的窗口更新对应的键
      KeyValue<Long, T> entry = iter.next(); // Long是时间戳，T是聚合结果
```

9

```
      W window = matchedWindows.get(entry.key); // 获取键对应的窗口对象
      if (window != null) {
        T oldAgg = entry.value; // 窗口中旧的聚合值
        if (oldAgg == null) oldAgg = initializer.apply();
        T newAgg = aggregator.apply(key, value, oldAgg);
        windowStore.put(key, newAgg, window.start()); // 更新状态存储
        tupleForwarder.maybeForward( // 转发结果到下游节点
          new Windowed<>(key, window), newAgg, oldAgg);
        matchedWindows.remove(entry.key);
      }
    }
    // 对于没有匹配到的窗口，要创建新的窗口
    for (Map.Entry<Long, W> entry : matchedWindows.entrySet()) {
      T oldAgg = initializer.apply();
      T newAgg = aggregator.apply(key, value, oldAgg);
      windowStore.put(key, newAgg, entry.getKey());
      tupleForwarder.maybeForward(
        new Windowed<>(key, entry.getValue()), newAgg, oldAgg);
      }
    }
  }
```

以前面的跳跃窗口为例，分析窗口的聚合操作过程。如图9-82所示，假设有一条新的事件需要处理，它的时间戳落在4和5之间（图中深灰色正方形），根据这个时间戳查询的所有匹配窗口一共有五个（图中用灰色背景方框表示）。第一个匹配窗口的起始时间为0，最后一个匹配窗口的起始时间为4，所以timeForm=0，timeTo=4，然后用这两个时间范围查询“窗口状态存储”。这个例子中，状态存储在每个匹配窗口中都有对应的记录，所以上面流程中的步骤(10)并不会执行。

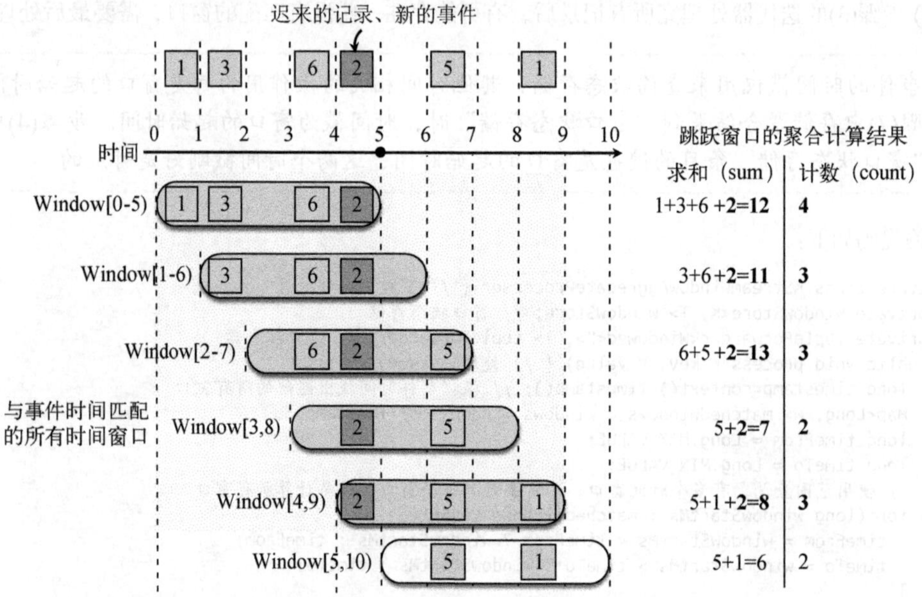

图9-82　窗口的聚合操作（1）

再来看另外一种需要执行步骤(10)的场景。如图9-83（左）所示，虽然有5个匹配的窗口，但是只有3个窗口是有记录的。在上面的代码片段中，while循环会处理所有存在记录的匹配窗口。右图则处理没有记录的匹配窗口，即步骤(10)的for循环部分。

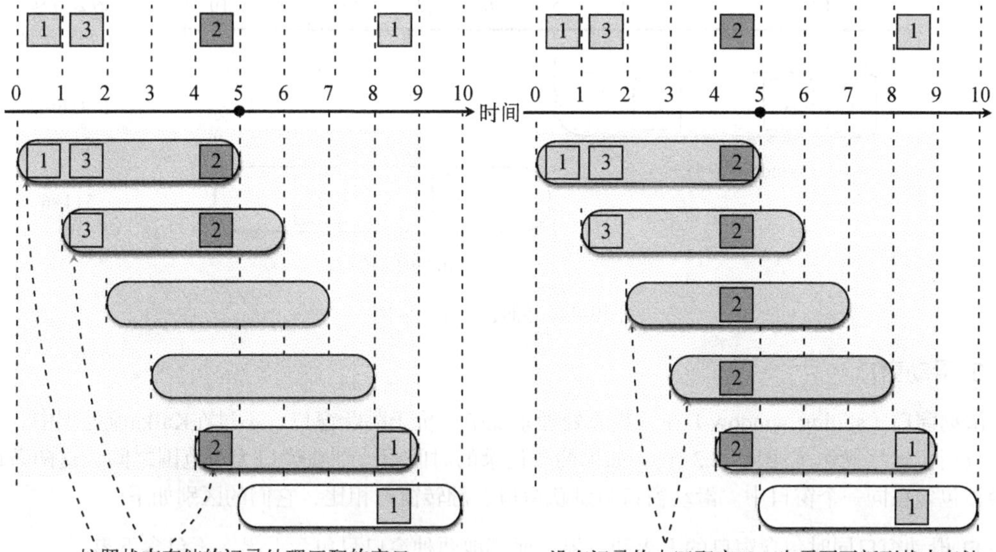

图9-83 窗口的聚合操作（2）

接下来，简单看下跳跃窗口的一种特例——滚动窗口，这两者除了窗口的移动间隔不同外，其他流程都相同。

2. 滚动窗口

滚动窗口/翻转窗口（tumbling window）是跳跃窗口的特例，它只定义了窗口大小，它的前进间隔和窗口大小相等。翻转窗口的大小也是固定的，并且窗口之间不会重叠，也没有间隙。由于翻转窗口不会有重叠，所以一条记录只属于一个窗口。下面的代码片段设置了翻转窗口的大小为5分钟：

```
KStream<String, GenericRecord> pageViews = ...;
// 计算每个用户每隔5分钟的PV
KTable<Windowed<String>, Long> windowedPageViewCounts = pageViews
    .groupByKey().count(TimeWindows.of(TimeUnit.MINUTES.toMillis(5)),
      "views-per-window-by-user");
```

如图9-84所示，由于翻转窗口的大小为5分钟，所以10分钟的时间段可以总共产生两个窗口，每个窗口中的记录都不会重叠。

在其他流处理系统中，窗口类型的操作通过触发器定义什么时候应该触发窗口的计算，并且只在窗口结束时才执行聚合计算。但因为Kafka流处理的窗口操作只针对KStream记录流，所以每条新的事件到来时，都会触发窗口的聚合操作，并且将最新的聚合结果转发到拓扑的下游处理节点。

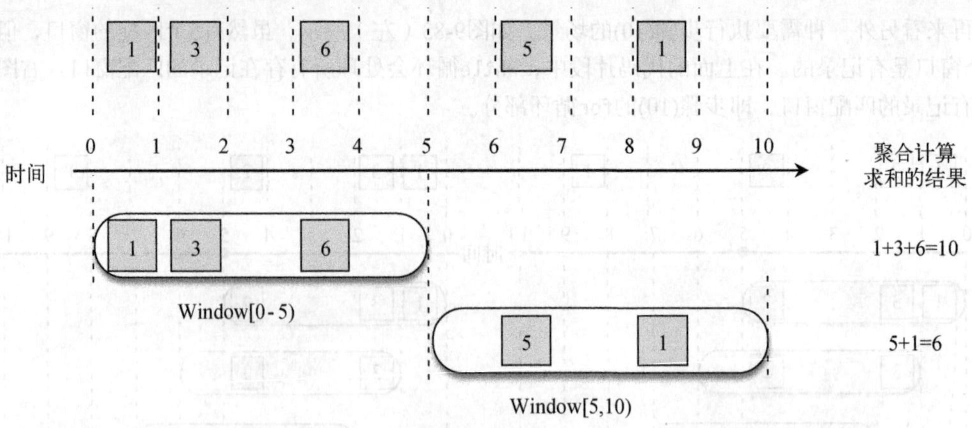

图9-84　翻转窗口的示例

3. 滑动窗口

滑动窗口（sliding window）在一些流处理系统中等价于跳跃窗口。不过在Kafka流处理中，滑动窗口仅用于连接操作（详见9.2.3节）。如果两条记录的时间戳差别在窗口大小范围之间，这两条记录就会被包含在同一个窗口中。滑动窗口与跳跃窗口、翻转窗口相比，它们的区别如下。

- 滑动窗口同时包含窗口的上界和下界，而其他两种窗口只包含上界，不包含下界。
- 滑动窗口不是和时间点（epoch）对齐，而是和记录的时间戳对齐。

窗口在时间点上对齐表示第一个窗口从时间戳0开始。下面举例说明在时间点上对齐与在记录对齐的区别。

- 一个5秒钟的滚动窗口，我们可以预测出窗口的边界会是[0;5000),[5000;10000),...。
- 5秒钟的跳跃窗口，移动大小为一秒钟，窗口的边界会是[0;5000),[1000;6000),...。
- 时间窗口在记录上对齐，窗口的边界就不好预测，可能是[1000;6000),[6000;11000)，也可能是[1452;6452),[6452;11452),....，它和记录的时间戳有关。

只有KStream与KStream进行连接时，才需要时间窗口来保证数据集是有限的。具体连接操作相关的处理逻辑（KStreamKStreamJoin）在9.2.3节中已经分析过了。这里看下JoinWindows中两个时间相关的变量before和after，它们会作为选择另外一个消息流窗口范围的依据，并且参考依据是当前事件在当前消息流的时间点（这里简称“当前时间ts”）。

下面演示了第一个流（left）连接第二个流（right），并且第一个消息流会选择第二个消息流的[ts-before, ts+after]之间的数据。反过来，第二个消息流会选择第一个消息流的[ts-after, ts+before]”之间的数据。假设before=5min，after=10min。如果第一个消息流中某条消息的时间是10:00，则它会选择第二个消息流在[9:55,10:10]时间段内的所有记录进行连接。如果第二个消息流某条记录的时间是10:00，它对应的第一条消息流时间范围是[9:50, 10:05]，即第一个消息流在[9:50, 10:05]之间的记录集，都会和第二个消息流的消息进行连接。相关代码如下：

```
KStream<String, Long> left = ...;
KStream<String, Double> right = ...;
KStream<String, String> joined = left.join(right,
  (leftValue, rightValue) -> leftValue + "->" + rightValue,
  JoinWindows.of(TimeUnit.MINUTES.toMillis(5)).after(600000),
  Serdes.String(),  Serdes.Long(), Serdes.Double());
```

上面分析了3种常用的窗口类型，最后再简单介绍一下比较常用的会话窗口。

4. 会话窗口

会话窗口（session window）用来将基于键的多个记录聚合到不同的会话。“会话”表示一段持续的活跃期间（activity period），通过指定的“不活跃间隔”（inactivity gap）分隔开。任何事件如果落在已有会话的“不活跃间隔”内，它们就会被合并到已有的会话窗口中。如果落在已有会话窗口的“不活跃间隔”之外，就会创建出一个新的会话窗口。会话的典型应用场景是网站的用户行为分析。如图9-85所示，假设会话的间隔为1小时，用户如果在每隔1小时的时间窗口内都有活动，就认为是同一个会话；而一旦超过1个小时没有新的活动，下一次的活动就会被记录在新创建的会话中。

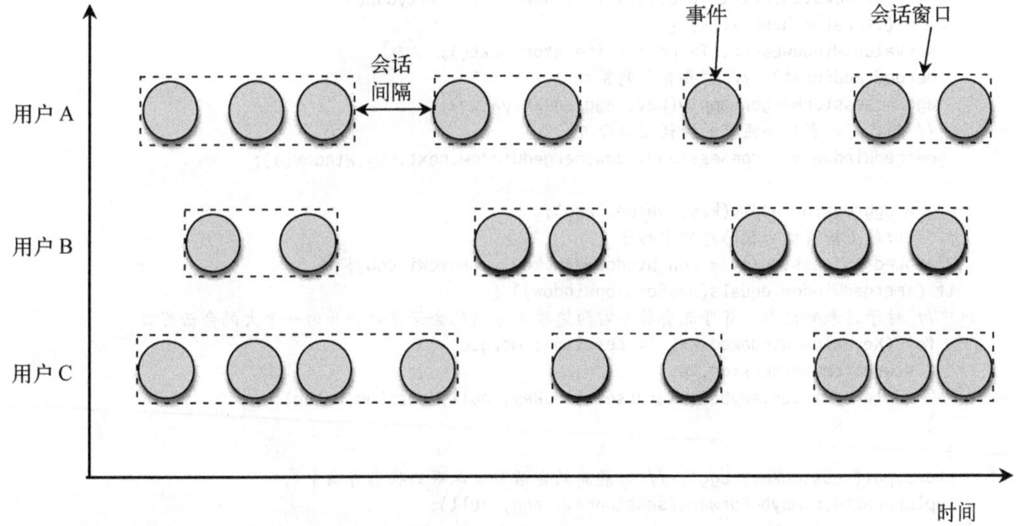

图9-85　会话窗口的示例

下面的代码片段演示了会话窗口的聚合计数，它和时间窗口的聚合用法类似：

```
KStream<String, Long> pageViews = ...;
// 统计用户在每个会话窗口中的网站访问数量，最长的不活跃间隔为5分钟
KTable<Windowed<String>, Long> sessionizedPV = pageViews
  .groupByKey().count(SessionWindows.with(TimeUnit.MINUTES.toMillis(5)),
  "views-per-session-by-user");
```

流处理系统会分别跟踪不同事件的会话窗口，比如访问网站的不同用户时，其访问行为可能完全不同，用户A的会话和用户B的会话都应该是独立的。另外，会话窗口的起始时间和结束时间是不固定的，它和滑动窗口类似，都是基于记录的时间戳进行对齐。会话窗口的一个特点是处理事件时，如

9

果事件当前的时间戳落在已有会话窗口覆盖的范围（gap）内，需要将已有的会话窗口和当前的会话窗口合并。类似于“窗口存储”（WindowStore）根据时间戳查找匹配的窗口，“会话存储”（SessionStore）也有自己的时间范围选择算法：起始时间为当前时间戳减去gap，结束时间为当前时间戳加上gap。相关代码如下：

```
private class KStreamSessionWindowAggregateProcessor {
  private SessionStore<K, T> store;
  private TupleForwarder<Windowed<K>, T> tupleForwarder;

  public void process(K key, V value) {
    long ts = context().timestamp(); // 当前事件的时间
    List<KeyValue<Windowed<K>, T>> merged = new ArrayList<>();
    // 用当前的时间创建一个新的会话窗口
    SessionWindow newSessionWindow = new SessionWindow(ts,ts);
    SessionWindow mergedWindow = newSessionWindow;
    T agg = initializer.apply(); // 初始化
    // 使用当前的时间以及gap上下限范围，查询匹配的会话窗口
    KeyValueIterator<Windowed<K>, T> iterator = store.findSessions(key,
      ts - windows.inactivityGap(),ts + windows.inactivityGap());
    while (iterator.hasNext()) {
      KeyValue<Windowed<K>, T> next = iterator.next();
      merged.add(next); // 需要合并的窗口
      agg = sessionMerger.apply(key, agg, next.value);
      // 将已有的窗口和匹配的会话窗口合并
      mergedWindow = mergeSessionWindow(mergedWindow,next.key.window());
    }
    agg = aggregator.apply(key, value, agg);
    // 将旧的会话窗口从状态存储中移除
    Windowed<K> sessionKey = new Windowed<>(key, mergedWindow);
    if (!mergedWindow.equals(newSessionWindow)) {
      // 对于迟来的记录，有可能会将左右两边原本分隔的会话窗口合并为一个大的会话窗口
      for (KeyValue<Windowed<K>, T> session : merged) {
        store.remove(session.key);
        tupleForwarder.maybeForward(session.key, null, session.value);
      }
    }
    store.put(sessionKey, agg); // 将最新的会话窗口保存到状态存储中
    tupleForwarder.maybeForward(sessionKey, agg, null);
  }
}
// 两个会话窗口进行合并，开始时间选最小的，结束时间选最大的
SessionWindow mergeSessionWindow(SessionWindow one,SessionWindow two){
  long start = one.start() < two.start() ? one.start() : two.start();
  long end = one.end() > two.end() ? one.end() : two.end();
  return new SessionWindow(start, end);
}
```

在9.2.3节的WindowStore的put(key,agg,window.startMs)方法中，3个参数分别表示事件的键、窗口的聚合结果和窗口的起始时间（当然，最后保存到状态存储中的键包含事件的键和窗口的起始时间）。本节的会话窗口调用SessionStore的put(sessionKey,agg)方法，其中第一个参数包含了事件的键和会话窗口（包括窗口的起始时间与结束时间），第二个参数是会话窗口的聚合结果。如表9-13所示，

两种不同窗口对应的状态存储，都会根据当前事件的时间查询匹配的已有窗口，并且都会将当前窗口和已有窗口进行聚合计算。

表9-13 时间窗口与会话窗口的聚合操作需要根据事件时间查询对应的状态存储

窗口类型	状态存储	获取匹配结果	返回类型
时间窗口	WindowStore	fetch(key,from,to)	WindowStoreIterator<T>
会话窗口	SessionStore	findSessions(key,ts-gap,ts+gap)	KeyValueIterator<Windowed<K>,T>

如图9-86所示，假设不活跃的会话间隔为两分钟，第一条事件在第0分钟到达。第二条事件在两分钟内又出现了，处理节点首先创建当前事件的会话窗口，然后到状态存储中查询[2-2,2+2]之间的会话窗口，并找到了第一条事件对应的第一个窗口。接着，将当前的会话窗口和第一个窗口合并。最后，合并后的窗口以及最新的聚合结果会更新到状态存储中。

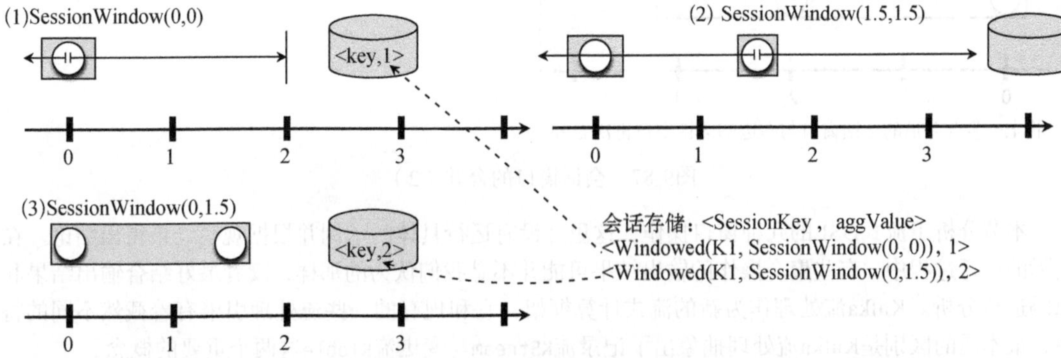

图9-86 会话窗口的合并（1）

正常情况下，如果事件没有乱序，并且新的事件落在已有会话窗口的范围内，每次查询状态存储时，最多只会有一个满足条件的会话窗口。如果新的事件落在已有会话的窗口之外，状态存储查询不到覆盖的会话窗口，则新建一个会话窗口来存放新的事件。如图9-87所示，如果出现乱序的事件，那么根据当前事件的时间查询覆盖的会话窗口时，可能会查询到多个已有的会话窗口，这时就需要将所有覆盖到的会话窗口合并为一个窗口，具体步骤如下。

(1) 第一条事件在第0分钟到达，由于这是一条新的事件，所以会创建第一个会话窗口。
(2) 第二条事件在第3分钟到达，超过两分钟的间隔时间，所以会创建第二个会话窗口。
(3) 第三条事件在第2分钟到达，前两个窗口的会话时间都在当前事件的范围内。
(4) 第三条事件先和步骤(1)的第一个会话窗口合并，合并后的会话窗口时间是[0,2]。
(5) 步骤(4)中合并后的会话窗口再和步骤(2)的第二个会话窗口合并，合并后的时间是[0,3]。

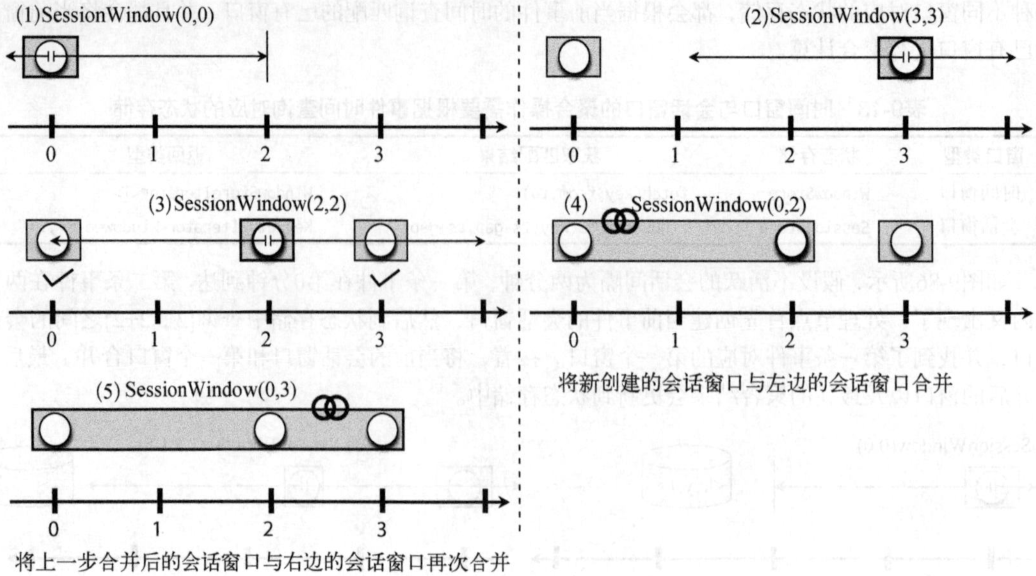

图9-87　会话窗口的合并（2）

本节分析了流式DSL的几种窗口操作，这里并没有运行具体的示例并根据观察结果得出结论。在实际的运行过程中，有些聚合操作的输出结果可能并不是我们认为的那样，读者最好结合输出结果和源码进行分析。Kafka流处理作为新的流式计算框架，它和现有的一些流处理引擎有着截然不同的特性，最本质的区别是Kafka流处理抽象出了记录流`KStream`与变更流`KTable`这两个重要的概念。

9.3 小结

本章分析了Kafka作为分布式流平台（distributed streaming platform）所提供的两种流处理API：低级`Processor`和高级DSL API。Kafka的流处理框架基于Kafka的生产者和消费者，为开发者提供了流式处理的能力。而在这之前，用户要处理Kafka中的消息，只能借助于第三方的流处理引擎来实现流式计算。现在有了Kafka流处理，用户只需要以Kafka为核心，就可以构建出一套完整的分布式流式数据处理平台。

Kafka流处理框架利用了消费组的再平衡协议，实现了流处理应用程序在多个物理机器上的分布式运行。它的核心组件包括：流实例（`KafkaStreams`）、流线程（`StreamThread`）和流任务（`StreamTask`）。开发者可以为流处理应用程序的流实例配置多个流线程，而流线程与流任务的分配关系是由Kafka流处理框架内部自动分配的。流任务与所有输入主题的最大分区数有关，假设流程序订阅了两个主题，第一个输入主题有3个分区，第二个输入主题有4个分区，最后就有4个流任务。每个流任务可以同时分配到不同输入主题的一个分区，但不允许同时分配到同一个输入主题的多个分区。

Kafka流处理为流式计算抽象出处理拓扑和处理节点。开发者可以使用低级的`Processor`或者高级DSL内置的操作算子，构建出一个动态的DAG拓扑执行图。当启动流处理应用程序实例的进程后，

Kafka流处理的内部框架会负责从输入主题消费每一条记录，然后链式地调用拓扑图路径中的每个处理节点，最后把计算结果发送到输出主题中。

流处理系统涉及的知识面非常多，限于篇幅，这里不可能面面俱到。在Kafka社区中，对于一些比较重要的特性，都会有KIP（Kafka Improvement Proposals）提案的讨论。下面列举出几个与Kafka流处理相关的KIP提案，感兴趣的读者可以自行深入研究这部分内容。

- KIP-32：给Kafka的消息增加时间戳，这个改动比较大，涉及底层的消息格式、日志压缩、日志滚动、生产者记录、消费者记录以及相关的请求。时间戳的格式（`message.timestamp.type`）有两种配置选项：`CreateTime`或者`LogAppendTime`。消息有了时间戳之后，对于流处理而言，可以提供事件时间、摄入时间的处理语义，也可以让用户自己定义时间戳解析器。
- KIP-123：允许给每个`KStream`或`KTable`自定义时间戳解析器。目前的解析器是全局的，这就意味着每个应用程序只有一个解析器。而且不同的`KStream`或`KTable`进行连接时，无法定义不同的解析器。
- KIP-67：提供状态存储的查询功能。目前，Kafka流处理内部会创建状态存储，比如存储中间操作的聚合结果，存储`KTable`的物化视图。开发者如果想要查询状态存储中的数据，只能在应用程序中通过`to()`方法写到输出主题，这种方式存在重复数据（状态存储与输出主题的数据实际上是一样的），而且也存在网络开销（写到输出主题需要跨网络）。如果将流处理的内部状态暴露给外部的查询服务，可以避免重复数据和额外的I/O，也可以减少一些不必要的临时状态存储。
- KIP-63：统一状态存储与下游处理节点的缓存。当前缓存只是构建在RocksDB本地文件系统之上，假设求和操作的输入记录序列是`[<K1,V1>, <K1,V10>, <K1,V100>]`，写入RocksDB时因为有缓存，所以只会写一次记录，而发送到下游节点的`Change`值有3条`[<V1,null>, <V1+V10, V1>, <V1+V10+V100, V1+V10>]`。有了统一的缓存后，发送到下游节点的`Change`值只会有一条`<V1+V10+V100, null>`。
- KIP-99：为流处理增加全局的表（`GlobalKTable`），这个功能类似于Spark的`broadcast`、Flink的`GlobalWindows`、Storm的`AllGrouping`。比如，数据仓库分析系统的一个典型应用是：将一张事实表（fact table）与多张维度表（dimension table）进行关联。事实表通常很大而且经常更新，维度表比较小而且很少更新。Kafka中事实表与维度表的关联需要基于相同的键进行重新分区。如果事实表只与一个维度进行关联还好，但如果事实表与多个维度进行关联，对每一种维度，都需要对事实表重新分区。这种使用方式不仅存在重复数据（相同的事实表按照不同维度写入不同的临时内部主题），而且会有处理的延迟（先写入重分区主题，再读重分区主题）、网络I/O、磁盘容量等问题。并且，关联操作还要保证事实表与维度表的分区数量一样，而这通常是不现实的。因为事实表数据量很大，我们会设置很大的分区数，而维度表数量少，分区数一般不会很多。通过引入全局表，维度表的所有分区数据会复制到所有的流实例。这样事实表与维度表进行关联时，事实表不需要按照维度表的键进行重分区，事实表的所有分区都可以访问维度表的所有数据，并且不同维度表的分区数量也不一定需要和事实表一样。

第 10 章 高级特性介绍

前几章分析了Kafka内部的几个核心组件，本章则介绍一些非核心的高级特性。另外，我们还会分析新版本的消息格式以及事务功能。

10.1 客户端配额

在实际应用中，某些生产者和消费者会往服务端写入或读取大量数据，或者频繁地生成请求。这些客户端会独占服务端的资源，使得网络趋于饱和，并导致其他客户端和服务端拒绝服务。加入配额（quota）机制，可以预防上述情况发生，并且可以避免集群在多用户场景下由于个别客户端的异常流量影响其他正常客户端的使用。为了控制服务端的资源，Kafka集群对客户端请求执行的“配额”控制主要有以下两种类型。

- 基于传输速率（byte-rate）的网络带宽配额（0.9版本）。
- 基于CPU使用率（即网络和I/O线程占比）的请求速率（request-rate）配额（0.11版本）。

服务端控制客户端的配额策略有3种方式：用户-客户端编号、用户、客户端编号。所有的客户端连接都共享了针对客户端分组的配额。比如，用户名为test-user、客户端编号为test-client的生产者配额为10 MB/s，那么所有用户为test-user、编号为test-client的生产者实例都会共享10 MB/s的配额。假设有两个生产者实例同时发送数据到一个服务端，它们两个加起来每秒钟最多只能写入10 MB的数据，即每个生产者每秒钟的配额为5 MB/s。默认情况下，每个客户端是没有配额限制的，可以在代理节点配置文件中为所有客户端编号设置默认的配额。下面的配置设置了每个生产者和消费者的客户端编号的配额等于10 MB/s，表示相同编号的客户端每秒钟最多写入或读取10 MB：

```
quota.producer.default=10485760
quota.consumer.default=10485760
```

这里要注意的是，代理节点配置中的配额设置项已经废弃，后续版本中可能会删除该设置项。

此外，我们还可以通过kafka-topics.sh脚本动态修改客户端的配额。比如，下面的命令设置了默认用户、指定编号等于client1的客户端配额信息是生产者速率的配额为1 KB/s，消费者速率的配额为2 KB/s：

```
$ bin/kafka-configs.sh  --zookeeper localhost:2181 --alter --add-config \
  'producer_byte_rate=1024,consumer_byte_rate=2048' \
```

```
--entity-type users --entity-default \
--entity-type clients --entity-name client1
```

表10-1列举了针对用户和客户端进行配额控制的多种组合方式。管理员通过kafka-configs.sh命令修改配额配置，可以动态修改ZK节点的数据。所有的服务端代理节点会读取ZK中的配置信息，我们不需要重启整个集群，修改后的配额配置也能立即生效。

表10-1 客户端配额分组方式

序号	ZK地址	说 明
1	/config/users/<default>	用户默认的配额
2	/config/clients/<default>	客户端默认的配额
3	/config/users/<user>	指定用户的配额
4	/config/clients/<client-id>	指定客户端编号的配额
5	/config/users/<user>/clients/<client-id>	指定用户、指定客户端的配额
6	/config/users/<user>/clients/<default>	指定用户、默认客户端的配额
7	/config/users/<default>/clients/<client-id>	默认用户、指定客户端的配额
8	/config/users/<default>/clients/<default>	默认用户、默认客户端的配额

网络带宽配额定义为每个客户端分组共享的字节速率阈值，每个客户端在被限制之前，在每个代理节点上最多可以使用指定的配额。我们没有在Kafka集群上执行全局的配额限制，而是针对每个代理节点执行配额限制。如果采用全局的配额控制，需要有一种协调机制，保证客户端共享所有代理节点的配额。这种方式实现起来比较复杂，而且做不到准确的配额控制。

当服务端检测到客户端的配额超限时，它不会返回错误，而是尝试减缓超出配额的客户端。服务端会计算客户端需要延迟的时间，使得客户端从超额降低到指定的配额之内，并延迟一定时间才返回响应结果给客户端。这种实现方式使得超额对于客户端是透明的，并且客户端也不需要自己实现一些回退算法或者重试机制。如果服务端返回错误信息并让客户端来处理超额的异常信息，客户端只是重试而没有回退机制，超出配额的问题只会更加恶化。因为重试会发送同样多的数据，服务端又会检测到客户端超额，然后继续返回错误信息让客户端处理，客户端又会重试，导致超额的问题永远无法解决，陷入死循环。另外，服务端会在响应结果中附带延迟时间（`throttleTimeMs`）来表示配额的状态。如果客户端没有超额，延迟时间等于0。客户端可以保存配额的延迟时间到监控收集器（比如JMX度量信息），并基于这些结果计算一段时间窗口内请求的最大延迟时间或平均延迟时间。

配额的测量标准是将指定的时间间隔分成多个小的窗口，以便服务端快速检测到客户端的配额是否超出限制。默认情况下，一秒钟的时间分成11个时间窗口（最后一个时间窗口表示当前窗口）。假设在一个10 s的窗口内，客户端的配额是5 MB/s，那么10秒内的配额流量是50 MB。以生产者为例，正常情况下生产者客户端的速率是5 MB/s，它不会有任何延迟。某个时刻生产者产生了15 MB的数据，那么最近10秒内的配额流量是5 MB × 9 + 15 MB = 60 MB，生产者需要延迟的时间为（60 MB – 50 MB）/ 5 MB = 2 s。如图10-1所示，每秒钟的流量是5 MB，10 s的流量是50 MB，现在有60 MB的流量，需要12 s才能满足服务端为客户端设置的配额阈值。

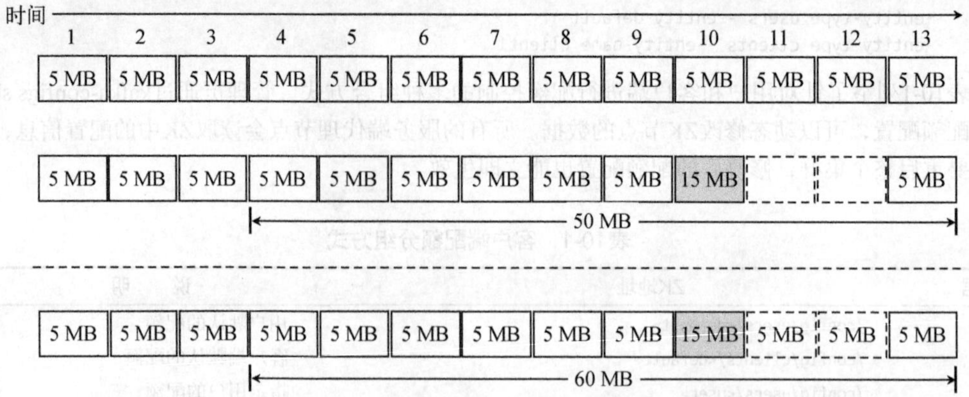

图10-1　基于字节速率的配额超出限制后，服务端延迟返回响应结果给客户端

"基于字节速率的网络流量配额控制"在有些场景下并不适用，比如客户端发送请求太快了，即使每个单独的请求和响应流量很小（每个客户端的请求都满足流量的配额，即服务端不会延迟返回响应结果给客户端），仍然会拖垮服务端的资源。如果服务端能够支持"基于请求速率的配额控制"，就可以保证集群资源不会被某些用户或客户端独占。请求速率定义为客户端在一段配额时间窗口内可以使用的服务端线程数，即请求处理时间的配额。因为线程包括请求处理器的I/O线程和网络线程，而分配给I/O和网络的线程数通常基于服务器可用的CPU数量，所以基于请求速率的配额也表示了总的CPU使用率。

和基于字节速率的配额一样，每个客户端的分组也会共享基于请求速率的配额。配置项为`request_percentage`的计算方式为`(num.io.threads + num.network.threads) * 100%`，默认的I/O线程数为8（I/O操作主要是处理请求和读写磁盘），网络线程数为3（网络操作主要是接收请求和发送响应）。请求配额值为200表示客户端的请求处理时间占用了2个线程。比如，客户端的I/O操作如果占用了两个线程，它把请求配额用完了，就不能再使用网络线程了。当一个客户端或用户的请求处理时间超过配额的限制时，服务端也会延迟返回响应结果给客户端。如图10-2所示，从CPU的占用时间来看，假设默认1 s的配额窗口，用户alice的请求配额为1%，那么所有用户编号为alice的客户端在任意1 s的时间窗口里，它们花费在I/O线程和网络线程的总时间最多为10 ms，一旦超过这个配额限制，服务端就会延迟返回响应结果。

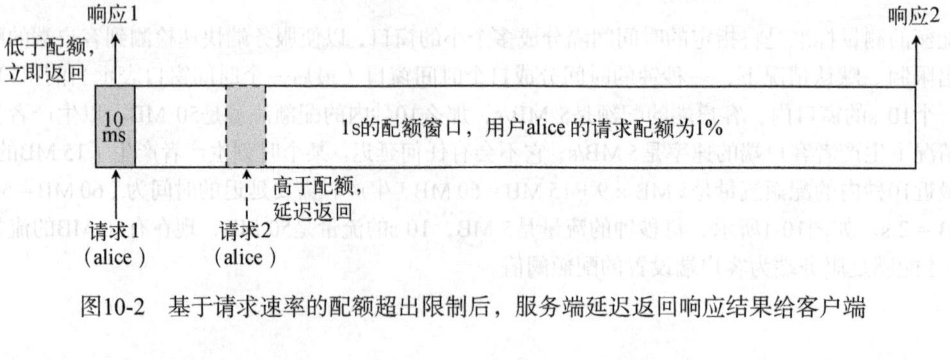

图10-2　基于请求速率的配额超出限制后，服务端延迟返回响应结果给客户端

生产者的生产请求和消费者的拉取请求会同时使用基于字节速率的配额和基于请求速率的配额，客户端总的延迟时间包括超出字节大小和超出请求处理时间需要延迟的时间。比如在图10-1的示例中，如果生产者请求处理的延迟时间为1 s，加上超出字节配额的2 s延迟，服务端总共会延迟3 s才返回响应给客户端。同样是拉取请求，对于备份副本而言，replica.fetch.wait.max.ms配置项设置每个拉取请求的最长等待时间，即一旦超过这个时间，服务端一定会返回拉取的响应结果给备份副本。备份副本的拉取请求不会使用基于请求速率的配额，但它会使用基于字节速率的配额来限制读取的流量。

基于请求速率的配额主要针对生产者和消费者客户端的请求，其他一些请求不是由客户端发起的，只有在授权失败时才会执行配额控制（授权成功时不存在配额控制），比如集群状态相关的管理操作：停止副本的请求、关闭控制器的请求、更新元数据的请求、主副本和ISR请求等。对于请求配额，服务端有3个相关的度量信息：请求处理的时间（request-time）、超出配额的减缓时间（throttle-time）、没有配额的请求处理时间（exempt-request-time）。下面以服务端处理生产请求并返回响应结果给客户端为例，说明配额控制在整个处理流程中的作用，具体步骤如下。

(1) KafkaApis调用副本管理器的appendRecords()方法追加消息集到分区的本地日志文件。
(2) 服务端处理完生产者的请求后，调用sendResponseCallback()回调方法。
(3) 在回调方法中，首先记录远程调用结束的时间，然后记录生产请求的大小。
(4) 如果生产请求的大小超过基于字节速率的配额控制，则延迟bandwidthThrottleTimeMs时间。
(5) 步骤(4)延迟了指定的时间后，才会调用produceResponseCallback()回调方法。
(6) 在步骤(5)的回调方法中，请求时间超过基于请求速率的配额，延迟requestThrottleMs时间。
(7) 步骤(6)延迟了指定的时间后，才会返回响应给客户端。

服务端延迟返回响应结果的总时间包括步骤(4)的网络带宽限制时间和步骤(6)的请求处理限制时间，这样才能满足服务端为客户端设置的两种配额控制策略。基于字节速率的配额控制记录“生产请求的大小”（numBytesAppended）到quotas.produce度量信息中，基于请求速率的配额控制记录“请求处理线程花费的时间”（requestThreadTimeNanos）到quotas.request度量信息中。相关代码如下：

```
// KafkaApis处理生产者客户端的请求
def handleProduceRequest(request: RequestChannel.Request) {
  def sendResponseCallback(...) {
    def produceResponseCallback(bandwidthThrottleTimeMs: Int) {
      sendResponseMaybeThrottle(request,
        requestThrottleMs => new ProduceResponse(
          // 返回结果给客户端的延迟时间包括网络带宽的限制时间与请求处理的限制时间
          mergedResponseStatus, bandwidthThrottleTimeMs + requestThrottleMs))
    }
    request.apiRemoteCompleteTimeNanos = time.nanoseconds // 远程调用结束
    quotas.produce.recordAndMaybeThrottle( // 记录生产请求的字节大小
      request.session.sanitizedUser, request.header.clientId,
      numBytesAppended, produceResponseCallback)
  }
  // 追加消息到日志后才会调用回调方法。执行回调方法时，有可能还会延迟返回结果给客户端
  replicaManager.appendRecords(...,sendResponseCallback)
}
private def sendResponseMaybeThrottle(
    request: Request,createResponse: Int => AbstractResponse) {
```

```
  sendResponseMaybeThrottle(request, request.header.clientId, {
    requestThrottleMs => // 基于请求速率的配额需要延迟的时间
      sendResponse(request, createResponse(requestThrottleMs))
    }
  )
}
private def sendResponseMaybeThrottle(request:RequestChannel.Request,
    clientId: String, sendResponseCallback: Int => Unit) {
  val quotaSensors = quotas.request.getOrCreateQuotaSensors(...)
  // 记录网络线程花费的时间，并不需要执行配额控制
  request.recordNetworkThreadTimeCallback = timeNanos =>
    quotas.request.recordNoThrottle(quotaSensors, timeNanos)
  // 记录生产请求的处理时间，并且基于请求的配额违规时，延迟一段时间调用回调方法
  quotas.request.recordAndThrottleOnQuotaViolation(quotaSensors,
    request.requestThreadTimeNanos, sendResponseCallback)
}
```

服务端处理客户端请求的顺序是接收客户端的请求、处理客户端的请求、发送响应结果给客户端。服务端接收请求与发送响应都属于网络线程的一部分，在发送完响应结果后，才能记录网络线程花费的时间。基于请求速率的配额主要考虑两个度量标准：客户端请求花费在网络线程的时间、服务端处理客户端请求花费的时间。虽然基于请求速率的配额包括I/O线程和网络线程，但是服务端在处理客户端请求时，记录网络线程花费的时间时不会执行配额控制，只有在记录I/O线程花费的时间时才会开始执行配额控制。相关代码如下：

```
class ClientQuotaManager { // 客户端的配额管理器
  val delayQueue = new DelayQueue[ThrottledResponse]() // 延迟队列
  val throttledRequestReaper = new ThrottledRequestReaper(delayQueue)

  // 被限制的请求清理器，当请求的延迟时间到达时，会从延迟队列中移除，并调用回调方法
  class ThrottledRequestReaper(delayQueue: DelayQueue[ThrottledResponse]){
    override def doWork(): Unit = {
      val response: ThrottledResponse = delayQueue.poll(1, TimeUnit.SECONDS)
      if (response != null) response.execute()
    }
  }

  def recordAndThrottleOnQuotaViolation(clientSensors: ClientSensors,
      value: Double, callback: Int => Unit): Int = {
    var throttleTimeMs = 0
    try {
      clientSensors.quotaSensor.record(value)
      callback(0) // 没有违反配额限制，立即调用回调方法
    } catch {
      case _: QuotaViolationException => // 违反配额限制，加入延迟队列
        val clientQuotaEntity = clientSensors.quotaEntity
        val clientMetric = metrics.metrics().get(...)
        throttleTimeMs = throttleTime(clientMetric,
          getQuotaMetricConfig(clientQuotaEntity.quota)) // 计算延迟时间
        delayQueue.add(new ThrottledResponse(time, throttleTimeMs, callback))
    }
    throttleTimeMs
  }
}
```

如图10-3所示，服务端处理客户端的请求时，除了通过副本管理器追加或读取本地的日志文件外，还会记录度量信息到“配额管理器”（`ClientQuotaManager`）中，并判断客户端的配额是否超过阈值。如果没有超过配额阈值，则立即调用回调方法，返回响应结果给客户端（图10-3中虚线部分）。如果超过配额阈值，配额管理器会创建一个“被限制的响应对象”（`ThrottledResponse`）并放入延迟队列。这个“被限制的响应对象”会在延迟队列中停留`throttleTimeMs`时间，当指定的延迟时间过去后，它才会从延迟队列中弹出，并调用回调方法，返回响应结果给客户端。

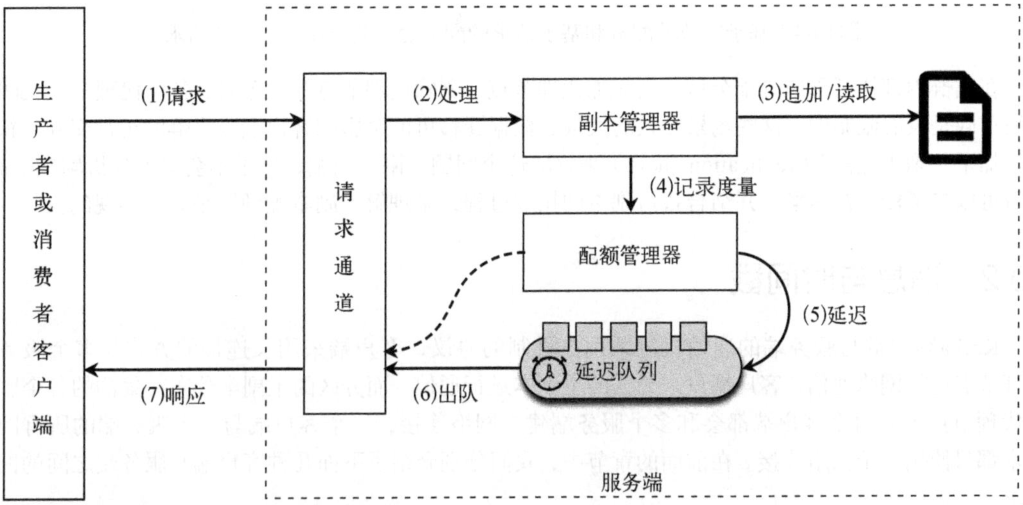

图10-3　客户端的配额超过阈值后，配额管理器会延迟返回响应结果给客户端

客户端的配额超过阈值后，服务端延迟多长时间才返回响应结果的计算方式是：

$$X = (O - T)/T \times W$$

其中O表示服务端观察到的客户端速率，T表示目标速率（即配额阈值），W表示配额窗口，X表示延迟时间。默认的配额时间窗口是1 s，假设客户端的请求配额为0.1%，如果观察到的客户端请求占用了100 ms，那么延迟时间为100 s。可以这么理解：在1 s的配额窗口内，给客户端分配1 ms刚刚满足0.1%的配额。如果客户端的请求花费了100 ms，需要100 s的时间窗口才能满足0.1%的配额。这就意味着如果客户端的一次请求花费了100 ms，它会被延迟100 s。为了减少客户端的延迟，最终的延迟时间会取“配额时间窗口”和“延迟时间计算结果”的最小值。对于上述示例，服务端只会延迟1 s，因为配额时间窗口的长度为1 s，计算结果为100 s，最小值等于1 s。

生产者和消费者基于字节速率的配额和基于请求速率的配额会同时存在，并且服务端会优先采用基于字节速率的配额。比如，在一个配额窗口内，一个流量很大的生产请求紧接着多个流量很小的生产请求，虽然小流量的生产请求满足流量配额，但是所有请求加起来的处理时间会超过请求配额。如图10-4所示，假设配额时间窗口为10 s，客户端的字节配额为50 MB，请求配额为1%。图中在一个10 s的配额窗口内，一共产生了10个请求，每个请求方框内的数字表示字节流量，下方的数字表示请求的处理时间，总的延迟时间为超出字节配额的1 s加上超出请求配额的4 s，一共延迟了5 s。

10

图10-4　基于字节的配额和基于请求的配额会一起限制客户端的请求

在集群内部执行重新分配分区、新添加代理节点、删除代理节点等命令时，各个代理节点之间的网络负载是没有限制的，这些场景导致的大批量数据迁移可能会影响客户端与集群的正常交互。新版本增加了“副本配额”（replication quota）来解决这个问题。限于篇幅，这里不会深入分析副本配额，读者可以参考KIP-73提案，并结合备份副本的拉取过程，来理解“副本配额”是如何实现的。

10.2　消息与时间戳

Kafka客户端与服务端的通信机制采用二进制的协议，客户端采用长连接的方式与多个服务端代理节点进行网络通信。客户端只与分区的主副本进行通信，而分区的主副本分布在集群的各个服务端代理节点上。每个客户端都会和多个服务端建立网络连接，一个客户端与一个服务端的所有网络请求都只使用一个网络连接。在前面的章节中，我们分别介绍了下面几种客户端与服务端之间的网络请求。

- 生产者与服务端的生产请求、消费者与服务端的拉取请求、备份副本与服务端的拉取请求。
- 消费者与协调者的提交偏移量请求、获取偏移量请求、心跳请求、加入组请求、同步组请求等。
- 控制器与其他服务端节点有关管理操作的请求，比如重新分配分区、`LeaderAndIsr`请求等。

第6章分析的存储层主要针对0.9版本的Kafka，这里我们遵循Kafka社区的规范，把0.9版本以及之前的消息格式叫作v0，这个版本的消息集格式为：偏移量（offset）、大小（size）、消息内容。每条消息内容的格式为：CRC校验值、`magic`、属性值、键的长度、键的内容、值的长度、值的内容。0.10.0.0版本（v1）的每条消息新增加了一个时间戳字段。如图10-5所示，消息没有压缩时，每个消息集只包含一条消息，并且每条消息在磁盘上的大小为12 + 22 + K + V字节。比如，`k1:hello`的键值长度为7字节，那么这条消息的大小为41字节。

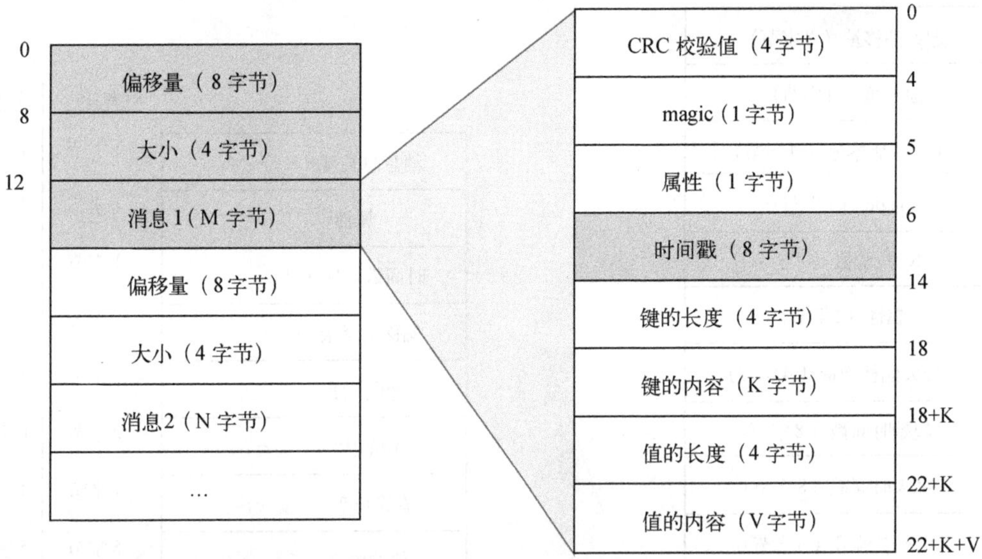

图10-5　Kafka-0.10版本（v1）的消息集格式与消息格式

下面的示例往0.10版本的Kafka集群写入3条消息，并查看磁盘的大小：

```
$ kafka_2.10-0.10.0.0/bin/kafka-console-producer.sh \
  --broker-list localhost:9092 --topic test1 \
  --property parse.key=true --property key.separator=:
k1:hello
k2:kafka
:hello kafka

$ ll /tmp/kafka-logs/test1-0
-rw-r--r--  1 zhengqh  wheel    41B  7 13 13:27 00000000000000000000.log

$ ll /tmp/kafka-logs/test1-0
-rw-r--r--  1 zhengqh  wheel    82B  7 13 13:28 00000000000000000000.log

$ ll /tmp/kafka-logs/test1-0
-rw-r--r--  1 zhengqh  wheel   127B  7 13 13:29 00000000000000000000.log
```

写入第一条消息`k1:hello`时，日志文件大小为34 + 7 = 41字节；写入第二条消息`k2:kafka`时，日志文件大小为41 + 41 = 82字节；写入第三条消息`:hello kafka`时，日志文件大小为82 + (34 + 11) = 127字节。

0.11版本（v2）的消息集格式和消息格式改动很大，并且不管消息有没有压缩，消息集都会包含多条消息。如图10-6所示，批记录的头部信息相比之前的版本更加复杂，一共占用了61字节。不过，每条记录大部分都是可变字段。因此，整体上v2版本的日志文件会比v1版本占用更少的磁盘空间。

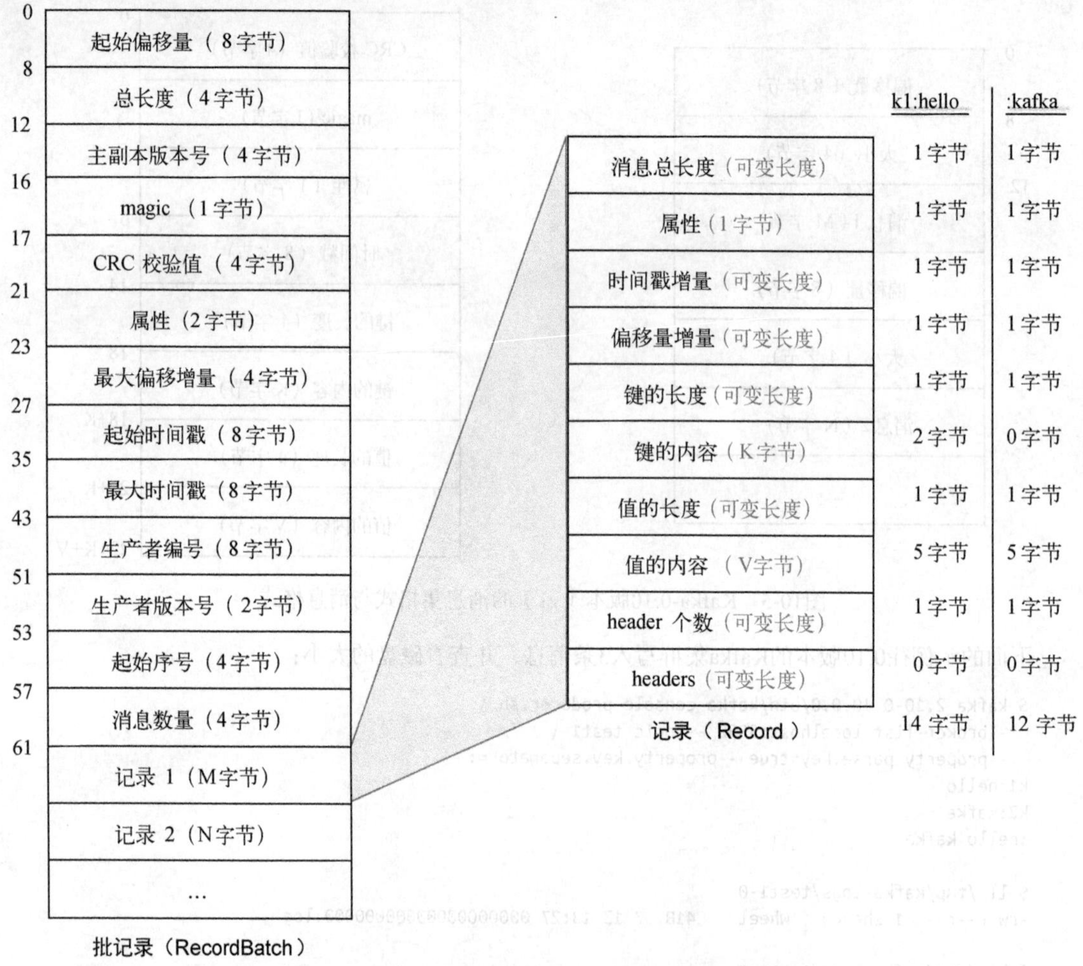

图10-6　Kafka-0.11版本（v1）的消息集格式与消息格式

下面的示例往0.11版本的Kafka集群写入两条消息，并查看磁盘的大小：

```
$ kafka_2.11-0.11.0.0/bin/kafka-console-producer.sh \
  --broker-list localhost:9092 --topic test1 \
  --property parse.key=true --property key.separator=:
>k1:hello
>:kafka

$ ll /tmp/kafka-logs/test2-0
-rw-r--r-- 1 zhengqh  wheel   75B  7 13 13:40 00000000000000000000.log

$ ll /tmp/kafka-logs/test2-0
-rw-r--r--  1 zhengqh  wheel   148B  7 13 13:40 00000000000000000000.log
```

写入第一条消息k1:hello时，日志文件的大小为61 + 14 = 75字节；写入第二条消息:kafka时，日志文件的大小为75 + 61 + 12 = 75 + 73 = 148字节。由于控制台的生产者不能模拟批记录，所以这里每个批记录只包含一条消息。如果要模拟批记录，可以用程序的方式批量写入，生产者客户端会自动将多条消息组成一个批记录。

下面我们举例分析为什么v2版本比v1版本占用更少的磁盘空间。比如，每条消息占用10字节，一共有10条消息。v1版本如果没有采用压缩，每条消息都占用34 + 10 = 44字节，10条消息占用的磁盘空间大小为44 × 10 = 440字节。v2版本由于采用了批记录，它占用的磁盘空间大小为61 + (7 + 10) × 10 = 231字节。可以看到，v2版本占用的磁盘空间几乎是v1版本的一半，由此带来的好处是网络传输的数据量更少，生产者的性能也更好。

在0.11版本之前，生产者使用“批记录”缓存了客户端需要发送的数据。2.1.2节分析了批记录的工作流程。如图10-7所示，客户端创建的生产请求包含字节缓冲区，服务端收到的生产请求会将字节缓冲区封装成“字节缓冲区消息集”。6.1.2节分析了消息集写入日志文件的工作流程，下面总结下生产者将消息集写入服务端日志文件的相关对象及其主要功能。

- 记录收集器（RecordAccumulator）：收集生产者发送的数据，每个分区都有一个批记录队列。
- 批记录（RecordBatch）：将要发送的记录集，包括内存记录集、分区信息和生产者回调方法。
- 内存记录集（MemoryRecords）：实现了记录集接口，使用内存的字节缓冲区保存一批记录集。
- 记录集接口（Records）：二进制的格式，包括8字节的偏移量、4字节的大小和记录的大小。
- 日志条目（LogEntry）：一条日志条目是偏移量和一条记录（Record）的组合。
- 记录（Record）：一条记录包括序列化的键值、CRC校验值以及其他相关的字段。
- 消息（Message）：定义了每条消息在日志文件中的存储格式，比如键值以及其他相关字段。
- 消息集接口（MessageSet）：消息和偏移量的迭代器，每条消息包括偏移量、大小和消息内容。
- 字节缓冲区消息集（ByteBufferMessageSet）：使用字节缓冲区保存一系列的消息。
- 文件消息集（FileMessageSet）：保存在磁盘上的消息集，“字节缓冲区消息集”会写入磁盘。

图10-7　生产者客户端将消息集写入服务端的日志文件

0.11版本的Kafka生产者客户端使用“生产者批记录”（ProducerBatch）代替0.10版本的“批记录”（RecordBatch），并且定义了下面3个新接口。

- Record接口：一条日志记录，包含一个唯一的偏移量、生产者分配的编号、时间戳和键值。
- RecordBatch接口：一批记录，包括多条日志记录。在旧版本中，如果没有使用压缩，一个批记录只包含一条记录。新版本中，不管有没有使用压缩，一个批记录都会包含多条记录。
- Records接口：访问日志记录集的接口，包括如何遍历获取所有的批记录和所有的记录。

Record接口和RecordBatch接口中定义的方法分别代表了“记录”和“批记录”的格式。为了兼容两个版本的消息存储格式，这两个接口需要定义满足v2版本的所有方法。这样对于v1版本而言，有些方法的返回值为空。表10-2列出了两种版本的“记录”和“批记录”实现类。

表10-2　两种版本的“记录”和“批记录”实现类

版　本	Record接口	RecordBatch接口
旧版本（v1）	LegacyRecord	LegacyRecordBatch
新版本（v2）	DefaultRecord	DefaultRecordBatch

Records接口定义了下面两个重要的方法：batches()方法获取所有“批记录”的迭代器，records()方法获取所有“记录”的迭代器。获取所有“记录”时，需要先获取所有的“批记录”，然后再迭代每个“批记录”中的所有“记录”。Records接口有两个实现类——内存记录集（MemoryRecords）和文件记录集（FileRecords），其代码如下：

```
public interface Records {
  Iterable<? extends RecordBatch> batches(); // 批记录的迭代方法
  Iterable<Record> records(); // 记录的迭代方法，该方法需要读取批记录中的每条记录
}
```

如图10-8所示，在两种版本的消息格式中，因为magic字段表示的版本号都是从第16字节开始的，所以可以根据该字段的值选择不同版本的批记录与记录实现类。不同版本的批记录有不同的实现类，v1版本的实现类是LegacyRecordBatch，v2版本的实现类是DefaultRecordBatch。

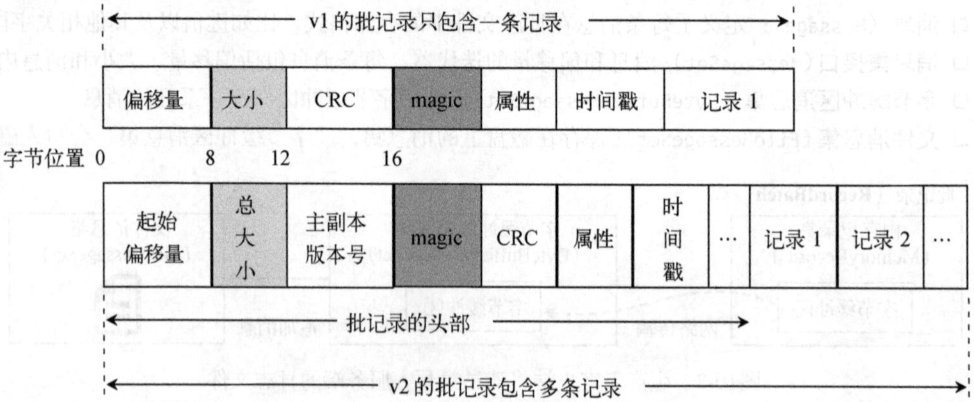

图10-8　v1版本和v2版本的批记录与记录

批记录消息格式的第二个字段（v1版本中如果消息没有压缩，该字段表示一条消息的长度；v2版本中该字段表示一个批记录中多条消息的总长度）表示该字段之后的所有大小。存储消息长度的好处是在需要遍历批记录，但不需要遍历批记录中的所有记录时，可以直接跳过指定的字节。如图10-9所示，假设第一个批记录的起始偏移量为0，一共有5条消息，总的大小等于22字节；第二个批记录的起始偏移量为5，总的大小等于20字节。

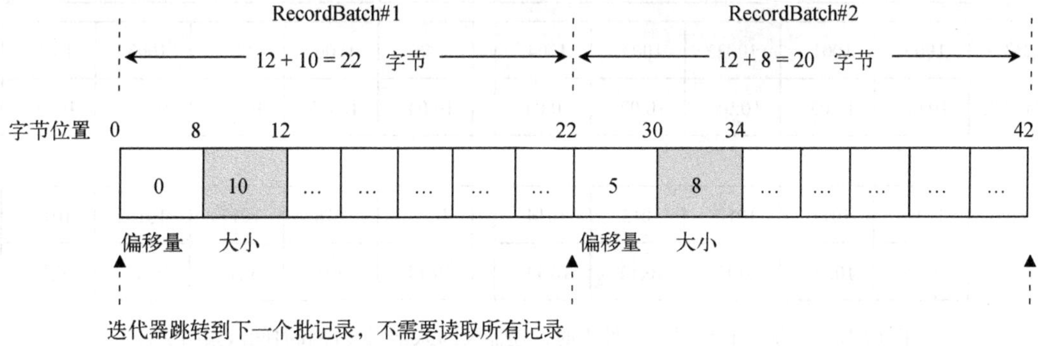

图10-9 迭代批记录时，不需要遍历访问批记录中的所有记录

v2版本中批记录和记录中的时间戳字段除了存储到日志文件中，还会被用来构建“时间戳的索引”（TimeIndex）。索引文件保存的是偏移量与物理位置的映射关系，时间戳索引文件保存的是时间戳与偏移量的映射关系。索引文件的条目是消息集中第一条消息的起始偏移量与起始位置，时间戳索引文件的条目是日志分段中最大的时间戳与对应的偏移量。如果生产者设置的时间戳类型是“创建时间”，消息集中每条消息的时间有可能是乱序、非递增的。添加时间戳索引条目时，必须保证传入的时间戳与偏移量大于上一个索引条目的时间戳与偏移量，否则不会添加时间戳的索引条目。相关代码如下：

```
class LogSegment {
  def append(firstOffset: Long, largestTimestamp: Long,
      shallowOffsetOfMaxTimestamp: Long, records: MemoryRecords) = {
    val physicalPosition = log.sizeInBytes() // 物理位置
    val appendedBytes = log.append(records) // 追加记录到日志文件
    if (largestTimestamp > maxTimestampSoFar) {
      maxTimestampSoFar = largestTimestamp // 最大的时间戳
      offsetOfMaxTimestamp = shallowOffsetOfMaxTimestamp // 对应的偏移量
    }
    if(bytesSinceLastIndexEntry > indexIntervalBytes) {
      index.append(firstOffset, physicalPosition) // 索引文件
      timeIndex.maybeAppend(maxTimestampSoFar, offsetOfMaxTimestamp)
      bytesSinceLastIndexEntry = 0 // 重置变量
    }
    bytesSinceLastIndexEntry += records.sizeInBytes
  }
}
```

如图10-10所示，假设有4个消息集写到一个日志分段中，每条消息的时间戳并不是有序的，每个消息集最大的时间戳与对应的偏移量在图中用灰色背景表示。

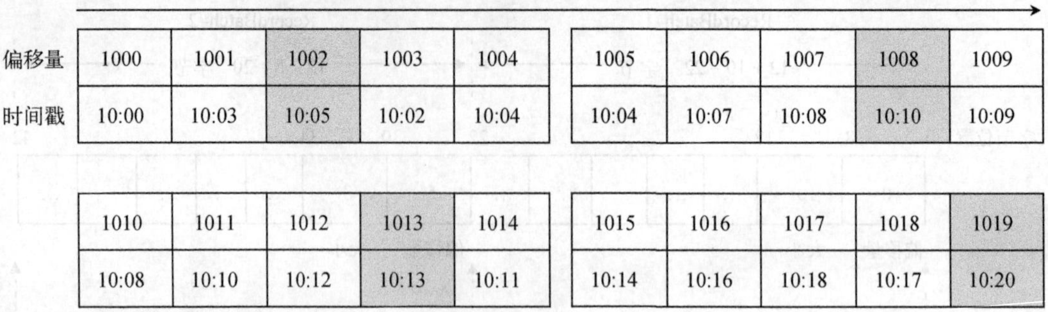
偏移量
1000 1001 1002 1003 1004
时间戳
10:00 10:03 10:05 10:02 10:04
1005 1006 1007 1008 1009
10:04 10:07 10:08 10:10 10:09
1010 1011 1012 1013 1014
10:08 10:10 10:12 10:13 10:11
1015 1016 1017 1018 1019
10:14 10:16 10:18 10:17 10:20

图10-10　追加消息到日志文件中时，还需要写入索引文件和时间戳索引文件

如图10-11所示，上面的示例数据分别写入到时间戳索引文件（文件名后缀是timeindex）、索引文件（文件名后缀是index）、数据文件（文件名后缀是log）。假设现在客户端要查询时间戳等于10:15对应的偏移量，需要依次分别查询这3个文件，最后返回的偏移量等于`1016`。

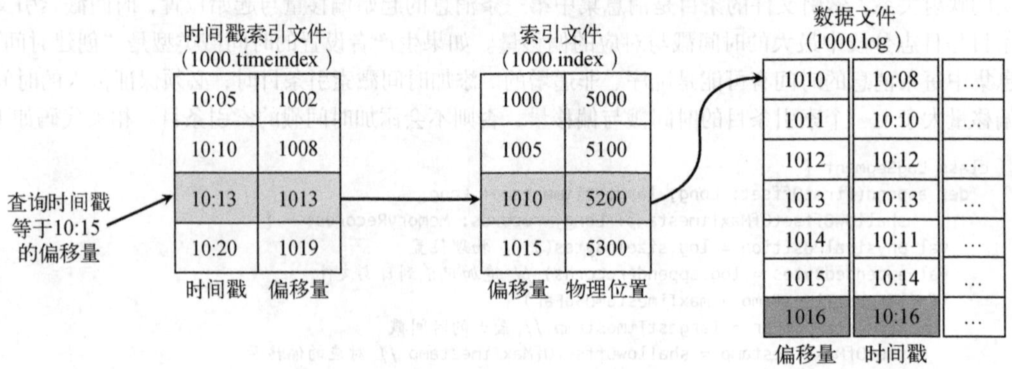

图10-11　根据时间戳查询偏移量

`KafkaConsumer`提供了`offsetsForTimes()`方法，它可以根据时间戳定位到指定的偏移量。获取偏移量的过程会涉及上面的时间戳是索引文件、索引文件还是数据文件，相关代码如下：

```
class Log {
  def fetchOffsetsByTimestamp(targetTs:Long):Option[TimestampOffset]={
    val segmentsCopy = logSegments.toBuffer
    if (targetTs == ListOffsetRequest.EARLIEST_TIMESTAMP)
      return Some(TimestampOffset(NO_TIMESTAMP, logStartOffset))
    else if (targetTs == ListOffsetRequest.LATEST_TIMESTAMP)
      return Some(TimestampOffset(NO_TIMESTAMP, logEndOffset))
    val targetSeg = {
      // 返回最大时间戳大于等于目标时间戳的所有日志分段
      val earlierSegs=segmentsCopy.takeWhile(_.largestTimestamp < targetTs)
      // 最近一个日志分段的最大时间戳都小于目标时间戳，说明找不到目标时间戳对应的结果
      if (earlierSegs.length >= segmentsCopy.length) None
      // earlierSegs表示最大时间戳小于目标时间戳，下一个日志分段就是我们要的结果
      else Some(segmentsCopy(earlierSegs.length))
    }
```

```
      targetSeg.flatMap(_.findOffsetByTimestamp(targetTs, logStartOffset))
    }
  }
  class LogSegment {
    def findOffsetByTimestamp(timestamp: Long, startOffset: Long)= {
      // 根据时间戳查询时间戳索引文件，返回对应的偏移量
      val offset = timeIndex.lookup(timestamp).offset
      // 根据上一步的偏移量查询偏移量索引文件，返回对应的文件物理位置
      val position = index.lookup(math.max(offset, startOffset)).position
      // 查询数据文件时，需要借助时间戳、物理位置和起始偏移量才能快速精准地查询到结果
      Option(log.searchForTimestamp(timestamp, position, startingOffset)).
        map(tsOffset=>TimestampOffset(tsOffset.timestamp, tsOffset.offset))
    }
  }

  // 文件记录集，实现了Records接口
  public class FileRecords extends AbstractRecords implements Closeable {
    public TimestampAndOffset searchForTimestamp(long targetTimestamp,
        int startingPosition, long startingOffset) {
      for (RecordBatch batch : batchesFrom(startingPosition)) {
        // 批记录的最大时间戳必须大于目标时间戳，否则忽略这个批记录
        if (batch.maxTimestamp() >= targetTimestamp) {
          for (Record record : batch) { // 遍历每条记录
            long timestamp = record.timestamp();
            if (timestamp >= targetTimestamp &&
                record.offset() >= startingOffset) // 找到一条记录，返回
              return new TimestampAndOffset(timestamp, record.offset());
          }
        }
      }
      return null;
    }
  }
```

上面分析了新版本的消息中与时间戳相关的字段，还有其他一些和事务相关的字段，这些内容会在下一节中介绍。

10.3 事务处理

在0.11版本之前，Kafka只支持“至少一次”的消息语义。比如，生产者发送一批消息后出现了网络故障，有可能服务端已经写成功了，但是生产者由于没有收到服务端的应答，它会重新发送这一批记录。这种场景下，虽然消息没有丢失，但是消息会重复写入。另外，消费者消费一批消息后才提交偏移量，此时如果提交偏移量时消费者失败了，其他消费者也会重新消费提交偏移量之前的消息。在0.11版本中，Kafka支持“正好一次”的消息语义。新版本的生产者支持“幂等发送”的语义，保证了即使重新发送消息，也不会重复写入到日志文件中。

如图10-12所示，生产者发送的每条消息都会添加上序号（sequenceNumber，简称seq），并连同生产者编号（producerId，简称PID）一起写入日志文件中。如果生产者没有收到一条消息的应答，它会重新向分区的主副本发送这条消息。分区的主副本会判断每条消息是否重复，如果是重复的，分区的

10

主副本不会存储这条消息，而是直接返回结果给生产者，通过这种方式实现消息的去重功能。

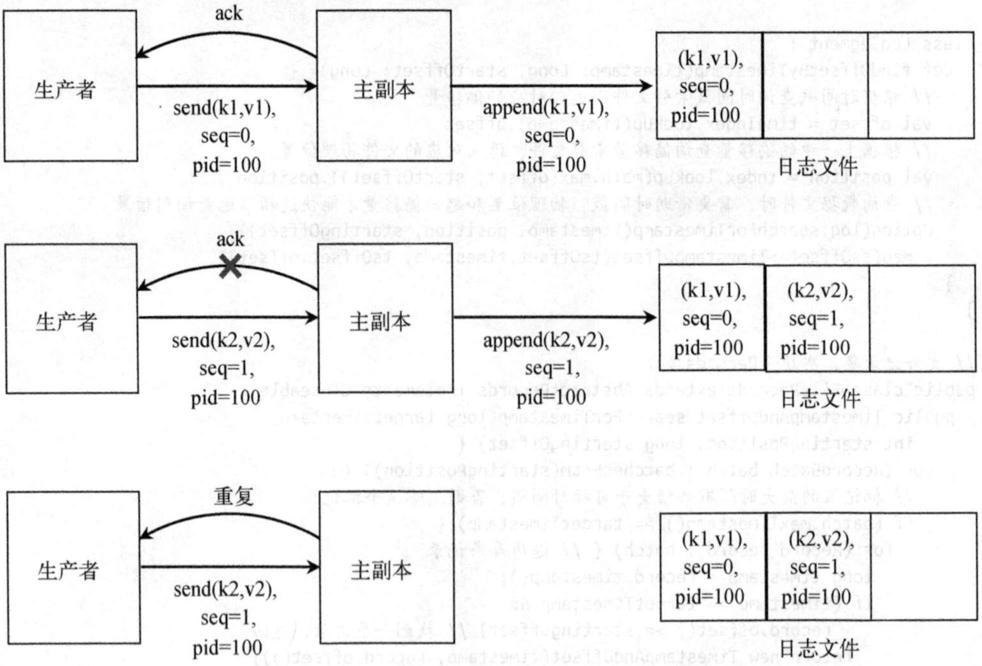

图10-12　新的生产者支持“幂等发送”的“正好一次”消息发送语义

注意： 为了实现幂等发送语义，生产者除了设置enable.idempotence等于true外，还需要同时保证这些条件：应答值为all，重试次数大于1，每个连接正在进行中的请求等于1。因为启用生产者的幂等发送时，每个新的生产者实例都会分配到一个新的、唯一的PID，所以Kafka只能保证在一个生产者会话级别的幂等发送。如果生产者会话有多个，不同生产者会话之间并不保证幂等发送。幂等发送的使用场景一般是无状态的应用程序，比如度量系统或审计系统。

“幂等发送”只保证生产者写入同一个分区的消息不会重复，新版本的生产者还支持“事务语义”：多条消息以原子的方式同时写入多个分区，这些消息作为一个整体的单元，要么全部成功写入，要么写入失败进行回滚。生产者在一个事务中写入多条消息时，消费者会依据事务的隔离级别读取事务中的消息。事务的隔离级别有两种：未提交读（read uncommitted）和提交读（read committed）。“未提交读”表示即使事务被中断了，消费者仍然可以读取到没有提交的消息。“提交读”表示消费者只能读取到已经提交事务的消息。为了支持事务功能，生产者接口添加了下面5个新方法：

```
public interface Producer<K,V> extends Closeable {
    void initTransactions(); // 初始化事务
    void beginTransaction(); // 开始事务
    void sendOffsetsToTransaction(Map<TopicPartition,OffsetAndMetadata>
```

```
    offsets, String consumerGroupId); // 在事务中提交偏移量
  void commitTransaction(); // 提交事务
  void abortTransaction(); // 中断事务
}
```

下面的伪代码示例了生产者在初始化事务后开始事务并发送两条消息：

```
producer.initTransactions();
try {
  producer.beginTransaction();
  producer.send(record1);
  producer.send(record2);
  producer.commitTransaction();
} catch(ProducerFencedException e) {
  producer.close();
} catch(KafkaException e) {
  producer.abortTransaction();
}
```

在上述代码中，如果没有异常信息，最后提交事务，这两条消息分别写入对应的分区。如果出现了异常，则回滚本次事务，这两条消息都不会写入对应的分区中。

由于消费者的进度会写入偏移量内部主题，所以对于处理逻辑是"消费-转换-写入"的应用程序而言，只有当这3个步骤全部执行完成，才能认为消息集被消费完毕。这种场景特别适合Kafka流处理的事务特性。另外，有状态的应用程序还需要提供一个唯一的"事务编号"（`TransactionalId`）来保证多个会话之间的事务。"事务编号"和"生产者编号"可能有一对一的关系，不过"事务编号"由用户提供，生产者编号是Kafka生产者内部分配的。为了支持事务功能，并确保一组消息被原子地生产和消费，Kafka引入了下面这些新的概念。

- **事务协调者**（transaction coordinator）。类似于消费组的协调者，每个生产者都会分配一个事务协调者，并且分配PID以及事务的管理都由该事务协调者完成。
- **新的内部主题——事务日志**（transaction log）。类似于消费者的偏移量主题，每个事务操作都会持久化和复制日志记录。事务日志是事务协调者的状态存储。
- **控制类的消息**。这些消息会写入到用户的主题中，并被客户端处理，但是不会暴露给用户。它们会被代理节点用来判断消费者之前拉取的消息是否已经以原子操作提交过了，还是被中断了。
- **事务编号**（transaction ID）。用户以持久化的方式确定唯一的生产者。相同事务编号的不同生产者实例可以恢复或者中断上一个生产者实例启动的事务。
- **生产者纪元编号**（epoch）。确保给定一个事务编号，只会有一个活动的生产者实例。

除了上面这些新的概念外，与事务操作相关的请求也增加了下面几种类型。关于这些请求和响应结果的具体内容，可以参考KIP-98提案，这里总结下这些请求的大致功能。

- `InitPidRequest`：生产者获取事务协调者分配的编号（`PID`）。
- `AddPartitionsToTxnRequest`：往当前正在进行中的事务添加分区。
- `AddOffsetsToTxnRequest`：消费者提交偏移量的操作作为正在进行中事务的一部分。

- ❑ EndTxnRequest：生产者准备提交或者中断当前正在进行中的事务。
- ❑ WriteTxnMarkersRequest：事务的协调者发送给代理节点，提交事务或者中断事务。
- ❑ TxnOffsetCommitRequest：在一次事务中，生产者提交偏移量给消费组的协调者。

如图10-13所示，Kafka事务的基本工作流程如下。

(1) 生产者向任意一个代理节点发送FindCoordinatorRequest请求，获取事务的协调者。然后，生产者向事务的协调者（下文简称“协调者”）发送InitPidRequest请求，获取生产者的编号。如果设置了事务编号，协调者处理请求除了返回PID外，还会增加PID的纪元编号，并恢复上一个生产者实例未完成的事务。协调者会将事务编号与PID的映射关系记录到事务日志中。如果没有设置事务编号，生产者只会在一个会话内具有幂等语义和事务的语义，不同会话之间不具备事务的语义。

(2) 生产者调用beginTransaction()方法，触发启动一个新的事务。生产者会更新本地的状态，表示事务已经开始了。但是在协调者看来，在第一条记录发送出去之前，事务还没有真正开始。接着应用程序循环执行“消费-转换-生产”的处理逻辑。生产者发送AddPartitionsToTxnRequest请求给协调者，请求内容是包含在事务中的新分区。协调者会将分区与PID的映射关系记录到事务日志中。之所以需要这个信息，是因为后续的步骤中需要往分区写入提交或中断标记。

(3) 生产者往各个代理节点（分区的主副本）发送一批消息，消息内容连同PID会一起写入用户的主题中。另外，生产者还提供了一个sendOffsetsToTransaction()方法，它会先发送AddOffsetsToTxnRequest请求给协调者，然后发送TxnOffsetCommitRequest请求给消费组的协调者。第一个请求带有消费组编号，并往事务日志写入新的分区（消费组对应__consumer-offsets内部主题的分区）。第二个请求除了消费组编号，还包括分区及对应的偏移量，它会往__consumer-offsets内部主题写入分区的偏移量信息。

(4) 数据写入完毕，用户通过调用commitTransaction()方法提交事务或者通过abortTransaction()方法中断事务，这两个方法都会发送EndTxnRequest请求给协调者。这个过程类似于“两阶段提交协议”，协调者首先会写入PREPARE_COMMIT或者PREPARE_ABORT消息到事务日志中。

(5) 接着，协调者发送WriteTxnMarkerRequest请求给分区的主副本，并写入COMMIT或ABORT控制类的标记消息到用户主题。最后，协调者写入最终的COMMITTED或者ABORTED消息到事务日志中，表示事务已经完成或被中断。

Kafka事务的一个重要应用是Kafka流处理，Kafka流处理的工作流程是：流处理算子读取输入主题、执行转换操作、更新本地的状态存储（或者追加到变更日志主题）、写入输出主题、更新消费者的偏移量表示输入被处理过了。流处理的事务指的是流处理工作流程的几个步骤要么一起成功，要么一起失败。不允许部分成功或部分失败，并确保不会丢失输入主题的数据，也不会写入重复写入输出主题的数据。但使用生产者和消费者提供的原始事务来构建流处理应用程序时，仍然需要很多的工作。为此，Kafka社区通过KIP-129提案在协议级别提供了强语义来支持流处理的事务功能，该功能对于用户是完全透明的。

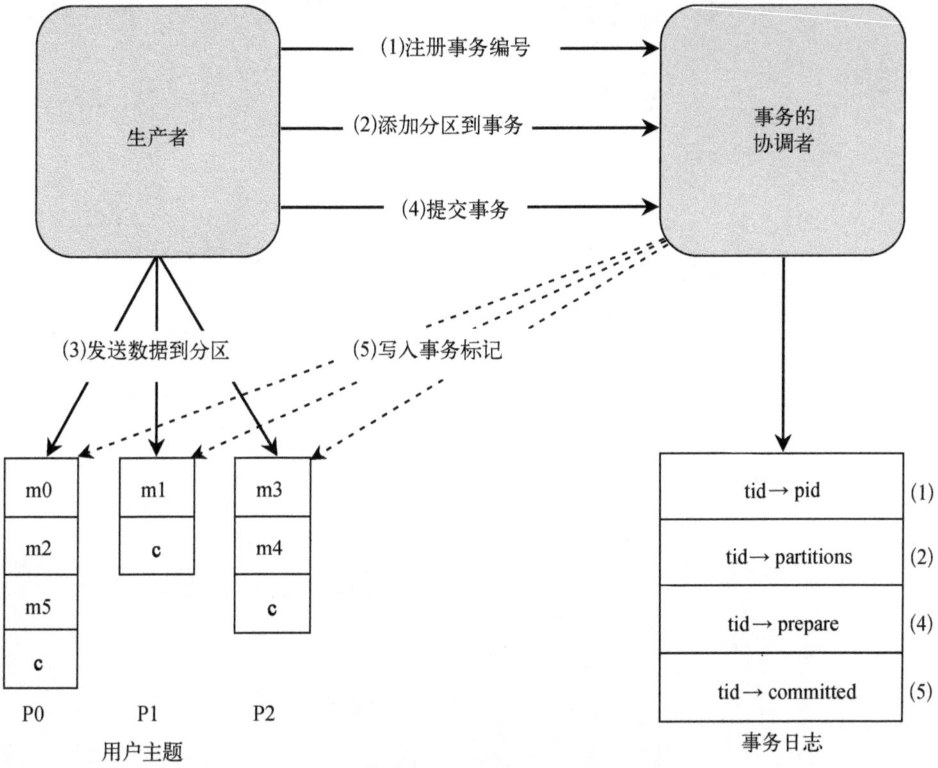

图10-13 Kafka事务的流程

用户只需要配置processing.guarantee选项为`exactly_once`或`at_least_once`，就可以实现“正好一次”或者“至少一次”的流处理语义。这两种模式的区别是：对于“正好一次”的语义，写入输出主题被封装在一个事务中，如果消费者设置的隔离级别是“提交读”，那么在提交流任务之前，消费者是不可用的，即消费者读取不到未提交事务的消息。提交流任务时，我们通过调用生产者的`sendOffsetsToTransaction()`方法将提交偏移量和发送消息一起作为生产者事务的原子操作。

为了支持流处理的事务功能，原先一个流线程只有一个生产者，现在要改为每个流任务都对应一个生产者。另外，对于本地状态存储的更新操作，如果当前的事务要进行回滚，因为无法回滚本地状态存储，所以恢复任务时，不能使用已有的本地状态存储，而应该从变更日志主题中恢复状态。

10.4 小结

本章只是简单介绍了Kafka新版本的一些高级特性，并没有深入分析相关的代码实现细节。在本书写作接近尾声时，Kafka的版本号终于要从0.x进入1.0.0了。新版本不仅支持了更完善的事务功能，而且连接器、流处理的功能也越渐丰富和稳定，用户可以放心地在线上运用这些新增功能。如果读者对Kafka社区的最新技术改进感兴趣，除了可以上Confluent博客外，官方的KIP文档也是一个不错的资源。